W0255133

ALLE ZEIT WACH
1842

Rudolf Lappe · Harry Conrad · Manfred Kronberg

Leistungselektronik

Herausgegeben von Rudolf Lappe

Mit 301 Abbildungen und 21 Tabellen

Springer-Verlag Berlin Heidelberg New York
London Paris Tokyo 1988

Autoren:

Prof. (em.) Dr.-Ing. habil. Rudolf Lappe, Dresden

Prof. Dr. sc. techn. Harry Conrad, Dresden

Prof. Dr. sc. techn. Manfred Kronberg, Karl-Marx-Stadt

Herausgeber:
Prof. (em.) Dr.-Ing. habil. Rudolf Lappe, Dresden

Lizenzausgabe für den
Springer-Verlag Berlin Heidelberg New York London Paris Tokyo

Vertriebsrechte für die nichtsozialistischen Länder:
Springer-Verlag Berlin Heidelberg New York London Paris Tokyo

Vertriebsrechte für die sozialistischen Länder:
VEB Verlag Technik, Berlin

ISBN-13: 978-3-642-87347-8 **e-ISBN-13: 978-3-642-87346-1**
DOI: 10.1007/978-3-642-87346-1

CIP-Kurztitelaufnahme der Deutschen Bibliothek
Lappe, Rudolf:

Leistungselektronik / Rudolf Lappe: Manfred Kronberg; Harry Conrad. Hrsg. von Rudolf Lappe. — Berlin; Heidelberg; New York; London; Paris; Tokyo: Springer, 1988.
ISBN-13: 978-3-642-87347-8

NE: Kronberg, Manfred:; Conrad, Harry:

Softcover reprint of the hardcover 1st edition 1988

2160/3020-543210

Vorwort

Die Leistungselektronik ist ein Teilgebiet der energetischen Elektrotechnik. Sie gewinnt zunehmend an Bedeutung wegen der wachsenden Anforderungen an das Schalten, Steuern und Umformen elektrischer Energie bei der Automatisierung der Produktion, bei der Entwicklung der industriellen Antriebstechnik, der Verkehrs- und der Energietechnik, der Nachrichten- und Konsumgütertechnik usw. Daher trägt die Leistungselektronik in Verbindung mit der Mikroelektronik und mit neuen leistungselektronischen Bauelementen und schaltungstechnischen Lösungen zur Material- und Energieökonomie wesentlich bei.

Um günstigste Ergebnisse beim Einsatz neuer leistungselektronischer Bauelemente sowie bei der Entwicklung von Schaltungen, Geräten und Anlagen der Leistungselektronik zu erreichen, muß der dafür verantwortliche Ingenieur die Wirkungsweise aller Teile dieser Anlagen und ihr Zusammenwirken mit dem speisenden Netz, der Last und dem Informationsteil verstehen. Die dafür notwendigen Grundkenntnisse und Fähigkeiten soll das vorliegende Lehrbuch vermitteln.

Fortschritte in der Leistungselektronik werden vor allem durch neue leistungselektronische Bauelemente hervorgerufen, die sich dann auch wieder auf die Schaltungs- und auf die Informationstechnik auswirken. Deshalb wird von den physikalischen Grundlagen und Besonderheiten des Einsatzes der für die Entwicklung moderner Stellglieder und Speisequellen notwendigen Leistungs-Halbleiterbauelemente ausgegangen. Anschließend werden die Wirkungsweise und die Dimensionierung der mit diesen Bauteilen arbeitenden Stromrichterschaltungen behandelt. Dabei wird nach der Art der Löschung der Ventile in netz- und selbstgelöschte Schaltungen unterschieden, und es werden zahlreiche Anwendungsbeispiele gegeben.

Die Struktur und die Elemente der Steuergeräte werden mit modernen Beschreibungsmitteln diskutiert, auch unter Berücksichtigung der Mikroelektronik. — Abschließend wird auf die Netzrückwirkungen der Stromrichter und auf die Projektierung von Geräten und Anlagen der Leistungselektronik eingegangen. Entsprechend dem Lehrbuchcharakter stehen physikalische Erklärungen, mathematische Verfahren und ingenieurmäßige Betrachtungen im Vordergrund. Es werden Ansätze für eine Modellierung der Bauelemente und zur Simulation von Stromrichterschaltungen gegeben. Die Literaturhinweise zu jedem Abschnitt sollen zum tieferen Eindringen in den Lehrstoff anregen.

Eine Reihe durchgerechneter Beispiele im Text fördern das Verständnis für die bei Stromrichtern real auftretenden Größen. Übungsaufgaben dienen zur Vertiefung und Erweiterung des Stoffs. Die Autoren haben sich auf Grund langjähriger Erfahrungen in Lehre und Forschung auf die Grundlagen der Leistungselektronik und auf wichtige Schwerpunkte konzentriert.

Das Buch wendet sich an Studierende der Fachrichtungen Elektrotechnik und Automatisierungstechnik sowie auch an Ingenieure in der Praxis, die Stromrichter entwickeln oder einsetzen.

Wir danken den Herren Dr.-Ing. *E. Brenner* und Dr.-Ing. *W. Schreiter* für die kritische Durchsicht des Manuskripts und für ihren Beitrag zu den Übungsaufgaben, und Frau *Marina Geipel* für ihre Hilfe bei der Manuskriptherstellung.

Dem VEB Verlag Technik, Berlin, besonders Frau *Inge Epp*, danken wir für das fördernde Interesse an diesem Buch und für die verständnisvolle Zusammenarbeit.

Dresden/Karl-Marx-Stadt

Rudolf Lappe
Harry Conrad
Manfred Kronberg

Inhaltsverzeichnis

1. Einführung

Die Leistungselektronik ist das Teilgebiet der Elektronik, das sich mit der Umformung und Steuerung des elektrischen Leistungsflusses befaßt, und zwar mittels Halbleiterelementen, also Dioden, Thyristoren, Triacs und Leistungs-Schalttransistoren. Dieser Aufgabenkreis wird auch häufig mit „Stromrichtertechnik“ bezeichnet; die Bezeichnung „Leistungselektronik“ ist jedoch umfassender und weist auch auf den entscheidenden Einfluß der Elektronik auf diesem Gebiet hin.

1.1. Einsatzgebiete der Leistungselektronik [1.1] [1.2]

In hochindustrialisierten Ländern wird etwa ein Drittel der erzeugten Energie in eine andere Stromart und/oder in eine Spannung variabler Höhe umgeformt. Den meisten Verbrauchern steht Wechsel- oder Drehstrom konstanter Frequenz und Spannung zur Verfügung. Man benötigt aber z. B. Gleichstrom für Elektrolysen, Gleichspannung einstellbarer Höhe zur Drehzahlregelung von Gleichstrommotoren, Wechselspannung variabler Frequenz für die induktive Erwärmung oder für die Drehzahlregelung von Asynchronmotoren. Auch eine konstante Gleichspannung, die z. B. von galvanischen Zellen oder vom Fahrdraht elektrischer Bahnen abgegeben wird, muß häufig in eine variable Gleichspannung oder in eine Wechselspannung beliebiger Frequenz umgewandelt werden, auch wieder zur Drehzahlregelung von Motoren, zur Notstromversorgung usw. Die Mechanisierung und Automatisierung von Produktionsmitteln und Konsumgütern ist häufig nur möglich, wenn eine schnell regelbare Stromquelle, wie sie ein Stromrichter mit hohem Wirkungsgrad bieten kann, zur Verfügung steht. Der Stromrichter ist dabei meist das Stellglied, das die Befehle des übergeordneten informationsverarbeitenden Systems durchführt.

Tafel 1.1 gibt einen Überblick über wichtige Einsatzgebiete der Leistungselektronik in der Volkswirtschaft.

1.2. Grundprinzip der Leistungselektronik

In der Leistungselektronik erfolgt die Umformung und die Steuerung des elektrischen Leistungsflusses grundsätzlich mit Bauelementen, die wie *Schalter* arbeiten. Hierzu einige Beispiele:

Ein *Gleichrichter* kann eine Wechselspannung u_w mit Hilfe von vier selbsthaltenden Schaltern *S1* bis *S4* in eine Gleichspannung u_d umformen, wenn die Schalter synchron mit der Netzspannung mit den Ansteuerimpulsen *AI1* bis *AI4* beaufschlagt werden (Bild 1.1a, b, c). — Die Größe der *mittleren* Gleichspannung U_{da} wird gesteuert, wenn die Ansteuersignale um t_0 verzögert werden (Bild 1.1d, e).

Ein *Wechselrichter* kann eine Gleichspannung U_d in eine Wechselspannung u_w umwandeln, wenn die Schalter *S1*, *S2* und *S3*, *S4* abwechselnd mit der am Ausgang gewünschten Frequenz betätigt werden (Bild 1.2).

Ein *Pulssteller* mit einer konstanten Eingangs-Gleichspannung U_d kann mit Hilfe eines periodisch betätigten Schalters *S* eine Gleichspannung mit dem variablen *Mittelwert* U_{da} abgeben (Bild 1.3). Die Größe dieses Mittelwerts hängt vom Verhältnis der Einschaltdauer T_E zur Spieldauer ($T_E + T_A$) ab.

Bild 1.4 zeigt in verallgemeinerter Darstellung und an Hand von Zahlenbeispielen Funktionen, die in der Leistungselektronik mit Hilfe von Schaltern erfüllt werden können.

Es soll noch erwähnt werden, daß der elektrische Leistungsfluß auch in anderer Weise als im Schaltbetrieb umgeformt und gesteuert werden kann. Beispiele hierfür sind rotierende Maschinensätze, also

Tafel 1.1. Die wichtigsten Stromrichterarten und ihre Einsatzgebiete

Stromrichterart	Einsatzbeispiel	Weitere Einsatzgebiete
Gleichrichter	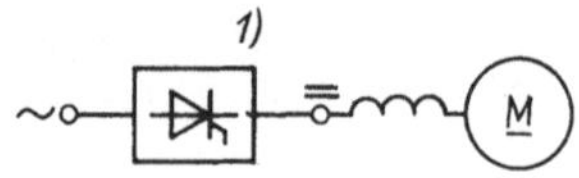 1) Drehzahlregelung eines Gleichstrommotors	Stromversorgungseinrichtungen, Elektrolysen, Bahnstromversorgung, Drehzahlregelung von Gleichstrommotoren, Erregung von Synchronmotoren; Speisung von Lichtbogen- und Plasmaöfen, Elektrofiltern, Anlagen für die elektrochemische Metallbearbeitung
Wechselrichter	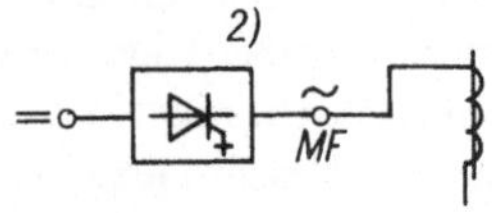 2) induktive Erwärmung mit MF	Notstromversorgung; Drehzahlregelung von Drehfeldmotoren; Induktionserwärmung; Bordnetzversorgung
Umrichter	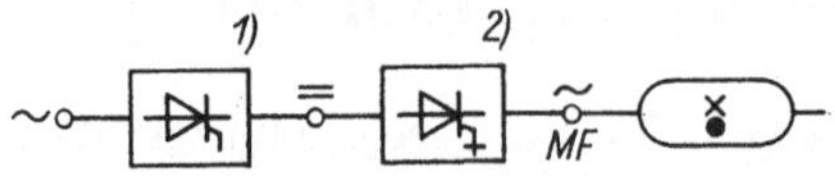 1) 2) Speisung einer Leuchtstofflampe	Hochspannungs-Gleichstromübertragung; Stromrichterkaskade; Erzeugung sehr langsamer rotierender Felder für Antriebe und für Baddurchmischung bei Lichtbogenschmelzöfen; Stromrichter mit erhöhter interner Frequenz
Wechselstromsteller	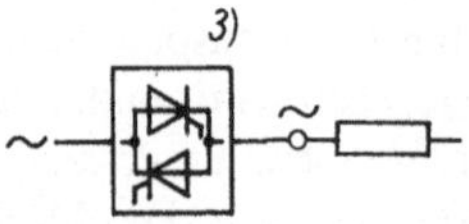 3) Regelung eines Widerstandsofens	kontaktlose Schütze; Steuerung von Beleuchtungseinrichtungen und von Blindleistungskompensationseinrichtungen; Drehzahlregelung von Asynchronmotoren; Widerstandserwärmung und -schweißen
Gleichstromsteller	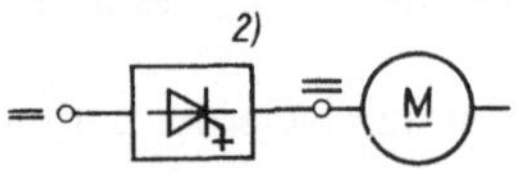 2) Drehzahlregelung eines Gleichstrommotors	kontaktlose Schütze; Drehzahlregelung von Gleichstrommotoren, insbesondere für Triebfahrzeuge

¹) steuerbarer Gleichrichter mit Thyristoren
²) Wechselrichter oder Pulssteller mit abschaltbaren Ventilen
³) Wechsel- oder Drehstromsteller mit antiparallel geschalteten Thyristoren oder Triacs

ein Drehstrommotor zusammen mit einem Gleichstromgenerator zur Erzeugung von Gleichstrom variabler Spannung (Leonard-Umformer), oder ein Maschinensatz, bestehend aus Drehstrommotor—Gleichstromgenerator—Gleichstrommotor—Drehstromgenerator zur Umformung der Wechselspannung des Netzes in Wechselspannung variabler Frequenz. Die Maschinensätze haben jahrzehntelang eine große Rolle gespielt, z. B. bei Walzwerksantrieben, sind aber wegen ihres niedrigen Wirkungsgrades, ungünstigen dynamischen Verhaltens, großer Masse usw. fast völlig von Stromrichtern verdrängt worden. Zur Bahnstromversorgung mit $16^2/_3$ Hz ist es aber noch üblich, einen vom 50-Hz-Netz gespeisten Synchronmotor mit einem Einphasengenerator zu koppeln.

Eine Gleichspannung kann auch dadurch gesteuert werden, daß ein Transistor der Last vorgeschaltet und kontinuierlich gesteuert wird. Diese Schaltung wird wegen ihres niedrigen Wirkungsgrades nur bei sehr kleinen Leistungen verwendet; hierauf wird im Abschnitt 2.4.1 noch eingegangen werden.

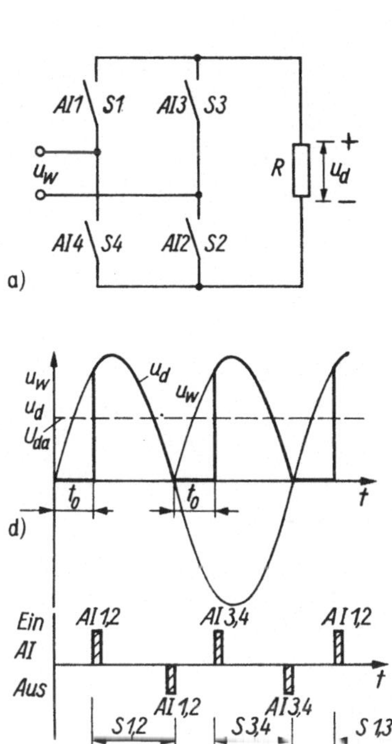

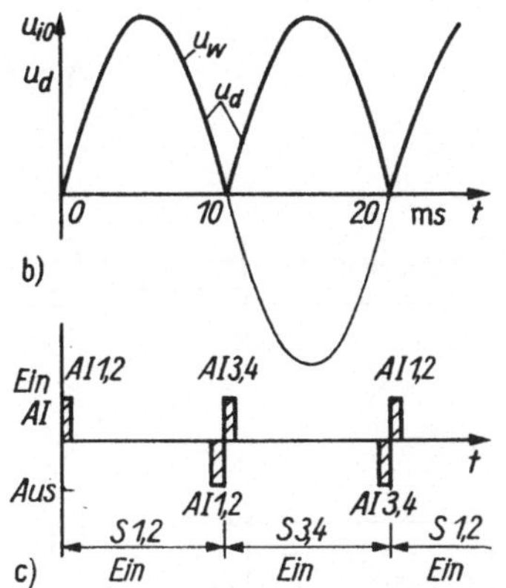

Bild 1.1. Gleichrichter mit vier selbsthaltenden Schaltern S1 bis S4

a) Schaltung
b) Verlauf der Wechselspannung u_w und der Gleichspannung u_d ohne Verzögerung
c) Ansteuerimpulse *AI1* bis *AI4*
d) und e) wie b) und c), jedoch mit Verzögerung der Ansteuerimpulse um t_0
U_{da} mittlere Gleichspannung

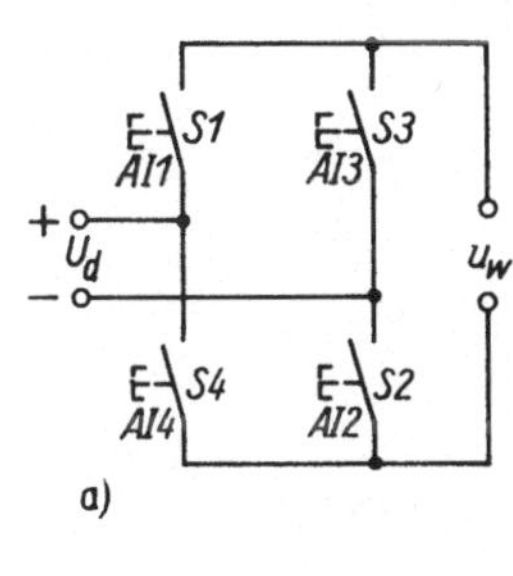

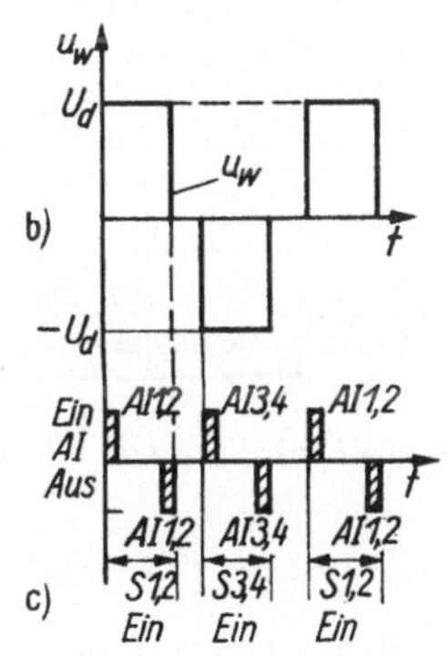

Bild 1.2. Wechselrichter mit vier selbsthaltenden Schaltern S1 bis S4

a) Schaltung; U_d Gleichspannung; u_w Wechselspannung
b) Verlauf der Wechselspannung u_w
c) Ansteuerimpulse *AI1* bis *AI4*

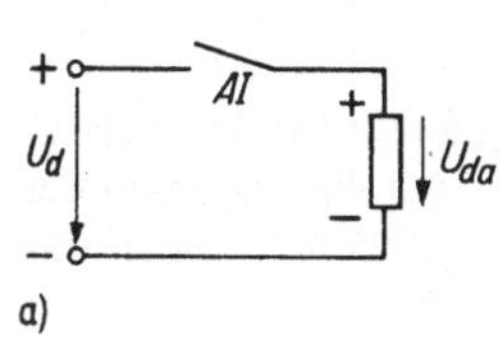

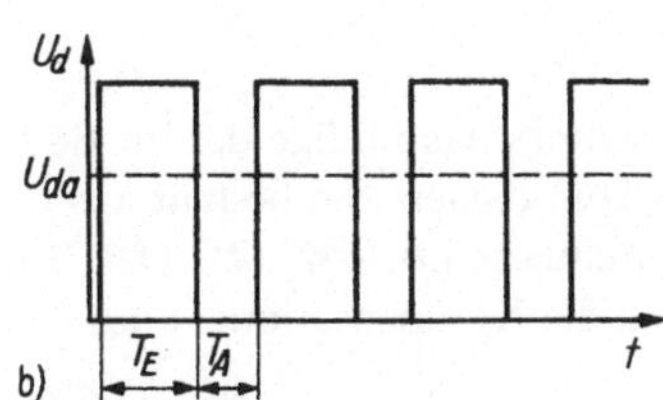

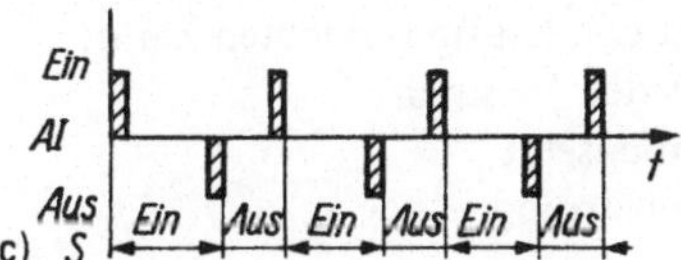

Bild 1.3. Pulssteller mit selbsthaltendem Schalter S

U_d Eingangsspannung; U_{da} mittlere Ausgangsspannung
a) Schaltbild; b) Verlauf der Spannungspulse;
c) Ansteuerimpulse *AI*

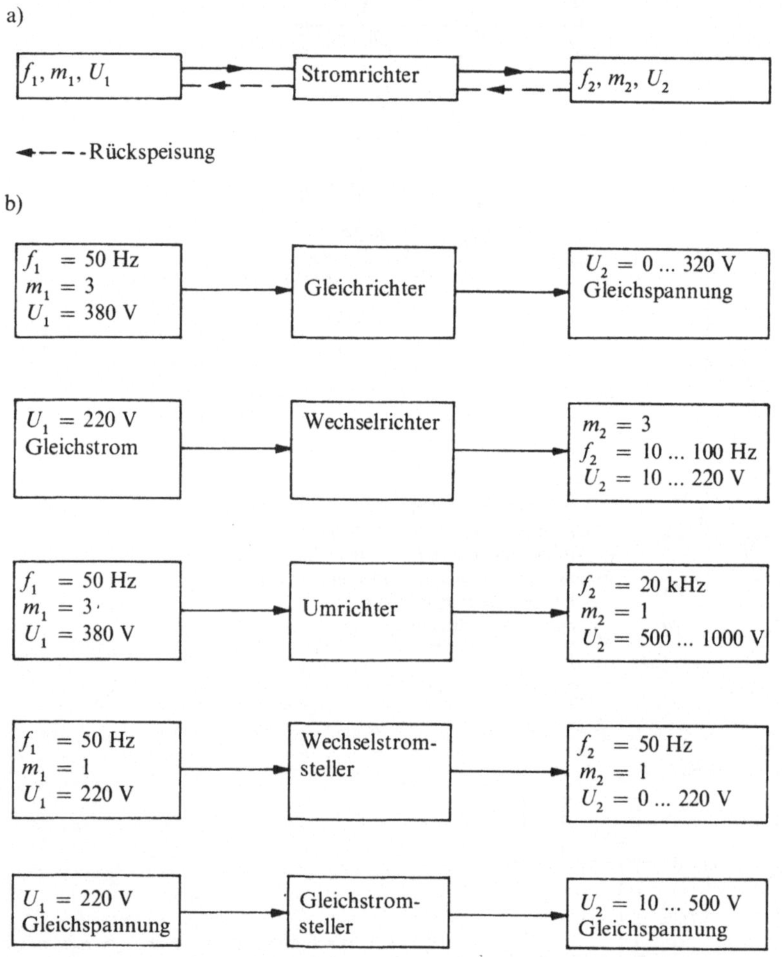

Bild 1.4. Funktionen, die auf dem Gebiet der Leistungselektronik mit Schaltern realisiert werden können

a) formale Darstellung; b) Zahlenbeispiele

$f_{1,2}$ Frequenz; $m_{1,2}$ Phasenzahl; $U_{1,2}$ Spannung; Index 1 Eingangsnetz; Index 2 Verbraucher oder Ausgangsnetz; → Richtung des Energieflusses

1.3. Stromrichteranlagen

Als Beispiel für den Aufbau einer Stromrichteranlage möge die im Bild 1.5 gezeigte Anlage (*1*) zur Umformung von Wechselstrom in Gleichstrom dienen. Sie besteht aus dem Stromrichter (*2*) und der Wechselstrom- sowie der Gleichstromschaltanlage (*3*) bzw. (*4*). Das Bild zeigt außerdem noch das speisende Netz (*5*), den Verbraucher (*6*) und die Kompensations- und Saugkreisanlage (*7*).

Der Stromrichter hat folgende Bauteile:

— den Transformator (*8*), auf den man jedoch häufig verzichten kann;
— den Stromrichterblock (*9*), der sich aus den Ventilen und deren Schutzeinrichtungen zusammensetzt;
— die Drossel (*10*) zur Glättung des Gleichstroms;

} *Leistungsteil*

- den stromrichternahen Informationsteil (*11*), zu dem das Steuergerät mit seiner Stromversorgung, die Regler, Sollwert- und Istwertgeber, Schutz- und Überwachungseinrichtungen usw. zählen. } *stromrichternaher Informationsteil*

Da die Baugruppen der stromrichternahen Elektronik — mit Ausnahme des Steuergerätes — den Forderungen des zu automatisierenden Prozesses angepaßt werden und weitgehend unabhängig vom leistungselektronischen Teil sind, sind sie nicht Gegenstand des vorliegenden Buches.

Die *elektromagnetische Verträglichkeit* (EMV) des Stromrichters mit seiner Umwelt hat große Bedeutung [1.3] [1.4]. Die EMV betrifft die Störungen, die auf den Stromrichter einwirken und die von ihm ausgehen. Diese Verträglichkeit ist gegeben, wenn die folgenden zwei Bedingungen erfüllt sind:

— Wenn Störungen auf den Stromrichter *einwirken*, muß dieser noch in der beabsichtigten Weise arbeiten; dazu gehören Oberschwingungen und transiente Überspannungen der Netzspannung sowie Funkstörungen (*12*), Laständerungen und verbraucherseitige Kurzschlüsse (*13*); dabei wird vorausgesetzt, daß diese Störungen nicht ihre maximal zulässigen, durch die Normung festgelegten Größen überschreiten.

— Die Störungen (auch mit Nebenwirkungen bezeichnet), die vom Stromrichter *ausgehen*, müssen innerhalb ihrer zulässigen Grenzen bleiben. Zu den Nebenwirkungen gehören die Netzrückwirkungen (*14*), durch die die Größe und die Kurvenform der Spannung des speisenden Netzes beeinträchtigt wird, die Oberschwingungen der Ausgangsspannung (*15*) und Funkstörungen. Abhilfe verschaffen Kompensations- und Saugkreisanlagen (*7*) bzw. Filter (*10*).

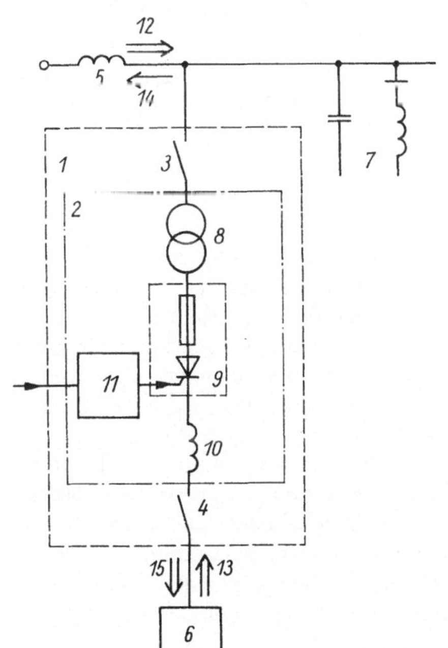

Bild 1.5. Beispiel für eine Stromrichteranlage

1 Stromrichteranlage; *2* Stromrichter; *3* und *4* Wechselstrom- bzw. Gleichstromschaltanlage; *5* speisendes Netz mit Induktivität; *6* Verbraucher; *7* Kompensations- und Saugkreisanlage; *8* Transformator; *9* Stromrichterblock; *10* Glättungsdrossel; *11* stromrichternaher Informationsteil

Störungen, die auf den Stromrichter einwirken: *12* Störungen, die vom Netz kommen oder Funkstörungen; *13* Laständerungen und verbraucherseitige Kurzschlüsse

Nebenwirkungen, die von dem Stromrichter ausgehen: *14* Netzrückwirkungen; *15* Oberschwingungen der Gleichspannung

⇒ Störungen, Nebenwirkungen

Mikroelektronik und Leistungselektronik

Die Fortschritte bei der Herstellung von Si-Einkristallen, bei der Diffusions- und der Epitaxie-Planartechnik und bei den MOS- und LSI-Technologien gestatten, Dioden und Thyristoren für größere Durchlaßströme und höhere Sperr- und Blockierspannungen sowie auch mit besseren dynamischen Kenngrößen herzustellen. Sie ermöglichen auch große Fortschritte bei den abschaltbaren und den rückwärtsleitenden Thyristoren und bei den Feldeffekt-Schalttransistoren höherer Leistung.

Der Einsatz von hochintegrierten Schaltkreisen und von Mikroprozessoren läßt den Übergang von den analogen zu analog-digitalen und schließlich zu digitalen Regelverfahren zu. Neben der höheren

Zuverlässigkeit bieten sich damit bessere Möglichkeiten für die Regelung elektrischer Antriebe, für die Prozeßführung elektrotechnologischer Verfahren, für die optimale Steuerung von Wechselrichtern und von Einrichtungen zur Kompensation von Netzrückwirkungen, zur Koordinierung von Schutzeinrichtungen, zur Fehlerdiagnose usw. [1.5].

Standardisierung

Die Anzahl der Bauelementetypen, die Leistung der Stromrichter und der Umfang ihrer Einsatzgebiete nehmen von Jahr zu Jahr zu. Deshalb gewinnen auch die einheitlichen Definitionen der Kenngrößen und Grenzwerte der Leistungs-Halbleiterbauelemente und die Empfehlungen zur Normierung der Einsatzbedingungen, Belastungsklassen, elektromagnetischen Verträglichkeit usw. der Stromrichter immer größere Bedeutung. Die nationale und internationale Standardisierung der Leistungselektronik ist weit fortgeschritten. Sie bietet große Möglichkeiten für den optimalen Einsatz der Bauelemente, Geräte und Anlagen der Leistungselektronik [1.6] bis [1.8].

1.4. Entwicklung der Leistungselektronik

Der heutige Entwicklungsstand der Leistungselektronik ist das Ergebnis von physikalischen Entdeckungen, technologischen Entwicklungen und wirtschaftlichen Bedürfnissen. Von besonderem Interesse ist dabei, wie mehrmals auf der Grundlage der Entdeckung neuer physikalischer Prinzipien eine Generation durch eine darauffolgende Generation von Ventilen abgelöst wurde, die sich jeweils durch höhere Durchlaßströme und Sperrspannungen, größere Zuverlässigkeit usw. auszeichneten. Bild 1.6 gibt einen Überblick über die Entwicklung der Ventile der Leistungselektronik.

Mechanische Gleichrichter [1.9] [1.10]

Offensichtlich drängt sich der Gedanke auf, die im Abschnitt 1.2 beschriebenen Schaltfunktionen mit mechanischen Schaltern zu realisieren. Bei kleinen Leistungen, z. B. für die Anodenstromversorgung von Radioempfängern auf Fahrzeugen, haben sich die elektromechanischen *Zerhacker* bewährt, bis deren schwingende Relaiskontakte wegen ihrer geringen Lebensdauer und niedrigen Frequenz durch im Schaltbetrieb arbeitende Transistoren ersetzt werden konnten. — Einen mechanischen Gleichrichter für einige Ampere bei max. 250 V Gleichspannung zeigt Bild 1.7. Die eiserne *Ankerfeder F* wird durch die mit Wechselstrom gespeiste Spule *Sp* magnetisiert und schwingt synchron mit der Wechselspannung u_w zwischen den Polen *N*, *S* des Dauermagneten *DM*. Da sich nicht erreichen läßt, daß die Kontakte bei allen Netz- und Lastzuständen genau beim Nulldurchgang der Ströme $i_{v1,2}$ schalten, ist Kontaktabbrand bei diesen und ähnlichen Geräten mit pendelnden oder umlaufenden Quecksilberstrahlen unvermeidlich. — *Nadelgleichrichter* haben während vieler Jahre gute Dienste geleistet, z. B. für Spannungen bis über 100 kV und kleine Ströme zur Speisung von Elektrofiltern oder Kabelprüfgeräten (Bild 1.8). In den Scheitelpunkten der Sekundärspannung u_v springen Funken von den Elektroden *E* auf die von einem Synchronmotor angetriebene Nadel über und laden die Kondensatoren.

Mit den *Kontaktgleichrichtern* erreichten die mechanischen Gleichrichter in den Jahren zwischen 1950 und 1960 ihren Höhepunkt. Das Problem des Kontaktabbrandes wurde auf völlig neue Weise gelöst: Man verzichtete darauf, den Schaltaugenblick genau mit dem natürlichen Nulldurchgang des zu unterbrechenden Stroms zusammenfallen zu lassen. An Stelle dessen wurde der Strom verzerrt, und zwar mit Hilfe einer *Schaltdrossel SD* mit einem Kern, z. B. aus Eisen-Nickel, dessen Hysteresisschleife nahezu rechteckig ist (Bild 1.9). Im Intervall *A* ist der Kern gesättigt, und der sinusförmige Gleichstrom i_A wird abgegeben. Während des Intervalls *B* wird der Kern ummagnetisiert, und es fließt nur der sehr kleine Magnetisierungsstrom i_B. Der Kontakt *K* kann also zu einem beliebigen Moment während der stromschwachen Pause *B* ohne Funken geöffnet werden. Gleichrichter mit Schaltdrosseln und Abhebe- oder rollenden Kontakten sind zur Speisung von Elektrolysen, z. B. mit 10 kA bei 400 V, gebaut worden. Wegen ihres komplizierten Kontaktmechanismus und ihrer Störanfälligkeit wurden sie durch die Einkristall-Halbleiterdioden sehr schnell abgelöst.

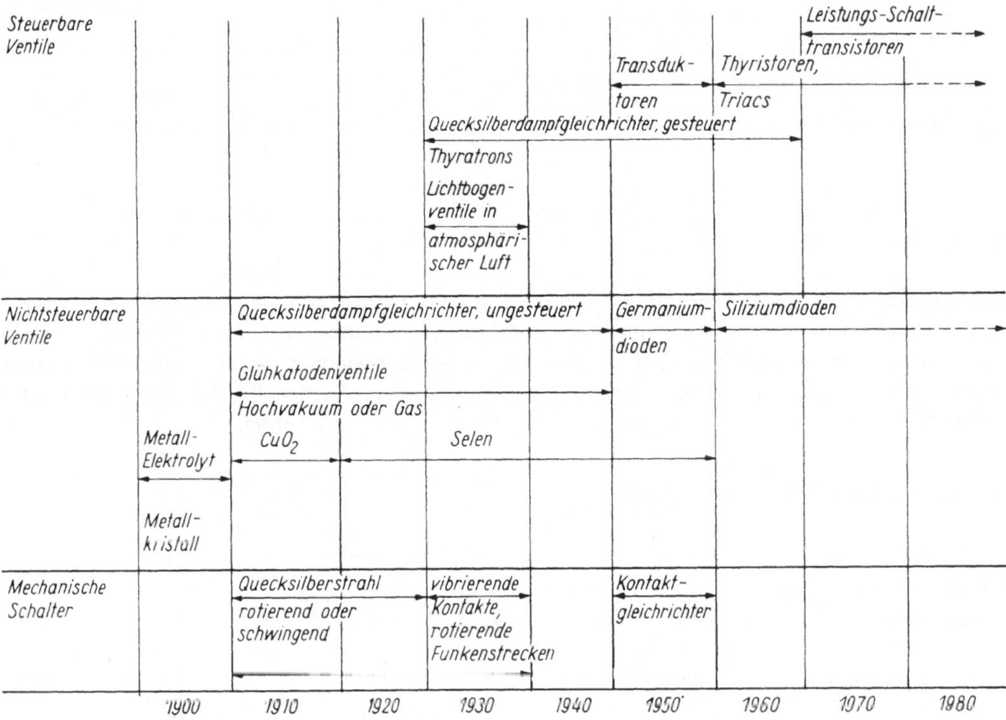

Bild 1.6. Entwicklung der Ventile der Leistungselektronik

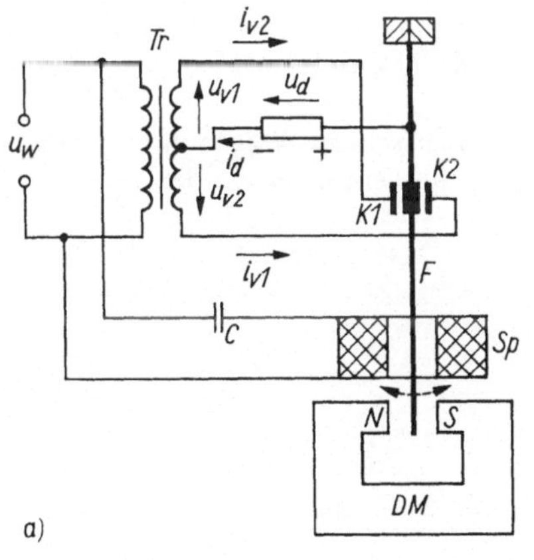

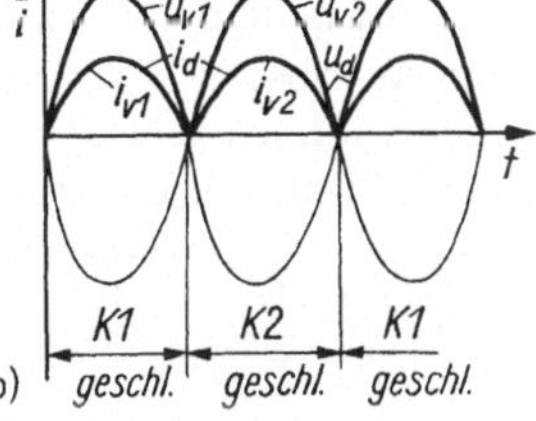

a) Schaltung

F Ankerfeder; *Sp* Spule; *DM* Dauermagnet; *K1,2* Kontakte;

C Kondensator zur Verschiebung der Phase des Spulenstroms

b) Verlauf der sekundärseitigen Ströme $i_{v1,2}$ und des Gleichstroms i_d

Bild 1.7. Mechanischer Gleichrichter

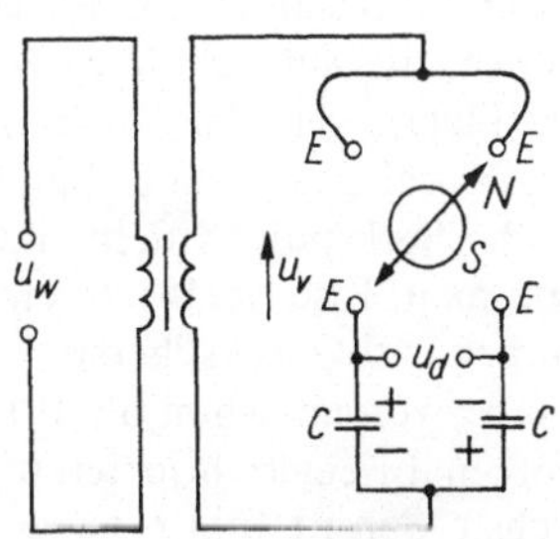

Bild 1.8. Nadelgleichrichter

S Synchronmotor; *N* Nadel; *E* Elektroden; *C* Speicherkondensatoren

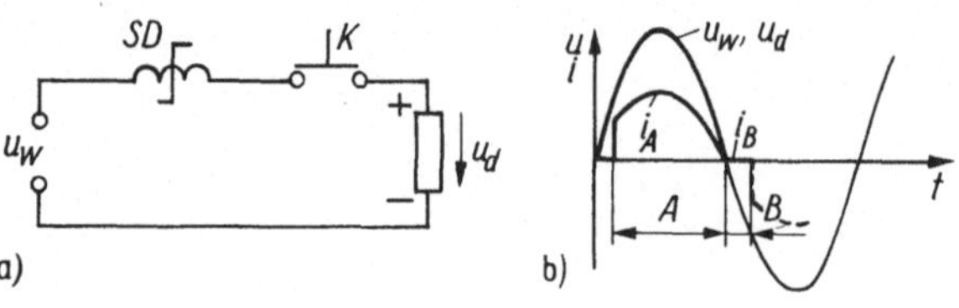

Bild 1.9. Kontaktgleichrichter (schematisch)

a) Schaltung; *SD* sättigbare Drossel; *K* Kontakt
b) Verlauf der Wechselspannung u_w, der Gleichspannung u_d und des Gleichstroms $i_{A,B}$ während des Sättigungsintervalls *A* und der stromschwachen Pause *B*

Elektrolytgleichrichter

Schon Ende des vergangenen Jahrhunderts war die Ventilwirkung bekannt, die an der Grenze zwischen einem Gas und einem Elektrolyt auftritt. Eine Ausführungsform eines Elektrolytgleichrichters bestand aus einer Aluminiumanode in Form eines Stabes, der in einen mit Ammoniumkarbonat gefüllten Eisenzylinder, die Katode, hineinragt. Bei der Formierung der Zelle bildet sich an der Anode ein sehr dünner Gasfilm. Es können Wechselspannungen bis etwa 30 V gleichgerichtet werden.

Kupferoxydul- und Selengleichrichter [1.11]

Die Gleichrichterwirkungen von Kupferoxydul und von Selen waren nach 1870 erkannt worden, doch die Ventile erreichten erst mehrere Jahrzehnte später ihre technische Reife. — Bei dem im Bild 1.10 gezeigten Gleichrichter besteht die Anode *2* aus Selen. Durch Oberflächenbehandlung des Selens wird die Sperrschicht *3* erzeugt, so daß ein pn-Übergang entsteht. Die Schichten *1* (aus Aluminium oder Eisen) und *4* (aus einer Legierung von Kadmium-Zinn) dienen als Elektroden. Bei Sperrspannungen von 20 bis 30 V und Stromdichten von 100 mA je Quadratzentimeter Plattenfläche können Ladegeräte, und durch die problemlose Parallel- und/oder Reihenschaltung zahlreicher Platten können Galvanikgleichrichter für Tausende Ampere bei nur wenigen Volt oder Hochspannungsgleichrichter für 100 kV, doch nur geringe Ströme, gebaut werden. Diese Ventile wurden in großem Umfang eingesetzt, und zwar bei üblichen Spannungen mit der seit 1897 bekannten *Graetz*-Schaltung (s. Zweipuls-Brückenschaltung Abschn. 3.3.1) und bei Hochspannung mit der 1920 bekanntgewordenen *Greinacher*-Schaltung (s. Kaskadenschaltungen, Abschn. 3.2.1.7 und 3.3.4).

Kupferoxydul-Gleichrichter sind ähnlich gebaut, mit Cu_2O als Sperrschicht. Wegen ihrer niedrigen Sperrfähigkeit sind sie hauptsächlich als Gleichrichter für Meßgeräte verwendet worden.

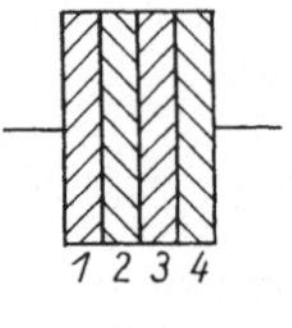

Bild 1.10. Selengleichrichter

Gasentladungsventile [1.12] bis [1.16]

Schon 1882 bemerkten *Jemin* und *Meneuvrier*, daß ein Lichtbogen zwischen Quecksilber und Kohle wie ein Gleichrichter wirkt. Das Quecksilber (Katode) emittiert Elektronen, die auf dem Weg zur Kohleelektrode (Anode) den Quecksilberdampf ionisieren. Es entsteht ein Lichtbogen, der Tausende von Ampere führen kann. Die Gefäße wurden zuerst aus Hartglas gefertigt, evakuiert und zugeschmolzen. Die größten Glasgleichrichter hatten sechs Anoden und konnten mit der Sechspuls-Mittelpunktschaltung (s. Abschn. 3.5.2) 500 A bei 440 V abgeben. — Ab 1905 begann man, Eisengefäße zu entwickeln, in denen das Vakuum mit Hilfe von rotierenden Vorvakuumpumpen und Quecksilberstrahlpumpen aufrechterhalten werden mußte (Bild 1.11). Die ersten Eisengefäße wurden schon ab 1915 in Straßenbahn-Unterwerken eingesetzt. Im Jahr 1930 konnten die größten Eisengleichrichter mit 24 Anoden 16 kA, z. B. für Schmelzflußelektrolysen, abgeben. Der nächste Schritt führte zu den pumpenlosen Eisengefäßen, die eine ausgefeilte Technologie beim Bau der hochvakuumfesten Elektrodeneinführungen, Kontrolle der Eisengefäße auf kleinste Undichtigkeiten, weitgehende Entgasung, wie bei Hochvakuumröhren usw., forderten. — Die Möglichkeiten, die von einem Quecksilberdampfgleichrichter abgegebene Spannung über Gitter vor jeder der Anoden zu steuern, war schon 1913 bekanntgeworden, doch wurde sie erst 20 Jahre später in großem Umfang praktisch ausgenutzt. Es konnten nun Regelantriebe mit Leistungen bis zu mehreren Megawatt und Unterwerke für die Höchstspannungs-Gleichstromübertragung (HGÜ) mit Gleichströmen von z. B. 1 kA bei ±400 kV gebaut werden (s. Abschn. 3.6.4.4). — In diesem Zusammenhang sei noch erwähnt, daß man schon 1930 versucht hatte, eine HGÜ für 75 kV, 200 A Gleichstrom mit Lichtbogenventilen zu entwickeln, bei denen sich zwei Elektroden in atmosphärischer Luft im Abstand von einigen Zentimetern gegenüberstanden. Der Lichtbogen wurde synchron mit der Netzspannung, z. B. zu Beginn jeder positiven Halbwelle, mit Hilfe einer Hochfrequenzentladung gezündet. Der Elektrodenabbrand war jedoch zu hoch [1.17].

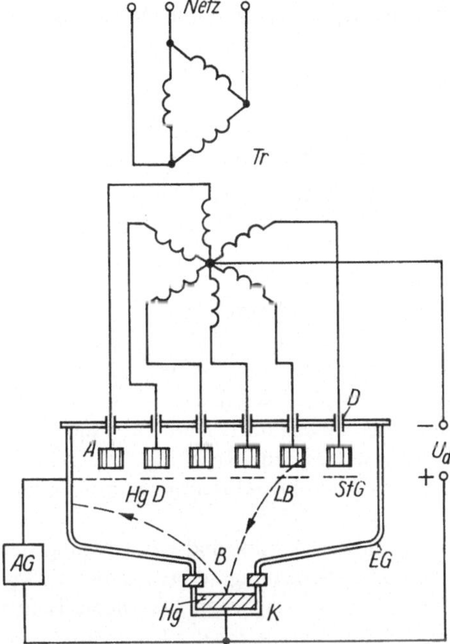

Bild 1.11. Quecksilberdampfgleichrichter in Sechspuls-Mittelpunktschaltung

EG Eisengefäß; *Hg* Quecksilberteich; *K* Katode; *A* Kohleanoden; *D* Durchführungen; *StG* Steuergitter; *LB* Lichtbogen; *HgD* Quecksilberdampfstrahlen; *AG* Ansteuergerät; *Tr* Transformator

Für Spannungen bis zu 15 kV, aber nur kleinere Ströme, wurden auch häufig Thyratrons, d. h. Glühkatodenventile mit Gas- oder Quecksilberdampffüllung und Steuergitter, eingesetzt, z. B. für die Anodenspannung von Senderöhren (Bild 1.12).

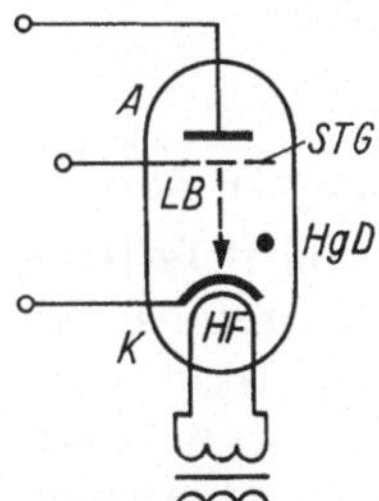

Bild 1.12. Thyratron

HF Heizfaden; *K* Katode; *A* Anode; *StG* Steuergitter; *HgD* Quecksilberdampffüllung; *LB* Lichtbogen

Einkristall-Halbleiterventile

Die gegenwärtige Periode ist durch die Einkristall-Halbleiterventile geprägt. Kurz nach 1950 wurden die Germanium-, unmittelbar darauf auch die Siliziumdioden produktionswirksam. Mit ihnen können alle ungesteuerten Gleichrichter bis zu größten Leistungen, wie bei Bahnunterwerken und Großelektrolysen, bestückt werden. Die von einem Diodengleichrichter abgegebene Spannung kann auch bei geringen Anforderungen an die Regelgüte mit einem vorgeschalteten Transformator mit Anzapfungen oder mit *Transduktoren* gesteuert werden. Transduktoren ähneln den Schaltdrosseln, die schon erwähnt wurden, haben aber noch eine Steuerwicklung. Mit einem Steuergleichstrom wird der Zeitpunkt innerhalb jeder Periode eingestellt, zu dem sie vom nichtgesättigten, hochohmigen Zustand, bei dem nur ihr geringer Magnetisierungsstrom fließt, in den gesättigten, niederohmigen Zustand umschalten [1.18].

Seit 1957 stehen steuerbare Leistungs-Halbleiterventile als Thyristoren, Triacs, abschaltbare Thyristoren sowie auch bipolare und Feldeffekttransistoren zur Verfügung, die alle vorhergehenden steuerbaren Ventile an Schaltleistung je Volumeneinheit, Wirkungsgrad, Zuverlässigkeit, Zeitverhalten usw. weit übertreffen. Sie sind im Abschnitt 2 beschrieben.

Die Entwicklung der steuerbaren Gasentladungs- und Halbleiterventile war von entsprechenden Fortschritten beim Bau der Steuergeräte begleitet. Auf Phasenschwenkbrücken mit Induktivitäten und mechanisch verstellbaren ohmschen Widerständen folgten Geräte mit Hochvakuumröhren, dann mit Transistoren, mit Hybridschaltkreisen und schließlich mit integrierten Schaltungen in analoger und digitaler Bauweise.

Schaltungstechnik

Quecksilberdampfventile, bei denen mehrere Anoden einer einzigen Katode gegenüberstehen (s. z. B. Bild 1.11), sind nur für Mittelpunktschaltungen, insbesondere mit Saugdrossel, geeignet. Schon im Jahr 1930 lag eine umfassende Theorie für diese Schaltungen vor. Die Theorie der Brückenschaltungen, die sich mit der Einführung der Halbleiterventile weitestgehend durchsetzten, stellte dann im wesentlichen nur eine Erweiterung der Theorie der Mittelpunktschaltungen dar.

In den folgenden Jahren wurden zahlreiche Schaltungen zur Umformung von Gleichstrom in Wechselstrom mit Wechselrichtern und zur Steuerung von Gleichspannungen mit Gleichstrom-Pulsstellern theoretisch ausgearbeitet und im Versuchsbetrieb erprobt. Doch erst vierzig Jahre später, als steuerbare Halbleiterventile und integrierte Ansteuergeräte zur Verfügung standen, wurden diese Schaltungen mit vertretbarem Aufwand und hoher Zuverlässigkeit in die Praxis eingeführt. Dafür war auch entscheidend, daß das Interesse der Industrie und des Transportwesens für die Regelung der Drehzahl von Drehfeldmotoren, für die Erzeugung von Mittelfrequenz für die induktive Erwärmung usw. immer mehr zugenommen hatte.

Das vergangene Jahrzehnt brachte eine schnelle Vergrößerung der Anzahl und der Leistung der Geräte und Anlagen der Leistungselektronik im industriellen und im Konsumgüterbereich der Volkswirtschaft. Damit wurde das Problem der Netzrückwirkungen immer dringlicher. Die theoretischen Untersuchungen der Netzrückwirkungen und die Verfahren zur Dimensionierung der Kompensationseinrichtungen (Kondensatoren und Filter) haben schon einen gewissen Abschluß erreicht (s. z. B. [6.1]). Es sind aber auch schon seit Jahren Stromrichterschaltungen bekannt, die das speisende Netz in geringerem Umfang durch Blindleistung und Oberschwingungsströme beanspruchen als die klassischen Schaltungen. Diese günstigeren Schaltungen können jedoch in breitem Umfang nur in dem Maß eingesetzt werden, wie Ventile großer Leistung zur Verfügung stehen, die ohne oder mit nur wenig umfangreichen Hilfskreisen abgeschaltet werden können.

Simulation und Bemessung von Stromrichtern mit Rechnern

Die großen Fortschritte auf dem Gebiet der elektronischen Datenverarbeitung fördern auch die Simulierung, Analyse und Bemessung von Stromrichtern und Anlagen der Leistungselektronik [1.19] [1.20].

Auf der Grundlage digitaler (oder auch analoger) Nachbildungen von Dioden, Thyristoren usw. lassen sich Stromrichter, der von ihnen gespeiste Lastkreis und auch das vorgeschaltete Netz einschließlich Kompensationseinrichtungen durch Differentialgleichungen beschreiben, die unschwer mit einem numerischen Integrationsverfahren gelöst werden können. Das Ergebnis der Simulation kann zeigen, ob die Parameter des Pflichtenheftes erreicht werden. Auf einem Bildschirm oder Grafikdrucker lassen sich auch dynamische Vorgänge abbilden, die z. B. durch Laständerungen, Überspannungen im speisenden Netz, Kurzschlüsse auf der Lastseite oder Havarien im Stromrichter selbst ausgelöst werden.

Die rechnergestützte Analyse der Stromrichter stellt einen wesentlichen Teil des rechnergestützten Entwurfs (CAD) von Anlagen, z. B. von Antrieben für Walzwerke, dar.

2. Halbleiterventile

Im zweiten Abschnitt sollen der Bau und die Wirkungsweise der Halbleiterventile geschildert werden. Dabei wird besonderer Wert darauf gelegt, daß der Leser die Physik der Halbleiter, soweit sie sich auf Leistungs-Halbleiterbauelemente bezieht, versteht und lernt, die wesentlichen Zusammenhänge mathematisch zu beschreiben. Warum ist dies so wichtig?

Es ist selbstverständlich, daß ein Techniker, der sich mit der Forschung, Entwicklung, Technologie oder Produktion von Leistungs-Halbleiterventilen befassen will, gründliche Kenntnisse der physikalischen Vorgänge in diesen Bauelementen besitzen muß. Er muß wissen, wie sich die Konzentration und die Verteilung der Dotierungen und der Kristallfehler, wie sich die Dimensionen des Kristalls und die Wärmeabführung auf die Funktion, Kenndaten und Grenzwerte des Bauelements auswirken.

Aber auch ein Ingenieur, der für die Projektierung, Vorbereitung des Einsatzes und für den Betrieb von Stromrichtern verantwortlich ist, muß beurteilen können, ob für einen bestimmten Zweck ein Gerät mit Transistoren oder mit Thyristoren gewählt werden soll und ob eine vorhandene Anlage höher als ursprünglich vorgesehen beansprucht werden darf. Er muß die Vorgänge im Bauelement genau kennen, denn nur dann weiß er, ob eine Überlastung der Bauelemente zu einer reversiblen oder irreversiblen Schädigung führen kann, durch welche Maßnahmen von seiten des Anwenders die Zuverlässigkeit erhöht wird oder wie sich unzureichende Kühlung auf die Freiwerdezeit eines Thyristors auswirkt. Er muß sich auch eine Meinung darüber bilden können, bei welchen Bauelementen die Möglichkeiten zu einer durchgreifenden Weiterentwicklung schon ausgeschöpft sind und auf welchen Gebieten in der näheren Zukunft so wesentliche Fortschritte zu erwarten sind, daß alte Geräte und Anlagen abgelöst und durch eine neue Generation ersetzt werden müssen.

Die Angaben in den Applikationsunterlagen können keine erschöpfenden Daten für alle in der Praxis vorkommenden, oft unkonventionellen Einsatzfälle der Halbleiter-Leistungsbauelemente bieten. Der Ingenieur muß sich auch in neue, noch wenig bekannte Bauelemente einarbeiten können. Er muß deshalb fähig sein, die Gleichungen aufzustellen, die die Vorgänge in den Bauelementen beschreiben, bei Berücksichtigung aller für den vorgesehenen Einsatzfall wesentlichen und bei Vernachlässigung aller unwesentlichen Einflußfaktoren. Anschließend müssen die Gleichungen gelöst und die Ergebnisse ausgewertet werden. Nur auf der Grundlage solch exakter Kenntnisse der Zusammenhänge zwischen der Dotierung, den Dimensionen usw. der Kristalle und den Schaltereigenschaften und Parametern der Bauelemente ist eine effektive Arbeit des Ingenieurs möglich.

2.1. Physikalische Grundlagen

2.1.1. Übersicht über Halbleiter-Leistungsbauelemente

Im vorliegenden Abschnitt wird eine Vielzahl von Halbleiter-Leistungsventilen beschrieben, doch lassen sie sich in nur vier Gruppen unterteilen, wenn allein ihre Schaltereigenschaften betrachtet werden (Tafel 2.1). Dabei soll mit „Ein" der Durchlaßzustand und mit „Aus" der Sperrzustand bezeichnet werden.

Dioden können bei positiver Anoden-Katoden-Spannung nicht sperren, sondern gehen in den EIN-Zustand über; bei Umkehr der Spannungsrichtung schalten sie aus.

Thyristoren bleiben bei positiver Anoden-Katoden-Spannung im Blockierzustand, bis ein positiver Steuerpuls anliegt. Solange Durchlaßstrom fließt, verharren sie im Durchlaßzustand, auch nach dem Aussetzen des Steuerstroms. Bei negativer Anoden-Katoden-Spannung sperren sie. — Bei *abschaltbaren* Thyristoren kann der Durchlaßstrom mit einem negativen Steuerstrompuls unterbrochen werden.

Tafel 2.1. Übersicht über die wichtigsten Halbleiter-Leistungsventile

Bezeichnung	Zahl der pn-Übergänge	Kennlinien	Grenzwerte Spannung (nicht gleichzeitig)	Grenzwerte Strom	Abschaltmöglichkeiten
Diode	1	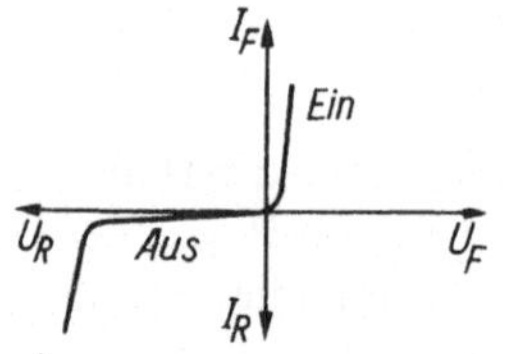 a)	5 kV	1 kA bei Luftkühlung 5 kA bei Wasserkühlung	keine
Thyristor	3	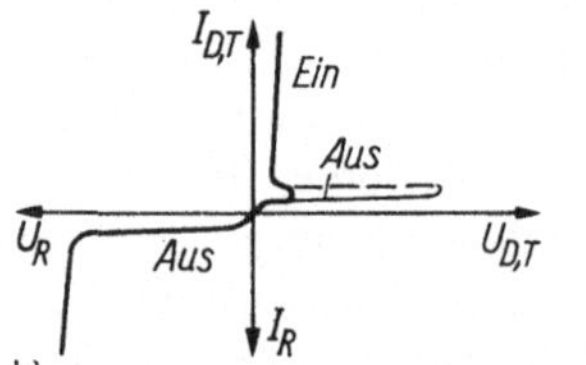 b)	5 kV	1 kA bei Luftkühlung 5 kA bei Wasserkühlung	Löschkreis
Abschaltbarer Thyristor	3	b)	2 kV	1 kA	mit negativem Steuerstrom
Triac	4	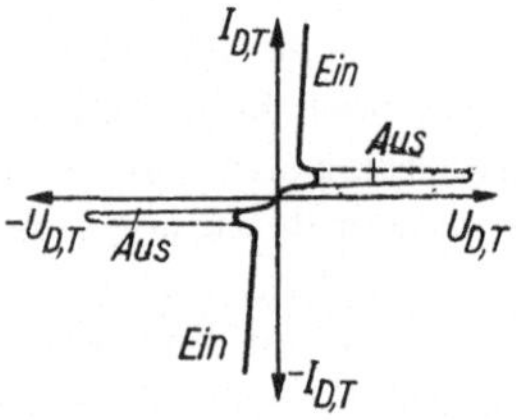	1 kV	100 A	mit Löschkreis
Schalttransistor, bipolar	2	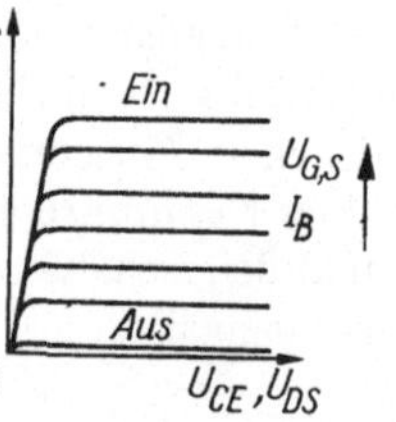 d)	2 kV	500 A	Abschalten des Steuerstroms
MOSFET	–	d)	1 kV	30 A	Abschalten der Steuerspannung

Triacs (auch mit „Symistoren" bezeichnet) entsprechen Schaltern, die den Strom in *beiden* Richtungen führen können. Zum Einschalten brauchen sie einen Ansteuerimpuls und bleiben auch nach dessen Abklingen im Ein-Zustand, solange der Durchlaßstrom fließt. Sie sperren, wenn sich die Polarität der Spannung über ihren Hauptanschlüssen umkehrt und sie mit keinem neuen Steuerimpuls beaufschlagt werden.

Transistoren können Strom nur in *einer* Richtung führen und Spannung *einer* Polarität sperren. Sie schalten ein, wenn ein Steuerstrom oder eine Steuerspannung (beim bipolaren Transistor bzw. beim MOSFET) anliegt. Beim Abschalten des Steuersignals gehen sie in den Sperrzustand über.

Auf einen wesentlichen Unterschied zwischen Thyristoren und Transistoren soll noch einmal hingewiesen werden: Bei Wechselrichtern, Gleichstromstellern, Schaltnetzteilen usw. muß der Strom durch die Ventile auch bei positiver Anoden-Katoden-Spannung unterbrochen werden. Thyristoren brauchen dazu einen Löschkreis, dessen Aufwand nur bei großen Leistungen vertretbar ist; abschaltbare Thyristoren werden mit einem negativen Steuerimpuls ausgeschaltet, beanspruchen dafür aber ein recht aufwendiges Ansteuergerät. Im Gegensatz dazu sperren Transistoren, sobald das Steuersignal aussetzt. Sie sind deshalb für die soeben erwähnten Einsatzbereiche gut geeignet, besonders bei kleinen Leistungen.

Wenn man die *realen* Halbleiterventile betrachtet, erkennt man, daß sie sich von *idealen* Schaltern in folgender Weise unterscheiden:

- Im Durchlaßzustand fällt über ihnen noch eine Spannung von einigen wenigen Volt ab, so daß nicht unbeträchtliche Leistungsverluste entstehen und in Form von Wärme abgeführt werden müssen.
- Im Sperrzustand fließt noch ein zwar nur geringer Reststrom, der aber verhindert, daß die Last völlig von der Spannungsquelle getrennt ist.
- Das Ein- und Ausschalten geht nicht sprunghaft vor sich, sondern beansprucht Zeiten in der Größenordnung von Mikrosekunden. Dadurch sowie auch durch die Schaltverluste ist die höchste Schaltfrequenz begrenzt, und es treten zusätzlich zu den Durchlaß- noch Schaltverluste auf.

Bei allen Halbleiterventilen werden die geschilderten Eigenschaften durch einen oder mehrere *pn*-Übergänge in einem Siliziumsubstrat hervorgerufen, außer beim MOSFET, bei dem ein leitender Kanal im Substrat der Wirkungsweise zugrunde liegt. Die folgenden Abschnitte befassen sich deshalb mit den für die Halbleiterventile wichtigsten Eigenschaften der homogenen Halbleiter sowie eines einzigen *pn*-Übergangs und anschließend mit dem Funktionsprinzip und mit technischen Einzelheiten der verschiedenen Typen von Halbleiter-Leistungsbauelementen. Dabei wird vorausgesetzt, daß der Leser Grundkenntnisse über den Stromfluß im Halbleiter und die Vorgänge in einem *pn*-Übergang besitzt [2.1] bis [2.9]; doch soll zur Einführung ein kurzer Überblick über die für die Leistungselektronik wichtigsten Grundlagen der Halbleiterphysik gegeben werden.

Es sei noch darauf hingewiesen, daß die Überlegungen im Abschnitt 2 grundsätzlich für jedes Halbleitermaterial gelten. Tatsächlich aber beziehen sich die Diskussion und insbesondere die numerischen Beispiele entsprechend dem heutigen Stand der Technik auf Silizium, obwohl durchaus zu erwarten ist, daß z. B. Galliumarsenid in der näheren Zukunft in größerem Umfang in der Leistungselektronik eingesetzt werden wird (s. z. B. [2.14]).

2.1.2. Dichte freier Ladungsträger im thermischen Gleichgewicht

Wichtige Eigenschaften der Halbleiterventile, wie die Stromtragfähigkeit und die Spannungsfestigkeit, hängen von der Dichte der freien Ladungsträger im Kristall ab. Im folgenden sollen deshalb die Faktoren besprochen werden, die die Dichte der freien Ladungsträger bestimmen.

2.1.2.1. Generation und Rekombination

Der elektrische Strom wird im Halbleiter von frei beweglichen Ladungsträgern geführt, nämlich von Elektronen (Dichte n, Ladung $-e = -1{,}6 \cdot 10^{-19}$ A · s) und von Löchern (Dichte p, Ladung $+e$). In einem Halbleiter im *thermischen Gleichgewicht* ist überall die Generationsrate der freien Ladungsträger gleich ihrer Rekombinationsrate; dies setzt voraus, daß der Halbleiter die gleiche Temperatur wie seine Umgebung hat und daß keine äußere Spannung an ihm liegt. Es müssen auch Störungen des thermischen Gleichgewichts, die zu einem früheren Zeitpunkt vorgelegen hatten, abgeklungen sein.

Zur *Generation* eines freien beweglichen Ladungsträgerpaares muß einem Elektron, welches an ein Atom im Kristallgitter gebunden ist, so viel Energie zugeführt werden, daß diese Bindung aufbricht. Die Energie wird bei der thermischen Generation von den Schwingungen der Atome um ihre Ruhelage aufgebracht, sonst auch von Stößen schneller Elektronen oder Photonen gegen die Atome oder von einem hohen elektrischen Feld.

Bei der thermischen Generation hängt die Generationsrate g nur von der Temperatur ϑ des Halbleiters ab und von der Ionisationsenergie eU_i, die zur Paarbildung notwendig ist:

$$g = g(\vartheta, U_i)\,. \tag{2.1}$$

Die *Rekombinationsrate* r ist dem Produkt np der Dichten der beiden daran beteiligten Trägerarten proportional und ist auch wieder eine Funktion der Temperatur und der Ionisationsenergie. Man kann deshalb schreiben:

$$r = pnr(\vartheta, U_i) . \tag{2.2}$$

Im thermischen Gleichgewicht gilt

$$g = r , \tag{2.3}$$

und deshalb ist auf Grund von (2.1) und (2.2)

$$pn = \frac{g(\vartheta, U_i)}{r(\vartheta, U_i)} . \tag{2.4}$$

Auf eine Berechnung der Größe g/r muß hier verzichtet und folgendes Resultat, ohne Beweis, angegeben werden:

$$pn = n_i^2 = C^2\vartheta^3 \exp\left\{-\frac{eU_i}{k\vartheta}\right\} = C^2\vartheta^3 \exp\{-U_i/U_\vartheta\} ; \tag{2.5}$$

k die *Boltzmannsche* Konstante (Tafel 2.2)
U_i und C stoffbedingte Konstanten (Tafel 2.3)
n_i die *Eigenleitungsträgerdichte*
$k\vartheta/e \equiv U_\vartheta$ die *Temperaturspannung.* (2.6)

Die Temperaturspannung beträgt z. B. bei $\vartheta = 300$ K:

$$U_\vartheta = \frac{1{,}38 \cdot 10^{-23}\,\text{W} \cdot \text{s/K} \cdot 300\,\text{K}}{1{,}6 \cdot 10^{-19}\,\text{A} \cdot \text{s}} = 25{,}9\,\text{mV} . \tag{2.7}$$

Bei der Diskussion der Dichte der beiden Ladungsträgerarten muß man zwischen Eigenhalbleitern und Störstellenhalbleitern unterscheiden.

Tafel 2.2. Physikalische Konstanten

Elementarladung	$e = 1{,}6 \cdot 10^{-19}$ A · s
Boltzmannsche Konstante	$k = 1{,}38 \cdot 10^{-23}$ W · s/K
Dielektrizitätskonstante im Vakuum	$\varepsilon_0 = 8{,}86 \cdot 10^{-14}$ F/cm

Tafel 2.3. Eigenschaften von Silizium

Dichte der Atome	$5{,}02 \cdot 10^{22}$ cm^{-3}	
Relative Dielektrizitätskonstante	$\varepsilon_r = 12$	
Ionisierungsspannung	$U_i = 1{,}2$ V $C = 3{,}9 \cdot 10^{16}$ cm^{-3} · K$^{-3/2}$	
	Elektronen	Löcher
Beweglichkeit	$\mu_n = 1350$ cm^2 · V^{-1} · s^{-1}	$\mu_p = 480$ cm^2 · V^{-1} · s^{-1}
Diffusionskoeffizient bei Eigenleitung oder schwach dotiertem Halbleiter bei 300 K	$D_n = 35$ cm^2 · s^{-1}	$D_p = 12$ cm^2 · s^{-1}

2.1.2.2. Eigenhalbleiter

Bei diesen wird vorausgesetzt, daß die Dichte der Störstellen im Kristall vernachlässigbar ist. Durch Zufuhr von Energie, also z. B. Wärme oder Licht, können Elektronen aus den Atomen des Halbleiters herausgerissen werden, die sich dann ebenso frei bewegen wie das „Loch", das sie im Atom hinterlassen. Beide Ladungsträgerarten haben die gleiche Dichte $n_0 = p_0$, und (2.5) ergibt

$$p_0 = n_0 = n_i = C\vartheta^{3/2} \exp\left\{-\frac{U_i}{2U_\vartheta}\right\}. \tag{2.8}$$

Bei Silizium bei einer Temperatur $\vartheta = 300$ K, also $U_\vartheta = 25{,}9$ mV (2.7), ergibt (2.8)

$$\begin{aligned} p_0 &= n_0 = n_i \\ &= 3{,}9 \cdot 10^{16}\,\text{cm}^{-3}\,\text{K}^{-3/2}\,(300\,\text{K})^{3/2} \exp\left\{-\frac{1{,}2\,\text{V}}{2 \cdot 0{,}0259\,\text{V}}\right\} \\ &= 1{,}76 \cdot 10^{10}\,\text{cm}^{-3}. \end{aligned} \tag{2.9}$$

Für die höchste üblicherweise im Betrieb eines Leistungshalbleiters vorkommende Temperatur von 150 °C, d. h. 423 K, findet man entsprechend

$$p_0 = n_0 = n_i = 2{,}45 \cdot 10^{13}\,\text{cm}^{-3}. \tag{2.10}$$

Die Trägerdichte nimmt also mit der Temperatur steil zu!

2.1.2.3. Störstellenleiter

Beim Störstellenleiter sind in den Kristall durch Dotierung Fremdatome eingebaut, und zwar entweder *Donatoren* (Dichte N_D), die ein frei bewegliches Elektron an das Kristall abgeben und folglich positiv geladen sind, oder *Akzeptoren* (Dichte N_A), die ein Elektron von einem benachbarten Atom aufnehmen. Dadurch werden die Atome negativ aufgeladen, und es entsteht im benachbarten Atom ein Loch, welches auch, wie schon erwähnt, zur Leitfähigkeit beiträgt.

Im üblichen Temperaturbereich sind alle Störstellen ionisiert, und es gilt für die *Majoritätsträger*

$$n = N_D \quad \text{und} \quad p = N_A. \tag{2.11}$$

Bei einer Konzentration der Donatoren, also auch der freien Elektronen von z. B. $n = N_D = 10^{16}\,\text{cm}^{-3}$, ist die Zahl der freien Elektronen und damit auch die Leitfähigkeit weitaus größer als beim Eigenleiter bei üblichen Temperaturen (vgl. (2.9)). Gleichzeitig rekombinieren aber auch mehr Löcher mit der so erheblich vergrößerten Zahl der Elektronen, so daß die Dichte der Löcher stark absinkt. Gleichung (2.5) gilt auch weiterhin, und es folgt für die *Minoritätsträger*

$$p = n_i^2/N_D \quad \text{und} \quad n = n_i^2/N_A. \tag{2.12}$$

Bei z. B. $\vartheta = 300$ K und $N_D = 10^{16}\,\text{cm}^{-3}$ ergibt sich mit der durch (2.9) gegebenen Größe für n_i:

$$p = (1{,}76 \cdot 10^{10}\,\text{cm}^{-3})^2/(10^{16}\,\text{cm}^{-3}) \tag{2.13}$$

$$= 3{,}1 \cdot 10^4\,\text{cm}^{-3}. \tag{2.14}$$

Da die Eigenleitungsträgerdichte n_i mit der Temperatur schnell ansteigt (vgl. (2.10)), nimmt auch die Dichte der Minoritätsträger mit der Temperatur entsprechend zu; es gilt z. B. bei $\vartheta = 423$ K und $N_D = 10^{16}\,\text{cm}^{-3}$:

$$p = 6{,}0 \cdot 10^{10}\,\text{cm}^{-3}. \tag{2.15}$$

Diese Dichte der Minoritätsträger hat, wie noch gezeigt werden wird ((2.91) und (2.96)), wesentlichen Einfluß auf die Größe des Sperrstroms.

2.1.3. Elektrischer Strom im Halbleiter

Auf Grund ihrer Wärmeenergie bewegen sich die freien Ladungsträger völlig ungeordnet im Halbleiterkristall; ein *gerichteter* Strom entsteht dadurch nicht. Ein elektrisches Feld oder örtliche Dichteunterschiede aber rufen einen gerichteten Strom der Teilchen und damit auch einen gerichteten elektrischen Strom hervor.

Es sei noch vorausgeschickt, daß eine *eindimensionale* Beschreibung genügt, wenn nur die einfachsten, grundlegenden Vorgänge in einem Halbleiter geschildert werden sollen. Deshalb werden im folgenden nur die Teilchenströme oder die elektrischen Ströme in der *x-Richtung* berücksichtigt.

2.1.3.1. Feldstrom

Der Feldstrom ist der Dichte der freien Ladungsträger n, p und ihrer Geschwindigkeit

$$v_{\mathrm{n,p}} = \mu_{\mathrm{n,p}} E \tag{2.16}$$

proportional; hier sind E die Feldstärke und $\mu_{\mathrm{n,p}}$ die „Beweglichkeit" der Elektronen bzw. der Löcher (Tafel 2.3). Bei höheren Temperaturen wird die ungerichtete Geschwindigkeit der freien Ladungsträger größer, sie stoßen häufiger mit den Gitteratomen des Halbleiters zusammen, und die gerichtete Komponente ihrer Geschwindigkeit wird kleiner. Die Beweglichkeit nimmt folglich mit steigender Temperatur ab.

Die Dichte des Feldstroms hat folgende Komponenten:
den Elektronenstrom S_{n}, der eine negative Ladung entgegen der Richtung des Feldes führt, also positiv ist,

$$S_{\mathrm{n}} = env_{\mathrm{n}} = e\mu_{\mathrm{n}} nE\,, \tag{2.17}$$

und den Löcherstrom

$$S_{\mathrm{p}} = epv_{\mathrm{p}} = e\mu_{\mathrm{p}}\, pE\,. \tag{2.18}$$

Der gesamte Feldstrom S ist also

$$S = S_{\mathrm{n}} + S_{\mathrm{p}} = e(\mu_{\mathrm{n}} n + \mu_{\mathrm{p}} p)\, E\,. \tag{2.19}$$

Hieraus folgt für den spezifischen Widerstand ϱ des Kristalls

$$\varrho = \frac{E}{S} = \frac{1}{e(\mu_{\mathrm{n}} n + \mu_{\mathrm{p}} p)}\,. \tag{2.20}$$

Für einen Eigenleiter bei 300 K ergibt sich (s. (2.9) für $p = n$)

$$\varrho = \frac{1}{1{,}6 \cdot 10^{-19}\,\mathrm{A \cdot s}\,[(1350 + 480)\,\mathrm{cm^2/(V \cdot s)} \cdot 1{,}76 \cdot 10^{10}\,\mathrm{cm^{-3}}]} \tag{2.21}$$

$$\varrho = 1{,}9 \cdot 10^5\,\Omega \cdot \mathrm{cm} \tag{2.22}$$

und für einen Störstellenleiter mit $N_{\mathrm{D}} = 10^{16}\,\mathrm{cm^{-3}}$ bei 300 K (vgl. (2.14) für p)

$$\varrho = \frac{1}{1{,}6 \cdot 10^{-19}\,\mathrm{A \cdot s}\,[1350\,\mathrm{cm^2/(V \cdot s)} \cdot 10^{16}\,\mathrm{cm^{-3}} + 480\,\mathrm{cm^2/(V \cdot s)} \cdot 3{,}1 \cdot 10^4\,\mathrm{cm^{-3}}]} \tag{2.23}$$

$$\varrho = 0{,}46\,\Omega \cdot \mathrm{cm}\,. \tag{2.24}$$

2.1.3.2. Diffusionsstrom

Der Diffusionsstrom wird dadurch hervorgerufen, daß die Ladungsträger von Gebieten hoher zu Gebieten niedriger Trägerdichte diffundieren. Er hängt also nicht von der Dichte, sondern vom Dichte*gefälle* $\mathrm{d}n/\mathrm{d}x$ oder $\mathrm{d}p/\mathrm{d}x$ der Elementarteilchen ab.

Die Dichte des Diffusionsstroms der Elektronen beträgt

$$S_n = eD_n \, dn/dx \tag{2.25}$$

und der Löcher

$$S_p = -eD_p \, dp/dx \, ; \quad \text{(beachten Sie das Minuszeichen!)} \tag{2.26}$$

D_n, D_p Diffusionskoeffizienten (Tafel 2.3).

Zwischen den Diffusionskoeffizienten $D_{p,n}$ und den Beweglichkeiten $\mu_{p,n}$ besteht die „Einsteinsche Beziehung" (vgl. auch (2.6))

$$\frac{D_{p,n}}{\mu_{p,n}} = \frac{k\vartheta}{e} = U_\vartheta \, . \tag{2.27}$$

2.1.4. Grundgesetze

Es wird wieder nur die x-Richtung berücksichtigt (vgl. Abschn. 2.1.3).

Der elektrische Zustand eines Halbleiters wird durch die folgenden sechs Größen beschrieben: durch das Potential U und die Feldstärke E im Kristall, durch die Dichten n und p der Elektronen und der Löcher sowie durch die gerichteten Ströme der Elektronen und der Löcher mit den Dichten S_n und S_p. Diese sechs Größen sind durch die folgenden sechs Gleichungen miteinander verknüpft:

Potential U und Feldstärke E hängen wie folgt zusammen:

$$E = -dU/dx \, . \tag{2.28}$$

Die Poissonsche Gleichung gibt den Zusammenhang zwischen Feldstärke E und Raumladungsdichte ϱ:

$$\frac{dE}{dx} = \frac{\varrho}{\varepsilon} = \frac{e}{\varepsilon}(N_D - N_A + p - n) \, . \tag{2.29}$$

wo $\varepsilon = \varepsilon_0 \varepsilon_r$ die Dielektrizitätskonstante ist (Tafeln 2.2 und 2.3).

Die Dichte des Löcher- und des Elektronenstroms ist nach (2.17), (2.18), (2.25) und (2.26) durch

$$S_p = e\mu_p pE - eD_p \frac{dp}{dx} \tag{2.30}$$

und

$$S_n = e\mu_n nE + eD_n \frac{dn}{dx} \tag{2.31}$$

gegeben.

Im *thermischen Gleichgewicht* läßt sich an jedem Ort mit Hilfe dieser Gleichungen ein Zusammenhang zwischen dem Potential und der Dichte der Träger finden:

In einem inhomogenen, d. h. unterschiedlich dotierten Halbleiter gibt es unterschiedliche Dichten der freien Ladungsträger und auch wegen der Ionisierung der Akzeptoren und Donatoren Raumladungen und deshalb ein elektrisches Feld. Es fließen folglich Diffusions- und Feldströme, im thermischen Gleichgewicht aber muß an jedem Ort der Gesamtstrom Null sein. Dann folgt aus (2.30)

$$eD_p \frac{dp}{dx} = e\mu_p pE \, . \tag{2.32}$$

Die Integration ergibt

$$p = K_p \exp\left\{\frac{\mu_p}{D_p} \int E \, dx\right\} . \tag{2.33}$$

Die Integrationskonstante K_p hängt von den Gegebenheiten des jeweils untersuchten Problems ab und läßt sich unschwer bestimmen, wenn für irgendeinen Punkt sowohl Löcherdichte als auch Potential bekannt sind. Bei Berücksichtigung von (2.27) und (2.28) findet man

$$p = K_p \exp\left\{-\frac{eU}{k\vartheta}\right\}. \tag{2.34}$$

Analog folgt aus (2.31)

$$n = K_n \exp\left\{\frac{eU}{k\vartheta}\right\}. \tag{2.35}$$

Wenn also in einem inhomogenen Halbleiter im thermischen Gleichgewicht die Verteilung des Potentials bekannt ist, dann ist damit auch die Verteilung der Ladungsträgerdichten gegeben. Dieses Ergebnis ist für die Untersuchung des *pn*-Übergangs, also einer sehr ausgeprägten Inhomogenität in einem Halbleiter, von grundlegender Bedeutung.

Um die Vorgänge beim Ein- und Ausschalten von Transistoren, während der Freiwerdezeit von Thyristoren usw. zu untersuchen, müssen noch zwei weitere Gleichungen aufgestellt werden.

Folgende Größen beschreiben die *zeitlichen Änderungen* der Trägerdichte:

- die Generationsraten g_n und g_p sowie die Rekombinationsraten r_n und r_p der Träger;
- die Differenz zwischen dem Einstrom und Ausfluß der Teilchen, die an Hand von Bild 2.1 berechnet werden soll.

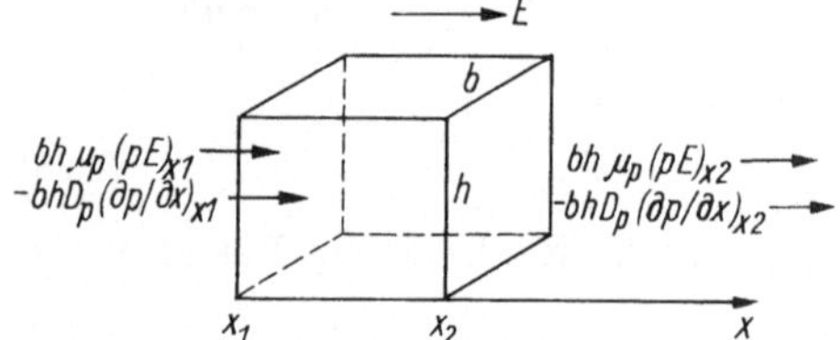

Bild 2.1. Zur Berechnung der zeitlichen Änderung der Trägerdichten

Der *Netto*-Einstrom der Löcher in das betrachtete Volumen beträgt durch Diffusion

$$-bhD_p(\partial p/\partial x)_{x1} + bhD_p(\partial p/\partial x)_{x2} \tag{2.36}$$

und durch das elektrische Feld

$$bh\mu_p(pE)_{x1} - bh\mu_p(pE)_{x2}\,. \tag{2.37}$$

Die Zunahme der Löcher im betrachteten Volumen und je Zeiteinheit beträgt dann

$$bh(x_2 - x_1)\frac{\partial p}{\partial t} = bh(x_2 - x_1)(g_p - r_p) + bhD_p \cdot \left[\left(\frac{\partial p}{\partial x}\right)_{x2} - \left(\frac{\partial p}{\partial x}\right)_{x1}\right] - bh\mu_p[(pE)_{x2} - (pE)_{x1}]\,. \tag{2.38}$$

Für $x_2 \to x_1$ folgt

$$\frac{\partial p}{\partial t} = g_p - r_p + D_p\frac{\partial^2 p}{\partial x^2} - \mu_p\frac{\partial(pE)}{\partial x}\,. \tag{2.39}$$

Entsprechend gilt für die Elektronen

$$\frac{\partial n}{\partial t} = g_n - r_n + D_n\frac{\partial^2 n}{\partial x^2} + \mu_n\frac{\partial(nE)}{\partial x}\,. \tag{2.40}$$

Diese Gleichungen werden in den folgenden Abschnitten zur Beschreibung einiger wichtiger Vorgänge in Halbleitern dienen, doch sie sind so kompliziert, daß keine *allgemeine* Lösung gefunden werden kann. Bei einer spezifischen Aufgabenstellung aber, wie z. B. bei der Frage nach der Strom-Spannungs-

Kennlinie eines pn-Übergangs oder bei der Ermittlung der Zündbedingung für einen Thyristor, geht man deshalb so vor, daß man erst aus der Anschauung ein Bild über die Vorgänge im Kristall zu gewinnen sucht. Dann kann man entscheiden, ob im jeweils betrachteten Teil des Kristalls die eine Trägerart im Vergleich zur anderen vernachlässigbar ist, ob eine der Komponenten des elektrischen Stroms -- Elektronen- oder Löcherstrom, Feld- oder Diffusionsstrom -- keine wesentliche Rolle spielt und ob die Generation oder Rekombination der Teilchen außer acht gelassen werden darf usw. Entsprechend kann dann das Gleichungssystem vereinfacht werden.

2.1.5. Rückkehr zum thermischen Gleichgewicht nach Störungen

Eine Störung des thermischen Gleichgewichts der freien Ladungsträger (vgl. (2.5)) kann z. B. durch Einstrahlung von Licht (Fotogeneration) oder durch den Einstrom von Ladungsträgern (Injektion) verursacht werden. Wenn diese Ursachen aufhören zu wirken, stellt sich allmählich die Gleichgewichtsdichte wieder ein. Im folgenden soll der Verlauf der Rückkehr zum Ladungsträgergleichgewicht im Anschluß an einen Überschuß von Majoritäts- oder von Minoritätsträgern geschildert werden.

2.1.5.1. Injektion von Majoritätsträgern

In einem Kristall mit der konstanten Gleichgewichtsdichte $\bar{p}$ der Majoritätsträger mögen bis zum Zeitpunkt $t = 0$ Ladungsträger einströmen, die die Dichte auf $p = \bar{p} + p'$ erhöhen, wobei $p' \ll \bar{p}$. Wenn der Zustrom der Träger aussetzt, geht die Rückkehr in den Gleichgewichtszustand sehr schnell vonstatten, denn die überschüssigen Träger rufen in ihrer Umgebung ein elektrisches Feld (vgl. (2.29))

$$E = \frac{e}{\varepsilon} \int^{x} p' \, \mathrm{d}x \tag{2.41}$$

und damit auch einen Strom hervor, der sie schnell abbaut.

Der Ausgleich wird auch noch durch den Diffusionsstrom beschleunigt, doch ist dieser im Vergleich zum Feldstrom so gering, daß er vernachlässigt werden kann.

Aus (2.39) und (2.41) folgt mit

$$g_{\mathrm{p}} = r_{\mathrm{p}} = 0 \quad \text{und} \quad p = \bar{p} + p' \qquad (2.42) \quad (2.43)$$

sowie bei Vernachlässigung von p' im Vergleich zu $\bar{p}$:

$$\frac{\mathrm{d}p'}{\mathrm{d}t} = -\frac{e\mu_{\mathrm{p}}\bar{p}}{\varepsilon} p', \tag{2.44}$$

also

$$p' = p(0) \exp\{-t/\tau\}, \tag{2.45}$$

wo

$$\tau = \frac{\varepsilon}{e\mu_{\mathrm{p}}\bar{p}} \tag{2.46}$$

die *Relaxationszeit* und $p(0)$ die Löcherdichte bei $t = 0$ ist. Mit $\varepsilon = \varepsilon_{\mathrm{r}}\varepsilon_0$ und $\varepsilon_{\mathrm{r}} = 12$ für Silizium, $\mu_{\mathrm{p}} = 480\ \mathrm{cm}^2/(\mathrm{V} \cdot \mathrm{s})$ sowie z. B. $\bar{p} = 10^{14}\ \mathrm{cm}^{-3}$ ergibt sich $\tau = 1{,}4 \cdot 10^{-10}$ s. Die Relaxationszeit ist außerordentlich kurz, weil sich *alle* Majoritätsträger, nicht nur die zusätzlich injizierten, am Abbau des Überschusses beteiligen. Ein Beispiel hierfür ist der MOSFET (s. Abschn. 2.4.3.1), bei dem die *Majoritätsträger* den Strom führen. Beim Ausschalten des Bauelements werden sie so schnell abgebaut, daß sie dessen Ausschaltzeit überhaupt nicht beeinflussen.

2.1.5.2. Injektion von Minoritätsträgern

Schwache Injektion von Minoritätsträgern liegt vor, wenn z. B. $p' \ll \bar{n}$, wo $\bar{n}$ die Gleichgewichtsdichte der Majoritätsträger ist. Im Silizium erfolgt die Rekombination eines überschüssigen Minoritätsträgers fast niemals *direkt* mit einem Majoritätsträger, sondern überwiegend *indirekt* über eine Rekombinations- oder Haftstelle, also eine Versetzung im Kristallgitter, oder einen eingelagerten Fremdstoff, insbesondere ein Goldatom. Die Rekombinationsrate r_p ist in diesem Fall der Dichte p' der überschüssigen Minoritätsträger und der Dichte N_r der Rekombinationsstellen proportional, also

$$r_p = kp'N_r, \tag{2.47}$$

wo k eine Konstante ist.

Wenn kein elektrisches Feld anliegt und die Überschußträger gleichmäßig verteilt sind, fließt weder ein Feld- noch ein Diffusionsstrom, und aus der unmittelbaren Anschauung oder aus (2.39) zusammen mit (2.47) folgt

$$\frac{dp'}{dt} = -kp'N_r \tag{2.48}$$

und folglich

$$p' = p'(0) \exp\{-t/\tau_p\}, \tag{2.49}$$

wo $p'(0)$ die Überschußdichte bei $t = 0$ ist und

$$\tau_p = \frac{1}{kN_r} \tag{2.50}$$

die *Lebensdauer der Minoritätsträger*, und zwar von Löchern. In Silizium beträgt $\tau_p = 10^{-5} \ldots 10^{-3}$ s, je nach Dichte der Haftstellen, d. h. der Fremdatome oder der Kristallfehler (Tafel 2.9), in speziellen Fällen auch weniger als 1 µs. (2.47) kann nun auch geschrieben werden

$$r_p = p'/\tau_p. \tag{2.51}$$

Bei Dioden, Thyristoren und anderen *bipolaren* Halbleiterbauelementen wird der Strom von den *Minoritätsträgern* getragen (s. (2.89)). Bei diesen Bauelementen (außer bei schnellen Dioden) beträgt die Lebensdauer der Minoritätsträger zumindest einige Mikrosekunden und hat damit häufig auf den Ausschaltvorgang nicht unbeträchtlichen Einfluß.

Noch eine zweite Frage ist im Zusammenhang mit der schwachen Injektion von Minoritätsträgern von Interesse: Wie verteilen sich diese Träger entlang der x-Achse, wenn durch eine konstante Strömung die Dichte der Überschuß-Minoritätsträger bei $x = 0$ auf dem konstanten Wert $p'(0)$ gehalten wird? Es wird ein homogener Halbleiter vorausgesetzt.

Bild 2.2 zeigt die zu erwartende Verteilung. Es fließt ein Diffusionsstrom nach rechts, der wegen der Rekombination der überschüssigen Träger schnell abnimmt. Ein Feldstrom bildet sich nicht aus, da die Raumladung der Minoritätsträger sofort durch einströmende Majoritätsträger kompensiert wird.

Der stationäre räumliche Verlauf von p' wird wieder durch (2.39) zusammen mit (2.51) beschrieben:

$$0 = -\frac{p'}{\tau_p} + D_p \frac{d^2p'}{dx^2}. \tag{2.52}$$

Hieraus folgt mit $p' = p'(0)$ bei $x = 0$:

$$p' = p'(0) \exp\{-x/L_p\}. \tag{2.53}$$

Hier ist

$$L_p = \sqrt{D_p\tau_p} \tag{2.54}$$

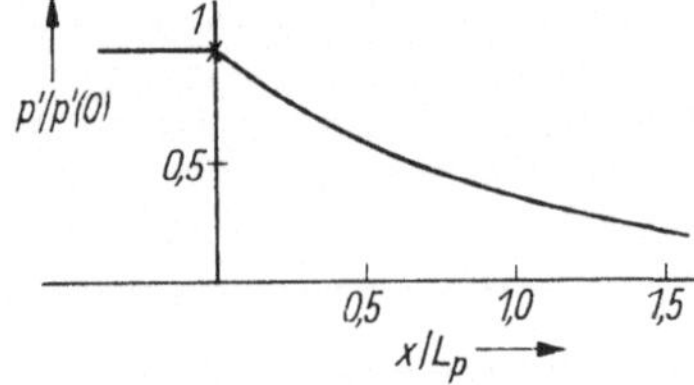

Bild 2.2. Abklingen der Überschußdichte $p'/p'(0)$ entlang der x-Achse bei zeitlich konstanter, schwacher Injektion von Minoritätsträgern in einen homogenen Halbleiter

die *Diffusionslänge*; sie gibt an, in welcher Entfernung die Dichte der Überschußträger auf $1/e = 1/2{,}72$ ihres ursprünglichen Wertes abgesunken ist. Man findet z. B. für $\tau_p = 10^{-6}$ s:

$$L_p = \sqrt{12\,\text{cm}^2 \cdot \text{s}^{-1} \cdot 10^{-6}\,\text{s}} = 35\,\mu\text{m}\,. \tag{2.55}$$

Wichtige Eigenschaften von Dioden, Thyristoren usw., wie z. B. der Spannungsabfall bei Durchlaßstrom (s. (2.124)), werden durch die Diffusionslänge wesentlich beeinflußt.

2.2. Dioden

Die Richtwirkung einer Diode beruht bekanntlich auf den Eigenschaften des pn-Übergangs. Dieser Übergang hat nicht nur für viele Halbleiterbauelemente der Informationselektronik größte Bedeutung, sondern auch für fast alle Leistungs-Halbleiterbauelemente, denn eine Diode hat einen, ein bipolarer Transistor zwei, ein Thyristor drei und ein Triac vier pn-Übergänge; nur der unipolare Transistor beruht auf einem anderen Wirkprinzip.

Es wird im Laufe der Diskussion gezeigt werden, daß ein einfacher pn-Übergang nicht in der Lage ist, Spannungen zu sperren, die für die Starkstromtechnik von Interesse sind, also zumindest mehrere hundert Volt. Erst durch Einfügen einer dritten eigenleitenden oder nur schwach dotierten Schicht kann die notwendige Spannungsfestigkeit erreicht werden. Dioden, Thyristoren usw. mit einem derartigen pin-Übergang (i für intrinsic, d. h. eigenleitend) sind in späteren Abschnitten beschrieben.

2.2.1. pn-Dioden

Es besteht die Aufgabe, die Verteilung der Ladungsträger, des elektrischen Feldes, des Potentials und der Ströme in einem pn-Übergang im stromlosen Zustand, bei Durchlaßstrom und bei Sperrspannung, im stationären Zustand sowie bei Schaltvorgängen zu untersuchen.

2.2.1.1. Stromloser Zustand, Diffusionsspannung

Ein pn-Übergang entsteht, wenn zwei aneinandergrenzende Gebiete eines Kristalls mit Akzeptoren bzw. Donatoren dotiert werden (Bild 2.3a). In größerer Entfernung von der Ebene $x = 0$ ist links die Dichte p_{p0} der Löcher gleich der Dichte N_A der Akzeptoren, und rechts ist die Dichte n_{n0} der Elektronen gleich der Dichte N_D der Donatoren. In diesen Gebieten gibt es keine Raumladungen, da z. B. die negative Ladung der Akzeptoren durch die positive Ladung der Löcher aufgehoben wird. Außer den Majoritätsträgern n_{n0} und p_{p0} sind natürlich auch noch die Minoritätsträger p_{n0} und n_{p0} vorhanden, deren Dichte nach (2.12) berechnet werden kann. Im Bild 2.3a ist ein abrupter Übergang dargestellt; tatsächlich tritt bei eindiffundierten Störstellen ein stetiger Übergang auf (vgl. Abschn. 2.5.3), doch können auch an dem einfacher zu übersehenden abrupten Übergang alle wesentlichen Eigenschaften geschildert werden.

Ein Siliziumkristall möge eine Temperatur $T_H = 300$ K und eine Dotierungskonzentration $N_A = N_D = 10^{16}\,\text{cm}^{-3}$ haben. Damit ist die Eigenleitungsträgerdichte nach (2.9) $n_i = 1{,}7 \cdot 10^{10}\,\text{cm}^{-3}$. In großer Entfernung von der Ebene $x = 0$ ist die Zahl der Löcher gleich der Zahl der Akzeptoren, d. h. $p_{p0} = N_A = 10^{16}\,\text{cm}^{-3}$ und ebenso $n_{n0} = N_D = 10^{16}\,\text{cm}^{-3}$. Die Minoritätsträgerdichte ist dort wieder durch (2.12) gegeben, beträgt $p_{n0} = n_{p0} = 3{,}1 \cdot 10^4\,\text{cm}^{-3}$ und ist demnach vernachlässigbar klein im Vergleich zur Majoritätsträgerdichte.

Die unterschiedliche Löcherdichte verursacht einen Diffusionsstrom der Löcher, (2.26). Da die Löcherdichte links von der Ebene $x = 0$ weitaus größer ist als rechts, ist dp/dx negativ, so daß der Diffusionsstrom der Löcher von links nach rechts fließt. Im Gebiet $-x_l \leqq x \leqq x_r$ entsteht dadurch ein allmählicher Übergang der Löcherdichte. Im linken Teil dieses Gebietes ist die Dichte der Löcher kleiner als die der Akzeptoren, so daß sich eine negative Raumladung der Dichte

$$\varrho = e(-N_A + p - n) \tag{2.56}$$

bildet, die etwa den im Bild 2.3c gezeigten Verlauf hat. Analog bildet sich im rechten Teil dieses Gebietes eine positive Raumladung. Es entsteht also im Gebiet $-x_1 \leqq x \leqq x_r$ eine *Raumladungszone*, die bei den künftigen Überlegungen eine wichtige Rolle spielen wird.

Die Raumladungszone ist die Ursache für ein elektrisches Feld E, welches einen Elektronen- und einen Löcherstrom (vgl. (2.17) und (2.18)) hervorruft. Da die Feldstärke E im Bereich der Raumladungszone negativ ist (s. Bild 2.3d), fließen beide Feldströme von rechts nach links.

Der aus dem Feld- und dem Diffusionsstrom resultierende Gesamtstrom durch die Raumladungszone hat die Dichte S (vgl. (2.30) und (2.31)):

$$S = S_n + S_p = e\left(D_n \frac{dn}{dx} - D_p \frac{dp}{dx}\right) + e(\mu_p p + \mu_n n)\,E\,. \tag{2.57}$$

Er gleicht also der Differenz zwischen dem Diffusionsstrom (von links nach rechts) und dem Feldstrom (von rechts nach links).

Im stromlosen Zustand sind die beiden Komponenten von S gleich groß, und es fließt kein resultierender Strom. Bei Spannung in Durchlaßrichtung aber (Abschn. 2.2.1.2) wird das Feld E durch die angelegte Spannung geschwächt, und der Diffusionsstrom überwiegt über den Feldstrom, so daß insgesamt ein Strom von links nach rechts fließt. Dagegen stärkt eine in entgegengesetzter Richtung — in Sperrichtung — angelegte Spannung (Abschn. 2.2.1.3) das Feld, und der nach links gerichtete Feldstrom überwiegt. Hierauf soll nun im einzelnen eingegangen werden.

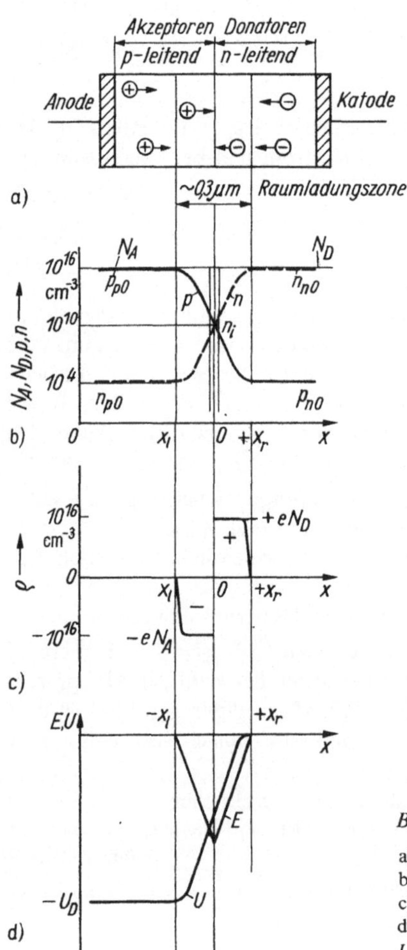

Bild 2.3. Der pn-Übergang im stromlosen Zustand

a) Kristall mit Akzeptoren und Donatoren
b) Verteilung der Dotierung und der frei beweglichen Ladungsträger
c) Verteilung der Raumladung ϱ
d) Verteilung der Feldstärke E und des Potentials U
U_d Diffusionsspannung

Raumladung, Feldstärke, Potential

Um die wesentlichen Eigenschaften eines pn-Übergangs zu schildern, genügt es, wenn die Verteilung der Trägerdichte, des Stroms usw. in nur *einer* Richtung, nämlich in Richtung der x-Achse, berücksichtigt wird.

Einen qualitativen Einblick in den Verlauf der Feldstärke E und des Potentials U erhält man, wenn man die Raumladungszone in guter Näherung durch

$$\varrho = -eN_A \quad \text{für} \quad -x_1 \leqq x \leqq 0 \tag{2.58}$$

und

$$\varrho = +eN_D \quad \text{für} \quad 0 \leqq x \leqq x_r \tag{2.59}$$

beschreibt, wo ϱ die Raumladungs*dichte* ist.

Dann folgt aus (2.29)

$$E = \int \frac{\varrho}{\varepsilon}\, \mathrm{d}x \tag{2.60}$$

und weiterhin

$$E = -\frac{eN_A(x + x_1)}{\varepsilon} \quad \text{für} \quad -x_1 \leqq x \leqq 0 \tag{2.61}$$

und

$$E = +\frac{eN_D(x - x_r)}{\varepsilon} \quad \text{für} \quad 0 \leqq x \leqq x_r \tag{2.62}$$

(Bild 2.3d).

Der größte Wert E_m der Feldstärke bei $x = 0$ beträgt

$$E_m = -\frac{eN_A x_1}{\varepsilon} = -\frac{eN_D x_r}{\varepsilon}. \tag{2.63}$$

Hieraus folgt:

$$x_1/x_r = N_D/N_A. \tag{2.64}$$

Bei unterschiedlicher Dotierung $N_A \neq N_D$ dehnt sich die Raumladungsschicht also überwiegend in das niedrig dotierte, d. h. hochohmige Gebiet aus.

Die Klemme an der Katodenseite möge das Potential $U = 0$ haben. Dann führt (2.28) zu

$$U = -\int E\, \mathrm{d}n = -\frac{eN_D}{2\varepsilon}(x^2 - 2x_r x + x_r^2) \quad \text{für} \quad 0 \leqq x \leqq x_r \tag{2.65}$$

und

$$U = +\frac{eN_A}{2\varepsilon}(x^2 + 2x_1 x) - \frac{eN_D}{2\varepsilon}x_r^2 \quad \text{für} \quad -x_1 \leqq x \leqq 0. \tag{2.66}$$

Auch diesen Verlauf zeigt Bild 2.3d.

Die Spannung U_D über der Raumladungszone hat folglich die Größe

$$U_D = U(x_r) - U(-x_1) = \frac{e}{2\varepsilon}(\mathrm{N}_A x_1^2 + N_D x_r^2). \tag{2.67}$$

Unter Berücksichtigung von (2.64) läßt dies die Berechnung der Breite W der Sperrschicht zu, denn

$$x_r = \left[\frac{2\varepsilon}{e}\,\frac{N_A}{(N_A + N_D)\,N_D}\,U_D\right]^{1/2} \tag{2.68}$$

$$x_1 = \left[\frac{2\varepsilon}{e}\,\frac{N_D}{(N_A + N_D)\,N_A}\,U_D\right]^{1/2} \tag{2.69}$$

und schließlich

$$W = x_l + x_r = \left[\frac{2\varepsilon}{e}\left(\frac{1}{N_A} + \frac{1}{N_D}\right) U_D\right]^{1/2}. \tag{2.70}$$

Mit zunehmender Dotierungsdichte wird also die Raumladungszone schmaler.

Diffusionsspannung

Die Spannung U_D rührt nicht von einer äußeren, an den Kristall gelegten Spannungsquelle her, sondern wird von den Diffusionsströmen der frei beweglichen Ladungsträger in der Sperrschicht hervorgerufen. Sie heißt deshalb „Diffusionsspannung". Um sie zu berechnen, geht man von (2.34) und (2.35) aus, die den Zusammenhang zwischen der Dichte der beweglichen Ladungsträger und dem Potential im thermischen Gleichgewicht beschreiben.

Am rechten Rand der Raumladungszone, bei $x = x_r$, ist $p = p_{n0}$ und $U = 0$. Dann lautet (2.34) mit (2.6):

$$p = p_{n0} \exp\{-U/U_\vartheta\}\,. \tag{2.71}$$

Am linken Rand der Raumladungszone, bei $x = -x_l$, ist $p = p_{p0}$. Das Potential hat sich dort auf $-U_D$ eingestellt. Deshalb kann man auch an Stelle von (2.34) schreiben:

$$p = p_{p0} \exp\{-(U + U_D)/U_\vartheta\}\,. \tag{2.72}$$

Aus (2.72) folgt für $x = x_r$, also $U = 0$ und $p = p_{n0}$:

$$p_{n0} = p_{p0} \exp\{-(U_D/U_\vartheta)\} \tag{2.73}$$

und somit

$$\begin{aligned} U_D &= U_\vartheta \ln (p_{p0}/p_{n0}) \\ &= U_\vartheta \ln \frac{N_A N_D}{n_i^2} \quad (\text{mit } (2.12))\,. \end{aligned} \tag{2.74}$$

Es ergibt sich z. B. bei $\vartheta = 300$ K, $N_A = N_D = 10^{16}\,\text{cm}^{-3}$, $n_i = 1{,}76 \cdot 10^{10}\,\text{cm}^{-3}$ und $U_\vartheta = 25{,}9$ mV

$$U_D = 0{,}0259\ \text{V} \cdot \ln \frac{(10^{16}\,\text{cm}^{-3})^2}{(1{,}76 \cdot 10^{10}\,\text{cm}^{-3})^2} = 0{,}69\ \text{V}\,. \tag{2.75}$$

Diese Diffusionsspannung läßt sich freilich nicht messen, denn die beiden Kontaktspannungen, die an den Berührungsstellen des Kristalls mit den dazugehörigen Kontaktscheiben entstehen (Bild 2.3a), sind zusammen gerade ebenso groß wie die Diffusionsspannung und sind ihr entgegengesetzt.

Mit dem gefundenen Wert für U_D läßt sich mit (2.70) nun auch die Breite der Raumladungszone für $N_D = N_A = 10^{16}\,\text{cm}^{-3}$ berechnen:

$$W = \left[\frac{2 \cdot 8{,}86 \cdot 10^{-14}\ \text{F/cm} \cdot 12}{1{,}6 \cdot 10^{-19}\ \text{A} \cdot \text{s}} \cdot \frac{2}{10^{16}\,\text{cm}^{-3}} \cdot 0{,}69\ \text{V}\right]^{1/2} = 0{,}43\ \mu\text{m}\,. \tag{2.76}$$

2.2.1.2. Durchlaßzustand

Durch eine Spannung in Richtung Anode — Katode wird die Raumladungszone mit Löchern und Elektronen überschwemmt, der Widerstand dieser Zone wird stark verringert, und es kann ein großer Durchlaßstrom fließen. Zur Berechnung der Strom-Spannungs-Kennlinie muß die durch die Durchlaßspannung verursachte Erhöhung der Ladungsträgerdichte abgeschätzt werden.

Dichte der Ladungsträger

Das Potential der Anode möge um U_F angehoben werden, so daß es $(-U_D + U_F)$ beträgt; die Spannungsabfälle im Kristall außerhalb der Raumladungszone werden vernachlässigt. Einen Einblick in die Vorgänge beim Anlegen einer Durchlaßspannung erhält man, wenn man die Dichte des Gesamtstroms der Löcher (2.30) betrachtet:

$$S_p = e\mu_p pE - eD_p \, dp/dx .$$

Durch die angelegte Spannung wird die Feldstärke E in der Raumladungszone verringert, der Feldstrom, der von rechts nach links fließt, nimmt ab, und der Diffusionsstrom (von links nach rechts) überwiegt. Es fließt also ein Durchlaßstrom von der Anode zur Katode.

Folgender Gedankengang führt zur Berechnung der gesuchten Durchlaßkennlinie: Durch die angelegte Spannung U_F wird das Potential in der Raumladungszone angehoben und damit die Trägerdichte p_r beträchtlich vergrößert (Bild 2.4c). p_r wird als Funktion von U_F berechnet (s. (2.79)).

Der Abfall von p für $x > x_r$ wird durch die Diffusion der Löcher nach rechts und durch ihre Rekombination mit den Elektronen hervorgerufen. Auf Grund dieser Überlegung kann p als Funktion von x

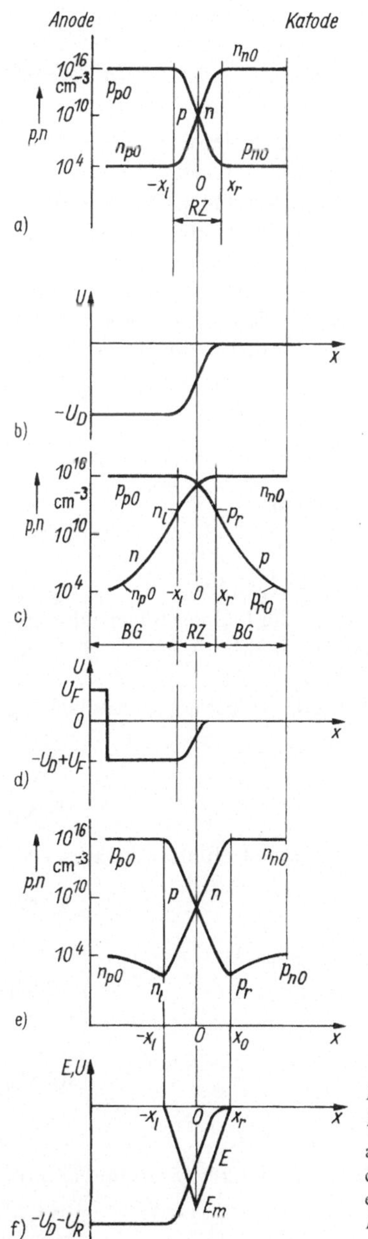

Bild 2.4. Vergleich zwischen der Verteilung der Trägerdichten p, n und des Potentials U in einem pn-Übergang

a) und b) im stromlosen Zustand
c) und d) bei Durchlaßstrom
e) und f) bei Sperrspannung
RZ Raumladungszone; *BG* Bahngebiet

angegeben werden (s. (2.81)). Schließlich wird noch der Löcherstrom aus dem Verlauf von p bei x_r hergeleitet (s. (2.87)).

Analog wird auch der Elektronenstrom bei x_l ermittelt. Der Gesamtstrom gleicht dann der Summe von Elektronen- und Löcherstrom. Hierauf soll nun im einzelnen eingegangen werden.

Verteilung der Träger

Der Einfluß der Spannung U_F auf die Löcherdichte kann mit (2.72) abgeschätzt werden, da diese Gleichung auch bei den hier untersuchten Stromdichten noch in guter Näherung gilt:

$$p = p_{p0} \exp\{-(U - U_F + U_D)/U_\vartheta\} . \quad (2.77)$$

Bei $x = x_r$, also $U = 0$, ist jetzt die Löcherdichte auf

$$p_r = p_{p0} \exp\{(U_F - U_D)/U_\vartheta\} \quad (2.78)$$

oder

$$p_r = p_{n0} \exp\{U_F/U_\vartheta\} \quad (2.79)$$

gestiegen.

Die Löcherdichte p_r am rechten Rand der Raumladungszone wird also durch die Spannung in Durchlaßrichtung weit über ihren ursprünglichen Wert p_{n0} vergrößert; das gleiche gilt auch für die Elektronendichte am linken Rand der Sperrschicht. Wie die im Bild 2.4c skizzierte Verteilung der Trägerdichte zeigt, wird die Raumladungszone von beiden Seiten von Trägern überschwemmt. Dadurch nimmt ihr Widerstand sehr stark ab.

Der Abfall von p für $x > x_r$ wird mit Hilfe der Trägerbilanz (2.39) berechnet. Da durch die angelegte Spannung keine zusätzlichen Ladungsträger erzeugt werden, ist $g_p = 0$; da für $x > x_r$ keine Raumladung vorhanden ist, ist dort auch $E = 0$. Die Trägerbilanz lautet also für den stationären Fall, d. h. $\partial p/\partial t = 0$ und unter Berücksichtigung von (2.51):

$$D_p \frac{d^2p}{dx^2} - \frac{p}{\tau_p} = 0 . \quad (2.80)$$

Diese Differentialgleichung hat die Lösung mit den Konstanten A und B:

$$p = A \exp\{-x/L_p\} + B \exp\{x/L_p\} . \quad (2.81)$$

Die Diffusionslänge L_p (vgl. (2.54)) und auch die mittlere Lebensdauer τ_p (vgl. (2.50)) sind dann groß, wenn der Kristall wenig Versetzungen (Gitterfehler) aufweist, an denen die Ladungsträger rekombinieren können, und auch wenige die Rekombination begünstigende zusätzliche Atome, z. B. Gold. Dann ergeben sich Diffusionslängen von etwa 10 ... 100 μm.

Die Konstante B muß offensichtlich Null sein, da mit zunehmendem x die Trägerdichte nicht beliebig ansteigen kann.

Bei $x = x_r$ ist $p = p_r$ (Bild 2.4c), und es folgt

$$p = p_r \exp\{-(x - x_r)/L_p\} . \quad (2.82)$$

Die zusätzliche Dichte der Löcher, die durch die angelegte Spannung herangeführt werden, sei p':

$$p' = p - p_{n0} . \quad (2.83)$$

Es gilt auch

$$p'_r = p_r - p_{n0} . \quad (2.84)$$

Dann gibt (2.82) die Dichte der zusätzlichen Löcher:

$$p' = (p_r - p_{n0}) \exp\{-(x - x_r)/L_p\} . \quad (2.85)$$

Stromdichte

Die Dichte des durch die Löcher bei $x = x_r$ zusätzlich geführten Stroms folgt aus (2.26) und (2.85):

$$S_p = e(p_r - p_{n0})\, D_p/L_p . \quad (2.86)$$

Hieraus folgt mit (2.79):

$$S_p = e \frac{D_p}{L_p} p_{n0} \left[\exp\left\{\frac{U_F}{U_\vartheta}\right\} - 1\right]. \tag{2.87}$$

Entsprechend leitet man die Dichte S_n des Elektronenstroms bei $x = -x_l$ ab und findet

$$S_n = e \frac{D_n}{L_n} n_{p0} \left[\exp\left\{\frac{U_F}{U_\vartheta}\right\} - 1\right]. \tag{2.88}$$

Da die Diffusionslängen L_p und L_n der Löcher bzw. der Elektronen wesentlich größer sind als die Breite der Raumladungszone, rekombinieren nur sehr wenige Ladungsträger innerhalb dieser Zone. Deshalb ist S_p und S_n im Gebiet $-x_l \leqq x \leqq x_r$ konstant. Der Gesamtdurchlaßstrom hat also die Dichte

$$S_F = S_p + S_n = e\left[\frac{D_p}{L_p} p_{n0} + \frac{D_n}{L_n} n_{p0}\right]\left[\exp\left\{\frac{U_F}{U_\vartheta}\right\} - 1\right]. \tag{2.89}$$

Diese Gleichung zeigt, daß der elektrische Strom in der Raumladungszone eines *pn-Übergangs* von den *Minoritäts*trägern geführt wird, während im *homogenen* Halbleiter die *Majoritäts*träger den Strom leiten!

Man schreibt auch

$$S_F = S_s[\exp\{U_F/U_\vartheta\} - 1], \tag{2.90}$$

wo

$$S_s = e\left[\frac{D_p}{L_p} p_{n0} + \frac{D_n}{L_n} n_{p0}\right] \tag{2.91}$$

mit „Sättigungsstromdichte" bezeichnet wird.

Die Sättigungsstromdichte hat bei üblichen Dotierungen die Größenordnung von nA/cm², während die Stromdichte S_F wegen ihres exponentiellen Anstiegs mit U_F schon bei weniger als 1 V Durchlaß spannung 10^2 ... 10^3 A/cm² erreicht.

Wie Bild 2.5a zeigt, bestätigen Messungen diesen steilen Anstieg des Durchlaßstroms mit der Durchlaßspannung. Bei größeren Strömen ist der Anstieg nur linear, da dann der Widerstand des Kristalls außerhalb des *pn*-Übergangs („Bahnwiderstand") entscheidenden Einfluß ausübt. Deshalb lassen sich die im Bild 2.5 gezeigten Kennlinien in hinreichend guter Näherung durch

$$U_F = U_{(TO)} + r_F I_F \tag{2.92}$$

beschreiben. Die „Schleusenspannung" U_{TO} entspricht etwa der Diffusionsspannung U_D; r_F ist der differentielle Bahnwiderstand (Bild 2.5b):

$$r_F = dU_F/dI_F\,. \tag{2.93}$$

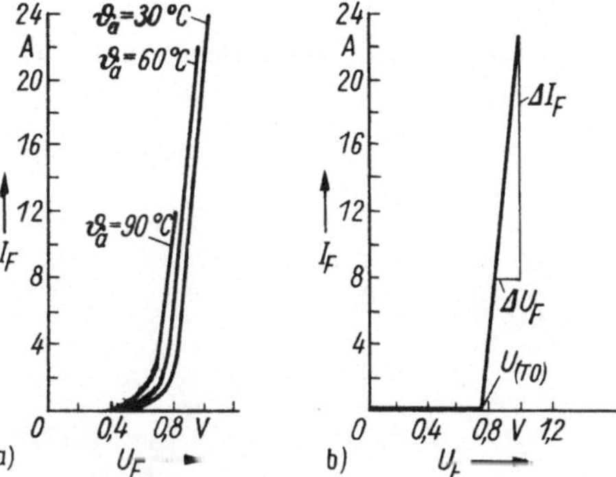

Bild 2.5. Kennlinie einer Siliziumdiode in Durchlaßrichtung

a) gemessen; b) Näherung nach (2.92)
ϑ_a Umgebungstemperatur

Dementsprechend wird die im Bild 2.5b gezeigte Kennlinie beschrieben durch

$$U_{(TO)} = 0{,}75\ \mathrm{V} \quad \text{und} \quad r_F = \frac{(1{,}0 - 0{,}8)\ \mathrm{V}}{(22 - 8)\ \mathrm{A}} = 14{,}3\ \mathrm{m\Omega}\,.$$

Temperatureinfluß

Die Änderung der Durchlaßspannung mit der Temperatur des Kristalls ist besonders für die Messung des Wärmewiderstands der Halbleiter-Leistungsbauelemente von Interesse (vgl. Abschn. 2.6).

Bei den technisch interessanten Durchlaßspannungen ist der Exponentialausdruck in (2.90) wesentlich größer als eins, und man kann schreiben

$$S_F = S_s \exp\{U_F/U_\vartheta\}\,. \tag{2.94}$$

Hiervon läßt sich ableiten, daß sich die Durchlaßspannung U_F bei konstanter Durchlaßstromdichte S_F in hinreichender Näherung wie folgt mit der Temperatur ändert:

$$\left.\frac{\partial U_F}{\partial \vartheta}\right|_{S_F = \mathrm{konst}} \approx -\frac{U_i - U_F}{\vartheta}\,. \tag{2.95}$$

Die Durchlaßspannung nimmt also mit zunehmender Temperatur ab (Bild 2.5a). Der Temperaturkoeffizient bei konstanter Durchlaßstromdichte beträgt z. B. mit $U_i = 1{,}2$ V (für Silizium), $U_F = 0{,}8$ V und $\vartheta = 300$ K

$$\left.\frac{\partial U_F}{\partial \vartheta}\right|_{S_F = \mathrm{konst}} \approx -\frac{1{,}2\ \mathrm{V} - 0{,}8\ \mathrm{V}}{300\ \mathrm{K}} = -1{,}3\ \mathrm{mV/K}\,.$$

2.2.1.3. Sperrzustand

Beim Anlegen einer Sperrspannung U_R an den Kristall werden die Ladungsträger aus der Raumladungszone herausgesaugt, die Zone wird breiter, und es fließt nur ein kleiner, von den Minoritätsträgern getragener Sperrstrom (Bild 2.4e). Durch die Sperrspannung wird die Feldstärke E in der Raumladungszone vergrößert; wie (2.57) zeigt, überwiegt dann der Feldstrom über den Diffusionsstrom.

Die gleichen Überlegungen, die zu (2.90) führten, ergeben jetzt die Dichte des Sperrstroms S_R in Abhängigkeit von der Sperrspannung U_R, wenn $-U_R$ an Stelle von U_F in (2.90) geschrieben wird:

$$S_R = S_s[1 - \exp\{-U_R/U_\vartheta\}]\,. \tag{2.96}$$

Bei idealisierten Bedingungen erreicht der Sperrstrom schon bei einigen zehntel Volt Sperrspannung die Sättigungsstromdichte S_s. Tatsächlich ist der Sperrstrom, insbesondere wegen Leckströmen wesentlich größer. Bei höheren Temperaturen nimmt der Sperrstrom schnell zu.

Die Breite der Raumladungszone bei Sperrspannung kann bestimmt werden, wenn in (2.70) U_D durch U_R ersetzt wird:

$$W = \left[\frac{2\varepsilon}{e}\left(\frac{1}{N_A} + \frac{1}{N_D}\right) U_R\right]^{1/2}. \tag{2.97}$$

Bei dreieckförmigem Verlauf der Feldstärke E (Bild 2.4f) ist der Zusammenhang zwischen maximaler Feldstärke E_m und Spannung U_R bei Vernachlässigung von U_D gegeben durch

$$E_m = 2U_R/W = \left[\frac{2eU_R}{\varepsilon\left(\frac{1}{N_A} + \frac{1}{N_D}\right)}\right]^{1/2}. \tag{2.98}$$

Aus (2.98) folgt

$$U_R = \frac{\varepsilon}{2e}\left[\frac{1}{N_A} + \frac{1}{N_D}\right] E_m^2\,. \tag{2.99}$$

2.2.1.4. Lawinendurchbruch

Messungen zeigen, daß der Sperrstrom bei Feldstärken von etwa 10^5 V/cm in der Raumladungszone rasch zunimmt. Es tritt dann zur Trägererzeugung durch Wärme oder Licht noch die Trägerbildung durch Stoßionisation hinzu (vgl. Abschn. 2.1.2.1). Die Träger werden in der Raumladungszone von einem hinreichend hohen Feld so stark beschleunigt, daß sie aus den Atomen des Kristalls Elektronen herausschlagen. Die auf diese Weise zusätzlich entstandenen Elektronen und Löcher werden auch wieder durch das Feld beschleunigt, und Trägerzahl und Sperrstrom wachsen lawinenartig an, bis die Sperrschicht durchbricht. Im folgenden werden die Bedingungen für den Lawinendurchbruch an Hand eines eindimensionalen sehr vereinfachten Modells angegeben.

Die Zahl der Elektronen-Löcher-Paare, die von einem Loch oder einem Elektron erzeugt werden, wenn es sich 1 cm in Richtung des elektrischen Feldes E bewegt, wird durch den Stoßionisationskoeffizienten α_i beschrieben. Messungen haben ergeben, daß α_i etwa in folgender Weise von E abhängt:

$$\alpha_i = AE^7 , \tag{2.100}$$

wo für Silizium $A = 1{,}8 \cdot 10^{-35}\ \mathrm{cm^6/V^7}$. Dabei wird angenommen, daß die Stoßionisationskoeffizienten für Elektronen und für Löcher in erster Näherung gleich groß sind.

An der Stelle $x = 0$ soll durch ein hohes Feld ein einziges zusätzliches Trägerpaar entstanden sein (Bild 2.6). Das Elektron wird nach rechts beschleunigt, und auf der Strecke $\mathrm{d}x$ werden $\mathrm{d}N'$ neue Ladungsträgerpaare erzeugt, wo

$$\mathrm{d}N' = \alpha_i \mathrm{d}x . \tag{2.101}$$

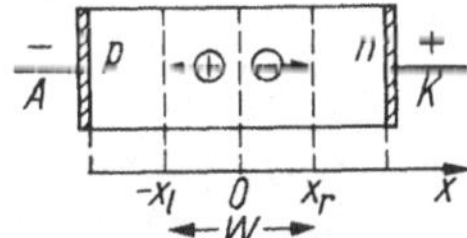

Bild 2.6. Zur Bestimmung der Bedingung für den Lawinendurchbruch und für Punch-Through

Insgesamt werden also zwischen $x = 0$ und $x = x_r$

$$N' = \int_{x=0}^{x=x_r} \alpha_i \,\mathrm{d}x \tag{2.102}$$

neue Paare erzeugt.

Das Loch, das bei $x = 0$ entstanden ist, fliegt nach links und erzeugt beim Zurücklegen der Strecke $-\mathrm{d}x$, also zwischen $x = 0$ und $x = -x_l$,

$$N'' = -\int_{x=0}^{-x_l} \alpha_i \,\mathrm{d}x = +\int_{x=-x_l}^{0} \alpha_i \,\mathrm{d}x \tag{2.103}$$

neue Paare, so daß sich insgesamt

$$N = N' + N'' = \int_{x=-x_l}^{x_r} \alpha_i \,\mathrm{d}x \tag{2.104}$$

neue Trägerpaare gebildet haben.

Wenn

$$\int_{x=-x_l}^{x_r} \alpha_i \,\mathrm{d}x \geqq 1 , \tag{2.105}$$

dann ist die Bedingung für den Lawinendurchbruch erfüllt, und der Strom, der fließen kann, wird nur noch durch den äußeren Stromkreis begrenzt. Gleichung (2.105) wird im folgenden und auch später dazu dienen, um die Durchbruchspannung von Dioden, Thyristoren und bipolaren Transistoren zu berechnen.

Die Bedingung für den Lawinendurchbruch soll zuerst für den im Bild 2.3b gezeigten abrupten *pn*-Übergang mit $N_A = N_D$ ausgewertet werden.

Der Scheitelwert des elektrischen Feldes beträgt bei Spannungsdurchbruch (mit Index (BR) gekennzeichnet) nach (2.98) mit $W_{(BR)} = x_r + x_l$

$$E_{(BR)m} = \frac{2U_{(BR)}}{W_{(BR)}}; \quad U_{(BR)} \text{ Durchbruchspannung.} \tag{2.106}$$

Für die Breite der Raumladungszone bei Spannungsdurchbruch folgt aus (2.97):

$$W_{(BR)} = \left[\frac{2\varepsilon}{e}\left(\frac{1}{N_A} + \frac{1}{N_D}\right) U_{(BR)}\right]^{1/2}. \tag{2.107}$$

Bei dreieckförmigem Verlauf der Feldstärke E (entsprechend Bild 2.4f) gilt für $0 \leqq x \leqq x_r$

$$E_{(BR)} = E_{(BR)m}\left[1 - \frac{2x}{W_{(BR)}}\right]. \tag{2.108}$$

Da für $-x_l \leqq x \leqq 0$ der Verlauf der Feldstärke dem eben angegebenen spiegelbildlich gleicht, lautet die Bedingung für den Lawinendurchbruch (2.100) und (2.105):

$$2 \int_{x=0}^{W_{(BR)}/2} A E_{(BR)}^7 \, dx = 1\,. \tag{2.109}$$

Die Auswertung dieses Integrals mit Hilfe der Gleichungen (2.106) bis (2.108) ergibt

$$U_{(BR)} = 9 \cdot 10^{13} (N_A \, cm^3)^{-3/4} \, V\,. \tag{2.110}$$

Dies führt für z. B. $N_A = N_D = 10^{16}/cm^3$ zu $U_{(BR)} = 90$ V.

Beim Stoß eines Ladungsträgers gegen ein Gitteratom wird der Ladungsträger aus seiner ursprünglichen Richtung abgelenkt (Streuung), und zwar um so mehr, je größer die Schwingungen der Gitteratome sind. Mit der Temperatur des Halbleiters steigt die Amplitude dieser Schwingungen, so daß die Ionisierungswahrscheinlichkeit abnimmt. Folglich nimmt die Durchbruchspannung mit der Temperatur des Halbleiters zu.

Jetzt soll ein hochsperrender, symmetrisch dotierter Übergang für eine Durchbruchspannung von z. B. 1500 V betrachtet werden. Gleichung (2.110) gibt für diese Spannung die Dotierungsdichten $N_A = N_D = 2{,}4 \cdot 10^{14}\, cm^{-3}$. Bei einer so niedrigen Dotierung sind jedoch der Spannungsabfall in den Bahngebieten außerhalb der Raumladungszone und die entsprechenden Verluste bei technisch interessierenden Strömen zu hoch. Es widersprechen sich also hier die Forderungen nach hoher Stromtragfähigkeit und hoher Sperrspannungsfestigkeit. Abhilfe schafft ein pin-Übergang (s. Abschn. 2.2.2).

2.2.1.5. Punch-Through, Zenerdurchbruch, Wärme- oder zweiter Durchbruch

Mit zunehmender Sperrspannung kann die Raumladungszone besonders in einem niedrig dotierten Gebiet so breit werden, daß sie schließlich die Kontaktschicht erreicht (Bild 2.6). Bevor dies geschieht, wird der Sperrstrom nur von den Minoritätsträgern p_{n0} und n_{p0} in den mit Donatoren bzw. Akzeptoren dotierten Gebieten getragen (Bild 2.4e und (2.91)). Wenn die Raumladungszone aber die Kontaktschicht berührt, werden die Ladungsträger unmittelbar vom äußeren Stromkreis geliefert, und der Sperrstrom steigt steil an. Dieses Versagen der Sperrfähigkeit, das mit *Punch-Through* oder *Durchgreifeffekt* bezeichnet wird, tritt besonders beim niedrig dotierten Gebiet eines unsymmetrisch dotierten Halbleiters auf, da dort die Raumladungszone besonders breit ist.

Bei sehr hohen Feldstärken, etwa bei 10^6 V/cm, können Elektronen aus ihren Gitterbindungen herausgerissen werden. Dies führt zu einem weiteren Anstieg des Sperrstroms und wird mit *Zenerdurchbruch* bezeichnet.

Der Zener- und der Lawinendurchbruch (vgl. Abschn. 2.2.1.4) müssen nicht unbedingt zu einer Schädigung des Kristalls führen. Die dabei auftretenden Vorgänge sind reversibel, falls der Strom so begrenzt wird, daß er sich nicht auf Grund von Inhomogenitäten im Kristall oder infolge des Magnetfeldes der den Strom führenden Ladungsträger (Pincheffekt) auf einen schmalen Bereich des Kristalls zusammenschnürt. Außerdem muß die beim Durchbruch auftretende Verlustleistung durch entsprechende Kühlung schnell abgeführt werden. Wenn aber der Kristall, und sei es auch nur örtlich, auf Temperaturen oberhalb von etwa 1000 °C erhitzt wird, dann steigt die Trägerdichte (vgl. (2.5)) und damit auch der Sperrstrom steil an. Dazu kommt, daß die Wärmeleitfähigkeit von Silizium mit zunehmender Temperatur fällt. Auf diese Weise kann es zu einem *Wärmedurchbruch* — auch mit *zweiter Durchbruch* bezeichnet — kommen. Dabei wird die Struktur des Kristalls zerstört. Diese Schädigung ist also irreversibel.

2.2.1.6. Lawinendioden

Wie schon erwähnt, besteht bei einem Lawinendurchbruch die Gefahr, daß sich der Sperrstrom wegen ungleichmäßig verteilten Dotierungsstoffen, Verunreinigungen oder Versetzungen im Kristall auf einen engen Bereich konzentriert und daß sich dort ein Wärmedurchbruch ausbildet (vgl. Abschn. 2.2.1.5). Bei Lawinendioden wird das Kristallscheibchen mit einer besonders sorgfältigen Technologie so gleichförmig hergestellt, daß der Sperrstrom die gleiche Dichte über den ganzen Querschnitt hat. Es wird auch dafür gesorgt, daß der Volumendurchbruch bei einer niedrigeren Spannung einsetzt als der Oberflächendurchbruch am Rande der Scheibe (vgl. Abschn. 2.5.3, Verminderung der Oberflächenfeldstärke). Die Lawinendiode kann deshalb in Sperrichtung etwa ebensoviel Energie aufnehmen wie in Durchlaßrichtung.

Besonders günstig ist die hohe zulässige Stoßsperrverlustleistung P_{RSM} (Tafel 2.4, S. 49), die es ermöglicht, daß hohe, nichtperiodische Sperrspannungen in der Diode selbst abgebaut werden, ohne daß eine Trägerstaueffekt-Beschaltung (s. Abschn. 2.2.3.3) gebraucht wird.

2.2.2. pin-Dioden

Es ist schon im Abschnitt 2.2.1.4 darauf hingewiesen worden, daß Dioden mit einem pn-Übergang nicht für hohe Sperrspannungsfestigkeit *und* hohe Stromtragfähigkeit ausgelegt werden können. Bei Bauelementen mit einem *pin-Übergang* aber lassen sich diese beiden Eigenschaften vereinen. Bei diesen Bauelementen liegt zwischen zwei mit $N_A = N_D = 10^{18} \ldots 10^{19}\ \mathrm{cm}^{-3}$ Akzeptoren bzw. Donatoren *hoch*dotierten Schichten noch eine *eigenleitende*, mit „i“ (für intrinsic, d. h. eigenleitend) bezeichnete, hochohmige Schicht (Bild 2.7a, b); sie kann auch schwach dotiert sein (psn-Diode). Ein Kristall mit dieser Schichtenfolge kann mit Spannungen bis etwa 5 kV und Durchlaßströmen bis zu 5 kA beansprucht werden. Der pin-Übergang ist deshalb das Grundelement aller Leistungsdioden. Auch bei Thyristoren und bipolaren Leistungstransistoren spielt der Übergang von einer hochdotierten zu einer niedrig dotierten Schicht eine entscheidende Rolle.

2.2.2.1. Stromloser Zustand

Durch die Diffusion der Ladungsträger von den hochdotierten Kristallteilen (ungestörte Trägerdichte $p_{p0} = N_A$ bzw. $n_{n0} = N_D$) zur Zwischenschicht (ungestörte Trägerdichte $p_i = n_i$) entstehen Verteilungen der beweglichen Ladungsträger p und n, der Raumladung ϱ, der Feldstärke E und des Potentials U, wie dies grundsätzlich im Bild 2.7b, c und d für den stromlosen Zustand gezeigt ist.

Die Diffusionsspannungen U_{Dl} und U_{Dr} haben in Analogie zu (2.74) die Größen

$$U_{Dl} = U_\vartheta \ln (p_{p0}/p_i) \tag{2.111}$$

und

$$U_{Dr} = U_\vartheta \ln (n_{n0}/n_i)\,. \tag{2.112}$$

Die Diffusionsspannung U_D beträgt insgesamt

$$\begin{aligned} U_D &= U_{Dl} + U_{Dr} \\ &= U_\vartheta \ln (N_A N_D/n_i^2)\,. \end{aligned} \tag{2.113}$$

Sie wird also, wie der Vergleich mit (2.74) zeigt, durch die eigenleitende Zone nicht beeinflußt.

Bei der für pin-Dioden gewählten hohen Dotierung mit z. B. $N_A = N_D = 10^{18}\ \mathrm{cm}^{-3}$ beträgt die Diffusionsspannung bei 300 K, also mit $U_9 = 0{,}0259$ V (vgl. (2.7)) und mit $n_i = 1{,}76 \cdot 10^{10}\ \mathrm{cm}^{-3}$ (vgl. (2.9)),

$$U_D = 0{,}0259\ \mathrm{V} \cdot \ln \frac{(10^{18}\ \mathrm{cm}^{-3})^2}{(1{,}76 \cdot 10^{10}\ \mathrm{cm}^{-3})^2} = 0{,}925\ \mathrm{V}\,. \tag{2.114}$$

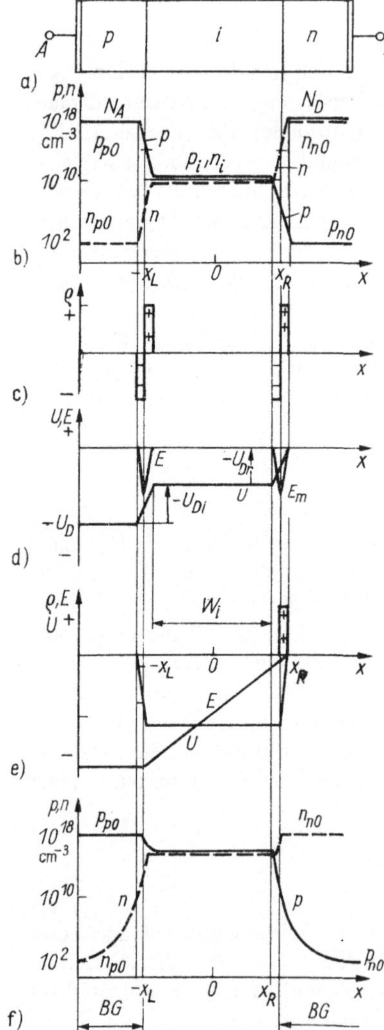

Bild 2.7. pin-Übergang

a) Kristall mit Akzeptoren, eigenleitender Zwischenschicht und Donatoren
b) Verteilung der Dotierung und der beweglichen Ladungsträger p, n im stromlosen Zustand
c) und d) Verteilung der Raumladung ϱ, der Feldstärke E und des Potentials U im stromlosen Zustand
e) Verteilung von ϱ, E und U bei Sperrspannung
f) Verteilung von p und n bei Durchlaßstrom
BG Bahngebiet

2.2.2.2. Sperrzustand

Beim Anlegen einer Sperrspannung werden die beweglichen Ladungsträger aus der mittleren Zone gesaugt (Bild 2.7e). Da es im mittleren Teil keine Störstellen gibt, wird dort das elektrische Feld E nur durch die Raumladung der Akzeptoren bei $x = -x_L$ und der Donatoren bei $x = x_R$ bestimmt; es ist also konstant. Das Potential fällt folglich zwischen x_R und $-x_L$ linear ab.

Wenn eine Spannung $U_{(BR)}$ anliegt, die zum Durchbruch führt, beträgt die Feldstärke E in der mittleren Schicht (Breite $W_i = x_R + x_L$)

$$E = U_{(BR)}/W_i\,. \tag{2.115}$$

Die Bedingung für den Lawinendurchbruch (2.105), zusammen mit der in (2.100) gegebenen Größe des Ionisierungskoeffizienten α_i, führt bei diesem konstanten Wert der Feldstärke zu

$$\int_{x=x_L}^{x_R} AE^7 \, dx = AU_{(BR)}^7/W_i^6 = 1 \,. \tag{2.116}$$

Hieraus folgt mit $A = 1{,}8 \cdot 10^{-35}\ \mathrm{cm^6/V^7}$

$$U_{(BR)} = 0{,}9 \cdot 10^5 \, (W_i/\mathrm{cm})^{6/7}\ \mathrm{V} \,. \tag{2.117}$$

Im Gegensatz zur pn-Diode hat also die Dotierung der beiden Randschichten keinen Einfluß auf die Durchbruchspannung und kann deshalb sehr hoch gewählt werden, damit der Spannungsabfall in den Bahngebieten außerhalb der Raumladungszone möglichst gering ist.

Aus (2.117) folgt:

$$W_i = 1{,}6 \cdot 10^{-2} (U_{(BR)}/\mathrm{V})^{7/6}\ \mu\mathrm{m} \,. \tag{2.118}$$

Für eine Durchbruchspannung von z. B. 1000 V braucht die mittlere Schicht also eine Breite von mindestens

$$W_i = 1{,}6 \cdot 10^{-2} \cdot 1000^{7/6}\ \mu\mathrm{m} = 50\ \mu\mathrm{m} \,. \tag{2.119}$$

2.2.2.3. Durchlaßzustand

Zuerst soll der Spannungsabfall über der mittleren Schicht berechnet werden. Offensichtlich genügt die Eigenleitfähigkeit dieser Schicht nicht. Es strömen aber Ladungsträger aus den sehr hochdotierten Randschichten in die mittlere Schicht (Löcher von links und Elektronen von rechts), und dadurch wird ihr Widerstand um mehrere Zehnerpotenzen verringert (Bild 2.7f). Es handelt sich hier um eine Hochinjektion, bei der die Lebensdauer τ der Träger von der Trägerdichte unabhängig ist, ebenso wie in (2.50).

In der mittleren Schicht können sich keine wesentlichen Unterschiede zwischen der Dichte der Elektronen und der Löcher herausbilden, da dadurch eine Raumladung entstehen würde, die ein zusätzliches elektrisches Feld hervorruft, welches innerhalb von Bruchteilen von Mikrosekunden die Quasineutralität wiederherstellt. Es ist deshalb überall $p \approx n$.

Schließlich wird noch vorausgesetzt, daß die Breite W_i der mittleren Schicht nicht wesentlich größer ist als die Diffusionslänge L der Träger, also $W_i/L < 2$. Dann rekombinieren nur sehr wenige Träger in der Schicht. Folglich ist die Trägerdichte $p \approx n$ in der mittleren Schicht in erster Näherung konstant, und die Diffusionsströme sind im Vergleich zu den Feldströmen vernachlässigbar.

Damit ein Strom der Dichte S durch die mittlere Schicht fließen kann, muß dort eine Trägerdichte $p = n$ und eine Feldstärke E aufrechterhalten werden:

$$S = e(\mu_p + \mu_n)\, pE \,. \tag{2.120}$$

In der mittleren Schicht rekombinieren aber p/τ Löcher je Zeit- und Volumeneinheit, insgesamt also bei einer Länge W_i und einem Querschnitt 1 rekombinieren je Zeiteinheit $W_i p/\tau$ Löcher (und auch ebenso viele Elektronen, wobei $\tau_p \approx \tau_n = \tau$ gesetzt wird). Deshalb muß in die mittlere Schicht ein Strom der Dichte

$$S = eW_i p/\tau \tag{2.121}$$

einfließen.

Aus diesen beiden Gleichungen folgt:

$$E = \frac{W_i}{\tau(\mu_p + \mu_n)} \,. \tag{2.122}$$

Die Durchlaßspannung U_i über der mittleren Schicht beträgt folglich

$$U_i = W_i E = \frac{W_i^2}{\tau(\mu_p + \mu_n)} \,. \tag{2.123}$$

Mit $\tau = L^2/D$ (vgl. (2.54)) kann man dies auch schreiben:

$$U_i = \frac{D}{\mu_p + \mu_n} \left(\frac{W_i}{L}\right)^2 . \tag{2.124}$$

Der Spannungsabfall hängt also nur von der Breite der mittleren Schicht sowie der Lebensdauer oder Diffusionslänge der Träger ab, und nicht von der Stromdichte und auch nicht von der Dotierung der beiden äußeren Schichten. Das zeigt, wie wichtig eine möglichst vollkommene Struktur des Kristalls und ein Minimum an Verunreinigungen sind!

Folgende Zahlenwerte vermitteln einen Eindruck von der Größenordnung des Spannungsabfalls U_i bei Silizium: Es sei $D = 35\ \text{cm}^2/\text{s}$; $W_i = 50\ \mu\text{m}$ und $L = 35\ \mu\text{m}$. Dann ist

$$U_i = \frac{35\ \text{cm}^2/\text{s}}{(480 + 1\,350)\ \text{cm}^2/(\text{V} \cdot \text{s})} \left(\frac{50\ \mu\text{m}}{35\ \mu\text{m}}\right)^2 = 39\ \text{mV} . \tag{2.125}$$

Der Spannungsbedarf der eigenleitenden Schicht ist also so gering, daß man annehmen kann, daß die angelegte Durchlaßspannung U_F fast ganz über den Raumladungszonen bei $-x_L$ und x_R abfällt.

Zur Berechnung der Dichte S_F des Durchlaßstroms, z. B. durch die Raumladungszone bei $-x_L$, kann man unter folgenden Voraussetzungen von (2.89) ausgehen:

— Bei Dotierung gleicher Konzentration, d. h. $N_A = N_D$, nimmt offensichtlich jede der beiden Raumladungszonen die gleiche Spannung $U_F/2$ auf.
— Der Dichte p_{n0} beim pn-Übergang entspricht die Dichte p_i beim pin-Übergang.
— n_{p0} ist vernachlässigbar klein im Vergleich zu p_i.

Unter diesen Voraussetzungen ergibt sich

$$S_F = e \frac{D_p}{L_p} p_i \left[\exp\left\{\frac{U_F}{2U_\vartheta}\right\} - 1\right] . \tag{2.126}$$

Der Exponentialausdruck zeigt, daß der Strom beim pin-Übergang wesentlich langsamer mit der Spannung U_F ansteigt als beim pn-Übergang (vgl. (2.89)).

2.2.3. Schaltverhalten

Bei den meisten Schaltungen der Stromrichter kommutiert der Strom periodisch von einem Ventil zum anderen, und die Ventile befinden sich abwechselnd im Durchlaß- oder im Sperrzustand. Die bei diesen Übergängen auftretenden nichtstationären Zustände sollen im folgenden geschildert werden.

2.2.3.1. Einschaltverhalten

Vom stromlosen Zustand (Bild 2.4a oder 2.7b) ausgehend, steigt die Dichte der Minoritätsträger in den Bahngebieten *BG*, bis die im Bild 2.4c bzw. 2.7f gezeigte Verteilung erreicht ist. Es werden also im Kristall die zusätzlichen Speicherladungen $\pm Q_{BF}$ der Minoritätsträger aufgebaut (Bild 2.8). Offen-

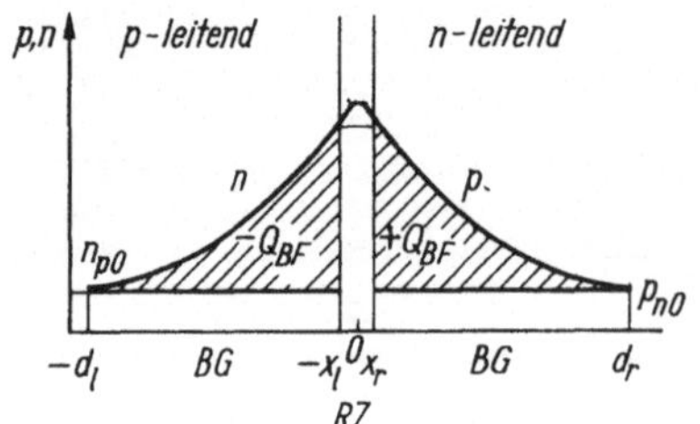

Bild 2.8. Minoritätsträger-Speicherladung Q_{BF} in den Bahngebieten eines pn-Übergangs bei Durchlaßstrom

sichtlich sind diese Speicherladungen dem konstanten Durchlaßstrom I_F und der mittleren Lebensdauer τ der Minoritätsträger bei Durchlaßstrom proportional (s. z. B. [2.5]):

$$Q_{BF} = \pm \tau I_F . \tag{2.127}$$

Mit der Temperatur der Sperrschicht nimmt τ zu und folglich auch die Speicherladung.

Die Einschaltverlustleistung ist bei Dioden meist vernachlässigbar, außer möglicherweise bei sehr hohen Frequenzen.

2.2.3.2. Ausschaltverhalten ohne Sperrspannung

Der Durchlaßstrom einer Diode möge auf Null absinken, ohne daß anschließend eine Sperrspannung anliegt; dies kann z. B. bei einem halbgesteuerten Drehstromsteller der Fall sein (vgl. Abschn. 3.7.2). Die Speicherladungen Q_B der Minoritätsträger rekombinieren mit den Majoritätsträgern (vgl. Abschn. 2.1.5.2). Wenn die mittlere Lebensdauer der Minoritätsträger τ ist, dann rekombinieren in der Zeiteinheit Q_B/τ Ladungsträger, und die Abnahme der Speicherladung wird beschrieben durch

$$\frac{dQ_B}{dt} = -\frac{Q_B}{\tau}, \tag{2.128}$$

und es folgt

$$Q_B = Q_{BF} \exp\{-t/\tau\} . \tag{2.129}$$

Es muß also eine Zeit von 5τ vergehen, bis die Speicherladung auf etwa 1 % ihres Anfangswerts abgeklungen ist. Wenn durch den Einbau von Rekombinationszentren, wie z. B. Goldatomen, in den Kristall die Lebensdauer der Minoritätsträger verkürzt wird, so werden dadurch auch der Spannungsabfall und die Verlustleistung in der mittleren, eigenleitenden Schicht eines pin-Gleichrichters vergrößert (vgl. (2.123)).

2.2.3.3. Ausschaltverhalten mit Sperrspannung, Trägerstaueffekt

Bei den meisten Stromrichtern wird die Kommutierung durch einen Sprung von Durchlaß- auf Sperrspannung über dem Ventil hervorgerufen (vgl. z. B. Abschn. 3.2.1.2) (Bild 2.9a). Der Durchlaßstrom

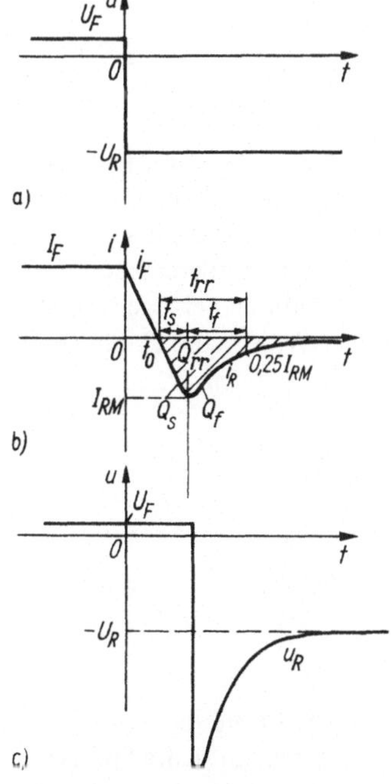

Bild 2.9. Übergang einer Diode vom Durchlaß- zum Sperrzustand

a) Verlauf der Spannung u am Kommutierungskreis
b) Verlauf des Durchlaßstroms i_F und des Sperrstroms i_R
c) Verlauf der Durchlaßspannung U_F und der Sperrspannung u_R an der Diode
Q_{rr} Sperrerholladung; t_s Spannungsnachlaufzeit; t_f Rückstromfallzeit; t_{rr} Sperrerholzeit

i_F sinkt von I_F bei $t = 0$ wegen der fast immer im Kommutierungskreis enthaltenen Induktivitäten nur allmählich ab (Bild 2.9b). Dabei rekombiniert ein Teil der Speicherladungen, doch im Zeitpunkt t_0, in dem der Strom i_F zu Null wird, ist noch die *Sperrerholladung* Q_{rr} vorhanden. Sie ermöglicht, daß unter dem Einfluß von $-U_R$ ein Sperrstrom i_R fließt, der während der *Spannungsnachlaufzeit* t_s weitaus größer ist als der Sättigungsstrom in Sperrichtung (vgl. (2.96)). Während der Zeit t_s sind noch so viele Träger in der Grenzschicht, daß der Spannungsabfall U_F über der Schicht etwa der Diffusionsspannung gleicht, also weiterhin positiv bleibt (Bild 2.9c). Der Anstieg von i_R hängt folglich fast nur von U_R und von der Induktivität im Kommutierungskreis ab, bis der Spitzenwert I_{RM} erreicht ist. An die Spannungsnachlaufzeit schließt sich die Rückstromfallzeit t_f an, die je nach Definition z. B. bei $i_R = 0{,}25 I_{RM}$ als beendet angesehen wird. Während der Rückstromfallzeit wird die Sperrverzögerungsladung schnell abgebaut, die Raumladungszone wird breiter, und ihr Widerstand wächst, bis der Sperrstrom schließlich auf den Sättigungsstrom abgesunken ist. Damit beträgt die *Sperrerholzeit* t_{rr}:

$$t_{rr} = t_s + t_f . \tag{2.130}$$

Die mittlere *Ausschaltverlustleistung* P_{RQ} beträgt bei der Wiederholfrequenz f:

$$P_{RQ} = f \int_{t_{rr}} u_R i_R \, dt . \tag{2.131}$$

Sie kann in den vom Hersteller zur Verfügung gestellten Diagrammen angegeben sein oder durch Beobachtung von u_R, i_R und t_{rr} auf einem Oszilloskop ermittelt werden.

Wenn die Sperrverzögerungsladung bekannt ist, die bei einer konstanten Sperrspannung U_R abfließt, dann hat die mittlere Ausschaltverlustleistung P_{RQ} nach (2.131) die Größe

$$P_{RQ} = f U_R Q_{rr} . \tag{2.132}$$

Mit $Q_{rr} = 600\ \mu C$ bei $U_R = 100$ V (Diode VL 14-320) und bei $f = 1000$ Hz ergibt sich

$$P_{RQ} = 1000\ s^{-1} \cdot 100\ V \cdot 600\ \mu C = 60\ W .$$

Die Ausschaltverlustleistung muß also bei höheren Frequenzen durchaus berücksichtigt werden!

Trägerstaueffekt

Von großer praktischer Bedeutung ist die Spannung $-L\, di_R/dt$, die während der Fallzeit t_f über den immer im Kommutierungskreis vorhandenen Induktivitäten induziert wird. Durch sie wird die vom Ventil zu sperrende Spannung auf

$$u_R = -U_R - L\, di_R/dt \tag{2.133}$$

erhöht (Bild 2.9c). Durch diesen „Trägerstaueffekt" kann die höchstzulässige periodische Spitzensperrspannung des Ventils überschritten werden.

Die Geschwindigkeit, mit der der Sperrstrom abklingt, hängt von der Technologie des Halbleiters ab. Bei einem Ventil mit relativ großer Fallzeit, d. h. „weichem" Sperrverhalten, und einem Kommutierungskreis mit niedriger Induktivität ist die induzierte Spannung ungefährlich, und die hochfrequenten Störungen sind gering (vgl. Abschn. 6.3.3). Bei „hartem" Sperrverhalten und größerer Induktivität muß der Abfall des Stroms durch die Induktivität während der Fallzeit t_f dadurch verzögert werden, daß ein Kondensator C parallel zum Ventil geschaltet wird (Bild 2.10). Der Widerstand R dämpft die Schwingungen, die durch das Zusammenspiel von C und L verursacht werden können.

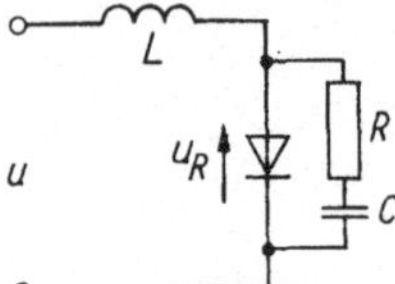

Bild 2.10. Schaltung zum Schutz gegen den Trägerstaueffekt

2.2.3.4. Schnelle Leistungsdioden

Schnelle Leistungsdioden (Tafel 2.4) unterscheiden sich von den üblichen Leistungsdioden dadurch, daß die Speicherladungen Q_{BF} besonders niedrig sind. Dementsprechend ist der transiente Sperrstrom

Tafel 2.4. Beispiele für Grenzwerte und Kenngrößen von Leistungsdioden

Typ (UdSSR)	Grenzwerte						
	U_{RRM}/V	U_{RSM}/V	I_{FAVM}/A	I_{FSM}/A	ϑ_{jM}/°C	P_{RSM}/kW	$\int i^2\,dt$/A$^2\cdot$s
Diode B 200	150 ... 1400¹)	$1{,}15U_{RRM}$	200	6000	140	—	$1{,}5\cdot 10^5$
Lawinendiode BL 5-200	600 ... 1300¹)	$1{,}15U_{RRM}$	200	6000	140	56	$1{,}8\cdot 10^5$
Schnelle Diode D 161-160	500 ... 1200¹)	$1{,}10U_{RRM}$	160	5000	140	—	$1{,}3\cdot 10^5$
	Kenngrößen (höchste Werte)						
	u_F/V	$U_{(TO)}$/V	r_F/mΩ	R_{thjc}/K · W^{-1}	λ/h^{-1}	t_{rr}/µs	Q_{rr}/µC
Diode B 200	1,35 bei πI_{FAVM}	0,92	0,68	0,13	10^{-6}	15	300²)
Lawinendiode BL 5	1,35 bei πI_{FAVM}	0,92	0,68	0,13	10^{-6}	15	300³)
Schnelle Diode D 161-160	1,45	1,05	0,86	0,18	—	2³)	180³)

¹) je nach Spannungsklasse; ²) bei $di_F/dt = -5$ A/µs; ³) bei $di_F/dt = 50$ A/µs

klein, und die Sperrerholzeit t_{rr} dauert bei kleinen Dioden nur etwa 100 ns, bei großen 1 ... 2 ms. Man erreicht dies durch den Einbau von zusätzlichen Rekombinationszentren (Goldatome), die die Trägerlebensdauer verkürzen (vgl. (2.127)).

Auf die Nachteile, die sich daraus ergeben, wurde schon im Abschnitt 2.2.3.2 hingewiesen.

Die Sperrerholzeit wird auch verringert, wenn die Abklinggeschwindigkeit ($-di_F/dt$) des Stroms niedrig ist. Dann hat ein Teil der Speicherladungen Q_{BF} schon vor Beginn der Sperrerholzeit rekombiniert, und die Sperrerholladung Q_{rr}, die den Rückstrom aufrechterhält, ist entsprechend kleiner.

Beispiele für Einsatzgebiete schneller Dioden sind:

- Stromrichter bei hohen Frequenzen, bei denen die Verringerung der Ausschaltverlustleistung der Dioden große Bedeutung haben kann (vgl. (2.132));
- Freilaufzweige bei Gleichstrom-Pulsstellern (s. Bild 4.2); bei diesen wird der Halbleiterschalter, z. B. ein Transistor, beim periodischen Einschalten zusätzlich zum Laststrom auch noch durch den Sperrstrom der Diode beansprucht;
- Schaltnetzteile, insbesondere mit MOSFETs, für Frequenzen bis 100 kHz (s. Bild 4.46).

2.2.4. Thermisches Verhalten

2.2.4.1. Grundlagen

Die folgenden Überlegungen gelten nicht nur für Dioden, sondern auch für Thyristoren, Leistungstransistoren usw., da alle Halbleiter-Leistungsbauelemente grundsätzlich ähnlich aufgebaut sind.

Im Kristall der Halbleiterbauelemente entstehen Verluste, und zwar hauptsächlich durch den Durchlaßstrom, in geringerem Maß auch durch den Sperrstrom. Bei höheren Frequenzen können auch die

Einschalt- und die Ausschaltverluste von Bedeutung sein. Durch die Verluste wird der Kristall erwärmt. Wird die maximal zulässige Temperatur (bei Dioden und Transistoren etwa 150 °C, bei Thyristoren etwa 125 °C) wesentlich überschritten, dann kann der Kristall zerstört werden. Bei Thyristoren und Triacs kann auch schon eine geringe Überschreitung der maximal zulässigen Temperatur die Nullkippspannung (s. Abschn. 2.3.2.3) merklich herabsetzen, so daß das Ventil schon bei der im Datenblatt angegebenen größten zulässigen Blockierspannung ohne Zündpuls zündet.

Im Vergleich zu der Wärme, die bei Überlast im Kristall entwickelt wird, ist die Wärmekapazität der Kristallscheibchen nur sehr gering. Deshalb sind diese Scheibchen ungewöhnlich empfindlich gegen Überlastungen, und der Ableitung der Verlustwärme muß große Aufmerksamkeit gewidmet werden.

Bild 2.11 zeigt die Temperaturverteilung auf einem Siliziumventil mit Kühlkörper. Die Wärme, die in dem Kristallscheibchen S entwickelt wird, strömt zum Boden des Gehäuses c, von dort zum Kühlkörper K und schließlich zur umgebenden Luft. Es besteht eine Analogie zwischen den Gesetzen der zeitlich konstanten Wärmeströmung und des zeitlich konstanten elektrischen Stroms, und zwar entsprechen dabei einander Wärmestrom und elektrischer Strom, Temperaturdifferenz und Potentialdifferenz sowie thermischer Widerstand und elektrischer Widerstand. Deshalb kann man in Analogie zum Ohmschen Gesetz,

$$\text{elektrischer Strom} = \frac{\text{Potentialdifferenz}}{\text{elektrischer Widerstand}}, \quad \text{schreiben:}$$

$$\text{Wärmestrom} = \frac{\text{Temperaturdifferenz}}{\text{Wärmewiderstand}}; \tag{2.134}$$

Es sei

ϑ_j Temperatur des Kristalls
ϑ_a Temperatur der Umgebung
P_v konstante Verlustleistung im Ventil
R_{th} Wärmewiderstand des Ventils.

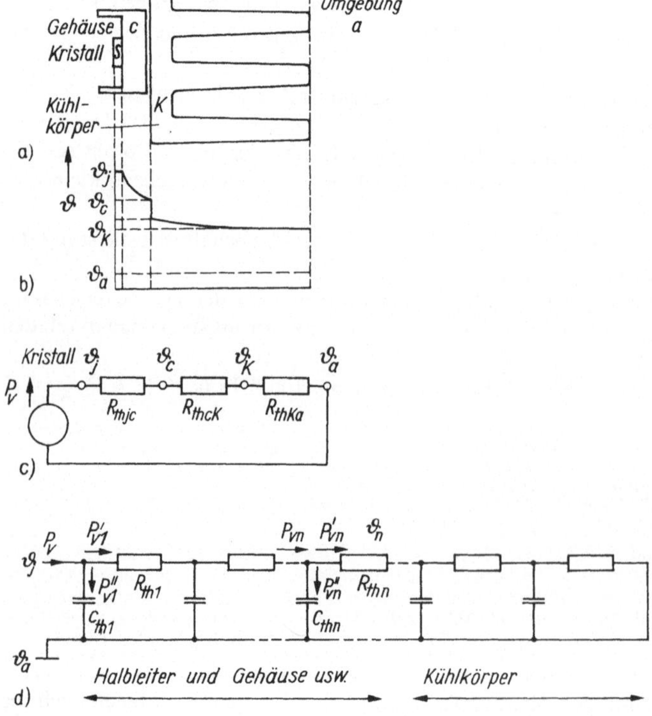

Bild 2.11. Zur Temperaturverteilung in einem Kristallventil

a) Aufbau des Ventils
b) Verteilung der Temperatur
c) und d) thermische Ersatzschaltbilder für zeitlich konstante bzw. zeitlich veränderliche Verlustleistung

Im stationären Zustand gleicht der Wärmestrom, der aus dem Kristall fließt, der Verlustleistung P_v. Damit folgt aus (2.134)

$$P_v = \frac{\vartheta_j - \vartheta_a}{R_{th}} . \tag{2.135}$$

Es soll jetzt auf die Verlustleistung und auf den Wärmewiderstand des Ventils und des Kühlkörpers näher eingegangen werden.

2.2.4.2. Verlustleistung

Die Verlustleistung setzt sich aus der Durchlaß-, der Sperr- und ggf. der Schalt- sowie der Steuerverlustleistung zusammen.

Die momentane *Durchlaßverlustleistung* p_F ist durch den Durchlaßstrom i_F und durch den dabei auftretenden Spannungsabfall u_F (beides Momentanwerte) gegeben:

$$p_F = u_F i_F . \tag{2.136}$$

Bei periodischem Stromfluß beträgt die mittlere Verlustleistung

$$P_{Fa} = \frac{1}{T} \int_{t=0}^{T} u_F i_F \, dt ; \tag{2.137}$$

T Dauer einer Periode.

Wenn der in (2.92) gegebene Näherungswert für die Durchlaßspannung in (2.137) eingesetzt wird, ergibt sich

$$P_{Fa} = \frac{1}{T} \int_{t=0}^{T} (U_{(TO)} i_F + r_F i_F^2) \, dt \tag{2.138}$$

$$= U_{(TO)} I_{Fa} + r_F I_{Fe}^2 , \tag{2.139}$$

wo I_{Fa} und I_{Fe} der arithmetische Mittelwert bzw. der Effektivwert des Durchlaßstroms ist.

Gleichung (2.139) kann man auch schreiben:

$$P_{Fa} = U_{(TO)} I_{Fa} + r_F f^2 I_{Fa}^2 ; \tag{2.140}$$

hier ist

$$f = I_{Fe}/I_{Fa} \tag{2.141}$$

der Formfaktor der betreffenden Kurvenform.

Für die sinusförmigen Stromhalbwellen, die z. B. bei der Definition des Dauergrenzstroms vorausgesetzt werden (Abschn. 2.2.5.2), gilt (Bild 2.12a)

$$i_F = I_{Fm} \sin \vartheta \quad \text{für} \quad 0 \leqq \vartheta \leqq \pi \tag{2.142}$$

und

$$i_F = 0 \quad \text{für} \quad \pi \leqq \vartheta \leqq 2\pi . \tag{2.143}$$

Der arithmetische Mittelwert I_{Fa} hat die Größe

$$I_{Fa} = \frac{1}{2\pi} \int_{\vartheta=0}^{\pi} I_{Fm} \sin \vartheta \, d\vartheta = I_{Fm}/\pi . \tag{2.144}$$

Für den Effektivwert I_{Fe} gilt

$$I_{Fe} = \left[\frac{1}{2\pi} \int_{\vartheta=0}^{\pi} (I_{Fm} \sin \vartheta)^2 \, d\vartheta \right]^{1/2} = I_{Fm}/2 . \tag{2.145}$$

Der Formfaktor beträgt somit (2.141)

$$f = \frac{I_{Fm}/2}{I_{Fm}/\pi} = \frac{\pi}{2} = 1{,}57 . \tag{2.146}$$

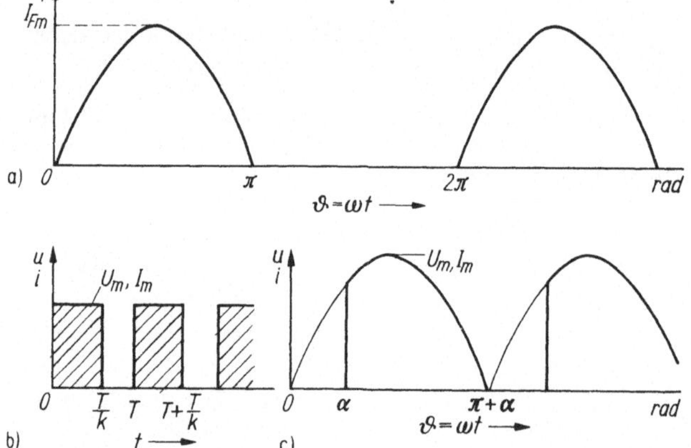

Bild 2.12. Zur Berechnung des Formfaktors von Spannungs- und Stromverläufen

a) halbsinusförmig; b) impulsartig;
c) beim Zweipulsgleichrichter mit Zündverzögerungswinkel α

Beispiel: Ein halbsinusförmiger Strom (Bild 2.12a) mit einem Scheitelwert von 10 A fließt durch eine Diode, deren Schleusenspannung $U_{(TO)} = 0{,}75$ V und deren differentieller Widerstand $r_F = 14{,}3$ mΩ beträgt. Es gilt:
Mittelwert des Stroms (2.144):

$$I_{Fa} = 10 \text{ A}/\pi = 3{,}18 \text{ A} ; \tag{2.147}$$

Formfaktor $f = 1{,}57$;
Verlustleistung (2.140):

$$P_{Fa} = 0{,}75 \text{ V} \cdot 3{,}18 \text{ A} + 14{,}3 \cdot 10^{-3} \, \Omega \cdot 1{,}57^2 \cdot (3{,}18 \text{ A})^2 = 2{,}74 \text{ W} . \tag{2.148}$$

Die soeben gezeigte Berechnung der Verlustleistung mit Hilfe von (2.139) oder (2.140) ist für die rechnergestützte Projektierung von Stromrichtern geeignet. Zur Einzelermittlung ist es meist einfacher, die Verlustleistung für die betreffende Form der Strompulse und als Funktion des mittleren Dioden- bzw. Thyristorstroms $I_{F,Ta}$ von einem Diagramm des Datenblatts (Bild 2.13) abzulesen.

Bei halbsinusförmigem Strom mit einem Mittelwert von z. B. $I_{Ta} = 33$ A und einem Zündverzögerungswinkel $\alpha = 90° \mathrel{\hat{=}} \pi/2$ rad gibt Bild 2.13b: $P_{Ta} = 70$ W. Dies soll mit der *Berechnung* der Verlustleistung mit Hilfe von (2.139) verglichen werden:

Der Strom sei durch

$$i_T = I_{Tm} \sin \vartheta \quad \text{für} \quad \pi/2 \leqq \vartheta \leqq \pi \tag{2.149}$$

beschrieben. Dann beträgt sein Mittelwert

$$I_{Ta} = \frac{1}{2\pi} \int_{\vartheta=\pi/2}^{\pi} i_T \, d\vartheta = \frac{I_{Tm}}{2\pi} \tag{2.150}$$

und folglich

$$I_{Tm} = 2\pi I_{Ta} = 2\pi \cdot 33 \text{ A} = 207 \text{ A} . \tag{2.151}$$

Der Effektivwert des Stroms hat die Größe

$$I_{\text{Te}} = \left[\frac{1}{2\pi} \int_{\vartheta=\pi/2}^{\pi} (I_{\text{Tm}} \sin \vartheta)^2 \, d\vartheta \right]^{1/2}$$

$$= 0{,}354 I_{\text{Tm}} = 0{,}354 \cdot 207 \text{ A} = 73{,}4 \text{ A} . \tag{2.152}$$

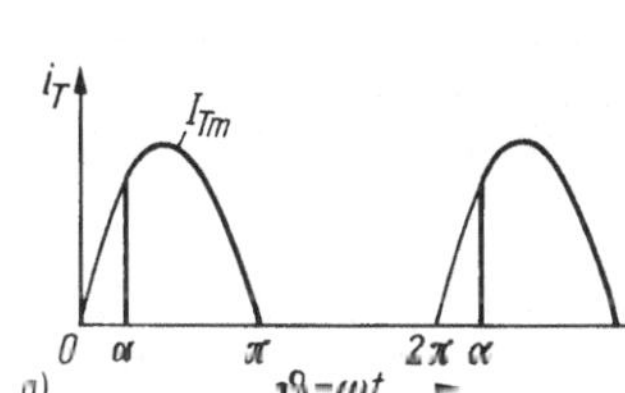

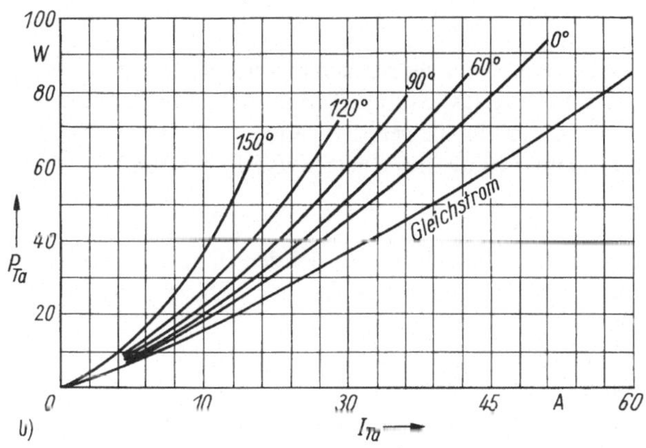

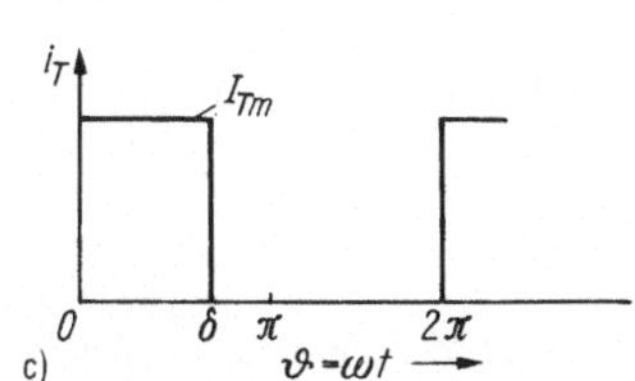

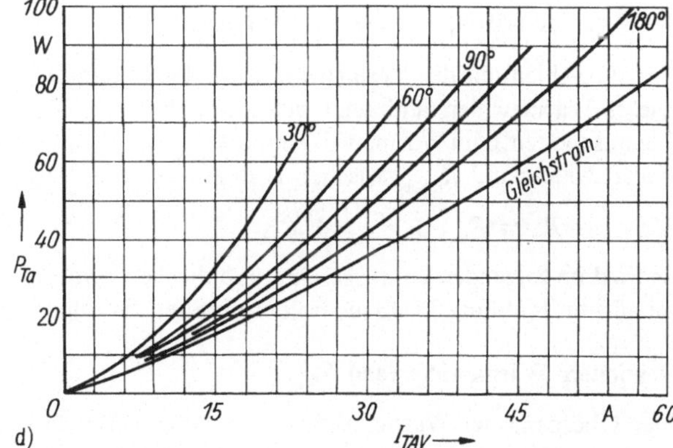

Bild 2.13. Mittlere Durchlaßverlustleistung P_{Ta} als Funktion des mittleren Ventilstroms I_{Ta} bei

a) und b) halbsinusförmigem Strom; Parameter: Zündverzögerungswinkel α
c) und d) rechteckförmigem Strom; Parameter: Stromflußwinkel δ
(Thyristor T 45 N)

Die Verlustleistung kann jetzt mit (2.139) und mit den in Tafel 2.5 für den Thyristor T 45 N gegebenen Kenngrößen $U_{\text{(TO)}} = 1$ V und $r_{\text{T}} = 6{,}8$ mΩ berechnet werden:

$$P_{\text{Ta}} = 1 \text{ V} \cdot 33 \text{ A} + 6{,}8 \cdot 10^{-3}\,\Omega \cdot (73{,}4 \text{ A})^2 = 69{,}6 \text{ W} . \tag{2.153}$$

Die Übereinstimmung ist sehr gut.

Für einen rechteckförmigen Strom (Bild 2.13c) mit dem Mittelwert von z. B. $I_{\text{Ta}} = 42$ A und dem Stromflußwinkel $\delta = 120° \mathrel{\hat{=}} 2\pi/3$ rad zeigt Bild 2.13d: $P_{\text{Ta}} = 78$ W.

Die Rechnung ergibt

$$I_{\mathrm{Ta}} = \frac{\delta}{2\pi} I_{\mathrm{Tm}}; \tag{2.154}$$

$$I_{\mathrm{Tm}} = \frac{2\pi}{2\pi/3} \cdot 42\ \mathrm{A} = 126\ \mathrm{A}; \tag{2.155}$$

$$I_{\mathrm{Te}} = \left[\frac{1}{2\pi} \int_{\vartheta=0}^{2\pi/3} (I_{\mathrm{Tm}})^2 \, \mathrm{d}\vartheta\right]^{1/2} = \frac{I_{\mathrm{Tm}}}{\sqrt{3}} = \frac{126\ \mathrm{A}}{\sqrt{3}} = 72{,}7\ \mathrm{A}. \tag{2.156}$$

$$P_{\mathrm{Ta}} = 1\ \mathrm{V} \cdot 42\ \mathrm{A} + 6{,}8 \cdot 10^{-3}\ \Omega \cdot (72{,}7\ \mathrm{A})^2 = 77{,}9\ \mathrm{W}. \tag{2.157}$$

Die Übereinstimmung ist auch hier wieder sehr gut.

Die Sperrverlustleistung P_{R} muß berücksichtigt werden, wenn eine hohe Gleichspannung in Rückwärtsrichtung für längere Zeit anliegt. Bei einer Gleichspannung von 1800 V und einem Sperrstrom von 20 mA würde also eine Sperrverlustleistung

$$P_{\mathrm{R}} = 1800\ \mathrm{V} \cdot 20\ \mathrm{mA} = 36\ \mathrm{W} \tag{2.158}$$

in Rechnung zu stellen sein. Bei den üblichen ungefähr sinusförmigen Sperrspannungen aber ist die Sperrverlustleistung so viel geringer, daß sie meist im Vergleich zur Durchlaßverlustleistung ohne Bedeutung ist.

Die Schaltverlustleistung P_{RQ} der Dioden ist, bei Vernachlässigung der Einschaltverlustleistung, durch (2.131) gegeben.

Die Gesamtverlustleistung P_{v} hat die Größe

$$P_{\mathrm{v}} = P_{\mathrm{F.Ta}} + P_{\mathrm{R}} + P_{\mathrm{RQ}}. \tag{2.159}$$

2.2.4.3. Ableitung der Verlustwärme

Für die Ableitung der Verlustwärme ist der Gesamtwärmewiderstand R_{th} des Ventils entscheidend. Dieser Wärmewiderstand setzt sich aus dem *inneren* Wärmewiderstand R_{thjc} zwischen Kristall und Gehäuseboden, dem Wärmewiderstand R_{thcK} zwischen Gehäuseboden und Kühlkörper und dem *äußeren* Wärmewiderstand R_{thKa} zwischen Kühlkörper und Umgebung zusammen (Bild 2.11c). Es gilt also

$$R_{\mathrm{th}} = R_{\mathrm{thjc}} + R_{\mathrm{thcK}} + R_{\mathrm{thKa}}. \tag{2.160}$$

Es wird im folgenden vorausgesetzt, daß die Temperatur der Luft bei Luftselbstkühlung 45 °C und bei verstärkter Kühlung 35 °C nicht überschreitet. Es folgen einige Einzelheiten.

Der innere Wärmewiderstand R_{thjc}

Der Übergang der Wärme, die in dem dünnen Kristallscheibchen entsteht, zum Gehäuse entspricht grundsätzlich bei einseitiger Kühlung dem Eindringen von Wärme in einen einseitig unendlich ausgedehnten Körper durch eine Kreisscheibe (Bild 2.14). Wenn ϑ_{c} die Temperatur des Gehäusebodens, D der Durchmesser der Kristallscheibe und λ die Wärmeleitfähigkeit des Gehäusebodens ist, so gilt

$$R_{\mathrm{thjc}} = \frac{\vartheta_{\mathrm{j}} - \vartheta_{\mathrm{c}}}{P_{\mathrm{v}}} = \frac{2}{\pi \lambda D}. \tag{2.161}$$

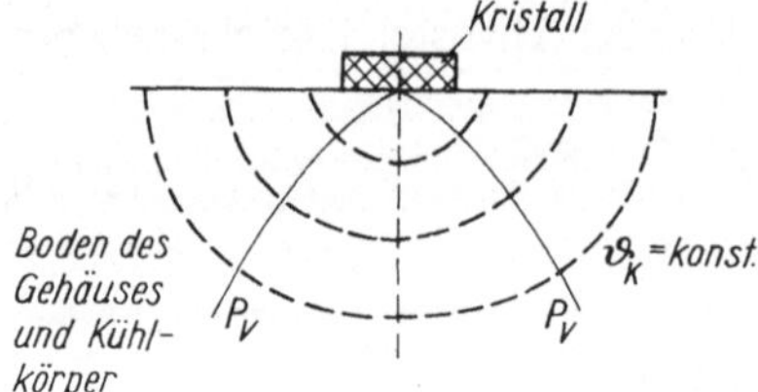

Bild 2.14. Der Wärmestrom P_{v} vom Kristall zum Boden des Gehäuses und zum Kühlkörper

Der thermische Widerstand nimmt also mit zunehmender Fläche des Kristallscheibchens nur langsam ab.

Bei einem Ventil mit einem mittleren Spannungsabfall von 1,2 V bei 200 A und einer höchsten zulässigen Temperaturdifferenz von 30 K zwischen Kristall und Gehäuseboden darf der innere Wärmewiderstand höchstens

$$R_{\text{thjc}} = \frac{30\ \text{K}}{1{,}2\ \text{V} \cdot 200\ \text{A}} = 0{,}13\ \text{K/W} \tag{2.162}$$

betragen.

Bei einem Gehäuseboden aus Kupfer ($\lambda = 3{,}7$ W/(cm · K)) gibt (2.161)

$$D = \frac{2}{\pi \cdot 3{,}7\ \text{W/(cm} \cdot \text{K)} \cdot 0{,}13\ \text{K/W}} = 1{,}32\ \text{cm}\,, \tag{2.163}$$

und dementsprechend beträgt die Stromdichte rd. 150 A/cm^2.

Tatsächlich würde man diese Stromdichte wesentlich reduzieren, um eine größere Reserve für Überlastungen zur Verfügung zu haben. Bei Ventilen für kleinere Ströme kann man jedoch die Stromdichte auf mehrere 100 A/cm^2 steigern. — Kontaktierungsfehler, z. B. durch schlechte Lötung, können den inneren Wärmewiderstand erheblich vergrößern. Seine Größe wird dem Datenblatt des Herstellers entnommen (Tafeln 2.4, S. 49, 2.5, S. 64).

Der Wärmewiderstand zwischen Gehäuse und Kühlkörper R_{thcK}

Dieser Wärmewiderstand ist im allgemeinen so gering, daß ein Temperatursprung von höchstens einigen Grad auftritt. Er wird durch planparallelen Schliff, ausreichende, definierte Anpreßkraft und Silikonfett verringert.

Der äußere Wärmewiderstand zwischen Kühlkörper und Umgebung R_{thKa}

Bei Halbleiterbauelementen mit einem Dauergrenzstrom bis zu etwa 2 A kann die Verlustleistung von der Leiterplatte, auf die das Ventil montiert ist, an die umgebende Luft abgeleitet werden. Eine Leiterplatte mit Luftselbstkühlung hat einen Wärmewiderstand von etwa (50 ... 100) K/W.

Für Dauergrenzströme bis zu etwa 10 A können vertikale Aluminiumkühlbleche mit aufgerauhter Oberfläche in Betracht gezogen werden. Bei einem Blech von z. B. 1,5 mm Dicke werden je Ampere Dauergrenzstrom etwa 15 cm^2 gebraucht. Bei Ventilen für Dauergrenzströme bis zu etwa 500 A wird der Wärmestrom über Schraubstutzen (Bild 2.15a und b) oder Flachboden (Bild 2.15c und d) an gegossene Kühlkörper oder solche mit Stranggußprofil abgeleitet. Der Temperaturabfall längs der Finnen beträgt bei Nennlast nur einige wenige Grad und darf vernachlässigt werden. Der Wärmestrom, der vom Kühlkörper (gesamte Oberfläche A, Temperatur ϑ_{K}) durch Konvektion an die umgebende Luft (Temperatur ϑ_{a}) übergeht, hängt von dem Temperatursprung ($\vartheta_{\text{K}} - \vartheta_{\text{a}}$) zwischen Kühlkörper und Luft und von der Wärmeübergangszahl α_{k} ab:

$$P = \alpha_{\text{k}} A(\vartheta_{\text{K}} - \vartheta_{\text{a}})\,, \tag{2.164}$$

also

$$R_{\text{thKa}} = \frac{\vartheta_{\text{K}} - \vartheta_{\text{a}}}{P} = \frac{1}{\alpha_{\text{k}} A}\,. \tag{2.165}$$

Die Wärmeübergangszahl nimmt mit der Strömungsgeschwindigkeit der Luft zu; bei niedrigem Druck wird sie geringer. Eine rauhe Fläche fördert die Wirbelbildung der darüber strömenden Luft und erhöht den Wärmestrom um etwa 7%. — Bei höheren Temperaturen wird die Wärme auch durch Strahlung an die Umgebung abgegeben, und zwar besonders dann, wenn der Kühlkörper mattschwarz eloxiert ist.

Der thermische Widerstand dieser Kühlkörper liegt bei Luftselbstkühlung zwischen etwa 25 K/W und 0,4 K/W. Bei verstärkter Kühlung mit einer üblichen Luftgeschwindigkeit von 6 m/s wird der thermische Widerstand auf ungefähr 1/3 seiner Größe bei Luftselbstkühlung herabgesetzt.

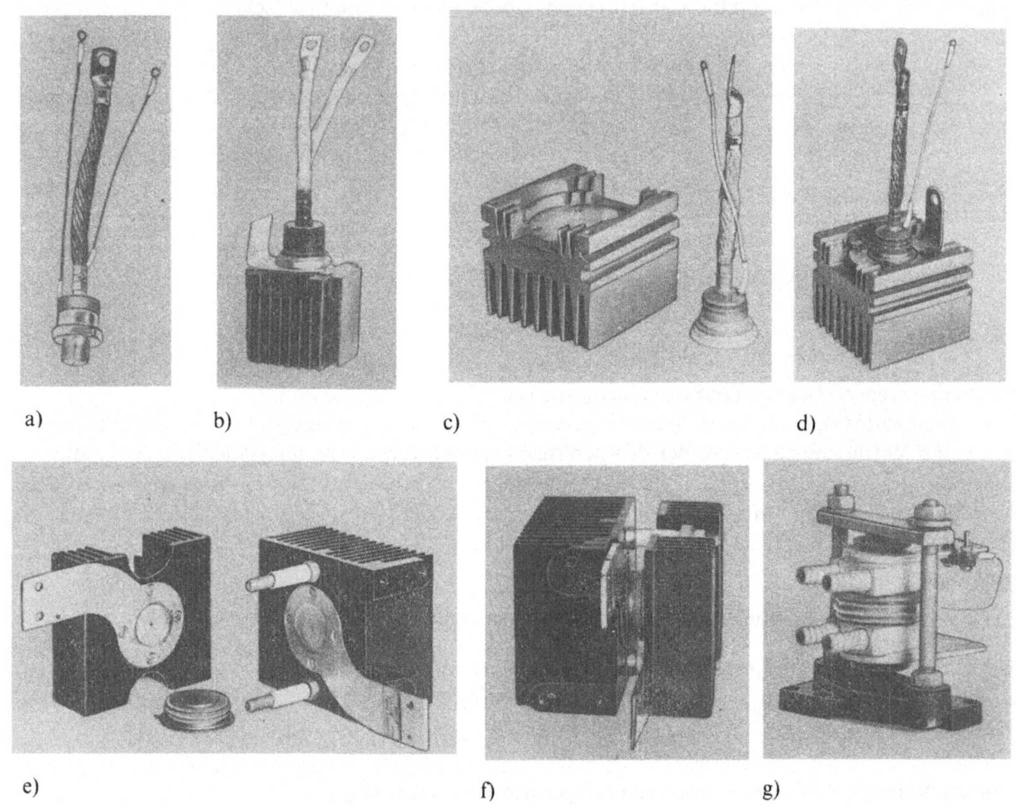

a) b) c) d)

e) f) g)

Bild 2.15. Dioden, Thyristoren und Kühlkörper

		U_{RRM}/V	$I_{F,TM}$/A
		(Größtwerte)	
a)	Lawinenthyristor TL 171-250	1600	250
b)	Lawinendiode WL 320	1600	320
c), d)	Thyristor T 15-250 mit Kühlkörper	1400	250
e), f)	Thyristor B 800 in Scheibengehäuse mit zweiseitiger Kühlung	1600	800
g)	Diode BB 2 in Scheibengehäuse mit Wasserkühlung	Nennspannung 1200 V	1250

An Leistungshalbleiter in Scheibengehäusen (Bild 2.15e und f) für Dauergrenzströme bis zu mehr als 2 kA werden ein- oder zweiseitig gegossene Kühlkörper geschraubt. Ihre Wärmewiderstände gehen bei Selbstkühlung bis zu etwa 0,3 K/W und bei verstärkter Kühlung bis zu etwa 0,1 K/W herunter.

Bei Flüssigkeitskühlung wird das Bauelement auf eine von Wasser oder Öl durchflossene Stromschiene geschraubt oder zwischen zwei von Wasser durchströmte Kühlkörper gespannt. Der Wärmewiderstand kann bei Wasserkühlung mit z. B. 6 l/min etwa 0,02 W/K betragen. Diese Kühlungsart ist für Dauergrenzströme bis weit mehr als 2 kA geeignet.

Die Verlustleistung wird von Halbleiterbauelementen für hohe Ströme auch durch Verdampfen von Freon (Fluorkohlenwasserstoff) abgeführt.

Wenn es aus konstruktiven Gründen nicht möglich ist, den Kühlkörper unmittelbar am Ventilboden zu befestigen, kann zwischen diesen beiden Bauelementen ein Wärmerohr zur Wärmeübertragung eingefügt werden (Bild 2.16). Vom Ventilboden wird an einem Ende dieses evakuierten Rohres Wärme auf eine Flüssigkeit, z. B. Alkohol oder Wasser, übertragen. Die Flüssigkeit verdampft und kondensiert am anderen Ende des Rohres. Von dort geht die Kondensationswärme auf einen Kühlkörper über. Das Kondensat kehrt entlang der Innenwand des Rohres, das mit Glasfasern, Drahtgewebe o. ä. bedeckt ist, durch *Kapillarwirkung* zur warmen Seite zurück. Der thermische Widerstand eines solchen Rohres ist weitaus geringer als der eines Kupferrohres ähnlicher Dimension.

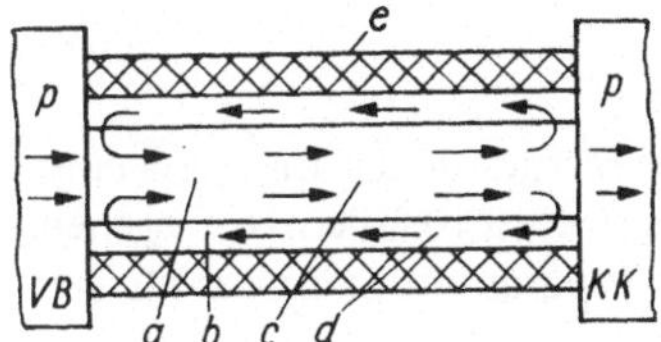

Bild 2.16. Wärmeableitung über ein Wärmerohr
VB Ventilboden; *KK* Kühlkörper; *P* Wärmestrom;
a evakuierte Röhre; *b* Kapillarstruktur; *c* Dampf; *d* Kondensat; *e* thermische Isolierung

2.2.4.4. Temperatur des Kristalls bei konstanter Verlustleistung

Es können jetzt Antworten auf folgende Fragen gegeben werden:

— Durch ein Ventil, dessen Daten bekannt sind, fließt ein vorgegebener, konstanter Strom. Welche Temperatur hat der Kristall? Als Beispiel sei der Thyristor T 45 N genommen, zusammen mit einem Kühlkörper mit $R_{\mathrm{thKa}} = 0{,}4$ K/W bei verstärkter Luftkühlung. Er soll einen rechteckförmigen Strom mit einem Stromflußwinkel $\delta = 120°$ und dem Mittelwert $I_{\mathrm{Ta}} = 39$ A führen, Umgebungstemperatur $\vartheta_{\mathrm{a}} = 45$ °C. Tafel 2.5 zeigt $R_{\mathrm{thjc}} = 0{,}44$ K/W, und Bild 2.13d gibt $P_{\mathrm{Ta}} = 70$ W. Die Sperrverluste sollen vernachlässigt werden, so daß $P_{\mathrm{v}} = 70$ W. Gleichung (2.135) führt zu

$$\vartheta_{\mathrm{j}} = (0{,}44 + 0{,}4)\ \mathrm{K/W} \cdot 70\ \mathrm{W} + 45\ °\mathrm{C} = 104\ °\mathrm{C}\,. \tag{2.166}$$

Es bestehen also noch hinreichend Reserven für größere Belastungen.

— Der innere Wärmewiderstand des Ventils, die maximal zulässige Kristalltemperatur sowie Mittelwert und Verlauf des Durchlaßstroms sind vorgegeben. Gesucht ist der größte zulässige Wärmewiderstand des Kühlkörpers, damit dieser aus den betreffenden Datenblättern gewählt werden kann. Auch hier kann die Antwort wieder unmittelbar mit Hilfe von (2.135) gefunden werden.

— Der gesamte Wärmewiderstand, die maximal zulässige Temperatur und die Form des Durchlaßstroms mögen vorgegeben sein. Gesucht ist der Dauergrenzstrom. — Die maximal zulässige Verlustleistung wird mit (2.135) berechnet, und der Dauergrenzstrom wird entweder von Bild 2.13 abgelesen oder mit der Formel berechnet, die in Aufgabe 2.10 gegeben ist.

2.2.4.5. Temperatur des Kristalls bei zeitlich veränderlicher Verlustleistung

Bild 2.11d zeigt einen aus Wärmewiderständen R_{th} und Wärmekapazitäten C_{th} zusammengesetzten Kettenleiter, der als hinreichend genaues thermisches Ersatzbild für die einzelnen Schichten des Kristalls, der Molybdänscheibe, des Gehäuses, des Kühlkörpers usw. dienen kann. Wenn in das n-te Glied des Kettenleiters zur Zeit t die Wärmeleistung $P_{\mathrm{v}n}$ einströmt, dann gelten folgende Gleichungen:

$$P_{\mathrm{v}n} = P'_{\mathrm{v}n} + P''_{\mathrm{v}n} \tag{2.167}$$

und

$$R_{\mathrm{th}n} P'_{\mathrm{v}n} = \frac{1}{C_{\mathrm{th}n}} \int P''_{\mathrm{v}n}\,\mathrm{d}t\,. \tag{2.168}$$

Der Wärmestrom möge bei $t = 0$ einsetzen, so daß $P'_{\mathrm{v}n}(t = 0) = 0$ ist. Die Integration von (2.168) führt dann zu

$$P'_{\mathrm{v}n} = P_{\mathrm{v}n}[1 - \exp\{-t/\tau_n\}]\,. \tag{2.169}$$

$$\tau_n = R_{\mathrm{th}n} C_{\mathrm{th}n} \tag{2.170}$$

ist die thermische Zeitkonstante des n-ten Gliedes. Die Temperatur über dem n-ten Glied beträgt

$$\vartheta_n = R_{\text{th}n} P'_{\text{v}n} \tag{2.171}$$

$$= R_{\text{th}n} P_{\text{v}n} [1 - \exp\{-t/\tau_n\}] \,. \tag{2.172}$$

Der Kristall hat die Temperatur

$$\vartheta_{\text{j}} = \sum_n \vartheta_n + \vartheta_{\text{a}} \,. \tag{2.173}$$

Falls die Ermittlung der Sperrschichttemperatur ein Bestandteil des rechnergestützten Entwurfs eines Stromrichters ist, kann man von einem Modell wie im Bild 2.11 d mit bis zu etwa 10 Gliedern ausgehen. Die thermischen Konstanten entnimmt man einer Datenbank. Einen Programmablaufplan für eine solche thermische Berechnung zeigt z. B. [2.38] [2.39].

Eine stark vereinfachte, aber häufig verwendete Rechnung geht von einem Wärmeschema mit nur zwei Gliedern aus. Der Kristall, das Gehäuse usw. werden durch einen einzigen Wärmewiderstand R_{thjc} und eine einzige Wärmezeitkonstante τ_{j} beschrieben; für den Kühlkörper gilt entsprechend R_{thKa} und τ_{K}.

Es wird jetzt der Begriff „transienter Wärmewiderstand $Z_{\text{th}}(t)$" eingeführt. Allgemein soll gelten (vgl. (2.172)):

$$Z_{\text{th}n}(t) = \vartheta_n / P_{\text{v}n} = R_{\text{th}n}[1 - \exp\{-t/\tau_n\}] \,. \tag{2.174}$$

Dementsprechend definiert man:

innerer transienter Wärmewiderstand

$$Z_{\text{thjc}}(t) = R_{\text{thjc}}[1 - \exp\{-t/\tau_{\text{j}}\}] \,, \tag{2.175}$$

äußerer transienter Wärmewiderstand

$$Z_{\text{thKa}}(t) = R_{\text{thKa}}[1 - \exp\{-t/\tau_{\text{K}}\}] \tag{2.176}$$

sowie transienter Wärmewiderstand des Ventils

$$Z_{\text{th}}(t) = Z_{\text{thjc}}(t) + Z_{\text{thKa}}(t) \,. \tag{2.177}$$

Mit diesen Gleichungen kann man (2.173) bei weiterer Vereinfachung schreiben:

$$\vartheta_{\text{j}} = P_{\text{v}}[Z_{\text{thjc}}(t) + Z_{\text{thKa}}(t)] + \vartheta_{\text{a}} \tag{2.178}$$

oder

$$\vartheta_{\text{j}} = P_{\text{v}} Z_{\text{th}}(t) + \vartheta_{\text{a}} \,. \tag{2.179}$$

Diese Beschreibung des Temperaturverlaufs hat den Vorteil, daß sie auf unmittelbar meßbaren Größen beruht: Man mißt die Temperatur des Kristalls, des Gehäuses, des Kühlkörpers und der Umgebung zu verschiedenen Zeiten nach einem sprunghaften Einsatz der Verlustleistung und findet mit Hilfe von (2.175) bis (2.179) den Verlauf von $Z_{\text{thjc}}(t)$, $Z_{\text{thKa}}(t)$ und $Z_{\text{th}}(t)$ als Funktion der Zeit t (Bild 2.17a und b).

Die thermische Zeitkonstante τ_{j} des Kristalls ist viel kleiner als die thermische Zeitkonstante τ_{K} des Kühlkörpers. Deshalb erwärmt sich der Kristall während der ersten Sekunde viel schneller als der Kühlkörper (Bild 2.18). Die Temperatur des Kristalls hängt also während der ersten Sekunden hauptsächlich von der thermischen Zeitkonstante des Kristalls ab, und noch nicht von der des Kühlkörpers. Die Kurzschlußfestigkeit eines Gerätes mit Halbleiterventilen kann deshalb nur insofern durch einen größeren Kühlkörper oder durch bessere Belüftung erhöht werden, als die Temperatur des Kristalls zu Beginn der Überlast auf Grund dieser Maßnahme herabgesetzt wird.

Mit (2.179) und Bild 2.17a und b kann man auch die *Überstromkennlinien* eines Ventils ermitteln. Diese Kennlinien geben den höchstzulässigen Wert $I_{\text{F(OV)}}$ (für Dioden) oder $I_{\text{T(OV)}}$ (für Thyristoren) des Überstroms für Kurzzeitbetrieb in Abhängigkeit von der Zeit t mit dem Vorlaststrom $I_{\text{F, TAV(vor)}}$ als Parameter. Die Überstromkennlinien werden verwendet, um z. B. den zulässigen Strom beim Hochfahren eines Motors während einer vorgegebenen Zeit zu finden oder um die Überstromkennlinie

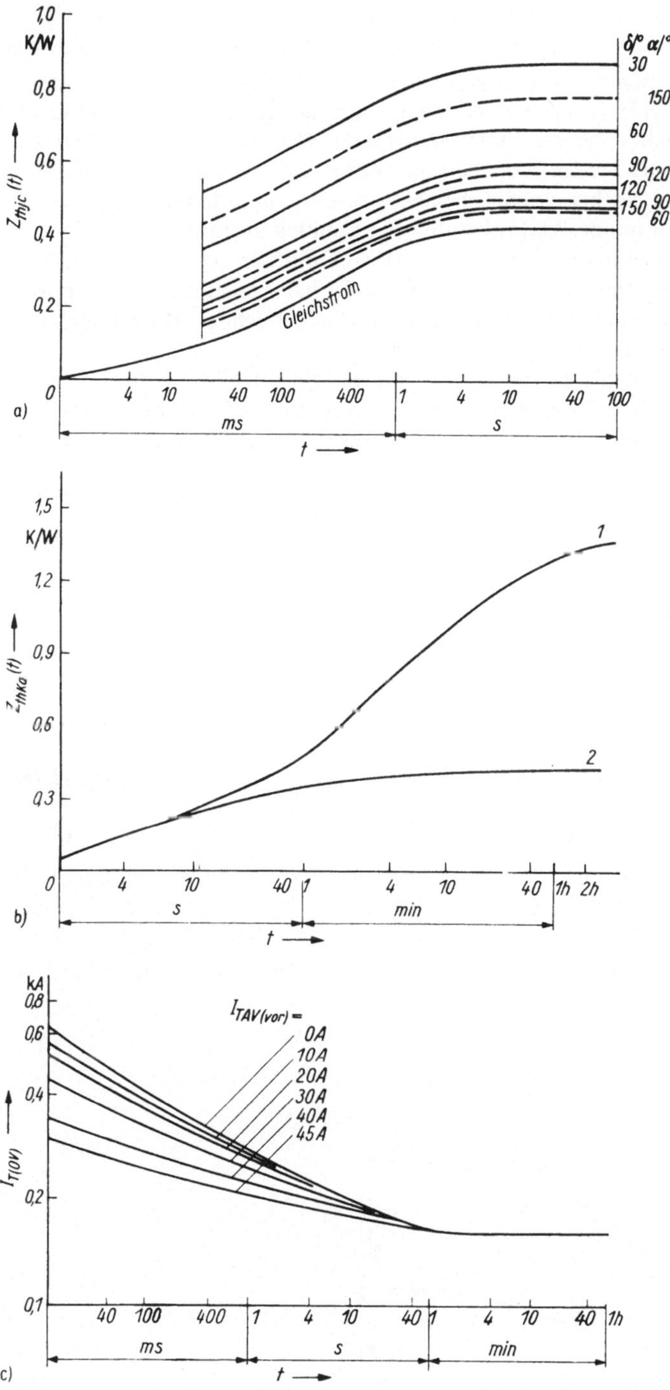

Bild 2.17. Transiente Wärmewiderstände und Überstromkennlinien

a) innerer transienter Wärmewiderstand $Z_{thjc}(t)$ für Thyristor T 45 N (AEG); Parameter: Zündverzögerungswinkel α für halbsinusförmige Ströme (vgl. Bild 2.13a); Stromflußwinkel δ für rechteckförmige Ströme (vgl. Bild 2.13c)

b) äußerer transienter Wärmewiderstand Z_{thKa} für Kühlkörper KL 42 (AEG) für beliebige Stromformen
Kurve *1* Luftselbstkühlung, $\vartheta_a = 45$ °C;
Kurve *2* verstärkte Luftkühlung, $v_L = 6$ m/s, $\vartheta_a = 35$ °C

c) höchstzulässiger Überstrom $I_{T(OV)}$ (Scheitelwert einer halbsinusförmigen Stromwelle) als Funktion der Überstromzeit t bei verstärkter Luftkühlung, $\vartheta_a = 35$ °C; Parameter: Vorlaststrom $I_{TAV(vor)}$ (Thyristor T 45 N, Kühlkörper KL 42, AEG)

des Ventils mit der Schmelzzeitkennlinie einer Sicherung zu vergleichen (vgl. Abschn. 6.3.1.2). Bild 2.17c zeigt Beispiele für Überstromkennlinien; $I_{T(OV)}$ ist der Scheitelwert einer halbsinusförmigen Stromwelle.

Die Ventile eines Stromrichters werden fast immer periodisch mit halbsinus- oder rechteckförmigen Strömen beansprucht (s. z. B. Bild 2.12). Deshalb ist die Temperatur des Kristalls jeweils bei Einsatz des Stroms am niedrigsten und erreicht an dessen Ende den höchsten Wert, der die maximal zulässige Temperatur ϑ_{jM} (s. Tafel 2.4) nicht überschreiten darf. Die Temperatur schwankt um so mehr, je geringer die Stromflußdauer durch das Ventil ist (bei gleichbleibender mittlerer Verlustleistung P_{va}). Bei den jetzt folgenden Rechnungen wird aber mit der Verlustleistung P_{va}, gemittelt über die ganze Periode des Stroms durch das Ventil, gerechnet. Um trotzdem den momentanen Größtwert ϑ_{jm} der Temperatur zu bestimmen, werden im Bild 2.17a der Zündverzögerungswinkel α für halbsinusförmige Ströme sowie der Stromflußwinkel δ für rechteckförmige Ströme als Parameter berücksichtigt. Beim Kühlkörper erübrigt sich dies wegen seiner relativ großen Wärmekapazität.

Mit (2.179) kann man z. B. die maximale Temperatur ϑ_{jm} des Kristalls des Thyristors T 45 N mit Kühlkörper KL 42 nach 1 s und nach 100 s berechnen, wenn dieses Ventil vom Leerlauf ($\vartheta_j = \vartheta_a = 35\ °C$) mit halbsinusförmigen Strömen mit einer konstanten mittleren Verlustleistung $P_{Ta} = 80$ W beansprucht wird, bei verstärkter Kühlung mit 6 m/s.

Bild 2.17a gibt für $\alpha = 0$

für 1 s: $Z_{thjc}(1\ s) = 0{,}38$ K/W;
für 100 s: $Z_{thjc}(100\ s) = 0{,}44$ K/W.

Bild 2.17b gibt

für 1 s: $Z_{thKa}(1\ s) = 0{,}03$ K/W;
für 100 s: $Z_{thKa}(100\ s) = 0{,}38$ K/W.

Aus (2.179) folgt

nach 1 s: $$\vartheta_{jm} = 80\ W \cdot (0{,}38 + 0{,}03)\ K/W + 35\ °C = 68\ °C; \quad (2.180)$$

nach 100 s: $$\vartheta_{jm} = 80\ W \cdot (0{,}44 + 0{,}38)\ K/W + 35\ °C = 101\ °C. \quad (2.181)$$

Als nächstes soll der Verlauf der Kristalltemperatur bei einem einzelnen rechteckförmigen Impuls der Verlustleistung P_1 berechnet werden. Wie Bild 2.19a zeigt, wird dieser Impuls dargestellt als die Überlagerung zweier Verlustleistungen, nämlich $+P_1$ von $t = 0$ ab, wodurch ϑ_j um $+P_1 Z_{th}(t)$ angehoben wird, und $-P_1$, wodurch ϑ_j von $t = t_1$ an um $-P_1 Z_{th}(t - t_1)$ abgesenkt wird. Es resultiert die Temperatur des Kristalls:

$$\vartheta_j = P_1 Z_{th}(t) + \vartheta_a \quad \text{für} \quad 0 \leqq t \leqq t_1 \quad (2.182)$$

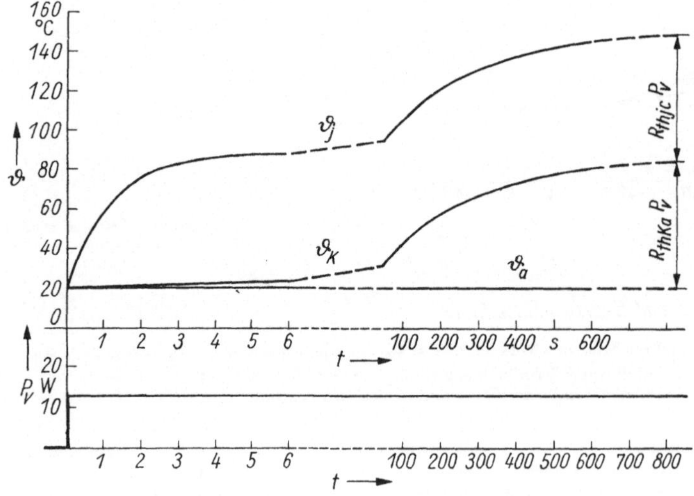

Bild 2.18. Temperaturanstieg ϑ als Funktion der Zeit t bei sprunghaftem Einsatz der Verlustleistung P_v bei $t = 0$

ϑ_K und ϑ_j Temperaturen des Kühlkörpers bzw der Sperrschicht
$R_{thjc} = R_{thKa}$
$\tau_j = 1$ s; $\tau_K = 240$ s

und

$$\vartheta_j = P_1[Z_{th}(t) - Z_{th}(t - t_1)] + \vartheta_a \quad \text{für} \quad t \geqq t_1 . \tag{2.183}$$

Bei einer Impulsfolge (Bild 2.19b) wird das gleiche Verfahren wie für einen einzelnen Impuls mehrmals angewendet, und man findet für die Temperaturen am Ende der einzelnen Impulse

$$\vartheta_{j1m} = \vartheta_a + P_1 Z_{th}(t_1) , \tag{2.184}$$

$$\vartheta_{j3m} = \vartheta_a + P_1[Z_{th}(t_3) - Z_{th}(t_3 - t_1) + Z_{th}(t_3 - t_2)] \tag{2.185}$$

usw.

Für periodisch auftretende Pulse mit der Leistung P_m während der Pulsdauer T_E und mit der Dauer T_S des Lastspiels (Bild 2.19c) kann die maximale Kristalltemperatur ϑ_{jm} am Ende jedes Lastpulses im eingeschwungenen Zustand wie folgt in guter Näherung bestimmt werden: Es wird nur der Anteil der Temperatur genau berechnet, der durch die beiden unmittelbar vorhergehenden Lastpulse hervorgerufen wird; alle zeitigeren Pulse werden durch die mittlere Pulsleistung $P_m T_E/T_S$ ersetzt.

$$\vartheta_{jm} = [(R_{thjc} + R_{thKa})\, T_E/T_S + Z_{th}(T_E + T_S) - Z_{th}(T_S) + Z_{th}(T_E)]\, P_m + \vartheta_a . \tag{2.186}$$

Beispiel

Ein Ventil T 45 N mit dem Kühlkörper KL 42 mit verstärkter Luftkühlung und bei $\vartheta_a = 35\ ^\circ C$ möge einen rechteckförmigen Strom mit der Amplitude $I_{Tm} = 60$ A und der Stromflußdauer $\delta = 120^\circ$ führen bei einem Lastspiel mit $T_E = 1$ s und $T_S = 2$ s (Bild 2.19c). Dann beträgt der mittlere Ventilstrom während des Lastpulses

$$I_{Ta} = I_{Tm}/3 = 60\ \text{A}/3 = 20\ \text{A} .$$

Die entsprechende mittlere Verlustleistung *während jedes Lastpulses* ist $P_{Ta} = 30$ W (Bild 2.13d). Dies entspricht P_m im Bild 2.19c und (2.186). Von Tafel 2.5 und Bild 2.18 liest man ab:

	Kristall	Kühlkörper
	$R_{thjc} = 0{,}44$ K/W	$R_{thKa} = 0{,}40$ K/W
$Z_{th}(T_E + T_S) = Z_{th}(3\ \text{s})$	0,54 K/W	0,14 K/W
$Z_{th}(T_S) = Z_{th}(2\ \text{s})$	0,53 K/W	0,10 K/W
$Z_{th}(T_E) = Z_{th}(1\ \text{s})$	0,48 K/W	0,08 K/W

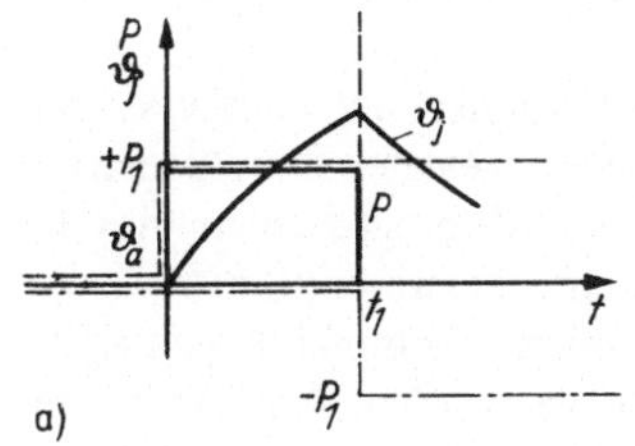

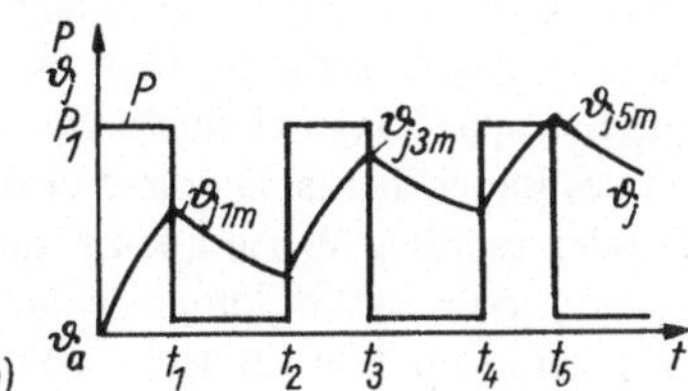

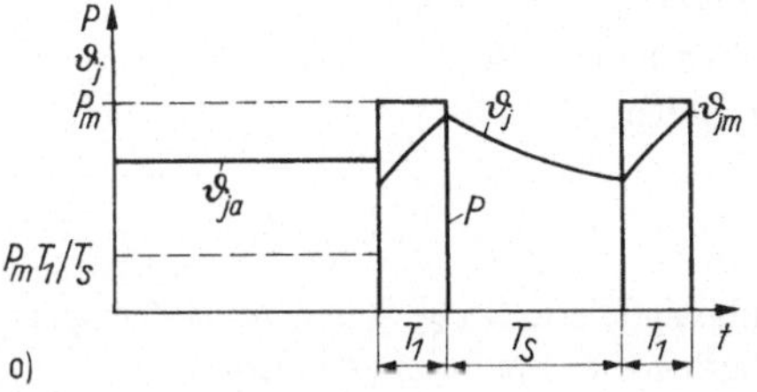

Bild 2.19. Zur Berechnung der Sperrschichttemperatur ϑ_j bei Impulsbelastung

a) einmaliger Impuls; b) Impulsfolge; c) am Ende eines Impulses einer Impulsfolge im eingeschwungenen Zustand

Dann führt (2.186) zu

$$\vartheta_{jm} = [(0{,}44 + 0{,}40)\ \mathrm{K/W} \cdot 1\ \mathrm{s}/2\ \mathrm{s} + (0{,}54 + 0{,}14)\ \mathrm{K/W} - (0{,}53 + 0{,}10)\ \mathrm{K/W} + (0{,}48 + 0{,}08)\ \mathrm{K/W}]\ 30\ \mathrm{W} + 35\ ^\circ\mathrm{C} = 66\ ^\circ\mathrm{C}\,. \quad (2.187)$$

Einen Programmablaufplan zur Berechnung der Kristalltemperatur mit einem Digitalrechner bei vorgegebenem Lastspiel zeigt z. B. [1.19].

Grenzlastintegral

Wie im Abschnitt 6.2 beschrieben wird, sind Kurzschlußströme durch schnellen Anstieg auf eine hohe Amplitude gekennzeichnet. Bei Kurzschlüssen hängt deshalb die Erwärmung der Siliziumscheibe überwiegend vom Effektivwert des Stroms ab (vgl. (2.140)). Der Grenzwert der Wärme, die während eines Kurzschlusses in der Siliziumscheibe entwickelt werden darf, ohne daß deren maximal zulässige Temperatur überschritten wird, wird mit Grenzlastintegral I_D bezeichnet, und man schreibt symbolisch

$$I_D = \int i^2 \mathrm{d}t\,. \quad (2.188)$$

Der Hersteller gibt diese Kennziffer an (Tafel 2.4).

2.2.5. Grenzwerte und Kenngrößen

2.2.5.1. Definitionen

Damit Dioden entsprechend den an sie gestellten Anforderungen ausgewählt werden können, werden ihre elektrischen, thermischen und mechanischen Eigenschaften durch Grenzwerte und Kenngrößen sowie auch Kennlinien beschrieben. Die folgenden Definitionen dieser Eigenschaften sind in den internationalen und nationalen Normen festgelegt. Dadurch wird die Verständigung zwischen Hersteller und Anwender der Bauelemente erleichtert, Vergleiche zwischen verschiedenen Typen werden möglich, und die Angaben sind ohne weiteres verständlich.

Zuerst sollen die Begriffe „Grenzwerte“ und „Kenngrößen“ erläutert werden:

Grenzwerte kennzeichnen die maximale Beanspruchung, die der Hersteller eines Bauelements auf Grund seiner eigenen Messungen und Erfahrungen für zulässig hält. Dazu zählt der Dauergrenzstrom unter vorgegebenen Bedingungen oder die maximal zulässige Sperrschichttemperatur. Beim Überschreiten eines Grenzwerts kann z. B. eine nichtreversible Schädigung eintreten, oder die angegebene Zuverlässigkeit kann nicht mehr gewährleistet werden. Der Anwender kann nachprüfen, ob das Bauelement den angegebenen Grenzwerten tatsächlich standhält. Er sollte aber nicht durch eigene Messungen zu ermitteln suchen, ob die Bauelemente möglicherweise höher als angegeben beanspruchbar sind. Wegen der ihm meist nur relativ wenigen zur Verfügung stehenden Prüflinge und eingeschränkten Prüfmöglichkeiten könnte er zu falschen Schlußfolgerungen kommen; auf jeden Fall verliert er beim Einsatz von Bauelementen außerhalb ihrer Grenzwerte die Garantieansprüche.

Kenngrößen geben Auskunft über das elektrische, thermische usw. Verhalten der Halbleiterbauelemente. Beispiele sind die Durchlaßspannung bei einem vom Hersteller festgelegten Durchlaßstrom oder der thermische Widerstand des Bauelements. Da diese Größen fertigungsbedingt streuen, gibt der Hersteller minimale, maximale oder typische Werte an. Er kann auch eine Toleranz (d. h. zulässige Abweichung) dieser Werte mitteilen, oder die in den einschlägigen technischen Empfehlungen (IEC, TGL, DIN usw.) festgelegten Toleranzen können für verbindlich erklärt werden. Der Anwender kann durch eigene Messungen die vom Hersteller angegebenen Kenngrößen und die Einhaltung der Toleranzen überprüfen.

Im folgenden werden Definitionen einiger wichtiger Grenzwerte und Kenngrößen von Dioden angegeben, und zwar für das Sperr-, Durchlaß- und thermische Verhalten. Beispiele für Zahlenwerte für die hier definierten Eigenschaften sind in Tafel 2.4 (S. 49) zu finden.

2.2.5.2. Beispiele für Grenzwerte

Die *periodische Spitzensperrspannung* U_{RRM} ist der höchste zulässige periodische Scheitelwert der Sperrspannung ohne Berücksichtigung eventuell vorhandener überlagerter Spannungsspitzen.

Die *nichtperiodische Spitzensperrspannung* U_{RSM} (auch mit Stoßspannung bezeichnet) ist der höchste zulässige nichtperiodische Spitzenwert der Sperrspannung. Er muß kleiner sein als die Lawinendurchbruchspannung (s. Abschn. 2.2.1.4).

Der *Dauergrenzstrom* I_{FAVM} ist der unter bestimmten Kühlbedingungen und in einem bestimmten Frequenzbereich höchste dauernd zulässige arithmetische Mittelwert des Durchlaßstroms bei sinusförmigen Stromhalbwellen. Bei Betrieb mit Dauergrenzstrom stellt sich die höchste zulässige Sperrschichttemperatur ein; deshalb ist ein Überstrom bei diesem Betrieb nicht zulässig.

Der *Stoßstromgrenzwert* I_{FSM} ist der größte zulässige Scheitelwert einer einzelnen Halbwelle von 10 ms Dauer; er hat großen Einfluß auf die Wahl der Schutzeinrichtungen (s. Abschn. 6.3.1.2).

2.2.5.3. Beispiele für Kenngrößen

Die *momentane Durchlaßspannung* u_F wird bei definierter Temperatur des Kristalls für eine vom Hersteller festgelegte Größe des momentanen Durchlaßstroms i_F angegeben, z. B. für πI_{FAVM}, wo I_{FAVM} der vom Hersteller empfohlene Dauergrenzstrom ist (s. Abschn. 2.2.5.2).

Die *Schleusenspannung* $U_{(TO)}$ und der *Bahnwiderstand* r_F werden von der Ersatzkennlinie (Bild 2.5b) abgeleitet, und zwar meist für die höchstzulässige Temperatur der Sperrschicht.

Die *Sperrerholzeit* t_{rr} und die *Sperrerholladung* Q_{rr} kennzeichnen das Ausschaltverhalten von Dioden (Abschn. 2.2.3.3); sie gelten für vorgegebene Größen des Durchlaßstroms, dessen Abklingsteilheit, der Sperrspannung und der Sperrschichttemperatur.

2.3. Thyristoren, Triacs

Thyristoren sind Halbleiterventile, die den vorher beschriebenen Siliziumventilen ähneln, jedoch *drei* pn-Übergänge haben und zusätzlich mit einer Steuerelektrode versehen sind. Damit kann der Einsatz des Stroms beliebig gesteuert werden; eine Unterbrechung des Stroms mit Hilfe der Steuerelektrode ist jedoch nicht möglich, außer bei abschaltbaren Thyristoren. — Thyristoren werden gegenwärtig für Spannungen bis etwa 5000 V und Ströme bis etwa 5000 A gefertigt (Tafeln 2.1 und 2.5).

Triacs sind Halbleiterventile, die den Strom in beiden Richtungen führen können. Sie haben die gleiche Funktion wie zwei antiparallel geschaltete Thyristoren. Der Einsatz des Stroms kann wie bei diesen durch die Phase des Steuersignals beliebig verzögert werden.

2.3.1. Einführung

Thyristoren bestehen ebenso wie Siliziumdioden aus einem Silizium-Einkristall, doch wird dieser so dotiert, daß vier Gebiete, nämlich p_1, n_1, p_2 und n_2 entstehen (Bild 2.20). Das Gebiet p_2 trägt die Steuerelektrode. Bild 2.20b gibt einen Einblick in übliche Konzentrationen der Dotierungen. — Es bilden sich die drei Dioden $p_1 - n_1$, $n_1 - p_2$ und $p_2 - n_2$ mit den entsprechenden Raumladungszonen J_1, J_2 und J_3. Bei diesem vereinfachten eindimensionalen Modell des Thyristors gilt für jede einzelne dieser drei Dioden im stromlosen Zustand die Beschreibung des pn-Übergangs im Abschnitt 2.2.1.1, insbesondere die Bilder 2.3 und 2.4, so daß sich die in den Bildern 2.20c und d dargestellte Verteilung der Raumladungen ϱ und des Potentials U ergeben.

Der Thyristor hat die drei im Bild 2.21 gezeigten Betriebszustände:

- Vorwärts-Sperr- oder Blockierzustand: An der Anode liegt eine positive Spannung, nämlich die Vorwärts-Sperr- oder Blockierspannung u_D; es wird kein Steuerstrom eingespeist. Die Raumladungszonen J_1 und J_3 sind in Durchlaßrichtung gepolt (vgl. Bild 2.4c), aber J_2 sperrt (vgl. Bild 2.4e). Es fließt nur der sehr kleine Vorwärts-Sperr- oder Blockierstrom i_D.
- Durchlaßzustand: Die Anode ist positiv gegenüber der Katode. Um den Thyristor zu zünden, d. h. den Übergang vom Blockierzustand zum Durchlaßzustand einzuleiten, wird im Normalfall ein Steuerstrom eingespeist oder, was nicht in allen Fällen zulässig ist, die Blockierspannung wird über die normalerweise zulässige Höhe vergrößert. In beiden Fällen fließt ein so starker Strom von Löchern aus p_1 durch n_1 sowie von Elektronen aus n_2 durch p_2, daß die Zone J_2 mit Trägern über-

Tafel 2.5. Beispiele für Grenzwerte und Kenngrößen von Thyristoren

Typ	Grenzwerte						
	U_{DRM}/V, U_{DSM}/V U_{RRM}/V, U_{RSM}/V	I_{TAVM}/A	I_{TSM}/A	ϑ_{jM}/°C	$\int i^2\,dt/A^2 \cdot s$	$\left(\frac{du}{dt}\right)_{crit} / V \cdot \mu s^{-1}$	$\left(\frac{di}{dt}\right)_{crit} / A \cdot \mu s^{-1}$
Netzthyristor CS 1800¹)	400 ... 1800³)	1150	23000⁴)	125	$2{,}6 \cdot 10^6$ ⁴)	1000	100
Netzthyristor T 45 N²)	400 ... 1800³)	51 bei $\vartheta_c = 67$ °C	1000⁴)	125	5000⁴)	400 ... 1000	600 nicht periodisch
Frequenzthyristor T 45 F²)	200 ... 1300³)	50 bei $\vartheta_c = 78$ °C	1200⁴)	125	7200⁴)	50 ... 1000	600 nicht periodisch 120 Dauerbetrieb
Rückwärtsleitender Thyristor CSR 449¹)	nur U_{DRM} und U_{DSM}						
Thyristor	1400	340	8000	125	$3{,}2 \cdot 10^5$	1000	200
Diode	1600	190	3700	125	$6{,}8 \cdot 10^4$	1000	200

Typ	Kenngrößen (höchste Werte)								
Typ	u_T/V	$U_{(TO)}$/V	r_T/mΩ	I_H/mA	U_{GT}/V	I_{GT}/mA	t_q/µs	R_{thjc}/K · W⁻¹	R_{thKa}/K · W⁻¹
Netzthyristor CS 1800¹)	1,7 bei $i_T = 4000$ A	0,9	0,187	500	3,0	300	500	0,0225	0,005
Netzthyristor T 45 N²)	2 bei $i_T = 150$ A	1	6,8	200	1,4	120	—	≦0,44	0,4 bei verstärkter Luftkühlung
Frequenzthyristor T 45 F²)	2,2 bei $i_T = 150$ A	1,3	5,1	250	1,4	150	15 ... 30	≦0,48	–
Rückwärtsleitender Thyristor CSR 449¹)									
Thyristor	2,1 bei 1200 A	1,35	0,62	—	3,5	350	30 ... 50	—	—
Diode	1,95 bei 600 A	1,28	1,09	—	—	—	—	—	—

¹) BBC; ²) AEG; ³) je nach Spannungsklasse; ⁴) bei ϑ_{jM}

schwemmt wird (genauere Erklärung s. Abschn. 2.3.2.3). Damit ist der Thyristor in den niederohmigen Durchlaßzustand übergegangen.

— Rückwärts-Sperrzustand: Wenn die Anode negativ ist, sperren die Zonen J_1 und J_3, und es fließt nur der geringe Rückwärts-Sperrstrom i_R. Beim Überschreiten der maximal zulässigen Rückwärts-Sperrspannung kommt es zum Lawinendurchbruch in Sperrichtung.

Aus dieser Schilderung der drei Betriebszustände folgt, daß ein Thyristor mit einem mechanischen Schloßschalter verglichen werden kann, der mit Hilfe eines Steuerimpulses vom Blockier- zum Durchlaßzustand umgeschaltet wird, also wie ein Schalter geschlossen werden kann. Der Schalter verbleibt selbsttätig in der Einschaltstellung, bis der Durchlaßstrom unter den sehr kleinen *Haltestrom* gefallen ist. Eine Rückkehr in den Blockierzustand mit Hilfe der Steuerelektrode ist jedoch nicht möglich, außer, wie schon erwähnt, bei abschaltbaren Thyristoren (s. Abschn. 2.3.5). Im folgenden werden die drei stationären Betriebszustände, die Zündung und das dynamische Verhalten der Thyristoren eingehender geschildert.

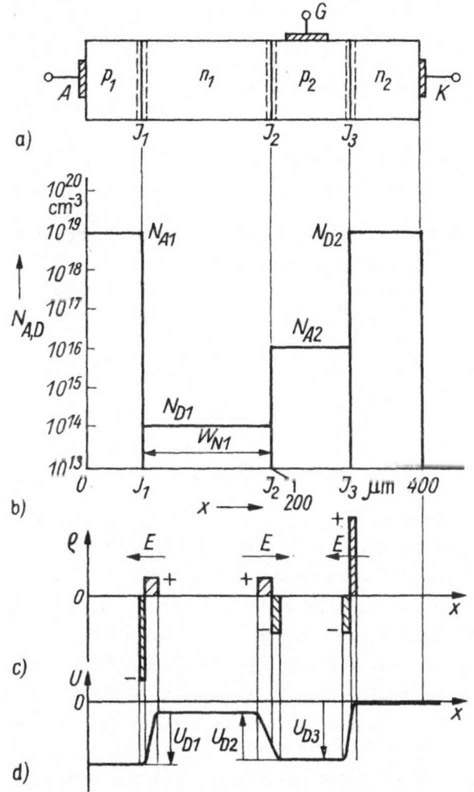

Bild 2.20. Thyristor

a) Querschnitt (schematisch); *A* Anode, *K* Katode, *G* Steuerelektrode
b) Verteilung der Akzeptoren N_A und der Donatoren N_D
c) und d) Verteilung der Raumladung ϱ und des Potentials U
E Richtung der Feldstärke

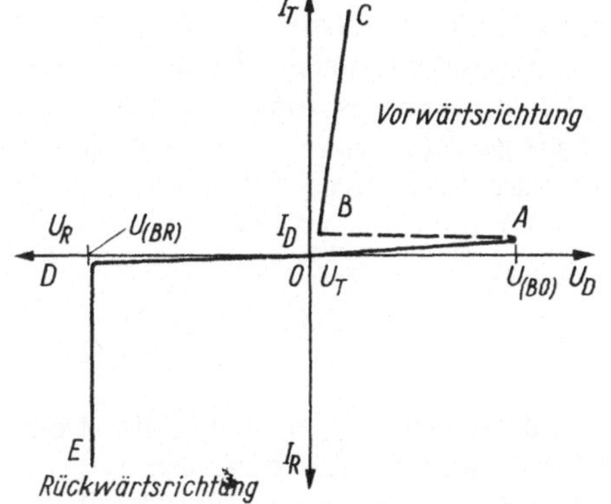

Bild 2.21. Strom-Spannungs-Kennlinien eines rückwärtssperrenden Thyristors (schematisch)

$U_{(B0)}$ Nullkippspannung; $U_{(BR)}$ Durchbruchspannung in Rückwärtsrichtung; *OA* Blockier- oder Vorwärts-Sperrzustand; *BC* Durchlaßzustand; *OD* Rückwärts-Sperrzustand; *DE* Durchbruch

2.3.2. Stationäre Betriebszustände, Zündung

2.3.2.1. Stromloser Zustand

An den drei Grenzschichten (Bild 2.20b, c und d) entstehen die drei Diffusionsspannungen entsprechend (2.74):

$$U_{D1} = +U_\vartheta \ln(N_{A1}N_{D1}/n_i^2)\,; \tag{2.189}$$

$$U_{D2} = -U_\vartheta \ln(N_{A2}N_{D1}/n_i^2) \tag{2.190}$$

und

$$U_{D3} = +U_\vartheta \ln(N_{A2}N_{D2}/n_i^2)\,. \tag{2.191}$$

Diese drei Spannungen addieren sich zu

$$U_D = U_{D1} + U_{D2} + U_{D3} = U_\vartheta \ln(N_{A1}N_{D2}/n_i^2)\,. \tag{2.192}$$

Die Dotierungskonzentration der beiden mittleren Schichten *N1* und *P2* wirkt sich also auf die gesamte Diffusionsspannung nicht aus, analog der eigenleitenden Zone beim pin-Übergang (Abschn. 2.2.2).

Mit $N_{A1} = N_{D2} = 10^{19}\ \text{cm}^{-3}$, $n_i = 1{,}76 \cdot 10^{10}\ \text{cm}^{-3}$ (2.9) und $U_\vartheta = 26\ \text{mV}$ (2.7) ergibt sich bei 300 K:

$$U_D = 0{,}026\ \text{V} \cdot \ln\left[(10^{19}\ \text{cm}^{-3})^2/(1{,}76 \cdot 10^{10}\ \text{cm}^{-3})^2\right]$$
$$= 1{,}05\ \text{V}\,.$$

2.3.2.2. Blockier- oder Vorwärtssperrzustand

Im Blockierzustand fällt über den vorwärts gepolten Raumladungszonen J_1 und J_3 nur eine sehr geringe Spannung ab. Deshalb nimmt die Raumladungszone J_2, und zwar insbesondere das niedrig mit N_{D1} dotierte Gebiet, fast die gesamte anliegende Blockierspannung auf. Es liegen grundsätzlich die gleichen Verhältnisse vor wie bei der pin-Diode bei Sperrspannung, bei der sich die Raumladungszone auch weit in das eigenleitende Gebiet erstreckt (vgl. Abschn. 2.2.2.2). Durch J_2 fließt ein Strom, der nur von den Minoritätsträgern in n_1 und p_2 getragen wird (vgl. Abschn. 2.2.1.3). Ohne Steuerstrom und bei einer Vorwärts-Sperrspannung, die niedriger als die Lawinendurchbruchspannung ist (vgl. Abschn. 2.2.1.4), hängt die Dichte dieser Minoritätsträger nur von der Dotierung und der Temperatur der Schichten n_1 und p_2 (vgl. (2.5) und (2.12)) ab, ist also sehr gering. Es fließt nur der sehr kleine Sättigungsstrom der Dichte S_s (2.91). Tatsächlich aber zeigen Messungen, daß der Blockierstrom i_D mit der Blockierspannung u_D zunimmt, besonders wegen zusätzlich fließender Oberflächenströme (Bild 2.21, Kurve *OA*).

2.3.2.3. Zündung

Die Zündung erfolgt durch Erzeugung zusätzlicher Ladungsträger in der Raumladungszone J_3, und zwar mit Hilfe eines Steuerstrompulses, durch Lichteinstrahlung, durch Erhöhung der Blockierspannung über die Nullkippspannung oder durch schnellen Anstieg der Anodenspannung. In jedem Fall läßt sich der Zündmechanismus mit Hilfe des im Bild 2.22 gezeigten Modells erklären, das dadurch entsteht, daß man sich den Thyristor *Th* in zwei komplementäre Transistoren *Tr1* und *Tr2* zerlegt denkt.

Wenn mit

$$A = \frac{\text{Kollektorstrom}}{\text{Emitterstrom}} \tag{2.193}$$

der Stromverstärkungsfaktor eines Transistors definiert wird, dann sollen A_{pnp} und A_{npn} die Stromverstärkungsfaktoren in Basisschaltung der Transistoren *1* bzw. *2* im Bild 2.22 bezeichnen.

Bei der *Zündung* über die *Blockierspannung* (Steuerstrom $I_G = 0$) wird der Strom I_s (mit der Dichte S_s, (2.91)) durch J_2 dadurch entscheidend erhöht, daß unter dem Einfluß der Blockierspannung Löcher aus dem Gebiet p_1 durch die Zone J_1 in das Gebiet n_1 wandern, dort die Minoritätsträgerdichte erhöhen und damit einen zusätzlichen Strom $A_{pnp}I_A$ in die Basis des Transistors *Tr2* einspeisen. Entsprechend fließt auch ein zusätzlicher Strom $A_{npn}I_K$ in die Basis von *Tr1*. Bild 2.23 gibt ein Beispiel, wie die Stromverstärkungsfaktoren von I_A und I_K sowie auch von der Temperatur abhängen können.

Aus diesen Überlegungen folgt, daß der Gesamtstrom durch die Zone J_2 folgende Größe hat:

$$I_A = I_K = I_s + A_{pnp}I_A + A_{npn}I_K \tag{2.194}$$

oder

$$I_A = \frac{I_s}{1 - (A_{pnp} + A_{npn})}. \tag{2.195}$$

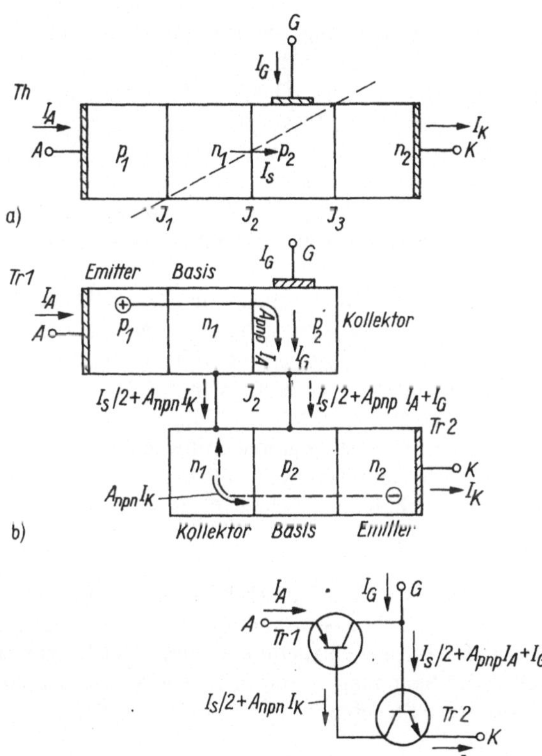

Bild 2.22. Transistormodell eines Thyristors Th

Tr1,2 komplementäre Transistoren

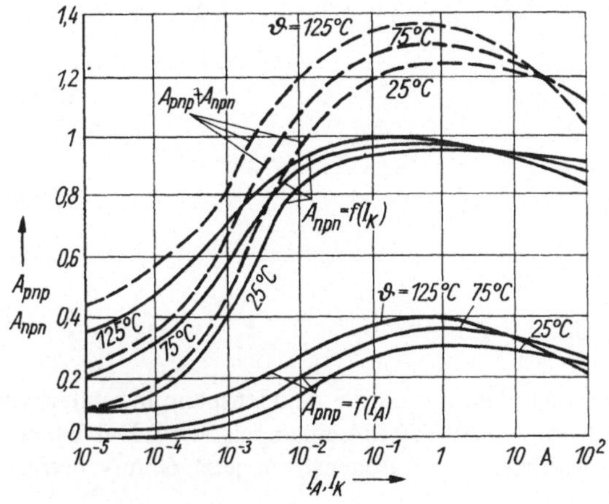

Bild 2.23. Die Stromverstärkungsfaktoren $A_{pnp} = f(I_A)$, $A_{npn} = f(I_K)$ und $A_{pnp} + A_{npn}$

I_A Anodenstrom; I_K Katodenstrom
Parameter: Kristalltemperatur (gemessen an Transistoren)

Diese Gleichung zeigt zusammen mit den im Bild 2.23 gegebenen Werten für die Stromverstärkungsfaktoren, daß eine Erhöhung der Spannung am Ventil zur Vergrößerung von I_s, zum Anstieg von I_A und damit wiederum zur Vergrößerung von A_{pnp} und A_{npn} führt. Schließlich wird die *Zündbedingung* erfüllt:

$$A_{pnp} + A_{npn} = 1 , \tag{2.196}$$

der Thyristor „kippt“, und der Strom wird nur noch durch den äußeren Stromkreis begrenzt. Die Kippspannung wird bei den hier geschilderten Bedingungen, nämlich beim Steuerstrom Null, mit *Nullkippspannung* $U_{(BO)}$ bezeichnet.

Als Beispiel sei ein Thyristor für einen Nennstrom von 100 A betrachtet. Bei offenem Steuerkreis beträgt der Blockierstrom unterhalb der Kippspannung etwa 10 mA. Bild 2.23 zeigt, daß dann bei Raumtemperatur $A_{pnp} \approx 0{,}15$ und $A_{npn} \approx 0{,}81$, also $A_{pnp} + A_{npn} \approx 0{,}96$ ist. Der Thyristor zündet also noch nicht. Eine geringfügige weitere Erhöhung der Blockierspannung, die den Sperrstrom auf etwa 12 mA vergrößert, läßt die Summe der Stromverstärkungsfaktoren größer als Eins werden, so daß nach (2.195) I_A nur noch durch den äußeren Stromkreis begrenzt wird: Das Ventil hat gezündet.

Bei der *Vierschichtdiode* (auch mit Kipp- oder Triggerdiode bezeichnet) wird die Zündung über die Nullkippspannung ausgenutzt, um das im Bild 2.21 gezeigte Schaltverhalten zu realisieren. Die Vierschichtdiode ähnelt also dem Thyristor, besitzt jedoch keine Steuerelektrode. Ihre wichtigsten Eigenschaften werden durch die Nullkippspannung $U_{(BO)}$, den Kippstrom $I_{(BO)}$, den Dauergrenzstrom I_{FAVM} usw. beschrieben. Vierschichtdioden für kleine Ströme eignen sich z. B. zum Schutz von Halbleiterbauelementen gegen Überspannungen (s. Abschn. 6.3.1).

Bei den üblichen Thyristortypen führt die Zündung über die Nullkippspannung dazu, daß sich der Durchlaßstrom auf einige Kanäle konzentriert, die überhitzt werden. Überspannungen mit einer Dauer von wenigen Mikrosekunden können deshalb zur Zerstörung des Bauelements führen, so daß Maßnahmen zum Schutz gegen Überspannungen getroffen werden müssen (s. Abschn. 6.3.1).

Auch ein sehr steiler Anstieg der Blockierspannung kann zu Fehlzündungen führen, und zwar aus folgendem Grund: Wie (2.97) zeigt, nimmt die Breite einer Raumladungszone mit wachsender Sperrspannung zu. In gleichem Maß wächst auch die gespeicherte Raumladung, nämlich $\varrho x_r = eN_D x_r$ oder $-\varrho x_1 = -eN_A x_1$ (Bild 2.3c). Man kann also der Sperrschicht eine Kapazität C_s zuordnen,

$$C_s = \mathrm{d}(eN_D x_r)/\mathrm{d}U_R , \tag{2.197}$$

die freilich wegen des nichtlinearen Zusammenhangs zwischen x_r und U_R nicht konstant ist. Bei einem steilen Anstieg der Vorwärts-Sperrspannung kann der Verschiebungsstrom durch diese Kapazität die Stromverstärkungsfaktoren so wesentlich vergrößern, daß es zur Fehlzündung kommt. Der Hersteller gibt den höchsten Wert der Anstiegsgeschwindigkeit der Spannung — mit *kritischer Spannungssteilheit* $(\mathrm{d}u/\mathrm{d}t)_{crit}$ bezeichnet — an, bei dem der Thyristor ohne Steuerstrom nicht zündet (Tafel 2.5).

Zündung mit Steuerstrom

Wenn ein Steuerstrom I_G fließt, wird zusätzlich ein Strom $A_{npn} I_G$ aus der Schicht n_2 in die Sperrschicht J_2 geführt. Man muß deshalb an Stelle von (2.194) schreiben:

$$I_A = I_s + A_{pnp} I_A + A_{npn} I_K \tag{2.198}$$

und

$$I_K = I_A + I_G . \tag{2.199}$$

Es folgt

$$I_A = \frac{I_s + A_{npn} I_G}{1 - (A_{npn} + A_{pnp})} . \tag{2.200}$$

Der schon oben betrachtete Thyristor zündet also auch dann, wenn die Anodenspannung unterhalb der Nullkippspannung liegt, dafür aber ein Steuerstrom von etwa 50 mA eingespeist wird. Dabei bleibt der Anodenstrom, also auch A_{pnp} unverändert, während der Katodenstrom jetzt 60 mA beträgt A_{npn} somit 0,9 übersteigt.

Wenn der Anodenstrom verringert wird, bleibt das Ventil leitend, bis schließlich bei Unterschreitung des *Haltestroms* — in diesem Fall bei weniger als 50 mA — die Summe der Stromverstärkungsfaktoren wieder unter 1 sinkt. Bild 2.23 zeigt auch, daß die Stromverstärkungsfaktoren mit steigender Temperatur zunehmen. Die Nullkippspannung, der Haltestrom und der Spannungsabfall über dem Ventil nehmen dementsprechend ab.

Bei einer großen Zeitkonstante L/R im Lastkreis steigt der Strom durch den Thyristor nach dem Zünden nur langsam an. Wenn unmittelbar danach der Steuerstrom abgeschaltet wird, kann (A_{npn} + A_{pnp}) wieder kleiner als Eins werden, und der Thyristor löscht. Man bezeichnet mit *Einraststrom* den kleinsten Durchlaßstrom, bei dem der Thyristor unmittelbar nach dem Zünden und dem Abklingen des Zündimpulses noch im Durchlaßzustand bleibt.

Zur Zündung dienen Pulse mit einer Spannung von einigen Volt und einem Strom von höchstens einigen Ampere; die Zündpulse werden von einem Ansteuergerät (s. Abschn. 5.4) erzeugt. Der Hersteller des Thyristors liefert ein Diagramm (Bild 2.24), welches folgende Informationen enthält: die

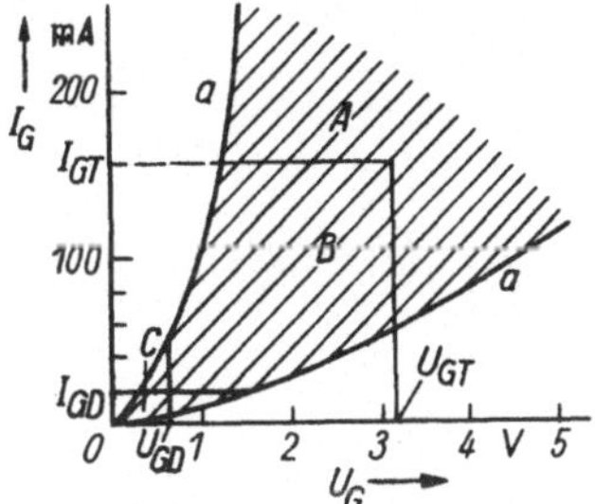

Bild 2.24. Zünddiagramm eines Thyristors

U_{GT}, I_{GT} obere Zündspannung bzw. -strom
U_{GD}, I_{GD} untere Zündspannung bzw. -strom

Grenzen *a — a* des Streubereichs der Kennlinien $I_G = f(U_G)$ der Steuerstrecke; die *obere* Zündspannung U_{GT} und den *oberen* Zündstrom I_{GT}, bei denen alle Exemplare sicher zünden. Mit zunehmender Temperatur ϑ_j werden U_{GT} und I_{GT} kleiner. Störspannungen oder Störströme, die in den Zündkreis induziert werden und die kleiner als die *untere* Zündspannung U_{GD} oder der *untere* Zündstrom I_{GD} sind, können keine Fehlzündung verursachen.

Das Zünddiagramm hat also drei Bereiche: sichere Zündung A; unsichere Zündung B; keine Zündung C.

2.3.2.4. Emitterkurzschlüsse

Eine wesentliche Verbesserung des Zündverhaltens der Thyristoren und eine unabdingbare Voraussetzung für die Funktionsweise der noch zu besprechenden Triacs (Abschn. 2.3.8) sind leitende Verbindungen unmittelbar zwischen der p_2-Schicht und der Katode eines Thyristors (Bild 2.25a und b). Sie werden als *Emitterkurzschlüsse* bezeichnet im Hinblick auf das Transistormodell des Thyristors (Bild 2.22b), in dem ja eine leitende Verbindung zwischen der p_2-Schicht und der Katode den Emitter n_2 des Transistors $n_1p_2n_2$ kurzschließen würde.

Zuerst sei angenommen, daß ein äußerer Widerstand R die p_2-Schicht und die Katode verbindet (Bild 2.25a). Bei den üblichen Betriebstemperaturen und bei Dotierung von p_2 mit z. B. 10^{16} cm^{-3} und von n_2 mit 10^{19} cm^{-3} Störstellen beträgt die Diffusionsspannung der Raumladungszone J_3 und damit auch deren Schleusenspannung $U_{(TO)}$ etwa 0,5 V. Bild 2.25c soll andeuten, daß bis zu dieser Spannung kein Strom durch den Emitter n_2 fließt. Bei einer weiteren Erhöhung des Spannungsabfalls über R aber übernimmt der Emitter bald fast den gesamten Katodenstrom. Berücksichtigt man noch die im Bild 2.23 gezeigte Abhängigkeit des Stromverstärkungsfaktors A_{npn} vom Emitterstrom, dann ergibt sich der skizzierte Verlauf von A_{npn}.

Man kann auf den diskreten Widerstand R verzichten, wenn man unmittelbar zwischen die p_2-Schicht und die Katodenkontaktierung zahlreiche Kurzschlüsse integriert, jeder mit einem Querschnitt von etwa 0,1 mm^2 (Bild 2.25b).

Durch Emitterkurzschlüsse wird die kritische Spannungssteilheit wesentlich erhöht, denn erst dann, wenn der Verschiebungsstrom einen hinreichend hohen Spannungsabfall über dem Kurzschluß hervorruft, fließt Strom durch den Emitter n_2, und die Zündung wird eingeleitet. — Der kurzgeschlossene

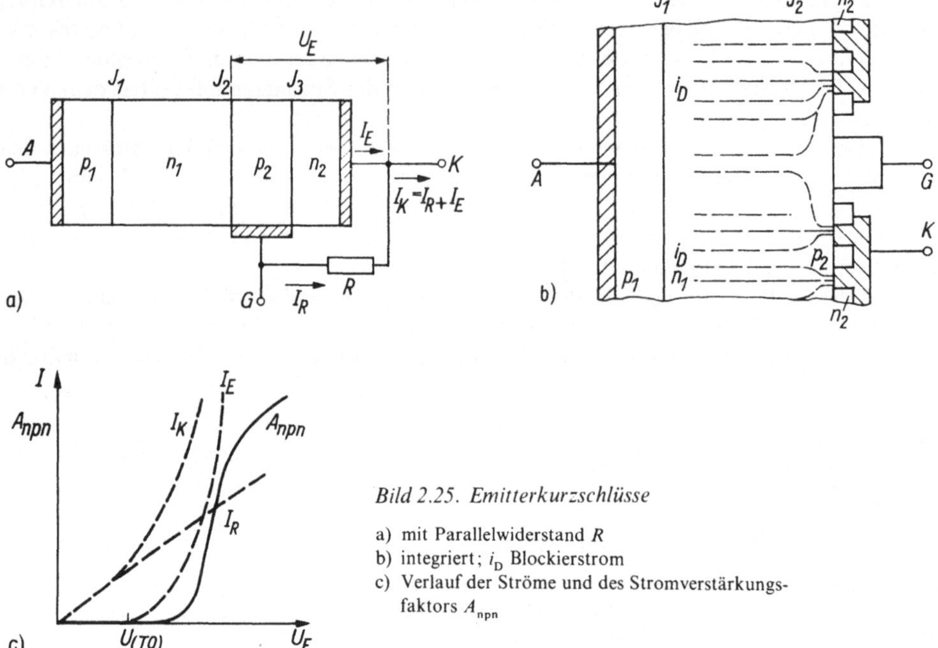

Bild 2.25. Emitterkurzschlüsse

a) mit Parallelwiderstand R
b) integriert; i_D Blockierstrom
c) Verlauf der Ströme und des Stromverstärkungsfaktors A_{npn}

Emitter gewährleistet auch, daß die Größe des unteren Zündstroms auch bei Streuung der Parameter des Kristalls nicht unter dem vom Hersteller garantierten Wert liegt.

Ungünstig ist, daß die nutzbare Fläche der Schicht p_2 verringert wird.

2.3.2.5. Durchlaßzustand

Ein Vergleich zwischen den Bildern 2.20b und 2.7b zeigt, daß beim Thyristor *zwei* und bei der pin-Diode *eine* niedrig dotierte Kristallschicht zwischen zwei sehr hochdotierten Schichten liegen.

Bei beiden Bauelementen findet im Durchlaßzustand eine Hochinjektion von Trägern beider Vorzeichen in die eigenleitende Schicht (bei der pin-Diode) bzw. in die beiden mittleren Schichten (beim Thyristor) statt. Der Spannungsabfall in den beiden mittleren Schichten des Thyristors wird deshalb wieder durch (2.124) beschrieben, ist also in erster Näherung unabhängig vom Strom. Der im Abschnitt 2.2.2.3 als Beispiel berechnete Spannungsabfall $U_M = 39$ mV (2.125) ist nicht unrealistisch für einen Thyristor, und auch dessen Durchlaßkennlinie gleicht der der pin-Diode, wird also durch (2.126) beschrieben.

Bei größeren Strömen ist die Rekombination der Ladungsträger größer, als bei der Ableitung von (2.124) vorausgesetzt wurde; auch treten in den anoden- und katodenseitigen Bahngebieten erhebliche Spannungsabfälle auf. Deshalb steigt tatsächlich der Strom nicht exponentiell, sondern weit weniger steil mit der Spannung an. Die Durchlaßkennlinie und die mittlere Verlustleistung bei Durchlaßstrom werden daher in gleicher Weise beschrieben wie bei der Diode (vgl. (2.92) und (2.140)):

$$U_T = U_{(TO)} + r_T I_T \tag{2.201}$$

und

$$P_{Ta} = U_{(TO)} I_{Ta} + r_T f^2 I_{Ta}^2 . \tag{2.202}$$

2.3.2.6. Rückwärtssperrzustand

Beim Anlegen einer Rückwärtssperrspannung (Anode negativ, Katode positiv) sind die Raumladungszonen J_1 und J_3 in Sperrichtung, die Zone J_2 aber in Durchlaßrichtung gepolt. Die Zone J_3 kann keinen wesentlichen Teil der Rückwärtssperrspannung aufnehmen, da sie zu beiden Seiten hoch dotiert ist (vgl. Abschn. 2.2.1.4). Der Übergang p_1n_1 aber hat eine Raumladungszone, die weit in das sehr niedrig dotierte n_1-Gebiet reicht und deshalb mit einer hohen Sperrspannung beansprucht werden kann (vgl. Abschn. 2.2.2.2).

Für eine Lawinendurchbruchspannung von z. B. 1500 V muß die Schicht n_1 nach (2.118) eine Breite von zumindest 80 µm haben, damit es nicht zum Punch-Through kommt.

Schon eine Überspannung mit einer Dauer von wenigen Mikrosekunden kann zur Zerstörung des Thyristors führen. Es müssen deshalb Maßnahmen zum Schutz gegen Überspannungen getroffen werden (s. Abschn. 6.3.1).

Lawinenthyristoren können hohe Energie in Rückwärtssperrichtung absorbieren. An ihren Kristallbau und an ihre Dotierung werden die gleichen Forderungen gestellt wie an Lawinendioden (s. Abschn. 2.2.1.6).

2.3.3. Schaltverhalten

2.3.3.1. Einschaltverhalten, kritische Stromsteilheit

Die Zündung des Thyristors (vgl. Abschn. 2.3.2.3) findet zuerst in unmittelbarer Nähe der Steuerelektrode statt und breitet sich dann über die ganze Fläche des Kristalls aus (Bild 2.26). Auf der kleinen, anfangs leitenden Fläche ist die Stromdichte hoch, und deshalb ist der Spannungsabfall über dem Ventil während der *Einschalt-* oder *Zündzeit* t_{gt} höher als im stationären Zustand (Bild 2.27). Dies verursacht zusätzliche Verluste, die den Kristall in der Nähe der Steuerelektrode so weit erhitzen können, daß er zerstört wird.

Im einzelnen verläuft der Einschaltvorgang wie folgt: Wenn der Steuerstrom I_G einsetzt, wird zwar der Katodenstrom i_T und damit auch A_{npn} größer, aber noch immer ist $A_{pnp} + A_{npn} < 1$. Der *Zündverzug* t_d läßt sich durch Ansteuerung mit hohen, steilen Impulsen verringern; er hat eine Größenordnung von 1 µs und ist beendet, wenn $A_{pnp} + A_{npn} = 1$ wird, bei etwa $u_T = 0{,}9U_D$ (U_D Blockierspannung). Während der darauf folgenden *Zündausbreitungszeit* breitet sich der Strom mit einer Geschwindigkeit von etwa 0,1 mm/µs über den Kristall aus. Bei einem Abstand zwischen der Steuerelektrode und der entferntesten Stelle der Katode von z. B. 10 mm beträgt die Zündausbreitungszeit also etwa 100 µs. Dann ist die gesamte Fläche am Stromtransport beteiligt, und der Durchlaßspannungsabfall über dem Thyristor hat seinen stationären Wert erreicht.

In dem Maß, in dem der Widerstand des Bauelements sinkt, steigt der Strom i_T an, und die Spannung u_T fällt. Die *Durchschaltzeit* t_r gilt als beendet, wenn die Spannung über dem Bauelement etwa $0{,}1\,U_D$ erreicht. Die Einschaltzeit t_{gt} hat also die Größe

$$t_{gt} = t_d + t_r\,. \tag{2.203}$$

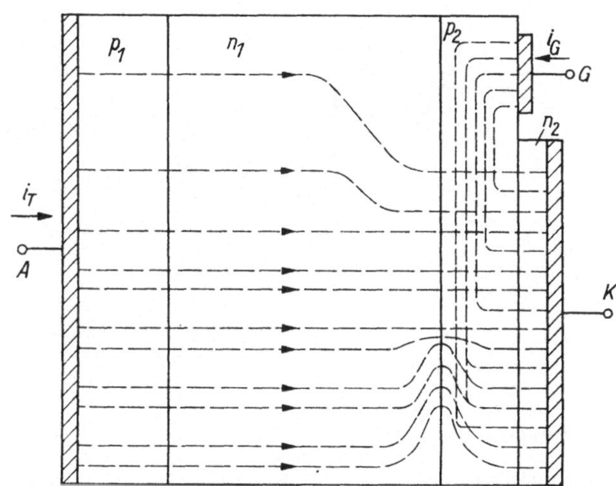

Bild 2.26. Verteilung des Steuerstroms i_G und des Durchlaßstroms i_T während des Einschaltvorgangs

Die Einschaltzeit ist kurz, wenn die Randzone, an der der Strom von p_2 auf n_2 übergeht, und damit auch die Anfangszündfläche groß ist. Dann verteilt sich der Strom schnell und bei gleichförmiger Kristallqualität auch gleichmäßig über den gesamten Querschnitt. Günstig ist, wenn der Abstand zwischen Steuerelektrode und allen Punkten der Katode klein ist, wie bei einer zentralen Steuerelektrode und in noch höherem Maß bei der Parallelschaltung mehrerer über die Katodenfläche verteilter Steuerelektroden, z. B. in Form von Kämmen oder Kreisevolventen (Bild 2.28). Dabei wird jedoch die für die

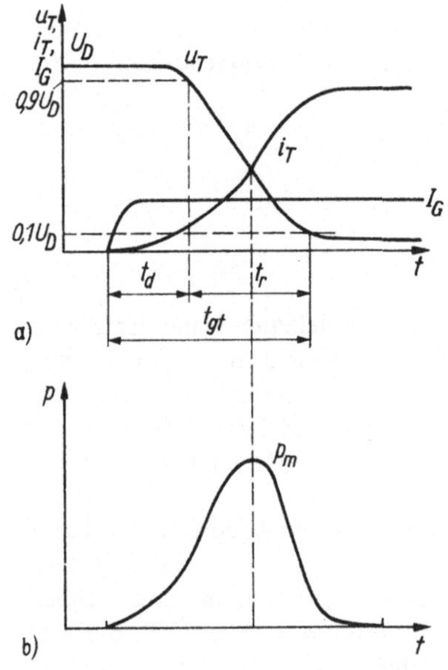

Bild 2.27. Einschaltvorgang bei einem Thyristor

Verlauf der Spannung u_T und des Stroms i_T (a) sowie der Verlustleistung (b)
t_d Zündverzug; t_r Durchschaltzeit; t_{gt} Einschaltzeit; U_D Blockierspannung

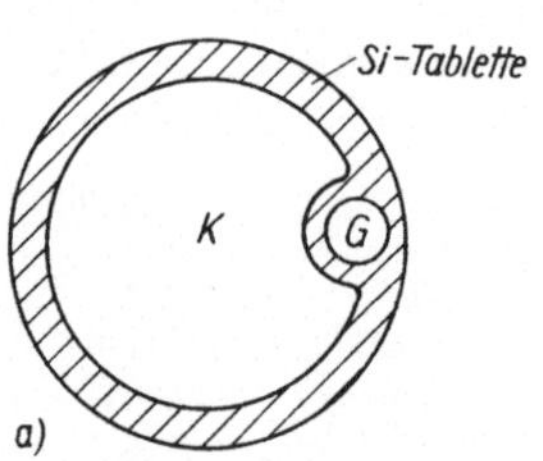

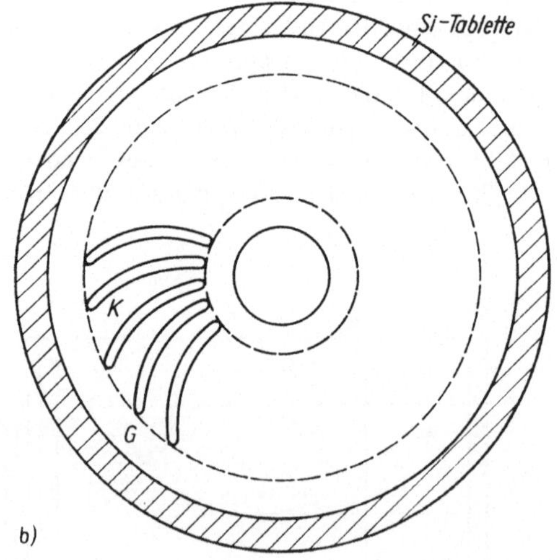

Bild 2.28. Steuerelektroden G für Thyristoren

a) für kleine Ströme
b) Kreisevolventen, insbesondere auch für abschaltbare Thyristoren

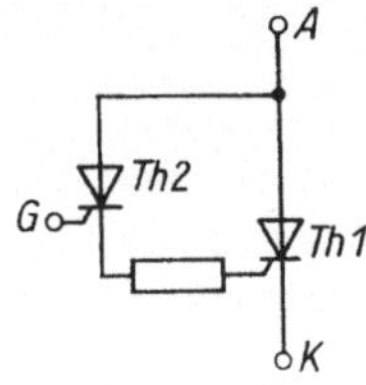

Bild 2.29. Thyristor mit Zündverstärkung

Th1 Hauptthyristor; *Th2* Hilfsthyristor

Stromführung zur Verfügung stehende Katodenfläche verringert. — Ein hoher Steuerstrom, der mit 1 ... 10 A/µs auf z. B. das Fünffache des oberen Zündstroms I_{GT} (Bild 2.24) ansteigt, verbessert das Einschaltverhalten wesentlich.

Das Ansteuergerät kann eine geringere Ausgangsleistung haben (vgl. Abschn. 5.5.3.1), wenn zuerst ein Hilfsthyristor angesteuert wird, der dann die Steuerelektrode des Hauptthyristors speist (Bild 2.29). Beim Thyristor mit *innerer Zündverstärkung* ist der Hilfsthyristor in den Kristall des Hauptthyristors integriert, so daß keine zusätzliche Klemme notwendig ist.

Einschaltverlustleistung

Die Verlustenergie bei einem einzigen Einschaltvorgang beträgt

$$W_{gt} = \int_{t=0}^{t_{gt}} u_T i_T \, dt \; . \tag{2.204}$$

Die mittlere Einschaltverlustleistung bei der Wiederholfrequenz f ist dann

$$P_{gt} = f W_{gt} \; . \tag{2.205}$$

Die Einschaltverlustleistung kann durch Beobachtung des Verlaufs von u_T und i_T auf einem Oszilloskop bestimmt oder sie kann den Datenblättern entnommen werden, auf denen z. B. die Gesamtverlustenergie für halbsinusförmige Durchlaßstrompulse als Funktion des Stromscheitelwerts und der Pulsdauer angegeben ist.

Die Einschaltverluste müssen besonders bei der Wahl von Thyristoren für Frequenzen oberhalb 400 Hz beachtet werden, da sie dann in die Größenordnung der Durchlaßverluste und darüber hinaus kommen können, wie z. B. bei selbstgelöschten Wechselrichtern (Abschn. 4.3.1) und bei Gleichspannungsstellern (Abschn. 4.3.2).

Bedeutenden Einfluß auf die Einschaltverluste hat die *Anstiegsgeschwindigkeit* di_T/dt des Durchlaßstroms. Bei induktiver Last ist di_T/dt klein, und die Spannung u_T über dem Thyristor fällt verhältnismäßig schnell auf ihren stationären Wert; die Verlustleistung ist dann niedrig. Wenn sich aber, wie bei der Kondensatorlöschung (s. Abschn. 4.1.4.1), ein Kondensator über den Thyristor entlädt, dann steigt der Strom schnell an, bevor noch die Spannung über dem Thyristor gefallen ist, und die Verlustleistung ist groß.

Der Hersteller des Thyristors gibt den höchsten zulässigen Wert der Anstiegsgeschwindigkeit des Durchlaßstroms — mit kritischer Stromsteilheit $(di/dt)_{crit}$ bezeichnet — an (Tafel 2.5).

Die Einschaltverluste werden verringert durch hohe und steile Zündpulse und durch eine sättigbare Drossel in Reihe mit dem Ventil, die die Stromsteilheit begrenzt, aber nach Erreichen ihres Nennstroms nur noch eine geringe Restinduktivität aufweist. Falls Kondensatoren über den Thyristor geladen oder entladen werden (s. z. B. *RC*-Beschaltung, Bild 2.10), muß zur Begrenzung des Stroms ein Widerstand in Reihe mit dem Kondensator geschaltet werden.

2.3.3.2. Ausschaltverhalten, Freiwerdezeit

Einleitend sei noch einmal darauf hingewiesen, daß der Laststrom bei den Thyristoren üblicher Bauart *nicht* mit Hilfe eines negativen Steuerstroms unterbrochen werden kann; hierauf wird noch bei der Diskussion der abschaltbaren Thyristoren im Abschnitt 2.3.5 eingegangen werden. — Für das Ausschaltverhalten eines Thyristors ist das Ausräumen der Speicherladungen in den Bahngebieten zu beiden Seiten der Raumladungsschicht J_1 maßgeblich. Dieser Vorgang verläuft grundsätzlich wie bei einer Diode (vgl. Abschn. 2.2.3.3).

Wenn der Durchlaßstrom aussetzt, ohne daß anschließend eine Rückwärts-Sperrspannung anliegt, wie z. B. bei einem Thyristor mit antiparalleler Diode (vgl. z. B. Bilder 4.18a und 4.37), dann rekombiniert die Speicherladung mit den Majoritätsträgern, wie im Abschn. 2.2.3.2 beschrieben.

Bei den meisten Thyristorstromrichtern aber kehrt die Richtung der Spannung periodisch um, und der Ausschaltvorgang verläuft hier, wie im Bild 2.9 gezeigt.

Die mittlere *Ausschaltverlustleistung* P_{RQ} wird wieder durch (2.131) und (2.132) beschrieben, und es gelten auch wieder die Bemerkungen über den *Trägerstaueffekt* im Abschnitt 2.2.3.3.

Im Anschluß an die Rückwärts-Sperrspannung folgt bei den meisten Schaltungen ein Anstieg der Spannung in Vorwärtsrichtung; Bild 2.30 zeigt als Beispiel einen Einpulsgleichrichter, dessen Thyristor *Th* periodisch zu den Zeitpunkten t_z, 1 ms + t_z, 2 ms + t_z usw. durch einen Steuerimpuls gezündet wird. Damit der Thyristor nicht schon unbeabsichtigt zündet, wenn bei t = 1 ms, 2 ms usw. die Spannung in Vorwärtsrichtung einsetzt, muß die Raumladungsschicht J_2 zu diesen Zeitpunkten wieder voll sperrfähig sein, d. h., die Speicherladungen müssen vollständig entfernt sein. Die Zeit, die dafür notwendig ist, wird mit *Freiwerdezeit* t_q bezeichnet. Sie ist größer als die im Bild 2.9b gezeigte Sperrerholzeit t_{rr}.

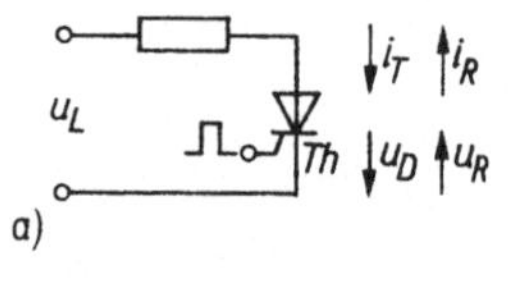

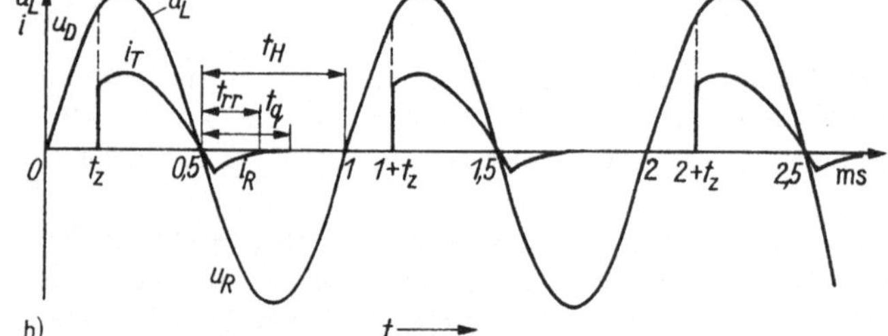

Bild 2.30. Zum Ausschaltverhalten eines Thyristors
a) Schaltung
b) Verlauf der Spannung u_L an der Schaltung Freihaltezeit t_H > Freiwerdezeit t_q > Sperrerholzeit t_{rr}

Mit der Freiwerdezeit muß die *Freihaltezeit* t_H verglichen werden; das ist die Zeit, während der die Spannung über dem Thyristor negativ ist, die also für das vollständige Ausräumen der Speicherladung zur Verfügung steht. Die Freihaltezeit hängt von der Art der Schaltung und von der Frequenz ab (vgl. z. B. Abschn. 4.2.3.2). Im Bild 2.30b ist t_H = 0,5 ms. Wenn die Freihaltezeit kleiner als die Freiwerdezeit ist, übernimmt der Thyristor unbeabsichtigt wieder den vollen, nur durch den äußeren Stromkreis begrenzten Strom, d. h., er *zündet durch*.

Diagramme in den Datenblättern zeigen, daß die Freiwerdezeit länger wird, wenn die Temperatur der Sperrschicht und die Steilheit und Amplitude sowohl des abkommutierenden Durchlaßstroms als auch der wiederkehrenden Vorwärts-Sperrspannung zunehmen. Sie wird kürzer, wenn eine Rückwärtssperrspannung nach dem Stromnulldurchgang anliegt und die gespeicherten Ladungsträger dadurch ausgeräumt werden.

Thyristoren mit kurzen Freiwerdezeiten können bei höheren Frequenzen mit kleineren Löscheinrichtungen arbeiten. Derartige Frequenzthyristoren werden im folgenden Abschnitt beschrieben.

2.3.4. Frequenzthyristoren

Wenn mit einem Wechselrichter eine Frequenz von z. B. 5 kHz erzeugt werden soll, dann hat jede Periode der Ausgangsspannung eine Dauer von 200 µs, und als Freihaltezeit steht nur ein Bruchteil dieser Zeitspanne zur Verfügung. In diesem Fall müssen sog. *Frequenzthyristoren* (Tafel 2.5) mit besonders kurzer Freiwerdezeit eingesetzt werden. Bei diesen Bauelementen wird durch Einbau von Rekombinationszentren, wie Goldatomen, in den Kristall die Lebensdauer der Minoritätsträger so verkürzt, daß die Freiwerdezeit auch bei Thyristoren für Ströme von mehr als 1000 A im Bereich von 20 ... 40 µs liegen kann. Kurze Freiwerdezeiten gestatten auch bei selbstgelöschten Stromrichtern eine Verminderung des Aufwands für die Löscheinrichtungen (vgl. Abschn. 4).

Bei höheren Frequenzen ist die kritische Stromsteilheit von großer Bedeutung (vgl. Abschn. 2.3.3.1); periodisch können einige 100 A/µs, nichtperiodisch kann ein Mehrfaches davon zulässig sein, z. B. im Störungsfall.

Abschließend sollen die Gleichungen, die die wichtigsten Eigenschaften der Dioden und der Thyristoren beschreiben, zusammenfassend betrachtet werden, nämlich
die *Durchbruchspannung*

$$U_{(BR)} = 0{,}9 \cdot 10^5 \, (W_i/\text{cm})^{6/7} \text{ V}, \tag{2.117}$$

die *Durchlaßspannung*

$$U_i = \frac{W_i^2}{\tau(\mu_p + \mu_n)}, \tag{2.123}$$

die auf die Verlustleistung und damit auch auf die Temperatur der Sperrschicht bedeutenden Einfluß hat, und die *Freiwerdezeit*, die wesentlich durch die Abnahme der Speicherladung Q_B durch Rekombination bestimmt ist:

$$Q_B = Q_{BF} \exp\{-t/\tau\}; \tag{2.129}$$

τ mittlere Lebensdauer der Minoritätsträger.

Es besteht also ein enger Zusammenhang zwischen der Durchbruchspannung, der Durchlaßspannung und der Freiwerdezeit. Wenn z. B. $U_{(BR)}$ erhöht werden soll, muß W_i vergrößert werden, aber dann nehmen auch die Durchlaßspannung, die Verlustleistung und die Temperatur der Sperrschicht zu, so daß der Strom herabgesetzt werden muß. — Auch eine Verringerung der Freiwerdezeit wirkt sich ungünstig auf die Durchlaßspannung aus. Man kann aber $U_{(BR)}$ vergrößern und/oder τ verringern und trotzdem den Strom konstant lassen, wenn man die Stromdichte dadurch herabsetzt, daß die Fläche der Tablette vergrößert wird. Diesen Weg zu höheren Leistungen und kürzeren Freiwerdezeiten ist man während der vergangenen Jahre gegangen.

2.3.5. Abschaltunterstützte und abschaltbare Thyristoren

Bei Wechselrichtern und Gleichstrom-Pulsstellern muß der Durchlaßstrom durch die Thyristoren periodisch gelöscht werden. Bei Thyristoren üblicher Bauart braucht man dazu einen Löschkreis, der einen recht erheblichen Aufwand beansprucht (vgl. Abschn. 4.1.4). Bei abschaltunterstützten Thyristoren ist dieser Aufwand wesentlich geringer; abschaltbare Thyristoren dagegen brauchen überhaupt keinen Löschkreis, um den Durchlaßstrom zu sperren.

Beim *abschaltunterstützten Thyristor* wird der Durchlaßstrom wie üblich dadurch unterbrochen, daß das Potential der Anode mit Hilfe eines Löschkreises unter das der Katode abgesenkt wird; anschließend fließt der Rückstrom (Bild 2.30b). Wenn dann die Anoden-Katoden-Spannung wieder positiv wird und die Sperrerholladung noch so groß ist, daß ein Vorwärts-Sperrstrom einsetzt, der die Zündbedingung (2.196) erfüllt, zündet der Thyristor durch. Falls aber gleichzeitig an der Steuerelektrode eine negative Spannung liegt, dann fließt der Anodenstrom nicht über die Schicht n_2, sondern über die Steuerelektrode zur Katode, der Stromverstärkungsfaktor $A_{npn} = 0$, und der Thyristor blokkiert (Bild 2.31).

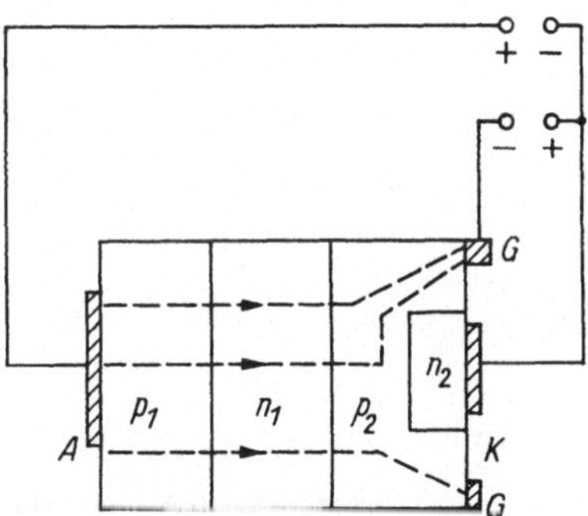

Bild 2.31. Stromfluß beim abschaltunterstützten Thyristor

Durch den negativen Steuerstrom kann die Freiwerdezeit zumindest auf die Hälfte verkürzt werden; in ähnlichem Maß wird die Größe des Löschthyristors, des Löschkondensators usw. herabgesetzt.

Auch beim *abschaltbaren Thyristor* spielt ein negativer Steuerstrom eine entscheidende Rolle. Dieser Steuerstrom muß weitaus größer sein als beim abschaltunterstützten Thyristor, denn der volle Laststrom — nicht nur der verhältnismäßig geringe, von der restlichen Sperrerholladung getragene Vorwärtssperrstrom — muß gelöscht werden, und zwar bei *positiver* Anoden-Katoden-Spannung.

Vom Transistormodell des Thyristors (Bild 2.22c) kann man ablesen, daß der Basisstrom von *Tr2* gleich $(1 - A_{npn})\, I_K$ sein muß (bei Vernachlässigung von I_s). Bei negativem Steuerstrom ist der Basisstrom aber auch durch $(A_{pnp} I_A - I_G)$ gegeben. Der Transistor *Tr2* sperrt, und der Thyristor löscht, wenn

$$A_{pnp} I_A - I_G \leqq (1 - A_{npn})\, I_K \,. \tag{2.206}$$

Mit

$$I_A = I_K + I_G \tag{2.207}$$

folgt für die Abschaltstromverstärkung B:

$$B = \frac{I_A}{I_G} \leqq \frac{A_{npn}}{A_{pnp} + A_{npn} - 1} \,. \tag{2.208}$$

Damit die Träger möglichst schnell aus der n_1-Basis verschwinden, soll A_{pnp} möglichst klein sein; dies wird mit Hilfe von Kurzschlüssen zwischen p_1 und n_1 erreicht (vgl. Abschn. 2.3.2.4). Es wird auch durch Golddotierung für eine kurze Lebensdauer der Träger beim Abschalten gesorgt, obwohl dadurch die Durchlaßspannung erhöht wird.

Folgendes Beispiel zeigt die charakteristischen Daten eines abschaltbaren Thyristors und auch den Zusammenhang zwischen Speicherladung und Abschaltimpuls:

Ein Thyristor für eine höchste Blockierspannung von 2500 V, einen Dauergrenzstrom von 800 A und einen größtmöglichen abschaltbaren Strom von 2 kA braucht zum Einschalten einen Steuerstrom von 0,8 A. Um einen Strom von 2 kA zu löschen, muß über die Steuerelektrode eine Ladung von 6000 µC ausgeräumt werden. Dies bedingt während einer Abschaltzeit von 30 µs einen mittleren Abschaltsteuerstrom von 6000 µC/30 µs = 200 A. Die Abschaltverstärkung beträgt hier B = 800 A/200 A = 4.

Bei abschaltbaren Thyristoren müssen der p_2-Emitter und die Steuerelektrode außerordentlich fein strukturiert und z. B. wie ineinandergreifende Kämme über den ganzen Querschnitt der Katode verteilt sein, damit sich der Strom während des Abschaltens nicht auf einige wenige Kanäle einschnürt und diese so weit erhitzt, daß thermische Generation von Ladungsträgern einsetzt; das würde das Abschalten des Stroms verhindern. Als Beispiel sei erwähnt, daß bei einem Bauelement für 1000 A eine Siliziumscheibe mit einem Durchmesser von 50 mm verwendet wird und daß der n-Emitter aus 300 Segmenten von je 240 µm Breite und 6 mm Länge besteht.

Bild 2.32 zeigt die Ansteuerschaltung für einen abschaltbaren Thyristor *Th1*, in den ein Hilfsthyristor *Th2* integriert ist. Die Diode *D* führt den Abschaltsteuerstrom.

Die Entwicklung von abschaltbaren Thyristoren mit Blockierspannungen bis zu 3600 V, abschaltbaren Strömen von 1000 A und Abschaltstromverstärkungen von mindestens 5 ist schon weit fortgeschritten. Die Kosten dieses Bauelements sind aber wegen der komplizierten Technologie noch relativ

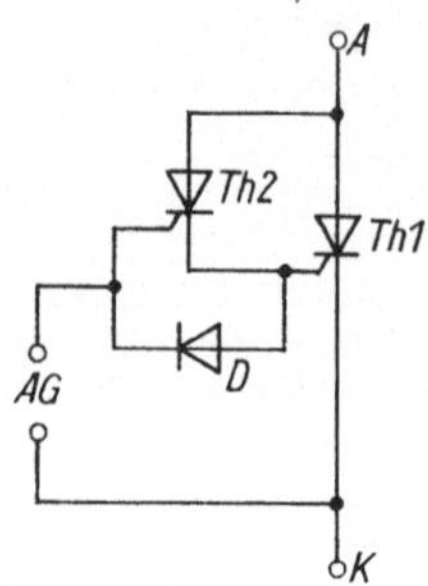

Bild 2.32. Ansteuerung eines abschaltbaren Thyristors

Th1 Hauptthyristor; *Th2* Hilfsthyristor; *D* Diode für Abschaltsteuerstrom; *AG* Ansteuergerät

hoch. Sein Einsatz lohnt sich deshalb z. Z. nur, wenn die geforderte Schaltleistung nicht mit Leistungs-Schalttransistoren erbracht werden kann und wenn es besonders wichtig ist, daß durch den Wegfall des Löschkreises die Zuverlässigkeit erhöht und die Masse verringert wird. Dies kann z. B. bei Schaltnetzteilen großer Leistung oder bei Drehzahlreglern von Motoren mit Pulslängenmodulation auf Fahrzeugen zutreffen.

2.3.6. Rückwärtsleitende Thyristoren

Es gibt Geräte, wie z. B. Gleichstromsteller (vgl. Abschn. 4.1), bei denen eine Diode antiparallel zum Thyristor geschaltet ist. In diesem Fall braucht der Thyristor nur für die Beanspruchung durch die Blockier- und nicht für die Rückwärtssperrspannung ausgelegt zu sein. Wenn die Diode zusammen mit dem Thyristor auf dem gleichen Substrat integriert ist, werden weniger Klemmen und nur ein Kühlkörper benötigt.

Bild 2.33 zeigt eine Ausführungsform eines solchen rückwärtsleitenden Thyristors. Zusätzlich zu den katodenseitigen Emitterkurzschlüssen, deren Wirkungsweise schon im Abschnitt 2.3.2.4 erläutert worden ist, sind auch zwischen der Anode und der n_1-Schicht Kurzschlüsse integriert. Dadurch ergibt sich bis zum Erreichen der Schleusenspannung von J_1 eine Verminderung von A_{pnp} analog zu der im Bild 2.25c gezeigten anfänglichen Verringerung von A_{npn}. Die durch die zwei Kurzschlüsse noch weiter vergrößerte Blockierfähigkeit gestattet, die Breite der n_1-Schicht zu verringern und so den Durchlaßspannungsabfall zu senken sowie durch den Einbau von Rekombinationszentren die Freiwerdezeit auf z. B. weniger als 10 µs (entsprechend einer Betriebsfrequenz von etwa 20 kHz) herabzusetzen.

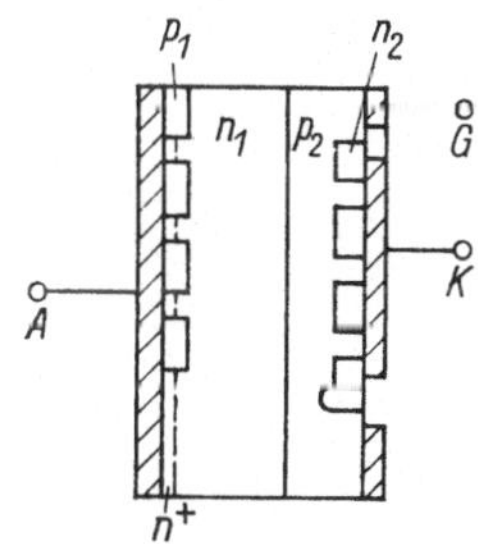

Bild 2.33. Rückwärtsleitender Thyristor

Die Diode in Gegenrichtung wird durch die p_2- und die hochdotierte n^+-Schicht gebildet.

Durch den Diodenstrom diffundieren Minoritätsträger in die n_1- und auch in die p_2-Schicht des Thyristorteils und verringern dessen Blockierfähigkeit nach dem Aussetzen des Diodenstroms und der Umkehr der Spannung. Abhilfe schafft die Vergrößerung des Abstandes zwischen dem Thyristor- und dem Diodenteil und eine Nut zwischen beiden. Auch die Verzögerung des Stromabfalls durch den Diodenteil und des Spannungsanstiegs über dem Thyristorteil mit Hilfe einer mit dem Bauelement in Reihe geschalteten Drossel und einem parallelgeschalteten Kondensator ist günstig.

Tafel 2.5 gibt ein Beispiel für die Grenzwerte eines rückwärtsleitenden Thyristors.

2.3.7. Fotothyristoren

Die Katoden der Thyristoren haben bei den meisten Stromrichterschaltungen, besonders auch bei in Reihe angeordneten Thyristoren, unterschiedliche Potentiale. Die Ausgänge des Ansteuergerätes, dessen einer Pol fast immer geerdet ist, müssen deshalb potentialfrei über Isoliertransformatoren oder Optokoppler an die Steuerelektroden geführt werden (Abschn. 5.5.3.1). Bei Hochspannungsstromrichtern, z. B. für die Gleichstrom-Höchstspannungs-Übertragung (vgl. Abschn. 3.6.4.4), spart man deshalb zahlreiche aufwendige Isoliertransformatoren ein, wenn man Fotothyristoren einsetzt, die gegenwärtig für Spannungen bis 4 kV und Ströme bis 3 kA bei einem Kristalldurchmesser von 100 mm gebaut werden.

Zur Zündung eines Fotothyristors (Bild 2.34) wird eine Galliumarsenid-Leuchtdiode mit einer Lichtleistung von etwa 1 W bei einem Diodenstrom von 3 A, oder eine GaAlAs-Dauerleistungs-Laserdiode *LD* vom Ansteuergerät *AG* beaufschlagt. Das abgestrahlte infrarote Licht wird über einen Lichtleiter aus ummantelten dämpfungsarmen Glasfasern zum Thyristor geführt und dringt durch ein Loch in der Katodenabdeckung sowie durch die n_2-Schicht bis in die p_2-Schicht. Dort erzeugt es frei bewegliche Ladungsträgerpaare, die den Blockierstrom und damit auch die Stromverstärkungsfaktoren A_{pnp} und A_{npn} so weit vergrößern, daß die Zündbedingung (2.196) erfüllt wird. Da der Strahlungsfluß, der die Katode erreicht, nur etwa 5 mW beträgt, muß ein Hilfsthyristor zur Zündverstärkung integriert werden.

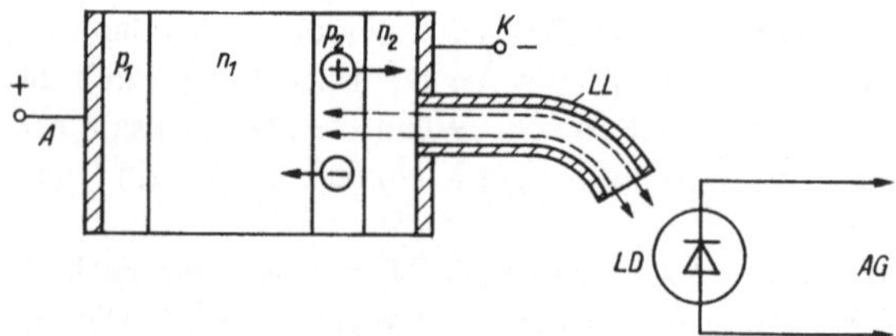

Bild 2.34. Fotothyristor

LD Leuchtdiode; *LL* Lichtleiter; *AG* Ansteuergerät

Die Erzeugung von Trägern im Silizium benötigt die Mindestenergie $eU_i = 1{,}2$ eV je Trägerpaar (Tafel 2.3). Diese Energie müssen die Photonen abgeben können. Zwischen der Wellenlänge λ des Lichts und der Energie E der Photonen besteht bekanntlich der Zusammenhang

$$\lambda = \frac{hc}{E}; \tag{2.209}$$

$h = 4{,}14 \cdot 10^{-15}$ eV · s Plancksche Konstante
$c = 3 \cdot 10^8$ m · s^{-1} Geschwindigkeit des Lichts.

Die Wellenlänge des Lichts muß also der Bedingung genügen

$$\lambda \leqq \frac{hc}{eU_i}. \tag{2.210}$$

Dies führt zu $\lambda \leqq 1$ µm.

Die Wellenlänge des Lichts, das von einer GaAs-Diode abgestrahlt wird, liegt im Bereich von 0,8 bis 0,95 µm und dringt etwa 10 ... 50 µm in Silizium ein. Es ist daher zur Zündung von Fotothyristoren gut geeignet. Störspannungen, die im Lichtleiter durch die elektromagnetischen Felder benachbarter elektrischer Leiter induziert werden, haben keinen Einfluß auf die Lichtsignale. Deshalb können z. B. hohe Kurzschlußströme im Leistungsteil einer Anlage keine Fehlzündungen auslösen.

2.3.8. Triacs

Wechsel- und Drehstromsteller zur Speisung von Beleuchtungsanlagen, Widerstandsöfen, Schweißgeräten, Konsumgütern usw. müssen den elektrischen Strom in *beiden Richtungen* führen und den Effektivwert der an das Gerät angelegten Spannung regeln können (vgl. Abschn. 3.7). Dazu braucht man je Phase entweder zwei antiparallel geschaltete Thyristoren oder einen Triac. Die Bilder 2.35a und b zeigen, daß der Schaltungsaufwand für einen Triac wesentlich geringer ist.

Triacs werden für periodische Spitzensperrspannungen bis über 1000 V und für effektive Durchlaßströme bis zu mehreren 100 A gebaut, sind jedoch nur für Netzfrequenz geeignet. Tafel 2.6 zeigt zwei Beispiele für die Grenzwerte und Kenngrößen von Triacs.

Wenn der Hauptanschluß *HA1* positiv gegenüber *HA2* ist, wird durch einen Strompuls auf die Steuerelektrode *G* der Teilthyristor $p_1n_1p_2n_2$ gezündet. Bei Umkehr der Spannung an den Hauptanschlüssen und am Gate zündet der Teilthyristor $p_2n_1p_1n_4$. Die Kurzschlüsse der Emitter n_2, n_3 und n_4 sind grundsätzlich notwendig (vgl. Abschn. 2.3.2.4 und Bild 2.25).

Hierzu noch einige Erläuterungen [2.3]:

Tafel 2.6. Beispiele für Grenzwerte und Kenngrößen von Triacs

Bezeichnung	Formelzeichen	Typ	
		BS 3-06 cm[1])	TC 114-250[2])
Grenzwerte			
Periodische Spitzensperrspannung	$\pm U_{\mathrm{DRM}}$	600 V	1200 V
Durchlaßstrom, Effektivwert	I_{TRMSM}	4 A	250 A
Stoßstromgrenzwert	I_{TSM}	40 A (10 ms)	2000 A (20 ms)
Kritische Spannungssteilheit nach vorausgegangenem Durchlaßstrom	$(\mathrm{d}u/\mathrm{d}t)_{\mathrm{krit}}$	5 V/µs	50 V/µs
Kritische Stromsteilheit	$(\mathrm{d}i/\mathrm{d}t)_{\mathrm{krit}}$	—	16 A/µs
Kenngrößen			
Durchlaßspannung	$\pm u_{\mathrm{T}}$	1,8 V bei 5 A	1,35 V bei $\sqrt{2} \cdot 250$ A
Schleusenspannung	$\pm U_{(\mathrm{TO})}$	1 V	1,0 V
Ersatzwiderstand	r_{T}	155 mΩ	1,13 mΩ
Obere Zündspannung	U_{GT}	2 V	5 V
Oberer Zündstrom	I_{GT}	25 mA	400 mA
Haltestrom	$\pm I_{\mathrm{H}}$	50 mA	—
Sperrstrom	$\pm I_{\mathrm{D}}$	0,5 mA	15 mA
Innerer Wärmewiderstand	$R_{\mathrm{th\,jc}}$	10 K/W	0,15 K/W

[1]) BBC; [2]) UdSSR

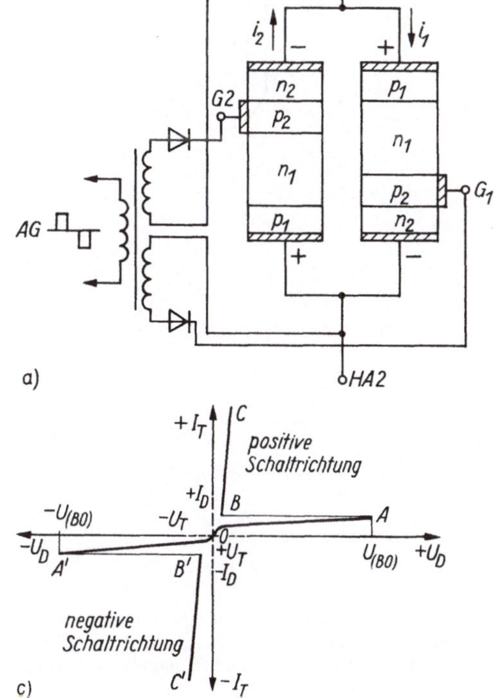

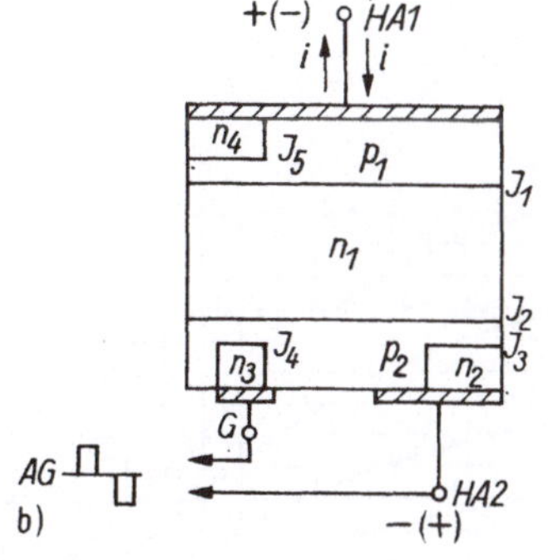

Bild 2.35. Wechselstromsteller

a) mit antiparallel geschalteten Thyristoren
b) mit Triac; *HA1,2* Hauptanschlüsse
c) Strom-Spannungs-Kennlinie; U_{D}, I_{D} Blockierspannung bzw. -strom; U_{T}, I_{T} Durchlaßspannung bzw. -strom;

OA, *OA'* positiver bzw. negativer Blockierzustand; *BC*, *B'C'* positiver bzw. negativer Durchlaßzustand; $U_{(\mathrm{BO})}$ Kippspannung

Positive Schaltrichtung: Hauptanschluß *HA1* positiv, *HA2* negativ. Ohne Ansteuerung fließt nur der sehr geringe Blockierstrom, der mit dem Kollektorreststrom des Transistors $p_1n_1p_2$ identisch ist. Bei einem positiven Steuerpuls fließt der Steuerstrom von *G* über p_2 nach *HA2*. Wenn der Spannungsabfall über p_2 größer als die Schleusenspannung der Diode p_2n_2 ist, strömen so viele Elektronen von n_2 durch p_2 und durch die Grenzschicht J_2, daß der Thyristor $p_1n_1p_2n_2$ in den Durchlaßzustand übergeht.

Negative Schaltrichtung: *HA2* positiv, *HA1* negativ. Ohne Ansteuerung fließt wieder nur der Kollektorreststrom des Transistors $p_2n_1p_1$. Ein negativer Steuerpuls ruft einen Strom von *HA2* über p_2 nach *G* hervor. Bei hinreichend hohem Spannungsabfall über p_2 strömen Elektronen von n_3 nach p_2 und diffundieren von dort in die sehr niedrig dotierte Schicht n_1, deren Potential dadurch abgesenkt wird. Der Löcherstrom, der infolgedessen von *HA2* über p_2 nach n_1 strömt, vergrößert den Sperrstrom durch die Raumladungszone J_1 und erhöht den Spannungsabfall über n_4. Dadurch gelangen zusätzlich Elektronen von n_4 nach p_1 und tragen ebenfalls zum Anstieg des Sperrstroms durch J_1 bei. Schließlich wird der Durchlaßzustand des Teils $p_2n_1p_1n_4$ des Triacs erreicht.

Es sei noch hinzugefügt, daß der im Bild 2.35b gezeigte Triac in positiver Schaltrichtung auch mit einem negativen Steuerpuls und umgekehrt gezündet werden kann.

Die Blockierfähigkeit des Triacs muß sorgfältig beachtet werden, da sie besonders hoch beansprucht wird. Dies sei am Beispiel des im Bild 2.36 gezeigten Wechselstromstellers mit ohmsch-induktiver Last und einer Zündverzögerung von 3,3 ms demonstriert. Die Wirkungsweise dieser Schaltung kann im einzelnen freilich erst im Abschnitt 3.7.1.2 erläutert werden. Zur Zeit $t = 2{,}5$ ms setzt der Strom i_T, der in negativer Schaltrichtung geflossen ist, aus. Im gleichen Augenblick steigt die Spannung in positiver Schaltrichtung steil an. Obwohl die Speicherladung noch nicht völlig abgeklungen ist, darf der Triac nicht durchzünden. Aus diesem Grund ist die zulässige Steilheit $(du/dt)_{crit}$ der wiederansteigenden Spannung und $(di/dt)_{crit}$ des abkommutierenden Stroms erheblich kleiner als bei einem Thyristor. Bild 2.36c zeigt den großen Einfluß, den die Temperatur des Kristalls auf die kritische Spannungssteilheit hat,

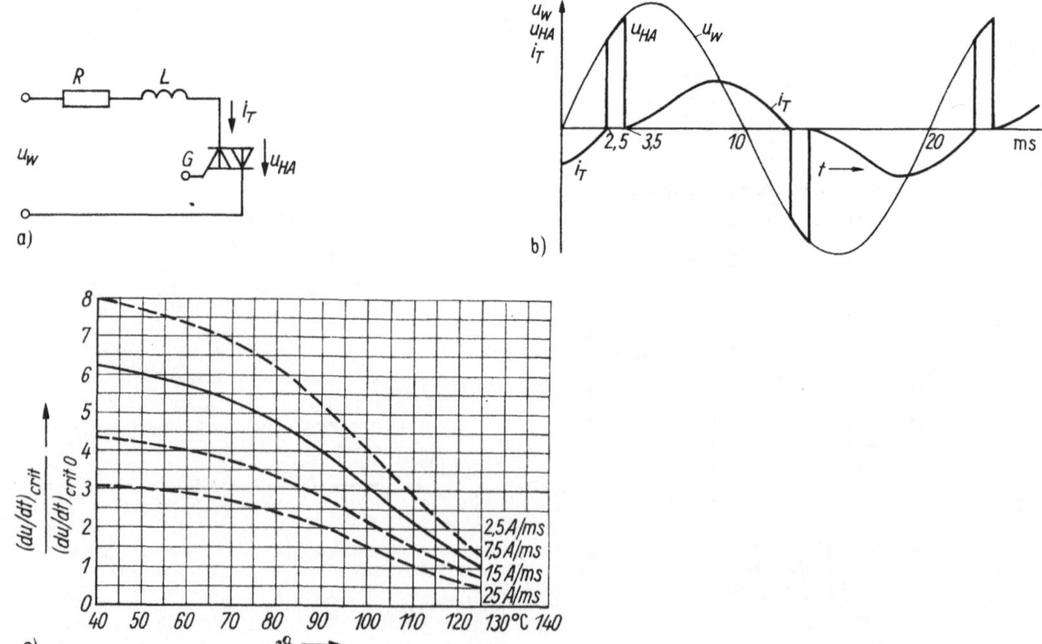

Bild 2.36. Beanspruchung eines Triacs durch die Blockierspannung

a) Schaltung eines Wechselstromstellers mit *RL*-Last; b) Verlauf des Stroms i_T und der Spannung u_{HA} über den Hauptanschlüssen bei einer Zündverzögerung von 3,3 ms; c) kritische Spannungssteilheit $(du/dt)_{crit}$, bezogen auf $(du/dt)_{crit0} = 25$ V/µs bei $\vartheta_j = 125$ °C, $I_{TM} = \pm 24$ A; $di/dt = \pm 7{,}5$ A/µs als Funktion der Sperrschichttemperatur ϑ_j; Parameter: Stromsteilheit di/dt des vorausgegangenen Durchlaßstroms (Triac TW 18 N, $U_{DRM} = 1100$ V, $I_{TRMSM} = 40$ A) sowie auch den Einfluß der Steilheit des abkommutierenden Stroms. Falls notwendig, muß die Stromsteilheit durch eine mit dem Bauelement in Reihe geschaltete Drossel und die Spannungssteilheit durch einen parallel zum Bauelement geschalteten *RC*-Kreis auf die zulässigen Werte begrenzt werden.

2.3.9. Thermisches Verhalten

Da Thyristoren und Triacs grundsätzlich ebenso aufgebaut sind wie Dioden, gelten die Überlegungen im Abschnitt 2.2.4 hinsichtlich der Durchlaßverlustleistung, der Ableitung der Verlustwärme und der Temperatur des Kristalls bei konstanter und bei veränderlicher Verlustleistung auch für diese Bauelemente. Es muß jedoch noch die Schalt- und die Steuerverlustleistung berücksichtigt werden.

Bei Netzfrequenz ist die Schaltverlustleistung vernachlässigbar klein im Vergleich zur Durchlaßverlustleistung.

Bei höheren Frequenzen kann die Einschaltverlustleistung P_{gt} mit (2.205) und die Ausschaltverlustleistung P_{RQ} mit (2.131) berechnet werden. Die gesamte mittlere Verlustleistung P_v beträgt folglich

$$P_v = P_T + P_{gt} + P_{RQ} + P_G , \tag{2.211}$$

wo P_T die Durchlaßverlustleistung und P_G die meist vernachlässigbare Steuerverlustleistung bedeuten. Die Summe W_v von Einschalt-, Durchlaß- und Ausschaltverlustenergie für einen halbsinus- oder trapezförmigen Strompuls kann auch auf Diagrammen als Funktion der Pulshöhe und -dauer angegeben sein. Dann ist die mittlere Verlustleistung

$$P_v = fW_v ; \tag{2.212}$$

f Wiederholfrequenz.

2.3.10. Grenzwerte und Kenngrößen

Grundsätzlich gilt, was im Abschnitt 2.2.5 zu dieser Thematik gesagt wurde. Die Definitionen der Grenzwerte und Kenngrößen der Spannungen und Ströme bei Thyristoren und Triacs entsprechen sinngemäß denen bei Dioden, doch sollen wegen ihrer großen Bedeutung einige weitere Beispiele zitiert werden.

Grenzwerte

Blockier- oder Vorwärtssperrzustand

- Die höchstzulässige periodische Vorwärts-Spitzensperrspannung U_{DRM} ist der höchstzulässige Augenblickswert von periodischen Spannungen ausschließlich aller nichtperiodischen überlagerten Spitzen.
- Die höchstzulässige Vorwärts-Stoßspitzenspannung U_{DSM} ist der höchstzulässige Augenblickswert einer nichtperiodischen Sperrspannung in Vorwärtsrichtung; bei vielen Fabrikaten wird der Zahlenwert von U_{DSM} nicht größer als U_{DRM} angegeben.

Rückwärtssperrzustand

Die Definitionen der höchstzulässigen periodischen Rückwärts-Spitzensperrspannung U_{RRM} und der Rückwärts-Stoßspitzenspannung U_{RSM} entsprechen den Definitionen in Vorwärtsrichtung, wobei U_{RSM} häufig nicht größer als U_{RRM} angegeben wird.

Durchlaßzustand

- Der Dauergrenzstrom I_{TAVM} ist der arithmetische Mittelwert des höchsten dauernd zulässigen halbsinusförmigen Durchlaßstroms.
- Der Stoßstromgrenzwert I_{TSM} ist der höchstzulässige Augenblickswert eines einzelnen halbsinusförmigen Strompulses von 10 ms Dauer. Der Thyristor kann anschließend seine Blockierfähigkeit vorübergehend verlieren, bis die Temperatur des Kristalls wieder auf ihren maximal zulässigen Wert abgesunken ist.

— Das Grenzlastintegral $\int i^2 \, dt$ ist der höchstzulässige Wert des Integrals über dem Quadrat des Durchlaßstroms.

Der Stoßstromgrenzwert und das Grenzlastintegral dienen zur Auswahl der überflinken Sicherungen (vgl. Abschn. 6.3.1.2).

— Die kritische Stromsteilheit $(di/dt)_{crit}$ ist die höchste Stromanstiegsgeschwindigkeit beim Durchschalten, mit der der Thyristor ohne bleibende Beeinträchtigung seiner Eigenschaften beansprucht werden darf.

— Die kritische Spannungssteilheit $(du/dt)_{crit}$ ist der größte Wert der Spannungsanstiegsgeschwindigkeit, bei dem der Thyristor oder Triac noch nicht durchzündet.

Kenngrößen

Die momentane Durchlaßspannung u_T, die Schleusenspannung $U_{(TO)}$, der differentielle Widerstand r_T, sind ebenso definiert wie für Dioden (vgl. Abschn. 2.2.5.2). Hinzu kommen noch Größen, wie die schon im Abschnitt 2.3.2.3 definierten und im Bild 2.24 gezeigten Kenngrößen für die oberen und unteren Zündströme und -spannungen.

2.3.11. Digitale Modelle für Thyristoren

Für die digitale Simulation von Stromrichtern (vgl. Abschn. 1.4, 3.2.1.3, 3.2.1.7) müssen die Ventile (Dioden, Thyristoren usw.) durch digitale Modelle beschrieben werden. Dies soll am Beispiel eines Thyristors erläutert werden (Bild 2.37).

Um *netzgelöschte Stromrichter*, wie Gleichrichter und Wechselstromsteller, zu simulieren, genügt es meist, den Thyristor durch einen idealen Schalter nachzubilden (Bild 2.37b). Der Spannungsabfall im Durchlaßzustand, die Ströme in Blockier- und Rückwärtssperrichtung sowie die Verzögerungen beim Ein- und Ausschalten werden dabei vernachlässigt.

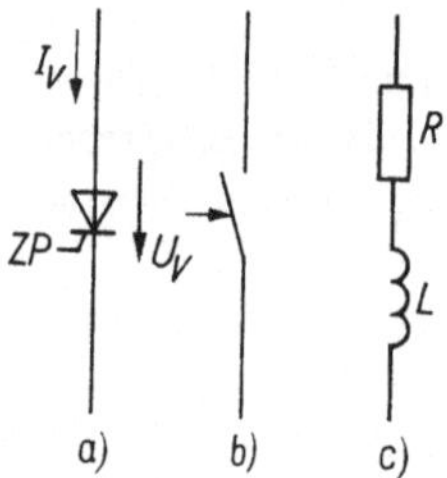

Bild 2.37. Thyristormodelle

a) Schaltbild; b) Schaltermodell; c) dynamisches Modell

Der Schaltzustand des Thyristors wird durch eine Schaltfunktion V beschrieben (Ventil sperrt: $V = 0$; Ventil leitet: $V = 1$), die mit den Schaltvariablen ZP, U_V und I_V (ZP Zündpuls, U_V und I_V positive Spannung über bzw. Strom durch den Thyristor) wie folgt verknüpft ist:

$$V = ZP \wedge U_V \vee I_V \, .$$

Wenn der Thyristor sperrt, fällt der entsprechende Zweig des Ersatzschaltbildes weg (vgl. z. B. Bild 3.12c). Die Änderung der Schaltungsstruktur führt aber jeweils auch zu einer Änderung des Gleichungssystems.

Bei einem realistischeren Modell wird der Thyristor durch einen Widerstand R simuliert (Bild 2.37c), dessen Größe vom Schaltzustand des Ventils abhängt ($R = R_T$ sehr niedrig im Leitzustand, $R = R_R$ sehr hoch im Blockier- und Sperrzustand). Der Stromrichter wird damit durch ein einheitliches Gleichungssystem beschrieben, dessen Koeffizienten vom Schaltzustand der Ventile abhängen (vgl. Bild 3.12f). — Der hohe Sperrwiderstand eines Ventils bildet zusammen mit den Induktivitäten in der Schaltung einen Kreis mit sehr kleiner Zeitkonstante. Die Integrationsschritte müssen entsprechend klein gewählt werden. Man fügt deshalb im Modell des Ventils eine Drossel L in Reihe mit R_R ein, vergrößert so die Zeitkonstante L/R und verringert die Rechenzeit.

Die digitale Simulation eines Thyristors ist auch auf der Grundlage seines Zweitransistormodells möglich (Bild 2.22).

Dioden können ebenfalls durch die hier beschriebenen Modelle simuliert werden; beim Schaltermodell wird immer $ZP = 1$ gesetzt.

Bei *selbst- oder lastgelöschten* Stromrichtern (s. Abschn. 4) werden meist auch die Strom- und Spannungsverläufe während des Ein- und Ausschaltens der Thyristoren einbezogen, und die Modelle der Ventile müssen dies berücksichtigen.

Bei einem einfachen *Einschalt*modell eines Thyristors wird ein exponentieller Verlauf der Spannungen und Ströme während des Einschaltens angenommen (s. Bild 2.27 und die Gleichungen (Ü2.4) und (Ü2.5) S. 116). Die Zeitkonstante τ kann man mit $\tau = t_r/2{,}3$ (t_r Durchschaltzeit) approximieren, und für größere Genauigkeit kann t durch $(t - t_d)$ ersetzt werden (t_d Zündverzug).

Ein einfaches *Ausschalt*modell eines Thyristors (und auch einer Diode) auf der Grundlage des schon in den Abschnitten 2.2.3.2 und 2.3.3.2 und den Bildern 2.9 und 2.30 geschilderten Ausschaltverhaltens beschreibt (2.129). Hieraus kann auf die Freiwerdezeit geschlossen werden unter der Voraussetzung, daß die Abnahme der Speicherladung allein durch Rekombination erfolgte. — Beim Ausschalten mit Sperrspannung dagegen, wenn während der Spannungsnachlaufzeit die Sperrerholladung nach außen abfließt, kann mit exponentiellem Abklingen des Sperrstroms gerechnet werden [2.33] [2.34].

Umfangreichere, darunter auch zweidimensionale Modelle von Thyristoren simulieren zusätzlich zu den schon erwähnten stationären und dynamischen Kenngrößen auch den Haltestrom, die Spannungen und Ströme an der Steuerelektrode usw. Sie berücksichtigen, besonders bei Ventilen für hohe Ströme, die ungleichförmige Verteilung der Stromdichte über der Kristallfläche. Während einfachere Modelle nur von den Kenndaten abgeleitet werden, die an den Klemmen des Ventils gemessen werden können, beruhen die anspruchsvolleren Modelle auf einer Simulierung der im Innern der Bauelemente ablaufenden Prozesse (Trägergeneration und -rekombination, Diffusions- und Verschiebungsströme usw.) [2.35] bis [2.37].

2.4. Leistungs-Schalttransistoren

Das Verhalten der Transistoren unterscheidet sich von dem der Thyristoren grundsätzlich dadurch, daß sie nur so lange im Durchlaßzustand verbleiben, wie eine positive Spannung an der Steuerelektrode liegt. Sie brauchen also keine Löscheinrichtung. Die Schaltzeiten betragen nur Mikrosekunden, so daß sie für Frequenzen bis zu etwa 10^5 Hz geeignet sind, also besonders für pulsgesteuerte Stromrichter, z. B. zur schnellen Drehzahlstellung von Gleichstrommotoren, für Wechselrichter zur Drehzahlstellung von Wechselstrommotoren oder zur Speisung induktiver Erwärmungsgeräte, für Stromrichter mit erhöhter Zwischenfrequenz, für Schaltnetzgeräte usw. Zur Zeit werden mit ihnen Geräte für Schaltleistungen bis zu etwa 100 kVA bestückt, doch sind Entwicklungen zu höheren Leistungen zu erwarten.

Es gibt zwei Typen von Leistungs-Schalttransistoren mit unterschiedlichen physikalischen Prinzipien: Beim *bipolaren* Transistor wird der Strom von Ladungsträgern *beider* Vorzeichen durch einen z. B. npn-dotierten Kristall geführt; beim *MOSFET* wird der Strom nur von Majoritätsträgern in einem Kanal in einem niedrig dotierten Substrat getragen.

Die folgenden Ausführung beschränken sich auf den Schaltbetrieb, der für die Leistungs-Halbleiterbauelemente in der Leistungselektronik charakteristisch ist. Transistoren eignen sich aber im Gegensatz zu Thyristoren und Triacs auch für den Linearbetrieb. Deshalb sollen erst die Vor- und die Nachteile dieser beiden Betriebsweisen gegenübergestellt werden.

2.4.1. Schaltbetrieb und Linearbetrieb

Die Leistung, die in einem Widerstand R_L entwickelt wird, soll mit Hilfe eines Transistors *Tr* gestellt werden (Bild 2.38a). Wenn im *Linearbetrieb* der Widerstand R_{Tr} des Transistors kontinuierlich über den Basisstrom I_B gesteuert wird, beträgt die Leistung P_L im Widerstand, bezogen auf deren maximalen Wert P_{Lm},

$$\frac{P_L}{P_{Lm}} = \frac{R_L^2}{(R_L + R_{Tr})^2}. \tag{2.213}$$

Der Wirkungsgrad hat die Größe

$$\eta = \frac{R_L}{R_L + R_{Tr}} = \left[\frac{P_L}{P_{Lm}}\right]^{1/2}, \tag{2.214}$$

und der Transistor muß für folgende, größte Verlustleistung ausgelegt sein:

$$\frac{P_{Trm}}{P_{Lm}} = \frac{1}{4}. \tag{2.215}$$

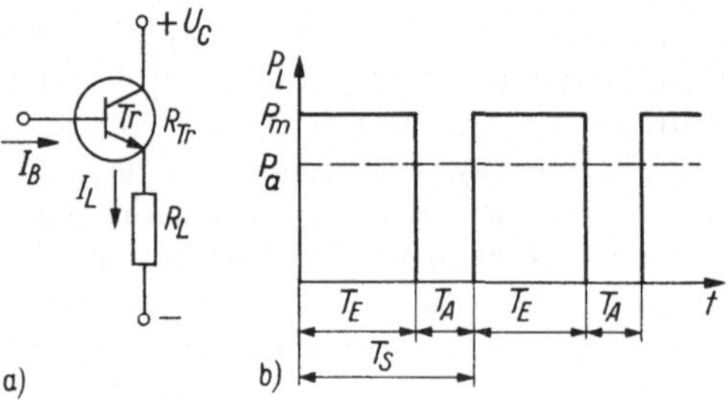

Bild 2.38. Zum Vergleich zwischen Linear- und Schaltbetrieb eines Transistors

a) Schaltung; b) abgegebene Leistung P_L bei Schaltbetrieb

Es ist offensichtlich, daß diese Art der Steuerung nur für geringe Leistungen geeignet ist.

Dagegen kann im *Schaltbetrieb* mit dem gleichen Transistor eine wesentlich größere Leistung gesteuert werden. Er wird dabei als periodisch arbeitender Schalter betrieben (Bild 2.38b). Die *mittlere* abgegebene Leistung P_{La} beträgt je nach den gewählten Einschalt- und Ausschaltzeiten T_E und T_A:

$$\frac{P_{La}}{P_{Lm}} = \frac{T_E}{T_E + T_A}; \tag{2.216}$$

ihr *Mittelwert* kann also kontinuierlich zwischen dem maximalen Wert P_{Lm} und Null variiert werden. Im Transistor treten dabei Durchlaß-, Sperr-, Steuer- und Schaltverluste auf, die jedoch bis zu Schaltfrequenzen von 10^4 ... 10^5 Hz wesentlich geringer sind als die Verluste beim Linearbetrieb. — Ungünstig ist, daß der vom Schalter aufgenommene Strom periodisch ein- und aussetzt und daß die abgegebene Leistung dementsprechend schwankt; doch ist letzteres unwesentlich, wenn die Zeitkonstante der Last beträchtlich größer als die Spieldauer ($T_E + T_A$) ist, wie z. B. bei Anlagen für die Widerstandserwärmung. Falls Eingangs- und Ausgangsfilter notwendig sind, beanspruchen sie wegen der hohen Schaltfrequenzen relativ wenig Aufwand.

Insgesamt hat der Schaltbetrieb gegenüber dem Linearbetrieb so große Vorteile, daß er im Bereich größerer Leistungen fast immer vorgezogen wird.

2.4.2. Bipolare Leistungs-Schalttransistoren [2.3] [2.7]

In den vergangenen Jahren hat die Belastbarkeit der bipolaren Leistungs-Schalttransistoren durch Spannung und Strom und ihre Eignung für höhere Schaltfrequenzen große Fortschritte gemacht, und man kann erwarten, daß sich diese Eigenschaften weiterhin verbessern werden. Schon jetzt werden bipolare Transistoren für Spannungen von mehr als 1000 V und für Ströme von Hunderten von Ampere bei Schaltfrequenzen bis zu 100 kHz gebaut.

Es wird vorausgesetzt, daß dem Leser das Funktionsprinzip von Transistoren für die Informationstechnik bekannt ist.

Die wichtigsten Forderungen, die an Leistungs-Schalttransistoren gestellt werden, sind: hohe Grenzwerte für die Kollektor-Emitter-Spannung, für den Kollektorstrom und für die zulässige Gesamtverlustleistung sowie Eignung für den Schaltbetrieb, d. h. gute dynamische Eigenschaften.

2.4.2.1. Sperr- oder AUS-Zustand

Bei Transistoren ist es üblich, den Zustand mit „Sperrzustand" zu bezeichnen, bei dem nur ein Reststrom vom Kollektor zum Emitter fließt. Dagegen wird diese Bezeichnung bei Dioden und Thyristoren für die entgegengesetzte Richtung verwendet. Die Forderung nach einer Kollektor-Emitter-Durchbruchspannung in der Größenordnung von Hunderten von Volt bis zu mehreren Kilovolt läßt sich mit einer npn-Schichtenfolge, wie sie bei Transistoren für die Informationselektronik üblich ist (Bild 2.39a und c), nicht erfüllen. Die Raumladungsschicht J_2 muß die Kollektor-Emitter-Spannung U_{CE} sperren können (Bild 2.39a). Es herrschen hier grundsätzlich die gleichen Verhältnisse wie bei einer Diode oder

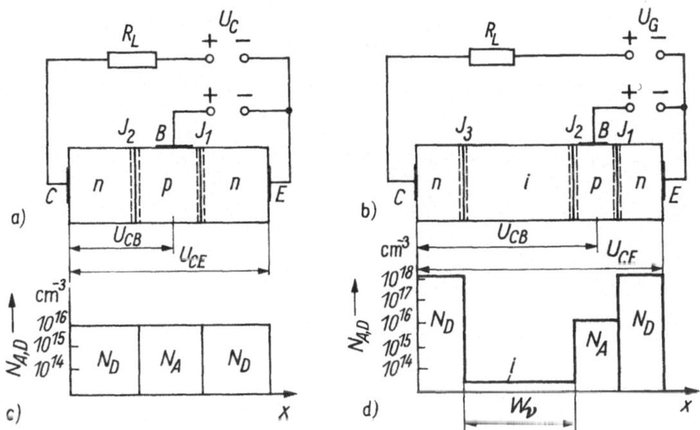

Bild 2.39. Schichtenfolge und Dotierungsdichten von Transistoren

a) und c) für niedrige Spannungen; b) und d) für hohe Spannungen

einem Thyristor bei Sperrspannung (vgl. Abschn. 2.2.2.2 bzw. 2.3.2.2). Um den Lawinendurchbruch bei höheren Spannungen zu vermeiden, darf der Kristall mit höchstens 10^{14} Störstellen/cm^3 dotiert werden, doch ist dann der Spannungsabfall außerhalb der Raumladungszone bei Stromfluß zu hoch. Es wird deshalb analog der pin-Diode eine eigenleitende oder nur schwach dotierte Schicht eingefügt (Bild 2.39b, d). Die Spannung zwischen dem Kollektor und dem Emitter wird also von der nip-Diode gesperrt.

Die Höhe der *Durchbruchspannung* zwischen dem Kollektor und der Basis oder dem Emitter wird durch die im folgenden beschriebenen physikalischen Vorgänge im Transistor bestimmt, hängt aber auch davon ab, ob die Basis-Emitter-Strecke kurzgeschlossen (Index S) oder ob der Basisanschluß offen (Index O) ist.

Bei niedrigen Werten der Kollektor-Basis-Spannung U_{CBO} und offenem Basisanschluß oder, was das gleiche ist, bei niedrigen Werten der Kollektor-Emitter-Spannung U_{CES} und Basis-Emitter-Kurzschluß fließt nur der Sättigungsstrom der Dichte S_s, der durch die Minoritätsträger in der nip-Diode getragen wird (vgl. (2.91)). Bei höheren Feldstärken enstehen zusätzlich Ladungsträger durch Stoßionisation, bis schließlich der Lawinendurchbruch einsetzt (2.116). Die Datenblätter der Hersteller geben die Durchbruchspannung $U_{(BR)CBO} \equiv U_{(BR)CES}$ für einen von ihnen festgelegten Kollektorstrom I_C an (Tafel 2.7).

Für die Kollektor-Emitter-Durchbruchspannung $U_{(BR)CEO}$ bei offener Basis ist entscheidend, daß hier zu den zwei schon erwähnten Quellen der Ladungsträger, die den Kollektorstrom führen, noch eine dritte Quelle hinzukommt. Es tritt nämlich grundsätzlich der gleiche Mechanismus auf, der schon im Abschnitt 2.3.2.3 im Zusammenhang mit der Zündung der Thyristoren beschrieben worden ist. Unter dem Einfluß der Kollektor-Emitter-Spannung wandern Elektronen vom Emitter in die Basis und erhöhen dort die Minoritätsträgerdichte und damit auch den Kollektorstrom um den Betrag $A_{npn} I_E$. Es gilt also analog (2.194):

$$I_C = I_E = I_s + A_{npn} I_E \qquad (2.217)$$

Tafel 2.7. Grenzwerte und Kenngrößen des bipolaren Leistungs-Schalttransistors TT 256-125-08 (ČKD, Prag)

Bezeichnung	Formelzeichen	Grenzwerte
Kollektor-Basis-Durchbruchspannung bei $I_C \leqq 3$ mA	$U_{(BR)CBO}$[1]	400 ... 1000 V
Kollektor-Emitter-Durchbruchspannung	$U_{(BR)CEO}$	300 ... 800 V
Kollektorspitzenstrom	I_{CM}	125 A
Dauerkollektorstrom	I_{Cn}	70 A
Basisspitzenstrom	I_{BM}	10 A
Kenngrößen		
Kollektor-Emitter-Sättigungsspannung bei $I_C = 60$ A, $I_B = 6$ A	$U_{CE\,sat}$	2,5 V
Basis-Emitter-Sättigungsspannung bei $I_C = 60$ A, $I_B = 6$ A	$U_{BE\,sat}$	4 V
Kollektor-Basis-Reststrom bei $U_{CB} = 1000$ V	I_{CBO}	3 mA
Einschaltzeit bei $I_B = 6$ A, $I_C = 60$ A, $U_{CE} = 300$ V	t_{on}	2 µs
Ausschaltzeit bei $I_B = 6$ A, $I_C = 60$ A, $U_{CE} = 300$ V	t_{off}	6,5 µs
Innerer Wärmewiderstand	$R_{th\,jc}$	0,13 K/W
Temperaturbereich	ϑ_{jM}	−40 ... +125 °C

[1]) Index 0 offener Basisanschluß

oder

$$I_C = \frac{I_s}{1 - A_{npn}}. \tag{2.218}$$

Bei höheren Kollektor-Emitter-Spannungen werden dann wieder weitere Trägerpaare durch Stoßionisation gebildet, bis es zum Lawinendurchbruch kommt. Die Kollektor-Emitter-Durchbruchspannung $U_{(BR)CEO}$ ist offensichtlich wegen der soeben geschilderten zusätzlichen Injektion von Trägern kleiner als $U_{(BR)CBO}$ (Tafel 2.7).

Beim Überschreiten dieser Grenzwerte tritt erst der Lawinendurchbruch ein, der noch reversibel ist. Bei weiterem Anwachsen des Sperrstroms kommt es zum Wärme- oder zweiten Durchbruch, der schon im Abschnitt 2.2.1.5 geschildert wurde, und der den Transistor irreversibel schädigt.

Der Sperrstrom, der bei offener Basis oder bei Kurzschluß zwischen Basis und Emitter durch die nip-Diode fließt, wird mit Kollektor-Basis-Reststrom I_{CBO} bezeichnet. Er nimmt mit der Temperatur steil zu.

Aus dieser Beschreibung folgt, daß ein Transistor ohne Ansteuerung mit einem Schalter in offenem Zustand verglichen werden kann, mit folgenden Einschränkungen: Die zu sperrende Spannung darf keinen der hier diskutierten Grenzwerte überschreiten; es fließt bei Basis-Emitter-Kurzschluß ein Kollektorreststrom, der zwar auch bei der höchsten Sperrschichttemperatur nur einige Milliampere betragen mag, trotzdem aber eine völlige galvanische Trennung zwischen Stromquelle und Last verhindert.

Bild 2.40a und b zeigt den AUS-Zustand, wobei der Reststrom mit Hilfe eines negativen Basisstroms $-I_{B2}$ noch etwas verringert worden ist. — Die Verlustleistung im Sperrzustand ist meist vernachlässigbar.

2.4.2.2. Durchlaß- oder EIN-Zustand

Beim Einspeisen eines Basisstroms I_B müssen (2.217) und (2.218) analog zu (2.194) und (2.195) erweitert werden:

$$I_C = I_s + A_{npn} I_E \tag{2.219}$$

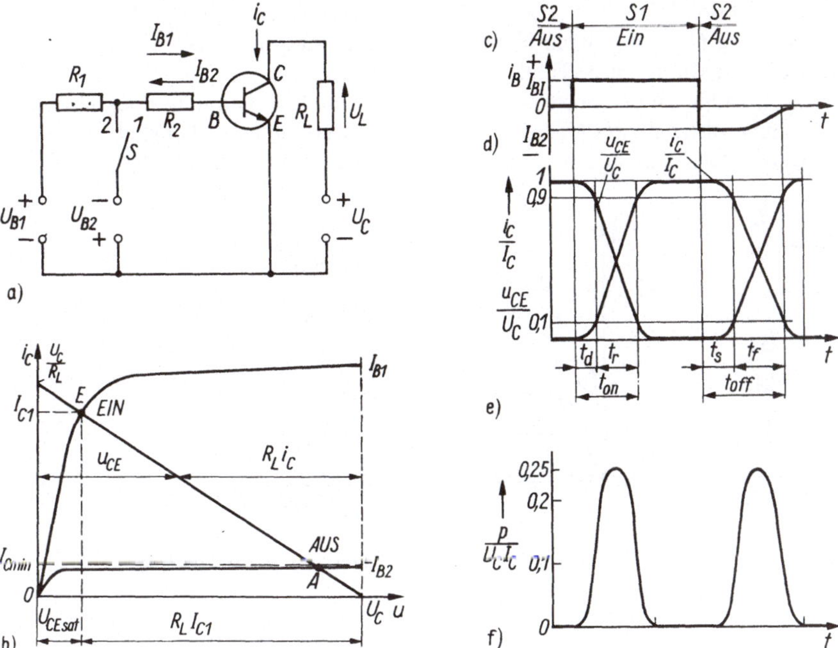

Bild 2.40. Zum Schaltverhalten eines Transistors (schematisch)

a) Schaltung; Schalter S in Stellung 1: EIN, in Stellung 2: AUS; b) Arbeitspunkte EIN und AUS im Strom-Spannungs-Diagramm, c) Schalterstellung; d), e), f) Verlauf des Basis- und des Kollektorstroms sowie der momentanen Verlustleistung p

t_d Verzögerungszeit; t_r Anstiegszeit; t_{on} Einschaltzeit; t_s Speicherzeit; t_f Fallzeit; t_{off} Ausschaltzeit

und

$$I_E = I_C + I_B . \tag{2.220}$$

Es folgt

$$I_C = I_{sO} + B_{npn} I_B . \tag{2.221}$$

wo

$$I_{sO} \equiv \frac{I_s}{1 - A_{npn}} \tag{2.222}$$

der Sättigungsstrom ist, der beim Basisstrom Null fließt, und

$$B_{npn} \equiv \frac{A_{npn}}{1 - A_{npn}} \tag{2.223}$$

der Stromverstärkungsfaktor in Emitterschaltung.

Beim npn-Transistor schließt sich unmittelbar an den aktiven Bereich A der Sättigungsbereich S an, in dem der Kollektorstrom I_C weitgehend unabhängig von der Kollektor-Emitter-Spannung U_{CE} ist (Bild 2.41 a).

Beim nipn-Transistor dagegen gibt es noch einen Bereich der *Quasi-Sättigung QS*, in dem der ohmsche Widerstand der eigenleitenden Schicht wesentlichen Einfluß hat (Bild 2.41 b). Durch den Basisstrom wird nämlich die Löcherdichte in der Basis und damit auch im angrenzenden Teil des eigenleitenden Bereichs erhöht. Die Raumladung der Löcher wird fast unverzögert durch eine entsprechende Zahl von Elektronen kompensiert, und damit ist ein Teil der eigenleitenden Schicht gut leitend geworden (Leitfähigkeits- oder Basisbreitenmodulation). Wenn also der Kollektorstrom, z. B. $I_{C3,4}$, konstant gehalten und der Basisstrom von I_{B3} auf I_{B4} erhöht wird, dann wird die Leitfähigkeit der eigenleitenden Schicht erhöht, und die Kollektor-Emitter-Spannung fällt. Wenn der gesamte eigenleitende Raum niederohmig geworden ist, ist der Transistor gesättigt (Bereich *S*). Zwischen dem Kollektor und dem Emitter fällt die Restspannung U_{CEsat} ab, deren Höhe eine Funktion des im Datenblatt angegebenen Kollektor- und Basisstroms ist (Bild 2.40b, Tafel 2.7).

Die Restspannung U_{CEsat} ist bis zum Nennstrom kleiner als die Durchlaßspannung eines Thyristors vergleichbarer Schaltleistung; oberhalb des Nennstroms steigt die Restspannung aber steil an, und die Verluste werden so groß, daß der Transistor im Vergleich zum Thyristor nur wenig überlastbar ist.

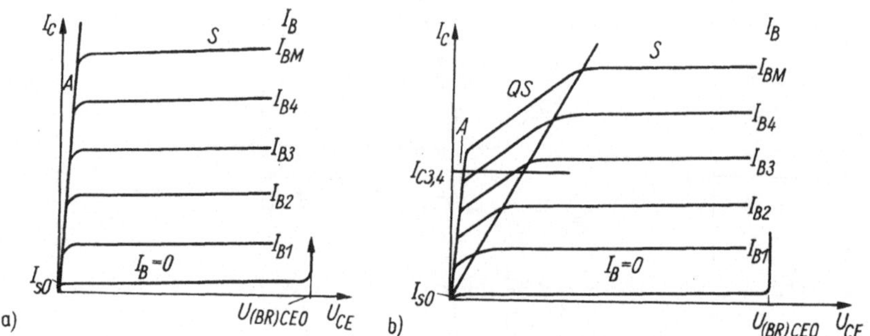

Bild 2.41. Ausgangskennlinien $I_C = f(U_{CE})$ eines a) npn-, b) nipn-Transistors in Emitterschaltung

Parameter: Basisstrom I_B; Bereiche: *A* aktiv; *QS* Quasi-Sättigung; *S* Sättigung

Wenn ein Transistor im periodischen, rechteckförmigen Pulsbetrieb mit dem *Tastverhältnis* T_E/T_S (T_E Pulsdauer, T_S Periodendauer) arbeitet, dann beträgt die mittlere Durchlaßverlustleistung

$$P_T = \frac{T_E}{T_S}(U_{CEsat}I_C + U_{BEsat}I_B). \tag{2.224}$$

Mit den in Tafel 2.6 angegebenen Größen ergibt sich bei einem Tastverhältnis von z. B. 0,5, bei $I_C = 60$ A und $I_B = 6$ A:

$$P_T = 0{,}5(2{,}5\ \text{V} \cdot 60\ \text{A} + 4\ \text{V} \cdot 6\ \text{A}) = 87\ \text{W}. \tag{2.225}$$

2.4.2.3. Schaltverhalten

Die Übergänge vom AUS- zum EIN-Zustand und umgekehrt nehmen Zeiten bis zu einigen Mikrosekunden in Anspruch. Dabei können bei höheren Frequenzen so große Verluste auftreten, daß sie in die Verlustbilanz einbezogen werden müssen.

Einschaltverhalten

Der Schalter *S* im Bild 2.40a soll vorerst in Stellung *2* stehen. Es fließt der Basisstrom $-I_{B2}$; der Arbeitspunkt AUS im Bild 2.40b beschreibt den Zustand des Transistors mit dem Kollektorreststrom $I_{C\,min}$. Die Raumladungszone erstreckt sich weit in die eigenleitende Schicht, die deshalb fast gänzlich von freien Ladungsträgern entblößt ist.

Beim Umschalten in die Stellung *1* möge der Basisstrom ohne Verzögerung von $-I_{B2}$ auf I_{B1} springen (Bild 2.40d). Es diffundieren jetzt Löcher von der Basis in die eigenleitende Schicht (vgl. Abschn. 2.4.2.2). Bild 2.42 zeigt, daß die Schicht W_{LM}, deren Leitfähigkeit ganz wesentlich vergrößert ist, immer breiter wird. Entsprechend steigt der Kollektorstrom i_C an (Bild 2.40e), bis schließlich $W_{LM} = W_i$ und damit der EIN-Zustand erreicht ist. Beim Einschaltvorgang muß also eine hinreichend große Ladung in die eigenleitende Schicht einströmen. Die Einschaltzeit t_{on} ist dann kurz, wenn der Strom I_{B1} hoch ist; es ist deshalb günstig, wenn der Transistor während des Einschaltvorgangs übersteuert wird (Basisspitzenstrom I_{BM} s. Tafel 2.7). Die benötigte Ladung und damit die Einschaltzeit ist gering, wenn die eigenleitende Schicht schmal ist, doch ist dann ihre Lawinendurchbruchspannung niedrig.

Beim Einschalten mit Widerstandslast bewegt sich der Arbeitspunkt während des Einschaltvorgangs (Bild 2.40b) entlang der Geraden *A—E*. Es besteht folgender Zusammenhang zwischen den Momentanwerten u_{CE} und i_C:

$$u_{CE} = U_C - R_L i_C \,. \tag{2.226}$$

Die momentane Einschaltverlustleistung im Transistor ist

$$p_{EIN} = u_{CE} i_C \,. \tag{2.227}$$

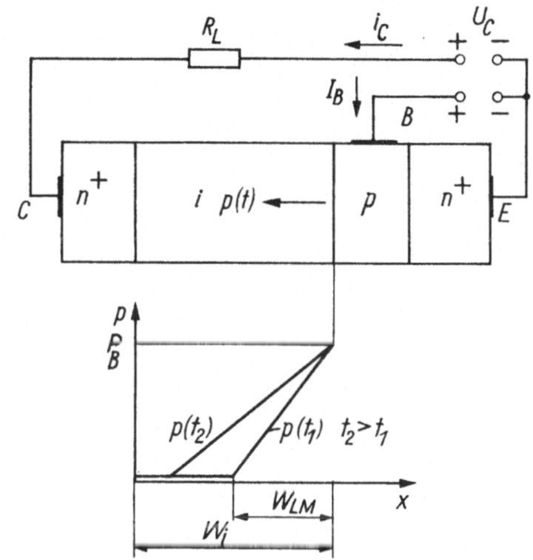

Bild 2.42. Zum Einschaltvorgang bei einem Transistor
W_i Breite der eigenleitenden Schicht
W_{LM} Breite der Schicht mit Leitfähigkeitsmodulation

Bei einer Frequenz f hat dann die mittlere Einschaltverlustleistung P_{EIN} die Größe

$$P_{EIN} = f \int_{t=0}^{t_{on}} u_{CE} i_C \, dt \,. \tag{2.228}$$

Wenn man den Anstieg des Kollektorstroms in hinreichender Näherung durch die Gerade

$$i_C = I_C t / t_{on} \tag{2.229}$$

beschreibt, dann führt (2.228) zu

$$P_{EIN} = \frac{1}{6} f U_C I_C t_{on} \,. \tag{2.230}$$

Für den in Tafel 2.6 beschriebenen Transistor ergibt sich mit $U_C = 300$ V, $I_C = 60$ A, $t_{on} = 2$ µs und bei $f = 20$ kHz

$$P_{EIN} = 120 \text{ W} \,. \tag{2.231}$$

Beim Einschalten mit induktiver Last steigt der Kollektorstrom während der Zeit, während der der Basisstrom die Speicherladung in der eigenleitenden Schicht aufbaut, nur langsam an, und die Einschaltverlustenergie ist entsprechend niedrig.

Im Gegensatz dazu treten bei der im Bild 2.43 gezeigten induktiven Last mit Freilaufzweig (vgl. Abschn. 3.2.1.7) besonders hohe Schaltverluste auf. Wenn der Transistor angesteuert wird, kommutiert der Laststrom I_L, der vorher angenähert konstant gewesen sein möge, in so kurzer Zeit vom Freilaufzweig *FZ* zum Transistor, daß dabei die Spannung über dem Transistor nur wenig abgesunken ist. Außerdem wird der Strom durch den Transistor gerade während dieser Zeitspanne noch durch den Sperrstrom i_R der Diode *D* vergrößert. Es sollte deshalb eine schnelle Diode eingesetzt werden (vgl. Abschn. 2.2.3.3 und 2.2.3.4).

Ausschaltverhalten

Damit die eigenleitende Schicht wieder sperren kann, muß die beim Durchlaßzustand gespeicherte Ladung während der Ausschaltzeit t_{off} entfernt werden (Bild 2.40a, Schalter *S* in Stellung *2*). Während

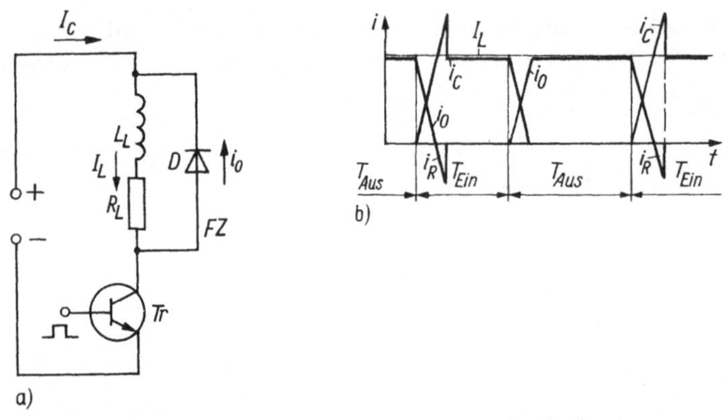

Bild 2.43. Transistorschalter für induktive Last mit Freilaufzweig

a) Schaltung; b) Verlauf der Ströme bei $\tau_L = L_L/R_L \gg (T_{EIN} + T_{AUS})$
i_C Kollektorstrom; I_L Laststrom; I_0 Strom im Freilaufzweig; i_R Sperrstrom der Freilaufdiode D

der Speicherzeit t_s ist die Speicherladung noch genügend groß, um den Kollektorstrom voll aufrechtzuerhalten. Aber während der Fallzeit t_f ist die Speicherladung schon so weit verbraucht, daß sich am Übergang J_2 (Bild 2.39b) eine Raumladungszone bildet, die sich immer weiter in das eigenleitende Gebiet erstreckt. Entsprechend fällt der Kollektorstrom. Auch die Rekombination der Ladungsträger in der eigenleitenden Schicht trägt zum Abbau der Speicherladung bei. Der negative Basisstrom wirkt in gleicher Weise und vermindert außerdem den Kollektorreststrom. Die Ausschaltzeit wird verlängert, wenn der Transistor vor dem Ausschalten übersteuert worden war.

Die Verluste während der Abfallzeit t_f können ähnlich wie die Verluste beim Einschalten geschätzt werden ((2.226) bis (2.230)). Anstelle von (2.230) schreibt man dann

$$P_{AUS} = \frac{1}{6} f U_C I_C t_{off} \,. \tag{2.232}$$

Mit $U_C = 300$ V, $I_C = 60$ A, $t_{off} = 6{,}5$ µs und bei $f = 20$ kHz ergibt sich

$$P_{AUS} = 390 \text{ W} \,. \tag{2.233}$$

2.4.2.4. Thermisches Verhalten

Der Bau der Leistungstransistoren, Dioden und Thyristoren ist so ähnlich, daß auch ihr thermisches Verhalten vergleichbar ist (vgl. Abschn. 2.2.4 und 2.3.9).

Bei der Wahl eines Transistors für eine vorgegebene Beanspruchung muß man darauf achten, daß die folgenden Grenzwerte nicht überschritten werden: die maximal zulässige Verlustleistung, der Kollektorspitzenstrom und die Kollektor-Emitter-Durchbruchspannung. Diese Grenzwerte können den Diagrammen für den transienten Wärmewiderstand und für den sicheren Arbeitsbereich entnommen werden.

Die *Gesamtverlustleistung* P_v setzt sich aus der Durchlaßverlustleistung (2.224) sowie aus der Einschalt- und der Ausschaltverlustleistung (2.230) bzw. (2.232) zusammen und hat näherungsweise den Mittelwert

$$P_v = U_{CEsat} I_C + U_{BEsat} I_B + \frac{1}{6} f U_C I_C (t_{on} + t_{off}) \,. \tag{2.234}$$

Damit die maximal zulässige Verlustleistung nicht überschritten wird, muß der Kollektorstrom vermindert werden, wenn die Frequenz vergrößert wird.

Für den in Tafel 2.7 beschriebenen Transistor ergibt sich mit $U_C = 300$ V, $I_C = 60$ A bei 10 kHz und einem Tastverhältnis von 0,5

$$\begin{aligned} P_v &= 0{,}5(2{,}5 \text{ V} \cdot 60 \text{ A} + 4 \text{ V} \cdot 6 \text{ A}) + \frac{1}{6} \cdot 10^4 \text{ Hz} \cdot 300 \text{ V} \cdot 60 \text{ A}(2 + 6{,}5) \text{ µs} \\ &= 342 \text{ W} \,. \end{aligned} \tag{2.235}$$

Die Berechnung der Temperatur des Kristalls bei konstanter sowie auch bei zeitlich veränderlicher Verlustleistung erfolgt wieder mit Hilfe des Wärmewiderstandes R_{th} (s. Abschn. 2.2.4.3 und Tafel 2.7) bzw. des transienten Wärmewiderstands $Z_{thjc}(t)$ (s. Abschn. 2.2.4.5 und Bild 2.44a). Auch für die Wahl der Kühlkörper gelten die Hinweise im Abschnitt 2.2.4.3.

Bei periodischen rechteckförmigen Strompulsen kann die Kristalltemperatur im eingeschwungenen Betrieb so wie in (2.186) mit dem transienten Wärmewiderstand $Z_{thjc}(t)$ berechnet werden. Sie kann aber auch mit Hilfe des *Impulswärmewiderstands* $Z_{thp}(t)$ zwischen Sperrschicht und Gehäuse ermittelt werden. $Z_{thp}(t)$ wird in einem Diagramm in Abhängigkeit von der Pulsdauer t_p und dem Tastverhältnis t_p/T angegeben, wo T die Dauer eines Schaltspiels ist (Bild 2.44b). Dann gilt in Analogie zu (2.179):

$$\vartheta_j = P_v Z_{thp}(t) + \vartheta_c \,. \tag{2.236}$$

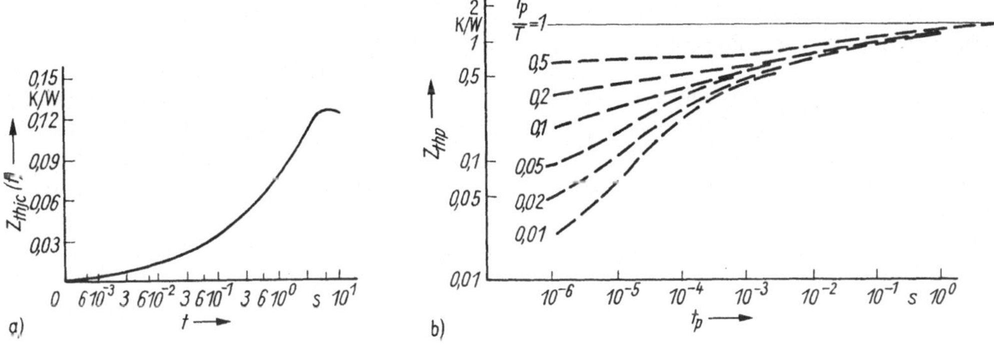

Bild 2.44. Zur Berechnung der Sperrschichttemperatur bei zeitlich veränderlicher Verlustleistung

a) transienter Wärmewiderstand $Z_{thjc}(t)$ zwischen Sperrschicht und Gehäuse (TT 256); b) Impulswärmewiderstand $Z_{thp}(t)$ zwischen Sperrschicht und Gehäuse als Funktion der Pulsdauer t_p

Parameter: Tastverhältnis t_p/T; T Dauer des Schaltspiels (BDY 47)

2.4.2.5. Sicherer Arbeitsbereich

Bild 2.45 gibt ein Beispiel für den Bereich, in dem ein Transistor sicher betrieben werden kann (SOAR *S*afe *O*perating *A*rea). Bei Impulsbetrieb sind die Grenzen etwas weiter gesteckt als bei Dauerbetrieb. Die folgenden Höchstwerte sind zu beachten (vgl. Tafel 2.7):

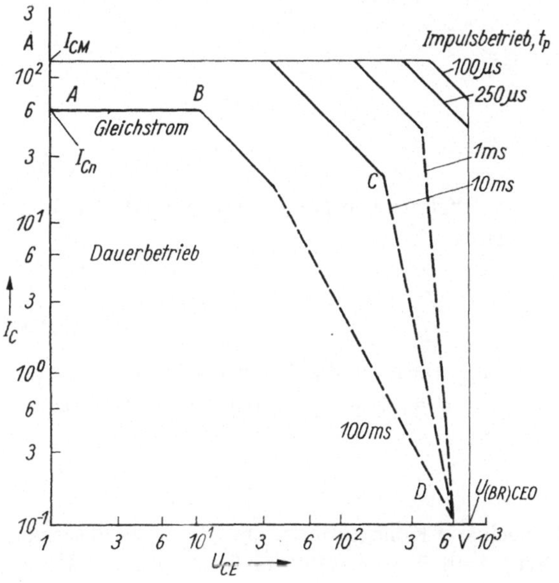

Bild 2.45. SOAR-Diagramm für einen bipolaren Leistungs-Schalttransistor (TT 256)

Parameter: Impulsdauer t_p bei einem Tastverhältnis 0.01

Abschnitt AB: Wenn der Dauerkollektorstrom I_{Cn} oder bei Pulsbetrieb der Kollektorspitzenstrom I_{CM} auch nur kurzzeitig überschritten wird, werden die stromführenden Teile, wie die Kontaktierungen und die Glas-Metall-Einschmelzungen, unzulässig erwärmt.

Abschnitt BC: Hier ist die maximal zulässige Verlustleistung maßgeblich; bei logarithmischem Auftrag von U_{CE} und I_C ist die Neigung dieses Kennlinienteils -1.

Abschnitt CD: Beim Überschreiten besteht die Gefahr des Wärmedurchbruchs des Kristalls (vgl. Abschn. 2.2.1.5). Die obere Grenze der Kollektor-Emitter-Spannung ist durch $U_{(BR)CEO}$ gegeben; bei ausgeschaltetem Zustand und bei negativem Basisstrom darf sie höhere Werte annehmen, z. B. bei kurzzeitigen Überspannungen.

Schutzschaltungen für bipolare Leistungs-Schalttransistoren, speziell Entlastungsnetzwerke, werden im Abschnitt 6.3.2 besprochen.

2.4.2.6. Darlington-Leistungstransistoren im Schaltbetrieb

Zwei Transistoren, nämlich ein Treiber *Tr1* und ein Endtransistor *Tr2*, werden so zusammengeschaltet, daß der Emitterstrom I_{E1} von *Tr1* zugleich der Basisstrom I_{B2} von *Tr2* ist (Bild 2.46). Dann braucht man keine Kopplungsglieder und gewinnt eine Bauelementekombination mit hohem Eingangswiderstand und großer Stromverstärkung. Die beiden Transistoren können zusammen mit ihren Stabilisierungswiderständen R_1 und R_2 sowie der Beschleunigungsdiode D_1 und der antiparallelen Schutzdiode D_2 auf einem Substrat integriert werden. — Die folgenden Bemerkungen sollen sich auf einige wesentliche Unterschiede zwischen Darlington-Transistoren und einzelnen Leistungstransistoren im Schaltbetrieb beschränken.

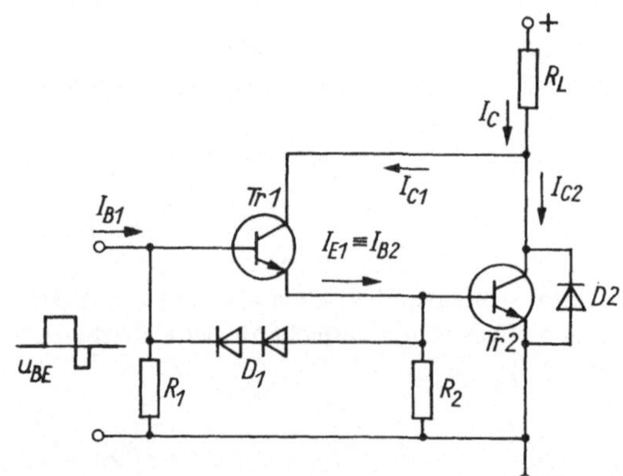

Bild 2.46. Darlington-Schaltung

$R_{1,2}$ Stabilisierungswiderstände
D_1 Beschleunigungsdiode
D_2 Schutzdiode; R_L Last

Durchlaßzustand

Wenn

$$B_1 = I_{C1}/I_{B1} \quad \text{und} \quad B_2 = I_{C2}/I_{B2} \tag{2.237}$$

die Stromverstärkungen (Kollektor-Basis-Gleichstromverhältnis) von *Tr1* und *Tr2* in Emitterschaltung sind, dann ist die Verstärkung des Darlington-Transistors

$$B = I_C/I_{B1} = B_1 B_2 + B_1 + B_2 \approx B_1 B_2 ; \tag{2.238}$$

$$I_C = I_{C1} + I_{C2} . \tag{2.239}$$

Falls also bei Nennstrom bei einem einzelnen Leistungstransistor die Stromverstärkung $B_{1,2}$ etwa gleich 5 ist, erreicht sie beim Darlington-Transistor etwa $B = 25$, und der vom Ansteuergerät zu liefernde Strom ist entsprechend geringer.

Sperrzustand

Auch wenn der Transistor *Tr1* gesperrt ist, fließt noch sein Kollektorreststrom I_{CES1} in die Basis von *Tr2* und verhindert, daß dieser völlig sperrt. Wenn jedoch R_2 so gewählt wird, daß $(R_2 I_{CES1})$ kleiner als die Schleusenspannung der Basis-Emitter-Diode von *Tr2* ist, dann wird der Kollektorreststrom I_{CES2} von *Tr2* nicht mehr durch I_{CES1} beeinflußt.

Der Widerstand R_1 schützt gegen unbeabsichtigtes Einschalten durch Störströme $I_{stör}$, die z. B. in den Ansteuerkreis induziert werden können. Nur wenn ($R_1 I_{stör}$) größer als die Schleusenspannung der Basis-Emitter-Diode von *Tr1* ist, wird *Tr1* und dann auch *Tr2* leitend.

Die Schutzdiode D_2 verhindert, daß die Kollektor-Emitter-Strecke von *Tr2* mit negativen Spannungen beansprucht werden kann.

Schaltverhalten

Beim *Einschalten* wird der Treiber *Tr1* hoch beansprucht, da die Spannung über seiner Kollektor-Emitter-Strecke erst dann fällt, wenn der Kollektorstrom I_{C2} einsetzt. — Falls die Last aus einem induktiven Widerstand und einem Freilaufzweig besteht, können hohe Schaltverluste auftreten (vgl. Abschn. 2.4.2.3).

Beim *Ausschalten* setzt sich die Speicherzeit des Darlington aus der Summe der Speicherzeiten beider Transistoren zusammen. Um eine Verkürzung der Ausschaltzeit zu erreichen, kann eine negative Spannung an die Basis von *Tr1* gelegt werden. Diese Spannung wirkt sich auch über den Widerstand R_2 unmittelbar auf *Tr2* aus, wenn eine oder zwei Beschleunigungsdioden D_1 eingefügt werden. Dadurch wird die Darlingtonanordnung auch weniger empfindlich gegenüber steilen Spannungsanstiegen.

2.4.3. Leistungs-MOSFETs für Schaltbetrieb

2.4.3.1. Funktionsprinzip und Aufbau

Bild 2.47a zeigt schematisch einen MOSFET (*M*etal-*O*xid-*S*emiconductor-*F*eld-*E*ffekt *T*ransistor). In ein sehr niedrig *p*-dotiertes Silizium-Einkristall-Substrat *SU* sind zwei hochdotierte n^+-Schichten diffundiert. Die Schicht, die mit dem negativen Pol der Speisespannung verbunden ist, ist die „Source" *S* (engl. für Quelle); die andere ist der „Drain" *D* (engl. für Senke). Eine Steuerelektrode, mit „Gate" *G* (engl. für Tor) bezeichnet, ist vom Substrat durch eine dünne Oxidschicht, nämlich Siliziumdioxid SiO_2, isoliert und bildet mit der an das Oxid grenzenden Schicht des Substrats einen Kondensator.

Bei Gate-Source-Kurzschluß kann vom Drain zur Source nur der Drain-Reststrom, und zwar der sehr kleine Sperrstrom der n^+p-Diode an der Source fließen. Bei positiver Gatespannung U_{GS} lädt sich der schon erwähnte Kondensator in der im Bild 2.47a gezeigten Weise auf. Die Elektronen bilden einen Kanal *K*, der unter dem Einfluß der Drain-Source-Spannung U_{DS} einen Strom I_D führen kann, der bei hinreichend hoher Drain-Source-Spannung nur von der Gate-Source-Spannung abhängt. Das Bauelement kann als Schalter betrieben werden, der unterhalb der Gateschwellenspannung hochohmig und hinreichend über dieser Spannung niederohmig ist.

Einige günstige Eigenschaften der MOSFETs können jetzt schon genannt werden:

Damit ein Strom durch das Bauelement fließen kann, muß zwar eine Spannung an das Gate gelegt werden, es wird jedoch kein Gatestrom (außer einem sehr kleinen Leckstrom) gefordert; bei dynamischem Betrieb muß freilich ein Gatestrom, der proportional der Frequenz durch den Kondensator fließt, aufgebracht werden.

Die Elektronendichte im Kanal ist so viel höher als die Löcherdichte im Substrat, daß die Elektronen dort Majoritätsträger sind und deshalb innerhalb von Mikrosekunden rekombinieren (vgl. Abschn. 2.1.5.1); MOSFETs sind folglich für Frequenzen bis zu 10^5 Hz geeignet.

Bei Sperrspannung (Source positiv, Drain negativ) übernimmt der vom Substrat und dem Drain gebildete pn-Übergang den Strom; Tafel 2.8 gibt ein Beispiel für die Kenndaten eines Transistors mit einer derartigen integrierten Inversdiode. Man kann deshalb bei manchen Schaltungen, wie z. B. Gleichstrom-Pulsstellern oder selbstgeführten Wechselrichtern (vgl. Bild 4.16 und 4.45), beim Einsatz von MOSFETs auf diskrete, antiparallel zu den Ventilen geschaltete Dioden verzichten.

Beim Entwurf eines Leistungs-MOSFET wird angestrebt, daß der Kanal einen möglichst geringen ohmschen Widerstand hat. Deshalb soll seine Länge L_i möglichst gering sein. Die influenzierte elektrische Ladung, die zum Stromtransport zur Verfügung steht, soll hoch sein, und dies setzt voraus, daß die Dicke D_i der Oxidschicht möglichst gering ist (vgl. (2.243). Aber auch bei den kleinsten technisch noch zu realisierenden Werten von D_i und L_i ist der größtmögliche Strom so gering, daß Tausende

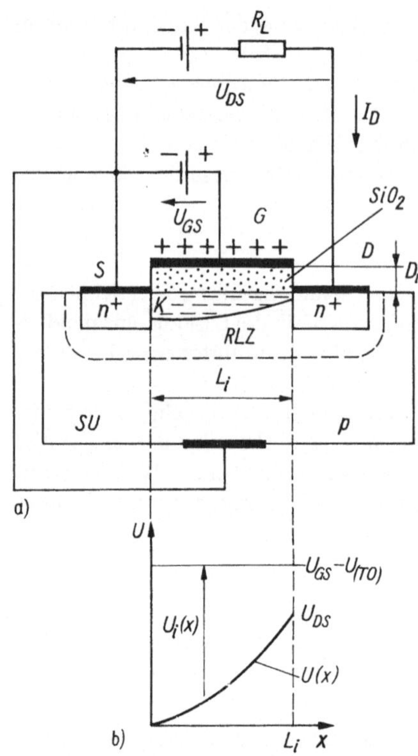

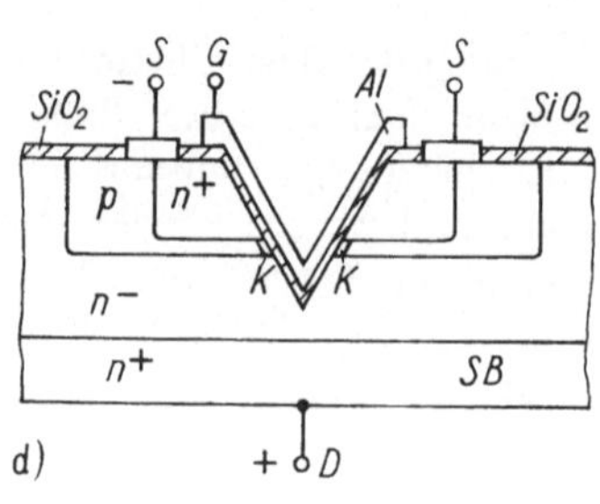

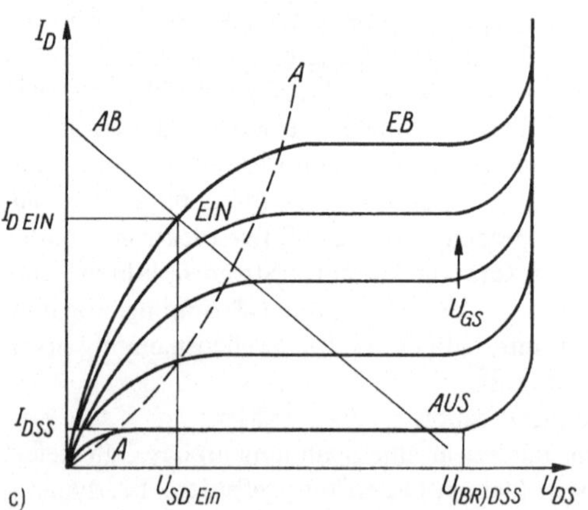

Bild 2.47. Leistungs-MOSFETs

a) MOSFET n-Kanal-Anreicherungstyp in Source-Basis-Schaltung (schematisch); *S* Source; *G* Gate; *D* Drain; *SU* Substrat; *RLZ* Raumladungszone; *K* Kanal; SiO_2 Isolierschicht

b) Verlauf der Spannung $U_i(x)$ über der Isolierschicht im aktiven Bereich $U_{GS} - U_{(TO)} \geqq U_{DS}$

c) Ausgangskennlinien; Parameter: Gate-Source-Spannung U_{GS}; *AB* aktiver Bereich; *EB* Einschnürbereich; *AA* Grenze des aktiven Bereichs

d) Leistungs-Schalt-MOSFET mit Kerben (Bezeichnungen wie oben)

einzelner MOSFETs parallelgeschaltet werden müssen, damit sich ein für die Leistungselektronik interessanter Strom ergibt. Zur Vereinfachung der Technologie sollen alle Drainanschlüsse auf der einen, und alle Sourceanschlüsse auf der entgegengesetzten Seite des Substrats angeordnet sein. Bild 2.47d gibt ein Beispiel aus der Vielzahl der Bauformen, die sich für Leistungs-MOSFETs durchgesetzt haben. Die Kanallänge beträgt nur etwa 1 μm. Auf einer Fläche von 1 cm² werden etwa $10^4 \dots 10^5$ vier- oder sechseckige Zellen mit einer Kantenlänge von ungefähr 50 μm integriert und parallelgeschaltet.

2.4.3.2. Statisches Verhalten [2.5]

Die folgende Näherungsrechnung gibt den Verlauf der Ausgangskennlinien $I_D = f(U_{DS})$ mit U_{GS} als Parameter für die Source-Basis-Schaltung (Bild 2.47c). Es wird zwischen dem *aktiven* Bereich *AB*, in dem I_D von U_{DS} abhängt, und dem *Einschnürbereich EB*, in dem I_D von U_{DS} unabhängig ist, unterschieden.

Tafel 2.8. Grenzwerte und Kenngrößen eines Leistungs-Schalt-MOSFET (BUZ 45 SIPMOS)

Bezeichnung	Formelzeichen	Grenzwerte
Drain-Source-Spannung	U_{DS}	500 V
Drain-Gleichstrom	I_D	8,6 A
Drainstrom, gepulst	$I_{D\,puls}$	17 A
Gate-Source-Spannung	U_{GS}	±20 V
Max. Verlustleistung	P_{vM}	100 W
Betriebstemperaturbereich	ϑ_j	−25 ... +150 °C
		Kenngrößen
Drain-Source-Durchbruchspannung $U_{GS} = 0$; $I_D = 1{,}0$ mA	$U_{(BR)\,DSS}$	500 V min.
Drain-Reststrom $U_{DS} = 500$ V; $U_{GS} = 0$; $\vartheta_j = 25$ °C $\vartheta_j = 125$ °C	I_{DSS}	1 mA max. 4 mA max.
Drain-Source-Einschaltwiderstand	$R_{Ein\,0}$	0,6 Ω
Wärmewiderstand	R_{thjc}	1,0 K/W
Eingangskapazität bei $U_{GS} = 0$ und $U_{DS} = 25$ V	C_G	3000 pF typ.
		Schaltzeiten
Einschaltzeit	t_{on}	50 ns typ.
Ausschaltzeit	t_{off}	450 ns typ.
Inversdiode		Kenndaten
Gleichstrom bei $\vartheta_c = 25$ °C	I_{DR}	8,6 A max.
Gleichstrom, gepulst, bei $\vartheta_c = 25$ °C	I_{DRM}	17 A max.
Durchlaßspannung bei $I_{SD} = I_{D\,puls}$, $U_{GS} = 0$	U_{SD}	1,2 V typ.

Aktiver Bereich

$$U_{GS} - U_{(TO)} \geqq U_{DS} \qquad \text{(Bild 2.47b)}\,. \tag{2.240}$$

Es mögen L_i, D_i, B_i und ε_i die Dimensionen bzw. die Dielektrizitätskonstante der SiO_2-Schicht bezeichnen.

Der Strom im Kanal hängt von der Ladung $Q_n(x)$ der Elektronen im Kanal je Flächeneinheit der Gate-Elektrode sowie von der Feldstärke $dU(x)/dx$ im Kanal in der x-Richtung ab:

$$I_D = \mu_n B_i Q_n(x) \frac{dU(x)}{dx} \tag{2.241}$$

Da die Kapazität je Flächeneinheit des durch Gate und Substrat gebildeten Kondensators ε_i/D_i und die Spannung über der Isolierschicht

$$U_i(x) = U_{GS} - U(x) \tag{2.242}$$

ist, gilt auch

$$Q_n(x) = \frac{\varepsilon_i}{D_i} U_i(x) = \frac{\varepsilon_i}{D_i} [U_{GS} - U(x)]\,. \qquad (2.243)\ (2.244)$$

Aus (2.241) und (2.244) folgt:

$$I_D = \frac{\varepsilon_i \mu_n B_i}{D_i} [U_{GS} - U(x)] \frac{dU(x)}{dx}. \tag{2.245}$$

Integration über die Länge L_i des Kanals und mit $U(x) \equiv U_{DS}$ bei $x = L_i$ ergibt

$$I_D = \varepsilon_i \mu_n \frac{B_i}{D_i L_i} \left[U_{GS} U_{DS} - \frac{1}{2} U_{DS}^2 \right]. \tag{2.246}$$

Ein Teil der Ladung im Kanal wird von Haftstellen an der SiO_2-Schicht festgehalten. Deshalb muß die Schleusenspannung $U_{(TO)}$ an das Gate gelegt werden, damit frei bewegliche Elektronen im Kanal zur Verfügung stehen, und (2.246) muß entsprechend korrigiert werden:

$$I_D = \varepsilon_i \mu_n \frac{B_i}{D_i L_i} \left[(U_{GS} - U_{(TO)}) U_{DS} - \frac{1}{2} U_{DS}^2 \right]. \tag{2.247}$$

Die Grenze AA des aktiven Bereichs wird erreicht, wenn

$$U_{DS} = U_{GS} - U_{(TO)}. \tag{2.248}$$

Dann ist bei $x = L_i$, also an der Senke, $U_i = 0$. Aus (2.247) und (2.248) ergibt sich der Strom I'_D an der Grenze des aktiven Bereichs:

$$I'_D = \frac{1}{2} \varepsilon_i \mu_n \frac{B_i}{D_i L_i} [U_{GS} - U_{(TO)}]^2. \tag{2.249}$$

Einschnürbereich

Für

$$U_{DS} > (U_{GS} - U_{(TO)}) \quad \text{(Bild 2.48)} \tag{2.250}$$

kann sich der Kanal nur noch im Gebiet $0 \leqq x \leqq L_1$ ausbilden, in dem $U_i(x) = [U_{GS} - U(x)] \geqq U_{(TO)}$ und über dem die Spannung $(U_{GS} - U_{(TO)})$ abfällt. Im restlichen Gebiet, bei $L_1 \leqq x \leqq L_i$, ist der Kanal

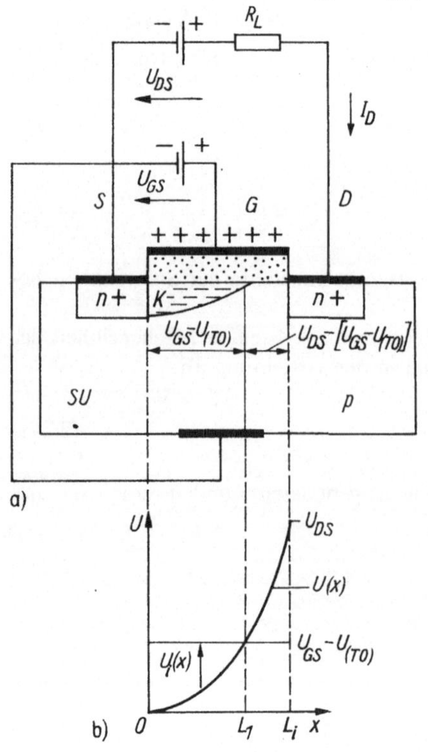

Bild 2.48. MOSFET im Einschnürbereich

a) Schaltung (schematisch); b) Verlauf der Spannung $U_i(x)$ über der Isolierschicht

„eingeschnürt". Der n^+p-Übergang an der Senke verursacht dort eine Raumladungsschicht, in der die Spannung $[U_{DS} - (U_{GS} - U_{(TO)})]$ abfällt (vgl. Abschn. 2.2.1.3). Mit zunehmender Drain-Source-Spannung wird die Raumladungsschicht breiter, während der Strom unabhängig von U_{DS} den durch (2.249) gegebenen Wert I'_D beibehält und nur von der Gate-Source-Spannung abhängt (Bild 2.47c, Einschnürbereich *EB*).

2.4.3.3. Schaltverhalten

In der Leistungselektronik werden MOSFETs, wie schon erwähnt, überwiegend als Schalter eingesetzt. Es sollen jetzt ihre Eigenschaften im Sperr- und im Durchlaßzustand sowie der Übergang von Sperre zu Durchlaß und umgekehrt besprochen werden (Bild 2.49). Ein Beispiel für die Grenzwerte und Kenngrößen, die das Schaltverhalten beschreiben, zeigt Tafel 2.8.

Der *Sperrzustand* (AUS im Bild 2.47c) ist durch die Drain-Source-Durchbruchspannung $U_{(BR)DSS}$ bei einem vorgegebenen sehr kleinen Drainstrom sowie durch den mit der Temperatur steil ansteigenden Drainreststrom I_{DSS} gekennzeichnet, und zwar bei kurzgeschlossenen Gate-Source-Anschlüssen. Beim Überschreiten von $U_{(BR)DSS}$ steigt der Drainstrom durch Lawinenbildung (vgl. Abschn. 2.2.1.4) steil an; es kann auch ein Durchbruch an der Oberfläche des Übergangs zwischen Senke und Substrat stattfinden. Im Gegensatz zum bipolaren Transistor muß beim MOSFET ein Lawinendurchbruch nicht zu einem Wärmedurchbruch, also auch nicht zu einer irreversiblen Schädigung führen, da sich der Strom wegen des positiven Temperaturkoeffizienten des Widerstands des Kanals nicht zusammenzieht (vgl. Abschn. 2.4.3.5). Nur wenn bei höheren Strömen und Drain-Source-Spannungen hohe Verlustleistungen auftreten, ist eine dauernde Schädigung zu befürchten.

Die mittlere Verlustleistung im AUS-Zustand beträgt mit den in Tafel 2.8 gegebenen Kenngrößen

$$P_D = U_{(BR)DSS} I_{DSS} = 500\ \text{V} \cdot 4\ \text{mA} = 2\ \text{W}\,, \tag{2.251}$$

ist also im Vergleich zur maximal zulässigen Verlustleistung $P_{vM} = 100$ W und auch zur Schaltleistung des Bauteils

$$S = U_{DS} I_D = 500\ \text{V} \cdot 8{,}6\ \text{A} = 4{,}3\ \text{kVA} \tag{2.252}$$

vernachlässigbar.

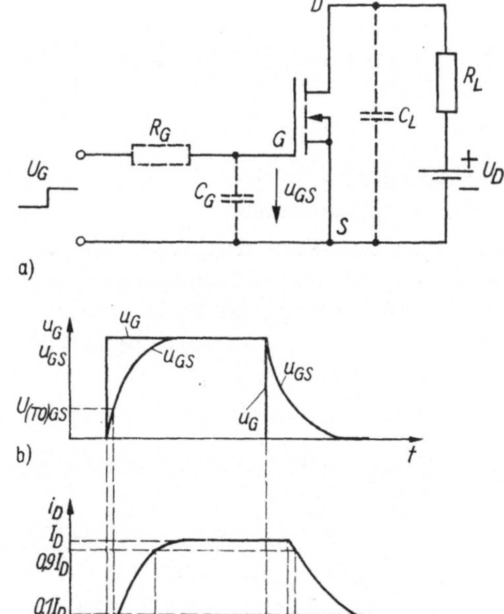

Bild 2.49. MOSFET als Schalter

a) Schaltung
b) Verlauf des Ansteuerimpulses u_G und der Gate-Source-Spannung u_{GS}; $U_{(TO)GS}$ Schwellspannung
c) Verlauf des Drainstroms beim Ein- und Ausschalten

Der *Durchlaßzustand* (EIN im Bild 2.47c) ist gekennzeichnet durch

- die Gate-Spannung U_{GS}, die hinreichende Sättigung gewährleisten muß;
- den Durchlaßstrom $I_{D\,Ein}$, der in allen praktischen Fällen nur eine Funktion der Speisespannung U_D und des Widerstands R_L der Last und nicht des Drain-Source-Widerstands ist:

$$I_{D\,Ein} = U_D/R_L\,; \tag{2.253}$$

- den Drain-Source-Widerstand R_{Ein}, dessen Abhängigkeit von der Temperatur ϑ_j des Kristalls in hinreichender Näherung wie folgt beschrieben werden kann:

$$R_{Ein} = R_{Ein\,0}[1 + \alpha(\vartheta_j - \vartheta_a)]\,; \tag{2.254}$$

$R_{Ein\,0}$ Drain-Source-Widerstand im EIN-Zustand bei der Umgebungstemperatur ϑ_a; α Temperaturbeiwert.

Die Sättigungsspannung $U_{SD\,Ein}$ beträgt dann

$$U_{SD\,Ein} = R_{Ein} I_{D\,Ein}\,, \tag{2.255}$$

und die Durchlaßverluste haben die Größe (Mittelwert)

$$P_T = I^2_{D\,Ein} R_{Ein}\,, \tag{2.256}$$

betragen also im EIN-Zustand bei den in Tafel 2.8 gegebenen Werten

$$P_T = (8{,}6\ \mathrm{A})^2 \cdot 0{,}6\ \Omega = 44{,}3\ \mathrm{W}\,. \tag{2.257}$$

Durchlaßstrompulse dürfen entsprechend dem Tastverhältnis eine größere Amplitude als der Durchlaßgleichstrom haben, doch mit Rücksicht auf die Kontaktierungen und Glas-Metall-Einschmelzungen dürfen sie einen maximalen Wert des Drainstroms $I_{D\,puls}$ auch bei kürzester Pulsdauer nicht überschreiten.

Schaltzeiten

Es sei zuerst darauf hingewiesen, daß die Zeiten zum Aufbau und Abbau des Kanals viel kürzer sind als alle anderen für das dynamische Verhalten des Bauelements maßgeblichen Zeiten. Im Gegensatz zum bipolaren Transistor gibt es deshalb beim MOSFET keine Speicherzeit.

Für die Einschalt- und die Ausschaltzeiten sind entscheidend (Bild 2.49):

- auf der Eingangsseite: der dem Gate vorgeschaltete Widerstand R_G und die Kapazität C_G des vom Gate zusammen mit der Source gebildeten Kondensators, woraus sich eine Zeitkonstante

$$\tau_G = R_G C_G \tag{2.258}$$

ergibt;
- auf der Ausgangsseite: der Kanalwiderstand R_K, der Lastwiderstand R_L sowie der Kondensator C_L, der alle ausgangsseitigen Kapazitäten einschließlich Streukapazitäten umfaßt.

Beim *Einschalten* mit einem rechteckförmigen Spannungspuls u_G am Gate-Kreis steigt die Spannung u_{GS} exponentiell mit einer Zeitkonstanten $\tau_G = R_G C_G$ an (Bild 2.49b). Bei hoher Gate-Spannung u_G und niedrigem Widerstand R_G erreicht u_{GS} so schnell die Schwellspannung $U_{(TO)GS}$, daß der Drainstrom i_D schon nach einer kurzen, im folgenden vernachlässigten Verzögerungszeit $t_{d(on)}$ zu fließen beginnt. Da beim Einschalten $R_K \ll R_L$, steigt der Drainstrom mit der Zeitkonstante

$$\tau_{on} = R_K C_L \tag{2.259}$$

exponentiell an. Wenn die Einschaltzeit t_{on} als das Intervall zwischen $i_D = 0{,}1 I_D$ und $0{,}9 I_D$ definiert ist, folgt

$$t_{on} = R_K C_L \ln 10\,. \tag{2.260}$$

Beim *Ausschalten* vergeht erst die Ausschaltverzögerungszeit $t_{d(off)}$, bis u_{GS} so weit abgesunken ist, daß der Transistor in den aktiven Bereich zurückkehrt. Anschließend lädt sich C_L über R_L. Die Zeitkonstante des exponentiellen Abfalls des Stroms ist jetzt (mit $R_L \ll R_K$)

$$\tau_{off} = R_L C_L\,. \tag{2.261}$$

Die entsprechende Ausschaltzeit beträgt bei Vernachlässigung von $t_{d(off)}$

$$t_{off} = R_L C_L \ln 10\,. \tag{2.262}$$

Die Ausschaltzeit ist also wesentlich größer als die Einschaltzeit (vgl. Tafel 2.8).

Die *Schaltverluste* können ebenso wie beim bipolaren Transistor auf einfache Weise dadurch geschätzt werden, daß der Anstieg des Drainstroms und entsprechend auch der Abfall der Drain-Source-Spannung durch Geraden beschrieben werden (vgl. (2.230 und (2.232)). Dann gilt für die Mittelwerte

$$P_{EIN} = \frac{1}{6} f U_{DS} I_D t_{on} \tag{2.263}$$

und

$$P_{AUS} = \frac{1}{6} f U_{DS} I_D t_{off}\,. \tag{2.264}$$

Mit den in Tafel 2.8 gegebenen Größen ergibt sich bei 20 kHz

$$P_{EIN} = 0{,}72\ \mathrm{W} \quad \text{und} \quad P_{AUS} = 6{,}5\ \mathrm{W}\,.$$

Der Vergleich mit einem bipolaren Transistor ähnlicher Schaltleistung ((2.231) und (2.233)) zeigt, daß die Schaltverluste des MOSFET bei gleicher Schaltfrequenz wesentlich kleiner sind, so daß der MOSFET für noch höhere Frequenzen geeignet ist. Man muß aber beachten, daß z. B. bei einer Schaltfrequenz von 100 kHz, einer Eingangskapazität von 3000 pF und einer Gate-Source-Spannung von 10 V folgender Strom vom Ansteuergerät aufgebracht werden muß:

$$I_G = 2 \cdot \pi \cdot 10^5\ \mathrm{s}^{-1} \cdot 3000\ \mathrm{pF} \cdot 10\ \mathrm{V} = 19\ \mathrm{mA}\,. \tag{2.265}$$

2.4.3.4. Parallel- und Reihenschaltung

Parallelschaltung (Bild 2.50a)

Wie schon im Abschnitt 2.1.3 erwähnt, nimmt die Beweglichkeit der freien Ladungsträger mit wachsender Temperatur ab; der Widerstand des Kanals hat folglich einen positiven Temperaturkoeffizienten. Wenn also MOSFETs mit voneinander abweichenden Kanalwiderständen parallel zueinander geschaltet werden, wird das Bauelement mit dem geringsten Widerstand zwar den höchsten Strom führen, sich aber auch am meisten erwärmen, so daß sein Widerstand wächst und sich die Ströme einander angleichen. Mann kann deshalb MOSFETs im Gegensatz zu bipolaren Transistoren ohne Vorwiderstände parallelschalten.

Reihenschaltung (Bild 2.50b)

Bei der Reihenschaltung bilden die beiden MOSFETs *Tr1* und *Tr2* sowie die beiden Widerstände *R* eine Brücke. Die Diagonalspannung U_{GS2} ist null, wenn *Tr1* nicht angesteuert, also hochohmig ist.

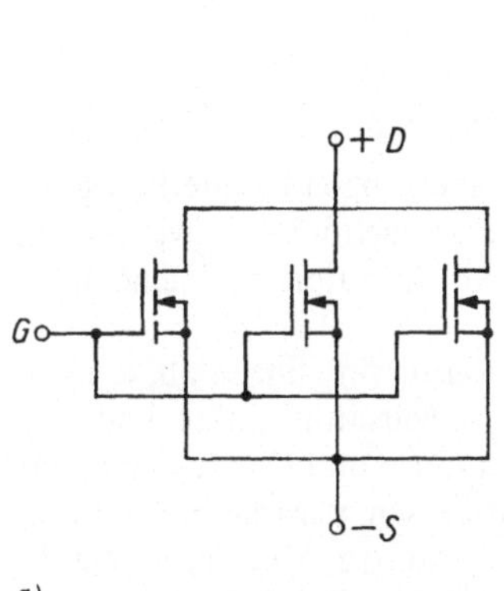

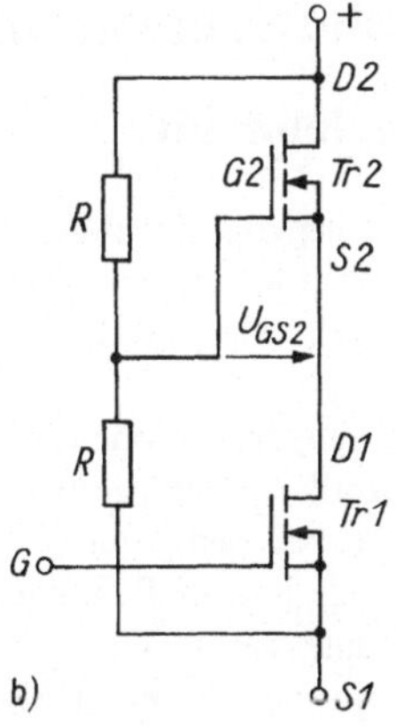

Bild 2.50. Parallel- (a) und Reihenschaltung (b) von MOSFETs

Dann ist auch *Tr2* gesperrt. Wenn aber *Tr1* durch Ansteuerung niederohmig wird, wird U_{GS2} positiv, auch *Tr2* wird niederohmig, und die beiden Bauelemente übernehmen Strom.

2.4.3.5. Thermisches Verhalten, SOAR-Bereich

Es gelten hier grundsätzlich die gleichen Gesichtspunkte wie beim bipolaren Transistor.

Die *Gesamtverlustleistung* gleicht wieder der Summe der Durchlaß-, Sperr- und Schaltverluste und darf nicht größer als der vom Hersteller angegebene Grenzwert P_{vM} sein. Der Kühlkörper muß so gewählt werden, daß sein Wärmewiderstand zusammen mit dem des MOSFET bei den gegebenen Kühlbedingungen verhindert, daß die maximal zulässige Temperatur des Kristalls überschritten wird (Abschnitt 2.2.4).

Zwischen dem *SOAR-Diagramm* eines MOSFET (Bild 2.51) und dem eines bipolaren Transistors (Bild 2.45) bestehen grundsätzlich folgende Unterschiede: Bei Impulsbetrieb können beim MOSFET höhere Ströme und Verlustleistungen zugelassen werden, da der positive Temperaturkoeffizient des Widerstands des Kanals die gleichmäßige Verteilung der Ströme über die auf einem Substrat parallelgeschalteten einzelnen Transistoren fördert und die Gefahr des Wärmedurchbruchs gering ist.

Es soll noch erwähnt werden, daß bei einer sehr hochohmigen Eingangsschaltung Spannungen von 50 V und mehr zwischen dem Gateanschluß und dem darunterliegenden Substrat auftreten können, sei es durch Störspannungen oder auch nur durch elektrostatische Aufladung durch Berühren. Wenn diese Spannungen den zulässigen Wert (in der Regel 20 V) überschreiten, kann dies zum Durchbruch der Isolierschicht führen. Man schaltet deshalb einen Ableitwiderstand zwischen Gate und Source.

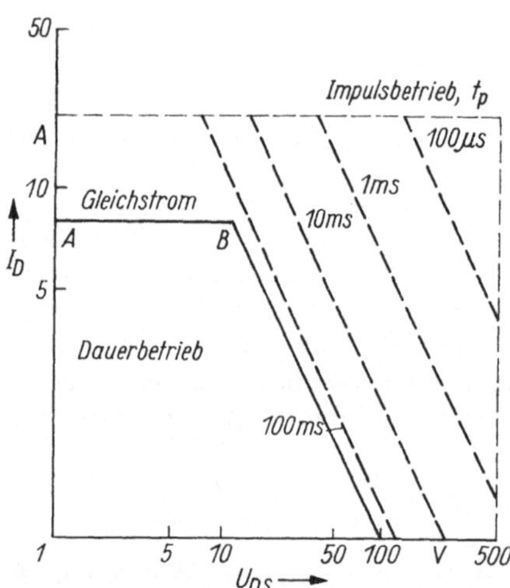

Bild 2.51. SOAR-Diagramm für einen Leistungs-MOSFET

Parameter: Impulsdauer t_p bei Tastverhältnis 0,01 (BUZ 45)

2.5. Technologie der Halbleiterbauelemente

2.5.1. Anforderungen an die Technologie

Die Realisierung der im Mikrometerbereich liegenden geometrischen Abmessungen für die Fertigung von Halbleiterbauelementen in der Massenproduktion erfordert den Einsatz hochpräziser, weitgehend automatisierter technologischer Ausrüstungen, eine straffe Fertigungsorganisation und eine hohe technologische Disziplin [2.24].

Ausbeute und Qualität der Bauelemente hängen in hohem Maß von Verunreinigungen ab, die von Verunreinigungen des Silizium-(Si-)Einkristalls, dem Staubgehalt der Arbeitsatmosphäre und von Verunreinigungen des im technologischen Prozeß benutzten Wassers, der Gase und Chemikalien herrühren. Die Konzentration der im Si-Einkristall vom Rohmaterial und dessen Verarbeitungsprozeß enthaltenen Verunreinigungen durch Elemente wie C, O, Fe, Al, Cr, Cu, Au, Ag, Mg, Ca, K, Na, B, Cl, F, Ga u. a. soll $(10^{-4} \ldots 10^{2}) \cdot 5 \cdot 10^{16}$ Atome/cm^3 nicht überschreiten. Ein Teil von Verunreinigungen bleibt im Si-Einkristall homogen verteilt; Sauerstoff, Kohlenstoff und einige Metalle (insbesondere Au, Cu, Fe) tendieren zur Anreicherung, wodurch Bereiche mit hoher Trägerrekombinationsgeschwindigkeit entstehen, die die Bauelementekenngrößen beeinträchtigen. Der Sauerstoff- und Kohlenstoffgehalt wird stark vom Kristallzüchtungsverfahren beeinflußt (Tafel 2.9). Qualitätssilizium für Leistungs-Halbleiterbauelemente soll mindestens eine Reinheit von 99,9999 % (d. h. auf 10 Mill. Si-Atome darf nur ein Verunreinigungsatom kommen) und eine Lebensdauer der Minoritätsladungsträger größer 200 ... 500 µs haben.

Der Staubpegel soll in gewöhnlichen Arbeitsräumen der Halbleiterfertigung unter 10000 Teilchen/l mit einem Durchmesser ≧0,5 µm liegen, während er für Teilprozesse, z. B. die Fotolithografie, nur 3,5 Teilchen/l betragen darf. Wasser wird in Deionisationsanlagen von anorganischen Verunreinigungen befreit, wobei z. B. für das Spülen nach einer Feinreinigung Wasser mit einem spezifischen Widerstand $>10\ \text{M}\Omega \cdot \text{cm}$ und einem Schwebstoffgehalt <6 Teilchen/cm³ mit einer Korngröße $>0{,}3$ µm erforderlich ist.

Ein weiteres wichtiges Qualitätskennzeichen ist die Dichte von Gitterbaufehlern im Si-Einkristall, die zu Inhomogenitäten der elektrophysikalischen Kenngrößen der Bauelemente führen. Durch die Entwicklung der Züchtungstechnologie und Einhaltung optimaler Züchtungsbedingungen können Si-Einkristalle praktisch versetzungsfrei (Versetzungsdichte $<10^{-1}\ \text{cm}^{-1}$) hergestellt werden. Punktdefekte (Cluster), aus denen sich bei thermischer Oxydation Stapelfehler entwickeln können, hängen von minimalen Schwankungen der Wachstumsrate beim Einkristallzüchten ab und können durch entsprechende Prozeßführung verhindert werden.

Schließlich wird die Qualität der Bauelemente noch von der Größe und Streuung des spezifischen elektrischen Widerstands über das Volumen und die Stirnfläche des Si-Einkristalls bestimmt. Die erreichbaren Werte hängen wesentlich von den Züchtungsverfahren und der Dotierungsmethode ab (Tafel 2.9). Für die Herstellung von hochsperrenden Si-Bauelementen wird eine Homogenität des Widerstands ≦ ±3 ... 5 % gefordert.

Tafel 2.9. Wichtige Kenngrößen von Si-Einkristallen

Züchtungsverfahren		CZ	ZF	ZF-ND
Scheibendurchmesser d_s, mm		≦125	≦100	≦100
Spezifischer elektrischer Widerstand ϱ	Ω · cm			
p-Si		10^{-4} ... 50	$\leqq 9 \cdot 10^3$	—
n-Si		$5 \cdot 10^{-3}$ ... 40	$\leqq 10^3$	20 ... $(3 \cdot 10^2)$
Widerstandshomogenität des n-Si im Mikrobereich	%	≦ ±9	≦ ±24	≦ ±5
Lebensdauer der Minoritätsträger τ_p,	µs	30 ... 300	>500	~100
Sauerstoffgehalt $5 \cdot 10^{16}\ \text{cm}^{-3}$		10 ... 50	0,1 ... 0,5	0,1 ... 0,5
Kohlenstoffgehalt $5 \cdot 10^{16}\ \text{cm}^{-3}$		>5	≦0,5	≦0,5

2.5.2. Herstellung von Si-Einkristallen

Halbleiterbauelemente werden in einkristallinen Si-Scheiben realisiert, für deren Herstellung folgende technologische Verfahrensstufen erforderlich sind [2.15]:

- Herstellung von polykristallinem Silizium und seine Reinigung
- Züchtung von Si-Einkristallen
- Herstellung von Si-Scheiben.

Ausgangsmaterial der Si-Herstellung ist Quarz, aus dem im Lichtbogenofen durch Reduktion mit Kohle Rohsilizium (Reinheitsgrad 97 ... 98 %) erzeugt wird. Durch Hydrochlorierung wird das Rohsilizium in ein Trichlorsilan-($SiHCl_3$-)Siliziumtetrachlorid-($SiCl_4$-)Gemisch umgewandelt und durch fraktionierte Destillation außerordentlich reines Trichlorsilan gewonnen. Daraus wird durch thermische Reduktion bei 1250 °C nach

$$SiHCl_3 + H_2 \rightarrow Si + 3\,HCl \tag{2.266}$$

polykristallines Silizium auf einem Keimkristall (Seele) gewöhnlich in Stabform des benötigten Durchmessers ($\leqq 100$ mm) abgeschieden (spezifischer Widerstand etwa 100 $\Omega \cdot$ cm). Um eine hohe Reinheit zu erzielen, kann der so erhaltene Siliziumstab mittels des Zonenreinigungsverfahrens analog Bild 2.52b physikalisch gereinigt werden. Dazu wird der Stab durch induktive Erwärmung im Vakuum in einer schmalen Zone aufgeschmolzen (Schmelztemperatur 1415 °C) und diese mehrmals in einer Richtung durch den Stab getrieben. Dabei wandern die vorhandenen Verunreinigungen zum später nicht verwendeten Stabende hin oder werden abgesaugt.

In der folgenden Verarbeitungsstufe muß aus dem polykristallinen Silizium ein einkristalliner Stab gezüchtet werden, wofür grundsätzlich zwei Verfahren zur Verfügung stehen:

- das Tiegelzüchtungs- oder Czochralski-(CZ-)Verfahren (Bild 2.52a) und
- das tiegellose oder Zonenfloating-(ZF-)Verfahren (Bild 2.52b).

Beim CZ-Verfahren befindet sich das polykristalline Ausgangsmaterial im geschmolzenen Zustand in einem indirekt durch elektrische Widerstandserwärmung beheizten Tiegel. In die Schmelze wird von oben der Keimkristall eingeführt und nach dem Aufschmelzen und Auslösen der Einkristallbildung unter gleichzeitiger in der Regel entgegengesetzter Rotation des Tiegels und der oberen Ziehstange langsam nach oben bewegt. Das am Keimkristall sich auskristallisierende Material hat Einkristallstruktur und eine Kristallorientierung, die vom Keimkristall vorgegeben wird [2.26]. Die Ziehgeschwindigkeit und Temperatur werden so geregelt, daß sich ein Si-Einkristall mit konstantem Durchmesser bildet. Für das Züchten eines Si-Einkristalls von 1400 mm nutzbarer Länge und 80 mm Durchmesser werden ca. 24 h benötigt, so daß die Produktivität einer Anlage etwa 3400 kg/a beträgt. Die Ökonomie wächst mit den Durchmessern an und beträgt für 100-mm-Stäbe 5000 kg/a und 125-mm-Stäbe sogar 7000 kg/a. Die nach dem CZ-Verfahren gezüchteten Einkristalle enthalten infolge des notwendigen Quarztiegels bis 10mal mehr Sauerstoffbeimengungen als die Einkristalle nach dem tiegellosen Verfahren (Tafel 2.9), während die Strukturvollkommenheit leichter zu erreichen ist. Zur Verminderung der Sauerstoffreaktionen wird im Schutzgas (hochreines Argon) gearbeitet.

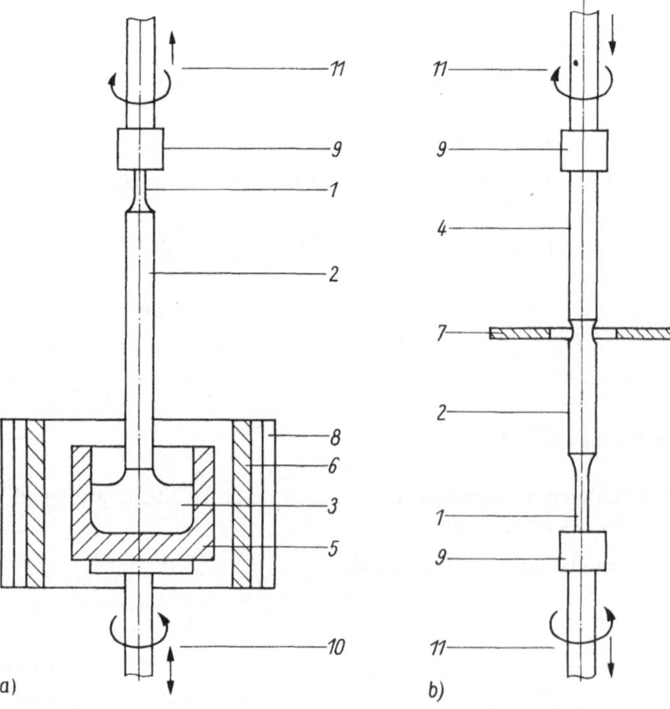

Bild 2.52. Prinzip des Tiegel- (a) und tiegellosen (b) Kristallzüchtungsverfahrens

1 Keimkristall; *2* Einkristall; *3* polykristalline Si-Schmelze; *4* polykristalliner Si-Stab; *5* Quarztiegel; *6* Widerstandsheizung; *7* Induktionsheizung; *8* Hitzeschild; *9* Kristallhalter; *10* Tiegelhub und -rotation; *11* Ziehspindelvorschub und -rotation

Mit den höheren Qualitätsanforderungen an die Kristalle und durch die hohen Tiegelkosten beim CZ-Verfahren steigt die Bedeutung der ZF-Verfahren mit der Beherrschung der Züchtung von versetzungsfreien Einkristallen mit Durchmessern bis zu 100 mm an. Dabei wird eine durch Induktionserwärmung erzeugte Schmelzzone, beginnend vom angeschmolzenen Keimkristall, von unten nach oben durch den polykristallinen Si-Stab bei entgegengesetzter Rotation der unteren und oberen Ziehstange gezogen. Der über dem Keimkristall wachsende Kristall hat bei Einhalten der Züchtungsbedingungen einkristallinen Charakter und eine dem Keimkristall entsprechende Kristallorientierung. Gewöhnlich wird mit feststehendem Induktor gearbeitet, was zu großen Anlagenhöhen führt (Bild 2.53). Die Herstellung versetzungsfreier Einkristalle nach dem ZF-Verfahren ist nur mit Hilfe der Dünnziehtechnik möglich. Dazu muß zunächst mit hoher Geschwindigkeit (10 bis 20 mm/min) ein dünner Hals des Kristalls mit einem Durchmesser von 2 bis 3 mm und einer Länge von 20 bis 30 mm mit dem Keimkristall aus der darüberhängenden Schmelze gezogen werden (Bild 2.54).

Bild 2.53. Tiegellose Kristallzüchtungsanlage, Typ ZFA 80, für das Züchten von Silizium-Einkristallen bis 100 mm Durchmesser und 1500 mm Länge

Werkbild: VEB Steremat Berlin

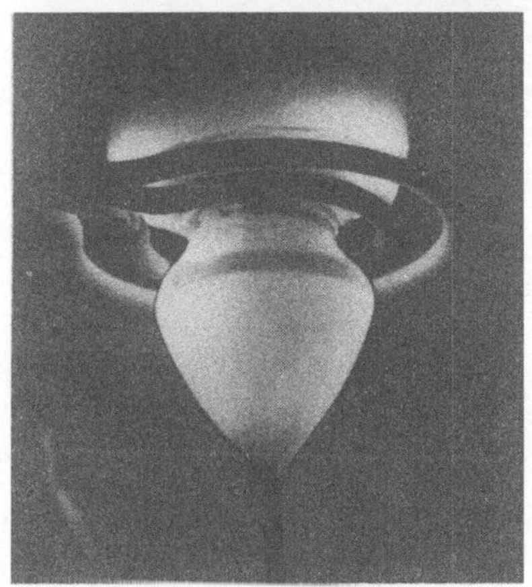

Bild 2.54. Tiegelloses Einkristallzüchten (im Bild unten ist der Dünnziehteil zu erkennen)

Werkbild: VEB Spurenmetalle Freiberg

Bis zu einer Masse des Einkristallstabes von 3 kg (maximal bis 5 kg) ist der Züchtungsprozeß ohne Zusatzeinrichtung möglich, obwohl die gesamte Masse nur von diesem dünnen Hals getragen wird. Für das Züchten von Einkristallen über 80 mm Durchmesser und über 1000 mm Länge sind dann Stützeinrichtungen erforderlich, die das Züchten von Si-Einkristallen bis 10 kg gestatten.

Ausschlaggebend für die Qualität des Kristalls sind neben den angewandten Züchtungsverfahren die Züchtungsbedingungen, die durch die Konstruktion der Züchtungsanlage realisiert werden. Dabei kommt es insbesondere auf die hochgenaue Regelung der Zieh- und Rotationsgeschwindigkeit (zulässige Abweichungen $<1\,\%$) und die übertragene Schmelzleistung (zulässige Abweichungen $<0{,}1\,\%$) oder die Temperatur der Schmelzzone ($\pm 0{,}5$ K) an.

Im Gegensatz zum CZ-Verfahren, bei dem die Dotierung des Halbleitermaterials während des Kristallzüchtungsprozesses erfolgt, werden beim ZF-Verfahren in der Regel zur Züchtung niederohmiger Einkristalle (bis 500 $\Omega \cdot$ cm) vom n-Typ und hochohmiger Einkristalle (bis 1000 $\Omega \cdot$ cm und mehr) vom p-Typ bereits während der Reduktion des Chlorsilans dotierte polykristalline Siliziumstäbe benutzt. Jedoch ist auch eine Dotierung aus der Gasphase während des Züchtungsprozesses möglich.

Für die Herstellung von Qualitätskristallen wird aber nach dem ZF-Prozeß in zunehmendem Maß die Neutronendotierung (ND) angewendet. Dabei wird die homogene Verteilung des Isotops ^{30}Si im natürlichen Isotopengemisch des elementaren Si (92 % ^{28}Si, 5 % ^{20}Si, 3 % ^{30}Si) ausgenutzt und dieses durch thermische Neutronenbestrahlung im Reaktor in das stabile Phosphor-Isotop ^{31}P umgewandelt:

$$^{30}\mathrm{Si}(n,\gamma)\,^{31}\mathrm{Si} \xrightarrow[2,6\,\mathrm{h}]{} {}^{31}\mathrm{P} + \beta\,. \qquad (2.267)$$

Durch die genau einstellbare P-Konzentration wird n-leitendes Si-Einkristall erzeugt, das eine außerordentlich homogene Widerstandsverteilung aufweist (Bild 2.55).

Die mit den Züchtungsverfahren und der Neutronendotierung erreichbaren Kenngrößen von Si-Einkristallen sind in Tafel 2.9 zusammengestellt.

Zur weiteren Verarbeitung [2.24] werden die einkristallinen Si-Stäbe exakt rund geschliffen, zur Kennzeichnung der Orientierungsrichtung und genauen Positionierung bei der Weiterbearbeitung angefast und dann mit Innenloch-Diamanttrennscheiben in Einzelscheiben von 0,4 bis 0,6 mm Dicke zerteilt. Die den Materialverlust beim Trennschleifen bestimmende Schleifflächendicke beträgt 250 µm, so daß bis zu 50 % des Einkristalls durch das Trennen verlorengeht. Die optimale Schleifgeschwindigkeit liegt bei 18 ... 20 m $\cdot$ s^{-1}, die Umdrehungszahlen der Trennscheibe bei 2000 bis 5000 min^{-1}.

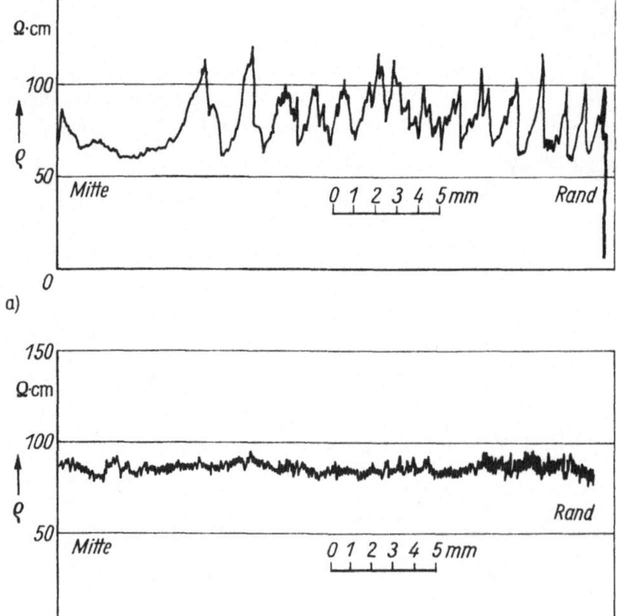

Bild 2.55. Radiale Verteilung des spezifischen elektrischen Widerstands

a) in einem konventionell p-dotierten und
b) in einem neutronenbestrahlten Si-Kristall

Anschließend wird die Scheibenoberfläche durch einen beiderseitig wirkenden Abrasivprozeß mit einer Käfig-Läppmaschine eingeebnet. Durch das Läppen werden 30 ... 50 µm Material je Scheibenseite mit einer Produktivität von 2 ... 20 µm/min abgetragen. Durch naßchemisches Ätzen wird von der Si-Scheibe die von der vorgelagerten Bearbeitung hervorgerufene Oberflächenstörschicht beseitigt und eine nichtporöse Oberflächenschicht erzeugt. Der Materialabtrag beträgt dabei 20 bis 30 µm je Seite.

Zur Erzeugung einer spiegelnden, krater- und störungsfreien Oberfläche (Rauhtiefe $\leqq 30$ nm) werden die Scheiben einem chemisch-mechanischen Polierprozeß unterzogen, wobei 30 ... 40 µm Material mit Abtragraten von 40 ... 60 µm h^{-1} abgetragen werden.

Schließlich werden alle Verunreinigungen durch einen mehrstufigen Reinigungsprozeß unter Verwendung von Lösungsmitteln, deionisiertem Wasser und Zusätzen von oberflächenaktiven Stoffen entfernt. Durch Ultraschalleinwirkung wird der Reinigungsprozeß in der flüssigen Phase beschleunigt. Nach dem Trocknen wird die erreichte Scheibenqualität einer Endkontrolle unterzogen.

2.5.3. Herstellung von Halbleiterbauelementen

Zur Realisierung der Struktur des jeweiligen Halbleiterbauelements (Diode, Thyristor, Transistor, Triac usw.) werden die elektrischen Eigenschaften des Einkristalls an verschiedenen Stellen der Si-Scheibe modifiziert. Die dazu erforderliche technologische Bearbeitung umfaßt die Schichtherstellung bzw. den Scheibenprozeß (Zyklus I) und die Montage (Zyklus II), die am Beispiel der Herstellung eines Scheibenthyristors (Bild 2.56) betrachtet werden sollen. Die Hauptbearbeitungsschritte sind:

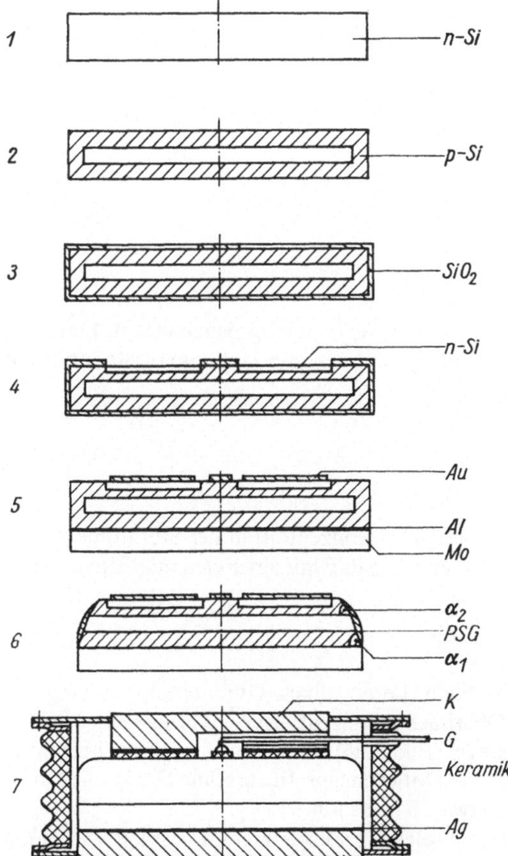

Bild 2.56. Technologische Verfahrensschritte bei der Herstellung eines Silizium-Scheibenthyristors (schematisch)

1 Ausgangs-Si-Scheibe; *2* Al-, B-Diffusion; *3* Oxidmaskierung; *4* P-Diffusion; *5* Kontaktierung; *6* Randbehandlung; *7* Kapselung
A Anode; *K* Kathode; *G* Steuerelektrode

— die Erzeugung der Sperrschichten
— die Oxidmaskierung
— die Kontaktierung und
— die Kapselung.

Für die Erzeugung der Sperrschichten hat sich die Diffusionstechnologie durchgesetzt, die die Herstellung hochsperrender und in hohem Maß reproduzierbarer pn-Übergänge gestattet.

In der Praxis der Halbleitertechnologie wird zum Erreichen eines bestimmten Dotierungsprofils die Diffusion gewöhnlich in zwei Stufen durchgeführt:

— In der ersten Stufe wird die Oberfläche der Ausgangs-Si-Scheibe mit einer dünnen, hochdotierten Schicht von Störatomen vorbelegt. Die Diffusion erfolgt dabei aus einem mit Dotanten (B, P) angereicherten Trägergas (N_2, O_2), die einer unerschöpflichen gasförmigen (z. B. B_2H_6), flüssigen (z. B. BBr_3, $POCl_3$) oder festen Quelle (z. B. PO_5) entstammen. Die Störstellenkonzentration N sinkt dabei ins Halbleiterinnere nach einer komplementären Gaußschen Fehlerfunktion ab:

$$N(x, t) = N_0 \operatorname{erf} \frac{x}{2\sqrt{Dt}}; \tag{2.268}$$

N_0 Oberflächenkonzentration
D Diffusionskoeffizient
t Diffusionszeit.

— In der zweiten Stufe erfolgt dann die Tiefendiffusion aus der nun erschöpflichen Oberflächenquelle der Vorbelegung im Temperaturbereich 1100 ... 1300 °C in normaler Atmosphäre, die keine Diffusanten enthält. Dadurch kann die Oberflächenkonzentration gut eingestellt werden. Die Störstellenkonzentration ergibt sich dafür nach der Gaußschen Fehlerfunktion

$$N(x, t) = N_0(t) \exp\left\{-\frac{x^2}{4Dt}\right\}, \tag{2.269}$$

wobei die Oberflächenkonzentration

$$N_0(t) = \frac{Q}{\sqrt{\pi Dt}}, \tag{2.270}$$

Q Oberflächendichte der Störatome,

mit der Zeit absinkt.

Wird ein homogen dotierter Halbleiter mit der Grunddotierung N_G von entgegengesetztem Leitungstyp dotiert, so kann aus $N(x) - N_G = 0$ die Lage des pn-Übergangs, die Dotierungstiefe, ermittelt werden:

$$x_j = 2\sqrt{Dt}\sqrt{\ln \frac{N_0}{N_G}}. \tag{2.271}$$

In der Mehrzahl der praktischen Fälle übersteigt die Oberflächenkonzentration der Störatome N_0 die Konzentration der Grunddotierung N_G um das 10^3 ... 10^5fache, so daß mit einer Genauigkeit von 10% für (2.271) geschrieben werden kann:

$$x_j \approx 5{,}4\sqrt{Dt}. \tag{2.272}$$

Um eine ausreichende Diffusionstiefe, von der maßgeblich die erzielbare Durchbruchspannung des pn-Übergangs abhängt, und gleichzeitig eine hohe Oberflächenkonzentration zu erreichen, wird für die Erzeugung der Emitter- und Basis-(pn-)Übergänge (Bild 2.56) gemeinsam oder nacheinander mit Al und B dotiert, so daß sich das im Bild 2.57a gezeigte Dotierungsprofil ausbildet [2.27]. Die Diffusionstiefe bei einem Leistungsthyristor beträgt dabei etwa 70 ... 80 µm.

Für die Erzeugung der weiteren pn-Übergänge ist eine selektive Dotierung erforderlich, die durch Oxydation und Maskierung mit fotolithografischer Methode erreicht wird. Die Oxydation erfolgt in elektrisch beheizten Rohröfen unter Zufuhr von feuchtem Sauerstoff (mit Wasserdampf beladener Trägergasstrom) bei Temperaturen von 1100 °C, wobei sich etwa in 120 min eine 1 µm dicke SiO_2-Schicht ausbildet. Die oxydierten Scheiben werden nach Reinigung gleichmäßig mit Fotolack (Positivlack) beschichtet, anschließend getrocknet (15 ... 30 min bei Raumtemperatur, 30 ... 60 min bei 100 bis 150 °C) und durch eine Maske, die die Lage der Dotierungsstellen für die Haupt- und Hilfsstrukturen (z. B. spezielle Gatestrukturen, Querfeldemitter, Emitterkurzschlüsse usw.) vorgibt, belichtet. Nach der Lackentwicklung, -fixierung (120 min bei 150 ... 200 °C) und -trocknung wird die Ätzung der Dotierungsfenster zur SiO_2-Entfernung an den belichteten Stellen vorgenommen. Nach Entfernung des restlichen Fotolacks und einer Oberflächenreinigung wird die Phosphordiffusion durchgeführt, wobei die Oberflächenkonzentration des Dotanten $> 10^{20}$ cm^{-3} beträgt. Die Tiefe der diffundierten n-Schicht schwankt zwischen 10 und 25 µm. Durch einen mehrstufigen Reinigungsprozeß wird die Scheibe zur erneuten Oxydation und Fotolithografie zur katodenseitigen Metallisierung vorbereitet.

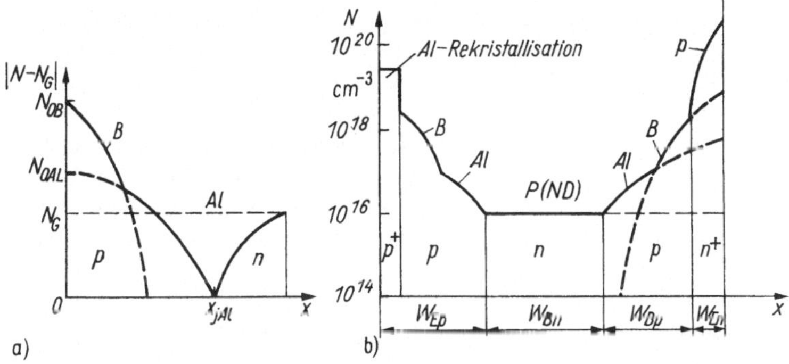

Bild 2.57. Dotierungsprofil eines pn-Übergangs (a) und einer pnpn-(Thyristor-)Struktur (b) [2.27]
W_{En} = 10 ... 30 µm; W_{Bp} = 40 ... 80 µm; W_{Bn} = 150 ... 250 µm; W_{Ep} = 50 ... 100 µm

In Abhängigkeit vom Bauelementetyp können auch auf diese Weise mehrere Bauelemente auf einer Siliziumscheibe erzeugt werden, die durch Scribern (Ritzen mit Diamantnadel und Brechen), Laser-, Elektronenstrahl- oder Ultraschallbearbeitung getrennt werden können. Bei Notwendigkeit kann auch nach der Oxydation ein Tempern bei 800 °C zur Einstellung der Minoritätsträgerlebensdauer τ_p eingeschoben oder vor der Metallisierung eine Gold- oder Platindiffusion zur Verminderung der Trägerlebensdauer, z. B. bei Frequenzthyristoren, vorgenommen werden. Zunehmend wird aber für die Einstellung einer bestimmten Trägerlebensdauer eine Elektronen- oder γ-Bestrahlung der fertigen Halbleiterstruktur vorgenommen, die eine gute Reproduzierbarkeit der Werte und Homogenität der Verteilung über die Struktur gewährleistet.

An die Anodenfläche wird ein Thermokompensator aus Molybdän oder Wolfram, der etwa den gleichen Ausdehnungskoeffizienten wie Silizium besitzt, mittels einer Aluminiumfolie anlegiert. Eine dünne Oberflächenschicht des Kristalls wird dabei durch das geschmolzene Metall gelöst und nimmt Al-Atome als zusätzliche Dotanten auf. Beim Abkühlen rekristallisiert die Schicht wieder. Dadurch stellt sich für den pnpn-Übergang schließlich ein Dotierungsprofil ein, wie es im Bild 2.57b gezeigt ist.

An den bei der katodenseitigen Metallisierung entstehenden Metall-Halbleiter-Übergang werden hohe Anforderungen gestellt. Es darf sich kein Gleichrichtereffekt ausbilden, der Übergangswiderstand muß klein, die Wärmeleitung und die Haftung gut, die elektrische Belastbarkeit muß hoch sein. Die Vermeidung des Gleichrichtereffekts erfordert z. B. die Auswahl eines solchen Systems Metall — Halbleiter, bei dem die Potentialbarriere relativ klein ist, und eine hohe Dotierung des Halbleiters an der Kontaktstelle. Oft kann mit einem Metall allein den genannten Forderungen nicht ausreichend entsprochen werden, so daß Mehrschichtsysteme, die aus Haft-, Zwischen- und Deckschicht bestehen, angewendet werden [2.24]. Als Haftschicht werden häufig Chrom oder Platin mit Schichtdicken von 10 ... 100 nm, als Zwischenschicht Nickel oder Titan mit 100 ... 300 nm und als Deckschicht für die Kontaktierung und den Korrosionsschutz Gold mit einer Dicke von 100 ... 500 nm verwendet. Die Schichten werden durch Bedampfen oder Katodenzerstäuben aufgebracht, wobei die Plasmazerstäubung (Hochratezerstäubung) mit hohen Abscheideraten (300 ... 2200 nm · min^{-1}) zunehmend an Bedeutung gewinnt.

Zur Verminderung der Oberflächenfeldstärke wird bei hochsperrenden Ventilen der Rand der Si-Scheibe doppelt angefast, wobei der Schrägungswinkel anodenseitig $\alpha_1 = 20 ... 40°$ und katodenseitig $\alpha_2 = 1 ... 3°$ beträgt (Bild 2.56). Die Schrägung wird so gewählt, daß die Oberflächenfeldstärke 100 kV $\times cm^{-1}$ nicht überschreitet und Oberflächendurchschläge ausgeschlossen werden. Nach einem Reinigungsprozeß wird die Randzone passiviert, wobei, um die Temperaturbelastung niedrig zu halten, die Silanoxydation und Glaspassivierung (z. B. Phosphorsilikatglas PSG) bevorzugt wird.

Die fertige Scheibe wird auf die Einhaltung der grundlegenden Kennwerte, der Sperr-, Blockier- und Durchlaßeigenschaften, geprüft und klassifiziert [2.28]. Die nach verschiedenen Kennwerten (Sperr- und Blockierspannung, Durchlaßspannungsabfall, kritische Spannungsanstiegsgeschwindigkeit, Freiwerdezeit u. a.) klassifizierten Scheiben werden häufig vor der Kapselung zwischengelagert (Depotsystem), so daß spezielle Kundenwünsche bezüglich Kenndaten und Bauform kurzfristig realisiert werden können.

Vom Gehäusetyp her sind zwei Grundbauformen zu unterscheiden: die einseitig kühlbare Zelle mit Flachboden oder Schraubbolzen (s. Bild 2.15a bis d) für Scheibendurchmesser bis 30 mm und die zweiseitige kühlbare Scheibenzelle (Bild 2.56) für Hochleistungsbauelemente.

Um eine hohe thermische und elektrische Wechselbeständigkeit zu gewährleisten, werden fast ausschließlich druckkontaktierte Leistungsbauelemente gefertigt. Der erforderliche Kontaktdruck wird bei Flachbodenelementen und solchen mit Schraubbolzen im Inneren des Gehäuses durch eine Tellerfeder aufgebracht, bei Scheibenzellen erst durch Montage in die entsprechende Kühleinrichtung (Luftkühlkörper, Kühldose). Zur Verbesserung der Kontaktbedingungen werden zwischen der Siliziumscheibe und der Kontaktfläche des Gehäuseunterteils und -oberteils Silberfolien von 0,1 ... 0,2 mm Dicke zwischengelegt (Edelmetall-Druckkontaktierung). Der Steuerelektrodenanschluß wird entweder angedrückt oder mit Ultraschall angeschweißt und isoliert nach außen geführt. Der Gehäusekörper besteht gewöhnlich aus Keramik. Die hermetische Verkapselung des Bauelements erfolgt entweder unmittelbar durch Verlöten der Gehäuseteile oder mittelbar durch Kaltschweißen der Gehäuseoberteile und -unterteile mit an den keramischen Grundkörper gelöteten Manschetten. Auf weitere Einzelheiten, insbesondere die Herstellung von Schraub- bzw. Flachbodenzellen, soll nicht eingegangen werden.

Für Ströme bis etwa 200 A sind Modulbausteine mit jeweils 2 Bauelementen (Thyristoren, Dioden oder gemischt) verbreitet, die einen kompakten und wirtschaftlichen Aufbau von Stromrichtern gestatten (Bild 2.58). Die glaspassivierten Si-Scheiben, die druckkontaktiert sind, und die elektrischen Verbindungen sind in ein Kunststoffgehäuse eingebettet. Die Wärmeableitung erfolgt über eine Metalloxidschicht zu einer dadurch elektrisch isolierten und damit potentialfreien Metallbodenplatte, die problemlos auf Kühlkörper oder Gerätechassis aufgeschraubt werden kann.

Die fertigen Bauelemente werden einer Endprüfung bezüglich Einhaltung der Kenn- und Grenzwerte unterzogen.

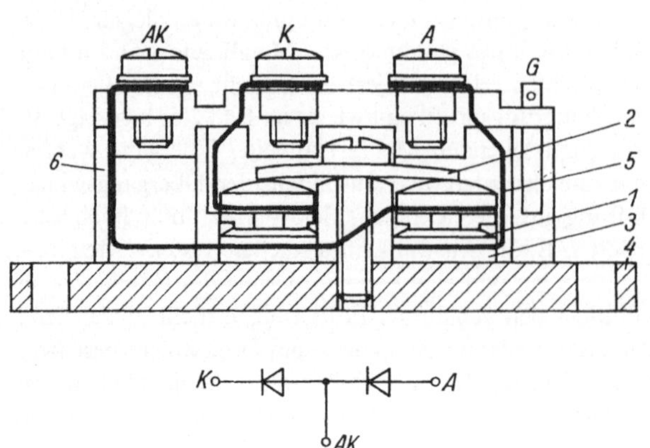

Bild 2.58. Schematischer Aufbau eines Modul-Bausteins (Siemens)

1 Si-Scheibe (passiviert); *2* Druckkontaktierungssystem; *3* Metalloxidisolierung; *4* potentialfreie Metallbodenplatte; *5* elektrische Verbindungen; *6* Kunststoffgehäuse
A Anode; *K* Katode; *G* Steuerelektrode

2.6. Meßverfahren

2.6.1. Zur Einführung

Der vorliegende Abschnitt beschränkt sich auf die Wiedergabe der *Prinzipschaltbilder* und auf Erläuterungen der *grundlegenden* Wirkungsweise der wichtigsten Meßverfahren für Leistungs-Halbleiterbauelemente. Es ist deshalb notwendig, daß bei der Durchführung von Messungen die ausführlichen Erläuterungen beachtet werden, die in den einschlägigen Empfehlungen und Vorschriften gegeben werden (z. B. [2.29] bis [2.31]). Eingehendere Beschreibungen finden sich in [2.28]. Es folgen einige allgemeine Hinweise.

Die *allgemeine Grundregel* der Meßtechnik, daß nicht so genau wie *möglich*, sondern so genau wie *notwendig* gemessen werden soll, gilt auch für die Leistungselektronik. Bei Messungen an Halbleiter-Leistungsbauelementen wird meist ein Gesamtmeßfehler von 10% zugelassen. Für kompliziertere Verfahren, z. B. die Messung des Wärmewiderstands, kann ein größerer Meßfehler erlaubt sein. Meßverfahren für die Durchlaß- und für die Durchbruchspannung von Dioden und Thyristoren, vor allem zur Klassifizierung der Bauelemente, müssen einen geringeren Meßfehler, etwa 5%, gewährleisten.

Die *Meßbedingungen*, die einzuhalten sind, werden in den Vorschriften speziell für das jeweilige Meßverfahren angegeben. Beispiele sind: die maximal zulässige Welligkeit des Durchlaßstroms, mit dem der Prüfling beansprucht wird (je nach Meßverfahren und zulässigem Meßfehler 1 ... 10%), die maximal zulässige Änderung der Sperrschichttemperatur (± 5 K) bei temperaturabhängigen Meßgrößen, wie der Nullkippspannung.

Bei der Beobachtung des Verlaufs eines *Stroms* i auf einem Oszilloskop muß man berücksichtigen, daß der Spannungsabfall u_M über einem Meßwiderstand mit dem ohmschen Widerstand R_M und der Induktivität L_M durch

$$u_M = R_M i + L_M \, di/dt \tag{2.273}$$

gegeben ist. Bei höheren Frequenzen und bei Schaltvorgängen kann das Glied $L_M \, di/dt$ die Beobachtung erheblich verfälschen. Deshalb muß in diesen Fällen ein induktivitätsarmer Meßwiderstand in koaxialer Bauform verwendet werden.

Bei der Beobachtung des Verlaufs einer *Spannung* auf einem Oszilloskop wird häufig vor dessen Eingang ein Spannungsteiler geschaltet. Bei einem rein ohmschen Teiler kann sich die Aufladung der Eingangskapazität des Oszilloskops besonders bei Schaltvorgängen erheblich verzögern. Dagegen wird bei einem rein kapazitiven Teiler kein Gleichstromsignal übertragen. Man verwendet deshalb einen Teiler, bei dem parallel zu jedem Widerstand ein Kondensator geschaltet ist.

Grenzwerte, wie die Nullkippspannung oder der Stoßstromgrenzwert, werden *zerstörungsfrei* ermittelt, indem die Beanspruchung stufenweise erhöht wird. Bei jeder Stufe wird geprüft, ob eine oder mehrere als Indikator gewählte Kenngrößen noch innerhalb ihres Toleranzbereichs liegen, sich also um nicht mehr als z. B. 5% verändert haben. Als Indikatoren eignen sich die Durchlaßspannung, die Nullkippspannung, der Sperrstrom u. a. Die Prüfung wird abgebrochen, wenn die maximal zulässige Änderung eines Indikators erreicht ist. — Auch bei einer *zerstörenden* Prüfung eines Grenzwerts wird die Beanspruchung in Stufen erhöht, jedoch bis das Bauelement völlig ausfällt, z. B. durch Aufschmelzen des Siliziums.

Die Erläuterungen gelten für *Einzel*messungen mit manueller Vorgabe der Einstellung der Meßbedingungen und für überwiegend analoge Erfassung und Auswertung der Meßergebnisse.

Für *Serien*messungen hingegen werden zunehmend mikrorechnergesteuerte Prüf- und Meßplätze eingesetzt. Dabei gelten im wesentlichen auch weiterhin die hier erwähnten Meßgrundsätze und -verfahren. Die moderne Mikrorechentechnik ist besonders vorteilhaft für die Speicherung und Verknüpfung von Meßwerten sowie für die Steuerung des Meßablaufs.

Es folgen Beschreibungen einiger wichtiger Meßverfahren für Dioden und Thyristoren.

2.6.2. Dioden und Thyristoren

2.6.2.1. Sperrichtung

Die *Sperrkennlinie* $I_R = f(U_R)$ wird beim *Gleichstromverfahren* (Bild 2.59a) durch stufenweise Vergrößerung der Spannung U_R und Beobachtung der entsprechenden Werte des Sperrstroms I_R aufgenommen. Der Widerstand *R1* begrenzt den Sperrstrom im Falle eines Durchbruchs. Die Welligkeit der von der Spannungsquelle abgegebenen Spannung soll nicht größer als 1 % sein.

Beim *Wechselstromverfahren* (Bild 2.59b) wird eine Wechselspannungsquelle $U_\sim$ über einen Schutzwiderstand *R1* an den Prüfling gelegt. *R1* begrenzt auch den Durchlaßstrom auf einen sehr geringen Wert. An den *x*-Platten des Oszilloskops *O* liegt die über dem Meßwiderstand R_M abgenommene, dem Sperrstrom proportionale Spannung. Die *y*-Platten lenken den Strahl proportional der Sperrspannung u_R aus. Die Dioden *D1* und *D2* können in die Schaltung eingefügt werden, damit der Durchlaßstrom durch den Prüfling weitestgehend unterbunden ist. — Das Oszilloskop kann durch Spitzenspannungs- und -strommesser ersetzt werden. Dann muß die speisende Wechselspannung schrittweise von Null bis zum höchsten zulässigen periodischen Scheitelwert der Sperrspannung vergrößert werden.

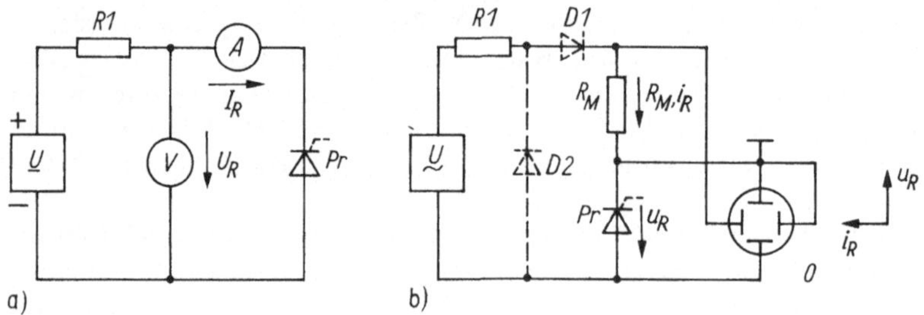

Bild 2.59. Messung der Sperrkennlinie bei Halbleiterdioden oder Thyristoren

a) Gleichstromverfahren; b) Wechselstromverfahren
Pr Prüfling; *O* Oszilloskop; *R1* Schutzwiderstand; R_M Meßwiderstand

Mit der Schaltung (Bild 2.59b) läßt sich auch prüfen, ob die Diode oder der Thyristor mit der vom Hersteller angegebenen nichtperiodischen Spitzensperrspannung U_{RSM} (Grenzwert, vgl. Abschn. 2.2.5.2 bzw. 2.3.10) beansprucht werden kann. Damit U_{RSM} nur für eine sehr kurze Zeit anliegt, muß in Reihe mit dem Prüfling noch ein elektronischer Schalter, z. B. eine Hochvakuumröhre oder ein Thyristor mit Löschkreis, eingefügt werden.

Falls das Bauelement bei der Prüfung nicht durchgebrochen ist, sollte der Sperrstrom oder die Durchlaßspannung gemessen werden, um zu ermitteln, ob die Beanspruchung mit U_{RSM} zu einer Schädigung des Bauelements geführt hat (vgl. Abschn. 2.6.1).

2.6.2.2. Blockierrichtung beim Thyristor

Die *Blockierkennlinie* $i_D = f(u_D)$ eines Thyristors (vgl. Abschn. 2.3.2.2 und Bild 2.21, Kurve *OA*) wird ebenso wie die Sperrkennlinie mit dem Gleichstrom- oder dem Wechselstromverfahren aufgenommen (Bild 2.59). Der Thyristor muß dazu in umgekehrter Richtung in die Schaltung eingefügt werden. — Die Kontrolle der *Vorwärts-Stoßspitzenspannung* U_{DSM} (vgl. Abschn. 2.3.10) erfolgt analog der schon im Abschnitt 2.6.2.1 beschriebenen Kontrolle der nichtperiodischen Spitzensperrspannung U_{RSM}.

2.6.2.3. Durchlaßrichtung

Die *Durchlaßkennlinie* $I_F = f(U_F)$ wird beim *Gleichstromverfahren* (Bild 2.60a) durch stufenweise Vergrößerung der Spannung oder durch Verringerung des Widerstands *R1* und Beobachtung der entsprechenden Werte der Durchlaßspannung aufgenommen. Die Welligkeit des Durchlaßstroms darf nicht größer als 1 % sein. — Es ist möglich, daß bei diesem Verfahren die höchstzulässige Verlustleistung des Bauelements überschritten wird. Dann muß man zu einem Impulsverfahren übergehen, z. B. zu dem im folgenden geschilderten:

Beim *Wechselstromverfahren* (Bild 2.60b) soll ein sinusförmiger Halbwellenstrom in Durchlaßrichtung durch den Prüfling *Pr* fließen. Der Widerstand *R1* muß deshalb so groß gewählt werden, daß der Strom durch den nichtlinearen Widerstand des Prüflings nicht wesentlich verzerrt wird. Die Durchlaßkennlinie wird mit einem Oszilloskop oder mit Geräten zur Messung der Spitzenwerte erfaßt. — Die Diode *D* gewährleistet, daß der Stromquelle *G* ein sinusförmiger Strom entnommen wird; dann tritt keine Gleichstromvormagnetisierung eines ggf. vorgeschalteten Transformators auf (vgl. Abschn. 3.2.3).

Um nachzuweisen, daß eine Diode oder ein Thyristor durch den vom Hersteller angegebenen *Stoßstromgrenzwert* (vgl. Abschn. 2.2.5.2 bzw. 2.3.10) nicht geschädigt wird, kann eine Folge von Strompulsen mit Hilfe von Kondensatorentladungen erzeugt werden (Bild 2.61a). Auf diese Weise kann der Prüfling kurzzeitig sehr hoch beansprucht werden, ohne daß das speisende Netz hohe Stromstöße zu liefern hat.

Der Kondensator *C* wird in jeder Periode der Netzspannung über die Diode *D1* und den Widerstand *R1*, der den Ladestrom begrenzt, auf den Scheitelwert $\sqrt{2}\,U_L$ der Netzspannung geladen. Wenn der Thyristor *Th1* gezündet wird, fließt ein Strompuls über die Drossel *L2*, den Widerstand *R2* und den Prüfling *Pr*. Der Verlauf der Spannung u_F und des Stroms i_F durch den Prüfling kann auf einem Oszilloskop beobachtet werden. — Wenn der Prüfling ein Thyristor ist, wird *Th1* nicht benötigt

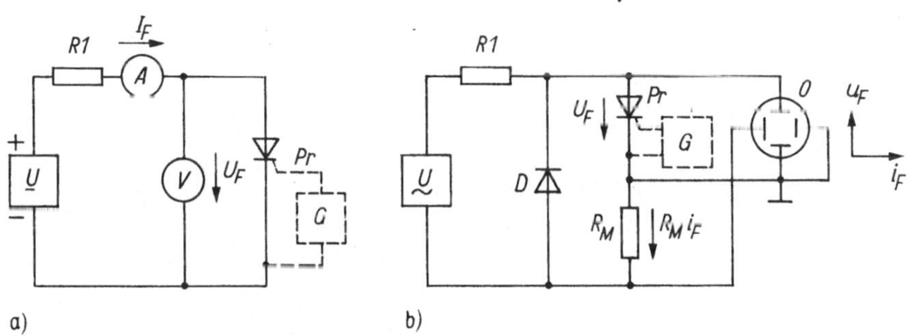

Bild 2.60. Messung der Durchlaßspannung bei Halbleiterdioden oder Thyristoren

a) Gleichstromverfahren; b) Wechselstromverfahren

Pr Prüfling; *G* Ansteuergerät; *O* Oszilloskop; *R1* Strombegrenzungswiderstand; R_M Meßwiderstand

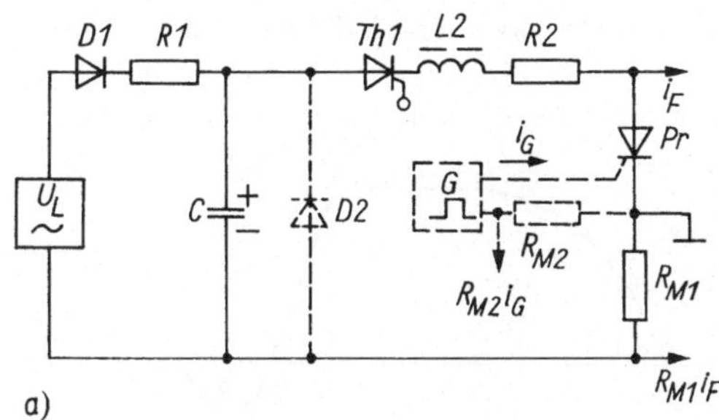

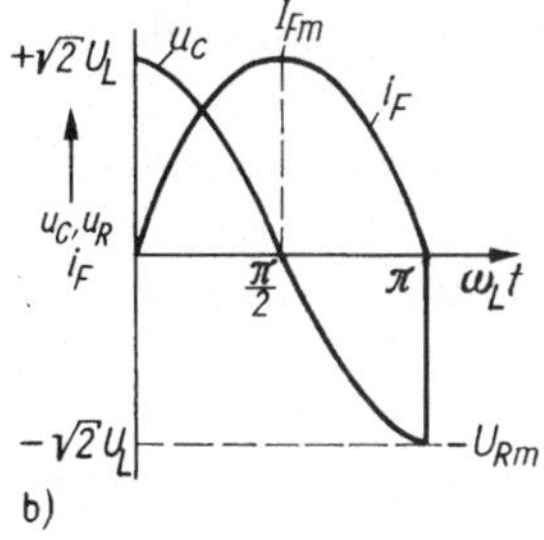

Bild 2.61. Prüfung des Stoßstromgrenzwerts einer Diode oder eines Thyristors mit Stromstößen durch Kondensatorentladung

a) Schaltung; *Pr* Prüfling

b) Verlauf des Prüfstroms i_F, der Kondensatorspannung u_C und der Sperrspannung u_R ohne Dämpfung

c) desgl. bei sehr geringer Dämpfung mit Diode *D2* im Kreis

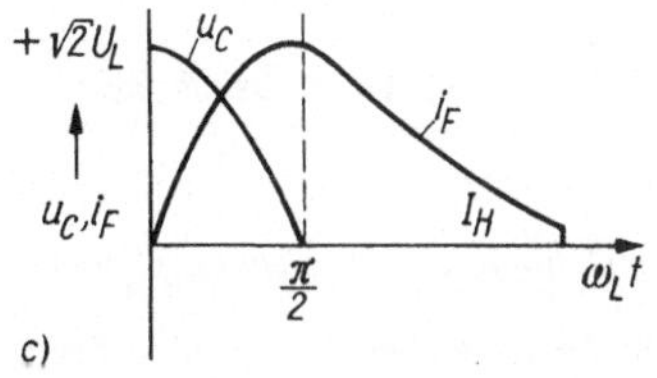

Ohne Dämpfung, also mit $R2 = 0$, und ohne Diode *D2* ist der Prüfstrom i_F halbsinusförmig (Bild 2.61 b) mit dem Scheitelwert

$$I_{Fm} = \sqrt{2\frac{C}{L2}}\,U_L\,. \tag{2.274}$$

Die Sperrspannung erreicht den größtmöglichen Wert

$$U_{Rm} = -\sqrt{2}\,U_L\,. \tag{2.275}$$

Falls die Prüfung ohne Sperrspannung erfolgen soll, wird eine Diode *D2* in die Schaltung eingefügt, und der Strom durch den Prüfling klingt aperiodisch ab (Bild 2.61 c).

Die Kontrolle auch dieses Grenzwerts erfolgt wieder, wie im Abschnitt 2.6.1 angegeben.

2.6.2.4. Schaltverhalten

Das *Ausschaltverhalten* einer Diode oder eines Thyristors kann mit der Schaltung Bild 2.62a beobachtet werden (vgl. Abschn. 2.2.3.3 bzw. 2.2.3.2). Wenn zur Prüfung einer Diode der Thyristor *Th1* gezündet wird (Zeitpunkt t_0), steigt der Durchlaßstrom i_F allmählich bis auf den Scheitelwert

$$I_{Fm} = U_1/R1 \tag{2.276}$$

an. Zur Zeit t_1 wird *Th2* gezündet, und die Spannung U_2 überlagert dem schon durch den Prüfling fließenden Strom I_{Fm} einen Strom in entgegengesetzter Richtung, der mit der Geschwindigkeit

$$\frac{di}{dt} = \frac{U_2}{L2} \tag{2.277}$$

ansteigt. Der Strom durch den Prüfling nimmt folglich mit $-di/dt$ ab und wird bei t_2 Null. Anschließend fließt unter dem Einfluß der Spannung U_2 der Sperrstrom i_R, dessen Verlauf und die Größe der Sperrerholzeit t_{rr} (vgl. Bild 2.9) auf einem Oszilloskop beobachtet wird. Die Sperrerholladung ist der Fläche des Strom-Zeit-Diagramms proportional. Bei der Prüfung eines Thyristors kann *Th1* entfallen.

Zur Prüfung von $(di_T/dt)_{crit}$ eines Thyristors (vgl. Abschn. 2.3.3.1) wird der Prüfling gemäß der Schaltung Bild 2.61 a (mit Diode *D2*) mit einer vorgegebenen Zahl von Einschaltströmen beansprucht. Vom Oszillogramm wird die Zeit t_1 abgelesen, die bis zum Anstieg des Stroms auf $0{,}5I_{Tm}$ (I_{Tm} Scheitelwert des Stroms) verstreicht. Dann gilt

$$\frac{di_T}{dt} = \frac{0{,}5I_{Tm}}{t_1}\,. \tag{2.278}$$

Anschließend wird kontrolliert, ob die Kenngrößen des Thyristors noch innerhalb der vom Hersteller vorgegebenen Grenzen liegen.

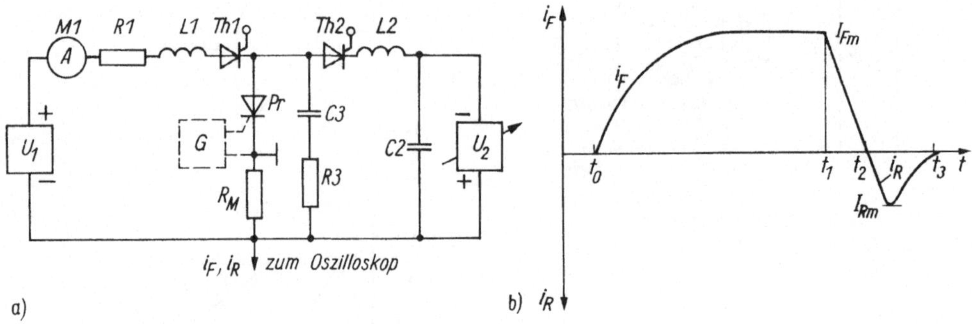

Bild 2.62. Beobachtung des Ausschaltverhaltens einer Diode oder eines Thyristors

a) Schaltung; b) Verlauf des Durchlaß- und des Sperrstroms i_F bzw. i_R

Freiwerdezeit (vgl. Abschn. 2.3.3.2). Bild 2.63 zeigt eine einfache, zur Stückprüfung der Freiwerdezeit von Thyristoren geeignete Schaltung. Wenn der Prüfling gezündet wird, führt er einen Strom i_{Pr}, der ihn auf eine beliebige, z. B. auf die höchste zulässige Sperrschichttemperatur aufheizt. Der Kondensator *C* wird über *R2* auf $u_C = U_1\,(+\,-)$ geladen. Wird nun *Th1* zum Zeitpunkt t_1 gezündet, dann kommutiert i_{Pr} von *Pr* auf *Th1* mit einer durch die Drossel *L* bestimmten Stromänderungsgeschwindigkeit, bis der Prüfling löscht. Nach Ablauf der Spannungsnachlaufzeit t_s wird die Spannung über *Pr* negativ. *C* lädt sich über *R1* exponentiell auf $U_1\,(-\,+)$ um. Nach Ablauf der Freihaltezeit t_h liegt Blokkierspannung am Prüfling. Wenn t_h größer als die Freiwerdezeit t_q des Prüflings ist, blockiert *Pr*. *C* und damit auch t_h wird nun allmählich verkleinert, bis der Prüfling schließlich bei $t_h = t_q$ durchzündet. Dann kann t_q vom Oszilloskop abgelesen werden.

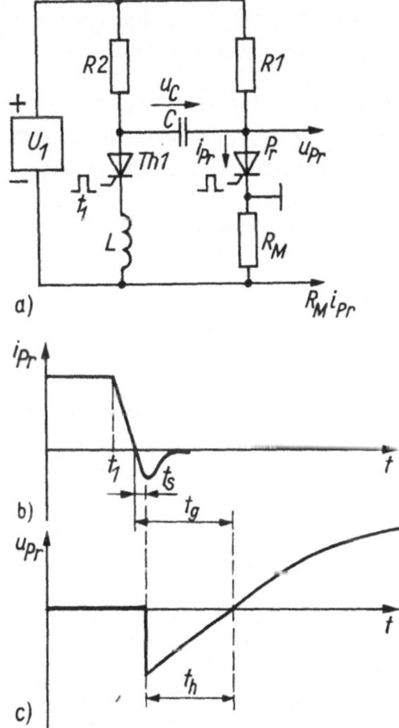

Bild 2.63. Messung der Freiwerdezeit t_q

a) Schaltung; b) und c) Verlauf des Stroms i_{Pr} durch *Pr* und der Spannung u_{Pr} über *Pr* t_h Freihaltezeit; t_s Spannungsnachlaufzeit

2.6.2.5. Wärmewiderstand

Die im folgenden beschriebenen Meßverfahren sind für Dioden, Thyristoren und bipolare Leistungstransistoren geeignet. Für den *inneren Wärmewiderstand* R_{thjc} zwischen dem Kristall und dem Gehäuse folgt aus (2.135)

$$R_{thjc} = \frac{\vartheta_j - \vartheta_c}{P_v}\,. \tag{2.279}$$

Zur Bestimmung von R_{thjc} muß also die Temperatur ϑ_j des Kristalls gemessen werden. *Unmittelbar* ist dies nur möglich über die im Infrarotbereich liegende Wärmestrahlung des Kristalls in Betrieb. Da dies jedoch voraussetzt, daß das Bauelement nicht verkappt ist, scheidet diese Messung für den Anwender praktisch aus. An Stelle dessen wird als Indikator für die Temperatur des Kristalls eine Kenngröße des Bauelements gewählt, die temperaturabhängig ist. Hierfür eignet sich bei Siliziumbauelementen besonders die Durchlaßspannung U_F bei einem sehr kleinen Durchlaßstrom I_F. Im Vergleich zu dem mit (2.95) berechneten Wert liegen die gemessenen Werte des Temperaturkoeffizienten bei konstantem Strom etwas höher:

$$\left.\frac{\partial U_F}{\partial \vartheta}\right|_{I_F = \text{konst.}} = -(1{,}8 \ldots 2{,}5)\ \text{mV/K}\,. \tag{2.280}$$

Zur Aufnahme der Eichkurve $U_{\text{F mess}} = f(\vartheta_j)$ wird das Bauelement in einem Thermostaten allmählich erwärmt und mit einem konstanten Durchlaßstrom $I_{\text{F mess}}$ beaufschlagt (Bild 2.64a, Schalter S geöffnet). Der Meßstrom muß so klein sein, daß die Eigenerwärmung vernachlässigbar ist. Man erhält damit eine Eichkurve für die Temperatur des Kristalls als Funktion der Durchlaßspannung $U_{\text{F mess}}$. — Die Temperatur ϑ_c des Gehäuses wird mit einem temperaturempfindlichen Element, das am Gehäuse des Prüflings befestigt ist, ermittelt.

Um R_{thjc} zu bestimmen, wird erst ein Heizstrom I_{F1} in den Prüfling eingespeist (Bild 2.64a, Schalter S geschlossen). Dabei wird die Leistung P_v im Bauelement umgesetzt:

$$P_v = U_{\text{F1}} I_{\text{F1}} . \tag{2.281}$$

Nachdem sich thermisches Gleichgewicht eingestellt hat, wird I_{F1} abgeschaltet, und unmittelbar darauf wird beim Meßstrom $I_{\text{F mess}}$ die Durchlaßspannung $U_{\text{F mess}}$ beobachtet. Von der Eichkurve wird ϑ_j abgelesen, und der innere Wärmewiderstand kann jetzt mit (2.279) berechnet werden.

Transienter Wärmewiderstand. Um den im Abschnitt 2.2.4.5 definierten transienten Wärmewiderstand $Z_{\text{th}}(t)$ zu ermitteln, wird das Bauelement, wie schon bei der Messung von R_{th}, mit einem Heizstrom I_{F1}, also mit der Leistung P_v (2.281) belastet (Bild 2.64b, c, d). Der Heizstrom wird periodisch kurzzeitig unterbrochen, und die Temperatur $\vartheta_j(t)$ des Kristalls wird während der Intervalle mit Hilfe der Durchlaßspannung $U_{\text{F mess}}$ ermittelt. Wenn der Kristall bei $t = 0$ die Temperatur $\vartheta_j(t_0)$ hatte, dann beträgt der transiente Wärmewiderstand

$$Z_{\text{th}}(t) = \frac{\vartheta_j(t) - \vartheta_j(t_0)}{P_v} . \tag{2.282}$$

Analog zum transienten Wärmewiderstand $Z_{\text{th}}(t)$ des gesamten Bauelements kann auch der transiente Wärmewiderstand $Z_{\text{thjc}}(t)$ zwischen Kristall und Gehäuse sowie $Z_{\text{thKa}}(t)$ zwischen Kühlkörper und Umgebung bestimmt werden (vgl. Bild 2.18).

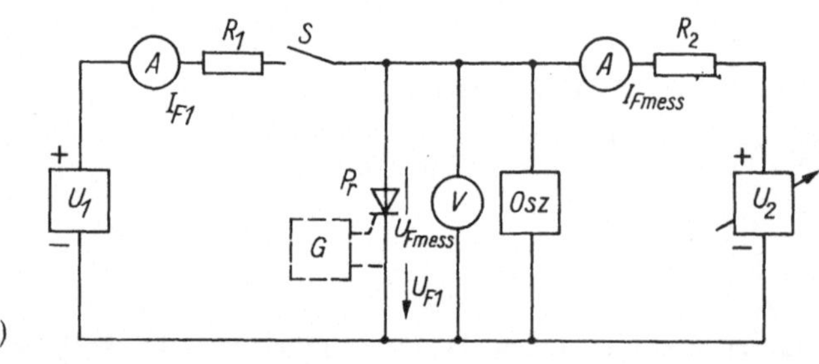

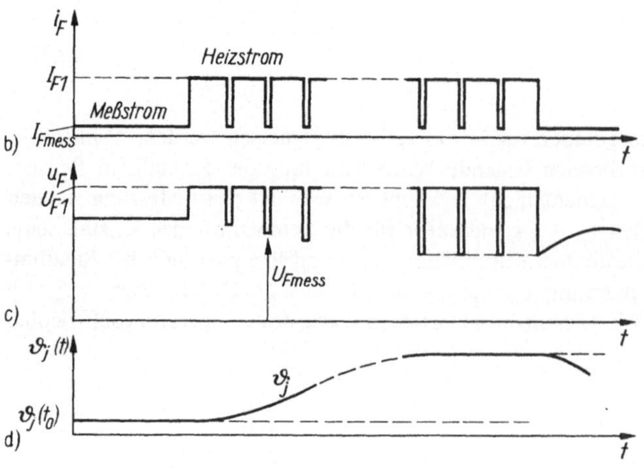

Bild 2.64. Meßverfahren für den Wärmewiderstand und den transienten Wärmewiderstand

a) Schaltung; b), c) und d) Verlauf der Spannungen, Ströme und der Temperatur des Kristalls während der Messung des transienten Wärmewiderstands

2.7. Übungsaufgaben

2.1. a) Wie groß ist a) die Trägerdichte und b) der spezifische Widerstand in einem eigenleitenden Siliziumkristall im thermischen Gleichgewicht bei einer Temperatur von 100 °C?
c) Wie hoch muß dieser Kristall mit Donatoren dotiert werden, damit sein Widerstand auf ein Zehntel des soeben gefundenen Werts fällt?

2.2. Vergleichen Sie die Größe des Sperrstroms einer Diode (2.96) bei 300 K und bei 400 K! Gegeben: $U_R = 4$ V; $N_A = N_D = 10^{15}$ cm^{-3}; $\tau_n = \tau_p = 100$ µs.

2.3. Eine Siliziumdiode hat die im Bild 2.65 gezeigte Kennlinie. Nähern Sie diese Kennlinie durch zwei Geraden, und stellen Sie die Kennlinie $U_F = f(I_F)$ in der in (2.92) gegebenen Form dar!

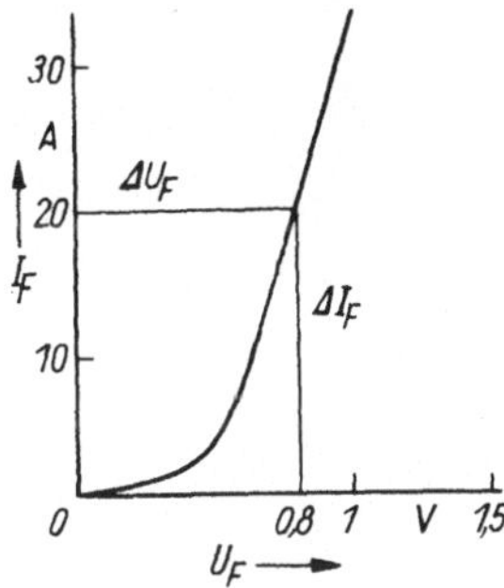

Bild 2.65. Zu Übungsaufgabe 2.3

2.4. Eine Diode sei mit 10^{16} cm^{-3} Akzeptoren bzw. Donatoren dotiert. Wie groß ist die maximale Feldstärke in der Schicht, wenn eine Sperrspannung von 5 V angelegt wird?

2.5. Aus einem Thyristor CS 1800 (Tafel 2.5) müssen 1000 W Verluste abgeführt werden. Die maximal zulässige Sperrschichttemperatur beträgt $\vartheta_{j\,max} = 125$ °C und die Umgebungstemperatur 35 °C. Wie groß ist der höchstzulässige thermische Widerstand eines für diese Beanspruchungen geeigneten Kühlkörpers?

2.6. Bild 2.66 zeigt den zeitlichen Verlauf der Verlustleistung in einem Thyristor, der einen rechteckigen Strom führt.
a) Berechnen Sie die mittlere Verlustleistung P_{Ta} bei 1000 Hz!
b) Berechnen Sie den maximal zulässigen äußeren thermischen Widerstand R_{the} beim Betrieb mit 1000 Hz, wenn gilt: mittlere Sperrschichttemperatur $\vartheta_{jm} = 120$ °C; $\vartheta_a = 35$ °C; $R_{thi} = 0{,}25$ K/W!

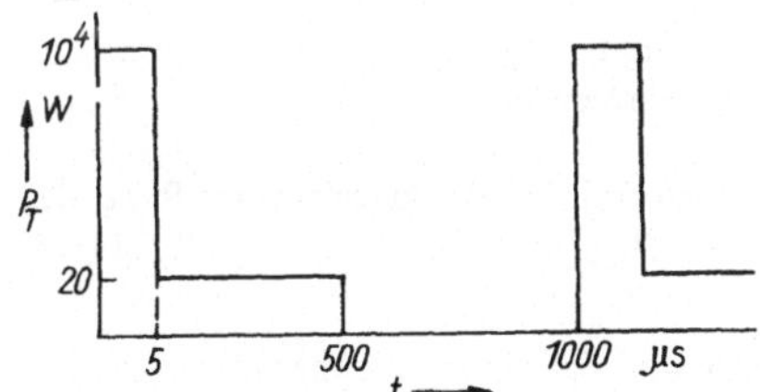

Bild 2.66. Zu Übungsaufgabe 2.6

2.7. Ein Thyristor TL 160 wird im Leerlauf ($\vartheta_j = \vartheta_a = 20$ °C) mit einer konstanten Verlustleistung von 200 W beansprucht. Wie groß ist die Temperatur der Sperrschicht nach 1 s und nach 100 s bei verstärkter Kühlung mit 6 m/s? Transiente Wärmeimpedanz s. Bild 2.67.

2.8. Ein Thyristor TL 160 wird mit einem Verlustleistungsimpuls nach Bild 2.68 beansprucht. Der Thyristor hat vor der Beanspruchung die Umgebungstemperatur von 35 °C. Die Kühlluft hat eine Geschwindigkeit von 6 m/s. Transiente thermische Impedanz s. Bild 2.67.

Gegeben: $P_{T1} = 600$ W; $t_1 = 5$ s; $t_3 = 7{,}55$ s;
$P_{T2} = 500$ W; $t_2 = 5{,}45$ s; $t_4 = 15{,}55$ s.

a) Zeichnen Sie qualitativ den Verlauf der Sperrschichttemperatur ϑ_j!
b) Berechnen Sie die maximale Sperrschichttemperatur ϑ_{jm}! Wann tritt diese auf? Ist diese Betriebsart zulässig?

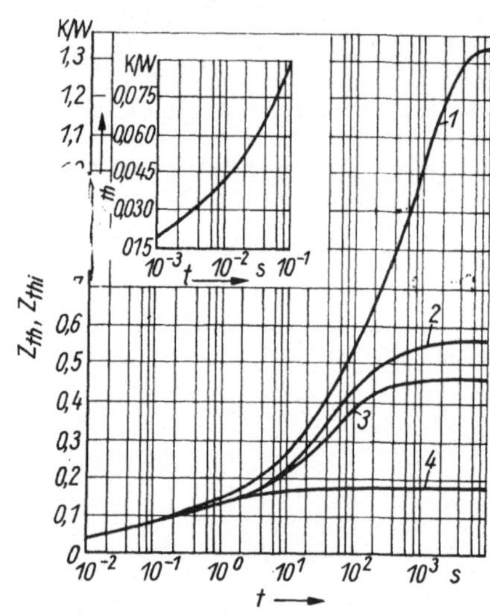

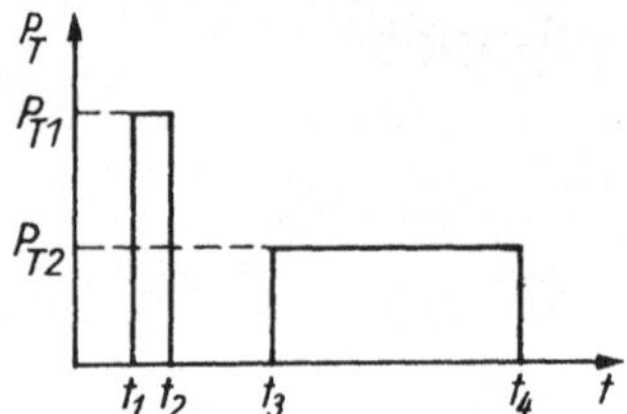

Bild 2.68. Zu Übungsaufgabe 2.8

Bild 2.67. Zu Übungsaufgabe 2.7

Kurve *1* gesamte transiente Wärmeimpedanz Z_{th} mit normalem Kühlkörper bei natürlicher Kühlung
Kurve *2* bei verstärkter Kühlung mit $v = 6$ m/s
Kurve *3* desgl. mit 12 m/s
Kurve *4* innere transiente Wärmeimpedanz Z_{thi}
Thyristor TL 160

2.9. Beweisen Sie, daß der Formfaktor f die folgende Größe hat:

a) bei einem impulsartigen Strom wie im Bild 2.12b:

$$f = \sqrt{k}\,; \tag{Ü 2.1}$$

b) beim Strom eines Zweipulsgleichrichters mit Zündverzögerungswinkel α wie im Bild 2.12c:

$$f = \sqrt{\frac{\pi}{2}}\;\frac{\left[\pi - \alpha + \dfrac{1}{2}\sin 2\alpha\right]^{1/2}}{1 + \cos\alpha}\,. \tag{Ü 2.2}$$

2.10. Im Abschnitt 2.2.5.2 wird der Dauergrenzstrom I_{FAVM} einer Diode für sinusförmige Stromhalbwellen definiert.

a) Beweisen Sie, daß der Dauergrenzstrom für beliebige andere Stromformen durch folgende Gleichung gegeben ist:

$$I_{FAVM} = \frac{[U_{(TO)}^2 + 4r_F f^2(\vartheta_{jM} - \vartheta_a)/R_{th}]^{1/2} - U_{(TO)}}{2r_F f^2}\,; \tag{Ü 2.3}$$

$U_{(TO)}$ Schleusenspannung der Diode, r_F Ersatzwiderstand der Diode, ϑ_{jM} max. zulässige Temperatur der Sperrschicht, ϑ_a Temperatur der Umgebung, R_{th} Gesamtwärmewiderstand der Diode, f Formfaktor des Durchlaßstroms (2.141).

b) Berechnen Sie den Dauergrenzstrom einer Diode bei halbsinusförmigem Stromverlauf mit folgenden Kenngrößen: $U_{(TO)} = 0{,}8$ V; $r_F = 0{,}3$ mΩ; $R_{thi} = 0{,}05$ K/W; $R_{thcK} = 0{,}01$ K/W; $R_{the} = 0{,}12$ K/W bei verstärkter Luftkühlung; $\vartheta_{jM} = 150$ °C und $\vartheta_a = 45$ °C.

2.11. Während des Einschaltens eines Thyristors können die Spannung und der Strom annähernd beschrieben werden durch:

$$u_T = U_D \exp\{-t/\tau\}\,; \qquad i_T = I_{TN}(1 - \exp\{-t/\tau\})\,; \tag{Ü 2.4) (Ü 2.5}$$

U_D Blockierspannung vor dem Einschalten
I_{TN} Nennstrom des Thyristors.

a) Zeichnen Sie den Verlauf der momentanen Verlustleistung p_{gt} als Funktion von t/τ!
b) Zu welchem Zeitpunkt tritt die größte momentane Verlustleistung auf, und wie groß ist diese?
c) Wie groß ist die während eines einzelnen Einschaltvorgangs im Thyristor erzeugte Wärme?
d) Wie groß ist die mittlere Einschaltverlustleistung bei 200 Hz bei einem Thyristor bei $U_D = 500$ V und $I_{TN} = 250$ A, wenn der Strom jeweils innerhalb von 0,1 ms auf 90% seines Nennwerts ansteigt?

2.12. Die Durchlaßverluste eines Ventilblocks *VB* können mit der im Bild 2.69 gezeigten Schaltung im Kurzschluß, d. h. bei sehr niedrigen Verlusten, gemessen werden. Die verhältnismäßig große Reaktanz X erzwingt dabei einen sinusförmigen Strom. Der Formfaktor des Stroms durch die Ventile sei unter dieser

Voraussetzung f_{KS}, während er bei normalem Betrieb f_N ist, ohne Berücksichtigung der Überlappung der Ventilströme. Es sei $k = f_N/f_{KS}$. Es werden die folgenden zwei Messungen durchgeführt [1.6]:

	Messung A	Messung B
Gleichstrom	kI_{dN}	I_{dN}
Leistung	P_A	P_B

a) Beweisen Sie, daß die Verluste P_N im Ventilblock bei Nenngleichstrom I_{dN} und normalem Betrieb durch

$$P_N = \frac{k+1}{k} P_A - kP_B \tag{Ü 2.6}$$

gegeben sind! Hinweis: Gehen Sie von den Verlusten P_V in *einem* einzigen Ventil aus! Die Verluste im gesamten Ventilblock sind dann proportional zu P_V, unabhängig von der Schaltung oder Betriebsweise.

b) Berechnen Sie P_N als Funktion von P_A und P_B für eine Zweiplus-Mittelpunktschaltung (Stromverlauf s. Bild 3.18b)!

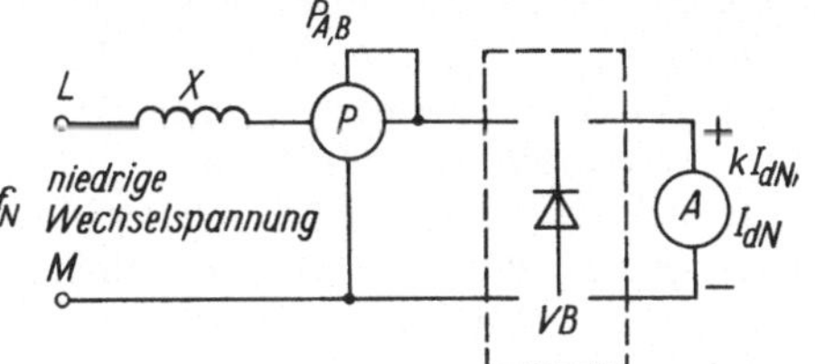

Bild 2.69. Zu Übungsaufgabe 2.12

2.13. Ein MOSFET im Durchlaßzustand wird durch folgende Größen beschrieben: Durchlaßstrom I_{DEin} (konstant), Kanalwiderstand bei Kristalltemperatur ϑ_j, s. (2.254), thermischer Widerstand zwischen Kristall und Umgebung R_{th}, Umgebungstemperatur ϑ_a.

a) Beweisen Sie, daß die Kristalltemperatur im stationären Zustand durch folgende Gleichung gegeben ist:

$$\vartheta_{jm} = \frac{I^2_{DEin} R_{EinO} R_{th}(1 - \alpha\vartheta_a) + \vartheta_a}{1 - \alpha I^2_{DEin} R_{EinO} R_{th}} \tag{Ü 2.7}$$

b) Berechnen Sie ϑ_{jm}, wenn $I_{DEin} = 8{,}6$ A; $R_{EinO} = 0{,}6\ \Omega$; $R_{th} = 1{,}25$ K/W; $\alpha = 0{,}01\ \text{K}^{-1}$; $\vartheta_a = 25$ °C!

3. Netzgelöschte Stromrichter und Wechselstromsteller [3.1] bis [3.13]

3.1. Einführung

In den Abschnitten 3 und 4 wird das Betriebsverhalten der netzgelöschten bzw. der selbstgelöschten Stromrichter untersucht; auf das Havarieverhalten wird erst im Abschnitt 6.2 kurz eingegangen.

Zu den *netzgelöschten* Stromrichtern gehören die Gleichrichter, die netzgelöschten Wechselrichter, die Umkehrstromrichter, die netzgelöschten Umrichter mit Gleichstromzwischenkreis und die Direktumrichter. Bei allen diesen Geräten wird die Kommutierungsspannung unmittelbar aus dem Eingangs- oder Ausgangswechselspannungsnetz bezogen. Im Gegensatz dazu wird bei den *selbstgelöschten* Stromrichtern die Kommutierung entweder mit Hilfe eines kapazitiven Energiespeichers oder mit abschaltbaren Ventilen (abschaltbaren Thyristoren, Transistoren) erzwungen (vgl. Abschn. 4).

In den Abschnitten 3.2 bis 3.5 werden die Gleichrichter behandelt. Sie sollen dem Leser Einsicht in die folgenden wichtigen Eigenschaften der am häufigsten eingesetzten Gleichrichterschaltungen vermitteln: Verlauf der Gleichspannung und des Gleichstroms, deren Mittelwerte und Oberschwingungen ohne und mit Phasenanschnittsteuerung, Beanspruchung der Ventile, Ausnutzung des Transformators, Verlauf, Effektivwert und überlagerte Oberschwingungen der Netzströme, Verschiebungsfaktor usw.

Bei der Wahl einer Schaltung für eine bestimmte Aufgabe müssen alle diese Eigenschaften, für die Tafel 3.1 (S. 122/123) eine Übersicht gibt, gegeneinander abgewogen werden, um eine optimale Lösung zu finden.

Als Ordnungsprinzip für die Gleichrichterschaltungen soll die *Pulszahl* dienen. Sie gleicht der Gesamtzahl der nicht gleichzeitigen Stromübernahmen (Kommutierungen) durch Hauptzweige eines Stromrichters während einer Periode der Wechselspannung. Bei einem Gleichrichter gleicht die Pulszahl auch dem Verhältnis der Oberschwingungen, die der vom Gleichrichter abgegebenen Gleichspannung überlagert sind, zur Netzfrequenz.

Bei der Berechnung der netzgelöschten Stromrichter werden folgende Voraussetzungen gemacht, falls nicht ausdrücklich anders vermerkt:

- Die Durchlaßspannung der Ventile sowie die Spannungsabfälle im speisenden Netz, in den Stromschienen usw. sind im Vergleich zu der an den Stromrichter gelegten Spannung vernachlässigbar.
- Die Blockier- und Sperrströme der Ventile sind so viel kleiner als die Durchlaßströme, daß man sie nicht zu berücksichtigen braucht.
- Die Spannungen des Wechsel- oder Drehstromnetzes sind rein sinusförmig bzw. symmetrisch.
- Die Magnetisierungsströme der Transformatoren können vernachlässigt werden.
- Der Kern des Transformators ist nicht gesättigt.

Die Gleichspannung, die unter diesen Voraussetzungen vom Gleichrichter abgegeben wird, wird als *ideelle* Gleichspannung bezeichnet.

Erfahrungsgemäß bereitet dem Leser die Vielzahl der Formelzeichen, die für die Leistungselektronik gebraucht werden, Schwierigkeiten, besonders auch deshalb, weil die speziellen Normen für dieses Fachgebiet nicht in jedem Fall untereinander und auch nicht immer mit den allgemeinen Normen für die Elektrotechnik übereinstimmen. Am Beispiel der Sechspuls-Brückenschaltung sollen einige Hinweise gegeben werden (Bild 3.1, vgl. auch Abschn. 7): Die auf diesem Bild angegebenen Indizes L, v, V und d sowie die Formelzeichen für die Spannungen und Ströme stimmen soweit wie möglich mit den einschlägigen Vorschriften überein.

Beim Anschluß eines Stromrichters an ein Einphasennetz wird die Spannung am Eingang des Ventilsatzes mit u_v bezeichnet, auch wenn kein Transformator vorhanden ist (s. z. B. Bild 3.2a); dies ist wegen der einheitlichen Schreibweise der Formeln notwendig.

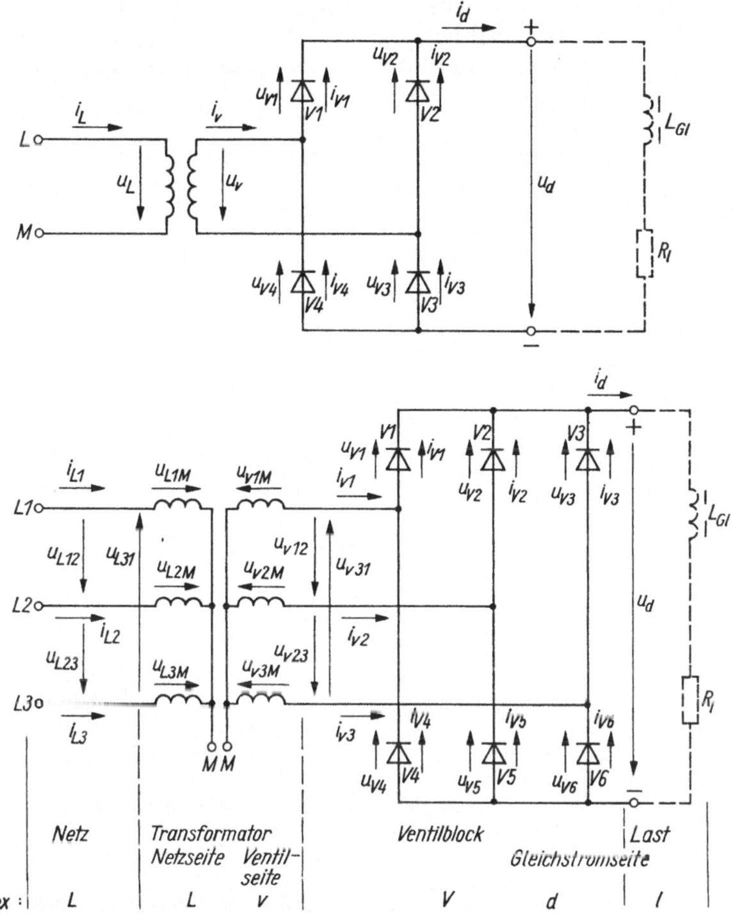

Bild 3.1. Zur Definition der Formelzeichen und Indizes

3.2. Einpulsgleichrichter, Gleichrichtertransformator, Verschiebungsfaktor

3.2.1. Einpulsgleichrichter

Einpulsgleichrichter werden meist nur für geringe Leistungen, z. B. für kleine Lade- oder Stromversorgungsgeräte, eingesetzt. Zu den Ausnahmen gehören die Einpulsgleichrichter für Vibrationsantriebe, bei denen der Vibrator mit Netzfrequenz bei Direktanschluß an das 380-V-Netz und mit Strömen von etwa 10 ... 50 A angeregt wird.

Die Wirkungsweise des Einpulsgleichrichters ist so übersichtlich, daß er sich zur Einführung in viele Probleme der Stromrichtertechnik besonders gut eignet.

3.2.1.1. Belastung mit Widerstand ohne Glättung

Wirkungsweise

Bild 3.2a zeigt das Schaltbild. Am Eingang liegt die Wechselspannung

$$u_v = \sqrt{2}\, U_v \sin \vartheta\,, \qquad (3.1)$$

wo U_v den Effektivwert der Spannung und $\vartheta \equiv \omega t$ den Zeitwinkel bedeuten. Die Diode V läßt den Strom nur in *einer* Richtung fließen, so daß ein Gleichstrom i_d durch die Last fließt. Diese Schaltung kann also als Gleichrichter dienen, wird jedoch wegen ihrer Unzulänglichkeiten, die noch beschrieben werden, nur selten eingesetzt.

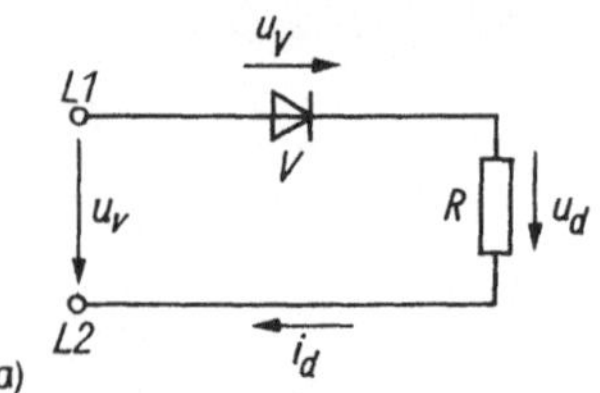

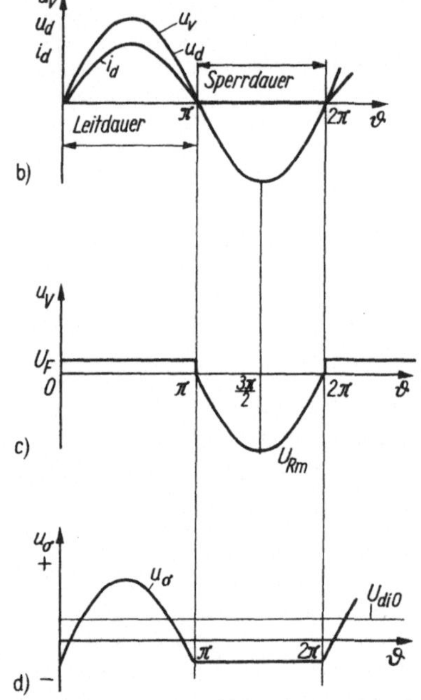

Bild 3.2. Einpulsgleichrichter bei Belastung mit Widerstand ohne Glättung

a) Schaltbild
b) Verlauf der Wechselspannung u_v, der ideellen Gleichspannung u_d und des Gleichstroms i_d in Abhängigkeit vom Zeitwinkel ϑ
c) Verlauf der Spannung u_V über dem Ventil
U_F Durchlaßspannung, U_{Rm} Betriebsscheitelsperrspannung
d) Verlauf der Komponenten U_{di0} und u_σ der Gleichspannung u_d

Gleichspannung

Die Spannung u_d (Index d für direct current) (Bild 3.2b) über der Last verläuft halbsinusförmig und wird folgendermaßen beschrieben:
während der Leitdauer $0 \geqq \vartheta \geqq \pi$

$$u_d = u_v = \sqrt{2}\, U_v \sin \vartheta\,; \tag{3.2}$$

während der Sperrdauer $\pi \leqq \vartheta \leqq 2\pi$

$$u_d = 0\,. \tag{3.3}$$

Im folgenden weist der Index i darauf hin, daß es sich um die *ideelle* Gleichspannung handelt, bei deren Berechnung die Spannungsabfälle im Ventil, in den Zuleitungen usw. vernachlässigt werden, und der Index 0 deutet an, daß die Zündverzögerung Null ist (s. unter Abschnitt 3.2.1.5).

Die ideelle Gleichspannung hat den arithmetischen Mittelwert U_{di0} (auch mit „Gleichwert" bezeichnet)

$$U_{di0} = \frac{1}{2\pi} \int_{\vartheta=0}^{2\pi} u_d \,\mathrm{d}\vartheta = \frac{1}{2\pi} \int_{\vartheta=0}^{\pi} \sqrt{2}\, U_v \sin \vartheta \,\mathrm{d}\vartheta = \frac{\sqrt{2}}{\pi} U_v = 0{,}450 U_v \tag{3.4}$$

und den Effektivwert (Index e für quadratischen Mittelwert)

$$U_{\mathrm{die}} = \left[\frac{1}{2\pi}\int_{\vartheta=0}^{2\pi} u_{\mathrm{d}}^2 \,\mathrm{d}\vartheta\right]^{1/2} = \left[\frac{1}{2\pi}\int_{\vartheta=0}^{\pi} (\sqrt{2}\,U_{\mathrm{v}} \sin\vartheta)^2 \,\mathrm{d}\vartheta\right]^{1/2} \quad (3.5), (3.6)$$

$$= \frac{1}{\sqrt{2}} U_{\mathrm{v}} = 0{,}707 U_{\mathrm{v}}\,. \quad (3.7)$$

Bild 3.2b zeigt, daß die Gleichspannung u_{d} beträchtlich von einer vollständig geglätteten Gleichspannung abweicht, wie sie z. B. ein Akkumulator oder angenähert auch ein Gleichstromgenerator abgibt. Um ein Maß für diese Abweichung zu finden, wird die momentane Gleichspannung u_{d} in eine konstante Gleichspannung U_{di0} und eine überlagerte Wechselspannung u_σ zerlegt (Bild 3.2d). Es gilt also

$$u_{\mathrm{d}} = U_{\mathrm{di0}} + u_\sigma\,. \quad (3.8)$$

Der Effektivwert U_σ der überlagerten Komponente wird mit „Brummspannung", bei Geräten zur Stromversorgung auch mit „Störspannung" bezeichnet und durch Integration von (3.8) über die Zeitdauer einer Periode gefunden:

$$U_\sigma = \left[\frac{1}{2\pi}\int_{\vartheta=0}^{2\pi} (u_{\mathrm{d}} - U_{\mathrm{di0}})^2 \,\mathrm{d}\vartheta\right]^{1/2} = (U_{\mathrm{die}}^2 - U_{\mathrm{di0}}^2)^{1/2}\,. \quad (3.9)$$

Jetzt können die Begriffe „Formfaktor" und „Welligkeit" definiert werden:

Formfaktor der Gleichspannung $f = U_{\mathrm{die}}/U_{\mathrm{di0}}$, (3.10)

Welligkeit der Gleichspannung $w_{\mathrm{U}} = U_\sigma/U_{\mathrm{di0}}$. (3.11)

Unter Berücksichtigung von (3.9) folgt:

$$w_{\mathrm{U}} = \frac{(U_{\mathrm{die}}^2 - U_{\mathrm{di0}}^2)^{1/2}}{U_{\mathrm{di0}}} = (f^2 - 1)^{1/2}\,. \quad (3.12)$$

Für den Einpulsgleichrichter mit Widerstandsbelastung gilt

$$f = \pi/2 = 1{,}57 \quad (3.13)$$

und

$$w_{\mathrm{U}} = 1{,}21\,. \quad (3.14)$$

Diese Werte sind wesentlich ungünstiger als bei den Mehrpulsschaltungen (vgl. Tafel 3.1, Spalt 5).

Gleichstrom

Bei Widerstandslast verläuft der Gleichstrom, ebenso wie die Gleichspannung, halbsinusförmig. Sein Momentanwert hat die Größe

$$i_{\mathrm{d}} = u_{\mathrm{d}}/R\,. \quad (3.15)$$

Der arithmetische und der quadratische Mittelwert I_{da} bzw. I_{de} betragen

$$I_{\mathrm{da}} = U_{\mathrm{di0}}/R \quad (3.16)$$

und

$$I_{\mathrm{de}} = U_{\mathrm{die}}/R\,. \quad (3.17)$$

Unter Berücksichtigung von (3.4) und (3.7) folgt:

$$I_{\mathrm{de}} = \frac{\pi}{2} I_{\mathrm{da}} = 1{,}57 I_{\mathrm{da}}\,. \quad (3.18)$$

Tafel 3.1. Kenngrößen netzgelöschter Stromrichter bei vollständiger Glättung des Gleichstroms

Schaltung/ Nummer	Bezeichnung der Schaltung Pulszahl p	Schaltbild	Gleichspannung			Netz		Beanspruchung der Ventile	
			$\frac{U_{di0}}{U_v}$	Oberschwingungen ν_U	Welligkeit w_U	Oberschwingungen	g_i	$\frac{I_{Va}}{I_{da}}$	$\frac{U_{Rm}}{U_{di0}}$
	Spalte 1	2	3	4	5	6	7	8	9
1	Einpuls mit Freilaufzweig	3.12	0,45	2 4 6 usw.	1,21	2 4 6 usw.	0,90	1/2	3,14
2	Zweipulsbrücke	3.17	0,90	2 4 6 8 usw.	0,48	3 5 7 usw.	0,90	1/2	1,57
3	Zweipuls-mittelpunkt	3.18	0,450	2 4 6 8 usw.	0,48	3 5 7 usw.	0,90	1/2	3,14
4	Dreipuls-Stern-Zickzack-Mittelpunkt	3.27	0,675	3 6 9 usw.	0,19	2 4 5 7 8 usw.	0,83	1/3	2,09
5	Sechspuls-Stern-Stern-Brücke	3.31	1,35	6 12 18 usw.	0,042	5 7 11 13 usw.	0,96	1/3	1,05
6	Sechspuls-Stern-Doppelstern-Mittelpunkt mit Saugdrossel	3.41	0,779 0,675 ab 1 % Belastung	6 12 18 usw.	0,042	5 7 11 13 usw.	0,96	1/6	2,09
7	Zwölfpulsbrücke, Parallelschaltung mit Saugdrossel	3.42a	1,35	12 24 36 usw.	0,011	11 13 23 25 usw.	0,989	1/6	1,05
8	Zwölfpulsbrücke, Reihenschaltung	3.42b	2 × 1,35	12 24 36 usw.	0,011	11 13 23 25 usw.	0,989	1/3	1,05

Transformator						Anwendungsgebiet
ventilseitige Wicklung		netzseitige Wicklung				
$\frac{I_v}{I_{da}}$	C_v	$m_t \frac{I_L}{I_{da}}$	C_L	C_t	Y	
10	11	12	13	14	15	16
0,707	1,57	0,5	1,11	1,34	—	bis etwa 0,5 kW, Transformator vormagnetisiert
1	1,11	1	1,11	1,11	0,71	bis zu einigen kW, für Triebfahrzeuge bis zu mehreren MW
0,707	1,57	1	1,11	1,34	0,71	nur bei niedrigen Spannungen bis zu einigen kW, Transformator notwendig
0,58	1,71	0,47	1,21	1,46	0,86	bis zu einigen kW, Transformator notwendig
0,82	1,05	0,82	1,05	1,05	0,5	bei niedrigen Spannungen bis zu hohen Strömen Anschluß ohne Transformator möglich
0,289	1,48	0,41	1,05	1,32 einschließlich Saugdrossel	0,5	bei niedrigen Spannungen bis zu mehreren 100 kW
0,41	1,05	0,79	1,01	1,03	0,5	für Spannungen bis etwa 1000 V und ab mehreren 100 kW
0,82	1,05	1,6	1,01	1,03	0,5	für Spannungen über etwa 1000 V und ab mehreren 100 kW

Zwischen Mittelwert und Effektivwert des Stroms muß sorgfältig unterschieden werden, wie die folgenden zwei Beispiele zeigen: Beim Speisen des Ankers eines Gleichstrom-Nebenschlußmotors bestimmt der Mittelwert des Stroms dessen Drehmoment, während der Effektivwert für die Verluste im Anker maßgeblich ist; der Mittelwert des Stroms durch ein Ventil ist für die Wahl des Ventilnennstroms entscheidend, während der Effektivwert dieses Stroms die Wahl der dem Ventil zugeordneten Sicherung bestimmt.

Leistung

Eine Gleichspannung u_d oder ein Gleichstrom i_d mit den Effektivwerten U_{de} bzw. I_{de} erzeugt an einem Widerstand R die Leistung

$$P = \frac{1}{2\pi} \int_{\vartheta=0}^{2\pi} u_d i_d \, d\vartheta \; \frac{1}{2\pi} \int_{\vartheta=0}^{2\pi} \frac{u_d^2}{R} \, d\vartheta = \frac{U_{de}^2}{R} \tag{3.19}$$

oder auch

$$P = I_{de}^2 R \quad \text{(vgl. (3.17))} \,. \tag{3.20}$$

Beanspruchung der Diode

Die wichtigsten Kenngrößen für die Auswahl der Diode sind der mittlere Diodenstrom und die höchste Sperrspannung; der Einfluß von Überströmen und -spannungen (bei Thyristoren auch der Strom- und Spannungsanstiegsgeschwindigkeit) wird erst in den Abschnitten 6.2 und 6.3.1 berücksichtigt.

Bei der Einpulsschaltung mit Widerstandsbelastung ist der mittlere Diodenstrom

$$I_{Va} = I_{da} = U_{di0}/R \tag{3.21}$$

und die höchste Sperrspannung (s. Bild 3.2c)

$$U_{Rm} = \sqrt{2}\, U_v = \pi U_{di0} \,. \tag{3.22}$$

Bei dieser Schaltung ist die Beanspruchung durch die Sperrspannung, bezogen auf die ideelle Gleichspannung, besonders ungünstig, verglichen mit den Mehrpulsschaltungen (vgl. Tafel 3.1, Spalte 9).

Schmelzsicherungen in Reihe mit Ventilen müssen so ausgelegt werden, daß sie den Effektivwert des Ventilstroms I_{Ve} dauernd führen können. Als Sicherungsnennstrom I_{SN} wird also gefordert

$$I_{SN} = I_{Ve} \,. \tag{3.23}$$

Beim Einpulsgleichrichter gilt folglich

$$I_{SN} = I_{Ve} = I_{de} = 1{,}57 I_{da} \quad \text{(vgl. (3.18))} \,. \tag{3.24}$$

Beispiel

Ein Widerstand $R = 10\,\Omega$ wird über eine Diode von einer Wechselspannung $U_v = 220$ V gespeist. Die ideelle Gleichspannung hat den Mittelwert ((3.4))

$$U_{di0} = 0{,}45 \cdot 220 \text{ V} = 99{,}0 \text{ V} \tag{3.25}$$

und den Effektivwert ((3.7))

$$U_{die} = 0{,}707 \cdot 220 \text{ V} = 156 \text{ V} \,. \tag{3.26}$$

Die Brummspannung beträgt ((3.9))

$$U_\sigma = (156^2 - 99{,}0^2)^{1/2} \text{ V} = 121 \text{ V} \,. \tag{3.27}$$

Der Gleichstrom wird durch (3.16) und (3.17) beschrieben:

$$I_{da} = 99{,}0 \text{ V}/10\,\Omega = 9{,}90 \text{ A} \tag{3.28}$$

und

$$I_{de} = 156 \text{ V}/10\,\Omega = 15{,}6 \text{ A} \,. \tag{3.29}$$

Im Widerstand wird die Leistung P umgesetzt ((3.20)):

$$P = 10\,\Omega \cdot (15{,}6\ \mathrm{A})^2 = 242\ \mathrm{W}\,. \tag{3.30}$$

Die Diode ist für folgende Beanspruchungen auszuwählen:

— mittlerer Ventilstrom (3.21)

$$I_{\mathrm{Va}} = I_{\mathrm{da}} = 9{,}90\ \mathrm{A}\,; \tag{3.31}$$

— höchste Sperrspannung (3.22)

$$U_{\mathrm{Rm}} = U_{\mathrm{diO}} = \pi \cdot 99{,}0\ \mathrm{V} = 311\ \mathrm{V}\,. \tag{3.32}$$

Der Sicherungsnennstrom (3.23) soll

$$I_{\mathrm{SN}} = I_{\mathrm{de}} = 15{,}6\ \mathrm{A} \tag{3.33}$$

betragen.

3.2.1.2. Glätten mit einer Drossel

Wirkungsweise

Bild 3.3a und b zeigt das Schaltbild, den Verlauf des Gleichstroms i_{d} und der Gleichspannung u_{d}. Die Drossel L in Reihe mit dem Widerstand R glättet den Gleichstrom und begrenzt den Kurzschlußstrom. Die Untersuchung dieser Schaltung zeigt auch den Einfluß der Streureaktanz eines Transformators, der die Wechselspannung u_{v} abgibt.

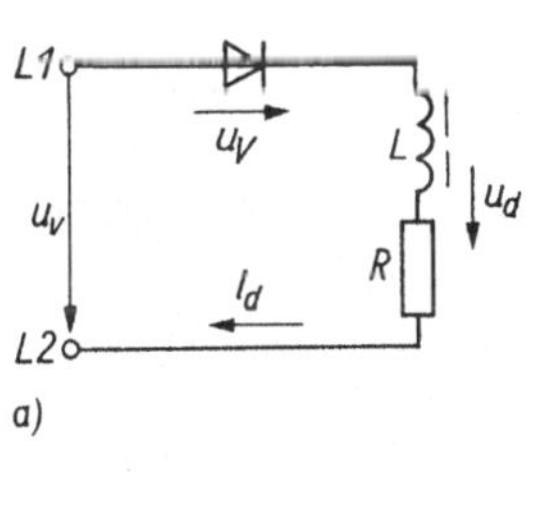

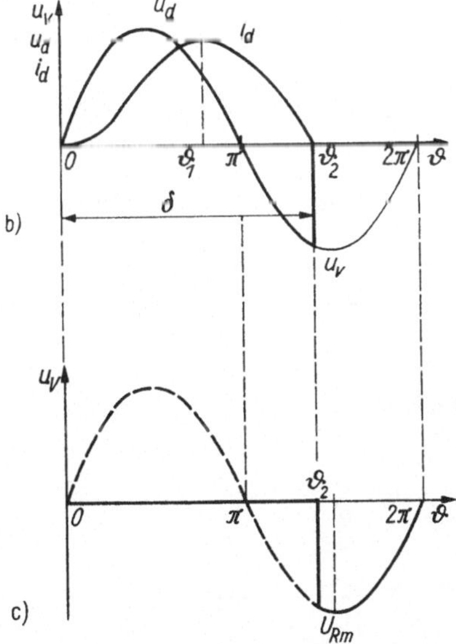

Bild 3.3. Einpulsgleichrichter mit Widerstandslast und Glättung des abgegebenen Gleichstroms mit einer Drossel

a) Schaltung; b) Verlauf der Wechselspannung u_{v}, der Gleichspannung u_{d} und des Gleichstroms i_{d}; c) Verlauf der Spannung u_{v} über dem Ventil

δ Leitdauer

Während der Leitdauer, d. h. $0 \leqq \vartheta \leqq \vartheta_2$, wird in der Drossel die Spannung $L\,\mathrm{d}i_{\mathrm{d}}/\mathrm{d}t$ induziert, die den Anstieg des Gleichstroms verlangsamt, so daß der Scheitelwert des Gleichstroms erst nach dem Maximum der Wechselspannung, nämlich bei $\vartheta = \vartheta_1$ erreicht wird (Bild 3.3b). Dabei speichert die Drossel magnetische Energie. Vom Zeitwinkel ϑ_1 an fällt der Strom, und die Drossel liefert die aufgespeicherte Energie an den Stromkreis zurück. Deshalb kann der Strom sogar während der Zeit $\vartheta = \pi$ bis ϑ_2 fließen, in der u_{v} schon negativ ist. Die Drossel vergrößert also die Leitdauer auf $\delta > \pi$. Den Spannungsverlauf über dem Ventil zeigt Bild 3.3c, wobei die Durchlaßspannung des Ventils vernachlässigt wird.

Gleichstrom und Gleichspannung

Den Verlauf des Gleichstroms i_d beschreibt

$$L\frac{di_d}{dt} + Ri_d = u_v\,. \tag{3.34}$$

Mit $u_v = \sqrt{2}\,\dot{U}_v \sin\vartheta$; $X = \omega L$ und $\omega t = \vartheta$ folgt

$$X\frac{di_d}{d\vartheta} + Ri_d = \sqrt{2}\,U_v \sin\vartheta\,. \tag{3.35}$$

Diese Differentialgleichung führt bei Berücksichtigung, daß für $\vartheta = 0$ der Strom $i_d = 0$ ist, zu

$$i_d = \frac{\sqrt{2}\,U_v}{R}\cos\varrho[\sin(\vartheta-\varrho) + \sin\varrho\,\exp\{-\vartheta\cot\varrho\}]\,. \tag{3.36}$$

wobei

$$\varrho = \arctan(X/R)\,. \tag{3.37}$$

Am Ende der Leitdauer sind $\vartheta = \delta$ und $i_d = 0$. Setzt man diese Werte in (3.36) ein, so findet man als Bestimmungsgleichung für die Leitdauer

$$\sin(\delta-\varrho) + \sin\varrho\,\exp\{-\delta\cot\varrho\} = 0\,. \tag{3.38}$$

Bild 3.4 zeigt δ als Funktion von ϱ.

Den Mittelwert U_{di0} der ideellen Gleichspannung kann man durch Integration von (3.35) über eine Periode finden:

$$\frac{1}{2\pi}\int_{\vartheta=0}^{\delta} X\frac{di_d}{d\vartheta}\,d\vartheta + \frac{1}{2\pi}\int_{\vartheta=0}^{\delta} Ri_d\,d\vartheta = \frac{1}{2\pi}\int_{\vartheta=0}^{\delta}\sqrt{2}\,U_v\sin\vartheta\,d\vartheta\,. \tag{3.39}$$

Im eingeschwungenen Zustand ist das erste Glied Null, und das zweite Glied ist U_{di0}. Folglich:

$$U_{di0} = \frac{1}{2\pi}\int_{\vartheta=0}^{\delta}\sqrt{2}\,U_v\sin\vartheta\,d\vartheta = \frac{1-\cos\delta}{2}\,\frac{\sqrt{2}}{\pi}\,U_v\,. \tag{3.40}$$

Der Mittelwert des Stroms beträgt

$$I_{da} = \frac{1-\cos\delta}{2}\,\frac{\sqrt{2}}{\pi}\,\frac{U_v}{R} = \frac{U_{di0}}{R}\,. \tag{3.41}$$

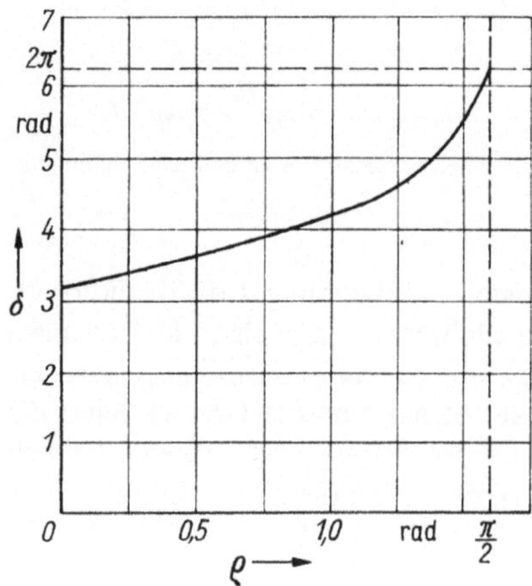

Bild 3.4. Leitdauer δ in Abhängigkeit von ϱ = arctan (X/R)

Beanspruchung der Diode

Der mittlere *Diodenstrom* I_{Va} ist wieder durch (3.21) gegeben.

Die *Sperrspannung* setzt beim Zeitwinkel ϑ_2 sprunghaft ein (Bild 3.3c) und gleicht von da an der am Gleichrichter liegenden Wechselspannung. Sie kann, falls $\vartheta_2 \leqq 3\pi/2$, den durch (3.22) gegebenen Scheitelwert U_{Rm} erreichen. Auf den „Trägerstaueffekt", der insbesondere bei einem so plötzlichen Anspringen der Sperrspannung auftritt und den Einsatz von Dämpfungsgliedern notwendig macht, ist schon im Abschnitt 2.2.3.3 hingewiesen worden.

Beispiel

Ein Einpulsgleichrichter am 220-V-, 50-Hz-Netz hat als Last einen Widerstand mit $R = 100\ \Omega$ und eine Drossel mit $L = 0{,}4$ H. Nach (3.37) gilt:

$$\varrho = \arctan(314\ \text{s}^{-1} \cdot 0{,}4\ \text{H}/100\ \Omega) = 1{,}26\ \text{rad}\,; \tag{3.42}$$

Bild 3.4 gibt hierfür eine Leitdauer $\delta = 4{,}6$ rad. Der Mittelwert der Gleichspannung beträgt ((3.40))

$$U_{\text{di0}} = \frac{1 - \cos 4{,}6}{2} \frac{\sqrt{2}}{\pi} 220\ \text{V} = 55{,}1\ \text{V}\,. \tag{3.43}$$

Der Mittelwert des Gleichstroms hat die Größe (3.41)

$$I_{\text{da}} = 55{,}1\ \text{V}/100\ \Omega = 0{,}551\ \text{A}\,. \tag{3.44}$$

Zur Einführung in die im Abschnitt 6.2 ausführlicher behandelte Problematik der Kurzschlußströme bei Stromrichteranlagen kann Bild 3.5 dienen. Es zeigt die Abhängigkeit des durch (3.36) beschriebenen Verlaufs des Stroms von einer variablen Last R bei einer konstanten vorgeschalteten Reaktanz $X = \omega L$ (Bild 3.3a), also z. B. der Kurzschlußreaktanz eines Transformators oder der Reaktanz einer zur Begrenzung des Kurzschlußstroms vorgeschalteten Drossel. Wenn der Lastwiderstand R kleiner wird, werden die Amplitude des Stroms und die Leitdauer größer, bis schließlich bei sattem Kurzschluß ($R = 0$) die Leitdauer 360° erreicht.

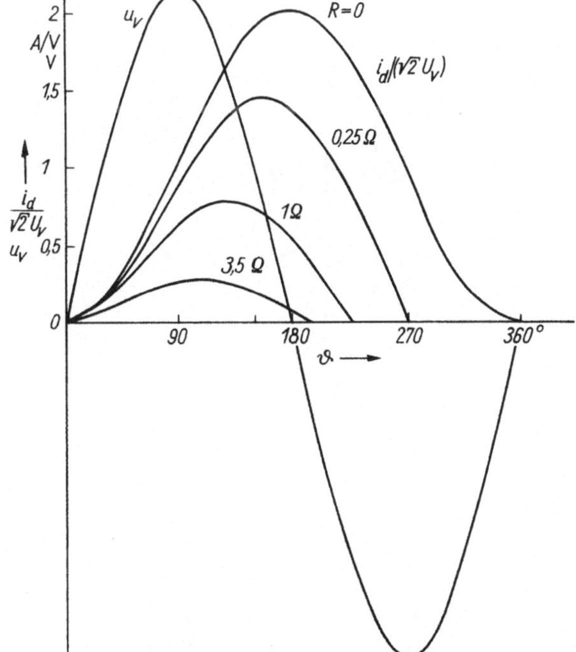

Bild 3.5. Verlauf des bezogenen Gleichstroms $i_d/(\sqrt{2}\,U_v)$ bei konstanter Reaktanz $X = 1\ \Omega$ und variablem Widerstand R; u_v Netzspannung

Parameter: R

3.2.1.3. Glätten mit einem Kondensator

Bei Geräten für kleine Leistungen, wie z. B. bei manchen Stromversorgungen, glättet man die sehr wellige Gleichspannung des Einpulsgleichrichters mit Hilfe eines Kondensators (Bild 3.6).

Wirkungsweise (Bild 3.6b)

Im Zeitwinkel ϑ_1 überschreitet die Wechselspannung die Spannung des Kondensators, so daß der Strom i_V durch das Ventil einsetzt. Vom Zeitwinkel ϑ_2 an ist die Spannung des Kondensators größer als die Netzspannung, der Strom i_V setzt aus, und der Kondensator speist die Last R. Die Gleichspannung u_d sinkt jetzt exponentiell mit der Zeitkonstante RC ab.

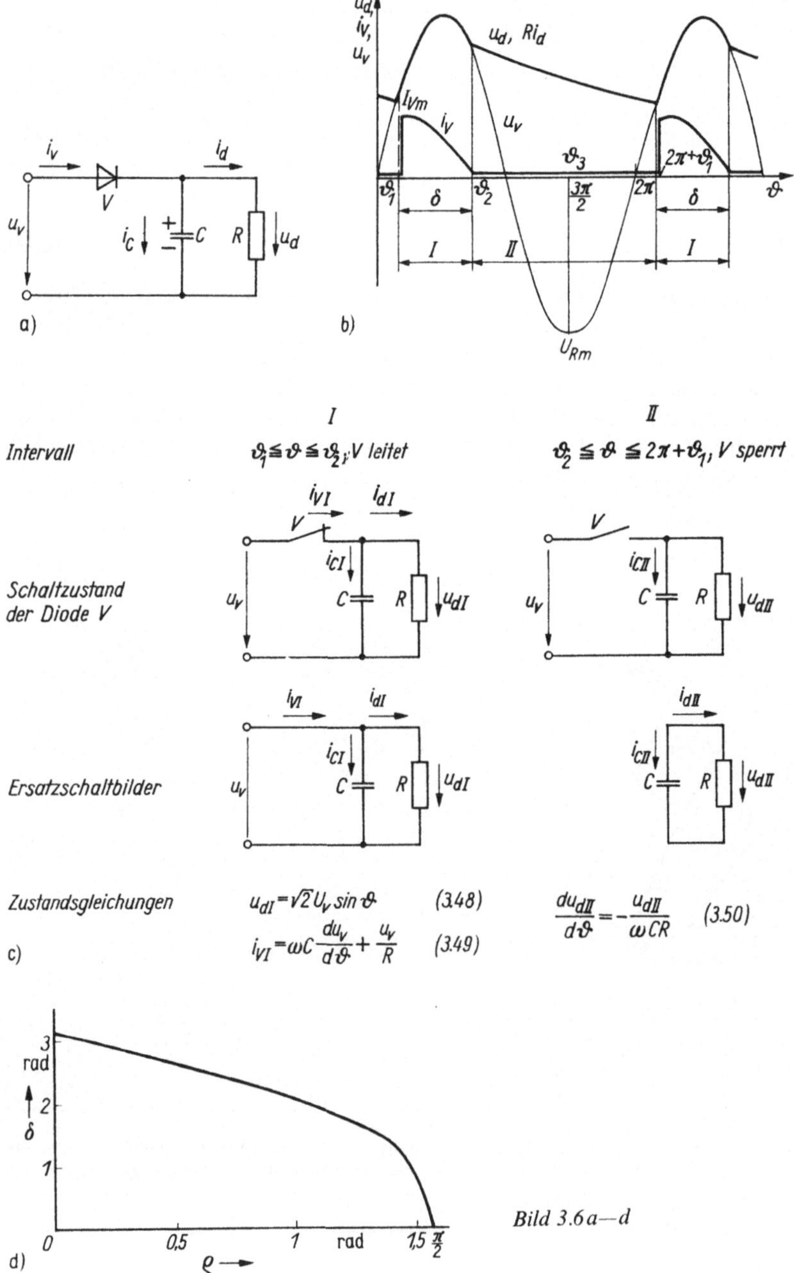

Bild 3.6 a—d

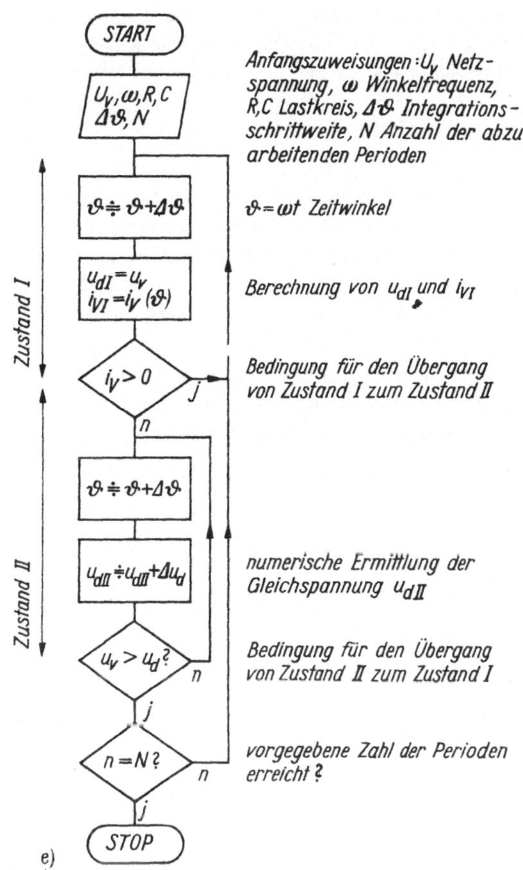

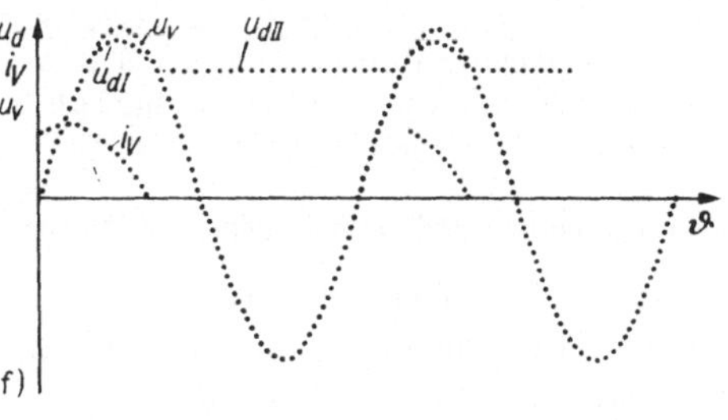

Bild 3.6. Einpulsgleichrichter bei Glättung der abgegebenen Gleichspannung mit einem Kondensator

a) Schaltung
b) Verlauf der Gleichspannung u_d und des Ventilstroms i_V im eingeschwungenen Zustand
c) die Schaltzustände I und II
d) Leitdauer δ als Funktion des Phasenwinkels ϱ
e) Programmablaufplan zur numerischen Integration
f) mit einem Digitalrechner ermittelter Verlauf von u_d und i_V

Spannungen und Ströme bei $RC \gg 1/f$

Wenn die Zeitkonstante RC im Vergleich zur Zeitdauer $1/f$ einer Periode der Wechselspannung groß ist, ergibt sich:

— Der Kondensator ist immer auf den Scheitelwert $\sqrt{2}\,U_v$ der an die Schaltung gelegten Wechselspannung geladen, und die Gleichspannung ist konstant und gleicht diesem Wert.
— Die Leitdauer der Diode ist sehr klein, so daß der periodische Spitzendurchlaßstrom I_{Vm} relativ groß ist.
— Das Ventil wird zum Zeitpunkt $\vartheta_3 = 3\pi/2$ mit der größten Sperrspannung, nämlich $U_{Rm} = 2\sqrt{2}\,U_v$, beansprucht.

Beispiel

In der im Bild 3.6a gezeigten Schaltung sei $U_v = 220$ V; $R = 10$ kΩ; $C = 50$ μF; $f = 50$ Hz.

Die Zeitkonstante des RC-Kreises ist

$$\tau = RC = 10^4\ \Omega \cdot 50 \cdot 10^{-6}\ \text{F} = 500\ \text{ms}\,, \qquad (3.45)$$

ist also wesentlich länger als die Dauer einer Periode der Netzspannung.

Der Kondensator wird in jeder Periode auf den Scheitelwert der Netzspannung

$$\sqrt{2}\,U_v = \sqrt{2} \cdot 220\ \text{V} = 311\ \text{V} \qquad (3.46)$$

aufgeladen. Die höchste Sperrspannung beträgt ((3.22)):

$$U_{Rm} = 2\sqrt{2} \cdot 220\ \text{V} = 622\ \text{V}\,. \qquad (3.47)$$

Eine Überschlagsrechnung zeigt: Der Laststrom beträgt maximal 311 V/10 kΩ = 31,1 mA und fließt während 20 ms, so daß maximal eine Ladung von 31,1 mA · 20 ms = 622 · 10^{-6} A · s abgeflossen und die Kondensatorspannung um höchstens 622 · 10^{-6} A · s/(50 µF) = 12,4 V abgesunken ist. Die mittlere abgegebene Gleichspannung beträgt also einige Volt weniger als 311 V.

Spannungen und Ströme bei beliebigen Werten von *RC*

Die Diode V (Bild 3.6a) hat zwei Schaltzustände: Sie leitet bei positiver Anoden-Katoden-Spannung und sperrt bei Spannung in umgekehrter Richtung; sie arbeitet also *diskontinuierlich*. Dementsprechend wird jede Periode in zwei Intervalle I und II geteilt, und diesen werden Ersatzschaltbilder zugeordnet (Bild 3.6c). Während jedes Intervalls arbeitet die Schaltung kontinuierlich. Es handelt sich also um eine *abschnittsweise kontinuierlich* arbeitende Schaltung. Diese Art der Schaltung ist für Gleichrichter, Wechselrichter usw. typisch.

Die Spannungen und Ströme in den Ersatzschaltbildern werden durch die Gleichungen (3.48) bis (3.50) (s. Bild 3.6c) beschrieben. Die Integration der Differentialgleichung soll zuerst in geschlossener Form erfolgen. Anschließend wird das gleiche Ergebnis durch numerische, angenäherte Integration angestrebt.

Integration in geschlossener Form

Intervall I ($\vartheta_1 \leqq \vartheta \leqq \vartheta_2$):

Die Spannung des Netzes ist höher als die des Kondensators. Das Netz lädt deshalb den Kondensator auf und speist die Last. Die Gleichspannung u_{dI} und der Ventilstrom i_{VI} sind durch (3.48) und (3.49) gegeben (Bild 3.6c).

Der Ladestrom des Kondensators beträgt

$$i_{\mathrm{CI}} = \omega C \frac{\mathrm{d}u_{\mathrm{v}}}{\mathrm{d}\vartheta} = \omega C \sqrt{2}\, U_{\mathrm{v}} \cos \vartheta\,, \tag{3.52}$$

und der Diodenstrom ist

$$i_{\mathrm{VI}} = i_{\mathrm{dI}} + i_{\mathrm{CI}} = \sqrt{2}\, U_{\mathrm{v}} \left(\frac{1}{R} \sin \vartheta + \omega C \cos \vartheta \right)$$

$$= \sqrt{2}\, U_{\mathrm{v}} [\omega^2 C^2 + 1/R^2)^{1/2} \sin (\vartheta + \varrho)\,, \tag{3.53}$$

wo

$$\varrho = \arctan \omega CR \tag{3.54}$$

den Gleichstromkreis kennzeichnet.

Der Strom i_{VI} setzt, wie (3.53) zeigt, bei

$$\vartheta_2 = \pi - \varrho \tag{3.55}$$

aus; damit ist das Intervall I zu Ende. Der Kondensator ist auf

$$u_{\mathrm{CI}}(\vartheta_2) = \sqrt{2}\, U_{\mathrm{v}} \sin \vartheta_2 \tag{3.56}$$

geladen.

Intervall II ($\vartheta_2 \leqq \vartheta \leqq 2\pi + \vartheta_1$):

Der Laststrom i_{dII} wird vom Kondensator geliefert. Die Integration von (3.50) ergibt, mit

$$U_{\mathrm{dII}}(\vartheta_2) = \sqrt{2}\, U_{\mathrm{v}} \sin \vartheta_2 / R\,, \tag{3.57}$$

$$u_{\mathrm{dII}} = \sqrt{2}\, U_{\mathrm{v}} \sin \vartheta_2 \exp \{-(\vartheta - \vartheta_2) \cot \varrho\}\,. \tag{3.58}$$

Der Abfall der Gleichspannung während der Sperrdauer der Diode ist um so geringer, je größer ωCR ist, was ja auch unmittelbar aus der Anschauung hervorgeht. Bei sehr großen Werten von ωCR liegt die abgegebene Gleichspannung nur wenig unter dem Scheitelwert der Wechselspannung, worauf schon hingewiesen worden ist.

Die Sperrdauer hört in dem Zeitpunkt $\vartheta = 2\pi + \vartheta_1$ auf, in dem die Kondensatorspannung der Netzspannung gleicht:

$$\sqrt{2}\, U_v \sin \vartheta_2 \exp\{-(2\pi + \vartheta_1 - \vartheta_2) \cot \varrho\} = \sqrt{2}\, U_v \sin(2\pi + \vartheta_1)\,. \tag{3.59}$$

Wenn die Leitdauer der Diode mit $\delta = \vartheta_2 - \vartheta_1$ bezeichnet wird, dann folgt aus dieser Gleichung

$$\sin(\varrho + \delta) - \sin \varrho \exp\{-(2\pi - \delta) \cot \varrho\} = 0\,. \tag{3.60}$$

Bild 3.6d zeigt δ als Funktion von ϱ.

Die mittlere Gleichspannung ist durch den folgenden Ausdruck gegeben:

$$U_{da} = \frac{1}{2\pi} \int\limits_{\vartheta=\vartheta_1}^{\vartheta_2} u_{dI}\, d\vartheta + \frac{1}{2\pi} \int\limits_{\vartheta=\vartheta_2}^{2\pi+\vartheta_1} u_{dII}\, d\vartheta = \frac{1-\cos\delta}{2\cos\varrho} \frac{\sqrt{2}}{\pi} U_v\,. \tag{3.61}$$

Numerische, angenäherte Integration

Bei dem soeben gezeigten Lösungsweg wurde (3.50) zwar in geschlossener Form integriert, doch war die Ermittlung der Leitdauer der Diode (3.60) nur grafisch oder mit Hilfe eines elektronischen Rechners möglich. Es ist deshalb sinnvoll, auch die Differentialgleichung (3.50) nicht formelmäßig, sondern numerisch, angenähert mit einem Digitalrechner (oder auch einem Analogrechner) zu lösen. Dies soll gleichzeitig eine Einführung zum rechnergestützten Entwurf eines Stromrichters sein. — Den Ablauf des Rechenprogramms zeigt Bild 3.6e.

Intervall I

Die Gleichspannung u_{dI} und der Ventilstrom i_{VI} zu den Zeitpunkten ϑ, $\vartheta + \Delta\vartheta$, $\vartheta + 2\Delta\vartheta$ usw. können unmittelbar mit (3.48) und (3.49) berechnet werden. Bei jedem Schritt wird geprüft, ob der Ventilstrom i_{VI} wieder auf Null abgeklungen ist; wenn ja, erfolgt der Übergang zum Zustand II.

Intervall II

Die Differentialgleichung (3.50) wird schrittweise integriert; dazu eignet sich z. B. das bekannte Integrationsverfahren nach *Runge-Kutta* (s. z. B. [2.9]). Die Integration beginnt mit $u_{dII}(\vartheta_2) \equiv u_{dI}(\vartheta_2)$.

Die Rückkehr zum Zustand I erfolgt, wenn $u_v > u_{dII}$. Die Rechnung wird für eine vorgegebene Zahl N Perioden wiederholt und dann abgeschlossen.

Der im Bild 3.6e gezeigte Algorithmus muß noch in eine Programmiersprache übersetzt werden, entsprechend dem zur Verfügung stehenden Rechner (z. B. BASIC). Die Resultate u_d, i_V usw. können zu den Zeitpunkten ϑ, $\vartheta + \Delta\vartheta$ usw. numerisch oder auch auf einem Bildschirm ausgegeben werden. Die Beobachtung auf einem Monitor gibt einen unmittelbaren Eindruck von der Welligkeit der Gleichspannung, der Beanspruchung der Diode durch den Durchlaßstrom usw. (Bild 3.6f).

Das in diesem Abschnitt berechnete Beispiel (S. 129) soll noch einmal betrachtet werden, aber mit einem Kondensator von nur 5 µF. Dann ergibt sich $\tau = 10^4\,\Omega \cdot 5 \cdot 10^{-6}\,F = 50$ ms, also nicht mehr sehr viel länger als $1/f = 20$ ms. Die mittlere Gleichspannung sollte deshalb mit (3.61) berechnet werden. Es gilt jetzt (3.54)

$$\varrho = \arctan(314\,s^{-1} \cdot 50 \cdot 10^{-3}\,s) = 1{,}51\ \text{rad}\,. \tag{3.62}$$

Bild 3.6d gibt hierfür $\delta = 0{,}76$ rad. Damit führt (3.61) zu

$$U_{da} = \frac{1 - \cos 0{,}76}{2 \cdot \cos 1{,}51} \cdot \frac{\sqrt{2}}{\pi} \cdot 220\ V = 224\ V\,. \tag{3.63}$$

Der Spannungsabfall zwischen Leerlauf (311 V) und Belastung bei einem mittleren Strom von 224 V/$10^4\,\Omega$ = 22,4 mA ist also beträchtlich!

3.2.1.4. Belastung mit Gegenspannung

Der Gleichrichter soll über einen Widerstand R gegen eine konstante Spannung E arbeiten (Bild 3.7). E könnte die Spannung eines Akkumulators, der geladen wird, oder die Gegenurspannung eines Gleichstrommotors sein. Der Strom fließt nur in dem Intervall $\sigma \leqq \vartheta \leqq \pi - \sigma$, in dem die Wechselspannung die Gegenspannung übersteigt. Die Leitdauer beträgt also $\delta = \pi - 2\sigma$. Deshalb ist der Spitzendurchlaßstrom relativ groß.

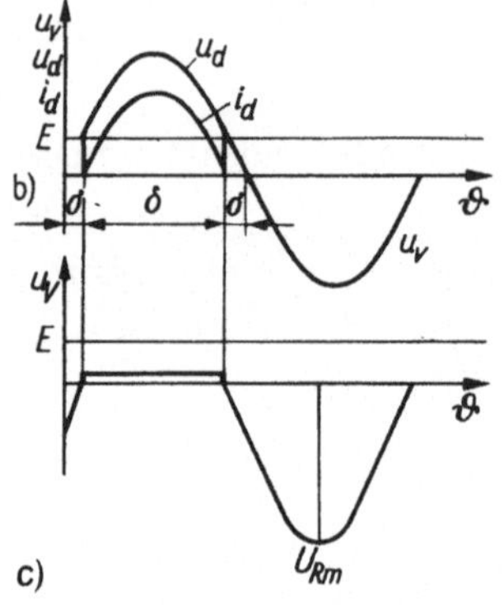

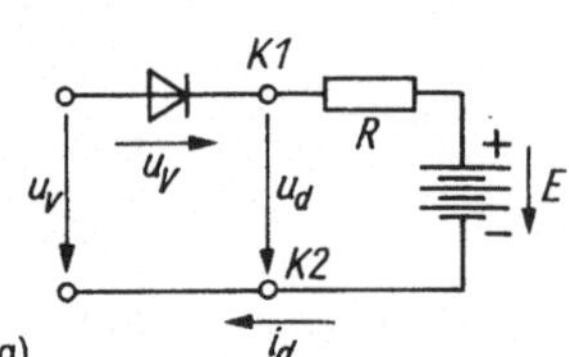

Bild 3.7. Einpulsgleichrichter bei Belastung mit Gegenspannung E

a) Schaltung
b) Verlauf der Wechselspannung u_v, der Gleichspannung u_d und des Gleichstroms i_d
c) Verlauf der Spannung u_V über dem Ventil

Der Winkel σ ist gegeben durch

$$\sqrt{2}\, U_v \sin\sigma = E \quad \text{oder} \quad \sin\sigma = \frac{E}{\sqrt{2}\, U_v}. \tag{3.64}$$

Der Mittelwert der Gleichspannung, die ja nur während der Leitdauer wirksam ist, beträgt

$$U_{\text{di0}} = \frac{1}{2\pi} \int_{\vartheta=\sigma}^{\pi-\sigma} \sqrt{2} U_v \sin\vartheta \, d\vartheta = \frac{\sqrt{2}\, U_v}{\pi} \cos\sigma\,. \tag{3.65}$$

Der Gleichstrom hat den Augenblickswert

$$i_d = (\sqrt{2}\, U_v \sin\vartheta - E)/R \tag{3.66}$$

und den Mittelwert

$$I_{da} = \frac{1}{2\pi R} \int_{\vartheta=\sigma}^{\pi-\sigma} (\sqrt{2}\, U_v \sin\vartheta - E)\, d\vartheta = \frac{1}{R}\left[U_{\text{di0}} - \frac{\pi - 2\sigma}{2\pi} E\right]. \tag{3.67}$$

Dieses Ergebnis leuchtet unmittelbar ein, da die Gegenspannung E ja nur während des Bruchteils $(\pi - 2\sigma)/(2\pi)$ der Periode wirksam ist.

Die höchste Sperrspannung beträgt

$$U_{\text{Rm}} = \sqrt{2} U_v + E\,. \tag{3.68}$$

Beispiel

Ein Akkumulator mit einer Spannung von 9 V soll zur Erhaltungsladung von einer 10-V-Wechselspannung mit einem mittleren Strom von 5 mA geladen werden. Wie groß muß der Vorwiderstand sein?
(3.64) gibt

$$\sin\sigma = \frac{9\text{ V}}{\sqrt{2} \cdot 10\text{ V}} = 0{,}636\,; \qquad \sigma = 0{,}690\text{ rad}\,. \tag{3.69}$$

(3.65) führt zu

$$U_{\mathrm{di0}} = \frac{\sqrt{2} \cdot 10\ \mathrm{V}}{\pi} \cos 0{,}690 = 3{,}47\ \mathrm{V}\,. \tag{3.70}$$

Aus (3.67) folgt

$$R = \frac{1}{0{,}005\ \mathrm{A}} \left[3{,}47\ \mathrm{V} - \frac{\pi - 2 \cdot 0{,}690}{2\pi} \cdot 9\ \mathrm{V} \right] = 189\ \Omega\,. \tag{3.71}$$

3.2.1.5. Phasenanschnittsteuerung

Bei vielen Anwendungen der Gleichrichter, z. B. zur Regelung der Drehzahl von Gleichstrommotoren, muß man den Mittelwert der abgegebenen Gleichspannung steuern können. Dazu dient die Phasenanschnittsteuerung, deren Wirkungsweise am Beispiel des Einpulsgleichrichters erläutert werden soll.

Die Schaltung sei wieder durch Bild 3.2a gegeben, doch mit einem Thyristor an Stelle der Diode. Der Thyristor schaltet erst vom Blockier- zum Durchlaßzustand um, wenn seine Steuerelektrode mit einem Strompuls beaufschlagt wird (vgl. Abschn. 2.3.2.3). Dieser Strompuls einstellbarer Phasenlage wird von einem elektronischen Steuergerät bereitgestellt (vgl. Abschn. 5).

Belastung nur mit Widerstand *R*

Bild 3.8a und b zeigt den Verlauf der Spannungen und Ströme, wenn die Steuerelektrode des Thyristors mit einem Zündverzögerungswinkel α, also im Zeitwinkel ϑ_1, einen Strompuls erhält (Bild 3.7c). Die ideelle Gleichspannung hat jetzt den Mittelwert $U_{\mathrm{di}\alpha}$:

$$U_{\mathrm{di}\alpha} = \frac{1}{2\pi} \int_{\vartheta=\alpha}^{\pi} \sqrt{2}\, U_{\mathrm{v}} \sin \vartheta \, \mathrm{d}\vartheta = \frac{1}{2} (1 + \cos \alpha)\, U_{\mathrm{di0}}\,. \tag{3.72}$$

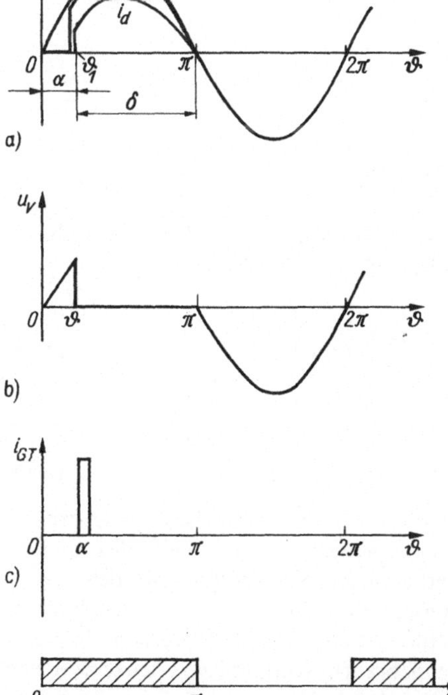

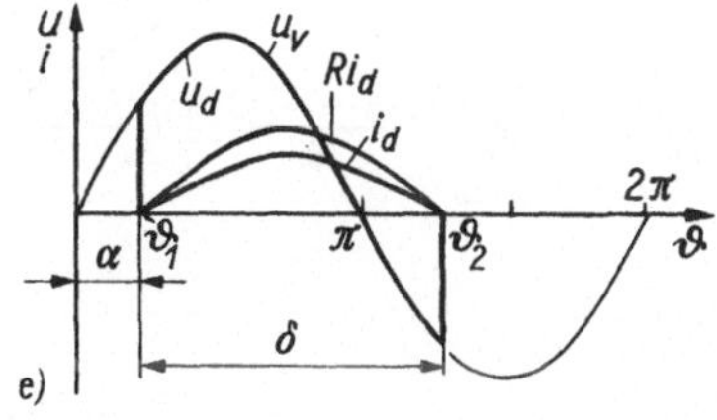

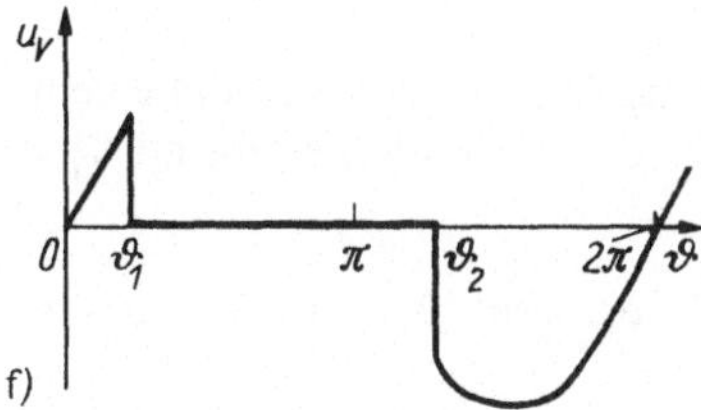

Bild 3.8. Phasenanschnittsteuerung

a) und b) Verlauf der Wechselspannung u_{v}, der Gleichspannung u_{d}, des Gleichstroms i_{d} sowie der Spannung u_{V} über dem Ventil bei Zündverzögerung α und bei Widerstandslast

c) Zündpuls beim Zündverzögerungswinkel α; i_{GT} Zündstrom

d) Verschiebebereich des Zündpulses

e) und f) wie a) und b) für *R*, *L*-Last

Bild 3.22, Kurve *I* (S. 161), zeigt die *Steuerkennlinie*

$$U_{\mathrm{di}\alpha}/U_{\mathrm{di}0} = f(\alpha) = (1 + \cos\alpha)/2\,.$$

Der mittlere Gleichstrom beträgt

$$I_{\mathrm{da}} = U_{\mathrm{di}\alpha}/R\,. \tag{3.73}$$

Um die mittlere Gleichspannung von ihrem maximalen Wert bis auf Null herabsteuern zu können, muß der Verschiebebereich des Zündimpulses $0 \leqq \alpha \leqq \pi$ betragen (Bild 3.8d). Die Ansteuergeräte zur Erzeugung, Synchronisierung, Verstärkung usw. der Zündimpulse werden im Abschnitt 5 beschrieben.

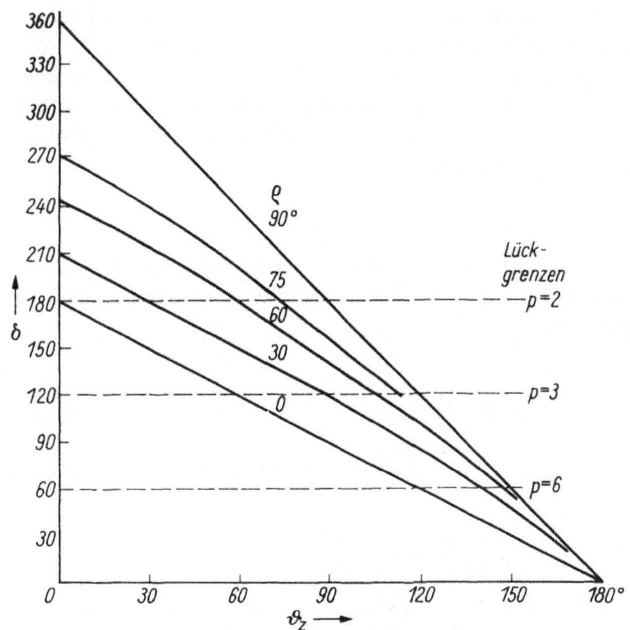

Bild 3.9. Leitdauer δ in Abhängigkeit vom Zündwinkel ϑ_z bei lückendem Strom; Parameter: Phasenwinkel ϱ
für $p = 1$ und $p = 2$: $\vartheta_z = \alpha$
für $p \geqq 3$: $\vartheta_z = \alpha + \pi/2 - \pi/p$

Belastung mit einem Widerstand *R* und einer Drossel *L* (Bild 3.8e, f)

Bild 3.3a zeigt wieder die Schaltung, jedoch mit einem Thyristor. Der Verlauf des Stroms wird durch (3.34) beschrieben, und die Integration ergibt mit $i_d = 0$ bei $\vartheta_1 = \alpha$

$$i_d = \frac{\sqrt{2}\,U_v}{R}\cos\varrho[\sin(\vartheta - \varrho) + \sin(\varrho - \alpha)\exp\{-(\vartheta - \alpha)\cot\varrho\}]\,. \tag{3.74}$$

Die Bestimmungsgleichung für die Leitdauer δ lautet

$$\sin(\delta + \alpha - \varrho) + \sin(\varrho - \alpha)\exp\{-\delta\cot\varrho\} = 0\,. \tag{3.75}$$

Da sich die Werte von $\delta = f(\alpha, \varrho)$, für die (3.74) den Wert Null annimmt (Nullstellen), nicht explizit angeben lassen, muß die Leitdauer δ entweder grafisch bestimmt werden, oder die Nullstellen müssen durch ein Näherungsverfahren, z. B. mit einem programmierbaren Rechner gefunden werden.

Von Bild 3.9 kann die Leitdauer δ als Funktion des Zündverzögerungswinkels $\alpha \equiv \vartheta_z$ mit dem Phasenwinkel ϱ als Parameter abgelesen werden. Das Formelzeichen ϑ_z ist hier eingeführt worden, da dieses Diagramm auch bei der Diskussion der Mehrpulsgleichrichter gebraucht wird, um die Grenze zwischen nichtlückendem und lückendem Strom zu finden.

Die ideelle Gleichspannung hat jetzt den Mittelwert

$$U_{\mathrm{di}\alpha} = \frac{1}{2\pi} \int\limits_{\vartheta=\alpha}^{\alpha+\delta} \sqrt{2}\, U_{\mathrm{v}} \sin \vartheta \, \mathrm{d}\vartheta = \frac{1}{2} \left[\cos \alpha - \cos (\alpha + \delta)\right] U_{\mathrm{di0}} \,. \tag{3.76}$$

Um den mittleren Gleichstrom I_{da} zu berechnen, geht man von der Differentialgleichung (3.35) aus, integriert zwischen den Grenzen $\vartheta = \alpha$ und $\vartheta = (\alpha + \delta)$ und mittelt über die Zeitdauer einer Periode:

$$\frac{X}{2\pi} \int\limits_{\vartheta=\alpha}^{\alpha+\delta} \frac{\mathrm{d}i_{\mathrm{d}}}{\mathrm{d}\vartheta} \mathrm{d}\vartheta + \frac{R}{2\pi} \int\limits_{\vartheta=\alpha}^{\alpha+\delta} i_{\mathrm{d}} \, \mathrm{d}\vartheta = \frac{\sqrt{2}\, U_{\mathrm{v}}}{2\pi} \int\limits_{\vartheta=\alpha}^{\alpha+\delta} \sin \vartheta \, \mathrm{d}\vartheta \,. \tag{3.77}$$

Folglich:

$$\frac{X}{2\pi} \, i_{\mathrm{d}} \Big|_{\alpha}^{\alpha+\delta} + R I_{\mathrm{da}} = U_{\mathrm{di}\alpha} \,. \tag{3.78}$$

Da $i_{\mathrm{d}}(\alpha) = i_{\mathrm{d}}(\alpha + \delta) = 0$, ergibt sich analog (3.16)

$$I_{\mathrm{da}} = U_{\mathrm{di}\alpha}/R \,. \tag{3.79}$$

Der Thyristor ist für folgende Beanspruchungen auszuwählen:

mittlerer Durchlaßstrom $I_{\mathrm{Ta}} = I_{\mathrm{da}}$; (3.80)

Scheitelwert der Blockier- und der Rückwärtssperrspannung

$$U_{\mathrm{D,Rm}} = \sqrt{2}\, U_{\mathrm{v}} \,. \tag{3.81}$$

Ein Beispiel für den Einsatz von Einpulsgleichrichtern sind *Vibrationsantriebe*. Mit elektromagnetischen Vibratoren können Förderrinnen, Siebe u. ä. in Schwingbewegungen versetzt werden. Die Spule des Vibrators wird über einen Einpulsgleichrichter mit Thyristor unmittelbar vom 220-V- oder 380-V-, 50-Hz-Netz mit Strömen bis zu mehreren 100 A gespeist. Die Schwingweite des Vibrators kann mit Hilfe eines Programmgebers über den Zündwinkel des Thyristors periodisch variiert werden. Außerdem lassen sich die Wirkzeit zwischen 0,5 und 3 s und die Pausenzeit zwischen 2 und 30 s einstellen.

Beispiel

Ein Einpulsgleichrichter ist an ein 220-V-Netz angeschlossen.

a) Wie groß muß der Steuerbereich des Ansteuergerätes sein, damit die abgegebene Gleichspannung von ihrem größtmöglichen Wert bis auf Null herabgesteuert werden kann?

b) Es wird eine mittlere ideelle Gleichspannung von 60 V benötigt. Wie groß muß der Zündverzögerungswinkel α sein?

Zu a): Der Steuerbereich muß 180° betragen.

Zu b): (3.4) gibt mit $U_{\mathrm{v}} = 220$ V:

$$U_{\mathrm{diO}} = 0{,}450 \cdot 220 \text{ V} = 99 \text{ V} \,. \tag{3.82}$$

Gefordert ist $U_{\mathrm{di}\alpha} = 60$ V. (3.72) führt zu

$$\cos \alpha = \frac{2U_{\mathrm{di}\alpha}}{U_{\mathrm{diO}}} - 1 = \frac{2 \cdot 60 \text{ V}}{99 \text{ V}} - 1 = 0{,}212\,; \tag{3.83}$$

$$\alpha = 77{,}8^\circ \,.$$

3.2.1.6. Belastung mit Gegenspannung, Glätten mit einer Drossel

Bild 3.10a zeigt als Beispiel für die im folgenden behandelte Schaltung den Ankerkreis eines Gleichstrommotors, der über einen Einpulsgleichrichter gespeist wird. E ist die Gegenspannung, die im Anker induziert wird, L und R sind die Induktivität und der Widerstand der Ankerwicklung. Es sei jetzt schon darauf hingewiesen, daß die Betriebseigenschaften eines Gleichstrommotors in hohem Maß davon abhängen, ob der Strom durch den Anker kontinuierlich fließt oder ob er lückt. Bei den später folgenden Diskussionen der *Mehrpuls*gleichrichter wird die Leitdauer des Durchlaßstroms beim *Einpuls*gleichrichter mit Gegenspannung und Glättung mit einer Drossel das Kriterium dafür bieten, ob der Strom lückt oder nicht.

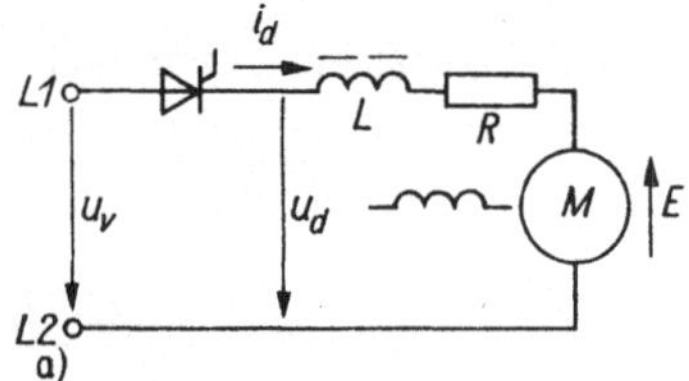

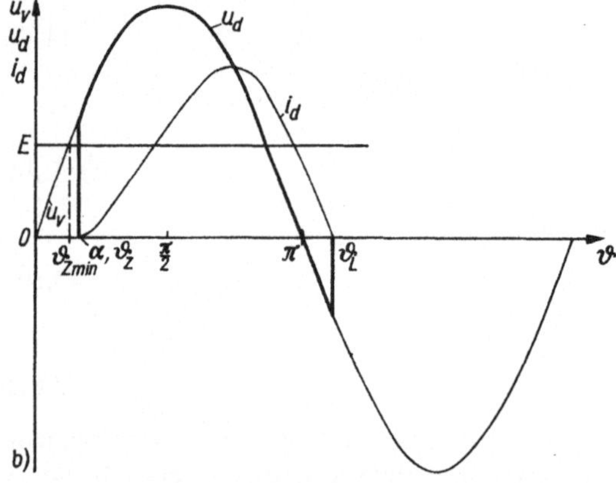

Bild 3.10. Einpulsgleichrichter mit Gegenspannung E, Induktivität L und Widerstand R

b) Verlauf von Gleichspannung u_d und Gleichstrom i_d

Der im Bild 3.10a gezeigte Stromkreis wird durch

$$X \frac{\mathrm{d}i_\mathrm{d}}{\mathrm{d}\vartheta} + Ri_\mathrm{d} + E = \sqrt{2}\,U_\mathrm{v} \sin \vartheta \tag{3.84}$$

beschrieben, mit $X = \omega L$. Die Lösung dieser Gleichung lautet, mit

$$\varrho = \operatorname{arccot} R/X\,, \qquad \sigma = \arcsin\left(\frac{E}{\sqrt{2}\,U_\mathrm{v}}\right) \qquad (3.85), (3.86)$$

und mit der Festlegung, daß $i_\mathrm{d} = 0$ bei $\vartheta = \alpha$:

$$\frac{i_\mathrm{d}}{\sqrt{2}\,U_\mathrm{v}/R} = \cos \varrho \sin (\vartheta - \varrho) - \sin \sigma$$
$$- [\cos \varrho \sin (\alpha - \varrho) - \sin \sigma] \exp \{-\cot \varrho(\vartheta - \alpha)\}\,. \tag{3.87}$$

Bild 3.10b zeigt ein Beispiel für den Verlauf des Gleichstroms.

Beim „Löschwinkel" ϑ_L setzt der Gleichstrom wieder aus, d. h. $i_\mathrm{d} = 0$. ϑ_L kann mit Hilfe von (3.87) ermittelt werden, zwar nicht in geschlossener Form, sondern grafisch oder mit einem Näherungsverfahren mit einem programmierbaren Rechner. — Wenn man noch an Stelle des Zündverzögerungswinkels α den „Zündwinkel" ϑ_Z setzt, kann man die Leitdauer δ schreiben:

$$\delta = \vartheta_\mathrm{L} - \vartheta_\mathrm{Z}\,. \tag{3.88}$$

Bild 3.11 zeigt ϑ_L als Funktion von ϑ_Z, mit σ und ϱ als Parameter.

Der Strom kann erst einsetzen, wenn die Netzspannung zumindest so groß ist wie die Gegenspannung.

Deshalb gilt für den geringstmöglichen Zündwinkel $\vartheta_{\mathrm{Z\,min}}$:

$$\sqrt{2}\,U_{\mathrm{v}} \sin \vartheta_{\mathrm{Z\,min}} = E \tag{3.89}$$

oder

$$\arcsin \vartheta_{\mathrm{Z\,min}} = \sigma\,. \tag{3.90}$$

Die mittlere ideelle Gleichspannung $U_{\mathrm{di}\alpha}$ ist wieder durch (3.76) gegeben.

Den Mittelwert I_{da} des Gleichstroms findet man am einfachsten, wenn man (3.84) integriert und über die Leitdauer δ mittelt (vgl. (3.77)):

$$\frac{1}{2\pi}\int_{\vartheta=\alpha}^{\alpha+\delta} X\,\frac{\mathrm{d}i_{\mathrm{d}}}{\mathrm{d}\vartheta}\,\mathrm{d}\vartheta + \frac{1}{2\pi}\int_{\vartheta=\alpha}^{\alpha+\delta} R i_{\mathrm{d}}\,\mathrm{d}\vartheta + \frac{1}{2\pi}\int_{\vartheta=\alpha}^{\alpha+\delta} E\,\mathrm{d}\vartheta = \frac{1}{2\pi}\int_{\vartheta=\alpha}^{\alpha+\delta} \sqrt{2}\,U_{\mathrm{v}} \sin\vartheta\,\mathrm{d}\vartheta\,. \tag{3.91}$$

Da der Gleichstrom i_{d} bei $\vartheta = \alpha$ und bei $\vartheta = \alpha + \delta$ Null ist, ist auch das erste Glied von (3.91) Null, und es folgt:

$$R I_{\mathrm{da}} + \frac{\delta}{2\pi} E = U_{\mathrm{di}\alpha} \tag{3.92}$$

oder

$$I_{\mathrm{da}} = \frac{1}{R}\left(U_{\mathrm{di}\alpha} - \frac{\delta}{2\pi} E\right). \tag{3.93}$$

Dieses Resultat geht auch unmittelbar aus der Anschauung hervor, da die Gegenspannung nur während der Zeit wirkt, während der Strom fließt.

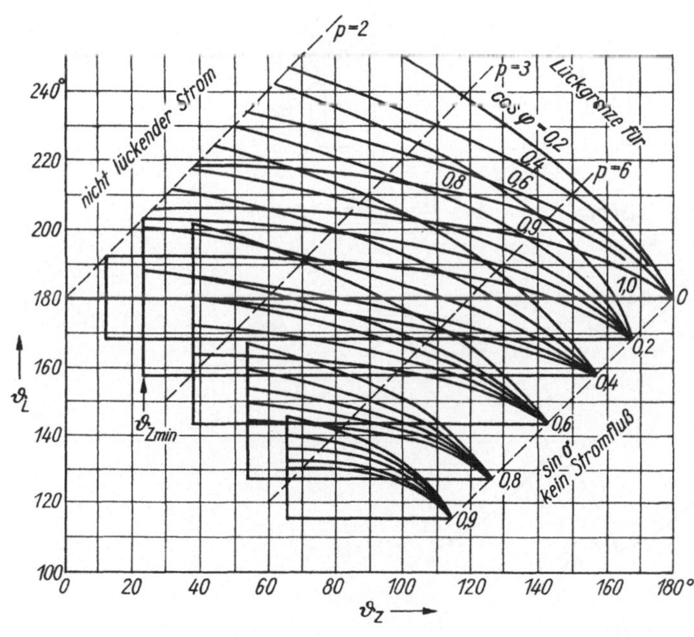

Bild 3.11. Löschwinkel ϑ_{L} als Funktion des Zündwinkels ϑ_{Z} beim Einpulsgleichrichter

Parameter: $\sin\sigma = E/\sqrt{2}\,U_{\mathrm{v}}$ und $\cos\varrho = R/[(\omega L)^2 + R^2]^{1/2}$
$\vartheta_{\mathrm{Z\,min}}$ geringstmöglicher Wert von ϑ_{Z}. Für $p = 1$ und $p = 2$: $\vartheta_{\mathrm{Z}} = \alpha$, für $p \geqq 3$: $\vartheta_{\mathrm{Z}} = \alpha + \pi/2 - \pi/p$

3.2.1.7. Einpulsgleichrichter mit Freilaufzweig

Die Bilder 3.2, 3.3, 3.8 und 3.10 zeigen, daß der Gleichstrom bei der Einpulsschaltung während eines Teils jeder Periode aussetzt, d. h. „lückt". Lückender Strom ist jedoch meist unerwünscht. Falls aber die Last induktiv ist, also Energie speichern kann, und ein Freilaufzweig *FZ* mit einer Diode über die Last geschaltet wird, kann die gespeicherte Energie den Gleichstrom auch noch aufrechterhalten.

wenn die Netzspannung negativ ist und wenn der Thyristor sperrt (Bild 3.12a und b). Der Gleichstrom fließt dann durch den Freilaufzweig und lückt nicht mehr.

Bei dieser Schaltung wechseln periodisch die beiden im Bild 3.12b und c gezeigten Schaltzustände der Ventile miteinander ab:

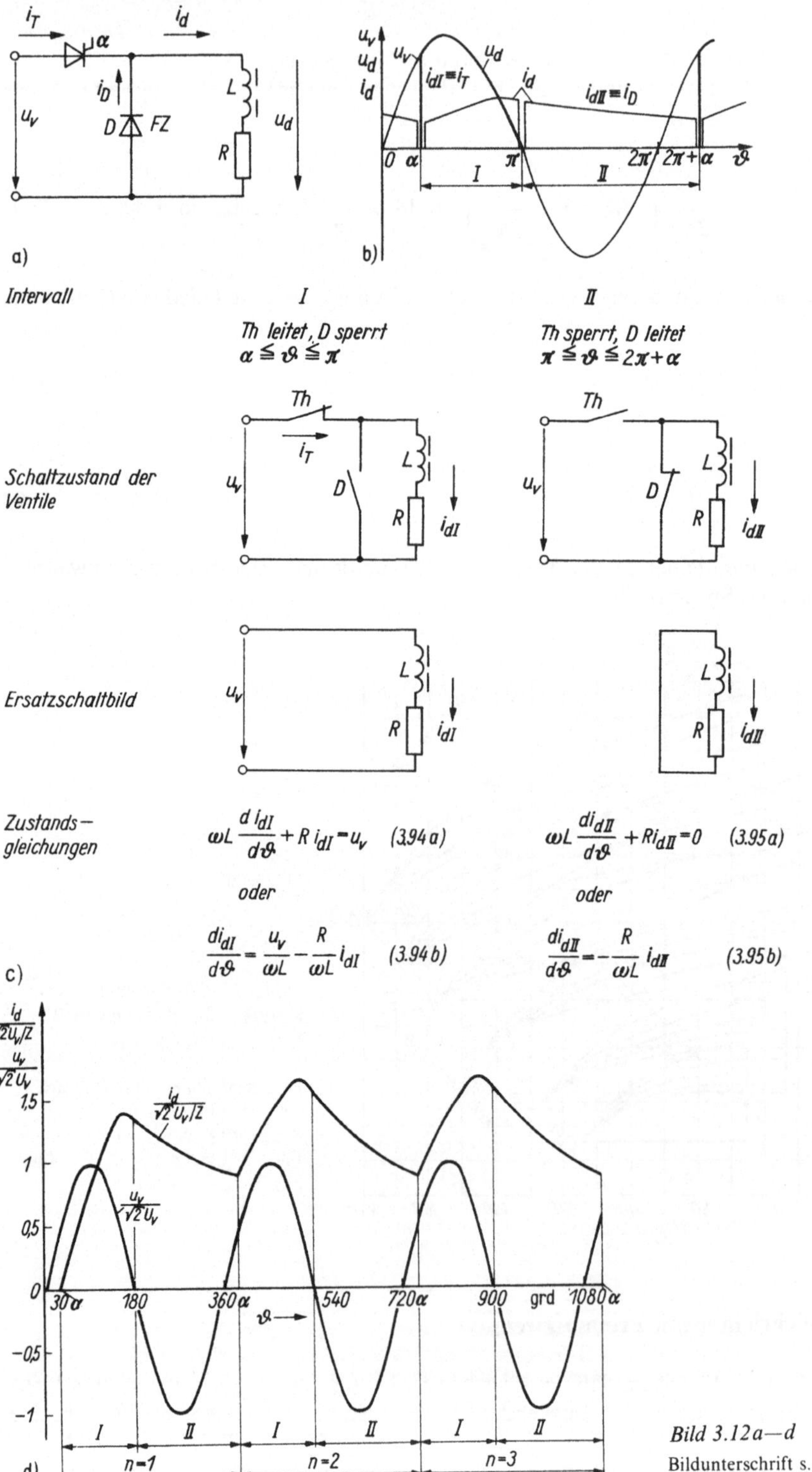

Bild 3.12a—d

Bildunterschrift s. S. 140

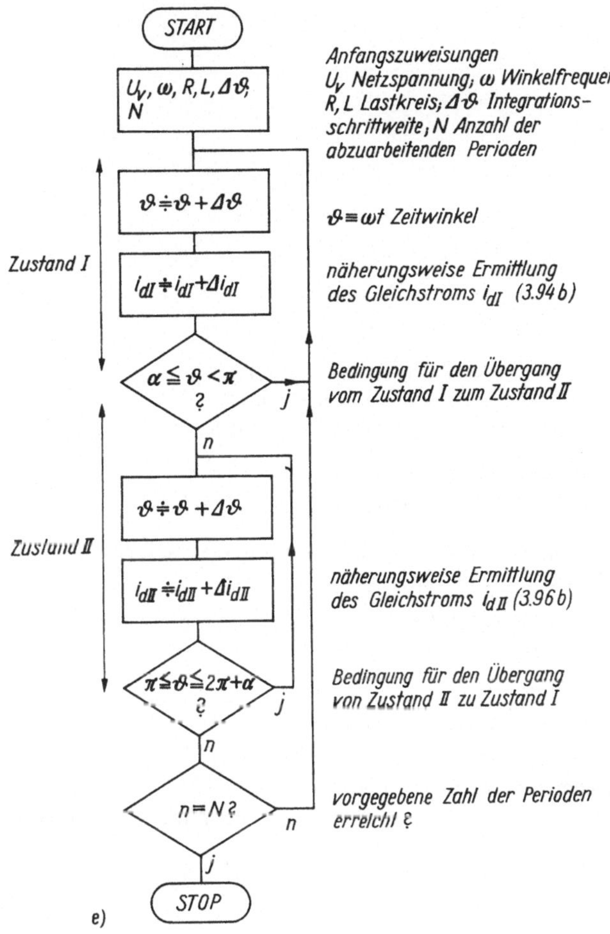

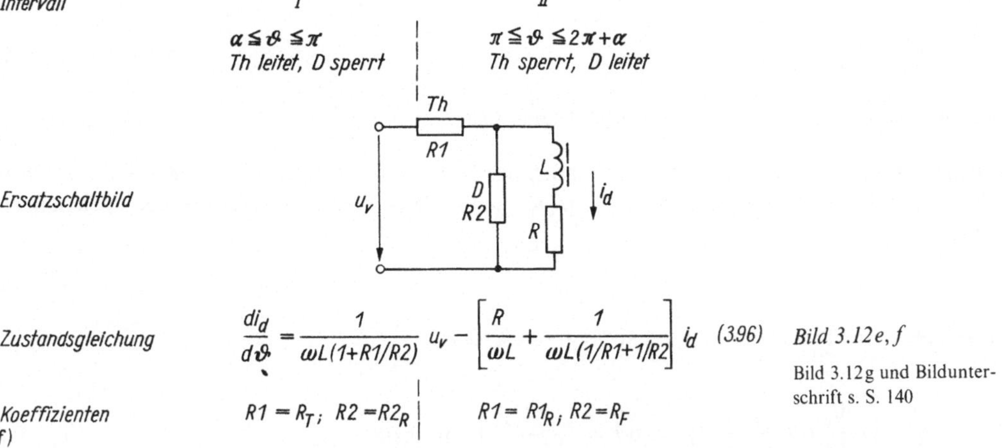

Bild 3.12e, f

Bild 3.12g und Bildunterschrift s. S. 140

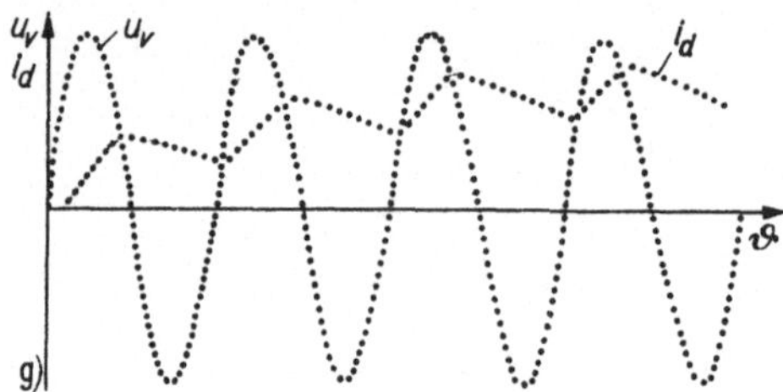

Bild 3.12. Einpulsgleichrichter mit Freilaufzweig

a) Schaltung; *Th* Thyristor; *FZ* Freilaufzweig; *R, L* Last
b) Verlauf des Laststroms i_d, des Stroms i_T durch den Thyristor und i_D durch die Diode; u_d Gleichspannung
c) Schaltzustand der Ventile, Ersatzschaltbilder und Zustandsgleichungen während der Intervalle I und II
d) Verlauf der bezogenen Netzspannung $u_v/\sqrt{2}\,U_v$ und des bezogenen Gleichstroms $i_d/(\sqrt{2}\,U_v/Z)$ während der ersten drei Perioden nach dem Zuschalten
e) Programmablaufplan; f) Simulation der Ventile als variable Widerstände
g) digital berechneter, ausgedruckter Verlauf des Gleichstroms i_d nach dem Einschalten

Intervall I ($\alpha \leqq \vartheta \leqq \pi$): Die Anoden-Katoden-Spannung am Thyristor ist positiv, so daß er vom Zeitpunkt $\vartheta = \alpha$ an, zu dem er angesteuert wird, leitet. Die Diode *D* sperrt.

Intervall II ($\pi \leqq \vartheta \leqq 2\pi + \alpha$): Die Spannung am Thyristor *Th* ist negativ, so daß er sperrt. Der Gleichstrom wird durch die Drossel *L* aufrechterhalten und fließt über die Diode *D*.

Ströme und Spannungen bei $L/R \gg 1/f$

Wenn die Zeitkonstante $\tau = L/R$ der Last wesentlich größer als die Zeitdauer $1/f$ einer Periode der Wechselspannung ist, dann ist der Gleichstrom $i_d \equiv I_{da}$ angenähert konstant.

Die Netzspannung u_v treibt den Gleichstrom nur während $\alpha \leqq \vartheta \leqq \pi$ an. Die mittlere Gleichspannung $U_{di\alpha}$ ist deshalb wieder durch (3.72) gegeben.

Das Netz liefert während $\alpha \leqq \vartheta \leqq \pi$ bei konstantem Netzstrom $i_T = I_{da}$ die Energie

$$\int_{\vartheta=\alpha}^{\pi} u_v I_{da}\, d\vartheta = 2\pi U_{di\alpha} I_{da}\,. \tag{3.97}$$

Im Widerstand wird während einer Periode die Energie $2\pi I_{da}^2 R$ umgesetzt. Es gilt also bei Vernachlässigung aller Verluste

$$2\pi I_{da}^2 R \doteq 2\pi U_{di\alpha} I_{da} \tag{3.98}$$

oder

$$I_{da} = U_{di\alpha}/R\,. \tag{3.99}$$

Ströme und Spannungen bei beliebiger Zeitkonstante L/R

Aus den im Bild 3.12c gezeigten Schaltzuständen der Ventile und aus den Ersatzschaltbildern folgen die dort angegebenen Zustandsgleichungen (3.94a) und (3.95a). Wenn man diese beiden Gleichungen addiert,

$$i_d \equiv i_{dI} + i_{dII} \tag{3.100}$$

setzt und über eine Periode mittelt, erhält man mit $X = \omega L$

$$\frac{X}{2\pi}\int_{\vartheta=0}^{2\pi} \frac{di_d}{d\vartheta}\, d\vartheta + \frac{R}{2\pi}\int_{\vartheta=0}^{2\pi} i_d\, d\vartheta = \frac{\sqrt{2}\,U_v}{2\pi}\int_{\vartheta=\alpha}^{\pi} \sin\vartheta\, d\vartheta \tag{3.101}$$

und folglich

$$\frac{X}{2\pi}[i_d(2\pi) - i_d(0)] + RI_{da} = U_{di\alpha}. \tag{3.102}$$

Da im eingeschwungenen Zustand $i_d(2\pi) = i_d(0)$, ergibt sich wieder (3.73) mit $U_{di\alpha}$ wie in (3.72). Der mittlere Gleichstrom im eingeschwungenen Zustand hängt also nicht von der Größe der Drossel, sondern nur vom Lastwiderstand ab!

Falls der momentane Verlauf des Gleichstroms und der Gleichspannung berechnet werden soll, müssen (3.94a) und (3.95a) entweder in geschlossener Form oder numerisch, angenähert integriert werden (vgl. Abschn. 3.2.1.3).

Integration in geschlossener Form

Intervall I:

$$i_{dI} = \left[i_{dI}(\alpha) - \frac{\sqrt{2}\,U_v}{Z}\sin(\alpha - \varrho)\right]\exp\{-(\vartheta - \alpha)\cot\varrho\} + \frac{\sqrt{2}\,U_v}{Z}\sin(\vartheta - \varrho). \tag{3.103}$$

Hier ist $i_{dI}(\alpha)$ der Gleichstrom bei $\vartheta = \alpha$; $\varrho = \arctan \omega L/R$ und $Z = [(\omega L)^2 + R^2]^{1/2}$.

Am Ende dieses Intervalls, bei $\vartheta = \pi$, ist $i_{dI} = i_{dI}(\pi)$, und es folgt aus (3.103)

$$i_{dI}(\pi) = \left[i_{dI}(\alpha) - \frac{\sqrt{2}\,U_v}{Z}\sin(\alpha - \varrho)\right]\exp\{-(\pi - \alpha)\cot\varrho\} + \frac{\sqrt{2}\,U_v}{Z}\sin\varrho. \tag{3.104}$$

Intervall II: Die Integration von (3.95a) unter Berücksichtigung von $i_{dI}(\pi) = i_{dII}(\pi)$ ergibt

$$i_{dII} = i_{dI}(\pi)\exp\{-(\vartheta - \pi)\cot\varrho\}. \tag{3.105}$$

Diese Gleichungen können zur Beantwortung folgender Fragen dienen:

1. Eine induktive Last L, R wird zugeschaltet. Wie entwickelt sich der Gleichstrom während der ersten n Perioden?
   Für die erste Periode ($n = 1$) gilt: Der Gleichstrom setzt bei $\vartheta = \alpha$ ein, so daß $i_{dI}(\alpha) = 0$ ist. Die Gleichungen (3.104) und (3.105) geben dann den Verlauf des Stroms bis $\vartheta = \pi$ bzw. bis zum Ende des 2. Intervalls (Bild 3.12d). Zu Beginn der anschließenden Perioden ($n = 2, 3, \ldots$) wird in (3.104) für $i_{dI}(\alpha)$ die Größe des Stroms am Ende der vorhergehenden Periode gesetzt. Bild 3.12d zeigt, wie sich der Strom während der ersten drei Perioden entwickelt.
2. Wie verläuft der Strom im eingeschwungenen Zustand?
   Der eingeschwungene Zustand ist durch $i_{dII}(2\pi + \alpha) = i_{dI}(\alpha)$ gekennzeichnet. Damit gibt (3.105) für $\vartheta = 2\pi + \alpha$

$$i_{dI}(\alpha) = i_{dI}(\pi)\exp\{-(\pi + \alpha)\cot\varrho\}. \tag{3.106}$$

   Zusammen mit (3.104) folgt für den eingeschwungenen Zustand:

$$i_{dI}(\alpha) = \frac{\sqrt{2}\,U_v}{Z}\,\frac{\sin\varrho\exp(\pi - \alpha)\cot\varrho - \sin(\alpha - \varrho)}{\exp\{2\pi\cot\varrho\} - 1}. \tag{3.107}$$

Jetzt ist es möglich, mit (3.103) und (3.105) den Verlauf des Gleichstroms im eingeschwungenen Zustand zu berechnen sowie auch anschließend seinen Mittelwert, die einzelnen Oberschwingungen, die Welligkeit usw.

Numerische Integration

Die Ventile können durch ideale Schalter oder durch Widerstände, deren Größe von der Richtung des Ventilstroms abhängt, simuliert werden (vgl. Abschn. 2.3.11).

Bei der Simulation durch ideale Schalter zeigt Bild 3.12c wieder die Ersatzschaltbilder; die Zustandsgleichungen (3.94b) und (3.95b) sind in der für die numerische Integration üblichen Form geschrieben. Bild 3.12c zeigt den Programmablaufplan.

Bei der Simulation durch Widerstände (Bild 3.12f) gibt es nur die eine Zustandsgleichung (3.96), deren Koeffizienten jedoch vom Intervall abhängen. Bild 3.12g zeigt den digital berechneten, ausgedruckten Verlauf des Gleichstroms nach dem Einschalten.

Beanspruchung der Ventile

Bei angenähert konstantem Gleichstrom I_{da} ergibt sich für den mittleren Thyristorstrom

$$I_{Ta} = \frac{\pi - \alpha}{2\pi} I_{da} \tag{3.108}$$

und für den mittleren Strom durch die Diode

$$I_{Da} = \frac{\pi + \alpha}{2\pi} I_{da} \,. \tag{3.109}$$

Der Thyristor muß folglich für den höchsten mittleren Strom (bei $\alpha = 0$)

$$I_{Tam} = I_{da}/2 \tag{3.110}$$

ausgewählt werden. — Falls die Netzspannung aussetzt, muß die Diode den Laststrom während dessen ganzer Abklingzeit übernehmen und deshalb für

$$I_{Dam} = I_{da} \tag{3.111}$$

geeignet sein.

Die größte Sperrspannung beträgt bei beiden Ventilen

$$U_{Rm} = \sqrt{2}\, U_v \,. \tag{3.112}$$

Beispiel

Eine Spule hat einen Widerstand $R = 10\ \Omega$ und eine Induktivität $L = 1$ H. Sie wird über die im Bild 3.12a gezeigte Schaltung an eine Wechselstromquelle mit 60 V, 50 Hz angeschlossen. Die Zündverzögerung beträgt $\alpha = 30°$.

Der Gleichstrom ist fast konstant, denn die Zeitkonstante der Last beträgt

$$\tau = L/R = 1\ \text{H}/10\ \Omega = 0{,}1\ \text{s}\,, \tag{3.113}$$

ist also wesentlich länger als eine Periode der Netzspannung.

Die *mittlere ideelle Gleichspannung* ist bei $\alpha = 30° = 0{,}524$ rad (s. (3.4) und (3.72)):

$$U_{di\alpha} = \frac{1 + \cos 30°}{2} \cdot 0{,}45 \cdot 60\ \text{V} = 25{,}2\ \text{V}\,. \tag{3.114}$$

Der *mittlere Gleichstrom* hat die Größe (3.73)

$$I_{da} = 25{,}2\ \text{V}/10\ \Omega = 2{,}52\ \text{A}\,. \tag{3.115}$$

Beanspruchung der Ventile

Thyristor: Scheitelwert des Stroms

$$I_{Tm} = I_{da} = 2{,}52\ \text{A} \tag{3.116}$$

Mittelwert des Stroms (3.108)

$$I_{Ta} = \frac{\pi - 0{,}524}{2\pi} \cdot 2{,}52\ \text{A} = 1{,}05\ \text{A}\,. \tag{3.117}$$

Diode: Scheitelwert des Stroms

$$I_{Dm} = I_{da} = 2{,}52\ \text{A} \tag{3.118}$$

Mittelwert des Stroms (3.109)

$$I_{Da} = \frac{\pi + 0{,}524}{2\pi} \cdot 2{,}52\ \text{A} = 1{,}47\ \text{A}\,. \tag{3.119}$$

(Überprüfung: $I_{Ta} + I_{Da} = 1{,}05\ \text{A} + 1{,}47\ \text{A} = 2{,}52\ \text{A} = I_{da}$.) (3.120)

Beide Ventile sind für eine größte Sperrspannung (3.112)

$$U_{\mathrm{Rm}} = \sqrt{2} \cdot 60\ \mathrm{V} = 84{,}9\ \mathrm{V} \tag{3.121}$$

auszulegen.

Leistung

$$P = I_{\mathrm{de}}^2 R = (2{,}52\ \mathrm{A})^2 \cdot 10\ \Omega = 63{,}5\ \mathrm{W} \tag{3.122}$$

(hier ist $I_{\mathrm{de}} \equiv I_{\mathrm{da}}$).

Abschließend sei darauf hingewiesen, daß der Einpulsgleichrichter mit Freilaufzweig — im Gegensatz zum Zweipulsgleichrichter — nur einen Thyristor benötigt. Er eignet sich deshalb gut zur Steuerung kleiner Ströme in hochinduktiven Kreisen, wie z. B. des Erregerstroms kleiner Gleichstrommotoren.

Die im Zusammenhang mit dieser Schaltung durchgeführten Rechnungen zeigen, daß es bei den für die Leistungselektronik typischen periodischen Vorgängen möglich ist, den Mittelwert des Gleichstroms im eingeschwungenen Zustand durch Integration über eine Periode zu berechnen, ohne vorher den zeitlichen Verlauf des Stroms bestimmt zu haben (3.101). — Die daran anschließende Rechnung lehrt am Beispiel dieser relativ einfachen Schaltung, wie bei einer periodischen Folge unterschiedlicher Schaltzustände der Verlauf des Stroms, z. B. nach dem Zuschalten sowie auch im eingeschwungenen Zustand, durch abschnittsweise Integration ermittelt werden kann.

3.2.1.8. **Kaskadenschaltung** (Bild 3.13)

Mit Kaskaden- oder Vervielfacherschaltungen, nach ihrem Erfinder auch Villard-Schaltungen genannt, können kleine Ströme bei hohen Spannungen erzeugt werden. Wenn die in der ventilseitigen Wicklung des Hochspannungstransformators induzierte Spannung u_{v} negativ ist, wird der Vervielfacherkondensator *C1* über *V1* auf $\sqrt{2}\, U_{\mathrm{v}}$ geladen. Während der darauffolgenden positiven Spannungshalbwelle addiert sich deren maximale Spannung $\sqrt{2}\, U_{\mathrm{v}}$ zur Spannung über *C1*, so daß die Spannung über dem Speicherkondensator *C2* die Größe $2\sqrt{2}\, U_{\mathrm{v}}$ erreicht. Diese Spannung sinkt dann exponentiell mit der Zeitkonstante *RC2* ab, bis *C2* nach Ablauf etwa einer Periode wieder aufgeladen wird. Die Brummspannung ist klein, wenn $RC2 \gg 1/f$. Der Aufwand für den Transformator und für die Kondensatoren sinkt, wenn die Anlage mit einer Spannung höherer Frequenz gespeist wird. Falls die Schaltung um eine gleichartige Stufe erweitert wird, steigt die Ausgangsspannung auf $4\sqrt{2}\, U_{\mathrm{v}}$ usw.

Die im Bild 3.13 gezeigte Schaltung wird für Gleichspannungserzeuger kleiner Leistung für Hochspannungs-Prüfanlagen eingesetzt, z. B. für 125 kV und 22 mA. Als Ventile dienen z. B. mehrere Tausend kleine Selenscheibchen, die übereinander in einem ölgefüllten Rohr gestapelt sind, oder es werden in Reihe geschaltete Siliziumdioden verwendet. Der Hochspannungstransformator, die beiden Ventile, der Vervielfacherkondensator und ein motorisch angetriebener Polaritätsumschalter befinden sich in einem ölgefüllten Blechgefäß (VEB TuR Dresden).

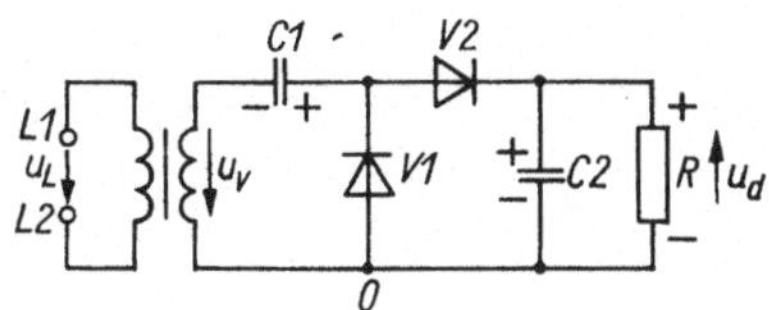

Bild 3.13. Einpuls-Kaskadenschaltung
C1 Vervielfacherkondensator; *C2* Speicherkondensator; *V1,2* Ventile

3.2.2. **Gleichspannung und Gleichstrom mit überlagerten Wechselkomponenten**

Die Gleichspannung eines Akkumulators ist vollständig, die eines Gleichstromgenerators ist weitestgehend geglättet. Dagegen hat die Gleichspannung eines Einpulsgleichrichters einen hohen Anteil an Oberschwingungen. Das gilt auch für Gleichrichter höherer Pulszahl, wenn auch nur in geringerem Maß. Die Oberschwingungsspannungen rufen entsprechende Ströme hervor, die zusätzliche Verluste und Brummstörungen verursachen können. Oft braucht man dann zur Glättung eine Drossel, einen

Kondensator oder ein aus mehreren Elementen zusammengesetztes Filter. Der Aufwand dafür hängt davon ab, wie weit die Welligkeit der Gleichspannung oder des Gleichstroms vermindert werden soll. — Aber auch die von einem Gleichrichter aufgenommenen Ströme und die von einem Wechselrichter abgegebenen Wechselspannungen sind meist verzerrt, d. h. mit Oberschwingungen behaftet; hierauf wird in den folgenden Abschnitten mehrfach ausführlich eingegangen. Zur Untersuchung der Oberschwingungen dient die *Fourier-Analyse*, die im vorliegenden und auch im folgenden Hauptabschnitt eine wesentliche Rolle spielt. Dem Leser wird deshalb empfohlen, sich an Hand der im Abschn. 3.9 angegebenen Gleichungen (Ü 3.2) bis (Ü 3.8) und der dort gestellten Aufgaben mit der Berechnung von Fourier-Reihen vertraut zu machen.

Die Gleichspannung u_d, die durch (3.2) und (3.3) gegeben ist, wird durch die folgende Fourier-Reihe beschrieben (s. Aufgabe und Antwort 3.17, Abschn. 3.9 bzw. 7):

$$u_d = U_{di0}\left[1 + \frac{\pi}{2}\sin\vartheta - 2\sum_{\nu=2,4,6}^{\infty}\frac{\cos\nu\vartheta}{\nu^2 - 1}\right], \tag{3.123}$$

wo $\vartheta = \omega_1 t$.

Zusätzlich zur mittleren Gleichspannung U_{di0} treten also folgende Oberschwingungen auf: eine Oberschwingung mit Netzfrequenz und dem Effektivwert

$$U_1 = \frac{\pi}{2\sqrt{2}} U_{di0} \tag{3.124}$$

sowie Oberschwingungen mit den Ordnungszahlen $\nu = 2, 4, 6, \ldots$ und den Effektivwerten

$$U_\nu = \frac{\sqrt{2}}{\nu^2 - 1} U_{di0}\,. \tag{3.125}$$

Der Effektivwert aller Oberschwingungen (Brummspannung) beträgt (vgl. Aufgabe 3.11 b):

$$U_\sigma = 1{,}21 U_{di0}\,. \tag{3.126}$$

Beispiel

Ein Einpulsgleichrichter am 380-V-, 50-Hz-Netz gibt eine mittlere Gleichspannung ((3.4))

$$U_{di0} = 0{,}45 \cdot 380\ \text{V} = 171\ \text{V} \tag{3.127}$$

ab, der eine Oberschwingung mit Netzfrequenz und dem Effektivwert ((3.124))

$$U_1 = \frac{\pi}{2\sqrt{2}} \cdot 171\ \text{V} = 190\ \text{V} \tag{3.128}$$

sowie weitere Oberschwingungen mit den Effektivwerten ((3.125))

$$U_2 = \frac{\sqrt{2}}{3} \cdot 171\ \text{V} = 80{,}6\ \text{V für } \nu = 2\text{, d. h. } 100\ \text{Hz}, \tag{3.129}$$

$$U_4 = \frac{\sqrt{2}}{15} \cdot 171\ \text{V} = 16{,}1\ \text{V} \quad \text{für} \quad \nu = 4\text{, d. h. } 200\ \text{Hz}, \tag{3.130}$$

$$U_6 = \frac{\sqrt{2}}{35} \cdot 171\ \text{V} = 6{,}9\ \text{V} \quad \text{für} \quad \nu = 6\text{, d. h. } 300\ \text{Hz}, \tag{3.131}$$

usw. überlagert sind.

Die Brummspannung hat den Effektivwert ((3.126))

$$U_\sigma = 1{,}21 \cdot 171\ \text{V} = 207\ \text{V}, \tag{3.132}$$

ist also beträchtlich größer als die mittlere Gleichspannung.

Oberschwingungen des Gleichstroms

Der Gleichstrom kann ebenso wie die Gleichspannung in eine konstante Komponente I_{da} und einzelne überlagerte Oberschwingungen I_v zerlegt werden. Er wird deshalb auch mit „Mischstrom" bezeichnet. Bei einem Einpulsgleichrichter mit Widerstandslast haben die einzelnen Oberschwingungen die Ordnungszahlen $v = 1, 2, 4, 6, ...$ (vgl. (3.123)), und die Effektivwerte betragen, wenn keine Glättungsglieder vorhanden sind,

$$I_v = U_v/R \,. \tag{3.133}$$

Häufig genügt es, wenn alle Oberschwingungen zu einer einzigen überlagerten Wechselstromkomponente i_σ zusammengefaßt werden, analog der Brummspannung u_σ (vgl. (3.8)).

Am folgenden allgemeinen Verlauf eines Mischstroms sei erläutert, wie i_σ grafisch gefunden werden kann (Bild 3.14). Die *Gleichstromkomponente* I_{da} gleicht dem arithmetischen Mittelwert von i_d:

$$I_{da} = \frac{1}{2\pi} \int_{\vartheta=0}^{2\pi} i_d \, d\vartheta \,. \tag{3.134}$$

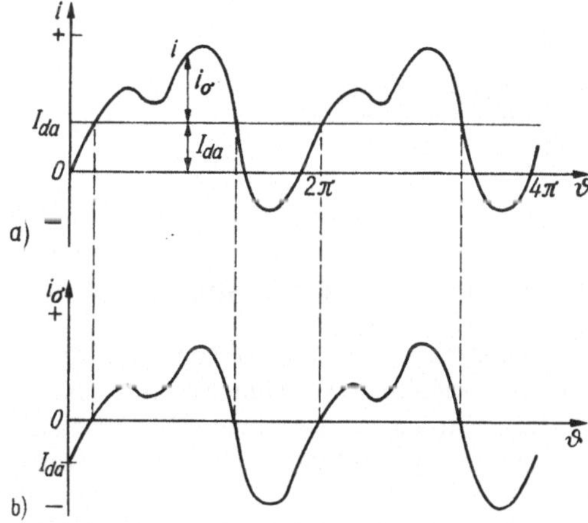

Bild 3.14. Grafische Ermittlung von i_σ

a) zeitlicher Verlauf eines Mischstroms i; I_{da} Gleichstromkomponente
b) zeitlicher Verlauf der überlagerten Wechselstromkomponente i_σ

Die *überlagerte Wechselstromkomponente* i_σ des Stroms wird analog der überlagerten Wechselstromkomponente u_σ der Spannung abgeleitet. Entsprechend der Definition (3.8) und Bild 3.14a gilt

$$i_d = I_{da} + i_\sigma \,, \qquad i_\sigma = i_d - I_{da} \,. \qquad (3.135)\ (3.136)$$

Man zeichnet den Verlauf von i_σ, indem man grafisch Punkt für Punkt I_{da} von i_d abzieht (Bild 3.14b) und dies für die *gesamte Periode* fortsetzt. Offensichtlich ist i_σ ein Wechselstrom, der im allgemeinen aus einer Grund- und beliebig vielen Oberschwingungen besteht, aber kein Gleichglied aufweist!

Häufig benötigt man den Effektivwert der überlagerten Wechselstromkomponente,

$$I_\sigma = \left[\frac{1}{2\pi} \int_{\vartheta=0}^{2\pi} (i_d - I_{da})^2 \, d\vartheta \right]^{1/2} = (I_{de}^2 - I_{da}^2)^{1/2} \quad \text{(vgl. (3.9))} \,. \tag{3.137}$$

Beispiel

Bild 3.15 zeigt einen periodischen halbsinusförmigen Strom $i_d = I_{dm} \sin \vartheta$ mit $I_{dm} = 2$ A. Der arithmetische Mittelwert dieses Stroms beträgt

$$I_{da} = \frac{1}{2\pi} \int_{\vartheta=0}^{\pi} I_{dm} \sin \vartheta \, d\vartheta = \frac{I_{dm}}{\pi} = 2\ \text{A}/\pi = 0{,}64\ \text{A} \,. \tag{3.138}$$

Die überlagerte Wechselstromkomponente hat den Momentanwert

$$i_\sigma = i_d - 0{,}64\ \mathrm{A}\,. \tag{3.139}$$

Um sie zu zeichnen, wird $I_{da} = 0{,}64$ A im Bild 3.15a eingetragen und dann Punkt für Punkt von i_d abgezogen (Bild 3.15b). i_σ fließt also auch im Bereich $\pi \leqq \vartheta \leqq 2\pi$!

Um den Effektivwert des überlagerten Wechselstroms zu finden, wird erst I_{de} berechnet:

$$I_{de} = \left[\frac{1}{2\pi}\int_{\vartheta=0}^{\pi}(I_{dm}\sin\vartheta)^2\,d\vartheta\right]^{1/2} = I_{dm}/2\,. \tag{3.140}$$

(3.137) führt dann zu

$$I_\sigma = [(I_{dm}/2)^2 - (I_{dm}/\pi)^2]^{1/2} = 0{,}386 I_{dm} = 0{,}386\cdot 2\ \mathrm{A} = 0{,}772\ \mathrm{A}\,. \tag{3.141}$$

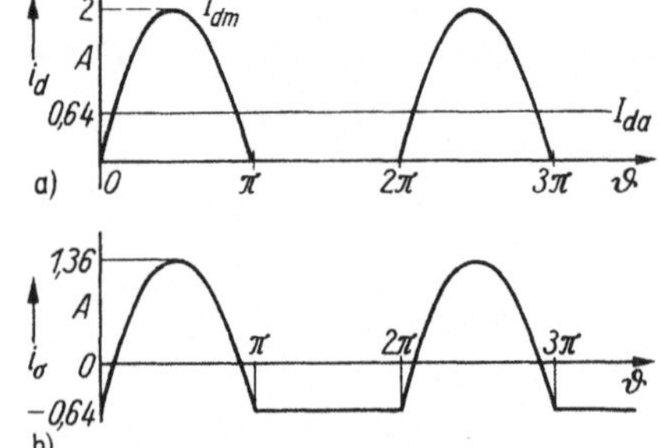

Bild 3.15. Berechnungsbeispiel

a) halbsinusförmiger Mischstrom i_d
I_{da} Gleichstromkomponente
b) Wechselstromkomponente I_σ

3.2.3. Gleichrichtertransformator, ventil- und netzseitige Ströme

Gleichrichtertransformatoren sind grundsätzlich ebenso aufgebaut wie die sonst üblichen Leistungstransformatoren. Es muß jedoch beachtet werden, daß die ventilseitigen Wicklungen des Transformators bei einigen Gleichrichterschaltungen nicht reine Wechselströme führen, sondern Mischströme. Die Auswirkungen der Gleichstromkomponenten dieser Mischströme auf das Verhalten des Transformators müssen untersucht werden.

Bild 3.16a zeigt einen Transformator, der einen Einpulsgleichrichter mit Widerstandsbelastung speist. Die netz- und die ventilseitigen Spannungen und Ströme werden durch die Indizes L bzw. v gekennzeichnet (vgl. Bild 3.1a). Offensichtlich kann der Transformator keinen Gleichstrom übertragen, denn mit einem Gleichstrom ist ja keine Flußänderung verbunden. Folglich kann auch der netzseitige Strom eines Transformators kein Gleichstromglied enthalten. Dies bezeichnet man als „Wechselstrombedingung des netzseitigen Stroms eines Transformators".

Der Aufwand an Material für den Kern und für die Wicklungen eines Transformators ist dem Mittelwert der netz- und der ventilseitigen Scheinleistungen S_L bzw. S_v proportional. Dieser Mittelwert wird mit „Typenleistung" bezeichnet:

$$S_t = (S_L + S_v)/2\,. \tag{3.142}$$

Die Typenleistung ist also ein Maß für die Baugröße des Transformators und soll jetzt für den Einpulsgleichrichter berechnet werden.

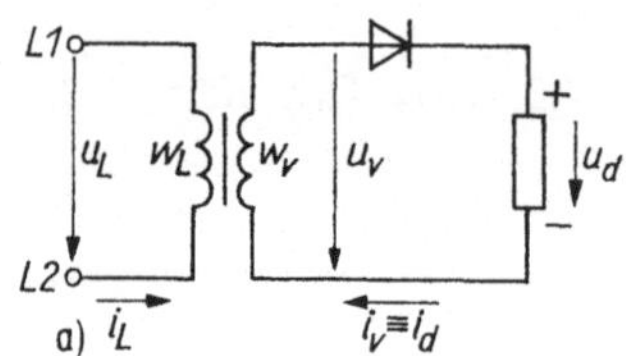

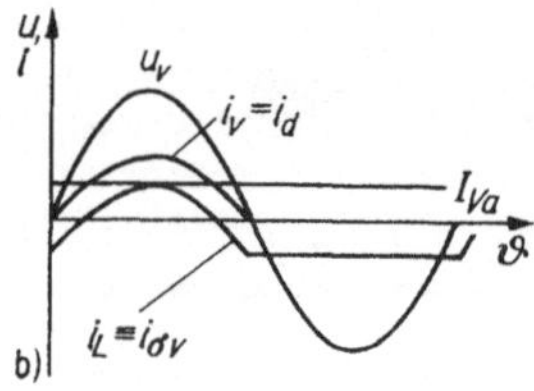

Bild 3.16. Spannungen und Ströme beim Einpulsgleichrichter mit Transformator

a) Schaltung
u_L Netzspannung; $i_v = i_d$ ventilseitiger Strom
b) Verlauf der Spannungen und Ströme
I_{va}, $i_{\sigma v}$ Komponenten von i_v; $i_L = i_{\sigma v}$ Netzstrom bei $m_t = 1$

Die *ventilseitige* Scheinleistung läßt sich ohne weiteres bestimmen: Der Effektivwert der ventilseitigen Spannung hat nach (3.4) die Größe $U_v = \frac{\pi}{\sqrt{2}} U_{di0}$. Der Effektivwert I_v des halbsinusförmigen ventilseitigen Stroms mit dem Mittelwert $I_{va} \equiv I_{da}$ beträgt, wie man leicht berechnen kann,

$$I_v = \pi I_{da}/2\,. \tag{3.143}$$

Folglich ist die ventilseitige Scheinleistung S_v

$$S_v = U_v I_v = \frac{\pi}{\sqrt{2}} U_{di0} \frac{\pi}{2} I_{da} = 3{,}5 P_{d0}\,, \tag{3.144}$$

wobei

$$P_{d0} = U_{di0} I_{da} \tag{3.145}$$

die ideelle Gleichstromleistung ist.

Die *netzseitige* Scheinleistung setzt Kenntnis des netzseitigen Stroms voraus. Dazu muß der ventilseitige Strom i_v in seine Gleich- und Wechselstromkomponente I_{va} bzw. $i_{\sigma v}$ zerlegt werden, wie dies schon im Beispiel auf S. 145 gezeigt worden ist (vgl. Bilder 3.14b und 3.15b). Nur die ventilseitige Wechselstromkomponente $i_{\sigma v}$ wird auf die Netzseite übertragen. Wenn $m_t = w_L/w_v$ die Übersetzung des Transformators ist, dann hat der netzseitige Strom die Größe

$$i_L = i_{\sigma v}/m_t\,. \tag{3.146}$$

Für genauere Rechnungen kann zu i_L noch der Magnetisierungsstrom des Transformators zugefügt werden.

Der Effektivwert $I_L = I_{\sigma v}/m_t$ kann mit (3.137) auf die im Berechnungsbeispiel auf S. 146 gezeigte Weise (vgl. (3.141)) bestimmt werden und beträgt

$$I_L = 0{,}386 I_{dm}/m_t = 0{,}386 \cdot \pi I_{da}/m_t = 1{,}21 I_{da}/m_t\,. \tag{3.147}$$

Für die Spannung U_L der Netzwicklung kann man schreiben (vgl. (3.4))

$$U_L = m_t U_v = \frac{\pi}{\sqrt{2}} m_t U_{di0}\,. \tag{3.148}$$

Folglich beträgt die netzseitige Scheinleistung S_L

$$S_L = U_L I_L = \frac{\pi}{\sqrt{2}} m_t U_{di0} \cdot 1{,}21 \frac{I_{da}}{m_t} = 2{,}70 P_{d0}\,. \tag{3.149}$$

Die netzseitige Scheinleistung ist also wesentlich kleiner als die ventilseitige, da ja die Gleichkomponente des ventilseitigen Stroms nicht auf die Netzseite übertragen wird!

Die Typenleistung S_t des Transformators errechnet sich nach (3.142) zu

$$S_t = (2{,}7 + 3{,}5)\, P_{d0}/2 = 3{,}1 P_{d0}\,. \tag{3.150}$$

Die Typenleistung des Transformators ist bei der Einpulsschaltung mehr als dreimal so groß wie die abgegebene Gleichstromleistung. Wenn dagegen ein Transformator allein mit einem Wirkwiderstand belastet ist, so ist seine Typenleistung ebenso groß wie die abgegebene Leistung. Die Ausnutzung des Transformators ist daher bei der vorliegenden Schaltung sehr schlecht. Man kennzeichnet die Ausnutzung des Transformators durch die folgenden Ausnutzungsfaktoren:

ventilseitiger Ausnutzungsfaktor

$$C_v = S_v/P_{d0}\,, \tag{3.151}$$

netzseitiger Ausnutzungsfaktor

$$C_L = S_L/P_{d0}\,, \tag{3.152}$$

mittlerer Ausnutzungsfaktor

$$C_t = S_t/P_{d0} \tag{3.153}$$

Bei der Einpulsschaltung ist nach (3.144), (3.149) und (3.150): $C_v = 3{,}5$; $C_L = 2{,}7$; $C_t = 3{,}1$.

Schließlich muß man noch darauf hinweisen, daß der Gleichanteil I_{va} des ventilseitigen Stroms einen konstanten magnetischen Fluß im Kern des Transformators hervorruft, der Kern also vormagnetisiert ist. Dadurch wird der Magnetisierungsstrom des Transformators wesentlich vergrößert, und die Klemmenspannung fällt mit zunehmendem Laststrom steil ab. Um eine Sättigung des Kerns zu verhüten, muß der Kern einen wesentlich größeren Querschnitt als bei einem Transformator gleicher Leistung, jedoch ohne Vormagnetisierung haben.

Die Diskussion der Typenleistung und der Vormagnetisierung zeigt, daß die Ausnutzung des Transformators bei der Einpulsschaltung sehr ungünstig ist. Dies ist ein weiterer Grund dafür, daß die Schaltung nur bei geringen Leistungen verwendet wird und daß man versucht, möglichst ohne Transformator auszukommen.

3.2.4. Leistung bei verzerrten Strömen, Verschiebungsfaktor, Leistungsfaktor

Für die Beurteilung elektrischer Geräte und Anlagen hat bekanntlich die von ihnen aufgenommene Wirk- und Blindleistung große Bedeutung. Bei Stromrichtern und anderen Verbrauchern verzerrter Ströme, wie z. B. Lichtbogenschmelzöfen, müssen aber auch die Oberschwingungen der Netzströme beachtet werden, da sie die Spannung an den Sammelschienen, die den Stromrichter speisen, verzerren. Auf diese spezielle Auswirkung wird erst im Abschnitt 6.1 eingegangen, vorerst soll die Wirk-, Blind- und Verzerrungsleistung, die ein Stromrichter aufnimmt, beschrieben werden.

Es wird vorausgesetzt, daß die Netzspannung *nicht verzerrt*, also rein sinusförmig ist. Die Spannung an einem Verbraucher möge durch

$$u = \sqrt{2}\, U \sin \vartheta \tag{3.154}$$

und der Strom durch

$$i = \sqrt{2}\, I_1 \sin(\vartheta + \varphi_1) + \sum_{\nu=2}^{\infty} \sqrt{2}\, I_\nu \sin(\nu\vartheta + \varphi_\nu) \tag{3.155}$$

beschrieben werden.

Der Strom wird in Komponenten mit den folgenden Effektivwerten zerlegt:

— Wirkkomponente der Grundschwingung

$$I_{1w} = I_1 \cos \varphi_1\,; \tag{3.156}$$

— Blindkomponente der Grundschwingung

$$I_{1b} = I_1 \sin \varphi_1\,; \tag{3.157}$$

— Oberschwingungen

$$I_\sigma = \left(\sum_{\nu=2}^{\infty} I_\nu^2\right)^{1/2}. \tag{3.158}$$

Die Abweichung des Stromverlaufs von der Sinusform kann durch die folgenden drei Größen beschrieben werden:

— Der *Grundschwingungsgehalt* g gibt das Verhältnis des Effektivwerts der Grundschwingung I_1 zum Effektivwert I an,

$$g = I_1/I\,. \tag{3.159}$$

— Der *Teilklirrfaktor* k_ν gibt das Verhältnis der Effektivwerte I_ν der einzelnen Oberschwingungen zu I an,

$$k_\nu = I_\nu/I\,. \tag{3.160}$$

— Der *Gesamtklirrfaktor* oder Oberschwingungsgehalt k_{ges} kennzeichnet den Effektivwert I_σ aller Oberschwingungen, bezogen auf I,

$$k_{ges} = I_\sigma / I = \sqrt{I^2 - I_1^2}/I = \sqrt{1 - g^2}\,. \tag{3.161}$$

Den Effektivwert I des Netzstroms kann man von (3.156) bis (3.158) ableiten. Er beträgt

$$I = (I_{1w}^2 + I_{1b}^2 + I_\sigma^2)^{1/2}\,. \tag{3.162}$$

Die *Wirkleistung* hat den Mittelwert

$$P = \frac{1}{2\pi} \int_{\vartheta=0}^{2\pi} ui \, d\vartheta = UI_1 \cos \varphi_1\,. \tag{3.163}$$

Sie wird also nur durch die Spannung und durch die Komponente des Stroms, die die gleiche Frequenz wie die Spannung hat, gebildet; die Oberschwingungen des Stroms tragen bei einer sinusförmigen Spannung nicht zur Wirkleistung bei!

Die Scheinleistung S des Verbrauchers ist

$$S = UI = [(UI_{1w})^2 + (UI_{1b})^2 + (UI_\sigma)^2]^{1/2} = (P_1^2 + Q_1^2 + V^2)^{1/2}\,; \tag{3.164}$$

$$P_1 = UI_{1w} \quad \text{Wirkleistung der Grundschwingung} \tag{3.165}$$

$$Q_1 = UI_{1b} \quad \text{Blindleistung der Grundschwingung} \tag{3.166}$$

$$V = UI_\sigma \quad \text{Verzerrungsblindleistung.} \tag{3.167}$$

Die Verzerrungsblindleistung V ist ein Maß für die Belastung des Netzes durch die Oberschwingungen des Stroms.

Die Scheinleistung S_1 der Grundschwingung kann von (3.164) abgeleitet werden:

$$S_1 = [(UI_{1w})^2 + (UI_{1b})^2]^{1/2} = (P_1^2 + Q_1^2)^{1/2}\,. \tag{3.168}$$

Der *Verschiebungsfaktor* $\cos \varphi_1$ ist als das Verhältnis der Wirkleistung P_1 der Grundschwingung zur Scheinleistung S_1 der Grundschwingung definiert,

$$\cos \varphi_1 = P_1 / S_1\,, \tag{3.169}$$

oder auch als der Kosinus des Winkels φ_1 zwischen der Grundschwingung des Netzstroms und der sinusförmigen Netzspannung. Er dient z. B. als Maß für die Belastung des Netzes durch Grundschwingungsblindleistung und damit auch als Maß für die erforderlichen Kompensationskondensatoren.

Der *Leistungsfaktor* λ ist wie folgt definiert:

$$\lambda = \frac{\text{Wirkleistung } P}{\text{Scheinleistung } S}\,; \tag{3.170}$$

im Gegensatz zum Verschiebungsfaktor werden hier also auch die Oberschwingungen berücksichtigt. Da, wie oben erwähnt, eine rein sinusförmige Netzspannung vorausgesetzt wird, ist $P \equiv P_1$; bei verzerrter Netzspannung tritt auch Oberschwingungswirkleistung und -blindleistung auf, auf die jedoch hier nicht eingegangen werden soll.

Beispiel

Bei einem Einpulsgleichrichter mit Widerstandslast ergeben sich bei Anschluß über einen Transformator an das Netz die folgenden Werte:

Grundschwingung des Netzstroms

Die Wirkkomponente wird von (3.124) und (3.16) abgeleitet:

$$I_{1wL} = \frac{U_{di0}}{m_t R} \frac{\pi}{2\sqrt{2}} = 1{,}11 \frac{I_{da}}{m_t}\,. \tag{3.171}$$

Die Blindkomponente I_{1bL} ist Null.

Die Wirkleistung der Grundschwingung beträgt ((3.165) und (3.148))

$$P_{1L} = U_L I_{1wL} = \frac{\pi}{\sqrt{2}} m_t U_{di0} \cdot 1{,}11 \frac{I_{da}}{m_t} = 2{,}47 P_{d0} \,. \tag{3.172}$$

Die Blindleistung der Grundschwingung ist Null und deshalb ist ((3.168))

$$S_{1L} = P_{1L} = P_L \,. \tag{3.173}$$

Es folgt:

Verzerrungsblindleistung ((3.164) und (3.149))

$$V = (S_L^2 - P_{1L}^2)^{1/2} = (2{,}70^2 - 2{,}47^2)^{1/2} \, P_{d0} = 1{,}09 P_{d0} \,; \tag{3.174}$$

Verschiebungsfaktor ((3.169))

$$\cos\varphi_1 = \frac{P_{1L}}{S_{1L}} = 1 \,; \tag{3.175}$$

Leistungsfaktor ((3.170))

$$\lambda = \frac{P_L}{S_L} = \frac{2{,}47 P_{d0}}{2{,}70 P_{d0}} = 0{,}92 \,. \tag{3.176}$$

Zusammenfassung

Die Betrachtung des Einpulsgleichrichters mit verschiedenartigen Lastkreisen dient dazu, um Größen, wie Momentan- und Mittelwert von Gleichspannung und Gleichstrom, Brummspannung, Zündverzögerung usw., einzuführen.

Der Einpulsgleichrichter ist gekennzeichnet durch hohe Welligkeit der Gleichspannung, hohen Oberschwingungsgehalt des Netzstroms sowie schlechte Ausnutzung des Transformators, falls vorhanden. Deshalb hat diese Schaltung nur bei kleinen Leistungen praktische Bedeutung.

Wenn dem Einpulsgleichrichter ein Transformator vorgeschaltet ist, dann ist der ventilseitige Strom ein Mischstrom, dessen Wechselstromkomponente auf die Netzseite übertragen wird, während die Gleichstromkomponente den Kern des Transformators vormagnetisiert. Die Baugröße des Transformators ist durch die „Typenleistung", d. h. den Mittelwert von netz- und ventilseitiger Scheinleistung, gegeben.

Die Beanspruchung des Netzes durch die Blindleistung der Grundschwingung wird durch den „Verschiebungsfaktor" gekennzeichnet.

3.3. Zweipulsgleichrichter

Zweipulsgleichrichter werden bei stationären Anlagen zur Erzeugung kleiner Gleichstromleistungen bis zu einigen Kilowatt, bei Triebfahrzeugen aber, die vom 16 2/3- oder 50-Hz-Einphasennetz gespeist werden, zur Erzeugung von Gleichstromleistungen bis zu mehreren Megawatt eingesetzt. Sie können in Brücken- oder in Mittelpunktschaltung gebaut werden. Die Brückenschaltung hat den Vorteil, daß sie in vielen Fällen ohne Transformator an das Wechselstromnetz angeschlossen werden kann. Bei der Mittelpunktschaltung dagegen ist bei niedrigen Gleichspannungen günstig, daß jeweils nur *ein* Ventil in Reihe geschaltet ist. Die Spannungen und Ströme verlaufen bei beiden Schaltungen in gleicher Weise.

3.3.1. Brücken- oder Graetzschaltung

Wirkungsweise

Bild 3.17a zeigt das Schaltbild. Der Strom fließt je nach der Richtung der in der Ventilwicklung des Transformators induzierten Spannung u_v durch die Ventile *V1* und *V4* oder durch *V2* und *V3*. Bei Belastung nur mit einem Widerstand, *ohne Glättung*, besteht der Gleichstrom i_d wie auch die Gleichspan-

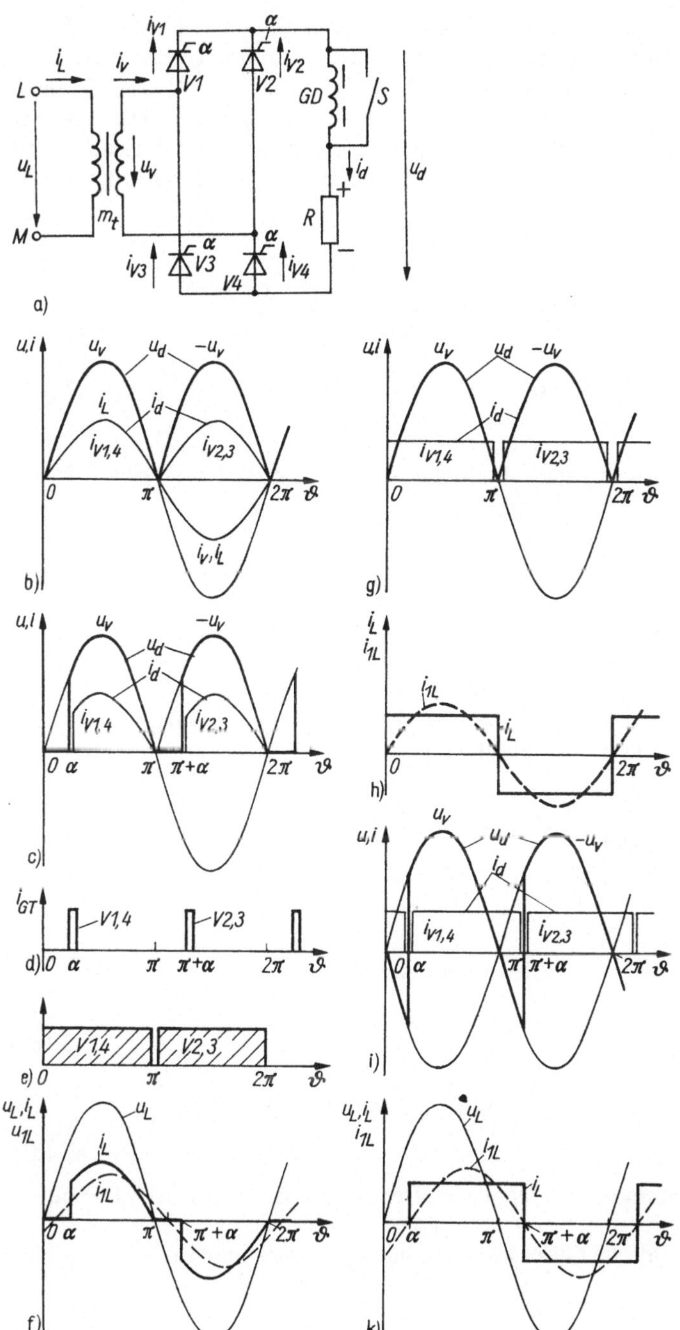

Bild 3.17. Zweipulsgleichrichter in Brückenschaltung

a) Schaltung; in b) bis k) bedeuten: u_v, i_v Spannung bzw. Strom auf der Ventilseite; u_d Gleichspannung; i_d Gleichstrom; i_V Ventilstrom; i_L, i_{1L} Netzstrom bzw. dessen Grundkomponente; ($m_t = 1$)

	Glättung	Zündverzögerung
b)	—	—
c), f)	—	×
g), h)	×	—
i), k)	×	×

d) Zündpulse; i_{GT} Zündstrom; e) Verschiebebereiche der Zündpulse

nung u_d aus sinusförmigen Halbschwingungen (Bild 3.17b). Der Netzstrom i_L setzt sich aus den beiden über den Transformator übertragenen Halbwellen zusammen, ist also sinusförmig ohne Verzerrung.

Im Gegensatz dazu haben die ventilseitigen Ströme und auch der Netzstrom bei *vollständig mit einer großen Drossel geglättetem Gleichstrom* rechteckförmigen Verlauf (Bild 3.17g und h). Der Vergleich mit dem oben beschriebenen ungeglätteten Verlauf der Ströme führt zu folgender verallgemeinerten, für alle Gleichrichterschaltungen gültigen Feststellung: Mit besserer Glättung des Gleichstroms nimmt die Verzerrung der Netzströme zu.

Gleichspannung

Der Mittelwert U_{di0} der ideellen Gleichspannung beträgt

$$U_{di0} = \frac{1}{\pi} \int_{\vartheta=0}^{\pi} \sqrt{2}\, U_v \sin\vartheta \, d\vartheta = 0{,}90 U_v \, . \tag{3.177}$$

Die Ordnungszahlen der Oberschwingungen der Gleichspannung und die Welligkeit gibt Tafel 3.1, Schaltung 3, Spalten 4 und 5.

Der mittlere Gleichstrom ist wieder durch (3.16) gegeben.

Ventil- und netzseitige Ströme, Transformator

Die Ventilströme i_{V1}, i_{V2} usw. verlaufen halbsinus- bzw. rechteckförmig. Der ventilseitige Transformatorstrom $i_v = i_{V1} - i_{V3}$ ist ein sinus- bzw. rechteckförmiger Wechselstrom ohne Gleichstromkomponente. Der ventilseitige Ausnutzungsfaktor des Transformators ist deshalb günstig.

Bei *vollständiger Glättung* des Gleichstroms ist der netzseitige Strom i_L rechteckförmig (Bild 3.17g). Sein Effektivwert I_L und seine Amplitude I_{Lm} sind gleich groß:

$$I_L = I_{Lm} = I_{da}/m_t \, . \tag{3.178}$$

Die Fourier-Analyse des Netzstroms ergibt

$$i_L = \frac{4}{\pi} \frac{I_{da}}{m_t} \sum_{\nu=1,3,5\ldots}^{\infty} \frac{1}{\nu} \sin \nu\vartheta \, . \tag{3.179}$$

Die Grundschwingung des Netzstroms hat also den Effektivwert

$$I_{1L} = \frac{4}{\sqrt{2}\,\pi} \frac{I_{da}}{m_t} = 0{,}90 I_L \, . \tag{3.180}$$

Der ideelle Grundschwingungsgehalt g_i des Netzstroms beträgt folglich (vgl. (3.159))

$$g_i = I_{1L}/I_L = 0{,}90 \tag{3.181}$$

und kann für die Zweipulsschaltungen sowie auch für alle anderen Schaltungen von Tafel 3.1, Spalte 7, abgelesen werden.

Bei vollständiger Glättung ist die ideelle Gleichstromleistung P_{d0} wieder durch (3.145) gegeben. Es gilt also mit (3.177)

$$P_{d0} = 0{,}90 U_v I_{da} \, . \tag{3.182}$$

Da hier $I_v = I_{da}$, hat die ventilseitige Scheinleistung des Transformators die Größe

$$S_v = U_v I_v = 1{,}11 P_{d0} \, . \tag{3.183}$$

Das gleiche gilt für die netzseitige Scheinleistung S_L und schließlich auch (vgl. (3.142))

$$S_t = 1{,}11 P_{d0} \, . \tag{3.184}$$

Die Ausnutzungsfaktoren des Transformators (vgl. Abschn. 3.2.3)

$$C_t = C_L = C_v = 1{,}11 \tag{3.185}$$

sind, wie Tafel 3.1, Spalten 11, 13 und 14 zeigt, die günstigsten von allen Schaltungen.

Der Transformator dient zur Spannungsanpassung und zur galvanischen Trennung zwischen Wechselstromnetz und Gleichstromlast; wenn dies nicht notwendig ist, kann der Transformator eingespart werden, doch muß dann häufig bei größeren Geräten eine Drossel zur Begrenzung des Kurzschlußstroms in die Netzzuleitungen eingefügt werden.

Beanspruchung der Ventile

Die Ventile sind für den mittleren Strom

$$I_{\mathrm{Va}} = I_{\mathrm{da}}/2 \tag{3.186}$$

und für den Scheitelwert der Sperrspannung

$$U_{\mathrm{Rm}} = \sqrt{2}\, U_{\mathrm{v}} = \frac{\pi}{2} U_{\mathrm{di0}} \tag{3.187}$$

auszulegen.

Die Zweipuls-Brückenschaltung hat folgende Vorteile:

- Sie kann unmittelbar, ohne Transformator, ans Netz angeschlossen werden.
- Die Ausnutzung des Transformators ist sehr gut.
- Die Beanspruchung der Ventile durch die Sperrspannung, relativ zur Gleichspannung, ist niedrig.

Dagegen kann es bei niedrigen Gleichspannungen ungünstig sein, daß der Strom jeweils durch zwei Ventile in Reihe fließt.

Berechnungsbeispiel

Ein Zweipulsgleichrichter in Brückenschaltung soll eine ideelle Gleichspannung von 110 V und einen mittleren, vollständig geglätteten Gleichstrom von 10 A abgeben. Netz: 220 V, 50 Hz.

Die wichtigsten Kennwerte sind:

Transformator

ventilseitige Wicklung:

$$U_{\mathrm{v}} = \frac{U_{\mathrm{di0}}}{0{,}9} = \frac{110\ \mathrm{V}}{0{,}9} = 122\ \mathrm{V}; \tag{3.188}$$

$$I_{\mathrm{v}} = I_{\mathrm{da}} = 10\ \mathrm{A}; \tag{3.189}$$

$$m_{\mathrm{t}} = \frac{U_{\mathrm{L}}}{U_{\mathrm{v}}} = \frac{220\ \mathrm{V}}{122\ \mathrm{V}} = 1{,}80 \tag{3.190}$$

netzseitige Wicklung:

$$U_{\mathrm{L}} = 220\ \mathrm{V};$$

$$I_{\mathrm{L}} = \frac{I_{\mathrm{v}}}{m_{\mathrm{t}}} = \frac{10\ \mathrm{A}}{1{,}80} = 5{,}55\ \mathrm{A} \tag{3.191}$$

Typenleistung:

$$S_{\mathrm{t}} = C_{\mathrm{t}} P_{\mathrm{d}} = 1{,}11 \cdot 110\ \mathrm{V} \cdot 10\ \mathrm{A} = 1{,}22\ \mathrm{kVA} \tag{3.192}$$

Ventile

mittlerer Ventilstrom:

$$I_{\mathrm{Va}} = \frac{I_{\mathrm{da}}}{2} = \frac{10\ \mathrm{A}}{2} = 5\ \mathrm{A} \tag{3.193}$$

maximale Sperrspannung:

$$U_{\mathrm{Rm}} = \frac{\pi}{2} U_{\mathrm{di0}} = \frac{\pi}{2} \cdot 110\ \mathrm{V} = 173\ \mathrm{V}. \tag{3.194}$$

3.3.2. Mittelpunktschaltung

Wirkungsweise (Bild 3.18)

Die Gleichspannung u_d wird während $0 \leqq \vartheta \leqq \pi$ aus der ventilseitigen Strangspannung des Transformators u_{v1M} und während $\pi \leqq \vartheta \leqq 2\pi$ aus u_{v2M} gebildet.

Die beiden ventilseitigen Teilwicklungen des Transformators führen den Strom nur während einer Hälfte jeder Periode; sie sind deshalb schlecht ausgenutzt.

Gleichspannung

Der Mittelwert U_{di0} der ideellen Gleichspannung beträgt

$$U_{di0} = \frac{1}{\pi} \int_{\vartheta=0}^{\pi} \sqrt{2}\, U_{v1M} \sin \vartheta \, d\vartheta = 0{,}90 U_{v1M} = 0{,}45 U_v \tag{3.195}$$

wo $U_v = 2U_{vM}$ die Spannung zwischen den Außenleitern ist.

Die Gleichspannung hat die gleichen Oberschwingungen wie bei der Brückenschaltung.

Der mittlere Gleichstrom ist wieder durch (3.16) gegeben.

Ventil- und netzseitige Ströme, Transformator

Es wird *vollständige Glättung* des Gleichstroms vorausgesetzt.

Die ventilseitigen Ströme sind rechteckförmig mit der Amplitude $I_{Vm} = I_{da}$ und der Leitdauer π. Ihr Effektivwert beträgt

$$I_{ve} = \left(\frac{1}{2\pi} \int_{\vartheta=0}^{\pi} I_{Vm}^2 \, d\vartheta \right)^{1/2} = \frac{I_{dm}}{\sqrt{2}} . \tag{3.196}$$

Die ventilseitige Scheinleistung hat die Größe

$$S_v = 2U_{vM} I_{ve} = \frac{U_{di0}}{0{,}45} \frac{I_{da}}{\sqrt{2}} = 1{,}57 P_{d0} . \tag{3.197}$$

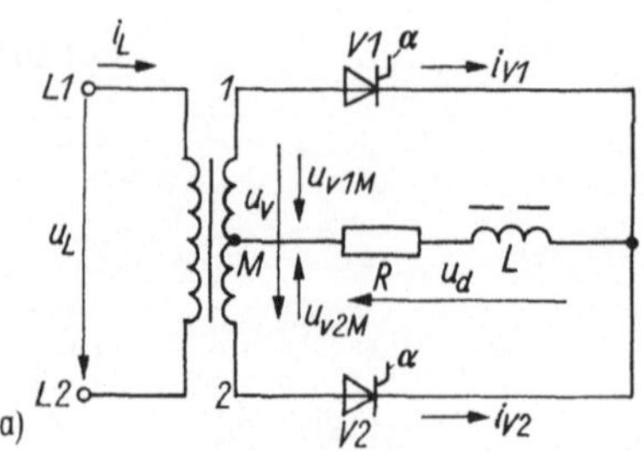

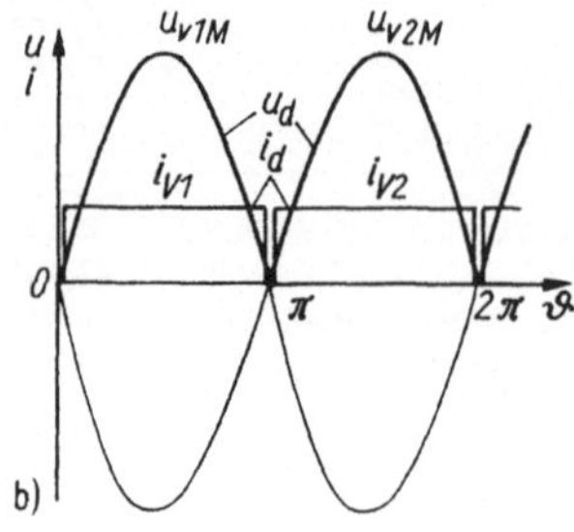

Bild 3.18. Zweipulsgleichrichter in Mittelpunktschaltung mit vollständiger Glättung des Gleichstroms

a) Schaltung; b) Verlauf der ventilseitigen Spannungen u_{v1M} und u_{v2M}, der Gleichspannung u_d, der Ventilströme i_{V1} und i_{V2} und des Gleichstroms i_d

Der Strom auf der Netzseite hat mit

$$m_t = U_L/U_{vM} \tag{3.198}$$

den Effektivwert

$$I_L = \frac{I_{Vm}}{m_t} = \frac{I_{da}}{m_t}. \tag{3.199}$$

Für den Effektivwert U_L der Netzspannung kann man schreiben:

$$U_L = m_t U_{vM} = m_t U_{di0}/0{,}9\,. \tag{3.200}$$

Die netzseitige Scheinleistung beträgt also

$$S_L = U_L I_L = \frac{m_t U_{di0}}{0{,}9} \frac{I_{da}}{m_t} = 1{,}11 P_{d0}\,. \tag{3.201}$$

Der Transformator hat die Typenleistung ((3.142))

$$S_t = \frac{1}{2}(1{,}57 + 1{,}11)\, P_{d0} = 1{,}34 P_{d0}\,. \tag{3.202}$$

Der mittlere Ausnutzungsfaktor ist also wesentlich schlechter als bei der Brückenschaltung (3.185).

Beanspruchung der Ventile

Die Ventile führen den gleichen mittleren Strom I_{Va} wie bei der Brückenschaltung (vgl. (3.186)). Dagegen beträgt der Scheitelwert der Sperrspannung

$$U_{Rm} = 2\sqrt{2}\, U_{vM} = \pi U_{di0}\,, \tag{3.203}$$

ist also doppelt so groß wie bei der Brückenschaltung, denn es liegen nicht jeweils zwei Ventile in Reihe.

3.3.3. Phasenanschnittsteuerung

3.3.3.1. Vollgesteuerte Brückenschaltung, Mittelpunktschaltung

Die folgenden Untersuchungen gelten für beide Arten Zweipulsgleichrichter, wobei alle Ventile in den Schaltungen der Bilder 3.17a und 3.18a Thyristoren sind. Es sollen die Momentan- und die Mittelwerte der Gleichspannung und des Gleichstroms in Abhängigkeit vom Zündverzögerungswinkel berechnet werden, und zwar für folgende Belastungsarten: Widerstand und Drossel, Gegenspannung und Glättung mit einer Drossel sowie Widerstand und Glättung mit einem Kondensator. Bei dieser Diskussion muß sorgfältig zwischen dem Verhalten des Gleichrichters bei lückendem und bei nichtlückendem Strom unterschieden werden.

a) Belastung mit Widerstand und Drossel

Lückender Strom

Der einfachste Fall ist die Belastung nur mit einem Widerstand, ohne Glättung. Ohne Zündverzögerung verlaufen der Gleichstrom i_d und die Ventilströme i_v halbsinusförmig, und die Ströme i_v und i_L durch die ventilseitige bzw. netzseitige Wicklung des Transformators sind sinusförmig (Bild 3.17b). Die entsprechenden Spannungen und Ströme mit Zündverzögerung zeigen die Bilder 3.17c und f; i_{1L} ist die Grundschwingung des Netzstroms. In den Bildern 3.17d und e sind die Zündimpulse für die Thyristoren und die 180° breiten Verschiebebereiche angedeutet.

Bei Belastung mit einem Widerstand und Glättung mit einer Drossel lückt der Strom, wenn die Leitdauer $\delta < \pi$ ist (Bild 3.9, Lückgrenze für $p = 2$). Der Parameter ϱ ist wieder durch (3.37) gegeben. Während jeder Periode treten zwei Gleichstrompulse auf, die grundsätzlich wie im Bild 3.8e verlaufen.

Die Mittelwerte von Gleichspannung und Gleichstrom werden wieder durch (3.76) bzw. (3.79) beschrieben. Beide Werte hängen in hohem Maß von der Größe der Drossel ab!

Nichtlückender Gleichstrom

Die Bilder 3.17g bis k zeigen den Verlauf der Spannungen und Ströme ohne und mit Zündverzögerung bei vollständiger Glättung des Gleichstroms, doch gelten die folgenden Rechnungen auch für geringere Glättung, wenn diese nur das Lücken des Gleichstroms verhindert.

Die mittlere ideelle Gleichspannung beträgt bei der Brückenschaltung

$$U_{\mathrm{di}\alpha} = \frac{1}{\pi} \int_{\vartheta=\alpha}^{\pi+\alpha} \sqrt{2}\, U_{\mathrm{v}} \sin \vartheta \, \mathrm{d}\vartheta = U_{\mathrm{di0}} \cos \alpha \,. \tag{3.204}$$

Dieses Resultat gilt auch für die Mittelpunktschaltung sowie für alle anderen vollgesteuerten Gleichrichter ohne Freilaufzweig bei nichtlückendem Strom, unabhängig von der Pulszahl.

Gleichung (3.204), die nur für nichtlückenden Strom gilt, darf nicht zu der Annahme führen, daß beim Zweipulsgleichrichter ein Verschiebebereich der Zündwinkel von 90° genügt, um den Gleichrichter zu sperren. Schon bevor 90° erreicht sind, beginnt der Strom zu lücken, und setzt erst bei $\alpha = 180°$ ganz aus. Der Verschiebebereich muß also auf jeden Fall 180° betragen.

Der Gleichstrom wird bei der Brückenschaltung wieder durch (3.35) beschrieben. Integration über eine halbe Periode ergibt

$$\frac{1}{\pi} \int_{\vartheta=\alpha}^{\pi+\alpha} X \frac{\mathrm{d}i_{\mathrm{d}}}{\mathrm{d}\vartheta} \mathrm{d}\vartheta + \frac{1}{\pi} \int_{\vartheta=\alpha}^{\pi+\alpha} R i_{\mathrm{d}} \, \mathrm{d}\vartheta = \frac{1}{\pi} \int_{\vartheta=\alpha}^{\pi+\alpha} \sqrt{2}\, U_{\mathrm{v}} \sin \vartheta \, \mathrm{d}\vartheta \,. \tag{3.205}$$

Im eingeschwungenen Zustand ist das erste Glied Null, und es folgt daraus für die Brücken- und auch für die Mittelpunktschaltung:

$$I_{\mathrm{da}} = \frac{1}{R} U_{\mathrm{di0}} \cos \alpha \,. \tag{3.206}$$

Die Drossel hat also keinen Einfluß auf die Mittelwerte der Gleichspannung und des Gleichstroms.

b) Belastung mit einer Gegenspannung und Glättung mit einer Drossel

Nichtlückender Strom

Es seien (3.85) und (3.86) vorgegeben. Die Gleichspannung hat oberhalb der Lückgrenze (Bild 3.11 für $p = 2$) den durch (3.76) gegebenen Mittelwert $U_{\mathrm{di}\alpha}$.

Der Gleichstrom wird wieder durch (3.84) beschrieben. Der Mittelwert im eingeschwungenen Zustand wird analog (3.205) durch Integration über die halbe Periode mit den Grenzen $i_{\mathrm{d}}(\alpha) = i_{\mathrm{d}}(\pi + \alpha)$ berechnet. Man findet

$$I_{\mathrm{da}} = \frac{1}{R} (U_{\mathrm{di}\alpha} - E) \,. \tag{3.207}$$

Die Drossel hat also auf die Größe des mittleren Stroms keinen Einfluß!

Lückender Strom

Der Strom braucht nur im Bereich $\alpha \leqq \vartheta \leqq \alpha + \delta$ betrachtet zu werden. $\delta = f(\sigma, \varrho)$ ist Bild 3.11 zu entnehmen. Die mittlere ideelle Gleichspannung ist wieder durch (3.76) gegeben. Der mittlere Gleichstrom ist analog zu (3.93)

$$I_{\mathrm{da}} = \frac{1}{R} \left(U_{\mathrm{di}\alpha} - \frac{\delta}{\pi} E \right) . \tag{3.208}$$

c) Belastung mit einem Widerstand, Glättung mit einem Kondensator (Bild 3.19)

Die Spannungen und Ströme verlaufen grundsätzlich wie beim Einpulsgleichrichter mit Kondensatorglättung (vgl. Bild 3.19b mit Bild 3.6b). Die Dauer, während der sich der Kondensator entlädt, ist wesentlich kürzer als beim Einpulsgleichrichter. Deshalb ist die Gleichspannung besser geglättet. Bei

$RC \gg 1/(2f)$ weicht sie nur wenig vom Scheitelwert der angelegten Spannung ab, also von $\sqrt{2}\,U_v$ bei der Brücken- und von $\sqrt{2}\,U_v/2$ bei der Mittelpunktschaltung.

Meist wird noch eine Drossel L in den Gleichstromkreis eingefügt. Dadurch wird die Leitdauer der Ventile vergrößert und die Kurvenform des Netzstroms i_v etwas mehr der Sinusform angenähert. Die Drossel dämpft auch den Stromstoß, der auf den Kondensator fließt, wenn das Gerät zufällig bei einem hohen Momentanwert der Spannung u_v zugeschaltet wird.

Eine Last, die eine Gegenspannung erzeugt, also z. B. der Anker eines Gleichstrommotors, ein Akkumulator, der geladen wird, oder ein Kondensator zur Glättung der Gleichspannung, stellt folgende Forderung an die Dauer der Steuerimpulse: Der Thyristor kann nur zünden, wenn die momentane Gleichspannung größer ist als die Gegenspannung, d. h., wenn $\alpha \geqq \sigma$ (vgl. (3.64)). Wenn das Steuergerät von Hand oder von einem Regelverstärker so beaufschlagt wird, daß $\alpha < \sigma$, dann kann der Strom bei einem *kurzen* Steuerimpuls überhaupt nicht einsetzen. Man muß deshalb einen *breiten* Steuerimpuls erzeugen, der von $\vartheta = \alpha$ bis $\vartheta = \pi$ ansteht. Da die Steuerelektrode des Thyristors dadurch möglicherweise unzulässig beansprucht werden würde, wird an Stelle des breiten Impulses eine Folge kurzer Impulse zwischen $\vartheta = \alpha$ und $\vartheta = \pi$ erzeugt (vgl. Abschn. 5.5.3.1).

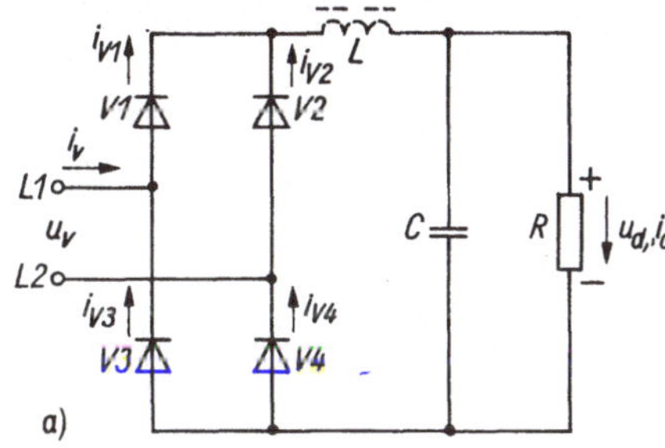

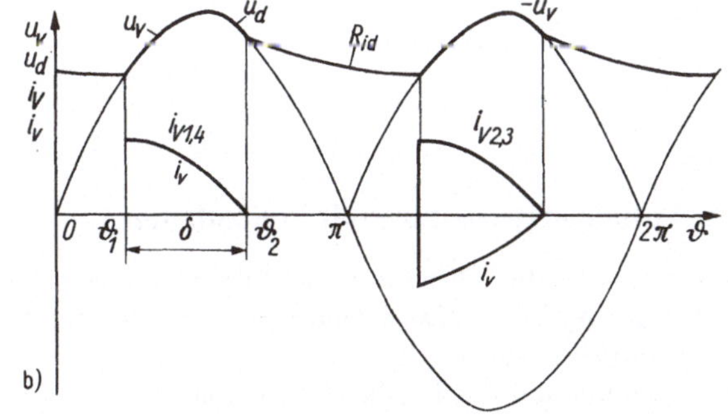

Bild 3.19. Zweipulsgleichrichter mit Belastung durch einen Widerstand und Glättung mit einem Kondensator

a) Schaltung; b) Verlauf der Wechselspannung u_v, der Gleichspannung u_d, der Ventilströme i_V und des Netzstroms i_v

Beispiel

Ein Ladegerät für einen Akkumulator mit einer Nennspannung von 60 V soll bei einer Ladespannung von $E = 75$ V einen nichtlückenden Gleichstrom $I_{da} = 20$ A abgeben.
Netz: $U_L = 220$ V, 50 Hz; Spannung der ventilseitigen Wicklung des Transformators $U_v = 130$ V; ohmscher Widerstand des Gleichstromkreises $R_d = 0{,}4\ \Omega$.

Schaltung: Zweipuls-Brückenschaltung mit Glättungsdrossel, Kennziffern s. Tafel 3.1, Schaltung 2.

Die Auslegung des Transformators, der Ventile und der Glättungsdrossel ist zu berechnen, wobei vollständig geglätteter Gleichstrom vorausgesetzt werden darf.

Ideelle Gleichspannung (Spalte 3)

$$U_{\text{di0}} = 0{,}9 U_v = 0{,}9 \cdot 130\ \text{V} = 117\ \text{V} \tag{3.209}$$

Transformator

Übersetzungsverhältnis: $m_t = 220\ \text{V}/130\ \text{V} = 1{,}7$ (3.210) ventilseitige Wicklung

Strom (Spalte 10): $I_v = I_{da} = 20$ A ; (3.211)

Scheinleistung: $S_v = U_v I_v = 130$ V · 20 A = 2,60 kVA (3.212)

netzseitige Wicklung

Strom (Spalte 12): $I_L = I_{da}/m_t = 20$ A/1,7 = 11,8 A ; (3.213)

Scheinleistung: $S_L = U_L I_L = 220$ V · 11,8 A = 2,60 kVA (3.214)

Typenleistung (Spalte 14): $S_t = C_t U_{\text{diO}} I_d = 1{,}11 \cdot 117$ V · 20 A = 2,6 kVA (3.215)

Thyristoren

mittlerer Durchlaßstrom (Spalte 8):

$$I_{Va} = I_{da}/2 = 20 \text{ A}/2 = 10 \text{ A} \tag{3.216}$$

Scheitelwert der Sperrspannung (Spalte 9):

$$U_{Rm} = 1{,}57 U_{\text{diO}} = 1{,}57 \cdot 117 \text{ V} = 200 \text{ V} \tag{3.217}$$

Zündwinkel α_N bei Nennbetrieb

Aus (3.204) folgt, wobei ein Spannungsabfall $U_T = 1{,}5$ V je Thyristor noch einbezogen wird:

$$U_{\text{diO}} \cos \alpha_N = E + R_d I_{da} + 2U_T ,$$

also

$$\cos \alpha_N = \frac{75 \text{ V} + 0{,}4\,\Omega \cdot 20 \text{ A} + 2 \cdot 1{,}5 \text{ V}}{117 \text{ V}} = 0{,}735 \tag{3.218}$$

$$\alpha_N = 42{,}6° .$$

Glättungsdrossel

(3.64) gibt:

$$\sin \sigma = \frac{75 \text{ V} + 2 \cdot 1{,}5 \text{ V}}{\sqrt{2} \cdot 130 \text{ V}} = 0{,}42 . \tag{3.219}$$

Bild 3.11 zeigt, daß die Lückgrenze bei $\vartheta_Z = 42{,}6°$, $\sin \sigma = 0{,}42$ und $p = 2$ ungefähr bei $\cos \varrho = 0{,}2$, also etwa bei $\varrho = 78°$ liegt.

Aus

$$\tan \varrho = \omega L/R \tag{3.220}$$

folgt:

$$L = 0{,}4\,\Omega \cdot \tan 78°/314 \text{ s}^{-1} = 6 \text{ mH} . \tag{3.221}$$

3.3.3.2. Halbgesteuerte Brückenschaltung, Mittelpunktschaltung mit Freilaufzweig

Bei der halbgesteuerten Brückenschaltung sind nur *zwei* Ventile Thyristoren; im folgenden wird angenommen, daß die Ventile *V1* und *V3* in der Schaltung im Bild 3.17a gesteuert sind, während für *V2* und *V4* Dioden eingesetzt werden, die einen Freilaufzweig bilden.

Bild 3.20 zeigt die entsprechende Mittelpunktschaltung mit der Diode *D* im Freilaufzweig. — Es wird wieder vollständig geglätteter Gleichstrom angenommen.

Bei beiden Schaltungen fließt der Gleichstrom während $0 \leqq \vartheta \leqq \alpha$ und $\pi \leqq \vartheta \leqq \pi + \alpha$ durch den Freilaufzweig (Bild 3.21a), also nicht *gegen* die angelegte Spannung wie nach Bild 3.17i. Es wird deshalb nur eine kleinere Glättungsdrossel gebraucht, und die Grundschwingung i_{1L} eilt hinter der angelegten Wechselspannung u_v nur um den Winkel $\alpha/2$ her (vgl. Bild 3.21b mit Bild 3.17k).

Die mittlere ideelle Gleichspannung ist wieder durch (3.72) gegeben.

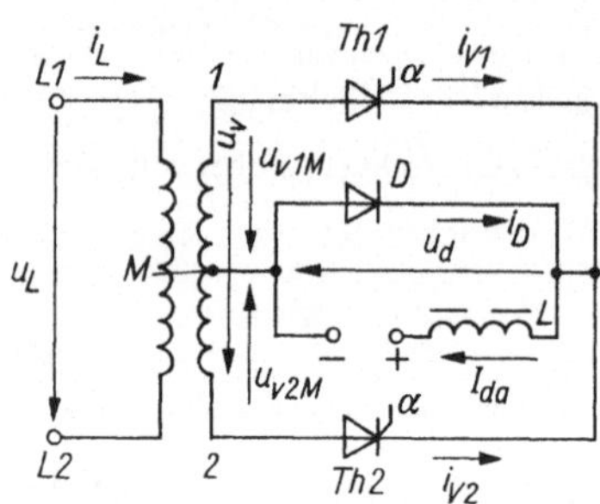

Bild 3.20. Zweipulsgleichrichter in Mittelpunktschaltung mit Freilaufzweig

Schaltungen mit Freilaufzweig haben den Nachteil, daß sie nicht als netzgelöschte Wechselrichter betrieben werden können (s. Abschn. 3.6.1).

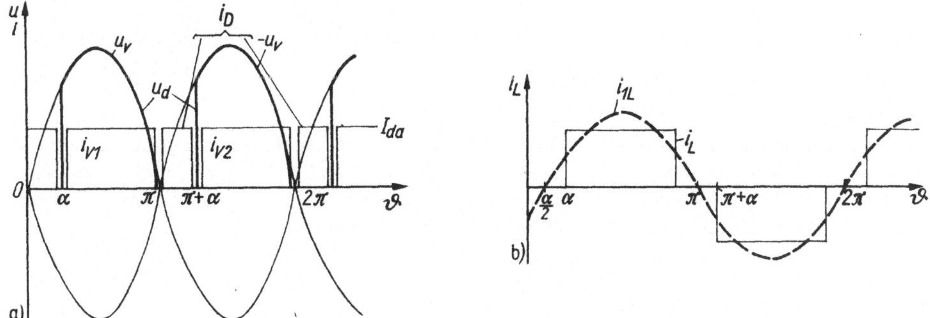

Bild 3.21. Halbgesteuerte Zweipuls-Brückenschaltung beim Zündverzögerungswinkel α

a) Verlauf der ventilseitigen Spannung u_v, der Ventilströme i_{V1} usw.; b) Verlauf des Netzstroms i_L und dessen Grundschwingung i_{1L}

3.3.3.3. Steuerblindleistung, Verschiebungsfaktor

Die folgende Diskussion bezieht sich auf die Zweipuls-Brücken- und auch auf die Mittelpunktschaltung, trifft aber grundsätzlich ebenso auf alle anderen vollgesteuerten Schaltungen höherer Pulszahl ohne Freilaufzweig zu. — Es wird wieder vollständig geglätteter Gleichstrom vorausgesetzt.

Der Netzstrom i_L hat bei Phasenanschnittsteuerung (Bild 3.17k) den gleichen Verlauf wie ohne Zündverzögerung (Bild 3.17h), ist jedoch im Vergleich zur Netzspannung u_L, die die gleiche Phasenlage wie u_v hat, um den Winkel α verzögert. Während des Zeitwinkels $\alpha \leqq \vartheta \leqq \pi$ hat i_L die gleiche Richtung wie u_L, so daß Energie vom Wechselstromnetz auf die Gleichstromseite übertragen wird. Für $0 \leqq \vartheta \leqq \alpha$ und $\pi \leqq \vartheta \leqq \pi + \alpha$ aber fließt i_L *gegen* u_L, und Energie wird an das Wechselstromnetz zurückgeliefert. Es tritt also *Steuerblindleistung* auf.

Auch die Grundschwingung i_{1L} hat, wie der Vergleich zwischen den Bildern 3.17h und k zeigt, den Phasenwinkel α. Ihr Effektivwert (3.180) wird in die Wirk- und Blindkomponente $I_{1L} \cos \alpha$ bzw. $I_{1L} \sin \alpha$ zerlegt. Die im Abschnitt 3.2.4 gegebenen Definitionen führen bei sinusförmiger Netzspannung, die ja hier immer vorausgesetzt wird, zu

$$\text{Wirkleistung} \quad P_L \equiv P_{1L} = U_L I_{1L} \cos \alpha \tag{3.222}$$

$$\text{und Steuerblindleistung} \quad Q_{1L} = U_L I_{1L} \sin \alpha \,. \tag{3.223}$$

Der Verschiebungsfaktor (3.169) hat also die Größe

$$\cos \varphi_1 = \cos \alpha \,. \tag{3.224}$$

Der Verschiebungsfaktor verschlechtert sich demnach im gleichen Maß, in dem die Gleichspannung herabgesteuert wird!

Bei $\alpha = \pi/2$ sind die positiven und die negativen Spannungszeitflächen von u_d gleich groß, so daß die mittlere Gleichspannung und damit auch der Verschiebungsfaktor Null sind. Offensichtlich kehrt sich bei $\alpha > \pi/2$ die Richtung der Gleichspannung und damit auch die Richtung des Energieflusses um, und damit findet „Wechselrichterbetrieb“ statt (s. Abschnitt 3.6.1).

Die Beanspruchung des Netzes durch die Steuerblindleistung, die bei der Phasenanschnittsteuerung auftritt, ist ein ernster Nachteil dieser Steuerart, denn Blindleistung führt ja bekanntlich zu Spannungsabfällen und zu zusätzlichen Verlusten im speisenden Netz. Besonders beim schnellen Verstellen der Gleichspannung verursachen die dadurch hervorgerufenen Blindleistungsstöße Sprünge der Netzspannung, die sich auf andere Verbraucher ungünstig auswirken können. Auf diese Problematik wird im Abschnitt 6.1 ausführlicher eingegangen.

Bei den halbgesteuerten Zweipulsschaltungen (vgl. Abschn. 3.3.3.2) ist die Grundschwingung i_{1L} des Netzstroms (Bild 3.21 b) nur um den Winkel $\alpha/2$ gegenüber der Netzspannung verzögert, d. h.

$$\cos \varphi_1 = \cos \alpha/2 \,. \tag{3.225}$$

Die halbgesteuerte Schaltung beansprucht also wesentlich weniger Blindleistung als die vollgesteuerte!

Beispiel

Die Gleichspannung des im Berechnungsbeispiel auf S. 153 (Abschn. 3.3.1) geschilderten Zweipulsgleichrichters soll auf 70 V herabgesteuert werden, wobei der Gleichstrom weiterhin vollständig geglättet ist und seinen Wert von 10 A behält. Auf welche Größe muß der Zündverzögerungswinkel eingestellt werden, und wie groß ist dann der Verschiebungsfaktor a) bei der vollgesteuerten und b) bei der halbgesteuerten Schaltung?

a) (3.204) gibt

$$\cos \alpha = \frac{70\ \text{V}}{110\ \text{V}} = 0{,}636\,; \qquad \alpha = 50^\circ\,; \tag{3.226a}$$

$$\cos \varphi_1 = \cos 50^\circ = 0{,}636\,. \tag{3.226b}$$

b) (3.72) gibt

$$\cos \alpha = \frac{2 \cdot 70\ \text{V}}{110\ \text{V}} - 1 = 0{,}273\,; \qquad \alpha = 74^\circ\,; \tag{3.227a}$$

$$\cos \varphi_1 = \cos 74^\circ/2 = 0{,}798\,. \tag{3.227b}$$

Der Verschiebungsfaktor ist also bei der halbgesteuerten Schaltung wesentlich günstiger.

3.3.4. Gesteuerter Gleichrichter als Verstärker

Spannungsverstärkung

Ein Gleichrichter kann als ein Verstärker aufgefaßt werden mit dem Zündverzögerungswinkel α als Eingangs- und der Gleichspannung $U_{\text{di}\alpha}$ als Ausgangsgröße. Bei Belastung mit z. B. Widerstand und Glättungsdrossel ist die Steuerkennlinie $U_{\text{di}\alpha}/U_{\text{di0}} = f(\alpha)$ für nichtlückenden Strom durch

$$U_{\text{di}\alpha}/U_{\text{di0}} = \cos \alpha \quad (\text{vgl. } (3.204)) \tag{3.228a}$$

und für lückenden Strom durch

$$\frac{U_{\text{di}\alpha}}{U_{\text{di0}}} = \frac{1}{2}\,[\cos \alpha - \cos(\alpha + \delta)] \qquad (\text{vgl. } (3.76)) \tag{3.228b}$$

gegeben. Bild 3.22, Kurven *2* und *1*, zeigen diese Verläufe.

Die Spannungsverstärkung V_{U} des Gleichrichters beträgt bei nichtlückendem Strom

$$V_{\text{U}} = \frac{\mathrm{d}(U_{\text{di}\alpha}/U_{\text{di0}})}{\mathrm{d}\alpha} = -\sin \alpha \tag{3.229}$$

und bei lückendem Strom

$$V_{\text{U}} = \frac{\mathrm{d}(U_{\text{di}\alpha}/U_{\text{di0}})}{\mathrm{d}\alpha} = -\frac{1}{2}\left[\sin \alpha - \left(1 + \frac{\mathrm{d}\delta}{\mathrm{d}\alpha}\right)\sin(\alpha + \delta)\right]. \tag{3.230}$$

Die Gleichungen (3.229) und (3.230) zeigen, daß sich die Verstärkung mit dem Zündwinkel ändert, besonders beim Übergang vom nichtlückenden zum lückenden Betrieb. Diese Abhängigkeit der Verstärkung vom Arbeitspunkt ist ungünstig, da dadurch die Optimierung des Regelkreises für die Gleichspannung oder den Gleichstrom erschwert wird. Die Änderung der Verstärkung kann aber mit einem adaptiven Regler kompensiert werden. — Mit einer großen Glättungsdrossel wird das Lücken des

Stroms weitgehend verhindert, doch wird dadurch auch die Zeitkonstante des Lastkreises (z. B. des Ankerkreises eines Gleichstrommotors) vergrößert.

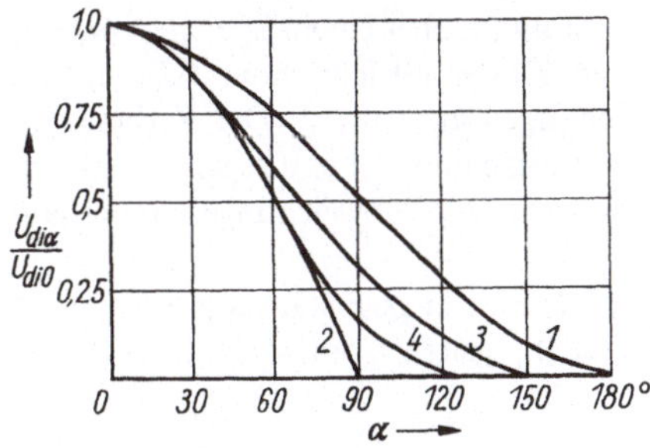

Bild 3.22. Steuerkennlinien von Gleichrichtern

Kurve *1*: $p = 1, 2$ mit WL oder FZ
$p = 6$ halbgesteuert, nl
Kurve *2*: $p = 2, 3, 6, \ldots$ nl
Kurve *3*: $p = 3$ mit WL oder FZ
Kurve *4*: $p = 6$ mit FZ
WL Widerstandslast; FZ Freilaufzweig; nl Strom nichtlückend

Leistungsverstärkung

Die Steuerleistung P_G, die zur Zündung der Thyristoren gebraucht wird, ist außerordentlich klein im Vergleich zur abgegebenen Gleichstromleistung P_d. Die Leistungsverstärkung

$$V_P \equiv P_d/P_G \tag{3.231}$$

ist deshalb sehr groß (Größenordnung 10^6).

Das *Zeitverhalten* der Gleichspannung bei Änderungen des Zündwinkels kann von Bild 3.23 abgelesen werden: Da als Stellglieder bei Gleichrichtern größerer Leistung Thyristoren eingesetzt werden, die nicht abschaltbar sind, kann sich eine Änderung des Zündwinkels ungünstigenfalls, z. B. beim Zweipulsgleichrichter, nach einer halben Periode, d. h. bei 50 Hz nach 10 ms, günstigstenfalls aber ohne jede Verzögerung auf die Größe der Gleichspannung auswirken. Im Mittel muß man also mit einer Totzeit von 5 ms rechnen. Bei höheren Pulszahlen ist die Verzögerung entsprechend geringer.

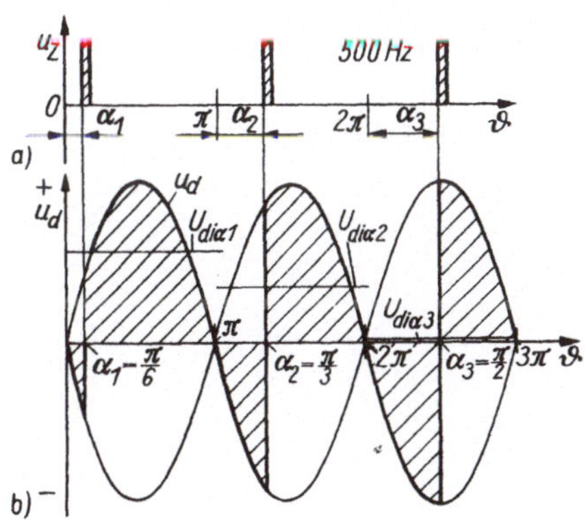

Bild 3.23. Änderung der Gleichspannung u_d bei Änderung des Zündverzögerungswinkels α beim Zweipulsgleichrichter

$\alpha_3 > \alpha_2 > \alpha_1$; $U_{di\alpha 1,2,3}$ Mittelwerte

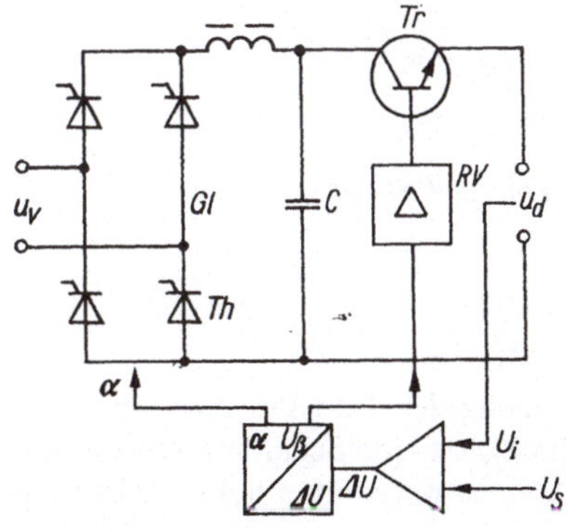

Bild 3.24. Stromversorgungsgerät mit gesteuertem Gleichrichter Gl und Reihentransistor Tr; RV Regelverstärker

U_s, U_i Soll- bzw. Istwert der Gleichspannung

Meist kann diese Totzeit vernachlässigt werden, anderenfalls kann man z. B. folgende Wege gehen: Bei einem sehr schnell zu regelnden Stellantrieb wird einem ungesteuerten Gleichrichter ein Gleichstromsteller (s. Abschn. 4.1) nachgeschaltet, der mit einer Pulsfrequenz von mehreren 100 Hz betrieben wird. — Bei einem Stromversorgungsgerät (Bild 3.24) wird die Spannung über einem Speicherkondensator *C* mit Hilfe der Phasenanschnittsteuerung der Thyristoren *Th* des Gleichrichters *Gl* konstant gehalten; auf diese Weise werden langzeitige Spannungsabweichungen ausgeregelt. Der Reihentransistor *Tr* braucht nur die kurzzeitigen Abweichungen der Kondensatorspannung auszuregeln, die durch die Totzeit der Thyristoren hervorgerufen werden. Damit können Regelabweichungen innerhalb von z. B. 100 µs ausgeglichen werden.

Die Überlegungen, die hier in bezug auf die Spannungs- und die Leistungsverstärkung sowie auch auf das Zeitverhalten der Zweipulsgleichrichter angestellt wurden, gelten grundsätzlich auch für Gleichrichter höherer Pulszahl.

3.3.5. Kaskadenschaltung

Bild 3.25 zeigt eine Zweipuls-Kaskadenschaltung (Greinacherschaltung) zur Erzeugung von Hochspannung. Sie setzt sich aus 5 Stufen der Einpuls-Kaskadenschaltung nach Bild 3.13 zusammen. Die Speicherkondensatoren C_2 werden zweimal je Periode der speisenden Wechselspannung geladen, so daß die Welligkeit der Gleichspannung nur etwa halb so groß ist wie bei der Einpuls-Kaskadenschaltung. Als Beispiel sei eine 5stufige Kaskade erwähnt, die von einer 500-Hz-Spannungsquelle über zwei Einphasentransformatoren *Tr* mit einer ventilseitigen Spannung von je 320 kV Effektivwert, also $\sqrt{2} \cdot 320\,\text{kV} = 450\,\text{kV}$ Scheitelwert, gespeist wird. Am Ausgang stehen im Leerlauf $5 \cdot 450\,\text{kV} = 2250\,\text{kV}$ und bei einem Laststrom von 100 mA eine mittlere Spannung von 2000 kV zur Verfügung (VEB TuR Dresden). Die erhöhte Frequenz der Speisespannung wird mit einem selbstgelöschten Wechselrichter erzeugt (vgl. Abschn. 4.2). Sie ermöglicht es, den Transformator und die Kondensatoren wesentlich kleiner auszulegen als bei 50 Hz. Die Höhe der Kaskade beträgt etwa 15 m.

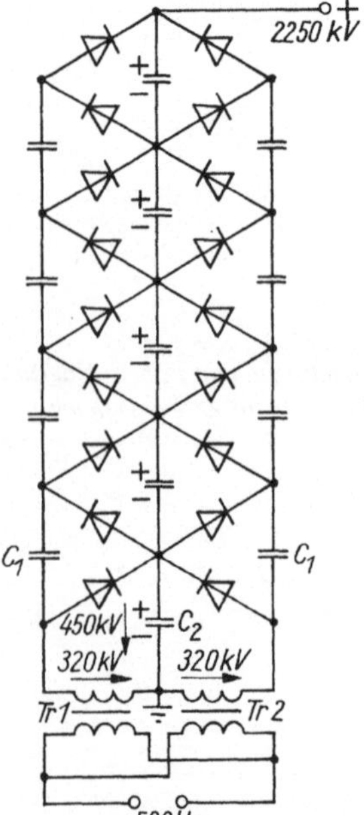

Bild 3.25. Zweipuls-Kaskadenschaltung mit fünf Stufen

Zusammenfassung

Die Zweipuls-Brückenschaltung zeichnet sich durch gute Ausnutzung des Transformators und vergleichsweise niedrige Sperrbeanspruchung der Ventile aus. Die halbgesteuerte Schaltung arbeitet mit besserem Verschiebungsfaktor. — Stromrichter mit Thyristoren können wegen ihrer hohen Leistungsverstärkung und außerordentlich geringen Trägheit eine große Rolle bei der Lösung von Regelungsaufgaben der Starkstromtechnik spielen.

3.4. Dreipulsgleichrichter, induktiver Spannungsabfall

Wie in den folgenden Abschnitten noch eingehender erläutert wird, brauchen Dreipulsgleichrichter entweder einen Transformator, der bei dieser Schaltung nur schlecht ausgenutzt ist, oder sie belasten den Mittelpunktleiter des speisenden Drehstromnetzes mit Gleichstrom, was meist unzulässig ist. Sie werden deshalb nur relativ selten und mit Strömen bis zu höchstens 50 A eingesetzt. Trotzdem soll auf sie ausführlicher eingegangen werden, weil sich wesentliche allgemeine Eigenschaften der Gleichrichter am Beispiel der Dreipulsschaltungen besonders übersichtlich schildern lassen und weil die sehr wichtige Sechspuls-Brückenschaltung aus zwei in Reihe geschalteten Dreipulsgleichrichtern besteht.

3.4.1. Stern-Stern-Mittelpunktschaltung

Diese Schaltung soll zuerst für vollständig geglätteten Gleichstrom diskutiert werden; dies gestattet, für die interessierenden Größen Lösungen in geschlossener Form zu finden. Anschließend wird eine beliebige Glättung des Gleichstroms zugelassen. Für diesen Fall soll die Integration des Stroms numerisch, angenähert erfolgen.

3.4.1.1. Vollständig geglätteter Gleichstrom

Gleichspannung

Die Bilder 3.26a und b zeigen die Schaltung und den Verlauf der ventilseitigen Strangspannungen:

$$U_{v1M} = \sqrt{2}\, U_{vM} \cos \vartheta ; \tag{3.232}$$

$$U_{v2M} = \sqrt{2}\, U_{vM} \cos \left(\vartheta - \frac{2\pi}{3}\right); \tag{3.233}$$

$$U_{v3M} = \sqrt{2}\, U_{vM} \cos \left(\vartheta - \frac{4\pi}{3}\right). \tag{3.234}$$

Es führt immer derjenige ventilseitige Strang Strom, in dem jeweils die höchste positive Spannung induziert wird. Der Verlauf der Gleichspannung u_d ist daher durch die Kuppen der ventilseitigen Spannungen gegeben (Bild 3.26b). Um den Mittelwert U_{di0} der Gleichspannung zu bestimmen, genügt es, wenn man über die Spannung zwischen $\vartheta = 0$ und $\vartheta = \pi/3$ integriert:

$$U_{di0} = \frac{3}{\pi} \int\limits_{\vartheta=0}^{\pi/3} \sqrt{2}\, U_{vM} \cos \vartheta \, d\vartheta = \frac{\sin (\pi/3)}{\pi/3} \sqrt{2}\, U_{vM} = 1{,}17 U_{vM} = 0{,}675 U_v . \tag{3.235}$$

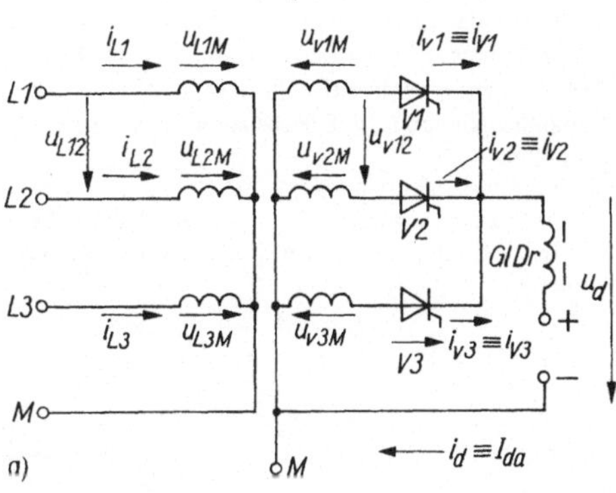

Bild 3.26a

Bild 3.26b—h und Bildunterschrift s. S. 164

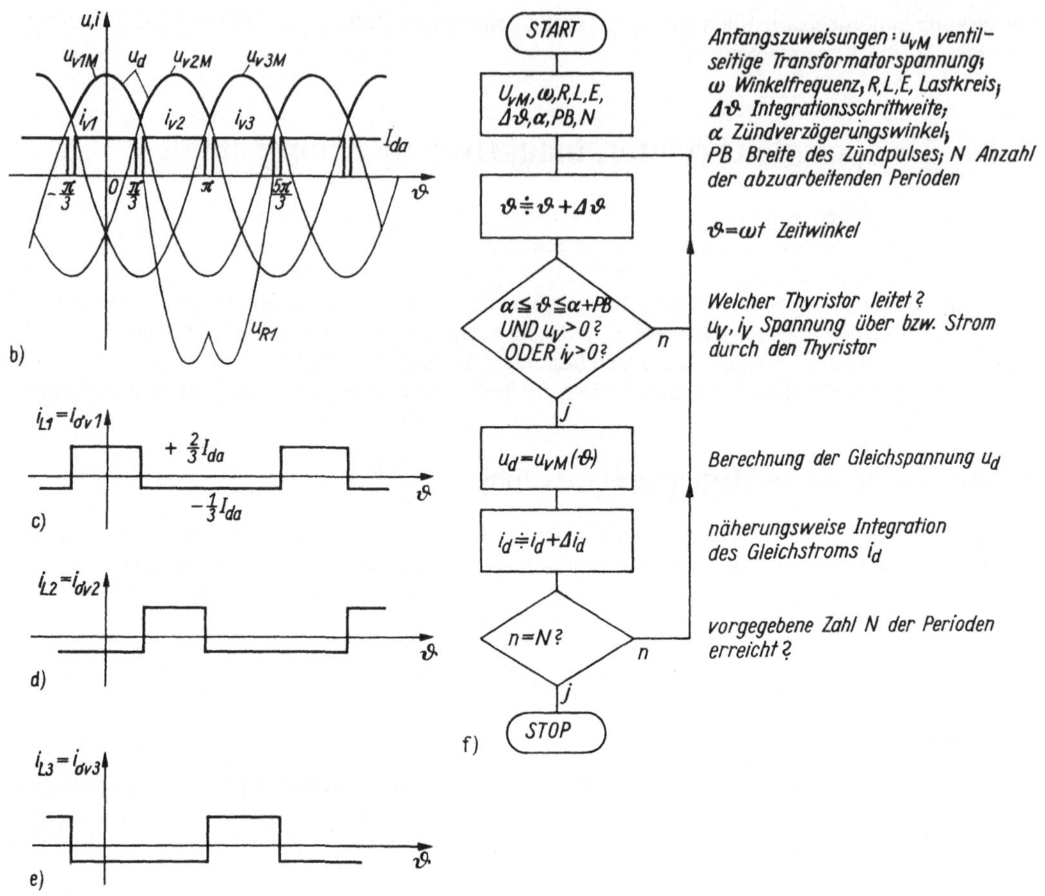

b)

c) $i_{L1} = i_{\sigma v1}$, $+\frac{2}{3}I_{da}$, $-\frac{1}{3}I_{da}$

d) $i_{L2} = i_{\sigma v2}$

e) $i_{L3} = i_{\sigma v3}$

f)

START

$U_{vM}, \omega, R, L, E, \Delta\vartheta, \alpha, PB, N$ — Anfangszuweisungen: u_{vM} ventilseitige Transformatorspannung; ω Winkelfrequenz; R, L, E, Lastkreis; $\Delta\vartheta$ Integrationsschrittweite; α Zündverzögerungswinkel; PB Breite des Zündpulses; N Anzahl der abzuarbeitenden Perioden

$\vartheta \doteq \vartheta + \Delta\vartheta$ — $\vartheta = \omega t$ Zeitwinkel

$\alpha \leq \vartheta \leq \alpha + PB$ UND $u_V > 0$? ODER $i_V > 0$? (j / n) — Welcher Thyristor leitet? u_V, i_V Spannung über bzw. Strom durch den Thyristor

$u_d = u_{vM}(\vartheta)$ — Berechnung der Gleichspannung u_d

$i_d \doteq i_d + \Delta i_d$ — näherungsweise Integration des Gleichstroms i_d

$n = N$? (j / n) — vorgegebene Zahl N der Perioden erreicht?

STOP

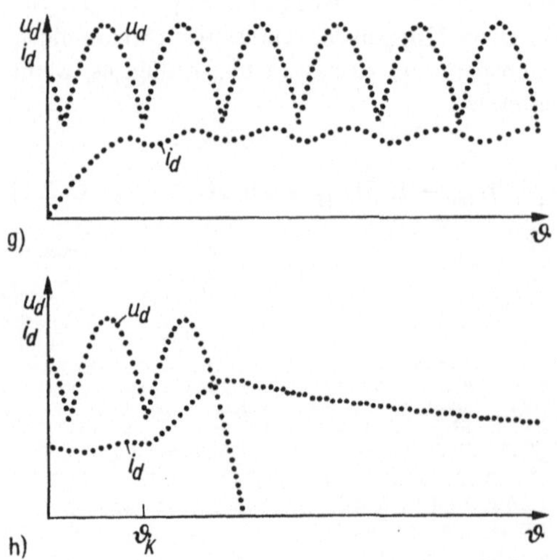

Bild 3.26. Dreipulsgleichrichter in Stern-Stern-Mittelpunktschaltung (Zeichnung für $m_t = 1$)

a) Schaltung (s. S. 163)

b) bis e) Verlauf der Spannungen und Ströme u_{LM} netzseitige Leiter-Sternpunkt-Spannungen; i_L netzseitige Ströme; u_{vM} ventilseitige Leiter-Sternpunkt-Spannungen; i_v ventilseitige Ströme; $i_{\sigma v}$ Wechselstromkomponenten von i_v; u_d Gleichspannung; u_R Sperrspannung

f) Programmablaufplan

g) Anstieg des Gleichstroms i_d nach dem Zuschalten

h) Gleichstrom i_d nach einem simulierten Kurzschluß bei ϑ_K

Die Fourier-Analyse der Gleichspannung ergibt

$$u_{\mathrm{d}} = U_{\mathrm{di0}}\left(1 - \sum_{\nu\mathrm{M}=3,6,9\ldots}^{\infty} \frac{2\cos\nu\vartheta}{\nu^2 - 1}\right). \tag{3.236}$$

Es treten also nur Oberschwingungen 3., 6., 9. usw. Ordnung auf, mit dem bezogenen Effektivwert

$$\frac{U_{\nu}}{U_{\mathrm{di0}}} = \frac{\sqrt{2}}{\nu_{\mathrm{U}}^2 - 1}. \tag{3.237}$$

Beanspruchung der Ventile

Jedes Ventil führt einen mittleren Strom

$$I_{\mathrm{va}} = I_{\mathrm{da}}/3\,; \tag{3.238}$$

die Leitdauer beträgt

$$\delta = 2\pi/3\,; \tag{3.239}$$

die Beanspruchung durch die Sperrspannung geht aus Bild 3.26b hervor. Die mit u_{R1} bezeichnete Kurve zeigt den Verlauf der Sperrspannung am Ventil. Da die Katode immer das gleiche Potential hat wie diejenige Anode, die gerade den Strom führt, wird die Sperrspannung im allgemeinen durch

$$u_{\mathrm{R1}} = u_{\mathrm{v1M}} - u_{\mathrm{d}} \tag{3.240}$$

und für die Zeitdauer $\pi/3 \leq \vartheta \leq \pi$ durch

$$u_{\mathrm{R1}} = \sqrt{2}\,U_{\mathrm{vM}}\cos\vartheta - \sqrt{2}\,U_{\mathrm{vM}}\cos\left(\vartheta - \frac{2\pi}{3}\right) \tag{3.241}$$

beschrieben. Hieraus folgt, daß die Sperrspannung bei $\vartheta = 150°$ am größten und im Scheitelwert

$$U_{\mathrm{Rm}} = 2{,}1\,U_{\mathrm{di0}} \tag{3.242}$$

ist.

Ströme im Transformator und im Netz

In jeder ventilseitigen Wicklung fließen während der Zeitdauer $2\pi/3$ Ströme i_{v1}, i_{v2} und i_{v3} mit der Amplitude I_{da}. Der Gleichstrom kommutiert sprunghaft von einer ventilseitigen Wicklung des Transformators zur nächsten. Dies ist nur möglich, wenn man vorerst voraussetzt, daß der Transformator keinerlei Streureaktanz besitzt.

Man zerlegt die ventilseitigen Ströme in konstante Komponenten $I_{\mathrm{da}}/3$ und in Wechselstromkomponenten $i_{\sigma\mathrm{v1}}$, $i_{\sigma\mathrm{v2}}$ und $i_{\sigma\mathrm{v3}}$. Es gilt also z. B.

$$i_{\sigma\mathrm{v1}} = i_{\mathrm{v1}} - I_{\mathrm{da}}/3\,, \tag{3.243}$$

also

$$i_{\sigma\mathrm{v1}} = \frac{2}{3} I_{\mathrm{da}} \quad \text{für} \quad -\pi/3 \leqq \vartheta \leqq +\pi/3\,, \tag{3.244}$$

$$i_{\sigma\mathrm{v1}} = -\frac{1}{3} I_{\mathrm{da}} \quad \text{für} \quad +\pi/3 \leqq \vartheta \leqq +5\pi/3\,. \tag{3.245}$$

Die Diskussion des Einpulsgleichrichters hat gezeigt, daß der netzseitige Strom der Wechselstromkomponente des ventilseitigen Stroms proportional ist ((3.146)). Die netzseitigen Ströme i_{L1}, i_{L2} und i_{L3} betragen daher

$$i_{\mathrm{L1}} = i_{\sigma\mathrm{v1}}/m_{\mathrm{t}}\,; \qquad i_{\mathrm{L2}} = i_{\sigma\mathrm{v2}}/m_{\mathrm{t}}\,; \qquad i_{\mathrm{L3}} = i_{\sigma\mathrm{v3}}/m_{\mathrm{t}}\,. \tag{3.246}$$

Die Effektivwerte I_v und I_L der Ströme in den ventilseitigen bzw. netzseitigen Wicklungen des Transformators und im Netz berechnet man folgendermaßen:

$$I_v = \left(\frac{1}{2\pi} \int_{\vartheta=-\pi/3}^{+\pi/3} I_{da}^2 \, d\vartheta \right)^{1/2} = \frac{I_{da}}{\sqrt{3}} ; \tag{3.247}$$

$$I_L = \left\{ \frac{1}{2\pi} \left[\int_{\vartheta=-\pi/3}^{+\pi/3} \left(\frac{1}{m_t} \cdot \frac{2}{3} I_{da} \right)^2 d\vartheta + \int_{\vartheta=\pi/3}^{5\pi/3} \left(\frac{1}{m_t} \cdot \frac{1}{3} I_{da} \right)^2 d\vartheta \right] \right\}^{1/2}$$

$$= \frac{\sqrt{2}}{3} \frac{1}{m_t} I_{da} = 0{,}47 \frac{1}{m_t} I_{da} . \tag{3.248}$$

Die Fourier-Analyse des Netzstroms zeigt, daß dessen Oberschwingungen denen der Gleichspannung benachbart sind, wie folgendem Schema zu entnehmen ist:

Oberschwingungen der Gleichspannung	3	6	9	12	usw.
Oberschwingungen des Netzstroms	2, 4	5, 7	8, 10	11, 13	usw.

Jeder der ventilseitigen Transformatorströme i_{v1}, i_{v2}, i_{v3} hat eine Gleichstromkomponente mit dem Mittelwert $I_{va} = I_{da}/3$. Dadurch wird der Kern in gleicher Weise vormagnetisiert, wie dies schon in Verbindung mit der Gleichstromkomponente des ventilseitigen Stroms beim Einpulsgleichrichter (s. Abschn. 3.2.3) besprochen wurde. Es entsteht ein konstanter Streufluß, der sich durch die Luft oder durch benachbarte Eisenteile schließt. Deshalb wird an Stelle der Stern-Stern- die Stern-Zickzack-Mittelpunktschaltung (s. Abschn. 3.4.2) verwendet.

Der direkte Anschluß eines Dreipulsgleichrichters an ein Drehstromnetz mit Mittelpunktleiter ist nur dann zulässig, wenn der Mittelpunktleiter den vollen Gleichstrom I_{da} führen darf.

Aus diesen Überlegungen folgt, daß die Stern-Stern-Schaltung des Stromrichtertransformators zur Speisung eines Dreipulsstromrichters ungeeignet ist. Man muß deshalb die im Abschnitt 3.4.2 beschriebene Stern-Zickzack-Mittelpunktschaltung einsetzen.

3.4.1.2. Beliebig geglätteter Gleichstrom

Die periodischen Schwankungen des Gleichstroms können nicht mehr vernachlässigt werden,
- wenn die Zeitkonstante $\tau = L/R$ des Lastkreises nicht wesentlich größer als die Dauer einer Periode der Netzspannung ist,
- wenn im Lastkreis eine im Vergleich zur Netzspannung beträchtliche Gegenspannung wirkt,
- wenn der Gleichrichter mit erheblicher Zündverzögerung betrieben wird.

In diesem Fall ist die numerische Integration der den Gleichstrom beschreibenden Gleichung (vgl. Abschn. 3.2.1.3 und 3.2.1.7) einfacher als die Integration in geschlossener Form (falls diese überhaupt möglich ist).

Bild 3.26f zeigt die wichtigsten Schritte bei der numerischen Integration. Um die Gleichspannung u_d zu finden, wird zu Beginn jedes Integrationsschrittes mit Hilfe der im Abschnitt 2.3.1.1 gegebenen Schaltfunktion ermittelt, welcher der drei Thyristoren leitet (Bild 3.26a). Die Gleichspannung gleicht dann jeweils der an diesem Thyristor anliegenden ventilseitigen Spannung u_{vM} des Transformators.

Der Gleichstrom i_d wird durch schrittweise Integration der Zustandsgleichung des Lastkreises mit Widerstand R, Induktivität L und Gegenspannung E berechnet:

$$\frac{di_d}{d\vartheta} = \frac{u_d - Ri_d - E}{\omega L} . \tag{3.249}$$

Den Verlauf der Gleichspannung u_d (ohne Zündverzögerung) und den Anstieg des Gleichstroms i_d nach dem Zuschalten zeigt Bild 3.26g. — Der Gleichstrom bei einem simulierten Kurzschluß im Zeitwinkel ϑ_K ist im Bild 3.26h wiedergegeben (für $E = 0$). Nachdem die Gleichspannung ausgesetzt hat, sinkt der Gleichstrom exponentiell ab.

3.4.2. Stern-Zickzack-Mittelpunktschaltung (Bild 3.27)

Im Gegensatz zu der im Abschnitt 3.4.1 besprochenen Sternschaltung ergänzen sich bei der Zickzackschaltung die Ströme, die in entgegengesetzter Richtung durch die beiden ventilseitigen Wicklungen jedes Schenkels fließen, zu reinen Wechselströmen ohne Gleichstromkomponente. Für die netzseitigen Ströme gilt daher (für $m_t = 1$ für jede ventilseitige Teilwicklung)

$$i_{L1} = i_{v1} - i_{v2} \quad \text{usw.}, \tag{3.250}$$

wobei i_{v1}, i_{v2}, i_{v3} den im Bild 3.26b gezeigten Verlauf haben.

Die netz- und die ventilseitigen Durchflutungen heben sich vollständig auf, so daß keine Vormagnetisierung auftritt. Die Ausnutzung des Transformators ist ungünstig, nämlich $C_t = 1{,}46$, während z. B. bei der Sechspuls-Stern-Stern-Brückenschaltung $C_t = 1{,}05$ ist (vgl. Tafel 3.1, Spalte 14, Schaltung 4 bzw. 5).

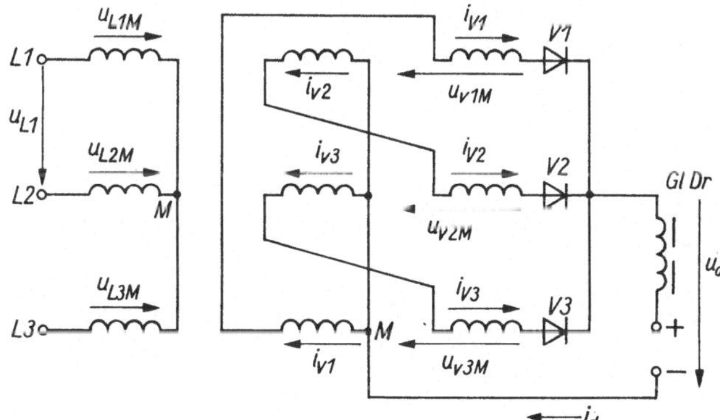

Bild 3.27. Stern-Zickzack-Schaltung

3.4.3. Phasenanschnittsteuerung

Mit Hilfe der Steuerelektroden der Thyristoren (vgl. Abschn. 2.3.2.3) kann die mittlere abgegebene Gleichspannung von ihrem maximalen Wert auf Null herabgesteuert werden.

Nichtlückender Strom (Bild 3.28a zusammen mit Bild 3.26a) .

Während $-\pi/3 \leqq \vartheta \leqq +\pi/3$ hat die Anode des Ventils *V1* das höchste Potential und könnte deshalb Strom führen. Wenn aber bei $\vartheta = -\pi/3$ das Ventil *V1* noch gesperrt ist, so behält *V3* vorerst den Strom, der von der Glättungsdrossel *GlDr* auch dann noch aufrechterhalten wird, wenn u_{v3M} bereits negativ geworden ist. Bei $\vartheta = -\pi/3 + \alpha$ wird *V1* über die Steuerelektrode gezündet und übernimmt den Strom. Mit der gleichen Verzögerung kommutiert der Strom dann von *V1* auf *V2* usw. Die mittlere ideelle Gleichspannung hat bei Zündverzögerung α die Größe (vgl. Abschn. 3.3.3.1)

$$U_{di\alpha} = \frac{3}{2\pi} \int\limits_{\vartheta=-\frac{\pi}{3}+\alpha}^{+\frac{\pi}{3}+\alpha} \sqrt{2}\, U_{vM} \cos\vartheta \, d\vartheta = U_{di0} \cos\alpha\,, \tag{3.204}$$

wobei U_{di0} die mittlere ideelle Gleichspannung ohne Zündverzögerung ist. Steuerkennlinie s. Bild 3.22, Kurve *2*. Die Ströme i_{v1}, i_{v2} und i_{v3} (Bild 3.28a) sind gegenüber ihrer zugehörigen ventilseitigen Spannung um den Winkel α verzögert; das gleiche gilt auch für die Netzströme. Der Gleichrichter hat deshalb den Verschiebungsfaktor $\cos \varphi = \cos \alpha$.

Die Bilder 3.28 b und c zeigen die Zündimpulse und den Verschiebebereich, der bei dieser Schaltung nur 150° zu betragen braucht (für Wechselrichterbetrieb 180°, vgl. Abschn. 5.2.3).

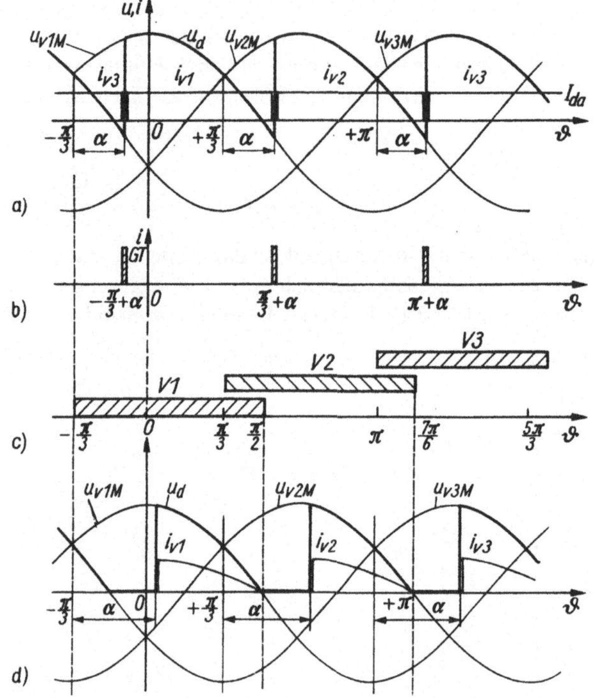

Bild 3.28. Phasenanschnittsteuerung beim Dreipulsgleichrichter

a) nichtlückender Strom mit großer Glättungsdrossel
b) Zündströme i_{GT}
c) Verschiebebereich für die Zündimpulse
d) lückender Strom ohne Glättungsdrossel

Lückender Strom (Bild 3.28d)

Wenn die Zündverzögerung α so groß und der Phasenwinkel ϱ der Last im Gleichstromkreis so klein ist, daß die Leitdauer δ weniger als 120° beträgt (vgl. Bild 3.9, Lückgrenze für $p = 3$), dann lückt der Gleichstrom. Bei reiner Widerstandslast tritt dies bei $\vartheta_Z = 60°$, d. h. $\alpha = 30°$, ein.

Ohne Drossel im Gleichstromkreis hat die mittlere Gleichspannung bei Widerstandslast die Größe

$$U_{\text{di}\alpha} = \frac{2}{3\pi} \int\limits_{\vartheta = -\frac{\pi}{3}+\alpha}^{+\pi/2} \sqrt{2}\, U_{\text{vM}} \cos \vartheta \, \mathrm{d}\vartheta = \frac{1 - \sin(\alpha - \pi/3)}{\sqrt{3}} U_{\text{di0}} \,. \tag{3.251}$$

Die Steuerelektrode kann den Strom durch ein Ventil, welches schon gezündet hat, nicht mehr beeinflussen (vgl. Abschn. 3.3.3). Deshalb folgt die Gleichspannung einer Änderung des Zündwinkels mit einer Verzögerung, die maximal $1/(3f)$ s (f Frequenz in Hz) und im Mittel $1/(6f)$ s beträgt, bei 50 Hz also 6,7 bzw. 3,3 ms. Diese Totzeit hat für den Einsatz der Ventile in der Starkstromtechnik meist keine wesentliche Bedeutung.

3.4.4. Induktiver Spannungsabfall

Wenn man einen Gleichrichter belastet, fällt die Gleichspannung von der Leerlaufspannung bis zur Nennspannung bei Nennstrom und bei Überlast noch weiter ab, ähnlich wie bei Generatoren oder Transformatoren. Die wichtigste Ursache für diesen Spannungsabfall ist die Streureaktanz des Gleichrichtertransformators oder die Reaktanz vorgeschalteter Drosseln. Dies soll im folgenden untersucht werden.

3.4.4.1. Kommutierung

Bild 3.29a zeigt die Stern-Stern-Mittelpunktschaltung unter Berücksichtigung der ventilseitigen Streureaktanz X_v des Transformators und Bild 3.29b, c, d die entsprechenden Spannungs- und Stromkurven, Der Ursprung des Koordinatensystems ist im Vergleich zu Bild 3.28 um den Zeitwinkel $\vartheta = \pi/3$ verschoben.

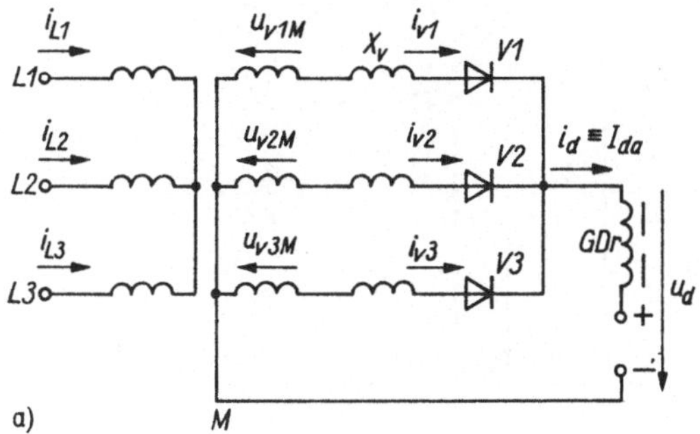

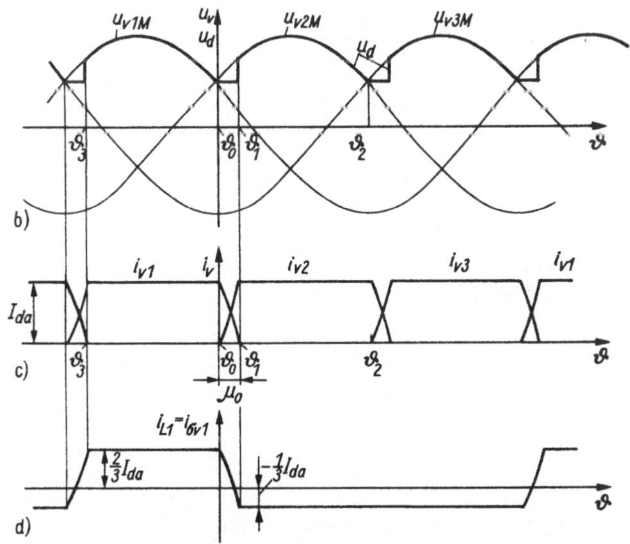

Bild 3.29. Dreipulsgleichrichter in Stern-Stern-Mittelpunktschaltung unter Berücksichtigung der ventilseitigen Streureaktanz X_v (Zeichnung für $m_t = 1$)

a) Schaltung
b) Verlauf der Gleichspannung u_d
c) Verlauf der ventilseitigen Ströme $i_{v1,2,3}$
d) Verlauf des netzseitigen Stroms $i_{L1} \equiv i_{\sigma v1}$ bei $m_t = 1$

Bei einem idealen Gleichrichtertransformator ohne Streureaktanz erfolgt der Übergang des Stroms von einem ventilseitigen Strang zum nächsten — die Kommutierung — sprunghaft im Schnittpunkt der Spannungswellen (Bild 3.29b). Beim realen Transformator dagegen läßt die Streureaktanz nur einen allmählichen Abfall und einen ebensolchen Anstieg der ventilseitigen Ströme während der Kommutierung zu (Bild 3.29c). Die ventilseitigen Ströme überlappen deshalb. Dieser Vorgang wird im folgenden unter Vernachlässigung der Spannungsabfälle in den Widerständen des Transformators und in den Ventilen beschrieben, und es wird vorausgesetzt, daß der Gleichstrom durch eine große Drossel im Gleichstromkreis vollständig konstant gehalten wird. Im Zeitpunkt ϑ_0 beginnt die Kommutierung. Der Strom i_{v1} fällt, so daß in der Streureaktanz X_v des ventilseitigen Strangs 1 eine Spannung induziert wird, die den Strom i_{v1} aufrechtzuerhalten sucht. Dagegen wird in der Streureaktanz des Strangs 2 bei der Übernahme des Stroms eine Spannung induziert, die die Übernahme verzögert. Die Vergrößerung der Spannung des abgebenden Strangs und die Verminderung der Spannung des übernehmenden Strangs ermöglichen es, daß beide Stränge gleichzeitig Strom führen.

3.4.4.2. Verlauf der ventilseitigen Ströme und der Gleichspannung während der Kommutierung

Beim Verlauf der Kommutierung können die drei im Bild 3.30 gezeigten Intervalle unterschieden werden:

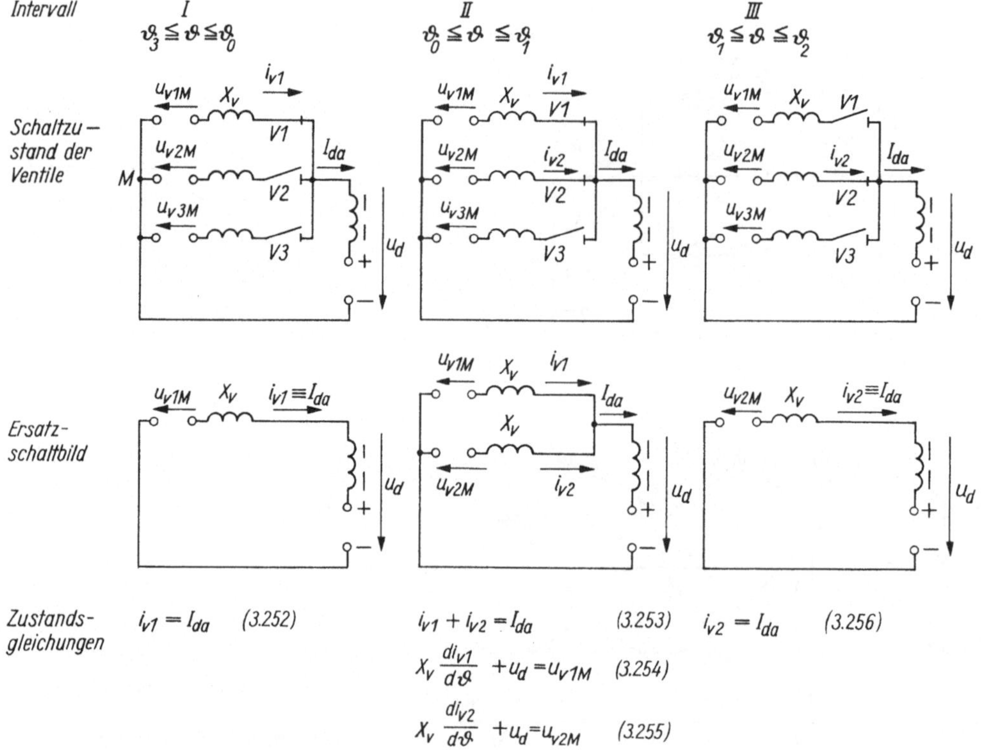

Bild 3.30. Die drei Intervalle des Kommutierungsvorgangs beim Dreipulsgleichrichter

Intervall I: Vor Beginn der Kommutierung führt *V1* den konstanten Strom $i_{v1} = I_{da}$.

Intervall III: nach Abschluß der Kommutierung führt *V2* den konstanten Strom $i_{v2} = I_{da}$.

Intervall II: Während der Kommutierung führen *V1* und *V2* Strom. Da der Gleichstrom konstant bleiben soll, gilt (3.253). Außerdem gelten die Spannungsgleichungen (3.257) und (3.258). Von diesen Gleichungen kann der Verlauf der beiden ventilseitigen Ströme während der Kommutierung, der Überlappungswinkel und der Spannungsabfall, der durch die ventilseitigen Reaktanzen verursacht wird, abgeleitet werden.

Da die Zeit vom Beginn der Kommutierung ab gezählt wird, werden die ventilseitigen Leiter-Sternpunkt-Spannungen beschrieben durch

$$u_{v1M} = \sqrt{2}\, U_{vM} \cos(\vartheta + \pi/3)\,; \tag{3.257}$$

$$u_{v2M} = \sqrt{2}\, U_{vM} \cos(\vartheta - \pi/3) \quad \text{usw.} \tag{3.258}$$

(3.253) bis (3.258) ergeben

$$u_{v1M} - u_{v2M} = 2X_v \frac{di_{v1}}{d\vartheta}\,. \tag{3.259}$$

Zum Zeitwinkel $\vartheta = 0$ ist $i_{v1} = I_{da}$. Deshalb führt die Integration zu

$$i_{v1} = I_{da} - \frac{\sqrt{2}\, U_{vM} \sin(\pi/3)}{X_v} (1 - \cos \vartheta) \tag{3.260}$$

und

$$i_{v2} = \frac{\sqrt{2}\, U_{vM} \sin(\pi/3)}{X_v} (1 - \cos \vartheta)\,. \tag{3.261}$$

Beide Ströme bestehen also während der Kommutierung aus einer konstanten und einer überlagerten sinusförmigen Komponente (Bild 3.29c). Die Größe des Überlappungswinkels μ_0 bei Zündverzögerung $\alpha = 0$ findet man durch Nullsetzen von (3.260):

$$0 = I_{da} - \frac{\sqrt{2}\, U_{vM} \sin(\pi/3)}{X_v} (1 - \cos \mu_0) \tag{3.262}$$

und folglich

$$\cos \mu_0 = 1 - \frac{X_v I_{da}}{\sqrt{2}\, U_{vM} \sin(\pi/3)}\,. \tag{3.263}$$

Die Überlappung dauert also länger, wenn die Kommutierungsreaktanz und der Gleichstrom vergrößert werden!

Durch Summierung von (3.254) und (3.255) sowie unter Beachtung von (3.253) findet man für den Verlauf der Gleichspannung während der Kommutierung

$$u_d = (u_{v1M} + u_{v2M})/2\,. \tag{3.264}$$

Bild 3.29b zeigt den Verlauf von u_d während der Zeitspanne $\vartheta_0 \leqq \vartheta \leqq \vartheta_1$; die Gleichspannung gleicht während dieser Zeit dem Mittelwert der Spannungen der übernehmenden und der abgebenden Phase, und ihre *Welligkeit* ist vergrößert.

Der *mittlere Spannungsabfall*, der durch die Streureaktanz der ventilseitigen Wicklung eines Dreipulsgleichrichters hervorgerufen wird, ist

$$U_{dxt} = \frac{3}{2\pi} \int\limits_{\vartheta=0}^{\mu} X_v \frac{di_{v1}}{d\vartheta}\, d\vartheta = \frac{3}{2\pi} X_v I_{da}\,; \tag{3.265}$$

denn zu Beginn der Kommutierung bei ϑ_0 ist $i_{v1} = I_{da}$, während am Ende der Kommutierung bei $\vartheta_1 = \mu$ $i_{v1} = 0$ ist. (3.263) kann man auch unter Beachtung von (3.235) und (3.265) schreiben:

$$\cos \mu_0 = 1 - 2U_{dxt}/U_{di0}\,. \tag{3.266}$$

Die *Netzströme* sind wieder den Wechselstromkomponenten der ventilseitigen Ströme proportional (vgl. (3.246)). Bild 3.29d zeigt den Verlauf von i_{L1}.

Bei *Zündverzögerung* gilt $i_{v1} = I_{da}$ bei $\vartheta = \alpha$ sowie auch $i_{v1} = 0$ bei $\vartheta = (\mu + \alpha)$. Die Integration von (3.265) führt dann zu

$$\cos(\mu + \alpha) = \cos \alpha - 2U_{dxt}/U_{di0}\,. \tag{3.267}$$

Die Kommutierung geht also schneller vor sich! Dies leuchtet ein, da ja die Spannungsdifferenz zwischen den zwei an der Kommutierung beteiligten Ventilen (mit „Kommutierungsspannung" bezeichnet) größer ist. Der mittlere Spannungsabfall (3.265) ändert sich aber nicht.

Die Summe X_L aller auf der Netzseite vorhandenen Reaktanzen einschließlich der Streureaktanz der netzseitigen Wicklung des Transformators wird berücksichtigt, wenn man wie üblich in (3.263) an Stelle von X_v schreibt:

$$X'_v = X_v + X_L/m_t^2\,; \tag{3.268}$$

m_t Übersetzungsverhältnis der Spannungen.

Die mittlere Gleichspannung U_{da} an den Klemmen des Gleichrichters beträgt in Abhängigkeit vom mittleren Gleichstrom I_{da} und vom Zündverzögerungswinkel α

$$U_{da} = U_{di\alpha} - U_{dxt} = U_{di\alpha} - \frac{3}{2\pi} X_v I_{da} . \tag{3.269}$$

Die Klemmenspannung fällt also linear mit dem Gleichstrom ab. Der Einfluß des Spannungsabfalls über den Ventilen, der ohmsche Spannungsabfall usw. werden erst später (Abschn. 6.4) betrachtet.

Zusammenfassung

Dreipulsgleichrichter in Stern-Zickzack-Schaltung können für kleinere Leistungen eingesetzt werden, doch sind die Ausnutzung des Transformators und die Spannungsbeanspruchung der Ventile ungünstig.

3.5. Sechspulsgleichrichter und Gleichrichter höherer Pulszahl

Die Sechspuls-Brückenschaltung, die den Schwerpunkt des vorliegenden Abschnitts bildet, ist die wichtigste aller Gleichrichterschaltungen, denn bei ihr ist die Ausnutzung der Ventile und des Transformators besonders günstig, während die Welligkeit der Gleichspannung und die Verzerrung der Netzströme besonders gering sind. Häufig kann man auch auf den Transformator verzichten. — Durch Zusammenschalten mehrerer Sechspulsbrücken können Leistungen bis zu einigen Megawatt, z. B. zur Drehzahlregelung von Motoren, aber auch von Hunderten von Megawatt für die Höchstspannungs-Gleichstrom-Übertragung bereitgestellt werden.

Die Sechspuls-Saugdrosselschaltung bietet nur für große Gleichströme bei niedrigen Gleichspannungen Vorteile.

3.5.1. Sechspuls-Brückenschaltung (Bild 3.31)

3.5.1.1. Spannungen und Ströme

Bei dieser Schaltung fließt der Gleichstrom von demjenigen Strang der Ventilwicklung, in dem jeweils die höchste positive Spannung induziert wird, zu dem Strang, in dem jeweils die niedrigste Spannung induziert wird, also z. B. während der Zeitspanne $\pi/3 \leqq \vartheta \leqq 2\pi/3$ vom Strang 1 zum Strang 2 über die Ventile *V1* und *V5* (Bild 3.31 b).

Die Brückenschaltung ist eine Reihenschaltung zweier Dreipuls-Mittelpunktschaltungen, die aus den Ventilen *V1*, *V2* und *V3* bzw. *V4*, *V5* und *V6* bestehen (vgl. Bild 3.31 mit Bild 3.26). Deshalb kann man bei der rechnergestützten Analyse der Sechspuls-Brückenschaltung von der Summierung der momentanen Gleichspannungen zweier Dreipulsgleichrichter ausgehen, deren Spannungen um 60° gegeneinander versetzt sind. Es folgt auch, daß die mittlere Gleichspannung doppelt so groß ist wie der durch (3.235) gegebene Wert:

$$U_{di0} = 2 \frac{\sin(\pi/3)}{\pi/3} \sqrt{2}\, U_{vM} = 2{,}34 U_{vM} = 1{,}35 U_v . \tag{3.270}$$

Die Gleichspannung enthält nur Oberschwingungen 6., 12., 18. usw. Ordnung; ihre Welligkeit, die 4,2% beträgt, ist deshalb weitaus niedriger als die der Ein-, Zwei- und Dreipulsschaltungen.

Der mittlere Gleichstrom ist bei Belastung mit Widerstand und Glättung mit einer Drossel durch (3.16) gegeben. Durch jedes Ventil fließt bei guter Glättung ein rechteckförmiger Strom i_V (Bild 3.31 f) mit der Amplitude I_{da}, der Leitdauer $\delta = 2\pi/3$ und dem Mittelwert I_{Va}:

$$I_{Va} = I_{da}/3 . \tag{3.271}$$

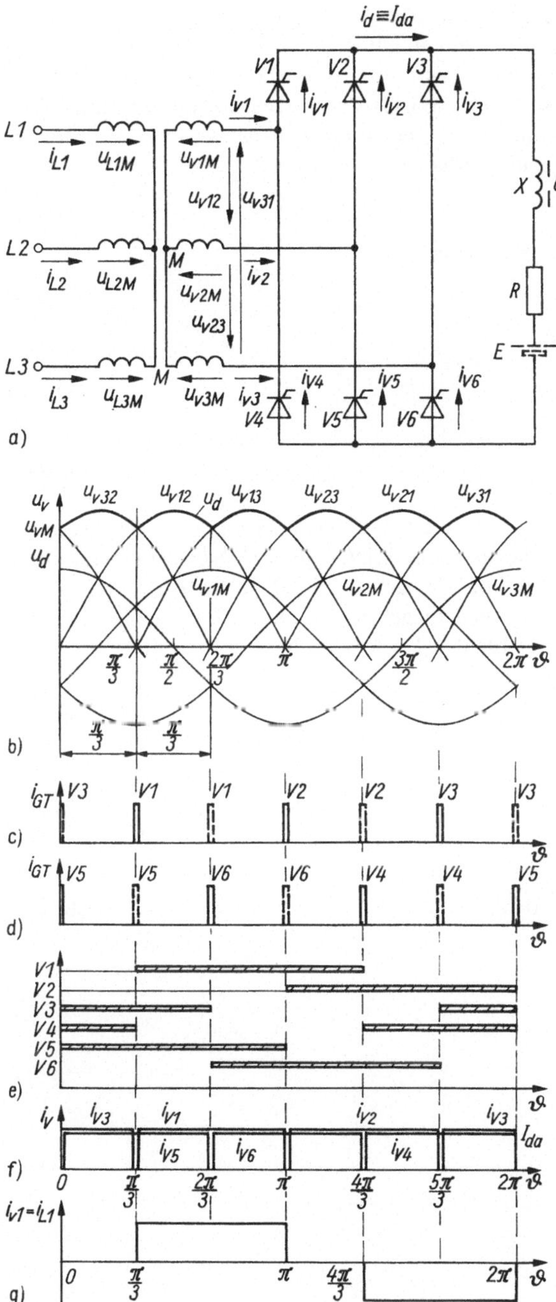

Bild 3.31. Sechspulsgleichrichter in Brückenschaltung

a) Schaltung; gestrichelt: Betrieb auf Gegenspannung E
b) Verlauf der Gleichspannung u_d
c) und d) Zündströme i_{GT} für die Ventile *V1* bis *V6*; gestrichelt: Nachimpulse
e) Verschiebebereiche für die Zündimpulse
f) Verlauf der Ventilströme i_v bei völlig geglättetem Gleichstrom
g) Verlauf des ventil- und des netzseitigen Stroms i_{v1} bzw. i_{L1} ($m_t = 1$)

Die Ströme durch die zwei jeweils an eine ventilseitige Phase des Transformators angeschlossenen Ventile, z. B. i_{V1} und i_{V4}, ergänzen sich zu einem Wechselstrom i_{v1} (Bild 3.31 g) mit dem Effektivwert

$$I_v = \left[\frac{1}{\pi}\int\limits_{\vartheta=\pi/3}^{\pi} I_{da}^2 \, d\vartheta\right]^{1/2} = 0{,}82\, I_{da}\,. \tag{3.272}$$

Der *netzseitige Strom* i_L hat den gleichen Verlauf wie i_v, hat also den Effektivwert

$$I_L = 0{,}82 I_{da}/m_t\,. \tag{3.273}$$

Den Effektivwert I_{1L} der Grundschwingung des Netzstroms bestimmt man wie folgt:

Ohne Phasenanschnittsteuerung ist der Netzstrom und damit auch dessen Grundschwingung in Phase mit der Netzspannung. Die Oberschwingungen des Netzstroms können zusammen mit der Netzspannung, deren Sinusform vorausgesetzt wird, keine Wirkleistung erzeugen (vgl. Abschn. 3.2.4). Folglich muß die gesamte abgegebene Wirkleistung $U_{di0}I_{da}$ bei Vernachlässigung aller Verluste von der Grundschwingung des Netzstroms aufgebracht werden. Hieraus folgt:

$$\sqrt{3}\,U_L I_{1L} = U_{di0} I_{da}\,. \tag{3.274}$$

Unter Berücksichtigung von (3.270) und (3.273) erhält man

$$I_{1L} = 0{,}96 I_L\,. \tag{3.275}$$

Die *Oberschwingungen des Netzstroms* haben die Ordnungszahlen

$$\nu_f = 5, 7, 11, 13, 17, 19, \ldots \tag{3.276}$$

und die ideellen Effektivwerte

$$I_{\nu Li} = I_{1L}/\nu\,. \tag{3.277}$$

Bild 3.32 zeigt das Linienspektrum hierfür und auch für die Oberschwingungen der Gleichspannung entsprechend (3.278) und (3.279). Tatsächlich sind die Stromoberschwingungen wegen der Überlappung der ventilseitigen Ströme etwas kleiner, als die durch (3.277) gegebenen ideellen Werte erwarten lassen.

An dieser Stelle soll noch eine Zusammenstellung wiedergegeben werden, die für alle Gleichrichter bei vollständig geglättetem Gleichstrom (also *nicht* für den Einpulsgleichrichter) zutrifft: Oberschwingungen, die der *Gleichspannung* überlagert sind

Ordnungszahlen: $\nu_U = kp\,(k = 1, 2, 3, \ldots)$; (3.278)

Effektivwerte:

$$\frac{U_{\nu i}}{U_{di0}} = \frac{\sqrt{2}}{\nu_U^2 - 1} \quad \text{bei} \quad \alpha = 0\,; \tag{3.279}$$

$$\frac{U_{\nu i}}{U_{di\alpha}} = \frac{\sqrt{2(1 + \nu_U^2 \tan^2 \alpha)}}{\nu_U^2 - 1} \quad \text{bei} \quad \alpha \neq 0 \tag{3.280}$$

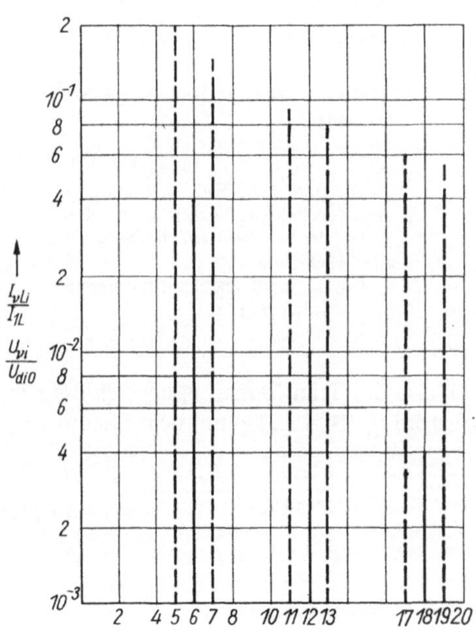

Bild 3.32. Linienspektrum für einen Sechspulsstromrichter bei Vollaussteuerung und vollständiger Glättung des Gleichstroms

ν Ordnungszahl der Oberschwingungen
——— $U_{\nu i}/U_{di0}$ Oberschwingung der Gleichspannung
– – – – $I_{\nu Li}/I_{1L}$ Oberschwingung des Netzstroms
(beides Effektivwerte)

Oberschwingungen, die den *netzseitigen Strömen* überlagert sind

Ordnungszahlen: $\nu_I = kp \pm 1 (k = 1, 2, 3, ...)$ (3.281)

Effektivwerte: $\frac{I_{\nu Li}}{I_{1L}} = \frac{1}{\nu_I}$. (3.282)

In den Ventilwicklungen des Umspanners des Sechspulsgleichrichters fließen nur Wechselströme, deren Durchflutungen durch die Netzströme vollständig ausgeglichen werden. Es besteht daher *keine Vormagnetisierung*. Da die Summe der Netzströme Null ist, kann die Netzwicklung in Dreieck oder Stern geschaltet werden.

Die *ventilseitige Scheinleistung* S_v beträgt

$$S_v = \sqrt{3}\, U_v I_v = \sqrt{3}\, \frac{U_{di0}}{1{,}35} \cdot 0{,}82 I_{da} = 1{,}05 P_d\,. \qquad (3.283)$$

Da die netzseitige Scheinleistung S_L und die Typenleistung des Transformators S_t offensichtlich ebenso groß sind wie S_v, beträgt der Ausnutzungsfaktor des Transformators $C_t = 1{,}05$. Diese Ausnutzung ist sehr günstig; nur bei Schaltungen mit einer höheren Pulszahl (z. B. Zwölfpulsschaltung, s. Abschn. 3.5.3) ist sie geringfügig besser.

Bei der Sechspuls-Brückenschaltung kann aber auch auf den Transformator verzichtet werden, falls die Last der dabei abgegebenen Gleichspannung angepaßt werden kann (z. B. ergibt sich bei einem 3 × 380-V-Drehstromnetz eine ideelle Gleichspannung von 515 V). — Die Nenn-Ankerspannung von Gleichstrom-Nebenschlußmotoren, die zur Speisung über einen Stromrichter vorgesehen sind, ist so festgelegt, daß Direktanschluß des Stromrichters an das Netz möglich ist, z. B. (400 ... 440) V beim 380-V-Drehstromnetz.

Zur Begrenzung der Kurzschlußströme werden bei Direktanschluß Drosseln mit einigen Prozent Spannungsabfall in die Netzzuleitungen eingefügt (vgl. Abschn. 6.2.2).

Ein weiterer Vorteil der Sechspuls-Brückenschaltung ist, daß die Beanspruchung der Ventile durch die Sperrspannung nur

$$U_{Rm} = \sqrt{2}\, U_v = 1{,}05 U_{di0} \qquad (3.284)$$

beträgt. Sie ist also nur halb so groß wie bei den Dreipuls- oder Sechspuls-Mittelpunktschaltungen.

Beispiel

Ein Gleichrichter in Sechsplus-Brückenschaltung soll eine ideelle Gleichspannung von 250 V und einen vollständig geglätteten Nenngleichstrom von 300 A abgeben. Die Leiterspannung des Drehstromnetzes beträgt 380 V.

Die für die folgende Rechnung benötigten Konstanten sind in Tafel 3.1, Schaltung Nr. 5, angegeben.

Transformator

Ventilseite

Spalte 3: $U_v = 250\ \text{V}/1{,}35 = 185\ \text{V}$ (3.285)

Spalte 10: $I_{vN} = 0{,}82 \cdot 300\ \text{A} = 246\ \text{A}$ (3.286)

Spalte 11: $S_v = 1{,}05 \cdot 250\ \text{V} \cdot 300\ \text{A} = 78{,}8\ \text{kVA}$ (3.287)

Netzseite

$$m_t = \frac{U_L}{U_v} = \frac{380\ \text{V}}{185\ \text{V}} = 2{,}1 \qquad (3.288)$$

Spalte 12: $I_{LN} = \frac{0{,}82 \cdot 300\ \text{A}}{2{,}1} = 117\ \text{A}$; (3.289)

$S_t = S_L = S_v = 78{,}8\ \text{kVA}$ (3.290)

Ventile

Spalte 8: $I_{Va} = 300\ \text{A}/3 = 100\ \text{A}$ (3.291)

Spalte 9: $U_{Rm} = 1{,}05 \cdot 250\ \text{V} = 263\ \text{V}$ (3.292)

Effektivwert der der Gleichspannung überlagerten Oberschwingungen

Spalte 5: $U_\sigma = 0{,}042 \cdot 250\ \text{V} = 10{,}5\ \text{V}$ (3.293)

Wichtigste Oberschwingungen des Netzstroms

Spalte 7: $I_{1\text{L}} = 0{,}96 \cdot 117\ \text{A} = 112\ \text{A}$ (3.294)

Nach (3.277):

$$I_{\nu\text{Li}} = 112\ \text{A}/\nu_1 \tag{3.295}$$

Ordnungszahl ν_1	5	7	11	13	17	19
$I_{\nu\text{Li}}/\text{A}$	22,4	16,0	10,2	8,61	6,59	5,89

Die Amplituden der Stromoberschwingungen höherer Ordnung, etwa im Bereich von 1 kHz, sind also keineswegs unbeträchtlich. Darauf wird noch im Abschnitt 6.1.3.3 eingegangen werden.

3.5.1.2. Phasenanschnittsteuerung

Bei der Steuerung der Gleichspannung muß man zwischen der vollgesteuerten und der halbgesteuerten Sechspuls-Brückenschaltung sowie auch der Schaltung mit Freilaufzweig unterscheiden (vgl. Abschn. 3.3.3.1 und 3.3.3.2).

a) Vollgesteuerte Brückenschaltung

Alle sechs Ventile *V1* bis *V6* sind Thyristoren. Die Ansteuerimpulse für die Thyristoren zeigt Bild 3.31c (für $\alpha = 0$). Jedes Ventil erhält 60° nach dem Hauptimpuls noch einen Nachimpuls (gestrichelt gezeichnet), damit je ein Ventil der beiden Brückenhälften zündet und der Strom einsetzen kann. Der Verschiebebereich der Zündimpulse muß 180° betragen (Bild 3.31e). Das hierzu erforderliche Ansteuergerät wird im Abschnitt 5.2.3 beschrieben.

Nichtlückender Gleichstrom

Bild 3.33a zeigt den Verlauf der Gleichspannung u_d. Für $60° \leqq \alpha_2 \leqq 90°$ wird die momentane Gleichspannung zeitweise negativ, der Gleichstrom wird jedoch durch die Glättungsdrossel, falls deren

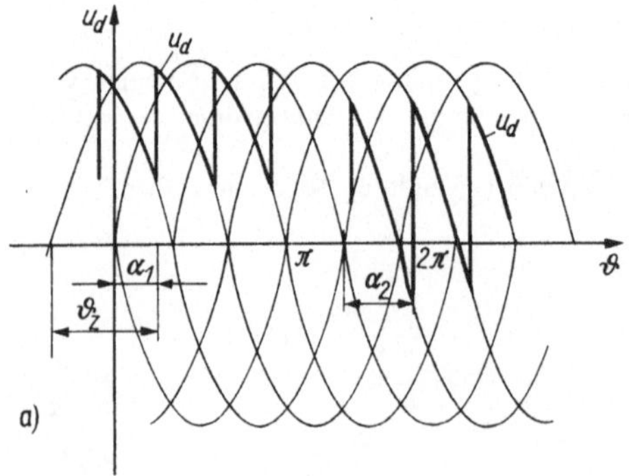

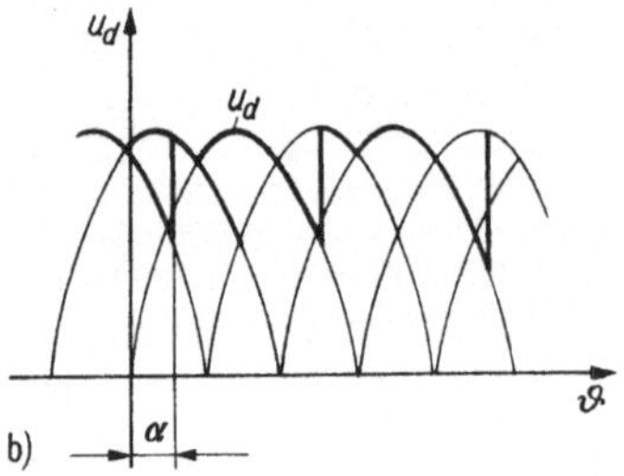

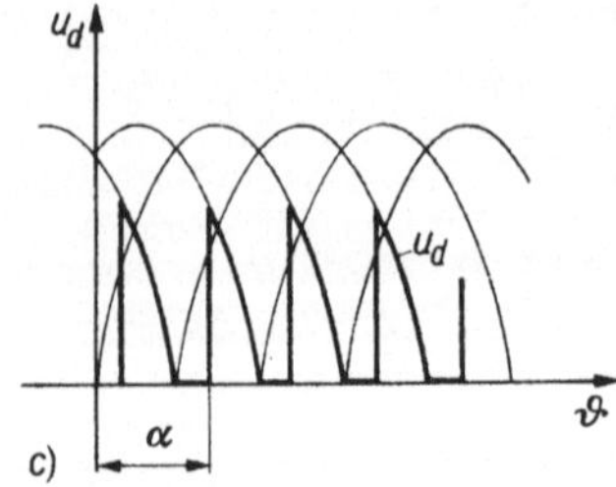

Bild 3.33. Verlauf der Gleichspannung u_d bei der Sechspuls-Brückenschaltung

a) vollgesteuert; $0 \leqq \alpha_1 \leqq 60°$, $60° \leqq \alpha_2 \leqq 90°$;
b) halbgesteuert; c) vollgesteuert mit Freilaufzweig

Induktivität hinreichend groß ist, aufrechterhalten. Der Mittelwert der herabgesteuerten Gleichspannung wird bei nichtlückendem Strom auch hier durch (3.204) beschrieben, und Bild 3.22, Kurve *2*, zeigt wieder die Steuerkennlinie.

Bei 50 Hz folgt die Gleichspannung einer Änderung des Zündverzögerungswinkels mit der (meist vernachlässigbaren) Totzeit von höchstens 20 ms/6 = 3,33 ms.

Den Mittelwert des nichtlückenden Gleichstroms gibt wieder (3.206) oder (3.207) an, je nach Belastungsart. Auch hier wieder hat die Größe der Drossel auf den Mittelwert des Gleichstroms keinen Einfluß, solange dieser nicht lückt.

Bei Betrieb auf Gegenspannung E und endlicher Glättung wird der Verlauf des nichtlückenden Gleichstroms im Intervall $(\pi/3 + \alpha) \leqq \vartheta \leqq (2\pi/3 + \alpha)$ durch folgende Gleichung beschrieben (Bilder 3.31a und 3.34a):

$$X \frac{di_d}{d\vartheta} + Ri_d + E = \sqrt{2}\, U_v \sin \vartheta \, . \tag{3.296}$$

Die Integration ergibt mit der Randbedingung, daß bei $\vartheta = (\alpha + \pi/3)$, $i_d \equiv I_{dZ}$:

$$\frac{i_d}{\sqrt{2}\, U_v/R} = \cos \varrho \sin (\vartheta - \varrho) - \sin \sigma - \left[\cos \varrho \sin\left(\alpha + \frac{\pi}{3} - \varrho\right) - \sin \sigma - \frac{I_{dZ}}{\sqrt{2}\, U_v/R}\right] \exp\left\{-\left(\vartheta - \alpha - \frac{\pi}{3}\right)\cot \varrho\right\} . \tag{3.297}$$

ϱ und $\sin \sigma$ siehe (3.37) bzw. (3.64).

Da im eingeschwungenen Zustand $i_d(\alpha + 2\pi/3) \equiv I_{dZ}$, folgt aus (3.297):

$$\frac{I_{dZ}}{\sqrt{2}\, U_v/R} = \frac{\cos \varrho \sin\left(\alpha + \frac{2\pi}{3} - \varrho\right) - \cos \varrho \sin\left(\alpha + \frac{\pi}{3} - \varrho\right) \exp\left\{-\frac{\pi}{3}\cot \varrho\right\}}{1 - \exp\left\{-\frac{\pi}{3}\cot \varrho\right\}} - \sin \sigma \, . \tag{3.298}$$

Bild 3.34b, Kurve *1*, gibt ein Beispiel für den Verlauf des Gleichstroms bei Belastung des Gleichrichters mit einer Gegenspannung und einem Widerstand.

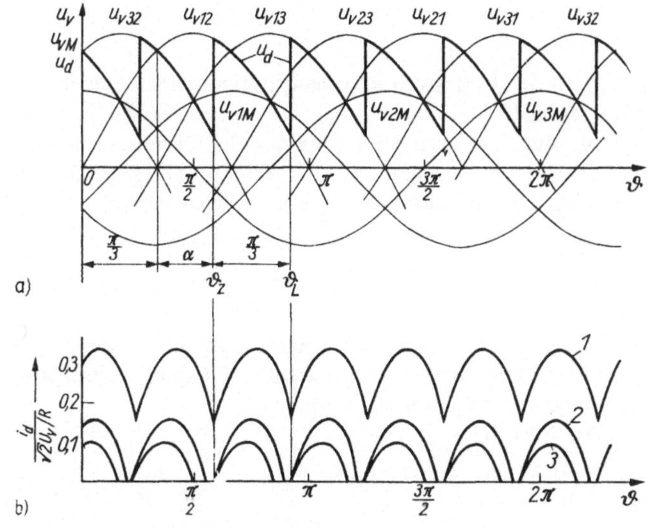

Bild 3.34. Sechspuls-Brückenschaltung bei $\alpha = \pi/4$; $\cos \varrho = 0{,}9$

a) Verlauf der Gleichspannung u_d bei $\sin \sigma = 0{,}4$; Strom lückt nicht

b) Verlauf des bezogenen Gleichstroms $i_d/(\sqrt{2}\, U_v/R)$
Kurve *1*: $\sin \sigma = 0{,}4$; Strom lückt nicht
Kurve *2*: $\sin \sigma = 0{,}6$; Strom lückt
Kurve *3*: $\sin \sigma = 0{,}7$; Strom lückt

Lückender Gleichstrom

Bei lückendem Strom mit der Leitdauer δ (Bild 3.11) beträgt die mittlere Gleichspannung

$$U_{\mathrm{di}\alpha} = \frac{3}{\pi} \int_{\vartheta=\alpha+\pi/3}^{\alpha+\pi/3+\delta} \sqrt{2} U_{\mathrm{v}} \sin \vartheta \, \mathrm{d}\vartheta = U_{\mathrm{di0}} \left[\cos\left(\alpha + \frac{\pi}{3}\right) - \cos\left(\alpha + \frac{\pi}{3} + \delta\right) \right]. \tag{3.299}$$

Den Mittelwert des Gleichstroms erhält man durch Integration von (3.84) über ein Sechstel einer Periode der Netzspannung:

$$I_{\mathrm{da}} = \frac{1}{R}\left(U_{\mathrm{di}\alpha} - \frac{3}{\pi}\,\delta E\right). \tag{3.300}$$

Im Bild 3.34b zeigen die Kurven *2* und *3* den Verlauf des lückenden Stroms für zwei Werte der bezogenen Gegenspannung sin σ.

Beispiel

Es soll ein Näherungswert für die Welligkeit des im Bild 3.34b gezeigten nichtlückenden Gleichstroms (Kurve *1*) berechnet werden. Gegeben: cos $\varrho = 0{,}8$; $\alpha = \pi/4$; sin $\sigma = 0{,}4$. Die mittlere Gleichspannung beträgt ((3.270) und (3.204))

$$U_{\mathrm{di}\alpha} = 1{,}35 U_{\mathrm{v}} \cos(\pi/4)\,;$$

der mittlere Gleichstrom ist ((3.207))

$$\frac{I_{\mathrm{da}}}{\sqrt{2}\,U_{\mathrm{v}}/R} = \frac{1{,}35 \cos(\pi/4)}{\sqrt{2}} - 0{,}4\,.$$

Von Bild 3.34b, Kurve *1*, kann man ablesen, daß der Gleichstrom zwischen $0{,}15 \cdot \sqrt{2} \cdot U_{\mathrm{v}}/R$ und $0{,}34 \cdot \sqrt{2} \cdot U_{\mathrm{v}}/R$ schwankt.

Diese Schwankungen sollen in erster Näherung durch eine sinusförmige Oberschwingung 6. Ordnung mit dem Effektivwert

$$I_{\sigma} = \frac{0{,}34 - 0{,}15}{2 \cdot \sqrt{2}} \cdot \sqrt{2} \cdot U_{\mathrm{v}}/R = 0{,}067 \cdot \sqrt{2} \cdot U_{\mathrm{v}}/R$$

ersetzt werden. Dann beträgt die Welligkeit des Gleichstroms (analog zu (3.11))

$$w_{\mathrm{I}} = \frac{I_{\sigma}}{I_{\mathrm{da}}} = \frac{0{,}067 \cdot \sqrt{2} \cdot U_{\mathrm{v}}/R}{0{,}275 \cdot \sqrt{2} \cdot U_{\mathrm{v}}/R} = 24\%\,.$$

Netzstrom

Bei vollständig geglättetem Gleichstrom werden der Netzstrom und dessen Komponenten auch bei Phasenanschnittsteuerung durch (3.273), (3.275) bis (3.277) beschrieben. — Wie schon im Zusammenhang mit den Zweipulsgleichrichtern erwähnt, läuft bei verzögerter Zündung die Grundschwingung des Netzstroms hinter der Netzspannung mit dem Phasenwinkel $\varphi_1 = \alpha$ her (vgl. Abschn. 3.3.3.3). Die Steuerblindleistung $Q_{1\mathrm{L}} \equiv Q_{\mathrm{st}}$ und der Verschiebungsfaktor cos φ_1 werden wieder durch (3.223) bzw. (3.224) gegeben.

b) Halbgesteuerte Brückenschaltung

Bei dieser Schaltung sind nur die Ventile *V1, V2, V3* Thyristoren, während *V4, V5, V6* Dioden sind. Die Schaltung besteht also aus einem gesteuerten und einem nichtgesteuerten Dreipulsgleichrichter in Reihe. Bild 3.33b zeigt den Verlauf der momentanen Gleichspannung.

Die mittlere Gleichspannung beträgt wieder ((3.72))

$$U_{\mathrm{di}\alpha} = \frac{1}{2} U_{\mathrm{di0}}(1 + \cos\alpha)\,,$$

wobei der erste Summand die von den Dioden, der zweite die von den Thyristoren abgegebene Teil-Gleichspannung darstellt. Bild 3.22, Kurve *1*, zeigt die Steuerkennlinie. Es muß beachtet werden, daß der mit Thyristoren bestückte Teil des Gleichrichters bei $\alpha > 90°$ eine *negative* Spannung abgibt, also als Wechselrichter arbeitet. Auf diese Betriebsweise wird erst im Abschnitt 3.6.1 eingegangen.

Der Thyristorteil des Gleichrichters beansprucht das Netz mit der Steuerblindleistung (induktiv):

$$Q_{st} = \frac{1}{2} U_{di0} I_{da} \sin \alpha = \frac{1}{2} P_{d0} \sin \alpha , \tag{3.301}$$

wo die ideelle Gleichstromleistung P_{d0} durch (3.145) gegeben ist.

Der Verschiebungsfaktor beträgt wie bei der halbgesteuerten Zweipuls-Brückenschaltung ((3.225))

$$\cos \varphi_1 = \cos (\alpha/2) .$$

Im Vergleich zur vollgesteuerten Schaltung ist der Aufwand für die halbgesteuerte Schaltung geringer, und der Verschiebungsfaktor ist günstiger. Die Gleichspannung hat aber Oberschwingungen 3., 9., 15., ... Ordnung, so daß mehr Glättungsglieder gebraucht werden. Die mittlere Totzeit ist doppelt so lang, und Wechselrichterbetrieb ist nicht möglich.

c) Brückenschaltung mit Freilaufzweig

Ein Freilaufzweig kann bei Zündverzögerungswinkeln, die größer als 60° sind, verhindern, daß die momentane Gleichspannung negativ wird (Bild 3.33c). Dadurch wird die Welligkeit der Gleichspannung verringert, und der Verschiebungsfaktor wird verbessert.

Die Gleichspannung beträgt für $0 \leqq \alpha \leqq 60°$

$$U_{di\alpha} = U_{di0} \cos \alpha \tag{3.302}$$

und für $60° \leqq \alpha \leqq 120°$

$$U_{di\alpha} = U_{di0}[1 + \cos (\alpha + 60°)] \tag{3.303}$$

(Steuerkennlinie s. Bild 3.22, Kurve *4*).

Das *Kreisdiagramm*, Bild 3.35, gibt eine gute Möglichkeit zum Vergleich der Steuerblindleistungen Q_{st}/P_{d0}, die von den drei soeben besprochenen Schaltungsvarianten beim Herabsteuern der Gleichspannung beansprucht werden.

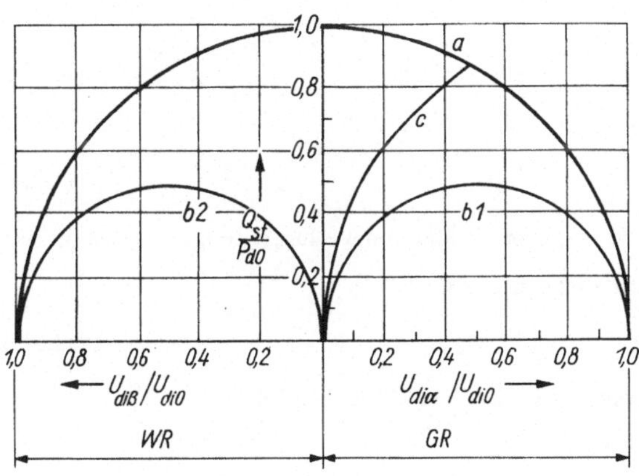

Bild 3.35. Steuerblindleistung Q_{st}/P_{d0} als Funktion der vom Gleichrichter GR abgegebenen Gleichspannung $U_{di\alpha}/U_{di0}$ oder der vom Wechselrichter WR entwickelten Gegenspannung $U_{di\beta}/U_{di0}$ bei nichtlückendem Strom, ohne Berücksichtigung des Mindestzündverfrühungswinkels (Kreisdiagramm)

Kurve *a*: vollgesteuerter Gleichrichter ($p \neq 1$)
Kurve *b1*: halbgesteuerte Sechspuls-Brückenschaltung
Kurven *b1* und *b2*: Folgesteuerung
Kurve *c*: Sechspuls-Brückenschaltung mit Freilaufzweig

Beispiel

Ein Einrichtungsantrieb hat folgende Kennziffern:

Gleichstrommotor: Nenn-Ankerspannung $U_{AN} = 460$ V; Nennstrom $I_{dN} = 250$ A; Ankerwiderstand $R_A = 0{,}1\,\Omega$

Gleichrichter: Sechspuls-Brückenschaltung, vollgesteuert, ohne Transformator; Drosseln auf der Netzseite werden nicht berücksichtigt.

Netz: 3 × 380 V, 50 Hz.

Die im folgenden verwendeten Konstanten sind Tafel 3.1, Schaltung Nr. 5, zu entnehmen.

Leerlaufspannung des Gleichrichters:

$$U_{\mathrm{diO}} = 1{,}35 U_{\mathrm{v}} = 1{,}35 \cdot 380\ \mathrm{V} = 513\ \mathrm{V}\,. \tag{3.304}$$

Die bei Leerlauf und Nenndrehzahl im Anker induzierte Spannung E_{AO} ist

$$E_{\mathrm{AO}} = 460\ \mathrm{V} - 0{,}1\ \Omega \cdot 250\ \mathrm{A} = 435\ \mathrm{V}\,. \tag{3.305}$$

Der Spannungsabfall über den Thyristoren soll als eine Gegenspannung von $2 \cdot 1{,}5\ \mathrm{V} = 3\ \mathrm{V}$ einbezogen werden.

a) Nichtlückender Strom

Bei *Nennbetrieb* ist der Zündverzögerungswinkel α_{N} durch $513\ \mathrm{V} \cdot \cos\alpha_{\mathrm{N}} = 460\ \mathrm{V} + 3\ \mathrm{V}$, also

$$\cos\alpha_{\mathrm{N}} = 0{,}903\,; \qquad \alpha_{\mathrm{N}} = 25{,}4^\circ \tag{3.306}$$

gegeben. Der Verschiebungsfaktor $\cos\varphi_1$ hat die gleiche Größe.
Netzstrom:

$$I_{\mathrm{L}} = 0{,}82 I_{\mathrm{da}} = 0{,}82 \cdot 250\ \mathrm{A} = 205\ \mathrm{A}\,. \tag{3.307}$$

Grundschwingung des Netzstroms ((3.181)):

$$I_{1\mathrm{L}} = g_{\mathrm{i}} I_{\mathrm{L}} = 0{,}96 \cdot 205\ \mathrm{A} = 197\ \mathrm{A}\,. \tag{3.308}$$

Wirkkomponente der Grundschwingung ((3.160)):

$$I_{1\mathrm{Lw}} = I_{1\mathrm{L}} \cos\varphi_1 = 197\ \mathrm{A} \cdot 0{,}903 = 178\ \mathrm{A}\,. \tag{3.309}$$

Blindkomponente der Grundschwingung ((3.161)):

$$I_{1\mathrm{Lb}} = I_{1\mathrm{L}} \sin\varphi_1 = 197\ \mathrm{A} \cdot \sin 25{,}4^\circ = 84{,}5\ \mathrm{A}\,. \tag{3.310}$$

Durch diese Komponente werden im Netz induktive Spannungsabfälle verursacht (vgl. Abschn. 6.1.3.1).
Oberschwingungen des Stroms ((3.163)):

$$I_{\sigma\mathrm{L}} = (I_{\mathrm{L}}^2 - I_{1\mathrm{L}}^2)^{1/2} = (205^2 - 197^2)^{1/2}\ \mathrm{A} = 56{,}7\ \mathrm{A}\,; \tag{3.311}$$

diese Oberschwingungen verzerren die Netzspannung.
Abgegebene Gleichstromleistung:

$$P_{\mathrm{d}} = U_{\mathrm{AN}} I_{\mathrm{dN}} = 460\ \mathrm{V} \cdot 250\ \mathrm{A} = 115\ \mathrm{kW}\,. \tag{3.312}$$

Verluste in den Thyristoren:

$$P_{\mathrm{V}} = 2 \cdot 1{,}5\ \mathrm{V} \cdot 250\ \mathrm{A} = 750\ \mathrm{W}\,. \tag{3.313}$$

Vom Netz zugeführte Wirkleistung ((3.165)):

$$P_{1\mathrm{L}} = \sqrt{3} \cdot 380\ \mathrm{V} \cdot 178\ \mathrm{A} = 117\ \mathrm{kW}\,. \tag{3.314}$$

Dies muß offensichtlich mit der Summe $P_{\mathrm{d}} + P_{\mathrm{V}}$ von abgegebener und von Verlustleistung übereinstimmen!
Vom Netz geforderte (induktive) Blindleistung der Grundschwingung ((3.166)):

$$Q_{1\mathrm{L}} = \sqrt{3} \cdot 380\ \mathrm{V} \cdot 84{,}5\ \mathrm{A} = 55{,}8\ \mathrm{kvar}\,; \tag{3.315}$$

diese Blindleistung kann durch Kondensatoren kompensiert werden (vgl. Abschn. 6.1.4.2).
Scheinleistung der Grundschwingung des Netzstroms ((3.168)):

$$S_{1\mathrm{L}} = (P_{1\mathrm{L}}^2 + Q_{1\mathrm{L}}^2)^{1/2} = (117^2 + 55{,}8^2)^{1/2}\ \mathrm{kVA} = 130\ \mathrm{kVA} \tag{3.316}$$

$$(\text{oder } S_{1\mathrm{L}} = \sqrt{3}\, U_{\mathrm{v}} I_{1\mathrm{L}} = \sqrt{3} \cdot 380\ \mathrm{V} \cdot 197\ \mathrm{A} = 130\ \mathrm{kVA})\,. \tag{3.317}$$

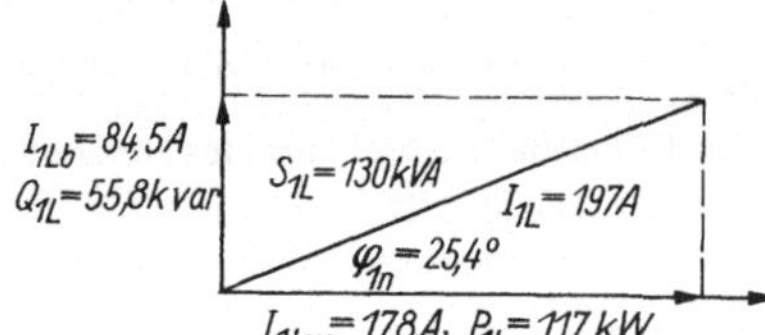

Bild 3.36. Zeigerdiagramm der Grundschwingungen der im Beispiel ermittelten Netzströme und netzseitigen Leistungen

Bild 3.36 zeigt die Zeiger der Grundschwingungskomponenten der berechneten Ströme und Leistungen.

Scheinleistung ((3.164)):

$$S_L = \sqrt{3} \cdot 380 \text{ V} \cdot 205 \text{ A} = 135 \text{ kVA}; \tag{3.318}$$

Verzerrungsblindleistung ((3.164)):

$$V = (S_L^2 - P_{1L}^2 - Q_{1L}^2)^{1/2} = (135^2 - 117^2 - 55{,}8^2)^{1/2} \text{ kvar} = 37{,}7 \text{ kvar}; \tag{3.319}$$

diese Verzerrungsblindleistung kann durch abgestimmte Filter (Saugkreise) vom Netz ferngehalten werden (vgl. (Abschn. 6.1.4.3).

b) Lückgrenze

Die Lückgrenze soll bei Nenndrehzahl und 10 % Nennstrom, d. h. 25 A liegen. Dann beträgt die Ankerspannung

$$U_{AO} = 435 \text{ V} + 0{,}1\ \Omega \cdot 25 \text{ A} = 438 \text{ V}. \tag{3.320}$$

Der Zündverzögerungswinkel α_0 an der Lückgrenze ist gegeben durch

$$513 \text{ V} \cdot \cos\alpha_0 = 438 \text{ V} + 2 \cdot 1{,}5 \text{ V}; \tag{3.321}$$

$$\cos\alpha_0 = 0{,}86; \qquad \alpha_0 = 30{,}7^\circ. \tag{3.322}$$

(3.86) gibt

$$\sin\sigma = \frac{435 \text{ V} + 2 \cdot 1{,}5 \text{ V}}{\sqrt{2} \cdot 380 \text{ V}} = 0{,}82. \tag{3.323}$$

Der Zündverzögerungswinkel ϑ_Z, der vom Nulldurchgang der die Gleichspannung bildenden Wechselspannung an gerechnet wird, beträgt (vgl. Bild 3.33a)

$$\vartheta_Z = 30{,}7^\circ + 60^\circ = 93{,}7^\circ. \tag{3.324}$$

Bild 3.11 zeigt, daß Lücken des Stroms bei diesem Zündwinkel und bei $\sin\sigma = 0{,}82$ etwa bei $\cos\varrho = 0{,}2$ einsetzt.

Die entsprechende Reaktanz der Glättungsdrossel (bei 50 Hz) findet man von

$$\cos\varrho = \frac{R_A}{(R_A^2 + X^2)^{1/2}}. \tag{3.325}$$

also

$$X = \left[\left(\frac{0{,}1\ \Omega}{0{,}2}\right)^2 - (0{,}1\ \Omega)^2\right]^{1/2} = 0{,}5\ \Omega \tag{3.326}$$

und schließlich

$$L = 0{,}5\ \Omega/314 \text{ s}^{-1} = 1{,}6 \text{ mH}. \tag{3.327}$$

3.5.1.3. Induktiver Spannungsabfall

Wie schon im Abschnitt 3.4.4 besprochen, fällt die Spannung an den Klemmen eines Gleichrichters mit zunehmendem Strom. Bei Gleichrichtern kleiner Leistung wird dies durch den Wirkwiderstand der Bauelemente verursacht; bei großen Geräten ist der induktive Spannungsabfall entscheidend. Dieser Spannungsabfall wird durch die Streureaktanz des Stromrichtertransformators oder durch Drosseln, die dem Gleichrichter zur Begrenzung des Kurzschlußstroms vorgeschaltet sind, sowie auch durch die Induktivität des speisenden Netzes hervorgerufen. Bei der im Bild 3.37a gezeigten Schaltung verursacht die Reaktanz X_v diesen Spannungsabfall und auch den verlangsamten Anstieg und Abfall des ventilseitigen Stroms i_v (Bild 3.37b, vgl. auch Bild 3.29d).

Da die Sechspuls-Brückenschaltung aus zwei in Reihe geschalteten Dreipuls-Mittelpunktschaltungen besteht, addieren sich die Spannungsabfälle der beiden Teilgleichrichter (3.265) zu dem im folgenden angegebenen Spannungsabfall:

$$U_{dxt} = \frac{3}{\pi} X_v I_{da}. \tag{3.328}$$

Es ist üblich, einen Stromrichtertransformator dadurch zu charakterisieren, daß man die induktive Komponente U_{xt} der Kurzschlußspannung an Stelle der Streureaktanz X_v angibt (Bild 3.38). Es ergibt sich folgender Zusammenhang:

Die Kurzschlußspannung U_{xt} treibt bei kurzgeschlossener ventilseitiger Wicklung des Transformators den Nennstrom I_{vN} durch die auf der Ventilseite konzentrierte Streureaktanz X_v:

$$U_{xt} = X_v I_{vN} . \tag{3.329}$$

Wenn man jetzt noch die relative Kurzschlußspannung $u_{xt} = U_{xt}/U_{vM}$ einführt, findet man

$$X_v = u_{xt} U_{vM}/I_{vN} . \tag{3.330}$$

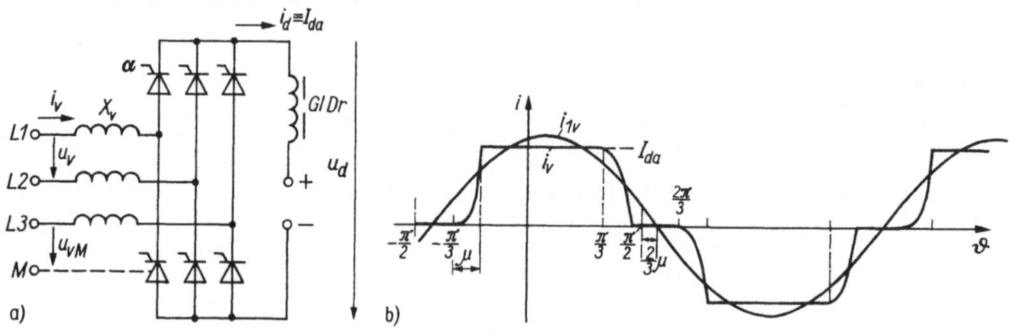

Bild 3.37. Sechspuls-Brückenschaltung mit ventilseitigen Reaktanzen X_v

a) Schaltung; b) Verlauf des ventilseitigen Stroms i_v und dessen Grundschwingung i_{1v}

Im folgenden wird die auf die ideelle Gleichspannung bezogene Gleichspannungsänderung mit „relative Gleichspannungsänderung d“ bezeichnet. Der Anteil von d, der von der Streuinduktivität des Stromrichtertransformators herrührt, sei mit

$$d_{xt} = U_{dxt}/U_{di0} \tag{3.331}$$

gekennzeichnet.

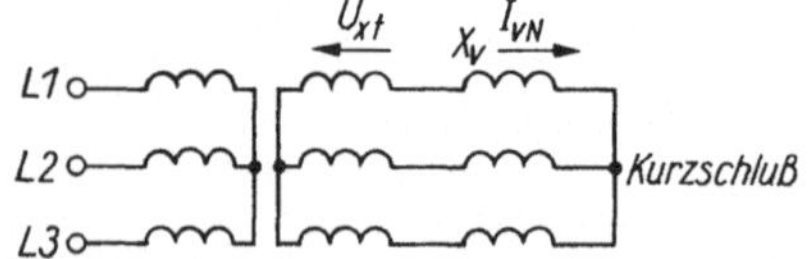

Bild 3.38. Induktive Komponente U_{xt} der Kurzschlußspannung

Es folgt unter Berücksichtigung von (3.328) und (3.330):

$$d_{xt} = \frac{U_{dxt}}{U_{di0}} = \frac{3}{\pi} u_{xt} \frac{U_{vM}}{U_{di0}} \frac{I_{da}}{I_{vN}} . \tag{3.332}$$

Mit $U_{vM}/U_{di0} = 1/2{,}34$ (s. (3.270)) und

$$\frac{I_{da}}{I_{vN}} = \frac{1}{0{,}82} \frac{I_{da}}{I_{daN}} \quad \text{(s. (3.272))} \tag{3.333}$$

schreibt man (3.332)

$$d_{xt} = 0{,}5 u_{xt} I_{da}/I_{daN} . \tag{3.334}$$

Diese Gleichung für die relative, durch die Streuinduktivität des Transformators verursachte Gleichspannungsänderung gilt für *alle* Gleichrichter- (und auch für netzgeführte Wechselrichter-) Schaltungen, außer daß die Konstante (hier 0,5) einen für jede Schaltung spezifischen Wert Y hat, der mit „Spannungsabfallziffer“ bezeichnet wird und in Tafel 3.1, Spalte 15, angegeben ist.

Es gilt also ganz allgemein

$$d_{xt} = Y u_{xt} I_{da}/I_{daN} . \tag{3.335}$$

Der Überlappungswinkel der Ventilströme wird bei der Sechspuls-Brückenschaltung, aber auch bei *allen anderen* vollgesteuerten Schaltungen (mit Ausnahme der Einpulsschaltung und Schaltungen mit Freilaufzweig) ohne und mit Zündverzögerung auch wieder durch (3.263) bzw. (3.267) beschrieben.

Verlauf der Belastungskennlinien

Die folgenden Spannungsabfälle können bei Gleichrichtern auftreten:

— Induktiver Spannungsabfall

$$U_{dxt} = d_{xt} U_{di0} \quad \text{(s. (3.331))}; \tag{3.336}$$

— Spannungsabfall nU_{dV} in den Ventilen, wobei n die Zahl der Ventile ist, durch die der Gleichstrom nacheinander fließt, und U_{dV} der — meist konstant betrachtete — Spannungsabfall in einem Ventil; es gilt: $U_{dV} \equiv U_F$ bei Dioden (2.92) und $U_{dV} \equiv U_T$ (2.201) bei Thyristoren;

— Spannungsabfälle im speisenden Drehstromnetz und in den Wirkwiderständen des Gleichrichters; beides wird im folgenden vernachlässigt.

Damit ergibt sich für die Klemmenspannung U_d (Mittelwert) eines Gleichrichters

$$U_d = U_{di\alpha} = U_{dxt} - nU_{dV}\,. \tag{3.337}$$

Bild 3.39 zeigt den Verlauf der nach dieser Gleichung berechneten Belastungskennlinien. Die Kennlinien verlaufen bis über den Nennstrom hinaus parallel zueinander; erst bei sehr großen Strömen, bei denen mehrfache Überlappung der Ventilströme auftritt, fallen sie steiler ab, bis sie den Kurzschlußpunkt erreichen.

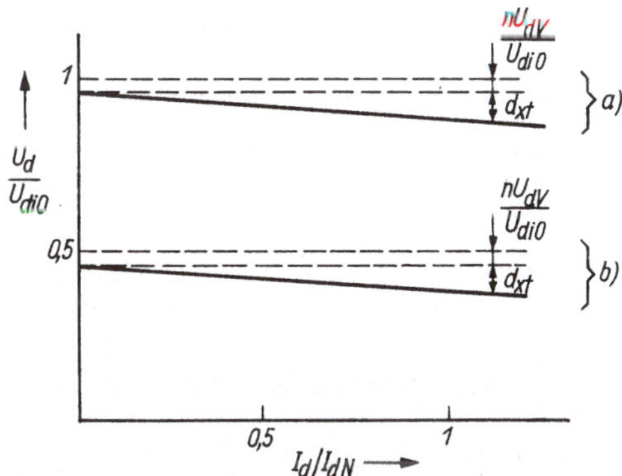

Bild 3.39. Belastungskennlinien

a) bei $\alpha = 0$
b) vollgesteuert, bei $\alpha = 60°$
U_d/U_{di0} bezogene Klemmenspannung; I_d/I_{dN} bezogener Gleichstrom

Beispiel

Der auf S. 175 beschriebene Gleichrichter habe einen Transformator mit einer Kurzschlußspannung $u_{xt} = 8\%$. Dann ergeben sich folgende Kennziffern des Gleichrichters:

— Gleichspannungsabfall bei $I_{dN} = 300$ A: Mit $Y = 0{,}5$ und $u_{xt} = 0{,}08$ ergeben (3.331) und (3.334):

$$U_{dxt} = d_{xt} U_{di0} = 0{,}5 \cdot 0{,}08 \cdot 250\ \text{V} = 10\ \text{V}$$

— Klemmenspannung $U_d = 250\ \text{V} - 10\ \text{V} = 240\ \text{V}$

— Streureaktanz ((3.330)):

$$X_v = 0{,}08 \cdot 107\ \text{V}/246\ \text{A} = 0{,}0348\ \Omega\,;$$

— Überlappungswinkel bei $\alpha = 0$ ((3.266)), da bei der Sechspuls-Brückenschaltung jeder Dreipuls-Teilgleichrichter für sich, unabhängig von dem anderen Teilgleichrichter kommutiert):

$$\cos \mu_0 = 1 - 2 \cdot 10\ \text{V}/250\ \text{V}\,; \qquad \mu_0 = 23°\,;$$

desgl. bei $\alpha = 60°$ ((3.267)):

$$\cos(\mu + 60°) = \cos 60° - 2 \cdot 10\ \text{V}/250\ \text{V}\,; \qquad \mu = 5{,}2°\,.$$

3.5.2. Sechspuls-Mittelpunktschaltungen

3.5.2.1. Dreieck-Doppelstern-Mittelpunktschaltung (Bild 3.40)

Da jeder Strang der Ventilwicklung nur während eines Sechstels jeder Periode Strom führt (Leitdauer $\delta = \pi/3$), ist die Ausnutzung des Umspanners ungünstig. Auch kommutiert der Gleichstrom in jeder Periode sechsmal von einer Ventilwicklung zur folgenden. Deshalb ist die Spannungsabfallziffer wesentlich größer als bei der Sechspuls-Brückenschaltung, nämlich $Y = 1{,}5$. Aus diesen Gründen wird die vorliegende Schaltung nur selten gewählt.

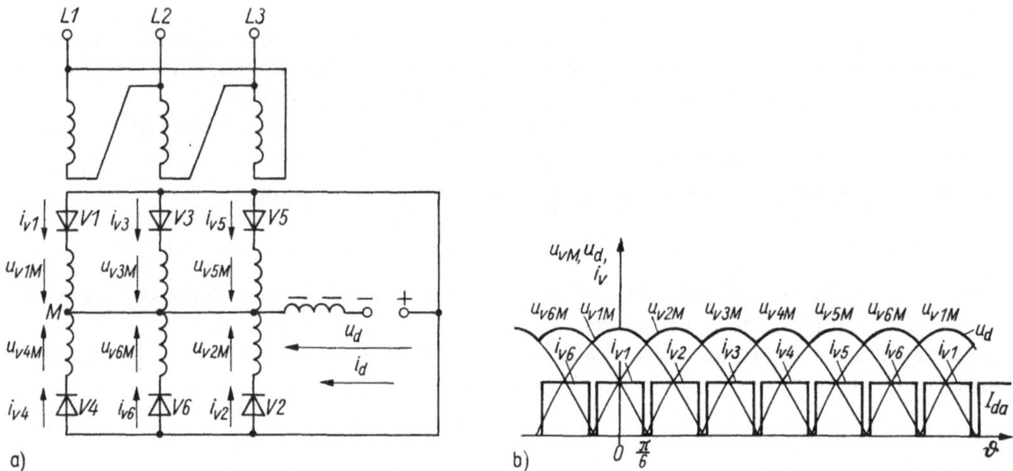

Bild 3.40. Sechspulsgleichrichter in Mittelpunktschaltung; netzseitig: Dreieck; ventilseitig: Doppelstern
a) Schaltung; b) Verlauf der Spannungen und Ströme

3.5.2.2. Saugdrosselschaltung (Bild 3.41)

Die z. Z. der Quecksilberdampfventile gebauten Anlagen großer Leistung, z. B. Großelektrolysen oder Regelungen von Walzenzugmotoren mit mehreren Megawatt Leistung, arbeiteten alle mit der Saugdrosselschaltung; eine Ausnahme bildete die Höchstspannungs-Gleichstrom-Übertragung, für die wegen ihrer relativ niedrigen Sperrspannung nur die Reihenschaltung von Sechspulsbrücken mit Quecksilberdampf-Einanodenventilen in Frage kam.

Seit der Ablösung der Quecksilberdampf- durch die Halbleiterventile wird die Saugdrosselschaltung nur gelegentlich bei niedrigen Spannungen eingesetzt, bei denen wesentlich ist, daß jeweils nur ein Ventil und nicht zwei, wie bei der Brückenschaltung, in Reihe geschaltet ist. In allen anderen Fällen ist die im Vergleich zur Sechspuls-Brückenschaltung hohe Sperrbeanspruchung der Ventile und die ungünstige Ausnutzung des Transformators ausschlaggebend (vgl. die Kennziffern in Tafel 3.1, Spalte 9 bzw. 11).

Trotzdem soll auf die Wirkungsweise der Saugdrossel eingegangen werden, denn bei Stromrichtern großer Leistung (über 500 kW) mit Halbleiterventilen ist die Parallelschaltung von zwei Sechspulsbrücken über eine Saugdrossel, die Zwölfpulsbetrieb erzwingt, durchaus üblich (vgl. Abschn. 3.5.3).

Der Transformator der im Bild 3.41 gezeigten Schaltung hat auf der Ventilseite zwei 3strängige Wicklungen I und II, deren Spannungen gegeneinander um 60° gedreht sind und zwischen deren Sternpunkten eine Drossel mit Mittelanzapfung, die *Saugdrossel*, liegt. Man unterscheidet zwei Betriebszustände des Gleichrichters:

a) Bei *Gleichströmen von weniger als etwa 1% Nennlast* arbeitet die Anlage als Sechspulsgleichrichter in Mittelpunktschaltung (s. Bild 3.40a und b) und gibt eine momentane Gleichspannung u'_d und eine mittlere Gleichspannung U'_{di0} ab:

$$U'_{di0} = \frac{6}{\pi} \int_{\vartheta=0}^{\pi/6} \sqrt{2}\, U_{vM} \cos\vartheta \, d\vartheta = 1{,}35 U_{vM} = 0{,}779 U_v \,. \tag{3.338}$$

Der Gleichstrom kommutiert während jeder Periode der Netzspannung sechsmal von einem ventilseitigen Stern zum anderen analog der Doppelstern-Mittelpunktschaltung (vgl. Abschn. 3.5.2.1).

b) Bei *Gleichströmen von mehr als etwa 1 % Nennlast* verhindert die Induktivität der Saugdrossel, daß der Strom von einem ventilseitigen Stern zum anderen pendelt, und erzwingt damit die Parallelarbeit der beiden Dreipulsgleichrichter I und II (Bild 3.41 b bis f). Die mittlere Gleichspannung gleicht deshalb der mittleren Gleichspannung eines Dreipulsgleichrichters (s. (3.235)):

$$U_{\mathrm{di0}} = 0{,}675 U_{\mathrm{v}} = 0{,}866 U'_{\mathrm{di0}}\,. \qquad (3.339)$$

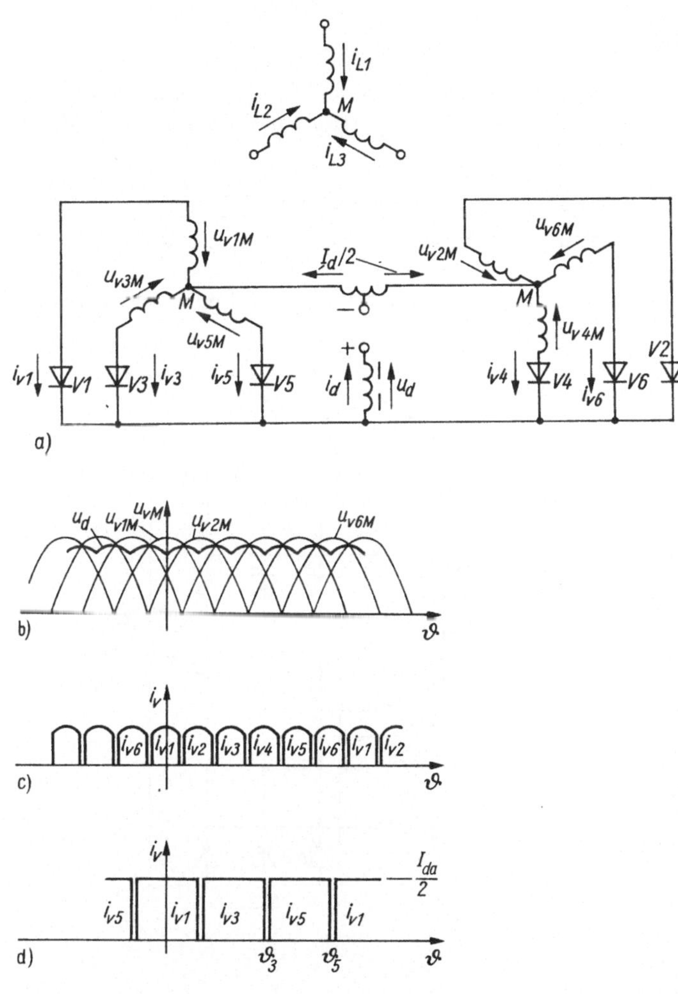

Bild 3.41. Sechspuls-Saugdrosselschaltung

a) Schaltung
b) Verlauf der Gleichspannung u'_{d} *unterhalb* und u_{d} *oberhalb* 1 % Nenngleichstrom
c) Verlauf der ventilseitigen Ströme i_{v} unterhalb 1 % Nenngleichstrom
d) und e) desgl., oberhalb 1 % Nenngleichstrom
f) Verlauf des netzseitigen Stroms i_{L1} oberhalb 1 % Nenngleichstrom

Dieser steile Abfall der Gleichspannung zwischen Leerlauf und Belastung mit mehr als 1 % Nennstrom ist ungünstig und muß meist durch zusätzliche Einrichtungen unterdrückt werden.

Die momentane Gleichspannung gleicht dem Mittelwert zwischen den momentanen Gleichspannungen der beiden Teilgleichrichter, denn die Differenz der momentanen Gleichspannungen wird von der Saugdrossel aufgenommen. Die Gleichspannung hat also die Welligkeit eines Sechspulsgleichrichters.

Jeder Teilgleichrichter führt den Strom $I_{da}/2$ und jedes Ventil den mittleren Strom $I_{Va} = I_{da}/6$. Die Leitdauer beträgt wie beim Dreipulsgleichrichter $\delta = 2\pi/3$.

3.5.3. Zwölfpulsschaltungen

Bei großen Leistungen, etwa ab 500 kW, ist es besonders wichtig, daß die Oberschwingungen der Gleichspannung und des Netzstroms möglichst gering sind. Man erreicht dies am günstigsten durch Erhöhung der Pulszahl p, wie die Gleichungen (3.278) bis (3.282) zeigen.

Wenn zwei Sechspulsbrücken, deren ventilseitige Spannungen gleich groß, aber um 30° gegeneinander verdreht sind, parallel (Bild 3.42a) oder in Reihe (Bild 3.42b) zusammengeschaltet werden, heben sich die Oberschwingungen 6., 12., 18. usw. Ordnung der Gleichspannung und 5., 7., 17., 19. usw. Ordnung der netzseitigen Ströme gegenseitig auf. Es bleiben nur Oberschwingungen 12., 24. usw. bzw. 11., 13., 23., 25. usw. Ordnung übrig. Beide Schaltungen haben also Zwölfpulseigenschaften.

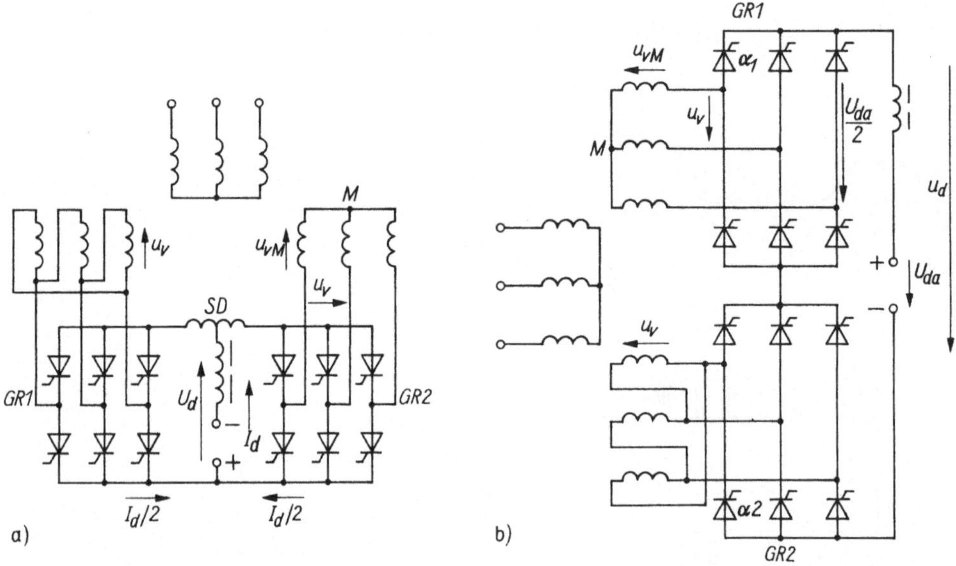

Bild 3.42. Zwölfpulsschaltungen

a) Parallelschaltung mit Saugdrossel *SD*; b) Reihenschaltung

3.5.3.1. Parallelschaltung mit Saugdrossel

Jeder der beiden Teilgleichrichter *GR1* und *GR2* führt den mittleren Strom $I_d/2$ und gibt die gleiche mittlere Gleichspannung $U_{di0} = 1{,}35 U_v$ ab. Bei ihrer Parallelschaltung muß beachtet werden, daß die Momentanwerte ihrer Gleichspannungen wegen der Phasenverschiebung der ventilseitigen Spannungen nicht miteinander übereinstimmen. Deshalb werden die beiden Teilgleichrichter über eine Saugdrossel *SD* parallelgeschaltet, die die momentane Spannungsdifferenz zwischen den beiden Teilgleichrichtern aufnimmt und deren Parallelarbeit erzwingt. Der Mittelwert der abgegebenen Gleichspannung beträgt ebenso wie der der Teilgleichrichter $U_{di0} = 1{,}35 U_v$ (vgl. Abschn. 3.5.2.2 zur Wirkungsweise einer Saugdrossel). Wie Tafel 3.1 zeigt, sind auch die weiteren Eigenschaften dieser Schaltung (Sperrspannung, Ausnutzung des Transformators) besonders günstig. Die Zwölfpuls-Parallelschaltung wird deshalb sehr häufig für große Leistungen und Spannungen bis zu etwa 1000 V eingesetzt.

3.5.3.2. Reihenschaltung

Bei der Reihenschaltung der beiden Teilgleichrichter *GR1* und *GR2* führen beide Brücken den vollen Ausgangsstrom I_d, aber die beiden Teilgleichspannungen addieren sich zu $U_{di0} = 2 \cdot 1{,}35 U_v$. Neben den anderen angegebenen günstigen Eigenschaften dieser Schaltung ist besonders die verhältnismäßig geringe Beanspruchung der Ventile durch die Sperrspannung hervorzuheben, so daß die Reihenschaltung besonders für Spannungen über 1000 V geeignet ist.

Bei der Ausgangsgleichspannung

$$U_{di\alpha} = \frac{1}{2} U_{di0}(\cos \alpha_1 + \cos \alpha_2)\,, \tag{3.340}$$

wo α_1 und α_2 die Steuerwinkel der beiden Teilgleichrichter sind, hat die Steuerblindleistung (induktiv) die Größe

$$Q_{st} = \frac{1}{2} P_{d0}(\sin \alpha_1 + \sin \alpha_2)\,, \tag{3.341}$$

dies kann man unschwer von (3.223) mit $Q_{st} \equiv Q_{1L}$ ablesen.

Wenn beide Teilgleichrichter in gleicher Weise ausgesteuert werden, d. h. $\alpha_1 = \alpha_2 \equiv \alpha$, dann ist

$$Q_{st} = P_{d0} \sin \alpha \tag{3.342}$$

und wird durch Kurve *a* im Bild 3.35 beschrieben.

Zur *Verringerung der Blindleistung* wird bei der *Folgesteuerung* zuerst α_1 von 0 auf 90° vergrößert, und α_2 wird konstant bei 0 gelassen. Dabei steigt die Steuerblindleistung nur auf

$$Q_{st} = \frac{1}{2} P_{d0} \sin \alpha_1\,. \tag{3.343}$$

Anschließend wird α_1 über 90° hinaus vergrößert, *GR1* arbeitet im Wechselrichterbetrieb, und bei $\alpha_1 = 180°$ (ohne Berücksichtigung des Mindestzündverfrühungswinkels) sind die Ausgangsgleichspannung und auch die Steuerblindleistung Null. Wenn dann *GR2* herabgesteuert wird, kehrt die Ausgangsspannung ihre Richtung um, und beide Teilgleichrichter arbeiten zusammen als Wechselrichter. Die Kurven *b1* und *b2* im Bild 3.35 geben den Blindleistungsbedarf wieder.

Falls Wechselrichterbetrieb nicht benötigt wird, braucht einer der beiden Teilgleichrichter nur mit Dioden bestückt zu werden (halbgesteuerte Schaltung).

Bei der Folgesteuerung und auch bei der halbgesteuerten Schaltung ist ungünstig, daß die Oberschwingungen der Gleichspannung und der netzseitigen Ströme Sechspulscharakter haben.

3.5.4. Schaltungen mit $p > 12$

Die Parallel- oder Reihenschaltung von z. B. 4 Sechspulsbrücken, deren ventilseitige Spannungen mit Hilfe von Zickzack- oder Polygonschaltungen um jeweils 15° gegeneinander verdreht sind, ergibt eine 24-Puls-Schaltung. Derartig hohe Pulszahlen sind jedoch nur bei sehr großen Leistungen, wie z. B. bei Elektrolysen sinnvoll, denn die Transformatoren müssen sehr sorgfältig abgeglichen werden, und der Gleichlauf der Zündwinkel der einzelnen Brücken muß genauestens übereinstimmen, damit sich tatsächlich die Oberschwingungen in dem theoretisch zu erwartenden Umfang gegenseitig aufheben. Es soll aber auch erwähnt werden, daß die Aufteilung auf mehrere Teilgleichrichter beim Versagen *eines* Gleichrichters die Aufrechterhaltung eines Notbetriebs oder zumindest die geordnete Stillsetzung der Anlage ermöglicht und daß die Steuerblindleistung bei einer Folgesteuerung noch weiter vermindert werden kann als bei der Zwölfpuls-Reihenschaltung (vgl. Abschn. 3.5.3.2).

Zusammenfassung

Die Sechspuls-Brückenschaltung ist die wichtigste Schaltung, da bei ihr die Sperrbeanspruchung der Ventile und die Ausnutzung des Transformators besonders günstig sind; die Schaltung kann ggf. auch ohne Transformator betrieben werden. Für Leistungen über etwa 500 kW werden Zwölfpulsschaltungen oder Schaltungen mit noch höherer Pulszahl eingesetzt.

Im kleinen Leistungsbereich kann die halbgesteuerte Schaltung trotz höheren Aufwands an Glättungsmitteln Vorteile bieten.

Die Streureaktanz des Transformators beeinflußt entscheidend den Verlauf der Lastkennlinie.

3.5.5. Anwendungsgebiete für Gleichrichter

Im folgenden werden Beispiele gegeben für den Einsatz von Gleichrichtern für Netz- und Ladegeräte, zum Lichtbogenschweißen, zur Erregung von Synchronmaschinen, für Gleichstrom-Bahnunterwerke, für Elektrolysen und galvanische Bäder sowie für Einrichtungs-Gleichstromantriebe.

3.5.5.1. Netzgeräte [3.14]

Ungeregelte Netzgeräte für Gleichspannungen bis z. B. 230 V und Nenngleichströme bis zu etwa 10 A können an das 220-V-, 50-Hz-Einphasennetz angeschlossen werden. Für größere Leistungen (z. B. bis 230 V und mehrere 100 A) muß auf ein Drehstromnetz vom 3 × 380 V oder 3 × 500 V zurückgegriffen werden. Zum Speisen von Gleichstromnetzen genügt meist ein Transformator, ein Gleichrichter in Sechspuls-Brückenschaltung mit Siliziumdioden (bei Strömen bis zu 10 A möglicherweise auch mit Selenplatten), dazu Sicherungen und ggf. eine Glättungseinrichtung.

Geregelte Netzgeräte halten die Ausgangsgleichspannung oder den Ausgangsgleichstrom konstant. Aus der Vielzahl der Ausführungsformen sollen folgende Beispiele herausgegriffen werden:

Bei Geräten mit Niederspannungsausgang wird die von einem ungesteuerten Zweipulsgleichrichter abgegebene Spannung mit einem Kondensator geglättet. Über einen Regelverstärker, der mit der Differenz zwischen Soll- und Istwert von Gleichspannung oder Gleichstrom beaufschlagt wird, wird ein Transistor in Reihe mit der Last gesteuert (Linearbetrieb, vgl. Abschn. 2.4.1). Die Erzeugung des Sollwerts und der Vergleich mit dem Istwert kann mit einem einzigen integrierten Baustein erfolgen. Typische Kennziffern eines solchen Gerätes sind: Gleichspannung bis 30 V, Gleichstrom bis 500 mA; Regelabweichung bei $\pm 10\%$ Netzspannungsänderung $\leqq 0{,}01\%$; Ausregelzeit bei 100% Laständerung $\leqq 100\ \mu s$.

Bei Geräten für größere Leistungen (z. B. bis 75 V und 10 A) wirkt der Regelverstärker auf zwei miteinander gekoppelte Stellglieder, nämlich auf eine halbgesteuerte Zweipulsbrücke als Vorregler im Schaltbetrieb, der die Spannung über einem Glättungskondensator konstant hält und Änderungen der Netzspannung ausregelt, und auch auf einen Transistor in Reihe mit der Last (Hauptregler im Linearbetrieb), der Änderungen auf der Lastseite ausgleicht. Damit wird eine schnelle und genaue Regelung mit verhältnismäßig niedrigen Verlusten möglich (ähnlich Bild 3.24).

Bei Netzgeräten für höhere Gleichspannungen (z. B. bis 3000 V und 1 A) ist es günstiger, als Vorregler einen Wechselstromsteller, gefolgt von einem Hochspannungstransformator und einer ungesteuerten Zweipulsbrücke, einzusetzen.

Netzgeräte für Spannungen von mehreren 1000 V und für Ströme von nur wenigen Milliampere, z. B. für Forschungs- und Entwicklungslaboratorien, können mit einer gesteuerten Zweipulsbrücke ausgestattet sein. Ihr folgt ein selbstgelöschter Wechselrichter, der z. B. bei 20 kHz arbeitet (vgl. Abschnitt 4.2), ein Hochspannungstransformator und eine sechsstufige Kaskade zur Vervielfachung und Gleichrichtung der Wechselspannung (ähnlich Bild 3.25). Bei Änderungen der Netzspannung von $\pm 10\%$ ändert sich die Ausgangsspannung um höchstens $\pm 0{,}01\%$.

Es sei noch zugefügt, daß bei Netzgeräten häufig die „Störspannung“ oder der „Störstrom“ angegeben wird. Dies ist der Abstand zwischen den höchsten und den niedrigsten momentanen Werten der Gleichspannung oder des Gleichstroms und hat bei den eben geschilderten Geräten Größenordnungen von 2 mV bzw. 0,5 mA.

3.5.5.2. Ladegeräte

Bleiakkumulatoren werden während der ersten Stunden mit dem Nennstrom I_{dN} geladen. Bei Erreichen der Ladeschlußspannung von 2,7 V wird der Strom auf höchstens $0{,}25 I_{dN}$ begrenzt. Auch bei der Erhaltungsladung und beim Puffern von Akkumulatoren, die zur Notstromversorgung parallel mit einem Gleichstromnetz geschaltet sind, muß der Ladestrom auf einem niedrigen Wert konstant gehalten werden.

Bei einfachen, ungeregelten Geräten wird der Abfall der Strom-Spannungs-Kennlinie (*W*-Kennlinie) durch die Streuinduktivität des Transformators und durch den ohmschen Widerstand des Gerätes hervorgerufen. Die Abschaltung erfolgt einige Zeit nach Erreichen der Ladeschlußspannung von Hand oder selbsttätig. Geräte am 220-V-Wechselstromnetz, das mit Strömen bis zu 15 A beansprucht werden kann, sind für Ladeleistungen bis zu etwa 3 kW geeignet. Sie werden mit der Zweipulsbrücken- oder Mittelpunktschaltung und mit Siliziumdioden, möglicherweise auch mit Selenplatten ausgeführt. Bei größeren ungeregelten Geräten am Drehstromnetz mit Siliziumdioden in Sechspuls-Brückenschaltung wird die fallende Kennlinie durch Drosseln auf der Ventilseite des Transformators erzwungen.

Akkumulatoren, die vollständig oder weitgehend entladen sind, werden am günstigsten mit konstantem Strom wieder aufgeladen (*I*-Kennlinie). Der Strom wird mit einer halbgesteuerten Zweipuls- oder Sechspulsbrücke oder auch über einen Wechselstrom- oder Drehstromsteller und mit dem Transformator nachgeschalteten Dioden gleichgerichtet und beim Anstieg der Ladespannung und bei Abweichungen der Netzspannung konstant gehalten. Die Regeldifferenz zwischen dem Soll- und dem Istwert des Stroms wird dem Steuergerät über einen Regelverstärker zugeführt.

Weitere Einzelheiten von Ladegeräten und Geräten zur Speisung von Fernmeldeanlagen können z. B. [1.1] entnommen werden.

3.5.5.3. Gleichrichter zum Lichtbogenschweißen

Zum Lichtbogenschweißen werden Gleichströme bis zu etwa 1000 A bei Leerlaufspannungen von etwa 70 V gebraucht. Die Strom-Spannungs-Kennlinie muß je nach Betriebsart horizontal oder fallend verlaufen. Bei Kurzschlüssen, die beim Zünden des Lichtbogens, häufig auch während des Betriebs auftreten, darf kein unzulässig hoher Strom fließen. Man begrenzt den Kurzschlußstrom durch einen Transformator mit hoher, häufig auch einstellbarer Streureaktanz, durch auf der Netzseite vorgeschaltete Drosseln oder mit Hilfe elektronischer Stellglieder.

Bild 3.43 zeigt einen Schweißgleichrichter *GR* in halbgesteuerter Brückenschaltung mit Freilaufzweig; auch die vollgesteuerte Schaltung wird häufig eingesetzt. Dem Regler *R* werden die Soll- und die Istwerte der Schweißspannung U_s und U_i bzw. des Schweißstroms I_s und I_i zugeführt. Der Regler, zusammen mit dem Ansteuergerät *AG*, verzögert die Zündung der Thyristoren so, daß die Ausgangskennlinie den gewünschten Verlauf hat. — Der Istwert I_s des Schweißstroms wird *gleichstromseitig* über den

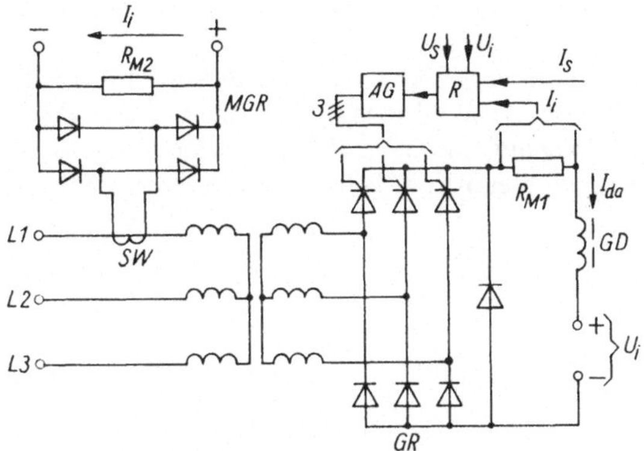

Bild 3.43. Steuerung des Schweißstroms I_{da} auf der Ventilseite mit einer halbgesteuerten Sechspulsbrücke mit Freilaufzweig

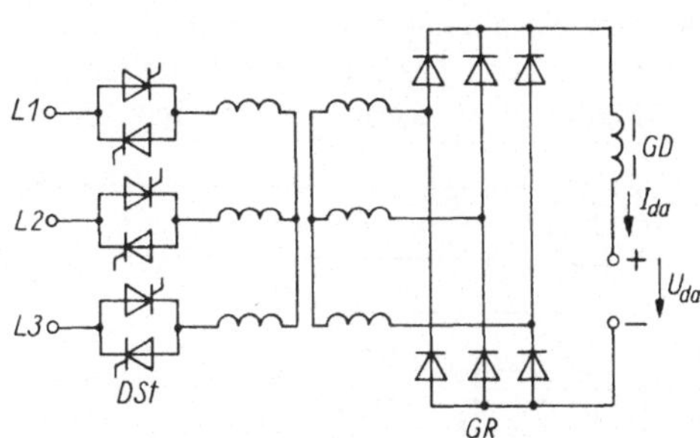

Bild 3.44. Steuerung des Schweißstroms auf der Netzseite mit einem Drehstromsteller DSt

Meßwiderstand R_{M1} oder *netz*seitig und potentialfrei über den Stromwandler *SW*, den Meßgleichrichter *MGR* und den Meßwiderstand R_{M2} erfaßt.

Auch für das Plasmaschmelzschneiden ist die Schaltung von Bild 3.43 grundsätzlich geeignet. Mit einem Steuerteil lassen sich parallel verlaufende Lastkennlinien mit stark fallender Tendenz beliebig einstellen.

Der Schweißgleichrichter nach Bild 3.44 wird mit einem Drehstromsteller *DSt* auf der Netzseite gesteuert (vgl. Abschn. 3.7.2). Damit können Thyristoren üblicher Spannungsfestigkeit besser ausgenutzt werden, als wenn sie, wie in Schaltung 3.43, auf der Gleichstromseite bei nur niedriger Spannung eingesetzt werden. Die Reihenschaltung des Drehstromstellers mit dem Gleichrichter hat aber höhere Verluste.

Bei der Schweißstromquelle mit erhöhter Zwischenfrequenz (Bild 3.45, vgl. Abschn. 4.2.4) wird der Aufwand für den zusätzlichen Gleichrichter *GR1* und den Wechselrichter *WR* dadurch mehr als aufgewogen, daß der Schweißtransformator für die gleiche Schweißleistung bei 50 Hz 20 kg Stahl und 6 kg Kupfer, bei 20 kHz aber nur 0,8 kg Ferrit und 0,8 kg Kupfer benötigt. Auch der Verschiebungsfaktor ist wegen des Diodengleichrichters *GR1* auf der Netzseite günstiger [3.15].

Mehrstellen-Schweißgleichrichter, die bis zu 10 Schweißplätze speisen, sollen eine fast konstante Gleichspannung von z. B. 60 V abgeben. Dann beeinflussen sich die einzelnen Arbeitsplätze nicht gegenseitig. Jeder Arbeitsplatz hat einen eigenen Stellwiderstand zur Begrenzung des Schweißstroms. — Wenn für den Ventilblock nicht die Sechspuls Brückenschaltung, sondern die Saugdrosselschaltung verwendet wird, ist zwar die Typenleistung des Transformators einschließlich der Saugdrossel größer, die Verluste in den Dioden sind jedoch nur halb so groß wie bei der Brückenschaltung (vgl. Tafel 3.1, Schaltung Nr. 5 und 6).

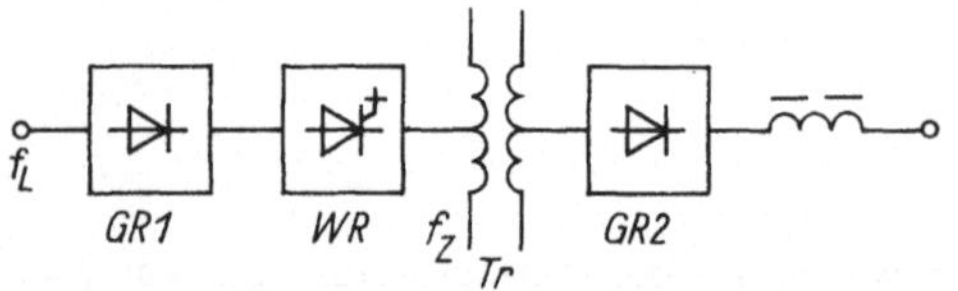

Bild 3.45. Schweißstromquelle mit erhöhter Zwischenfrequenz f_z

f_L Netzfrequenz; *GR1,2* Gleichrichter; *WR* selbstgelöschter Wechselrichter; *Tr* Transformator

3.5.5.4. Erregung von Synchronmaschinen

Im folgenden werden drei Beispiele für den Einsatz von Gleichrichtern zur Erregung von Synchronmaschinen gegeben.

Eine einfache Schaltung zur Erregung eines Generators über eine halbgesteuerte Sechspuls-Brückenschaltung mit Freilaufzweig und über Schleifringe zeigt Bild 3.46. Der mit dem Schalter parallelgeschaltete Widerstand verhindert, daß der Erregerstrom beim Öffnen des Schalters zu schnell unterbrochen wird; denn eine zu hohe Stromänderungsgeschwindigkeit würde eine unzulässig hohe Spannung in der Erregerwicklung induzieren. — Der Spannungsanstieg beim Lastabwurf kann z. B. bei einem 40-MVA-Turbogenerator in weniger als 1,5 s ausgeregelt werden, wenn die Erregerspannung auf Null herabgesteuert wird. Wenn die Sechspuls-Brückenschaltung *voll*gesteuert ist und man auf Wechselrichterbetrieb zur Schnellentregung übergeht (vgl. Abschn. 3.6.1), kann der Spannungsanstieg noch schneller ausgeregelt werden.

Eine Schaltung zur Selbsterregung mit Kompoundierung zeigt Bild 3.47. Die Erregung wird von der Klemmenspannung des Generators über den halbgesteuerten Gleichrichter *GR1* geliefert. Damit aber auch beim Zusammenbruch der Generatorspannung auf z. B. 30 ... 50% noch eine Erregung zur Verfügung steht, die mindestens den 1,5fachen Generatornennstrom liefert, wird in diesem Fall der

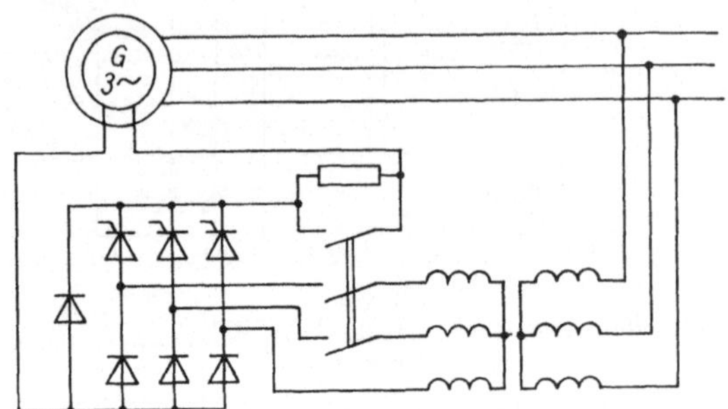

Bild 3.46. Prinzip der Erregung einer Synchronmaschine

Generator über den Stromtransformator *ST* und den Gleichrichter *GR2* erregt. Generatoren über 10 MVA werden mit einer Entregung durch Umpolung ausgerüstet. Die Diode verhindert, daß der Strom durch die Erregerwicklung plötzlich unterbrochen wird.

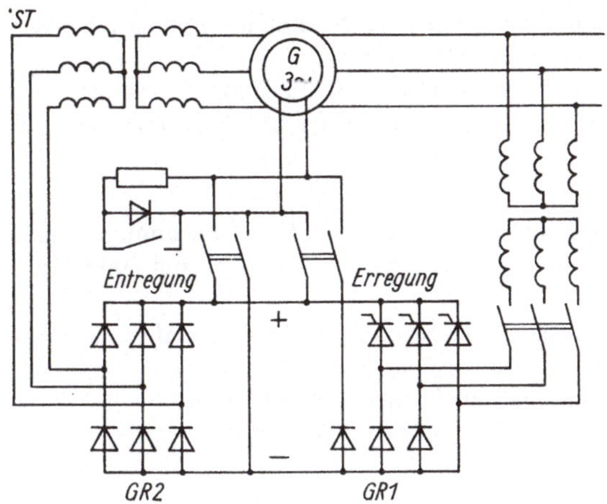

Bild 3.47. Prinzip der Erregung einer Synchronmaschine in Selbsterregung mit Kompoundierung

Eine Erregung ohne Bürsten und Schleifringe, aber mit rotierenden Ventilen, zeigt Bild 3.48. Der *rotierende* Teil besteht aus der Erregerwicklung *EW1* des Hauptgenerators, dem Gleichrichter *GR1*, der Drehstromwicklung *DW2* des Erregergenerators und dem Permanentmagneten *PM* zur Erregung des Hilfserregers. – Die im Ständer *DW3* der Hilfserregermaschine induzierte Spannung wird über den Gleichrichter *GR2* der Erregerwicklung *EW2* des Erregergenerators und auch dem Regler zugeführt. Der Regler wird mit den Istwerten U_i und I_i der Spannung bzw. des Stroms des Hauptgenerators beaufschlagt und steuert dementsprechend *GR2* aus. Die Drehstromwicklung *DW2* speist die Erregerwicklung *EW1* des Hauptgenerators über den Gleichrichter *GR1*.

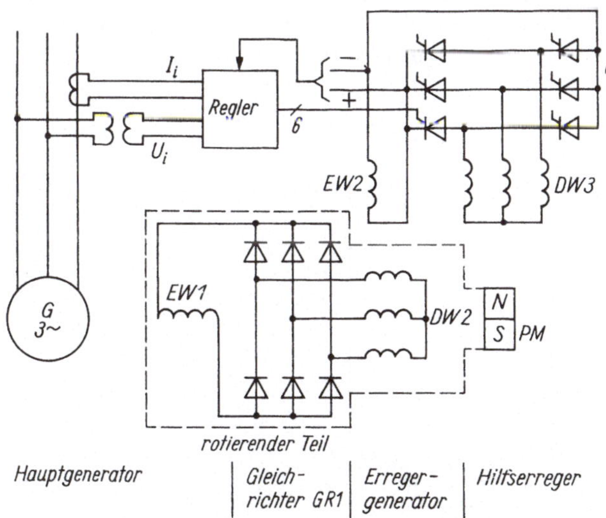

Bild 3.48. Prinzip einer bürsten- und schleifringlosen Erregung einer Synchronmaschine

Hauptgenerator *G*: *EW1* Erregerwicklung
Erregergenerator: *EW2* Erregerwicklung, *DW2* Drehstromwicklung
Hilfserreger: *PM* Permanentmagnet-Erregung, *DW3* Drehstromwicklung; *GR1,2* Gleichrichter

Um den Hauptgenerator schnell zu entregen, werden bei großen Maschinenleistungen die rotierenden Dioden durch Thyristoren ersetzt, die dann in den Wechselrichterbetrieb umgesteuert werden (vgl. Abschn. 3.6.1). Die Thyristoren werden berührungslos angesteuert, wenn man z. B. sechs Trägerfrequenzen mit den Ansteuerimpulsen moduliert, auf den rotierenden Teil überträgt und dann mit Hilfe von Resonanzkreisen auf die einzelnen Thyristoren verteilt.

3.5.5.5. Gleichstrom-Bahnunterwerke [3.16]

Zur Speisung von Gleichstrombahnen können ungesteuerte Gleichrichter eingesetzt werden, da die Reihenschlußmotoren der Triebfahrzeuge relativ unempfindlich gegenüber Spannungsschwankungen sind. Ein Bild von der Auslegung eines Bahnunterwerkes vermitteln folgende Kennziffern: Untertagebahnen bis 500 V, 1 MW; Nahverkehr 600 V, 3 MW; Vollbahnen 1500 V oder 3000 V, bis 8 MW.

Es werden selbstgekühlte Gleichrichterblöcke eingebaut mit Sicherungen zum Schutz gegen innere Kurzschlüsse und mit Geräten zur Überwachung der Sicherungen, der Spannungssymmetrie bei Reihenschaltung mehrerer Dioden, der Temperatur usw. (vgl. Abschn. 6.5).

Die Sechspuls-Brückenschaltung wird fast immer verwendet; nur bei Leistungen von mehreren Megawatt kommt die Zwölfpuls-Parallelschaltung mit Saugdrossel (Tafel 3.1, Schaltung Nr. 7) in Frage.

Zu einem Gleichstrom-Bahnunterwerk gehören:

— auf der meist an das Mittelspannungsnetz angeschlossenen Seite eine Wechselspannungsschaltanlage, die aus Schaltgeräten, Stromwandlern für die Erfassung des Wechselstroms und Saugkreiseinrichtungen bestehen kann;
— der Stromrichter, zu dem der Stromrichtertransformator, der Stromrichterblock und die Glättungsdrossel zählen;
— die Gleichspannungsschaltanlage mit Trennern und ggf. auch einem Schnellschalter.

3.5.5.6. Elektrolysen, galvanische Bäder

Elektrolysezellen werden mit hohen Gleichströmen gespeist, während die Spannung je Zelle niedrig ist (Chlor: mehrere 100 kA, 4,8 V; Aluminium: 100 kA, 5 V). Es werden über 100 Zellen in Reihe geschaltet, da bei Gleichspannungen bis zu etwa 1000 V die Spannungsfestigkeit der Dioden ohne Reihenschaltung gut ausgenutzt werden kann und die Isolierung der Zellen gegen Erde noch keine größeren Schwierigkeiten bereitet.

Die Zellen werden von mehreren Silizium-Gleichrichterblöcken gespeist (vgl. Abschn. 6.5). Mit einem Block mit z. B. 192 wassergekühlten Dioden, unterteilt in sechs Zweige zu je 32 parallelgeschalteten Dioden, kann bei der Sechspuls-Brückenschaltung ein Nenngleichstrom von 16,6 kA mit einer Leerlaufspannung von 950 V oder bei der Sechspuls-Saugdrosselschaltung 33 kA bei 475 V abgegeben werden. Damit auch bei Ausfall einiger Bauelemente der Betrieb ohne Unterbrechung aufrechterhalten werden kann, werden die Dioden bei Nennbetrieb strommäßig nicht voll ausgelastet.

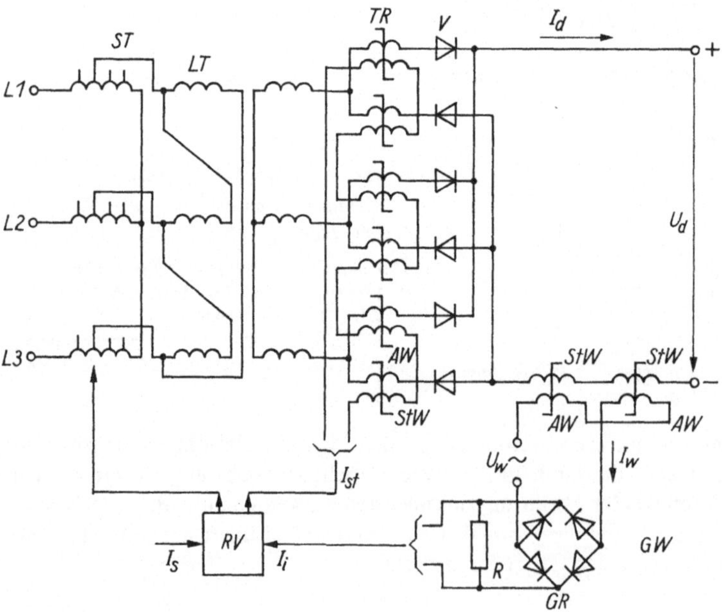

Bild 3.49. Gleichrichter zur Speisung einer Elektrolyse (Prinzipschaltbild)

ST Stelltransformator; *LT* Leistungstransformator; *TR* Transduktor; *V* Ventile; *GW* Gleichstromwandler; *AW*, *StW* Arbeits- bzw. Steuerwicklungen; *GR* Gleichrichter; *RV* Regelverstärker; I_s, I_i Soll- bzw. Istwert des Stroms

Das Schaltbild für eine Elektrolyse zeigt Bild 3.49. Die *Regelung der Gleichspannung* erfolgt grob mit einem Stelltransformator *ST*; im Gegensatz zur Phasenanschnittsteuerung wird damit das Netz nicht zusätzlich durch Blindleistung beansprucht. — Zur Feinsteuerung dienen die Transduktoren *TR*. Sie sind grundsätzlich wie Transformatoren gebaut, mit je zwei Wicklungen und einem Kern mit rechteckiger Hystereseschleife. In den Arbeitswicklungen *AW* fällt eine Spannung ab, deren Größe von dem durch die Steuerwicklungen *StW* fließenden Steuergleichstrom I_{st} abhängt und die bei $I_{st} = 0$ etwas größer als die Stufenspannung des Stelltransformators ist.

Der Stelltransformator und die Transduktoren werden vom Regelverstärker *RV* beaufschlagt. An dessen Eingang liegt die Differenz zwischen zwei Spannungen, die dem Sollwert I_s und dem Istwert I_i des Gleichstroms I_d proportional sind. Die Kerne des Gleichstromwandlers *GW* werden durch den Gleichstrom I_d, der durch die Steuerwicklungen *StW* fließt, gesättigt. Die Induktivität der Arbeitswicklungen *AW* wird dadurch verringert, und der Wechselstrom I_w, der von der Hilfsspannung U_w getrieben wird, nimmt zu. I_w wird in der Zweipulsbrücke *GR* gleichgerichtet und verursacht über *R* einen Spannungsabfall, der I_d proportional ist. — Die Schutz- und Überwachungseinrichtungen für den Gleichrichterblock werden im Abschnitt 6.3 beschrieben.

Um die Welligkeit des Gleichstroms und auch die Netzrückwirkungen möglichst weitgehend zu vermindern, werden je nach geforderter Stromstärke mehrere Gleichrichterblöcke zu Zwölfpulsanlagen oder Anlagen noch höherer Pulszahl zusammengeschaltet (vgl. Abschn. 3.5.3 bzw. 3.5.4).

Galvanische Bäder brauchen Ströme bis zu etwa 10 kA und Gleichspannungen bis zu etwa 25 V. Die Siliziumdioden (bei kleineren Leistungen auch Selengleichrichter) werden meist zu einer Sechspuls-Saugdrosselschaltung zusammengestellt und mit dem Transformator in einem ölgefüllten Eisenkessel eingebaut, dessen Finnen zur Luftselbstkühlung oder zur -fremdkühlung dienen; bei größeren Leistungen kommt auch Ölkühlung in Frage. Der Strom oder die Spannung kann auf der Netzseite mit Stelltransformatoren oder Drehstromstellern (vgl. Abschn. 3.7.2) geregelt werden.

3.5.5.7. Gleichrichter für Einquadrantenbetrieb von Gleichstrommotoren [3.17]

Die Stromrichter haben große Bedeutung für die Anpassung der elektrischen Antriebe an die Erfordernisse der technologischen Prozesse. Mit ihnen können die Drehzahl und das Drehmoment der Antriebsmotoren stufenlos in einem weiten Bereich mit höchster Genauigkeit, geringster Verzögerung und hohem Wirkungsgrad geregelt werden. Die Sollwerte werden von Hand oder von einer höheren Automatisierungsebene vorgegeben. — Im vorliegenden Abschnitt werden nur die netzgelöschten Stromrichter für Gleichstromantriebe besprochen. Die Gleichstrom-Pulssteller und die selbstgelöschten Stromrichter für Antriebsregelungen sind erst in den Abschnitten 4.1 und 4.2 beschrieben.

Bild 3.50 zeigt die Arbeitsbereiche eines Stromrichterantriebs in den vier Quadranten des Drehzahl-Drehmomenten-Diagramms. In beiden Drehrichtungen ist Motor- oder Generatorbetrieb möglich, und dem entspricht die Aussteuerung des Stromrichters als Gleichrichter oder Wechselrichter und auch die Richtung des Energieflusses.

Es bestehen Unterschiede zwischen dem Betriebsverhalten eines Gleichstrommotors bei Anschluß an eine oberschwingungsfreie Gleichstromquelle oder an einen Stromrichter; darauf wird kurz eingegangen.

Das Verhalten des Motors wird durch folgende Gleichungen beschrieben:

Ankerkreis:

$$\omega_L L_A \frac{di_A}{d\vartheta} + R'_A i_A + E_A = \sqrt{2}\, U_v \sin \vartheta; \tag{3.344}$$

induzierte Spannung: $E = k_M \Phi \Omega;$ (3.345)

Drehmoment: $M = k_M \Phi I_A;$ (3.346)

Stillstandsmoment: $M_{st} = k_M \Phi U_{di\alpha} / R'_A;$ (3.347)

L_A Summe aller Induktivitäten im Ankerkreis; $R'_A i_A$ Gleichspannungsabfall, der durch die induktiven und ohmschen Widerstände auf der Netz- und der Ventilseite und im Gleichstromkreis verursacht wird; Φ magnetischer Fluß im Motor; M Lastmoment; Ω Drehzahl.

Im Leerlauf lückt der Strom, und die ideelle Leerlaufdrehzahl Ω_0 ist dem Scheitelwert $\sqrt{2}\,U_v$ der Gleichspannung proportional:

$$\Omega_0 = \sqrt{2}\,U_v/(k_m \Phi)\,. \tag{3.348}$$

Bei nichtlückendem Strom und im eingeschwungenen Zustand und unter der Annahme, daß die Drehzahl Ω während einer Periode der Netzspannung nicht wesentlich schwankt, führt die Integration von (3.344) über die Pulsdauer zu

$$\frac{\Omega}{\Omega_0} = \frac{U_{\mathrm{di}\alpha}}{\sqrt{2}\,U_v}\left(1 - \frac{M}{M_{\mathrm{st}}}\right), \tag{3.349}$$

wobei die Gleichungen (3.345) bis (3.348) beachtet wurden.

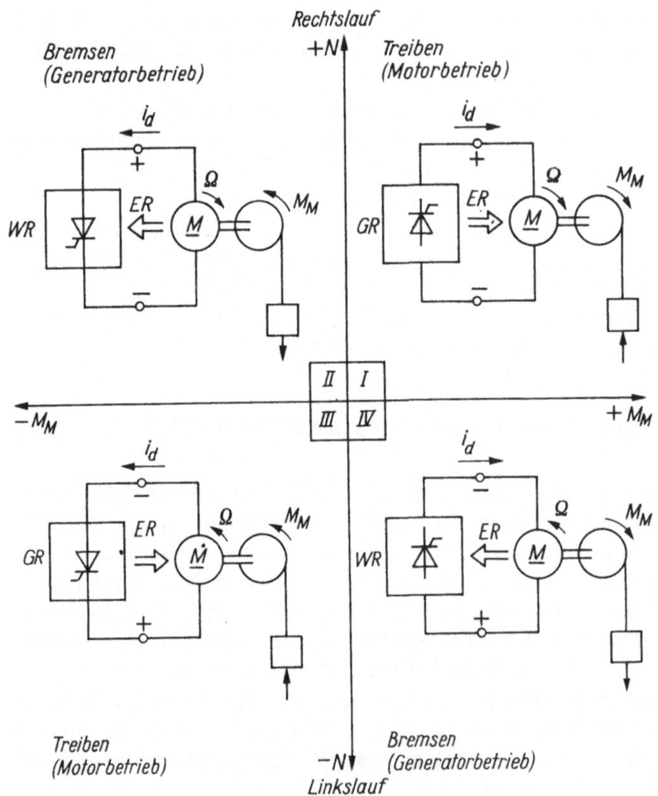

Bild 3.50. Arbeitsbereiche von stromrichtergespeisten Gleichstromantrieben

GR Gleichrichterbetrieb; *WR* Wechselrichterbetrieb; Ω Drehzahl; *M* Drehmoment: *ER* Richtung des Energieflusses

Bild 3.51 zeigt die durch (3.349) beschriebenen Belastungskennlinien. Im Bereich des nichtlückenden Stroms verlaufen sie geradlinig, fallen aber mit zunehmender Belastung steiler ab als bei Anschluß an ein Netz konstanter Spannung, da ja in R'_A zusätzlich zum Ankerwiderstand auch die schon erwähnten Induktivitäten und ohmschen Widerstände eingehen und das Stillstandsmoment M_{st} verringern. — Wenn der Motor entlastet wird, beginnt der Strom zu lücken, und die Drehzahl steigt steil an.

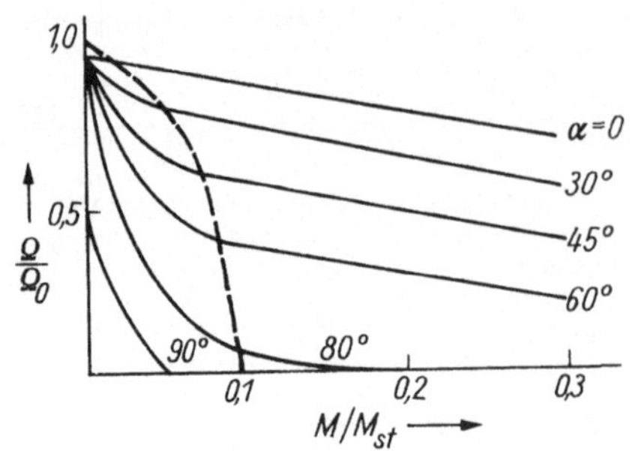

Bild 3.51. Belastungskennlinie eines stromrichtergespeisten Gleichstrommotors

gestrichelt: Lückgrenze
Parameter: Zündverzögerungswinkel α

Des weiteren muß daran erinnert werden (vgl. Abschn. 3.2.1), daß die Oberschwingungen des Gleichstroms im Anker des Motors zusätzliche Verluste verursachen. In Analogie zu (3.12) haben sie die Größe $(w_I I_{da})^2 R_A$; der Mittelwert I_{da} des Gleichstroms ist für das Drehmoment des Motors maßgeblich. Die Oberschwingungen des Ankerstroms erschweren auch dessen Kommutierung.

Im folgenden werden zwei Beispiele für Gleichrichter gegeben, die zur Speisung von Gleichstrommotoren eingesetzt werden können, und zwar vorerst nur Antriebe für Betrieb im ersten Quadranten (Motorbetrieb, Rechtslauf). Auf die Stromrichter für Betrieb in mehreren Quadranten wird im Abschnitt 3.6.2.2 eingegangen, nachdem die Wirkungsweise der netzgeführten Wechselrichter (Abschn. 3.6.1) und der Umkehrstromrichter (Abschn. 3.6.2) erläutert worden ist.

Einpulsgleichrichter können zur Speisung von Universalmotoren und auch, zusammen mit einem Freilaufzweig, zur Feldspeisung für Leistungen bis zu etwa 1 kW dienen.

Die *halbgesteuerte Zweipuls-Brückenschaltung* (vgl. Abschn. 3.3.3.2) wird sehr häufig im Leistungsbereich von etwa 0,5 ... 10 kW als Stromquelle für den Anker oder für das Feld von Gleichstrommotoren eingesetzt, z. B. für Textil- und Werkzeugmaschinen. Bild 3.52a zeigt ein Beispiel. Bei Überströmen spricht der magnetische oder der thermische Auslöser des Schutzschalters *Sch* an. Die Drehzahlregelung arbeitet, wie fast immer bei Antriebsregelungen, mit unterlagerter Ankerstromregelung. Der Regelverstärker RV_Ω für die Drehzahl verstärkt die Differenz $\Delta U = U_s - U_i$ zwischen dem vom Sollwertpotentiometer *SP* vorgegebenen Sollwert U_s und dem vom Tachometergenerator *TG* gemessenen (oder durch Ankerspannungsmessung mit IR_A-Kompensation erfaßten) Istwert U_i der Drehzahl und gibt damit den Sollwert I_s des Ankerstroms vor. Der Istwert I_i dieses Stroms wird über den Meßwertumformer *MU*, z. B. dem im Bild 3.43 gezeigten Stromwandler mit nachfolgendem Meßgleichrichter, erfaßt. Die Abweichung $\Delta I = I_s - I_i$ wird vom Regelverstärker RV_I verstärkt und dem Ansteuergerät *AG* zugeführt, welches die Zündpulse für die Thyristoren bereitstellt. — Das Feld ist über einen ungesteuerten Gleichrichter *GRF* an das Netz angeschlossen. Die Feldüberwachung *FÜ* beruht darauf, daß der Spannungsabfall über einer Diode, durch die der Feldstrom fließt, auf ein Relais wirkt.

Die *vollgesteuerte Sechspuls-Brückenschaltung* (vgl. Abschn. 3.5.1) eignet sich zum Speisen des Ankers von Gleichstrommotoren mit Leistungen bis über 1000 kW, z. B. für Verarbeitungs- und Druckereimaschinen und für Walzwerke. Als Beispiel sei ein Gleichrichter für Direktanschluß an das 660-V-Drehstromnetz erwähnt, der eine Nenngleichspannung von 800 V und einen Nennstrom von 2400 A, also eine Leistung von etwa 2 MW abgibt, mit einem 800-A-Thyristor je Brückenzweig.

Bild 3.52b zeigt das Prinzipschaltbild eines derartigen Einquadrantenantriebs mit Regelung des Feldstroms über die Anker-EMK. Der Ankerkreis hat Kommutierungsdrosseln *KD* zur Verringerung der Kurzschlußströme und der Netzrückwirkungen (vgl. Abschn. 6.1 und 6.2). Die Drehzahl wird mit unterlagerter Ankerstromregelung ebenso geregelt wie bei der Schaltung nach Bild 3.52a. Der Sollwertintegrator *SI* gewährleistet einen einstellbaren, definierten Hochlauf des Motors. — Der Istwert des Ankerstroms wird mit zwei Stromwandlern erfaßt, die so geschaltet sind, daß sich am Ausgang ein dreiphasiger Strom ergibt, der mit einem Sechspulsgleichrichter in Brückenschaltung gleichgerichtet wird und damit einen dem Ankerstrom proportionalen Meßgleichstrom abgibt. — Im Abschnitt 3.3.4 wurde schon erwähnt, daß die Verstärkung eines Stromrichters vom Zündverzögerungswinkel α, ganz besonders aber davon abhängt, ob der Strom kontinuierlich fließt oder lückt. Der Vergleich von (3.229) mit (3.230) zeigt, daß die Verstärkung bei lückendem Strom geringer ist. Man verwendet deshalb bei höheren Ansprüchen einen adaptiven Regler, der die Verstärkung bei kleinen Strömen vergrößert.

Das Feld wird über eine vollgesteuerte Zweipulsbrücke gespeist, die auch zum Schutz der Ventile gegen Überspannungen dient. Unterhalb der Grunddrehzahl des Motors ist die Anker-EMK U_A kleiner als ihr Nennwert, und es fließt Nenn-Feldstrom. Wenn aber die Grunddrehzahl überschritten werden soll, genügt eine geringe Zunahme der Ankerspannung U_A, um über den nichtlinearen Verstärker *NLV* den Feldstrom so zu schwächen, daß die vorgegebene erhöhte Drehzahl erreicht wird.

Zum Schutz des Ankerkreises gegen Überströme dienen die trägen oder träg-flinken Sicherungen *Si1* zusammen mit dem Motorschutzschalter *Sch*. Die einzelnen Ventile sind durch überflinke Sicherungen *Si2* geschützt. Die Temperatur der Kühlkörper der Ventile wird überwacht.

Überspannungen werden von den Thyristoren auch durch eine TSE-Beschaltung, Selenüberspannungsbegrenzer u. ä. ferngehalten (vgl. Abschn. 6.3.1.1).

Zwölfpulsstromrichter (vgl. Abschn. 3.5.3) werden für Walzwerksantriebe, Fördermaschinen usw. benötigt. Die Regelung des Anker- und des Feldstroms und der Drehzahl erfolgt grundsätzlich so, wie oben geschildert. Die folgenden Maßnahmen dienen zur Erhöhung der Störsicherheit, doch sei darauf

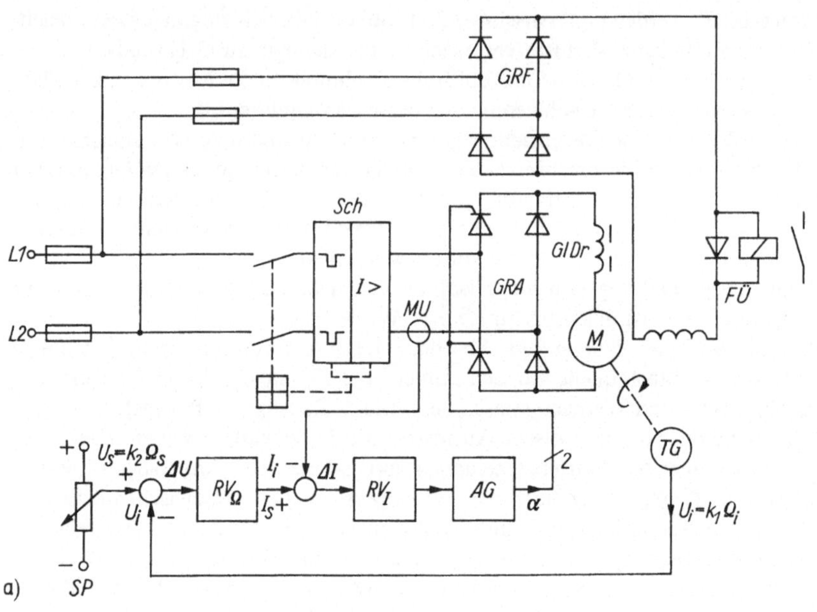
GRF
Sch
L1
L2
I >
MU
GRA
GlDr
FÜ
M
TG
$U_s = k_2 \Omega_s$
ΔU
RV_Ω
I_i
ΔI
RV_I
AG
α
2
U_i
I_s
$U_i = k_1 \Omega_i$
SP 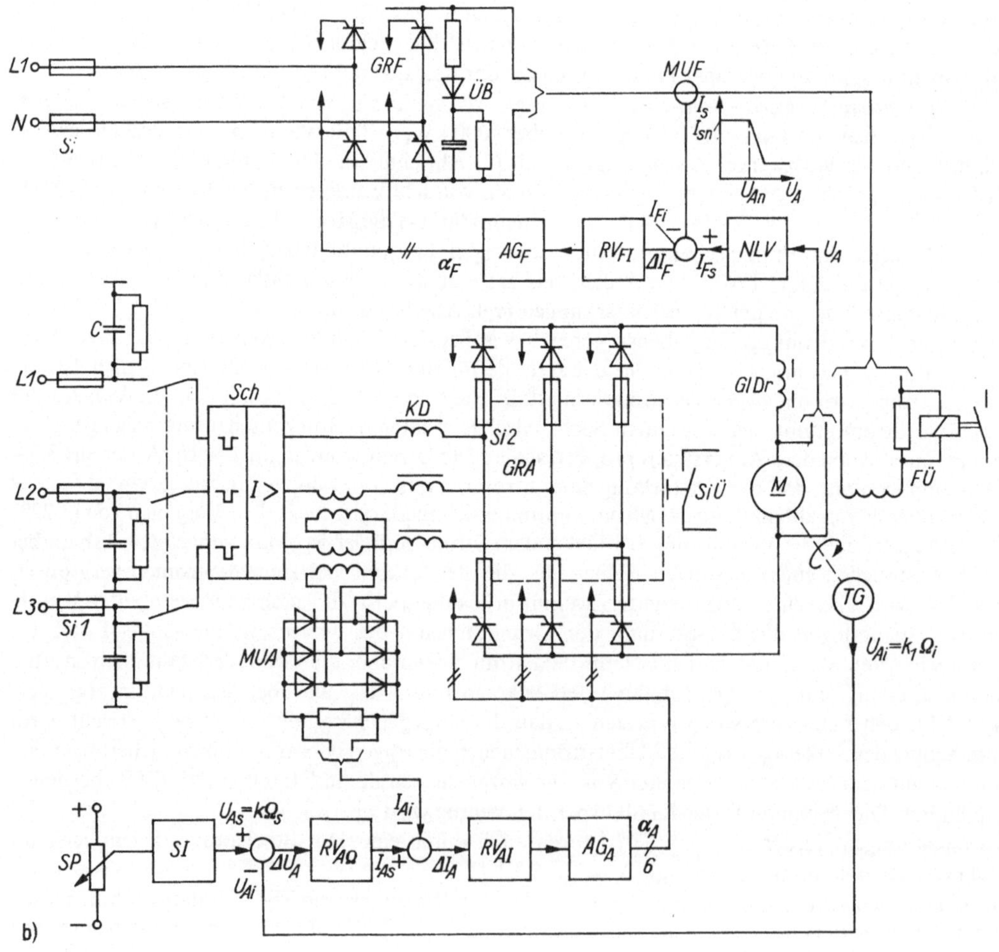
a)
L1
N
Si
GRF
ÜB
MUF
I_s
I_{sn}
U_{An}
U_A
I_{Fi}
AG_F
RV_{FI}
ΔI_F
I_{Fs}
NLV
α_F
C
L1
L2
L3
Si 1
Sch
I >
KD
Si2
GRA
SiÜ
GlDr
M
FÜ
TG
MUA
$U_{Ai} = k_1 \Omega_i$
$U_{As} = k\Omega_s$
I_{Ai}
SP
SI
ΔU_A
$RV_{A\Omega}$
I_{As}
ΔI_A
RV_{AI}
AG_A
α_A
6
U_{Ai}
b)

hingewiesen, daß einige dieser Maßnahmen auch häufig bei den kleineren, schon beschriebenen Antrieben verwendet werden:

Das Schütz im Ankerkreis kann nur anziehen, wenn die Feldversorgung, der Fremdlüfter für den Motor, die Überwachung der drei Netzphasen (Effektivwert und Folge) usw. einen ordnungsgemäßen Betrieb garantieren. — Die folgenden Störungen werden gemeldet und führen dazu, daß die Impulse des Ankerstromrichters selbsttätig in die Wechselrichterlage verschoben (vgl. Abschn. 3.6.1.1) und daß dann nach Abklingen des Stroms der Leistungs- und der Steuerteil der Anlage abgeschaltet werden: Unterspannung oder Ausfall einer Phase des Netzes; das Auftreten von Überspannungen oder Überströmen; das Ansprechen von Sicherungen; Anstehen einer Sollwert-Istwert-Differenz über mehrere Sekunden; Ansprechen der Überwachung des Istwerts der Drehzahl bei Bruch der Istwertleitung oder bei einem Fehler des Tachometergenerators usw. — Ein Diagnosegerät ermöglicht die Prüfung der Funktionsgruppen der Informationselektronik.

3.6. Netzgelöschte Wechselrichter, Umkehrstromrichter, netzgelöschte Wechselstromumrichter

3.6.1. Netzgelöschte Wechselrichter

Im Gegensatz zum Gleichrichter, der Wechsel- oder Drehstrom in Gleichstrom umformt, dient ein Wechselrichter zum Umformen von Gleichstrom in ein- oder mehrphasigen Wechselstrom. Man unterscheidet grundsätzlich zwei Typen von Wechselrichtern, je nach der Quelle der Kommutierungsspannung:

- Netzgelöschte Wechselrichter: Das sind Stromrichter, die in Verbindung mit einem Wechselspannungsnetz arbeiten, das die Kommutierungsspannung liefert und die Frequenz vorgibt.
- Selbstgelöschte Wechselrichter: Das sind Stromrichter, die ohne selbständiges führendes Wechselspannungsnetz arbeiten. Bei ihnen wird die Kommutierungsspannung durch Kondensatoren bereitgestellt. Zu den selbstgelöschten Schaltungen werden auch solche mit abschaltbaren Thyristoren oder mit Transistoren gezählt.

Auf die selbstgelöschten Wechselrichter wird im Abschnitt 4.2 eingegangen; vorerst werden die netzgelöschten Wechselrichter erläutert, und zwar am Beispiel der Dreipulsschaltung mit vollständig geglättetem Gleichstrom.

3.6.1.1. Wirkungsweise

Das Grundprinzip des netzgelöschten Wechselrichters zeigt Bild 3.53a: Eine Gleichstromquelle U_B erzwingt einen Gleichstrom i_d durch die ventilseitigen Wicklungen *w1*, *w2*, *w3* des Transformators und durch die steuerbaren Ventile *V1*, *V2*, *V3*, und zwar jeweils durch diejenige Wicklung, in der eine *negative* Spannung u_{v1M} usw. induziert wird. Der Gleichstrom soll also immer *gegen* die induzierte Spannung fließen, damit Energie von der Gleichstromquelle in das Drehstromnetz übertragen wird.

◀ *Bild 3.52. Gleichrichter mit Regeleinrichtung für Einquadrantenbetrieb (Prinzipschaltbilder)*

Si Sicherungen; *Sch* Schütz mit magnetischem und thermischem Auslöser; *GRA*, *GRF* Anker- bzw. Feldgleichrichter; *GlDr* Glättungsdrossel; *MU* Meßumformer; *TG* Tachometergenerator; *SP* Sollwertpotentiometer; RV_Ω, RV_I Regelverstärker für Spannung bzw. Strom; *AG* Ansteuergerät; *FÜ* Feldüberwachung; U_s, U_i, I_s, I_i Soll- und Istwerte von Spannung und Strom

a) Ankergleichrichter in halbgesteuerter Zweipuls-Brückenschaltung

b) Ankergleichrichter in vollgesteuerter Sechspuls-Brückenschaltung mit Regelung des Feldstroms über die Anker-EMK
C Funkentstörkondensator; *KD* Kommutierungsdrosseln; *SiÜ* Sicherungsüberwachung; *SI* Sollwertintegrator; *NLV* nichtlinearer Verstärker; U_A Ankerspannung

3.6.1.2. Spannungen, Ströme, Leistung

Für das Verständnis der Wirkungsweise eines netzgelöschten Wechselrichters ist entscheidend, daß der Leser ein genaues Bild davon gewinnt, wie die Kommutierung des Gleichstroms von einem Strang zum nächsten, also z. B. vom Strang 3 zum Strang 1, vor sich geht. Dabei werden vorerst Reaktanzen im Kommutierungskreis nicht berücksichtigt.

Im Intervall $\vartheta_1 \leqq \vartheta \leqq \vartheta_2$ führt *V3* den Strom i_{v3}; *V1* und *V2* sind gesperrt, und die induzierte Spannung $u_{v3M} = u_d$ ist negativ. Während der Zeit, während der u_d größer als U_B ist, hält die Drossel *L* den

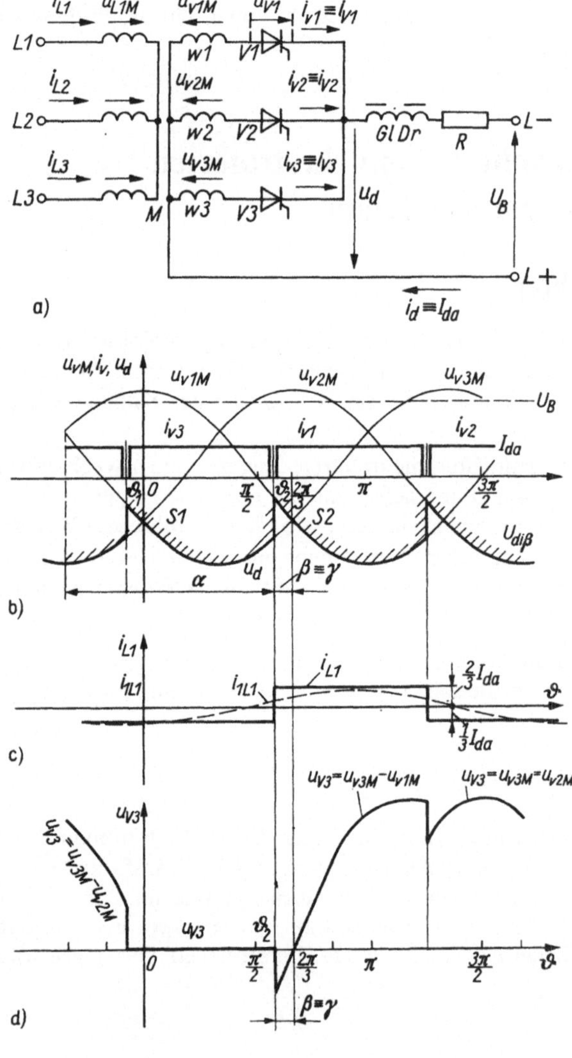

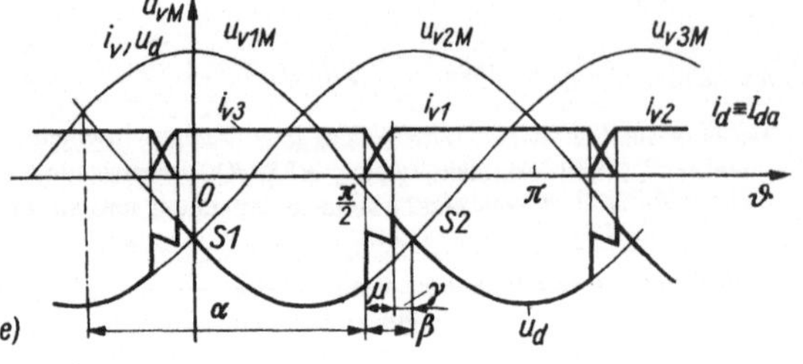

Bild 3.53. Netzgelöschter Wechselrichter in Stern-Stern-Mittelpunktschaltung

a) Schaltung
b) Verlauf der netz- und der ventilseitigen Strangspannungen u_{LM} bzw. u_{vM} und der ventilseitigen Ströme i_v; $U_{di\beta}$ Gegenspannung des Wechselrichters; U_B treibende Gleichspannung; β Zündverfrühungswinkel; γ Löschwinkel
c) Verlauf des Netzstroms i_{L1} und seiner Grundschwingung i_{1L1}
d) Verlauf der Spannung u_{V3} über dem Ventil *V3*
e) Verlauf der ventilseitigen Ströme i_v und der Gegenspannung u_d bei Berücksichtigung der ventilseitigen Reaktanzen; μ Überlappungswinkel

Strom aufrecht; Bedingung ist nur, daß der *Mittelwert* von u_d kleiner als U_B ist. Zur Zeit ϑ_2 wird in der Ventilwicklung *w1* eine weniger negative Spannung induziert als in *w3*. Deshalb ist das Potential der Anode von *V1* höher als das der Anode und damit auch das der Katode von *V3*. Wenn jetzt *V1* einen Zündpuls erhält, zündet es, übernimmt den Strom i_d, und *V3* sperrt. Die Kommutierung hat damit stattgefunden.

Offensichtlich ist der letzte Zeitpunkt, zu dem die Kommutierung beendet sein muß, durch den Schnittpunkt *S2* der Spannungskurven gegeben, wobei der Einfluß der Freiwerdezeit des Ventils *V3* vorerst nicht berücksichtigt wird. Man bezeichnet daher den Zeitwinkel $\beta = (\pi - \alpha)$ mit „Zündverfrühungswinkel" des Wechselrichters.

Die Gleichspannung u_d, die der Wechselrichter (Bild 3.53b) der Spannung U_B entgegensetzt, hat spiegelbildlich den gleichen Verlauf wie die Gleichspannung des im Bild 3.28a gezeigten Dreipulsgleichrichters und folglich den Mittelwert

$$U_{\mathrm{di}\beta} = U_{\mathrm{di0}} \cos \beta \,. \tag{3.350}$$

Wenn R alle Widerstände des Kreises zusammenfaßt, lautet die Spannungsgleichung für den Wechselrichter (Mittelwerte)

$$U_B = U_{\mathrm{di}\beta} + RI_{\mathrm{da}} \,. \tag{3.351}$$

Es fließt also ein mittlerer Strom

$$I_{\mathrm{da}} = (U_B - U_{\mathrm{di}\beta})/R \,. \tag{3.352}$$

In das Wechselstromnetz wird die Leistung P_{d0} übertragen:

$$P_{\mathrm{d0}} = U_{\mathrm{di}\beta} I_{\mathrm{da}} = U_{\mathrm{di0}} \cos \beta \, \frac{U_B - U_{\mathrm{di0}} \cos \beta}{R} \,. \tag{3.353}$$

Der Strom i_L, der in das Wechselstromnetz eingespeist wird, ist gleich der Wechselstromkomponente des ventilseitigen Stroms, geteilt durch das Übersetzungsverhältnis m_t des Transformators. Die Fourier-Analyse, z. B. des netzseitigen Stroms i_{L1} (Bild 3.53c) ergibt

$$i_{L1} = \frac{2}{\pi} \frac{I_{\mathrm{da}}}{m_t} \sum_{\nu = 1, 2, 4, 5, 7, \ldots}^{\infty} \frac{1}{\nu} \sin \frac{\nu\pi}{3} \cos \left[\nu(\pi - \beta - \vartheta)\right]. \tag{3.354}$$

Die Grundschwingung i_{1L1} hat also die Größe

$$i_{1L1} = - \frac{\sqrt{3}}{\pi} \frac{I_{\mathrm{da}}}{m_t} \cos (\vartheta + \beta) \tag{3.355}$$

und eilt hinter der ventil- und der netzseitigen Wechselspannung u_{v1M} bzw. u_{L1M} mit dem Winkel $(\pi - \beta)$ her (Bild 3.53c). Bild 3.54 gibt das Zeigerdiagramm für die Grundschwingung I_{1L}, deren Wirkkomponente I_{1Lw} eine Phasenverschiebung von π rad relativ zur Netzspannung U_{LM} hat und deshalb, wie schon erwähnt, Leistung in das Drehstromnetz einspeist. Bei Vernachlässigung aller Verluste ist diese Leistung

$$P_L = P_d = 3U_{LM} I_{1L} = \frac{3 \cdot \sqrt{3}}{\sqrt{2}\, \pi m_t} U_{LM} I_{\mathrm{da}} \cos \beta \,. \tag{3.356}$$

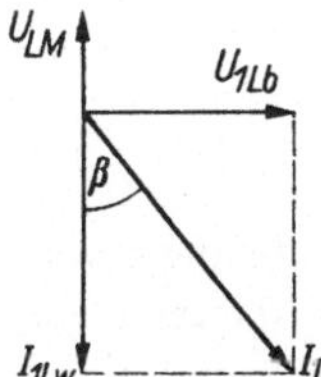

Bild 3.54. Zeigerdiagramm der Grundschwingung I_{1L} des Netzstroms und der Netzspannung U_{LM}; I_{1Lw}, I_{1Lb} Wirk- bzw. Blindkomponente der Grundschwingung des Netzstroms

Dagegen eilt die Komponente $I_{1\mathrm{Lb}}$ um $\pi/2$ Radianten der Netzspannung nach, stellt also eine induktive Belastung Q_L des Drehstromnetzes dar, analog der Steuerblindleistung beim Gleichrichter (vgl. Abschnitt 3.3.3.3):

$$Q_\mathrm{L} = \frac{3 \cdot \sqrt{3}}{\sqrt{2}\,\pi m_\mathrm{t}} U_{\mathrm{LM}} I_{\mathrm{da}} \sin \beta \,. \tag{3.357}$$

Der Verschiebungsfaktor $\cos \varphi_1$ der Grundschwingung beträgt also

$$\cos \varphi_1 = \cos \beta \,. \tag{3.358}$$

Hieraus folgt, daß der Zündverfrühungswinkel β möglichst klein sein soll, doch darf keine Gefahr bestehen, daß der Wechselrichter durchzündet. Hierauf wird noch eingegangen werden.

Reaktanzen im Kommutierungskreis, wie die Streureaktanz des Stromrichtertransformators oder Drosseln, die zur Begrenzung des Kurzschlußstroms den Ventilen vorgeschaltet sind, verzögern den Ablauf der Kommutierung. Dies ist schon im Abschnitt 3.4.4 und Bild 3.29 am Beispiel eines Dreipulsgleichrichters gezeigt worden. Dasselbe trifft auch auf einen netzgelöschten Wechselrichter zu (Bild 3.53e). Der Zündverfrühungswinkel β muß entsprechend vergrößert werden.

3.6.1.3. Zündverfrühungswinkel

Im vorhergehenden Abschnitt ist darauf hingewiesen worden, daß die Zündverfrühung des Wechselrichters möglichst klein sein soll, damit das Wechselstromnetz möglichst wenig Blindstrom zu liefern braucht. Andererseits aber verlangt die Betriebssicherheit des Wechselrichters, daß ein bestimmter kleinster Wert $\beta_{\min}$ der Zündverfrühung nicht unterschritten wird.

Ohne Berücksichtigung der Reaktanzen im Kommutierungskreis gibt der Thyristor *V3* bei ϑ_2 den Strom ab (Bild 3.53b). Von $\vartheta = 2\pi/3$ an hat die Anode von *V3* wieder ein höheres Potential als die Katode. Die Spannung über dem Thyristor ist also nur während des Löschwinkels $\gamma = \beta = \omega t_\mathrm{H}$ (t_H Freihalte- oder Schonzeit, vgl. Abschn. 2.3.3.2) negativ. Der Zündverfrühungswinkel $\beta_{\min}$ muß deshalb zumindest so groß sein, wie der Winkel ωt_q, der der Freiwerdezeit t_q der Thyristoren entspricht, also $\beta_{\min} = \omega t_\mathrm{q}$.

Bei Berücksichtigung der Reaktanzen fließt während des Überlappungswinkels μ noch Strom (Bild 3.53e). Der Löschwinkel γ ist dementsprechend kleiner als der Zündverfrühungswinkel β. Es muß folglich gelten

$$\beta_{\min} = \omega t_\mathrm{q} + \mu \,. \tag{3.359}$$

Wenn der Zündverfrühungswinkel geringer ist, übernimmt *V3* von $\vartheta = 2\pi/3$ an wieder den Strom; der Wechselrichter hat durchgezündet („gekippt"). Dies führt dazu, daß u_{v3M} zusammen mit U_B von $\vartheta = 2\pi/3$ an einen sehr großen Kurzschlußstrom hervorrufen. Um dies unter allen Umständen zu verhindern, kann der Zündverfrühungswinkel auf kaum weniger als etwa 25° (bei 50 Hz) verringert werden.

Der Vergleich zwischen den Bildern 3.29a und 3.53a zeigt, daß sich ein netzgeführter Wechselrichter nur in der Betriebsweise von einem Gleichrichter unterscheidet, daß er nämlich mit Zündverfrühung an Stelle von Zündverzögerung arbeitet.

Der Übergang vom Gleichrichter- zum Wechselrichterbetrieb ist kontinuierlich, und es ergibt sich insgesamt die im Bild 3.55 gezeigte Steuerkennlinie.

Die Erläuterung des Wechselrichterbetriebs, die hier am Beispiel eines Dreipulsstromrichters erfolgte, gilt grundsätzlich auch für jede andere vollgesteuerte Schaltung ohne Freilaufzweig bei nichtlückendem Strom. Auch die Steuerkennlinie, Bild 3.55, gilt für alle diese Schaltungen.

Zusammenfassung

Beim netzgelöschten Wechselrichter wird die Kommutierungsspannung durch ein unabhängig vom Wechselrichter arbeitendes Wechselstromnetz, beim selbstgelöschten Wechselrichter dagegen von einem Kommutierungskondensator zur Verfügung gestellt.

Der Zündverfrühungswinkel des netzgelöschten Wechselrichters soll so klein wie möglich sein.

Die Anwendung netzgelöschter Wechselrichter für magnetohydrodynamische Generatoren, untersynchrone Stromrichterkaskaden usw. wird in den Abschnitten 3.6.4.2 bis 3.6.4.5 beschrieben.

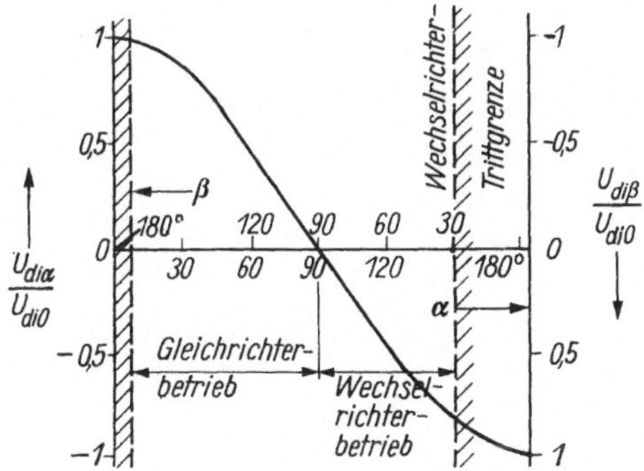

Bild 3.55. Steuerkennlinie $U_{di\alpha}/U_{di0} = f(\alpha)$ bzw. $U_{di\beta}/U_{di0} = f(\beta)$ für einen voll vom Gleichrichter- zum Wechselrichterbetrieb durchgesteuerten Stromrichter bei nichtlückendem Strom; $\beta = 180° - \alpha$

Einengung der Steuerkennlinie s. Abschn. 5.2.5.3

3.6.2. Umkehrstromrichter, Umkehrantriebe

Diese Stromrichter ermöglichen eine Umkehr des Gleichstroms, z. B. im Feld- oder im Ankerkreis eines Gleichstrommotors zur Umkehr des Drehmoments.

Für geringe Leistungen, wie z. B. für Reversierantriebe für Konsumgüter, genügt die im Bild 3.56 gezeigte Einpuls-Umkehrschaltung. Die Ventile werden so angesteuert, daß entweder nur alle positiven oder nur alle negativen Stromwellen durchgelassen werden.

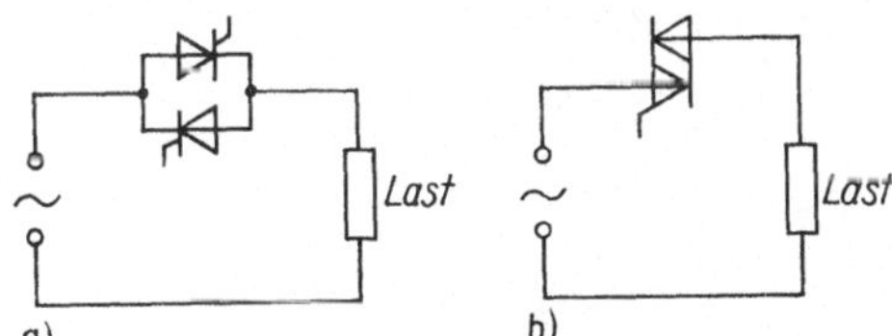

Bild 3.56. Einpuls-Umkehrstromrichter

a) mit zwei Thyristoren in Gegenparallelschaltung
b) mit einem Triac

Bei kleineren Leistungen und nicht allzu häufigen Schaltspielen kann ein Polwendeschalter, der z. B. einer Zweipulsbrücke nachgeschaltet ist, eine günstige Lösung darstellen (Bild 3.57a). Bei einer induktiven Last *R*, *L*, wie dem Feld eines Motors, erfolgt die Stromumkehr gemäß Bild 3.57b. Während des zweiten Intervalls wird der Strom I_d durch die in der Drossel *L* gespeicherte magnetische Energie aufrechterhalten und fließt *gegen* die Gleichspannung des auf Wechselrichterbetrieb umgesteuerten Stromrichters. Ist I_d abgeklungen, können die Schalter *S1* und *S4* ohne Kontaktabbrand geöffnet und die Schalter *S2* und *S3* nach einer stromlosen Pause von etwa 100 ms geschlossen werden.

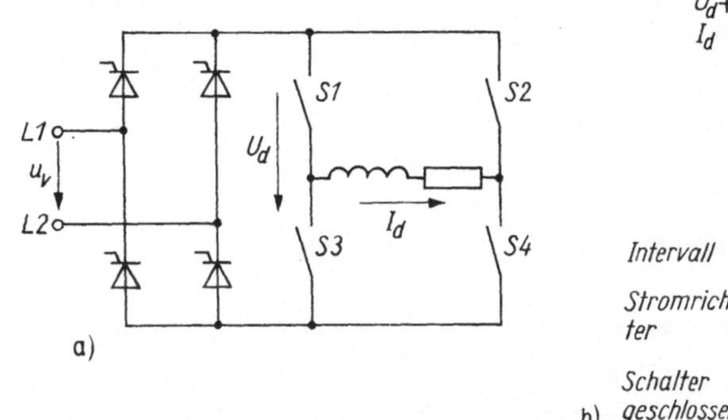

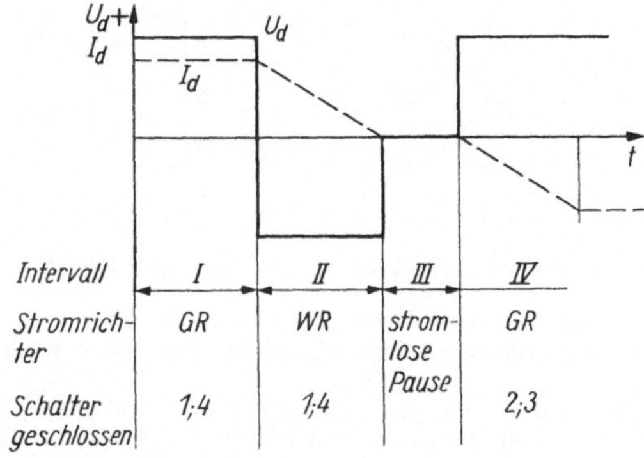

Bild 3.57. Stromumkehr mit Polwendeschalter S1 bis S4

a) Schaltung; b) Verlauf der Gleichspannung U_d und des Gleichstroms I_d während der Stromumkehr

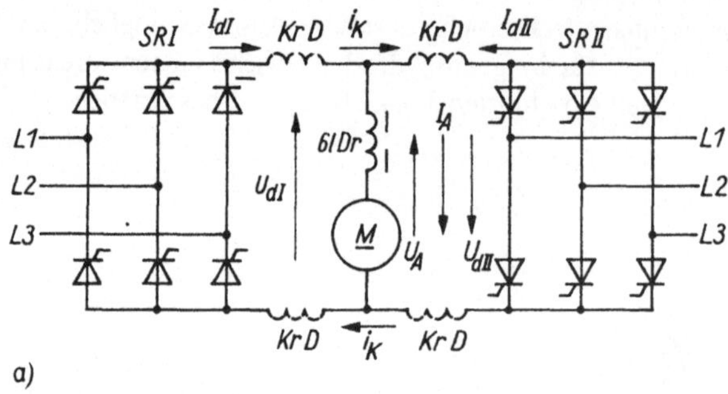

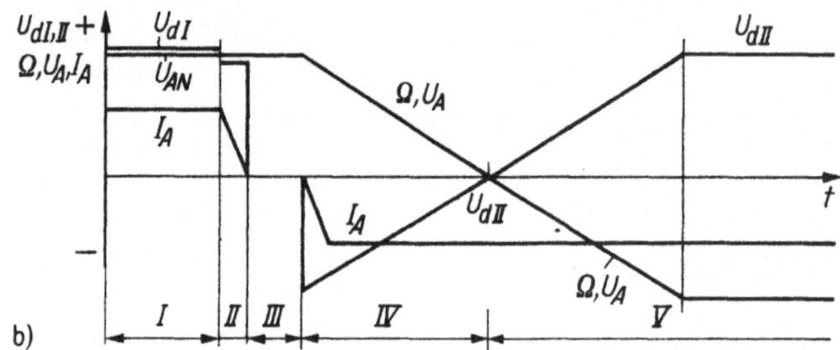

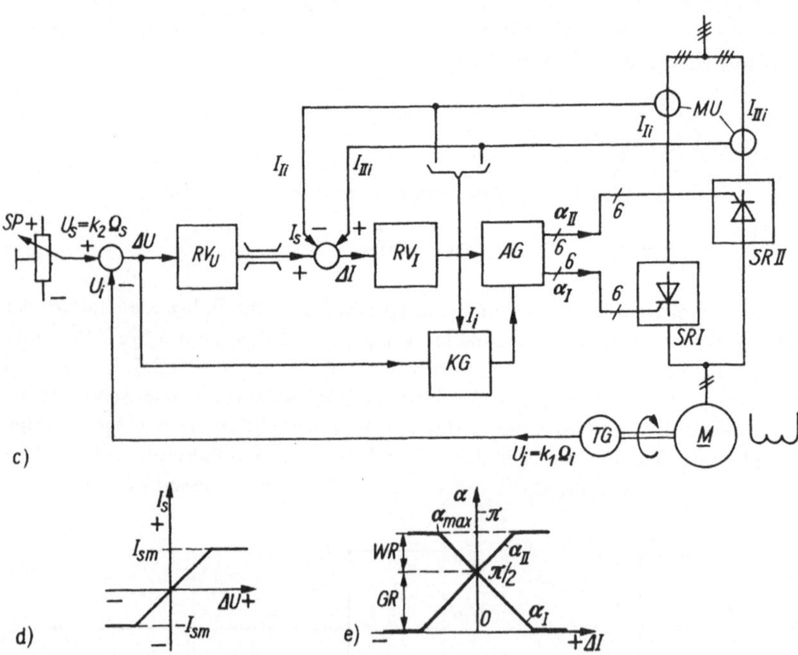

Bild 3.58. Umkehrstromrichter mit zwei antiparallelen Sechspulsbrücken SRI und SRII

a) Schaltung des Leistungskreises; *KrD* Kreisstromdrosseln

b) Verlauf der Gleichspannungen $U_{\mathrm{dI,II}}$ und der Drehzahl Ω, der Spannung U_{A} sowie des Stroms I_{A} des Motors beim Reversieren

c) Blockschaltbild der Regeleinrichtung (Prinzipschaltbild); *SP* Sollwertpotentiometer; RV_{U}, RV_{I} Regelverstärker für Spannung bzw. Strom; *AG* Ansteuergerät; *KG* Kommandogerät; *TG* Tachogenerator; *MU* Meßumformer; U_{s}, U_{i}, I_{s}, I_{i} Soll- und Istwerte von Spannung und Strom

d) Kennlinie des Regelverstärkers RV_{U}

e) Zündverzögerungswinkel α_{I} und α_{II} in Abhängigkeit von ΔI

Bei höheren Anforderungen werden Umkehrstromrichter mit *zwei* Stromrichtern eingesetzt. Bild 3.58a gibt als Beispiel hierfür eine Gegenparallelschaltung zweier Sechspulsbrücken zur Umkehr des Stroms im Anker eines Gleichstrommotors.

Bei der Mehrzahl der Anlagen, vor allem bei größeren Leistungen, wird *kreisstromfrei* reversiert, wobei entweder der Stromrichter *SRI* oder *SRII* zugeschaltet ist. Die Kreisstromdrosseln *KrD* werden dabei nicht benötigt. Im einzelnen verläuft der Reversiervorgang entsprechend Bild 3.58b und Tafel 3.2.

Tafel 3.2. Verlauf der kreisstromfreien Umkehr des Ankerstroms I_A und der Drehrichtung Ω eines Gleichstrom-Nebenschlußmotors

Intervall	I Treiben Rechtslauf	II Strom abschalten	III stromlose Pause	IV Abbremsen	V Beschleunigen und Treiben Linkslauf
Ω, U_A	+	+	+	$+ \to 0$	$0 \to -$
I_A	+	$+ \to 0$	0	$0 \to -$	−
SRI	GR	GR	0	0	0
U_{dI}	$U_{dI} > U_A$	$U_{dI} < U_A$	0	0	0
SRII	0	0	0	WR	GR
U_{dII}	0	0	0	$-U_{dII} < U_A$	$U_{dII} > -U_A$

GR Gleichrichter; WR Wechselrichter

Die stromlose Pause (Intervall III, etwa 100 ms) gewährleistet, daß *SRI* zuverlässig sperrt, bevor *SRII* zugeschaltet wird. Während dieser Zeitspanne ist der Anker ohne Führung, was z. B. bei Stellmotoren oder Motoren für Aufzüge ungünstig sein kann. In diesen Fällen läßt man einen *Kreisstrom* zu. Beide Stromrichter sind immer zugeschaltet, und zwar der eine als Gleichrichter (Zündverzögerungswinkel α) und der andere als Wechselrichter (Zündverfrühungswinkel β). Vom Steuergerät wird immer

$$\alpha + \beta = \pi \tag{3.360}$$

vorgegeben. Dann kann der Strom kontinuierlich, ohne Pause umgesteuert werden. Gleichung (3.360) gewährleistet, daß die Gleichspannungen der beiden oberen Ventilgruppen (je ein Dreipulsstromrichter) im *Mittel* gleich und einander entgegengesetzt sind, so daß kein Gleichstrom von *SRI* nach *SRII* fließt. Die *Momentanwerte* dieser beiden Gleichspannungen weichen jedoch voneinander ab. Ihre Differenz ist eine Wechselspannung dreifacher Netzfrequenz, die einen Kreisstrom i_K hervorruft, der vom Netz durch die oberen Ventilgruppen von *SRI* und *SRII* und zurück zum Netz fließt. Entsprechend führen auch die unteren Ventilgruppen einen Kreisstrom. Diese Kreisströme verursachen zusätzliche Verluste in den Ventilen, im Netz und ggf. im Stromrichtertransformator. Die Kreisströme werden deshalb durch die Kreisstromdrosseln *KrD* begrenzt.

Eine Regeleinrichtung für den kreisstromfreien Betrieb des im Bild 3.58a gezeigten Umkehrstromrichters zeigt Bild 3.58c. Die Regelung der Drehzahl mit unterlagerter Stromregelung erfolgt grundsätzlich wie bei dem Gleichrichter für Einquadrantenbetrieb nach Bild 3.52a, doch mit folgenden zusätzlichen Einrichtungen: Das Sollwertpotentiometer *SP* muß für Linkslauf eine negative Spannung abgeben können, und die Ströme I_{Ii} und I_{IIi} der beiden Stromrichter *SRI* und *SRII* müssen einzeln erfaßt werden. Wenn die der Drehzahlabweichung proportionale Spannung ΔU positiv ist, gibt das Kommandogerät *KG* die Ansteuerimpulse α_I und damit den Stromrichter *SRI* frei und sperrt *SRII*; bei negativem ΔU wird *SRI* gesperrt, und *SRII* ist in Betrieb gesetzt. Die Umschaltung findet jedoch erst dann statt, wenn der Strom I_{Ii} bzw. I_{IIi} auf Null abgeklungen ist.

3.6.3. Netzgelöschte Wechselstromumrichter

Wechselstromumrichter wandeln Wechselstrom einer gegebenen Spannung, Frequenz und Phasenzahl in Wechselstrom einer anderen Frequenz und/oder Phasenzahl um. Man kann die netzgelöschten Wechselstromumrichter unterteilen in:

- Zwischenkreisumrichter, die Energie über einen Gleichrichter einem Primärnetz (Wechsel- oder Drehstromnetz) entnehmen und über einen Zwischenkreis und einen netzgelöschten Wechselrichter ein Sekundärnetz oder eine Last speisen;
- Direktumrichter (Steuerumrichter), bei denen die soeben erwähnte Umwandlung *ohne* Zwischenkreis erfolgt.

Zwischenkreisumrichter mit einem selbstgelöschten Wechselrichter s. Abschnitt 4.2 (z. B. Bild 4.40).

3.6.3.1. Zwischenkreisumrichter

Der im Bild 3.59 gezeigte Umrichter besteht aus dem steuerbaren Gleichrichter *GR* am Primärnetz *PN*, der über einen Zwischenkreis *ZK* und einen netzgeführten Wechselrichter *WR* ein Sekundärnetz *SN* speist, welches die für den Wechselrichter benötigte Kommutierungsspannung liefert.

Wenn im Zwischenkreis der *Strom* mit Hilfe einer Drossel konstant gehalten wird, handelt es sich um einen Gleich*strom*zwischenkreis; wird die Zwischenkreis*spannung* mit Hilfe eines Kondensators konstant gehalten, dann liegt ein Gleich*spannungs*zwischenkreis vor.

Als Beispiele für den Einsatz von sekundärnetzgelöschten Zwischenkreisumrichtern werden in den Abschnitten 3.6.4.2 bis 3.6.4.5 frequenzgesteuerte Synchronmaschinen, untersynchrone Stromrichterkaskaden, asynchrone Netzkupplungen und Hochspannungs-Gleichstrom-Übertragungen geschildert.

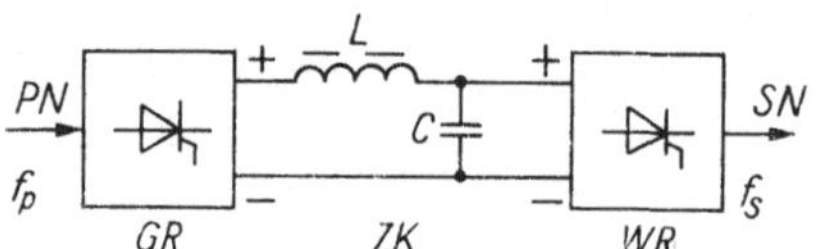

Bild 3.59. Zwischenkreis-Umrichter

PN Primärnetz; *GR* Gleichrichter; *ZK* Zwischenkreis; *WR* netzgelöschter Wechselrichter; *SN* Sekundärnetz

3.6.3.2. Direktumrichter [3.9]

Direktumrichter haben die gleiche Schaltung wie die Umkehrstromrichter (Abschn. 3.6.2). Auch bei ihnen wird die Kommutierungsspannung vom speisenden Netz zur Verfügung gestellt. Sie werden aber mit einer Signalfolge angesteuert, die die Bildung positiver und negativer Halbwellen der gewünschten Frequenz des Sekundärnetzes gewährleistet. Ihre Wirkungsweise sei an Hand des Dreipuls-Direktumrichters, Bild 3.60a, erläutert:

Während des Intervalls $0 \leqq \vartheta \leqq \vartheta_1$ wird der Ventilsatz *SRI ohne Zündverzögerung* angesteuert, so daß Ausschnitte aus den Spannungen u_{p1M}, u_{p2M} und u_{p3M} an der Last liegen und zusammen die positive Halbwelle der Spannung u_{s} des Sekundärnetzes bilden. Anschließend wird die negative Halbwelle von u_{s} vom Ventilsatz *SRII* erzeugt. Um z. B. die im Bild 3.60b dargestellte Ausgangsspannung u_{s} mit $f_{\mathrm{s}} = 16^2/_3$ Hz (bei einer Netzfrequenz $f_{\mathrm{p}} = 50$ Hz) zu erzeugen, muß *SRI* während $0 \leqq \vartheta \leqq \vartheta_1$, d. h. für 30 ms, und anschließend *SRII* während $\vartheta_1 \leqq \vartheta \leqq \vartheta_2$, also für weitere 30 ms Strom führen. Es können beliebig niedrige Frequenzen, freilich nur in diskreten Stufen erzeugt werden; nach oben ist die Ausgangsfrequenz auf etwa $16^2/_3$ bis maximal 25 Hz begrenzt.

Wegen der Form der Ausgangsspannung wird dieser Umrichter mit „Trapezumrichter" bezeichnet.

Beim „Steuerumrichter" dagegen werden die einzelnen Ventile des im Bild 3.60a gezeigten Umrichters *verzögert* angesteuert, um die Ausgangsspannung besser an die Sinusform anzupassen, doch wird dadurch der Blindstrombedarf des Gerätes vergrößert. Die Anpassung wird noch günstiger, wenn antiparallel geschaltete Sechspulsstromrichter eingesetzt werden (s. Bild 3.66 unten, S. 212).

Beanspruchung der Ventile

Jeder der beiden Dreipulsstromrichter *SRI* und *SRII* gibt bei Vollaussteuerung die Gleichspannung U_{di0} ab (vgl. Tafel 3.1, Schaltung Nr. 4):

$$U_{\mathrm{di0}} = 0{,}675 U_{\mathrm{p}} \,. \tag{3.361}$$

Wenn die Sekundärspannung u_{s} (Effektivwert U_{s}) durch eine Sinuskurve angenähert wird, dann gilt für deren Scheitelwert

$$\sqrt{2}\, U_{\mathrm{s}} = U_{\mathrm{di0}}$$

oder

$$U_s = U_{di0}/\sqrt{2} = 0{,}477 U_p \,. \tag{3.362}$$

Der Scheitelwert der Sperrspannung beträgt

$$U_{Rm} = \sqrt{2}\, U_p = 2{,}96 U_s \,. \tag{3.363}$$

Der Strom i_s (Effektivwert I_s) im Sekundärnetz hat den Scheitelwert

$$I_{sm} = \sqrt{2} I_s \,. \tag{3.364}$$

Wenn jeder der beiden Stromrichter diesen Strom bei sehr niedrigen Frequenzen längere Zeit führen soll, dann muß jedes der drei Ventile der Dreipulsstromrichter für einen mittleren Strom

$$I_{Va} = I_{sm}/3 \tag{3.365}$$

ausgelegt werden.

Falls *Drehstrom* niedriger Frequenz mit einem Direktumrichter erzeugt werden soll, müssen drei Direktumrichter der im Bild 3.60a gezeigten Art eingesetzt werden, so daß bei einer Dreipulsschaltung 18 und bei einer Sechspulsschaltung 36 Ventile gebraucht werden (s. Bild 3.66 unten, S. 212).

Wenn der Stromrichtertransformator auf der Ventilseite drei voneinander isolierte Wicklungen je Strang hat, können die Umrichter und die Last wie üblich in Stern oder Dreieck geschaltet werden. Bei einem Transformator aber mit nur einer Wicklung je Strang auf der Ventilseite, die alle drei Umrichter speist, dürfen diese Umrichter und die drei Stränge der Last nicht miteinander verkettet sein, sondern müssen ein *offenes* Dreiphasensystem bilden.

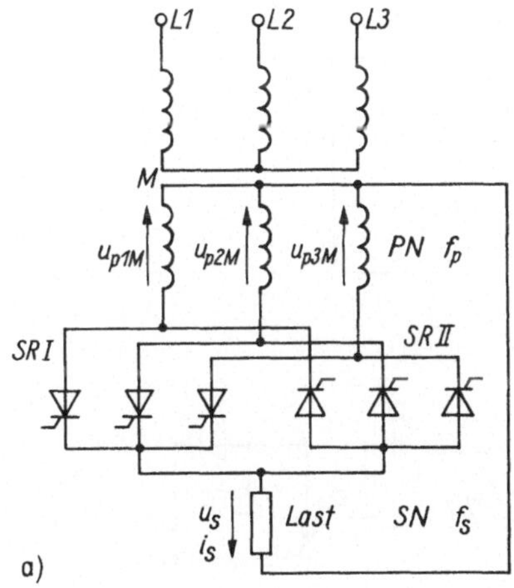

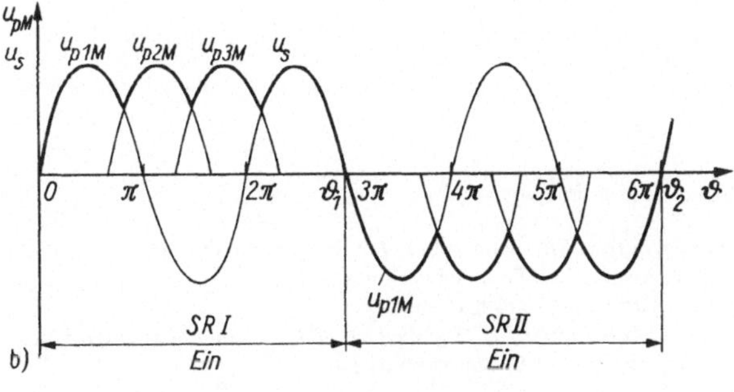

Bild 3.60. Dreipuls-Direktumrichter

a) Schaltung; b) Verlauf der Spannungen u_{p1M} usw. des Primärnetzes (Frequenz f_p) und der Spannung u_s des Sekundärnetzes (Frequenz f_s)

3.6.4. Anwendungsgebiete

Im folgenden werden Anwendungen von Wechselrichtern, von Zwischenkreis- und von Direktumrichtern angegeben.

3.6.4.1. Stromversorgungsanlage für einen Sender

Die Anlage dient zur Versorgung des Anodenkreises einer Senderöhre mit Mittelspannung. Für den Schutz der Senderöhre bei einer Havarie hat die Umsteuerung des Stromrichters in den Wechselrichterbetrieb große Bedeutung.

Die Anlage besteht aus dem Hochspannungstransformator *HTr*, dem Ventilblock *V*, dem Filterkreis $L_g CI$ und dem Ignitron *Ig*; sie speist die Senderöhre *SRö* (Bild 3.61). Die im Anodenkreis wirk-

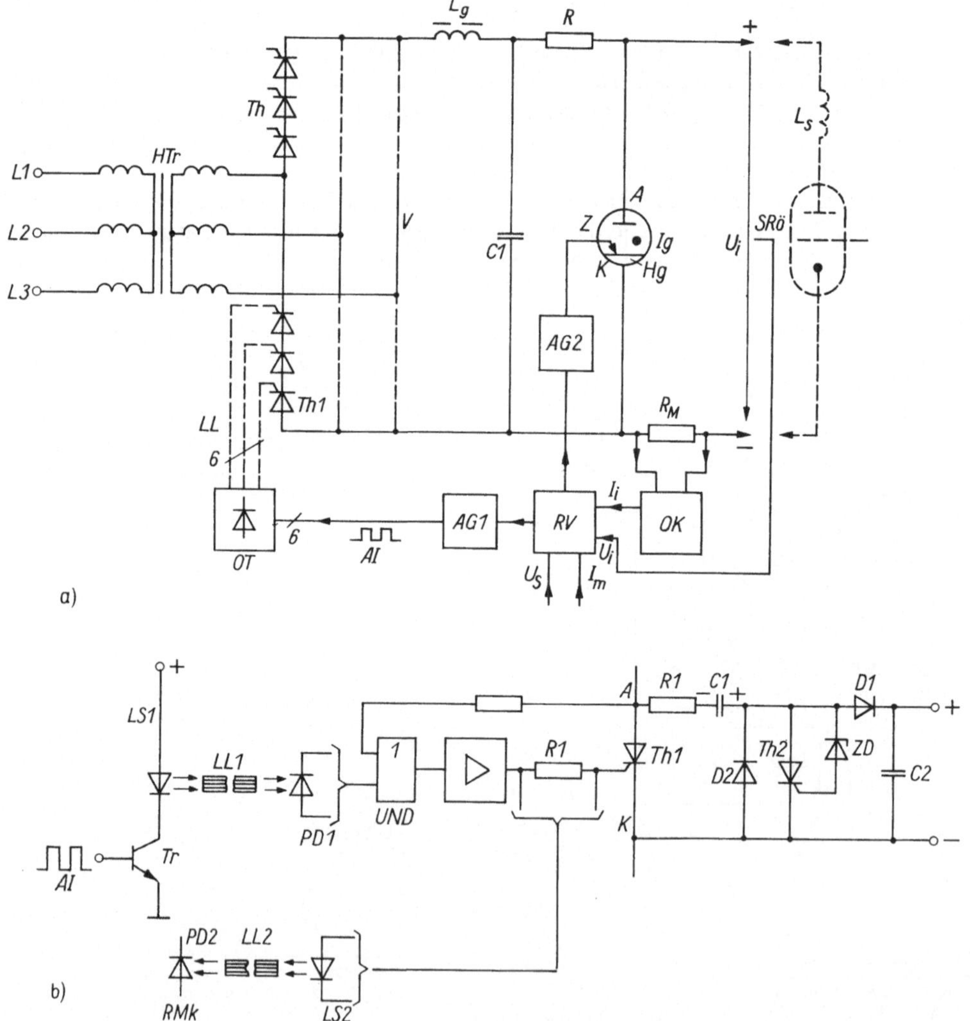

Bild 3.61. Mittelspannungsgleichrichter für die Stromversorgung von Sendern

a) Schaltbild der Anlage; *V* Ventilblock; $L_g C_1$ Filterkreis; *Ig* Ignitron; *SRö* Senderöhre; *RV* Regelverstärker; *AG1,2* Ansteuergeräte; *OK* Optokoppler; *AI* Ansteuerimpulse; *OT* optoelektronischer Trennverstärker; *LL* Lichtleiter; U_s, U_i Soll- bzw. Istwert der Gleichspannung; I_m, I_i maximal zulässiger bzw. Istwert des Gleichstroms

b) optoelektronischer Trennverstärker; *Tr* Transistor; *LS1,2* Lichtsender; *LL1,2* Lichtleiter; *PD1,2* Fotodioden; *RMK* Rückmeldekreis; *R1, C1* Trägerstaueffekt-Beschaltung; *ZD* Zenerdiode; *C2* Speicherkondensator

samen Induktivitäten sind in L_s zusammengefaßt. Es werden in jedem Strang so viele Thyristoren in Reihe geschaltet, daß der Betrieb auch dann noch fortgesetzt werden kann, wenn ein Thyristor durchbricht.

Bei Senderöhren treten gelegentlich Überschläge zwischen Anode und Katode auf. Wenn der Kurzschlußstrom, der dann einsetzt, hinreichend schnell unterbrochen wird, wird die Röhre nicht geschädigt, und der Betrieb kann unmittelbar darauf wieder aufgenommen werden. Bei einem von der Spannung über dem Meßwiderstand R_M signalisierten, unzulässig hohen Anstieg des Anodenstroms wird der Stromrichter deshalb auf Wechselrichterbetrieb umgesteuert, und die in der Induktivität L_s gespeicherte Energie hält den Strom nur noch eine kurze Zeit aufrecht, bis die Energie in das Drehstromnetz zurückgespeist ist. Dann setzt der Anodenstrom aus.

Das Ignitron *Ig* verhindert, daß sich der Kondensator *C* bei einem Durchbruch über die Senderöhre entlädt. — Ein Ignitron besteht aus einem evakuierten Eisengefäß mit einer Graphitanode *A* und einer Quecksilberkatode *K*. Wenn über den Zündstift *Z* aus Borkarbid ein Strom zur Katode fließt, entsteht dort ein Brennfleck. Es bildet sich ein Lichtbogen zwischen Anode und Katode, über den die Ladung des Kondensators sehr schnell abfließt. Ignitrons können innerhalb von Mikrosekunden sehr hohe Ströme übernehmen. Sie können z. B. mit einem Stoßstromscheitelwert von 100 kA, einer Stromanstiegsgeschwindigkeit von 1 kA/µs und einer Blockier- und Sperrspannung von 25 kV beansprucht werden.

Der Regelverstärker *RV* wird vom Sollwert U_s und vom Istwert U_i der Gleichspannung sowie auch vom maximal zulässigen Wert I_m und vom Istwert I_i des Gleichstroms beaufschlagt. I_i wird über den Meßwiderstand R_M gemessen und vom Optokoppler *OK* potentialfrei übertragen. Der Regelverstärker gibt Signale an die Ansteuergeräte *AG1* für die Thyristoren und *AG2* für das Ignitron ab.

Da die Thyristoren *Th* auf unterschiedlichen, hohen Potentialen liegen, werden sie über optoelektronische Trennverstärker angesteuert (Bild 3.61b). Die Ansteuerimpulse *AI* beaufschlagen über den Transistor *Tr*, den Lichtsender *LS1* (Galliumarsenid-Leuchtdiode oder Laserdiode, vgl. Abschn. 2.3.7), den Lichtleiter *LL1* und die Fotodiode *PD1* den Thyristor *Th1*, der hier als Beispiel für die Vielzahl der Thyristoren im Ventilblock *V* dient. Das UND-Glied verhindert, daß die Steuerelektrode des Thyristors bei negativer Anoden-Katoden-Spannung positiven Strom führt. Bei ordnungsgemäßer Arbeit des Thyristors wird der Spannungsabfall, der durch die Ansteuerimpulse über *R1* erzeugt wird, über den Lichtsender *LS2*, den Lichtleiter *LL2* und die Fotodiode *PD2* dem Rückmeldekreis *RMK* mitgeteilt.

Zur Versorgung der auf Hochspannung liegenden Teile des Ansteuergerätes dient die Blockierspannung über dem Thyristor, so daß man keinen teuren Hochspannungstransformator braucht. Der Speicherkondensator *C2* wird von der Blockierspannung über die Trägerstaueffekt-Beschaltung *R1C1* (vgl. Abschn. 2.2.3.3) und die Diode *D1* geladen. Beim Überschreiten der höchsten zulässigen Spannung über *C2* zündet die Zenerdiode *ZD* und damit auch der Thyristor *Th2*. Die Diode *D2* läßt negative Überspannungspulse auf *C1R1* gelangen. — Falls die Blockierfähigkeit von *Th1* versagt, setzt die geschilderte Stromversorgung aus, und der Rückmeldekreis gibt kein Signal mehr ab [3.18].

3.6.4.2. Wechselrichter für magnetohydrodynamische Generatoren [3.19]

Die MHD-Generatoren werden in Zukunft große Bedeutung haben, da sie den Wirkungsgrad von Kohle- oder Gaskraftwerken um etwa 10% erhöhen können.

Bei diesen Anlagen strömt ein Strahl ionisierten, bis auf 2000 °C erhitzten Gases oder eine entsprechende Flamme durch einen Kanal, der von einem supraleitenden Magneten umgeben ist (Bild 3.62a). Durch das magnetische Feld werden die Ladungsträger zu den Elektroden *E* an den Seitenwänden des Kanals beschleunigt. Zwischen den in Reihe geschalteten Elektroden bildet sich eine hohe Gleichspannung. Der Gleichstrom, den die Anlage liefert, wird über einen netzgelöschten Wechselrichter in das Drehstromnetz geleitet (Bild 3.62b). Die Blindleistung und die Oberschwingungsströme, die der Wechselrichter beansprucht (vgl. (3.357) und (3.354)), müssen mit Hilfe von Kondensatoren und Filtern zur Verfügung gestellt werden (vgl. Abschn. 6.1.4). — Nachdem die heißen Gase den Kanal durchströmt haben, erhitzen sie einen konventionellen Dampferzeuger.

Die folgenden Angaben sollen die Größenordnungen der Kennziffern eines Kraftwerkes mit einem MHD-Generator andeuten:

Leistungen: MHD-Generator 270 MW; rotierender Generator 310 MW; Verluste (Kälteanlagen für supraleitende Magneten, Pumpen, Erregung, I^2R usw.) 80 MW. Abgegebene Leistung des Kraftwerksblocks: (270 + 310 − 80) MW = 500 MW.

MHD-Generator: Gleichspannung 20 kV, Gleichstrom 270 MW/20 kV = 13,5 kA.

Thyristoren: periodisch zulässige Sperrspannung 2600 V; Dauergrenzstrom 300 A.

Wechselrichter: 12-Puls-Brückenschaltung (vgl. Bild 3.42a), 16 Brücken parallel, d. h. je Brücke 13,5 kA/16 = 840 A.

Jede Brücke besteht aus 6 Moduln; jeder Modul hat 8 Thyristoren in Reihe, d. h. 1,05 · 20 kV/8 = 2600 V periodische Sperrspannung (vgl. (3.284)) und 840 A/3 = 280 A mittlerer Gleichstrom je Ventil.

Ein Kraftwerksblock mit etwa diesen Kennziffern ist z. Z. in der UdSSR im Bau.

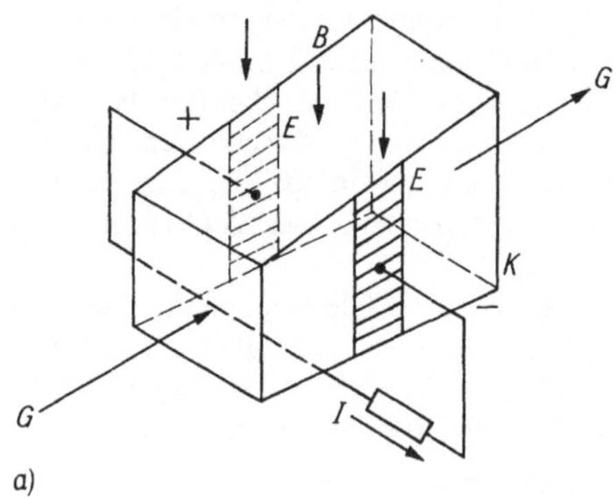

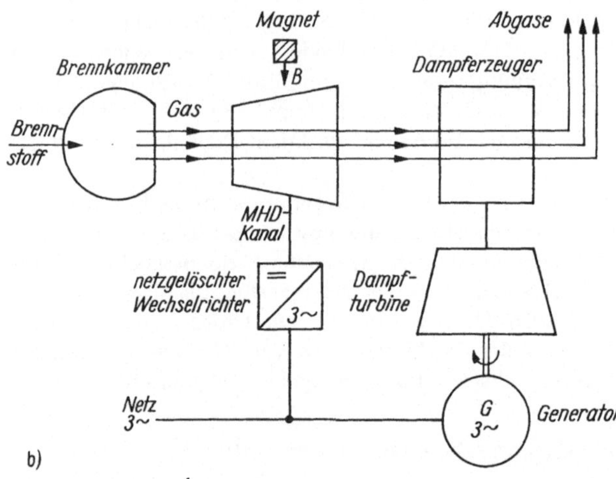

Bild 3.62. MHD-Anlage

a) MHD-Generator; *K* Kanal; *E* Elektroden; *G* ionisiertes Gas; *B* magnetische Flußdichte; *I* elektrischer Strom
b) Kraftwerk mit MHD-Generator

3.6.4.3. Untersynchrone Stromrichterkaskade [3.20]

Bekanntlich kann die Drehzahl eines Asynchronmotors mit Schleifringläufer über Widerstände im Läuferkreis gesteuert werden. Die hohen Verluste, die dabei im Läuferkreis auftreten, können vermieden werden, wenn die Schlupfleistung über einen Umrichter in das Drehstromnetz zurückgeführt wird.

Bei der im Bild 3.63 gezeigten Schaltung wird der Läuferstrom, der die Frequenz sf_1 hat (s Schlupf, f_1 Netzfrequenz), über den ungesteuerten Gleichrichter *GR* und den Gleichstromzwischenkreis dem netzgelöschten Wechselrichter *WR* zugeführt, der den Strom in das Drehstromnetz zurückspeist.

Die im Läufer induzierte Spannung sU_{20} (U_{20} im Läufer induzierte Leiterspannung bei Stillstand) wird von dem Gleichrichter in Sechspuls-Brückenschaltung in die Gleichspannung (vgl. (3.270))

$$U_{d2} = 2{,}34 s U_{20}/\sqrt{3} = 1{,}35 s U_{20} \tag{3.366}$$

umgeformt.

Der Wechselrichter erzeugt beim Zündverfrühungswinkel β die Gegenspannung U_d (vgl. (3.350))

$$U_d = U_{di0} \cos \beta \,, \tag{3.367}$$

U_{di0} ideelle Gleichspannung des Stromrichters *WR*.

Wenn R_d der Ersatzwiderstand des Gleichstromkreises ist, gilt:

$$1{,}35 s U_{20} = U_{di0} \cos \beta + R_d I_d \tag{3.368}$$

oder

$$s = \frac{U_{di0} \cos \beta + R_d I_d}{1{,}35 U_{20}} \,. \tag{3.369}$$

Der Schlupf kann also über den Zündverfrühungswinkel β des Wechselrichters gesteuert werden, hängt aber auch über I_d vom Lastmoment ab.

Die Nennleistung P_{dN} des Umrichters ist durch die maximale Gleichspannung $U_{ds\,max}$

$$U_{ds\,max} = 1{,}35 s_{max} U_{20} \tag{3.370}$$

sowie durch das Nenndrehmoment des Motors und damit auch durch den Nenngleichstrom I_{dN} im Zwischenkreis gegeben:

$$P_{dN} = 1{,}35 s_{max} U_{20} I_{dN} \,. \tag{3.371}$$

Der Aufwand für den Umrichter ist also dann niedrig, wenn nur eine geringe Absenkung der Drehzahl gefordert wird. Dies gilt z. B. für Lüfter, da deren Leistung sehr steil mit der Drehzahl abfällt.

Das Netz muß die induktive Blindleistung für den Wechselrichter liefern.

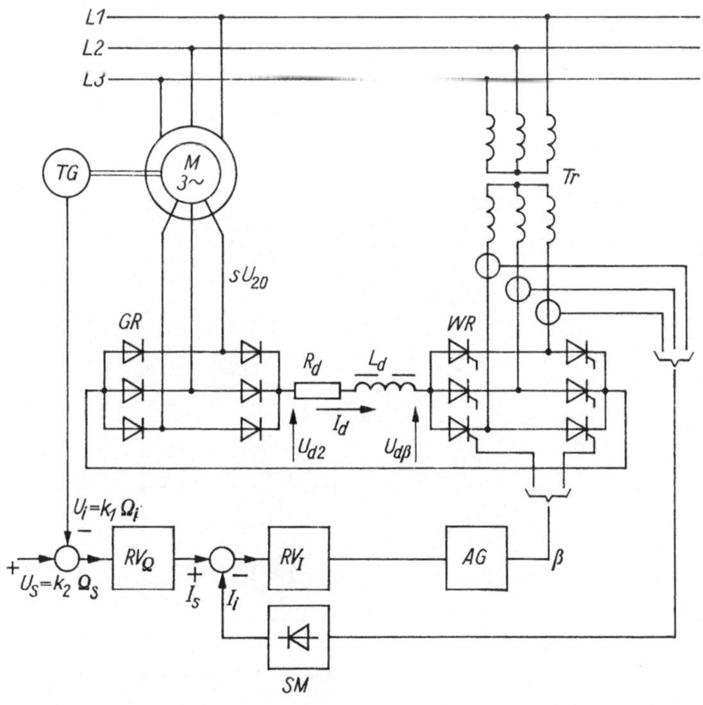

Bild 3.63. Untersynchrone Stromrichterkaskade

M Asynchronmotor mit Schleifringläufer; *GR* Läufergleichrichter; *WR* netzgelöschter Wechselrichter; *TG* Tachogenerator; *Tr* Transformator; RV_Ω, RV_I Drehzahl- bzw. Stromregler; *AG* Ansteuergerät; *SM* Strommeßglied; $U_{s;i}$, $I_{s;i}$ Soll- und Istwerte der Drehzahl bzw. des vom Wechselrichter abgegebenen Stroms

Untersynchrone Stromrichterkaskaden werden für Lüfter, Kompressoren, Kesselspeisepumpen usw. für Leistungen im Bereich von etwa (0,3 ... 20) MW eingesetzt, wenn die Drehzahlabsenkung auf 50 %, höchstens auf 70 % beschränkt ist. — Mehrquadrantenbetrieb ist nicht möglich.

3.6.4.4. Asynchrone Netzkupplungen und Hochspannungs-Gleichstrom-Übertragungen [3.21] bis [3.23]

Diese Anlagen sind ein besonders interessantes Anwendungsgebiet der netzgelöschten Umrichter mit Gleichstromzwischenkreis. Sie dienen zur Übertragung elektrischer Energie von dem im Bild 3.64 gezeigten Netz 1 auf das Netz 2 oder in umgekehrter Richtung. — Hochgespannter Drehstrom wird im Stromrichter *SR1*, der als Gleichrichter arbeitet, gleichgerichtet (Gleichspannung U_{d1}). Der Gleichstrom I_d wird dann im Stromrichter *SR2*, der als netzgelöschter Wechselrichter ausgesteuert ist (Gegenspannung U_{d2}), in Drehstrom umgeformt und in das Netz 2 gespeist. Die Größe des Gleichstroms hängt nur von der Differenz zwischen U_{d1} und U_{d2} ab. Die übertragene Leistung kann deshalb über den Zündverzögerungswinkel α_1 von *SR1* und den Zündverfrühungswinkel β_1 von *SR2* gesteuert werden.

Bei *asynchronen Netzkupplungen* befinden sich beide Stromrichter in einem Unterwerk. Als Beispiel sei eine Kupplung der 50-Hz- und der 60-Hz-Netze in Japan erwähnt, mit der 300 MW ausgetauscht werden können. Der Gleichstromzwischenkreis ist für 2 × 125 V und 1,2 kA ausgelegt. Gleichstromkupplungen der 50-Hz-Netze bestehen auch zwischen der UdSSR und Finnland, zwischen der ČSSR und Österreich usw. — Es kann auch günstig sein, den 50-Hz-Drehstrom des allgemeinen Landesnetzes über eine asynchrone Kupplung in den $16^2/_3$-Hz-Einphasenstrom für elektrische Bahnen umzuwandeln.

Bei asynchronen Netzkupplungen sind der Effektivwert, die Frequenz und die Phase der beiden Netze völlig unabhängig voneinander. Die Drosseln L_d im Zwischenkreis verhindern, daß sich der Gleichstrom schnell ändert. Die Regeleinrichtungen können deshalb den Gleichstrom unter allen Bedingungen, insbesondere auch bei Kurzschluß im gespeisten Netz, fast konstant halten und damit verhindern, daß die Stabilität der Netze durch ihre Kopplung beeinträchtigt wird.

Übertragungen auf große Entfernungen. Wenn Leistungen von zumindest mehreren 100 MW zwischen Netzen, die etwa 1000 km voneinander entfernt sind, übertragen werden sollen, hat eine Gleichstromübertragung bei Spannungen von z. B. ±400 kV die gleichen Vorteile, die schon bei der Diskussion

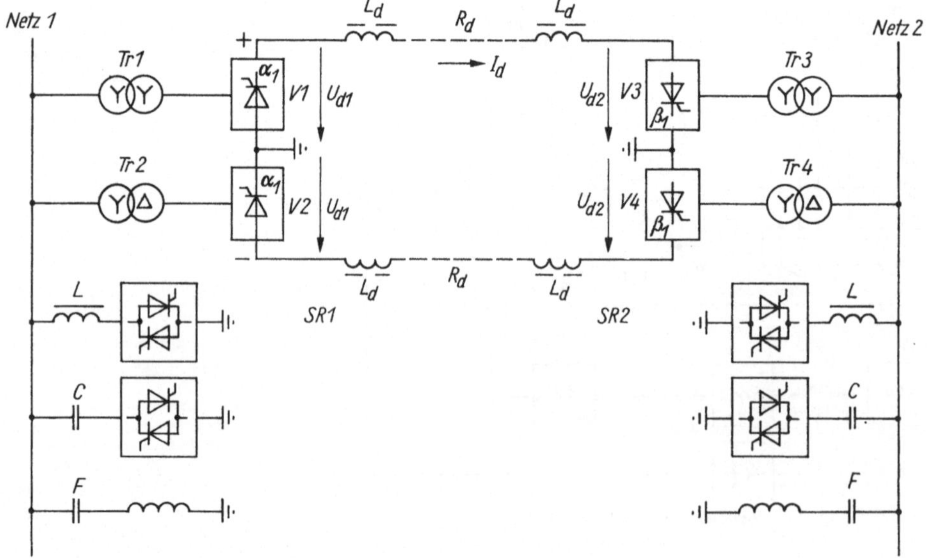

Bild 3.64. Asynchrone Netzkupplung oder Hochspannungs-Gleichstrom-Übertragung

SR1,2 Stromrichter; *Tr* Transformatoren; *V1* bis *V4* Thyristorventile; L_d Glättungsdrossel; R_d Widerstand der Gleichstromleiter; *L* thyristorgesteuerte Drossel; *C* thyristorgeschalteter Kondensator; *F* Filter

der asynchronen Netzkupplungen erwähnt wurden. Dazu kommt noch, daß ein Gleichstromsystem die doppelte Leistung übertragen kann wie ein Drehstromsystem gleicher Länge, gleicher Masse der Leiter, gleicher Isolation gegen Erde und gleicher Verluste, bezogen auf die übertragene Leistung. Offensichtlich fallen die Kosten der beiden Unterwerke mit zunehmender Länge der Übertragung immer weniger ins Gewicht.

Beispiele für derartige Anlagen sind: Cabora Bassa (Afrika) mit 1940 MW, ±533 kV; Wolgograd—Donbass (UdSSR) mit 750 MW, ±400 kV; Itaipu—Sao Paulo (Brasilien) 6300 MW, ±600 kV (im Bau).

Es folgen einige technische Einzelheiten: Durch Licht oder elektrisch gezündete Thyristoren mit Siliziumscheiben mit einer Fläche bis zu 50 cm^2 werden für Spannungen bis zu etwa 4 kV und Ströme bis zu mehreren Kiloampere eingesetzt. Bis zu hundert dieser Bauelemente können in Reihe zu einem sog. *Thyristorventil* für Spannungen bis zu 400 kV zusammengestellt werden. Sie werden durch Zinkoxid-Überspannungsableiter geschützt (vgl. Abschn. 6.3.1.1).

Für die Stromrichter ist die 12-Puls-Brückenschaltung charakteristisch. Die Blindleistung, die etwa der Hälfte der übertragenen Wirkleistung entspricht (vgl. (3.357)), wird, wie Bild 3.64 zeigt, von thyristorgeschalteten Kondensatoren C zusammen mit thyristorgesteuerten Drosseln L, möglicherweise auch von übererregten Synchronmaschinen zur Verfügung gestellt. Die Oberschwingungsströme, die die Stromrichter aufnehmen, werden mit den Filtern F von den Netzen ferngehalten (vgl. Abschn. 6.1.4.3).

Da Schalter für die hier in Frage kommenden Gleichspannungen noch nicht einsatzbereit sind, können noch keine Verzweigungen der Übertragungslinien vorgesehen werden.

3.6.4.5. Über Zwischenkreisumrichter gespeiste Synchronmotoren

Bild 3.65 zeigt einen Synchronmotor mit Steuerung der Drehzahl über einen vom Primärnetz PN gespeisten Gleichrichter GR, einen Gleichstromzwischenkreis ZK und einen Wechselrichter WR, der von der im Ständer des Motors induzierten Spannung kommutiert wird. Die Ansteuerimpulse und damit auch die Frequenz f_s und die Drehzahl des Motors werden durch einen Frequenzgeber vorgegeben. — Beim Anfahren gibt der Synchronmotor nur eine ungenügende Spannung ab. Die Kommutierung des Wechselrichters wird während dieser Zeitspanne dadurch ermöglicht, daß der Strom im Zwischenkreis mit Hilfe des Gleichrichters GR periodisch unterbrochen wird.

Die Schaltung Bild 3.65 wird häufig zum Hochfahren von Synchrongeneratoren mit Gasturbinenantrieb eingesetzt. Da Gasturbinen nicht selbständig anlaufen können, dient der Generator beim Hochlaufen als Synchronmotor.

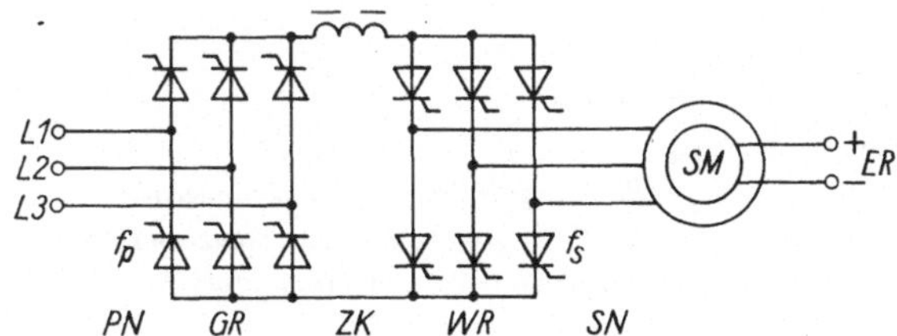

Bild 3.65. Zwischenkreisumrichter zur Stellung der Drehzahl eines Synchronmotors SM

ER Erregerspannung; *PN*, *SN*, f_p, f_s Primär- bzw. Sekundärnetz und deren Frequenzen

3.6.4.6. Einsatz von Direktumrichtern

Zur *Drehzahlregelung von langsam laufenden Antrieben* mit Synchronmotoren sind Sechspuls-Direktumrichter besonders dann gut geeignet, wenn mehr als die Grenzleistung von Gleichstrommotoren, also mehr als einige Megawatt gefordert werden, z. B. für Walzenzugmotoren oder Zementmühlen (Bild 3.66). Die drei Umrichter können ohne oder mit Kreisstrom betrieben werden mit den schon im Zusammenhang mit den Umkehrstromrichtern erwähnten Vor- und Nachteilen (vgl. Abschn. 3.6.2). Der Erregergleichrichter EGR wird so ausgesteuert, daß der Synchronmotor keine Blindleistung aufnimmt. — Vierquadrantbetrieb ist ohne weiteres möglich.

Beim *fremdgetakteten* Betrieb wird die Frequenz f_s der Ansteuerimpulse für die Thyristoren von einem Frequenzgeber FG vorgegeben, und der Rotor des Motors dreht sich synchron mit f_s. Beim *eigengetakteten* Betrieb dagegen werden die Ansteuerimpulse von einem mit dem Motor gekuppelten Lagegeber *LG* gegeben. Die Maschine hat dann das gleiche Betriebsverhalten wie ein Gleichstrom-Nebenschlußmotor [1.1].

Über Direktumrichter werden auch Antriebe großer Leistung mit Asynchronmotoren mit Kurzschlußläufern gespeist.

Weitere Einsatzgebiete sind *frequenzelastische Netzkupplungen* (z. B. das dreiphasige 50-Hz-Landesnetz mit dem einphasigen $16^2/_3$-Bahnnetz) und Umformung einer variablen in eine konstante Frequenz (z. B. die Frequenz, die von einem Generator abgegeben wird, der mit dem Antriebsmotor eines Fahrzeugs gekuppelt ist, in die Frequenz des Bordnetzes). — Zur *elektromagnetischen Durchmischung* der Schmelze in einem Lichtbogenofen werden unter dem Ofengefäß zwei Spulen angeordnet, die von zwei einphasigen Direktumrichtern gespeist werden, deren Spannungen um 90° phasenverschoben sind. Dadurch wird ein Drehfeld erzeugt, welches — ähnlich wie im Läufer eines Asynchronmotors — in der Schmelze Wirbelströme induziert, die eine Zirkulation der Schmelze hervorrufen.

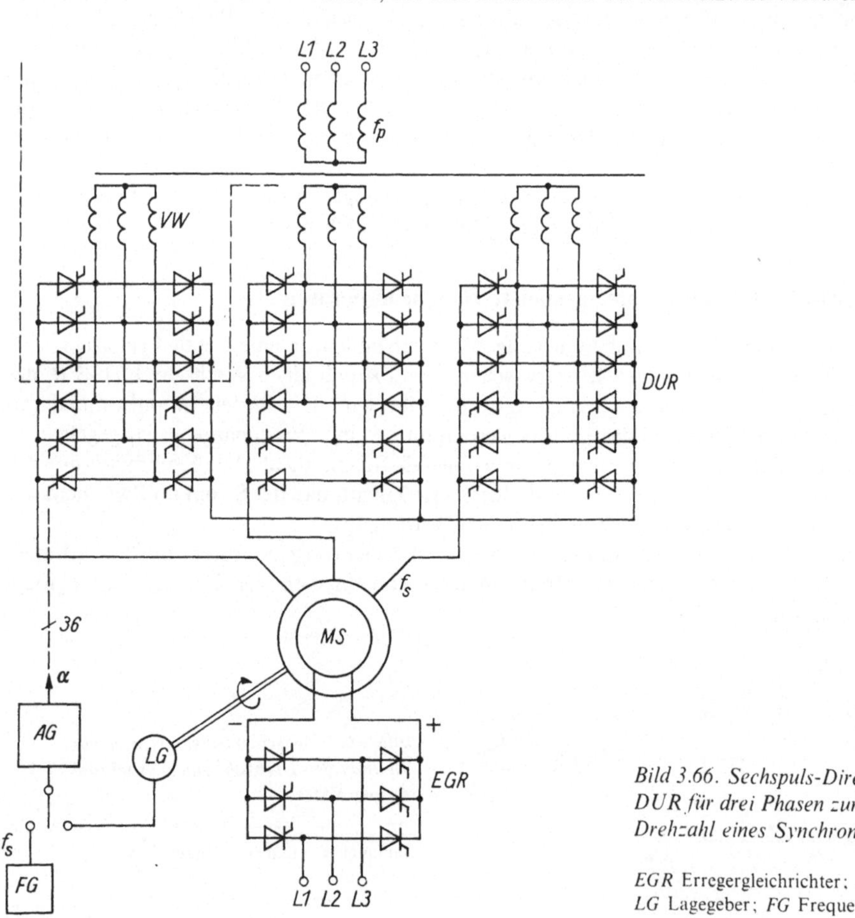

Bild 3.66. Sechspuls-Direktumrichter DUR für drei Phasen zur Steuerung der Drehzahl eines Synchronmotors MS

EGR Erregergleichrichter; *AG* Ansteuergerät; *LG* Lagegeber; *FG* Frequenzgeber

3.7. Wechsel- und Drehstromschalter und -steller

Diese Geräte werden vom ein- oder dreiphasigen Wechselstromnetz gespeist und geben eine ein- oder dreiphasige Wechselspannung gleicher Frequenz, aber mit beliebig einstellbarem Effektivwert ab. Sie haben ein breites Anwendungsfeld gefunden bei der Regelung der Helligkeit von Beleuchtungsanlagen und der Temperatur von Widerstandsöfen, bei der Steuerung von Widerstandsschweißgeräten, in der Konsumgüterelektronik usw. (vgl. Abschn. 3.7.3).

3.7.1. Wechselstromschalter und -steller

Die beiden antiparallel geschalteten Thyristoren im Bild 3.67a, die auch durch einen Triac ersetzt werden können, lassen sich je nach Ansteuerung als Schalter (Bild 3.67b) oder als Steller (Bild 3.67c) betreiben. – Die *RC*-Beschaltung schützt vor transienten Überspannungen.

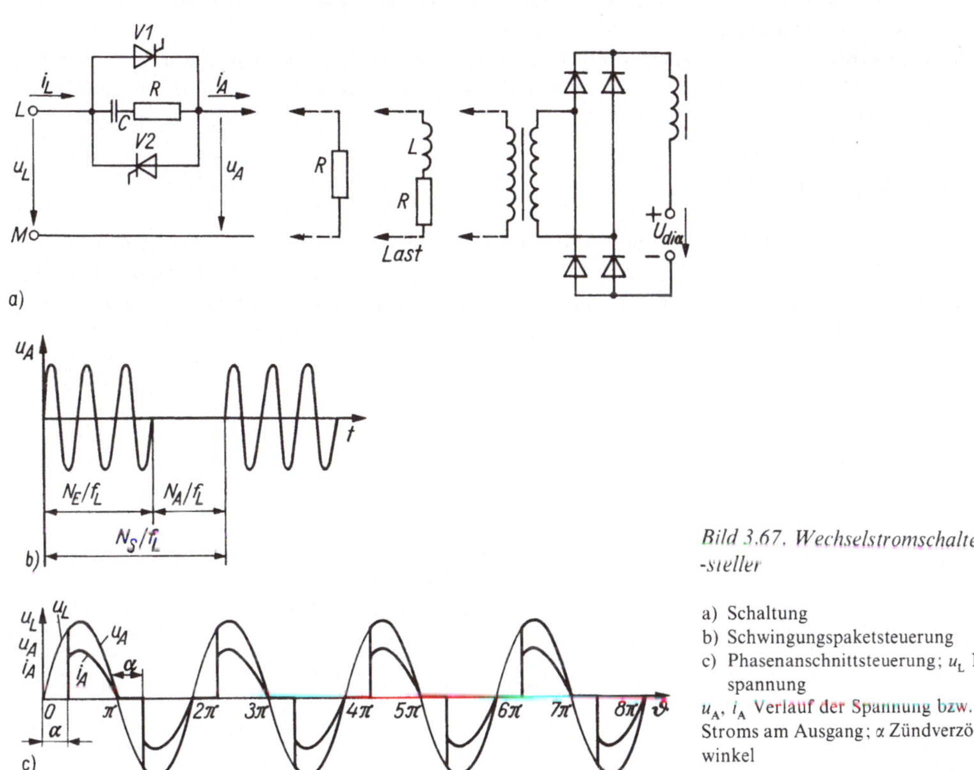

Bild 3.67. Wechselstromschalter oder -steller

a) Schaltung
b) Schwingungspaketsteuerung
c) Phasenanschnittsteuerung; u_L Netzspannung
u_A, i_A Verlauf der Spannung bzw. des Stroms am Ausgang; α Zündverzögerungswinkel

3.7.1.1. Wechselstromschalter

Als erste Aufgabe eines Wechselstromschalters sei der Ersatz eines mechanischen Schalters erwähnt, wobei freilich die Thyristoren wesentlich aufwendiger sind, keine galvanische Trennung zwischen Last und Netz ermöglichen und empfindlich gegen Überströme sind. Da sie aber verschleißfrei arbeiten, ist ihr Einsatz bei großer Schalthäufigkeit vorteilhaft, z. B. bei Widerstandsschweißgeräten (s. Abschn. 3.7.3.3).

Auch bei der *Schwingungspaketsteuerung* wird die im Bild 3.67a gezeigte Schaltung als Schalter betrieben, aber die Thyristoren werden periodisch erst für eine beliebige Anzahl N_E voller Spannungswellen eingeschaltet und dann für N_A gesperrt (Bild 3.67b). Die Ventile wirken also auch hier wie ein Ein-Aus-Schalter.

Bei einer *Wirklast R*, die von einer Wechselspannung U_L gespeist wird, beträgt die mittlere Leistung

$$P_a = \frac{N_E}{N_S} \frac{U_L^2}{R}; \tag{3.372}$$

Ein Schalter eignet sich jedoch nur dann zu einer quasistetigen Steuerung, wenn die Zeitkonstante der Last wesentlich größer ist als die Dauer N_S/f_L des Lastspiels. Dies trifft z. B. für elektrische Widerstandsöfen zu.

Wenn bei einer gemischt ohmsch-induktiven Last mit dem Phasenwinkel φ immer bei $\alpha = \varphi$ zugeschaltet wird, dann ist der Strom i_A vom ersten Augenblick an sinusförmig; anderenfalls schwingt der

Strom erst allmählich ein, wobei sein Verlauf durch (3.36) beschrieben wird, wenn $i_A \equiv i_d$ und $\varphi = \varrho$ gesetzt wird.

Im Gegensatz zur Phasenanschnittsteuerung wird das Netz bei der Schwingungspaketsteuerung weder mit Steuerblindleistung noch mit Oberschwingungsströmen beansprucht, und es werden keine hochfrequenten Störungen im Netz hervorgerufen, wenn die Thyristoren immer mit $\alpha = \varphi$ zugeschaltet werden. Es können aber im Rhythmus des Ein- und Ausschaltens unzulässig hohe periodische Schwankungen der Netzspannung auftreten.

Das Ansteuergerät muß je Periode der Netzspannung zwei Impulse abgeben. Bei Widerstandslast soll $\alpha = 0$, bei beliebiger Last soll $\alpha = \varphi$ sein. Der notwendige Verschiebebereich hängt also vom Charakter der Last ab.

3.7.1.2. Wechselstromsteller

Bei Betrieb mit Phasenanschnittsteuerung kann die Spannung an der Last kontinuierlich gestellt werden (Bild 3.68, vgl. auch Bild 2.35). Dies ist ein Vorteil gegenüber der Schwingungspaketsteuerung. Es ist aber ungünstig, daß das Netz mit Grundschwingungsblindströmen und mit Oberschwingungsströmen beansprucht wird, so daß erhebliche Netzrückwirkungen auftreten können (vgl. Abschn. 6.1).

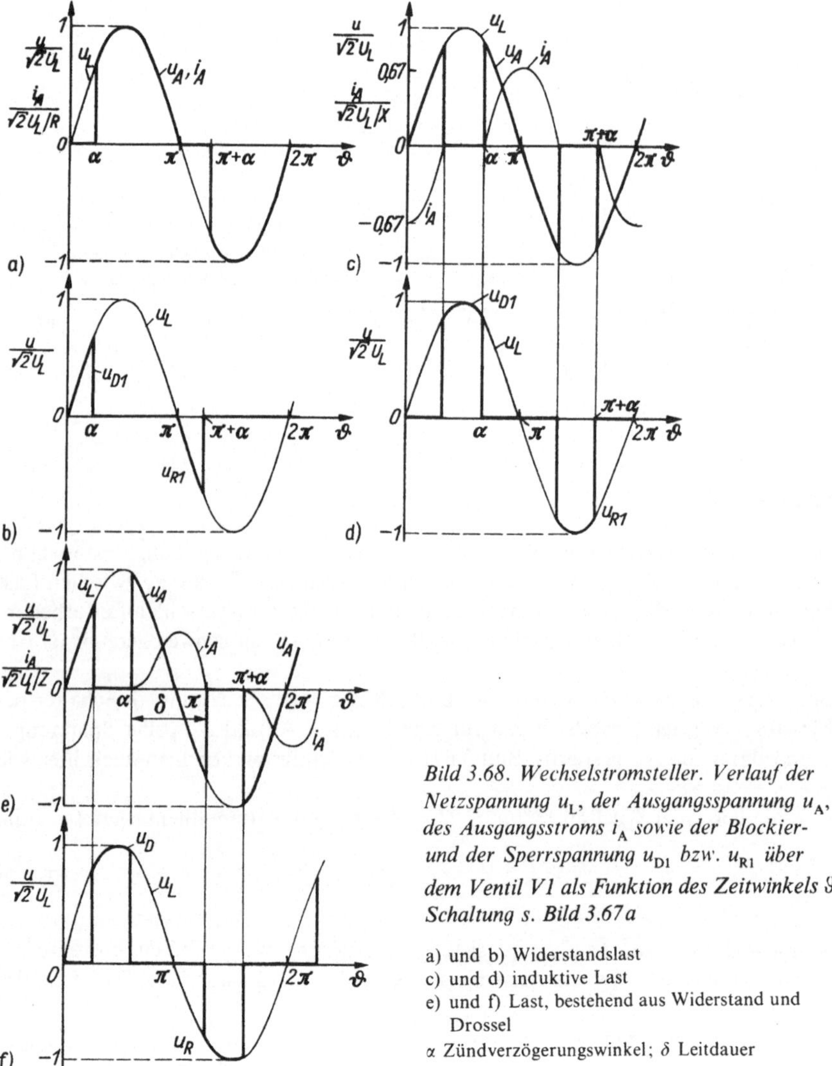

Bild 3.68. Wechselstromsteller. Verlauf der Netzspannung u_L, der Ausgangsspannung u_A, des Ausgangsstroms i_A sowie der Blockier- und der Sperrspannung u_{D1} bzw. u_{R1} über dem Ventil V1 als Funktion des Zeitwinkels ϑ. Schaltung s. Bild 3.67a

a) und b) Widerstandslast
c) und d) induktive Last
e) und f) Last, bestehend aus Widerstand und Drossel
α Zündverzögerungswinkel; δ Leitdauer

Bei rein ohmscher Last (Bild 3.68a), also z. B. einem Widerstandsofen, hat der Effektivwert I_{Ae} des Stroms durch die Last die Größe

$$I_{Ae} = \frac{1}{R}\left[\frac{1}{\pi}\int_{\vartheta=\alpha}^{\pi}(\sqrt{2}\,U_L \sin\vartheta)^2\,d\vartheta\right]^{1/2} = \frac{U_L}{R}\sqrt{1+\frac{\sin 2\alpha}{2\pi}-\frac{\alpha}{\pi}}\,. \tag{3.373}$$

Der Strom lückt, außer bei $\alpha = 0$. Bild 3.69, Kurve *1*, zeigt die Steuerkennlinie $I_{Ae}/I_{Ae0} = f(\alpha)$, wo $I_{Ae0} \equiv I_{Ae}(\alpha = 0)$.

Die Fourier-Analyse ergibt für die beiden Komponenten I_{1Aw} und I_{1Ab} der Grundschwingung

$$I_{1Aw} = \frac{U_L}{R}\left[1-\frac{\alpha}{\pi}+\frac{\sin 2\alpha}{2\pi}\right] \tag{3.374}$$

und

$$I_{1Ab} = \frac{U_L}{R}\,\frac{\sin^2\alpha}{\pi}\,. \tag{3.375}$$

Zusätzlich treten noch Oberschwingungen 3., 5., 7. usw. Ordnung auf, außer bei $\alpha = 0$.

Den *Verschiebungsfaktor* $\cos\varphi_1$ (vgl. (3.169)) findet man mit Hilfe von

$$\tan\varphi_1 = \frac{I_{1Ab}}{I_{1Aw}} = \frac{\sin^2\alpha}{\pi-\alpha+\sin\alpha\cos\alpha}\,. \tag{3.376}$$

Bei rein *induktiver* Last wird der Strom durch

$$X\frac{di_A}{d\vartheta} = \sqrt{2}\,U_L\sin\vartheta \tag{3.377}$$

beschrieben.

Bei $0 \leqq \alpha \leqq \pi/2$ stellt sich im eingeschwungenen Zustand, unabhängig von α, ein sinusförmiger Strom mit dem Effektivwert I_{Ae0} ein:

$$I_{Ae0} = U_L/X\,. \tag{3.378}$$

Bei $\pi/2 \leqq \alpha \leqq \pi$ lückt der Strom, und (3.377) führt mit $i_A = 0$ bei $\vartheta = \alpha$ zu

$$i_A = \frac{\sqrt{2}\,U_L}{X}(\cos\alpha-\cos\vartheta) \quad \text{für} \quad \alpha \leqq \vartheta \leqq (2\pi-\alpha)\,, \tag{3.379}$$

da der Strom bei $\vartheta = (2\pi - \alpha)$ wieder aussetzt (Bild 3.68c). Sein Effektivwert beträgt

$$I_{Ae} = \frac{\sqrt{2}U_L}{X}\left[\frac{1}{\pi}\int_{\vartheta=\alpha}^{2\pi-\alpha}(\cos\alpha-\cos\vartheta)^2\,d\vartheta\right]^{1/2}$$
$$= \frac{U_L}{X}\left[\frac{2}{\pi}(\pi-\alpha)(1+2\cos^2\alpha)+\frac{3}{\pi}\sin 2\alpha\right]^{1/2}. \tag{3.380}$$

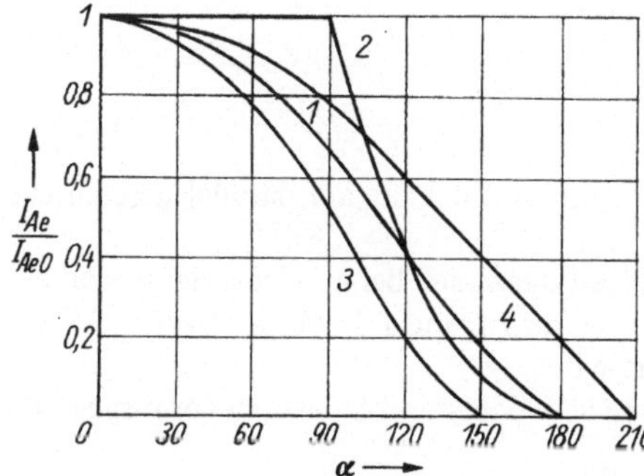

Bild 3.69. Steuerkennlinien

Kurve *1*: Wechselstromsteller und Drehstromsteller mit Mittelleiter, beide mit Widerstandslast
Kurve *2*: Wechselstromsteller mit rein induktiver Last
Kurve *3*: vollgesteuerter Drehstromsteller ohne Mittelleiter mit Widerstandslast
Kurve *4*: halbgesteuerter Drehstromsteller ohne Mittelleiter mit Widerstandslast
I_{Ae} Effektivwert des Ausgangsstroms bei Zündverzögerung α; I_{Ae0} desgl. bei $\alpha = 0$

Bild 3.69, Kurve *2*, zeigt die Steuerkennlinie $I_{Ae}/I_{Ae0} = f(\alpha)$.

Bei einer Last, die aus einem Widerstand R und einer Drossel X besteht, hängt der Verlauf des Stroms wie folgt vom Zündverzögerungswinkel α ab, wobei $\varrho = \arctan X/R$:

a) $\alpha = \varrho$; (3.75) zeigt, daß der Stromflußwinkel $\delta = \pi$ beträgt; dies kann auch von Bild 3.9 abgelesen werden. (3.74) beschreibt dann einen sinusförmigen Strom;

b) $\alpha > \varrho$; im Bild 3.9 ist $\delta < \pi$, so daß der Strom lückt und durch (3.74) beschrieben wird (Bild 3.68e);

c) $0 \leqq \alpha \leqq \varrho$; der Strom ist im eingeschwungenen Zustand sinusförmig und hängt nicht mehr vom Zündwinkel α ab.

Die Steuerkennlinien verlaufen zwischen den Kurven *1* und *2*, Bild 3.69.

Falls die Spannung nur in einem geringen Bereich verstellt zu werden braucht, kann man den Thyristor V_2 im Bild 3.67a durch eine Diode ersetzen (halbgesteuerte Schaltung). Dann kann bei Widerstandslast der Effektivwert der abgegebenen Spannung vom maximalen Wert U_L bei $\alpha = 0$ nur bis auf $U_L/\sqrt{2}$ bei $\alpha = \pi$ herabgesteuert werden. Der Netzstrom hat dabei eine Gleichkomponente, was oft unzulässig ist.

Schließlich soll noch der Wechselstromsteller nach Bild 3.67a erwähnt werden, der einen Transformator mit nachfolgendem ungesteuertem Gleichrichter als Last hat. Diese Schaltung eignet sich besonders zur Erzeugung von kleinen Strömen bei hohen Spannungen, z. B. für Elektroabscheider (vgl. Abschn. 3.7.3.4), oder zur Erzeugung von hohen Strömen bei sehr niedrigen Spannungen, z. B. für die Galvanik. In beiden Fällen können Wechselstromsteller für die üblichen Netzspannungen und -ströme eingesetzt werden. — Der Mittelwert $U_{di\alpha}$ der ideellen Gleichspannung bei nichtlückendem Gleichstrom wird wie beim Zweipulsgleichrichter mit Freilaufzweig durch (2.72) beschrieben.

Beanspruchung der Thyristoren

Bei Belastung mit einem Widerstand R beträgt der größte mittlere Thyristorstrom (bei $\alpha = 0$)

$$I_{Va} = \frac{\sqrt{2}\,U_L}{R}\,\frac{1}{2\pi}\int_{\vartheta=0}^{\pi} \sin\vartheta\,d\vartheta = 0{,}45\,\frac{U_L}{R} \tag{3.381}$$

und bei Einsatz eines Triacs

$$I_{Va} = 0{,}9\,\frac{U_L}{R}\,. \tag{3.382}$$

Die Blockier- und die Sperrspannung haben den Scheitelwert (Bild 3.68b, d, f)

$$U_{D,Rm} = \sqrt{2}\,U_L\,. \tag{3.383}$$

Wenn der Wechselstromsteller mit einem Triac bestückt ist, muß beachtet werden, daß die Blockierspannung u_D bei induktiver Last im gleichen Augenblick einsetzt, in dem der Strom i_A durch das Bauelement aussetzt (Bild 3.68d und f). Auf die dadurch verursachte hohe Beanspruchung der Blockierfähigkeit des Triacs ist im Abschnitt 2.3.8 eingegangen worden.

3.7.2. Drehstromschalter und -steller

Bei diesen Geräten werden in jeden Strang des Drehstromsystems ein Paar antiparallel geschaltete Thyristoren oder ein Triac eingefügt (Bild 3.70).

Beim Einsatz als *Schalter* zum Ein- und Ausschalten einer Last oder auch bei der Schwingungspaketsteuerung genügt eine unsymmetrische Schaltung, bei der die Leiter *L1* und *L2* über je einen Wechselstromsteller, der Leiter *L3* aber unmittelbar zur Last geführt wird.

Für den Betrieb als Steller wird im folgenden eine symmetrische Widerstandsbelastung vorausgesetzt. Wichtige Schaltungsvarianten sind:

• Vollgesteuerter Drehstromsteller mit Mittelleiter (Bild 3.70)

Alle sechs Ventile sind Thyristoren, und die Ströme in den drei Strängen sind unabhängig voneinander. Die Ströme, Steuerkennlinien usw. bei verschiedenen Lastarten verlaufen wieder wie beim Wechselstromsteller (Abschn. 3.7.1.2). Die Summe der Grundschwingungsströme in den drei Strängen ist jederzeit Null; der Mittelleiter führt deshalb keinen Grundschwingungsstrom. Da aber die Oberschwingungen 3., 9. usw. Ordnung der Strangströme gleiche Phasenlage haben, fließt ihre Summe im Mittelleiter. Meist ist dies nicht zulässig. — Die Beanspruchung der Ventile ist ebenso groß wie beim Wechselstromsteller.

• Vollgesteuerter Drehstromsteller *ohne* Mittelleiter

Die Spannungen, also auch die Ströme sind, außer bei $\alpha = 0$, beträchtlich verzerrt und haben in den drei Bereichen $0 \leqq \alpha \leqq \pi/3$, $\pi/3 \leqq \alpha \leqq \pi/2$ und $\pi/2 \leqq \alpha \leqq 5\pi/6$ unterschiedliche Formen (Bild 3.71a, b, c). Die Berechnung des Mittel- und des Effektivwerts der Ausgangsspannung für die verschiedenen Bereiche des Zündwinkels α soll nur an einem Beispiel demonstriert werden, nämlich für $0 \leqq \alpha \leqq \pi/3$ (Tafel 3.3).

Die Ausgangsspannung, z. B. von Strang *1*, hat den Mittelwert

$$U_{\mathrm{A1a}} = \frac{1}{\pi} \int_{\vartheta=0}^{\pi} u_{\mathrm{A1}} \, \mathrm{d}\vartheta \tag{3.384}$$

und den Effektivwert

$$U_{\mathrm{A1e}} = \left[\frac{1}{\pi} \int_{\vartheta=0}^{\pi} u_{\mathrm{A1}}^2 \, \mathrm{d}\vartheta \right]^{1/2} \tag{3.385}$$

Um diese Integrale zu berechnen, wird eine halbe Periode von u_{A1} in die Intervalle I bis VI geteilt, während denen die Ausgangsspannung stetig verläuft. Über jedes dieser Intervalle wird einzeln integriert, und man findet für die Integrale I_{a} und I_{e}

Intervall I: *VI* ist gesperrt; $u_{\mathrm{A1}} = 0$ und folglich auch

$$I_{\mathrm{aI}} = \int_{\vartheta=0}^{\alpha} u_{\mathrm{A1}} \, \mathrm{d}\vartheta = 0 \tag{3.386}$$

und ebenso $I_{\mathrm{eI}} = 0$.

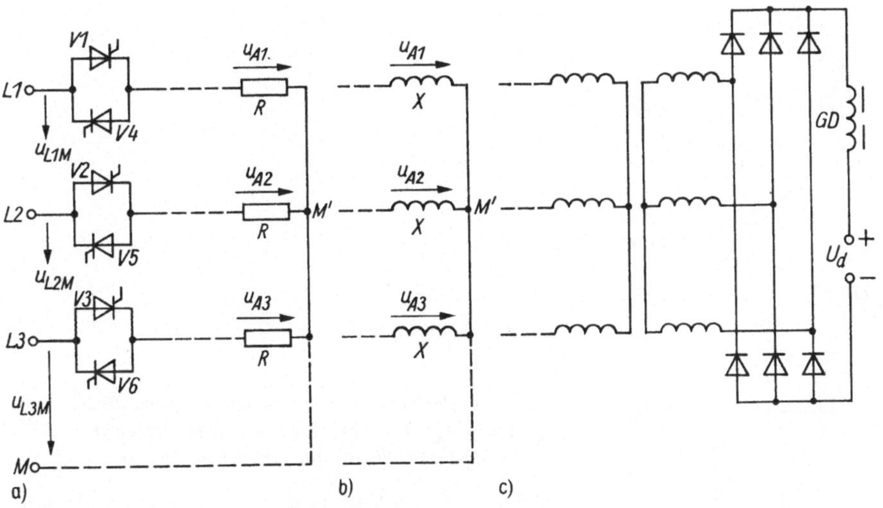

Bild 3.70. Drehstromsteller zur Steuerung

a) einer Widerstandslast, b) einer induktiven Last, c) eines Gleichrichters

Intervalle II, IV, VI: Alle drei Stränge führen Strom, so daß $u_{A1} = u_{L1M}$, und es ergibt sich

$$I_{aII} = \int_{\vartheta=\alpha}^{\pi/3} u_{L1M}\, d\vartheta \quad \text{und analog } I_{aIV} \text{ und } I_{aVI} \tag{3.387}$$

und

$$I_{eII} = \left[\int_{\vartheta=\alpha}^{\pi/3} u_{L1M}^2\, d\vartheta\right]^{1/2} \quad \text{und analog } I_{eIV} \text{ und } I_{eVI}\,. \tag{3.388}$$

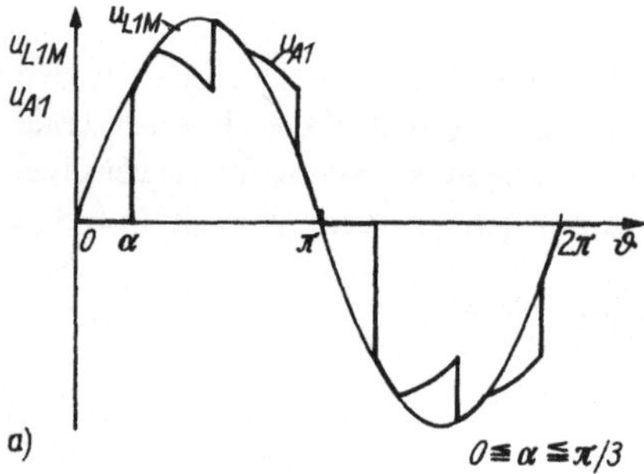

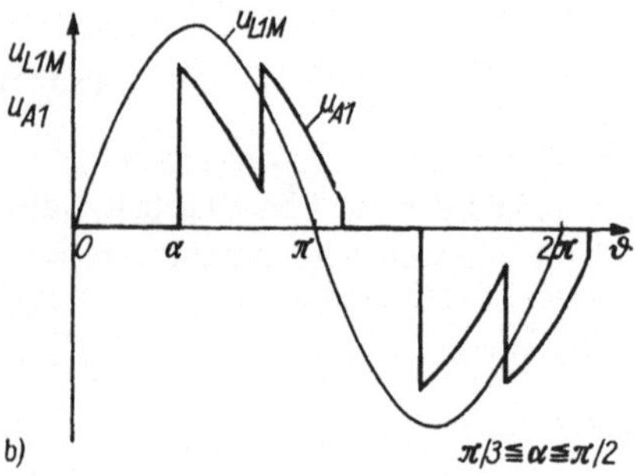

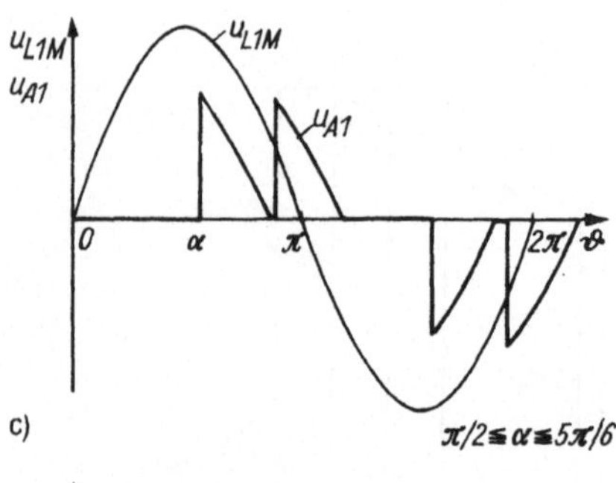

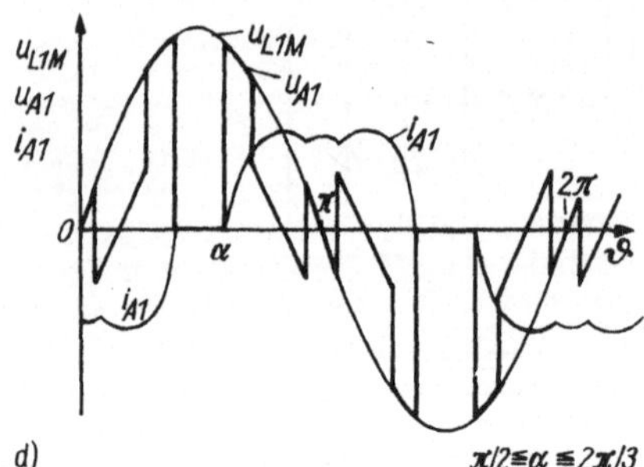

Bild 3.71. Verlauf der Netzspannung u_{L1M} und der Spannung u_{A1} über einer Last bei einem Drehstromsteller ohne Mittelleiter mit symmetrischer Last

a) bis c) Widerstandslast
d) induktive Last
i_{A1} Laststrom

Tafel 3.3. Drehstromsteller ohne Mittelleiter mit symmetrischer Widerstandslast. Bereich $0 \leqq \alpha \leqq \pi/3$

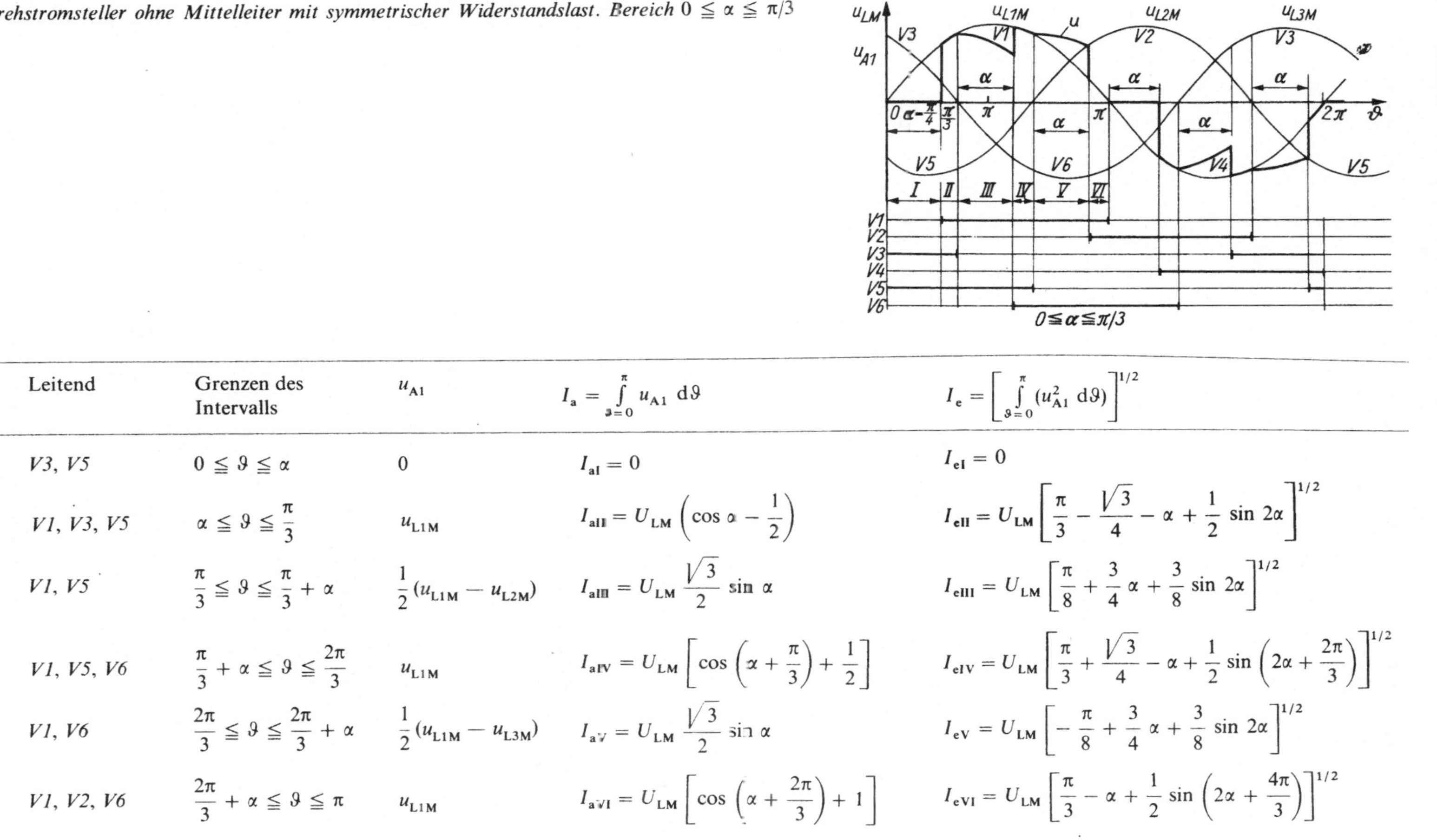

Intervall	Leitend	Grenzen des Intervalls	u_{A1}	$I_a = \int_{\vartheta=0}^{\pi} u_{A1}\,d\vartheta$	$I_e = \left[\int_{\vartheta=0}^{\pi} (u_{A1}^2\,d\vartheta)\right]^{1/2}$
I	*V3, V5*	$0 \leqq \vartheta \leqq \alpha$	0	$I_{aI} = 0$	$I_{eI} = 0$
II	*V1, V3, V5*	$\alpha \leqq \vartheta \leqq \frac{\pi}{3}$	u_{L1M}	$I_{aII} = U_{LM}\left(\cos\alpha - \frac{1}{2}\right)$	$I_{eII} = U_{LM}\left[\frac{\pi}{3} - \frac{\sqrt{3}}{4} - \alpha + \frac{1}{2}\sin 2\alpha\right]^{1/2}$
III	*V1, V5*	$\frac{\pi}{3} \leqq \vartheta \leqq \frac{\pi}{3} + \alpha$	$\frac{1}{2}(u_{L1M} - u_{L2M})$	$I_{aIII} = U_{LM}\frac{\sqrt{3}}{2}\sin\alpha$	$I_{eIII} = U_{LM}\left[\frac{\pi}{8} + \frac{3}{4}\alpha + \frac{3}{8}\sin 2\alpha\right]^{1/2}$
IV	*V1, V5, V6*	$\frac{\pi}{3} + \alpha \leqq \vartheta \leqq \frac{2\pi}{3}$	u_{L1M}	$I_{aIV} = U_{LM}\left[\cos\left(\alpha + \frac{\pi}{3}\right) + \frac{1}{2}\right]$	$I_{eIV} = U_{LM}\left[\frac{\pi}{3} + \frac{\sqrt{3}}{4} - \alpha + \frac{1}{2}\sin\left(2\alpha + \frac{2\pi}{3}\right)\right]^{1/2}$
V	*V1, V6*	$\frac{2\pi}{3} \leqq \vartheta \leqq \frac{2\pi}{3} + \alpha$	$\frac{1}{2}(u_{L1M} - u_{L3M})$	$I_{aV} = U_{LM}\frac{\sqrt{3}}{2}\sin\alpha$	$I_{eV} = U_{LM}\left[-\frac{\pi}{8} + \frac{3}{4}\alpha + \frac{3}{8}\sin 2\alpha\right]^{1/2}$
VI	*V1, V2, V6*	$\frac{2\pi}{3} + \alpha \leqq \vartheta \leqq \pi$	u_{L1M}	$I_{aVI} = U_{LM}\left[\cos\left(\alpha + \frac{2\pi}{3}\right) + 1\right]$	$I_{eVI} = U_{LM}\left[\frac{\pi}{3} - \alpha + \frac{1}{2}\sin\left(2\alpha + \frac{4\pi}{3}\right)\right]^{1/2}$

Intervall III: Die Ventile *V1* und *V5* führen Strom, so daß über dem Widerstand in Strang 1 die Hälfte der Spannungsdifferenz zwischen *L1* und *L2* abfällt. Folglich:

$$I_{\mathrm{aIII}} = \int_{\vartheta=\pi/3}^{\pi/3+\alpha} \frac{1}{2}\,(u_{\mathrm{L1M}} - u_{\mathrm{L2M}})\,\mathrm{d}\vartheta \tag{3.389}$$

und

$$I_{\mathrm{eIII}} = \left[\int_{\vartheta=\pi/3}^{\pi/3+\alpha} \frac{1}{2}\,(u_{\mathrm{L1M}} - u_{\mathrm{L2M}})^2\,\mathrm{d}\vartheta\right]^{1/2}. \tag{3.390}$$

Intervall V: Die Ventile *V1* und *V6* führen Strom, so daß

$$u_{\mathrm{A1}} = \frac{1}{2}(u_{\mathrm{L1M}} - u_{\mathrm{L3M}})\,. \tag{3.391}$$

Die beiden Integrale werden wie bei den vorhergehenden Intervallen gebildet.

Die Addition dieser Integrale ergibt dann die in Tafel 3.4 verzeichneten Mittel- und Effektivwerte der Ausgangsspannung, die selbstverständlich für alle drei Stränge gleich groß sind und deshalb nur mit U_{Aa} und U_{Ae} bezeichnet werden.

Die Ausgangsströme betragen

$$I_{\mathrm{Aa}} = U_{\mathrm{Aa}}/R \quad \text{und} \quad I_{\mathrm{Ae}} = U_{\mathrm{Ae}}/R\,. \tag{3.392}$$

Der Verschiebebereich der Steuerwinkel braucht nur 150° zu betragen. Bild 3.69, Kurve 3, zeigt die Steuerkennlinie.

Die maximale Blockier- oder Sperrspannung, z. B. am Thyristor *V1*, läßt sich durch folgende Überlegungen finden:

Tafel 3.4. Drehstromsteller ohne Mittelleiter: Mittelwert $U_{\mathrm{Aa}}/U_{\mathrm{LM}}$ und Effektivwert $U_{\mathrm{Ae}}/U_{\mathrm{LM}}$ der Spannung über einer symmetrischen Last

Bereich des Ansteuerwinkels	$U_{\mathrm{Aa}}/U_{\mathrm{LM}}$	$U_{\mathrm{Ae}}/U_{\mathrm{LM}}$
a) Widerstandslast		
$0 \leqq \alpha \leqq \frac{\pi}{3}$	$\frac{\sqrt{2}}{\pi}(1+\cos\alpha)$	$\left[1-\frac{3\alpha}{2\pi}+\frac{3}{4\pi}\sin 2\alpha\right]^{1/2}$
$\frac{\pi}{3} \leqq \alpha \leqq \frac{\pi}{2}$	$\frac{\sqrt{6}}{\pi}\sin\left(\alpha+\frac{\pi}{3}\right)$	$\left[\frac{1}{2}+\frac{9}{8\pi}\sin 2\alpha+\frac{3\sqrt{3}}{8\pi}\cos 2\alpha\right]^{1/2}$
$\frac{\pi}{2} \leqq \alpha \leqq \frac{5\pi}{6}$	$\frac{\sqrt{6}}{\pi}\left[1+\cos\left(\alpha+\frac{\pi}{6}\right)\right]$	$\left[\frac{5}{4}-\frac{3\alpha}{2\pi}+\frac{3}{8\pi}\sin 2\alpha+\frac{3\sqrt{3}}{8\pi}\cos 2\alpha\right]^{1/2}$
b) Induktive Last		
$\frac{\pi}{2} \leqq \alpha \leqq \frac{2\pi}{3}$	—	$\left[\frac{5}{2}-\frac{3\alpha}{\pi}+\frac{3}{2\pi}\sin 2\alpha\right]^{1/2}$
$\frac{2\pi}{3} \leqq \alpha \leqq \frac{5\pi}{6}$	—	$\left[\frac{5}{2}-\frac{3\alpha}{\pi}+\frac{3}{2\pi}\sin\left(2\alpha+\frac{\pi}{3}\right)\right]^{1/2}$

Wenn die Ströme i_{A2} und i_{A3} fließen, hat der Sternpunkt M offensichtlich das Potential $(u_{L2M} + u_{L3M})/2$, so daß z. B. *V1* die Spannung

$$u_{D,R} = u_{L1M} - \frac{u_{L2M} + u_{L3M}}{2} = \frac{3}{2} u_{L1M} \tag{3.393}$$

zu sperren hat. Ihr Scheitelwert beträgt dann

$$U_{D,Rm} = \frac{3}{2}\sqrt{2}\, U_{LM} = 2{,}12 U_{LM}, \tag{3.394}$$

wo U_{LM} die Strangspannung des speisenden Netzes ist.

Induktive Last

Im Bereich $0 \leqq \alpha \leqq \pi/2$ hat der Steuerwinkel α keinen Einfluß auf den eingeschwungenen Strom, da dieser ja um den Winkel $\pi/2$ hinter der Spannung hereilt. Tafel 3.4 gibt die Effektivwerte der Ausgangsspannung an, und Bild 3.71 d zeigt ein Beispiel für den Verlauf der Ausgangsspannung u_{A1} und des Ausgangsstroms i_{A1}.

- Halbgesteuerter Drehstromsteller ohne Mittelleiter (Bild 3.70a, Ventile *V1,2,3* sind Thyristoren, *V4,5,6* sind Dioden)

Es fließt nur Strom, wenn die Thyristoren gezündet werden, während beim halbgesteuerten Wechselstromsteller auch ohne Zündung des Thyristors Strom fließt. Im Bereich $0 \leqq \alpha \leqq \pi/2$ haben die Lastströme Gleichstromkomponenten. Der Verschiebebereich der Steuerwinkel muß 210° betragen. Bild 3.69, Kurve *4*, zeigt die Steuerkennlinie für Widerstandslast. — Der Scheitelwert der Blockierspannung gleicht der maximal am Drehstromsteller liegenden Spannung, also $\sqrt{3} \cdot \sqrt{2}\, U_{LM} = 2{,}45 U_{LM}$; eine Spannung u_R in Sperrichtung kann offensichtlich nicht auftreten.

Es gibt noch weitere Schaltungsmöglichkeiten für Drehstromsteller (Last in Dreieck an Stelle von Stern geschaltet; Last zwischen den Leitern des Netzes und dem im Dreieck geschalteten Drehstromsteller usw.). Da diese Varianten jedoch nur selten eingesetzt werden, soll hier nicht auf sie eingegangen werden [3.1] [3.17].

Zusammenfassung

Wechsel- und Drehstromsteller gestatten, die Spannung an einer Last in einem großen Bereich zu stellen. Wenn dazu die Schwingungspaketsteuerung verwendet wird, treten weder Blindleistung noch Verzerrungen der Netzströme auf.

3.7.3. Anwendungsgebiete

3.7.3.1. Hochspannungssteuerung mit Thyristorschaltwerk

Zur Konstanthaltung der Spannung von Energieversorgungsnetzen, zur Temperaturregelung von Öfen usw. eignen sich Transformatoren mit Anzapfungen auf der Primär- oder auf der Sekundärseite. Wenn häufiges Umschalten notwendig ist, können an Stelle von mechanischen Lastumschaltern mehrere Paare von antiparallel geschalteten Thyristoren eingesetzt werden. Ein Beispiel hierfür ist die Hochspannungssteuerung mit Thyristorschaltwerk für Lokomotiven mit Einphasenkommutatormotoren für 16 2/3 Hz (Bild 3.72). Wenn z. B. der Wechselstromsteller *WS1* Strom führt, kann *WS2* über den Kontakt *K2* des Wählerschaltwerks mit jeder beliebigen Anzapfung des Transformators *Tr1* verbunden werden. Beim Nulldurchgang des Stroms durch *WS1* wird dann *WS2* zugeschaltet usw. Durch Verzögerung der Zündung kann die Spannung auch zwischen den Anzapfungen stetig variiert werden. — Die Wechselstromsteller werden bei einer Fahrdrahtspannung von 15 kV und z. B. 30 Anzapfungen nur für die Stufenspannung von 500 V und für den Effektivwert des vom Motor aufgenommenen Stroms ausgelegt, so daß insgesamt nur vier Scheibenthyristoren benötigt werden. — Der Wirkungsgrad und der Verschiebungsfaktor sind sehr hoch, während der Klirrfaktor des Stroms in der Fahrleitung niedrig ist.

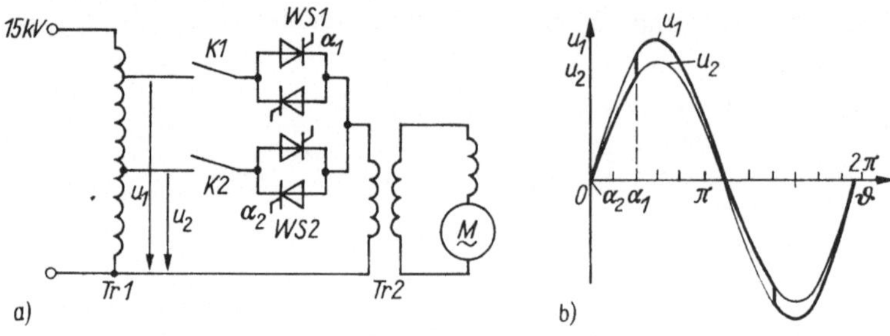

Bild 3.72. Grundschaltung einer Hochspannungssteuerung mit Thyristorschaltwerk

Tr1 Transformator mit Anzapfungen; *Tr2* Haupttransformator; *K* Kontakte des Wählerschaltwerks; *WS* Wechselstromsteller; *M* Fahrmotor

3.7.3.2. Beleuchtungseinrichtungen

Ein Beispiel für einen Lichtsteller, der mit einsetzender Dunkelheit selbsttätig einschaltet, z. B. für die Konsumgüterelektronik, zeigt Bild 3.73. Der Lichtstrom der Lichtquelle *L* wird mit Hilfe des Triacs *Tr* gesteuert. Die Zündung erfolgt über den Diac *Di*. Ein Diac ist ein Fünfschichtelement, ähnlich einem Triac (vgl. Bild 2.35b und c), wird jedoch nicht über ein Gate, sondern über die Nullkippspannung $U_{(BO)} = 26 \ldots 36$ V in positiver oder negativer Schaltrichtung gezündet.

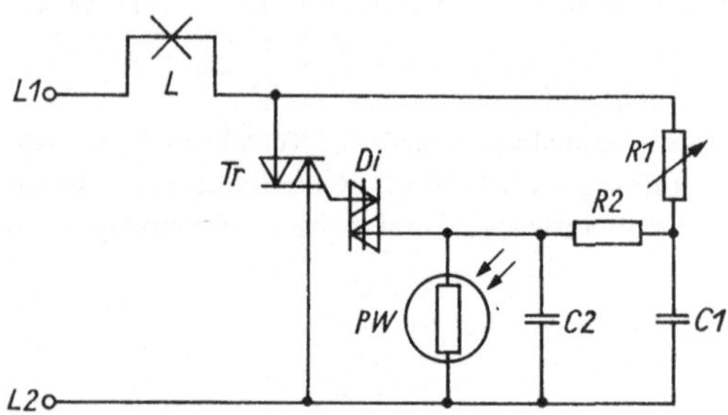

Bild 3.73. Schaltung eines selbsttätigen Lichtstellers

L Lichtquelle; *Tr* Triac; *Di* Diac; *PW* Fotowiderstand

Der Zündverzögerungswinkel ist klein, wenn der Stellwiderstand *R1* klein ist und die beiden Kondensatoren schnell auf die Nullkippspannung des Diacs geladen werden. Mit zunehmender Helligkeit nimmt der Fotowiderstand *FW* ab, und die Nullkippspannung des Diacs wird erst später erreicht.

Wenn der Lichtstrom von Leuchtstofflampen mit einem Wechselstromsteller geregelt werden soll, müssen die üblichen Starter der Lampen durch Heiztransformatoren ersetzt werden. Dann zündet die Entladung auch, wenn niedrige Spannungen an die Lampe gelegt werden.

Einen Steller für eine Flughafen-Befeuerungsanlage zeigt Bild 3.74. Die Reihenschaltung der Lampen hat folgende Vorteile: Die Lampen führen gleichen Strom unabhängig von ihrer häufig sehr beträchtlichen Entfernung vom Steller; wenn eine Lampe durch Kurzschluß oder Unterbrechung ihres Strompfads ausfällt, wird der Strom durch die übrigen Lampen mit Hilfe des Wechselstromstellers konstant auf dem Wert gehalten, der die gewünschte Beleuchtungsstärke gewährleistet.

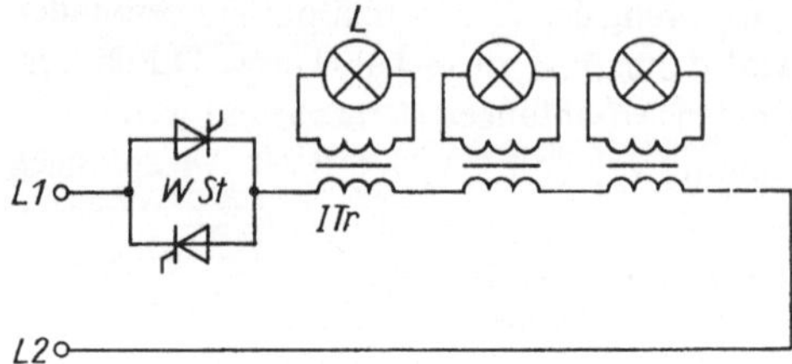

Bild 3.74. Steller für Flughafen-Befeuerungsanlagen

WSt Wechselstromsteller; *ITr* Isoliertransformatoren; *L* Lampen

3.7.3.3. Steller für Widerstandsschweißgeräte

Im Gegensatz zum Lichtbogenschweißen, bei dem mit Gleichstrom gearbeitet wird (vgl. Abschn. 3.5.5.3), wird zum Widerstandsschweißen Wechselstrom verwendet (Bild 3.75). Der Schweißtransformator *ST* wird über den Wechselstromsteller *WSt* vom Netz gespeist und gibt Schweißströme bis zu 10^5 A bei Spannungen bis zu 10 V an die beweglichen Elektroden *E* ab. Dabei wirken die mechanischen Kräfte *K* auf die zu verbindenden Stellen der Schweißteile.

Zur Regelung der Schweißstromstärke wird der Zündverzögerungswinkel α über das Ansteuergerät *AG* vorgegeben, oder α wird über den Regelverstärker *RV* von der Differenz zwischen dem Sollwert I_s und dem Istwert I_i des Schweißstroms abgeleitet. Der Schweißzeitgeber *SG* gibt beim Punktschweißen die Dauer T_E der Schweißzeit, beim Nahtschweißen auch die Dauer T_A der stromlosen Pause vor. Die Steuerung muß gewährleisten, daß jedes Spiel mit einer *negativen* Stromhalbwelle endet, damit die Remanenz im Eisen des Transformators negativ ist, und daß das darauffolgende Spiel mit einer *positiven* Halbwelle des Schweißstroms beginnt. Dann treten keine Einschaltstromstöße (Rush-Effekt) auf.

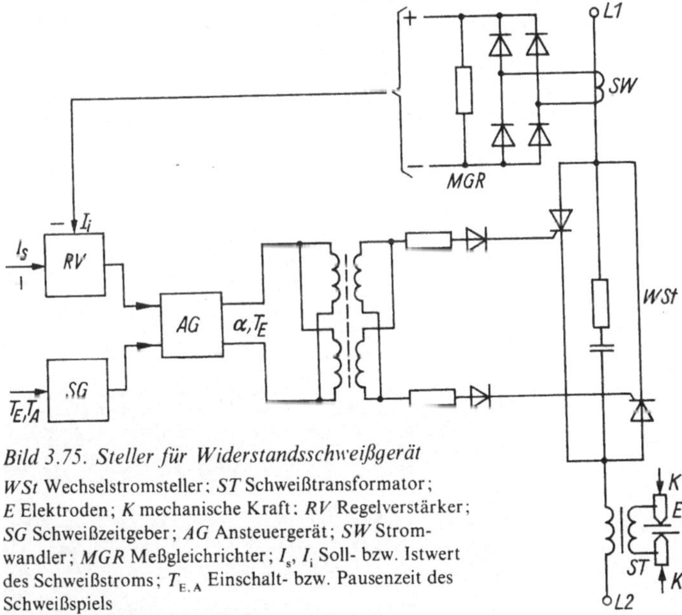

Bild 3.75. Steller für Widerstandsschweißgerät
WSt Wechselstromsteller; *ST* Schweißtransformator; *E* Elektroden; *K* mechanische Kraft; *RV* Regelverstärker; *SG* Schweißzeitgeber; *AG* Ansteuergerät; *SW* Stromwandler; *MGR* Meßgleichrichter; I_s, I_i Soll- bzw. Istwert des Schweißstroms; $T_{E,A}$ Einschalt- bzw. Pausenzeit des Schweißspiels

3.7.3.4. Hochspannungsgleichrichter für Elektrofilter

Hochspannungselektrofilter dienen zur Entstaubung von Industriegasen, vor allem in Kraftwerken, Zementwerken und in der chemischen und Hüttenindustrie. Da die Zusammensetzung der zu filternden Gase nicht konstant ist, sondern sich oft sprunghaft ändert, ist ein Stellglied erforderlich, das in möglichst kurzer Zeit die Hochspannung in der Filterkammer optimal einstellt.

Bild 3.76 zeigt einen Hochspannungsgleichrichter. Die Strombegrenzungsdrossel *SD*, der Hochspannungstransformator *HT* und der Hochspannungsgleichrichter *GR* in Zweipuls-Brückenschaltung mit einer großen Zahl von in Reihe geschalteten Siliziumdioden (bei kleineren Strömen auch Selenplatten) befinden sich in einem gemeinsamen Ölkessel. Zur Steuerung der Hochspannung dient der Wechselstromsteller *WS*. Es werden Geräte für Gleichspannungen von 25 ... 100 kV bei Strömen bis zu mehreren Ampere gebaut. Bei größeren Leistungen setzt man Drehstromsteller mit nachfolgendem Gleichrichter in Drehstrom-Brückenschaltung ein (Bild 3.70c). Die Staubteilchen werden von der Sprühelektrode *SE* des Elektroabscheiders *EA* negativ geladen. Sie wandern unter dem Einfluß des elektrischen Feldes zu den positiv geladenen, plattenförmigen, geerdeten Elektroden und sammeln sich dort an. Eine Besonderheit stellen betriebsmäßig bedingte, während eines Filterdurchschlags auftretende Kurzschlußströme dar, die durch eine Drossel auf die drei- bis vierfache Höhe des Nennstroms begrenzt werden. Nach jedem Filterdurchschlag oder Überstrom werden die Impulse für 2 Stromhalbwellen gesperrt, und anschließend wird der Sollwert mit einer einstellbaren Anstiegszeit von Null aus wieder hochgefahren, so daß immer wieder die maximal mögliche Arbeitsspannung erreicht wird. Das Prinzip der beschriebenen Stromversorgung kann auch für andere Hochspannungsverbraucher, z. B. HF-Sender, angewendet werden.

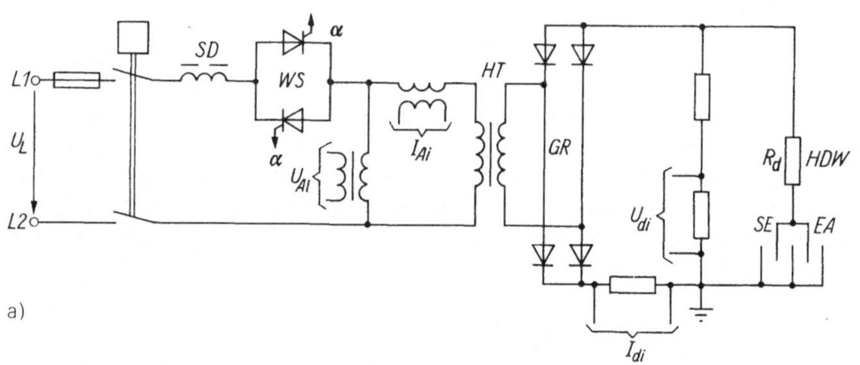

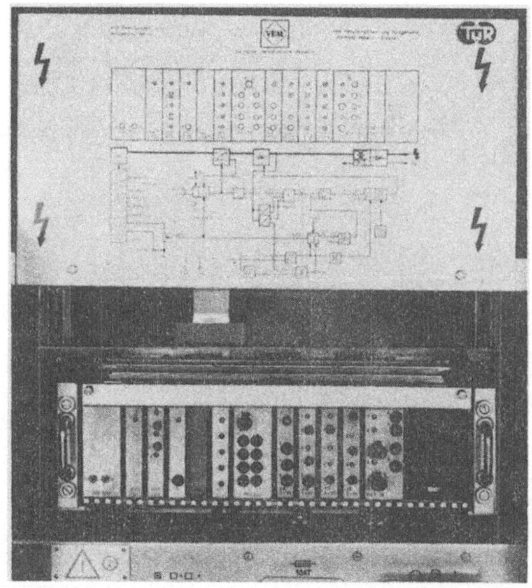

Bild 3.76. Hochspannungserzeuger für Elektroabscheider

a) Schaltbild. *SD* Strombegrenzungsdrossel; *WS* Wechselstromsteller; *HT* Hochspannungstransformator; *GR* Diodengleichrichter; *HDW* Hochspannungs-Dämpfungswiderstand; *EA* Elektroabscheider; *SE* Sprühelektrode; U_{Ai}, I_{Ai}, U_{di}, I_{di} Spannungs- und Strom-Istwert am Ausgang des Wechselstromstellers bzw. auf der Gleichstromseite

b) Gleichspannungserzeuger für 92 kV (Leerlauf-Scheitelwert) und 500 mA (Mittelwert). Das Ölgefäß enthält den Hochspannungstransformator, die Drossel zur Begrenzung des Kurzschlußstroms, den Silizium-Hochspannungsgleichrichter, Meßwiderstände und Schutzeinrichtungen.
Werkbild TuR Dresden

c) Informationselektronik mit Prinzipschaltbild im Steuerschrank
Werkbild TuR Dresden

3.7.3.5. Temperaturregelung

Zur Regelung der Temperatur von Industrieöfen, Kunststoffverarbeitungsmaschinen usw. mit indirekter Widerstandserwärmung kann ein Wechselstromsteller mit einem Triac (oder mit zwei antiparallel geschalteten Thyristoren) eingesetzt werden (Bild 3.77). Die Differenz zwischen dem Istwert $U_i = k\vartheta_i$ (ϑ_i Temperatur) der Thermospannung des Thermoelements *TE* und dem Sollwert U_s des Sollwertgebers *SG* beeinflußt über einen Regelkreis mit unterlagerter Stromregelung das Ansteuergerät *AG*. — Der Thyristor im Gleichstromausgang der Diodenbrücke *DB* schaltet den Wechselstrom zum Ansteuern des Triacs *Tr* synchron mit der Netzspannung ein. Wenn die Polarität der Netzspannung wechselt, kehrt auch die Richtung des Steuerstroms zum Triac um.

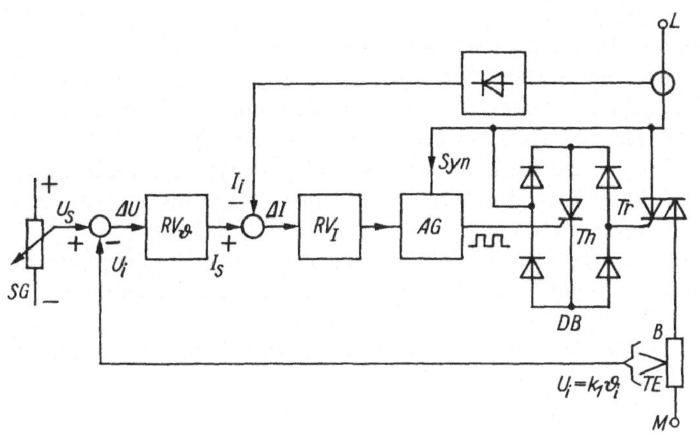

Bild 3.77. Wechselstromsteller mit Triac zur Regelung der Temperatur

SG Sollwertgeber; RV_ϑ, RV_I Regelverstärker für Temperatur ϑ bzw. Wechselstrom *I*; *AG* Ansteuergerät; *TH* Thyristor; *Tr* Triac; *B* Last; *TE* Thermoelement; U_s, U_i, I_s, I_i Soll- und Istwerte der der Temperatur entsprechenden Spannungen bzw. des Stroms

3.7.3.6. Spannungssteuerung von Asynchronmotoren [3.1] [3.17]

Im Abschnitt 4.2.4 werden die günstigen Eigenschaften des Asynchronmotors bei Drehzahlstellung über die *Frequenz* des Ständerstroms beschrieben, wobei freilich der Aufwand für den *Wechselrichter* recht groß ist. Dagegen behandelt der vorliegende Abschnitt die Drehzahlstellung des Asynchronmotors über die Ständer*spannung* mit Hilfe eines *Drehstromstellers*. Der Aufwand dafür ist verhältnismäßig gering, doch hat der Asynchronmotor bei verminderter Spannung und erhöhtem Schlupf einige so ungünstige Eigenschaften, daß diese Art der Steuerung nur in einigen Sonderfällen und für Leistungen bis zu höchstens 50 kW vorteilhaft ist.

Bild 3.78 zeigt einen Drehstromsteller mit den Wechselstromstellern *WSt1,2,3* in den Zuleitungen zum Ständer des Motors. Die Steller *WSt4,2,5* dienen zum Vertauschen zweier Stränge und damit zur Umkehr der Drehrichtung des Läufers.

Bei *Phasenanschnittsteuerung* wirkt sich die Verringerung der Ständerspannung U_s, und zwar besonders deren Grundschwingung U_{1s}, in hinreichender Näherung wie folgt auf das Drehmoment M_d des Motors aus:

$$M_d = k \frac{U_{1s}^2}{S/S_K + S_K/S}; \tag{3.395}$$

k eine Konstante; *S* Schlupf; S_K Kippschlupf.

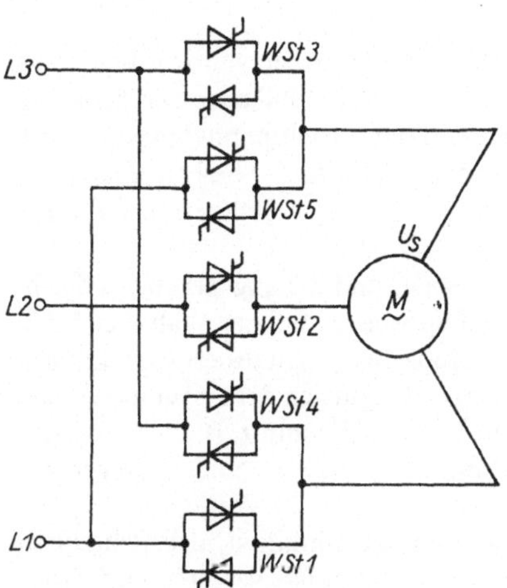

Bild 3.78. Drehstromsteller zur Spannungssteuerung eines Asynchronmotors

WSt1,2,3 Wechselstromsteller für Rechtslauf
WSt4,2,5 desgl. für Linkslauf

Die Oberschwingungen der Ständerspannung rufen keine wesentlichen zusätzlichen Drehmomente hervor, vergrößern aber die Stromwärme- und die Magnetisierungsverluste nicht unerheblich.

Aus (3.395) folgt, daß das Kipp- und das Anlaufmoment des Motors bei Spannungssteuerung proportional U_{1s}^2 absinken. — Für Zündverzögerungswinkel, die größer als etwa $\pi/2$ sind, ist das Drehmoment wesentlich kleiner, als (3.395) ergibt.

Die Stromwärmeverluste nehmen mit dem Schlupf schnell zu und damit auch beim Kurzschlußläufer die Erwärmung des Läufers; außerdem wird die Abführung der Wärme bei Eigenbelüftung bei niedrigen Drehzahlen schlechter. Demgegenüber hat der Asynchronmotor mit Schleifringläufer den Vorteil, daß die Verlustwärme in den äußeren Läuferwiderständen umgesetzt wird.

Bei *Dauerbetrieb* übersteigen die Verluste und die Erwärmung des Läufers nur dann nicht die zulässigen Grenzen, wenn das Widerstandsmoment des Antriebs z. B. quadratisch mit der Drehzahl absinkt, wie bei Lüftern und Kreiselpumpen.

Für *Kurzzeitbetrieb*, z. B. für Hebezeuge oder für die Hochlaufregelung von Asynchronmotoren mit kleinem Ruck zu Hochlaufbeginn und konstanter Beschleunigung während des Hochlaufs, ist die Spannungssteuerung gut geeignet.

Im *Stillstand* kann der Motor über längere Zeit nur dann ohne Übertemperatur ein nützliches Drehmoment entwickeln, wenn er einen Läufer mit erhöhtem Widerstand, also z. B. einen Eisenzylinder (Masseläufer) hat, so daß sein größtes Drehmoment bei Stillstand auftritt. Dann ist er für Stellantriebe gut geeignet, z. B. zur Elektrodenregelung von Elektrostahlöfen in einem Leistungsbereich von 2 bis 10 kW.

Wenn der Ständerstrom mit Hilfe des Drehstromstellers periodisch ein- und ausgeschaltet wird (Schwingungspaketsteuerung), kann man auf den Steller *WSt2* im Bild 3.78 verzichten. Das mittlere Drehmoment M_{da} des Motors ist dann (vgl. (3.395))

$$M_{da} = \frac{T_E}{T_E + T_A} k \frac{U_s^2}{S/S_K + S_K/S}. \tag{3.396}$$

Die Einschalt- und die Ausschaltzeiten T_E bzw. T_A werden so geregelt, daß sich der Läufer mit dem vorgegebenen Schlupf dreht. Die Verluste entsprechen der Größe des jeweiligen Schlupfes und begrenzen die Belastbarkeit des Motors, ähnlich wie bei der Phasenanschnittsteuerung. Günstig ist, daß der Motor während der Einschaltzeit mit sinusförmiger Spannung betrieben wird; dagegen ist das pulsierende Drehmoment ungünstig.

Bei Leistungen bis zu etwa 50 W kann man die Drehzahl eines Zweiphasenasynchronmotors (z. B. eines Ferrarismotors mit Aluminiumläufer) mit geringem Aufwand, aber mit noch ungünstigerem Wirkungsgrad steuern, wenn die Spannung nur einer Phase mit einem Wechselstromsteller herabgesteuert wird, während an der zweiten Phase eine konstante Spannung liegt.

3.8. Meßverfahren für netzgelöschte Stromrichter [2.28]

Es gelten wieder die allgemeinen Hinweise, die im Abschnitt 2.6.1 (S. 109) gegeben wurden, besonders auch in bezug auf die Einsatzgebiete von mikrorechnergesteuerten Prüf- und Meßplätzen. Das bedeutet, daß man z. B. die Meßinstrumente im Bild 3.79 auf der Netz- und auf der Gleichspannungsseite durch Analog-Digital-Umsetzer ersetzt und deren Signale einem Rechner zuführt. — Selbstverständlich können auch die Rechenoperationen (Multiplikation, Integration usw.) in den Meßgeräten nach den Bildern 3.81 und 3.82 analog oder digital durchgeführt werden.

Stromrichter führen häufig stark verzerrte Ströme auf der Netzseite, und die abgegebenen Gleichspannungen und -ströme können beträchtliche Oberschwingungen aufweisen. Bei der Wahl der Meßverfahren und der Meßgeräte muß dies beachtet werden. Falls die Meßgrößen digitalisiert sind, können die Ordnungszahlen und die Amplituden der Grund- und der Oberschwingungen der Spannungen und Ströme mit Hilfe einer Fourier-Analyse berechnet werden. Damit lassen sich dann z. B. die Netzrückwirkungen des Stromrichters und die Wirk- und die Blindleistung der einzelnen Schwingungen bestimmen.

Im vorliegenden Abschnitt wird vorausgesetzt, daß die Netzspannung sinusförmig ist, also nicht durch den Prüfling selbst oder durch andere Verbraucher am gleichen Anschlußpunkt verzerrt wird. Messungen, die Verzerrungen der Netzspannungen berücksichtigen, werden in [2.28] beschrieben. — Es wird auch vorausgesetzt, daß die Spannungen des Drehstromnetzes symmetrisch sind.

3.8.1. Prüfen von Gleichrichtern

Bei der Inbetriebnahme eines Stromrichters, nach größeren Reparaturen usw. kann es zweckmäßig sein, die wichtigsten Kennwerte des Gerätes an Hand von Messungen zu überprüfen. Bild 3.79 gibt zwei Beispiele für die Auswahl und Anordnung der dafür benötigten Meßgeräte. In Tafel 3.5 sind die Meßgerätetypen V_a, V_e (Voltmeter für arithmetischen Mittelwert bzw. Effektivwert) usw. angegeben, die zur Messung der Spannungen, Ströme und Leistungen gebraucht werden. — Die Nennwerte von Gleichspannung und -strom sowie andere wesentliche Kennziffern können üblicherweise von den Typenschildern der Geräte abgelesen werden. Damit und mit den in Tafel 3.5 angegebenen Formeln

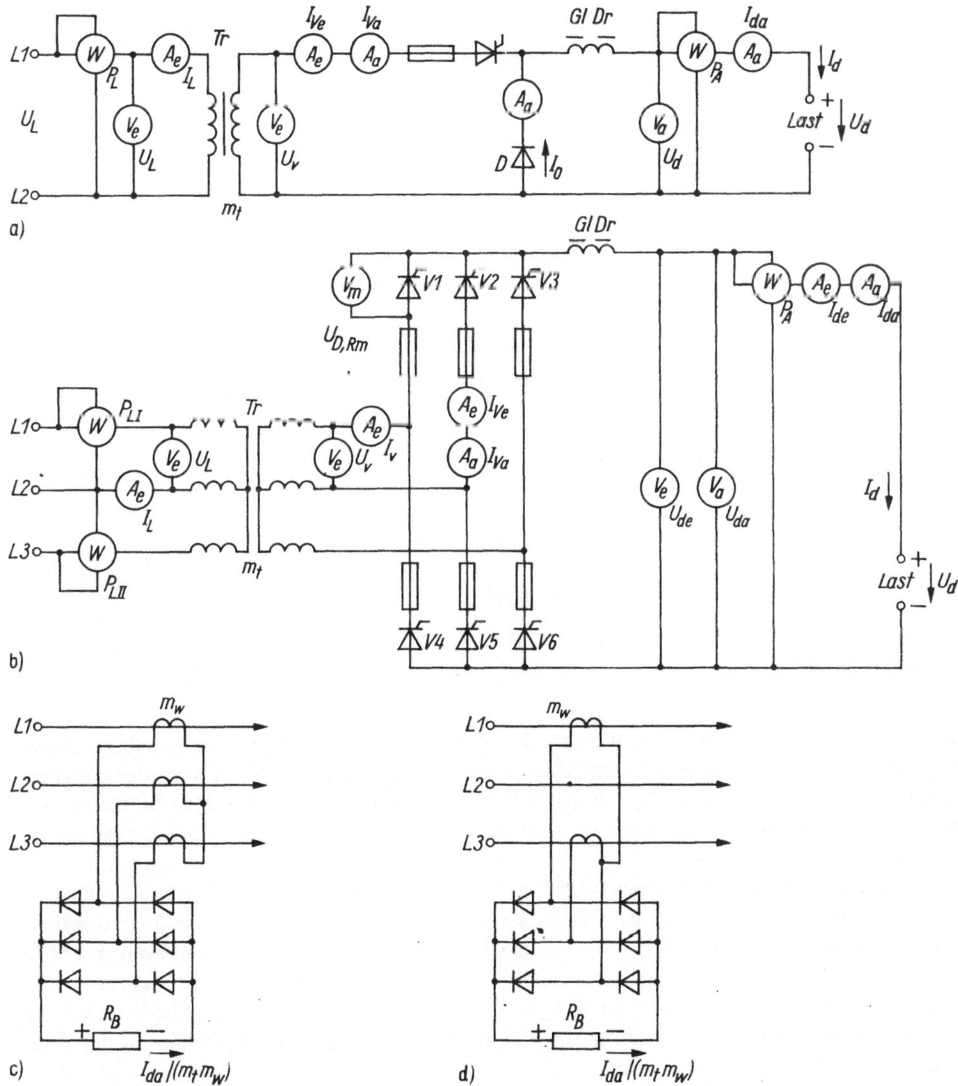

Bild 3.79. Meßinstrumente zur Prüfung von Gleichrichtern

a) Einpulsgleichrichter mit Freilaufzweig; b) Stromrichter in Sechspuls-Brückenschaltung; c) Strommessung auf der Netzseite mit drei Wandlern; d) desgl. mit zwei Wandlern in V-Schaltung

Tafel 3.5. Prüfung von netzgelöschten Stromrichtern

Schaltungen: a) Einpulsgleichrichter mit Freilaufzweig (Bild 3.79a); b) Sechspulsgleichrichter in Brückenschaltung (Bild 3.79b)
Indizes: e Effektivwert, a arithmetischer Mittelwert, N Nennwert

Meßgröße	Formelzeichen	Meßgerätetyp (vgl. Tafel 3.6)	Größter ideeller Meßwert bei Nenngleichspannung U_{dN} und -strom I_{dN}, vollständig geglättet	
			Schaltung	
			a)	b)
Netzseite				
Netzspannung	U_L	V_e	U_{LN}	U_{LN}
Netzstrom	I_L	A_e	$0{,}5I_{dN}/m_t$	$0{,}82I_{dN}/m_t$
Wirkleistung	P_L	W	$1{,}11U_{dN}I_{dN}$	$1{,}05U_{dN}I_{dN}$
Ventile				
Mittlerer Strom	I_{Va}	A_a	$I_{dN}/2$	$I_{dN}/3$
Max. Blockier- oder Sperrspannung	$U_{D,Rm}$	V_m	$3{,}14U_{dN}$ periodisch	$1{,}05U_{dN}$
Sicherungs-Nennstrom (Effektivwert)	I_{Ve}	A_e	$0{,}707I_{dN}$	$0{,}58I_{dN}$
Gleichstromseite				
Gleichspannung				
Mittelwert	U_{da}	V_a	U_{dN}	U_{dN}
Effektivwert*	U_{de}	V_e	$1{,}57U_{dN}$	$1{,}001U_{dN}$
Gleichstrom				
Mittelwert	I_{da}	A_a	I_{dN}	I_{dN}
Effektivwert*	I_{de}	A_e	$1{,}57I_{dN}$	$1{,}001I_{dN}$
Leistung	P_d	W	$U_{dN}I_{dN}$	$U_{dN}I_{dN}$

* ohne Glättung, Widerstandslast

werden die ideellen (d. h. ohne Berücksichtigung der Verluste) zu erwartenden Meßwerte geschätzt. Hieraus folgt der Meßbereich, für den die Instrumente ausgewählt werden. Wenn noch der Magnetisierungsstrom des Transformators, die Spannungsabfälle und Verluste in den einzelnen Bauteilen usw. einbezogen werden, können die tatsächlich beobachteten Meßwerte mit den vorausberechneten verglichen werden.

Auf der *Eingangsseite* werden die Effektivwerte von Netzspannung und -strom U_L und I_L mit dem Voltmeter V_e und dem Amperemeter A_e gemessen. Bei größeren Anlagen ist es günstig, auch den mittleren Gleichstrom potentialfrei durch Messung auf der Eingangsseite zu ermitteln, und zwar mit Hilfe von drei oder auch nur zwei Stromwandlern, einem Gleichrichter in Drehstrom-Brückenschaltung und einer Bürde R_B, über der die Spannung $R_B I_{da}/mtm_w$ abfällt (Bild 3.79c und d). Die Wirkleistung wird am Einphasennetz mit dem Leistungsmesser W, am Dreiphasennetz ohne Nulleiter mit der Zweiwattmetermethode bestimmt, bei der

$$P_L = P_{LI} + P_{LII}\,. \tag{3.397}$$

Die *Beanspruchung der Ventile* wird mit dem Strommesser A_a (Mittelwert) gemessen. Bei größeren Anlagen kann es auch erwünscht sein, die größten periodisch und nichtperiodisch über dem Ventil auftretenden Blockier- und Sperrspannungen z. B. mit einem Oszilloskop zu beobachten. — Der Nennstrom der mit jedem Ventil in Reihe geschalteten Sicherung muß mit dem gemessenen Effektivwert I_{Ve} des Ventilstroms übereinstimmen.

Auf der *Gleichstromseite* werden die vorgegebenen Größen der Gleichspannung U_{dN} und des Gleichstroms I_{dN} bei möglichst guter Glättung mit den Meßgeräten V_{a} und I_{a} eingestellt. Die Effektivwerte U_{de} und I_{de} der Ausgangsgrößen ohne Glättung und bei Widerstandslast dienen zur Berechnung des Formfaktors (3.10) und der Welligkeit (3.12). Die so bestimmte Welligkeit ist größer, als die in Tafel 3.1 angegebene, da die Welligkeit der Gleichspannung durch die Überlappung der Ventilströme und auch ggf. durch Zündverzögerung, die zum Einstellen der Nenngleichspannung notwendig sein kann, vergrößert wird. Von den gemessenen Werten der Welligkeit ohne Glättung ausgehend, kann durch eine weitere Messung die Wirksamkeit von Glättungsdrosseln und -kondensatoren beurteilt werden.

Bei der Sechspuls-Brückenschaltung ist der Unterschied zwischen dem Effektivwert und dem Mittelwert der Gleichgrößen zu gering, um davon die Welligkeit hinreichend genau abzuleiten. Bei der im Bild 3.80 gezeigten Meßschaltung halten die Kondensatoren *C1* und *C2* die Gleichanteile der Spannung und des Stroms von den Spannungsmessern V_{e} fern, so daß die überlagerten Komponenten U_{σ} und $R_{\mathrm{M}}I_{\sigma}$ von diesen beiden Instrumenten abgelesen werden können. Die Welligkeit folgt daraus unmittelbar mit (3.11).

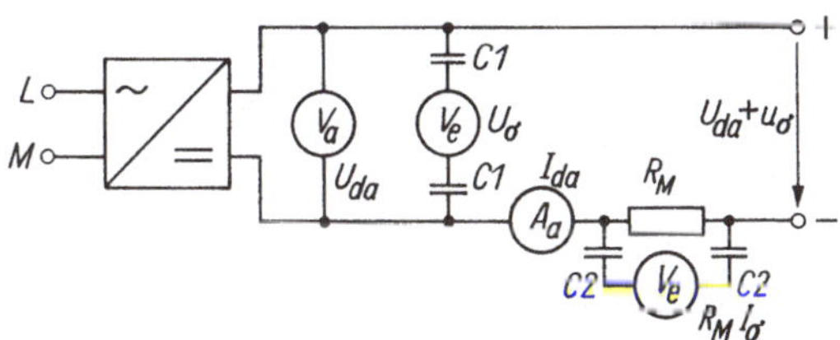

Bild 3.80. Meßschaltung für die der Gleichspannung U_{da} überlagerte Wechselspannung U_{σ} und für den überlagerten Wechselstrom I_{σ}

3.8.2. Wahl des Meßgerätetyps

Tafel 3.6 zeigt, daß zur Messung einer bestimmten Größe mehrere Meßgerätetypen in Betracht kommen. Es sollen deshalb einige Hinweise zur Wahl des Meßgerätetyps gegeben werden. Dabei wird besonders interessieren, wie sich Oberschwingungen der Meßgröße auf die Genauigkeit des Meßgerätes auswirken.

3.8.2.1. Spannungen und Ströme

Dreheisenmeßwerke werden häufig für betriebliche Messungen von Wechselspannungen und -strömen eingesetzt. Oberschwingungen der Meßgrößen von mehr als etwa 100 Hz erhöhen nur unzureichend das Drehmoment des Meßwerks, so daß dadurch Meßfehler von zumindest mehreren Prozent auftreten können.

Elektrodynamische Spannungs- oder Strommesser mit Eisenschluß zeigen meist erst ab einigen 100 Hz wesentliche Meßfehler, während Dynamometer mit eisenlosen Systemen bei den höchsten Oberschwingungen, die bei Stromrichtern am 50-Hz-Netz noch interessieren, keine erheblichen Fehler aufweisen.

Elektronische Spannungs- und Strommesser haben auch bei stark verzerrten Kurvenformen höchste Genauigkeit. Bild 3.81 zeigt ein Prinzipschaltbild für ein derartiges Meßgerät, welches durch analoges oder digitales Quadrieren, Integrieren und Wurzelziehen *ohne* vorgeschalteten Tiefpaß *TP* die Effektivwerte U_{e} und I_{e} der Meßgrößen und *mit* Tiefpaß die Effektivwerte $U_{1\mathrm{e}}$ und $I_{1\mathrm{e}}$ der Grundschwingung dieser Größen anzeigt. Damit das Meßwerk nicht momentan übersteuert oder seine Isolation mit einer zu hohen Spannung beansprucht wird, sollte der Spitzenwert der zu messenden Spannung nicht mehr als das Fünf- bis Fünfzehnfache des Endwerts des gewählten Bereiches betragen.

Wenn dem elektronischen Meßgerät ein durchstimmbares Filter mit schmalem Durchlaßbereich vorgeschaltet wird, können die Effektivwerte der Grundschwingung und der einzelnen Oberschwingungen der Meßgröße abgelesen werden. Das gleiche Gerät, aber mit einem Hochpaß, der die Grund-

Tafel 3.6. Meßgerätetypen für Spannungen, Ströme und Leistungen mit Oberschwingungen

Meßgröße		Meßgerätetyp	Bezeichnung auf Bild 3.79 und Tafel 3.5	Bemerkung
Wechselspannung oder -strom	Effektivwert	Dreheisen	V_e, A_e	nur bei geringer Verzerrung
		Dynamometer elektronischer Spannungsmesser Thermoumformer		
		Drehspule mit Gleichrichter		mißt gleichgerichteten Mittelwert
	Grund-schwingung, Ober-schwingungen	Selektivvoltmeter		
	Klirrfaktor	Klirrfaktormeßgerät		
Gleichspannung oder -strom	Gleichwert	Drehspule Meßwandler für hohe Gleichströme	V_a, A_a	
	Welligkeit	Welligkeitsmeßgerät		
Wechsel- oder Gleichgrößen, Mischgrößen	Spitzenwert	*RC*-Kreis und Voltmeter Oszilloskop	V_m	
	Effektiv- bzw. Gleichwert	induktive Wandler nichtinduktive Nebenwiderstände Spannungsteiler		
Wirkleistung	Mittelwert	elektrodynamische, thermische, elektronische Leistungsmesser Zweiwattmetermethode	P, P_1	mit vorgeschaltetem Tiefpaß nur Grundschwingungswirkleistung
Grundschwingungsblindleistung	Mittelwert	Blindleistungsmesser	Q_1	nur bei sinusförmiger Spannung, sonst mit vorgeschaltetem Tiefpaß

schwingung sperrt, zeigt den Effektivwert aller Oberschwingungen an. Auf diese Weise werden der Grundschwingungsgehalt, die Teilklirrfaktoren und der Gesamtklirrfaktor der Meßgröße gefunden (vgl. (3.159) bis (3.161)).

Universalmeßgeräte, die aus einem Gleichrichter und einem Drehspulinstrument bestehen, messen den arithmetischen Mittelwert der gleichgerichteten Meßgröße. Bei rein sinusförmigem Verlauf ist der Effektivwert der Meßgröße um den Formfaktor $f = 1{,}11$ größer als ihr Mittelwert, und die Wechselstromskale ist entsprechend geeicht. Bei Meßgrößen mit Oberschwingungen ist der Formfaktor aber größer, und die Anzeige ist zu niedrig.

Es sei noch erwähnt, daß es auch einfache elektronische Meßgeräte gibt, die auf der Wechselstromskale nicht den wahren Effektivwert, sondern nur den gleichgerichteten Mittelwert der Meßgröße anzeigen.

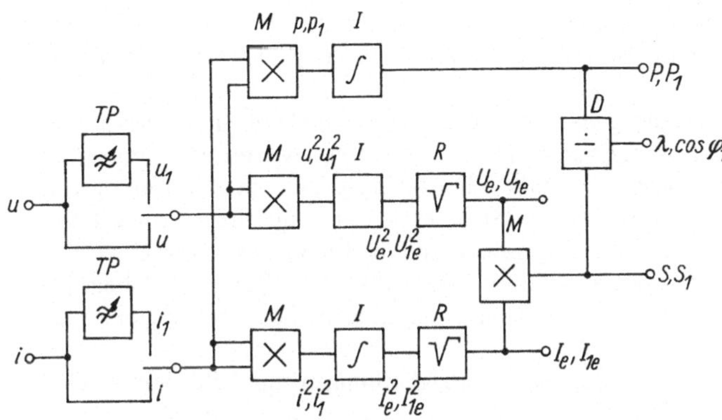

Bild 3.81. Prinzipschaltbild zur Messung von U_e, I_e, P, S und λ ohne Tiefpässe TP; U_{1e}, I_{1e}, P_1, S_1 und cos φ_1 mit Tiefpässen

3.8.2.2. Leistung

Elektrodynamische Leistungsmesser haben grundsätzlich die gleichen Elemente wie die schon erwähnten Spannungs- und Strommesser gleichen Meßprinzips und bieten dieselben ausgezeichneten Eigenschaften. Sie zeigen die Wirkleistung an, ggf. einschließlich deren Oberschwingungs- und Gleichstromkomponenten.

Auch *thermische* Leistungsmesser messen die gesamte Wirkleistung mit geringsten Fehlern bis zu hohen Frequenzen.

Elektronische Leistungsmesser arbeiten ebenfalls bei stark verzerrten Kurvenformen mit großer Genauigkeit. Bei dem im Bild 3.81 gezeigten Gerät werden durch Multiplikation und Integration der Momentanwerte der Spannung u und des Stroms i oder deren Grundschwingungen u_1 und i_1 die mittlere Wirkleistung P und die Grundschwingungswirkleistung P_1 berechnet. Die Multiplikation der Effektivwerte der Spannung U_e und des Stroms I_e oder deren Grundschwingungskomponenten U_{1e} und I_{1e} ergibt die Scheinleistung S bzw. S_1. Wenn schließlich noch P_1 durch S_1 oder P durch S geteilt wird, wird der Verschiebungsfaktor cos φ_1 oder der Leistungsfaktor λ angezeigt (vgl. (3.169) und (3.170)).

Die *Zweiwattmetermethode* ist schon im Zusammenhang mit Bild 3.79b erwähnt worden. Bild 3.82 zeigt diese Messung mit elektronischen Bausteinen. Die Differenzverstärker *DV* bilden die momentanen Spannungen zwischen den Leitern $(u_{L1} - u_{L2})$ und $(u_{L3} - u_{L2})$, die dann mit den Strömen i_{L1} und i_{L3} multipliziert werden. Die Momentanwerte dieser Produkte werden im Addierer *A* zur momentanen Leistung p summiert. Der Tiefpaß *TP* überträgt nur die Gleichkomponente von p, die der gesamten Wirkleistung P der Grundschwingung zusammen mit den Oberschwingungen gleicht.

Blindleistungsmesser, bei denen die Phase der Grundschwingung des durch die Spannungsspule fließenden Stroms mit einer *L-C*-Kombination um 90° gedreht wird, messen die Grundschwingungsblindleistung bei verzerrten Strömen, jedoch nur bei sinusförmiger Netzspannung. Bei verzerrter Spannung muß ein Tiefpaß vorgeschaltet werden.

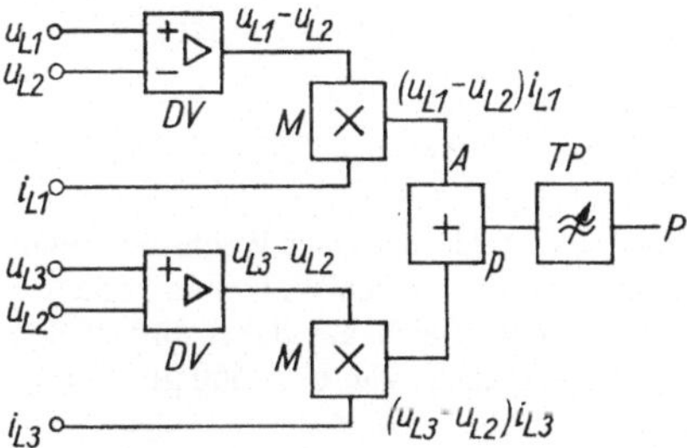

Bild 3.82. Elektronischer Leistungsmesser für Drehstrom

DV Differentialverstärker; *M* Multiplizierer; *A* Addierer; *TP* Tiefpaß

Zusammenfassung

Es wurde ein Überblick über die Wirkungsweise und über die wichtigsten Einsatzgebiete der Einpuls- und der Mehrpulsgleichrichter, der netzgelöschten Wechselrichter sowie der Wechsel- und Drehstromsteller gegeben. Besondere Aufmerksamkeit wurde der Auslegung der Ventile, des Transformators, der gleichstromseitigen Filter und der Einrichtungen zur Steuerung und Regelung der Ausgangsspannung gewidmet.

Wenn die Differentialgleichungen, die die genannten Schaltungen beschreiben, in geschlossener Form integriert werden, können von den Lösungen die Mittel- und die Effektivwerte der interessierenden Spannungen und Ströme im eingeschwungenen Zustand, in Abhängigkeit vom Zündverzögerungswinkel, von der Größe der Last, von Induktivitäten im Stromkreis usw. abgeleitet werden. Dies ermöglicht mit Hilfe einer Fourier-Analyse die Ordnungszahlen und die Effektivwerte der Oberschwingungen der Gleichspannung und der Netzströme zu bestimmen und so die allgemeinen Oberschwingungsgesetze aufzustellen. Man spricht in diesem Fall von der „klassischen, frequenzorientierten Beschreibung" der Stromrichter.

Dagegen bietet die angenäherte Integration der Differentialgleichungen mit Hilfe von Rechnern und die grafische Ausgabe der Ergebnisse folgende Vorteile: Das nichtstationäre Verhalten, also Einschaltvorgänge, Verläufe der Ströme bei Kurzschlüssen oder bei Havarien im Innern des Stromrichters selbst usw. können unmittelbar beobachtet werden; der Einfluß von Änderungen der Last oder der Glättungsglieder auf den Verlauf der Spannungen und Ströme ist leicht ablesbar; die Rückwirkungen der Stromrichter auf das vorgeschaltete Netz lassen sich, in Abhängigkeit von der Größe der Kompensationsglieder (vgl. Abschn. 6.1), schnell überschauen.

Schließlich sei noch erwähnt, daß die rechnergestützte Analyse eines Stromrichters ein wichtiger Bestandteil des rechnergestützten Entwurfs (CAD) von großen elektrotechnischen Anlagen ist.

3.9. Übungsaufgaben

Hinweise

In jedem Fall hat die Beantwortung der Fragen damit zu beginnen, daß die Schaltung skizziert wird und daß die für die Beantwortung der Fragen benötigten Formelzeichen in die Skizze eingetragen werden.

Wenn die Auslegung des Stromrichtertransformators, der Ventile und der Sicherungen gefordert wird, sind folgende Kenngrößen zu berechnen:

Stromrichtertransformator

ventil- und netzseitige Spannungen u_v, U_L und Ströme i_v, I_L (Effektivwerte)
Übersetzungsverhältnis $m_t = U_L/U_v$
ventil- und netzseitige Scheinleistung sowie Typenleistung S_v, S_L, S_t

Ventile

Nennstrom I_{VN} (Mittelwert)
Betriebsscheitelsperrspannung U_{Rm}

Sicherung in Reihe mit einem Ventil

Nennstrom I_{SN} (Effektivwert).

3.1. Aufladung eines Kondensators
Ein Kondensator kann von einer Gleichspannung oder auch über eine Diode von einer Wechselspannung geladen werden. In beiden Fällen muß der Scheitelwert des Ladestroms durch einen Widerstand oder eine Induktivität begrenzt werden. Die folgenden Aufgaben sollen einen Vergleich der dabei auftretenden Spannungen, Ströme usw. ermöglichen. Der Kondensator hat eine Kapazität von $C = 500\ \mu F$, und der Scheitelwert des Ladestroms soll $I_{Cm} = 5$ A nicht überschreiten.

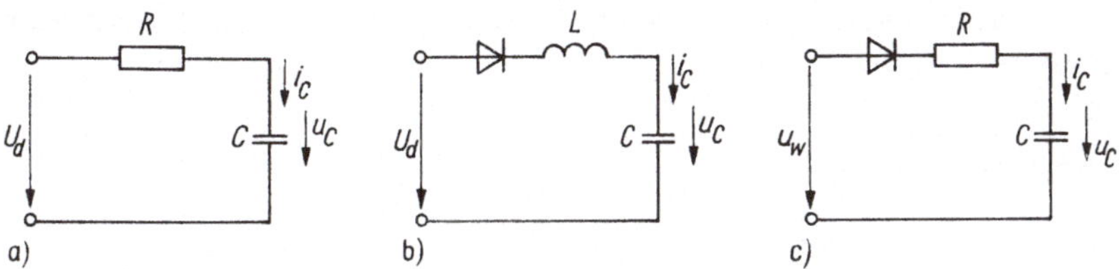

Bild 3.83. Zu Übungsaufgabe 3.1

3.1.1. Der Kondensator wird von einer 220-V-Gleichstromquelle über einen Widerstand geladen (Bild 3.83a).
 a) Wie groß muß der Widerstand sein?
 b) Wie verlaufen der Ladestrom $i_C = f(t)$ und die Spannung $u_C = f(t)$ über dem Kondensator?
 c) Wie lange dauert es, bis der Kondensator auf 95% des Endwerts der Spannung geladen ist?
 d) Welcher Anteil der vom Netz gelieferten Energie wird im Kondensator gespeichert, nachdem der Strom abgeklungen ist?

3.1.2. Im Ladekreis liegen eine Diode und eine Drossel. Netzspannung $U_d = 220$ V (Bild 3.83b)
 a) Wie verläuft der Ladestrom $i_C = f(t)$?
 b) Wie groß muß die Drossel sein?
 c) Wie verläuft die Spannung $u_C = f(t)$ über dem Kondensator? Auf welche Spannung wird der Kondensator aufgeladen? Skizzieren Sie i_C/I_{Cm} und u_C/U_d!
 d) Was ist die Aufgabe der Diode?

3.1.3. Der Kondensator wird von einer Wechselstromquelle $u_w = \sqrt{2}\, U_w \sin \vartheta$ über eine Diode und einen Widerstand R aufgeladen (Bild 3.83c)
 a) Berechnen Sie $i_C = f(\vartheta)$ während der ersten Periode der Netzspannung! Bei $\vartheta = 0$ ist $u_C = 0$.
 b) Es sei $U_w = 220$ V, $\vartheta = 314\ \text{s}^{-1}\, t$, $C = 500\ \mu\text{F}$, $R = 10\ \Omega$. Um den Höchstwert I_{Cm} des Ladestroms grafisch zu ermitteln, skizzieren Sie die eingeschwungene und die flüchtige Komponente i'_C bzw. i''_C des Stroms sowie auch $i_C = i'_C + i''_C$!
 c) Berechnen Sie $u_C = f(\vartheta)$ allgemein während der ersten Periode der Netzspannung. Skizzieren Sie den Verlauf von u_C. Auf welche Spannung ist der Kondensator am Ende der *ersten* Periode aufgeladen? Auf welche Spannung wird der Kondensator *endgültig* aufgeladen sein?

3.2. Eine Wechselspannung $u_w = \sqrt{2} \cdot 220\ \text{V} \sin 314\ \text{s}^{-1}\, t$ speist einen Lastwiderstand $R = 25\ \Omega$ über eine ideale Diode (Bild 3.84).

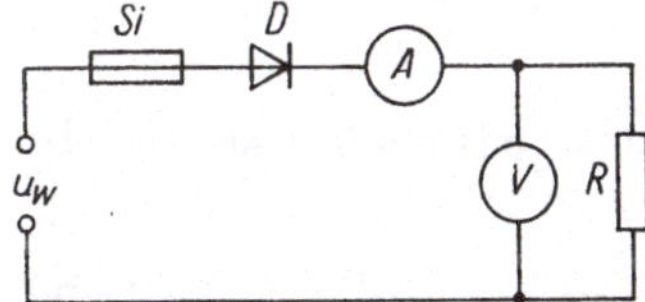

Bild 3.84. Zu Übungsaufgabe 3.2

 a) Zeichnen Sie den Verlauf der speisenden Spannung u_w, des Stroms i_d, der Spannung u_R über der Last und der Spannung u_v über der Diode in Abhängigkeit von der Zeit t!
 b) Für welchen maximalen Strom I_{Fm}, mittleren Strom I_{Fa} und für welche Betriebsscheitelsperrspannung U_{Rm} muß die Diode ausgewählt werden?
 c) Wie groß ist die Leistung P, die im Widerstand umgesetzt wird?
 d) Was zeigen die beiden Meßgeräte an, wenn sie mit Drehspulmeßwerken ausgestattet sind?
 e) wie d), aber mit Dreheisenmeßwerken
 f) Durch einen Kurzschluß zu Anfang einer Periode der Netzspannung möge die Last auf $R = 1{,}2\ \Omega$ verringert sein. Die Abschaltung durch eine Sicherung *Si* erfolgt am Ende der ersten Periode nach dem Kurzschluß. Wichtige Kriterien für die Beanspruchung der Diode durch den Kurzschluß sind: der Scheitelwert I_s des Kurzschlußstroms i_k und das Kurzschlußintegral

$$KI = \int_{t=0}^{10\ \text{ms}} i_k^2\, \mathrm{d}t\,.$$

 Berechnen Sie I_s und KI!

3.3. Beweisen Sie Gleichung (3.9)!

3.4. Wenn ein zeitweilig benutzter Lötkolben über längere Zeit mit seiner Nennleistung ($P = 100$ W) betrieben wird, dann tritt auf Grund zu starker Erwärmung eine Verzunderung der Lötspitze auf. Eine einfache Methode zur Minderung der Wärmezufuhr stellt die Einweggleichrichtung dar (Bild 3.85). Ermitteln Sie die aus dem Netz aufgenommene Wirk-, Blind-, Verzerrungs- und Scheinleistung bei geöffnetem Schalter *S*! $U_v = 220$ V.

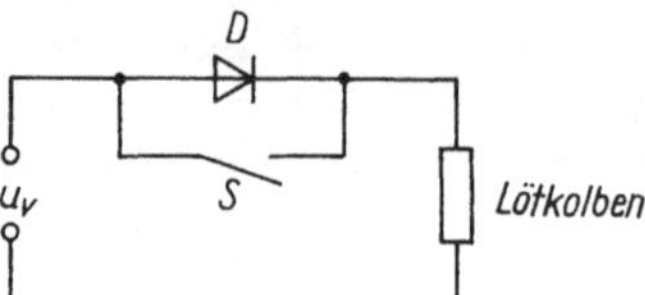

Bild 3.85. Zu Übungsaufgabe 3.4

3.5. Ein Einpulsgleichrichter am 220-V-, 50-Hz-Netz speist einen Widerstand von 10 Ω und eine Drossel von 50 mH in Reihe; Zündverzögerung $\alpha = 30°$.
a) Finden Sie die Leitdauer!
b) Berechnen Sie den mittleren Gleichstrom und die im Widerstand umgesetzte Leistung!

3.6. Die Erregerwicklung ($L/R \gg 1/f$) eines Gleichstrommotors wird vom 220-V-Wechselstromnetz über einen Transformator und einen Einpulsgleichrichter mit Freilaufzweig gespeist. Beim Zündverzögerungswinkel $\alpha = 0$ gibt der Gleichrichter eine Gleichspannung von 220 V und einen Strom $I_{da} = 2$ A ab.
a) Skizzieren Sie die Schaltung und den zeitlichen Verlauf der Netzspannung sowie der ventil- und der netzseitigen Ströme!
b) Berechnen Sie die wichtigsten Kennziffern des Transformators und der Ventile!

3.7. Ein Einpulsgleichrichter ist an ein 110-V-Netz angeschlossen und speist eine Last von 10 Ω. Der Zündverzögerungswinkel beträgt 45°.
a) Skizzieren Sie die Verläufe der Spannungen und der Ströme und berechnen Sie die im Widerstand umgesetzte Leistung!
b) In Reihe mit dem Widerstand wird eine sehr große Glättungsdrossel geschaltet, und es wird ein Freilaufzweig zugefügt. Wie verlaufen jetzt die Spannungen und Ströme, und wie groß ist jetzt die im Widerstand umgesetzte Leistung?

3.8. Ein Einpulsgleichrichter mit Freilaufzweig ist an eine Wechselspannung angeschlossen und speist eine konstante Last, deren Zeitkonstante viel größer als die Zeitdauer einer Periode der Wechselspannung ist.
a) Skizzieren Sie den bezogenen mittleren Strom durch den Freilaufzweig $I_{0a}/(U_{di0}/R)$ als Funktion von α!
b) Beweisen Sie, daß der Winkel α_m, bei dem der mittlere Strom durch den Freilaufzweig den größtmöglichen Mittelwert hat, folgender Gleichung genügen muß:

$$\sin \alpha_m = \frac{2(\pi + \alpha_m)}{(\pi + \alpha_m)^2 + 1}, \qquad \text{(Ü 3.1)}$$

und daß $\alpha_m = 0{,}534$ rad diese Gleichung erfüllt!

3.9. Der im Bild 3.86 gezeigte periodische Strom hat eine Gleichstromkomponente I_{da} und eine überlagerte Wechselstromkomponente i_σ.
a) Wie groß ist die Gleichstromkomponente?
b) Bestimmen Sie grafisch den Verlauf der Wechselstromkomponente, und beschreiben Sie die Wechselstromkomponente durch zwei Gleichungen!
c) Berechnen Sie den Effektivwert der Wechselstromkomponente!
d) Wie groß ist die mittlere Wärmeleistung, die der Strom in einem Widerstand von 5 Ω entwickelt?

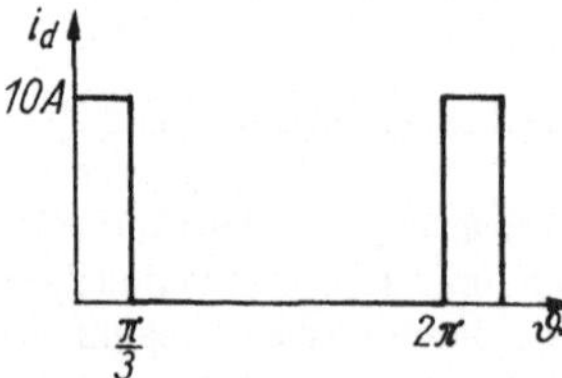

Bild 3.86. Zu Übungsaufgabe 3.9

3.10. Entwickeln Sie die Fourier-Reihe für die durch (3.2) und (3.3) beschriebene Gleichspannung u_d. Zeichnen Sie das Linienspektrum dieser Spannung bis zu $\nu = 8$ (vgl. Bild 3.32)!
Folgende Gleichungen dienen als Grundlage zur Lösung dieser und zahlreicher ähnlicher Aufgaben: Eine periodische Spannung $u(\vartheta) = u(\vartheta + k2\pi)$, wo $k = 1, 2, \ldots$ mit der Periode 2π, die stückweise monoton und stetig ist, läßt sich durch die Reihe

$$u(\vartheta) = U_0 + \sum_{\nu=1}^{\infty} [U'_{\nu m} \sin \nu\vartheta + U''_{\nu m} \cos \nu\vartheta] \qquad \text{(Ü 3.2)}$$

darstellen. Hier ist

das Gleichglied $U_0 = \frac{1}{2\pi} \int\limits_{\vartheta=0}^{2\pi} u(\vartheta)\, d\vartheta\,,$ (Ü 3.3)

das sin-Glied $U'_{\nu m} = \frac{1}{\pi} \int\limits_{\vartheta=0}^{2\pi} u(\vartheta) \sin \nu\vartheta \, d\vartheta\,,$ (Ü 3.4)

das cos-Glied $U''_{\nu m} = \frac{1}{\pi} \int\limits_{\vartheta=0}^{2\pi} u(\vartheta) \cos \nu\vartheta \, d\vartheta\,.$ (Ü 3.5)

Die im Bild 3.87 gezeigten Symmetrieverhältnisse erleichtern die Auswertung.

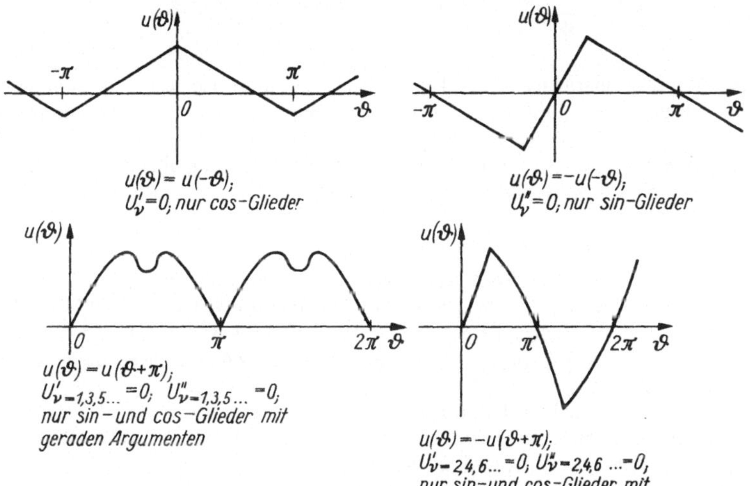

Bild 3.87. Zu Übungsaufgabe 3.10

Gleichung (Ü 3.2) kann man auch schreiben

$$u(\vartheta) = U_0 + \sum_{\nu=1}^{\infty} U_{\nu m} \sin(\nu\vartheta + \varphi_\nu)\,. \qquad \text{(Ü 3.6)}$$

wo

$$U_{\nu m} = [U'^2_{\nu m} + U''^2_{\nu m}]^{1/2} \qquad \text{(Ü 3.7)}$$

und

$$\varphi_\nu = \arctan(U''_{\nu m}/U'_{\nu m})\,. \qquad \text{(Ü 3.8)}$$

3.11. a) Beweisen Sie, daß der Effektivwert U_e der durch (Ü 3.2) beschriebenen Funktion $u(\vartheta)$ folgende Größe hat:

$$U_e = \left[U_0^2 + \frac{1}{2} \sum_{\nu=1,2,3\ldots}^{\infty} \{U'^2_{\nu m} + U''^2_{\nu m}\}\right]^{1/2} \qquad \text{(Ü 3.9)}$$

$$= \left[U_0^2 + \frac{1}{2} \sum_{\nu=1,2,3}^{\infty} U^2_{\nu m}\right]^{1/2}. \qquad \text{(Ü 3.10)}$$

Wenn

$$U_\nu = U_{\nu m}/\sqrt{2} \qquad \text{(Ü 3.11)}$$

den Effektivwert der Oberschwingung ν-ter Ordnung bedeutet, kann man (Ü 3.10) auch schreiben:

$$U_e = [U_0^2 + U_1^2 + U_2^2 + \ldots]^{1/2}\,. \qquad \text{(Ü 3.12)}$$

b) Berechnen Sie mit (Ü 3.12) die Brummspannung U_σ, die der Gleichspannung eines Einpulsgleichrichters überlagert ist!

3.12. Beweisen Sie, daß die im Bild 3.88 gezeigte Sägezahnspannung durch folgende Gleichung beschrieben wird:

$$u = \frac{U_m}{2} - \frac{U_m}{\pi} \sum_{\nu=1}^{\infty} \left[\frac{1}{\nu} \sin \nu\vartheta \right]. \qquad \text{(Ü 3.13)}$$

Skizzieren Sie die mittlere Gleichung, die Komponenten 1. bis 5. Ordnung und die Summe dieser sechs Glieder!

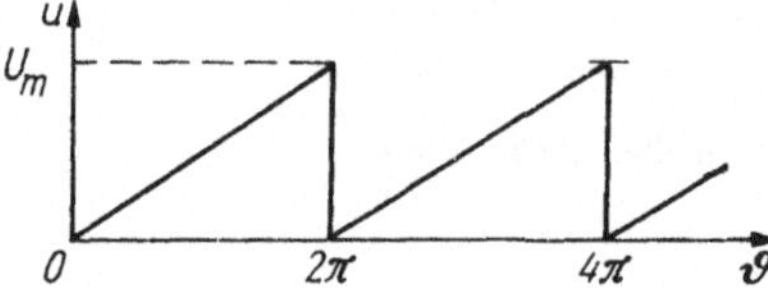

Bild 3.88. Zu Übungsaufgabe 3.12

3.13. Berechnen Sie für einen Zweipulsgleichrichter in Brückenschaltung bei sinusförmiger Netzspannung und vollständig geglättetem Gleichstrom die folgenden Größen, ohne Bezug auf die Fourier-Reihe für den Netzstrom:

a) den Grundschwingungsgehalt des Netzstroms (Hinweis: Bei Vernachlässigung aller Verluste sind die netzseitige und die gleichstromseitige Wirkleistung gleich groß.)
b) den Gesamtklirrfaktor des Netzstroms
c) den Ausnutzungsfaktor des Transformators!

3.14. Ein Lastwiderstand von 10 Ω wird aus einem Wechselstromnetz mit der Spannung $U_v = 220$ V über verschiedene Gleichrichterschaltungen gespeist. Skizzieren Sie in jedem Fall die Schaltung, den Verlauf der Ströme im Netz und im Widerstand, und berechnen Sie den Effektivwert des Laststroms und die Leistung, die in dem Lastwiderstand umgesetzt wird, wenn der Widerstand bei einem Zündverzögerungswinkel von jeweils $\alpha = 30°$ gespeist wird:

a) über eine vollgesteuerte Zweipuls-Brückenschaltung
b) wie a) und wenn zusätzlich mit dem Lastwiderstand eine sehr große Glättungsdrossel in Reihe liegt
c) wie b) und wenn außerdem ein Nullventil vorhanden ist.

3.15. Aus einer Wechselstromquelle wird über eine vollgesteuerte Zweipuls-Brückenschaltung ein Gleichstromverbraucher gespeist. Der Gleichstrom ist vollständig geglättet.

a) Zeichnen Sie den zeitlichen Verlauf aller Ströme und Spannungen bei einem Steuerwinkel $\alpha = 45°$!
b) Berechnen Sie den Effektivwert des ventilseitigen Stroms, die Schein- und die Wirkleistung sowie die Steuer- und die Verzerrungsblindleistung, wenn $U_v = 220$ V, $I_{da} = 10$ A und $\alpha = 45°$!

3.16. Ein Gleichrichter gibt einen mittleren Strom von 10 A ab. Die Last ist a) nur ein Widerstand oder b) ein Widerstand und eine große Drossel in Reihe. Ist die Sperrschichttemperatur der Ventile bei a) oder b) höher? Warum?

3.17. Die Fourier-Reihe, die die Spannung eines Einpulsgleichrichters beschreibt, ist durch (3.123) gegeben. Leiten Sie von dieser Gleichung die Fourier-Reihe ab, die die Spannung eines Zweipulsgleichrichters beschreibt! Die Spannung des Zweipulsgleichrichters soll die gleiche Amplitude haben wie der Einpulsgleichrichter.

3.18. Ein Zweipulsgleichrichter in Brückenschaltung wird von einem 220-V-, 50-Hz-Netz gespeist. Er soll einen gut geglätteten Nenngleichstrom von $I_{daN} = 5$ A bei einer Nenngleichspannung von $U_{daN} = 440$ V abgeben. Die Spannungsabfälle bei Nennstrom werden auf 15 % der ideellen Gleichspannung geschätzt.

a) Skizzieren Sie die Schaltung und den Verlauf der ventilseitigen Spannung und der Ströme durch die Ventile!
b) Ermitteln Sie die wichtigsten Kenngrößen des Transformators und der Ventile mit Hilfe von Tafel 3.1, Schaltung 2.

3.19. Ein Drehstromtransformator mit einer ventilseitigen Leerlaufspannung $U_v = 380$ V (verkettete Spannung) und einer ventilseitigen Streureaktanz $X_v = 0{,}5$ Ω je Strang speist einen Dreipulsgleichrichter. Der Nenngleichstrom soll $I_{daN} = 50$ A betragen. Wie groß sind

a) der Überlappungswinkel der ventilseitigen Ströme bei Nennstrom
b) der mittlere Spannungsabfall, der durch die Streureaktanz bei Nennstrom verursacht wird, und
c) die ideelle Gleichspannung und die Nenngleichspannung des Gleichrichters?

3.20. Wiederholen Sie Aufgabe 3.13, jedoch für einen Sechspulsstromrichter in Brückenschaltung!

3.21. Beweisen Sie, daß die Fourier-Reihe für die Netzströme eines Sechspulsstromrichters wie folgt lautet:

$$i_L = \frac{4}{\pi} I_d \sum_{\nu=6k\pm1}^{\infty} \frac{1}{\nu} \cos \nu \frac{\pi}{6} \sin \nu\vartheta ,$$

wo $k = 0, 1, 2, \ldots ; m_t = 1$.
Voraussetzung: vollständig geglätteter Gleichstrom I_d; keine Überlappung der ventilseitigen Ströme.

3.22. Ein Gleichrichter in Sechspuls-Brückenschaltung wird über 3 Drosseln unmittelbar an das 220/380-V-, 50-Hz-Netz angeschlossen. Nenngleichstrom: 400 A, vollständig geglättet.
Berechnen Sie
a) die Leerlaufgleichspannung
b) den Nennstrom der Drosseln
c) die Reaktanz der Drosseln, wenn bei einem dreipoligen Kurzschluß unmittelbar hinter den Drosseln nicht mehr als der 10fache Nennstrom durch die Drosseln fließen soll
d) die Nenngleichspannung (d. h. bei Nennstrom)!

3.23. Ein Gleichrichter in Sechspuls-Brückenschaltung soll eine ideelle Gleichspannung von 500 V und einen Nenngleichstrom von 400 A abgeben. Netz: Leiterspannung 380 V.
Berechnen Sie
a) die wichtigsten Kennziffern des Transformators und
b) der Ventile
c) den Effektivwert der der Gleichspannung überlagerten Oberschwingungen
d) die wichtigsten Oberschwingungen des Netzstroms!
Alle Verluste können vernachlässigt werden. Der Gleichstrom ist vollständig geglättet.

3.24. Ein Gleichstrommotor mit einer Nennspannung von 440 V und einer Nennleistung von 1000 kW soll über einen vollgesteuerten Gleichrichter in Sechspuls-Brückenschaltung vom 3 × 660-V-, 50-Hz-Netz mit weitgehend geglättetem Gleichstrom gespeist werden.
Gegeben: Reaktanz des Transformators 4 %, Spannungsabfall über einem Thyristor bei Nennstrom 1,5 V, je Zweig 3 Thyristoren parallel.
Die folgenden Kenngrößen sind für Nennstrom zu bestimmen, wobei auch noch bei einer Netzspannung von 660 V − 10 % an den Klemmen des Motors Nennspannung zur Verfügung stehen soll: ventil- und netzseitige Kenngrößen des Transformators; Beanspruchung der Thyristoren; Nennstrom der Sicherungen in Reihe mit jedem Thyristor; Effektivwert der Grund- und der Oberschwingungen (bis $\nu = 13$) sowie der Gesamtklirrfaktor der Netzströme.
Wie groß muß der Zündverzögerungswinkel sein, damit an den Klemmen des Motors auch bei einer Netzspannung von 660 V + 10 % nicht mehr als Nennspannung liegt?

3.25. Der im Bild 3.70c (S. 217) gezeigte Stromrichter wird vom 220/380-V-Netz gespeist. Er soll eine Gleichspannung von 5 kV und einen mittleren, vollständig geglätteten Strom von 100 A abgeben. Dimensionieren Sie den Transformator, die Ventile und deren Zweigsicherungen! Die Spannungsabfälle in den Ventilen, im Transformator usw. können vernachlässigt werden.

4. Selbst- und lastgelöschte Stromrichter

Die folgenden sowie auch zahlreiche weitere Aufgaben können mit selbstgelöschten Stromrichtern gelöst werden:

Im Interesse einer rationellen Elektroenergieanwendung sollen gleichstromgespeiste Nahverkehrsmittel, wie Straßen-, S-, U-Bahn und O-Bus möglichst verlustarm gesteuert werden. Auch eine Nutzbremsung ist wünschenswert. Besondere Bedeutung hat dies für batteriegespeiste Fahrzeuge und Fördermittel, z. B. für Elektroautos. Die erforderliche Drehzahlveränderung der Gleichstromfahrmotoren muß deshalb über eine verlustarme Veränderung der Größe der speisenden Gleichspannung erfolgen. — Um den robusten Drehstrommotor für eine Reihe von drehzahlveränderlichen Industrieantrieben und in der Traktion optimal einsetzen zu können, muß sein Spannungs-Frequenz-Verhältnis über den gesamten Drehzahlstellbereich konstant gehalten werden (konstantes Moment). Eine stetige Drehzahlveränderung erfordert deshalb eine entsprechende Veränderung der Speisefrequenz und -spannung des Motors.

Hohe Zuverlässigkeit wird von Stromversorgungen, z. B. für Überwachungssysteme im Flugverkehr, für EDV- und Fernmeldeanlagen gefordert. Bei Ausfall des speisenden Wechselstromnetzes müssen die angeschlossenen Verbraucher kurzzeitig z. B. von einer Akkumulatorenbatterie unterbrechungsfrei gespeist werden. Dazu muß Gleich- in Wechselspannung umgeformt werden.

Um eine geringe Masse und ein geringes Bauvolumen von Stromversorgungsgeräten zu erzielen, z. B. für die Elektronik, die Luft- und Raumfahrt, müssen höhere Frequenzen angewendet werden, die es gestatten, die magnetischen Kreise der Geräte, wie Transformatoren und Drosseln, wesentlich kleiner als für Netzfrequenz herzustellen. Dafür sind entsprechende Frequenzumformer erforderlich.

Die selbstgelöschten Stromrichter werden entweder von netzgelöschten Stromrichtern (vgl. Abschn. 3) oder von Akkumulatorenbatterien gespeist.

Selbstgelöschte Stromrichter benötigen in der Regel keine fremde Wechselspannungsquelle zur Löschung der Ventile oder zur Kommutierung des Stroms von einem Ventil auf das folgende und können deshalb elektrische Spannung beliebiger Frequenz, Phasenzahl und Phasenfolge erzeugen und die Größe der Gleichspannung verändern. Wenn keine abschaltbaren Thyristoren oder Leistungstransistoren verwendet werden können, muß die erforderliche Spannung für die Löschung des jeweiligen Thyristors zum gewünschten Zeitpunkt durch eine Löscheinrichtung bereitgestellt werden. Für diese Zwangslöschung haben sich in der Praxis Löscheinrichtungen mit kapazitivem Speicher (Lösch- oder Kommutierungskondensatoren) durchgesetzt.

Grundlagen der selbstgelöschten Stromrichter werden in [3.5] [3.11] [3.13] [4.1] behandelt.

Für die Erzeugung von höheren Frequenzen bis 10 kHz und darüber, z. B. für die Induktionserwärmung, haben sich *lastgelöschte Stromrichter* bewährt. Bei ihnen wird der Strom durch die von der Schaltung aufgebaute Lastspannung kommutiert.

4.1. Gleichstromsteller

Die Umformung von Gleichstromenergie konstanter Spannung in solche mit kontinuierlich veränderlicher Spannung über Vorwiderstände ist unwirtschaftlich. Besser ist die Verwendung eines Halbleiterstellers für Gleichstrom, der nahezu verlustlos und verschleißfrei arbeitet und deshalb ohne Wartung betrieben werden kann. Der Gleichstromsteller wird hauptsächlich zur Steuerung von Gleichstrommaschinen eingesetzt, und zwar für Fahrzeuge, die von Batterien oder vom Gleichstromfahrdraht gespeist werden, und für Stellantriebe für Werkzeugmaschinen und Roboter.

4.1.1. Wirkungsweise des idealen Gleichstromstellers

Das Prinzip des Gleichstromstellers (GS) mit einem Leistungstransistor als Schalter zeigt Bild 4.1 a. Wenn der Transistor T über seinen Basisstrom i_B periodisch ein- und ausgeschaltet wird, treten an der Last pulsförmige Spannungsblöcke auf. Der Mittelwert der Ausgangsgleichspannung U_{La} kann durch Verändern der Einschalt- und der Ausschaltdauer kontinuierlich verstellt werden. Wegen der pulsförmigen Spannungsblöcke wird der GS auch Gleichspannungs- oder einfach Pulssteller genannt.

Zunächst wird angenommen: Das speisende Netz ist starr (U_d = konst.); die Streuinduktivität des Netzes und der Zuleitungen können vernachlässigt werden ($L_\sigma \ll L$); die Halbleiterbauelemente wirken wie ideale Schalter; es treten keine Verluste im Kreis auf, und die Lastinduktivität ist sehr groß ($\tau = L/R \gg T_S$). Dann kann der Laststrom als konstant angesehen werden ($i_L = I_{La}$).

Die Wirkungsweise der Schaltung wird an Hand der Bilder 4.1 b bis d erklärt. Auf die Beschreibung von Schaltungen mittels Zustandsgrößen wird im Abschnitt 5.1.2 ausführlich eingegangen.

Während der Leitphase des Transistors ($i_B > 0$; Zustand $\frac{T}{L}$) sind Eingangs- und Transistorstrom mit dem Laststrom identisch ($i_d = i_T = I_{La}$). Die in der Lastinduktivität gespeicherte Energie $W_L = \frac{1}{2} L/I_{La}^2$ läßt eine momentane Unterbrechung des Stroms, wie sie bei rein ohmscher Last möglich wäre, nicht zu und würde zu unzulässigen Verlusten und Überspannungen im Halbleiter führen. Deshalb ist es unbedingt erforderlich, die induktive Last parallel mit einem Freilaufzweig (Freilaufdiode D) zu überbrücken, durch den der Laststrom nach Blockieren des Transistors $i_B \leqq 0$; Zustand $\frac{T}{B}$ weiterfließen kann. Der Eingangsstrom ist während dieser Zeitdauer Null, der Diodenstrom identisch dem Last-

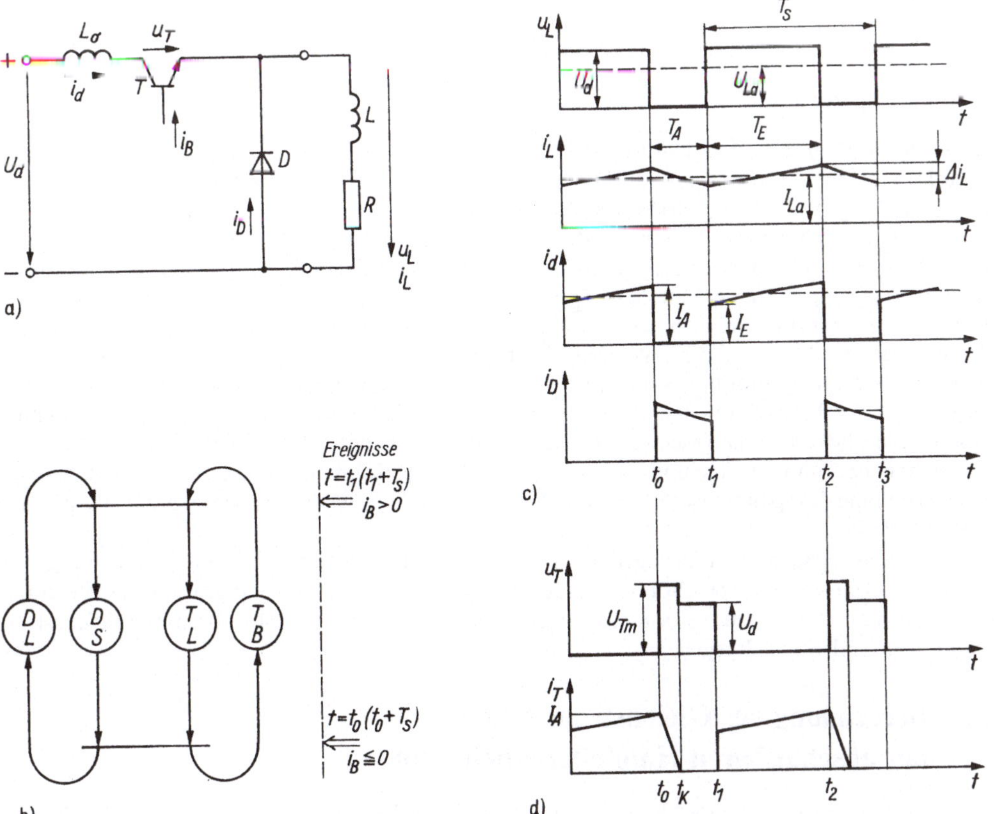

Bild 4.1. Prinzip eines Gleichstromstellers mit abschaltbaren Halbleiterbauelementen

a) Grundschaltung mit Leistungstransistor; b) Zustandsgraph; c) Strom- und Spannungsverlauf ohne Berücksichtigung von Streuinduktivitäten (– – – $L/R \gg T$; ——— L endlich); d) Strom- und Spannungsverlauf am Transistor bei Berücksichtigung von Streuinduktivitäten

Erklärung: Zum Graphen hinzeigende Pfeile kennzeichnen die Auslösung des Ereignisses durch Steuersignale; vom Graphen wegzeigende Pfeile kennzeichnen die Auslösung des Ereignisses durch einen konkreten Wert einer Zustandsgröße.

strom ($i_D = I_{La}$). Den pulsförmigen Spannungsblöcken an der Last entsprechen also pulsförmige Stromblöcke des Eingangsstroms (Bild 4.1c, gestrichelter Stromverlauf).

Der Mittelwert der Ausgangsspannung ergibt sich aus

$$U_{La} = \frac{1}{T_S} \int_{t_1}^{t_2} u_L \, dt = \frac{T_E}{T_S} U_d = \ddot{u} U_d ; \tag{4.1}$$

$\ddot{u} = \dfrac{T_E}{T_S} = \dfrac{T_E}{T_E + T_A}$ Schaltverhältnis, Aussteuerungsgrad, Tastverhältnis

$T_S = 1/f_S$ Periodendauer

f_S Schaltfrequenz, Pulsfrequenz

T_E Einschaltdauer

T_A Ausschaltdauer.

Aus der Energiebilanz zwischen Eingangs- und Ausgangsseite des verlustlosen GS

$$\frac{1}{T_S} \int_0^{T_S} U_d i_d \, dt = \frac{1}{T_S} \int_0^{T_S} u_L I_{La} \, dt , \tag{4.2}$$

also

$$I_{da} U_d = U_{La} I_{La} , \tag{4.3}$$

I_{da} Mittelwert des Eingangsstroms, folgt unter Berücksichtigung von (4.1)

$$I_{La} = \frac{1}{\ddot{u}} I_{da} . \tag{4.4}$$

Die Gleichungen (4.1) und (4.4) sind die sogenannten Transformationsgleichungen des GS. Der GS verhält sich also wie ein Transformator mit stufenlos einstellbarem Übersetzungsverhältnis $\ddot{u}(0 \leqq \ddot{u} \leqq 1)$ entsprechend der gewählten Einschalt- und Ausschaltdauer.

Der Mittelwert der Gleichspannung auf der Ausgangsseite des Gleichstromstellers kann über das Schaltverhältnis entweder durch *Pulsbreitensteuerung* (T_E veränderlich; $T_S = 1/f_S$ konst.) oder durch *Pulsfolgesteuerung* ($T_S = 1/f_S$ veränderlich; T_E oder T_A konst.) verändert werden. Auch eine *Zweipunktregelung* des Laststroms ist möglich, wobei Einschalt- und Ausschaltdauer vom Augenblickswert des Stroms abhängen (s. Abschn. 5.3.1). Wenn der Halbleiterschalter nicht periodisch betätigt wird, kann eine derartige Schaltungsanordnung auch als *Gleichstromschalter* angewendet werden. Im Vergleich zu mechanischen Schaltern arbeiten diese elektronischen Schalter verschleißfrei sowie geräuschlos und ermöglichen höhere Schaltgeschwindigkeiten, so daß sie hauptsächlich zum Schalten von Lastkreisen mit hoher Schalthäufigkeit und zum Schutz (z. B. Gleichstromschnellschalter) eingesetzt werden. Für die Herstellung des spannungsfreien Zustands ist bei Halbleiterschaltern allerdings ein zusätzlicher Trenner erforderlich.

In den vorhergehenden Ausführungen ist die *Abwärts*transformation einer Gleichspannung mit Hilfe eines Gleichstromstellers beschrieben worden. Das gleiche Gerät in etwas abgewandelter Schaltung kann aber auch zur *Aufwärts*transformation einer Gleichspannung dienen. Ein Beispiel hierfür ist im Abschnitt 4.1.3 und Bild 4.3 gegeben.

4.1.2. Berechnung des Gleichstromstellers mit abschaltbaren Halbleiterbauelementen

Für die Berechnung sollen die in Abschnitt 4.1.1 gemachten Annahmen weiterhin Gültigkeit haben, jedoch habe die Lastinduktivität L eine endliche Größe.

Die zwei Zustände der Schaltung, die der Zustandsgraph (Bild 4.1b) zeigt, werden durch die zwei folgenden Differentialgleichungen beschrieben:

$$u_L = L \frac{di_L}{dt} + R i_L = \begin{cases} 0 & \text{für } t_0 \leqq t \leqq t_1 \, (T_A) \\ U_d & \text{für } t_1 \leqq t \leqq t_2 \, (T_E) \end{cases} \tag{4.5}$$

mit den Randbedingungen

$$\left.\begin{aligned} i_L(t_0) &= i_L(t_0 + kT_S) = I_A \\ i_L(t_1) &= i_L(t_1 + kT_S) = I_E \end{aligned}\right\} \quad k = 1, 2, 3, \ldots$$

Daraus ergeben sich als Lösungen für den Laststrom

$$i_L(t) = \begin{cases} I_A \exp\{-(t - t_0)/\tau\} \equiv i_D(t) \text{ für } t_0 \leqq t \leqq t_1 \ (T_A) \\ \dfrac{U_d}{R}(1 - \exp\{-(t - t_1)/\tau\}) + I_E \exp\{-(t - t_1)/\tau\} \equiv i_d(t) \\ \text{für } t_1 \leqq t \leqq t_2 \ (T_E); \end{cases} \tag{4.6}$$

$\tau = L/R$ Zeitkonstante des Lastkreises.

Unter Berücksichtigung der Randbedingungen ($I_A = i_d(t_2) = I_E = i_D(t_1)$ an den Grenzen der Intervalle) können

$$I_A = \frac{U_d}{R} \frac{1 - \exp\{-T_E/\tau\}}{1 - \exp\{-T_S/\tau\}} \tag{4.7}$$

und

$$I_E = I_A \exp\{-T_A/\tau\} \tag{4.8}$$

bestimmt werden. Der Laststrom steigt also während der Leitphase des Transistors exponentiell an, während er in der Blockierphase entsprechend absinkt (Bild 4.1c, ausgezogener Stromverlauf). Der Mittelwert des Laststroms kann bei Annahme eines linearen Stromverlaufs aus

$$I_{La} = \frac{I_A}{2}(1 + \exp\{-T_A/\tau\}) = \frac{I_A + I_E}{2} \tag{4.9}$$

berechnet werden. Damit der Strom genügend geglättet ist, muß die Lastinduktivität entsprechend groß bemessen werden.

Bei der Speisung von Gleichstrommaschinen wirken die Induktivitäten der Anker- und Feldwicklung bereits in diesem Sinne. Damit die durch den welligen Motorstrom hervorgerufenen Zusatzverluste in zulässigen Grenzen bleiben und die Kommutierung des Motors sich nicht verschlechtert, darf eine bestimmte Stromschwankungsbreite

$$\Delta i_L = I_A - I_E = I_A(1 - \exp\{-T_A/\tau\}) \tag{4.10}$$

nicht überschritten werden (in der Regel 10% des Nennstroms). Für kleine Stromschwankungsbreiten gilt $T_S/\tau \ll 1$, so daß (durch Reihenentwicklung der Potentialfunktion) für (4.10) vereinfacht geschrieben werden kann:

$$\Delta i_L = \frac{U_d}{R} \frac{T_E T_A}{T_S \tau} = \frac{U_d}{L} \frac{T_E T_A}{T_S}. \tag{4.11}$$

Die größte Schwankungsbreite des Stroms tritt bei $T_E = T_A = T_S/2$ auf, so daß die maximal erforderliche Lastinduktivität schließlich aus

$$L = \frac{U_d T_S}{4 \Delta i_L} = \frac{U_d}{4 f_S \Delta i_L} \tag{4.12}$$

berechnet werden kann.

Beispiel 4.1

Ein Gleichstromsteller wird an einer ohmsch-induktiven Last ($R = 1{,}5\,\Omega$; $L = 1$ mH) betrieben. Die Speisespannung betrage $U_d = 200$ V, die Pulsfrequenz $f_S = 1$ kHz und das maximale Schaltverhältnis $\ddot{u}_{max} = 0{,}9$.

a) Wie groß ist die maximale Beanspruchung des Transistors durch Strom und Spannung?

— Der Maximalwert des Transistorstroms ergibt sich aus dem Strom I_A zum Zeitpunkt t_0 bzw. $(t_0 + kT_S)$.

Mit $\tau = L/R = 0{,}67$ ms; $T_E = \ddot{u}T_S = 0{,}9$ ms; $T_S = 1/f_S = 1$ ms folgt aus (4.7):

$$I_A(\ddot{u}_{max} = 0{,}9) = \frac{U_d}{R}\frac{1 - \exp\{-T_E/\tau\}}{1 - \exp\{-T_S/\tau\}} = \frac{200\ \text{V}}{1{,}5\ \Omega} \cdot \frac{1 - \exp\{-0{,}9/0{,}67\}}{1 - \exp\{-1/0{,}67\}}$$
$$= 127\ \text{A}.$$

— Die maximale Spannungsbeanspruchung des Transistors ist bei Vernachlässigung der Streuinduktivitäten des Netzes und der Zuleitungen

$$U_{Tm} = U_d = 200\ \text{V}.$$

b) Welche Lastinduktivität ist erforderlich, wenn die maximale Stromschwankungsbreite nicht größer als $\Delta i_l = 10$ A sein soll?

— (4.12) führt zu $L = \dfrac{U_d T_S}{4\Delta i_L} = \dfrac{200\ \text{V} \cdot 1\ \text{ms}}{4 \cdot 10\ \text{A}} = 5\ \text{mH}$.

— Der Maximalwert des Transistorstroms beträgt bei $R = 1{,}5\ \Omega$; $L = 5$ mH und $\ddot{u} = 0{,}5$ entspr. (4.7)

$$I_A(\ddot{u} = 0{,}5) = \frac{200\ \text{V}}{1{,}5\ \Omega} \cdot \frac{1 - \exp\{-0{,}5/3{,}33\}}{1 - \exp\{-1/3{,}33\}} = 71{,}7\ \text{A}.$$

Im vorhergehenden wurden die Streuinduktivitäten L_σ der Gleichstromquellen und der Zuleitungen vernachlässigt. Da sie aber nicht wie die lastseitigen Induktivitäten durch einen Freilaufzweig überbrückt werden können, muß die in ihnen gespeicherte Energie beim Ausschalten vom Halbleiterschalter aufgenommen werden. Wird zur Vereinfachung angenommen, daß der Strom durch den Transistor $i_T = i_d$ während der Ausschaltdauer $T_a = t_K - t_0$ linear vom Anfangswert I_A auf Null abfällt (Bild 4.1 d), so gilt für die Spannung über dem Schalter (Transistor)

$$u_T(t) = U_d - L_\sigma \frac{di}{dt} \approx U_d + L_\sigma \frac{I_A}{T_a} = U'_{Tm}. \tag{4.13}$$

Bei linearem Stromabfall ist also die Schalterspannung während der Ausschaltdauer konstant und um den Faktor $\beta_S = 1 + \dfrac{L_\sigma}{T_a}\dfrac{I_A}{U_d}$ größer als die Speisespannung U_d. Dies ist bei der Auswahl des Bauelements zu berücksichtigen. Die Energie, die vom Halbleiterschalter beim Abschalten aufgenommen werden muß, kann aus

$$W_a = \frac{1}{2}U'_{Tm}I_A T_a = \frac{1}{2}U_d I_A T_a + \frac{1}{2}L_\sigma I_A^2 \tag{4.14}$$

und mit $U'_{Tm} = \beta_S U_d$ aus

$$W_a = \frac{1}{2}L_\sigma I_A^2 \frac{\beta_S}{\beta_S - 1} \tag{4.15}$$

berechnet werden [3.5]. Diese Energie wird im abschaltbaren Halbleiterbauelement (Transistor, Abschaltthyristor) als Verlustenergie umgesetzt, wodurch der Einsatz derartiger Schaltelemente für größere Leistungen und periodischen Betrieb erschwert wird. Werden dagegen Thyristoren mit Zwangslöschung eingesetzt (s. Abschn. 4.1.4), wird diese Energie nicht vom Thyristor, sondern vom Löschkondensator aufgenommen.

Beispiel 4.2

a) Wie groß ist die Spannungsbeanspruchung des Transistors des im Beispiel 4.1 angegebenen Pulsstellers, wenn die Streuinduktivität $L_\sigma = 5\ \mu$H und die Ausschaltdauer $T_a = 10\ \mu$s betragen?

Mit (4.13) $U'_{Tm} = U_d + L_\sigma \dfrac{I_A}{T_a}$

$$U'_{Tm} = 200\ \text{V} + 5\ \mu\text{H} \cdot \frac{127\ \text{A}}{10\ \mu\text{s}} = 264\ \text{V};$$

$$\rightarrow \beta_S = \frac{U'_{Tm}}{U_d} = \frac{264\ \text{V}}{200\ \text{V}} = 1{,}32.$$

b) Welche zusätzlichen Schaltverluste treten auf?

Mit (4.15) $W_a = \frac{L_\sigma I_A^2 \beta_S}{2(\beta_S - 1)}$

$$P_{Ta} = \frac{W_a}{T_a} = \frac{L_\sigma I_A^2 \beta_S}{2T_a(\beta_S - 1)} = \frac{5\ \mu\text{H} \cdot (127\ \text{A})^2 \cdot 1{,}32}{2 \cdot 10\ \mu\text{s} \cdot 0{,}32} = 16{,}6\ \text{kW}\,.$$

Die pulsförmige Strombelastung beim GS erfordert eine induktivitätsarme Gleichstromquelle, z. B. eine Batterie. Ist dies nicht gewährleistet, wie z. B. bei der Fahrdrahtspeisung von elektrischen Triebfahrzeugen, muß ein Pufferkreis über den Eingang des Gleichstromstellers geschaltet werden (Bild 4.2) [4.2]. Während der Einschaltdauer T_E entlädt sich der Pufferkondensator C_P teilweise; während der Ausschaltdauer T_A wird er von der Speisequelle wieder nachgeladen. Bei ausreichend geglättetem Laststrom ($i_L \equiv I_{La}$) und großer Netz- und Pufferinduktivität ($L_N + L_P$) kann die Spannungsschwankung am Pufferkondensator näherungsweise aus

$$\Delta u_{CP} = \frac{I_{La}}{C_P} \frac{T_E T_A}{T_S} \tag{4.16}$$

bestimmt werden. Bei konstanter Schaltfrequenz tritt die maximale Spannungsschwankung wieder bei $T_E = T_A = T_S/2$ auf, also bei $\ddot{u} = 0{,}5$. Die Größe des Pufferkondensators kann aus

$$C_P = \frac{T_S}{4} \frac{I_{La}(\ddot{u} = 0{,}5)}{\Delta u_{CP\,zul}}, \tag{4.17}$$

$\Delta u_{CP\,zul}$ zulässige Schwankung der Eingangsspannung,

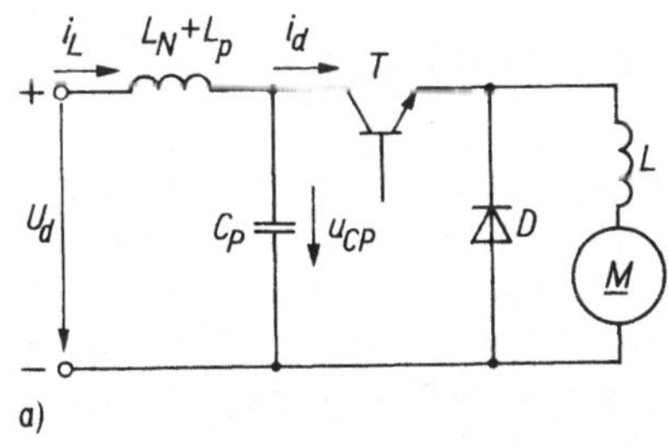

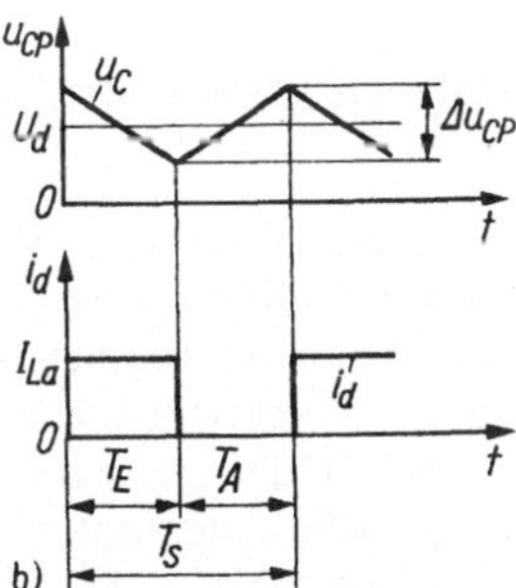

Bild 4.2. Prinzip eines Gleichstromstellers mit Eingangsfilter

a) Grundschaltung; b) Strom- und Spannungsverlauf

berechnet werden. Damit durch Resonanz keine Spannungsüberhöhungen auftreten, muß die Pufferinduktivität L_P so gewählt werden, daß

$$f_S > f_P = \frac{1}{2\pi\sqrt{(L_N + L_P)\,C_P}}, \tag{4.18}$$

f_P Resonanzfrequenz des Pufferkreises,

immer eingehalten wird. Da L_N vom Standort des Fahrzeuges abhängt, ist stets mit dem kleinsten Wert von L_N zu rechnen. In der Praxis soll $f_S/f_P \geqq 2 \ldots 3$ betragen [4.3]. Als Pufferkondensatoren werden für Spannungen unter 400 V Elektrolytkondensatoren, für größere Spannungen und Leistungen in der Regel MP-Kondensatoren verwendet.

Beispiel 4.3

a) Wie groß ist der Pufferkondensator für den Gleichstromsteller nach Beispiel 4.1 zu wählen, wenn $\Delta u_{CP} = 10$ V zugelassen werden, der Minimalwert der Netzinduktivität $L_{N\,min} = 50$ µH und die Lastinduktivität $L = 5$ mH betragen?

Aus (4.16) folgt:

$$C_P = \frac{T_S}{4} \frac{I_{La}(\ddot{u} = 0{,}5)}{\Delta u_{CP\,zul}} \quad \text{(gültig bei ausreichend geglättetem Laststrom, d. h. } L = 5\text{ mH)} \tag{4.19}$$

- maximale Spannungsschwankung tritt bei $T_E = T_A = T_S/2$ auf (konstante Schaltfrequenz)
- maximaler Mittelwert des Laststroms bei $\ddot{u} = 0{,}5$ ($R = 1{,}5\ \Omega$; $L = 5$ mH) mit (4.9)

$$I_{La}(\ddot{u} = 0{,}5) = \frac{71{,}7\ \text{A}}{2}(1 + \exp\{-0{,}5/3{,}33\}) = 66{,}7\ \text{A}\,.$$

Daraus folgt:

$$C_P = 250\ \mu\text{s} \cdot \frac{66{,}7\ \text{A}}{10\ \text{V}} = 1{,}67\ \text{mF}\,.$$

b) Wie muß L_P dimensioniert werden?
(4.18) führt zu

$$L_P = \frac{1}{4\pi^2 f_P^2 C_P} - L_{N\,min}\,. \tag{4.20}$$

Zur Gewährleistung eines möglichst großen Frequenzverhältnisses muß f_P ausreichend klein bzw. L_P entsprechend groß sein. Mit $f_P \leqq f_S/3$ und $f_S = 1$ kHz ergibt sich

$$L_P \geqq \frac{9}{4\pi^2 \cdot (1000\ \text{s}^{-1})^2 \cdot 1{,}67 \cdot 10^{-3}\ \text{F}} - 50\ \mu\text{H} = 86{,}5\ \mu\text{H}\,.$$

4.1.3. Umkehr der Energierichtung und Mehrquadrantenbetrieb

In der bisher betrachteten Schaltung des Gleichstromstellers wurde die Energie von der Gleichstromquelle an den Verbraucher geliefert. Soll die Energierichtung umgekehrt werden, wie es z. B. für die Nutzbremsung von Gleichstrommaschinen erforderlich ist, muß die Grundschaltung in der im Bild 4.3 gezeigten Weise abgewandelt werden. Die Speisequelle muß dabei rückspeisefähig sein, d. h., wenn keine Batteriespeisung vorliegt, muß z. B. der speisende netzgelöschte Stromrichter als Wechselrichter betrieben (s. Abschn. 3.6.1) oder ein Pufferkondensator C_P vorgesehen werden.

Während der Transistor T den Strom führt ($t_0 \leqq t \leqq t_1$), wird in der Glättungsdrossel L, die zur Vereinfachung wieder sehr groß angenommen wird ($i_L = I_{La}$ konst. für $L/R \gg T_S$), magnetische Energie gespeichert. Nach dem Blockieren von T zum Zeitpunkt t_1 kann dadurch der Strom gegen die höhere Gleichspannung U_d in die Gleichspannungsquelle zurückfließen. Die Diode D wirkt als Sperrdiode und verhindert einen Kurzschluß der Speisequelle bei eingeschaltetem T. Die Transformationsgleichungen (4.1) und (4.4) gelten auch bei dieser Schaltung.

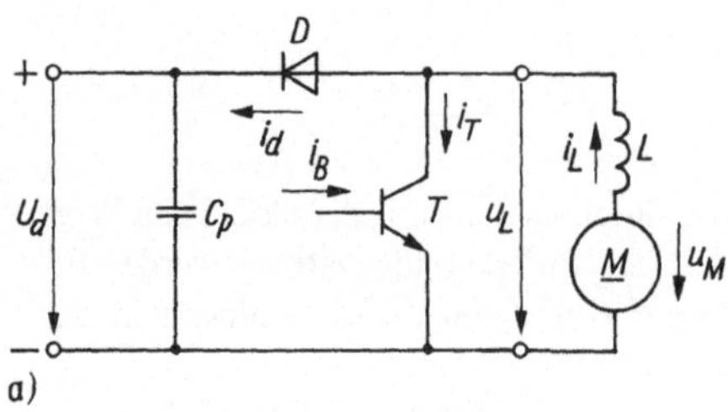

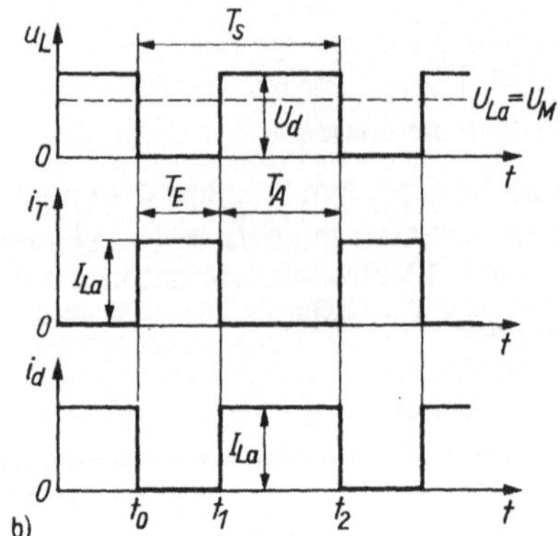

Bild 4.3. Umkehr der Energierichtung beim Gleichstromsteller

a) Grundschaltung; b) Strom- und Spannungsverlauf

Für die Realisierung des Einrichtungs-Fahr- und -Bremsbetriebes (Zweiquadrantenbetrieb) sind also zwei Stelleinrichtungen, nämlich nach Bild 4.2 und Bild 4.3, erforderlich. Durch eine entsprechende Kombination der Halbleiterbauelemente, z. B. von Abschaltthyristoren und Dioden, kann ein Mehrquadrantenbetrieb verwirklicht werden, der eine Umkehr des Stroms und auch der Spannung zuläßt. Damit können z. B. Gleichstromfahrzeuge vorwärts und auch rückwärts angetrieben und in beiden Richtungen gebremst werden. Bild 4.4 zeigt die Prinzipschaltung eines solchen Vierquadrantenstellers, die bereits der Schaltung eines selbstgelöschten Wechselrichters (s. Abschn. 4.2.3) entspricht.

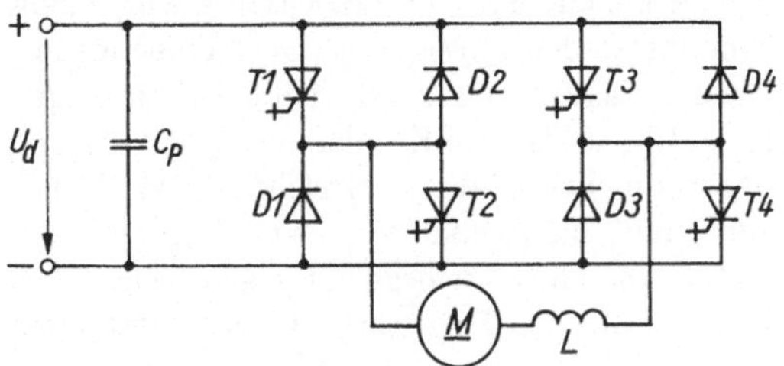

Bild 4.4. Prinzip eines Gleichstromstellers für Vierquadrantenbetrieb mit Abschaltthyristoren (GTO)

4.1.4. Gleichstromsteller mit Thyristoren

Für GS für höhere Leistungen müssen meist Thyristoren als Schalter eingesetzt werden. Herkömmliche Thyristoren lassen sich nach einmal erfolgter Zündung über den Steuerstrom nicht wieder löschen. Eine Zwangslöscheinrichtung übernimmt daher die Aufgabe, den Thyristorstrom zum geforderten Zeitpunkt zu unterbrechen und eine unkontrollierte Wiederzündung zu verhindern. Dazu muß die Löscheinrichtung zwei grundsätzliche Forderungen erfüllen:

— Der Thyristorstrom muß mindestens unter den Haltestrom I_{TH} abgesenkt werden.
— Eine Blockierspannung darf frühestens nach Ablauf der Freiwerdezeit t_q am gelöschten Thyristor auftreten.

Das wird am besten mit dem Prinzip der Kondensatorlöschung verwirklicht.

4.1.4.1. Wirkungsweise der Kondensatorlöschung

Das Prinzip der Löschung eines Thyristors mit einem Kondensator ist im Bild 4.5 dargestellt. Dabei werden die Halbleiterbauelemente als ideale Schalter betrachtet, d. h., Durchlaßspannungsabfall und

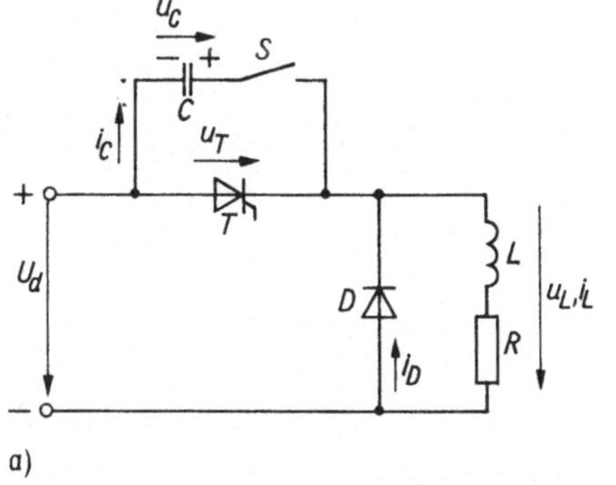

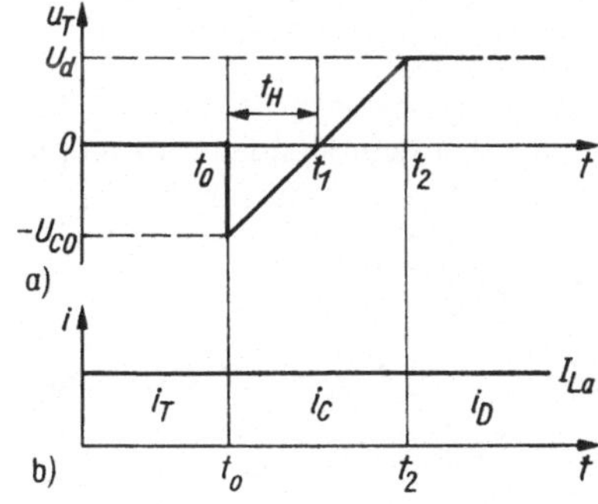

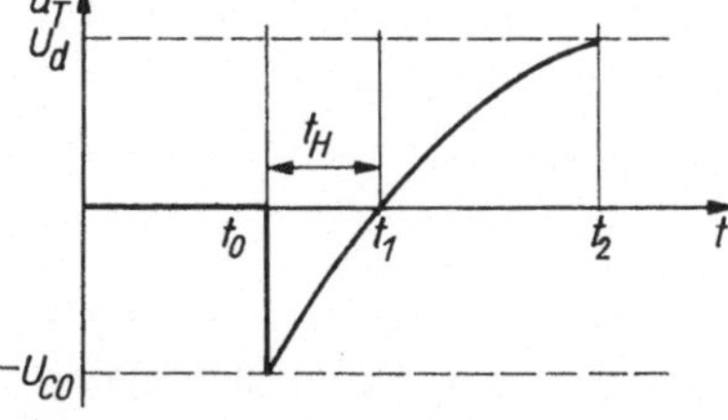

Bild 4.5. Prinzip der Kondensatorlöschung

a) Grundschaltung
b) Strom- und Spannungsverlauf ($L/R \gg T$)
c) Spannungsverlauf bei ohmscher Last ($L = 0$)

dynamisches Verhalten werden nicht berücksichtigt und die Kreisinduktivität L so groß angenommen, daß der Laststrom seine Größe nicht ändern kann ($i_L \equiv I_{La} =$ konst.). Zur Zeit $t = t_0$ führt der Thyristor T den Laststrom I_{La}, und der Löschkondensator C sei durch Schaltungsmaßnahmen, die später noch betrachtet werden, auf die Spannung U_{CO} mit der eingezeichneten Polarität aufgeladen. Zum Zeitpunkt t_0 wird der Schalter S, z. B. ein Hilfsthyristor, geschlossen, und der Strom kommutiert sofort vom Thyristor auf den Kondensator. Der Thyristor sperrt. (In Wirklichkeit wird der Strom wegen der Sperrträgheit nicht im Nulldurchgang, sondern erst nach der Sperrverzögerungszeit (1 ... 2 µs) bei negativen Stromwerten (Rückstrom) unterbrochen, vgl. Abschnitt 2.2.3.3.). Gleichzeitig wird damit die Kondensatorspannung U_{CO} als (negative) Sperrspannung an den Thyristor gelegt. Nunmehr führt den Kondensator den von der Drossel L aufrechterhaltenen Laststrom und lädt sich dabei linear um.

Zum Zeitpunkt $t = t_2$ wird die Diode D leitend ($u_C = U_d$), so daß die Kondensatorspannung und damit die Blockierspannung des Thyristors keine unzulässig hohen Werte erreichen kann. Damit der Thyristor seine Sperrfähigkeit wiedergewinnen kann, muß die Zeitdauer $t_1 - t_0 = t_H$, die sogenannte *Freihaltezeit*, während der keine Blockierspannung am Thyristor liegt, um einen Sicherheitsfaktor K_f (1,2 ... 1,5) größer als die Freiwerdezeit t_q des zu löschenden Thyristors sein. Bei konstantem Kondensatorstrom $i_C = I_{La}$ gilt entsprechend der Beziehung $u_C = \frac{1}{C}\int i_C \, dt$

$$t_H = \frac{CU_{CO}}{I_{La}}, \tag{4.21}$$

also

$$C = \frac{I_{La}t_H}{U_{CO}}. \tag{4.22}$$

Für den Grenzfall der rein ohmschen Last ($L = 0$) gilt ab Löschzeitpunkt t_0 (S geschlossen) die Differentialgleichung

$$U_d = \frac{1}{C}\int i_L(t)\, dt + Ri_L\,. \tag{4.23}$$

Mit der Randbedingung $i_L(t_0) = U_d/R$ und der Zeitkonstante $\tau = RC$ ergibt sich daraus als Lösung für den Last- bzw. Kondensatorstrom ($i_L = i_C$):

$$i_L(t) = \frac{2U_d}{R}\exp\{-t/\tau\}\,. \tag{4.24}$$

Der Verlauf der Spannung über dem Kondensator und damit über dem Thyristor kann aus

$$u_C(t) = u_T(t) = \frac{1}{C}\int i_L(t) \tag{4.25}$$

und der Randbedingung $u_C(t_0) = U_{CO} = -U_d$ bestimmt werden,

$$u_T(t) = U_d(1 - 2\exp\{-t/\tau\})\,, \tag{4.26}$$

und ist im Bild 4.5c dargestellt. Entsprechend $u_T(t_1) = 0$ ergibt sich für die Freihaltezeit

$$t_H = \tau \ln 2 = RC \ln 2\,, \tag{4.27}$$

so daß der erforderliche Löschkondensator aus

$$C = \frac{t_H}{R \ln 2} \tag{4.28}$$

berechnet werden kann.

Mit der Bedingung $t_H = K_f t_q$ kann aus (4.20) und (4.28) die Größe des Löschkondensators ermittelt werden. Die Größe des Löschkondensators wächst proportional zur Freihalte- oder auch zur Freiwerdezeit des Thyristors. Um den Löschaufwand gering zu halten, sind deshalb Thyristoren mit kleiner Freiwerdezeit, also z. B. Frequenzthyristoren, erforderlich (vgl. Abschn. 2.3.4).

Da der Löschkondensator in der Regel den Stromstoß für die Löschung des Thyristors periodisch mit hoher Taktfrequenz aufbringen muß, werden an seine Ausführung große Anforderungen gestellt. Es müssen Materialien mit geringen Verlusten, z. B. Polypropylen, als Dielektrikum verwendet werden. Für jeden Anwendungsfall muß geprüft werden, ob die Grenzbeanspruchung des Kondensators durch Spannung, Spitzenstrom und thermische Belastung eingehalten wird. Wegen der Oberschwingungen der Kondensatorspannung, die nach *Fourier* durch

$$u_C(t) = \sum_{\nu=1}^{\infty} \sqrt{2}\, U_C \sin(\nu\omega t + \varphi_\nu) \tag{4.29}$$

(vgl. Abschn. 3.9, Aufgabe 3.14) beschrieben werden kann, erhöhen sich die Verluste im Kondensator gegenüber sinusförmiger Belastung:

$$P_{VC} = \sum_{\nu=2}^{\infty} C U_C^2 \nu\omega \tan\delta(\nu\omega)\,; \tag{4.30}$$

$\tan\delta(\nu\omega)$ frequenzabhängiger Verlustfaktor.

Damit sich der Kondensator nicht unzulässig erwärmt, muß die Spannung so reduziert werden, daß die zulässigen Verluste nicht überschritten werden. Auch die Anschlußverbindungen und die Kontaktierung begrenzen die Stromwerte des Kondensators. Der maximal auftretende Momentanwert $i_C(t)_m$ des Stroms hängt mit der maximalen Änderungsgeschwindigkeit der Spannung am Kondensator (z. B. 200 V/μs) wie folgt zusammen:

$$\left(\frac{du_C}{dt}\right)_m = \frac{1}{C}\, i_C(t)_m\,. \tag{4.31}$$

Außerdem muß der Stromeffektivwert evtl. durch weitere Absenkung der Kondensatorspannung ($I_C = \omega U_C C$) begrenzt werden.

Beispiel 4.4

a) Wie groß muß der Löschkondensator gewählt werden, damit bei
   a1) ohmsch-induktiver Belastung ($\tau \gg T_s$)
   a2) ohmscher Belastung

   ein Strom $i_L(t_0) = 400$ A sicher gelöscht werden kann? Die Speisespannung betrage $U_d = 500$ V, die Freiwerdezeit des eingesetzten Thyristors seit $t_q = 30$ μs.
   Wahl des Sicherheitsfaktors zur Festlegung der Freihaltezeit t_H: $K_f = 1{,}2$; $t_H = K_f t_q = 1{,}2 \cdot 30\ \mu s = 36\ \mu s$.

Lastfall a1: Mit (4.20) $U_{C0} = U_d$, $\quad C = \dfrac{I_{La} t_H}{U_d} = \dfrac{400\ \text{A} \cdot 36\ \mu\text{s}}{500\ \text{V}} = 29\ \mu\text{F}\,.$

Lastfall a2: Mit (4.28) $\quad C = \dfrac{t_H}{R \cdot \ln 2} = \dfrac{36\ \mu\text{s}}{1{,}25\ \Omega \cdot 0{,}69} = 41{,}5\ \mu\text{F}$

$$\text{mit } R = \frac{U_d}{i_L(t_0)} = 1{,}25\ \Omega\,.$$

b) Welche maximale Änderungsgeschwindigkeit der Blockierspannung tritt auf?

Lastfall a1: Mit (4.31)

$$\left(\frac{du_C}{dt}\right)_m = \frac{1}{C}\, i_C(t)_m = \frac{1}{29\ \mu\text{F}} \cdot 400\ \text{A} \approx 14\ \text{V}/\mu\text{s}\,.$$

Lastfall a2: Aus (4.26) $u_C = U_d - 2U_d \exp\{-t/\tau\}$,

$$\frac{du_C}{dt} = \frac{2U_d}{\tau} \exp\{-t/\tau\}$$

bei $t = 0$: $\left(\frac{du_C}{dt}\right)_m = \frac{2U_d}{\tau} = \frac{1000 \text{ V}}{51{,}9\ \mu\text{s}} = 19{,}3\ \text{V}/\mu\text{s}$

mit $\tau = CR = 41{,}5\ \mu\text{F} \cdot 1{,}25\ \Omega = 51{,}9\ \mu\text{s}$.

4.1.4.2. Berechnung des Löschvorgangs

Unter Berücksichtigung von nicht vermeidbaren Streuinduktivitäten des speisenden Netzes $L_{\sigma N}$ und im Löschkreis $L_{\sigma L}$ sowie einer in der Praxis häufig vorkommenden ohmsch-induktiven Last (Bild 4.6a) sollen die einzelnen Phasen des Kommutierungsvorgangs noch etwas genauer berechnet werden. Der Thyristor wird wieder als idealer Schalter betrachtet. Während der Zeit $t < t_0$ fließt durch den Thyristor der eingeschwungene Laststrom $i_L = I_{La} = U_d/R$. Der Löschkondensator sei auf die Spannung U_{C0} der angegebenen Polarität aufgeladen. Die erste Phase

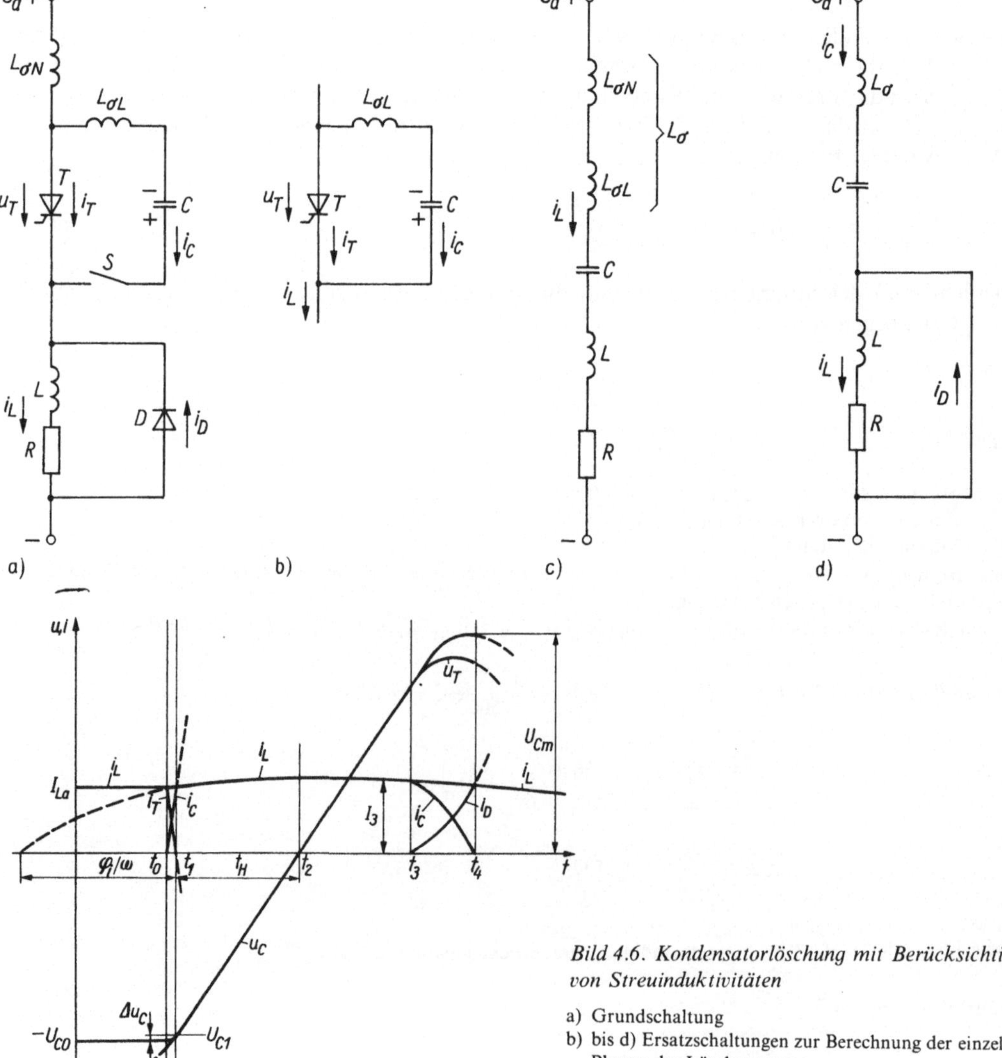

Bild 4.6. Kondensatorlöschung mit Berücksichtigung von Streuinduktivitäten

a) Grundschaltung
b) bis d) Ersatzschaltungen zur Berechnung der einzelnen Phasen des Löschvorgangs
e) Strom- und Spannungsverlauf

der Löschung ($t_0 \leqq t \leqq t_1$) wird durch Schließen des Schalters S zum Zeitpunkt t_0 eingeleitet. Für die entsprechende Ersatzschaltung nach Bild 4.6b gilt die Differentialgleichung

$$L_{\sigma L} \frac{\mathrm{d}i_C}{\mathrm{d}t} + \frac{1}{C} \int i_C \,\mathrm{d}t = 0 . \tag{4.32}$$

Mit den Randbedingungen $i_C(t_0) = 0$ und $u_C(t_0) = -U_{CO}$ ergibt sich als Lösung für den Löschstrom i_C

$$i_C(t) = \frac{U_{CO}}{\omega_L L_{\sigma L}} \sin \omega_L(t - t_0); \tag{4.33}$$

$$\omega_L = \frac{1}{\sqrt{L_{\sigma L} C}} \qquad \text{Resonanzfrequenz des Löschkreises.}$$

Die Anstiegsgeschwindigkeit des Stroms im Löschkreis beträgt

$$\frac{\mathrm{d}i_C}{\mathrm{d}t} = \frac{U_{CO}}{L_{\sigma L}} \cos \omega_L(t - t_0) . \tag{4.34}$$

Der maximale Wert tritt im Einschaltaugenblick t_0 auf,

$$\left(\frac{\mathrm{d}i_C}{\mathrm{d}t}\right)_{\max} = \frac{U_{CO}}{L_{\sigma L}} , \tag{4.35}$$

und hängt bei Vernachlässigung der Dämpfung durch einen ohmschen Widerstand ($\tau_C = R_K C \gg T_S$) von der Streuinduktivität $L_{\sigma L}$ und der Ladespannung des Löschkondensators U_{CO} ab.

Zur Begrenzung der Stromanstiegsgeschwindigkeit bei z. B. als Schalter eingesetzten Thyristoren kann eine zusätzliche Induktivität im Löschkreis erforderlich sein.

Der Strom im Thyristor $i_T = i_L - i_C$ wird unterbrochen, wenn $i_C = I_{La}$ wird, so daß der Löschzeitpunkt t_1 sich aus (4.33) zu

$$t_1 - t_0 = \frac{1}{\omega_L} \arcsin \left(\frac{I_{La} \omega_L L_{\sigma L}}{U_{CO}}\right) \tag{4.36}$$

ergibt.

Wird für eine vereinfachte Berechnung angenommen, daß $U_C(t_0) = -U_{CO} \approx -U_d$ und die Löschzeit t_K sehr klein ist, so wird

$$t_K = t_1 - t_0 \approx \frac{L_{\sigma L} I_{La}}{U_d} . \tag{4.37}$$

Die Kondensatorspannung ergibt sich aus (4.25) zu

$$u_C = \frac{1}{C} \int i_C \,\mathrm{d}t = -U_{CO} \cos \omega_L(t_1 - t_0) . \tag{4.38}$$

Bis zum Zeitpunkt t_1 entlädt sich also der Kondensator etwas, so daß als Spannungsverlust

$$|\Delta u_C| = |u_C(t_0) - u_C(t_1)| = U_{CU}[1 - \cos \omega_L(t_1 - t_0)] \tag{4.39}$$

auftritt. Mit der Annahme, daß $U_{CO} = U_d$, und unter Berücksichtigung von $W = \int ui \,\mathrm{d}t = U_d \int i_C \,\mathrm{d}t = U_d \Delta Q = U_d C \Delta u_C = L_{\sigma L} I_{La}^2/2$ ergibt sich

$$\Delta u_C = \frac{L_{\sigma L} I_{La}^2}{2 C U_d} = \frac{I_{La}(t_1 - t_0)}{2C} . \tag{4.40}$$

Beispiel 4.5

Bei der im Beispiel 4.4 betrachteten Anordnung soll im Löschkreis zusätzlich eine Streuinduktivität von $L_{\sigma L} = 5\ \mu\mathrm{H}$ berücksichtigt werden (Beispiel 4.4, Lastfall a1).

a) Welche maximale Anstiegsgeschwindigkeit des Kondensatorstroms ergibt sich beim Zuschalten des Löschkreises? Mit (4.35)

$$\left(\frac{\mathrm{d}i_C}{\mathrm{d}t}\right)_{\max} = \frac{U_{CO}}{L_{\sigma L}} = \frac{500\ \mathrm{V}}{5\ \mu\mathrm{H}} = 100\ \mathrm{A}/\mu\mathrm{s}$$

b) Wie groß ist die sich im Fall a1 ergebende Kommutierungsdauer? Mit (4.37)

$$t_K = t_1 - t_0 \approx \frac{L_{\sigma L} I_{La}}{U_d} = \frac{5\ \mu H \cdot 400\ A}{500\ V} = 4\ \mu s\,.$$

c) Welcher Spannungsverlust Δu_C tritt dabei auf? Mit (4.40)

$$\Delta u_C = \frac{L_{\sigma L} I_{La}^2}{2CU_d} = \frac{5\ \mu H \cdot (400\ A)^2}{2 \cdot 29\ \mu F \cdot 500\ V} = 27{,}6\ V\,.$$

Mit dem Löschen des Thyristors zum Zeitpunkt t_1 wird die zweite Phase der Kommutierung ($t_1 \leqq t \leqq t_3$) eingeleitet, wofür das Ersatzschaltbild 4.6c gilt. Die jetzt einsetzende Umladung des Löschkondensators C durch die Speisespannung U_d über die Last wird durch die Differentialgleichung

$$(L + L_\sigma)\frac{di_L}{dt} + Ri_L + \frac{1}{C}\int i_L\, dt = U_d\,, \tag{4.41}$$

$$L_\sigma = L_{\sigma N} + L_{\sigma L}$$

mit den Randbedingungen $i_L(t_1) = I_{La}$ und $u_C(t_1) = -U_{C1}$ beschrieben. Mit Hilfe der Laplace-Transformation kann (4.41) umgeformt werden in

$$p(L + L_\sigma)\, i_L - (L + L_\sigma)\, I_{La} + Ri_L + \frac{1}{pC} i_L - \frac{U_{C1}}{p} = \frac{U_d}{p}\,, \tag{4.42}$$

woraus als Bestimmungsgleichung für den Strom

$$i_L(p) = \left(\frac{U_d + U_{C1}}{L + L_\sigma} + I_{La}p\right)\frac{1}{p^2 + 2\delta p + \omega_0^2} \tag{4.43}$$

folgt. Es sei vorausgesetzt, daß

$$\omega_0^2 > \delta^2\,,$$

$$\omega_0 = \frac{1}{\sqrt{(L + L_\sigma)\, C}} \qquad \text{Resonanzfrequenz}\,,$$

$$\delta = \frac{R}{2(L + L_\sigma)} \qquad \text{Dämpfung},$$

wie es praktischen Anwendungen entspricht, und daß $I_{La} = U_d/R$. Dann ergibt sich nach Rücktransformation und einigen Umformungen als Lösung im Zeitbereich

$$i_L(t) = I_{La} \exp\{-\delta(t - t_1)\}\left[\cos\omega(t - t_1) + \left(1 + 2\frac{U_{C1}}{U_d}\right)\frac{\delta}{\omega}\sin\omega(t - t_1)\right] \tag{4.44}$$

mit

$$\omega = \sqrt{\omega_0^2 - \delta^2}$$

oder

$$i_L(t) = \frac{I_{La}\exp\{-\delta(t - t_1)\}}{\cos\varphi_i}\cos[\omega(t - t_1) - \varphi_i]\,, \tag{4.45}$$

$$\varphi_i = \arctan\left[\left(1 + 2\frac{U_{C1}}{U_d}\right)\frac{\delta}{\omega}\right].$$

Der Strom führt also eine gedämpfte Schwingung aus, die gegenüber dem Zeitpunkt t_1 um den Winkel $-\varphi_i$ verschoben ist.

Die Spannung am Löschkondensator ergibt sich analog aus

$$u_C(p) = \frac{1}{pC}\, i(p) - \frac{U_{C1}}{p} \tag{4.46}$$

zu

$$u_C(t) = U_d \left\{ 1 - \frac{1 + \frac{U_{C1}}{U_d}}{\cos \varphi_u} \exp\{-\delta(t - t_1)\} \cos[\omega(t - t_1) - \varphi_u] \right\}; \tag{4.47}$$

$$\varphi_u = \arctan \left[\frac{\frac{1}{1 + U_{C1}/U_d}}{\omega RC} + \frac{\delta}{\omega} \right].$$

Wird zur Vereinfachung angenommen, daß während des Kommutierungsvorgangs $i_L = I_{La} =$ konst. bleibt und $|U_{C1}| = U_d$ war, so kann u_C näherungsweise aus

$$u_C(t) \approx -U_{C1} + \frac{I_{La}(t - t_1)}{C} = -(U_d - \Delta u_C) + \frac{I_{La}(t - t_1)}{C} \tag{4.48}$$

bestimmt werden.

Die Spannung am Thyristor beträgt

$$u_T = L_{\sigma L} \frac{di}{dt} + u_C. \tag{4.49}$$

Für praktische Berechnungen ist es berechtigt, $L_{\sigma L}\, di/dt$ zu vernachlässigen, so daß $u_T \approx u_C$ gesetzt werden kann. Die maximale Spannungsanstiegsgeschwindigkeit $(du_T/dt)_m \approx I_{La}/C$ muß geringer als die zulässige Spannungsanstiegsgeschwindigkeit des verwendeten Thyristors sein.

Die Freihaltezeit $t_H = t_2 - t_1$ wird dann aus $u_T(t_2) \approx u_C(t_2) = 0$ gefunden. Unter der Voraussetzung konstanten Stroms ergibt sich die Freihaltezeit aus (4.40) näherungsweise zu

$$t_H \approx (U_d - \Delta u_C)\, C/I_{La}. \tag{4.50}$$

Unter der Voraussetzung, daß zum Zeitpunkt der Stromübernahme durch D der Löschkondensator auf $+U_d$ umgeladen ist, beträgt die dafür notwendige Zeitdauer nach (4.40)

$$t_u = t_3 - t_1 \approx (2U_d - \Delta u_C)\, C/I_{La}. \tag{4.51}$$

Beispiel 4.6

a) Um welchen Wert ändert sich die Freihaltezeit t_H bei Berücksichtigung des Spannungsverlustes Δu_C?
Mit (4.50)

$$t_H \approx (U_d - \Delta u_C)\, C/I_{La} \approx (500\ \text{V} - 28\ \text{V}) \cdot \frac{29\ \mu\text{F}}{400\ \text{A}} = 34\ \mu\text{s}.$$

Die im Beispiel 4.4 der Dimensionierung des Löschkondensators zugrunde gelegte Freihaltezeit betrug 36 µs.

b) Welchen Wert darf die Streuinduktivität $L_{\sigma L}$ im Löschkreis maximal annehmen, wenn mindestens die Freiwerdezeit t_q gewährleistet sein soll?

Aus (4.50) folgt: $\Delta u_C = U_d - \frac{t_q I_{La}}{C} = 500\ \text{V} - \frac{30\ \mu\text{s} \cdot 400\ \text{A}}{29\ \mu\text{F}} \approx 86\ \text{V}.$

Aus (4.40) folgt: $L_{\sigma L} = \frac{\Delta u_C \cdot 2CU_d}{I_{La}^2} = \frac{86\ \text{V} \cdot 2 \cdot 29\ \mu\text{F} \cdot 500\ \text{V}}{(400\ \text{A})^2} = 15{,}6\ \mu\text{H},$

$$L_{\sigma L} \leqq 15{,}6\ \mu\text{H}.$$

Mit t_3 beginnt eine weitere Phase der Kommutierung ($t_3 \leqq t \leqq t_4$), für die Ersatzschaltbild 4.6d Gültigkeit hat. Die in den Streuinduktivitäten gespeicherte magnetische Energie versucht, den Strom im Löschkreis aufrechtzuerhalten. Mit der dafür gültigen Differentialgleichung

$$L_\sigma \frac{di_C}{dt} + \frac{1}{C} \int i_C\, dt = U_d \tag{4.52}$$

und den Randbedingungen $u_C(t_3) = U_d$ und $i_C(t_3) = I_3$ (aus (4.44) für $t = t_3$) ergibt sich die Lösung

$$i_C(t) = I_3 \cos[\omega_\sigma(t - t_3)] \tag{4.53}$$

mit $\omega_\sigma = \dfrac{1}{\sqrt{L_\sigma C}}$.

Da der Strom durch die Diode D nicht umkehren kann, klingt er innerhalb von $t_4 - t_3 = \frac{\pi}{2}\sqrt{L_\sigma C}$ auf Null ab. Entsprechend steigt der Strom durch die Freilaufdiode i_D an. Die Spannung am Löschkondensator wird

$$u_C = \frac{1}{C}\int i_C \,\mathrm{d}t = \frac{I_3}{\omega_\sigma C}\sin[\omega_\sigma(t - t_3)] + U_d\,. \tag{4.54}$$

Der Scheitelwert dieser Spannung

$$U_{Cm} = U_d + \frac{I_3}{\omega_\sigma C} = U_d + \sqrt{\frac{L_\sigma}{C}}\,I_3 \tag{4.55}$$

führt nach Abschluß des Löschvorgangs zu einer entsprechenden Überspannung am Thyristor. Innerhalb des durch die Freilaufdiode kurzgeschlossenen Lastkreises nimmt der Strom exponentiell ab:

$$i_L = I_3 \exp\left\{-\frac{t - t_3}{L/R}\right\}. \tag{4.56}$$

Die genaue Berechnung der Kommutierungsvorgänge ist also mit einigem Aufwand verbunden und sollte zweckmäßig mit einem programmierbaren Kleinrechner durchgeführt werden. In vielen Fällen ist aber die ingenieurmäßige Berechnung mit den getroffenen Vereinfachungen zulässig. Die sich für den gesamten Löschvorgang ergebenden Strom- und Spannungsverläufe sind im Bild 4.6e dargestellt.

4.1.4.3. Löschschaltungen

Da die Löscheinrichtung in einer Stromrichterschaltung meist periodisch betrieben wird, besteht die Forderung, daß der Löschkondensator auf die zum Löschen notwendige Spannung und Polarität selbsttätig auf- bzw. umgeladen wird. Dafür gibt es eine Vielzahl von Löschschaltungen, von denen die wichtigsten im Bild 4.7 dargestellt sind [4.1] [4.4]. Prinzipiell kann der Löschkondensator auch über einen ohmschen Widerstand aufgeladen werden. Wegen der damit verbundenen Verlustenergie ist diese Methode besonders bei periodischem Betrieb unwirtschaftlich und bei höheren Frequenzen nicht ausführbar. Deshalb wird den im Bild 4.7 gezeigten Schaltungen, die eine nahezu verlustlose Auf- bzw. Umladung des Löschkondensators gestatten, der Vorzug gegeben.

Ein einfaches Löschverfahren ist die Resonanzlöschung (Bild 4.7a und b), bei der parallel zum Thyristor ein *LC*-Schwingkreis angeordnet ist. Wenn der Kondensator C auf eine Spannung der eingezeichneten Polarität geladen ist, dann lädt er sich beim Einschalten des Thyristors T über diesen und die Induktivität $L1$ mit der Resonanzfrequenz f_1 des Löschkreises schwingend um. Der Thyristor wird zusätzlich vom Umschwingstrom belastet. Bei Annahme eines verlustlosen Kreises ist die Umladung des Kondensators nach der halben Periodendauer $T_1/2 = \pi\sqrt{L_1 C}$ beendet; am Thyristor liegt negative Sperrspannung. Der Thyristor löscht, und der Laststrom i_L wird vom Kondensator übernommen, der dadurch wieder auf die Ausgangsspannung aufgeladen wird. Damit der Thyristor sicher gelöscht bleibt, muß die Thyristorspannung wieder für $t_H \geqq t_q$ negativ bleiben. Die Einschaltdauer des Thyristors ist bei gegebenem Strom konstant, so daß die Lastspannung nur durch Veränderung der Pausendauer bis zum nächsten Zünden des Thyristors oder der Pulsfrequenz (Pulsfolgesteuerung) beeinflußt werden kann. Die Folgefrequenz wird durch die endliche Umladezeit des Kondensators nach oben begrenzt.

Beispiel 4.7

Gegeben sei ein Gleichstromsteller mit Resonanzlöschkreis und ohmsch-induktiver Belastung (Bild 4.7a und b). Der arithmetische Mittelwert der Lastspannung soll bei einer Folgefrequenz von $f_S = 1$ kHz halb so groß wie die Eingangsspannung ($U_{da} = 200$ V) sein. Der zulässige Maximalwert des Thyristorstroms betrage $I_{TSM} = 500$ A. Wie sind die Elemente des Resonanzlöschkreises zu dimensionieren?

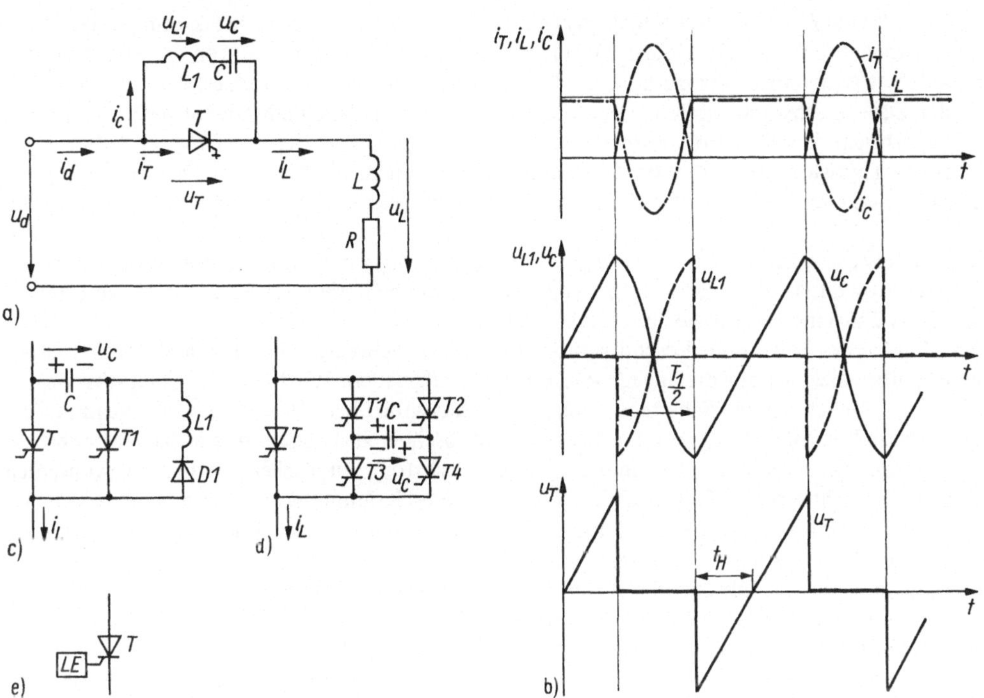

Bild 4.7. Ausgewählte Löschschaltungen

a) Resonanzlöschung; b) Verlauf von Strömen und Spannungen bei der Resonanzlöschung; c) Zweistufenlöschung; d) Gegentaktlöschung; e) Schaltzeichen für Thyristor mit Löscheinrichtung (LE)

Mit (4.1): $U_{La} = üU_d$, $ü = \frac{U_{La}}{U_d} = 0{,}5$

$$T_E = üT_S = \pi\sqrt{L_1C}\,; \qquad L_1C = \left(\frac{üT_6}{\pi}\right)^2 = \left(\frac{0{,}51\ \text{ms}}{\pi}\right)^2 = 2{,}53\cdot 10^{-8}\ \text{s}^2\,.$$

Randbedingungen zur Bestimmung von L_1, C

- Der Maximalwert des Kondensatorstroms muß größer als der maximale Laststrom sein: Löschbedingung.
- Der Maximalwert des Kondensatorstroms ist begrenzt durch den zulässigen Maximalwert des Thyristorstroms.

Annahme: ungedämpfter Löschkreis; vollständige Kondensatorumladung

$$i_C = \sqrt{\frac{C}{L_1}}\,U_{CO}\sin\omega_1 t \quad \text{mit} \quad \omega_1 = \frac{1}{\sqrt{L_1C}}$$

$$I_{C\max} = \sqrt{\frac{C}{L_1}}\,U_{CO}$$

$$\frac{C}{L_1} = \left(\frac{I_{C\max}}{U_{CO}}\right)^2 = \left(\frac{I_{TSM}}{U_{CO}}\right)^2 = \left(\frac{500\ \text{A}}{200\ \text{V}}\right)^2 = 6{,}25\ (\text{A/V})^2\,.$$

Daraus folgt als eine mögliche Variante:
mit

$$L_1 = \frac{C}{6{,}25\ (\text{A/V})^2}$$

$$C = \frac{üT_S}{\pi}\sqrt{6{,}25\ (\text{A/V})^2} = \frac{0{,}5\cdot 1\ \text{ms}}{\pi}\cdot 2{,}5\ \frac{\text{A}}{\text{V}} = 398\ \mu\text{F} \approx 400\ \mu\text{F}\,,$$

$$L_1 = \left(\frac{üT_S}{\pi}\right)^2\frac{1}{C} = 2{,}53\cdot 10^{-8}\ \text{s}^2\ \frac{1}{400\ \mu\text{F}} = 63\ \mu\text{H}\,.$$

Wird als Induktivität L_1 eine Umschwingdrossel mit sättigbarem Eisenkern (rechteckförmige Hystereseschleife) verwendet (bekannt als *MORGAN*-Schaltung), so wird das Umschwingen der Spannung des Löschkondensators so lange verzögert, bis der Eisenkern gesättigt ist. Erst nach erfolgter Ummagnetisierung der Drossel schwingt die Kondensatorspannung über die Streuinduktivität des Löschkreises um und unterbricht den Thyristorstrom erst nach erneuter Ummagnetisierung. Dadurch läßt sich die Leitdauer des Thyristors gegenüber der Resonanzlöschung mit nicht sättigbarer Drossel verlängern. Eine Beeinflussung der Stromführungsdauer ist durch Vormagnetisierung der Sättigungsdrossel möglich.

Am bekanntesten ist die im Bild 4.7c gezeigte *Zweistufenlöschung* mit Hilfsthyristor und Umschwingkreis (s. auch Abschn. 4.1.4.4), die im Gegensatz zu den schon beschriebenen Schaltungen ein Löschen des Thyristors *T* zu einem beliebigen Zeitpunkt erlaubt.

Durch Zünden des Hilfs- oder Löschthyristors *T1* wird zunächst der Löschkondensator *C* von der Speisequelle über die Last auf die angegebene Polarität aufgeladen. Wird jetzt der Hauptthyristor *T* gezündet, wird ähnlich wie bei Schaltung 4.7a der Kondensator über *D1* und *L1* schwingend auf die entgegengesetzte Polarität umgeladen. Die Schaltung ist löschbereit. Die Sperrdiode *D1* verhindert ein Zurückschwingen der Kondensatorspannung. Um den Thyristor *T* zu löschen, wird zum gewünschten Zeitpunkt der Löschthyristor *T1* gezündet. Während dieses Kommutierungsvorgangs lädt sich der Kondensator wieder auf die Ausgangspolarität auf (s. auch Abschn. 4.1.4.1, Bild 4.5). Der Thyristor *T* kann erneut gezündet werden usw.

Die minimale Leitdauer (Einschaltdauer) des Hilfsthyristors und die minimale Pausenzeit (maximale Pulsfrequenz) wird von der Umladedauer entsprechend (4.51) bestimmt. An Stelle der Sperrdiode kann auch ein zweiter Hilfsthyristor (Umschwingthyristor) eingesetzt werden. Das Umschwingen wird dabei erst durch Zünden des Umschwingthyristors eingeleitet und eine unkontrollierte Entladung des Löschkondensators über die Spannungsquelle verhindert.

Bei der *Gegentaktlöschung* (Bild 4.7d) entfällt die Notwendigkeit des Umschwingens des Kondensators über eine Drossel zur Vorbereitung des nächsten Löschvorgangs. Jeder Umladevorgang des Löschkondensators durch abwechselndes Zünden der Thyrostorpaare *T1/T4* und *T2/T3* wird zur Löschung des Hauptthyristors *T* ausgenutzt. Deshalb ist die Umladefrequenz des Löschkondensators bei gleicher Pulsfrequenz nur halb so groß wie bei den Umschwingschaltungen.

Vor dem erstmaligen Einschalten von *T* muß natürlich die Schaltung löschbereit, d. h. der Löschkondensator durch vorhergehendes Zünden von *T1/T4* oder *T2/T3* aufgeladen sein. Wenn in Schaltung 4.7d die Hilfsthyristoren *T1* bis *T4* so ausgelegt werden, daß sie den vollen Laststrom führen können, kann der Thyristor *T* entfallen. Der Laststrom fließt abwechselnd über *T1/T3* bzw. *T2/T4*. Wenn *T1/T3* Strom führen, wird z. B. *T3* durch Zünden von *T4* gelöscht. Der Laststrom fließt über *T1* und *T4* weiter und lädt *C* um. Ist die Umladung beendet, löschen schließlich *T1* und *T4*. Zum gewünschten Zeitpunkt können dann *T2/T4* gezündet und *T4* durch Zünden von *T3* gelöscht werden.

Bild 4.7e gibt das Schaltzeichen für einen selbstgelöschten Thyristor mit zugeordnetem, beliebigem Löschzweig wieder.

Bei Gleichstromstellern großer Leistung und mit herkömmlichen, nicht mit abschaltbaren Thyristoren kann also der Schalter *S* im Bild 4.5 durch eine der beschriebenen Löscheinrichtungen realisiert werden.

Das Prinzip der Kondensatorlöschung wird auch bei selbstgelöschten Wechselrichtern mit Thyristoren (s. Abschn. 4.2) sowie auch bei netzgelöschten Stromrichtern, vor allem zur Verminderung der Netzrückwirkungen, z. B. bei elektrischen Bahnen (Sektorsteuerung) benutzt (vgl. Abschn. 6.1) [4.5].

4.1.4.4. Gleichstromsteller-Schaltungen mit Thyristoren

Die Mehrzahl der eingesetzten Gleichstromsteller mit Thyristoren, z. B. für gleichstromgespeiste Nahverkehrsfahrzeuge, werden nach der im Bild 4.8a dargestellten *Grundschaltung* mit Hilfsthyristor und Umschwingkreis (s. Bild 4.7c) ausgeführt [4.1] [4.4].

Zur Vereinfachung wird wieder angenommen, daß alle Halbleiterbauelemente ideale Schalter sind, keine Verluste im Kreis auftreten und die Lastinduktivität so groß ist, daß der Laststrom als konstant gelten kann ($i_L \equiv I_{La}$ = konst.). Die Wirkungsweise der Schaltung läßt sich anschaulich durch den

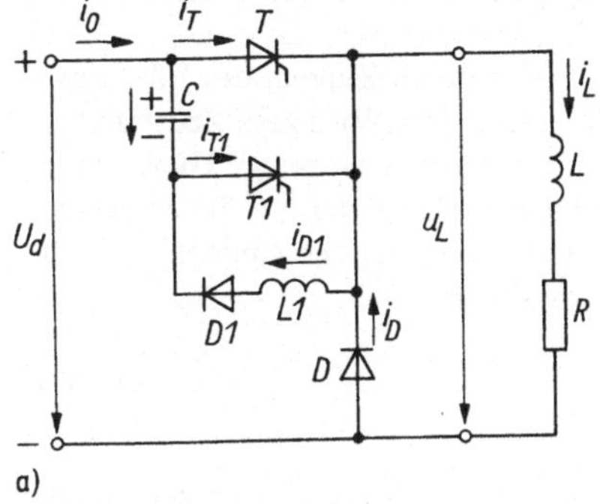

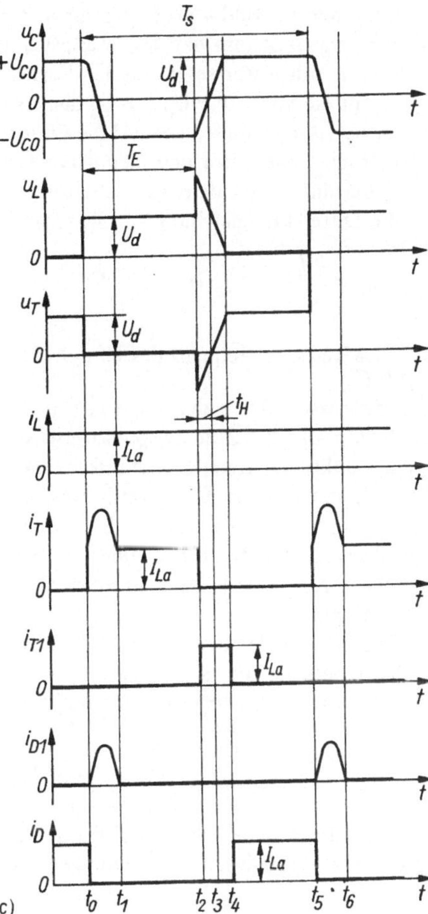

Bild 4.8. Prinzip eines Gleichstromstellers mit Thyristoren

a) Grundschaltung
b) Zustandsgraph
c) Strom- und Spannungsverlauf ($L/R \gg T_s$)

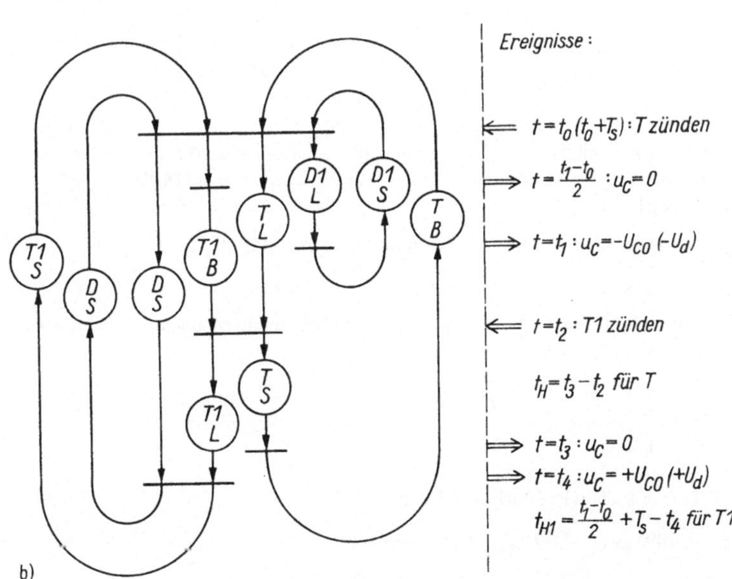

Zustandsgraphen im Bild 4.8 b beschreiben. Im stationären Betrieb des Stellers ergeben sich die im Bild 4.8 c gezeigten Strom- und Spannungsverläufe.

Der Löschkondensator sei durch den vorherigen Löschvorgang oder durch Zünden des Löschthyristors *T1* auf die Spannung $U_{CO} = U_d$ der angegebenen Polarität aufgeladen. Wird zum Zeitpunkt t_0 der Hauptthyristor gezündet, so wird die Eingangsspannung momentan an die Last gelegt. Gleichzeitig wird der Löschkondensator über den Thyristor *T* und den Umschwingkreis *L1*, *D1* auf die entgegengesetzte Polarität umgeladen; die Schaltung ist somit löschbereit. Für den Umschwingvorgang gilt analog die Differentialgleichung (4.33), so daß sich der Umschwingstrom aus

$$i_{D1} = \frac{U_d}{\omega_1 L_1} \sin \omega_1 (t - t_0) \quad \text{für} \quad t_0 \leqq t \leqq t_1 , \tag{4.57}$$

$\omega_1 = \frac{1}{\sqrt{L_1 C}}$ Resonanzfrequenz des Umschwingkreises, ergibt. Dieser Strom überlagert sich dem durch den Hauptthyristor fließenden Laststrom und stellt eine zusätzliche Beanspruchung des Thyristors im Einschaltzeitpunkt dar. Zum Zeitpunkt t_2 wird der Löschthyristor *T1* gezündet, der Laststrom wechselt, wenn ein induktivitätsfreier Kommutierungskreis angenommen wird, sofort von *T* auf den Löschkondensator *C*, und *T* sperrt. Gleichzeitig wird an die Last die Summe aus Speisespannung und Kondensatorspannung gelegt, die mit der Umladung des Löschkondensators bis auf Null abgebaut wird. Anschließend übernimmt die Freilaufdiode *D* den Strom bis zum folgenden Zünden des Hauptthyristors. Die Zeitdauer $t_3 - t_2$ steht dem Hauptthyristor als Freihaltezeit zur Verfügung, die nach (4.19) berechnet werden kann.

Die Grenzen für das Schaltverhältnis *ü* ergeben sich bei konstanter Schaltfrequenz $f_S = 1/T_S$ aus folgenden Überlegungen: Zwischen dem Ausschaltzeitpunkt t_2 und dem Wiedereinschaltzeitpunkt t_5 muß der Kondensator umgeladen werden können. Die Umladezeit des Kondensators (s. auch (4.51))

$$t_U = t_4 - t_2 = 2U_d \frac{C}{I_{La}} \geqq T - T_{E\,max} \tag{4.58}$$

ist dem Laststrom umgekehrt proportional. Zwischen den Zündzeitpunkten des Haupt- und Löschthyristors ist also eine laststromabhängige Mindestzeitdauer einzuhalten, so daß $ü = 1$ nicht erreichbar ist.

Andererseits darf der Löschimpuls erst gegeben werden, wenn der Umschwingvorgang über *L1 D1* abgeschlossen ist. Die Mindesteinschaltzeit des Gleichstromstellers ergibt sich daher aus (4.57) zu

$$T_{E\,min} = t_6 - t_5 = t_1 - t_0 = \pi \sqrt{L_1 C} . \tag{4.59}$$

Beispiel 4.8

a) Wie groß ist der Unterschied in der strommäßigen Belastung eines in einem Gleichstrom-Pulssteller eingesetzten Thyristors mit Zweistufenlöschung im Vergleich zu einem Abschaltthyristor (GTO)?
Gegeben: $U_d = 500$ V; $C = 29$ µF,
$L_1 = 15$ µH ($\triangleq L_{\sigma L\,zul}$ gemäß Beispiel 4.6); $I_{La} = 400$ A ($\tau \gg T_S$).

— Scheitelwert des Thyristorstroms
Der Thyristor wird zusätzlich mit dem Umschwingstrom belastet, dessen Maximalwert bei $\omega t = \pi/2$ auftritt. Annahme: ungedämpfter Schwingkreis. Mit (4.57) folgt

$$I_{D1\,max} = \frac{U_d}{\omega_1 L_1} = \omega_1 C U_d = \frac{1}{\sqrt{L_1 C}} C U_d = \sqrt{\frac{C}{L_1}} U_d = \sqrt{\frac{29\ \mu\text{F}}{15\ \mu\text{H}}} \cdot 500\ \text{V} = 695\ \text{A} .$$

Umschwingdauer: $T_1 = \pi \sqrt{L_1 C} = \pi \sqrt{15\ \mu\text{H} \cdot 29\ \mu\text{F}} = 65{,}5\ \mu\text{s}$.

Thyristor: $I_{Tm} = I_{La} + I_{D1\,max} = 1095$ A, GTO: $I_{Tm} = I_{La} = 400$ A.

b) Wie ändert sich der arithmetische Mittelwert des Thyristorstroms bei Berücksichtigung des Umschwingstroms für den Fall $\ddot{u} = 0{,}9$ und $f_S = 1$ kHz (s. Bild 4.8c)?

$$I_{D1a} = \frac{1}{2\pi} \int_0^{\pi} I_{D1\,max} \sin \vartheta \, d\vartheta = \frac{I_{D1\,max}}{\pi} = \frac{695\ A}{\pi} = 221\ A$$

$$I_{Ta} = \frac{T_E}{T_S} I_{La} + \frac{T_1}{T_S} I_{D1a}$$

$$= 0{,}9 \cdot 400\ A + \frac{65{,}5\ \mu s}{1\ ms} \cdot 221\ A = 360\ A + 14{,}5\ A = 374{,}5\ A\,.$$

c) Welche Grenzen ergeben sich für das Schaltverhältnis $\ddot{u}$ unter Berücksichtigung der Umlade- und Umschwingzeit?

Mit (4.58): $t_U = 2U_d \dfrac{C}{I_{La}} \geqq T_S - T_{E\,max}$

$$t_U = 2 \cdot 500\ V \cdot \frac{29\ \mu F}{400\ A} = 72{,}5\ \mu s$$

$$T_{E\,max} = T_S - t_U = 1\ ms - 72{,}5\ \mu s = 0{,}9275\ ms$$

$$\ddot{u}_{max} = \frac{T_{E\,max}}{T_S} = \frac{0{,}9275\ ms}{1\ ms} = 0{,}9275 \approx 0{,}93$$

Mit (4.52): $T_{E\,min} = \pi \sqrt{L_1 C} = \pi \sqrt{15\ \mu H \cdot 29\ \mu F} = 65{,}5\ \mu s$

$$\ddot{u}_{min} = \frac{T_{E\,min}}{T_S} = \frac{65{,}5\ \mu s}{1\ ms} = 0{,}066\,.$$

Wegen der Eigenschaften der Halbleiterbauelemente können in realen Schaltungen die im Bild 4.8c dargestellten abrupten Stromübergänge natürlich nicht zugelassen werden; sie treten wegen der im Kreis vorhandenen Streuinduktivitäten auch nicht auf. Bei Berücksichtigung der Streuinduktivität gelten die im Abschnitt 4.1.4.2 angestellten Berechnungen, und es ergibt sich der im Bild 4.9a dargestellte Strom- und Spannungsverlauf.

Die Spannung am Löschkondensator ist um den Spannungsverlust Δu_C (4.39) vermindert. Die Kommutierung der Ströme von der Freilaufdiode auf den Hauptthyristor, vom Hauptthyristor auf den Löschthyristor und vom Löschthyristor auf die Freilaufdiode erfolgt nicht augenblicklich, sondern führt wegen der in den Induktivitäten gespeicherten Energie zu einer Überlappung der jeweiligen Ströme. Da der Laststrom im Zeitpunkt t_4 nicht sofort von der Freilaufdiode übernommen werden kann, kommt es zu einem Überschwingen der Kondensatorspannung gemäß (4.54), was sich auch im Verlauf der Spannung über dem Hauptthyristor widerspiegelt. Durch die dabei auftretende Spannungsdifferenz zur Eingangsspannung kann der Strom durch den Umschwingkreis i_{D1} während $t_6 - t_5$ wieder ansteigen und überlagert sich für diese Zeitdauer dem Strom durch die Freilaufdiode. Durch die Speisequelle fließt ein Rückstrom; sie muß also rückspeisefähig sein. Für den Hauptthyristor ergibt sich eine geringere Freihaltezeit (s. (4.50)) und eine höhere Beanspruchung durch die Blockierspannung. Die Umladungsvorgänge des Löschkondensators C lassen sich sehr übersichtlich in Form einer i_C, u_C-Zustandsbahn (Trajektorie) darstellen, die im Bild 4.9b für den Gleichstromsteller bei Berücksichtigung der Streuinduktivitäten gezeigt ist.

Diese Nachteile der Grundschaltung des Gleichstromstellers können durch zusätzlichen Schaltungsaufwand vermindert werden.

Nach (4.58) hängt die Umladezeit des Kondensators vom Laststrom ab. Soll ein Gleichstromsteller auch bei unterschiedlichen Lasten, z. B. auch bei einer Gegenspannung (Motorbetrieb), betriebssicher arbeiten, so muß zusätzlich ein Lastausgleichszweig (auch Rückschwingkreis genannt) vorgesehen werden (Bild 4.10), der aus der Diode *D2* und der Induktivität *L2* (in der Regel *L2* = *L1*) besteht.

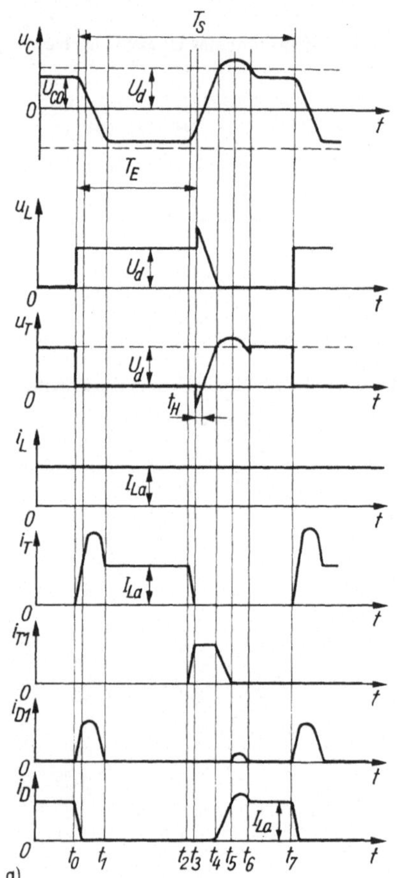

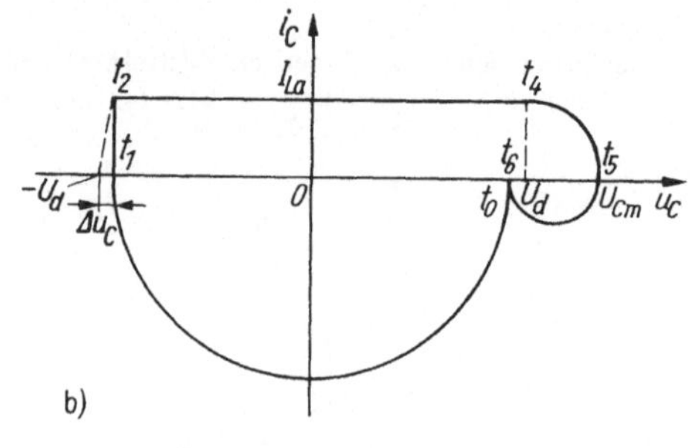

Bild 4.9. Gleichstromsteller bei Berücksichtigung von Streuinduktivitäten (entsprechend Bild 4.6a)

a) Strom- und Spannungsverlauf
b) Zustandsbahn (Trajektorie) für Kondensatorumladung

Bei idealisierten Bedingungen kann die Wirkungsweise des Lastausgleichszweiges wie folgt abgeschätzt werden [4.6]: Wird im Zeitpunkt t_2 (Bild 4.8c) der Löschthyristor *T1* gezündet und damit der Hauptthyristor gelöscht, so gilt entsprechend Ersatzschaltbild 4.11a

$$\left.\begin{aligned} L_2\frac{\mathrm{d}i_{L2}}{\mathrm{d}t} + u_C &= 0 \\ u_C + u_L &= U_d \\ i_L + i_{D2} - i_C &= 0\,. \end{aligned}\right\} \tag{4.60}$$

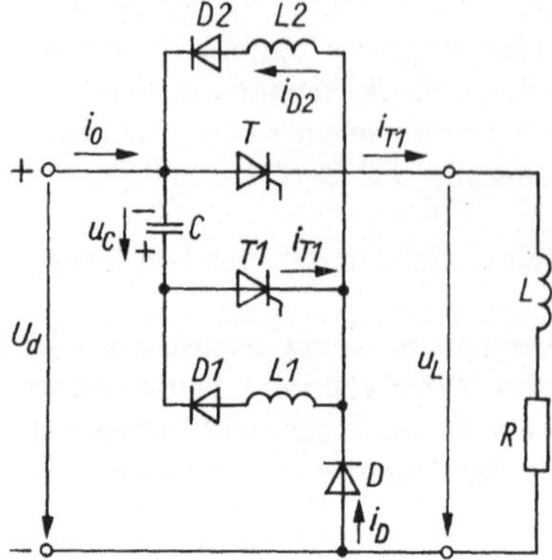

Bild 4.10. Gleichstromsteller mit Lastausgleichszweig

Mit den Anfangsbedingungen $i_C(t_2) = I_{La} = \text{konst.}$ und $u_C(t_2) = U_{CO} = -U_d$ ergeben sich als Lösungen

$$i_C(t) = i_{T1}(t) = \sqrt{I_{La}^2 + I_0^2}\,\sin\left[\omega_2(t - t_2) + \varphi\right], \tag{4.61}$$

$$i_{L2}(t) = i_{D2}(t) = i_C(t) - I_{La}, \tag{4.62}$$

$$u_C(t) = -\frac{U_d}{\cos\varphi}\cos\left[\omega_2(t - t_2) + \varphi\right]; \tag{4.63}$$

$$\omega_2 = 1/\sqrt{L_2 C}, \qquad \tan\varphi = I_{La}/I_0; \qquad I_0 = U_d/(\omega_2 L_2).$$

Diese Zeitverläufe (Bild 4.11 b) gelten bis zum Zeitpunkt t_4, in dem die Freilaufdiode den Laststrom übernimmt. Die Umladedauer t_U wird jetzt durch

$$t_U = t_4 - t_2 = \frac{1}{\omega_2}(\pi - 2\varphi) \tag{4.64}$$

bestimmt. Die Freihaltezeit $t_H = t_U/2$ wird auf die Leerlauffreihaltezeit t_{HO} für den Betriebszustand $I_{La} = 0$, die sich aus

$$t_{HO} = \frac{\pi}{2}\frac{1}{\omega_2} \tag{4.65}$$

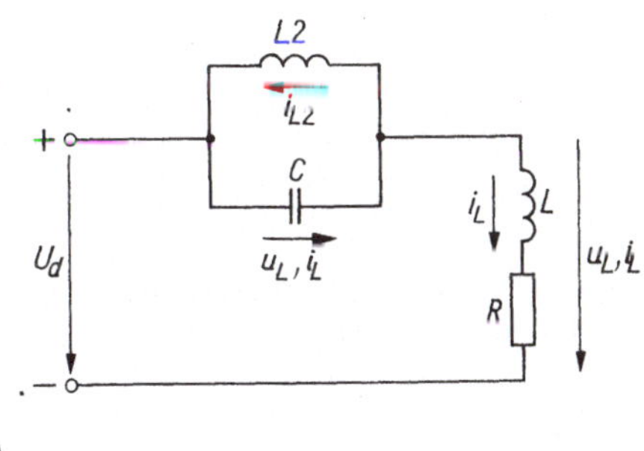

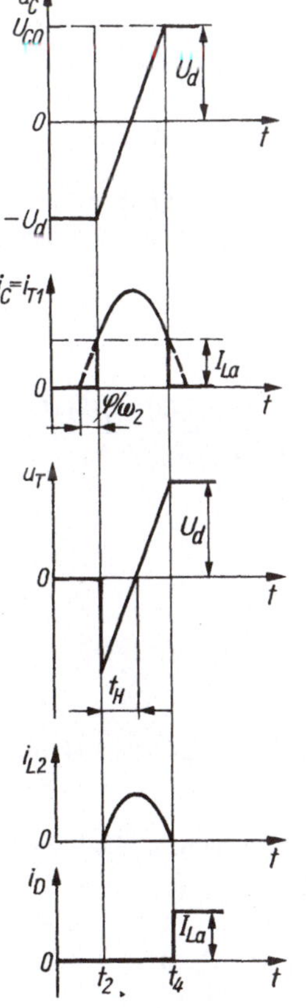

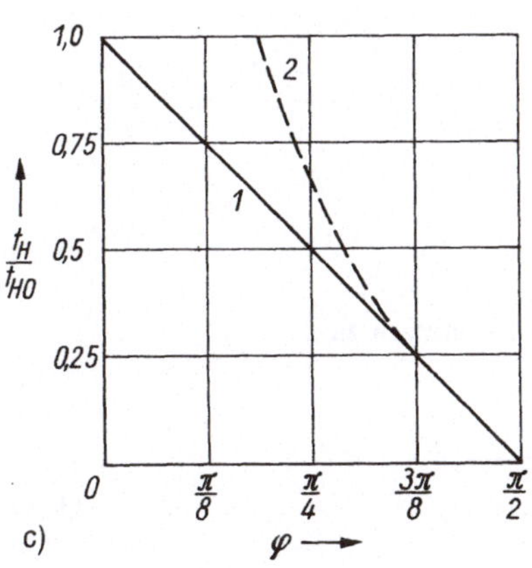

Bild 4.11. Gleichstromsteller mit Lastausgleichszweig

a) Ersatzschaltung für Beginn der Kommutierung (Zündung des Löschthyristors *T1*); b) idealisierter Strom- und Spannungsverlauf; c) Abhängigkeit der normierten Freihaltezeit vom Winkel φ mit (Kurve *1*) und ohne (Kurve *2*) Lastausgleichszweig ergibt, bezogen. Dann kann die Freihaltezeit aus

$$\frac{t_H}{t_{HO}} = 1 - \frac{2}{\pi}\varphi \tag{4.66}$$

mit $\varphi = \arctan(I_{La}/I_0)$ berechnet werden (Bild 4.11c). Unter Berücksichtigung von (4.19) kann die Freihaltezeit für die Grundschaltung ohne Lastausgleichszweig in analoger Form dargestellt werden:

$$\frac{t_H}{t_{HO}} = \frac{2}{\pi}\frac{1}{\tan\varphi} \quad (\text{ohne } D2 - L2)\,. \tag{4.67}$$

Das Diagramm, Bild 4.11c, zeigt, daß für $\varphi > \pi/4$ auf einen Lastausgleichszweig verzichtet werden kann, während für $\varphi < \pi/4$ der Gleichstromsteller wegen der großen Umschwingzeit ohne Lastausgleichszweig nicht mehr sinnvoll betrieben werden kann.

In realen Schaltungen muß davon ausgegangen werden, daß der Laststrom wegen der endlichen Größe der Lastinduktivität nicht konstant ist. Unter Einbeziehung des Lastkreises hat dann das die Kommutierungsvorgänge beschreibende Differentialgleichungssystem (4.60) dritte Ordnung und kann nicht mehr wie bisher analytisch gelöst werden. Für die Analyse der Vorgänge mit Hilfe von Rechenautomaten ist es daher zweckmäßig, das System durch Zustandsgleichungen zu beschreiben (vgl. Abschn. 3.2.1.3, 3.2.1.7, 3.4.1.2). Diese können allgemein in der Form

$$\frac{d\boldsymbol{q}}{dt} = \boldsymbol{A}\cdot\boldsymbol{q} + \boldsymbol{B}\cdot\boldsymbol{y}\,; \qquad \boldsymbol{q}(0) = \boldsymbol{q}_0\,; \tag{4.68}$$

$\boldsymbol{q}$ Zustandsvektor; $\boldsymbol{q}_0$ Vektor der Anfangsbedingungen
$\boldsymbol{y}$ Steuervektor (Eingangsvektor)
$\boldsymbol{A}$ Systemmatrix
$\boldsymbol{B}$ Steuermatrix

geschrieben werden.

Für den Beginn der Kommutierung (Zündung des Löschthyristors *T1* in Schaltung 4.10) gilt wieder das Ersatzschaltbild 4.11a, jedoch ist $i_L \neq I_{La}$ = konst. Mit dem Vektor der normierten Zustandsvariablen

$$\boldsymbol{q}(\vartheta) = \begin{pmatrix} \dfrac{u_C(\vartheta)}{U_d} \\ \dfrac{i_C(\vartheta)}{I_0} \\ \dfrac{i_L(\vartheta)}{I_0} \end{pmatrix} = \left(\frac{u_C(\vartheta)}{U_d};\ \frac{i_C(\vartheta)}{I_0};\ \frac{i_L(\vartheta)}{I_0}\right)^T \tag{4.69}$$

$$\vartheta = \omega_2 t\,; \qquad \omega_2 = \frac{1}{\sqrt{L_2 C}}\,;$$

$$I_0 = \frac{U_d}{\omega_2 L_2}\,; \qquad (\ldots)^T \text{ transponierter Vektor}$$

ergeben sich aus den Maschengleichungen (4.60) die System- und Steuermatrizen zu

$$\boldsymbol{A} = \begin{pmatrix} 0 & 1 & 0 \\ -\dfrac{L + L_2}{LL_2} & 0 & -\dfrac{R}{\omega_2 L} \\ -\dfrac{L_2}{L} & 0 & -\dfrac{R}{\omega_2 L} \end{pmatrix} \tag{4.70}$$

$$\boldsymbol{B} = \left(0;\ \frac{L_2}{L};\ \frac{L_2}{L}\right)^T. \tag{4.71}$$

Der Vektor der Anfangsbedingungen lautet

$$\boldsymbol{q}_0 = \left(\frac{U_{\mathrm{CO}}}{U_{\mathrm{d}}}; \frac{I_{\mathrm{A}}}{I_0}; \frac{I_{\mathrm{A}}}{I_0}\right)^{\mathrm{T}}, \tag{4.72}$$

und der Steuervektor beträgt

$$y = 1\,. \tag{4.73}$$

Aus der Systemmatrix kann die charakteristische Gleichung zur Bestimmung der Eigenwerte (Wurzeln) p_i ($i = 1, 2, 3, \ldots, n$)

$$\det(p \cdot \boldsymbol{I} - \boldsymbol{A}) = p^3 + \frac{R}{\omega_2 L} \cdot p^2 + \frac{L + L_2}{LL_2} \cdot p + \frac{R}{\omega_2 L} = 0 \tag{4.74}$$

$\boldsymbol{I}$ Einheitsmatrix

aufgestellt werden.

Die homogene Lösung des Differentialgleichungssystems setzt sich aus

$$\boldsymbol{q}_{\mathrm{h}}(\vartheta) = \boldsymbol{q}(\vartheta)\,\boldsymbol{C} \tag{4.75}$$

zusammen, wobei der Vektor der Integrationskonstanten $\boldsymbol{C}$ über die Anfangsbedingungen $\boldsymbol{q}_0$ nach den in der Rechentechnik üblichen Verfahren bestimmt wird. Mit der Methode der Zustandsgleichungen lassen sich beliebige Schaltungen auch unter Berücksichtigung der Verluste berechnen.

Beispiel 4.9

Ein Gleichstrom-Pulssteller mit Lastausgleichszweig speist eine ohmsch-induktive Last ($\tau \gg T_{\mathrm{S}}$).

Gegeben: $U_{\mathrm{d}} = 500$ V; $I_{\mathrm{La}} = 400$ V; $C = 29$ µF; $L_1 = L_2 = 15$ µH.

a) Wie groß ist die resultierende Umladezeit im Vergleich zu einem Gleichstrompulssteller ohne Lastausgleichszweig?

Mit Lastausgleichszweig

Mit (4.64): $t_{\mathrm{U}} = \frac{1}{\omega_2}(\pi - 2\varphi) = \frac{1}{47946\,\frac{1}{\mathrm{s}}}(\pi - 1{,}044) = 43{,}8\ \mu\mathrm{s}$,

wobei $\omega_2 = \frac{1}{\sqrt{L_2 C}} = \frac{1}{\sqrt{15\ \mu\mathrm{H} \cdot 29\ \mu\mathrm{F}}} = 47946\ \mathrm{s}^{-1}$,

$\varphi = \arctan\frac{I_{\mathrm{La}}}{I_0} = \arctan\frac{400\ \mathrm{A}}{695\ \mathrm{A}} = 29{,}9°\ (\mathrel{\hat=} 0{,}522\ \mathrm{rad})$

mit $I_0 = \frac{U_{\mathrm{d}}}{\omega_2 L_2} = \frac{500\ \mathrm{V}}{47946\,\frac{1}{\mathrm{s}} \cdot 15\ \mu\mathrm{H}} = 695\ \mathrm{A}$.

Ohne Lastausgleichszweig

Mit (4.58): $t_{\mathrm{U}} \approx 2U_{\mathrm{d}}\frac{C}{I_{\mathrm{La}}} = 1000\ \mathrm{V} \cdot \frac{29\ \mu\mathrm{F}}{400\ \mathrm{A}} = 72{,}5\ \mu\mathrm{s}$.

b) Welchen Einfluß hat das Vorhandensein eines Lastausgleichszweiges auf die Freihaltezeit?

Mit (4.66): $\frac{t_{\mathrm{H}}}{t_{\mathrm{HO}}} = 1 - \frac{2}{\pi}\varphi = 1 - \frac{2}{\pi}0{,}522 = 0{,}67$.

Mit (4.65): $t_{\mathrm{HO}} = \frac{\pi}{2}\frac{1}{\omega_2} = \frac{\pi}{2 \cdot 47946\,\frac{1}{\mathrm{s}}} = 32{,}8\ \mu\mathrm{s}$.

Folglich $t_{\mathrm{H}} = \frac{t_{\mathrm{H}}}{t_{\mathrm{H\dot{O}}}}\, t_{\mathrm{HO}} = 0{,}67 \cdot 32{,}8\ \mu s = 22\ \mu s$.

(Zum Vergleich: ohne Lastausgleichszweig $t_{\mathrm{H}} = \frac{C U_{\mathrm{d}}}{I_{\mathrm{La}}} = 36\ \mu s$.)

Eine weitere Verbesserung der Eigenschaften des Gleichstromstellers wird erreicht, wenn an Stelle der Umschwingdiode *D1* ein *Umschwingthyristor T2* vorgesehen wird. Da der Umschwingthyristor während der Zeitdauer $t_6 - t_5$ (Bild 4.9a) bereits wieder gesperrt hat, bleibt der Löschkondensator auf $U_{\mathrm{CO}} = U_{\mathrm{Cm}} > U_{\mathrm{d}}$ entsprechend (4.55) aufgeladen. Dadurch wird die Freihaltezeit vergrößert, der über die Spannungsquelle fließende Rückschwingstrom entfällt.

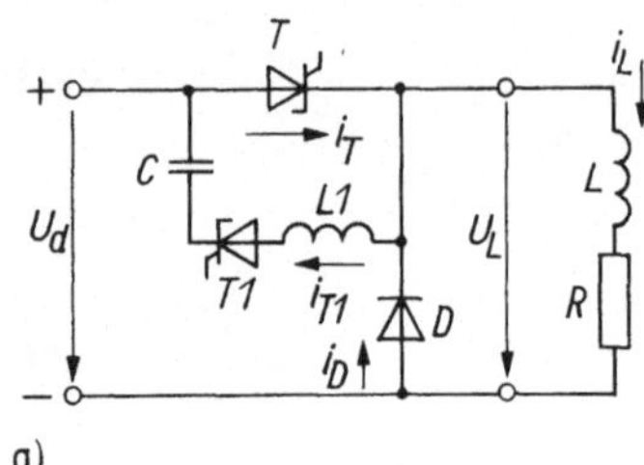

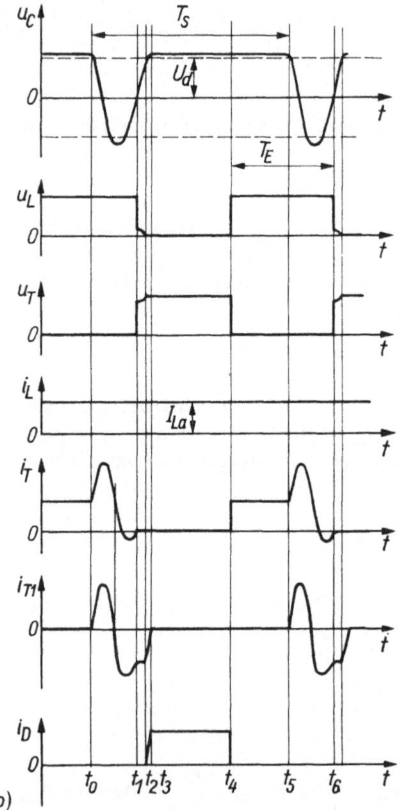

Bild 4.12. Prinzip eines Gleichstromstellers mit rückwärtsleitenden Thyristoren (RLT)

a) Grundschaltung

b) Strom- und Spannungsverlauf

Vorteilhaft lassen sich in Gleichstromstellern auch *rückwärtsleitende Thyristoren* (vgl. Abschn. 2.3.6) einsetzen (Bild 4.12a), wobei auf das Schwingkreislöschprinzip (s. Abschn. 4.3.1.2) zurückgegriffen wird. Die Wirkungsweise ist aus Bild 4.12b ersichtlich. Wenn der Hauptthyristor *T* gelöscht werden soll, wird zum Zeitpunkt t_0 der Löschthyristor *T1* gezündet. Der Umschwingstrom durch *T1* überlagert sich dem Thyristorstrom i_{T1}, wodurch dieser zunächst ansteigt, dann durch die Wirkung der integrierten Gegendiode durch Null schwingt und im Zeitpunkt t_1 den Hauptthyristor löscht. Damit ist der Laststrom vom Hauptkreis auf den Löschkreis kommutiert und fließt so lange weiter, bis die Spannung am Löschkondensator die Eingangsspannung U_{d} erreicht (t_2). Wegen L_2 wird die Übernahme des Stroms im Zeitpunkt t_2 auf den Freilaufkreis bis zum Zeitpunkt t_3 verzögert. Bis zum erneuten Zünden des Hauptthyristors zur Zeit t_4 führt die Freilaufdiode *D* den Laststrom. Die Schaltung hat etwa die gleichen technischen Eigenschaften wie eine Schaltung mit Lastausgleichszweig und Umschwingthyristor.

Die bisher betrachteten Gleichstromsteller-Schaltungen mit Thyristoren lassen im Fall einer Motorbelastung nur einen Einrichtungsbetrieb (Einquadrantenbetrieb) zu. Wenn auf mechanische Schalter, z. B. zur Feldumkehr, verzichtet werden soll, muß zur Realisierung eines Mehrquadrantenbetriebs die entsprechende Anzahl von Stellern in der im Abschnitt 4.1.3 beschriebenen Weise kombiniert werden.

4.1.5. Anwendungsbeispiele

Obwohl sich in Zukunft auch bei gleichstromgespeisten Nahverkehrsmitteln Drehstromantriebe durchsetzen werden, behält bei bestehenden Systemen, wie z. B. bei S-, U- und Straßenbahnen, der Gleichstromsteller sein Hauptanwendungsgebiet. Gegenüber herkömmlichen Steuerungen mit Vorwiderständen sind dabei je nach Häufigkeit des Anfahrens Energieeinsparungen bis 8% und durch Nutzbremsen sogar bis 18% erreichbar. Als Grundschaltung der mit Frequenzthyristoren aufgebauten Steller wird eine Schaltung mit einem Hauptthyristor, Umschwingthyristor und Rückschwingkreis bis zu Leistungen von etwa 750 kW eingesetzt [4.7] [4.8]. Auf Grund der Freiwerdezeit der gegenwärtig verfügbaren Thyristoren mit Sperrspannungen bis 1800 V liegen die Umladezeiten des Löschkondensators bei 250 ... 300 µs. Als günstigster Kompromiß für die Pulsfrequenzen (hohe Frequenz: große Schalt- und Schwingkreisverluste; niedrige Frequenz: hoher Aufwand für Glättung und Netzfilter) haben sich 250 Hz erwiesen. Der Aussteuerungsgrad $\ddot{u} = T_E/T_S$ kann dann zwischen 0,09 und 0,97 verändert werden.

Bei kleinen Geschwindigkeiten, wenn die Maschinenspannung U_M kleiner als die speisende Netzspannung U_d oder als die maximal zulässige Spannung U_{CPm} am Pufferkondensator ist, wird Nutzbremsen dadurch ermöglicht, daß die Bremsenergie zunächst in der Motordrossel zwischengespeichert wird und anschließend einen Strom gegen die Netzspannung treibt. Dazu wird das Fahrschütz *FS* (Bild 4.13a) geöffnet, und die Polarität der Ankerklemmen wird durch den Richtungswender *RW* umgeschaltet. Dann fließt der Laststrom über die Bremsdiode *BD* und die Freilaufdiode *D* zum Pufferkondensator oder ins Netz zurück. Wenn das Fahrleitungsnetz nicht die gesamte Bremsenergie aufnehmen kann, muß, wenn C_P auf die maximal zulässige Spannung U_{CPm} aufgeladen ist, der Bremsthyristor *BT* gezündet werden und die Bremsenergie im Bremswiderstand R_B umgesetzt werden. Damit der Laststrom auf den Bremswiderstandskreis kommutiert, muß die Spannung am Bremswiderstand $I_{La}R_B$ kleiner als U_{CP} sein. Bei Annahme idealer Kommutierung und sehr großer Motordrossel $L(i_L \equiv I_{La} = \text{konst})$ charakterisieren die im Bild 4.13c gezeigten Strom- und Spannungsverläufe die beschriebenen Vorgänge. Die EMK der Maschine (Maschinenspannung) U_M entspricht dem Mittelwert der Lastspannung u_L:

$$U_M = U_{La} = \frac{1}{T_S}\int_0^{T_S} u_L \, dt = \left(1 - \frac{T_E + T_{BE}}{T_S}\right) U_d + \frac{T_{BE}}{T_S} I_{La}R_B . \tag{4.76}$$

Der ins Netz zurückfließende Strom I_d hat den gleichen Mittelwert wie der Strom i_D durch die Freilaufdiode:

$$I_d = \frac{1}{T_S}\int_0^{T_S} i_D \, dt = \left(1 - \frac{T_E + T_{BE}}{T_S}\right) I_{La} . \tag{4.77}$$

Von der von der Maschine erzeugten Bremsleistung

$$P_B = U_M I_{La} = \left(1 - \frac{T_E + T_{BE}}{T_S}\right) U_d I_{La} + \frac{T_{BE}}{T_S} I_{La}^2 R_B \tag{4.78}$$

wird der erste Anteil ans Netz zurückgeliefert und der zweite Anteil im Bremswiderstand in Wärme umgesetzt. Durch Regelung des Aussteuerungsgrades T_{BE}/T_S des Bremsthyristors muß dafür gesorgt werden, daß nur die Energie im Bremswiderstand umgesetzt wird, die vom speisenden Netz nicht aufgenommen werden kann ($T_{BE}/T_S = 0$: reine Nutzbremsung; $T_{BE}/T_S = 1 - T_E/T_S$: reine Widerstandsbremsung).

Für einen stabilen Betrieb muß entsprechend (4.77) die Maschinenspannung U_M stets kleiner sein als U_d oder $I_{La}R_B$. In der Regel ist diese Bedingung im oberen Drehzahlbereich nicht einzuhalten, und es müssen z. B. Widerstände in Reihe zur Bremsdiode geschaltet werden, die bei abnehmender Geschwindigkeit über Schütze oder Thyristoren kurzgeschlossen werden. Um diese Widerstände zu vermeiden oder zu verringern, kann auch das Feld der Maschine geschwächt und damit ihre EMK verringert werden. In der Schaltung nach Bild 4.13b wird durch den Shunt R_S parallel zur Feldwicklung L_F die feldschwächende Wirkung unabhängig von der Aussteuerung erreicht und durch den Verbundwiderstand noch verstärkt.

Ohne wesentlichen Mehraufwand kann bei dieser Schaltung auch im Fahrbetrieb, nachdem der Steller seine Maximalaussteuerung erreicht hat ($\ddot{u} = T_E/T_S \approx 1$), der Feldstrom gesteuert werden. Durch das Fahrschütz *FS* wird der Bremswiderstand R_B bis auf den Restwiderstand R_{FS} kurzgeschlossen. Durch Zünden von Thyristor *BT*, der jetzt als Feldschwächthyristor arbeitet, wird der Restwiderstand dem Feld parallelgeschaltet, wodurch das Verhältnis von Feld- zu Last-(Anker-)Strom abnimmt.

Auch für größere Schaltleistungen stehen in Zukunft Abschaltthyristoren (GTO) zur Verfügung für Gleichstromsteller ohne aufwendige Zwangslöscheinrichtungen (Bild 4.14) [4.9]. Masse und Volumen werden dadurch

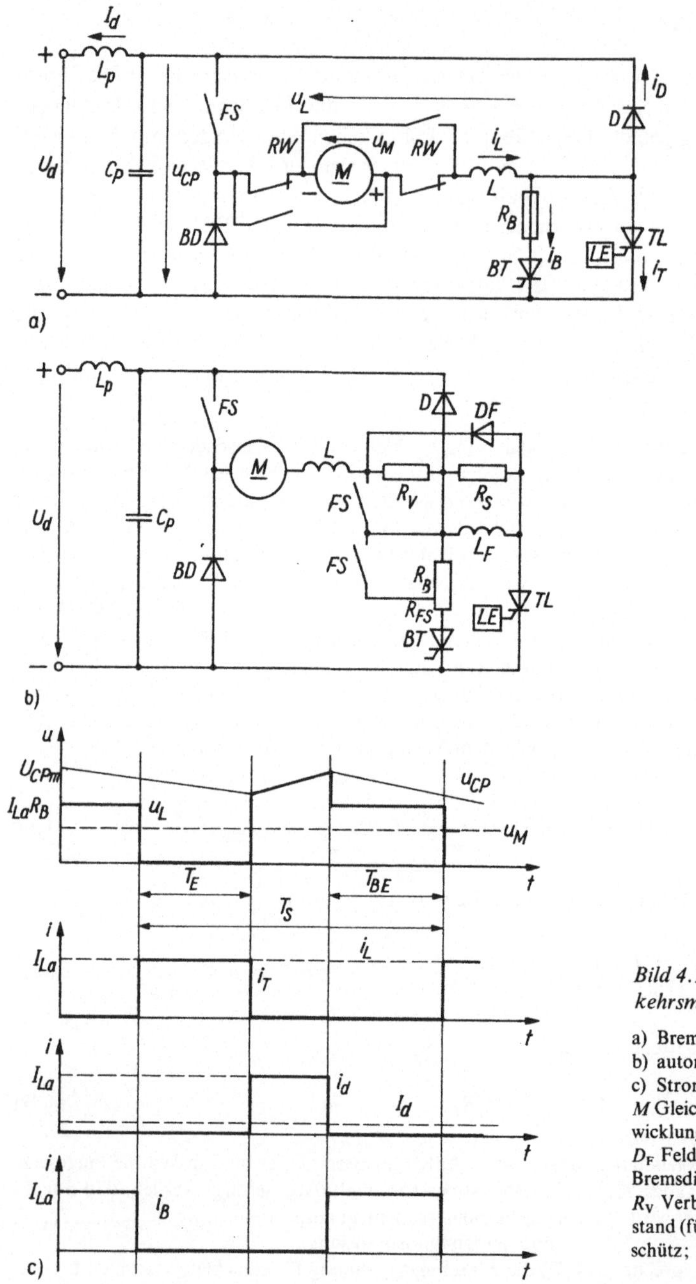

Bild 4.13. Gleichstromsteller für Nahverkehrsmittel

a) Bremsschaltung
b) automatische Feldschwächung
c) Strom- und Spannungsverlauf im Bremsbetrieb

M Gleichstrommaschine; *L* Motordrossel, L_F Feldwicklung; *TL* Gleichstromsteller; *D* Freilaufdiode; D_F Feldfreilaufzweig; *BT* Bremsthyristor; *BD* Bremsdiode; R_B Bremswiderstand; R_S Feldshunt; R_V Verbundwiderstand; R_{FS} Feldschwächwiderstand (für Fahrbetrieb); L_p, C_p Netzfilter; *FS* Fahrschütz; *RW* Richtungswender

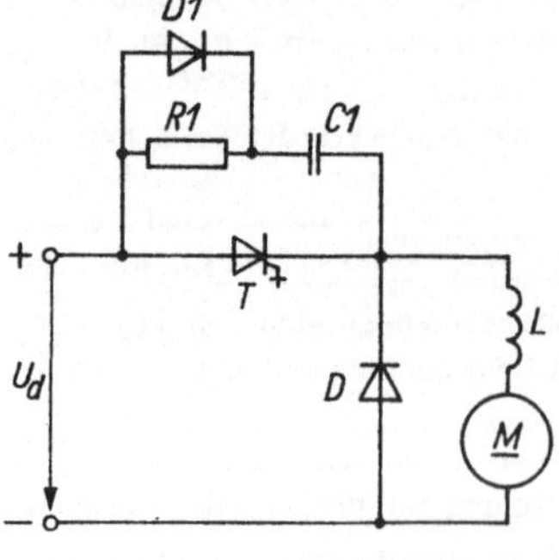

Bild 4.14. Prinzip eines Gleichstromstellers mit Abschaltthyristoren (GTO)

R1, C1, D1 Entlastungsnetzwerk

geringer; das ist für elektrische Triebfahrzeuge besonders von Bedeutung. Um die Spannungssteilheit und vor allem die Abschaltverluste im GTO in zulässigen Grenzen zu halten, kann, wie bei Leistungstransistoren, auf ein Entlastungsnetzwerk (z. B. $R_1-C_1-D_1$-Beschaltung) nicht verzichtet werden. Es sind auch verlustarme Beschaltungen ohne Beschaltungswiderstand vorgeschlagen worden.

Auch für batteriegespeiste Fahrzeuge, wie Elektrotransporter, -autos und -busse, werden Gleichstromsteller der beschriebenen Grundkonzeption verwendet [4.10] [4.11]. Als Antriebsmotor wird jedoch gewöhnlich eine fremderregte Gleichstrommaschine benutzt. Die Feldwicklung wird dabei von einem gesonderten Transistorpulssteller gespeist. Von Vorteil ist bei derartigen Elektrofahrzeugen, daß die Bremsenergie zum Nachladen der Akkumulatorenbatterie dient und daß sie besonders umweltfreundlich sind (geräuscharm und abgasfrei). Ihre breite Einführung hängt wesentlich von weiteren Fortschritten bei der Entwicklung kleinräumiger Akkumulatoren mit hohem Energieinhalt ab.

Im unteren Leistungsbereich bis etwa 10 kW und darüber gewinnen Gleichstrom-Pulssteller mit Leistungstransistoren für die Steuerung und Regelung von Gleichstrom-Stellantrieben, insbesondere für Werkzeugmaschinen und Roboter, zunehmend an Bedeutung [4.12] bis [4.14].

Bild 4.15 zeigt die prinzipielle Ausführung eines Transistorstellers für Gleichstromantriebe einschließlich der üblichen Steuer-, Regel- (Drehzahlregelung mit unterlagerter Stromregelung) und Schutzeinrichtung. Die Steuer- und Regeleinrichtung muß gewährleisten, daß der Leistungstransistor *T* zwischen zwei Schaltzyklen für eine definierte Zeit ausgeschaltet bleibt; dadurch ist die maximale Pulsfrequenz nach oben begrenzt (z. B. $T_A = 150\ \mu s$: $f_{Sm} = 6$ kHz). Um den Transistor von den Schaltverlusten zu entlasten, sind eine Sättigungsdrossel *L1* und eine *RCD*-Beschaltung vorgesehen. Beim Einschalten des Transistors wird durch *L1* der Anstieg des Kollektorstroms so lange verzögert, bis der Transistor völlig durchgeschaltet hat. Während der Blockierzeit kann sich *L1* über *D1* und *R1* entmagnetisieren. Beim Ausschalten des Transistors wird dagegen der Anstieg der Kollektorspannung über *D2*, *C1* und *R1* verzögert und die Ausschaltverlustleistung auf ein Minimum reduziert. Während der nächsten Einschaltperiode des Transistors entlädt sich *C1* wieder über *R2* und *R3*.

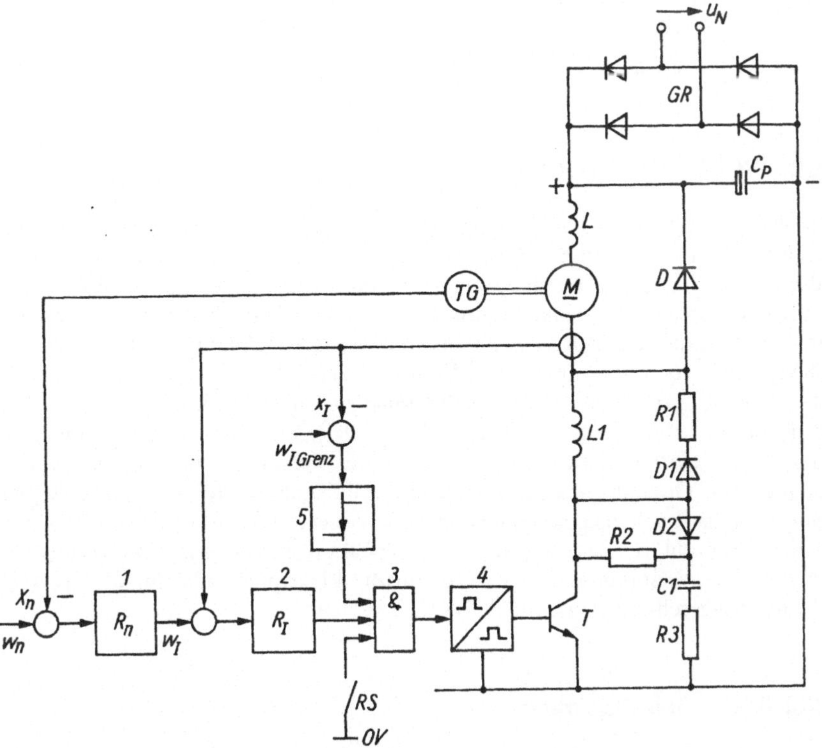

Bild 4.15. Prinzip eines Gleichstromstellers mit Leistungstransistoren für Gleichstromantriebe

1 Drehzahlregler; *2* Stromregler; *3* Gatter; *4* Ansteuereinrichtung; *5* Überstromüberwachung; *GR* Gleichrichter; *M* Gleichstrommotor; *T* Leistungstransistor; *TG* Tachogenerator; *RS* Reglersperre

Um einen Vierquadrantenbetrieb vollelektronisch zu realisieren, müssen vier Stellglieder nach der im Abschnitt 4.1.3 beschriebenen Weise zusammengeschaltet werden (z. B. wie im Bild 4.4).

Ein interessantes Anwendungsgebiet finden Gleichstrom-Pulssteller in Solaranlagen, z. B. zur dezentralen, netzunabhängigen Energieversorgung von Anlagen für die Verkehrstechnik (Notruftelefone, Seebojen, Signalanlagen, Flugsicherung), für die Nachrichtentechnik (Richtfunkstationen, Fernsehfüllsender, Funksprechgeräte) und für die Medizintechnik (hauptsächlich in tropischen Ländern) [4.15]. Um das stark schwankende Sonnenenergieangebot maximal ausnutzen zu können, muß eine optimale Regelung der Anpassung zwischen der vom Solargenerator momentan verfügbaren und der von der Speicherbatterie oder von der Last aufnehmbaren oder geforderten Energie stattfinden. Da die vom Solargenerator gelieferte Gleichspannung in der Regel kleiner als die der Speicherbatterie ist, wird für den Gleichstromsteller eine Schaltungsvariante gewählt wie für die oben beschriebene Energierücklieferung (s. Bild 4.3). Um die Verluste in einem solchen Steller (Hochsetzsteller, Boostconverter) gering zu halten und einen hohen Stellerwirkungsgrad zu erreichen, ist es zweckmäßig, unipolare Leistungstransistoren (Leistungs-MOSFETs, vgl. Abschn. 2.4.3) als Schalter zu verwenden. Bild 4.16 zeigt das Prinzip eines für Solaranlagen verwendbaren Pulsstellers für eine Nennleistung von 100 W.

Bei den mit unipolaren Leistungstransistoren erreichbaren Schaltgeschwindigkeiten entstehen im Ausschaltmoment Überspannungen infolge der nicht zu vermeidenden Kreisinduktivitäten. Die Halbleiterbauelemente müssen deshalb besonders sorgfältig geschützt werden, und zwar mit Überspannungsschutzdioden und *RC*- oder *RCD*-Beschaltungen (dabei handelt es sich nicht um Entlastungsnetzwerke, wie bei bipolaren Leistungstransistoren im Bild 4.15).

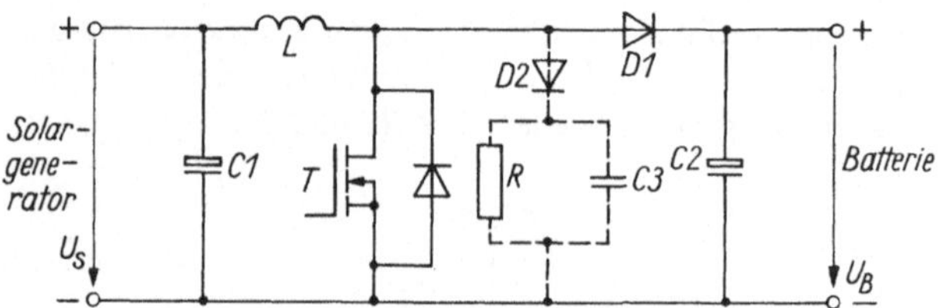

Bild 4.16. Prinzip eines Gleichstromstellers mit Leistungs-MOSFETs für Solaranlagen

T Leistungs-MOSFET mit Inversdiode
D2, R, C3 Überspannungsschutzbeschaltung

4.2. Selbstgelöschte Wechselrichter

Selbstgelöschte Wechselrichter dienen zur Umformung von Gleich- in Wechselspannung. Durch die Verwendung von abschaltbaren (Leistungstransistoren, GTO) oder zwangsgelöschten Halbleiterventilen kann die Frequenz der erzeugten Wechselspannung durch entsprechende Steuerung in einem weiten Bereich geändert werden. Es können Ein- und Mehrphasensysteme beliebiger Phasenfolge erzeugt werden. Unter bestimmten Voraussetzungen ist auch eine Steuerung der Amplitude der Ausgangsspannung und die Rückspeisung von Energie möglich. Mit diesen Wechselrichtern können z. B. Wechselspannungen variabler Frequenz zur Speisung von Drehstromantrieben mit veränderlicher Drehzahl für die Industrie und für die Traktion erzeugt werden; auch die Gleichspannung eines Akkumulators kann in Wechselspannung umgeformt werden, um bei Ausfall des Versorgungsnetzes wichtige Verbraucher (Flug-, Nachrichten-, Gesundheitswesen, Rechner) unterbrechungsfrei zu speisen. Selbstgelöschte Wechselrichter erlauben auch die Erzeugung höherer Frequenzen für die Speisung von Drehstromantrieben mit hoher Drehzahl, für Zentrifugen, Schleifspindeln u. a., oder zur Verringerung von Masse und Volumen von Stromversorgungsgeräten, z. B. für die Elektronik, oder für die Speisung von Halogenlampen, Lichtbogenschweißgeräten und Röntgengeräten.

4.2.1. Einteilung und Wirkungsweise

Selbstgelöschte Wechselrichter (WR) können unterteilt werden nach:

der Art der Speisung oder Gestaltung des Zwischenkreises in strom- oder spannungsgespeiste WR (Strom- oder Spannungs-WR)

— der Art der Kommutierung in WR mit Wechselspannungs- und Gleichspannungskommutierung
— der Methode der Löschung der Ventile in WR mit Einzel-, Summen-, Gruppen- oder Folgelöschung (Phasenlöschung, Phasenfolgelöschung)
— der Anzahl der erzeugten Phasen des Wechselstromsystems in einphasige und mehrphasige WR
— der Spannungssteuerung in WR mit konstanter und veränderlicher (z. B. Pulswechselrichter) Ausgangsspannung
— der Schaltung in WR in Mittelpunkt- und Brückenschaltung [3.1] [4.16] bis [4.19].

Häufig wird der WR von einem (netzgelöschten) Gleichrichter (s. Abschn. 3) gespeist, so daß damit Wechselstrom mit Netzfrequenz in Wechselstrom mit einer anderen Frequenz umgeformt wird. Die Anordnung aus netzgelöschtem Gleichrichter, Gleichstrom- oder Gleichspannungszwischenkreis und selbstgelöschtem Wechselrichter wird daher Frequenzumformer oder *Umrichter* genannt.

Zweckmäßig ist die Einteilung in strom- und spannungsgespeiste WR, deren einphasige Grundschaltungen in den Bildern 4.17 und 4.18 dargestellt sind.

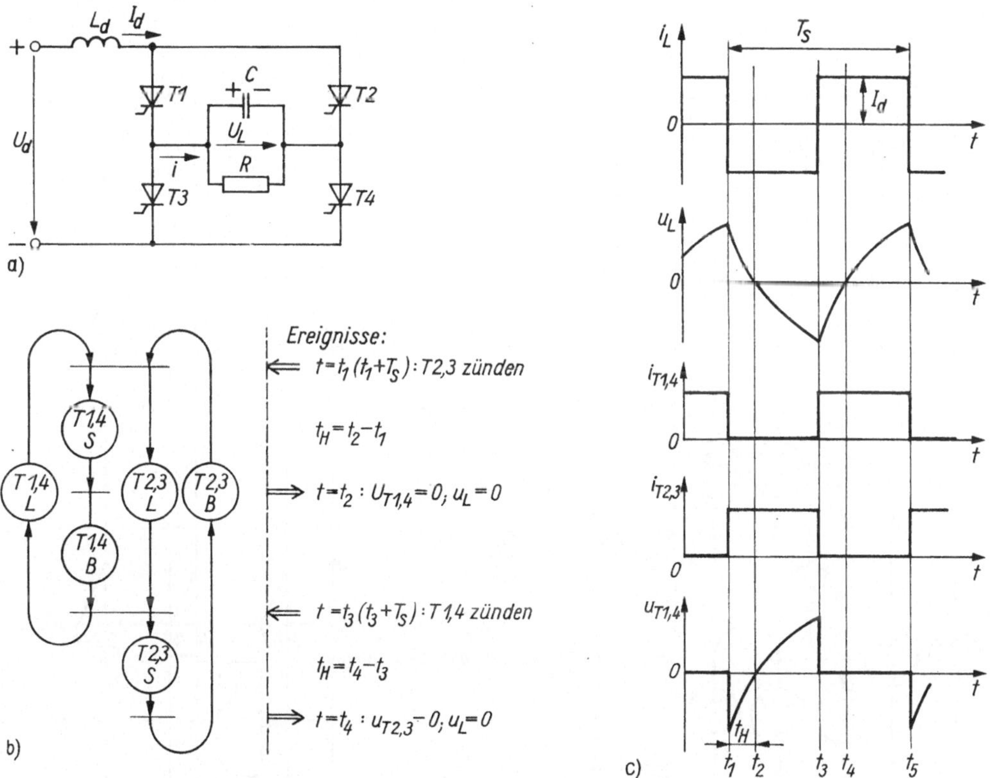

Bild 4.17. Prinzip des einphasigen Stromwechselrichters mit Widerstandslast

a) Grundschaltung; b) Zustandsgraph; c) Strom- und Spannungsverlauf

Unter der Voraussetzung, daß die Thyristoren als ideale Schalter betrachtet werden (Durchlaßspannungsabfall und dynamisches Verhalten werden vernachlässigt), daß keine Verluste im Kreis auftreten und daß U_d und I_d zeitlich konstant sind, ist die Wirkungsweise der WR aus den angegebenen Strom- und Spannungsverläufen und Zustandsgraphen (vgl. Abschn. 5.1.2) ablesbar.

Beim *stromgespeisten* WR (Bild 4.17) wird der zeitlich konstante Eingangsstrom I_d durch eine große Zwischenkreisdrossel L_d erzwungen. Sind *T1* und *T4* gezündet, wird der Kondensator *C* auf die eingezeichnete Polarität auf- bzw. umgeladen. Zum Zeitpunkt (Ereignis) t_1 werden *T2* und *T3* gezündet. Der Strom *i* kommutiert augenblicklich im entgegengesetzter Richtung auf den Kondensator, wodurch *T1* und *T4* löschen, d. h. in den Sperrzustand gelangen. Gleichzeitig liegt an den Thyristoren *T1* und *T4* (negative) Sperrspannung, und der Kondensator wird über *T2* und *T3* bis zum Zeitpunkt t_3 auf das entgegengesetzte Potential umgeladen. Die Zeitdauer $t_2 - t_1$ steht als Freihaltezeit t_H zur Wiedererlangung der Blockierfähigkeit zur Verfügung und muß größer als die Freiwerdezeit der verwendeten Thyristoren sein. Die Kommutierungsspannung ist also ein Ausschnitt aus der erzeugten Wechselspannung, so daß bei diesem WR-Typ *Wechselspannungskommutierung* vorliegt.

Zum Zeitpunkt t_3 werden dann wieder *T1* und *T4* gezündet, und alles wiederholt sich. In die Last wird also ein rechteckförmiger Wechselstrom i eingespeist, und es wird eine Wechselspannung u_L erzeugt, deren Verlauf von den Parametern der Last und deren Frequenz von der Takt- oder Steuerfrequenz $f_S = 1/T_S$ abhängt. In realen Schaltungen muß die Stromanstiegsgeschwindigkeit des Thyristorstroms di/dt durch entsprechende Maßnahmen (z. B. Stromanstiegsdrosseln) auf zulässige Werte begrenzt werden. Der Kondensator erfüllt die Funktion des Löschkondensators, wobei das Prinzip der Folgelöschung, bei dem der Thyristor durch Zünden des zeitlich nächstfolgenden gelöscht wird (analog Gegentaktlöschung s. Abschn. 4.1.4.3), zur Anwendung kommt. Bei ohmsch-induktiver Last muß durch den Kondensator die Kompensation des induktiven Anteils der Last mit übernommen werden.

Da der Kondensator parallel zur eigentlichen Last R angeordnet ist, wird dieser WR-Typ auch *Parallel-WR* genannt.

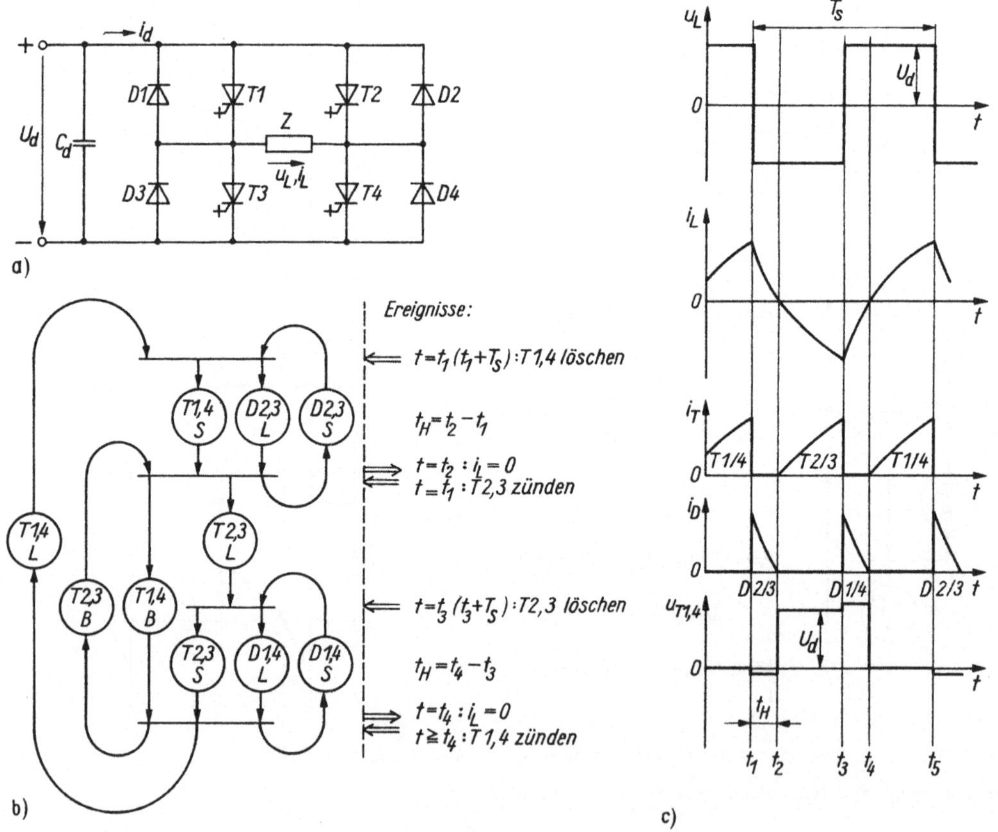

Bild 4.18. Prinzip des einphasigen Spannungswechselrichters mit Abschaltthyristoren (GTO)

a) Grundschaltung; b) Zustandsgraph; c) Strom- und Spannungsverlauf

Beim *spannungsgespeisten WR* (Bild 4.18) wird die Eingangsspannung U_d durch einen Zwischenkreiskondensator C_d konstant gehalten. Dadurch wird die Gleichstromquelle zugleich rückspeisefähig, auch wenn die Speisung von einem Gleichrichter erfolgt.

Wird ohmsch-induktiver Charakter der Last vorausgesetzt, so steigt der Strom durch die Last bei eingeschalteten Abschaltthyristoren *T1* und *T4* exponentiell bis t_1 an. Über der Last fällt die Eingangsspannung U_d ab. Werden zum Zeitpunkt t_1 die Abschaltthyristoren *T1* und *T4* durch einen negativen

Steuerstromimpuls gelöscht, behält der Strom wegen der in der Last gespeicherten magnetischen Energie zunächst seine Richtung bei und fließt daher über die Gegen- oder *Rückstromdioden D2* und *D3* in die Speisequelle oder in C_d zurück. In dem Maße, wie die gespeicherte Energie aufgebraucht wird, klingt der Strom bis zum Zeitpunkt t_2 auf Null ab. Wenn zu diesem Zeitpunkt die Thyristoren *T2* und *T3* gezündet werden, kehrt der Strom seine Richtung um, so daß sich durch die Last ein Wechselstrom der gewünschten Steuerfrequenz $f_S = 1/T_S$ ausbildet. Wenn die nächstfolgenden Thyristoren noch nicht zum Zeitpunkt t_2, sondern erst später gezündet werden, kann der Effektivwert der Ausgangsspannung in Abhängigkeit vom Stromführungs- zum Pausenverhältnis gesteuert werden. Dieses Verfahren wird mit *Phasenanschnittsteuerung* bezeichnet, analog zum netzgelöschten Stromrichter.

Während der Zeitdauer $t_2 - t_1 = t_H$ werden die Thyristoren nicht mit Blockierspannung beansprucht und können ihre Blockierfähigkeit wiedererlangen. Durch entsprechende Beschaltung muß die Spannungsanstiegsgeschwindigkeit am Thyristor du_T/dt auf zulässige Werte begrenzt werden.

Im Gegensatz zum stromgespeisten WR wird die Kommutierungsspannung hier ein Ausschnitt der speisenden Gleichspannung so daß *Gleichspannungskommutierung* vorliegt. Ein solcher WR kann daher auch als *Spannungsrichter* [4.16] bezeichnet werden.

Strom- und spannungsgespeiste Wechselrichter zeigen also bezüglich Strom und Spannung duales Verhalten.

Wegen der auftretenden Sperrspannungsbeanspruchung können Strom-WR mit üblichen Thyristoren aufgebaut werden, während Spannungs-WR mit abschaltbaren Halbleiterbauelementen oder Thyristoren mit entsprechenden Löscheinrichtungen bestückt werden müssen.

In den weiteren Ausführungen werden strom- und spannungsgespeiste WR getrennt betrachtet und besonders die in der Praxis häufig angewandten Schaltungsvarianten genauer untersucht.

4.2.2. Stromgespeiste Wechselrichter

4.2.2.1. Einphasige Stromwechselrichter

Für die Beurteilung des Betriebsverhaltens der Strom-WR ist es zweckmäßig, zunächst die einphasige Schaltung mit Widerstandslast zu analysieren. Werden die Verluste im Kreis vernachlässigt und ideale Kommutierung vorausgesetzt, kann aus Bild 4.17a das im Bild 4.19a gezeigte Ersatzschaltbild abgeleitet werden, das jeweils für eine Halbperiode Gültigkeit hat.

Wird die Glättungsdrossel genügend groß gewählt ($\tau_d = L_d/R \gg T_S$), dann kann der Eingangsstrom als zeitlich konstant angesehen werden, so daß folgende Differentialgleichungen gelten:

$$i_d = I_d \equiv i_C + i_R\,, \qquad i_C = C\frac{du_L}{dt}\,, \qquad i_L = \frac{u_L}{R}\,, \tag{4.79}$$

also

$$I_d = C\frac{du_L}{dt} + \frac{u_L}{R} \tag{4.80}$$

mit der Randbedingung

$$u_L(0) = -u_L\left(\frac{T_S}{2}\right); \qquad T_S \text{ Periodendauer}$$

Mit Hilfe der Laplace-Transformation kann (4.80) umgeformt werden in

$$\frac{I_d}{p} = pCu_L(p) - CU_L(0) + \frac{1}{R}u_L(p)\,. \tag{4.81}$$

Hieraus ergibt sich als Bestimmungsgleichung für die Lastspannung

$$u_L(p) = \frac{I_dR}{p(1 + p\tau)} + \frac{\tau U_L(0)}{1 + p\tau} \tag{4.82}$$

mit $\tau = RC$.

Die Rücktransformation in den Zeitbereich führt zu

$$u_L(t) = I_d R[1 - \exp\{-t/\tau\}] + U_L(0)\exp\{-t/\tau\}\,. \tag{4.83}$$

Mit Hilfe der Randbedingung kann daraus $U_L(0)$ zu

$$U_L(0) = -I_d R \frac{1 - \exp\{-T_S/2\tau\}}{1 + \exp\{-T_S/2\tau\}} = -I_d R \tanh \frac{T_S}{4\tau} \tag{4.84}$$

bestimmt werden, so daß sich für die Lastspannung nunmehr schreiben läßt:

$$u_L(t) = I_d R \left[1 - \exp\{-t/\tau\}\left(1 + \tanh \frac{T_S}{4\tau}\right)\right]. \tag{4.85}$$

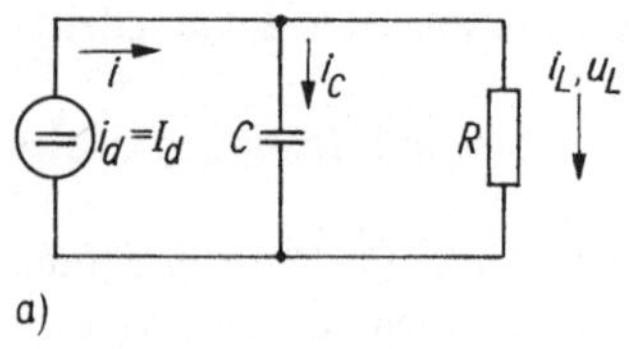

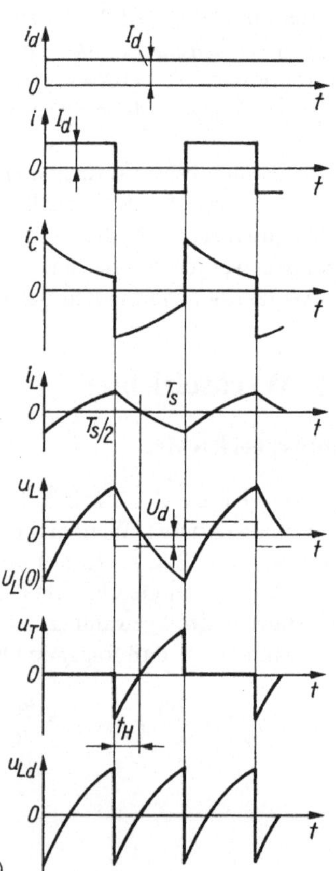

Bild 4.19. Einphasiger Stromwechselrichter mit Widerstandslast

a) Ersatzschaltung
b) Strom- und Spannungsverlauf

Der Mittelwert der Spannung über der Drossel L_d muß Null sein, d. h.

$$\frac{2}{T_S} \int\limits_{t=0}^{T_S R} (U_d - U_L)\,dt = 0\,. \tag{4.86}$$

Damit führt (4.85) zu

$$I_d = \frac{U_d}{R} \frac{1}{1 - \dfrac{4\tau}{T_S} \tanh \dfrac{T_S}{4\tau}}\,. \tag{4.87}$$

Man findet also für die *Lastspannung*

$$u_{\mathrm{L}}(t) = U_{\mathrm{d}} \frac{1 + \exp\{-T_{\mathrm{S}}/2\tau\} - 2\exp\{-t/\tau\}}{(1 + \exp\{-T_{\mathrm{S}}/2\tau\}) - \dfrac{4\tau}{T_{\mathrm{S}}}(1 - \exp\{-T_{\mathrm{S}}/2\tau\})}, \tag{4.88}$$

für die *maximale Ladespannung* des Löschkondensators und damit die *maximale Sperr- und Blockierspannung* der Ventile

$$U_{\mathrm{Lm}} = |U_{\mathrm{L}}(0)| = \frac{U_{\mathrm{d}}}{\coth \dfrac{T_{\mathrm{S}}}{4\tau} - \dfrac{4\tau}{T_{\mathrm{S}}}} \tag{4.89}$$

und für den *Strom* durch den Kommutierungs- oder Löschkondensator

$$i_{\mathrm{C}}(t) = \frac{U_{\mathrm{d}}}{R} \frac{\exp\{-t/\tau\}\left(1 + \tanh \dfrac{T_{\mathrm{S}}}{4\tau}\right)}{1 - \dfrac{4\tau}{T_{\mathrm{S}}} \tanh \dfrac{T_{\mathrm{S}}}{4\tau}}. \tag{4.90}$$

Die interessierenden Spannungs- und Stromverläufe sind im Bild 4.19b angegeben.

Wie Bild 4.20 für einige Beispiele zeigt, ändert sich die vom Wechselrichter abgegebene Wechselspannung entsprechend (4.88) relativ stark mit der Belastung. In der Nähe des Leerlaufs (R groß) lädt sich der Kondensator nahezu mit konstantem Strom, die Spannung wächst etwa nach einem linearen Gesetz ($\mathrm{d}u_{\mathrm{L}}/\mathrm{d}t \approx I_{\mathrm{d}}/C$); die Amplitude übersteigt die Speisespannung um das Vielfache und geht im Grenzfall ($R \to \infty$) bei Vernachlässigung der Verluste gegen unendlich. Wegen der endlichen Sperr- bzw. Blockierfähigkeit der verwendeten Thyristoren ist damit eine untere Grenze für die Änderung der Last des WR gegeben.

Mit Vergrößerung der Last (Verringerung von R) fällt die Spannung an der Last und am Kondensator, weil sich der Ladestrom des Kondensator vermindert und gleichzeitig auch sein Entladestrom durch die Last anwächst. Die Form der Ausgangsspannung nähert sich der Rechteckform. Im Ergebnis verschlechtern sich die Kommutierungseigenschaften infolge der Verringerung der im Kondensator gespeicherten Energie. Die Abhängigkeit der maximalen Lastspannung und damit der Sperr- und Blockierspannung von der Belastung oder von $T_{\mathrm{S}}/\tau = 1/(f_{\mathrm{S}}RC)$ kann Bild 4.21, Kurve a, entnommen werden. Die für die Auslegung der Schaltung bestimmende Freihaltezeit t_{H} wird aus der Bedingung $u_{\mathrm{L}}(t_{\mathrm{H}}) = 0$ zu

$$t_{\mathrm{H}} = \ln \frac{2}{1 + \exp\{-T_{\mathrm{S}}/2\tau\}} \tag{4.91}$$

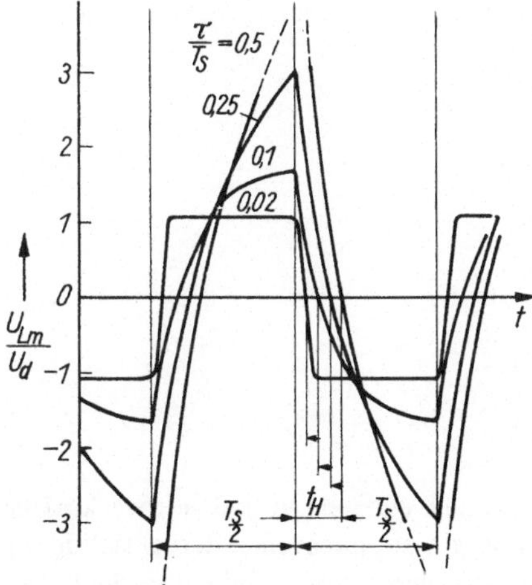

Bild 4.20. Kurvenform der Ausgangsspannung beim Stromwechselrichter in Abhängigkeit von der Belastung

ermittelt. Die Freihaltezeit ist also ebenfalls lastabhängig (Bild 4.21, Kurve *b*) und wächst mit der Erhöhung des Lastwiderstands (Entlastung!), wie auch Bild 4.20 zeigt, und mit der Vergrößerung der Löschkapazität. Da sich mit steigender Belastung die Freihaltezeit verringert, ist auch eine obere Grenze für die Änderung der Last des WR gegeben. Für Werte $T_S/2\tau > 10$ ergibt sich als Grenzwert für die Freihaltezeit

$$t_H \approx \tau \cdot \ln 2\,, \tag{4.92}$$

wonach für die Mehrzahl der Fälle der Löschkondensator einfach dimensioniert werden kann.

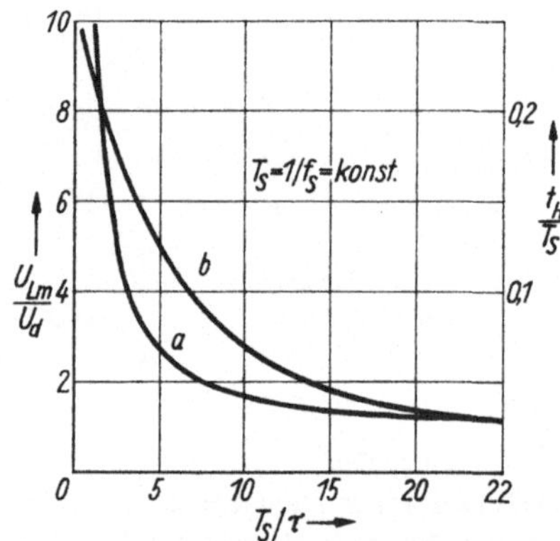

Bild 4.21. Stromwechselrichter mit Widerstandslast

Kurve *a*: maximale Lastspannung in Abhängigkeit von der Belastung
Kurve *b*: Freihaltezeit in Abhängigkeit von der Belastung

Beispiel 4.10

Ein einphasiger Stromwechselrichter mit Widerstandslast ist für eine Leistung von 300 kW auszulegen, wobei die Eingangs-Gleichspannung 500 V betragen soll. In jedem Brückenzweig ist ein Thyristor vom Typ CS 1800 (vgl. Tafel 2.5) vorzusehen.

Hinweis: Die überschlägliche Rechnung ist unter Bezugnahme auf die angegebenen Grenzwerte, d. h. ohne Berücksichtigung von Sicherheitsfaktoren durchzuführen!

a) Mit welcher maximalen Frequenz kann der Wechselrichter betrieben werden?

Es gilt: $\dfrac{U_{Lm}}{U_d} = \dfrac{1800\text{ V}}{500\text{ V}} = 3{,}6\,.$

Aus Bild 4.21, Kurve *a*, folgt ein Verhältnis $T_S/\tau = 3{,}5$. Daraus ergibt sich entsprechend Bild 4.21, Kurbe *b*, das Verhältnis $t_H/T_S = 0{,}15$.

$$T_S = \frac{1}{f_S} = \frac{t_H}{0{,}15} = \frac{500\ \mu\text{s}}{0{,}15} = 3{,}33\text{ ms}\,, \qquad f_S = 300\text{ Hz}\,.$$

b) Welchen Wert darf der Lastwiderstand *R* annehmen, wenn der WR innerhalb seiner Grenzwerte betrieben werden soll? Wie groß ist der erforderliche Löschkondensator?

Entsprechend der geforderten Leistung und der zur Verfügung stehenden Gleichspannung ergibt sich ein Strom

$$I_d = \frac{P_d}{U_d} = \frac{300\text{ kW}}{500\text{ V}} = 600\text{ A}\,.$$

Mit (4.87) folgt für die Größe des Lastwiderstands:

$$R = \frac{U_d}{I_d}\left(\frac{1}{1 - \dfrac{4\tau}{T_S}\tanh\dfrac{t_S}{4\tau}}\right) = \frac{500\text{ V}}{600\text{ A}} \cdot 5{,}11 = 4{,}26\ \Omega\,.$$

Die Größe des Löschkondensators berechnet sich aus

$$\frac{T_S}{\tau} = \frac{T_S}{CR} = 3{,}5 \quad \text{zu} \quad C = \frac{T_S}{3{,}5R} = \frac{3{,}33\text{ ms}}{3{,}5 \cdot 4{,}26\ \Omega} = 223\ \mu\text{F}\,.$$

Die Analyse des WR mit ohmsch-induktiver Last ist wesentlich aufwendiger, so daß sie zweckmäßig mit Mitteln der elektronischen Rechentechnik durchgeführt wird, die auch eine Berücksichtigung der Verluste und der Kommutierungsvorgänge gestattet. Dabei ist es wiederum zweckmäßig, die Schaltung durch ihre Zustandsgleichungen zu beschreiben (s. (4.68)), deren Komponenten z. B. für die Ersatzschaltung, Bild 4.22a, lauten:

$$\boldsymbol{q}(\vartheta) = \left(\frac{u_L(\vartheta)}{U_d};\ \frac{i_C(\vartheta)}{I_0};\ \frac{i_L(\vartheta)}{I_0}\right)^T, \tag{4.93}$$

$\vartheta = \omega_S t$; $\omega_S = 2\pi f_S$ Steuerfrequenz des WR, $I_0 = U_d \omega_S C$.

$$\boldsymbol{A} = \begin{pmatrix} 0 & 1 & 0 \\ -\left(\frac{\omega_0}{\omega_S}\right)^2 & -\omega_S\tau\left(\frac{\omega_0}{\omega_S}\right)^2 & 0 \\ \left(\frac{\omega_0}{\omega_S}\right)^2 & 0 & -\omega_S\tau\left(\frac{\omega_0}{\omega_S}\right)^2 \end{pmatrix} \tag{4.94}$$

$$\boldsymbol{B} = (0;\ \omega_S\tau;\ 0)^T \tag{4.95}$$

$\omega_0 = \frac{1}{\sqrt{LC}}$ Resonanzfrequenz; $\tau = RC$ Zeitkonstante

$$y = \frac{i_d}{I_0} = \frac{I_d}{I_0} \tag{4.96}$$

$$\boldsymbol{q}_0 = \left(\frac{U_L(0)}{U_d};\ \frac{I_C(0)}{I_0};\ \frac{I_L(0)}{I_0}\right)^T. \tag{4.97}$$

Häufig genügt es, eine Grundschwingungsrechnung durchzuführen, deren Ergebnisse von der genauen Berechnung um nicht mehr als 10 bis 15% abweichen [4.17]. Dazu wird wieder angenommen, daß der Eingangsstrom des Wechselrichters ideal geglättet ist ($i_d \equiv I_d$), daß keine Verluste in der Schaltung auftreten, daß die Kommutierung ideal verläuft und daß die WR-Ausgangsspannung einen sinusförmigen Verlauf hat.

Bei rechteckförmigem WR-Eingangsstrom (Bild 4.22) beträgt der Effektivwert der ersten Harmonischen nach Fourier-Analyse

$$I_1 = \frac{\sqrt{2}}{\pi}\int_0^\pi I_d \sin\vartheta\, d\vartheta = \frac{2\sqrt{2}}{\pi} I_d. \tag{4.98}$$

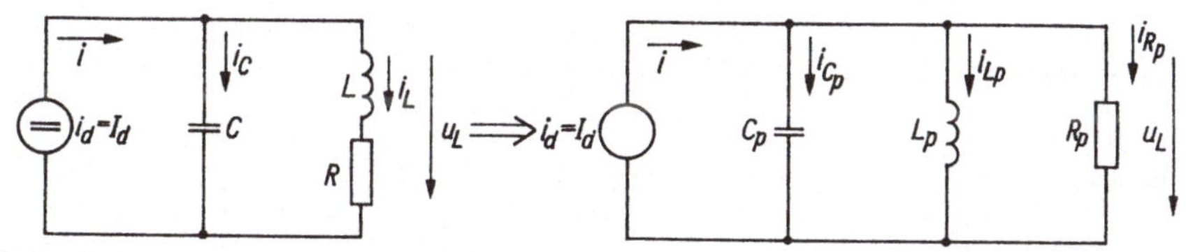

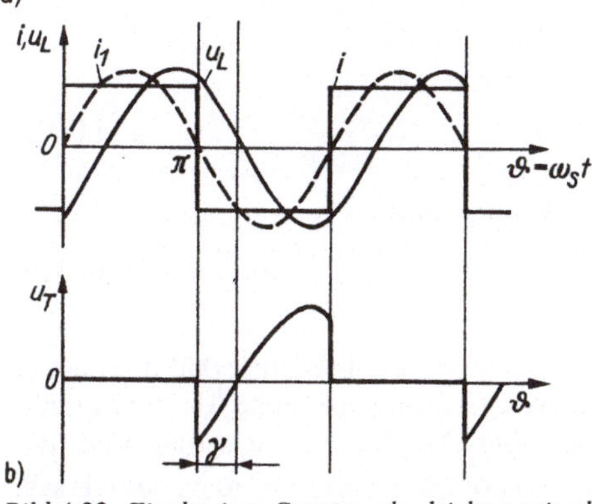

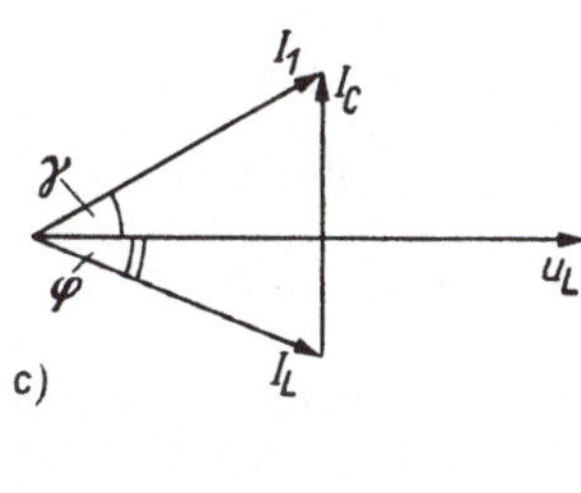

Bild 4.22. Einphasiger Stromwechselrichter mit ohmsch-induktiver Last

a) Ersatzschaltung mit realem und idealem Parallelkreis $R_p = R[1 + (\omega_s L/R)^2]$; $L_p = L\{1 - [R/(\omega_s L)]^2\}$; $C_p = C$
b) Strom- und Spannungsverlauf (für Grundschwingungsrechnung); c) Zeigerdarstellung

Mit den obigen Angaben ist der Steuerwinkel $\gamma = \omega_S t_H$ mit der Phasenverschiebung zwischen der Grundschwingung des WR-Stroms i_1 und der WR-Spannung u_L identisch. Aus der Leistungsbilanz bei Vernachlässigung der Verluste, d. h., aufgenommene Leistung P_d gleich umgesetzte WR-Leistung P_{WR}, folgt:

$$\begin{aligned} P_d &= P_{WR} = P_L \\ U_d I_d &= U_L I_1 \cos \gamma \,. \end{aligned} \tag{4.99}$$

Mit (4.91) kann der Effektivwert der Lastspannung zu

$$U_L = \frac{\pi U_d}{2\sqrt{2} \cos \gamma} \tag{4.100}$$

und der Maximalwert zu

$$U_{Lm} = \frac{\pi}{2} \frac{U_d}{\cos \gamma} \tag{4.101}$$

berechnet werden, der maßgeblich für die Sperr- und Blockierspannungsbeanspruchung der Ventile ist. Der Steuerwinkel hängt vom Verhältnis der Blind- zur Wirkleistung des WR ab. Aus Ersatzschaltbild 4.22a und zugehörigem Zeigerbild 4.22c kann gefunden werden:

$$\tan \gamma = \frac{Q_{WR}}{P_{WR}} = \frac{Q_C - Q_L}{P_L} = \frac{I_C - I_L \sin \varphi}{I_L \cos \varphi} \tag{4.102}$$

Kondensatorblindleistung $\quad Q_C = U_L I_C = \omega_S C U_L^2 \qquad$ (4.103)

Lastblindleistung $\quad Q_L = U_L I_L \sin \varphi \qquad$ (4.104)

Lastwirkleistung $\quad P_L = U_L I_L \cos \varphi \qquad$ (4.105)

Leistungsfaktor der Last $\quad \cos \varphi = \dfrac{1}{\sqrt{1 + (\omega_S L/R)^2}}\,; \qquad$ (4.106)

φ Phasenwinkel zwischen Laststrom i_L und Lastspannung u_L.

Nach entsprechender Umformung kann der Steuerwinkel

$$\gamma = 2\pi f_S t_H = \arctan \omega_S \left(\frac{RC}{\cos^2 \varphi} - \frac{L}{R} \right) \tag{4.107}$$

ermittelt werden.

Mit den Bedingungen

$$I_1 \cos \gamma = I_L \cos \varphi \quad \text{(s. Bild 4.22c)} \tag{4.108}$$

und $P_d = P_{WR} = P_L$ (4.99) ergibt sich der Eingangsgleichstrom zu

$$I_d = \frac{\pi^2}{8} \frac{U_d}{R} \frac{\cos^2 \varphi}{\cos^2 \gamma} = \frac{\pi^2}{8} \frac{U_d}{R_p} \frac{1}{\cos^2 \gamma}\,. \tag{4.109}$$

Die Ventile in der Schaltung werden mit dem Mittelwert des Ventilstroms

$$I_{Ta} = I_d/2 \tag{4.110}$$

belastet.

Für eine sichere Kommutierung und Arbeitsweise des WR ist also Voraussetzung, daß die Last in jedem Fall kapazitiven Charakter hat, der WR-Strom der WR-Ausgangsspannung also vorauseilt, so daß immer $t_H > t_q$ oder $\gamma > \omega_S t_q$ gewährleistet ist. Bei ohmsch-induktiver Belastung muß der induktive Anteil durch zusätzlichen Aufwand für den Kondensator kompensiert werden, so daß sich dessen Blindleistung zu

$$Q_C = U_L I_L (\tan \gamma \cos \varphi + \sin \varphi) \tag{4.111}$$

ergibt. Gleichung (4.111) zeigt, daß bei vorgegebener Größe der Blindleistung des Kondensators und niedriger Ausgangsfrequenz die Kapazität des Kommutierungskondensators $C = Q_C/(\omega_S U_L^2)$ sehr groß wird.

Beispiel 4.11

Ein Stromwechselrichter (Eingangs-Gleichspannung $U_d = 500$ V) speist eine ohmsch-induktive Last ($R = 1\ \Omega$; $L = 1$ mH). Die Kapazität des Löschkondensators beträgt $C = 200\ \mu$F, und die Steuerfrequenz sei $f_S = 350$ Hz.

a) Wie groß ist die (ideelle) Freihaltezeit?
(4.107) führt mit (4.106) zu

$$\frac{1}{\cos^2 \varphi} = 1 + \left(\frac{\omega_S L}{R}\right)^2 = 1 + \left(\frac{2\pi \cdot 350\ \text{Hz} \cdot 1\ \text{Hm}}{1\ \Omega}\right)^2 = 5{,}84;$$

$$\gamma = \arctan\left[2\pi \cdot 350\ \text{Hz}\left(1\ \Omega \cdot 200\ \mu\text{F} \cdot 5{,}84 - \frac{1\ \text{mH}}{1\ \Omega}\right)\right] = \arctan 0{,}37; \quad \gamma = 20{,}3^\circ = 0{,}35\ \text{rad};$$

$$t_H = \frac{\gamma}{2\pi f_S} = \frac{0{,}35}{2\pi \cdot 350\ \text{Hz}} = 159\ \mu\text{s}.$$

b) Welche spannungs- und strommäßige Thyristorbeanspruchung ergibt sich in den beiden Arbeitspunkten?

(4.101) gibt $U_{Lm} = U_{Tm} = \frac{\pi}{2} \cdot \frac{500\ \text{V}}{0{,}938} = 837\ \text{V};$

(4.109) führt zu $I_d = \frac{\pi^2 \cdot 500\ \text{V} \cdot 0{,}171}{8 \cdot 1\ \Omega \cdot 0{,}880} = 120\ \text{A};$

(4.110) gibt $I_{Ta} = I_d/2 = 120\ \text{A}/2 = 60\ \text{A}.$

c) Wie groß ist die erforderliche Kondensatorblindleistung?
Mit (4.103) findet man

$$Q_C = 2\pi \cdot 350\ \text{Hz} \cdot 200\ \mu\text{F} \cdot (594\ \text{V})^2 = 155\ \text{kVAr};$$

$$U_L = \frac{U_{Tm}}{\sqrt{2}} = \frac{840\ \text{V}}{\sqrt{2}} \mathrel{\hat=} 594\ \text{V}.$$

Bei einer Steuerfrequenz von 400 Hz führt der gleiche Rechnungsgang zu

$$\gamma = 49{,}4^\circ = 0{,}86\ \text{rad}; \quad t_H = 342\ \mu\text{s}; \quad U_{Tm} = 1206\ \text{V};$$
$$I_d = 200\ \text{A}; \quad I_{Ta} = 100\ \text{A}; \quad Q_C = 368\ \text{kVA} \quad \text{und} \quad U_L = 856\ \text{V}.$$

Eine verhältnismäßig geringe Erhöhung der Steuerfrequenz führt also zu einem größeren Kommutierungskondensator und zu einer wesentlich höheren Beanspruchung der Thyristoren. Aber auch die Freihaltezeit wird höher, denn die größere Steuerfrequenz bedingt einen früheren Einspeisezeitpunkt in jeder Halbperiode, so daß sich bis zum Spannungsnulldurchgang eine größere Zeitspanne, d. h. ideelle Freihaltezeit, ergibt.

Durch zusätzliche Sperrdioden zwischen Last und Kommutierungskondensator, wie es Bild 4.23 am Beispiel eines WR in Mittelpunktschaltung zeigt, kann die Kapazität vermindert werden [4.17]. Die Sperrdioden verhindern nach Nulldurchgang des Kondensatorstroms die weitere Entladung des Kondensators in die Last. Gleichzeitig wird die Spannung an der Last erhöht und die Freihaltezeit vergrößert.

Im realen WR sind neben der behandelten Betriebsweise mit ideal geglättetem WR-Eingangsstrom noch Betriebsweisen mit endlicher Glättungsdrossel möglich. Damit der Eingangsstrom nicht lückt, muß die Bedingung des aperiodischen Betriebs ($\delta^2 - \omega_0^2 > 0$) bzw. $R \geqq 2\sqrt{L/C}$ eingehalten werden, aus der

$$L_d \geqq 4R^2C \tag{4.112}$$

folgt. Hier sind $\delta = R/(2L)$ die Dämpfung und $\omega_0 = 1/\sqrt{LC}$ die Resonanzfrequenz des Schwingkreises.

Für praktische Fälle wird die Glättungsdrossel aus

$$L_d = (1{,}04 \ldots 1{,}19)\, 4R^2C \tag{4.113}$$

näherungsweise bestimmt. Außerdem wird durch nicht zu vermeidende Streuinduktivitäten und zusätzliche Stromanstiegsdrosseln der Anstieg und Abfall des kommutierenden Stroms auf zulässige Werte begrenzt, so daß der WR-Strom trapezförmig verläuft. Durch die Überlappung der Ströme der sich ablösenden Ventile wird die oben berechnete Freihaltezeit um die entsprechende Kommutierungszeit vermindert.

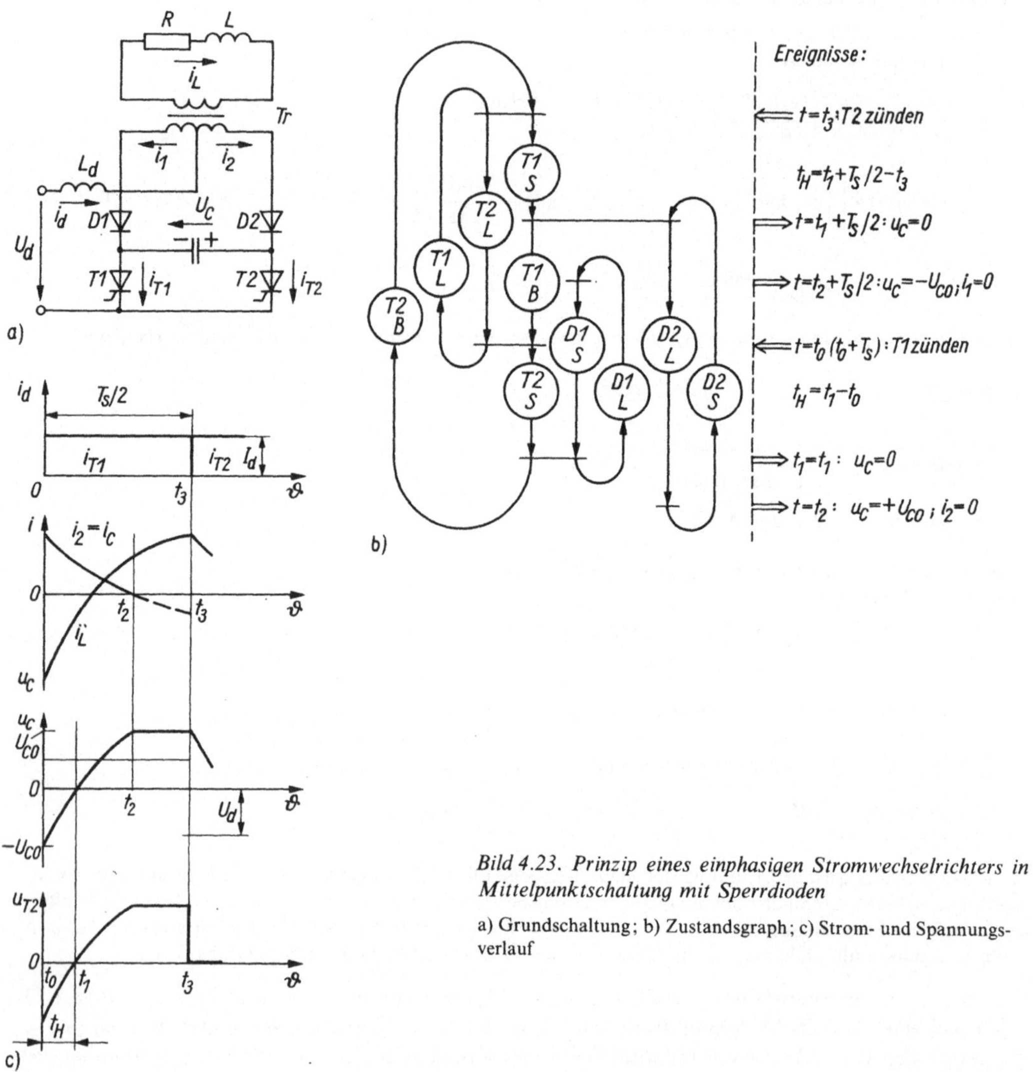

Bild 4.23. Prinzip eines einphasigen Stromwechselrichters in Mittelpunktschaltung mit Sperrdioden

a) Grundschaltung; b) Zustandsgraph; c) Strom- und Spannungsverlauf

4.2.2.2. Dreiphasige Stromwechselrichter

Stromgespeiste WR werden in der Antriebstechnik zur Speisung von Drehstrommaschinen angewendet. Dazu wird der WR in Drehstrom-Brückenschaltung ausgeführt (Bild 4.24a). Zur Verdeutlichung der Arbeitsweise werden zwangslöschbare Ventile als Schalter verwendet, und es wird vorausgesetzt: Widerstandslast, Speisung des WR mit konstantem Strom und ideale Kommutierung. Die Ventile werden mit einer Einschaltdauer von $2\pi/3$ zyklisch auf den symmetrischen Drehstromverbraucher geschaltet, so daß sich die im Bild 4.24b gezeigten Strom- und Spannungsverläufe des Drehstromsystems ergeben. Die sich in Abhängigkeit von der Ansteuerung einstellenden Schaltzustände der löschbaren Ventile zeigt anschaulich der Zustandsgraph, Bild 4.24c.

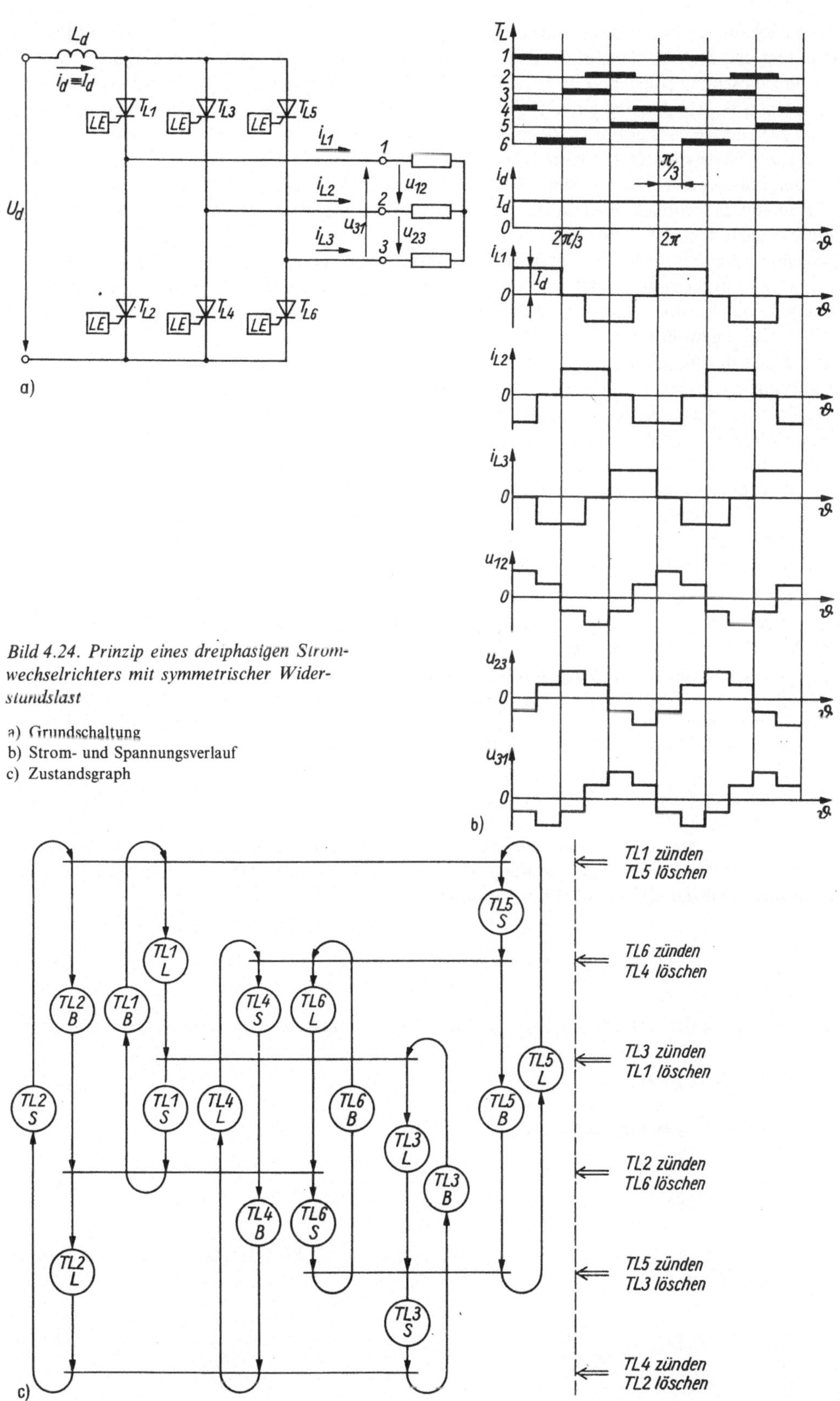

Bild 4.24. Prinzip eines dreiphasigen Stromwechselrichters mit symmetrischer Widerstandslast

a) Grundschaltung
b) Strom- und Spannungsverlauf
c) Zustandsgraph

In realen Schaltungen werden dreiphasige stromgespeiste WR in der Regel als Schaltung mit Phasenfolgelöschung und Sperrdioden (Bild 4.25a) ausgeführt, die einen geringeren Schaltungsaufwand als WR mit Einzellöschung ergeben. Zur Erzeugung des Drehstromsystems muß wie bei einem Sechspulsgleichrichter (s. Abschn. 3.4) jeder Thyristor (z. B. *T1*) 1/6 der Periode ($\pi/3$) zusammen mit einem Thyristor (*T4*) und 1/6 der Periode zusammen mit einem anderen Thyristor (*T6*) Strom führen. Die Ansteuerung jedes Thyristors erfolgt deshalb entweder mit zwei um $\pi/3$ versetzten kurzen Impulsen oder einem langen Impuls einer Dauer größer $\pi/3$. Dadurch wird erreicht, daß immer zwei Thyristoren gleichzeitig Strom führen, nämlich einer in der Anoden- und einer in der Katodengruppe des WR. Dies gewährleistet auch dessen sicheren Anlauf.

Die Kommutierung im WR wird durch die Kommutierungskondensatoren *C1* bis *C3*, die in Dreieck (Bild 4.25a) oder in Stern geschaltet sein können, erzwungen. Die Kondensatoren mussen wie im einphasigen WR die Kompensation der induktiven Blindleistung und den notwendigen Steuerwinkel ($\gamma = \omega_S t_H > \omega_S t_q$) gewährleisten.

Bei der Phasenfolgelöschung werden die jeweils Strom führenden Thyristoren durch Zünden der darauf folgenden gelöscht. Wenn z. B. *T1* und *T6* Strom führen, wird *C1* auf die im Bild 4.25b eingezeichnete Polarität der verketteten Spannung aufgeladen. Die Kommutierung erfolgt in zwei Stufen. Mit Zündung von *T3* wird die 1. Stufe eingeleitet. Der Laststrom i_{L1} kommutiert auf *C1*, und *T1* löscht nahezu augenblicklich. Der Strom fließt wegen der Kondensatorladung und der im Kreis vorhandenen Induktivitäten zunächst in der gleichen Richtung über die Sperrdiode *D1* weiter, und es gilt das im Bild 4.25b gezeigte Ersatzschaltbild. Die Sperrdiode *D3* kann wegen der anodenseitig anliegenden negativen Kondensatorspannung den Strom nicht übernehmen. Bei gleich großen Kapazitäten $C1 = C3 = C5$ fließt entsprechend der Bedingung $I_d = i_1 + i_2$ durch *C1* $2/3 I_d$ und durch die Reihenschaltung aus *C3* und *C5* $1/3 I_d$. Anschließend werden *C1* und die Reihenschaltung aus *C3* und *C5* auf die umgekehrte Polarität umgeladen. Durch die Dimensionierung der Kondensatoren muß gewährleistet werden, daß die erforderliche Freihaltezeit, während der negative Sperrspannung an *T1* liegt, eingehalten wird. Gegenüber der einphasigen Schaltung muß deshalb $C1 = C2 = C3 ... = C_K = 2/3C$ gewählt werden (bei Sternschaltung $1/3C$), wenn C die Größe des Löschkondensators in der einphasigen Schaltung (z. B. Bild 4.22a) darstellt. Sobald der Wert der verketteten Spannung erreicht ist, übernimmt die Sperrdiode *D3* den Strom und leitet die 2. Stufe der Kommutierung des Stroms vom Strang 1 auf den Strang 2 ein.

Mit Hilfe der entsprechenden Differentialgleichungen können die einzelnen Kommutierungsstufen berechnet werden [4.18].

Wenn die Verzögerung der Kommutierung vernachlässigt wird, ergeben sich die im Bild 4.25c gezeigten vereinfachten Strom- und Spannungsverläufe. Aus der Fourier-Analyse folgt für den dargestellten Stromverlauf der Effektivwert der Grundschwingung des Strangstroms zu

$$I_{1L} = \frac{\sqrt{6}}{\pi} I_d . \tag{4.114}$$

Bei Vernachlässigung der Verluste im Kreis gilt für die Leistungsbilanz wiederum

$$U_d I_d = 3 U_L I_{1L} \cos\gamma , \tag{4.115}$$

woraus sich die Strangspannung zu

$$U_L = \frac{\pi}{3\sqrt{6}} \frac{U_d}{\cos\gamma} \tag{4.116}$$

und der Maximalwert der vekketteten Spannung, die als Sperr- oder Blockierspannungsbeanspruchung an den Ventilen anliegt, zu

$$U_{Tm} = \sqrt{2}\sqrt{3}\, U_L = \frac{\pi}{3} \frac{U_d}{\cos\gamma} \tag{4.117}$$

ergibt.

Wenn für $C = 1{,}5C_K$ gesetzt wird, kann der Steuerwinkel oder die Freihaltezeit aus (4.100) bestimmt werden. Die Ausgangsspannung des dreiphasigen WR ist wesentlich sinusförmiger als die des einphasigen WR. Das heißt, der Oberschwingungsgehalt ist geringer, und es treten nur Oberschwingungen der Ordnung

$$q = 6k \pm 1\,, \qquad k = 0, 1, 2, 3, \ldots\,.$$

auf.

Die Ventile werden im dreiphasigen WR mit dem Mittelwert

$$I_{Ta} = I_{Da} = I_d/3 \tag{4.118}$$

strommäßig belastet.

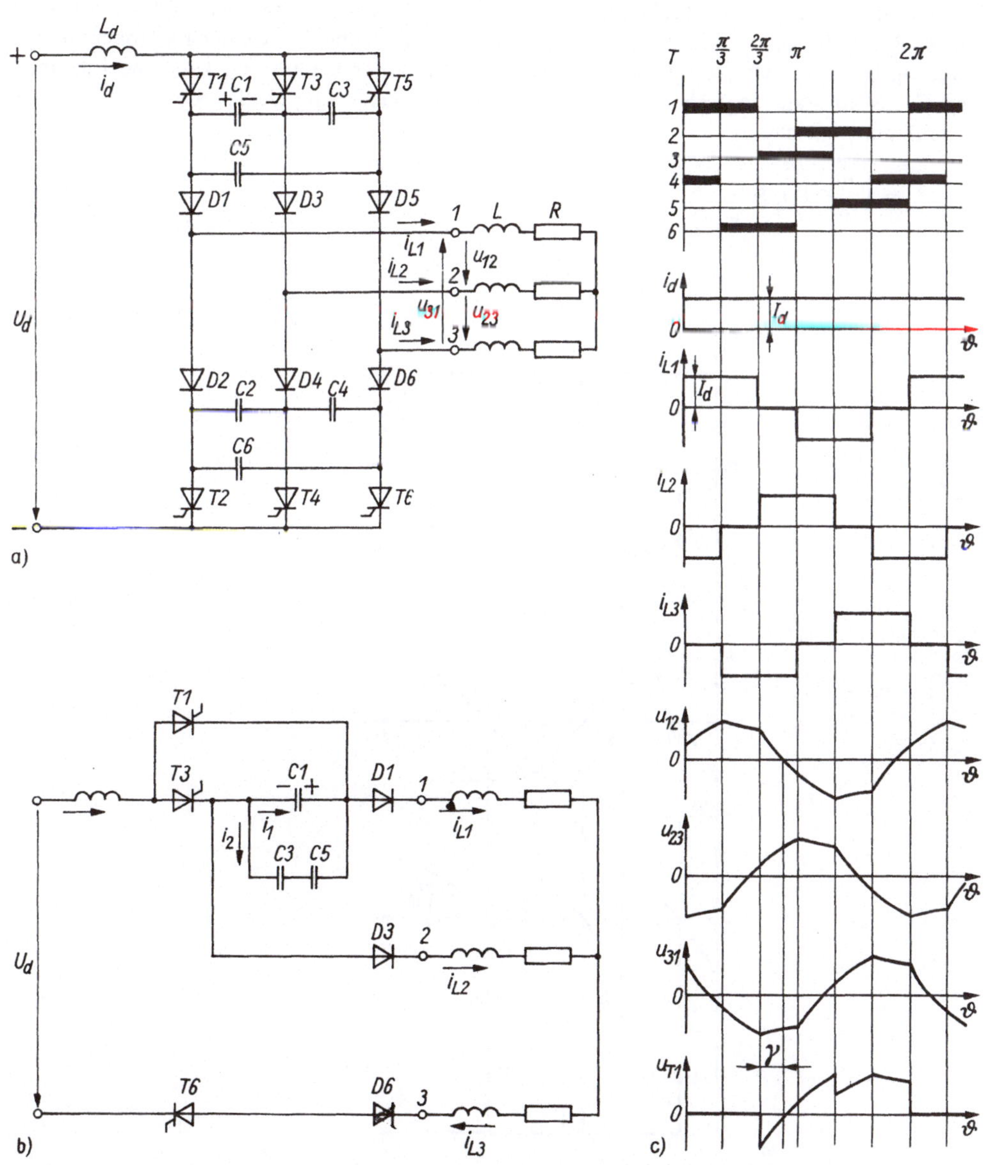

Bild 4.25. Prinzip eines dreiphasigen Stromwechselrichters mit Phasenfolgelöschung

a) Grundschaltung; b) Ersatzschaltung für Kommutierung; c) Strom- und Spannungsverlauf

Bei stromgespeisten WR ist eine Umkehr der Energierichtung prinzipiell möglich. Dies wird z. B. zur Nutzbremsung von Drehstrommotoren gebraucht. Da sich die Richtung des Stroms nicht umkehren kann, muß durch Umsteuern des vorgeschalteten Stromrichters vom Gleichrichter- zum Wechselrichterbetrieb dafür gesorgt werden, daß der Mittelwert der Zwischenkreisspannung negativ wird [4.1].

4.2.3. Spannungsgespeiste Wechselrichter

4.2.3.1. Spannungswechselrichter mit abschaltbaren Halbleiterbauelementen

Zur Untersuchung des Betriebsverhaltens des Spannungs-WR wird die einphasige Schaltung mit ohmsch-induktiver Last analysiert. Bei Verwendung von abschaltbaren Ventilen (Abschaltthyristoren oder Leistungstransistoren) und Rückstromdioden sowie Vernachlässigung aller Verluste im Kreis kann das im Bild 4.26a gezeigte Ersatzschaltbild für jeweils eine halbe Periode der Lastspannung aus Bild 4.18a abgeleitet werden. Bei genügend großem Glättungskondensator C_d kann die Eingangsspannung U_d als konstant angesehen werden. Unter der Voraussetzung idealer Kommutierung gilt dann die Differentialgleichung

$$U_d = L\frac{di_L}{dt} + i_L R. \tag{4.119}$$

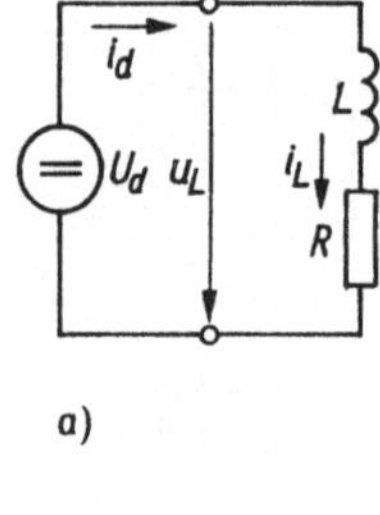

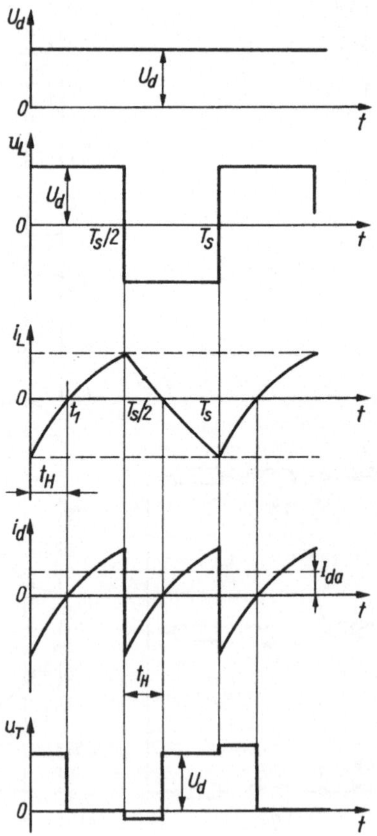

Bild 4.26. Einphasiger Spannungswechselrichter mit ohmsch-induktiver Last

a) Ersatzschaltung; b) Strom- und Spannungsverlauf

Mit der Randbedingung $i_L(0) = -i_L(T_S/2)$ und $\tau = L/R$ (Zeitkonstante) ergibt sich analog zum Rechengang im Abschnitt 4.2.2.1 als Lösung für den Laststrom

$$i_L(t) = \frac{U_d}{R}\left[1 - \exp\left\{-\frac{t}{\tau}\right\}\left(1 + \tanh\frac{T_S}{4\tau}\right)\right]. \tag{4.120}$$

Die Identität dieser Gleichung mit (4.85) unterstreicht nochmals die Dualität von Strom- und Spannungs-WR ($u_L \mathrel{\hat{=}} i_L$; $I_d \mathrel{\hat{=}} U_d/R$). Der Strom ist über $\tau = L/R$ lastabhängig; bei rein ohmscher Last ist der Stromverlauf rechteckförmig und entspricht dem Spannungsverlauf, bei rein induktiver Last dreieckförmig (analog zu Bild 4.20). Charakteristische Strom- und Spannungsverläufe sind im Bild 4.26b angegeben.

Der Mittelwert des Eingangsstroms ergibt sich zu

$$I_{da} = \frac{2}{T_S}\int_0^{T_S/2} i_L(t)\,dt = \frac{U_d}{R}\left(1 - \frac{4\tau}{T_S}\tanh\frac{T_S}{4\tau}\right) \tag{4.121}$$

und aus der Leistungsbilanz für den verlustlosen Kreis $P_d = P_L$ bzw. $U_d I_{da} = I_{Le}^2 R$ der Effektivwert des Laststroms zu

$$I_{Le} = \frac{U_d}{R}\sqrt{1 - \frac{4\tau}{T_S}\tanh\frac{T_S}{4\tau}}\,. \tag{4.122}$$

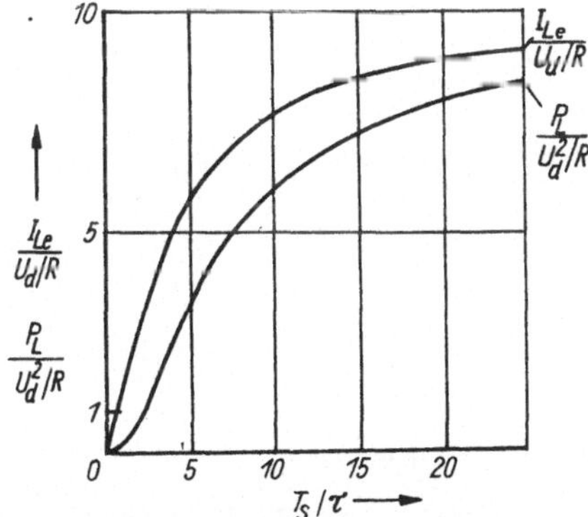

Bild 4.27. Abhängigkeit des Laststroms und der Leistung von der Belastung beim Spannungswechselrichter

Mit Verringerung der Induktivität nehmen WR-Strom und -Leistung zu, wie es auch Bild 4.27 zeigt [4.19]. Die Leitdauer der Rückstromdiode, die bei Verwendung von Thyristoren der Freihaltezeit t_H entspricht, kann aus (4.91) oder Bild 4.21, Kurve *b*, ermittelt werden, wenn für $\tau = L/R$ eingesetzt wird. Die für die Belastung der Ventile maßgeblichen Mittelwerte der Ventilströme können aus

$$I_{Ta} = \frac{1}{T_S}\int_{t_1}^{T_S/2} i_L(t)\,dt \tag{4.123}$$

für die abschaltbaren Halbleiterbauelemente und aus

$$I_{Da} = \frac{1}{T_S}\int_0^{t_1} i_L(t)\,dt \tag{4.124}$$

für die Rückstromdioden berechnet werden. Der größte Mittelwert des Ventilstroms wird bei rein ohmscher Last erreicht und beträgt $I_{Ta} = U_d/2R$, während der höchste Scheitelwert bei rein induktiver Last mit $I_{Tm} = \frac{U_d}{L}\frac{T_S}{4}$ auftritt. Die Sperrspannungsbeanspruchung der abschaltbaren Halbleiterbauelemente ist identisch mit dem Durchlaßspannungsabfall der Diode. Wenn dieser vernachlässigt wird, ist die maximal auftretende Blockierspannung an den Ventilen gleich der Eingangsspannung U_d.

Beispiel 4.12

Ein Spannungswechselrichter mit abschaltbaren Thyristoren (GTO) arbeitet auf eine ohmsch-induktive Last ($R = 3\,\Omega$; $L = 1{,}5$ mH). Die maximal zulässige Spannungsbeanspruchung dieser Thyristoren betrage 1000 V (Spannungs-Sicherheitsfaktor = 1,25).

a) Welches Übersetzungsverhältnis muß der Stromrichtertransformator für eine Drehstrom-Brückenschaltung haben, damit bei gegebenem 200-V-/380-V-Netz die maximal zulässige Gleichspannung entsteht?

$$U_{\mathrm{di0\,max}} = \frac{U_{\mathrm{D,RRM}}}{1{,}25} = \frac{1000\ \mathrm{V}}{1{,}25} = 800\ \mathrm{V};$$

mit (3.270) folgt:

$$U_{\mathrm{vM}} = \frac{U_{\mathrm{di0\,max}}}{2{,}34} = \frac{800\ \mathrm{V}}{2{,}34} = 342\ \mathrm{V};$$

$$m = \frac{U_{\mathrm{vM}}}{U_{\mathrm{LM}}} = \frac{342\ \mathrm{V}}{220\ \mathrm{V}} = 1{,}55\,.$$

b) Wie groß ist die maximale, in der Last umsetzbare Wirkleistung bei einer Steuerfrequenz $f_S = 500$ Hz?

$$\tau = \frac{L}{R} = \frac{1{,}5\ \mathrm{mH}}{3\ \Omega} = 0{,}5\ \mathrm{ms}; \qquad T_S = \frac{1}{f_S} = \frac{1}{500\ \mathrm{Hz}} = 2\ \mathrm{ms}, \qquad \frac{T_S}{\tau} = 4\,.$$

$P_L = P_{\mathrm{d\,max}} = U_d I_{da}$; mit (4.121) folgt damit:

$$P_{\mathrm{d\,max}} = \frac{U_d^2}{R}\left(1 - \frac{4\tau}{T_S}\tanh\frac{T_S}{4\tau}\right) = \frac{(800\ \mathrm{V})^2}{3\ \Omega}(1 - \tanh 1) = \frac{(800\ \mathrm{V})^2}{3\ \Omega}(1 - 0{,}762) = 50{,}7\ \mathrm{kW}\,.$$

c) Wie groß ist die Diodenleitdauer?
Aus Bild 4.21, Kurve *b* folgt bei

$$\frac{T_S}{\tau} = 4 \rightarrow \frac{t_H}{T_S} = 0{,}143 \rightarrow t_H = 0{,}143 \cdot 2\ \mathrm{ms} = 286\ \mu\mathrm{s}\,.$$

Hinweis: Diodenleitdauer entspricht bei Verwendung von Thyristoren der Freihaltezeit t_H!

d) Welcher Maximalwert des Thyristor- und Diodenstroms tritt bei den gegebenen Lastverhältnissen auf?
Mit (4.120)

$$i_L = \frac{U_d}{R}\left[1 - \exp\{-t/\tau\}\left(1 + \tanh\frac{T_S}{4\tau}\right)\right]$$

und Bild 4.26 gilt z. B.

$$|I_{\mathrm{Dm}}| = |i_L|_{t=0} = |I_{\mathrm{Tm}}|,$$

$$|I_{\mathrm{Dm}}| = |I_{\mathrm{Tm}}| = \frac{800\ \mathrm{V}}{3\ \Omega}[1 - (1 + \tanh 1)] = 203\ \mathrm{A}$$

e) Welcher Maximalwert des Thyristor- und Diodenstroms tritt im Fall rein ohmscher ($R = 3\,\Omega$) oder rein induktiver ($L = 1{,}5$ mH) Last auf?
$R = 3\,\Omega$; $L = 0$ mH:

$$I_{\mathrm{Ta\,max}} = \frac{U_d}{2R} = \frac{800\ \mathrm{V}}{2 \cdot 3\ \Omega} = 133\ \mathrm{A}$$

$$I_{\mathrm{Tm}} = 2 \cdot I_{\mathrm{Ta\,max}} = 267\ \mathrm{A}; \qquad I_{\mathrm{Dm}} = 0\ \mathrm{A}\,.$$

$L = 1{,}5$ mH; $R = 0\,\Omega$:

$$I_{\mathrm{Tm}} = I_{\mathrm{Dm}} = \frac{U_d T_S}{L \cdot 4} = \frac{800\ \mathrm{V} \cdot 0{,}002\ \mathrm{s}}{1{,}5\ \mathrm{mH} \cdot 4} = 267\ \mathrm{A}\,.$$

Die rechteckförmige Ausgangsspannung des Spannungs-WR enthält viele Oberschwingungen:

$$U_L(t) = \frac{4}{\pi} U_d \left(\sin \omega t + \frac{\sin 3\omega t}{3} + \frac{\sin 5\omega t}{5} + \dots \right). \qquad (4.125)$$

Der Effektivwert der Grundschwingung beträgt

$$U_{1L} = \frac{2\sqrt{2}}{\pi} U_d . \qquad (4.126)$$

Die Spannungsform kann durch entsprechende Filter im Ausgang oder entsprechende Steuerung, z. B. Pulssteuerung (s. Abschn. 5.3.2.1 und Bild 5.15), verbessert werden [4.17]. Nach dem gleichen Prinzip sind auch mehrphasige Spannungs-WR ausführbar. Besonders interessant sind dreiphasige Spannungs-WR, die z. B. zur Speisung von drehzahlveränderlichen Asynchronmaschinen mit Kurzschlußläufer erforderlich sind. Bild 4.28a zeigt als Beispiel einen dreiphasigen *Transistor*-WR. Verluste im Kreis werden wieder vernachlässigt, und es wird ideale Kommutierung der Ventilströme vorausgesetzt. Im Grenzfall rein ohmscher Last hat der aus den Rückstromdioden gebildete Rückspeisegleichrichter keine Wirkung. Wie beim Strom-WR (s. Abschn. 4.2.2.2) wird auch hier die Schaltfolge der Ventile *T1* bis *T6* durch das Ansteuergerät vorgegeben. Im gewählten Beispiel entspricht die Leitdauer des Ventils $T_S/3$ wie in einer netzgelöschten Drehstrom-Brückenschaltung. Die Taktfrequenz beträgt hierbei das 6fache der Ausgangsfrequenz. Es ergeben sich die im Bild 4.28b gezeigten Spannungsverläufe. Der Verlauf des Strangstroms entspricht dabei dem Verlauf der Strangspannung.

Um das Verhalten der Schaltung bei ohmsch-induktiver Last abschätzen zu können, ist es zweckmäßig, als weiteren Grenzfall die rein induktive Last zu untersuchen. In diesem Fall beträgt die Leitdauer der Ventile und Rückstromdioden einheitlich $\delta = T_S/4$. Die Blindenergie pendelt periodisch zwischen den Energiespeichern des Gleichspannungszwischenkreises (C_d) und der Last.

Im stationären Betrieb treten drei charakteristische Schaltzustände auf: Einspeisen, Freilaufen, Rückspeisen. Wenn z. B. *T5* und *T2* Strom führen, dann fließt der Strom $i_{L3} = -i_{L1}$ von U_d über die Last (Phase *3* und *1*), und im magnetischen Feld der induktiven Last wird Energie gespeichert. (Der Strom i_{L2} vom vorausgehenden Takt wird weiter über *D4* aufrechterhalten.) Wird nun *T2* gesperrt und *T4* eingeschaltet, so fließt zunächst $-i_{L1}$ über den Freilaufkreis *D1*, *T5* und die Last (Phase *3* und *1*) in der ursprünglichen Richtung weiter. Gleichzeitig baut sich ein neuer Einspeisekreis von U_d über *T5*, die Last (Phase *3* und *2*) und *T4* auf. Wird nun im nächsten Takt auch *T5* gesperrt, so kann i_{L3} nur über den Freilaufkreis *T4*, *D6* und die Last (Phase *2* und *3*) weiterfließen. Mit Sperren des Ventils *T5* wird der Freilaufstrom durch *D1*, *T5* und die Last unterbrochen, und die induktive Last hält den Strom $-i_{L1}$ im Rückspeisekreis *D1*, C_d, *D6* und durch die Last (Phase *3* und *1*) aufrecht. Das Ventil *T1* kann erst Strom übernehmen, wenn der Rückspeisestrom $-i_{L1}$ auf Null abgeklungen ist. Dann wird das Einschaltsignal wirksam, und ein Strom fließt von U_d über *T1*, die Last (Phase *1* und *2*) und *T4* usw. Die Phasenfolge des Drehspannungssystems am Ausgang des WR läßt sich durch Änderung der Zündfolge der Transistoren leicht umkehren. Den hier geschilderten Verlauf der Ströme und Spannungen zeigt Bild 4.28c.

Der Strangstrom eilt der Strangspannung wegen der induktiven Last um $\pi/2 \mathrel{\hat{=}} T_S/4$ nach. Wegen der konstanten Spannung in den einzelnen Zeitintervallen setzt sich der Stromverlauf aus Geradenzügen zusammen, deren Steilheit sich je nach Größe der Phasenspannung zu

$$\left|\frac{di}{dt}\right| = \frac{1}{3}\frac{U_d}{L} \quad \text{bzw.} \quad \left|\frac{di}{dt}\right| = \frac{2}{3}\frac{U_d}{L}$$

ergibt.

Im Gegensatz zur rein ohmschen Last lückt der Ausgangsstrom bei induktiver Last nicht. Bei gemischt ohmsch-induktiver Last lückt der Ausgangsstrom, falls der Freilaufstrom vor dem Taktende unter den Haltestrom der Ventile absinkt. Dann wird der Freilaufkreis geöffnet, und im Ausgangsstrom entsteht eine Lücke. Die Grenzen für den nichtlückenden Betrieb sind durch $0 \leqq T_S/6\tau \leqq \ln 2$ gegeben. Das Lücken des Ausgangsstroms hat einen wesentlichen Einfluß auf den Verlauf der Ausgangsspannung. Die sich bei ohmsch-induktiver Belastung in Abhängigkeit von der Ansteuerung einstellenden Schaltzustände der Halbleiterventile der einzelnen Phasen können anschaulich mit dem im Bild 4.28d gezeigten Zustandsgraphen beschrieben werden.

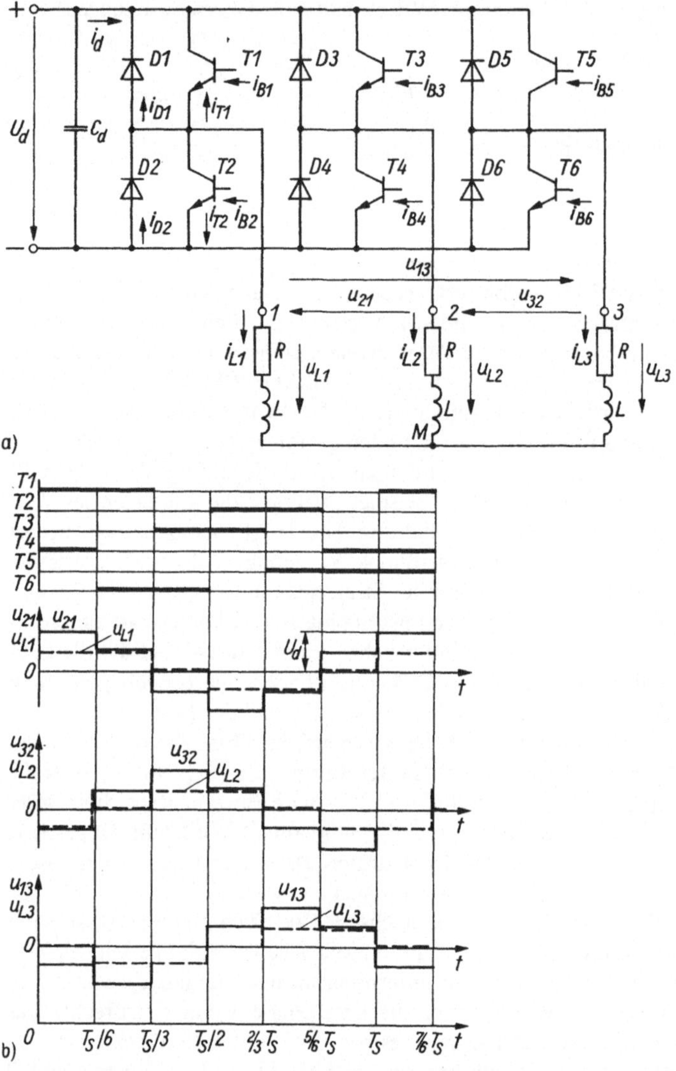

Bild 4.28. Prinzip eines dreiphasigen Spannungswechselrichters mit Leistungstransistoren

a) Grundschaltung; b) Spannungsbildung bei ohmscher Last; c) Strom- und Spannungsverlauf bei ohmsch-induktiver Last; d) Zustandsgraph für ohmsch-induktive Last; c) und d) s. Seite 285

4.2.3.2. Spannungswechselrichter mit Thyristoren

Werden im WR als Schalter nicht abschaltbare Halbleiterbauelemente, also z. B. Thyristoren verwendet, muß die Löschung der Ventile und die Kommutierung des Stroms auf den Folgezweig durch entsprechende Anordnung von Löscheinrichtungen in der Schaltung erzwungen werden. Wichtige Prinzipien, die vor allem auch in mehrphasigen Spannungs-WR angewendet werden, sind:

— die Einzellöschung
— die Phasenfolgelöschung
— die Phasenlöschung
— die Summenlöschung.

Für *einphasige* Schaltungen hat die im Bild 4.29a gezeigte Schaltung mit *transformatorischer Löschung* Bedeutung, die z. B. bei WR für unterbrechungsfreie Stromversorgungen angewendet wird [3.11] [4.19]. Die Wirkungsweise ist folgende: Sind die Thyristoren *T1* und *T4* gezündet, fließt Strom in der angegebenen Zählpfeilrichtung durch die Last, und die Kondensatoren *C2* und *C3* sind auf die Span-

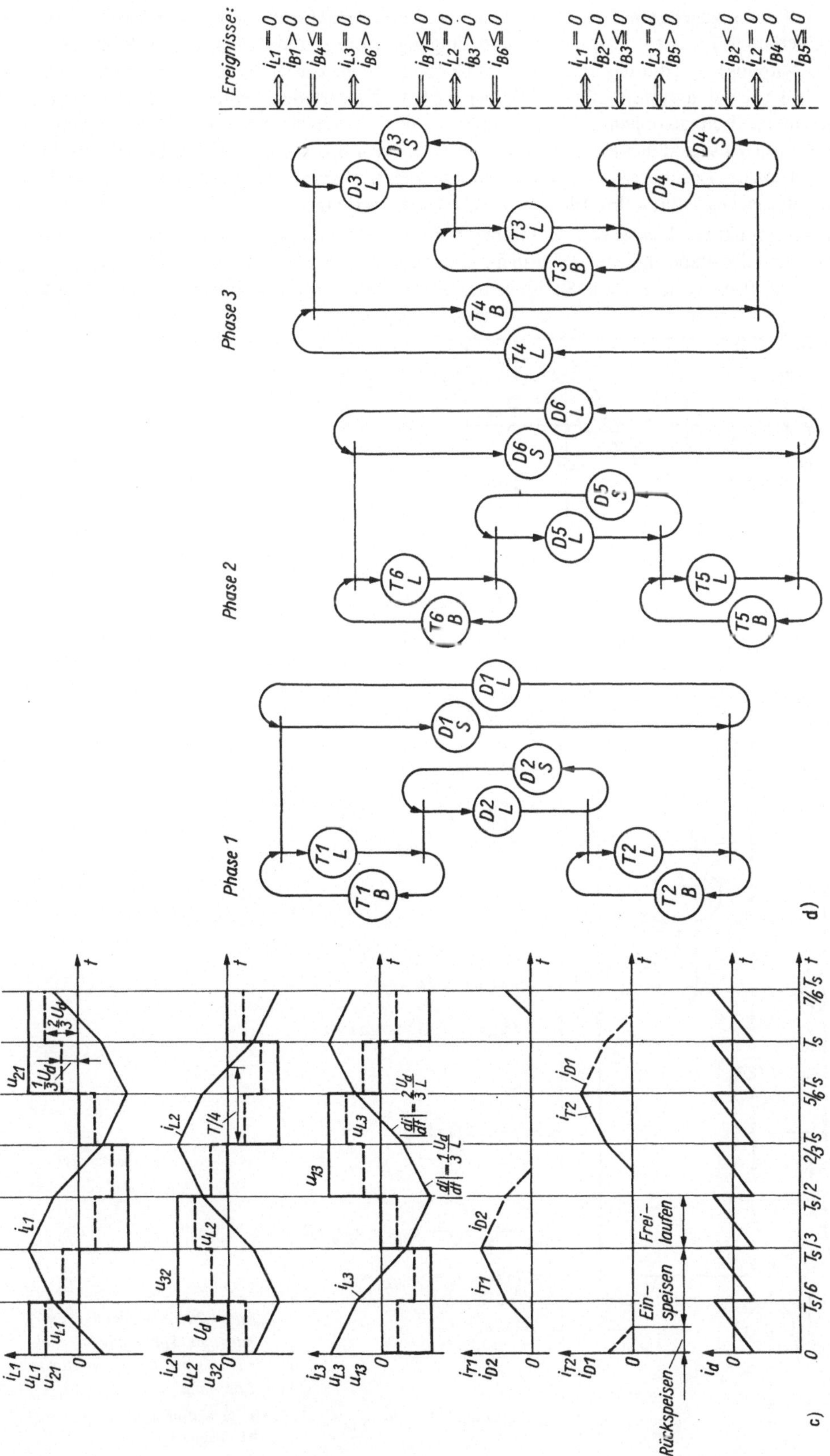
c)
d)
Phase 1
Phase 2
Phase 3
Ereignisse:
Rückspeisen
Ein-
speisen
Frei-
laufen

nung U_{C0} mit der angegebenen Polarität aufgeladen. Wenn zunächst ideale Kommutierung vorausgesetzt wird, verlaufen Laststrom, -spannung und Eingangsstrom grundsätzlich wie im Bild 4.26b.

Um zum Zeitpunkt $T_S/2$ die Thyristoren *T1* und *T4* zu löschen, werden *T2* und *T3* gezündet. Dadurch können sich die Kondensatoren *C2* und *C3* über *L2* bzw. *L3* entladen. Durch den Entladestromstoß wird in den magnetisch gekoppelten Induktivitäten *L1* und *L4* transformatorisch eine Spannung induziert, die *T1* und *T4* augenblicklich löscht (Anoden-Katoden-Spannung negativ). Bei entsprechender Dimensionierung des Löschkreises bleibt die Spannung an den gelöschten Thyristoren genügend lange negativ, damit die Thyristoren ihre Blockierfähigkeit wiedererlangen ($t_H > t_q$).

Bei ohmsch-induktiver Last wird i_L durch die in der Induktivität gespeicherte magnetische Energie zunächst noch in der ursprünglichen Richtung aufrechterhalten, kommutiert auf die Rückstromdioden *D2* und *D3* und fließt zurück in die Speisequelle, die deshalb rückspeisefähig sein muß. Ohne Rück-

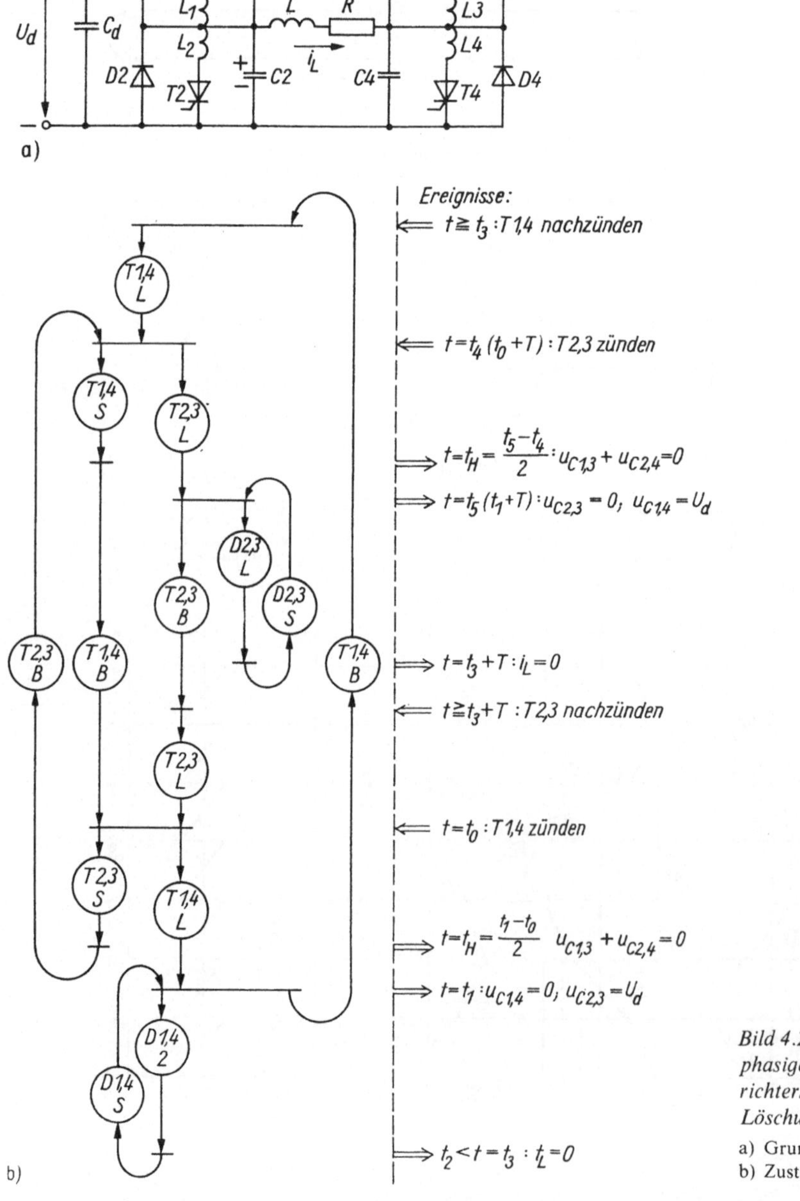

Bild 4.29. Prinzip eines einphasigen Spannungswechselrichters mit transformatorischer Löschung

a) Grundschaltung

b) Zustandsgraph

stromdioden würde die Unterbrechung des Stroms eine hohe Überspannung $L(\mathrm{d}i_L/\mathrm{d}t)$ hervorrufen, die zur Zerstörung der Bauelemente führen kann. Nur im Grenzfall der rein ohmschen Last, der aber praktisch nicht vorkommt, wären Rückstromdioden überflüssig.

Erst wenn der Strom durch die Rückstromdioden auf Null abgeklungen ist, können die Thyristoren *T2* und *T3* den Strom übernehmen; d. h., zu diesem Zeitpunkt muß an den Thyristoren entweder noch das ursprüngliche Steuersignal anliegen (Zündimpulsdauer mindestens $\pi/2$ bei rein induktiver Last), oder sie müssen nachgezündet werden. Es ist aber auch eine Zündung zu einem späteren Zeitpunkt möglich, womit die Ausgangsspannung gesteuert werden kann (Phasenanschnitt s. Abschn. 5.3.2.1). Der Strom durch die Last kehrt seine Richtung um, die Kondensatoren *C1* und *C4* haben sich entsprechend aufgeladen, und die Schaltung ist nunmehr für die Thyristoren *T2* und *T3* löschbereit.

Die Schaltzustände der Bauelemente, die sich in Abhängigkeit von der Ansteuerung und weiterer Vorgänge in der Schaltung einstellen, können sehr genau mit dem im Bild 4.29 b gezeigten Zustandsgraphen analysiert werden. Zur Verdeutlichung soll die Kommutierung des Stroms von Thyristor auf Rückstromdiode noch etwas genauer untersucht werden [4.19]. Zur Vereinfachung wird angenommen, daß während der Kommutierungsdauer der Laststrom wegen der im Kreis vorhandenen Induktivität zeitlich konstant ist ($i_L \equiv I_L =$ konst.).

Alle Verluste im Kreis werden wieder vernachlässigt. Da die Kommutierungsvorgänge in beiden Brückenzweigen völlig identisch ablaufen, genügt es, nur einen Brückenzweig zu betrachten (Bild 4.30 a).

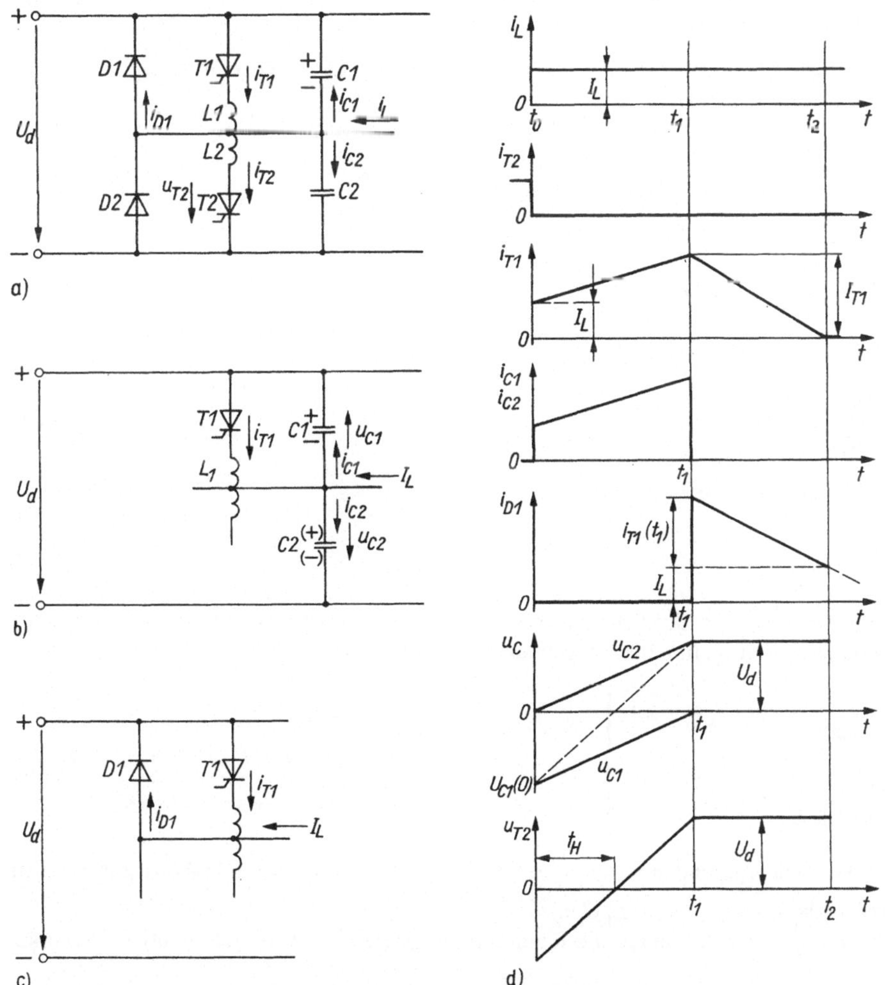

Bild 4.30 Kommutierung beim einphasigen Spannungswechselrichter nach Bild 4.29 a

a) Prinzipschaltung; b), c) Ersatzschaltungen für die Kommutierungsphase; d) Strom- und Spannungsverlauf (linearisiert)

Es wird davon ausgegangen, daß Thyristor *T2* Strom führt und gelöscht werden soll. Für die zwei Kommutierungsphasen gelten dann jeweils die im Bild 4.30b und 4.30c angegebenen Ersatzschaltbilder. Vor dem Zünden von *T1* war $i_{T2} = i_L$; $i_{C1} = i_{C2} = 0$; *C1* ist auf U_d aufgeladen. Durch Zünden von *T1* im Zeitpunkt $t = t_0 = 0$ wird *T2* gelöscht, und für den Zeitbereich $t_0 \leqq t \leqq t_1$ (Ersatzschaltbild 4.30b) gelten die Differentialgleichungen:

$$\left.\begin{aligned} &-\frac{1}{C2}\int i_{C2}\,dt + \frac{1}{C1}\int i_{C1}\,dt + U_d = 0\,, \\ &L1\,\frac{di_{T1}}{dt} + \frac{1}{C1}\int i_{C1}\,dt = 0\,, \\ &i_{T1} - i_{C1} - i_{C2} + I_L = 0\,, \end{aligned}\right\} \tag{4.127}$$

mit den Anfangsbedingungen

$$i_{T1}(0) = I_L \quad \text{und} \quad U_{C1}(0) = -U_d = L1\left(\frac{di_{T1}}{dt}\right)_{t_0}.$$

Mit der Bedingung $C1 = C2 = C_K$; $L1 = L2 = L_K/2$ folgt für die Kondensatorströme

$$i_{CK} = i_{C1} = i_{C2} = \frac{1}{2}(i_{T1} + I_L)\,. \tag{4.128}$$

Wird als Resonanzfrequenz des Kommutierungskreises $\omega_K = 1/\sqrt{L_K C_K}$ eingeführt, ergibt sich als Lösung für den Kondensatorstrom

$$i_{CK} = I_L\left(\cos\omega_K t + \frac{U_d}{I_L}\sqrt{\frac{C_K}{L_K}}\sin\omega_K t\right) = \frac{I_L}{\sin\varphi_i}\sin(\omega_K t + \varphi_i)\,, \tag{4.129}$$

wo

$$\varphi_i = \arctan\left(\frac{I_L}{U_d}\sqrt{\frac{L_K}{C_L}}\right).$$

Der Scheitelwert des Kondensatorstroms

$$I_{Cm} = \frac{I_L}{\sin\varphi_i} = I_L\sqrt{1 + \left(\frac{U_d}{I_L}\right)^2\frac{C_K}{L_K}} \tag{4.130}$$

erreicht im Leerlauf ($I_L \to 0$) seinen größten Wert

$$I_{Cm0} = U_d\sqrt{\frac{C_K}{L_K}}\,. \tag{4.131}$$

Im Bild 4.31 ist die Abhängigkeit des Scheitelwerts des Kondensatorstroms von der Belastung dargestellt. Die Spannung an den Kommutierungskondensatoren kann aus

$$\left.\begin{aligned} &u_{C1} = -\frac{U_d}{\cos\varphi_i}\cos(\omega_K t + \varphi_i) \\ &\text{und} \\ &u_{C2} = u_{C1} + U_d \end{aligned}\right\} \tag{4.132}$$

berechnet werden. Die sich ergebenden Strom- und Spannungsverläufe sind im Bild 4.30d zur besseren Übersicht linearisiert dargestellt ($t_1 \ll \sqrt{L_K C_K}$).

Aus der Bedingung $u_{C1}(t_1) = 0$ können die Kommutierungszeit t_1 und der Kommutierungswinkel

$$\omega_K t_1 = \frac{\pi}{2} - \varphi_i = \arctan\left(\frac{U_d}{I_L}\sqrt{\frac{C_K}{L_K}}\right) \tag{4.133}$$

abgeleitet werden. Die Freihaltezeit t_H und der Freihaltewinkel ergeben sich aus der Spannung über dem Thyristor *T2*,

$$u_{T2} = u_{C1} + u_{C2}, \tag{4.134}$$

für die Bedingung $u_{T2}(t_H) = 0$ zu

$$\omega_K t_H = \omega_K t_1 - \arcsin \frac{x}{2\sqrt{1+x^2}}, \tag{4.135}$$

wo

$$x = \frac{U_d}{I_L} \sqrt{\frac{C_K}{L_K}}.$$

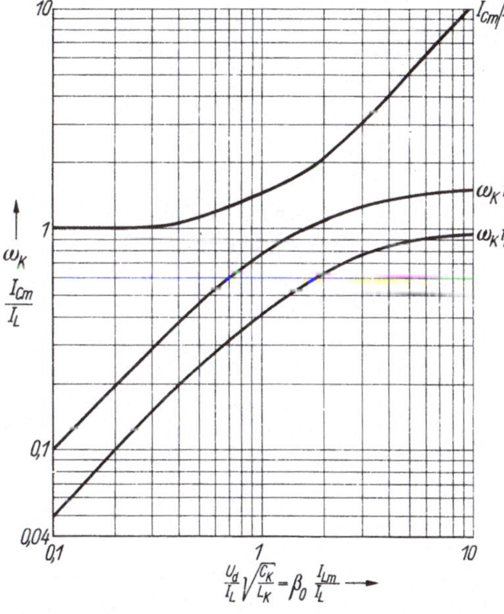

Bild 4.31. Kommutierungswinkel, Freihaltewinkel und Scheitelwert des Kondensatorstroms in Abhängigkeit von der Belastung beim Spannungswechselrichter nach Bild 4.29a

Bild 4.31 zeigt die Abhängigkeit des Kommutierungs- und des Freihaltewinkels von der Belastung. Die minimale Freihaltezeit tritt beim größten zu löschenden Laststrom $I_L = I_{Lm}$ auf und kann in guter Näherung aus

$$t_{H\,min} \approx \frac{t_1}{2} = \frac{1}{2}\sqrt{L_K C_K}\, \arctan \frac{U_d}{I_{Lm}} \sqrt{\frac{C_K}{L_K}} \tag{4.136}$$

berechnet werden. Wird als Leerlaufüberschwingfaktor β_0 das Verhältnis

$$\beta_0 = \frac{I_{Cm0}}{I_{Lm}} = \frac{U_d}{I_{Lm}} \sqrt{\frac{C_K}{L_K}} \tag{4.137}$$

eingeführt, können nach einigen Umformungen aus (4.124) und (4.129) die Kommutierungselemente C_K und L_K bestimmt werden:

$$C_K = \frac{2 I_{Lm} \beta_0 t_{H\,min}}{U_d \arctan \beta_0} \tag{4.138}$$

und

$$L_K = \frac{2 U_d t_{H\,min}}{I_{Lm} \beta_0 \arctan \beta_0}. \tag{4.139}$$

Wie die normierte Darstellung der Abhängigkeit der Größe der Kommutierungselemente von β_0 im Bild 4.32 zeigt, ist es für eine optimale Auslegung der Löschschaltung (C_K möglichst klein, L_K nicht zu groß) zweckmäßig, $\beta_0 \approx 1$ zu wählen. Damit die Kommutierungselemente entsprechend klein bemessen werden können, müssen als Halbleiterbauelemente Frequenzthyristoren, die eine geringe Freihaltezeit zulassen ($t_H \approx 1{,}5 t_q$), eingesetzt werden. Im Bild 4.32 wurde außerdem der normierte Wert der minimalen Freihaltezeit in Abhängigkeit von β_0 eingetragen.

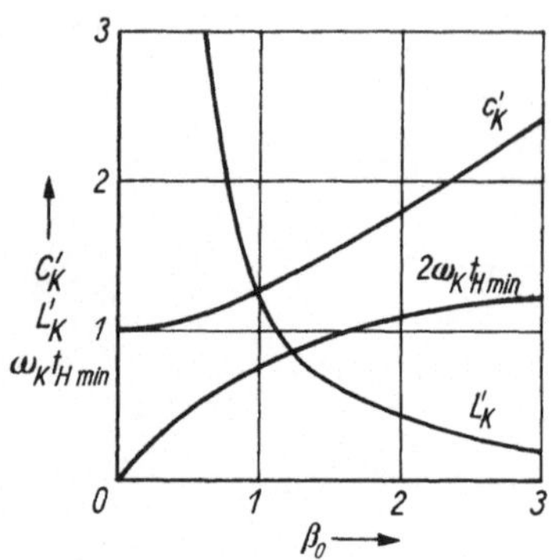

Bild 4.32. Abhängigkeit der Größe des Kommutierungskondensators, der Kommutierungsinduktivität und der geringsten Freihaltezeit vom Leerlaufüberschwingfaktor beim Spannungswechselrichter mit transformatorischer und mit Einzellöschung

$$C'_K = \frac{\beta_0}{\arctan \beta_0}; \qquad L'_K = \frac{1}{\beta_0 \arctan \beta_0}$$

Beispiel 4.14

Gegeben ist ein einphasiger Spannungswechselrichter mit transformatorischer Löschung. Die Eingangs-(Gleich-)-Spannung betrage 500 V, der maximale Laststrom sei 100 A. Die Freiwerdezeit der eingesetzten Thyristoren ist mit $t_q = 20\,\mu s$ bei einem Sicherheitsfaktor von $K_f = 1{,}5$ vorgegeben.

a) Wie sind Kommutierungskondensator und -induktivität zu dimensionieren?

Mit (4.138) erhält man

$$C_K = \frac{2 \cdot 100\,A \cdot 1 \cdot 30\,\mu s}{500\,V \cdot \arctan 1} = 15{,}3\,\mu F$$

und aus Bild 4.32 $C'_K = 1{,}25$. Mit (4.136) und (4.137) folgt

$$C_K = \frac{2 C'_K I_{Lm} t_{H\,min}}{U_d} = \frac{2 \cdot 1{,}25 \cdot 100\,A \cdot 30\,\mu s}{500\,V} = 15\,\mu F\,.$$

Mit (4.139)

$$L_K = \frac{2 \cdot 500\,V \cdot 30\,\mu s}{100\,A \cdot 1 \cdot \arctan 1} = 382\,\mu H$$

und aus Bild 4.32 $L'_K = 1{,}25$. Damit ergibt sich

$$L_K = \frac{2 L'_K U_d t_{H\,min}}{I_{Lm}} = \frac{2 \cdot 1{,}25 \cdot 500\,V \cdot 30\,\mu s}{100\,A} = 375\,\mu H\,.$$

b) Wie groß ist die Kommutierungs- und Freihaltezeit?

Mit (4.133)

$$\omega_K t_1 = \arctan\left(\frac{500\,V}{100\,A}\sqrt{\frac{15{,}3\,\mu F}{382\,\mu H}}\right)$$

$$= 0{,}786\,\text{rad} = 45°\,,$$

$$t_1 = \frac{0{,}786}{\omega_K} = \frac{0{,}786}{13080}\,s = 60{,}1\,\mu s = t_K$$

$$\text{mit } \omega_K = \frac{1}{\sqrt{L_K C_K}} = \frac{1}{\sqrt{382\,\mu H \cdot 15{,}3\,\mu F}} = 13\,080\,s^{-1}\,.$$

Mit (4.136)

$$t_{H\,min} \approx \frac{1}{2}\sqrt{382\,\mu H \cdot 15{,}3\,\mu F} \cdot \arctan \frac{500\,V}{100\,A}\sqrt{\frac{15{,}3\,\mu F}{382\,\mu H}}$$

$$\approx 30\,\mu s \quad \text{(entspricht der getroffenen Annahme!).}$$

c) Welcher Maximalwert des Kondensatorstroms tritt auf?
Mit (4.130)

$$I_{\mathrm{Cm}} = 100\ \mathrm{A} \sqrt{1 + \left(\frac{500\ \mathrm{V}}{100\ \mathrm{A}}\right)^2 \cdot \frac{15{,}3\ \mu\mathrm{F}}{382\ \mu\mathrm{H}}}$$

$$= 141\ \mathrm{A}\,.$$

Zum Zeitpunkt t_1 hat sich *C1* völlig entladen, der Strom kommutiert auf die Rückstromdiode *D1*. Für den Zeitbereich $t_1 \leqq t \leqq t_2$ (Ersatzschaltbild 4.30c) gilt

$$i_{\mathrm{D1}} = i_{\mathrm{T1}} + i_{\mathrm{L}}\,, \tag{4.140}$$

d. h., die Rückstromdiode übernimmt zusätzlich zum Laststrom den Thyristorstrom i_{T1}, der noch infolge der in *L1* gespeicherten magnetischen Energie fließt. Werden zumindest die Durchlaßspannungsabfälle des Thyristors und der Diode mit U_{TD} in Rechnung gesetzt, klingt der Thyristorstrom nach

$$i_{\mathrm{T1}} = I_{\mathrm{T1}} - \frac{U_{\mathrm{TD}}}{L_{\mathrm{K}}}(t - t_1) \tag{4.141}$$

ab (Bild 4.30d); I_{T1} ist der zum Zeitpunkt t_1 erreichte Thyristorstrom am Ende der vorausgegangenen Kommutierungsphase. Die Dauer oder der Kommutierungswinkel der zweiten Kommutierungsphase folgen dann aus

$$\omega_{\mathrm{K}}(t_2 - t_1) = \frac{I_{\mathrm{T1}}}{U_{\mathrm{TD}}} \sqrt{\frac{L_{\mathrm{K}}}{C_{\mathrm{K}}}}\,. \tag{4.142}$$

Für die Realisierung von mehrphasigen Spannungs-WR mit Thyristoren muß auf die bereits erwähnten Löschprinzipien zurückgegriffen werden.

Bei einem *WR mit Einzellöschung*, bei dem jeder Brückenzweig mit einer eigenen Löscheinrichtung ausgerüstet wird, erhält man völlige Freizügigkeit bezüglich der Einschalt- und Ausschaltzeitpunkte der einzelnen Brückenzweige [3.5] [3.13]. Dadurch können z. B. eine Stromführungsdauer der Ventile von $T/2$ realisiert und durch Anwendung von Pulsverfahren (Pulswechselrichter) die vom WR abgegebene Spannung gesteuert und/oder ihre Kurvenform verbessert werden (s. Abschn. 5.3.2.1). Bild 4.33a zeigt eine häufig verwendete Schaltung, bei der im Brückenzweig das bereits beschriebene Prinzip der Gegentaktlöschung (vgl. Abschn. 4.1.4.3) angewendet wird. Die in Reihe liegenden Thyristoren führen abwechselnd den Laststrom. Die Kommutierungsdrosseln (Querdrosseln) mit Mittelanzapfung entkoppeln die Thyristorzweige von den Rückstromdioden. Im Löschaugenblick werden die Rückstromdioden kurzzeitig mit $2U_{\mathrm{d}}$ in Sperrichtung beansprucht, weil sich die Kondensatorspannung zur Speisespannung addiert.

Für die Dimensionierung der Kommutierungselemente (C_{K}, L_{K}) muß der Löschvorgang etwas genauer untersucht werden. Dazu wird angenommen, daß der Laststrom von der Gleichstromquelle über die Thyristorpaare *T11*, *T12* und *T61*, *T62* und durch die Stränge *1* und *3* der Last fließt. Zum Zeitpunkt t_1 soll der Thyristor *T11* gelöscht werden. Dann gilt Ersatzschaltbild 4.33b. Es wird vorausgesetzt, daß der Laststrom während des Kommutierungsvorgangs $i_{\mathrm{L}} \equiv I_{\mathrm{L}} =$ konst. ist und daß keine Verluste im Kreis auftreten. Dann können die Ergebnisse der Berechnung der einphasigen Schaltung nach Bild 4.30a prinzipiell übernommen werden. Bild 4.33c zeigt die entsprechenden Strom- und Spannungsverläufe. Da kein zweiter Löschkondensator vorhanden ist, muß $u_{\mathrm{C2}} = 0$ gesetzt werden, so daß die Freihaltezeit aus (4.133) für $t_{\mathrm{H}} = t_1$ bestimmt werden kann (Verlauf von $\omega_{\mathrm{K}} t_1$ im Bild 4.31). Beim größten zu löschenden Laststrom I_{Lm} beträgt die geringste Freihaltezeit folglich

$$t_{\mathrm{H\,min}} = \sqrt{L_{\mathrm{K}} C_{\mathrm{K}}}\ \arctan\left(\frac{U_{\mathrm{d}}}{I_{\mathrm{Lm}}} \sqrt{\frac{C_{\mathrm{K}}}{L_{\mathrm{K}}}}\right) = \sqrt{L_{\mathrm{K}} C_{\mathrm{K}}}\ \arctan \beta_0\,, \tag{4.143}$$

ist also doppelt so groß wie bei der einphasigen Schaltung ((4.136)) und entspricht den im Bild 4.32 eingetragenen Werten. Die Kommutierungselemente C_{K} und L_{K} brauchen nur halb so groß wie für die einphasige Schaltung ((4.138) und (4.139)) bemessen zu werden.

Wenn, wie zunächst angenommen, im Kommutierungskreis keine Dämpfung vorhanden ist, würde u_C in t_2 den Wert U_d erreichen (im Bild 4.33c gestrichelt gezeichnet) und die Rückstromdiode *D2* den Strom übernehmen. Bei Dämpfung gilt $u_C(t_2) < U_d$, und der Laststrom lädt den Kondensator zeitlinear um, bis in t_3 $u_C(t_3) = U_d$ erreicht ist und der Strom auf i_{D2} kommutieren kann [3.13]. Im Bild 4.33c wurde die Kommutierung des Stroms von *T11* auf *T13* und von *T13* auf *D2* idealisiert angenommen.

Bild 4.34 zeigt einen dreiphasigen Spannungs-WR mit *Phasenfolgelöschung*, bei dem die Kommutierungskondensatoren zwischen den Strängen angeordnet sind, wie es beim Strom-WR (Bild 4.25a) der Fall ist [3.5] [3.13]. Sperrdioden *D7* bis *D12* verhindern auch hier eine Entladung der Kommutierungskondensatoren über die Last, was vor allem bei niedrigen Arbeitsfrequenzen und geringem Lastwiderstand von Bedeutung ist. Die Sperrdioden verringern auch die Wahrscheinlichkeit, daß sich Selbstschwingungen zwischen der Kommutierungskapazität und der Last, z. B. der Asynchronmaschine, ausbilden.

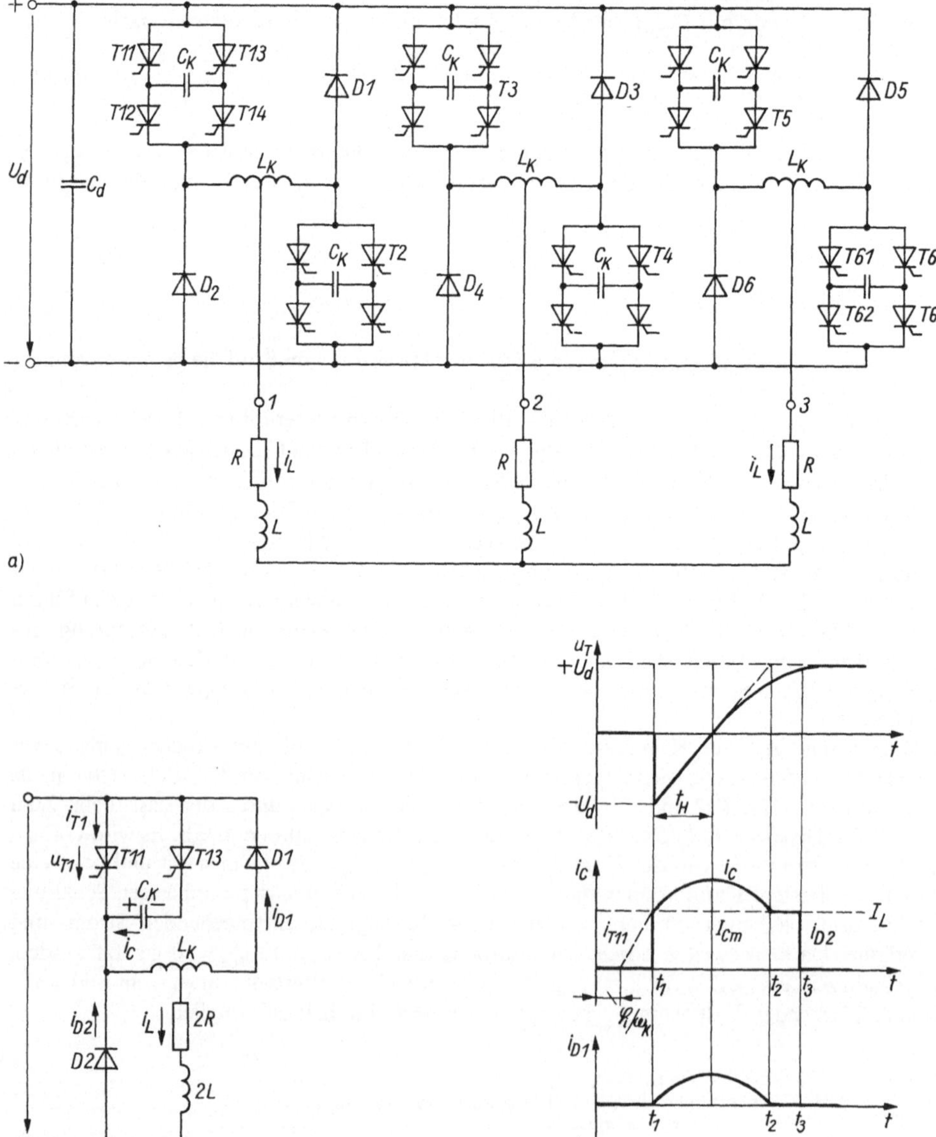

Bild 4.33. Prinzip eines dreiphasigen Spannungswechselrichters mit Einzellöschung

a) Grundschaltung; b) Ersatzschaltung für die Kommutierung; c) Strom- und Spannungsverlauf während der Kommutierung

Zur Entkopplung der Thyristoren von den antiparallelen Rückstromdioden *D1* bis *D6* dienen wieder Kommutierungsdrosseln L_K mit Mittelanzapfung. Wegen der magnetischen Verkopplung der Wicklungshälften begünstigen sie die Kommutierung.

Das Prinzip der Phasenfolgelöschung beruht auf der Löschung des jeweils stromführenden Thyristors durch die Zündung des zeitlich nachfolgenden in der nächsten Phase derselben Brückenhälfte. Dabei verläuft die Kommutierung wie folgt: Werden z. B. die Thyristoren *T1* und *T2* gezündet (Bild 4.34), so bildet sich der Laststrom über die Phasen *1* und *3* aus. Der Kommutierungskondensator *C13* sei dabei im stationären Betrieb auf die Speisespannung U_d mit der eingezeichneten Polarität aufgeladen. Durch Zünden von *T3* (Zuschalten der Folgephase) kommutiert der Laststrom auf den Kommutierungskondensator *C13*; an den Thyristor *T1* wird (negative) Sperrspannung gelegt, und er löscht. Der Laststrom i_{L1}, dessen Richtung sich zunächst wegen der Induktivität der Last nicht ändern kann, wird vom Stromkreis *T3-C13-D7-*L_K übernommen. Dabei wird der Kondensator *C13* auf die umgekehrte Polarität umgeladen. Jetzt kann die Rückstromdiode *D4* den Strom übernehmen und den Strom durch Phase *1* über die Last und *D5* zu Null abbauen. Die Umladung von *C13* erfolgt über den Freilaufzweig L_K*-D1-T3-C13-D7*. Dabei nimmt gleichzeitig der Strom durch die Kommutierungsdrossel L_K ab. Nach erfolgter Umladung von *C13* wird der evtl. noch vorhandene Energieinhalt von L_K durch den Rückladekreis L_K*-D1-*C_d*-D4* abgebaut.

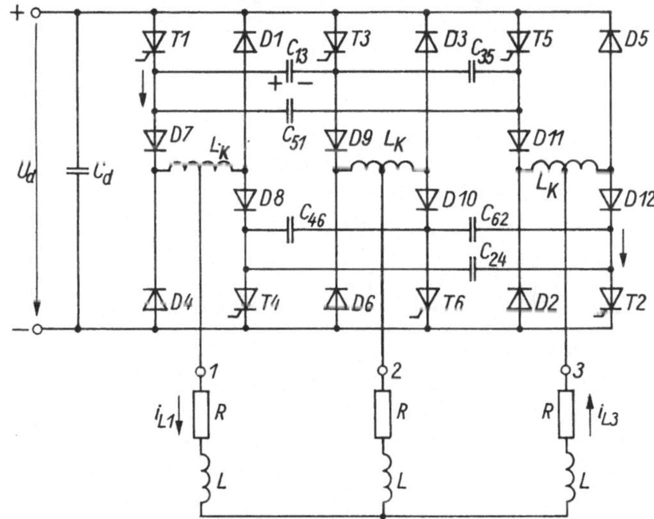

Bild 4.34. Prinzip eines dreiphasigen Spannungswechselrichters mit Phasenfolgelöschung

Durch Zünden von Thyristor *T4* kann Thyristor *T2* gelöscht werden usw.

Die Thyristoren werden in der Reihenfolge ihrer Numerierung im Takt von *T*/6 gezündet, was einer 2π/3-Leitdauer der Ventile entspricht. Da jede Phase durch das Zuschalten der Folgephase gelöscht wird, lassen sich die Breite der Spannungsblöcke und die Ausgangsspannung nicht steuern. Die Amplitude der Wechselspannung kann nur über die Zwischenkreisspannung (Gleichstromsteller im Zwischenkreis oder gesteuerter Eingangsgleichrichter) verändert werden. Wegen dieses Nachteils ist diese Schaltung in der Praxis nicht sehr weit verbreitet.

Für die Dimensionierung der Löschelemente gelten die gleichen Regeln wie für den WR mit Einzellöschung, da an den Kommutierungsvorgängen die ananlogen Stromkreise wie im Bild 4.33 b beteiligt sind.

Für Umrichter für Drehstromantriebe, aber auch für unterbrechungsfreie Stromversorgungen wird der dreiphasige Spannungs-WR mit *Phasenlöschung* (McMurray-Inverter), wie ihn Bild 4.35a zeigt, häufig eingesetzt [3.5] [3.13]. Der Löschkreis wird dabei aus einem Reihenschwingkreis aus Löschkondensator C_K und Kommutierungsdrossel L_K gebildet und löscht abwechselnd die Hauptthyristoren eines Brückenstrangs. Zur Untersuchung des Löschvorgangs wird angenommen, daß der Laststrom $i_L \equiv I_L$ während der Kommutierung konstant, *L* also hinreichend groß ist und daß keine Verluste im Kreis auftreten. Wenn für $t < t_1$ die Thyristoren *T1* und *T6* Strom führen, dann bildet sich der Laststrom von der Speisequelle über die Phasen *1* und *3* aus. Der Löschkondensator C_K sei auf die Spannung U_{C1} der eingezeichneten Polarität aufgeladen. Wird nun *T7* zum Zeitpunkt t_1 gezündet, dann wird *T1* gelöscht, und der Laststrom i_{L1} wird vom Stromkreis $T7$-C_K-L_K übernommen. Dabei fließt ein Teil des Löschstroms über die Rückstromdiode *D1* ab. Nachdem der Strom durch den Löschkondensator C_K, der über $T7$-C_K-L_K-*Last*-$T6$ fließt, aussetzt und der Löschkondensator umgeladen ist, wird der Laststrom von den Rückstromdioden *D2* und *D5* übernommen und abgebaut.

Für das entsprechende Ersatzschaltbild (Bild 4.35b) gelten die folgenden Differentialgleichungen:

$$\left.\begin{aligned} u_C + L_K \frac{di_C}{dt} &= 0 \\ i_C = C_K \frac{du_C}{dt}, & \end{aligned}\right\} \tag{4.144}$$

mit den Anfangsbedingungen

$$u_C(t_1) = -U_{C1} \quad \text{und} \quad i_C(t_1) = 0\,.$$

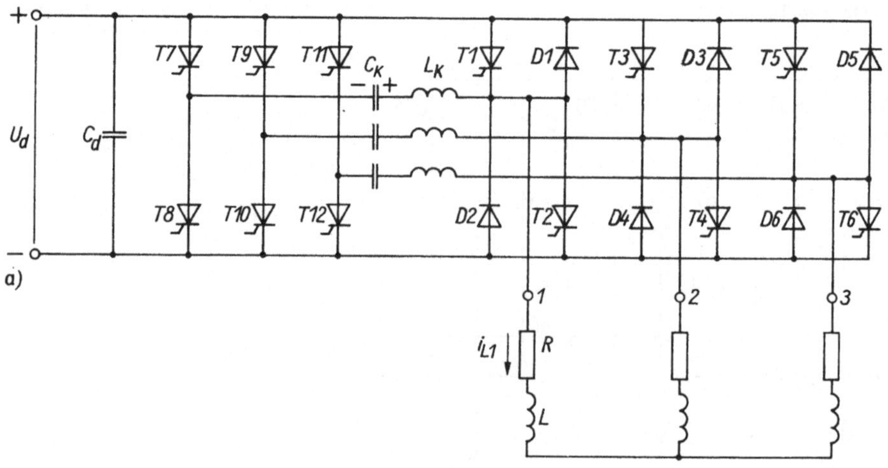

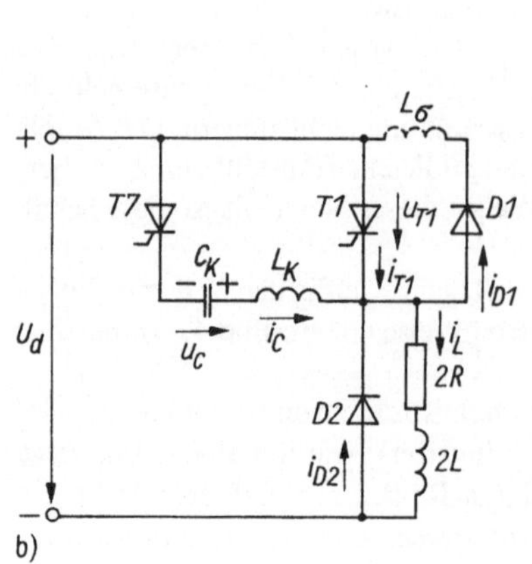

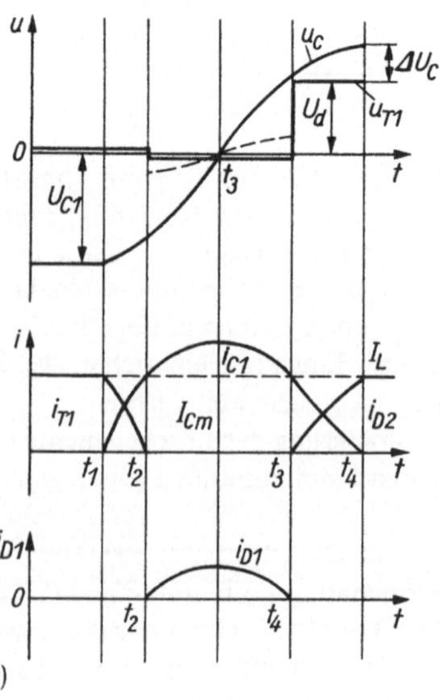

Bild 4.35. Prinzip eines dreiphasigen Spannungswechselrichters mit Phasenlöschung

a) Grundschaltung; b) Ersatzschaltung für die Kommutierung; c) Strom- und Spannungsverlauf während der Kommutierung

Als Lösung für den Kondensatorstrom ergibt sich daraus

$$i_C = U_{C1} \sqrt{\frac{C_K}{L_K}} \sin \omega_K(t - t_1) = I_{Cm} \sin \omega_K(t - t_1), \tag{4.145}$$

$$\omega_K = \frac{1}{\sqrt{L_K C_K}}.$$

Der Strom im Löschkondensator steigt demnach sinusförmig an und erreicht zum Zeitpunkt t_2 den Wert des Laststroms I_L, wodurch der Strom im Thyristor *T1* unterbrochen wird (Bild 4.35c). Der Zeitpunkt t_2 kann aus der Bedingung $i_C(t_2) = I_L$ berechnet werden:

$$t_2 - t_1 = \sqrt{L_K C_K} \arcsin\left(\sqrt{\frac{L_K}{C_K}} \frac{I_L}{U_{C1}}\right). \tag{4.146}$$

Der Zeitpunkt t_3, an dem der Kondensator seinen Scheitelwert I_{Cm} erreicht, folgt aus

$$t_3 - t_1 = \frac{\pi}{2}\sqrt{L_K C_K}. \tag{4.147}$$

Während der Zeitdauer $t_4 - t_2$ tritt am Thyristor nur der Durchlaßspannungsabfall der antiparallelen Diode als Sperrspannung auf. $t_4 - t_2$ steht also als Freihaltezeit zur Verfügung.

Wegen der unvermeidlichen Streuinduktivität L_σ im Kreis ergibt sich aber praktisch der im Bild 4.35c gestrichelt dargestellte Verlauf der Thyristorspannung. Wenn für die Berechnung angenommen wird, daß die Richtung der Thyristorspannung zur Zeit t_3 bereits wieder umkehrt, dann verkürzt sich die Freihaltezeit t_H auf die Zeit $t_3 - t_2$ [3.5]. Für die Freihaltezeit t_H oder den Freihaltewinkel ergibt sich für diesen Fall mit (4.146) und (4.147):

$$\omega_K t_H = \arccos\left(\sqrt{\frac{L_K}{C_K}} \frac{I_L}{U_{C1}}\right). \tag{4.148}$$

Die minimale Freihaltezeit tritt wieder beim größten zu löschenden Laststrom $I_L = I_{Lm}$ auf. Wird analog zum Leerlaufüberschwingfaktor (4.137) der Stromüberschwingfaktor

$$\beta_i = \frac{I_{Cm}}{I_{Lm}} = \frac{U_{C1}}{I_{Lm}} \sqrt{\frac{C_K}{L_K}} \tag{4.149}$$

eingeführt, kann die minimale Freihaltezeit aus

$$t_{H\min} = \sqrt{L_K C_K} \arccos \frac{1}{\beta_i} \tag{4.150}$$

berechnet werden. Damit sind die Bestimmungsgleichungen für die Kommutierungselemente gegeben:

$$C_K = \frac{I_{LM}\beta_i t_{H\min}}{U_{C1} \arccos \frac{1}{\beta_i}} \tag{4.151 a}$$

und

$$L_K = \frac{U_{C1} t_{H\min}}{I_{Lm}\beta_i \arccos \frac{1}{\beta_i}}. \tag{4.151 b}$$

Für ein sicheres Löschen des Hauptthyristors muß $I_{CM} > I_{Lm}$ sein, d. h. $\beta_i > 1$ gewählt werden (in der Regel $\beta_i = 1{,}1 \dots 1{,}5$). Wie Bild 4.36 zeigt, tritt auch für C'_K ein Minimum bei einem Stromüberschwingfaktor von $\beta_i \approx 1{,}5$ auf.

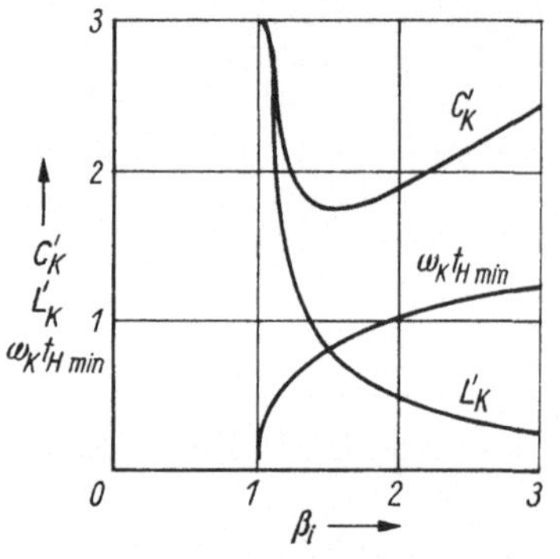

Bild 4.36. Abhängigkeit der Größe des Kommutierungskondensators, der Kommutierungsinduktivität und der minimalsten Freihaltezeit vom Stromüberschwingfaktor beim Spannungswechselrichter mit Phasenlöschung

$$C'_K = \frac{\beta_i}{\arccos(1/\beta_i)}; \quad L'_K = \frac{1}{\beta_i \arccos(1/\beta_i)}$$

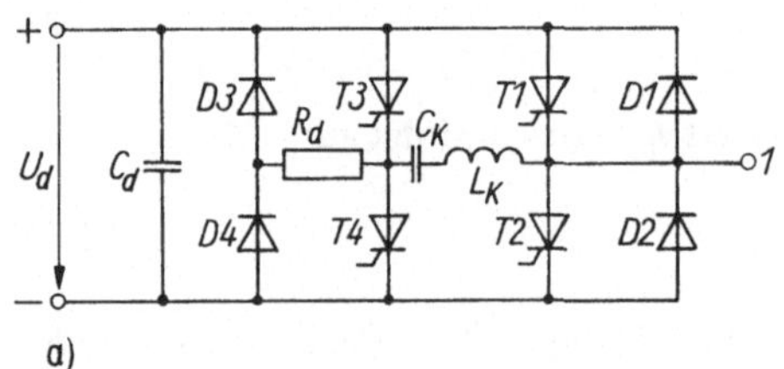

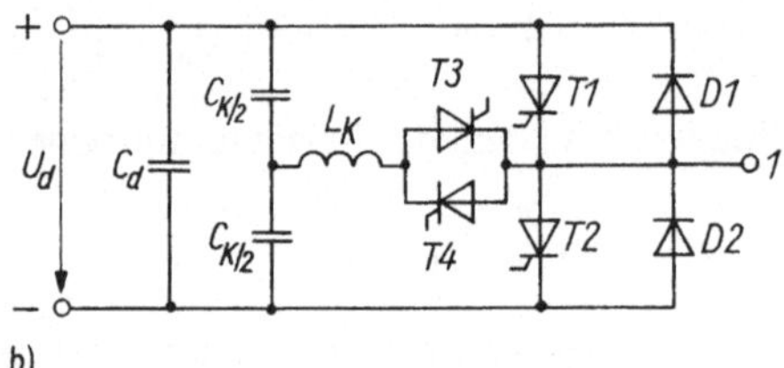

Bild 4.37. Phasenbausteinvarianten von Spannungswechselrichtern mit Phasenlöschung

Sobald der Strom im Löschkondensator im Zeitpunkt t_4 kleiner als der Laststrom wird, wird der Strom durch die Rückstromdiode *D1* unterbrochen. Dafür beginnt die Rückstromdiode *D2* den Strom zu übernehmen und speist über die Last und *D5* in die Speisequelle (C_d) zurück.

Zum Zeitpunkt t_5 ist die Aufladung des Kommutierungskondensators beendet. Der Spannungsverlauf wird bestimmt durch

$$u_C = -U_{C1} \cos \omega_K (t - t_1) . \tag{4.152}$$

Der Kommutierungskondensator lädt sich dabei um Δu_C höher als die Speisespannung U_d auf. Der Betrag der Spannung $|U_{C1}|$ wird von der Dämpfung des Lastkreises bestimmt und beträgt in der Regel (1,5 ... 2,0) U_d, wobei der doppelte Spannungswert nur bei ungedämpftem Umladekreis erreicht wird. Dies muß als erhöhte Spannungsbeanspruchung der Löschthyristoren berücksichtigt werden. Es ist aber auch eine Rückspeisung der Überladung (bei $|U_{C1}| > U_d$) in die Speisequelle (C_d) möglich, und zwar über zusätzliche Rückspeisedioden mit der im Bild 4.37a gezeigten Schaltungsvariante je Strang. Dabei dient der Widerstand R_d zur Dämpfung, und bei richtiger Dimensionierung kann $|U_{C1}| = U_d$ erreicht werden.

Die Schaltungsvariante nach Bild 4.37b mit geteiltem Kommutierungskondensator weist ebenfalls eine geringere Spannungsbeanspruchung der Löschthyristoren auf und wird häufig in Puls-WR eingesetzt.

An Stelle der Antiparallelschaltung von Hauptthyristoren und Rückspeisedioden können zweckmäßig rückwärtsleitende Thyristoren (RLT) verwendet werden.

Die gezeigten Phasenbausteine können universell zum Aufbau von Pulswechselrichtern oder auch von Gleichstromstellern eingesetzt werden (vgl. Abschn. 4.1.4), wobei die Schaltung nach Bild 4.37b einem Zweiquadrantensteller entspricht.

Da beim WR mit Phasenfolgelöschung eigene Löschthyristoren vorgesehen sind, besteht wieder eine größere Freizügigkeit bezüglich des Zeitpunktes, wann der nächste Hauptthyristor gezündet wird. Dadurch kann die Impulsdauer und somit die Ausgangsspannung gesteuert werden. Da wegen der Rückstromdioden die Spannung über den Hauptthyristoren nur positive Werte annehmen kann, muß für Bremsbetrieb (Generatorbetrieb) ein zusätzlicher netzgelöschter WR für die Stromumkehr vorgesehen werden [3.13].

Schließlich können dreiphasige Spannungs-WR noch mit *Summen-* oder *Zentrallöschung* ausgeführt werden, bei denen alle 6 Brückenzweige von einem gemeinsamen Kommutierungskondensator gelöscht werden [3.5] [4.17]. Bild 4.38 zeigt verschiedene Ausführungen von WR mit Zentrallöschung, wobei zur Vereinfachung jeweils nur eine Phase der WR-Schaltung dargestellt ist.

Eine einfache, häufig benutzte Schaltung mit Zentrallöschung ist die nach Bild 4.38a. Die Löscheinrichtung besteht aus den Thyristoren *T3* und *T4*, dem Löschkondensator C_K und den Kommutierungsdrosseln L_K. Der Kondensator wird zunächst durch Zünden von *T3* auf die Spannung U_d mit der eingezeichneten Polarität aufgeladen. Wenn anschließend *T4* gezündet wird, schwingt die Kondensatorspannung auf die für die Löschung notwendige Polarität um. Die Schaltung ist löschbereit. Wird jetzt erneut *T3* gezündet, werden alle stromführenden WR-Thyristoren gleichzeitig gelöscht. Thyristoren, die weiter den Strom führen sollen, müssen deshalb erneut gezündet werden, sofern nicht noch ein Zündpuls anliegt. Der Laststrom in der Phase des gelöschten Thyristors wird in der ursprünglichen Richtung über die entsprechenden Rückstromdioden so lange durch den Kondensatorstrom aufrechterhalten, bis der Löschkondensator wieder auf die Ausgangspolarität aufgeladen ist. Wie bei der Phasenfolgelöschung (Bild 4.34) ist die Ausgangsspannung über die WR-Steuerung nicht beeinflußbar und kann nur über die Zwischenkreisspannung verändert werden (Gleichstromsteller im Zwischenkreis oder gesteuerter Eingangsgleichrichter).

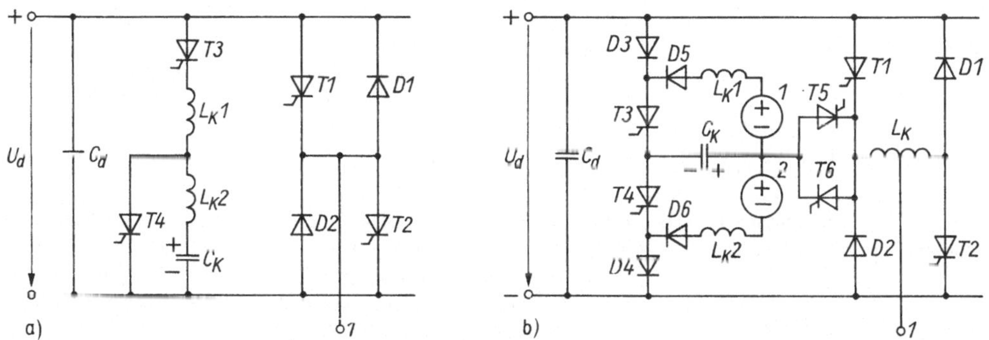

Bild 4.38. Prinzipschaltungen von Spannungswechselrichtern mit Zentrallöschung (Summenlöschung)

Aufwendiger ist die Löscheinrichtung nach Bild 4.38b, die zwei zusätzliche Gleichspannungsquellen erfordert. Wenn der Kommutierungskondensator im vorhergehenden Takt auf die Spannung $U_C = U_d + U_2$ aufgeladen wird, dann kann z. B. der Hauptthyristor *T1* durch Zünden von *T5* und *T3* gelöscht werden. Der Laststrom wird von der Speisequelle U_d über *D3*, *T3*, C_K, *T5*, L_K so lange aufrechterhalten, bis der Kondensator auf U_d umgeladen ist. Daraufhin kommutiert der Laststrom auf die Rückstromdiode *D2*, und die Sperrdiode *D3* unterbricht den Stromfluß von der Speisequelle U_d. Der Kondensator C_K wird aber von der zusätzlichen Spannungsquelle *1* weiter aufgeladen, bis der Strom durch Null geht. Damit ist die Löscheinrichtung für einen Hauptthyristor aus dem unteren Brückenzweig wieder löschbereit.

Der Vorteil der Schaltung besteht vor allem darin, daß der maximale Laststrom kommutiert werden kann. Deshalb ist diese Schaltung sehr günstig für die Speisung von Drehstrommotoren mit hohen Frequenzen (bis 400 Hz) [4.21]. Durch die Thyristoren *T5*, *T6* usw. werden die einzelnen Brückenzweige voneinander entkoppelt, so daß prinzipiell auch eine Steuerung der Ausgangsspannung durch Pulsbreitenmodulation (s. Abschn. 5.3.1.1) möglich ist.

Bei der Berechnung der behandelten WR wurden vereinfachte Annahmen gemacht. Für die genaue Berechnung unter Berücksichtigung der Verluste eignen sich Methoden der digitalen Simulation [4.20].

4.2.4. Anwendungsbeispiele

Die Fortschritte der Leistungselektronik und Mikroelektronik ermöglichen es, eine verlustarme Drehzahlstellung auch von Drehstromantrieben zu realisieren. Dazu werden Drehstrom*umrichter* einge

Tafel 4.1. Umrichtergespeiste Drehstromantriebe

Wechselrichtertyp	Strom-WR	Spannungs-WR mit Transistoren	Spannungs-WR mit Thyristoren	Spannungs-WR mit GTO-Thyristoren
Prinzipschaltung	s. Bild 4.25a	s. Bild 4.39	s. Bild 4.40	s. Bild 4.38
Antriebsmotor	Asynchron-Käfigläufermotor	Asynchron-Käfigläufermotor, Synchronmotor	Asynchron-Käfigläufermotor	Asynchron-Käfigläufermotor
Leistungsbereich kVA bei $V = 380$ V	15 ... 1300	5 ... 300	40 ... 750	50 ... 10000
Frequenzstellbereich Hz	5 ... 100	1 ... 100 (5 ... 500)	1 ... 100	1 ... 100
Prinzip der Drehzahlverstellung	Frequenzregelung durch WR, Stromregelung durch Eingangs-GR	Frequenz- und Spannungsregelung durch PWM des WR	Frequenz- und Spannungsregelung durch WR	Frequenz- und Spannungsregelung durch WR
Merkmale	geringer Stromrichteraufwand, hohes Anfahrmoment, Nutzbremsen möglich	großer Frequenzstellbereich, gute Regeldynamik, geringe Netzrückwirkung	großer Frequenzstellbereich, gute Regeldynamik, geringe Netzrückwirkung	
Anwendungsschwerpunkte	Einzelantriebe, z. B. Pumpen, Lüfter, Zentrifugen, Verdichter, Extruder	Einzel- und Gruppenantriebe, z. B. Druckereimaschinen, Werkzeugmaschinen, Dosiereinrichtungen, Transporteinrichtungen, Lüfter, Mischer, Pumpen, Zentrifugen	Einzel- und Gruppenantriebe, z. B. Rollgänge, Werkzeugmaschinen, Transporteinrichtungen, Textilmaschinen, Druckereimaschinen, Lüfter, Mischer, Pumpen, Extruder	Fahrantriebs- und Hilfsantriebsumrichter in der Traktion, Einzel- und Gruppenantriebe, z. B. Fördereinrichtungen, Pumpen, Lüfter

setzt, die netzseitig aus einem Gleichrichter (netzgelöschtem Stromrichter) und motorseitig aus einem selbstgelöschten WR bestehen. Je nach Einsatzgebiet kommen strom- oder spannungsgespeiste WR zur Anwendung; eine Übersicht gibt Tafel 4.1.

Eine stufenlose, verlustarme Drehzahlsteuerung eines Asynchronmotors ist nur über die kontinuierliche Änderung der Ständerfrequenz f_1 möglich. Damit das von der Asynchronmaschine entwickelte Drehmoment über einen möglichst großen Drehzahlbereich unverändert bleibt, ist ein konstanter Maschinenfluß Φ erforderlich, der nur durch eine frequenzproportionale Änderung der Motorspannung U_1 gewährleistet werden kann ($\Phi \sim U_1/f_1 =$ konst.). Deshalb muß gleichzeitig mit der Frequenz die Ausgangsspannung des WR verändert werden, wofür eine entsprechende Steuerung vorgesehen werden muß.

Besonders günstig sind in dieser Hinsicht Spannungs-WR mit abschaltbaren Halbleiterbauelementen, die ein breites Anwendungsspektrum als Einzel- und Gruppenantriebe in Druckereimaschinen, Werkzeugmaschinen, Transporteinrichtungen, bei Lüftern, Pumpen, Zentrifugen u. a. haben. Bild 4.39a zeigt als Beispiel dafür das Prinzip eines Transistorumrichters für die Speisung von Asynchron-Käfigläufermotoren, die gegenwärtig bis zu Leistungen von 300 kVA ausgeführt werden [4.22] [4.23]. Das gleichbleibende Spannungs-Frequenz-Verhältnis wird hierbei durch Pulsbreitenmodulation (PWM) der Ansteuerung der WR-Transistoren gewährleistet. Die Anzahl der Spannungspulse je Halbperiode erhöht sich dabei stufenweise mit sinkender Frequenz. Dabei wird gewöhnlich mit Pulsfrequenzen bis 5 kHz gearbeitet. Mittels Zweipunktregler ist eine Regelung auf sinusförmigen Maschinenfluß konstanter Amplitude möglich. Dadurch wird das Drehmoment in einem großen Drehzahlstellbereich

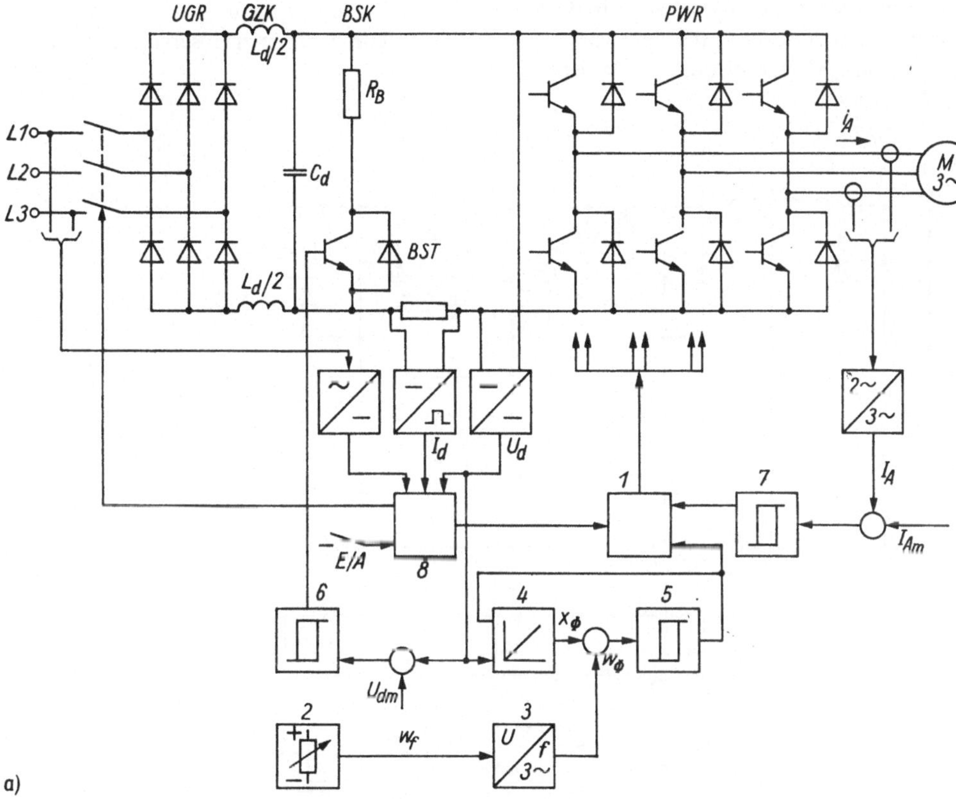

a)

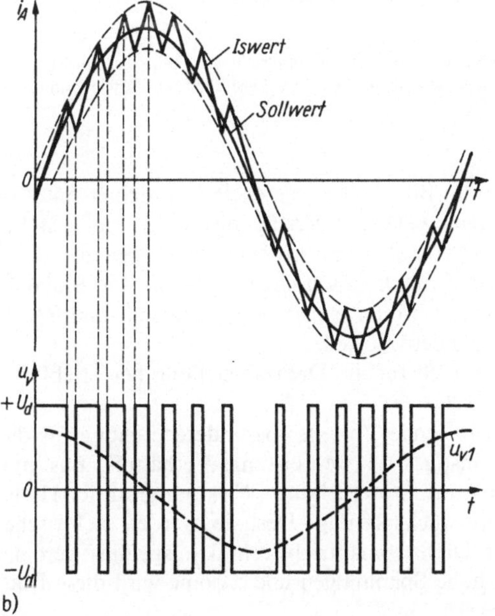

Bild 4.39. Prinzip eines Umrichters für die Speisung von Drehstrom-Asynchronmotoren mit Leistungstransistoren [4.23]

a) Grundschaltung; b) Strom- und Spannungsverlauf
UGR ungesteuerter Gleichrichter; *GZK* Gleichspannungszwischenkreis; *BSK* Bremsstromkreis; *PWR* Pulswechselrichter; *BST* Bremssteller
1 WR-Ansteuereinrichtung; *2* Drehzahl-Frequenz-Sollwertvorgabe; *3* dreiphasiger, spannungsgesteuerter Sinusgenerator; *4* Maschinenflußnachbildung; *5* Zweipunktflußregler; *6* Ansteuereinrichtung für Bremssteller; *7* Strombegrenzungsregler; *8* Schutz- und Überwachungseinrichtung

maximal ausgenutzt und Rüttelfreiheit auch bei niedrigen Drehzahlen erreicht. Bild 4.39b zeigt den sich dabei ausbildenden Strom- und Spannungsverlauf.

Die beim Abbremsen des Motors über die Rückstromdiode in den Energiespeicher des Zwischenkreises C_d rückgespeiste Bremsenergie darf zu keiner unzulässigen Spannungsüberhöhung führen. Deshalb wird beim Überschreiten des zulässigen Maximalwerts durch einen zusätzlichen Transistorsteller ein Bremswiderstand zugeschaltet, in dem die Bremsenergie in Wärme umgesetzt wird. Für die Rückspeisung der Bremsenergie ins Netz wäre ein zusätzlicher steuerbarer netzgelöschter Stromrichter, also ein erheblicher Mehraufwand erforderlich.

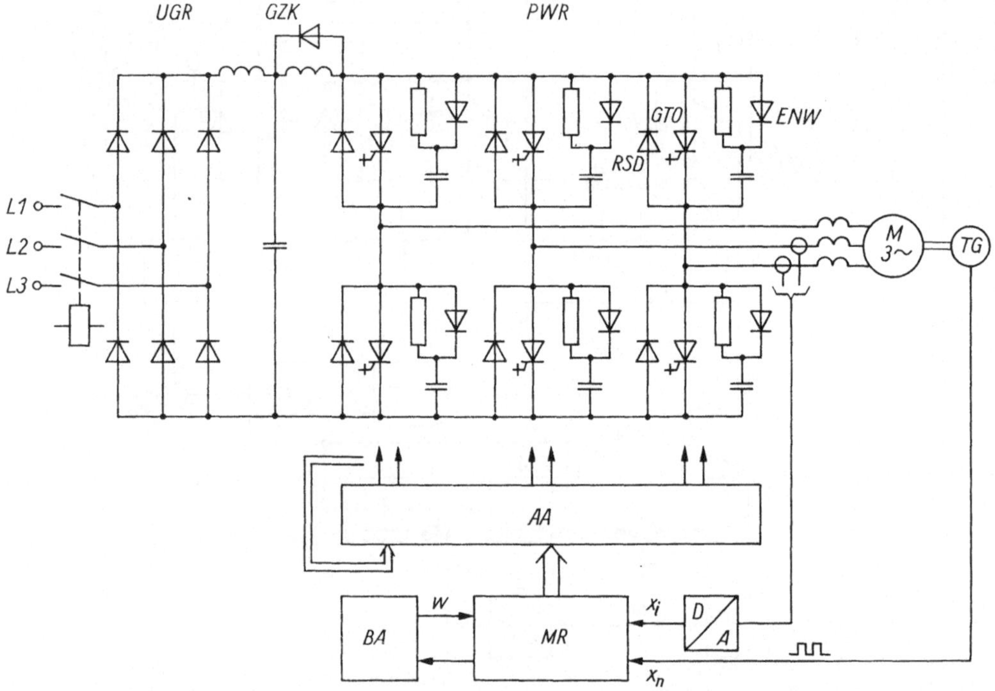

Bild 4.40. Prinzip eines Umrichters für die Speisung von Drehstrom-Asynchronmotoren mit Abschaltthyristoren (GTO)

UGR ungesteuerter Gleichrichter; *GZK* Gleichspannungszwischenkreis; *PWR* Pulswechselrichter, *GTO* Abschaltthyristor; *RSD* Rückstromdiode; *ENW* Entlastungsnetzwerk; *MR* Mikrorechner; *BA* Bedien- und Anzeigeeinheit; *AA* Ansteuerautomat

Das beschriebene Steuerprinzip kann auch bei dem im Bild 4.40 gezeigten Pulsumrichter mit Abschaltthyristoren (GTO) verwirklicht werden. Wenn keine GTO zur Verfügung stehen, muß zur Erzeugung höherer Leistungen auf Spannungs-WR mit Thyristoren und Löscheinrichtungen zurückgegriffen werden. Die einzelnen WR-Zweige können dabei durch Löschschaltungen, wie sie Bild 4.37 zeigt, ausgeführt werden. Der Einsatz von Mikrorechnern für die Realisierung der Steuer- und Regelfunktionen sowie für die Überwachung bietet dabei besondere Vorteile.

Die gleiche Grundkonzeption des Puls-WR hat sich auch für die Drehzahlstellung bei Triebfahrzeugen mit Asynchronfahrmotoren bewährt [4.24] bis [4.26].

Antriebe mit Drehstrom-Asynchronmotoren haben folgende Vorteile: besondere Eignung für die im Bahnbetrieb auftretenden Extrembelastungen; günstiges Masse-Leistungs-Verhältnis, das nur etwa halb so groß ist wie bei vergleichbaren Kommutatormotoren; hoher Wirkungsgrad der Halbleiterumrichter (ca. 92%); die Möglichkeit der Energierückspeisung. Deshalb werden elektrische Triebfahrzeuge in Zukunft auch für den Nahverkehr in Drehstromantriebstechnik ausgeführt werden. Die Entwicklung von Abschaltthyristoren (GTO) für hohe Spannungen und Ströme wird diese Entwicklung weiter begünstigen [4.27].

Bei Gleichspannungsspeisung der Triebfahrzeuge werden die Asynchronfahrmotoren gemeinsam über einen Puls-WR gespeist, der z. B. aus Phasenbausteinen nach Bild 4.37b besteht. Bei Bremsbetrieb wird die Bremsenergie meist über den Umrichter ins Gleichspannungsnetz zurückgespeist. Nur bei nicht- oder nur teilweise aufnahmefähigem Netz wird die Bremsenergie über einen Thyristorsteller in Widerständen vernichtet.

Bei Wechselspannungsspeisung muß die Fahrdrahtspannung zunächst gleichgerichtet werden. Damit dem Fahrdraht keine Blindleistung entnommen wird und im Bremsbetrieb Energie zurückgespeist werden kann, wird für die Gleich- und Wechselrichtung eingangsseitig ein Vierquadrantensteller (s. Abschn. 4.1.3) verwendet [4.28]. Durch mehrfaches pulsbreitenmoduliertes Zünden und Löschen der Halbleiterventile des Vierquadrantenstellers während einer Halbperiode der Netzspannung wird erreicht, daß der Netzstrom nahezu sinusförmig ist und in Phase mit der Netzspannung verläuft. Im folgenden wird ein Beispiel für ein elektrisches Triebfahrzeug mit einem derartigen Umrichter geschildert (Bild 4.41) [4.25]:

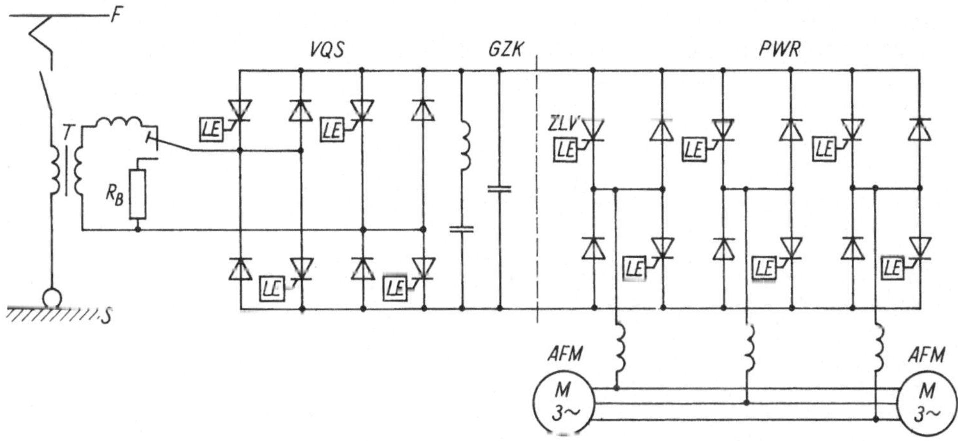

Bild 4.41. Prinzip eines Umrichters für elektrische Triebfahrzeuge mit Asynchronmotoren

VQS Vierquadrantensteller; *GZK* Gleichspannungszwischenkreis; *PWR* Pulswechselrichter; *ZLV* zwangslöschbare Ventile (oder abschaltbare Ventile); *AFM* Asynchronfahrmotoren; *F* Fahrleitung; *S* Schiene; *T* Netztransformator; R_B Bremswiderstand

Die Lokomotive hat vier Asynchronfahrmotoren mit jeweils 1,4 MW. Sie werden von zwei der gezeigten Umrichter mit einer Zwischenkreisspannung von 2,8 kV gespeist. Beim Bremsen wird entweder eine Leistung von maximal 3,3 MW in das Fahrleitungsnetz zurückgespeist, oder es werden kurzzeitig bis zu 5,6 MW auf einen Bremswiderstand gegeben. Die Halbleiterbauelemente werden mit Öl gekühlt. Auch die Hilfsantriebe (Lüfter, Kühlmittelpumpen usw.) werden von Spannungs-WR gespeist, deren Thyristoren mit Hilfe von Transistoren gelöscht werden (Bild 4.42) [4.29].

Diese vierachsige Lokomotive kann bei einem Gewicht von nur 84 t eine Dauerleistung von 5600 kW

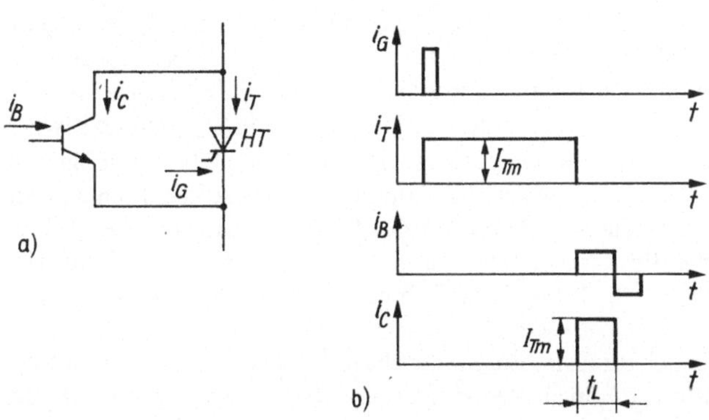

Bild 4.42. Prinzip der Transistorlöschung von Thyristoren

a) Grundschaltung
b) idealisierte Stromverläufe
LT Löschtransistor; *HT* Hauptthyristor; t_L Löschzeit

aufbringen, was bisher nur mit sechsachsigen Triebfahrzeugen möglich war. Sie verbraucht etwa 15% weniger Elektroenergie als vergleichbare E-Loks mit Kommutatormotoren.

Mehrmotorenantriebe, z. B. Gruppenantriebe mit Reluktanz- oder permanent erregten Synchronmotoren in der Chemiefaserindustrie oder Rollgangantriebe mit Asynchron-Käfigläufermotoren in Walzwerken werden meist über Spannungs-WR mit Summenlöschung, wie sie z. B. Bild 4.37b zeigt, gespeist. Die frequenzproportionale Veränderung der Ausgangsspannung muß bei diesem Umrichter über einen steuerbaren Eingangsgleichrichter oder einen im Zwischenkreis angeordneten Gleichstromsteller erfolgen [4.21]. Derartige Wechselrichter werden auch in der Elektroenergieversorgung als Rundsteuersender eingesetzt, die eine tonfrequente (150 ... 1600 Hz), getastete dreiphasige Spannung erzeugen. Diese Spannung wird der Netzspannung überlagert zur Ansteuerung von im Übertragungsnetz befindlichen Empfängern, z. B. Nachtspeicher- und Direktheizungen, Pumpwerke, öffentliche Beleuchtungsanlagen, Lastabwurf bei Überlast oder Alarmeinrichtungen [4.30].

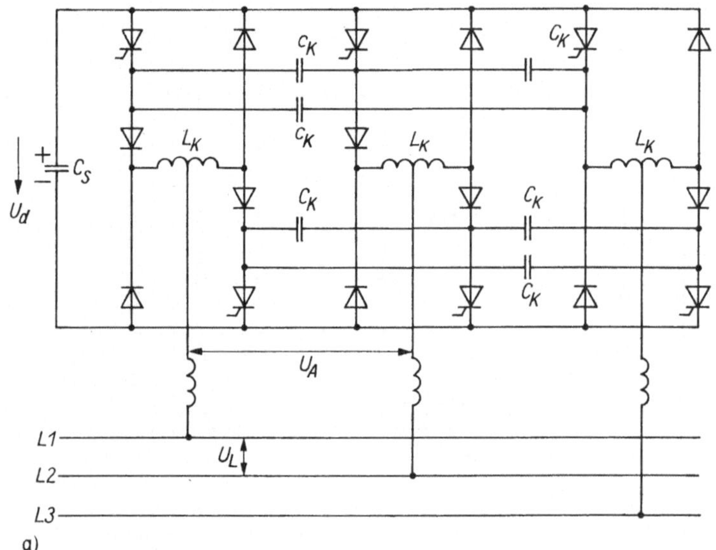

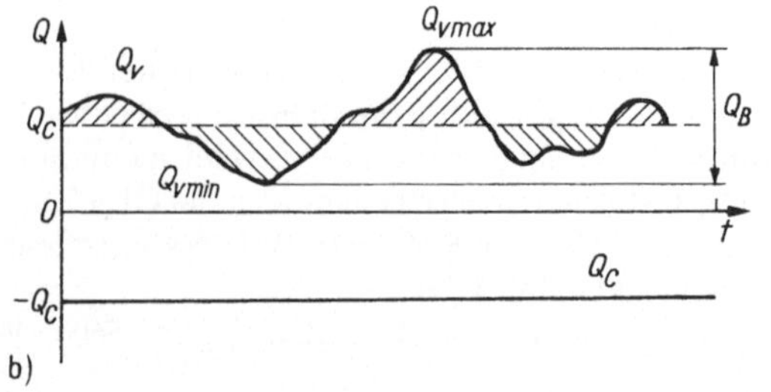

Bild 4.43. Prinzip eines Blindstromrichters (AEG-Telefunken)

a) Grundschaltung; b) Wirkungsweise
Q_V Blindleistungsbedarf des Netzes; Q_C von Kondensatorbatterien bzw. Filterkreisen statisch bereitgestellte kapazitive Blindleistung; Q_B vom Blindstromrichter dynamisch bereitgestellte Blindleistung (schraffiert)

Eine interessante Anwendung findet der im Bild 4.43 gezeigte Spannungs-WR mit Phasenfolgelöschung als Blindstromrichter. Er hat auf der Gleichspannungsseite nur einen Speicherkondensator C_S. Blindleistung wird abgegeben oder aufgenommen, wenn durch die Ansteuerung der Thyristoren die WR-Ausgangsspannung U_A größer bzw. kleiner als die verkettete Netzspannung U_v eingestellt wird. Der Arbeitspunkt des Blindstromrichters wird zweckmäßigerweise so festgelegt, daß eine möglichst konstante induktive Restblindleistung verbleibt, die wie üblich durch Kondensatoren kompensiert wird (s. Abschn. 6.1.4.2) [6.1]. Bild 4.43b zeigt die Wirkungsweise des Blindstromrichters. Der Blindstromrichter übernimmt nur die dynamische Blindstromkompensation. Er wird vor allem in Industrienetzen, z. B. in der Metallurgie eingesetzt, wo Lichtbogenstahlschmelzöfen und Walzwerksantriebe häufig Blindleistungsstöße verursachen.

Strom-WR (Bild 4.25a) werden hauptsächlich für Einmotorenantriebe mit Asynchron-Normmotoren, z. B. in der chemischen Industrie bei Lüftern, Pumpen, Zentrifugen und Extrudern angewendet. Bei der Phasenfolgelöschung ist es günstig, daß nur ein relativ geringer Aufwand für die Kommutierung notwendig ist und daß Netzthyristoren eingesetzt werden können, die in höherer Spannungsklasse als Frequenzthyristoren zur Verfügung stehen. Der Strom im Zwischenkreis des Umrichters, also auch der Ständerstrom der Asynchronmaschine, wird durch einen steuerbaren netzgelöschten Eingangsstromrichter eingeprägt. Außer der Frequenzsteuerung mit konstantem Ständerfluß kann für erhöhte dynamische Anforderungen auch eine Frequenzsteuerung mit konstanter Läuferflußverkettung vorgesehen werden [4.31] bis [4.33]. Der Umrichter ist durch entsprechende Steuerung des netzgelöschten Stromrichters und des WR auch in der Lage, Energie, z. B. beim Abbremsen, ins Netz zurückzuspeisen.

Der Einsatz des stromgespeisten WR wird auch in der Traktion, insbesondere bei Nahverkehrstriebfahrzeugen, erwogen [4.34] [4.35].

Im Gegensatz zu den bisherigen WR kommt es bei WR für die unterbrechungsfreie Stromversorgung (USV) auf die Erzeugung einer sinusförmigen Wechselspannung konstanter Frequenz und Amplitude aus der Gleichspannung einer Batterie an [4.36] [4.37]. Derartige Anlagen dienen zur Stromversorgung von EDV-Anlagen zur Flugüberwachung, von medizinischen Geräten zur Aufrechterhaltung lebenswichtiger Körperfunktionen, von Fernmelde- und Notrufanlagen, Kühlanlagen usw. Bei Störungen im öffentlichen Netz müssen sie die Stromversorgung über einen begrenzten Zeitraum aufrechterhalten. Deshalb werden an ihre Zuverlässigkeit und Verfügbarkeit im Netz hohe Anforderungen gestellt.

USV-Anlagen haben die im Bild 4.44 gezeigte Struktur und bestehen aus einem Gleichrichter (GR), einer Batterie (B), einem Wechselrichter (WR) und einer elektronischen Umschalteinrichtung (EUE) [4.36]. Zur Erhöhung der Zuverlässigkeit werden häufig mehrere Einheiten redundant parallel betrieben. Es sind verschiedene Betriebsarten möglich. Dauerbetrieb liegt vor, wenn *S1* geschlossen ist und die Verbraucher ständig aus dem WR gespeist werden, der seinerseits ständig an den GR und die Batterie angeschlossen ist. Bei einer Netzstörung sind dabei keine Schaltvorgänge erforderlich, die Batterie muß die Verbraucher nur für eine vorgegebene Zeit versorgen können. Die Batterie wird nach Wiederkehr der Netzspannung vom GR wieder aufgeladen, so daß der GR für die volle Verbraucherleistung, die WR-Verlustleistung und den Ladestrom der Batterie ausgelegt werden muß. Bei einer internen Störung im WR werden die Verbraucher über die EUE auf das öffentliche Netz geschaltet. Auf die elektronische Umschalteinrichtung kann verzichtet werden, wenn bei Netzausfall eine kurzzeitige Spannungsunterbrechung zugelassen wird, z. B. 0,5 s bei der Versorgung medizinischer Geräte. In diesem Fall werden die Verbraucher im Normalfall vom Netz gespeist (*S2* geschlossen), und erst bei Netzausfall wird über *S1* auf den anlaufenden (Anlaufbetrieb) oder bereits leer mitlaufende WR (Mitlaufbetrieb) umgeschaltet.

Als WR-Schaltungen werden bis zu Leistungen von etwa 75 kVA einphasige spannungsgespeiste WR wie in den Bildern 4.29a oder 4.35a eingesetzt. Um eine sinusförmige Ausgangsspannung (statische Spannungsabweichung $\leqq \pm 1{,}5\,\%$, Spannungsklirrfaktor $\leqq 5\,\%$) zu erreichen, müssen am WR-Ausgang Siebkreise, bestehend aus Reihendrossel, Parallelschwingkreis, und zusätzliche Saugkreise vorgesehen werden.

Im unteren Leistungsbereich bis 10 kVA können auch Transistor-WR eingesetzt werden (Bild 4.45), bei denen die sinusförmige Ausgangsspannung durch Pulssteuerung geregelt wird. Dadurch kann der Aufwand an Siebmitteln verringert und ein Klirrfaktor $< 3\,\%$ erreicht werden.

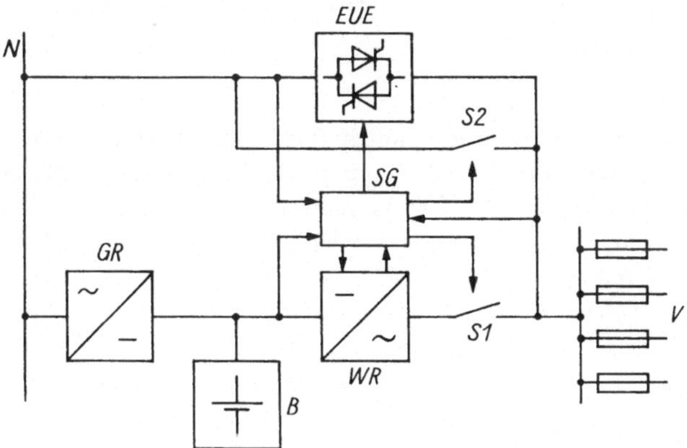

Bild 4.44. Prinzip einer unterbrechungsfreien Stromversorgung (USV)

GR Gleichrichter; *WR* Wechselrichter; *EUE* elektronische Umschalteinrichtung; *SG* Steuergerät; *S1*, *S2* Schütze; *B* Batterie; *N* Netz; *V* Verbraucher

Eine wesentliche Materialeinsparung sowie Verringerung von Masse und Bauvolumen erreicht man, wenn Stromversorgungsgeräte mit hohen Zwischenfrequenzen betrieben werden. Dies gestattet, vor allem an den magnetischen Kreisen Material einzusparen. Ein typisches Beispiel sind Schaltnetzteile, die bei Verwendung von Leistungs-MOSFETs mit Taktfrequenzen des WR bis über 100 kHz betrieben werden können (Bild 4.46) [4.38]. Wegen der hohen Frequenzen müssen im Ausgangsgleichrichter *GR2* sehr schnelle Dioden, z. B. Schottkydioden, eingesetzt werden. Die weitere Erhöhung der Zwischenfrequenz hängt von der Entwicklung extrem schneller Dioden mit höheren Sperrspannungen sowie entsprechenden Ferritkernmaterialien und Kondensatoren mit geringen Verlusten ab. Außer für elektronische Stromversorgungen werden derartige Schaltnetzteile auch für die Speisung von Niedervolt-Halogenlampen eingesetzt. Bei einer Taktfrequenz von ca. 120 kHz wird eine Masseverringerung auf 1/10 bis 1/15 gegenüber einem 50-Hz-Transformator erreicht. Der Wirkungsgrad liegt je nach Lampenleistung zwischen 85 und 90%.

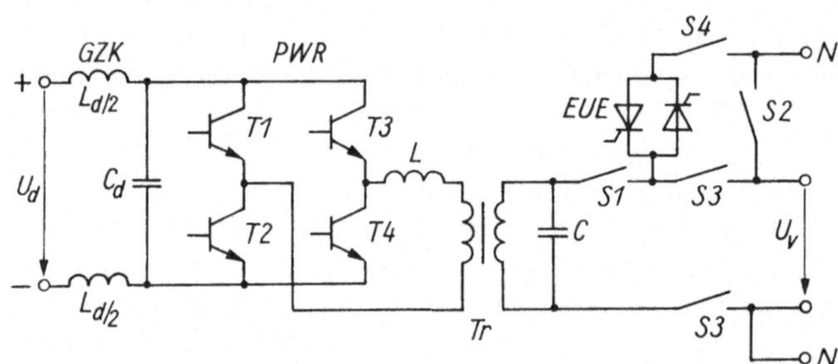

Bild 4.45. Prinzip einer USV mit Transistor-Pulswechselrichter (AEG-Telefunken)

GZK Gleichspannungszwischenkreis; *PWR* Pulswechselrichter; *EUE* elektronische Umschalteinrichtung; *L*, *C* Wechselstromsiebkreis; *Tr* Transformator; *T1* bis *T4* Leistungstransistoren (ohne Entlastungsnetzwerk und Schutzbeschaltung); *S1* bis *S4* Schütze

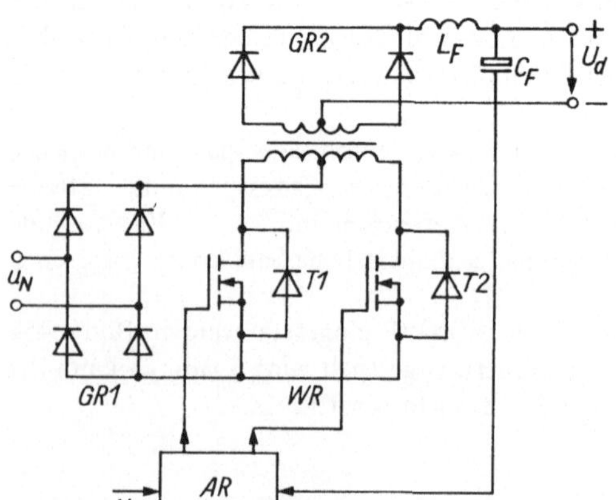

Bild 4.46. Prinzip eines Schaltnetzteils mit Leistungs-MOSFETs

GR1 Netzgleichrichter; *GR2* HF-Gleichrichter; *AR* Ansteuer- und Regeleinrichtung; *Tr* HF-Transformator; *T1*, *T2* Leistungs-MOSFETs mit Inversdiode (ohne Schutzbeschaltung); L_F, C_F Siebkreis

Wenn bipolare Leistungstransistoren als Schalter im WR, ähnlich Bild 4.46, eingesetzt werden, kann man höhere Leistungen erzielen. Nach diesem Prinzip können z. B. mit 20 kHz Zwischenfrequenz Stromversorgungsgeräte für das Lichtbogenschweißen (50 ... 200 A) aufgebaut werden, die eine Verringerung des Materialeinsatzes von Kupfer auf 13% und von Stahl oder Ferriten auf 4% gegenüber 50-Hz-Lösungen ermöglichen [4.39].

4.3. Lastgelöschte Wechselrichter

Bei lastgelöschten WR wird die zur Kommutierung erforderliche Blindleistung von der Last aufgebracht. Zu den lastgelöschten WR gehören vor allem die Schwingkreis-WR, die als Speisequellen für Induktionserwärmungsanlagen im Frequenzbereich von 150 ... 10000 Hz bis zu den höchsten Leistungen eingesetzt werden, und die maschinengelöschten WR, die zur Speisung von Antrieben mit bürstenlosen Synchronmaschinen, z. B. für Pumpen und Extruder, für Anfahrumrichter zum Hochfahren und Abbremsen von Gasturbosätzen usw. Anwendung finden.

Grundsätzlich ist es auch möglich, diese WR den netzgelöschten zuzuordnen, wenn die durch die Last gebildete Anordnung als Sekundärnetz angesehen wird (sekundärnetzgelöschte WR). Da aber dieses Netz von vornherein nicht vorhanden ist, sondern durch die Wirkungsweise des WR erst aufgebaut wird, ist es richtiger, sie zu den selbstgelöschten WR zu zählen.

4.3.1. Schwingkreis-Wechselrichter

4.3.1.1. Grundschaltungen und Wirkungsweise

Schwingkreis-WR werden zur Speisung stark induktiver Wechselstromverbraucher, z. B. von Induktionserwärmungsanlagen, eingesetzt. Dabei wird in der Regel die induktive Last durch Kompensationskondensatoren zu einem Schwingkreis ausreichender Güte ergänzt. Bei entsprechender Dimensionierung ist der Kompensationskondensator gleichzeitig in der Lage, die für die Löschung von Thyristoren notwendige Kommutierungsblindleistung zu liefern. Deshalb sind keine zusätzlichen Kommutierungselemente erforderlich. Je nach Anordnung des Kondensators kann zwischen Reihen- und Parallelschwingkreis-WR unterschieden werden.

Beim *Reihenschwingkreis-WR* bildet die kompensierte Last einen Reihenschwingkreis (Bild 4.47a); vom grundsätzlichen Aufbau her handelt es sich um einen einphasigen Spannungs-WR (s. Abschn.

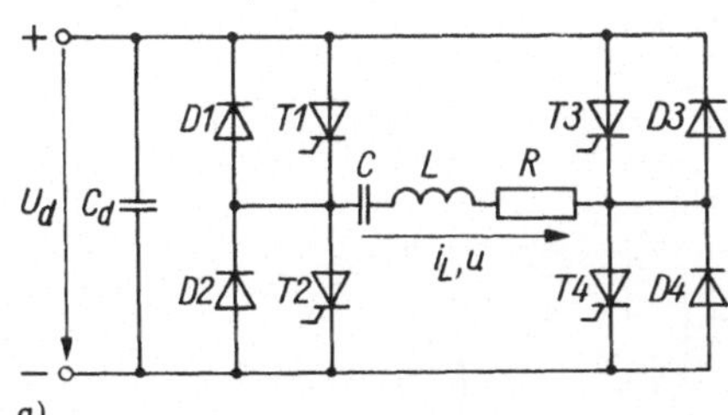

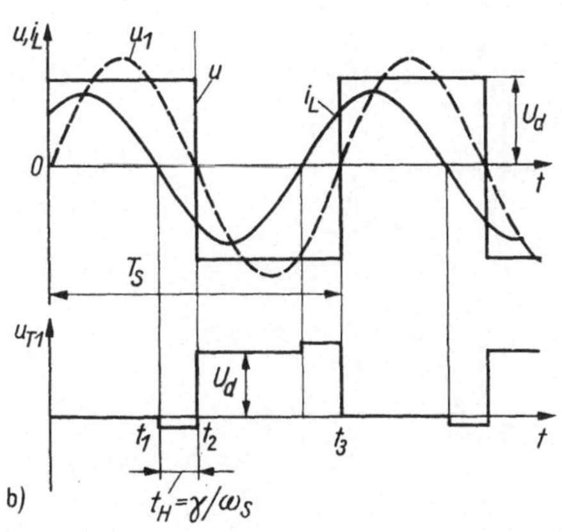

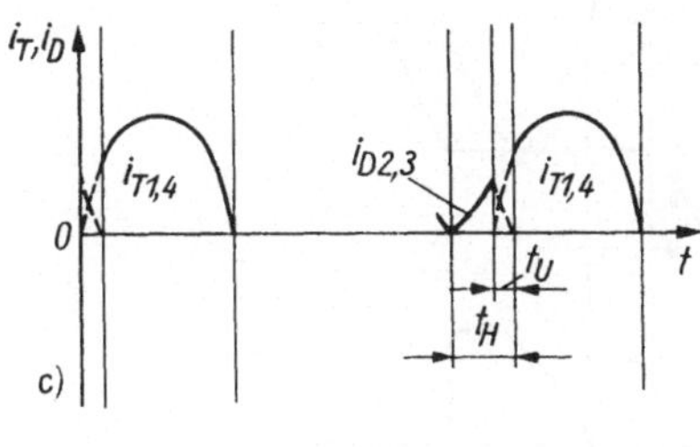

Bild 4.47. Prinzip eines Reihenschwingkreis-Wechselrichters

a) Grundschaltung; b) Strom- und Spannungsverlauf ohne und c) Stromverlauf mit Berücksichtigung der Streuinduktivitäten im Kommutierungskreis

4.2.1), bei dem das Prinzip der Resonanzlöschung (s. Abschn. 4.1.4.3) zur Anwendung kommt. Sind die Thyristoren *T1* und *T4* gezündet, treibt die Spannung U_d einen nahezu sinusförmigen (nur durch den Lastwiderstand *R* gedämpften) Strom durch die Last (Reihenschwingkreis). Im Stromnulldurchgang ($t = t_1$) verlöschen die Thyristoren *T1* und *T4*. Der Laststrom wird von den Rückstromdioden *D1* und *D4* übernommen, die die in der Last gespeicherte Energie in die Speisequelle zurückspeisen und die deshalb rückspeisefähig sein muß (durch den Glättungskondensator C_d gewährleistet). Wenn zum Zeitpunkt $t = t_2$ die Thyristoren *T2* und *T3* gezündet werden, kommutiert der Laststrom von den Rückstromdioden *D1* und *D4* auf die Thyristoren usw. (Bild 4.47b). Damit die Thyristoren immer sicher löschen, muß der Laststrom der Lastspannung um den Winkel φ voreilen, d. h., die Steuerfrequenz ω_S muß kleiner als die Eigenfrequenz des Schwingkreises ω sein ($\omega_S < \omega$). Dann steht die Zeitdauer $t_2 - t_1 = t_H > t_q$ zur Wiedergewinnung der Blockierfähigkeit der Thyristoren zur Verfügung. Wenn die Streuinduktivitäten im Kreis vernachlässigt werden, tritt nur der Durchlaßspannungsabfall der Rückstromdiode als Sperrspannungsbeanspruchung der Thyristoren auf. Das ist z. B. immer dann der Fall, wenn für die Thyristor-Dioden-Anordnung schnelle rückwärtsleitende Thyristoren (RLT) eingesetzt werden. In realen Schaltungen treten aber Streuinduktivitäten auf. Deshalb tritt bei der Kommutierung des Stroms von den Rückstromdioden auf die Thyristoren eine Überlappung der Ströme während des Winkels $\mu = \omega_S t_U$ (Bild 4.47c) auf, und dies führt zu einer geringfügigen Vergrößerung der Freihaltezeit. Günstig ist, daß bei diesem WR-Typ an Stelle der Thyristoren abschaltbare Halbleiterbauelemente, wie z. B. Leistungstransistoren, eingesetzt werden können, wenn es der geforderte Frequenz- und Leistungsbereich zuläßt.

Ungünstig ist, daß bei diesem WR der gesamte Laststrom durch den WR und bei einem Lastkurzschluß der volle Kurzschlußstrom über die Thyristoren fließt. Die im Zwischenkreis gespeicherte

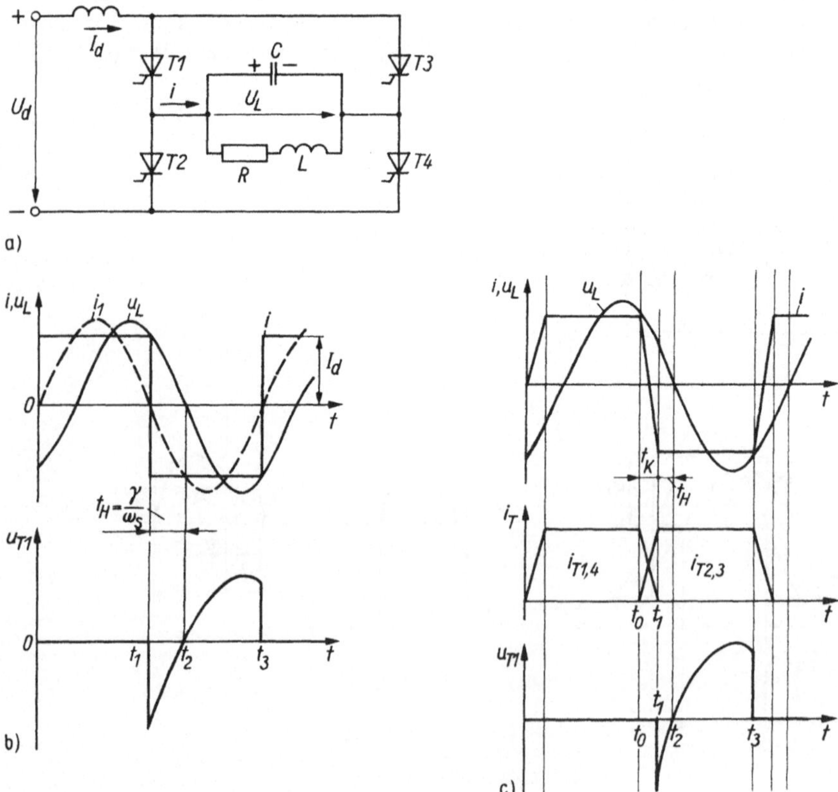

Bild 4.48. Prinzip eines Parallelschwingkreis-Wechselrichters

a) Grundschaltung; b) Strom- und Spannungsverlauf ohne und c) mit Berücksichtigung der Streuinduktivitäten im Kommutierungskreis

Energie fordert deshalb besondere Schutzmaßnahmen, z. B. Kurzschließer. Parallelbetrieb von solchen WR-Grundeinheiten ist nicht möglich.

Größere Vorteile bietet in dieser Hinsicht der *Parallelschwingkreis-WR* (Bild 4.48a). Der parallel zur Last angeordnete Kommutierungskondensator kompensiert den induktiven Anteil der Last und stellt auch die erforderliche Löschenergie bereit. Vom grundsätzlichen Aufbau her stellt dieser WR einen Strom-WR (s. Abschn. 4.2.2.1) dar, bei dem das Prinzip der Folgelöschung angewendet wird. Bei genügend großer Glättungsdrossel L_d wird ein nahezu zeitlich konstanter Gleichstrom I_d = konst. in den WR eingespeist. Wenn die Thyristoren *T1* und *T4* Strom führen, dann lädt sich der Kommutierungskondensator C auf eine Spannung der eingezeichneten Polarität auf. Werden zum Zeitpunkt t_1 die Folgethyristoren *T3* und *T2* gezündet, so kommutiert der Strom auf diese. An den Thyristoren *T1* und *T4* liegt dann (negative) Sperrspannung, und sie löschen sofort. Der Kondensator wird durch den jetzt fließenden Strom und die Wirkung des Parallelschwingkreises umgeladen usw. Es bildet sich in Abhängigkeit von der Dämpfung eine nahezu sinusförmige Last- und Kondensatorspannung aus.

Damit die Thyristoren immer sicher löschen, muß die Steuerfrequenz ω_S größer als die Eigenfrequenz ω des Schwingkreises sein ($\omega_S > \omega$) und der Kommutierungskondensator entsprechend dimensioniert werden. Die Zeitdauer $t_2 - t_1 = t_H > t_q$ steht zur Wiedererlangung der Blockierfähigkeit der Thyristoren zur Verfügung. Bei idealer Kommutierung verlaufen der Strom und die Spannung wie im Bild 4.48b. Die Lastspannung eilt dem WR-Strom um den Winkel φ nach. Die Dualität zum Reihenschwingkreis-WR (Spannungs-WR) ist offensichtlich.

In der Praxis sind immer Streuinduktivitäten vorhanden, und/oder es ist notwendig, den Stromanstieg durch die Thyristoren mit zusätzlichen Kommutierungsinduktivitäten auf zulässige Werte zu begrenzen. Deshalb verläuft der Strom nicht rechteck-, sondern trapezförmig (Bild 4.48c), und zusätzlich zur Freihaltezeit t_H muß die Kommutierungszeit t_K berücksichtigt werden.

4.3.1.2. Berechnung des Schwingkreis-Wechselrichters

Die Berechnung soll am Beispiel des Parallelschwingkreis-WR durchgeführt werden. Zur Vereinfachung der Analyse der Schaltung wird vorausgesetzt: Alle Verluste im Kreis können vernachlässigt werden, die Kommutierung verläuft ideal, der Eingangsgleichstrom ist zeitlich konstant ($i_d = I_d$ = konst.), und der Parallelschwingkreis wird idealisiert dargestellt. Dann gelten die im Bild 4.49a gezeigte Ersatzschaltung und das folgende Differentialgleichungssystem:

$$\left.\begin{aligned} I_d &= i_C + i_L + i_R \\ i_C &= C\frac{du_L}{dt} \\ u_L &= L\frac{di_L}{dt} \quad \text{und} \quad u_R = R_p i_R \end{aligned}\right\} \tag{4.153}$$

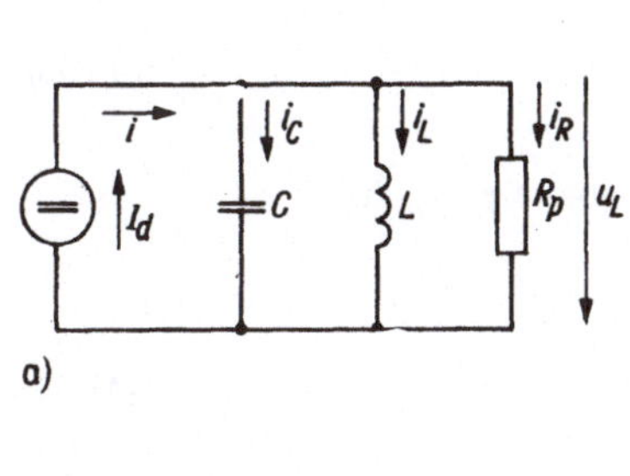

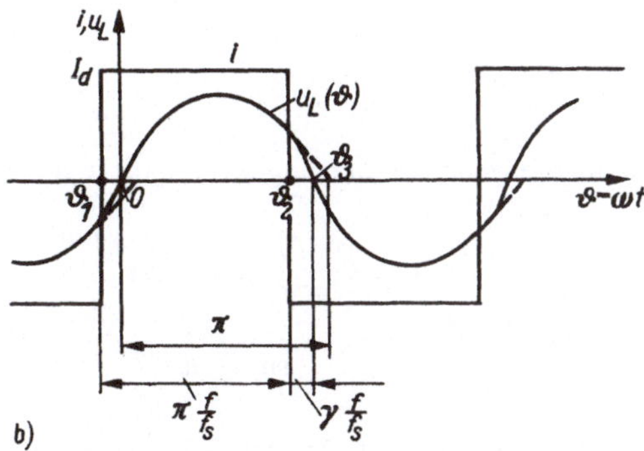

Bild 4.49. Parallelschwingkreis-Wechselrichter

a) Ersatzschaltung; b) Strom- und Spannungsverlauf für Berechnung mit den Randbedingungen

$$u_C(\vartheta_1)\,n = -u_C(\vartheta_2)\,; \qquad u_C(0) = 0\,; \qquad i_L(\vartheta_1) = -i_L(\vartheta_2)$$

und $R_p = R\left[1 + \left(\frac{\omega_S L}{R}\right)^2\right] \approx \frac{(\omega_S L)^2}{R}$ für $R \ll \omega L$; $\omega_S = 2\pi f_S$ Steuerfrequenz.

Die Laplace-Transformation ergibt daraus als Lösungen für die Lastspannung

$$u_L(\vartheta) = \frac{I_d - I_L(0)}{\omega C}\exp\left\{-\frac{\delta_p}{\omega}\vartheta\right\}\sin\vartheta \tag{4.154}$$

und für den Strom durch die Lastinduktivität

$$i_L(\vartheta) = I_d\left[1 - \exp\left\{-\frac{\delta_p}{\omega}\vartheta\right\}\left(\cos\vartheta + \frac{\delta_p}{\omega}\sin\vartheta\right)\left(1 - \frac{I_L(0)}{I_d}\right)\right] \tag{4.155}$$

mit der Dämpfung des Parallelkreises

$$\delta_p = \frac{1}{2R_pC} \approx \frac{R}{2L}\left(\frac{\omega_0}{\omega_S}\right)^2 \quad \text{für} \quad R \ll \omega L$$

mit der Eigenfrequenz $\omega = \sqrt{\omega_0^2 - \delta_p^2}$ und mit $\vartheta = \omega t$.

Entsprechend Bild 4.49 b kann für die Kommutierungszeitpunkte

$$\vartheta_1 = -\frac{f}{f_S}\gamma \quad \text{und} \quad \vartheta_2 = \frac{f}{f_S}(\pi - \gamma) = -\frac{f}{f_S}(\gamma - \pi)$$

sowie für den Steuerwinkel

$$\gamma = \omega_S t_H = 2\pi f_S t_H$$

geschrieben werden.

Mit den Randbedingungen kann damit aus (4.155) $I_L(0)$ zu

$$I_L(0)/I_d = -(2K_p - 1) \tag{4.156}$$

bestimmt werden mit dem Schwingungsfaktor K_p des Parallelschwingkreises

$$\frac{1}{K_p} = \exp\left\{\frac{\delta_p}{\omega}\frac{f}{f_S}\gamma\right\}\left\{\cos\frac{f}{f_S}\gamma - \frac{\delta_p}{\omega}\sin\frac{f}{f_S}\gamma + \exp\left\{-\frac{\delta_p}{\omega}\frac{f}{f_S}\pi\right\}\right.$$
$$\left.\times\left[\cos\frac{f}{f_S}(\gamma - \pi) - \frac{\delta_p}{\omega}\sin\frac{f}{f_S}(\gamma - \pi)\right]\right\}. \tag{4.157}$$

Damit wird schließlich die Lastspannung

$$u_L(\vartheta) = \frac{I_d}{\omega C}2K_p\exp\left\{-\frac{\delta}{\omega}\vartheta\right\}\sin\vartheta\,. \tag{4.158}$$

Mit den oben angegebenen Randbedingungen kann daraus die Freihaltezeit t_H zu

$$t_H = \frac{1}{2\pi f_S}\operatorname{arccot}\frac{\exp\left\{\frac{\delta_p}{\omega}\frac{f}{f_S}\pi\right\} + \cos\frac{f}{f_S}\pi}{\sin\frac{f}{f_S}\pi} \tag{4.159}$$

berechnet werden. Bild 4.50 zeigt für praktisch interessierende Werte, wie die Freihaltezeit vom Frequenzverhältnis bei f_S = konst. und von der bezogenen Dämpfung δ_p/ω abhängt. Eine genaue Berechnung einschließlich der Berücksichtigung der realen Ersatzschaltung der Last (Reihenschaltung von

L und R) und aller Streuinduktivitäten im Kreis ist mittels digitaler und analoger Simulation möglich, die auch die Untersuchung dynamischer Vorgänge und des Havarieverhaltens gestattet [4.40].

Meist genügt es mit für praktische Fälle ausreichender Genauigkeit, nur eine *Grundschwingungsrechnung* durchzuführen. Dabei wird die Grundschwingung des rechteckförmigen WR-Stroms im Fall I_d = konst. ($\tau = L_d/R_d \gg T$) durch

$$i_1 = \frac{4}{\pi} I_d \sin \omega_S t \tag{4.160}$$

mit dem Effektivwert

$$I_1 = \frac{4}{\pi\sqrt{2}} I_d \tag{4.161}$$

beschrieben.

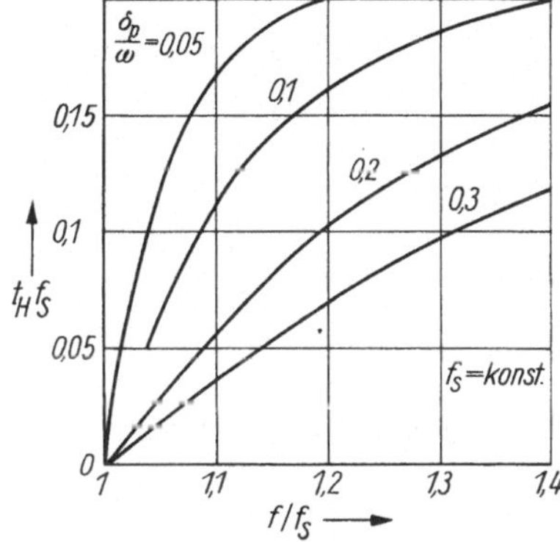

Bild 4.50. Abhängigkeit der normierten Freihaltezeit vom Frequenzverhältnis und der bezogenen Dämpfung beim Parallelschwingkreis-Wechselrichter

Für den verlustlosen Kreis und den Phasenwinkel $\varphi = \gamma = \omega_S t_H$ zwischen der Grundschwingung des WR-Stroms und der Lastspannung kann aus der Leistungsbilanz

$$P = U_d I_d = \frac{U_L^2}{R_p} = U_L I_1 \cos \gamma \tag{4.162}$$

der Effektivwert der Lastspannung zu

$$U_L = \frac{\pi\sqrt{2}}{4} \frac{U_d}{\cos \gamma} \tag{4.163}$$

berechnet werden. Mit Vergrößerung des Steuerwinkels γ erhöht sich die Lastspannung und damit auch die Sperr- bzw. Blockierspannungsbeanspruchung der Thyristoren:

$$\frac{U_{Lm}}{U_d} = \frac{\pi}{2} \frac{1}{\cos \gamma}. \tag{4.164}$$

Im Interesse einer hohen Ausnutzung der Halbleiterbauelemente ist es deshalb erforderlich, bei minimalem Steuerwinkel $\gamma_{min} = \omega_S t_{H\,min}$ zu arbeiten. Die Leistung wird deshalb nicht über den WR-Steuerwinkel γ, sondern über einen gesteuerten Eingangsgleichrichter gestellt. Die an die Last abgegebene Leistung beträgt

$$P = \frac{\pi^2}{8} \frac{U_d^2}{R_p} \frac{1}{\cos^2 \gamma}. \tag{4.165}$$

Wird die Lastinduktivität verändert, z. B. durch Induktor- oder Werkstückwechsel bei der Induktionserwärmung, so ist der Zusammenhang zwischen der Induktivität und der WR-Leistung zu beachten:

$$L \leqq \frac{U_L^2 \delta_p/\omega_0}{\pi P f(f_0/f_S)} \quad \text{für} \quad R \ll \omega L. \tag{4.166}$$

Beispiel 4.14

Von einem parallel kompensierten Wechselrichter für Induktionserwärmung sind folgende Daten bekannt:

Eingangs-Gleichspannung: $U_{da} = 500$ V
Steuerfrequenz: $f_S = 2300$ Hz
Schwingkreisparameter: $R = 0{,}1\ \Omega$; $L = 30\ \mu$H; $C = 190\ \mu$F

a) Wie groß ist die Freihaltezeit, und wie werden die Thyristoren des Wechselrichters durch den Strom und die Spannung beansprucht?

$$\omega_0 = \frac{1}{\sqrt{LC}} = \frac{1}{\sqrt{30\ \mu\text{H} \cdot 190\ \mu\text{F}}} = 13245\ \text{Hz}, \quad \text{also} \quad f_0 = \frac{\omega_0}{2\pi} = 2108\ \text{Hz};$$

$$\delta_p = \frac{R}{2L}\left(\frac{\omega_0}{\omega_S}\right)^2 = \frac{0{,}1\ \Omega}{2 \cdot 30\ \mu\text{H}}\left(\frac{13245}{2\pi \cdot 2300}\right)^2 = 1400\ \text{s}^{-1};$$

$$\omega = \sqrt{\omega_0^2 - \delta_p^2} = 13171\ \text{Hz, folglich}\ f = \frac{\omega}{2\pi} = 2096\ \text{Hz};$$

$$\frac{\delta_p}{\omega} = \frac{1400}{13171} = 0{,}1\,.$$

Aus Bild 4.50 ergibt sich für $f_S/f = 1{,}1$ und $\delta_p/\omega = 0{,}1$, $f_S t_H = 0{,}113$; Freihaltezeit $t_H = \frac{0{,}113}{2300\ \text{Hz}} = 49\ \mu$s;
Maximalwert der Thyristorspannung mit (4.164)

$$U_{Tm} = U_{Lm} = \frac{\pi U_{da}}{2\cos\gamma} = \frac{\pi \cdot 500\ \text{V}}{2 \cdot 0{,}759} = 1035\ \text{V}\,,$$

wobei

$$\gamma = 2\pi f_S t_H = 2\pi \cdot 2300\ \text{Hz} \cdot 49\ \mu\text{s} = 0{,}708\ \text{rad} = 40{,}6^\circ\,.$$

Maximalwert des Thyristorstroms mit (4.109)

$$I_{Tm} = I_d = \frac{\pi^2 U_{da}}{8R\cos^2\gamma} = \frac{\pi^2 \cdot 500\ \text{V}}{8 \cdot 1{,}88\ \Omega \cdot 0{,}577} = 569\ \text{A}$$

mit

$$R_p \approx \frac{(\omega_S L)^2}{R} = \frac{(2\pi \cdot 2300\ \text{s}^{-1} \cdot 30\ \mu\text{H})^2}{0{,}1\ \Omega} = 1{,}88\ \Omega\,.$$

b) Wie groß ist die im Lastwiderstand umgesetzte Wirkleistung?

$$P = U_{da} I_{da} = 500\ \text{V} \cdot 569\ \text{A} = 285\ \text{kW}$$

oder

$$P = \frac{U_L^2}{R_p} = \frac{U_{Lm}^2}{2R_p} = \frac{(1035\ \text{V})^2}{2 \cdot 1{,}88\ \Omega} = 285\ \text{kW}\,.$$

Wegen der großen Zwischenkreisdrossel L_d ist bei bestimmten Lastverhältnissen der erste Anlauf u. U. erschwert, so daß Starthilfeeinrichtungen notwendig werden [4.40].

Da sich bei den Schwingkreis-WR für die Induktionserwärmung die Lastgrößen (L, R) im Verlauf des Erwärmungsprozesses stark ändern, werden die Geräte meist mit einer lasterregten Ansteuerung und Regelung der Freihaltezeit oder des Steuerwinkels auf einen konstanten Wert betrieben.

Von den Grundschaltungen sind eine Reihe von Varianten abgeleitet worden, die vor allem das Ziel haben, mit abschaltunterstützten (GAT-) und anderen Frequenzthyristoren, die gegenwärtig eine Steuerfrequenz bis etwa 10 kHz zulassen, die Ausgangsfrequenz zu erhöhen. Dazu gehören Schaltungen zur Verdopplung der Ausgangsfrequenz, mehrgliedrige Schaltungen und Schaltungen zur Erzeugung gedämpfter Schwingungen [4.41] [1.1].

4.3.2. Maschinengelöschte Wechselrichter

Bei maschinengelöschten WR wird die erforderliche Kommutierungsblindleistung von einer übererregten Synchronmaschine als Last bereitgestellt, so daß kein Kommutierungskondensator notwendig ist (Bild 4.51).

Der maschinengelöschte WR wird meist von einem netzgelöschten Gleichrichter gespeist, so daß beide zusammen einen Umkehrstromrichter bilden (vgl. Bild 4.51 mit Bild 3.58a). Ein auf diese Weise gespeister Synchronmotor wird mit *Stromrichtermotor* bezeichnet. — Der Wechselrichter wird wie ein netzgelöschter Wechselrichter (vgl. Abschn. 3.6.1) gesteuert (wechselstromseitige Kommutierung), d. h., der Mittelwert der vom Wechselrichter erzeugten Gleichspannung U_{dII} ist negativ. In stationärem Betrieb muß durch entsprechende Steuerung des Gleichrichters $U_{\mathrm{dI}} = -U_{\mathrm{dII}}$ gewährleistet werden. Die Glättungsdrossel L_{d} entkoppelt den netzgelöschten vom maschinengelöschten Stromrichter. Umkehr der Energierichtung (Nutzbremsen) ist möglich, wenn der maschinenseitige Stromrichter in den Gleichrichterbetrieb und der netzseitige Stromrichter in den WR-Betrieb umgesteuert wird. Die Richtung des Zwischenkreisstroms I_{d} bleibt dabei erhalten; die Synchronmaschine arbeitet dann im Generatorbetrieb.

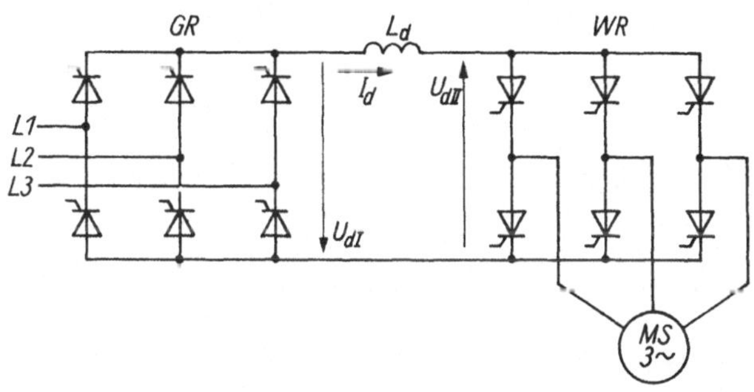

Bild 4.51. Prinzip eines maschinengelöschten Wechselrichters (Stromrichtermotor)

Für das Anfahren einer derartigen Anordnung sind jedoch besondere Maßnahmen, z. B. Takten des eingangsseitigen Stromrichters mit niedriger Anfahrfrequenz, erforderlich, weil im Stillstand der Synchronmaschine das führende Sekundärnetz zunächst noch nicht vorhanden ist.

Etwas aufwendiger ist die Ausführung des maschinengelöschten WR als Spannungs-WR mit gleichstromseitiger Kommutierung. Die Anordnung, die analog zum Stromrichtermotor *Spannungsrichtermotor* genannt werden kann, hat u. a. den Vorteil einer höheren WR-Frequenz und erzwingt nahezu sinusförmige Motorströme mit einer Stromflußdauer von 180°. Bremsbetrieb mit Energierückspeisung erfordert allerdings netzseitig die Verwendung eines Umkehrstromrichters [4.16].

4.3.3. Anwendungsbeispiele

Wie bereits ausgeführt, werden lastgelöschte WR in der Form von Schwingkreis-WR hauptsächlich für die Speisung von Induktionserwärmungsanlagen zum Schmelzen, Warmformen, Glühen, Härten u. a. im Mittelfrequenzbereich eingesetzt. Gegenüber den bisher verwendeten rotierenden Elektromaschinenumformern zeichnen sie sich durch hohen Wirkungsgrad auch bei Teillast (>90%), einfache Stellbarkeit der Betriebsfrequenz und der Leistung, niedriges Masse-Leistungs-Verhältnis ohne zusätzliche Fundamente, einfache Bedienung, geringe Wartung und hohe Lebensdauer aus. Je nach Einsatzbedingungen sind im Vergleich zu rotierenden Umformern Einsparungen an Elektroenergie von 10 bis 30% möglich. Besondere Aufmerksamkeit bei der Auslegung der WR und dem Entwurf der Steuerung und Regelung fordert die starke Abhängigkeit der Lastgrößen R und L von der Temperatur, besonders bei der Erwärmung ferromagnetischer Materialien. So kann sich z. B. R_{p} um den Faktor 1,5 ... 2,5 (d. h. R um den Faktor 4) und $X = \omega L$ um den Faktor 1,3 ... 1,6 verändern. Deshalb wird in der Regel eine lasterregte Ansteuervariante für den WR gewählt, die durch entsprechende Regelung des Steuerwinkels γ gewährleistet, daß die Freihaltezeit auch bei Änderung der Lastgröße den zulässigen Wert ($t_{\mathrm{H}} \leqq t_{\mathrm{q}}$) nicht unterschreitet. Dabei werden die Zündzeitpunkte für die WR-Thyristoren unmittelbar vom zeitlichen Verlauf der Lastgröße abgeleitet, z. B. durch Erfassung der Nulldurchgänge von Kondensatorstrom und Lastspannung.

Bild 4.52 zeigt als Ausführungsbeispiel einen Thyristorumrichter für die Induktionserwärmung mit Parallelschwingkreis-WR mit einer Schaltung entsprechend Bild 4.48, die sich als bevorzugte Schaltung bewährt hat. Der Umrichter kann für Frequenzen und Leistungen im Bereich von 0,5 kH bis 10 kHz bzw. einige 100 kW bis 2,4 MW gefertigt werden; damit können nahezu alle Anwendungsfälle abgedeckt werden. Er zeichnet sich durch einfache Parallelschaltbarkeit, gute Anpassung an die Last und günstiges Havarieverhalten aus. Die Stabilisierung der WR-Ausgangsspannung und die Begrenzung der betriebsmäßig auftretenden Ströme auf zulässige Größen übernimmt das GR-Ansteuergerät. Die komplette Steuereinrichtung des Thyristorumrichters umfaßt außerdem die Überwachung und die Organisation der für den Startvorgang erforderlichen Steuersignale, nämlich für das Vorstromen der Zwischenkreisdrossel und für die Auslösung der Startschwingung des Lastschwingkreises. In Verbindung mit der Automatisierung des Induktionserwärmungsprozesses kann die Umrichtersteuerung auch durch Nutzung des für die Prozeßsteuerung vorhandenen Mikrorechners realisiert werden [4.42].

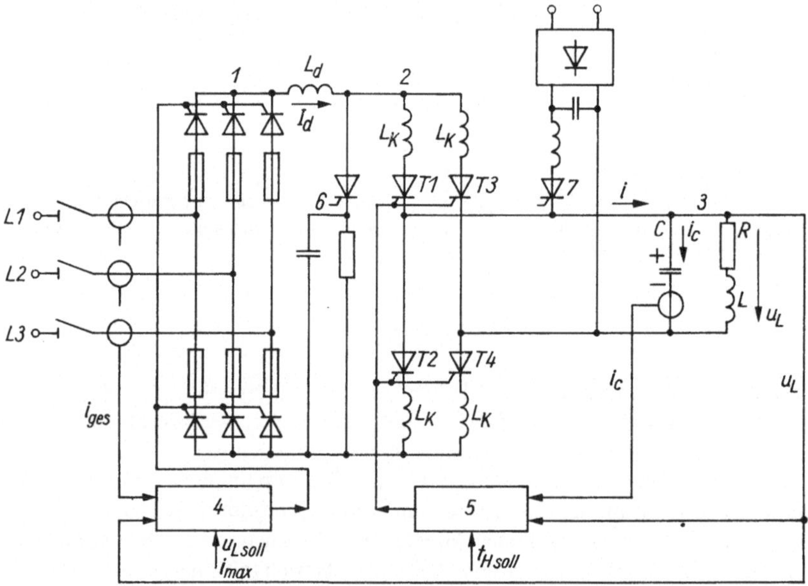

Bild 4.52. Prinzip eines Thyristorumrichters für die Induktionserwärmung

1 Gleichrichter; *2* Wechselrichter; *3* Lastschwingkreis; *4* GR-Ansteuereinrichtung; *5* WR-Ansteuereinrichtung; *6*, *7* Starteinrichtung

Für den unteren Leistungsbereich, für einige Kilowatt, können Schwingkreis-WR auch mit Leistungstransistoren bestückt werden. Mit bipolaren Transistoren kann z. B. eine induktive Kochanlage im Haushalt mit einer Frequenz von 22,5 kHz gebaut werden [4.43]. Leistungs-MOSFETs eignen sich für Frequenzen größer 100 kHz bei kleinen Leistungen [4.44]. Reihenschwingkreis-WR werden auch für Zwischenfrequenz-Umformer zur Verkleinerung der magnetischen Kreise in Geräten für die Stromversorgung von z. B. Röntgengeräten oder Schweißgeräten eingesetzt (vgl. Abschn. 4.2.4).

Der schon im Abschnitt 4.3.2 erwähnte *Stromrichtermotor* (Bild 4.51) hat ähnliches Verhalten wie ein Gleichstrommotor. Seine Drehzahl wird über den steuerbaren netzgelöschten Stromrichter geregelt.

Für *kleine Leistungen* bis etwa 500 W wird der Umrichter, der auch mit „elektronischer Kommutator" bezeichnet wird, mit Leistungstransistoren bestückt und findet ein breites Anwendungsgebiet bei Präzisionsantrieben, z. B. für Plattenspieler, hochtourige Bohr- und Schleifmaschinen oder Spinnmaschinen.

Für sehr *große Leistungen* von 1 ... 16 MW, z. B. zum Antrieb von Axialpumpen für Siedewasserreaktoren oder Extrudern, wird der Synchronmotor übererregt betrieben.

Abschließend sei noch erwähnt, daß die Synchronmaschinen von Pumpspeicher- oder Gasturbinensätzen in Kraftwerken mit einem Anfahrumrichter auf Nenndrehzahl hochgefahren werden müssen, ehe sie mit dem Netz synchronisiert werden können. Wegen ihrer sofortigen Startbereitschaft, ihres hohen Wirkungsgrades und ihrer guten Regeldynamik sind dafür maschinengelöschte Umrichter hervorragend geeignet. Sie werden bis zu Leistungen von etwa 6 MW und Anschlußspannungen bis 1500 V eingesetzt [4.45].

4.4. Meßverfahren

4.4.1. Meßverfahren für selbstgelöschte Wechselrichter

Der *Ventilblock* z. B. eines dreiphasigen WR nach Bild 4.25a kann mit der im Bild 4.53 gezeigten Schaltung geprüft werden. Die abgegebenen Wechselströme werden mit dem Gleichrichter *GR2* gleichgerichtet und auf die Eingangsseite des Wechselrichters zurückgeführt, so daß das Netz nur die Wirkverluste, Blindleistung und Oberschwingungsströme bereitstellen muß.

Eine Prüfschaltung für selbstgelöschte WR als Ganzes zeigt Bild 4.54 [2.28].

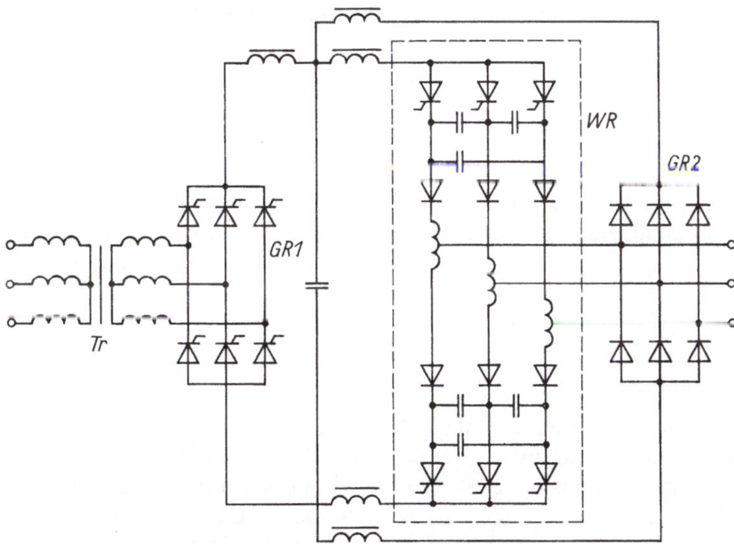

Bild 4.53. Prinzip einer Prüfschaltung für einen dreiphasigen selbstgelöschten Wechselrichter nach Bild 4.25a

WR Wechselrichter; *GR* Gleichrichter

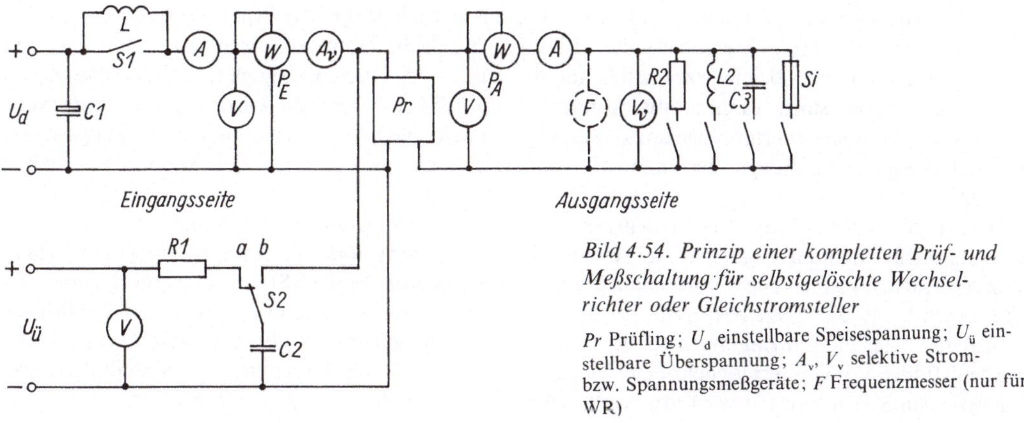

Bild 4.54. Prinzip einer kompletten Prüf- und Meßschaltung für selbstgelöschte Wechselrichter oder Gleichstromsteller

Pr Prüfling; U_d einstellbare Speisespannung; $U_ü$ einstellbare Überspannung; A_v, V_v selektive Strom- bzw. Spannungsmeßgeräte; *F* Frequenzmesser (nur für WR)

Eingangsseite

In den einschlägigen Bestimmungen sind folgende Eigenschaften der Gleichstromquelle festgelegt: die maximal zulässigen Spannungsschwankungen, Welligkeit, Überspannungen, Induktivität und ihre Eignung, Strom in umgekehrter Richtung aufzunehmen. — Um nachzuweisen, daß eine Überspannung $U_ü$ mit der Energie $W_ü$ den Betrieb des Wechselrichters nicht gefährdet, wird ein Impulskondensator *C2* von einer einstellbaren Spannungsquelle über den Schalter *S2* auf $U_ü$ geladen und darauf an den Wechselrichter parallel zur speisenden Gleichspannung U_d geschaltet. Bei geöffnetem Schalter *S1* verhindert die Induktivität *L*, daß sich *C2* auf *C1* entlädt. Wenn der Kondensator *C2* bei einer Überspannung $U_ü$ und einer Nenn-Netzspannung U_{dn} die Energie $W_ü$ abgeben soll, dann muß er die folgende Kapazität haben:

$$C_2 = \frac{2W_ü}{U_ü^2 - U_{dn}^2}. \tag{4.167}$$

Ausgangsseite

Bei verschiedenen Lastarten muß geprüft werden, ob die folgenden Größen innerhalb ihrer Toleranzbänder liegen: Spannung und Strom am Ausgang bei vorgegebenem Leistungsfaktor der Last, Frequenz, Klirrfaktor sowie die Spannungsänderungen bei Stromstößen. Auch die Überlastbarkeit, die Kurzschlußfestigkeit und das sichere Zuschalten bei Vollast müssen beachtet werden.

Wirkungsgrad und Wechselrichtgrad

Der Gesamtwirkungsgrad

$$\eta = P_A/P_E \tag{4.168}$$

interessiert dann, wenn auch die Oberschwingungen der abgegebenen Wechselströme nützliche Arbeit leisten, z. B. bei der Speisung von induktiven Erwärmungseinrichtungen. Er ist auch ein Maß für die Verluste im Wechselrichter.

Der Wechselrichtgrad

$$\eta_{1d} = P_{A1}/P_d, \tag{4.169}$$

P_{A1} ausgangsseitige Grundschwingungswirkleistung,

hat Bedeutung, wenn nur die Grundschwingung des abgegebenen Wechselstroms nützliche Arbeit leistet, z. B. bei der Speisung eines Drehfeldmotors.

Bei genügender Glättung der Spannung und/oder des Stroms kann die Gleichstrom-Eingangsleistung P_E mit je einem den Mittelwert anzeigenden Strom- und Spannungsmesser ermittelt werden. Die Messung der Grundschwingungswirkleistung P_{A1} ist im Abschnitt 3.8.2.2 erwähnt worden.

4.4.2. Meßverfahren für Gleichstromsteller

Für Gleichstromsteller (s. Abschn. 4.1) kann man grundsätzlich die gleiche Prüfschaltung wie für einen selbstgelöschten Wechselrichter verwenden (Bild 4.5). Auch die Hinweise, die im Abschnitt 4.4.1 auf die Eigenschaften der Gleichstromquelle, auf die zulässigen Überspannungen, auf Zuschalten bei Vollast, auf die Messung des Gesamtwirkungsgrades (4.168) usw. gegeben wurden, gelten sinngemäß.

Bei stark herabgesteuerter Ausgangsspannung können die Scheitelfaktoren des Eingangsstroms und der Ausgangsspannung sehr ungünstig sein. Dies muß bei der Wahl der Meßmittel beachtet werden.

Wichtig können auch die Oberschwingungen des Gleichstroms auf der Eingangsseite sein, da sie z. B. bei einem Triebfahrzeug mit Gleichstromsteller und Speisung vom Fahrdraht Störungen im Signalnetz verursachen können. Sie werden entweder einzeln mit einem selektiven Strommeßgerät A_v gemessen, oder es wird z. B. die Spitzen-Spitzen-Spannung über einem Meßwiderstand R_M auf einem Oszilloskop beobachtet. Die Oberschwingungen auf der Ausgangsseite können mit den gleichen Methoden gemessen werden (Bild 4.55). Dies ermöglicht eine Aussage, wie weit z. B. der Anker eines Nebenschlußmotors, der über den Steller gespeist wird, durch die Oberschwingungen zusätzlich erwärmt wird.

Der Gleichstrom-Umformungsfaktor η_d interessiert, wenn die Oberschwingungen des Ausgangsstroms keine nützliche Arbeit leisten. Er läßt sich durch Messung der Mittelwerte der Spannungen U_{Ea} und U_{Aa} sowie der Ströme I_{Ea} und I_{Aa} am Eingang bzw. Ausgang des Stellers bestimmen und hat die Größe

$$\eta_d = \frac{U_{Aa} I_{Aa}}{U_{Ea} I_{Ea}}. \tag{4.170}$$

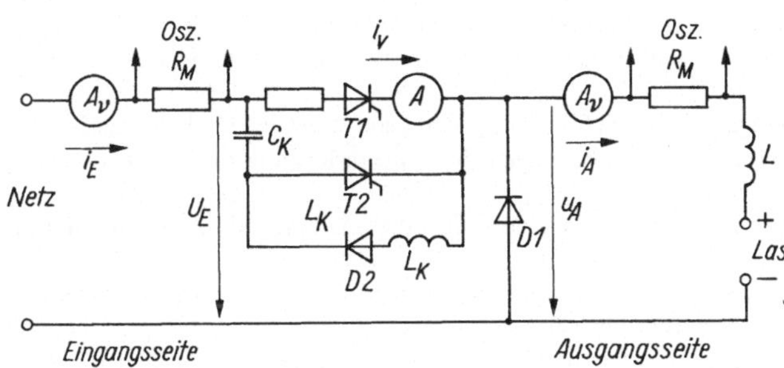

Bild 4.55. Prinzip der Meßgrößenerfassung bei einem Gleichstromsteller nach Bild 4.8a

A_v selektive Strommeßgeräte
R_M Meßwiderstand

4.5. Übungsaufgaben

4.1. Gleichstromsteller

Bei einem Gleichstromsteller mit Zweistufenlöschung (Bild 4.7c) und mit Pulsbreitensteuerung soll die Leistung $P_{dN} = 10$ kW bei $\ddot{u} = 1$ bei einem

1. ohmsch-induktiven ($\tau = L/R \gg T_S$),
2. ohmschen

Verbraucher im Bereich von (0,1 ... 1,0) P_{dN} veränderbar sein. Es wird ideale Kommutierung vorausgesetzt. Als Gleichspannungsquelle steht ein 110-V-Netz zur Verfügung.

a) Wie groß muß das Schaltverhältnis $\ddot{u}$ gewählt werden, damit bei der jeweiligen Belastungsart die Leistung im geforderten Bereich gestellt werden kann?
b) Skizzieren Sie den zeitlichen Verlauf von Lastspannung und -strom! Wie groß ist deren arithmetischer Mittelwert an den Grenzen des Stellbereichs?
c) Wie groß ist die Mindestkapazität des Löschkondensators für beide Lastfälle? Die Freiwerdezeit der Thyristoren beträgt $t_q = 25$ µs und soll einen Sicherheitsfaktor $K_F = 1{,}2$ haben.
d) Wie groß muß die Induktivität L_1 im (verlustlosen) Umschwingkreis gewählt werden, wenn der Scheitelwert des Stroms durch den Hauptthyristor maximal 290 A betragen darf (Bild 4.56)?

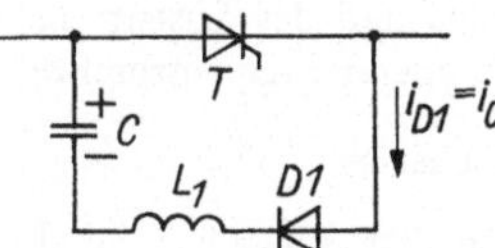

Bild 4.56. Zu Übungsaufgabe 4.1

e) Welche mittlere Strombelastung I_{FDam} und welche Spannungsbeanspruchung U_{RFDm} der Freilaufdiode tritt innerhalb des Leistungsstellbereichs maximal auf?
Der Einsatz einer Freilaufdiode ist nur im Lastfall 1. sinnvoll.
f) Die Gleichspannungsquelle habe im Lastfall 1. eine innere Induktivität $L_i \to \infty$. Wie groß muß der Pufferkondensator C_P bei einer maximal zulässigen Spannungsschwankung $\Delta u_{CP} = 20$ V und einer Schaltfrequenz $f_S = 1{,}5$ kHz gewählt werden?
g) In welchen Grenzen muß die Schaltfrequenz f_S im Fall einer Pulsfolgesteuerung mit $T_E = 1$ ms geändert werden, um den geforderten Leistungsstellbereich realisieren zu können?
h) Wo liegen die theoretisch möglichen Grenzwerte des Schaltverhältnisses $\ddot{u}$ im Lastfall a) bei konstanter Schaltfrequenz $f_S = 1{,}5$ kHz und unter Berücksichtigung der Mindesteinschaltzeit und Umladezeit?
i) Der Steller wird mit einem Lastausgleichszweig (*D2L2* = 10 µH) wie im Bild 4.10 versehen. In welchen Grenzen kann das Schaltverhältnis $\ddot{u}$ dann verändert werden?
j) Wie groß ist die maximale Verlustleistung bei einer Spannungsstellung über Vorwiderstände?

4.2. Kommutierungsvorgang beim Gleichstromsteller

Gegeben ist ein Gleichstromsteller entsprechend Bild 4.6a mit $U_d = 300$ V; $L_{\sigma N} = 20\ \mu$H und $L_{\sigma L} = 4\ \mu$H. Durch die ohmsch-induktive Last ($L = 5$ mH; $\omega L \gg R$) soll ein auch während des Kommutierungsvorgangs konstanter Laststrom von $I_{La} = 200$ A fließen. Die vom Hersteller empfohlene Spannungsbeanspruchung des Hauptthyristors betrage $|U_{DWM}| = |U_{RWM}| = 600$ V und die Freiwerdezeit $t_q = 20\ \mu$s ($K_f = 1{,}25$). Der Kommutierungskondensator habe eine Kapazität von $C = 20\ \mu$F.

a) Welche schaltungstechnische Maßnahme ist erforderlich, damit ein abschaltbarer Thyristor mit einer kritischen Stromanstiegsgeschwindigkeit $(\mathrm{d}i/\mathrm{d}t)_{krit} = 50$ A/µs eingesetzt werden kann?
b) Wie groß ist die Kommutierungsdauer und der auf Grund der Kommutierung auftretende Spannungsverlust am Löschkondensator?
c) Wie groß ist die Dauer des Umladevorgangs bei Vernachlässigung der Dämpfung im Umladekreis?
d) Welcher Grenzwert für die Streuinduktivität $L_{\sigma L}$ wäre bezüglich der Gewährleistung der Freiwerdezeit t_q zulässig?
e) Welche maximale Spannung tritt am Hauptthyristor auf? Wie groß darf die maximal zulässige Leitdauer der Freilaufdiode sein?
f) Skizzieren Sie den zeitlichen Verlauf der Lastspannung u_L, der Kondensatorspannung u_C, des Stroms i_T durch den Hauptthyristor und des Stroms i_C durch den Löschthyristor!
g) Als Hauptthyristor soll ein Thyristor mit Abschaltunterstützung (GATT) mit einer Freiwerdezeit $t_q = 8\ \mu$s ($K_f = 1{,}25$) eingesetzt werden. Welche Konsequenzen bezüglich der Dimensionierung der Bauelemente ergeben sich daraus?

4.3. Stromwechselrichter mit ohmscher Last

Gegeben sei ein einphasiger Stromwechselrichter mit Widerstandslast. Die Eingangs-Gleichspannung betrage $U_d = 300$ V. In jedem Brückenzweig soll ein Thyristor vom Typ CS 130-18 (vgl. Tafel 2.5) eingesetzt werden. (Hinweis: überschlägliche Rechnung unter Bezugnahme auf angegebene Grenzwerte, d. h. keine Berücksichtigung von Sicherheitsfaktoren)
a) Mit welcher maximalen Frequenz kann der Wechselrichter betrieben werden?
b) Welchen Wert darf der Lastwiderstand R annehmen, wenn der Wechselrichter in seinen Grenzwerten betrieben werden soll?
Wie groß ist der Kompensationskondensator?

4.4. Stromwechselrichter mit ohmsch-induktiver Last

Ein stromgespeister Wechselrichter ($U_d = 300$ V) speist eine ohmsch-induktive Last ($R = 2\ \Omega$; $L = 1$ mH). Die empfohlene Betriebsspannung der einzusetzenden Thyristoren betrage $|U_{DWM}| = |U_{RWM}| = 1000$ V, die Freiwerdezeit $t_q = 80\ \mu$s ($K_f = 1{,}25$).
a) Wie groß ist der Löschkondensator C zu wählen, wenn die Steuerfrequenz im Bereich von $f_S = 300 \dots 500$ Hz geändert werden soll?
b) Welche strom- und spannungsmäßige Beanspruchung der Wechselrichterthyristoren tritt an der unteren und oberen Frequenzgrenze auf?
Wie groß ist dabei die Freihaltezeit und das Frequenzverhältnis f_S/f_0?
c) Wie groß ist jeweils der Effektivwert des Wechselrichter-Grundschwingungsstroms und des Laststroms?
d) Wie groß sind Wirkleistung, Kondensator- und Lastblindleistung an der unteren und oberen Frequenzgrenze?

4.5. Spannungswechselrichter mit abschaltbaren Thyristoren und ohmsch-induktiver Last

Gegeben sei ein einphasiger Spannungswechselrichter mit abschaltbaren Thyristoren, der auf eine ohmsch-induktive Last arbeiten soll (Bilder 4.18 und 4.26). Die Eingangs-(Gleich-)Spannung betrage $U_d = 800$ V. Die Last ist gekennzeichnet durch: $R = 3\ \Omega$; $L = 1{,}5$ mH, d. h. $\tau = L/R = 0{,}5$ ms und $f_S = 300$ Hz.
Berechnen Sie:
a) den arithmetischen Mittelwert des Eingangs-(Gleich-)Stroms
b) die größte in der Last umsetzbare Wirkleistung
c) die Leitdauer der Gegendioden (Bei Verwendung von *nicht* abschaltbaren Thyristoren entspricht die Leitdauer der Gegendioden der Freihaltezeit t_H!)
d) den arithmetischen Mittelwert des Thyristorstroms
e) den arithmetischen Mittelwert des Diodenstroms
f) den Scheitelwert des Thyristor- und des Diodenstroms.

5. Steuerung der Stromrichter

5.1. Einführung

5.1.1. Vorbetrachtung, Aufgaben des Steuergerätes

Wie bereits im Abschnitt 1 erläutert, ist der Stromrichter als ein Netzwerk mit Schaltern aufzufassen. Durch die Variation der Leit- und Sperrintervalle der gesteuerten Ventile kann der Energiefluß verändert werden. Das Steuergerät hat daher die Aufgabe, die Schaltzeitpunkte der Ventile so vorzugeben, daß die in den Abschnitten 3 und 4 dargestellten Stromrichterfunktionen realisiert werden. Das Steuergerät und der Leistungsteil bilden somit eine funktionelle Einheit (vgl. Bild 1.5). Die Eigenschaften des Steuergeräts und sein Aufbau richten sich nach der Art der zu steuernden Stromrichter. Trotz der Vielfalt der Stromrichterschaltungen haben alle Steuergeräte folgende Gemeinsamkeiten:

a) Erzeugung einer Pulsfolge, die den periodischen Ablauf der Schaltvorgänge vorgibt;
b) Verzögerung der Schaltzeitpunkte zwecks Steuerung des Energieflusses;
c) Bereitstellung der Steuerenergie für die verwendeten Ventile (Thyristor, Triac, Transistor).

Wie werden diese Grundfunktionen bei der im Bild 5.1a dargestellten einfachen Steuerung eines Einpulsgleichrichters realisiert?

Zu a): Die Pulsfolge wird aus der Netzspannung abgeleitet, da der Kondensator *C* über den Widerstand *R* durch die Blockierspannung über dem Thyristor aufgeladen wird, bis die Kippspannung U_{BO} der Vierschichtdiode *D1* erreicht ist. Dann schaltet diese Triggerdiode durch. Der Thyristor erhält einen Zündimpuls und wird leitend (Bild 5.1b). Er verlöscht erst wieder, wenn der Laststrom, bedingt durch die sinusförmige Netzspannung, Null wird. Danach wiederholt sich dieser Vorgang, wobei *D2* die Aufladung während der Sperrphase verhindert.

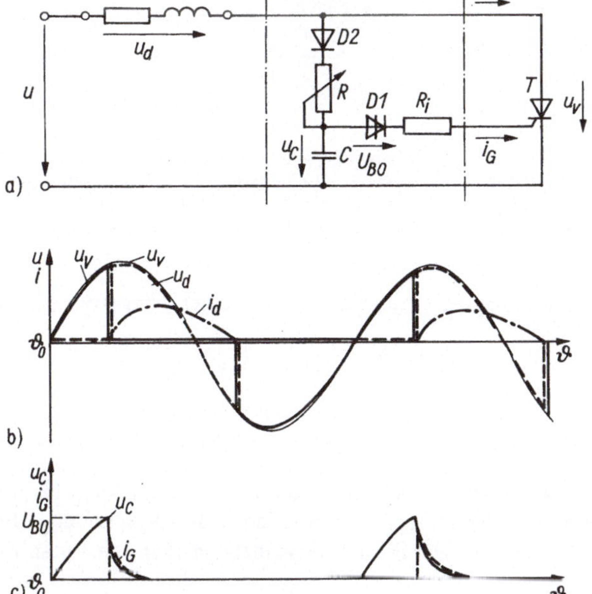

Bild 5.1. Einfache Steuerung des Einpulsgleichrichters

a) Schaltung; b) Zeitdiagramme der Ströme und Spannungen im Einpulsgleichrichter; c) Zeitdiagramme der Ströme und Spannungen im Steuergerät

Zu b): Die Verzögerung wird durch R und C in Verbindung mit dem Triggerelement $D1$ realisiert. Durch Veränderung von R wird der Zeitpunkt des Erreichens der Triggerschwelle und damit der Zündzeitpunkt für das Ventil T beeinflußt. Dadurch wird der Energiefluß gestellt.

Zu c): Die notwendige Zündenergie stellt der geladene Kondensator bereit.

5.1.2. Beschreibung der Steuergeräte mittels Zustandsgraphen

Voraussetzung für die Beschreibung eines Steuergerätes ist eine allgemeingültige Darstellung seiner Arbeitsweise und Eigenschaften. Hierfür sind Zustandsgraphen geeignet, weil ihre formalisierten Aussagen unabhängig von der technischen Realisierung gelten, gleichgültig, ob die Signaldarstellung analog oder digital ist, welche Bauelemente zum Einsatz kommen und ob eine festverdrahtete oder speicherprogrammierte Lösung gewählt wird. Damit ist der Zustandsgraph das Ergebnis des schöpferischen Entwurfsprozesses für ein Steuergerät, das unabhängig von der raschen Entwicklung der Hardware und Software bleibende Gültigkeit hat. Diese Methode ist für die Arbeitsweise des Ingenieurs auch deshalb von Bedeutung, weil sie das intuitive Entwerfen, bei dem die Formulierung der zu lösenden Aufgabe von vornherein unter dem Aspekt der verfügbaren Bauelemente erfolgt, überwindet.

Die Anwendung der Zustandsgraphen ist möglich, weil der jeweilige Zustand eines Stromrichters eindeutig durch den momentanen Schaltzustand der Gesamtheit aller Ventile bestimmt ist. Das gilt auch für das Steuergerät, da dessen jeweiliger Zustand durch den Zustand seiner Funktionsgruppen gegeben ist.

Bei diesen schematischen Darstellungen werden die Zustandsgraphen aus 3 Elementen aufgebaut (Bild 5.2a):

- dem Knoten, der Zustände verkörpert,
- dem Ereignis, das den Übergang zum Folgezustand vermittelt,
- dem Pfeil, der die Bewegungsrichtung vom Knoten zum Ereignis oder von diesem zum nachfolgenden Knoten kennzeichnet.

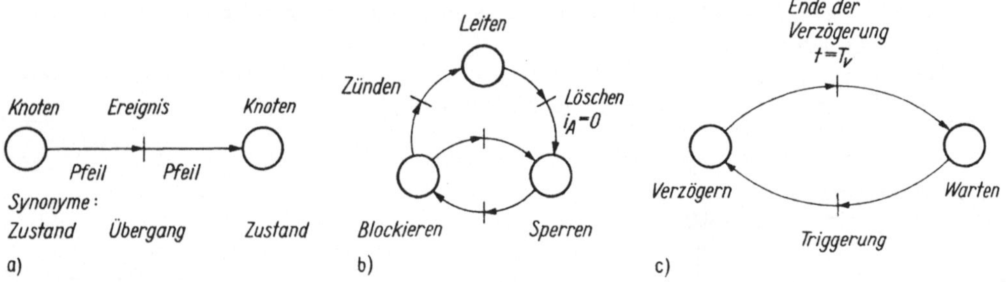

Bild 5.2. Zustandsgraphen

a) Elemente und übliche Bezeichnungsweisen; b) Zustandsgraph des Thyristors; c) Zustandsgraph der Funktionseinheit „Verzögerer"

Beispiele sind im Bild 5.2b, c gezeigt. Der Zustandsgraph zur Beschreibung eines Thyristors enthält die Zustände

- Leiten
- Sperren
- Blockieren

mit den Übergängen Zünden und Löschen.

Die Übergänge vom Sperr- zum Blockierzustand oder umgekehrt sind nicht mit besonderen Namen belegt, sie folgen aus dem Wechsel der Polarität der anliegenden Anoden-Katoden-Spannung. Bei dieser Betrachtung werden die Ventile als Schalter aufgefaßt, die so schnell schalten, daß man die Übergangszustände vernachlässigen kann.

Bild 5.2c zeigt als weiteres Beispiel den Zustandsgraphen der Funktionseinheit „Verzögerer" eines Steuergerätes. Er hat die Zustände

— Warten und
— Verzögern

sowie die Übergänge

— Triggerung, mit dem der Verzögerungsvorgang ausgelöst wird, und
— Ende der Verzögerung, welches nach Ablauf der Verzögerungszeit bei $t = T_v$ eintritt.

Die Beispiele lassen bereits folgende Vorteile der Anwendung der Zustandsgraphen erkennen:

1. Der kausale Zusammenhang zwischen Ursache und Wirkung wird deutlich dargestellt. So sagt Bild 5.2b aus, daß der Übergang des Thyristors in den leitenden Zustand nur aus dem Blockierzustand heraus erfolgen kann und daß dazu die Zündung nötig ist.
2. Der Zustandsgraph gestattet die einheitliche Beschreibung des Leistungsteils und des Steuerteils einer leistungselektronischen Einrichtung. Dies ermöglicht im weiteren, den Signalaustausch zwischen beiden Teilen ohne verbale Ausführungen zu notieren.
3. Vorgänge, die gleichzeitig und unabhängig voneinander ablaufen, wie dies für den Leistungsteil und das Steuergerät der Fall sein wird, sind problemlos darstellbar.

Diese und weitere Vorteile der Zustandsgraphen sind der Grund für ihre Bevorzugung gegenüber anderen bekannten Beschreibungsmethoden für Steuerungen, z. B. dem Programmablaufplan. Zum Gebrauch der Zustandsgraphen sind nun noch einige Regeln und die formale Schreibweise zu vereinbaren. Sie werden den Petri-Netzen entlehnt [5.1] [5.2] [5.3] und sind in Tafel 5.1, Bild 5.3 und im folgenden Text zusammengestellt.

1. Als Knoten werden stets Zustände von Bauelementen, Funktionseinheiten und Geräten dargestellt.

Tafel 5.1. Regeln zum Gebrauch der Zustandsgraphen

Regel 1:	Das Bestehen eines bestimmten Zustandes wird durch Markierung des betreffenden Knotens mit einer Marke gekennzeichnet.
Regel 2:	Zu einem Ereignis können beliebig viele Knoten hinführen.
Regel 3:	Ein Ereignis tritt nur ein, wenn alle zu ihm hinführenden Knoten mit einer Marke besetzt sind. Deshalb werden diese Knoten und die ihnen zugeordneten Zustände auch als Vorbedingung (für das Ereignis) bezeichnet.
Regel 4:	Sind die Bedingungen eines Ereignisses erfüllt, so erfolgt der Übergang unmittelbar und sprunghaft.
Regel 5:	Im Ergebnis eines Ereignisses verschwinden alle Marken von den vorgelagerten Knoten, und die nachfolgenden Knoten werden mit Marken belegt.
Regel 6:	Ein Ereignis kann zu beliebig vielen nachfolgenden Knoten führen.
Regel 7:	Ein Knoten kann mit beliebig vielen Ereignissen verbunden sein. Der Übergang der Marke ist jedoch nur zu einem nachfolgenden Knoten möglich, für den die Bedingungen des Ereignisses erfüllt sind (Fallunterscheidung).

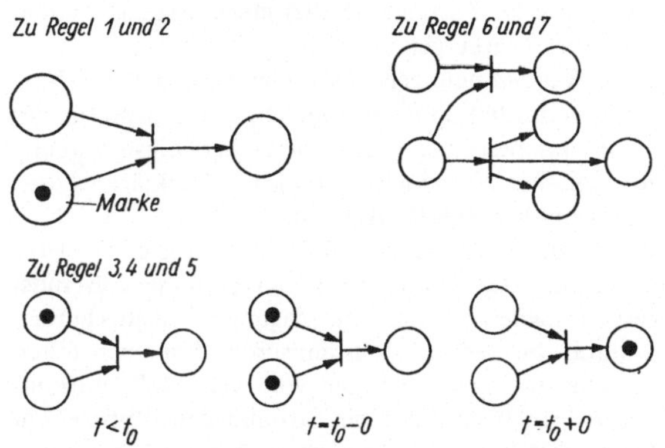

2. Entsprechend den bisherigen Vereinbarungen geht die Markierung eines Zustandes Z_1 bei Eintritt des Ereignisses zum Folgezustand Z_2 über, womit Z_1 verschwindet. Von praktischer Bedeutung sind auch Zustände, von denen Folgezustände ausgehen, ohne daß sie selbst erlöschen. Hierfür läßt sich ein Graph mit Rückführung angeben. Ein solcher Zustand wird als „gesetzt" bezeichnet und zur Vereinfachung durch das Anschreiben der Existenzbedingung erklärt (Bild 5.3a). Der gesetzte Zustand gilt als gesetzt oder markiert, sofern die Existenzbedingung erfüllt ist. Die Belegung mit einer Marke verschwindet, und der Zustand wird gelöscht, sobald die Existenzbedingung nicht mehr erfüllt ist. Während des Bestehens eines gesetzten Zustandes wird jede abfließende Marke durch eine neue ersetzt. Daraus folgt: Führen von diesen Knoten Verbindungen zu mehreren Ereignissen, so ermöglicht die Generation der Marken die Erfüllung der Vorbedingungen für mehrere Ereignisse wie auch deren mehrfache Erfüllung.

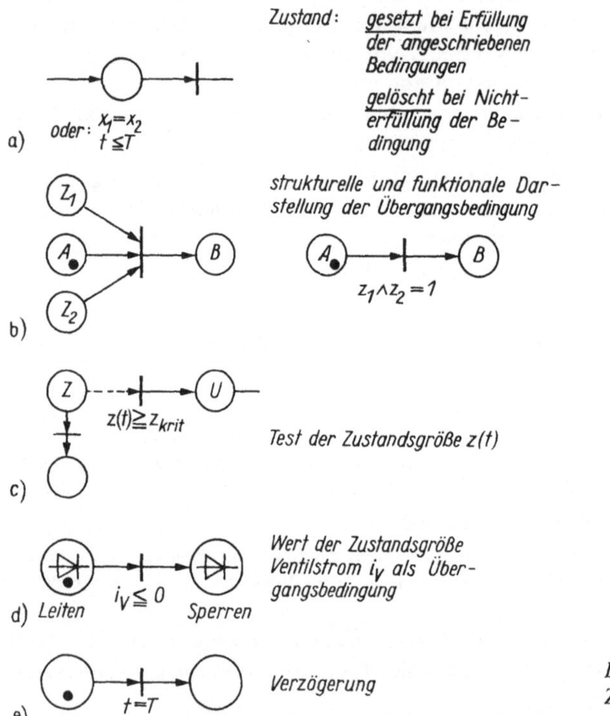

Bild 5.3. Erläuterungen zum Gebrauch der Zustandsgraphen

3. Zustände, deren Aktivierung nicht durch Ereignisse im Zustandsgraphen herbeigeführt werden — dies sind insbesondere „Eingaben", z. B. ein Start durch den Bediener —, sind als schraffierte Knoten gekennzeichnet.
4. Anfangszustände oder für eine Betrachtung ausgewählte Zustände (Fälle) eines Systems werden durch die Belegung der aktivierten Knoten mit einer Marke gekennzeichnet.
5. Eine Transition kann als Verknüpfung mehrerer Vorbedingungen das Ereignis als logische Verknüpfung von Zuständen grafisch darstellen und vermittelt so einen Einblick in die Struktur des Systems. Der Übergang kann aber auch durch Anschreiben einer allgemeinen Übergangsbedingung — beispielsweise einer Booleschen Gleichung logischer Variablen — funktional erklärt werden (Bild 5.3b). Das Ereignis tritt ein, wenn die Übergangsbedingung erfüllt ist.
6. Die Zustände haben in der Regel Zustandsgrößen zur Folge, ohne daß deren konkreter Wert für das Bestehen des Zustandes von Belang ist. Im Gesamtsystem kann jedoch der Wert dieser Zustandsgröße Bedeutung haben, er wird deshalb überwacht („getestet") und kann sogar ein Ereignis herbeiführen. Der ursprüngliche Zustand und die durch ihn bedingte Zustandsgröße brauchen durch dieses Ereignis nicht beeinflußt zu werden. Solche Bedingungen liegen vor, wenn z. B. im Leitzustand eines Transistors die Zustandsgröße Kollektorstrom durch ein Strommeßglied überwacht wird und beim Erreichen eines kritischen Werts ein Warnsignal generiert wird.

Zur Darstellung eines solchen „Testes“ wird nach Bild 5.3c verfahren. Der Zustand Z bedingt die Zustandsgröße $z(t)$. Ist die Bedingung $z(t) \geqq z_{krit}$ erfüllt, so tritt das Ereignis ein, indem es eine Marke generiert, mit der der Knoten U belegt wird. Der unterbrochen gezeichnete Pfeil (Testkante genannt) soll veranschaulichen, daß die Marke von Z nicht nach U abfließen kann, sondern eine neue Eingangsgröße generiert wird.

7. Von Bedeutung sind aber auch Zustände, die durch definierte Werte von Zustandsgrößen verursacht werden. Diese Zustandsgrößen sind durch ihren quantitativen Wert gekennzeichnet und führen zu Ereignissen. So erfolgt z. B. der Übergang einer Diode vom leitenden zum sperrenden Zustand dann, wenn der Diodenstrom (als Zustandsgröße) auf den Wert Null abfällt. In diesen Fällen wird die Übergangsbedingung ebenfalls unmittelbar an das Ereignis angeschrieben (s. Bild 5.3d).

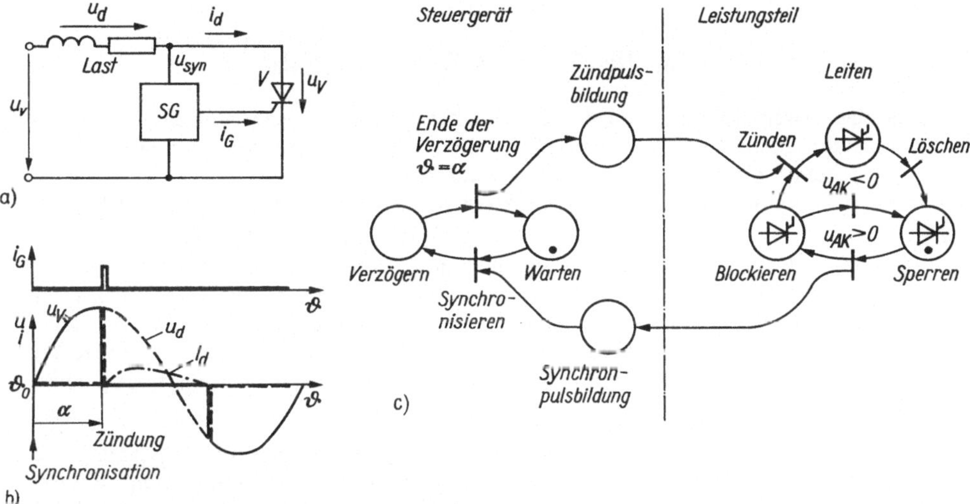

Bild 5.4. Beschreibung des Einpulsgleichrichters mittels Zustandsgraphen

a) Schaltung; b) Zeitdiagramme; c) Zustandsgraphen ($u_{AK} \triangleq u_V$)

8. Die Möglichkeit, den Wert einer Zustandsgröße als Bedingung für ein Ereignis zu interpretieren, wird für die Darstellung von Verzögerungsvorgängen genutzt (Bild 5.3e). Der Verzögerungsvorgang beginnt mit der Aktivierung des Zustandes „Verzögerung“ durch Belegung mit einer Marke. Er endet durch Übergang zum Folgezustand, sobald die dem Ereignis zugeordnete Zeitbedingung erfüllt ist.

Als einführendes Beispiel soll der Einpulsgleichrichter mittels der Zustandsgraphen beschrieben werden. Dazu sind im Bild 5.4 die Schaltung, die Zeitdiagramme und die Zustandsgraphen des Leistungsteiles sowie des Steuergerätes angegeben. Die Anfangsmarkierung zeigt den Sperrzustand des Thyristors an. Im Zeitpunkt ϑ_0, in dem die Netzspannung positiv wird, erfolgt der Übergang vom Sperr- zum Blockierzustand. Durch dieses Ereignis im Leistungsteil wird ein Synchronisiersignal gebildet, das den Zustand „Synchronpulsbildung“ im Steuergerät aktiviert. Dies führt dort zum Ereignis „Synchronisieren“, wodurch der Verzögerer gestartet wird. (Hierbei wurde vorausgesetzt, daß der Zustand „Warten“ mit einer Marke belegt ist.) Das Steuergerät verbleibt im Zustand „Verzögern“, bis der abgelaufene Winkel ϑ dem vorgegebenen Zündwinkel α gleicht und damit das Ereignis „Ende der Verzögerung“ eintritt. Das Steuergerät geht nun in den Wartezustand über, außerdem wird der Knoten „Zündpulsausgabe“ aktiviert, der das Ereignis „Zündung“ und in dessen Folge den Leitzustand des Thyristors herbeiführt. Im weiteren hat das Steuergerät keinen Einfluß mehr auf den Leistungsteil. Das Ereignis „Löschen“ und der Übergang zum Sperrzustand werden vom Wert der Zustandsgröße Thyristorstrom $i_A = 0$ bedingt. Entsprechend der periodischen Arbeitsweise des Stromrichters erfolgt der hier beschriebene Durchlauf der Zustandsgraphen ebenfalls periodisch.

Wichtig für die Anwendung des Zustandsgraphen im vorliegenden Abschnitt 5 sind die an diesem Beispiel deutlich werdende Herleitung des funktionsbeschreibenden Zustandsgraphen des Steuergerätes aus der Wirkungsweise des Leistungsteiles und die explizite Darstellung der Signalverbindungen

— vom Leistungsteil zum Steuergerät, hier das Synchronisationssignal, und
— vom Steuergerät zum Leistungsteil, hier das Zündsignal.

5.2. Steueralgorithmen netzgelöschter Stromrichter

Da die Ventile netzgelöschter Stromrichter netzsynchron schalten müssen, bedeutet dies, daß das Steuergerät mit einer Pulsfolge arbeitet, die aus der Netzspannung abgeleitet wird. Diese Synchronisation ist ein wesentliches Merkmal der Steuergeräte netzgelöschter Stromrichter.

5.2.1. Steueralgorithmus für die Zweipuls-Brückenschaltung

Das Steuergerät einer Zweipuls-Brückenschaltung beinhaltet alle grundlegenden Eigenschaften netzgelöschter Stromrichter. Deshalb erweist sich sein Steueralgorithmus als Grundalgorithmus zur Steuerung aller netzgelöschten Stromrichter und soll näher untersucht werden.

Aus der im Bild 5.5 dargestellten Funktionsweise lassen sich entsprechend Abschnitt 5.1.1 folgende Forderungen ableiten:

a) Die Ventilgruppe *V1*, *V4* ist der positiven (+) und die Ventilgruppe *V2*, *V3* der negativen (—) Netzhalbschwingung zugeordnet (Bild 5.5a und b). Die Ventile einer Gruppe sind jeweils gleichzeitig zu zünden, wobei beide Ventilgruppen um eine halbe Periodendauer versetzt schalten. Der Steuerablauf muß mit dem Übergang der Ventile vom Sperr- zum Blockierzustand synchronisiert werden. Das zur Synchronisation nutzbare Ereignis ist stets der Übergang der Kommutierungsspannung zu positiven Werten.

   Im vorliegenden Fall entspricht die Kommutierungsspannung der speisenden Netzspannung oder einer ihr proportionalen Synchronisationsspannung. Die Ereignisse „Synchronisation" erfolgen dann in den Zeitpunkten der positiven und negativen Nulldurchgänge der Netzspannung, die mit den kleinstmöglichen Zündwinkeln α_{0+} bzw. α_{0-} zusammenfallen (Bild 5.5c, e).

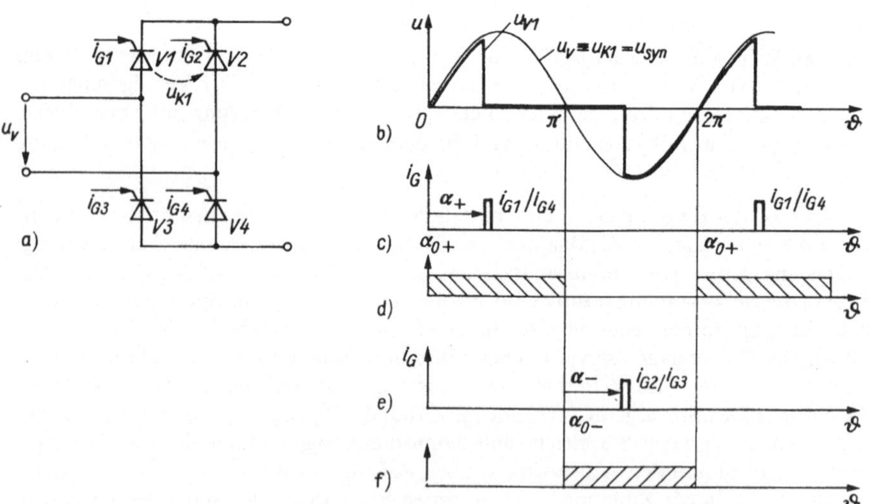

Bild 5.5. Erläuterungen zur Steuerung der Zweipuls-Brückenschaltung mit Thyristoren

a) Schaltung; b) Zeitdiagramme der Spannungen; c) Zeitdiagramme der Zündimpulse der Ventile *V1* und *V4*; d) Verschiebebereich des Zündwinkels der Ventile *V1* und *V4*; e) Zeitdiagramme der Zündimpulse der Ventile *V2* und *V3*; f) Verschiebebereich des Zündwinkels der Ventile *V2* und *V3*

Dieser kleinstmögliche Zündwinkel α_0 einer Ventilgruppe ist der Winkel ϑ, bei dem eine Diode, die an Stelle der Thyristoren eingesetzt wäre, den Strom übernehmen würde. Neben der Erfassung der Nulldurchgänge der Synchronisationsspannung braucht man für die spätere Zuordnung der Zündsignale zu den Ventilgruppen auch die Erfassung der Polarität von u_{syn}.

b) Eine Verzögerung des Zündpulses ist im Bereich $0 \leqq \alpha_+ \leqq \pi$ für die Ventilgruppe *V1, V4* und $\pi \leqq \alpha_- \leqq 2\pi$ für die Ventilgruppe *V2, V3* möglich (Bild 5.5d, f). Dieser Verschiebebereich des Zündwinkels ist identisch mit dem Intervall der anliegenden Blockierspannung ($u_K > 0$). Man erkennt, daß die Verzögerungsvorgänge für beide Ventilgruppen stets aufeinanderfolgend ablaufen und deshalb nur *eine* Verzögerungseinrichtung notwendig ist. Die mit doppelter Netzfrequenz anstehenden Zündsignale sind dann jedoch auf die beiden Ausgangskanäle entsprechend den Ventilgruppen aufzuteilen. Das Ende der Verzögerung ist mit der Erfüllung der Übergangsbedingung $\vartheta = \alpha$ erreicht. Dieses Ergebnis führt zur Zündpulsausgabe.

c) Die Zündpulse sind vom Steuergerät den Thyristoren mit hinreichender Leistung und Dauer potentialfrei zuzuführen.

Die bisherigen Aussagen gestatten die Beschreibung des Steuergerätes durch den Zustandsgraphen nach Bild 5.6. Um ihn zu verwirklichen, benötigt das Steuergerät Funktionseinheiten zur Ausführung folgender Aufgaben:

1 Spannungsanpassung und Filterung zur Erzeugung einer potentialfreien, unverzerrten Signalspannung zur Synchronisation mit angepaßter Amplitude aus der Speisespannung des Stromrichters
2 Synchronisation der weiteren Funktionsgruppen durch Erzeugung von Pulsfolgen aus der netzfrequenten Signalspannung
3 Verzögerung der Synchronpulse um den Zündverzögerungswinkel α entsprechend dem Steuersignal u_{st}
4 Formung der Zündpulse (Zeitdauer T_p bzw. Winkel Θ_p)
5 Verteilung der verzögerten Pulse auf die Kanäle „+" und „—" und die jeweils zu zündenden Ventile
6 Verstärkung der Zündpulse auf die vom Ventil benötigte Impulsleistung (Endstufe)
7 Übertragung des Zündpulses zum Ventil, Potentialtrennung.

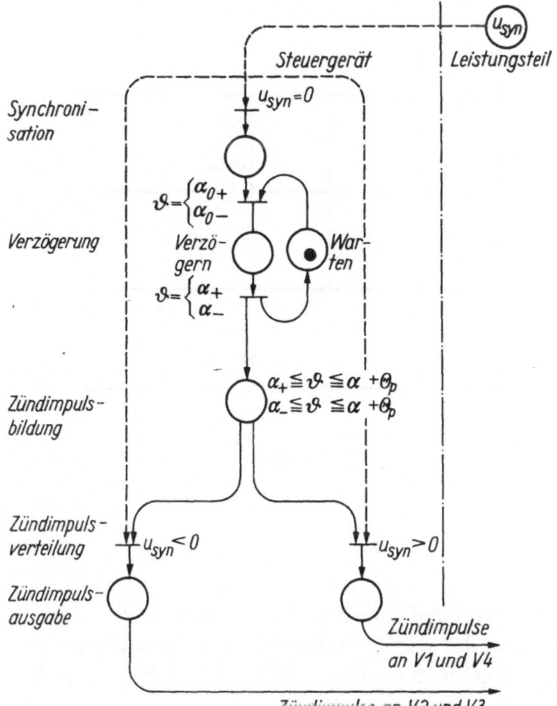

Bild 5.6. Zustandsgraph des Steuergerätes der Zweipuls-Brückenschaltung nach Bild 5.5

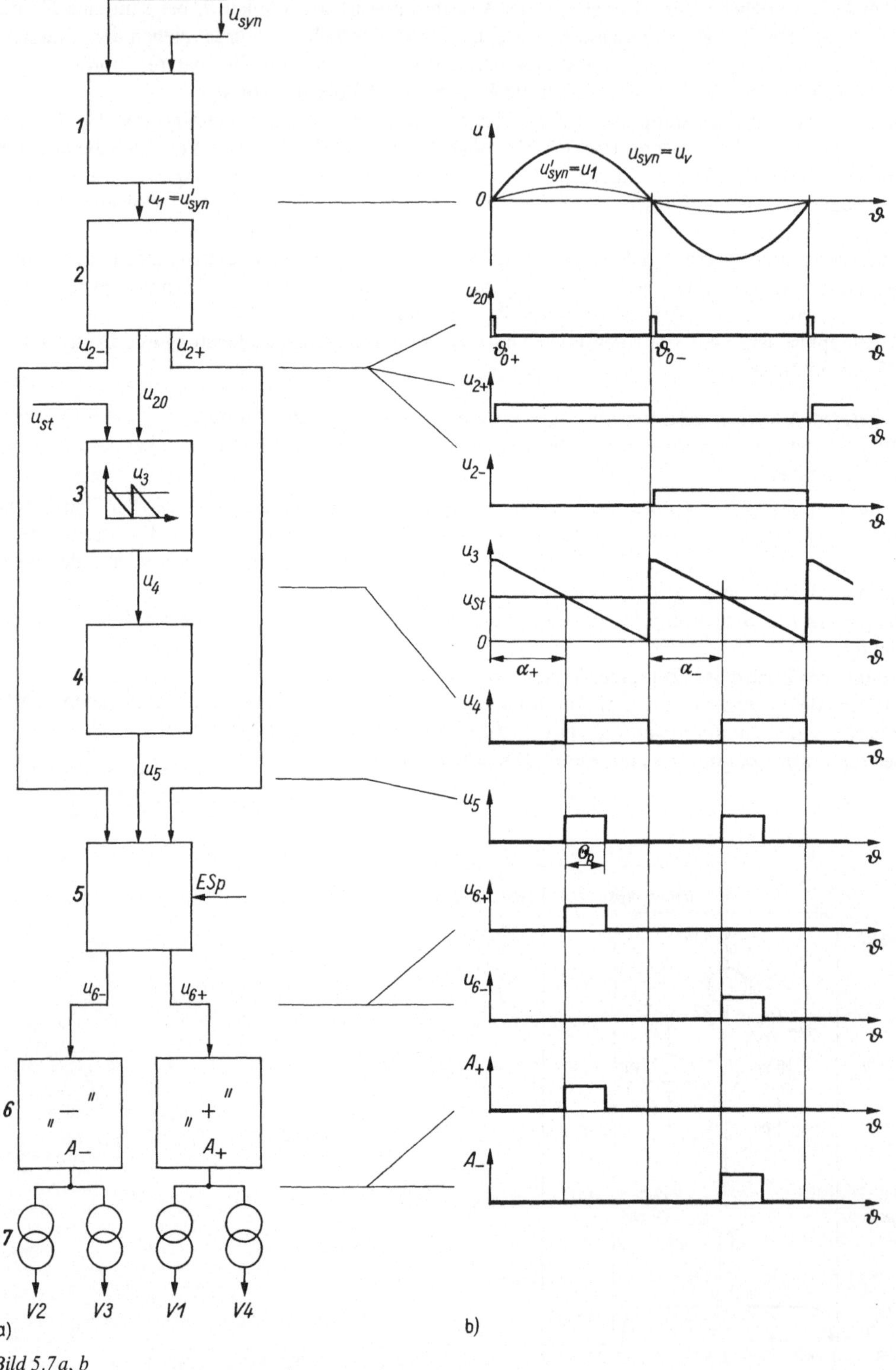

Bild 5.7 a, b

Ihr Zusammenspiel ist im Blockschaltbild (Bild 5.7a) dargestellt. Die Signalzeitdiagramme im Bild 5.7b erläutern die Arbeitsweise der Funktionseinheiten unter der Voraussetzung analoger Signaldarstellung. Für die Realisierung des Steueralgorithmus mittels Rechners ist die Darstellung in Form eines Programmablaufplans (Bild 5.7c) zugeschnitten.

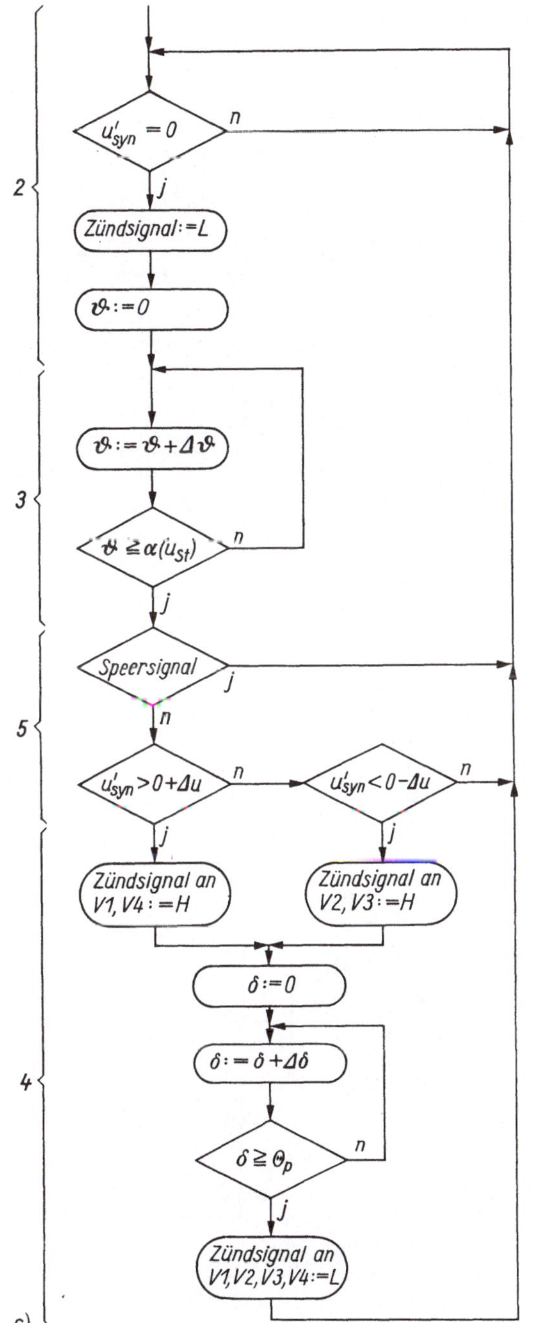

Bild 5.7. Steuergerät für die Zweipuls-Brückenschaltung

a) Blockschaltung (Funktionseinheiten)
1 Spannungsanpassung und Filterung
u_{syn} Synchronisationsspannung (vgl. Bild 5.5),
u'_{syn} amplitudenangepaßte und potentialfreie Synchronisationsspannung
2 Bildung der Synchronpulsfolge u_{20} und der Signale für die Zuordnung zu den Ventilgruppen
3 Verzögerung der Synchronpulse um $\alpha = f(U_{st})$
4 Formung der Zündpulse
5 Zuordnung der Zündpulse zu den Ventilgruppen
6 Verstärkung der Zündpulse
7 potentialtrennende Übertragung der Zündpulse zum Ventil
b) Zeitdiagramme bei analoger Signalverarbeitung
c) Programmablaufplan für die Realisierung des Steueralgorithmus mittels Rechners
Zündsignal $L \triangleq$ kein Zündimpuls; Zündsignal $H \triangleq$ Zündimpuls
$\Delta\vartheta$ Quantisierungsschritt (Zeitinkrement) des Steuerwinkels
$\Delta\delta$ Quantisierungsschritt (Zeitinkrement) zur Realisierung der Zündpulsdauer Θ_p

5.2.2. Steuergrundgerät (SGG)

Eine Steuereinrichtung, die den im Abschnitt 5.2.1 beschriebenen Grundalgorithmus ausführt, wird im weiteren als Steuergrundgerät (SGG) bezeichnet. Diese wiederkehrende Baugruppe mit den Eingängen zur Synchronisation (*ESy*) und Steuerung (*ESt*) und den Ausgängen A_+, A_-, die die beiden verstärkten Zündsignale bereitstellen, ist im Bild 5.8 dargestellt. Zusätzlich sind zur Erzeugung eines Nachimpulses (Begründung s. Abschn. 5.2.3) die Zündsignale über die Nachimpulsausgänge *ANI* entnehmbar, um sie anderen Steuergrundgeräten über deren Nachimpulseingänge *ENI* zuführen zu können. Tafel 5.2

Tafel 5.2. Aufbau der Steuergeräte wichtiger netzgelöschter Stromrichterschaltungen unter Verwendung des Steuergrundgerätes SGG (vgl. Abschn. 5.2.2)

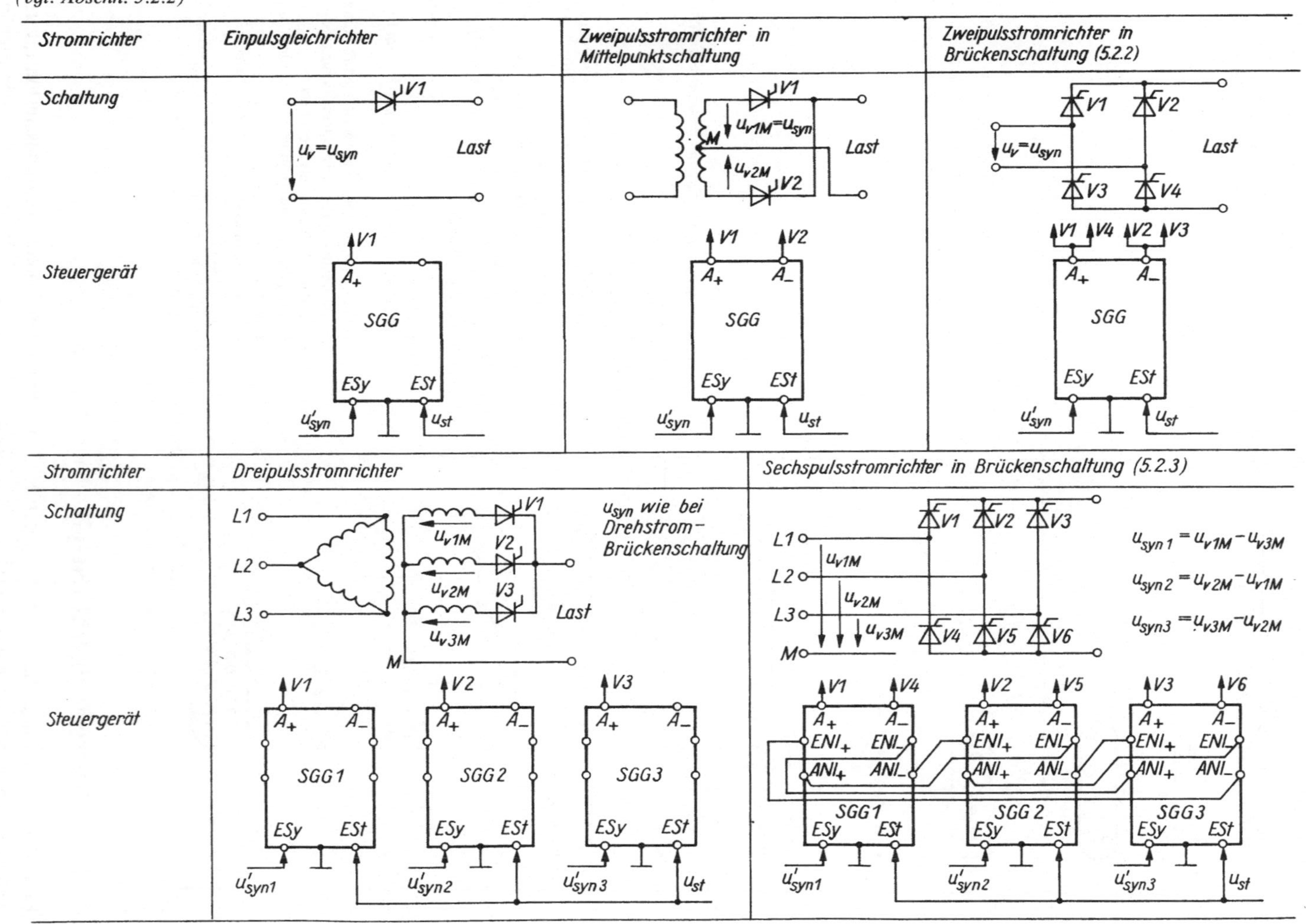

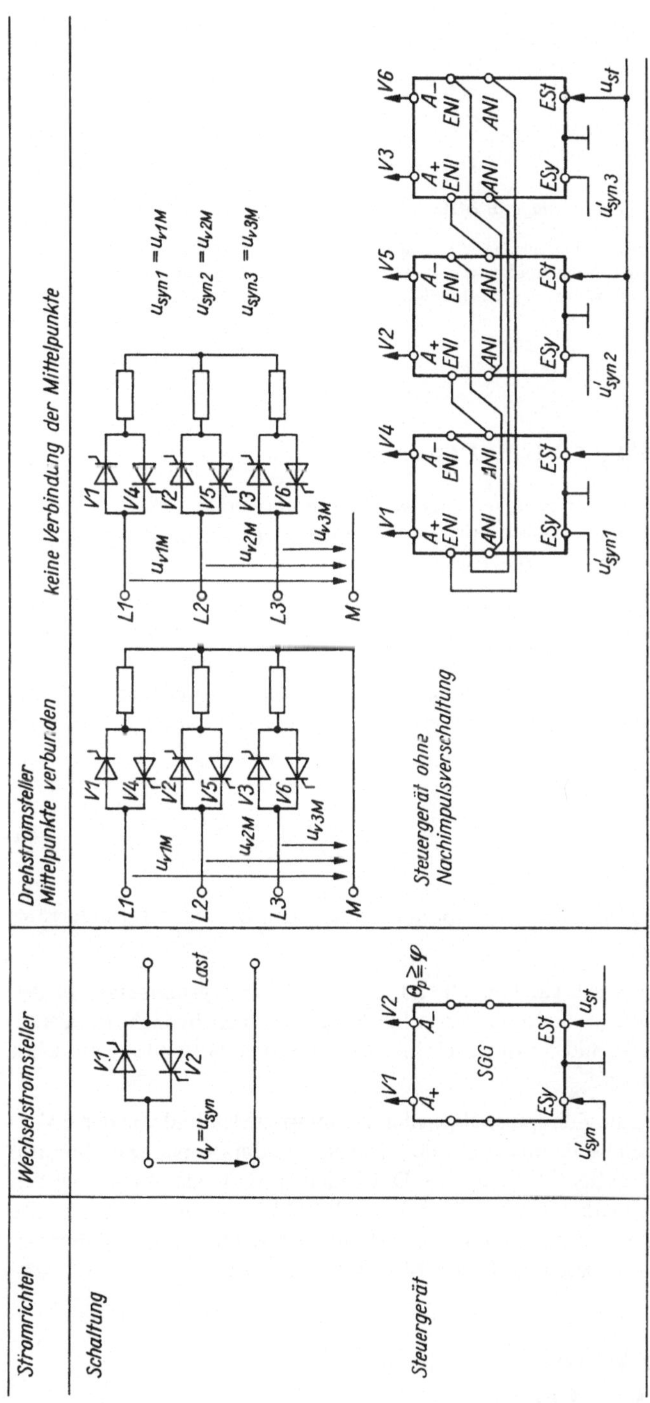

Stromrichter
Wechselstromsteller
Drehstromsteller
Mittelpunkte verbunden
keine Verbindung der Mittelpunkte
Schaltung
V1
V2
Last
$u_v = u_{syn}$
L1
L2
L3
M
V3
V4
V5
V6
u_{v1M}
u_{v2M}
u_{v3M}
$u_{syn1} = u_{v1M}$
$u_{syn2} = u_{v2M}$
$u_{syn3} = u_{v3M}$
Steuergerät
$\Theta_p \geqq \varphi$
SGG
A+
A−
ESy
ESt
u'_{syn}
u_{st}
Steuergerät ohne Nachimpulsverschaltung
ENI
ANI
u'_{syn1}
u'_{syn2}
u'_{syn3}

gibt eine Übersicht über die Realisierung von Steuergeräten für wichtige Stromrichterschaltungen mittels des Steuergrundgerätes.

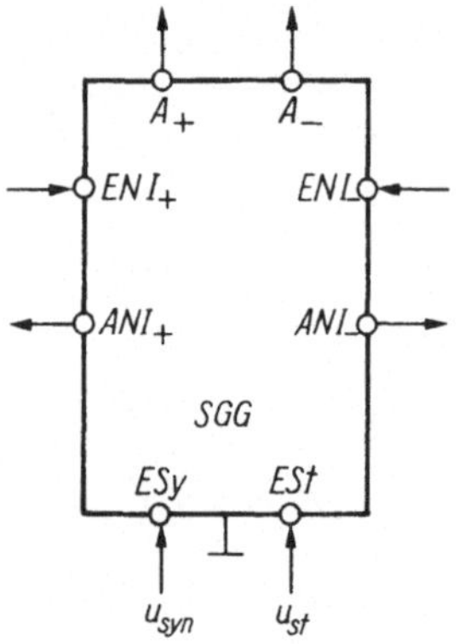

Bild 5.8. Steuergrundgerät SGG

ESy Synchronisationseingang; *ESt* Eingang zur Steuerung des Zündwinkels $\alpha = f(u_{st})$; *ENI+*, *ENI−* Nachimpulseingänge; *ANI+*, *ANI−* Nachimpulsausgänge; *A+*, *A−* Zündimpulsausgänge; u_{syn} Synchronisationsspannung; u_{st} Steuerspannung

5.2.3. Steuergeräte mehrphasiger Stromrichter

Die Steuergeräte für *m*-phasige Stromrichter bestehen aus *m* Steuergrundgeräten (Tafel 5.2). Der Gedankengang für die Herleitung des Steueralgorithmus eines mehrphasigen Stromrichters soll am Beispiel der Sechspuls-Brückenschaltung demonstriert werden.

1. Schritt: Zunächst gilt es, die Spannungen zur Synchronisation auszuwählen. Wie aus Bild 5.9a zu ersehen, wird die Kommutierungsspannung u_{K1} für Ventil *V1* gegenüber der anliegenden Netzspannung u_{v1M} um den Winkel $\pi/6$ später positiv, d. h., der frühestmögliche Zündwinkel α_0 liegt $\pi/6$ nach dem Nulldurchgang der Netzspannung. Die gleiche Phasenverschiebung muß auch die Synchronisationsspannung haben. Deshalb bieten sich die verketteten Spannungen (Leiterspannungen) für die Synchronisation an:

$$\begin{aligned} u_{syn1} &= u_{v3M} - u_{v1M} \\ u_{syn2} &= u_{v1M} - u_{v2M} \\ u_{syn3} &= u_{v2M} - u_{v3M}\,. \end{aligned} \tag{5.1}$$

Ihre Potentiale werden getrennt und mit angepaßter Amplitude als u'_{syn} den drei Steuergrundgeräten zugeführt (Bild 5.9d).

2. Schritt: Nun wird eine Zuordnung der Ausgangssignale (A_+, A_-) der Steuergrundgeräte zu den Ventilen vorgenommen. Dies ist sehr einfach durch die Darstellung der Verschiebebereiche der Zündwinkel für die einzelnen Ventile möglich (Bild 5.9b). Auch hier ist eine Potentialtrennung zwischen Steuergrundgerät und Thyristor notwendig.

Als *3. Schritt* werden die Forderungen an die Zündpulse abgeleitet. Da im speziellen Fall von den 6 Ventilen stets 2 in Reihe liegende Ventile leitend sein müssen, fordert jede Neuzündung (erster Zündimpuls) eine nochmalige Zündung des zweiten Ventils (Nachimpuls). Das bedeutet, daß jedes Ventil um den Winkel $\pi/3$ nach der ersten Zündung nochmals einen Zündimpuls erhält (Bild 5.9c). Diese Nachimpulse werden erzeugt, indem die drei zeitlich versetzt arbeitenden Steuergrundgeräte mit ihren Nachimpulseingängen und -ausgängen (*ENI*, *ANI*) entsprechend Bild 5.9d verschaltet werden.

5.2.4. Steueralgorithmen für Wechselstromsteller, Drehstromsteller und Schalter

5.2.4.1. Steueralgorithmus des Wechselstromstellers

Aus der Arbeitsweise des Wechselstromstellers, die im Abschnitt 3.7.1 dargestellt ist, kann abgeleitet werden, daß der frühestmögliche Zündwinkel α_0 mit dem Nulldurchgang der Netzspannung identisch

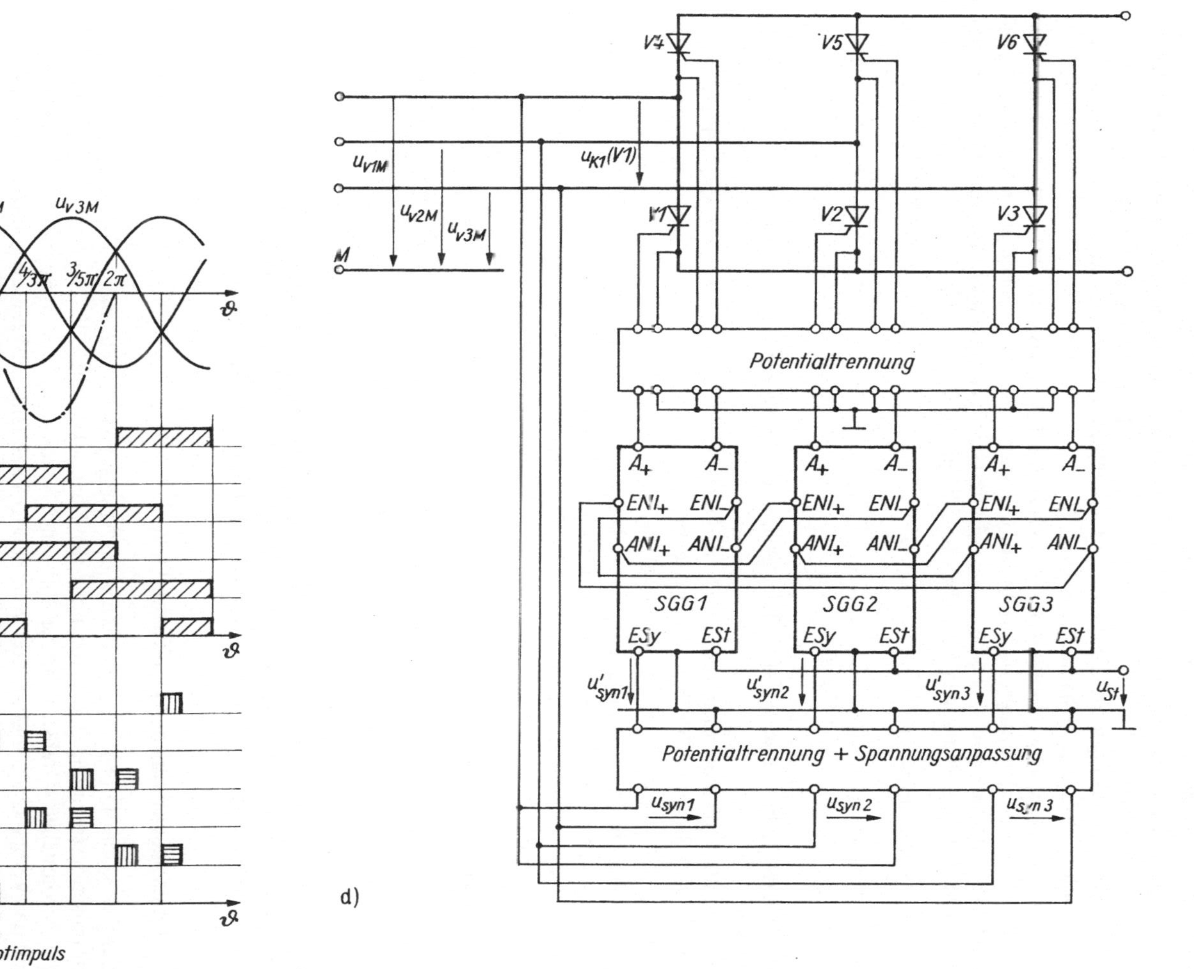

Bild 5.9. Steuergerät für die Drehstrom-Brückenschaltung unter Verwendung des Steuergrundgerätes (SGG)

a) Verlauf der Netzspannungen und der Kommutierungsspannung des Ventils *V1*; $u_{K1} = u_{syn1} = u_{V1M} - u_{V3M}$; b) Verschiebebereiche der Zündwinkel; c) Zündimpulse bei Zündwinkel $\alpha = \pi/3$; d) Zusammenschaltung der Steuergrundgeräte; u'_{syn} amplitudenangepaßte, phasengleiche Synchronisationsspannung ist. Damit liegt auch die Synchronisationsspannung für das Steuergrundgerät fest. Zugleich ist die Zuordnung der Zündpulse zu den Ventilen gegeben (s. Tafel 5.2). Bei Verwendung von antiparallelen Thyristoren an Stelle eines Triacs muß eine Potentialtrennung vorgenommen werden. Schwieriger ist die Ableitung der Forderungen an die Dauer der Zündpulse und deren schaltungstechnische Umsetzung. Dies soll nachstehend behandelt werden.

Die Darstellung der Steuerkennlinie des Wechselstromstellers zeigt, daß bei ohmscher Last jeder Zündwinkel $\alpha > 0°$ zur Spannungsabsenkung führt, während mit zunehmendem induktivem Anteil der Last X/R die Steuerbarkeit erst oberhalb eines Mindestverzögerungswinkels beginnt. Dieser Grenzwert ist identisch mit dem Phasenwinkel φ der Last. Es gilt

$$\alpha_{\text{grenz}} = \varphi = \arctan X/R$$

oder für den wirksamen Stellbereich

$$\varphi \leqq \alpha < \pi \,. \tag{5.2}$$

Bei ohmscher Last ergibt sich wegen $\varphi = 0$ der gleiche Verschiebebereich, wie er im Steuergrundgerät verwirklicht ist.

Bei ohmsch-induktiver Last bleibt ein Zündpuls im Bereich $0 \leqq \alpha \leqq \varphi$ unwirksam, weil das antiparallele Ventil den Strom noch führt und über dem zu zündenden Ventil die Spannung nahezu Null ist. Hier bieten sich folgende zwei Lösungswege an:

1. Speicherung der Zündpulse für den Fall $\alpha < \varphi$, bis die Zündbereitschaft vorhanden ist. Der Zündpuls wird dann bei Anliegen der Blockierspannung ausgegeben. Das erfordert die Erfassung des Blockierzustandes und dessen Auswertung im Steuergerät. Das Steuergrundgerät muß um die Funktionsgruppen „Zündpulsspeicherung“ und „Zündbereitschaftserfassung“ ergänzt werden.
2. Vergrößerung der Zündpulsdauer. Da die meisten Verbraucher, die durch einen Wechselstromsteller gespeist werden, einen Lastwinkel $\cos\varphi > 0{,}8$ besitzen, genügen Zündpulse der Dauer $\Theta_p \geqq 37°$ oder $T_p \geqq 2$ ms (bei 50-Hz-Netz). Wenn entsprechend lange Zündpulse geformt werden, kann das Steuergrundgerät nach Abschnitt 5.2.2 angewendet werden (vgl. Tafel 5.2). Oft wird in der Praxis eine Zündpulsdauer von $\Theta_p = \pi - \alpha$ verwendet. Dies läßt sich mit dem Steuergrundgerät ebenfalls realisieren.

Beim Einsatz von Triacs in Wechselstromstellern muß man berücksichtigen, daß bei Zündwinkeln $\alpha \to \pi$ ein Durchschalten dieser Ventile in der folgenden Halbschwingung möglich ist. Deshalb ist der Zündpuls einige 100 µs vor dem Nulldurchgang der Speisespannung zu beenden.

5.2.4.2. Steueralgorithmus des Drehstromstellers

Die Wirkungsweise des Drehstromstellers wird im Abschnitt 3.7.2 untersucht. Hinsichtlich der Wahl der Synchronisationsspannung und Zuordnung der Zündpulse gelten die gleichen Aussagen wie für den Wechselstromsteller. Drehstromsteller mit einer Verbindung der Sternpunkte des speisenden Netzes und des Verbrauchers sind als drei voneinander unabhängige Wechselstromsteller aufzufassen (Abschn. 5.2.4.1). Das Steuergerät läßt sich dann aus drei einzelnen Steuergeräten für Wechselstromsteller aufbauen (Tafel 5.2). Ist keine Verbindung der Sternpunkte vorhanden, müssen stets zwei in Reihe liegende Ventile leitend sein. Die Ventilströme können im Steuerbereich ($\alpha > \pi/2$) lücken. Deshalb ist der Steueralgorithmus der Sechspulsbrücke geeignet, und die Steuereinrichtung kann aus drei Steuergrundgeräten unter der Nutzung der Nachimpulsverknüpfungen gemäß Tafel 5.2 aufgebaut werden. Die *unsymmetrische* Steuerung des Drehstromstellers (Bild 3.78) stellt erweiterte Forderungen an das Steuergerät (z. B. Verschiebebereich $(7/6\pi)$), die sich nicht mit dem Steueralgorithmus des Steuergrundgerätes verwirklichen lassen.

5.2.4.3. Steueralgorithmen von Wechsel- und Drehstromschaltern

Jeder Steller wird zum Schalter, wenn das Steuergerät nur zwei Formen der Steuerung zuläßt:

- keine Zündung, d. h. ausgeschalteter Zustand, und
- Zündung ohne Phasenanschnitt, d. h. eingeschalteter Zustand (bei maximaler Ausgangsspannung).

Zu diesem Zweck wird eine konstante Steuerspannung, die dem Zündwinkel $\alpha = 0$ oder $\alpha = \varphi$ entspricht, vorgegeben und die Steuerung über die Zündpulssperre (vgl. Abschn. 5.2.5) des Steuergrundgerätes ausgeführt. Bei hinreichend langen Zündpulsen $\Theta_p > \varphi$ kann der Verzögerer entfallen.

Bei ohmscher Last wird wegen $\alpha = \varphi \approx 0$ im Nulldurchgang der Netzspannung geschaltet. Diese Anordnung bezeichnet man als Nullspannungsschalter. Sie dient zur Schwingungspaketsteuerung.

Bei ohmsch-induktiver Last muß das Steuergerät bei $\alpha = \varphi$, also im Stromnulldurchgang, die Zündpulse abgeben. Bei dieser Steuerung spricht man vom Nullstromschalter.

Um das Entstehen einer Gleichkomponente im Netzstrom zu vermeiden, darf stets nur eine Anzahl vollständiger Netzperioden eingeschaltet werden. Dies wird dadurch erzwungen, daß z. B. die Zündung in der positiven Halbschwingung die Ausgabe des Zündpulses in der negativen Halbschwingung zur Folge hat, unabhängig vom Wirken der Zündpulssperre. Werden eisenbehaftete Induktivitäten, besonders Transformatoren geschaltet, so muß zusätzlich jedes neubeginnende Einschaltintervall mit stets gleicher Polarität starten. Hierdurch werden Überströme infolge der Verringerung der Induktivität durch Sättigung des Eisenkreises vermieden.

5.2.5. Anpassung der Steuergeräte an reale Betriebsbedingungen

5.2.5.1. Modifikationen der Zündpulsbildung

Die Eigenschaften der verwendeten Bauelemente und auch der Last beeinflussen die Einschaltbedingungen der Ventile. Deshalb braucht man Zündpulse mit unterschiedlichen Formen:

- Das Ventil erhält einen Zündpuls für die Dauer Θ_p, wobei Θ_p fest einstellbar ist.
- Das Ventil erhält zwei Zündpulse der Dauer Θ_p, die einen definierten Abstand haben (vgl. Nachimpuls, Abschn. 5.2.3).
- Das Ventil erhält erst dann einen Zündpuls der Dauer Θ_p, wenn seine Zündbereitschaft vorliegt (vgl. Abschn. 5.2.4.1).
- Das Ventil erhält einen Zündpuls, dessen Dauer vom Zündwinkel $\vartheta = \alpha$ bis zum Ende des Verschiebebereichs $\vartheta = \pi$ reicht, die Zündpulsdauer beträgt $\Theta_p = \pi - \alpha$. Dies gewährleistet den Leitzustand auch dann, wenn der Strom innerhalb eines Leitintervalls lückt.

Um Zündenergie einzusparen, kann man den Zündpuls in eine Impulsfolge zerlegen („Lattenzaun“). Man kann auch ein Zündsignal der Dauer $\pi - \alpha$ erzeugen. Dabei wird der Zündpuls jedoch nur so lange ausgegeben, bis das Ventil leitet. Deshalb muß die Wirkung des Zündpulses überwacht werden und entweder der Anstieg des Ventilstroms über den Einraststrom oder das Verschwinden der Blockierspannung als Bedingung für den Abbruch der Zündpulsausgabe zurückgemeldet werden. Ein Verlöschen des Ventils im Bereich $\alpha < \vartheta < \pi$ hat eine erneute Zündpulsausgabe zur Folge.

5.2.5.2. Sperrung der Zündpulsausgabe

Die Zündpulssperre gestattet mittels eines weiteren Steuersignals die Sperrung oder die Freigabe der Zündpulsausgabe. Diese Unterbrechung des periodischen zyklischen Betriebs der Ventile wird benötigt für:

- die rasche Abschaltung des Stromrichters im Havariefall;
- die verzögerte Freigabe der Zündpulse nach dem Einschalten eines Stromrichters, um die Zeitspanne der Ausgleichvorgänge im Leistungsteil, in der Informationselektronik und in der Stromversorgung zu überbrücken;
- den kreisstromfreien Betrieb eines Umkehrstromrichters (vgl. Abschn. 3.6.2).

5.2.5.3. Begrenzung des Verschiebebereichs des Zündwinkels

Der theoretisch mögliche Verschiebebereich des Zündwinkels der netzgelöschten Stromrichter beträgt (bis auf wenige Ausnahmen bei Sonderschaltungen) $0 \leqq \alpha \leqq \pi$. Tatsächlich nutzbar ist ein Verschiebebereich in den Grenzen

$$\alpha_{min} \leqq \alpha \leqq \alpha_m ,$$

wo $\alpha_{min} = (2 \dots 4)^\circ$el beträgt und $\alpha_m = \pi - \beta_{min}$ durch (3.359) gegeben ist. Der Winkel β_{min} ist zur Verhütung des Wechselrichterkippens erforderlich. Dadurch wird die Steuerkennlinie $U_{di\alpha} = f(\alpha)$ eingeengt (vgl. Bild 3.55).

Es sei noch zugefügt, daß es zur Inbetriebnahme eines Stromrichters einer Anlaufsteuerung bedarf. Dabei wird der Zündwinkel von zunächst $\alpha = \alpha_m$ (Wechselrichterbetrieb) allmählich zu kleineren Werten geführt, bis der Sollwert des Laststroms erreicht ist. — Bei Wechsel- und Drehstromstellern werden die hohen Ströme verhindert, die möglicherweise bei der Sättigung des Eisenkreises einer induktiven Last (z. B. eines Transformators) auftreten könnten.

5.3. Steueralgorithmen selbstgelöschter Stromrichter

Auch die Steuergeräte von selbstgelöschten Stromrichtern müssen die im Abschnitt 5.1.1 beschriebenen Grundfunktionen realisieren. Der wesentliche Unterschied zu netzgelöschten Stromrichtern liegt in der Erzeugung der Pulsfolge, die den periodischen Ablauf der Schaltvorgänge vorgibt. Sie wird hier von einem Taktgenerator gebildet und nicht aus der Netzspannung abgeleitet. Damit kann neben der Verzögerung des Einschaltzeitpunktes auch die Frequenz der Pulsfolge variiert werden. Dadurch werden die Steuerverfahren vielfältiger.

5.3.1. Steueralgorithmen für Gleichstromsteller

Gleichstromsteller mit idealen Schaltern. Wie im Abschnitt 4 beschrieben ist, berechnet sich die mittlere Ausgangsspannung des Pulsstellers zu

$$U_A = \frac{1}{T_S} \int_0^{T_S} U_d \, dt = U_d \frac{T_E}{T_S} = U_d T_E f_S \, . \tag{5.3}$$

Dies zeigt, daß prinzipiell die drei unten beschriebenen Steuerverfahren möglich sind, nämlich die Pulsbreitenmodulation (PBM), die Pulsfrequenzmodulation (PFM) und die kombinierte Pulsbreiten- und Pulsfrequenzmodulation.

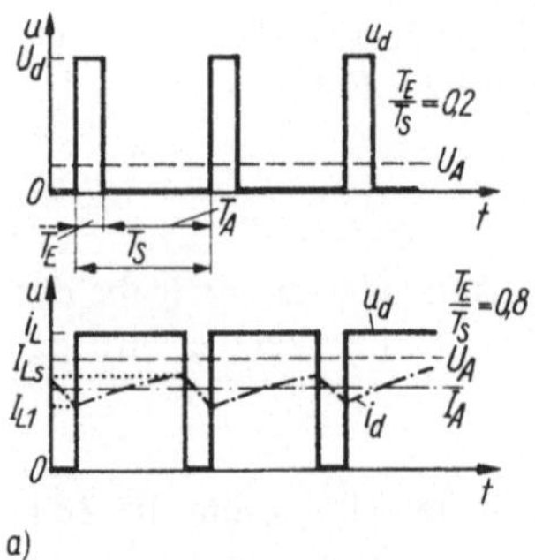

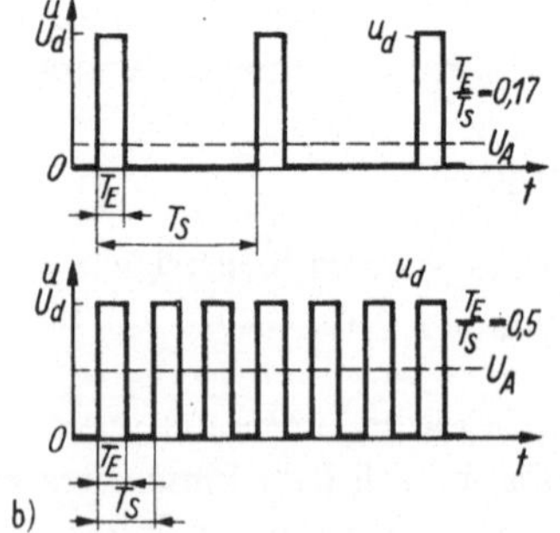

Bild 5.10. Steuerverfahren für Gleichstromsteller zur Spannungssteuerung

a) Pulsbreitenmodulation (*PBM*)
b) Pulsfrequenzmodulation (*PFM*)

Die Pulsbreitenmodulation und Pulsfrequenzmodulation werden durch Bild 5.10 veranschaulicht. Für alle 3 Steuerverfahren gilt der im Bild 5.11 angegebene einheitliche Steueralgorithmus. Entscheidend ist, ob die Taktdauer T_S oder die Verzögerungsdauer, die der Einschaltdauer T_E entspricht, oder ob beide Größen steuerbar sind. Die Fähigkeit des Gleichspannungsstellers, den Speisestrom beliebig ein- und auszuschalten, gestattet in einfacher Weise auch die Zweipunktregelung des Laststroms (Bild 5.12a).

Die Taktfrequenz der Steuereinrichtung für PBM und PFM ist zugleich die Pulsfrequenz des Stellers und beeinflußt entscheidend die Schwankungsweite des Ausgangsstroms. Mit den Festlegungen im

Bild 5.12 gilt

$$\Delta i_{\mathrm{L}} = I_{\mathrm{L}2} - I_{\mathrm{L}1} = 2\,\frac{U_{\mathrm{d}}}{R}\,\frac{1}{\coth\dfrac{T_{\mathrm{E}}}{2\tau_{\mathrm{L}}} + \coth\dfrac{T_{\mathrm{A}}}{2\tau_{\mathrm{L}}}} \tag{5.4}$$

mit der Zeitkonstante der Last $\tau_{\mathrm{L}} = L_{\mathrm{L}}/R_{\mathrm{L}}$. Die Schwankungsweite erreicht bei $T_{\mathrm{E}} = T_{\mathrm{A}} = T_{\mathrm{S}}/2$ einen Höchstwert.

Den Steueralgorithmus der Zweipunktregelung und seine Wirkung auf den Pulssteller zeigt Bild 5.12b. Dabei werden der Stromsollwert als Steuersignal I_{LS} und die Schwankungsweite Δi_{L} durch die Hysterese der Strommeßeinrichtung vorgegeben. Die Einschalt- und Ausschaltzeitintervalle und damit auch die Pulsfrequenz stellen sich frei ein.

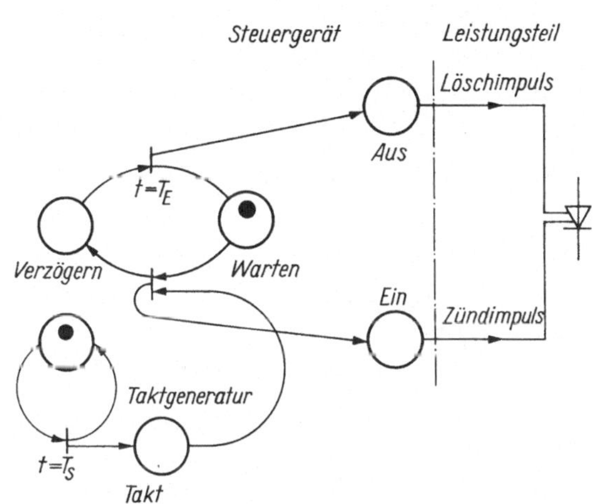

Steuerverfahren	T_S	T_E
PBM	konstant	steuerbar
PFM	steuerbar	konstant
PBM/PFM	steuerbar	steuerbar

b)

Bild 5.11. Steueralgorithmus für die Spannungsstellung beim Gleichstromsteller mit idealen Schaltern

a) Zustandsgraph
b) Kriterien der Steuerverfahren
PBM Pulsbreitenmodulation; *PFM* Pulsfrequenzmodulation

Die Pulsfrequenz steigt mit kleiner werdender Schwankungsweite Δi_{L} und fallender Zeitkonstante τ_{L}. Sie hängt auch von der Höhe der Speisespannung U_{d} und dem vorgegebenen Stromsollwert ab. Die Pulsfrequenz ist am größten, wenn der vorgegebene Stromsollwert zu einem Tastverhältnis

$$T_{\mathrm{E}}/T_{\mathrm{S}} = 0{,}5 \tag{5.5}$$

führt. Mit Rücksicht auf die obere Grenze der realisierbaren Schaltfrequenzen kann die Schwankungsweite des Stroms nicht beliebig klein gehalten werden.

Beim Gleichstromsteller mit realen Schaltern muß das Schaltverhalten der Ventile, bei Thyristoren auch die Arbeitsweise der Löscheinrichtung berücksichtigt werden.

Eine der einfachsten Stellerschaltungen mit Thyristoren zeigt Bild 4.8a; dort ist auch ihre Wirkungsweise beschrieben. Der Algorithmus zu ihrer Steuerung muß zusätzlich folgende Eigenschaften aufweisen:

- Beim Anlauf der Schaltung muß als erstes der Löschthyristor gezündet werden, damit sich der Löschkondensator aufladen kann.
- Die Leitdauer des Hauptthyristors darf einen unteren Grenzwert $T_{\mathrm{E\,min}}$ nicht unterschreiten, damit die Umkehr der Polarität der Ladung des Löschkondensators vor der folgenden Löschung abgeschlossen ist.
- Die Blockierdauer des Hauptthyristors darf den unteren Grenzwert $T_{\mathrm{A\,min}}$ nicht unterschreiten, damit sich der Löschkondensator auf den zur Löschung notwendigen Endwert der Spannung U_{CO} aufladen kann.

Die benötigten Sperrzeiten für das Ein- und Ausschalten führen zu einer Einschränkung des Stellbereichs. Sie führen bei Schaltungen mit Thyristoren zu einem maximalen Stellverhältnis

$$U_{\mathrm{m}}/U_{\mathrm{min}} \approx 50\,. \tag{5.6}$$

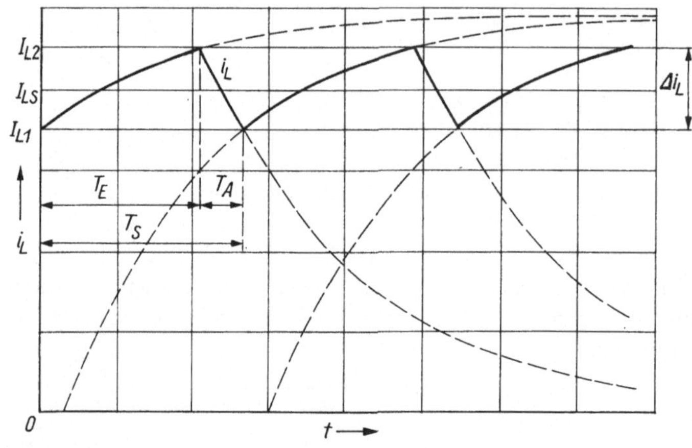

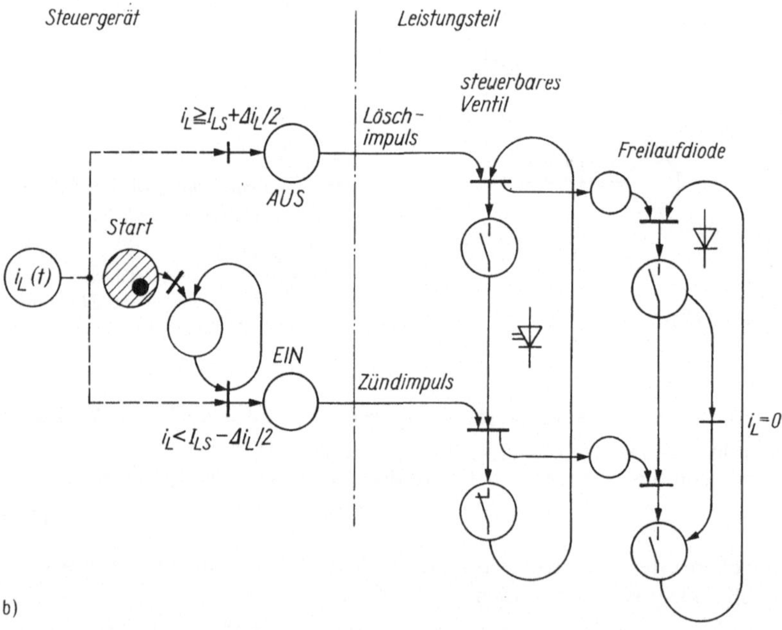

Bild 5.12. Steueralgorithmus für die Zweipunktregelung des Laststroms beim Gleichstromsteller mit idealen Schaltern

a) Zeitdiagramm des Laststroms; b) Zustandsgraph der Steuerung

5.3.2. Steueralgorithmen selbstgelöschter Wechselrichter

Das Steuergerät der Wechselrichter soll die Ventile zyklisch-periodisch ein- und ausschalten und ggf. die Frequenz und den Effektivwert der Grundschwingung oder den Mittelwert der gleichgerichteten Ausgangsspannung steuern. Der Aufbau kann der gleiche sein wie bei dem im Abschnitt 5.2 beschriebenen Steuergrundgerät, doch wird es nicht vom Netz synchronisiert, sondern von einem Frequenzgenerator autonom getaktet.

5.3.2.1. Steueralgorithmen einphasiger Wechselrichter

a) Stellen der Frequenz

Bild 5.13 (s. S. 536 u. 536) sind folgende Aussagen zum Steueralgorithmus zu entnehmen:

— Der Taktgenerator G bestimmt die Ausgangsfrequenz f_A. Es gilt

$$f_A = \frac{f_T}{2} = \frac{1}{2T_T}, \tag{5.7}$$

wobei f_T die Taktfrequenz und T_T die Taktdauer bedeuten. Die Stellung der Ausgangsfrequenz wird dadurch erreicht, daß die Taktdauer dem Steuersignal X_1 folgt.
— Das Steuergerät veranlaßt mit jedem Takt das Ausschalten der jeweils leitenden Ventile und bedingt so den Wechsel der Polarität der Ausgangsspannung.
— Die Einschaltzeitpunkte werden nicht vom Steuergerät vorgegeben. Sie sind um die Leitdauer der Rückspeisedioden gegenüber dem Umschaltzeitpunkt verzögert. Da die Rückspeisedauer T_R von der Lastzeitkonstante $\tau = L/R$ sowie der Frequenz f_A bestimmt wird, kann die Verzögerung der Einschaltzeitpunkte zwischen $0 \leqq T_R < T/4$ variieren. Deshalb muß entweder der frühestmögliche Einschaltzeitpunkt, gekennzeichnet durch das Ereignis $i_A = 0$ oder den darauffolgenden Blockierzustand, erfaßt und an das Steuergerät gemeldet werden; eine andere Lösung besteht darin, daß ein Zündsignal mit der Dauer $T_P > T_R$ ausgegeben wird.
— Die Untersetzung der Taktfrequenz zur Ausgangsfrequenz gewährleistet im stationären Betrieb exakt gleich lange positive und negative Halbschwingungen und schließt damit ein Gleichglied in der Ausgangsspannung aus.

Ein bedeutender Anwendungsbereich der Wechselrichter ist die Erzeugung netzfrequenter Wechselspannung in unterbrechungsfreien Stromversorgungsanlagen. Hierzu muß der Taktgenerator mit der Frequenz der Netzspannung synchronisierbar sein und soll bei Netzausfall die Frequenz selbsttätig halten. Für diesen Zweck sind die im Abschnitt 5.5.1.4 erwähnten Phasenregelkreise geeignet.

b) Stellen des Effektivwerts der Ausgangsspannung durch Phasenanschnitt
Dabei wird der Einschaltzeitpunkt der Ventile verzögert. Die entsprechende Steuerkennlinie der Grundschwingung und den Grundschwingungsgehalt g der Ausgangsspannung zeigt Bild 5.14. Man sieht, daß der Oberschwingungsgehalt bei größerem Stellbereich zu ungünstig wird.

c) Stellen der Wechselrichterausgangsspannung bei verbessertem Oberschwingungsspektrum
Um einen größeren Stellbereich als bei der Phasenanschnittsteuerung nutzen zu können, zerlegt man die Ausgangsspannung in Einzelimpulse und steuert deren Breite. Dadurch wird zwar das Oberschwingungsspektrum im Bereich höherer Frequenzen stärker ausgeprägt, aber die besonders störenden niedrigen Harmonischen verringern sich bedeutend.

Um die Ausgangsspannung zu pulsen, werden die Ventile im Wechselrichter innerhalb einer Halbperiode (auch als Taktintervall bezeichnet) mehrfach ein- und ausgeschaltet. Dazu wird dem elementaren Steueralgorithmus das gewünschte Pulsmuster, erzeugt im Pulsmustergenerator, überlagert. Bild 5.15 veranschaulicht die zwei möglichen Pulsverfahren:
— Für u_A nach Bild 5.15a wird jeweils nur eines der beiden gleichzeitig leitenden Ventile ausgeschaltet (unsymmetrische Steuerung). Dadurch entsteht über das weiterhin eingeschaltete Ventil ein Freilaufkreis, und in den Pulspausen ist die Ausgangsspannung Null. Insgesamt kann die Ausgangsspannung die drei Werte

$$u_A = \begin{cases} +U_d \\ 0 \\ -U_d \end{cases} \tag{5.8}$$

annehmen. Deshalb spricht man auch vom 3wertigen Steuerverfahren oder vom unsymmetrischen Pulsverfahren.
— Für u_A nach Bild 5.15b werden jeweils beide leitenden Ventile ausgeschaltet. Ein Freilauf ist nicht möglich, vielmehr treibt die Lastinduktivität einen Rückspeisestrom gegen die Gleichspannung an. Bei nichtlückendem Strom kann die Ausgangsspannung hier nur die zwei Werte

$$u_A = \begin{cases} +U_d \\ -U_d \end{cases} \tag{5.9}$$

annehmen. Diese Art der Pulsung wird als symmetrische oder zweiwertige Steuerung bezeichnet.

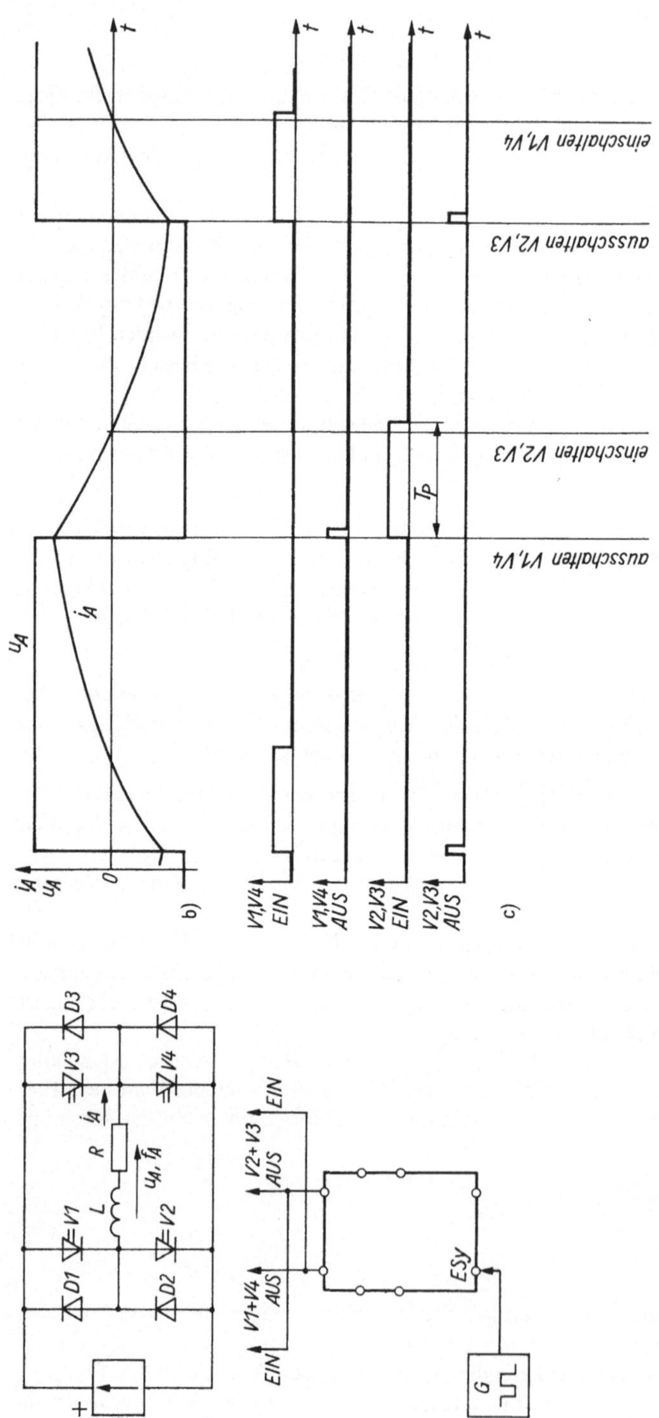
a)
U_d
D1
D2
D3
D4
V1
V2
V3
V4
L
R
i_A
$u_A, \bar{i}_A$
b)
i_A
u_A
0
t
ausschalten V1,V4
einschalten V2,V3
ausschalten V2,V3
einschalten V1,V4
T_P
c)
V1,V4 EIN
V1,V4 AUS
V2,V3 EIN
V2,V3 AUS
e)
G
ESy
EIN
V1+V4 AUS
V2+V3 AUS
EIN

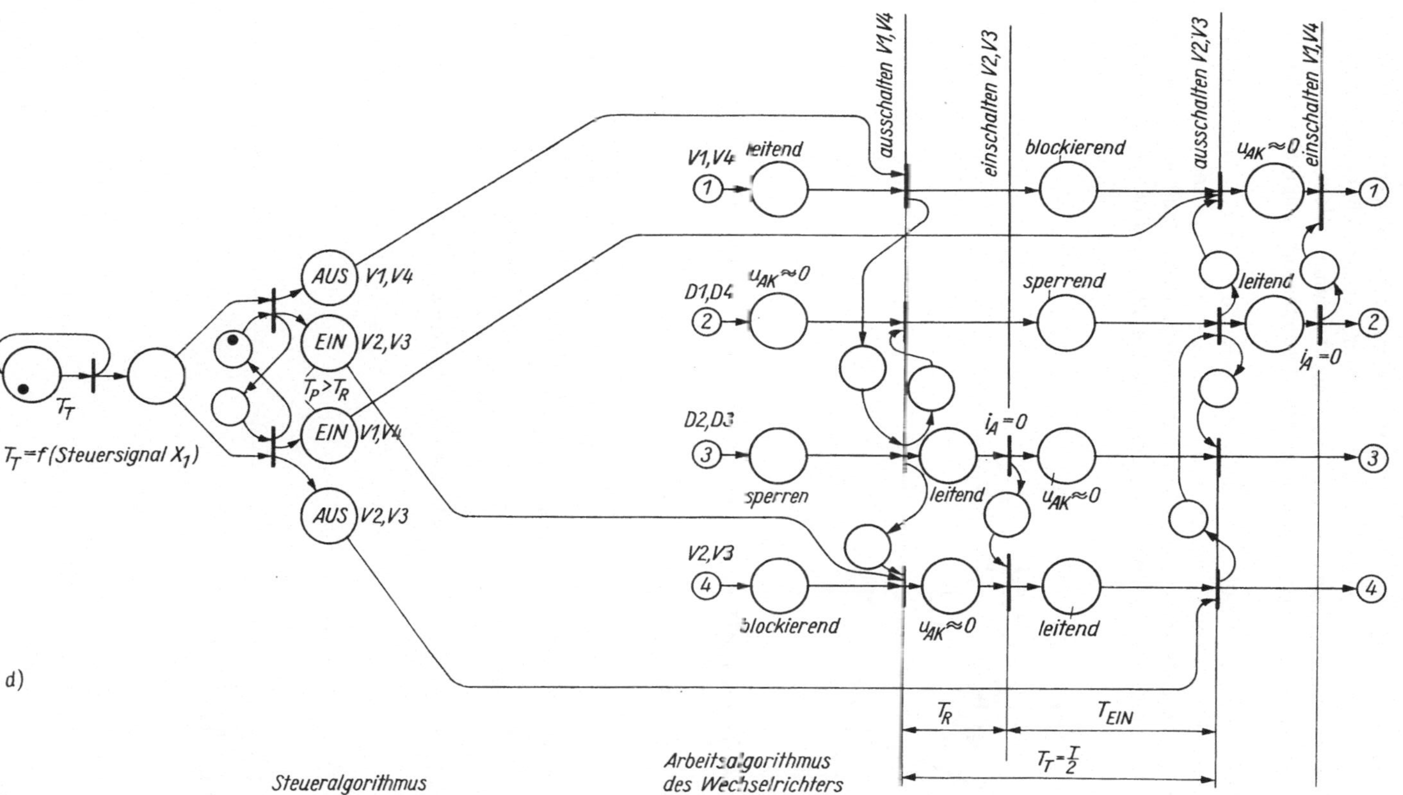

Bild 5.13. Zur Steuerung des einphasigen Wechselrichters

a) einphasiger Wechselrichter in Brückenschaltung mit idealen Schaltern; b) Zeitdiagramme der Wechselrichterausgangsgrößen; c) Zeitdiagramme der Zündsignale ($T_p > T_R$); d) Zustandsgraph von Steuergerät und Leistungsteil; X_1 Steuersignal für die Taktdauer T_T; $u_{AK} \mathrel{\hat{=}} u_V$; e) Realisierung des Steuergerätes mit Hilfe des Steuergrundgerätes; G Taktgenerator

In den Grenzen, die durch die zulässigen Schaltfrequenzen gesetzt sind, können unterschiedliche Pulsmuster realisiert werden. Es ist offensichtlich, daß mit zunehmender Pulszahl je Takt und insbesondere durch Modulation der Pulsbreiten innerhalb eines Taktes das Oberschwingungsspektrum optimiert werden kann. Für verschiedene Anwendungen, so z. B. zur Speisung von Induktionsmotoren (bei mehrphasigen Wechselrichtern), werden Pulsmuster unter dem Aspekt minimaler Verluste und Pendelmomente generiert. Dabei können einzelne Harmonische niederer Ordnungszahl völlig ausgeschlossen werden.

Die Zeitpunkte der wiederholten Einschalt- und Ausschaltsignale innerhalb eines Taktes (Halbperiode) können auch durch eine Zweipunktregelung des Ausgangsstroms i_A gebildet werden (vgl. Abschn. 5.3.1 und Bild 5.12). Es stellt sich ein asynchron zur Taktfrequenz verlaufendes Pulsregime ein, wobei die Pulsfrequenz von den Lastparametern, der Gleichspannung und der Hysteresebreite

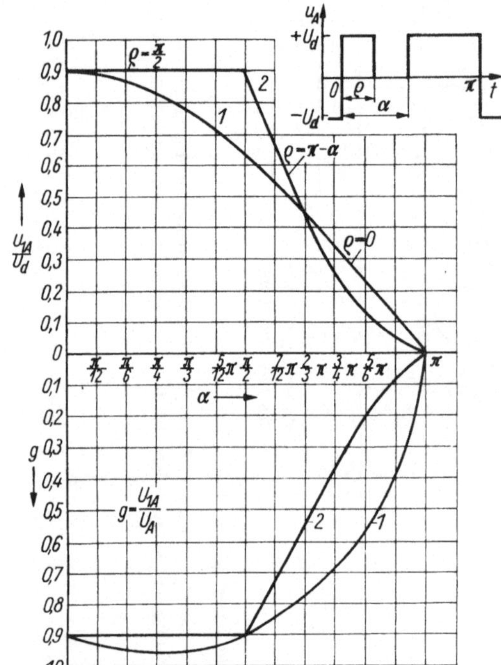

Bild 5.14. Bezogener Effektivwert der Grundschwingung U_{1A}/U_d und Grundschwingungsgehalt g der Wechselrichterausgangsspannung u_A bei Spannungsstellung durch Phasenanschnitt

Kurve *1*: ohmsche Last ($\varrho = 0$)
Kurve *2*: induktive Last $\varrho = \pi/2$ für $0 \leqq \alpha < \pi/2$, $\varrho = \pi - \alpha$ für $\pi/2 \leqq \alpha < \varrho$

α Steuerwinkel; ϱ Leitwinkel der Rückspeisedioden

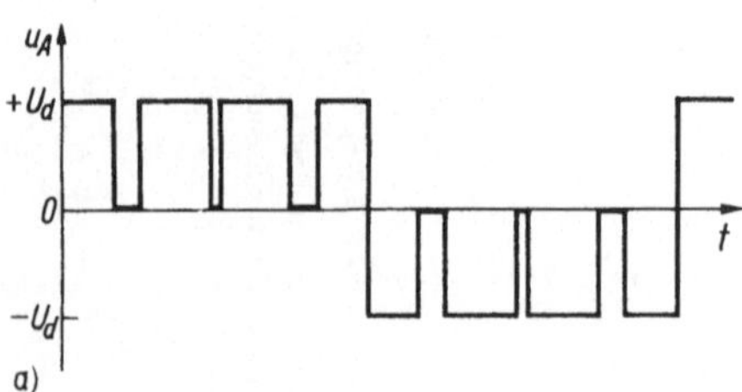

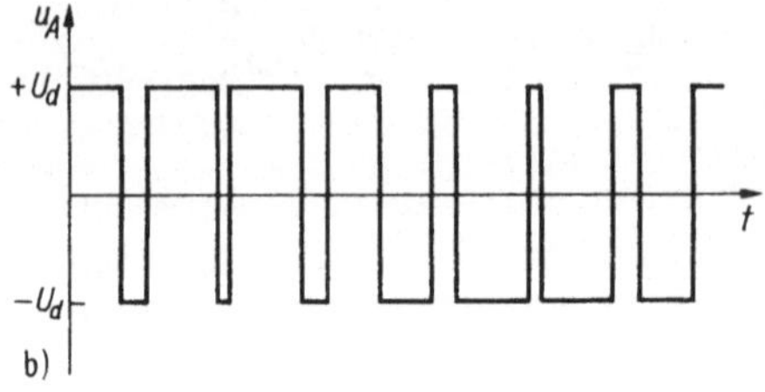

Bild 5.15. Pulsverfahren zur Stellung der Wechselrichterausgangsspannung

a) Zeitdiagramm der Ausgangsspannung u_A bei unsymmetrischer Steuerung (dreiwertiges Steuerverfahren)
b) desgl. bei symmetrischer Steuerung (zweiwertiges Steuerverfahren)

des Reglers bestimmt wird. Mit dieser Anordnung kann der Last ein nach Frequenz und Amplitude veränderlicher, näherungsweise sinusförmiger Strom eingeprägt werden.

5.3.2.2. Steueralgorithmen dreiphasiger, selbstgelöschter Wechselrichter

Die Steuerung des dreiphasigen Wechselrichters folgt unmittelbar aus der im Abschnitt 4.2 dargestellten Arbeitsweise dieser Schaltung. Die Ventile sind periodisch und zyklisch vertauscht so zu steuern, daß drei alternierende, gegeneinander um $2/3\pi$ versetzte Spannungen und Ströme entstehen. Hinsichtlich der Stellung der Frequenz und der Amplitude der Grundschwingung der Ausgangsspannung gelten wieder die Aussagen zum einphasigen Wechselrichter. Darüber hinaus kann bei dreiphasigen

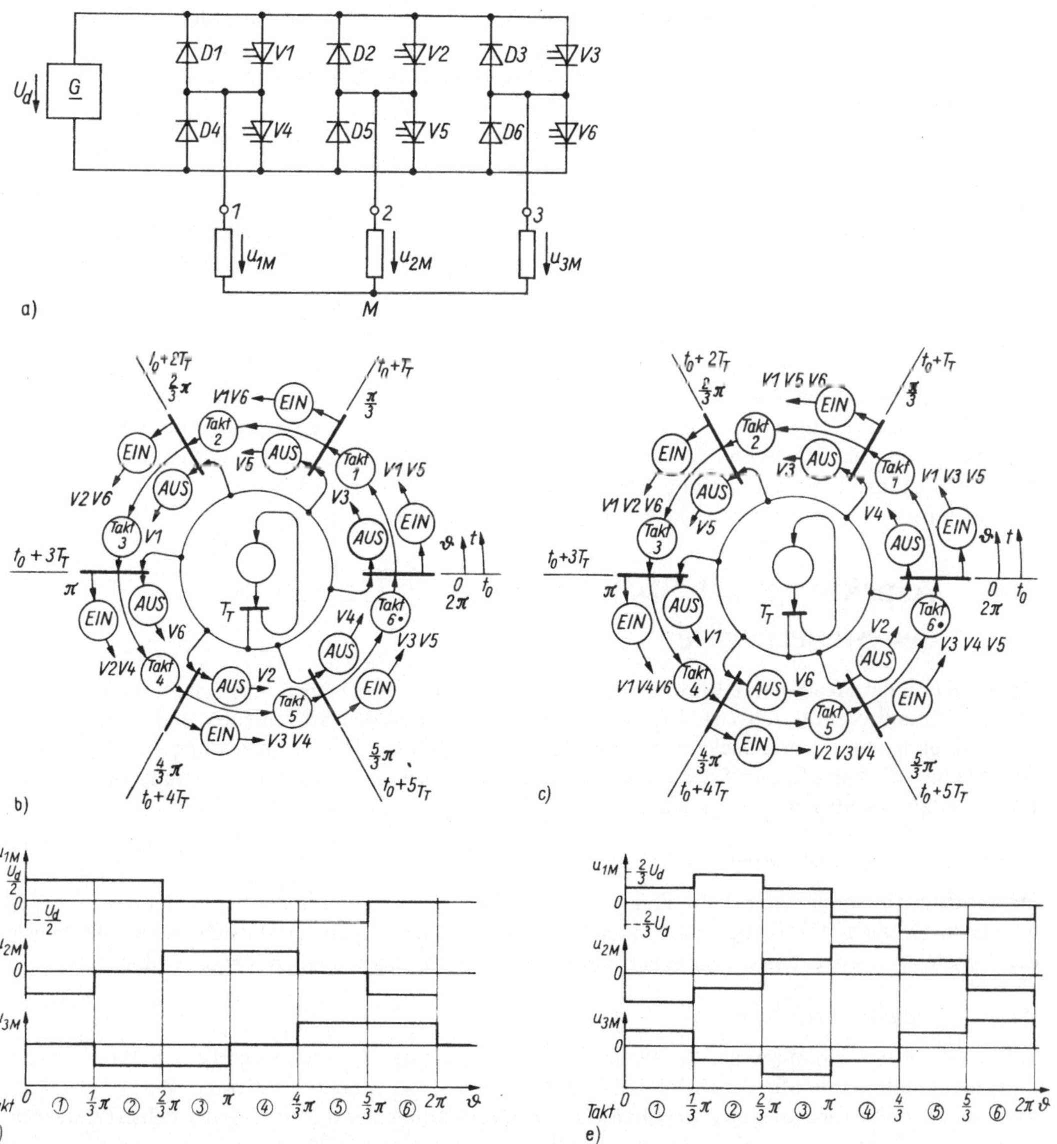

Bild 5.16. Steueralgorithmen für dreiphasige Wechselrichter

a) Schaltung des Wechselrichters; b) Algorithmus der 2/3-π-Steuerung und damit erzeugter Verlauf der Ausgangsspannung; c) Algorithmus der π-Steuerung und damit erzeugter Verlauf der Ausgangsspannung

Die möglichen Schaltzustände des Wechselrichters sind als Takt *1* bis Takt *6* bezeichnet. T_T Periodendauer des Steuertaktes; *T* Periodendauer der Wechselrichterausgangsspannung (Grundschwingung)

Wechselrichtern die Reihenfolge der Steuerung der Ventile umgekehrt werden. Das entspricht einer Vertauschung der Phasenfolge und gestattet eine Drehrichtungsumkehr von Drehfeldmotoren.

a) Steuerung des dreiphasigen Spannungswechselrichters (vgl. Abschn. 4.2.3)

Im Bild 5.16 sind zwei Steueralgorithmen angegeben, deren Anwendung auf den Wechselrichter in Drehstrom-Brückenschaltung die gezeigten Drehspannungssysteme erzeugt. Der Taktgenerator bestimmt mit seiner Taktdauer T_T die Dauer der Schaltzustände im Wechselrichter. Eine Periode der Ausgangsspannung wird durch 6 Schaltzustände erzeugt, so daß für die Periodendauer $T = 6T_T$ und für die Ausgangsfrequenz $f = f_T/6$ gilt.

Bei dem Steueralgorithmus nach Bild 5.16b werden die Ventile jeweils für die Dauer von 2 Takten eingeschaltet. Man nennt diesen Steueralgorithmus „2/3-π-Steuerung", weil die Einschaltdauer diesem Winkel entspricht.

Ein anderer Steueralgorithmus ist die „π-Steuerung" im Bild 5.16c. Hier wird jedes Ventil für jeweils eine halbe Periode eingeschaltet.

Die Umschaltung zwischen beiden Steuerweisen entspricht einer Stern-Dreieck-Umschaltung, weil für die Spannungen

$$U_{2/3\pi}/U_{\pi} = 1/\sqrt{3} \tag{5.10}$$

gilt.

Offensichtlich ermöglicht nur die π-Steuerung für jede beliebige Last nichtlückenden Strom. Deshalb kann für angenähert sinusförmige Stromführung nur dieser Steuerweise die stromabhängige Pulsung überlagert werden.

b) Steuerung des dreiphasigen Stromwechselrichters (vgl. Abschn. 4.2.2.2)

Der Steueralgorithmus des Stromwechselrichters muß neben der Erzeugung des Drehstromsystems zusätzlich einen stetigen Verlauf des Zwischenkreisstroms gewährleisten. Diese Bedingung wird allein von der 2/3-π-Steuerung erfüllt. Ein Vergleich der Steueralgorithmen des Stromwechselrichters (2/3-π-Steuerung nach Bild 5.16b) und des netzgelöschten Gleichrichters in Drehstrom-Brückenschaltung im Bild 5.9 zeigt ihre Übereinstimmung. Da im Gleichrichter ein stetiger Gleichstrom fließen kann, ist dies auch bei der Umkehrung der Schaltung als Stromwechselrichter möglich.

5.4. Aspekte der schaltungstechnischen Gestaltung der Steuergeräte

Die Funktion der Steuergeräte ist durch die Steueralgorithmen vorgegeben. Die Schaltung der Steuergeräte wird außerdem durch vielfältige weitere Forderungen an den Stromrichter und auch von den zur Verfügung stehenden Bauelementen geprägt. Die nachstehende Übersicht führt einige generelle Aspekte auf, die beim Entwurf der Steuergeräte zu berücksichtigen sind. Ihre Wichtung ist vom Anwendungsfall des Stromrichters abhängig.

Einordnung in ein Gerätesystem

Stromrichter für industrielle Anwendungen sind in der Regel Bestandteil eines Systems von Automatisierungsgeräten. Die Steuergeräte müssen sich deshalb hinsichtlich der Darstellung und des Pegels der Signale, des verwendeten Bauelementespektrums usw. in das Gesamtsystem einordnen.

Zuverlässigkeit und Verfügbarkeit

Bei der Wahl der Lösungswege, Bauelemente und Technologien für elektronische Schaltungen oder Softwaremoduln hat häufig die Zuverlässigkeit den Vorrang gegenüber den Kosten. Zusätzliche Aufwendungen für die Eigendiagnose der Geräte, die Fehlermeldung und die Anzeige der Fehlerart werden durch die Senkung von Ausfallzeiten gerechtfertigt.

Störsicherheit

Der elektromagnetischen Verträglichkeit muß man beim Entwurf der Steuergeräte besondere Aufmerksamkeit widmen, weil durch unmittelbare Nachbarschaft mit den Leistungsstromkreisen eine elektromagnetische Kopplung mit der Informationselektronik nicht zu vermeiden ist. Das Schalten der Thyristoren und mechanischen Leistungsschalter verursacht große Änderungsgeschwindigkeiten des Stroms und damit Flußänderungen, die in den Stromkreisen der Elektronik Störspannungen induzieren. Außerdem bestehen Rückwirkungen auf die elektronischen Schaltungen über die Stromversorgung. Von den Bauelementen in diskreter und integrierter Ausführung muß man deshalb einen hohen statischen und dynamischen Störabstand fordern. Außerdem sind durch hohe Packungsdichte der Bauelemente flächenbehaftete Leiterschleifen zu meiden, um so die Störspannungen zu minimieren. Jeder Fehler des Steuergerätes kann zu gefährlichen Zuständen für Menschen und Maschinen führen. Deshalb sollen mögliche Fehler zu *unkritischen* Zuständen führen.

Kosten für Bauelemente, Fertigung und Prüfung

Es ist offensichtlich, daß Steuergeräte hinsichtlich ihrer Funktion und damit auch bezüglich des prinzipiellen Schaltungsaufwands nahezu unabhängig von der Leistung des Stromrichters sind. Folglich gehen die Steuergeräte in die Kosten der Stromrichter mit Leistungen bis zu einigen 10 kVA entscheidend ein, während sie bei Großgeräten nur einen geringen Anteil der Gesamtkosten ausmachen. Der Kompromiß zwischen den Kosten für Bauelemente, Fertigung und Prüfung, den realisierten Gerbrauchswerten und der Zuverlässigkeit und Verfügbarkeit wird deshalb stets leistungsabhängig ausfallen. Deshalb strebt man beim Entwurf der Steuergeräte für leistungselektronische Einrichtungen in Konsumgütern und für Einzelgeräte kleiner Leistung geringste Kosten an, während bei leistungselektronischen Geräten und Anlagen mittlerer und großer Leistung auf höchste Zuverlässigkeit orientiert wird. Selbstverständlich ist auch rationelle Fertigung anzustreben.

Mögliche Ausführungsformen der Steuergeräte

Die Tafel 5.3 zeigt, daß sich Steuergeräte mit analoger und digitaler Arbeitsweise unterschiedliche Einsatzbereiche erschlossen haben.

Tafel 5.3. Prinzipielle Ausführungsformen der Steuergeräte

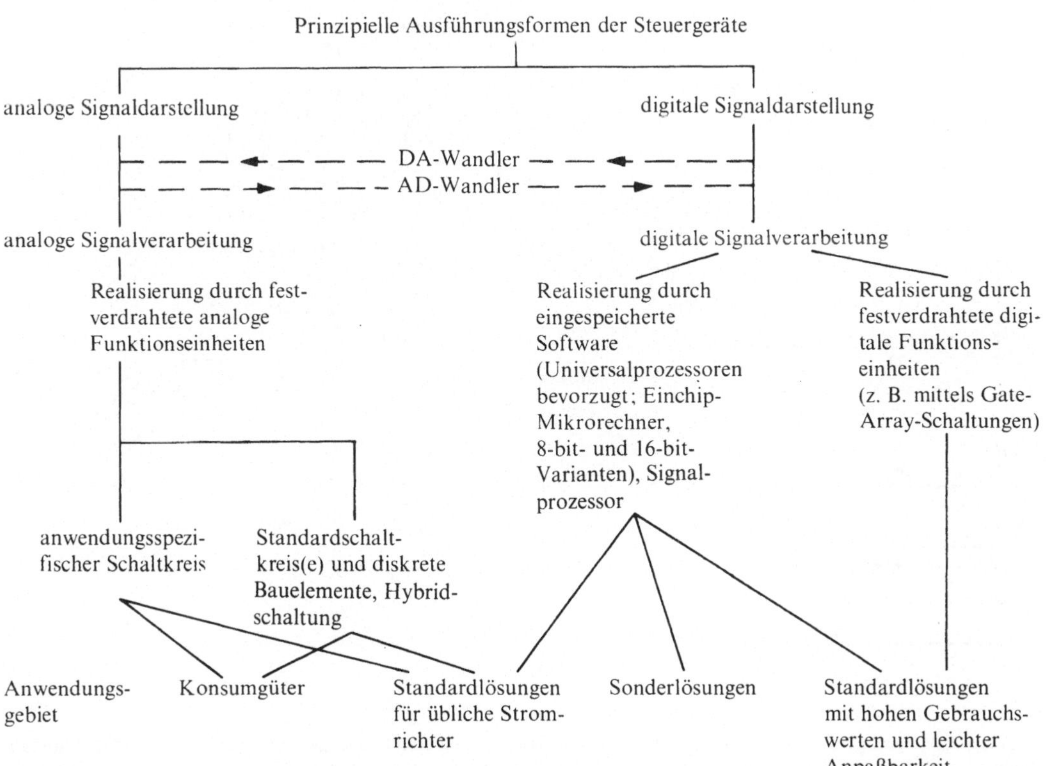

Unter dem Aspekt der Störsicherheit sind Schaltkreisfamilien mit großem statischen Störabstand und relativ langen Schaltzeiten oder niedrigen Grenzfrequenzen (einige 10 kHz) für den Aufbau von Steuergeräten besonders geeignet. Zu bevorzugen sind CMOS-Schaltkreise.

5.5. Schaltungstechnik ausgewählter Baugruppen von Steuergeräten

Die schaltungstechnische Realisierung der Steueralgorithmen leistungselektronischer Geräte und Anlagen erfordert

- die Verknüpfung der Signale in logischen Schaltungen, wie beispielsweise in NAND- und NOR-Gattern, Negatoren;
- die Verstärkung analoger und impulsförmiger Signale sowie deren Verarbeitung in analogen Rechenschaltungen unter Verwendung von Operationsverstärkern;
- die Formung, Erzeugung, Verarbeitung und Umformung digitaler Signale in Impulsschaltungen, wie monostabilen, astabilen, bistabilen Multivibratoren, in Zählern und AD- sowie DA-Wandlern.

Die Beschreibung dieser Schaltungen ist Gegenstand der umfangreichen Fachliteratur zur Elektronik. Im vorliegenden Abschnitt sollen nur jene elektronischen Baugruppen der Steuergeräte beschrieben werden, deren Ausführungsformen und Eigenschaften entscheidend durch ihre Funktion im Stromrichter geprägt sind. Die Darstellung vermittelt besonders die Herleitung zweckmäßiger Schaltungsprinzipien aus den stromrichterspezifischen Betriebsbedingungen der Baugruppen.

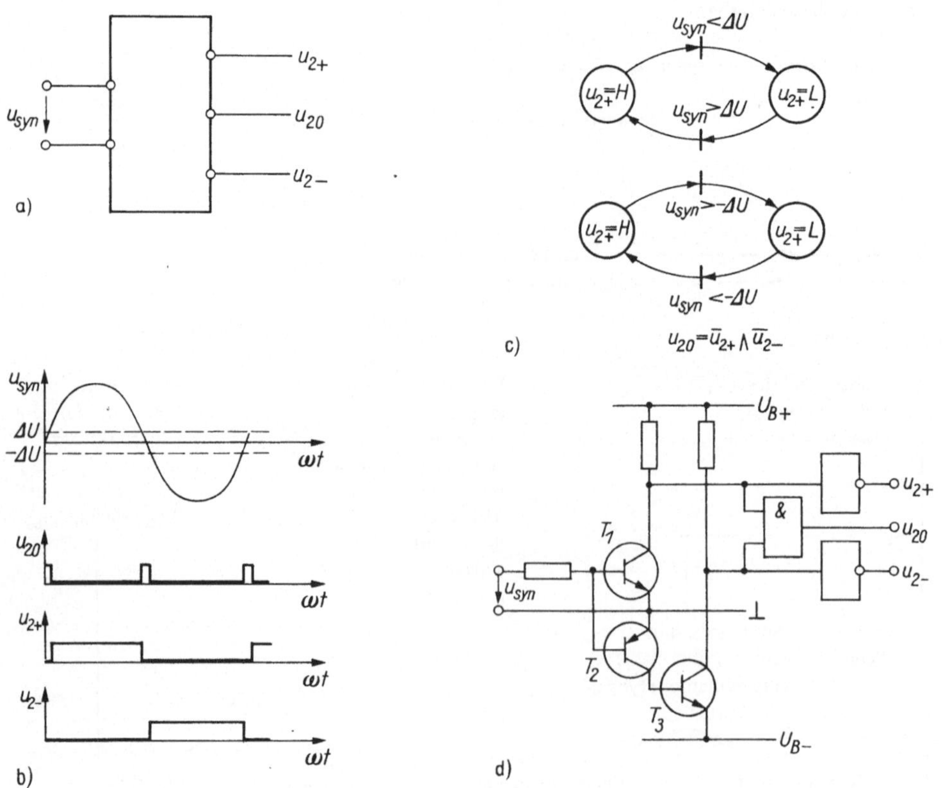

Bild 5.17. Zur Erklärung der Baugruppe „Synchronisation"

a) Blockschaltung (vgl. auch Bild 5.7, Funktionseinheit *2*); b) Zeitdiagramme der Ausgangssignale u_{20}, u_{2+}, u_{2-}; c) Definition der Bildung der Ausgangssignale u_{20}, u_{2+}, u_{2-}; d) Beispiel für die schaltungstechnische Realisierung der Baugruppe „Synchronisation"

5.5.1. Synchronisationseinrichtungen

Die Stromrichter nach Abschnitt 3 erfordern zu ihrer Steuerung die Synchronisation auf die Netzspannung. Die für sie aufgestellten Steueralgorithmen (vgl. Abschn. 5.2) zeigen, daß die Zündpulse streng aus der Phasenlage und Phasenfolge der Speisespannung des zu steuernden Stromrichters abzuleiten sind. Die hierzu erforderliche Baugruppe „Synchronisation" veranschaulicht Bild 5.17. Wie bereits mit Bild 5.7 angegeben, werden aus der synchronisierenden Netzspannung 3 Ausgangssignale abgeleitet:

- u_{20} dient der Triggerung des steuerbaren Verzögerers in den natürlichen Zündzeitpunkten;
- u_{2+} und u_{2-} geben Informationen über die Polarität der Netzhalbschwingung und damit eine Aussage, welche Ventilgruppe zu zünden ist.

Den folgenden Betrachtungen liegt die Signalbildung zugrunde, wie sie durch den Zustandsgraphen im Bild 5.17c erklärt ist. Die Synchronisationseinrichtung ist damit auf das früher beschriebene Steuergrundgerät abgestimmt. Eine entsprechende Prinzipschaltung gibt Bild 5.17d an.

Damit u_{20}, u_{2+} und u_{2-} auch tatsächlich die frühestmöglichen Zündzeitpunkte bzw. die möglichen Verschiebebereiche der Zündwinkel markieren, muß die Synchronisationsspannung phasengetreu aus dem Netz abgegriffen werden, das den Stromrichter speist.

Beispiel

Für das Steuergerät einer Drehstrombrücke sollen die Spannungen zur Synchronisation zwischen den Leitern *L1*, *L2*, *L3* und dem Nullpunkt abgegriffen und über Transformatoren den Synchronisationseingängen potentialfrei sowie spannungsangepaßt zugeführt werden.

Damit die Synchronisationsspannungen jeweils beim frühestmöglichen Zündwinkel durch Null gehen, ist eine Schwenkung jeder Phase um $-\pi/6$ nötig. Diese Schwenkung wird durch Addition jeweils zweier sekundärer Spannungen zur Synchronisationsspannung entsprechend Bild 5.18 ausgeführt.

Die Baugröße des Transformators wird durch den Platzbedarf für die potentialtrennende Isolation bestimmt. Die geforderte Spannungsfestigkeit beträgt bei Anschluß an das 380-V-Netz in der Regel 2500 V. Um die uner-

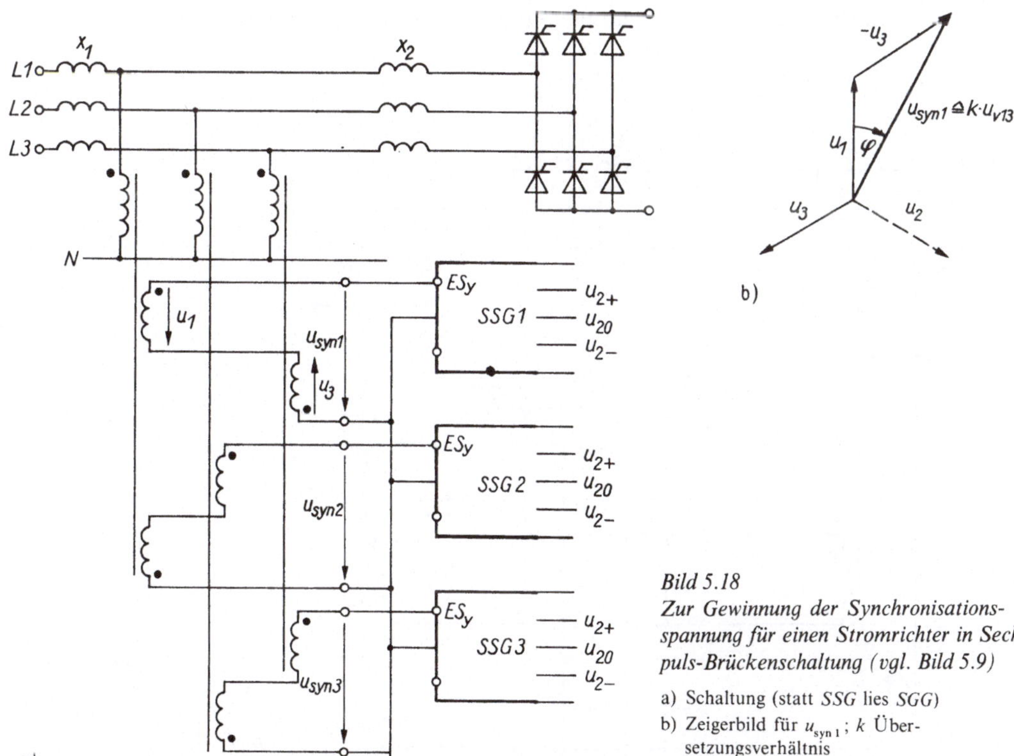

Bild 5.18
Zur Gewinnung der Synchronisationsspannung für einen Stromrichter in Sechspuls-Brückenschaltung (vgl. Bild 5.9)

a) Schaltung (statt *SSG* lies *SGG*)
b) Zeigerbild für $u_{\text{syn}\,1}$; *k* Übersetzungsverhältnis

wünschten Wickelgüter zu vermeiden, kann die Netzspannung auch mittels Optokopplers unmittelbar in logische Signale umgeformt und diese galvanisch getrennt zum Steuergerät übertragen werden.

Fehlerhafte, aber auch ungenaue Synchronisation beeinträchtigt die Eigenschaften eines gesteuerten Stromrichters und kann zu Havarien Anlaß geben. Eine Hauptursache für Synchronisationsfehler ist die Verzerrung der synchronisierenden Speisespannung, die der Stromrichter infolge seiner Netzrückwirkungen selbst hervorruft (vgl. Abschn. 6.1).

Zunehmend werden Stromrichter ohne Transformator direkt an das Netz geschaltet (Kompaktstromrichter). In diesen Fällen ist der Abgriff einer hinreichend ungestörten Synchronisierspannung praktisch nicht mehr möglich. Schaltungen zur Erzeugung der Synchronpulsfolgen werden deshalb grundsätzlich mit Filterschaltungen ausgerüstet, um die Oberschwingungen und damit auch die Spannungseinbrüche in den Synchronisierspannungen zu unterdrücken.

Ein einfacher *RC*-Tiefpaß erweist sich als ein geeignetes Filter, das bei geringen Verzerrungen der Netzspannungen mehrfache Nulldurchgänge der Synchronisationsspannung beseitigt (Bild 5.19). Wie schon oben erwähnt, muß das *RC*-Filter eine Phasenverschiebung von $\varphi = -\pi/6$ herbeiführen. Die Zeitkonstante τ des Filters berechnet sich aus $\tan \varphi = -\tau\omega_L$; $\omega_L = 314 \text{ s}^{-1}$, also $\tau = 1{,}84$ ms. Wenn der Filterwiderstand R zu 1 kΩ gewählt wird, folgt aus $\tau = RC$, $C = 1{,}84$ µF.

Auch ein Phasenregelkreis erfüllt die Forderungen an ein Filter in der Synchronisationseinrichtung. Es ist günstig, daß für Phasenregelkreise integrierte Schaltkreise zur Verfügung stehen und daß das Funktionsprinzip auch als Programm in einem Mikroprozessor implementiert werden kann. Der Phasenregelkreis wird deshalb bei industriellen netzgelöschten Stromrichtern häufig eingesetzt. Er erzeugt eine Ausgangsspannung u_A, deren Frequenz ω_A gleich der Grundschwingungsfrequenz ω_L der synchronisierenden Netzspannung als Eingangsgröße u_L ist. Erreicht wird dieses Verhalten dadurch, daß ein an sich frei schwingender Oszillator so gesteuert wird, daß die Bedingungen $\omega_A = \omega_L$ und $(\varphi_{1L} - \varphi_A) \to 0$ gewährleistet sind. Dies wird in einem geschlossenen Regelkreis erzwungen, der durch Vergleich von $u_L(\omega_L t, \varphi_{1L})$ und $u_A(\omega_A t, \varphi_A)$ eine Regelgröße zur Steuerung des Oszillators bildet [1.1].

Eine weitere Ursache für Synchronisationsfehler sind Unsymmetrien des speisenden Netzes, die zusätzliche Oberschwingungen in der Gleichspannung und in den Netzströmen sowie auch ungleichmäßige Beanspruchung der Ventile verursachen können. Man verhindert dies, wenn man trotz der erwähnten Unsymmetrien eine genau äquidistante Folge der Synchronisierpulse erzeugt.

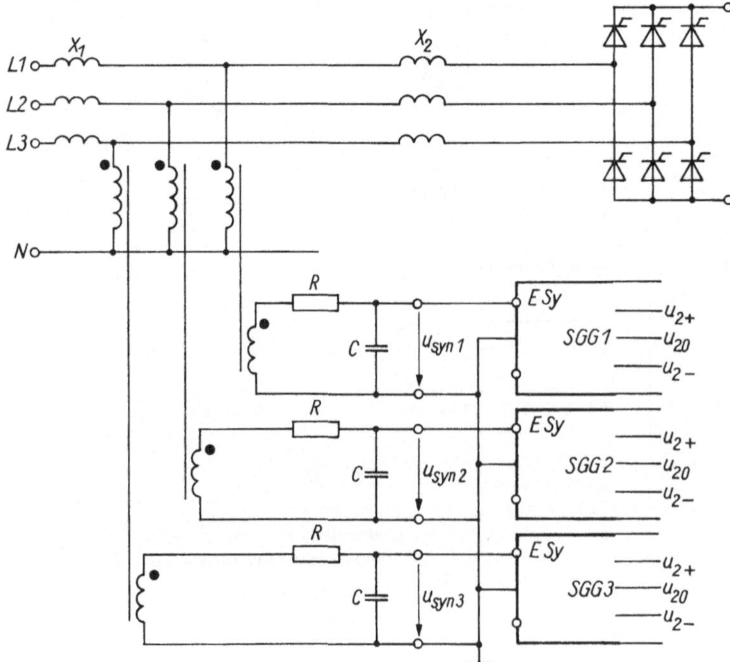

Bild 5.19. Einfügung eines RC-Gliedes zur Phasendrehung und Filterung (vgl. Bild 5.9)

Bei neuentwickelten Steuergeräten für Mehrpulsstromrichter findet die im folgenden beschriebene äquidistante Synchronisation verbreitet Anwendung. Ihr Prinzip zeigt Bild 5.20 am Beispiel eines Stromrichters am Dreiphasennetz ($m = 3$). Im Schaltungsteil *1* werden aus den Synchronisierspannungen mittels Triggers die Signale Y_1, Y_2 und Y_3 nach der Gleichung

$$Y = \begin{cases} \text{H für } u_{\text{syn}} \leqq 0 \\ \text{L für } u_{\text{syn}} > 0 \end{cases} \tag{5.11}$$

gebildet und gemäß der Vorschrift

$$Y_m = Y_1 \wedge Y_3 \vee Y_2 \wedge Y_1 \vee Y_3 \wedge Y_2 \tag{5.12}$$

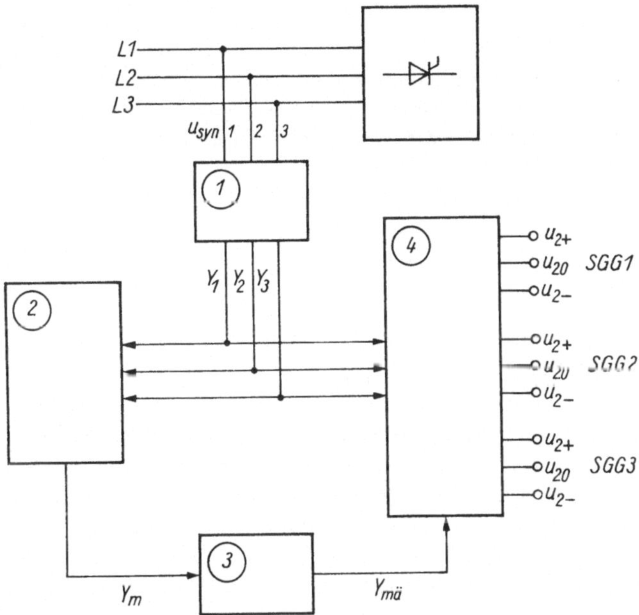

Bild 5.20. Prinzip der Erzeugung äquidistanter Synchronpulsfolgen an dreiphasigen unsymmetrischen Netzen

Schaltungsteil *1*: Erzeugung von Y_1, Y_2, Y_3 aus den Synchronisierspannungen (5.12)
Schaltungsteil *2*: Erzeugung der nichtäquidistanten Impulsfolge Y_m der 3fachen Netzfrequenz
Schaltungsteil *3*: Filterung von Y_m und Bildung der äquidistanten Impulsfolge $Y_{mä}$
Schaltungsteil *4*: Bildung und Aufteilung der äquidistanten Synchronimpulse u_{20} und Erzeugung der Kanalinformationen u_{2+} und u_{2-} (für *SGG1, SGG2, SGG3* jeweils um 120° el versetzt)

im Schaltungsteil *2* verknüpft. Bei einem symmetrischen Drehstromnetz sind die Längen aller einzelnen Impulse der Pulsfolge Y_m gleich, und das Tastverhältnis beträgt 0,5. Für die weitere Funktion der Schaltungsanordnung ist entscheidend, daß in Y_m eine Schwingung der dreifachen Netzfrequenz enthalten ist. Bezogen auf die Netzfrequenz, treten Harmonische mit den Ordnungszahlen $k = 3$ (Nutzsignal), 9, 15, ... auf. Unsymmetrien im Netz führen über ungleiche Längen der Einzelimpulse zu zusätzlichen Harmonischen mit den Ordnungszahlen $l = 1, 5, 7, 11, 13, \ldots$ Deshalb muß das Filter im Schaltungsteil *3* für die Unterdrückung der subharmonischen Schwingung mit der Grundzahl 1 und der höheren Harmonischen mit den Ordnungszahlen größer 3 ausgelegt werden. Als Filter eignet sich wiederum der Phasenregelkreis, der die äquidistante Pulsfolge $Y_{mä}$ mit genau der dreifachen Netzfrequenz erzeugt. Damit die Schaltflanken von $Y_{mä}$ den natürlichen Zündwinkeln entsprechen, muß die Wahl der Phasenlage der Synchronisierspannungen berücksichtigen, daß im Phasenregelkreis eine Phasenrückdrehung um $\pi/2$ erfolgt. Bezogen auf die Netzfrequenz, bedeutet dies eine Phasenschwenkung um $\pi/6$.

Im Schaltungsteil *4* werden aus den H-L- und L-H-Übergängen des Signals $Y_{mä}$ die kurzen Synchronisierimpulse abgeleitet und in Koinzidenz mit den Synchronisierspannungen in drei Synchronpulsfolgen aufgeteilt.

Die äquidistante Synchronisation hat neben den genannten vorteilhaften Auswirkungen auf die Eigenschaften der Stromrichter am unsymmetrischen Netz auch fertigungstechnische Vorzüge. So vermeidet dieses Prinzip den Abgleich der sonst notwendigen m Filter der Synchronisationsspannungen untereinander auf genau gleiche Phasendrehung. Durch die Anwendung des Phasenregelkreises als Filter wird diese Synchronisationseinrichtung in weiten Grenzen unabhängig von der Netzfrequenz. Handelsübliche integrierte Schaltkreise stehen zur Realisierung aller drei Schaltungsteile zur Verfügung. Es ist aber auch möglich, den Phasenregelkreis und die Koinzidenzschaltung in einen Mikrorechner zu implementieren.

5.5.2. Steuerbare Verzögerer

5.5.2.1. Allgemeine Anforderungen

Das Prinzip der Stellung der Ausgangsgrößen eines Stromrichters und der Steuerung der Energieübertragung beruht auf der Veränderung des Zündwinkels oder des Zündzeitpunktes der Ventile. Die dazu benötigte Funktionseinheit „steuerbarer Verzögerer" (sV) wird durch Bild 5.21 erklärt. Aus dem Zustandsgraphen (Bild 5.21 a) folgt:

- Ein Triggersignal X_t startet den Verzögerungsvorgang.
- Die Dauer der Verzögerung wird durch ein Steuersignal X_{st} vorgegeben.
- Nach Ablauf der Verzögerungsdauer wird ein Ausgangssignal Y_v ausgegeben.

Als Triggersignale wirken

- bei netzgelöschten Stromrichtern die Synchronisationspulse im frühestmöglichen Zündwinkel α_0,
- bei selbstgelöschten Stromrichtern die Taktpulse.

Das Steuersignal X_{st} als Eingangsgröße des sV wird im vorgelagerten Regler entsprechend den Gesetzen der Führung der Prozeßgrößen (z. B. Strom-, Spannungs-, Drehzahl-, Momentenregelung) gebildet. Der steuerbare Verzögerer wandelt die Steuerinformation in einen Winkel oder ein Zeitintervall ($\alpha = \omega T_V$) um. Durch die Triggerung des steuerbaren Verzögerers wird das (i. allg. kontinuierlich anliegende) Eingangssignal an die diskrete, periodische Arbeitsweise des Stromrichters angepaßt (Bild 5.21 b, c).

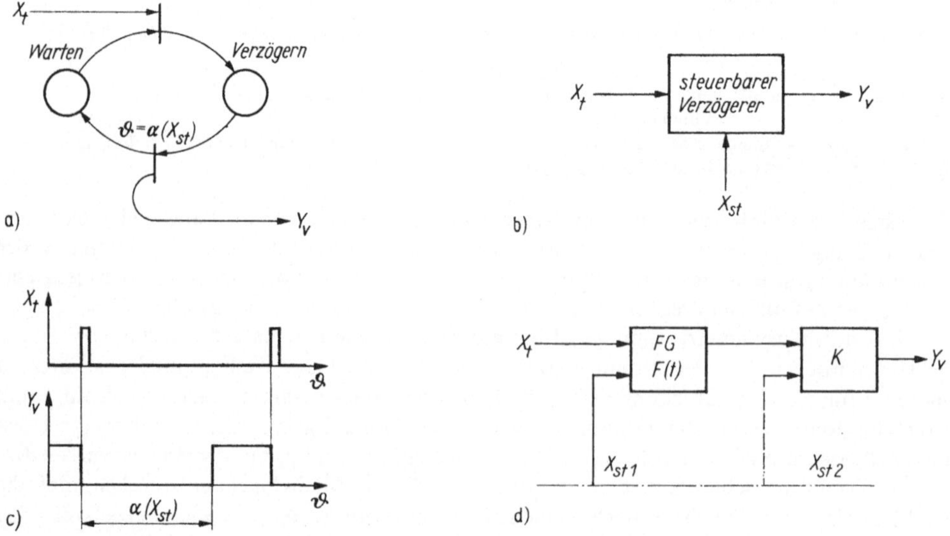

Bild 5.21. Zur Erklärung der Baugruppe „steuerbarer Verzögerer"

a) Zustandsgraph; b) Blockschaltbild; c) Zeitverläufe; d) prinzipielle Realisierungsvarianten

X_{st1} Eingriff der Steuergröße in den Verlauf der Vergleichsfunktion; X_{st2} Steuergröße zum Vergleich mit $F(t)$; X_t Triggersignal; Y_V (verzögertes) Ausgangssignal; X_{st} Steuersignal; FG Funktionsgenerator; K Komparator; $F(t)$ zeitabhängige Vergleichsfunktion

Mittels der verfügbaren elektronischen Grundschaltungen — besonders als integrierte Schaltungen — können steuerbare Verzögerer für alle in der Leistungselektronik vorkommenden Verzögerungszeiten und Triggerfrequenzen ausgeführt werden.

Aus den speziellen Anwendungsbedingungen in der Leistungselektronik ergeben sich folgende Forderungen an die Verzögerer:

— Die Steuerkennlinien der Verzögerer für gleichartige Anwendungen (z. B. im Steuergrundgerät) sollen bereits ohne Abgleichmaßnahmen identisch sein. Das ist erforderlich, damit bei mehrphasigen Stromrichtern keine Äquidistanzfehler auftreten (vgl. Abschn. 5.5.1, äquidistante Synchronpulsfolgen).
— Die Übertragungsfunktion

$$\alpha = f(X_{st}) \quad \text{oder} \quad T_v = f(X_{st}) \quad \text{mit} \quad \alpha = \omega T_v \tag{5.13}$$

des Verzögerers soll so ausgelegt sein, daß das Gesamtübertragungsverhalten des Stromrichters eine konstante Verstärkung $dU_{di\alpha}(u_{st})/du_{st} = V$ erhält.
— Eine Änderung der Steuerinformation soll unmittelbar auf die Bildung des Verzögerungswinkels einwirken (soweit die diskrete Arbeitsweise des Stromrichters dies zuläßt).
— Die Grenzen der Verzögerung (unterer und oberer Wert des Verschiebebereichs) sollen einstellbar sein.
— Bei unterschiedlicher Periodendauer T der triggernden Pulsfolge (z. B. Schwankung der Netzfrequenz oder wahlweiser Betrieb am 50-Hz- und 60-Hz-Netz) soll bei X_{st} = konst. auch für die relative Verzögerung T_v/T = konst. gelten.

Die verwendeten Verzögerer unterscheiden sich nach der Art des Steuersignals und der von ihm bestimmten Arbeitsweise in analoge und digitale Ausführungsvarianten. Hinsichtlich des gerätetechnischen Aufbaus kommen festverdrahtete und speicherprogrammierte Lösungen in Frage. Die Entscheidung, welche Ausführungsform verwendet wird, folgt aus der Gesamtkonzeption der stromrichternahen Elektronik. Die allgemeingültige Arbeitsweise der Verzögerer besteht in folgendem:

— Synchron mit dem Triggersignal X_t wird in einem Funktionsgenerator die innerhalb einer Periode stetige und monotone Funktion $F(t)$ erzeugt. Ihr Wertevorrat W_F überdeckt den möglichen Wertebereich W_{st} der Steuergröße X_{st}.
— Durch einen Komparator werden $F(t)$ und X_{st} miteinander verglichen. Die Verzögerungsdauer T_v ist mit Eintritt der Bedingung $F(t = T_v) = X_{st}$ bzw. $F(\vartheta = \alpha) = X_{st}$ beendet.
— Vom Komparator wird ab $F(t) = X_{st}$ bis zum Start des folgenden Verzögerungsvorgangs ein Ausgangssignal Y_v abgegeben.
— Der folgende Synchronimpuls setzt $F(t)$ zurück, womit der neue Verzögerungsvorgang beginnt.

Bild 5.21 d zeigt die prinzipiellen Realisierungsmöglichkeiten. Für den einfachsten Fall eines Verzögerers (z. B. in Konsumgütern) wird die Komparatorschwelle konstant gelassen, während das Steuersignal den Verlauf von $F(t)$ beeinflußt. Dies bedeutet im Beispiel nach Bild 5.1, daß die Zeitfunktion $F(t)$ durch eine periodische Kondensatoraufladung erzeugt wird, deren Anstieg durch den (steuerbaren) Widerstand R variiert werden kann. Als Komparator mit konstantem Schwellwert wirkt die Triggerdiode *D1*. Offensichtlich wird bei diesem Prinzip eine sprunghafte Änderung der Steuergröße nur verzögert wirksam. Für hochwertige netzgelöschte Stromrichter wird deshalb eine periodische Zeitfunktion $F(t)$ mit konstanten Parametern vorgegeben und im Komparator ein Vergleich von $F(t)$ mit der sich ändernden Steuergröße X_{st} ausgeführt. Dieser dynamisch vorteilhaftere Lösungsweg wird in den folgenden Abschnitten näher untersucht.

5.5.2.2. Analoge Verzögerer

Bild 5.22 erläutert, wie die beschriebene Arbeitsweise in eine gebräuchliche Schaltung umgesetzt wird. Das Steuersignal X_{st} ist in diesem Fall eine analoge Steuerspannung u_{st} im Wertebereich $0\,\text{V} \leqq u_{st} \leqq 10\,\text{V}$. Wie den Signalverläufen im Bild 5.22 b zu entnehmen ist, wird mit dem Triggerimpuls u_t der Schalter S eingeschaltet und so C_v gegenüber dem Nullpotential auf die Spannung U_{ZD} der Z-Diode aufgeladen. Im weiteren Verlauf verringert sich das Potential des Punktes A, von dem Anfangswert U_{ZD} ausgehend, entsprechend der Zeitkonstante $\tau_v = R_v C_v$. So entsteht an A die Zeitfunktion $F(t)$ als Spannungsverlauf u_F. Sobald die Eingangsspannung des Komparators $u_E = u_F - u_{st}$ zu Null und schließlich negativ wird, schaltet dieser um, und das Ausgangssignal u_v springt von L nach H.

In guter Näherung kann für den Verzögerer nach Bild 5.22 die Kennlinie durch

$$\alpha(u_{st}) \approx -\frac{\pi}{U_{st\,max}} u_{st} + \pi \tag{5.14}$$

beschrieben werden. Für die Steuerkennlinie des gesamten Stromrichters folgt dann durch Einsetzen von (5.14) in (3.204) bei nichtlückendem Betrieb

$$U_{di\alpha}(u_{st}) = U_{di0} \cos\left(-\frac{\pi}{U_{st\,max}} u_{st} + \pi\right). \tag{5.15}$$

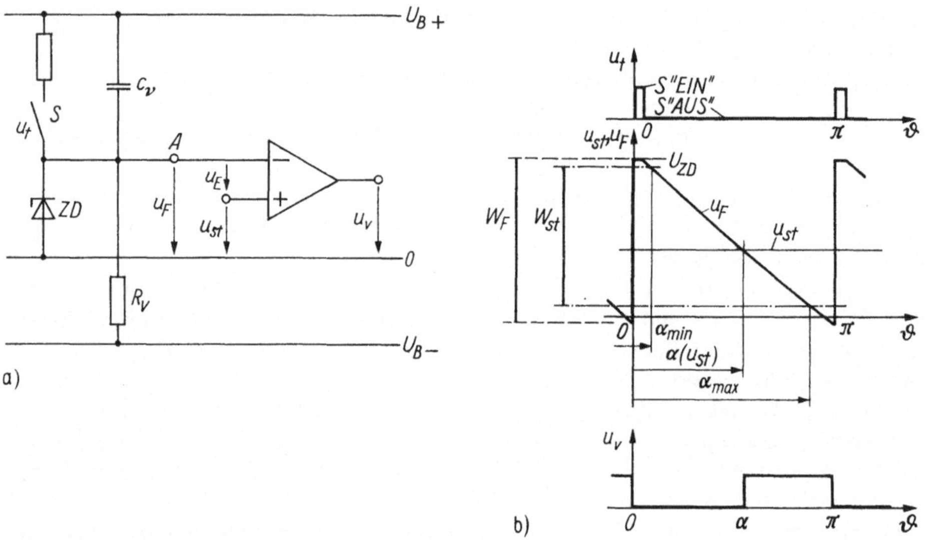

Bild 5.22. Steuerbarer Verzögerer

a) Schaltbild; b) Zeitverläufe

W_{st} ≙ Wertevorrat der Steuergröße u_{st} ≙ X_{st}; W_F ≙ Wertevorrat der Vergleichsfunktion u_F; u_t ≙ Triggersignal X_t; u_F ≙ periodische Funktion $F(t)$; u_v ≙ Ausgangssignal Y_V

Daraus berechnet man die Verstärkung des Stromrichters samt Steuergerät als Stellglied im Regelkreis zu

$$V = \frac{dU_{di\alpha}}{du_{st}} = \frac{U_{di0}}{U_{st\,max}} \pi \sin\left(-\frac{\pi}{U_{st\,max}} u_{st} + \pi\right). \tag{5.16}$$

Sie ist vom Arbeitspunkt des Stromrichters abhängig. Diesen Nachteil vermeidet ein Verzögerer, dessen Zeitfunktion zwischen zwei Triggerimpulsen der Gleichung

$$F(t) = U_m(1 + \cos \omega t) = u_F \tag{5.17}$$

genügt. Bei diesem Verlauf der Vergleichsfunktion führt die voranstehende Berechnung der Verstärkung auf den konstanten Wert

$$V = U_{di0}/U_m \,. \tag{5.18}$$

5.5.2.3. Digitale Verzögerer

Die beschriebene Funktionsweise der Verzögerer wird auch in digitalen Systemen angewendet. Als Steuersignal X_{st} wird dann vom Regler periodisch ein Steuerwort an das Auffangregister übergeben

(Bild 5.23). Um ein quasianaloges Verhalten hinsichtlich der Auflösung der Amplitude und der Zeit zu erreichen, arbeitet man mit einer Wortbreite von 10 bit. Dies hat eine Quantisierung der einstellbaren Zündwinkel in hinreichend kleine Schritte $\Delta\alpha = \pi/2^{10}$ zur Folge und erfordert eine Aktualisierungsfrequenz des Auffangregisters von

$$f_A = \frac{T}{T_A} f_{\text{Netz}} = \frac{2\pi}{\pi/2^{10}} f_{\text{Netz}} = 2^{11} f_{\text{Netz}} \,. \tag{5.19}$$

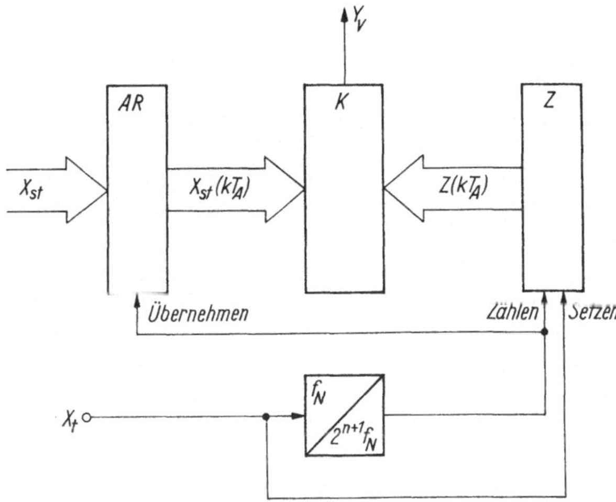

Bild 5.23. Digitaler Verzögerer mit quasianalogem Verhalten (vgl. mit Bild 5.21)

AR Auffangregister; *K* Komparator; *Z* Zähler; X_{st} Steuerwort ≙ Steuersignal; *Z* Zählerwort ≙ Vergleichsfunktion; X_t Triggersignal ≙ Synchronsignal; Y_v (verzögertes) Ausgangssignal für $n = 10$ gilt: Winkelauflösung $\Delta\alpha = 3{,}1 \cdot 10^{-3}$ rad $= 0{,}18°$; Aktualisierungszeit $T_A = 9{,}8$ µs; Arbeitsfrequenz $f_A = 102{,}4$ kHz; f_n Netzfrequenz

Diese Taktfrequenz f_A wird aus der Netzfrequenz mittels eines Phasenregelkreises (s. Abschn. 5.5.1) abgeleitet und beträgt bei $f_{\text{Netz}} = 50$ Hz: $f_A = 102{,}4$ kHz. Dadurch ist gewährleistet, daß bei Änderung der Netzfrequenz die Taktfrequenz nachgeführt wird und die Zahl der Abtastungen je Halbschwingung der Netzspannung konstant bleibt. Auf diese Weise paßt sich der Verzögerer an beliebige Frequenzen des speisenden Netzes selbsttätig an, ohne seine Eigenschaften zu verändern. Die Zeitfunktion $F(kT_A)$ wird durch den Stand des Zählers $Z(kT_A)$ dargestellt. Von dem Synchronimpuls ausgelöst, wird der Zähler auf den Anfangswert Z_0 gesetzt. Mit jedem Taktpuls verringert sich anschließend der Zählerstand um Eins. Außerdem werden bei jedem Takt die Inhalte des Auffangregisters und des Zählers im Komparator *K* verglichen. Sobald $X_{st}(kT_A) = Z(kT_A)$ erreicht wird, schaltet der Komparator sein Ausgangssignal $Y_v(kT_A)$ von L auf H um.

Der bisher beschriebene Lösungsweg ist typisch für festverdrahtete digitale Strukturen. Er wird zunehmend durch Ausführungen unter Verwendung von Mikroprozessoren verdrängt. In diesen Fällen arbeitet der Verzögerer in folgender Art:

- Ein Rückwärtszähler, wie er beispielsweise als CTC-Schaltkreis zur Verfügung steht oder in Einchipprozessoren integriert ist, wird mit der Ausgangsgröße des Reglers als Steuerinformation zum Zündwinkel geladen. Dieser Vorgang wird vom Programm gesteuert, wobei der Synchronpuls durch Auslösung eines Interrupts diesen Ladevorgang veranlaßt.
- Ausgehend vom internen Takt der CPU, wird mittels eines integrierten, programmierbaren Frequenzteilers eine Taktfolge erzeugt, die den Zählerinhalt herabzählt.
- Sobald der Zählerinhalt Null erreicht hat, löst er einen Interrupt der CPU aus, und entsprechend deren Programmierung wird der Zündpuls gebildet und ausgegeben.

Diese Art der Verzögerung belastet die CPU nur unbedeutend, weil Frequenzteiler und Zähler als verdrahtete Strukturen im Prozessor enthalten sind und parallel zur CPU arbeiten. Ein Nachteil besteht zunächst darin, daß Änderungen der Steuergröße nach dem Synchronisationszeitpunkt unberücksichtigt bleiben.

Bei durchgängig digitaler, stromrichternaher Informationsverarbeitung erweist sich allerdings eine nahezu sofortige Reaktion des Verzögerers auf Änderungen der Steuerinformation als überflüssig. Da der Stromregler meist so ausgelegt wird, daß er innerhalb einer Netzperiode 6mal eine aktuelle

Steuergröße X_{st} berechnet, so braucht auch der Verzögerer nicht öfter aktualisiert zu werden. Zu diesem Zweck wird beispielsweise bei Steuergeräten für 6pulsige Stromrichter im Abstand von 60° el der Zähler neu geladen. Dauert dabei die Verzögerung bereits 60° el oder 120° el an, so wird von der CPU eine korrigierte Steuergröße abgegeben. Die Korrektur gewährleistet einen Zählerstand, der der Wirkung der neuen Steuergröße vom Beginn der Verzögerung an entspricht. Diese Arbeitsweise bedingt, daß Stromregler und Verzögerer gleichermaßen mit der Netzfrequenz und Phasenlage synchronisiert arbeiten. Dabei kann problemlos der Regler zusätzlich die Umformung der Steuergröße an Hand einer cos-Tabelle übernehmen, um (5.18) zu realisieren. Weitere Anforderungen an den Verzögerer, z. B. die Anfangs- und Endlagenbegrenzung und die Frequenzanpassung, lassen sich ebenfalls leicht im Programm des Reglers berücksichtigen.

5.5.2.4. Steuerung der Leitdauer der Ventile in selbstgelöschten Wechselrichtern

Auch bei diesen Geräten wird der Effektivwert der Grundschwingung der Spannung durch Änderung der Leitdauer der Ventile gesteuert. Diese direkte Steuerung der Ausgangsspannung wird für geringe Spannungsabsenkung durch Phasenanschnitt erreicht.

Weite Stellbereiche, z. B. in der Drehstromantriebstechnik, erfordern den Pulsbetrieb des Wechselrichters. Dazu muß der Verzögerer prinzipiell eine ähnliche Struktur haben, wie sie bereits im Abschnitt 5.5.2.1 dargestellt ist. An Stelle der Steuerspannung ist eine 2. Zeitfunktion $F_2(t)$ notwendig, die vorteilhaft mit $F_1(t)$ synchronisiert gebildet wird. Wie im Bild 5.24 gezeigt, werden die beiden Zeitfunktionen $F_1(t)$ und $F_2(t)$ in einem Komparator verglichen. Das Pulsmuster entsteht als Folge von EIN- und AUS-Zuständen am Komparatorausgang durch Vergleich von

$$F_1(t) = A(X_1) \sin \omega(X_2)\, t \quad \text{mit} \quad F_2(t);$$

X_1 Steuergröße zur Spannungsstellung (Amplitude A)
X_2 Steuergröße zur Frequenzteilung.

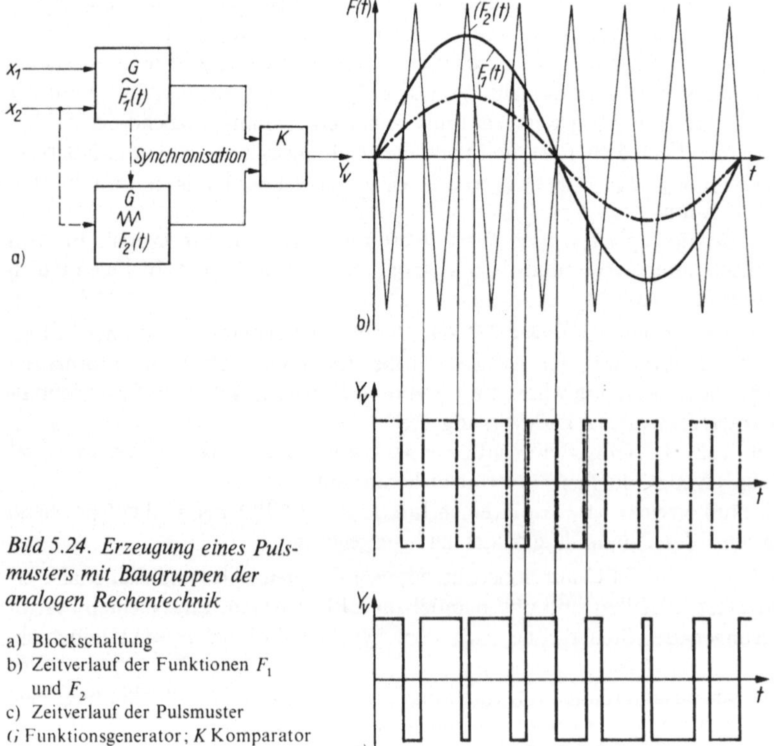

Bild 5.24. Erzeugung eines Pulsmusters mit Baugruppen der analogen Rechentechnik

a) Blockschaltung
b) Zeitverlauf der Funktionen F_1 und F_2
c) Zeitverlauf der Pulsmuster
G Funktionsgenerator; K Komparator

Es gilt:

bei $F_1(t) > 0$

$$F_1(t) > F_2(t) \mathrel{\hat{=}} \text{EIN} \tag{5.21}$$

$$F_1(t) < F_2(t) \mathrel{\hat{=}} \text{AUS} \tag{5.22}$$

und bei $F_1(t) < 0$

$$F_1(t) < F_2(t) \mathrel{\hat{=}} \text{EIN} \tag{5.23}$$

$$F_1(t) > F_2(t) \mathrel{\hat{=}} \text{AUS}\,. \tag{5.24}$$

Indem die Parameter Amplitude und Frequenz der Funktion $F_1(t)$ gesteuert werden, erreicht man eine gleichsinnige Stellung der Frequenz f_A und der Amplitude der Grundschwingungsausgangsspannung U_{1A} durch Pulsbreitenmodulation.

Optimale Pulsmuster können besonders günstig mittels programmierbarer Steuerungen und Mikroprozessoren ausgeführt werden. Die prinzipielle Funktionsweise eines solchen Pulsmustergenerators wird durch Bild 5.25 am Beispiel der einphasigen Ausführung veranschaulicht. In dem Lesespeicher PROM sind in m Zeilen m unterschiedliche Pulsmuster als H-L-Belegungen der Speicherplätze eingeschrieben. Sie realisieren m unterschiedliche Ausgangsspannungen U_{1A} des Wechselrichters. Das Eingangsdatenwort X_1 gibt den zu erzeugenden Spannungswert vor und wählt das zugeordnete Pulsmuster aus. Dazu adressiert X_1 die betreffende Zeile im PROM.

Ein Pulsmuster besteht allgemein aus 2^n Einzelimpulsen. Je nach eingespeichertem Wert in den Bits einer Pulsmusterzeile werden bei H ein EIN-Signal und bei L ein AUS-Signal ausgegeben.

Alle 2^n Speicherplätze der durch X_1 adressierten Zeile sind innerhalb einer Halbperiode $T/2$ der Ausgangsspannung nacheinander auszulesen. Dazu muß eine Lesetaktfolge der Frequenz

$$f_L = 2 \cdot 2^n f_A\,, \tag{5.25}$$

f_A Wechselrichterausgangsfrequenz,

im programmierbaren Teiler aus dem (als vorhanden vorausgesetzten) Systemtakt sehr hoher Frequenz gebildet werden. Der Einzelimpuls hat dann die Dauer

$$T_p = \frac{T}{2 \cdot 2^n}\,. \tag{5.26}$$

Der Inhalt des Zählers wird bei jedem Lesetakt um 1 erhöht. Der Zählerinhalt gibt die Adresse des auszulesenden Bit der gewählten Pulsmusterzeile an. Beginnend mit dem Zählerstand Null, sind alle 2^n Einzelimpulse des Pulsmusters nach Ablauf einer halben Periode auszugeben. Der Zähler stellt sich zurück und gibt dieses Rückstellsignal zugleich an den Umschalter in den Ausgabeleitungen. Die damit verbundene Umschaltung bewirkt, daß das nun erneut auszulesende Pulsmuster der anderen Ventilgruppe zugeleitet wird und so die nächste Halbschwingung der Ausgangsspannung mit umgekehrtem Vorzeichen gebildet wird. Das Eingangsdatenwort X_2 gibt die zu erzeugende Frequenz $f_A = 1/T$ vor. Dazu steuert X_2 das Teilverhältnis V des programmierbaren Teilers gemäß (5.25).

5.5.3. Zündendstufen und Treiber

Die Zündendstufen für Thyristoren oder Triacs und die Treiber für Transistoren sind die Endglieder in der Kette der informationsverarbeitenden Funktionseinheiten. Sie setzen die gebildeten Schaltbefehle in die Schalthandlungen der Ventile um. Dazu werden die erforderlichen Steuer- bzw. Treibersignale in die Steuerstrecken der Ventile eingespeist. Bei ladungsgesteuerten Bauelementen ist dies ein hinreichend großer Strom, bei spannungsgesteuerten Bauelementen ein ausreichend großer Potentialsprung. In der Regel obliegt den Endstufen und Treiberschaltungen zusätzlich die Potentialtrennung zwischen den informationsverarbeitenden Funktionseinheiten und dem Leistungsteil.

Die Parameter der zu erzeugenden Steuersignale — z. B. Steuerstromamplitude, Stromimpulsdauer und Impulsform — sind von den konkreten Eigenschaften des zu steuernden Ventils, aber auch von der Art des Stromrichters und deren Belastung abhängig.

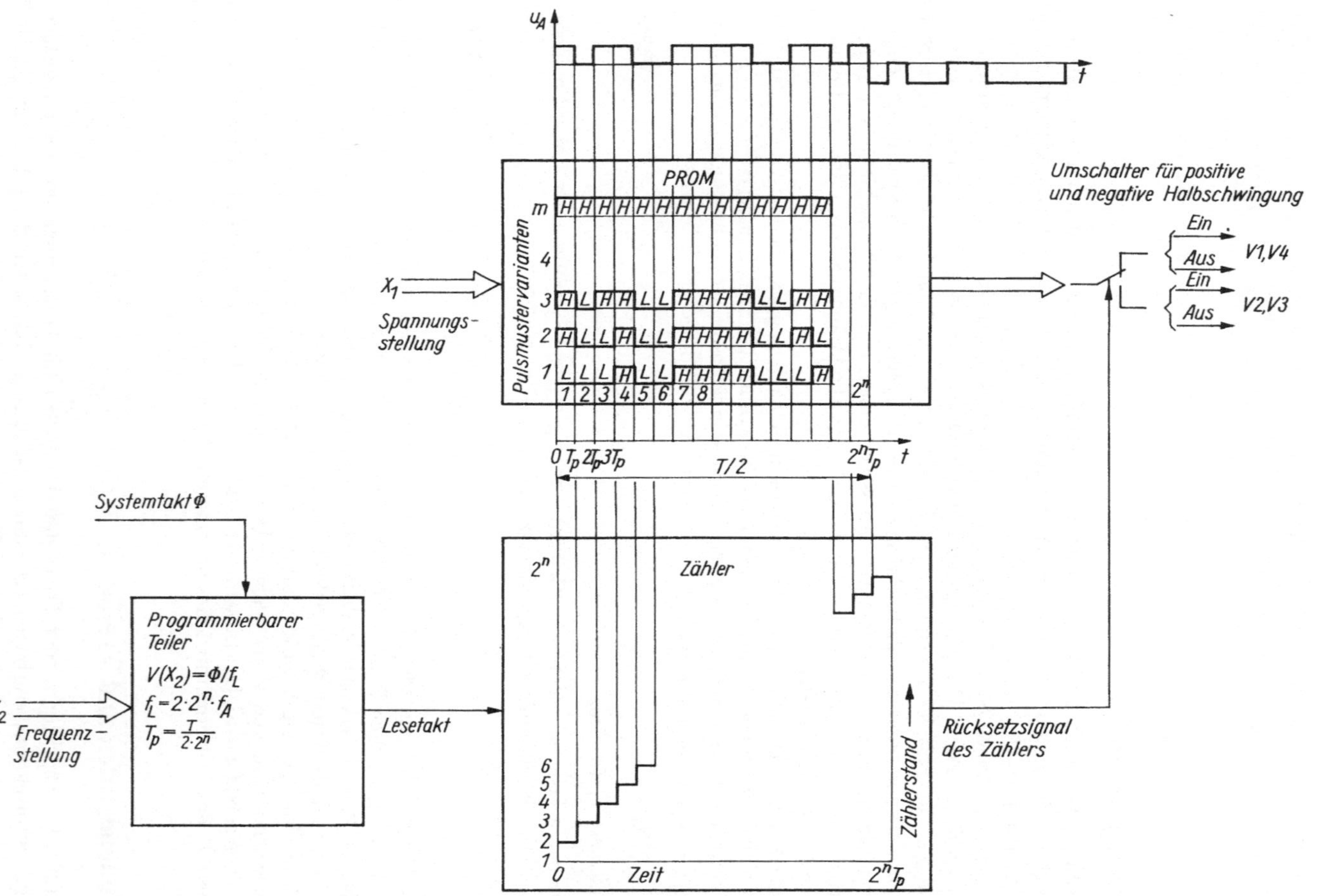

Bild 5.25. Ausführungsprinzip zur digitalen Erzeugung der Pulsmuster

5.5.3.1. Zündendstufen für Thyristoren

Zur Auslösung des Einschaltvorgangs ist dem Thyristor ein impulsförmiger Steuerstrom i_G der Mindestdauer $T_{p\,min}$ in die Steuerstrecke einzuprägen. Bild 5.26 zeigt die Grundschaltung, bestehend aus dem Zündpulsgenerator als aktivem Zweipol und der Steuerstrecke des Thyristors als passivem Zweipol. Im Zusammenhang mit der Herleitung der Einschaltbedingung $\alpha_{npn} + \alpha_{pnp} \geqq 1$ werden im Abschnitt 2.3.2.2 der untere Grenzwert des Einschaltsteuerstroms als Zündstrom I_{GT} und die zugehörige Spannung über der Steuerstrecke als Zündspannung U_{GT} definiert.

Typische Werte der zur Zündung erforderlichen Ströme und Spannungen sind — je nach Größe des Thyristors und abhängig von einer gegebenenfalls vorhandenen inneren Zündverstärkung — 50 mA bis 1 A bei 3 V.

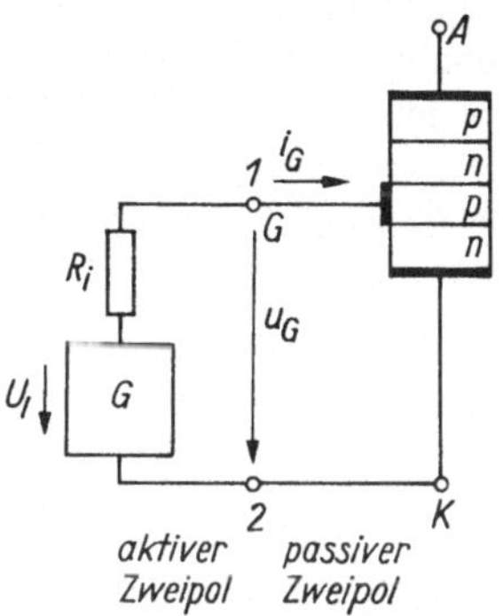

Bild 5.26. Grundschaltung des Steuerkreises

Bemessung der Zündpulsquelle

Der Verlauf der Strom-Spannungs-Kennlinie der Steuerstrecke $i_G = f(u_G)$ unterliegt, auch bei Thyristoren eines Typs, weiten Streuungen, so daß vom Thyristorhersteller keine analytische Beschreibungsfunktion angegeben wird. Als Grundlage der Bemessung des Steuerkreises dient deshalb das Kennlinienfeld, das man der Bauelementedokumentation entnimmt. Eine sichere Zündung ist gewährleistet, wenn sich bei der Zusammenschaltung des Zündpulsgenerators (aktiver Zweipol) mit der Steuer-

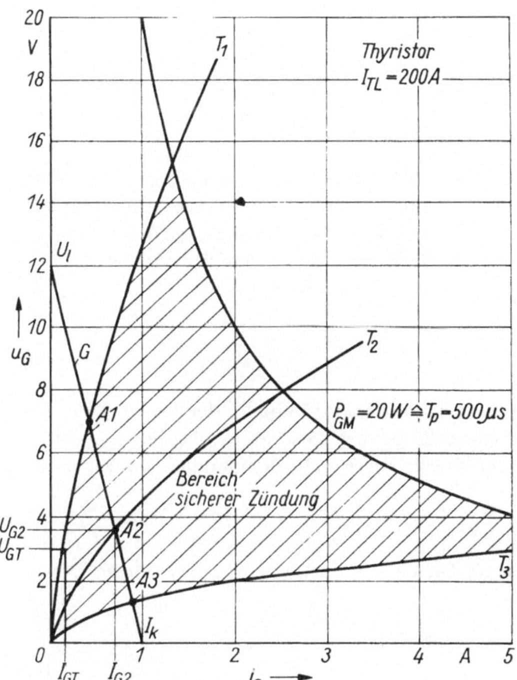

Bild 5.27. Beispiel für das Zusammenwirken des Zündpulsgenerators (Kennlinie G) mit der Steuerstrecke eines Thyristors

Die Grenzkennlinien T_1 und T_3 begrenzen den Streubereich

A_1 und A_3 Grenzfälle der möglichen Arbeitspunkte

A_2 Arbeitspunkt eines typischen Betriebsfalles

strecke (passiver Zweipol) unter allen Betriebsbedingungen ein Arbeitspunkt als Schnittpunkt der Kennlinien beider Zweipole im Bereich der „sicheren Zündung" einstellt. Im Bild 5.27 ist die Kennlinie G des aktiven Zweipols unter Berücksichtigung dieser Bedingung eingezeichnet. Dadurch erfolgte zugleich die Bemessung des Zündpulsgenerators, weil die Lage der Geraden G die Parameter

U_l Leerlaufspannung

I_k Kurzschlußstrom

$$R_i = U_l/I_k \tag{5.27}$$

bestimmt.

Zahlreiche andere Wertekombinationen garantieren gleichermaßen eine sichere Zündung. Dies ermöglicht, den Zündpulsgenerator unter Berücksichtigung weiterer Randbedingungen zu bemessen. So kann man die Leerlaufspannung U_l, angepaßt an die verfügbare Betriebsspannung U_B der Stromversorgungsschaltung, wählen. Andererseits schränken die nicht vermeidbaren Abweichungen der Betriebsspannung U_B von ihrem Nennwert und die Toleranzen des Innenwiderstands R_i sowie der Einfluß der möglichen tiefsten Betriebstemperatur den weiten Spielraum der Parameter des aktiven Zweipols ein. Wie Bild 5.28 zeigt, muß die Arbeitsgerade G so gewählt werden, daß auch bei der Kombination ungünstiger Fälle ein Arbeitspunkt nur innerhalb des Bereichs sicherer Zündung möglich ist. Andernfalls würde sich bei zu kleinen Steuerströmen eine „unsichere" Zündung bzw. bei zu großen Strömen eine Überlastung der Steuerstrecke einstellen.

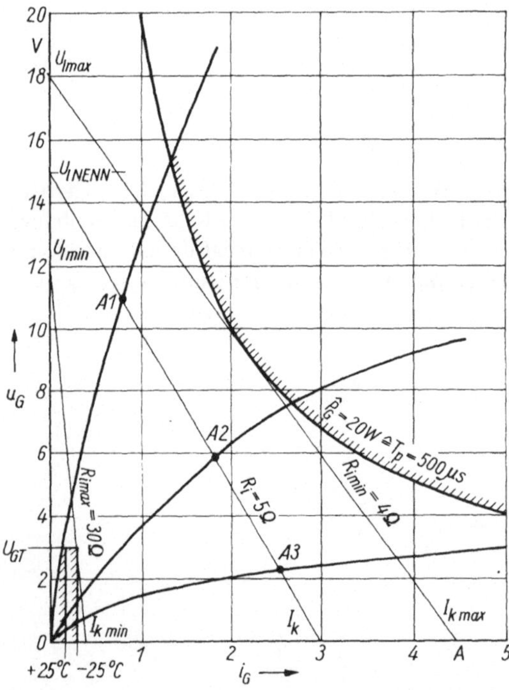

Bild 5.28. Bemessung des Zündpulsgenerators unter Beachtung der Toleranzen der Leerlaufspannung der Zündimpulsquelle sowie der Toleranzen des Innenwiderstands bei $\vartheta_a = -25\ °C$ und $T_p = 500\ \mu s$

Beispiel

Der Thyristor mit dem Eingangskennlinienfeld nach Bild 5.28 soll durch Zündpulse der Dauer $T_p = 500\ \mu s$ gesteuert werden. Die Nennleerlaufspannung der Zündpulsquelle beträgt 15 V. Sie schwankt um $\pm 20\%$. In welchem Bereich muß der Innenwiderstand R_i der Zündpulsquelle liegen, falls die minimale Umgebungstemperatur $-25\ °C$ beträgt?

Lösung

Im Bild 5.28 sind die Grenzfälle der Widerstandsgeraden zur Dimensionierung von R_i eingezeichnet. Der Wert des Innenwiderstands liegt zwischen 4 und 30 Ω:

$$R_{i\,min} = U_{lm}/I_{km} = 18\ V/4{,}5\ A = 4\ \Omega; \tag{5.28}$$

$$R_{im} = U_{l\,min}/I_{k\,min} = 12\ V/0{,}4\ A = 30\ \Omega\,. \tag{5.29}$$

Gewöhnlich strebt man Zündströme I_G vom 2- bis 3fachen Betrag des unteren Grenzwerts I_{GT} an. Anders in Stromrichtern großer Leistung. Hier werden Thyristoren parallel und/oder in Reihe geschaltet, so daß eine gleichmäßige Strom- bzw. Spannungsaufteilung durch gleichzeitiges Durchschalten der Ventile gesichert werden muß. Dazu ist die Abhängigkeit der Schaltverzugszeit t_d vom Steuerstrom I_G (s. Abschn. 2.3.3.1) zu beachten. Kleine Schaltverzugszeiten und damit auch eine geringe Streuung der Schaltzeitpunkte sind durch überhöhte Zündströme $I_G = (5 \text{ bis } 10)\, I_{GT}$ erreichbar. Dementsprechend ist die Arbeitsgerade des Zündpulsgenerators in diesen Fällen zu höheren Zündströmen zu verschieben. Diese Auslegung entspricht auch den Anforderungen, die bei hohen Anstiegssteilheiten di_V/dt des Anodenstroms und bei hoher Arbeitsfrequenz an die Zündendstufe gestellt werden. Die Hersteller der Thyristoren geben für den Fall hoher dynamischer Beanspruchung die Zündpulsamplitude und die Anstiegzeit des Zündpulses vor.

Wahl der Dauer und Form des Zündpulses

Die Analyse der wichtigsten Stromrichterschaltungen hinsichtlich ihrer Anforderungen an die Steuereinrichtungen in den Abschnitten 5.2 und 5.3 hat gezeigt, daß nicht in allen Fällen die Zündpulsdauer beliebig wählbar ist. Diese Erkenntnisse sind Inhalt der Steueralgorithmen und in den Zustandsgraphen der Steuergeräte niedergelegt.

Aus Sicht der Eigenschaften der Thyristoren stellen die Hersteller für die Dauer und die Form (Anstiegssteilheit) der Zündpulse folgende Forderungen:
minimale Zündpulsdauer

$$T_{p\,min} \geqq 20 \dots 100\ \mu s\,,$$

Anstiegssteilheit der Zündpulse

$$di_G/dt \geqq 1\ A \cdot \mu s^{-1}\,.$$

Eine Beanspruchung der Steuerstrecke in Sperrichtung wird nicht zugelassen (außer GATT u. GTO). Auch soll ein Zündpuls bei Sperrbeanspruchung des Thyristors vermieden werden. Angewendet werden Zündpulsdauern, die gleich oder größer als die Zündausbreitungszeit sind. Als Richtwerte gelten:

- für selbstgelöschte Stromrichter $T_p = 50 \dots 100\ \mu s$
- für netzgelöschte Stromrichter $T_p = 500\ \mu s \dots 1\ ms$
- für Stellerschaltungen und Schalter $T_p = 1$ ms bis Dauerimpuls.

Bei Stromrichtern mit überwiegend induktiver Last wird die Zündpulsdauer durch den Einraststrom I_L (vgl. Abschn. 2.3.2.3) bestimmt. Bei gegebenem Einraststrom I_L ist die Mindestpulsdauer die Zeit, die der Anodenstrom zum Anstieg auf den Einraststrom benötigt. Näherungsweise gilt

$$U_v \approx L \frac{di_V}{dt}\,, \qquad i_V(t = 0) = 0$$

oder

$$T_p \approx \frac{L}{U_v} I_L\,. \tag{5.30}$$

Schaltungstechnik der Zündendstufen

Die gebräuchlichste Ausführung der Zündendstufen ist ein Schaltverstärker gemäß Bild 5.29. Die vorgeordnete Funktionseinheit „Zündpulsformung" steuert mit dem Signal u_s den Transistor T entweder in den leitenden oder in den gesperrten Zustand. Die Zündleistung wird der unstabilisierten Betriebsspannungsquelle U_{B+} entnommen. Die Leerlaufspannung beträgt

$$U_l = U_{B+} - U_{CEsat}\,; \tag{5.31}$$

wobei U_{CEsat} der Spannungsabfall des leitenden Schalttransistors T ist. Für den Innenwiderstand des Zündpulsgenerators gilt

$$R_i = R + R_B\,. \tag{5.32}$$

Die Widerstände R_1 und R_2 bestimmen die Arbeitspunkte des Transistors T im EIN- und AUS-Zustand und sind entsprechend den Bemessungsregeln für Schaltverstärker oder Negatoren zu bestimmen.

Besondere Aufmerksamkeit ist der Störsicherheit der Zündendstufen zu widmen. Bei der konstruktiven Gestaltung muß deshalb die Einstreuung von magnetischen Feldern in den Basiskreis durch möglichst großen Abstand (auch wenn dies der Kompaktbauweise widerspricht), minimale Fläche und durch Abschirmung verhindert werden.

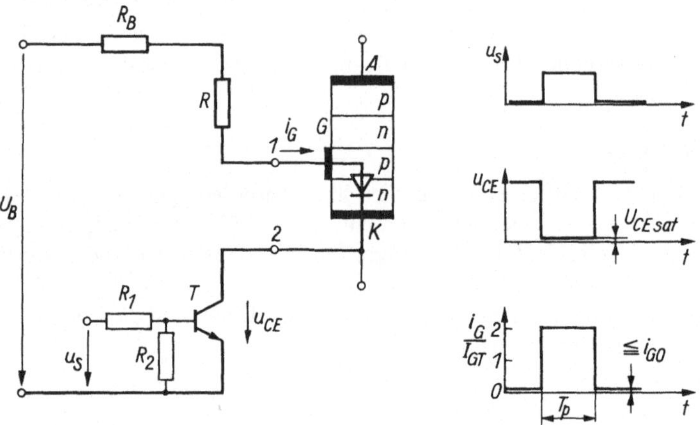

Bild 5.29. Zündendstufe mit Transistor als Schalter

Potentialtrennung mittels Zündpulsübertragers

Die überwiegende Anzahl der Stromrichter erfordert eine galvanische Trennung zwischen dem Zündpulsgenerator und dem zu steuernden Ventil, weil die Zündendstufe auf dem Potential der informationsverarbeitenden Geräte liegt, die Steuerstrecken (Gitter-Katoden-Anschlüsse) sich jedoch auf unterschiedlichen und von den Phasenspannungen bestimmten Potentialen befinden. Die potentialgetrennte Steuerung der Ventile wird durch die Zwischenschaltung von Zündpulsübertragern erreicht (Bild 5.30). Dabei kann mittels des Übersetzungsverhältnisses $ü = w_1/w_2$ die Leerlaufspannung und der Kurzschlußstrom unabhängig von der Speisespannung der Zündendstufe eingestellt werden. Die Diode D_F und der Widerstand R_F ermöglichen die Abmagnetisierung des Transformators. Die Diode D hält die dabei auftretende Sperrspannung von der Steuerstrecke des Ventils fern.

Von den geforderten Eigenschaften des Zündpulsübertragers ist die formgetreue Übertragung der Zündpulse besonders schwierig zu erfüllen, weil sie eine Bandbreite von einigen 100 kHz erfordert. Die zwischen der primären und sekundären Wicklung liegende Isolierung zur Potentialtrennung und die den Wicklungsabstand vergrößernden Abschirmungen verringern die Übertragungsbandbreite.

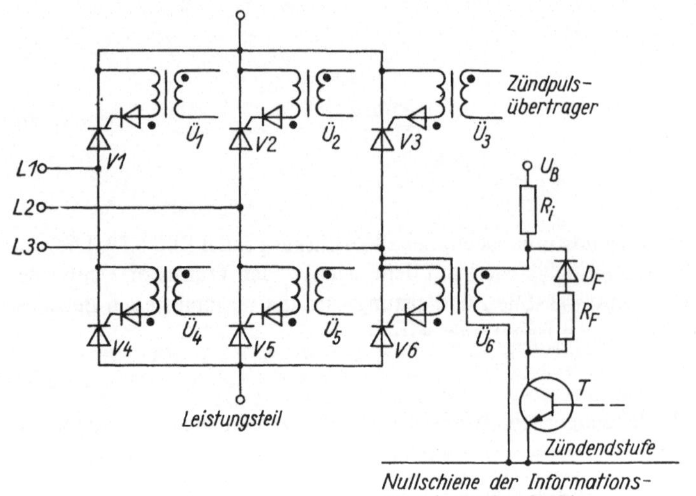

Bild 5.30. Potentialfreie Steuerung der Thyristoren durch galvanische Trennung mit Hilfe eines Zündpulsübertragers

Impulsanstiegszeit und Streuinduktivität des Übertragers

Der Zeitverlauf des Steuerstroms i_G im Bereich der Vorderflanke des Zündimpulses wird aus der Ersatzschaltung (Bild 5.31) zu

$$i_G = \frac{U_1}{R}(1 - \exp\{-t/\tau_1\}); \tag{5.33}$$

U_1 Leerlaufspannung der Pulsquelle
R Innenwiderstand einschließlich der Wicklungswiderstände der Pulsquelle

$$\tau_1 = (L_{\sigma 1} + L_{\sigma 2})/R \tag{5.34}$$

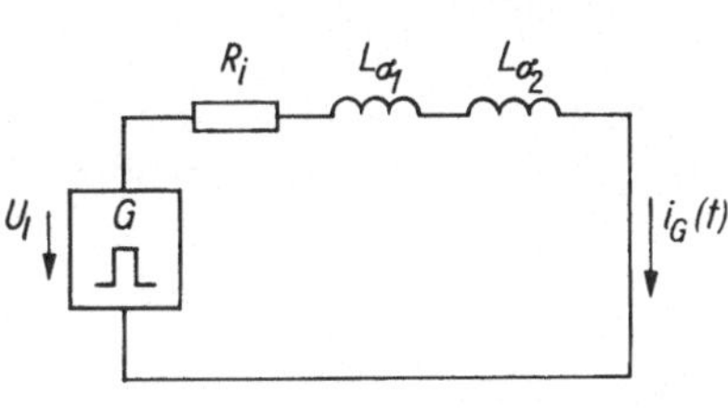

Bild 5.31. Ersatzschaltbild des Steuerkreises mit Zündpulsübertrager zur Bestimmung der Impulsanstiegszeit T_a

$L_{\sigma 1,2}$ Streuinduktivitäten

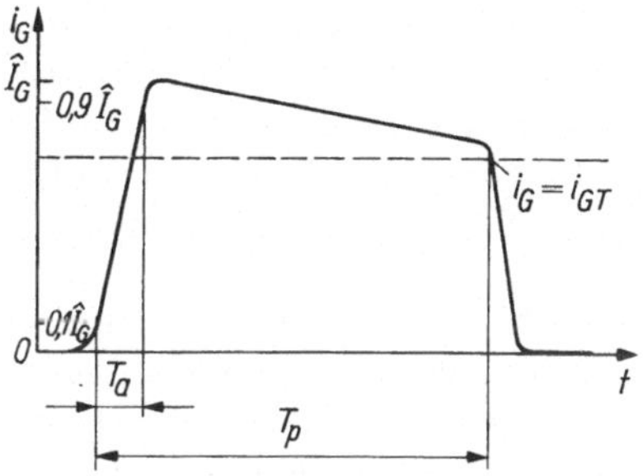

Bild 5.32. Zeitverlauf des Zündstromimpulses, Definition der Zündimpulsparameter

T_a Impulsanstiegszeit; T_p Impulsdauer

berechnet. Die Hauptinduktivität und der nichtlineare Widerstand der Steuerstrecke wurden vernachlässigt; (5.33) gilt für Kurzschluß zwischen Gitter und Katode. Aus dieser Gleichung berechnet man die Anstiegszeit gemäß der Definition im Bild 5.32 zu

$$T_a = 2{,}2(L_{\sigma 1} + L_{\sigma 2})/R\,. \tag{5.35}$$

Da die Bauelementehersteller in der Regel eine Anstiegszeit $T_a \leqq 1\ \mu s$ vorschreiben, ist mit dieser Gleichung der obere Grenzwert der zulässigen Gesamtstreuinduktivität abgeschätzt. Die tatsächlich erzielbare Steilheit ist größer, da die eingesetzte Zeitkonstante τ_1 für den sekundärseitigen Kurzschluß gilt und sich bei Berücksichtigung des nichtlinearen Widerstands der Steuerstrecke verkleinert.

Dauer des Zündimpulses und Größe der Hauptinduktivität

Die Dauer der übertragbaren Pulse ist durch die vertretbare Größe des Magnetisierungsstroms oder die Spannungs-Zeit-Fläche des Kerns begrenzt und wird durch die untere Grenzfrequenz des Übertragers bestimmt. Im folgenden wird die Streuinduktivität des Transformators vernachlässigt, und alle Widerstände werden auf der primären Seite zum Gesamtwiderstand R zusammengefaßt (Bild 5.33). Dann ist die maximal übertragbare Pulsdauer T_p durch den Abfall des Steuerstroms i_G auf den Zündstrom I_{GT} begrenzt (vgl. Bild 5.32). Bei gegebenem Dachabfall des Zündstroms um $\Delta I_G = \hat{I}_G - I_{GT}$ und Annahme einer Schleusenspannung U_G der Gitter-Katoden-Strecke (typisch $U_G \approx 3$ V) gilt für

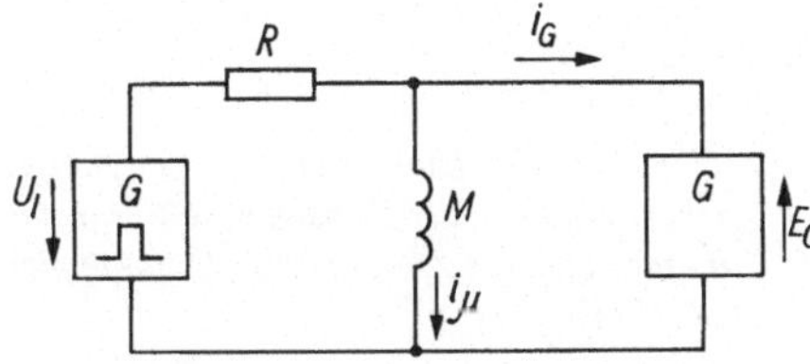

Bild 5.33. Ersatzschaltung des Steuerkreises zur Berechnung der zulässigen Zündimpulsdauer

M Hauptinduktivität; i_μ Magnetisierungsstrom

$T_p(M)$ die Gleichung

$$T_p(M) = M\,\Delta I_G/U_G\,. \tag{5.36}$$

Manchmal braucht man sehr lange Zündpulse (> 1 ms). Dann ist es üblich, den Einzelimpuls in eine Pulsfolge zu zerlegen oder den Impuls als alternierende, rechteckige Spannungs- oder Stromfolge zu übertragen und anschließend gleichzurichten.

Weitere Verfahren zur Potentialtrennung

Mit zunehmendem Potentialunterschied zwischen dem Leistungs- und Steuerteil muß der Isolationsabstand zwischen den Wicklungen des Zündpulsübertragers vergrößert werden. Dies hat ein Anwachsen der Streuinduktivitäten L_σ zur Folge. Zündpulsübertrager werden deshalb bei Netzanschlußspannungen der Stromrichter bis höchstens 660 V eingesetzt. Für Stromrichter mit höheren Anschlußspannungen sind die geforderten Zündpulsparameter nur durch die gesonderte, potentialgetrennte Übertragung von Zündenergie und Zündinformation zu erreichen.

Bild 5.34 zeigt, wie die Zündenergie mit Hilfe des Transformators *Tr* potentialfrei aus dem Netz übertragen werden kann. Das Zündsignal wird mittels des Optokopplers *OK* vom Steuergrundgerät zum Schalttransistor *T* der Zündendstufe potentialgetrennt übertragen.

Diese Lösung wird auch bei niedrigen Anschlußspannungen, z. B. bei Umkehrstromrichtern in Stellantrieben für Be- und Verarbeitungsmaschinen, angewendet.

Eine zweite Schaltung sei noch erwähnt, bei der die Zündenergie unmittelbar dem Leistungskreis entnommen wird, z. B. dadurch, daß die Blockierspannung des zu steuernden Thyristors als Spannungsquelle dient und bei der die Zündinformation über ein Lichtleiterkabel potentialfrei zum Schalttransistor *T* der Zündendstufe übertragen wird. Damit können nahezu beliebig große Potentialdifferenzen beherrscht werden.

Die weitere Entwicklung der Stromrichter zielt in erster Linie auf eine Erhöhung der Zuverlässigkeit. Nachdem sich in den letzten Jahren die Schaltungsintegration in den Steuergeräten für die Informations-

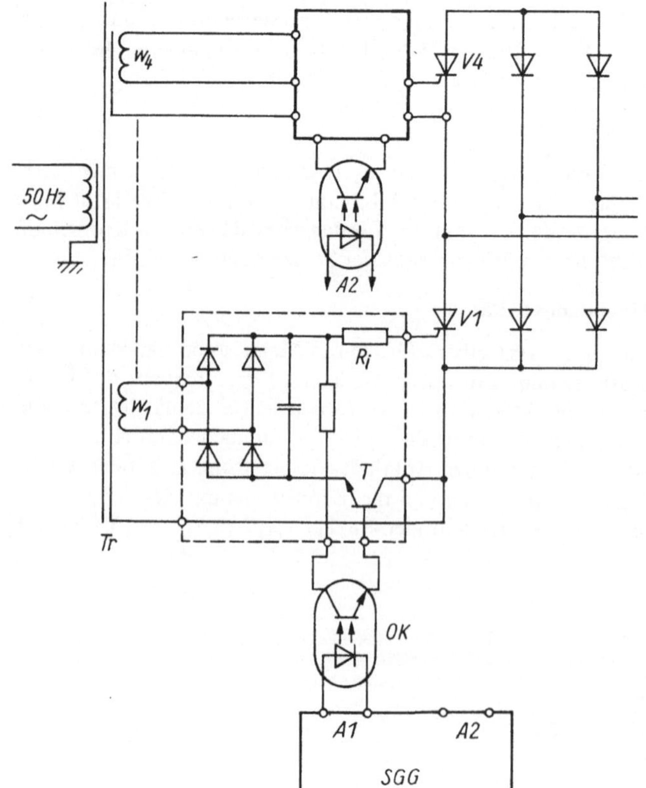

Bild 5.34 Zündeinrichtung mit getrennten Übertragungen der Zündenergie (Transformator) und des Zündsignals (Optokoppler) zur Endstufe

verarbeitung umfassend durchgesetzt hat, zeigt sich, daß die Zündendstufen mit ihrer überwiegend diskreten Schaltungstechnik auf Grund der hohen Zahl einzelner Bauelemente einen relativ hohen Anteil an der Zahl der Ausfälle haben. Deshalb strebt man an, die erforderlichen Zündströme (z. B. durch integrierte Zündverstärkung) herabzusetzen und integrierte Leistungsverstärker zu verwenden. Intensiv wird auch an der Entwicklung direkt mit Licht zündbarer Thyristoren gearbeitet. Als Lichtsender wird eine Laserdiode eingesetzt, und das Lichtleiterkabel wird unmittelbar optisch an den Thyristor angekoppelt. Eine Lichtleistung von 20 mW genügt heute zur direkten Zündung von Leistungsthyristoren, so daß die Bereitstellung der potentialfreien Hilfsenergie und die dem Ventil zugeordnete Zündendstufe entfallen.

5.5.3.2. Steuerimpulsgeneratoren für abschaltbare Thyristoren

Abschaltbare Thyristoren (GTO-Thyristoren) erfordern Steuerimpulsgeneratoren, für die im wesentlichen die gleichen Anforderungen wie für Zündendstufen bei Normalthyristoren gelten. Die zusätzlich notwendigen Eigenschaften sind dem Bild 5.35 zu entnehmen, dies sind:

- GTO-Thyristoren benötigen im Vergleich zu normalen Thyristoren einen erhöhten Zündstrom I_G.
- Während der Leitphase kann ein Dauerzündstrom I_{GD} notwendig sein, um den Leitzustand trotz des hohen Einraststroms auch bei kleinen Ventilströmen zu erhalten.
- Zum Abschalten ist ein negativer Steuerstromimpuls i_{RG} zu erzeugen. Dabei gilt für den Mindestabschaltstrom (vgl. Abschn. 2.3.5)

$$i_{GQ} = i_T / V_Q \,. \tag{5.37}$$

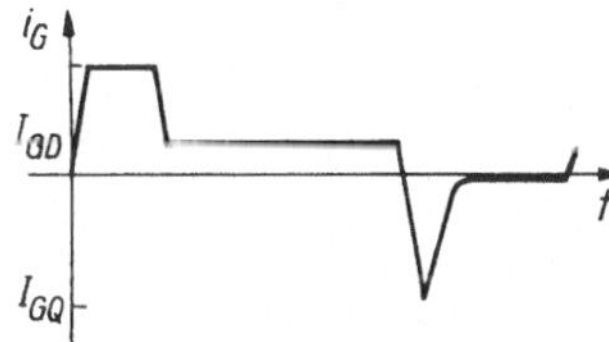

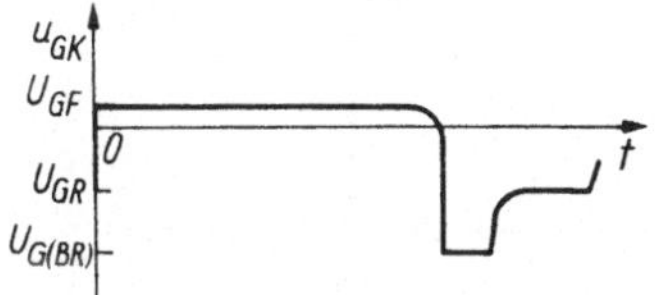

Bild 5.35. Vereinfachter Zeitverlauf des Steuerstroms i_G und der Gitter-Katoden-Spannung u_{GK} eines abschaltbaren Thyristors (GTO)

I_G	positiver Steuerstrom zur Auslösung des Einschaltvorgangs
I_{GD}	positiver Dauersteuerstrom
I_{GQ}	negativer Steuerstrom zur Abschaltung des Laststroms
U_{GF}	Gitter-Katoden-Spannung bei positivem Steuerstrom
$U_{G(BR)}$	Avalanchedurchbruchspannung der Gitter-Katoden-Strecke
U_{GR}	negative Dauerspannung während des Sperr- und Blockierzustands

Als Steuerimpulsgeneratoren mit positiven und negativen Steuerströmen kommen Schaltungen in Frage, wie sie als Treiber für bipolare Transistoren beschrieben werden (vgl. Abschn. 5.5.3.3). Die dort bevorzugte direkte Verbindung des Ventils mit der Steuerstromquelle und der gesonderten, jeweils potentialgetrennten Übertragung des Steuersignals und der Steuerleistung ist auch für GTO-Thyristoren zweckmäßig.

Im Bild 5.36 ist die Prinzipschaltung zur Steuerung eines GTO-Thyristors gezeigt. Für den Schaltungsteil zur Erzeugung des positiven Steuerstroms gelten alle Aussagen, die bereits zu den Zündendstufen

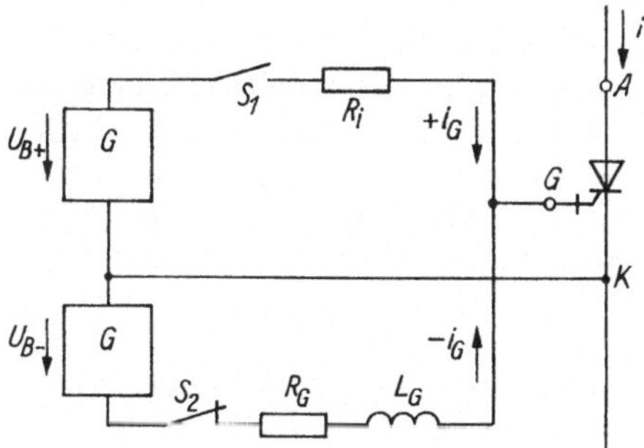

Bild 5.36. Prinzipschaltung zur positiven und negativen Steuerung eines GTO-Thyristors

für Thyristoren getroffen wurden. Im Stromkreis des negativen Steuerstroms ist die Induktivität L_G eingefügt. Wie aus Bild 5.35 zu ersehen ist, erzwingt sie nach dem Sperren der Gate-Katoden-Strecke durch Selbstinduktion einen Anstieg der negativen Spannung u_G bis zur Durchbruchspannung $U_{G(BR)}$. Für einige Mikrosekunden bleibt dadurch der Steuerstrom im katodenseitigen pn-Übergang erhalten und trägt zur weiteren raschen Absenkung der Ladungsträgerkonzentration bei. Eine anschließend anliegende negative Steuerspannung u_{GR} verbessert die Festigkeit des GTO-Thyristors gegenüber hohen Anstiegsgeschwindigkeiten der Anoden-Katoden-Spannung.

5.5.3.3. Treiber für bipolare Transistoren

Im Unterschied zu den Zündendstufen für Thyristoren müssen Treiberschaltungen dem Transistor während der gesamten Leitdauer einen Basisstrom einprägen. Auch ist im Vergleich zu Thyristoren die Stromüberlastbarkeit der Transistoren sehr gering. Andererseits gestattet die Abschaltbarkeit des Transistors einen Selbstschutz bei Überströmen. Deshalb ermöglicht die Kombination eines Transistors mit einem erweiterten Treiber den Bau von sich selbst schützenden Schaltern.

Das Blockschaltbild 5.37 zeigt die Funktionseinheiten *FE*, die zur Erfüllung der an den Treiber gestellten Forderungen gebraucht werden.

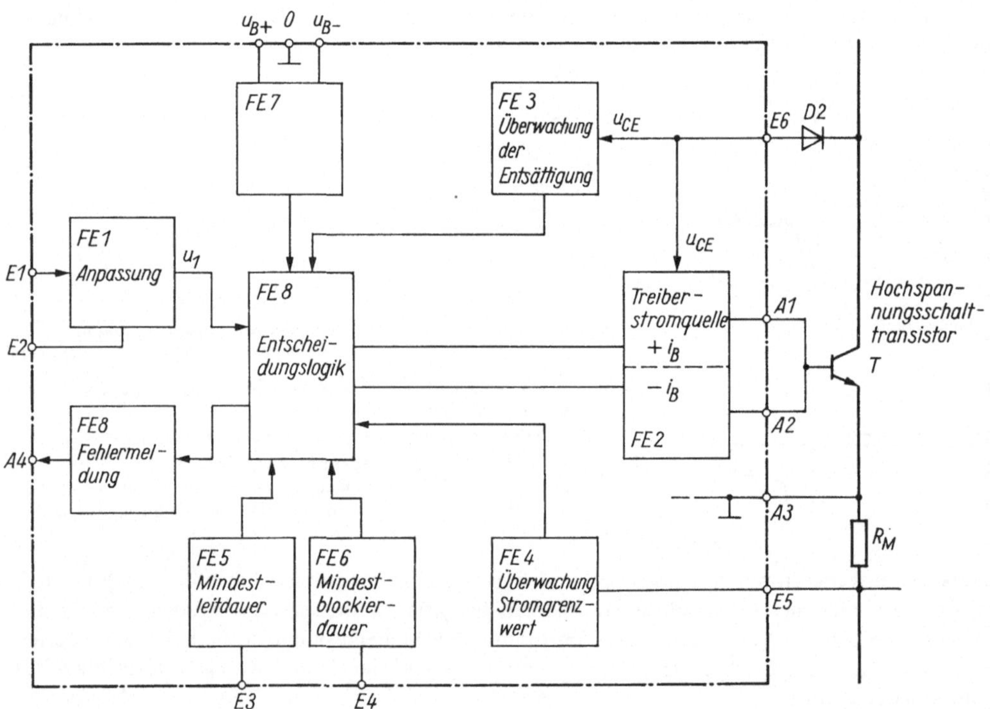

Bild 5.37. Blockschaltplan eines Treibers für bipolare Transistoren

FE 1, Anpassung

Die Anpaßstufe verbindet die vorgelagerte Informationsverarbeitung mit der Treiberschaltung und paßt dabei die an *E1* anliegenden Pegel der unterschiedlichen Signalquellen (z. B. CMOS-Logik, Ausgabeschaltungen von Mikrorechnern) an die interne Signaldarstellung an. Die Ausgabe des Treiberstroms wird durch einen positiven Impuls an *E1* gestartet und durch einen negativen Impuls am gleichen Eingang beendet (Selbsthaltung des Zustands „Treiben").

FE 2, Treiberstromquelle

Die optimale Steuerung eines Transistors ist gegeben, wenn ein Basisstrom gemäß Bild 5.38 eingeprägt wird. Dadurch werden folgende Bedingungen erfüllt:

Während der Leitphase befindet sich der Transistor bei

$$i_B = i_C/B\,, \tag{5.38}$$

B Stromverstärkungsfaktor,

im gesättigten (bzw. quasigesättigten) Zustand. Die damit verbundene geringe Spannung U_{CEsat} garantiert minimale Durchlaßverluste. Während der Sperrphase erhält der Transistor eine negative Basis-Emitter-Spannung, um die Kollektor-Emitter-Durchbruchspannung zu erhöhen. Während des Einschaltvorgangs wird der Treiberstrom über I_{Cm}/B vergrößert, um durch rasches Einbringen der Ladungsträger in die Basiszone den Einschaltvorgang zu verkürzen und so die Einschaltverluste zu verringern.

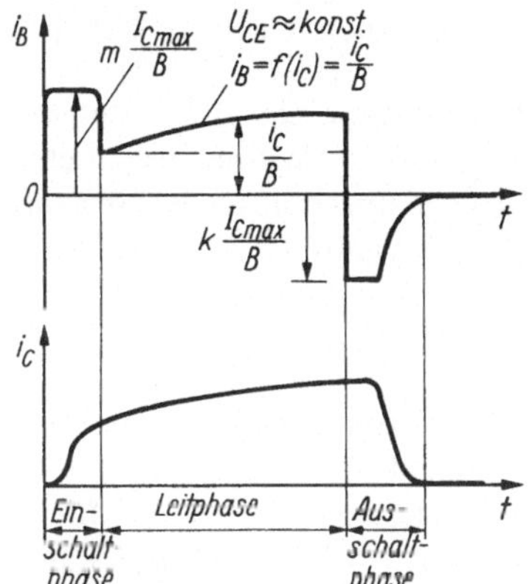

Bild 5.38. Zur Erklärung des „optimalen" Basisstroms

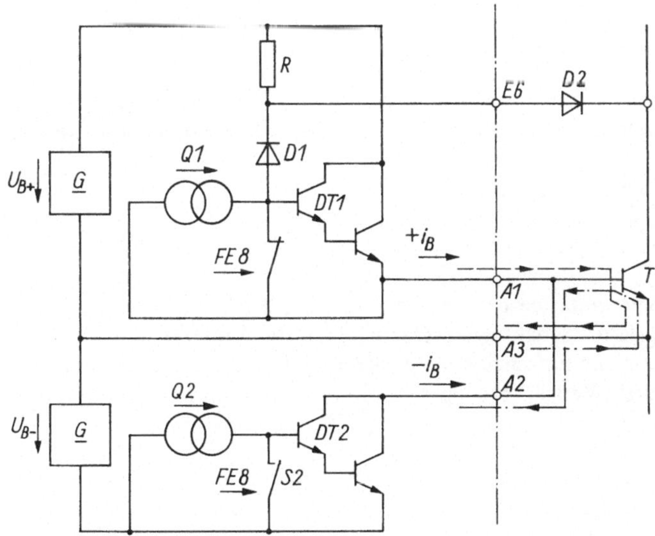

Bild 5.39. Prinzipschaltung der Treiberstromquelle (vgl. Bild 5.37)

Während des Ausschaltvorgangs wird in die Basis-Emitter-Strecke des Transistors ein negativer Basisstrom, der größer als I_{Cm}/B ist, eingeprägt, um durch rasches Ausräumen der Ladungsträger den Ausschaltvorgang zu beschleunigen und damit die Ausschaltverluste zu verringern.

Günstiges Ausschalten setzt voraus, daß während der Leitphase keine Übersättigung des Basisstroms mit Ladungsträgern eintritt. Deshalb ist durch Regelung der Basisstrom gemäß (5.38) dem Kollektorstrom nachzuführen.

Die Prinzipschaltung zur Erzeugung des geschilderten Verlaufs des Basisstroms zeigt Bild 5.39. Der positive Basisstrom wird bei geöffnetem Schalter *S1* von der Stromquelle *Q1* vorgegeben und mittels des Darlingtontransistors *DT1* verstärkt. Die Treiberleistung liefert dabei die positive Spannungsquelle. Analog wird der negative Basisstrom mittels *S2*, *Q2* und *DT2* erzeugt. Die symbolisch dargestellten Schalter *S1* und *S2* sind Steuersignale der *FE 8*. Sie entsprechen im Normalbetrieb den am Eingang der Anpaßschaltung anliegenden Ein- bzw. Aus-Signalen. Die mit (5.38) geforderte Führung des Basisstroms, die einen Betrieb des Transistors an der Sättigungsgrenze gewährleisten soll, wird mit den Bauelementen *D1*, *R* und *D2* erreicht. Sobald der Transistor *T* übersteuert wird, verringert sich seine Spannung U_{CE} geringfügig. Dadurch kann ein Teil des Ausgangsstroms der Stromquelle *Q1* über *D1*, *D2* und *T* abfließen. Der Strom i_B wird so verkleinert, bis wieder

$$U_{CE} = U_{CEsat} = U_{BEDT1} + U_{BE} - U_{D1} - U_{D2} \tag{5.39}$$

gilt (vgl. Bild 5.39). Während der Einschaltphase ist $U_{CE} > U_{CEsat}$, dann wird der gesamte Strom der Quelle verstärkt und als *m*-fach überhöhter Basisstrom dem Transistor *T* eingeprägt. Durch diese Schaltung wird auch der in weiten Grenzen von Transistor zu Transistor unterschiedliche Wert des Stromverstärkungsfaktors *B* ausgeregelt.

Der negative Basisstrom kann nur so lange fließen, bis der Schalttransistor sperrt. Im weiteren Zeitverlauf wirkt deshalb diese Schaltung nicht mehr als Stromquelle, sondern legt die gewünschte negative Basis-Emitter-Spannung an den Transistor an. Die Anstiegssteilheit des negativen Basisstroms wird zweckmäßig so gewählt, daß die Kollektor-Basis-Diode und die Basis-Emitter-Diode gleichzeitig in den Sperrzustand übergehen.

Weitere Funktionseinheiten

Der Entsättigungsschutz (*FE 3*) verhindert, daß im Transistor durch Überstrom oder unzureichenden Treiberstrom hohe Verluste auftreten. Ein Komparator, der bei der dadurch verursachten unzulässig hohen Kollektor-Emitter-Spannung anspricht, löst die Havarieabschaltung aus. — Die Funktionseinheit *FE 4* überwacht den Kollektorstromgrenzwert. — Die Funktionseinheiten *5* und *6* gewährleisten die Mindestleit- und die Mindestsperrdauer. — *FE 7* überwacht die Stromversorgung des Treibers, und *FE 8* enthält die Auswertelogik und das Havarieprogramm.

5.5.3.4. Treiber für MOS-Hochspannungs-Schalttransistoren

In MOS-Technik hergestellte hochsperrende Schalttransistoren erfordern im Leitzustand eine nahezu leistungslose Spannungssteuerung. Typische Steuerparameter für den selbstsperrenden n-Kanal-MOSFET sind im eingeschalteten Zustand:

Gate-Source-Spannung $+2\,\text{V} \leqq U_{GS} < 5\,\text{V}$
Gate-Strom $I_G < 1\,\text{mA}$

und für den ausgeschalteten Zustand:

Gate-Source-Spannung $U_{GS} \leqq +0{,}4\,\text{V}$.

Diese niedrigen Spannungen und Ströme gestatten die direkte Steuerung der Transistoren mit den Logikpegeln der Ausgangssignale integrierter Schaltungen. Das ist einer der Vorteile dieser Bauelemente. Die z. B. im Mikrorechner gewonnene Entscheidung zur Stellung des Energieflusses kann unmittelbar, ohne weitere zwischengeschaltete Verstärker umgesetzt werden. Dies führt zu hoher Zuver-

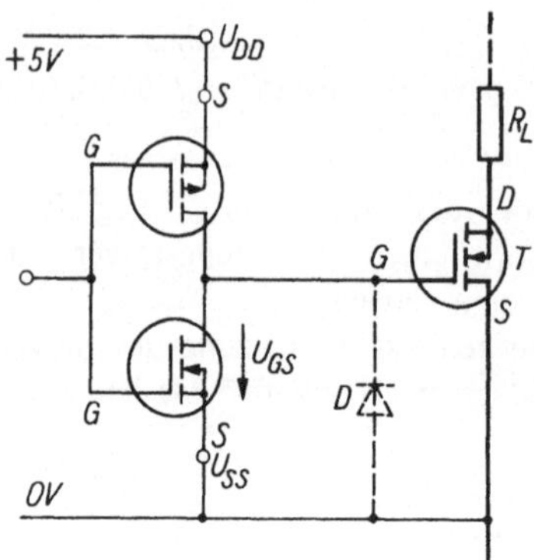

Bild 5.40. Steuerung eines MOS-Schalttransistors mit einem integrierten Schaltkreis in CMOS-Technologie

lässigkeit, geringer Baugröße und niedrigen Kosten und ermöglicht den Einsatz dieser Transistoren bei vielen Konsumgütern. Bild 5.40 zeigt ein Beispiel für eine solche einfache Steuerung.

Die Anwendung der MOS-Hochspannungs-Schalttransistoren als Schalter in Stromrichtern fordert, daß die Einschalt- und Ausschaltverluste durch kurze Schaltzeiten weitgehend verringert werden. Außerdem sind wiederum der dezentrale Schutz jedes Transistors und die Potentialtrennung zwischen der informationsverarbeitenden Logik und der Treiberschaltung zu verwirklichen. Im folgenden wird nur die Optimierung des Steuersignals dargestellt, während zur Schutzkonzeption und Potentialtrennung auf die Treiberschaltung für bipolare Transistoren verwiesen sei.

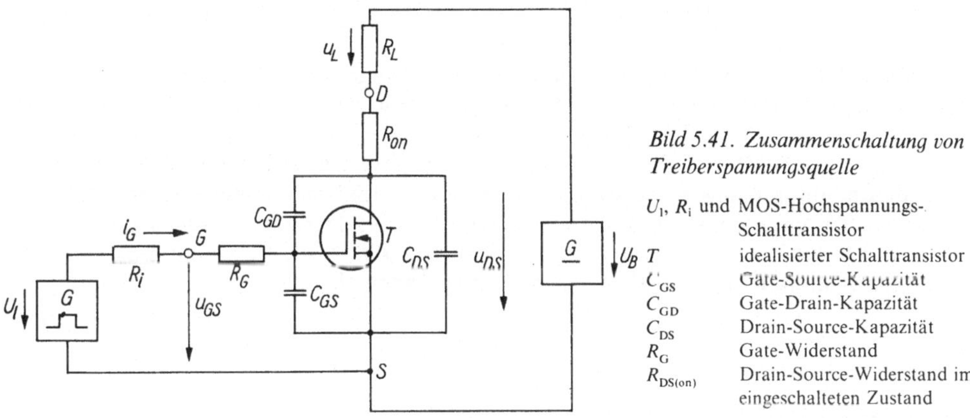

Bild 5.41. Zusammenschaltung von Treiberspannungsquelle

U_l, R_i und	MOS-Hochspannungs-Schalttransistor
T	idealisierter Schalttransistor
C_{GS}	Gate-Source-Kapazität
C_{GD}	Gate-Drain-Kapazität
C_{DS}	Drain-Source-Kapazität
R_G	Gate-Widerstand
$R_{DS(on)}$	Drain-Source-Widerstand im eingeschalteten Zustand

Bild 5.41 zeigt die Zusammenschaltung des Steuerspannungsgenerators (Leerlaufspannung U_l, Innenwiderstand R_i) mit einem MOS-Hochspannungs-Schalttransistor T. Offensichtlich ist während der stationären Zustände EIN und AUS nur eine ganz geringe Steuerleistung erforderlich, da lediglich der Leckstrom (< 1 mA) fließen kann. Dagegen müssen während des Einschalt- und Ausschaltvorgangs die Kapazitäten C_{GS} und C_{GD} umgeladen werden, so daß ein Steuerstrom fließt. Wie schon erwähnt, verkürzt eine schnelle Umladung mit entsprechend großen Steuerströmen die Schaltzeiten und senkt die Schaltverluste. Um die Eigenschaften des Treibers genauer zu begründen, ist Bild 5.42 geeignet. Der Transistor T aus dem vorhergehenden Bild ist hier für die Dauer der Schaltvorgänge durch eine gesteuerte Stromquelle ersetzt. Dies entspricht seinem Verhalten im aktiven Bereich, wobei

$$i_D = g(u_{GS} - U_{Th}) \quad \text{für} \quad u_{GS} \geqq U_{Th} \tag{5.40}$$

(g Steilheit)

und

$$i_D = 0 \quad \text{für} \quad u_{GS} < U_{Th} \tag{5.41}$$

gelten, wo U_{Th} der Schwellwert der Einschaltspannung ist. Auf Grund der Feldsteuerung folgt der Strom i_D praktisch trägheitslos der inneren Steuerspannung u_{GS} (Verzugszeiten < 1 ns). Selbst bei idealem Spannungsimpuls u_{GS} am Gate-Anschluß wird aber die innere, stromsteuernde Spannung u_{GS}

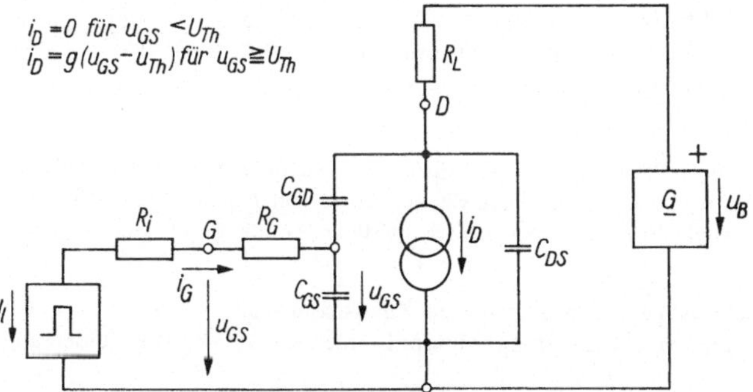

Bild 5.42. Ersatzschaltung des Treibers und des MOS-Schalttransistors für die Zeitdauer der Einschalt- und Ausschaltvorgänge

durch das resultierende RC-Glied im Steuerkreis verzögert auf- und abgebaut. Es genügt, als wirksame Eingangskapazität C_G die Summe aus C_{GS} und C_{GD} einzusetzen, die in der Größenordnung von 1 nF liegt. Damit ist die Zeitkonstante des Steuerkreises

$$\tau_G \approx (R_i + R_G)(C_{GS} + C_{GD}) . \quad (5.42)$$

Bei einem Sprung der Steuerspannung U_1 folgt die steuernde Spannung beim Einschalten

$$u_{GS}(t) \approx U_1(1 - \exp\{-t/\tau_G\}) \quad (5.43)$$

und beim Ausschalten

$$u_{GS}(t) \approx U_1 \exp\{-t/\tau_G\} . \quad 5.44)$$

In Verbindung mit (5.40) und (5.41) ist hiermit auch der Schaltvorgang $i_D(t)$ beschrieben.

Schnelles Schalten und damit geringste Schaltverluste fordern also eine möglichst hohe Amplitude U_1 der Steuerspannung (z. B. 10 V) und eine möglichst kleine Gate-Zeitkonstante τ_G (mit den typischen Widerstandswerten $R_G \approx 10\,\Omega$ und $R_i \approx (1 \dots 5)R_G$). Die im Bild 5.40 gezeigte Treiberspannungsquelle genügt diesen Anforderungen. Sie kann in die komplexe Treiberschaltung nach Bild 5.37 an Stelle des Stromtreibers eingeordnet werden. Dabei entfällt die dort angegebene Regelung des Basisstroms. Die zwischen Gate und Source angeordnete Diode D schützt die Gate-Source-Strecke vor negativen Spannungen, die infolge der Potentialsprünge in Stromrichtern bei $du_{DS}/dt < 0$ auftreten können.

5.6. Übungsaufgaben

5.1. Beschreiben Sie einen Transistor als steuerbares Ventil in einem Stromrichter durch einen Zustandsgraphen! Schaltverzögerungen durch Ladungsspeichererscheinungen sollen dabei unberücksichtigt bleiben. Welcher Unterschied besteht zu einem Thyristor?

5.2. Entwerfen Sie für die Steuerung eines einphasigen Nullstromschalters den Algorithmus und stellen Sie ihn als Zustandsgraphen dar! Der Verbraucher bestehe aus der Reihenschaltung einer Induktivität und eines Widerstands.

5.3. Gegeben ist ein halbgesteuerter Drehstromsteller mit symmetrischer Last.
a) Ermitteln Sie den theoretisch möglichen Verschiebebereich!
b) Wie könnte dieser Verschiebebereich des Zündwinkels praktisch realisiert werden?
c) Entwerfen Sie ein Steuergerät für diesen speziellen Stromrichter, stellen Sie die Funktionseinheiten als Blockschaltbild dar (vgl. Bild 5.7)! Wie sehen die Zeitdiagramme bei analoger Signalverarbeitung aus?

5.4. Der Gleichstromsteller nach Bild 4.7a arbeitet auf eine RL-Last, wobei der Widerstand im Bereich von 5 bis 25 Ω variiert wird. Die Kapazität des Löschkondensators beträgt 10 μF, die Umschwingdrossel hat eine Induktivität von 100 μH.
a) Welche Zeitbedingungen müssen vom Steuergerät realisiert werden?
b) Welches maximale Stellverhältnis ist bei einer Frequenz $f = 200$ Hz erreichbar?

5.5. Begründen Sie, daß bei einem Gleichstromantrieb mit Umkehrstromrichter die vordere Steuerbereichsgrenze α_{min} durch die hintere Begrenzung α_{max} des Steuerbereichs bestimmt wird!

5.6. Ein Stromrichter in Dreipuls-Mittelpunktschaltung wird über einen Transformator mit der Schaltgruppe Dy5 gespeist. Die Synchronisationsspannungen für die 3 Steuergrundgeräte werden mittels eines Anpassungstransformators (Stern-Stern-Schaltung) von der Netzseite des Stromrichtertransformators abgenommen. Welche Schaltgruppe muß der Anpassungstransformator haben, wenn auf eine zusätzliche Phasendrehung durch Filter verzichtet wird?

5.7. Zwei Thyristoren mit der im Bild 5.43a dargestellten Kennlinie der Gitter-Katoden-Strecke werden in Reihe geschaltet. Der Zündstrom, der in diesem Anwendungsfall den 3fachen Wert von I_{GT} betragen soll, wird mit der Schaltung nach Bild 5.43b bereitgestellt. Für die Dimensionierung dieser Zündendstufe sind folgende Teilaufgaben zu lösen:

a) Welche Gitter-Katoden-Spannung stellt sich für den geforderten Zündstrom ein?
b) Welche Steuerverlustleistung tritt auf, und welche maximale Zündpulsdauer ist unter der Voraussetzung konstanter Zündenergie zulässig?

c) Berechnen Sie die minimale Betriebsspannung U_B und den Vorwiderstand R_V!

d) Welche mittleren Verlustleistungen treten bei maximaler Zündpulsdauer im Widerstand R_V und im Transistor T_v auf, wenn die Thyristoren mit der Netzfrequenz von 50 Hz gezündet werden?

e) Wiederholen Sie die Rechnungen entsprechend den Teilaufgaben 5.7c und 5.7d, falls die Zündströme nach dem Stromquellenprinzip (Bild 5.43c) gebildet werden!

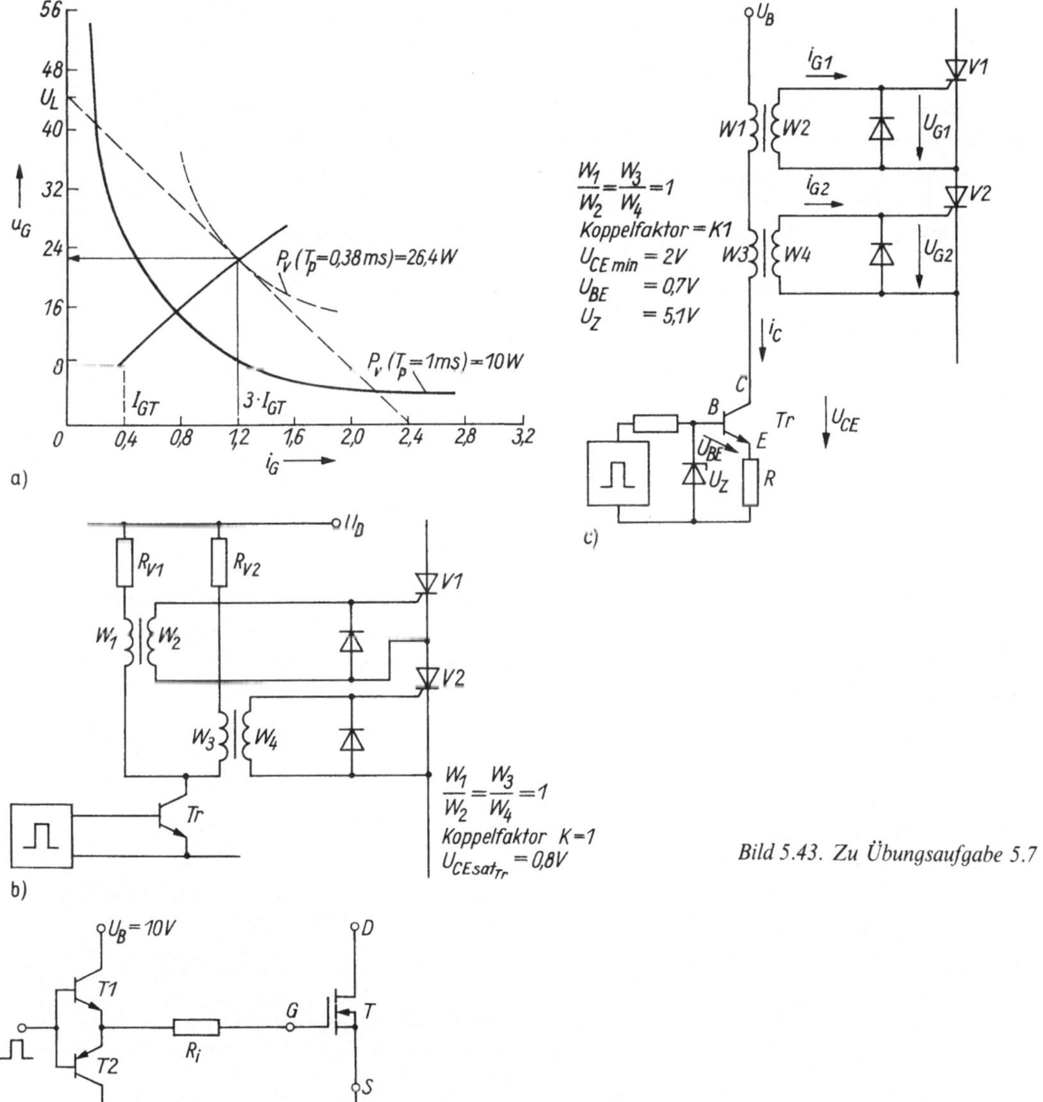

Bild 5.43. Zu Übungsaufgabe 5.7

Bild 5.44. Zu Übungsaufgabe 5.8

5.8. Mit einem Treiber nach Bild 5.44 sollen für den MOS-Leistungstransistor T, der als Gleichstromsteller arbeitet und dessen maximale Drain-Source-Spannung 300 V beträgt, die Schaltzeiten $t_{on} = 0{,}3\ \mu s$ und $t_{off} = 0{,}5\ \mu s$ realisiert werden. Für die Transistoren gelten folgende Kenngrößen:
MOS-Transistor T: Schwellenspannung $U_{th} = 2$ V; Gate-Source-Kapazität $C_{GS} = 200$ pF; Gate-Drain-Kapazität $C_{GD} = 100$ pF (für $U_{DS} > 20$ V); interner Gatewiderstand $R_G = 5\ \Omega$
Treibertransistor T_1, T_2: Sättigungsspannungen $U_{CE\,sat\,T1} = 0{,}8$ V, $U_{CE\,sat\,T2} = 0{,}5$ V; Kollektorspitzenstrom $I_{CM\,T1} = 1$ A, $I_{CM\,T2} = 1$ A.

a) Ermitteln Sie die Größe des Widerstands R_i!

b) Welche mittlere Treiberleistung muß bei einer Schaltfrequenz von 30 kHz bereitgestellt werden? Wie wäre die Relation zu einer Treiberstufe für bipolare Transistoren? (Anmerkung: Die Spannungsabhängigkeit der Kapazitäten bleibt unberücksichtigt!)

6. Stromrichtergeräte und -anlagen

Nachdem in den vorhergehenden Abschnitten die Stromrichterventile und -schaltungen und auch die Steuergeräte behandelt worden sind, sollen jetzt Probleme zur Sprache gebracht werden, die die Stromrichteranlagen als Ganzes betreffen. Dazu gehören die Untersuchung der Netzrückwirkungen und deren Verminderung, die Berechnung der Kurzschlußströme und einige Hinweise auf die Konstruktion und die Auslegung von Stromrichteranlagen und auf ihre Schutzeinrichtungen.

6.1. Netzrückwirkungen [6.1] [6.2]

6.1.1. Übersicht

Der im Bild 6.1 gezeigte Generator *G* möge eine rein sinusförmige Spannung u_{LM} konstanter Amplitude erzeugen. Der Stromrichter *SR* beansprucht das speisende Netz mit induktiven Blindströmen und auch mit Oberschwingungsströmen. Dadurch werden die Verluste im Netz erhöht, und die Spannung u'_{LM} am Anschlußpunkt *A* wird abgesenkt und verzerrt, d. h., die Qualität der Spannung wird verringert. Andere Verbraucher am gleichen Anschlußpunkt können dadurch unzulässig gestört werden (Elektromagnetische Verträglichkeit — EMV, s. [1.3] [1.21]). Parallelkondensatoren *PC* zur Bereitstellung der Blindleistung und abgestimmte Saugkreise *SK* zum Kurzschließen der Oberschwingungsströme verringern diese Netzrückwirkungen. Am Beispiel der Sechspuls-Brückenschaltung werden Einzelheiten der geschilderten Problematik erläutert.

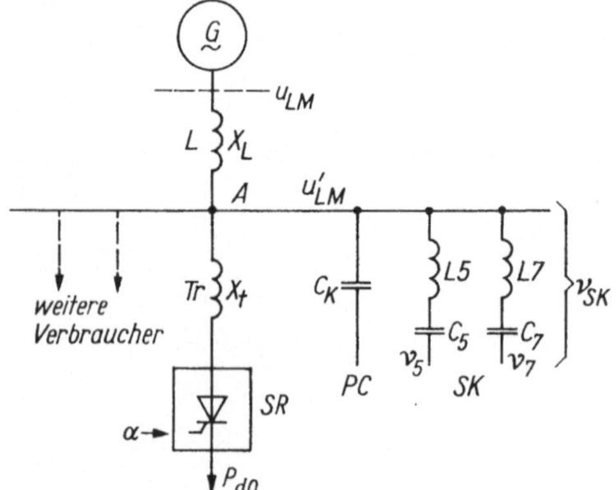

Bild 6.1. Ersatzschaltbild eines Stromrichters SR am Wechsel- oder Drehstromnetz

G Generator; X_L, X_t Reaktanz des Netzes bzw. des Transformators oder der vorgeschalteten Drosseln bei Speisefrequenz; u_{LM} vom Generator abgegebene sinusförmige Spannung; u'_{LM} verzerrte Spannung am gemeinsamen Anschlußpunkt *A*; *PC* Parallelkondensator; *SK* abgestimmte Saugkreise

6.1.2. Qualität der Netzspannung

Die folgenden Kenngrößen für die Qualität der Netzspannung sind hier von Interesse:

— relative Effektivwertschwankung Δu

$$\Delta u = \frac{\text{Schwankung des Effektivwerts}}{\text{Effektivwert}} = \frac{\Delta U_{LM}}{U_{LM}}; \tag{6.1}$$

— Einzelklirrfaktor k_ν

$$k_\nu = \frac{\text{Effektivwert der Oberschwingung } \nu\text{-ter Ordnung}}{\text{Gesamteffektivwert}} = \frac{U_{\nu LM}}{U_{LM}}; \tag{6.2}$$

— Gesamtklirrfaktor k_{ges}

$$k_{ges} = \frac{\text{Effektivwert aller Oberschwingungen}}{\text{Gesamteffektivwert}}$$

$$= \frac{\left(\sum_{\nu=2}^{\infty} U_{\nu LM}^2\right)^{1/2}}{U_{LM}}; \tag{6.3}$$

— maximale relative Augenblicksabweichung h

$$h = \frac{\text{maximale Augenblicksabweichung von der Grundschwingung}}{\text{Scheitelwert der Grundschwingung}}$$

$$= H/(\sqrt{2}\,U_{LM}); \quad (H \text{ s. Bild 6.3}) \tag{6.4}$$

Die maximal zulässigen Werte dieser Qualitätskenngrößen sind in den einschlägigen Vorschriften angegeben (s. z. B. [1.7]).

6.1.3. Spannung am Anschlußpunkt ohne Kompensationseinrichtungen

Es wird vorausgesetzt, daß keine Kompensationseinrichtungen (*PC* und *SK* im Bild 6.1) vorhanden sind und daß auch keine anderen kapazitiven Verbraucher den Verlauf der Spannungen und Ströme des Stromrichters beeinflussen. Es können also keine Resonanzen auftreten. Der Gleichstrom soll vollständig geglättet sein.

6.1.3.1. Effektivwertabsenkung und -schwankung

Der Effektivwert I_{1L} der Grundschwingung des Netzstroms ist durch (3.275) gegeben. Die Phase der Grundschwingung ist bei Phasenanschnittsteuerung um den Winkel $\varphi_{1\alpha}$ verzögert (z. B. (3.224)). Dazu kommt noch die Verzögerung $\varphi_{1\mu}$ wegen des langsamen An- und Abstiegs der Ventilströme während der Kommutierung (Bild 3.37b). In hinreichender Näherung kann man ansetzen:

$$\varphi_{1\mu} = \frac{2}{3}\mu \tag{6.5}$$

und die gesamte Verzögerung φ_1 mit

$$\varphi_1 = \varphi_{1\alpha} + \varphi_{1\mu} \tag{6.6}$$

in Rechnung stellen.

Die Blindkomponente $I_{1L} \sin \varphi_1$ verursacht im Netz zusätzliche Verluste und über X_{1L} einen Spannungsabfall

$$\Delta U_{1LM} = X_L I_{1L} \sin \varphi_1 . \tag{6.7}$$

Die auf U_{LM} bezogene relative Effektivwertänderung beträgt

$$\Delta u = \frac{X_L I_{1L} \sin \varphi_1}{U_{LM}} . \tag{6.8}$$

Der Größtwert von Δu tritt auf, wenn ein Gleichrichter von Vollaussteuerung auf die Gleichspannung Null, d. h. $\varphi_1 = \pi/2$ umgesteuert wird, und beträgt

$$\Delta u_m = \frac{X_L I_{1L}}{U_{LM}} . \tag{6.9}$$

Man kann dies in anschaulicher Weise schreiben, wenn man die Netzkurzschlußleistung

$$S_k = 3U_{LM}^2/X_L \tag{6.10}$$

und die größte, bei $\varphi_1 = \pi/2$ auftretende Grundschwingungsblindleistung

$$Q_{1m} = 3U_{LM}I_{1L} \tag{6.11}$$

einführt:

$$\Delta u_m = \frac{Q_{1m}}{S_k} . \tag{6.12}$$

Bei einer Netzkurzschlußleistung $S_k = 50$ MVA und einer maximal zulässigen relativen Schwankung des Effektivwerts der Netzspannung von 5% darf also ein Blindleistungsstoß höchstens

$$Q_{1m} = 0{,}05 \cdot 50 \text{ MVA} = 2{,}5 \text{ Mvar} \tag{6.13}$$

betragen.

Besondere Beachtung müssen die Spannungsschwankungen finden, die auftreten, wenn z. B. ein Stromrichter für einen Umkehrantrieb schnell vom Gleichrichter- zum Wechselrichterbetrieb umgesteuert wird oder wenn der Netzstrom bei der Schwingungspaketsteuerung eines Punktschweißgerätes periodisch zu- und abgeschaltet wird. Dadurch kann störendes Flickern der Beleuchtung verursacht werden. Wenn sich die Spannung etwa 2- bis 10mal je Sekunde ändert, liegt die Bemerkbarkeitsgrenze des Flickerns von Glühlampen bei Spannungsänderungen von etwa 0,5%.

6.1.3.2. Augenblicksabweichung der Netzspannung von ihrer Grundschwingung

Um die Augenblicksabweichung der Netzspannung von ihrer Grundschwingung zu bestimmen, geht man von der Kurvenform des Netzstroms i_L des Stromrichters aus (Bild 6.2b und d).

Ohne Zündverzögerung (Bild 6.2a und b) kommutiert der Strom i_L während $0 \leqq \vartheta \leqq \mu_0$ und $2\pi/3 \leqq \vartheta \leqq 2\pi/3 + \mu_0$, und die Spannung u_{L1M} wird durch den Spannungsabfall über X_L während dieser Intervalle abgesenkt bzw. erhöht. Während der übrigen Zeit ist der Strom konstant, so daß keine Spannung über X_L abfällt. Da im Kommutierungskreis die Induktivitäten X_t und X_L wirken, wird der Überlappungswinkel μ_0 in Analogie zu (3.263) durch cos μ_0

$$\cos \mu_0 = 1 - \frac{(X_t + X_L)\, I_{da}}{\sqrt{2}\, U_{LM} \sin(\pi/3)} \tag{6.14}$$

beschrieben.

Man erhält anschaulichere Resultate, wenn man für X_t die induktive Komponente u_{xt} der relativen Kurzschlußspannung des Transformators bzw. der vorgeschalteten Drosseln und für X_L das Leistungsverhältnis LV einführt:

Die Gleichungen (3.328), (3.335) mit $Y = 0{,}5$ für die Sechspuls-Brückenschaltung und (3.270) führen zu

$$\frac{X_t I_{da}}{\sqrt{2}\, U_{LM} \sin(\pi/3)} = u_{xt} . \tag{6.15}$$

Das *Leistungsverhältnis LV* (auch mit *Anschlußfaktor* bezeichnet) ist definiert als

$$LV = P_{d0}/S_k , \tag{6.16}$$

wo P_{d0} die Gleichstrombruttoleistung (3.145) und S_k die durch (6.10) definierte Kurzschlußleistung des Netzes ist. (6.16) zusammen mit (3.145), (6.10) und (3.270) ergeben dann in hinreichender Näherung

$$\frac{X_L I_{da}}{\sqrt{2}\, U_{LM} \sin(\pi/3)} \approx LV . \tag{6.17}$$

Man kann folglich (6.14) in folgender Form schreiben:

$$\cos \mu_0 = 1 - (u_{xt} + LV) . \tag{6.18}$$

Beispiel

Ein Gleichrichter in Sechspuls-Brückenschaltung hat folgende Kennziffern: ideelle Leerlaufgleichspannung $U_{di0} = 800$ V; Nenngleichstrom $I_{da} = 1000$ A; Netz-Kurzschlußleistung $S_k = 40$ MVA; relative Kurzschlußreaktanz des Transformators $u_{xt} = 8\%$. Hieraus folgt:

Gleichstrombruttoleistung (3.145)

$$P_{d0} = 800\ \text{V} \cdot 1000\ \text{A} = 800\ \text{kW}\,; \tag{6.19}$$

Leistungsverhältnis (6.16)

$$LV = 800\ \text{kW}/40\ \text{MVA} = 2\%\,. \tag{6.20}$$

Damit führt (6.18) zu:

$$\cos \mu_0 = 1 - (0{,}08 + 0{,}02) \tag{6.21}$$

und schließlich zu

$$\mu_0 = 25{,}8^\circ\,. \tag{6.22}$$

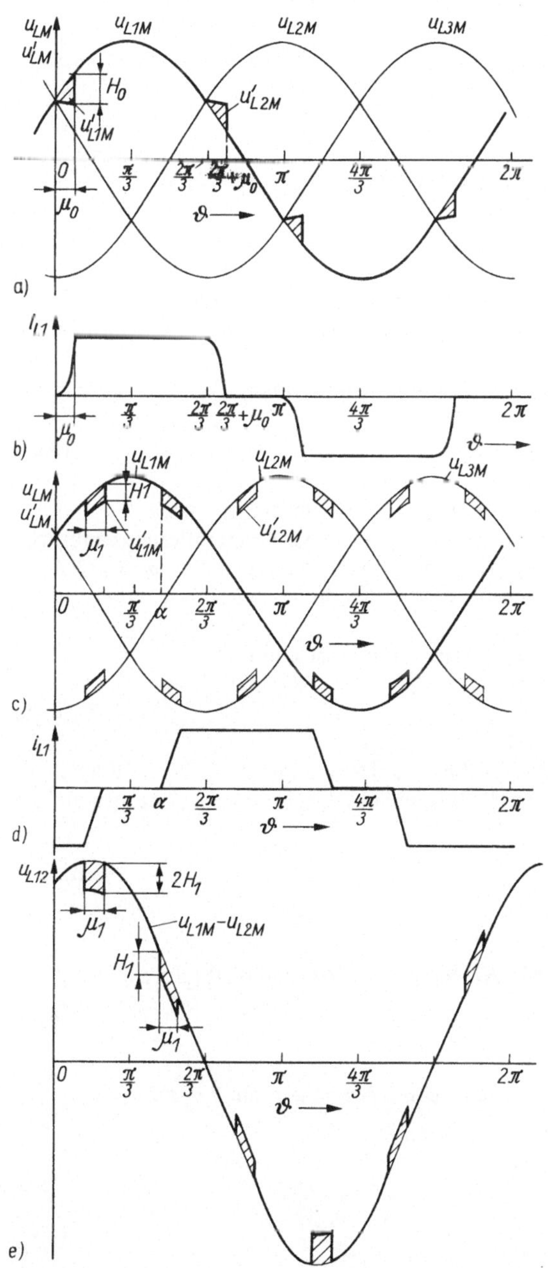

Bild 6.2. Einbrüche bzw. Erhöhungen der Sternspannung am Anschlußpunkt A eines Stromrichters in Sechspuls-Brückenschaltung

u'_{LM}, i_L Spannung am Anschlußpunkt bzw. Netzstrom bei Berücksichtigung der die Kommutierung beeinflussenden Reaktanzen X_L und X_t
a) und b) bei $\alpha = 0$
c) und d) bei $\alpha = \pi/2 - \mu_1/2$
e) Spannungseinbrüche in der Leiterspannung

Die *Tiefe der Spannungseinbrüche* kann jetzt berechnet werden: Der aufkommutierende Strom und damit auch der Netzstrom bei $m_t = 1$ wird entsprechend (3.261) durch

$$i_L = i_v = \frac{\sqrt{2}\, U_{LM} \sin(\pi/3)}{X_t + X_L} (1 - \cos \vartheta) \tag{6.23}$$

beschrieben. Dieser Strom verursacht eine Abweichung Δu_{LM} des Augenblickswerts von der Grundschwingung u_{LM},

$$\Delta u_{LM} = -X_L \frac{di_L}{d\vartheta} = -\sqrt{2}\, U_{LM} \sin(\pi/3) \frac{X_L}{X_t + X_L} \sin \vartheta$$

$$= -\sqrt{2}\, U_{LM} \sin(\pi/3) \frac{LV}{u_{xt} + LV} \sin \vartheta\,, \tag{6.24}$$

wenn (6.15) und (6.16) berücksichtigt werden.

Der Spannungseinbruch erreicht seine maximale Tiefe bei $\vartheta = \mu_0$ (Bild 6.2a) und beträgt dann

$$H_0 = \sqrt{2}\, U_{LM} \sin(\pi/3) \frac{LV}{u_{xt} + LV} \sin \mu_0\,. \tag{6.25}$$

Die maximale relative Augenblicksabweichung h_0 der Sternspannung hat dabei den Wert (s. (6.4))

$$h_0 = \frac{LV}{u_{xt} + LV} \sin(\pi/3) \sin \mu_0\,. \tag{6.26}$$

Die Tiefe der Spannungseinbrüche kann also durch Vergrößerung der Kurzschlußreaktanz des Transformators und/oder der Netzkurzschlußleistung sowie auch durch Verringerung der Gleichstromleistung des Stromrichters vermindert werden!

Mit den Ergebnissen des vorhergehenden Berechnungsbeispiels findet man

$$h_0 = \frac{0{,}02}{0{,}08 + 0{,}02} \sin(\pi/3) \sin 25{,}8^\circ = 7{,}5\,\%\,. \tag{6.27}$$

Diese Abweichung von der Sinusform ist bei Niederspannungs-Industrienetzen zulässig.

Bei Zündverzögerung erfolgt die Kommutierung erst später. Die Tiefe der Kommutierungseinbrüche ist bei $\alpha = \pi/2$ am größten (Bild 6.2c). Der Zündverzögerungswinkel beträgt dabei $\alpha = \pi/2$ oder, genauer, $\alpha = (\pi/2 - \mu_1/2)$, wo μ_1 die durch (3.267) gegebene Breite des Spannungseinbruchs bei $\alpha = \pi/2$ ist.

Die maximale relative Augenblicksabweichung der Sternspannung ist dann

$$h_1 = \frac{LV}{u_{xt} + LV} \sin(\pi/3)\,. \tag{6.28}$$

In der *Leiterspannung* $u_{L12} = u_{L1M} - u_{L2M}$ sind die Größtwerte der Spannungseinbrüche doppelt so tief wie in der Sternspannung (Bild 6.2e). Die maximale Augenblicksabweichung h_{1L}, bezogen auf die Leiterspannung, ist deshalb

$$h_{1L} = \frac{2}{\sqrt{3}} h_1 = \frac{LV}{u_{xt} + LV}\,. \tag{6.29}$$

Der Überlappungswinkel bei Zündverzögerung ist in Analogie zu (3.267) und (6.18) durch

$$\cos(\mu + \alpha) = \cos\alpha - (u_{xt} + LV) \tag{6.30}$$

gegeben.

Die Kennziffern in dem auf S. 368f. gegebenen Berechnungsbeispiel führen jetzt mit $\alpha = \pi/2$ zu

$$\cos(\mu_1 + \pi/2) = \cos(\pi/2) - (0{,}08 + 0{,}02)\,, \qquad \mu_1 = 5{,}74^\circ\,,$$

und mit (6.28) zu

$$h_1 = \frac{0{,}02}{0{,}08 + 0{,}02} \sin(\pi/3) = 17{,}3\,\%$$

sowie mit (6.29) zu

$$h_{1L} = 20\,\% . \tag{6.31}$$

Dies ist gerade noch zulässig.

6.1.3.3. Amplitudenspektrum der Spannung am Anschlußpunkt

Der im Bild 6.2a und c gezeigte Verlauf u'_{LM} der Netzspannung am gemeinsamen Anschlußpunkt ist im Abschnitt 6.1.3.2 durch die Breite und Tiefe der Spannungseinbrüche gekennzeichnet worden. Der Spannungsverlauf läßt sich aber auch mit einer Fourier-Reihe beschreiben, wie folgt.

Eine Oberschwingung des Netzstroms mit der Ordnungszahl ν und dem Effektivwert $I_{\nu L}$ verursacht über der Reaktanz des Netzes, die für die ν-te Oberschwingung νX_L beträgt, den Spannungsabfall (Effektivwert)

$$U_{\nu LM} = \nu X_L I_{\nu L} . \tag{6.32}$$

Der entsprechende Einzelklirrfaktor ist ((6.2)):

$$k_\nu = \nu X_L I_{\nu L} / U_{LM} ; \tag{6.33}$$

und der Gesamtklirrfaktor ist ((6.3)).

$$k_{ges} = \frac{X_L}{U_{LM}} \left[\sum_{\nu=2}^{\infty} (\nu I_{\nu L})^2 \right]^{1/2} . \tag{6.34}$$

Wenn die Oberschwingungsströme in erster Näherung durch (3.277) beschrieben werden, ist $U_{\nu LM}$ unabhängig von ν und gleicht $X_L I_{1L}$; tatsächlich aber verlangsamen die Induktivitäten im Kommutierungskreis den An- und den Abstieg des Netzstroms (vgl. Bild 6.2b und d), so daß $I_{\nu L}$, $U_{\nu LM}$ und damit auch die Einzelklirrfaktoren k_ν mit höheren Frequenzen schnell abnehmen.

Die Verzerrung der Netzspannung hat mehrere ungünstige Folgen: Sie verursacht Oberschwingungsströme und damit zusätzliche Verluste im Netz und beim Verbraucher; sie kann Resonanzen hervorrufen und damit auch Überspannungen; sie kann zu einer Verschiebung des Nulldurchgangs oder auch zu zusätzlichen Nulldurchgängen der Netzspannung führen und damit die Synchronisierung von Ansteuergeräten beeinträchtigen. Alles dies betrifft die anderen Stromrichter am gleichen Anschlußpunkt, aber auch den Stromrichter selbst, der die Verzerrung verursacht. Bei diesem Stromrichter kann sogar die Rückwirkung auf die eigene Synchronisierungsspannung dazu führen, daß seine eigene Steuerung instabil wird. — Die im vorliegenden Abschnitt gebotene Analyse der Netzspannung kann aufzeigen, in welchem Umfang die beschriebenen ungünstigen Erscheinungen auftreten können.

6.1.4. Verringerung der Netzrückwirkungen

Jeder netzgelöschte Stromrichter beansprucht das Netz mit Grundschwingungsblindströmen und mit Oberschwingungsströmen. Diese Netzrückwirkungen können durch zusätzliche Reaktanzen, durch geeignete Wahl der Schaltung des Stromrichters, mit Hilfe von Kompensationseinrichtungen sowie auch mit Blindstromrichtern verringert werden.

6.1.4.1. Stromrichter mit verminderten Netzrückwirkungen

Wenn die Gleichspannung mit Hilfe der Phasenanschnittsteuerung herabgesteuert wird, entsteht Steuerblindleistung. Dies läßt sich vermeiden, wenn man *ungesteuerte* Gleichrichter über einen Transformator mit Stufenschalter vom Netz speist. Bei kleineren Leistungen und geringen dynamischen Forderungen kommt auch ein Windungsstelltransformator, ggf. mit Stellmotor, in Frage.

Man kann auch einem ungesteuerten Gleichrichter einen *Pulssteller* nachschalten (vgl. Abschn. 4.1), der die Gleichspannung steuert.

Bei einer *Vergrößerung der Kurzschlußreaktanz* des Transformators wird die Tiefe der Spannungseinbrüche verringert (vgl. (6.29)). Falls man den Transformator nicht zur Spannungsanpassung oder zur Potentialtrennung benötigt, kann man ihn durch Netzdrosseln ersetzen. Kurzschlußspannungen von 4% sind üblich, denn dann betragen die Spannungseinbrüche höchstens 20%, bei $LV = 1\%$.

Verminderter Blindstrom erfordert halbgesteuerte Schaltungen, Schaltungen mit Freilaufzweigen und auch die Folgesteuerung von Gleichrichtern (Bild 3.35). Sie beanspruchen aber erhöhten Aufwand für die Glättung des Gleichstroms. Wechselrichterbetrieb ist nur bei der Folgesteuerung möglich.

Ein *pulsgesteuerter* Gleichrichter kann so gesteuert werden, daß er keine Grundschwingungsblindleistung beansprucht. Der im Bild 6.3 als Beispiel gewählte Stromrichter hat als Ventile entweder Thyristoren mit Löscheinrichtungen (vgl. Abschn. 4.1.4) oder abschaltbare Thyristoren oder Transistoren. Die Fläche der Pulse bestimmt die mittlere Gleichspannung. Von der Phase der Pulse hängt ab, ob die Grundschwingung des Netzstroms in Phase mit der Wechselspannung ist oder ob sie der Spannung vorauseilt, so daß kapazitive Blindleistung erzeugt wird. Kondensatoren auf der Netzseite können verhindern, daß die Netzspannung durch die erhöhte Zahl der Kommutierungen unzulässig verzerrt wird.

Die *Kurvenform* des Netzstroms eines Stromrichters wird verbessert, wenn die Pulszahl erhöht wird (vgl. (3.281) und (3.282)). Einige Oberschwingungen treten dann überhaupt nicht mehr auf, doch bleibt die Amplitude der übrigen Oberschwingungen unverändert. Der Gesamtklirrfaktor wird kleiner (analog (6.3)).

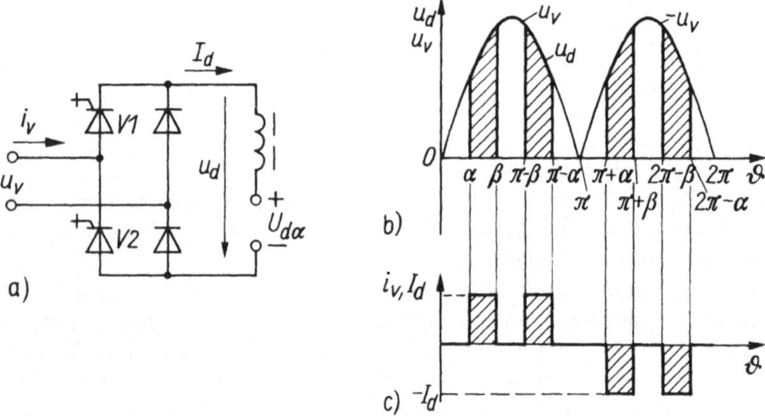

Bild 6.3. Pulsgesteuerter Gleichrichter

a) Schaltung; *V1,2* Thyristoren mit Löscheinrichtung oder abschaltbare Ventile; b) Verlauf der Gleichspannung u_d bei vier Pulsen je Periode; c) Verlauf von i_v

6.1.4.2. Kompensation der Blindleistung mit Leistungskondensatoren und Blindstromrichtern [6.3]

Zur Kompensation der vom Stromrichter benötigten Blindleistung $Q_{1\max}$ (6.11) kann ein Kondensator *PC* parallel zum Stromrichter *SR* geschaltet werden (Bild 6.1). Seine Leistung beträgt

$$Q_K = 3\omega_L C_K U_L^2 . \tag{6.35}$$

Es sei L_L die Induktivität des speisenden Netzes zusammen mit den Induktivitäten der anderen Verbraucher am gemeinsamen Anschlußpunkt. Der Kondensator bildet mit L_L einen Parallelschwingkreis mit der Resonanzfrequenz

$$\omega_{eig} = 1/\sqrt{L_L C_K} . \tag{6.36}$$

Mit (6.10) und (6.35) folgt hieraus

$$\nu_{eig} = \omega_{eig}/\omega_L = 1/\sqrt{Q_K/S_k} . \tag{6.37}$$

Falls bei irgendeinem Schaltzustand des Netzes oder der anderen Verbraucher ν_{eig} mit einer der vom Stromrichter angeregten Frequenzen mit den Ordnungszahlen ν_I (vgl. (3.281)) zusammenfällt, treten hohe Überspannungen auf. Der Kondensator muß deshalb so gewählt werden, daß Resonanz ausgeschlossen ist.

Wenn die Spannung am Anschlußpunkt während der Kommutierung absinkt, übernimmt der Kondensator einen Teil des Netzstroms. Die Tiefe der Spannungseinbrüche wird dadurch verringert.

Bei Anlagen mit veränderlicher induktiver Blindleistung wird die Blindlast auf mehrere Kondensatoren verteilt. Je nach Bedarf werden die einzelnen Kondensatoren zu- und abgeschaltet, und zwar bei langsamen Änderungen, etwa innerhalb einiger Sekunden, über Schütze und bei Blindlaststößen, die innerhalb von etwa 20 ms ausgeregelt werden sollen, über Wechselstromschalter mit Thyristoren (vgl. Abschn. 3.7.1.1).

Auch *Blindstromrichter*, die kapazitive Blindleistung abgeben, können die induktive Blindleistung der netzgelöschten Stromrichter kompensieren. Ein Beispiel hierfür ist schon im Abschnitt 4.2.4 an Hand von Bild 4.43 (S. 302) geschildert worden. Diese Geräte werden in Zukunft häufiger eingesetzt werden, wenn der Anteil der Stromrichter am öffentlichen Netz weiter wächst und wenn die Kosten für die Löscheinrichtungen oder der Preis der abschaltbaren Thyristoren weiter fällt.

6.1.4.3. Saugkreise

Im vorhergehenden Abschnitt 6.1.4.2 ist schon erwähnt worden, daß bei der Wahl des Kondensators große Vorsicht geboten ist, damit bei keinem möglichen Schaltzustand des Netzes Resonanz auftreten kann. Einen sicheren Schutz gegen Resonanz bilden parallel zum Stromrichter geschaltete Saugkreise *SK*, die aus je einer Drossel in Reihe mit einem Kondensator bestehen und die auf die 5., 7., 11. usw. Oberschwingung des Stroms des Stromrichters abgestimmt sind (Bild 6.1). Für die betreffenden Oberschwingungen bilden sie einen Kurzschluß, durch den die Tiefe und die Breite der Kommutierungseinbrüche, also auch die Größe des Klirrfaktors der Netzspannung, verringert werden. Die Kondensatoren werden für den Grundschwingungsblindstrom des Stromrichters und für jeweils einen der Oberschwingungsströme ausgelegt. Wenn die Saugkreise etwas verstimmt, also z. B. auf $\nu = 4{,}4$ und $\nu = 6{,}2$ abgestimmt werden, wird der Klirrfaktor des Netzstroms nur wenig vergrößert, während die Beanspruchung der Saugkreiskondensatoren durch die Oberschwingungsströme erheblich vermindert wird. Die Oberschwingungsströme 11. und 13. Ordnung können gemeinsam durch einen Saugkreis $\nu = 12$ oder zusammen mit den Oberschwingungen noch höherer Ordnung durch einen Hochpaß kurzgeschlossen werden.

6.2. Kurzschlußströme

Bei Stromrichtern mit Halbleiterventilen müssen die Kurzschlußströme, die ein Vielfaches des Nennstroms des Gerätes betragen können, besonders sorgfältig beachtet werden, denn die Wärmekapazität der Kristallscheibchen in den Ventilen ist außerordentlich gering. Die Kurzschlußströme sind aber auch für die Auslegung des Transformators, der Kabel und der Sammelschienen sowie für die Wahl der Schutzeinrichtungen des Stromrichters maßgeblich.

6.2.1. Kurzschlußarten und -kenngrößen [6.4] [6.5]

Die folgenden Kurzschluß*arten* interessieren im Zusammenhang mit Stromrichtern (Bild 6.4).

- *Äußerer* Gleichstromkurzschluß, und zwar *vor* (a) oder *nach* (b) der Glättungsdrossel X_d. Dieser liegt vor, wenn eine leitende Verbindung zwischen dem Plus- und dem Minuspol eines Gleichrichters besteht.
- *Innerer* Kurzschluß. Dieser tritt bei einem Gleichrichter bei Verlust der Sperrfähigkeit eines Ventils (c) und bei einem Wechselrichter bei Verlust der Blockierfähigkeit eines Ventils auf.

Der Kurzschluß unmittelbar hinter der Ventilwicklung des Transformators wird nicht diskutiert, da er nicht spezifisch für die Leistungselektronik ist.

Bild 6.5a zeigt den typischen Verlauf des Kurzschlußstroms i_{dk} auf der Gleichstromseite eines Gleichrichters in Sechspuls-Brückenschaltung: Der Strom steigt schnell auf einen Höchstwert, nämlich den Stoßkurzschlußstrom I_s, an und schwingt dann auf den Dauerkurzschlußstrom I_{dka} (Mittelwert) ein.

Der *Stoßkurzschlußstrom* I_s ist ein Maß für die mechanische Beanspruchung der Bauteile des Stromrichters bei Kurzschluß. Diese Beanspruchung ist dem Quadrat des Stroms, also I_s^2 proportional und darf höchstens ebenso groß sein wie die mechanische Festigkeit (z. B. zulässige Biege-, Schub- oder Zugbeanspruchung) der Sammelschienen, Kabel usw.

Der *Dauerkurzschlußstrom* ist die Komponente des Kurzschlußstroms, die sich nach dem Abklingen des flüchtigen Anteils einstellt. Man unterscheidet zwischen seinem Mittelwert I_{dka} (Bild 6.5a), der z. B. für die Beanspruchung der Ventile von Bedeutung ist, und seinem Effektivwert, der auf die Kurzschlußdauer T_{k} bezogen wird:

$$I_{\mathrm{dke}} = \left[\frac{1}{T_{\mathrm{k}}} \int\limits_{t=0}^{T_{\mathrm{k}}} i_{\mathrm{dk}}^2 \, \mathrm{d}t \right]^{1/2}. \tag{6.38}$$

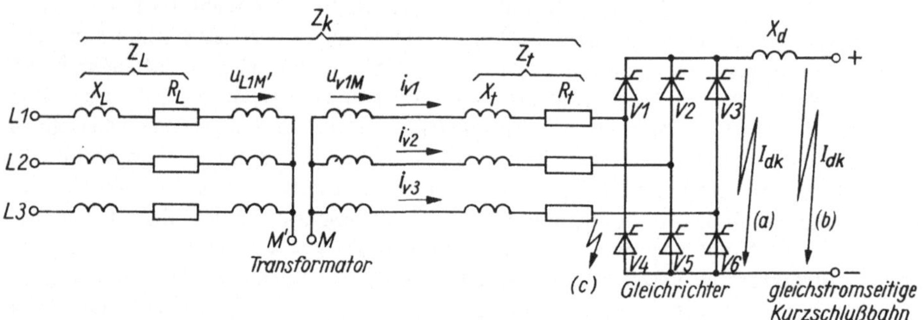

Bild 6.4. Kurzschlußarten bei der Sechspuls-Brückenschaltung

a) 3poliger Kurzschluß vor der Glättungsdrossel; b) desgl. nach der Glättungsdrossel; c) 2poliger Kurzschluß

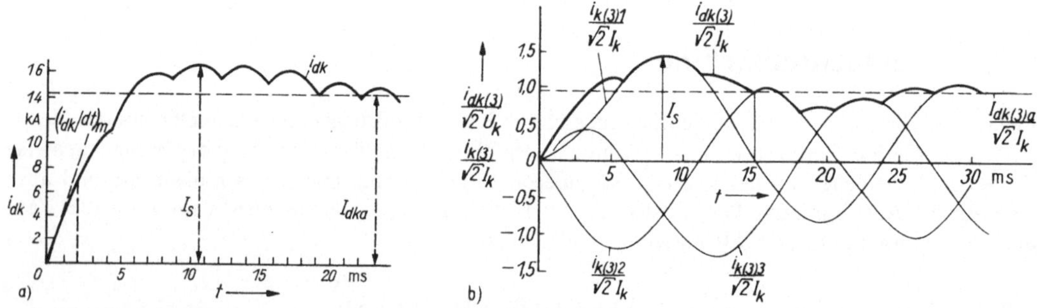

Bild 6.5. Kurzschlußströme

a) Verlauf des gleichstromseitigen Kurzschlußstroms i_{dk} in einem Stromrichter; I_{s} Stoßstromscheitelwert; I_{dka} Dauerkurzschlußstrom (Mittelwert); b) berechneter Verlauf der Ströme $i_{\mathrm{k(3)}}/(\sqrt{2}\,I_{\mathrm{k}})$ durch die ventilseitigen Wicklungen des Transformators eines Stromrichters in Sechspuls-Brückenschaltung und des Gleichstroms $i_{\mathrm{dk(3)}}/(\sqrt{2}\,I_{\mathrm{k}})$ bei dreipoligem Kurzschluß vor der Glättungsdrossel; $\varphi = 75°$

Der Dauerkurzschlußstrom spielt bei der Wahl der Sicherungen eine wesentliche Rolle (vgl. Abschn. 6.3.1.2). — Die Wärmemenge, die er erzeugt, ist $I_{\mathrm{dke}}^2 T_{\mathrm{k}}$ proportional. Sie ist ein Maß für die thermische Kurzschlußstrombeanspruchung des Stromrichters und darf höchstens so groß sein wie die thermische Kurzschlußfestigkeit der Schaltgeräte, Stromschienen, Wandler usw.

Auch der *Anstieg des Kurzschlußstroms* $(\mathrm{d}i_{\mathrm{dk}}/\mathrm{d}t)_{\mathrm{m}}$ zum Zeitpunkt des Kurzschlußeintritts ist von Interesse. Es gibt Auslöseeinrichtungen für Schaltgeräte, die entsprechend der Anstiegsgeschwindigkeit des Kurzschlußstroms ansprechen. Eine hohe Anstiegsgeschwindigkeit des Kurzschlußstroms führt auch zu einer hohen Ausschaltbeanspruchung von Gleichstromschaltgeräten.

6.2.2. Berechnung der Kurzschlußströme

Die exakte Berechnung der Kurzschlußströme kann im Rahmen der vorliegenden Schrift nicht durchgeführt werden. Die Diskussion beschränkt sich auf die Sechspuls-Brückenschaltung, und es werden nur die Reaktanzen des speisenden Netzes sowie die Kurzschlußreaktanz des Transformators oder die Reaktanzen der zur Begrenzung der Kurzschlußströme vorgeschalteten Drosseln berücksichtigt. Die Spannungsabfälle über den ohmschen Widerständen im Kurzschlußkreis werden nicht in jedem Fall einbezogen, und der Spannungsabfall über den Ventilen wird vernachlässigt. Die im folgenden berechneten Werte der Kurzschlußströme sind deshalb etwas größer als die real auftretenden.

6.2.2.1. Dreipoliger Kurzschluß

Es wird ein Diodengleichrichter oder ein Thyristorstromrichter, dessen Thyristoren nicht blockieren, betrachtet. Der Kurzschluß erfolgt vor der Glättungsdrossel (Bild 6.4a). Dies ist ein dreipoliger Kurzschluß, da alle drei Phasen in den Kurzschluß einspeisen. Die Ströme $i_{k(3)}$ in jedem Strang sind unabhängig voneinander, und es gilt das Ersatzschaltbild 6.6.

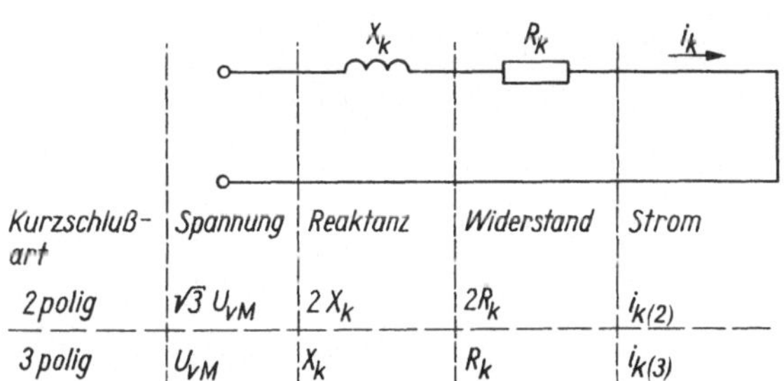

Bild 6.6. *Vereinfachtes Ersatzschaltbild für die Kurzschlußbahn*

Der Kurzschlußkreis hat die Reaktanz

$$X_k = X_L + X_t \tag{6.39}$$

und den Widerstand

$$R_k = R_L + R_t . \tag{6.40}$$

Der Kurzschlußstrom $i_{k(3)}$ durch die ventilseitige Wicklung *1* des Transformators wird durch

$$x_k \frac{di_{k(3)}}{d\vartheta} + R_k i_{k(3)} = \sqrt{2}\, U_{vM} \sin \vartheta \tag{6.41}$$

beschrieben. Wenn der Kurzschluß bei $\vartheta = 0$ einsetzt, lautet die Lösung:

$$i_{k(3)} = \sqrt{2}\, I_k[\sin(\vartheta - \varphi) + \sin\varphi \exp\{-\vartheta \cot\varphi\}] , \tag{6.42}$$

wo

$$I_k = U_{vM}/Z_k , \qquad Z_k = (R_k^2 + X_k^2)^{1/2} \qquad (6.43)\ (6.44)$$

und

$$\varphi = \arccos R_k/Z_k . \tag{6.45}$$

Bild 6.5b zeigt den Verlauf dieser drei Ströme durch die ventilseitigen Wicklungen des Transformators. Im Gegensatz zum Bild 6.5a ist hier ein satter Kurzschluß, ohne die glättende Wirkung der Reaktanz der Stromschienen, angenommen worden.

Der Kurzschlußstrom in jeder der ventilseitigen Wicklungen hat zwei Komponenten, nämlich den Dauerkurzschlußstrom $i'_{k(3)}$ (der sich freilich nicht voll ausbilden kann)

$$i'_{k(3)} = \sqrt{2}\, I_k \sin(\vartheta - \varphi) \tag{6.46a}$$

und die abklingende Gleichstromkomponente

$$i''_{k(3)} = \sqrt{2}\, I_k \sin\varphi \exp\{-\vartheta \cot\varphi\}\,. \tag{6.46b}$$

Der Dauerkurzschlußstrom (Effektivwert) durch die ventilseitige Wicklung des Transformators beträgt (vgl. (6.46a))

$$I_{vk(3)} = I_k\,. \tag{6.47}$$

Der Dauerkurzschlußstrom (Mittelwert), der durch jedes Ventil fließt, ist halbsinusförmig und hat die Größe

$$I_{Vk(3)} = \frac{\sqrt{2}}{2\pi} I_k \int_{\vartheta=\varphi}^{\pi+\varphi} \sin(\vartheta - \varphi)\, d\vartheta = \frac{\sqrt{2}}{\pi} I_k\,. \tag{6.48}$$

Da zu jeder Zeit drei Ventile in den Kurzschluß speisen, beträgt der Mittelwert des *gleichstromseitigen Dauerkurzschlußstroms*

$$I_{dk(3)a} = \frac{3\sqrt{2}}{\pi} I_k = 1{,}35\, I_k\,. \tag{6.49}$$

Der Stoßkurzschlußstrom I_s hat seinen höchsten Wert bei $R_k/X_k = 0$. Er gleicht dem Scheitelwert von $i_{k(3)}$, da die beiden anderen ventilseitigen Ströme in dem in Frage kommenden Zeitabschnitt negativ sind (vgl. Bild 6.5b). Dann führt (6.42) zu

$$i_{k(3)} = \sqrt{2}\, I_k (1 - \cos\vartheta) \tag{6.50}$$

mit dem Scheitelwert bei $\vartheta = \pi$:

$$I_s = 2\sqrt{2}\, I_k\,. \tag{6.51}$$

Die beiden anderen Stränge führen zu diesem Zeitpunkt die Ströme $-I_s/2$.

Für beliebige Werte von R_k/X_k kann man in hinreichender Näherung schreiben:

$$I_s \approx [1 + \exp\{-\pi R_k/X_k\}]\sqrt{2}\, I_k\,. \tag{6.52}$$

Man bezeichnet $\varkappa \approx 1 + \exp\{-\pi R_k/X_k\}$ mit *Stoßfaktor*.

Zum Anstieg di_k/dt des Kurzschlußstroms bei $\vartheta = 0$ trägt, wie Bild 6.5b zeigt, nur die Phase 3 bei, deren Strom durch

$$X_k \frac{di_k}{d\vartheta} + R_k i_k = \sqrt{2}\, U_{vM} \sin\left(\vartheta - \frac{4\pi}{3}\right) \tag{6.53}$$

beschrieben wird. Hieraus folgt unmittelbar für $i_k = 0$ bei $\vartheta = 0$ und mit $t = \vartheta/\omega$:

$$\left(\frac{di_k}{dt}\right)_{max} = \omega \cdot 0{,}866\sqrt{2}\, I_k\,. \tag{6.54}$$

6.2.2.2. Zweipoliger Kurzschluß

Kurzschlüsse, an denen unmittelbar nur zwei Phasen beteiligt sind, treten unter folgenden Umständen auf:

- bei einem gleichstromseitigen, d. h. äußeren Kurzschluß bei einem Thyristorstromrichter, falls sofort nach Einsetzen des Kurzschlußstroms die Impulssperre wirksam wird, so daß keine weiteren Ventile gezündet werden;
- bei einem inneren Kurzschluß, z. B. bei Verlust der Sperrfähigkeit des Ventils *V4* im Bild 6.4.

Es gelten jetzt die im Bild 6.6 für den zweipoligen Kurzschluß angegebenen Größen. Dann kann man den Verlauf des zweipoligen Kurzschlußstroms $i_{k(2)}$ analog zu (6.42) durch

$$i_{k(2)} = \sqrt{3}\,\frac{\sqrt{2}}{2} I_k[\sin(\vartheta - \varphi) + \sin\varphi \exp\{-\vartheta \cot\varphi\}] \tag{6.55}$$

beschreiben, und es gelten wieder (6.43) bis (6.45).

Der zweipolige Dauerkurzschlußstrom durch die ventilseitige Wicklung des Transformators hat also den Effektivwert

$$I_{\mathrm{vk(2)}} = \sqrt{\frac{3}{2}}\, I_{\mathrm{k}} = 0{,}866 I_{\mathrm{k}}\,. \tag{6.56}$$

Der zweipolige Kurzschluß beansprucht den Stromrichter also weniger als der dreipolige! Auch der Stoßkurzschlußstrom und die maximale Anstiegsgeschwindigkeit des Kurzschlußstroms sind entsprechend geringer.

6.2.3. Kurzschlußimpedanzen

Zur Berechnung der Kurzschlußströme bei der Sechspuls-Brückenschaltung werden häufig die Kenngrößen folgender elektrotechnischer Betriebsmittel benötigt, wobei alle Impedanzen auf *eine* Spannungsebene bezogen werden müssen (3.268):

Netzimpedanz

$$Z_{\mathrm{L}} = 1{,}1 \cdot 3U_{\mathrm{vM}}^2 / S''_{\mathrm{k(3)}}\,; \tag{6.57}$$

$S''_{\mathrm{k(3)}}$ Anfangs-Kurzschlußstromleistung des Netzes bei dreipoligem Kurzschluß, vgl. auch mit (6.10).

Um hiervon X_{L} und R_{L} zu bestimmen, muß bei Speisung aus einer Sammelschiene das Verhältnis $R_{\mathrm{L}}/X_{\mathrm{L}}$ bekannt sein. Wenn das vorgeschaltete Netz vorwiegend Freileitungscharakter hat, so gilt $R_{\mathrm{L}}/X_{\mathrm{L}} \approx 0{,}5$; bei vorwiegend Kabelcharakter ist $R_{\mathrm{L}}/X_{\mathrm{L}} \approx 1{,}5$.

Stromrichtertransformator

$$Z_{\mathrm{t}} = u_{\mathrm{k}} \cdot 3U_{\mathrm{vM}}^2 / S_{\mathrm{t}}\,. \tag{6.58}$$

Hier ist

$$u_{\mathrm{k}} = u_{\mathrm{xt}} + u_{\mathrm{rt}} \tag{6.59}$$

die Summe des induktiven und des ohmschen Anteils u_{xt} bzw. u_{rt} der Kurzschlußspannung u_{k} und S_{t} die Typenleistung des Transformators ((3.142) und Tafel 3.1, Spalte 14).

Der Widerstand R_{t} des Transformators läßt sich aus den Wicklungsverlusten P_{tk} bei Kurzschluß berechnen:

$$R_{\mathrm{t}} = P_{\mathrm{tk}} \cdot 3U_{\mathrm{vM}}^2 / S_{\mathrm{t}}^2\,. \tag{6.60}$$

Analog (6.44) folgt dann auch X_{t}.

Ventilseitige Drosseln

$$Z_{\mathrm{Dr}} = u_{\mathrm{k}} \cdot 3U_{\mathrm{vM}}^2 / S_{\mathrm{Dr}} \tag{6.61}$$

$u_{\mathrm{k}} = U_{\mathrm{k}}/U_{\mathrm{vM}}$ bezogene Kurzschlußspannung der Drosseln (6.62)

$U_{\mathrm{k}} = Z_{\mathrm{Dr}} I_{\mathrm{vN}}$ Spannungsabfall über der Drossel bei I_{vN} (6.63)

$S_{\mathrm{Dr}} = 3U_{\mathrm{vM}} I_{\mathrm{vN}}$ Scheinleistung der zu einem Drehstromsystem gehörigen Drosseln. (6.64)

Beispiel

Es sind die Ströme zu berechnen, die in der im folgenden beschriebenen Anlage bei einem dreipoligen Kurzschluß *vor* der Glättungsdrossel auftreten (Bild 6.7):
speisendes Netz: 3 ~ 50 Hz, 660 V über Freileitung; $S''_{\mathrm{k(3)}} = 25$ MVA
Stromrichtertransformator: 3 ~ 50 Hz, 660 V; $S_{\mathrm{t}} = 250$ kVA; $u_{\mathrm{k}} = 8\,\%$; Wicklungsverluste 1,8 %
Stromrichter: Sechspuls-Brückenschaltung, $P_{\mathrm{d0}} = 240$ kVA

Kurzschlußimpedanzen, bezogen auf $U_{\mathrm{vM}} = 380\ \mathrm{V}/\sqrt{3} = 220$ V

Netzimpedanz (6.57):

$$Z_{\mathrm{L}} = \frac{1{,}1 \cdot 3 \cdot (220\ \mathrm{V})^2}{25\ \mathrm{MVA}} = 6{,}39\ \mathrm{m\Omega}\,. \tag{6.65}$$

Da bei einer Freileitung $R_L/X_L = 0{,}5$, ergibt sich

$$X_L = 5{,}71\ \mathrm{m\Omega} \quad \text{und} \quad R_L = 2{,}86\ \mathrm{m\Omega}\,. \tag{6.66}$$

Stromrichtertransformator:

Impedanz (6.58) $$Z_t = \frac{0{,}08 \cdot 3 \cdot (220\ \mathrm{V})^2}{250\ \mathrm{kVA}} = 46{,}5\ \mathrm{m\Omega} \tag{6.67}$$

Wicklungsverluste $$P_{tk} = 0{,}018 S_t \tag{6.68}$$

Widerstand (6.60) $$R_t = \frac{0{,}018 \cdot 3 \cdot (220\ \mathrm{V})^2}{250\ \mathrm{kVA}} = 10{,}5\ \mathrm{m\Omega} \tag{6.69}$$

Reaktanz $$X_t = (46{,}5^2 - 10{,}5^2)^{1/2} = 45{,}3\ \mathrm{m\Omega} \tag{6.70}$$

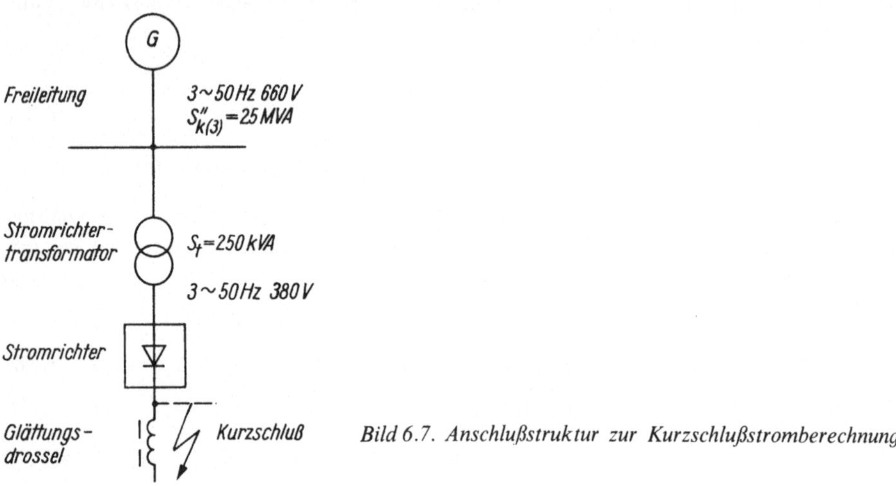

Bild 6.7. Anschlußstruktur zur Kurzschlußstromberechnung

Kurzschlußbahn:

Reaktanz $$X_k = X_L + X_t = (5{,}71 + 45{,}3)\ \mathrm{m\Omega} = 51{,}0\ \mathrm{m\Omega} \tag{6.71}$$

Widerstand $$R_k = R_L + R_t = (2{,}86 + 10{,}5)\ \mathrm{m\Omega} = 13{,}4\ \mathrm{m\Omega} \tag{6.72}$$

Impedanz $$Z_k = (51{,}0^2 + 13{,}4^2)^{1/2}\ \mathrm{m\Omega} = 52{,}7\ \mathrm{m\Omega} \tag{6.73}$$

Dauerkurzschlußstrom durch die ventilseitigen Wicklungen des Transformators (6.47):

$$I_{vk(3)} = 220\ \mathrm{V}/52{,}7\ \mathrm{m\Omega} = 4{,}17\ \mathrm{kA}\,. \tag{6.74}$$

Gleichstromseitiger Dauerkurzschlußstrom (6.49):

$$I_{dk(3)a} = 1{,}35 \cdot 4{,}17\ \mathrm{kA} = 5{,}63\ \mathrm{kA}\,. \tag{6.75}$$

Der Stoßkurzschlußstrom durch die ventilseitigen Wicklungen und damit auch auf der Gleichstromseite ist durch (6.52) gegeben und beträgt mit $R_k/X_k = 13{,}4\ \mathrm{m\Omega}/51{,}0\ \mathrm{m\Omega} = 0{,}26$;

$$I_S \approx [1 + \exp\{-\pi \cdot 0{,}26\}] \cdot \sqrt{2} \cdot 4{,}17\ \mathrm{kA} = 8{,}5\ \mathrm{kA}\,. \tag{6.76}$$

6.3. Schutzeinrichtungen, Funk-Entstörung, Parallel- und Reihenschaltung

Da Leistungs-Halbleiterventile durch Überspannungen und Überströme schnell zerstört werden können, wird durch entsprechende Wahl der Ventile und durch Schutzmaßnahmen gesichert, daß die Beanspruchung der Ventile unter allen Umständen geringer ist als ihre Spannungsfestigkeit und Stromtragfähigkeit.

6.3.1. Schutz für Dioden und Thyristoren

Im Bild 6.8 sind einige Schutzmaßnahmen für einen Stromrichter zusammengestellt.

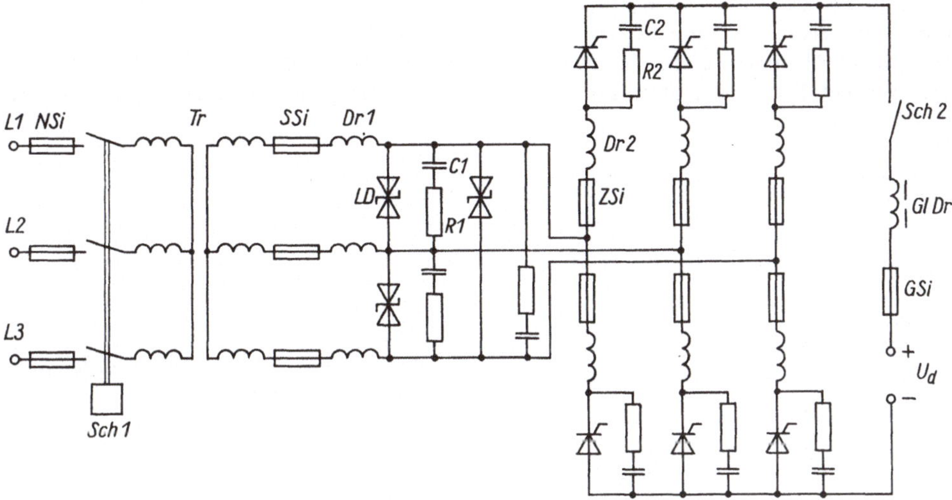

Bild 6.8. Anordnung von Überspannungs- und Überstromschutzmitteln in der Schaltung eines Stromrichters

Dr1, 2 Drosseln; *LD* Lawinendioden; *Sch1* Drehstromschütz; *Sch2* Gleichstrom-Schnellschalter; *NSi* netzseitige Sicherung; *SSi* Strangsicherung; *ZSi* Zweigsicherung; *GSi* gleichstromseitige Sicherung

6.3.1.1. Überspannungen

Überspannungen, die durch Blitze, Schaltungen im Netz usw. entstehen, werden schon dort durch Ventilableiter, Schutzfunkenstrecken u. ä. begrenzt. Da aber Dioden und Thyristoren durch Überspannungen von nur wenigen Mikrosekunden Dauer zerstört werden können, müssen noch weitere spannungsbegrenzende Maßnahmen am Eingang des Stromrichters ergriffen werden. Hierzu gehören gegeneinander geschaltete Silizium-Lawinendioden (*LD* im Bild 6.8, vgl. Abschn. 2.2.1.6), Zinkoxid-Überspannungsableiter, Selenüberspannungsbegrenzer, die aus einer Reihenschaltung von Selengleichrichterplatten bestehen, Varistoren, d. h. Widerstände, deren Strom etwa mit der dritten Potenz der Spannung ansteigt, und Kondensatoren auf der Netzseite (*C1*, Bild 6.8), zusammen mit den Widerständen *R1*, die Schwingungen dämpfen, die durch das Zusammenwirken vorgeschalteter Induktivitäten mit *C1* angeregt werden können.

Auch im *Innern* des Stromrichters entstehen Überspannungen, und zwar durch den schon im Abschnitt 2.2.3.3 beschriebenen Trägerstaueffekt, durch das Abschmelzen von Sicherungen usw. Sie werden mit den in den Bildern 2.10 und 6.8 angegebenen, parallel zu den Ventilen angeordneten Kondensatoren begrenzt. Mit ihnen in Reihe geschaltete Widerstände dämpfen Schwingungen.

6.3.1.2. Überströme

Wegen ihrer geringen Wärmekapazität müssen Leistungs-Halbleiterventile durch überflinke Schmelzsicherungen geschützt werden (*ZSi* und *SSi*, Bild 6.8). Die Sicherungen müssen den Nennstrom am Einbauort dauernd führen können, und ihr Durchlaßstrom (Höchstwert des durch die Sicherung begrenzten Kurzschlußstroms) und ihr Stromwärmewert

$$\int_{T_A} i_k^2 \, dt \ ,$$

I_A Ausschaltzeit der Sicherung,

müssen kleiner sein als der Stoßstromgrenzwert bzw. als das Grenzlastintegral des zu schützenden Ventils. Der Durchlaßstrom und auch der Stromwärmewert der Sicherung werden vom Hersteller auf Diagrammen in Abhängigkeit vom unbeeinflußten Dauerkurzschlußstrom an der Einbaustelle angegeben (6.47).

Die Abschaltkennlinie einer *voll*angepaßten Sicherung (Bild 6.9, Kurve *c*) liegt im gesamten Überstrombereich unter der Überstromkennlinie des Ventils (Kurve *a* oder *b*); bei einer teilangepaßten Sicherung (Kurve *d*) muß das Ventil bei länger anhaltenden Überströmen durch ein zusätzliches Schütz (z. B. *Sch1*, Bild 6.8) abgeschaltet werden.

Es werden auch Leistungsschalter auf der Netzseite und Schnellschalter im Gleichstromkreis eingesetzt. Abschließend sollen noch Hilfssicherungen mit angebauten Mikroschaltern für die Überwachung der Sicherungen und Temperaturfühler zur Überwachung der Temperatur der Kühlkörper und des Kühlmediums erwähnt werden.

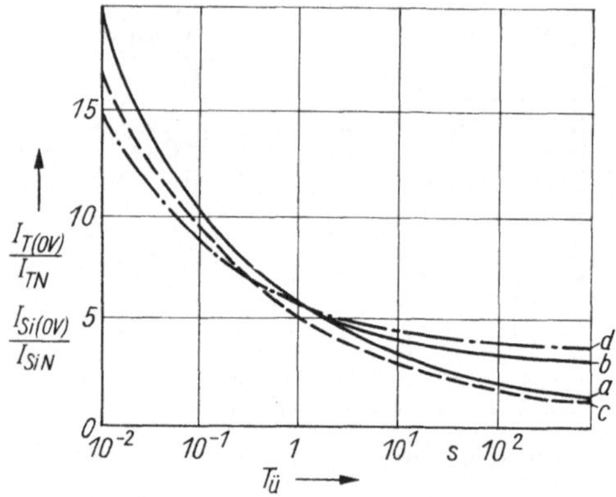

Bild 6.9. Zum Vergleich des Verlaufs der Überstromkennlinien $I_{T(OV)} = f(T_Ü)$ eines Thyristors (Kennlinie a mit natürlicher, b mit verstärkter Kühlung) mit den Abschaltkennlinien $I_{Si(OV)} = f(T_Ü)$ einer überflinken Sicherung (Kennlinie c vollangepaßt, d teilangepaßt); $T_Ü$ Dauer des Überstroms

6.3.2. Schutz für Transistoren [6.6] [6.7]

Bei bipolaren Leistungs-Schalttransistoren und bei Leistungs-Schalt-MOSFETs muß eine Überschreitung der Grenzen des sicheren Arbeitsbereichs (Bild 2.45 bzw. 2.51) und besonders der Grenzwerte der Kollektor-Basis-Durchbruchspannung oder der Drain-Source-Spannung (Tafeln 2.7 bzw. 2.8) verhindert werden.

Zur Verringerung von Überspannungen kann eine Beschaltung mit Kondensator und Widerstand genügen (Bild 4.16). — Überströme werden z. B. mit einem Widerstand im Lastkreis erfaßt und über das Steuergerät des Transistors heruntergeregelt (Bild 5.37).

Zur Verringerung der Schaltverluste bei bipolaren Transistoren dient das im Bild 6.10 gezeigte Entlastungsnetzwerk (vgl. Abschn. 2.4.2.3). Beim Einschalten verzögert die Drossel den Anstieg des Kollektorstroms. Beim Ausschalten übernimmt der Freilaufzweig *D1*, *R1* einen Teil des Stroms und entlastet damit den Transistor. Außerdem übernimmt der Kondensator *C* den Teil des Stroms, den die Induktivitäten im Lastkreis beim Ausschalten noch aufrechterhalten, so daß über dem Transistor keine unzulässig hohe Spannung auftritt.

Ein Blockschaltbild, das die wichtigsten Aufgaben zum Schutz eines Hochspannungs-Schalttransistors andeutet, nämlich die Überwachung der Entsättigung, des Stromgrenzwerts, der Mindestleitdauer und der Mindestblockierdauer, zeigt Bild 5.37.

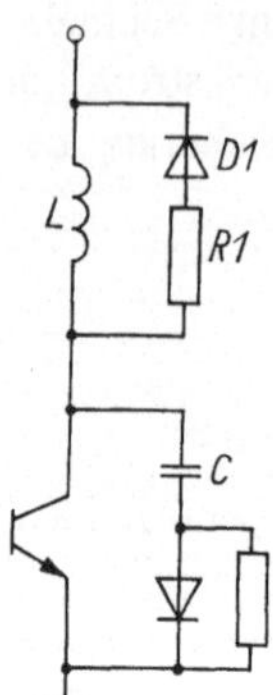

Bild 6.10. Schaltentlastungsnetzwerk für einen bipolaren Transistor

6.3.3. Funk-Entstörung [6.8] bis [6.10]

Beim Zünden von Thyristoren und Triacs entstehen hochfrequente Schwingungen, die sich durch das Netz und durch Strahlung fortpflanzen und Rundfunkempfang, Datenverarbeitungsanlagen usw. stören können. Es gibt Vorschriften, die die maximal zulässigen Störspannungen, speziell im Bereich von 0,15 ... 30 MHz, festlegen. Gegen Abstrahlung schafft Schirmung der Geräte Abhilfe; von den Leitungen werden die Störströme durch Drosseln ferngehalten, und gleichzeitig wird ihnen durch Kondensatoren ein Kurzschlußpfad geboten. Bild 6.11 zeigt Beispiele für Entstörfilter. Die Entstörkondensatoren *EC* haben bis zu etwa 10 MHz praktisch keine Induktivität, und die Entstördrosseln *ED* müssen kapazitätsarm sein.

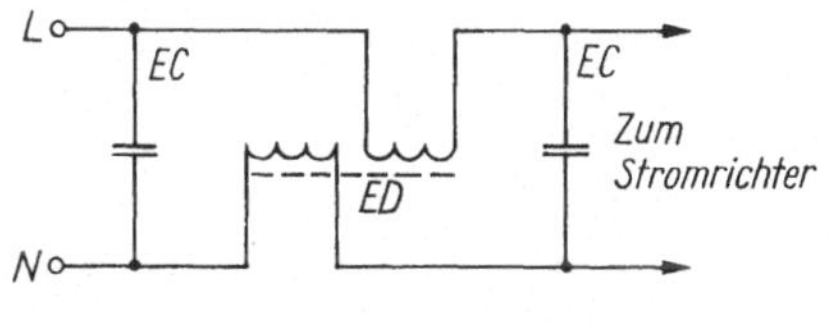

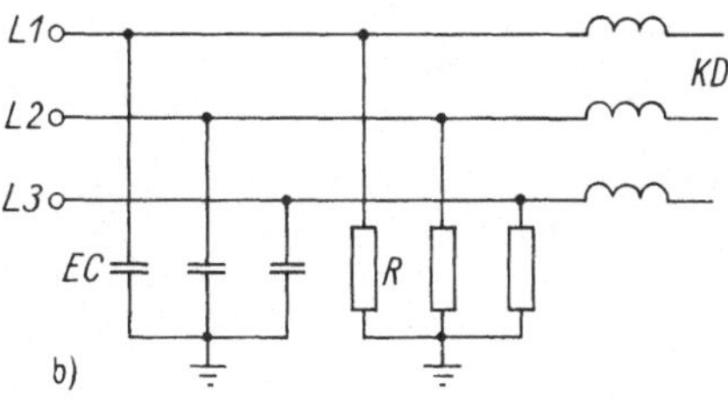

Bild 6.11. Entstörfilter

a) für Einphasen-, b) für Dreiphasenanschluß
EC, *ED* Entstörkondensatoren bzw. -drosseln; *KD* Kommutierungsdrosseln; *R* Entladewiderstände

6.3.4. Parallel- und Reihenschaltung

Damit mehrere zusammengeschaltete Thyristoren möglichst gleichzeitig zünden, wählt man Steuerstrompulse, die innerhalb von 1 ... 2 µs auf das 5- bis 10fache des statischen Mindestzündstroms ansteigen (vgl. Bild 5.54).

Bei der Parallelschaltung (Bild 6.12) verbessern Vorwiderstände oder Stromteilerdrosseln die gleichmäßige Aufteilung des Gesamtstroms. Dabei werden die Ventile meist nur mit 80 % ihres Nennstroms beansprucht.

Bei der Reihenschaltung (Bild 6.13) muß die Streuung der Sperr- und der Blockierströme berücksichtigt werden. Zur gleichförmigen statischen Spannungsaufteilung werden Widerstandsketten und zur dynamischen Spannungsaufteilung *RC*-Ketten parallel zu den Thyristoren geschaltet.

Die Parallel- und Reihenschaltung von MOSFETs ist schon im Abschnitt 2.4.3 und Bild 2.50 erläutert worden.

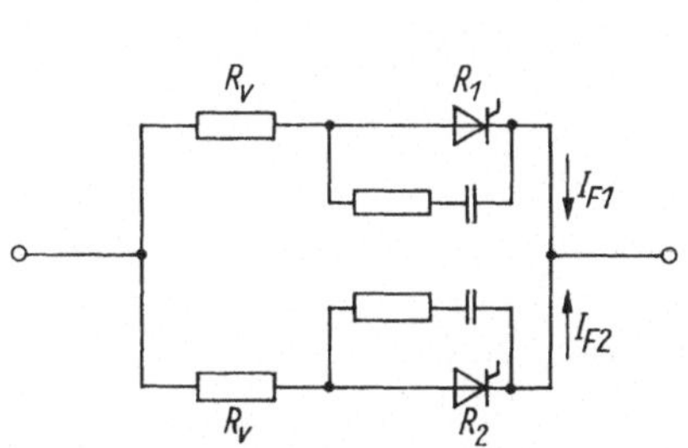

Bild 6.12. Parallelschaltung mit Vorwiderständen R_v

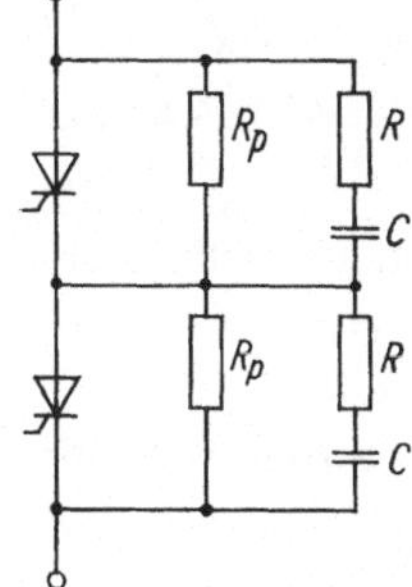

Bild 6.13. Reihenschaltung mit Parallelwiderständen R_p und RC-Ketten

6.4. Gleichstromfilter

Wie schon mehrfach erwähnt, können sich die Oberschwingungen der von einem Gleichrichter abgegebenen Spannung ungünstig auf die Last auswirken, z. B. durch Vergrößerung der Stromwärmeverluste bei Elektrolysen oder im Anker von Motoren, wo sie auch die Kommutierung erschweren. Man schaltet deshalb dem Gleichrichter einen Filter nach, der die Welligkeit w_U der Gleichspannung auf die gewünschte Welligkeit w'_U am Ausgang des Filters vermindert (Bild 6.14).

Bei Geräten *sehr kleiner* Leistung kann ein Kondensator zur Glättung der Gleichspannung genügen; hierauf ist schon im Abschnitt 3.2.1.3 eingegangen worden.

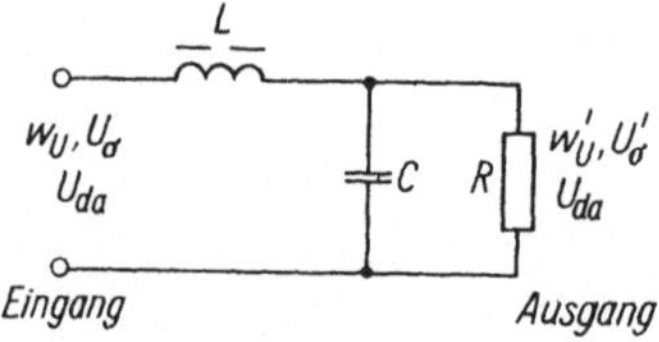

Bild 6.14. LC-Filter

Bei Geräten *kleiner* Leistung kann ein *LC*-Filter verwendet werden (Bild 6.14). Um die Rechnung zu vereinfachen, wird die der Gleichspannung überlagerte Brummspannung durch eine einzige Oberschwingung mit der Winkelfrequenz $\omega_\sigma = p\omega_L$ (p Pulszahl, ω_L Netzfrequenz), der Ordnungszahl $v_U = p$ und dem durch (3.279) oder (3.280) gegebenen Effektivwert U_{vi} beschrieben.

Die Eingangswelligkeit w_U kann von Tafel 3.1 abgelesen oder bei Zündverzögerung und nichtlückendem Gleichstrom mit den soeben erwähnten Gleichungen berechnet werden. Die Vergrößerung der Welligkeit durch Reaktanzen im Kommutierungskreis wird meist vernachlässigt (s. Bild 3.29b). Dann läßt sich leicht berechnen, daß das Verhältnis von Eingangs- zu Ausgangswelligkeit durch

$$\frac{w_U}{w'_U} = \left[(\omega_\sigma^2 LC - 1)^2 + \left(\frac{\omega_\sigma L}{R}\right)^2\right]^{1/2} \tag{6.77}$$

gegeben ist.

Beispiel

Ein Zweipulsgleichrichter zur Stromversorgung gibt eine Spannung $U_{dN} = 30$ V und einen Gleichstrom $I_{dN} = 1{,}5$ A ab. Die Welligkeit der Gleichspannung soll mit einem *LC*-Filter auf $w'_U = 5\%$ herabgesetzt werden. Netz: 50 Hz. Da die abgegebene Leistung 30 V · 1,5 A = 45 W beträgt, dürfte für eine erste Abschätzung eine Glättungsdrossel mit einer Bauleistung von etwa 50 VA nicht ungeeignet sein. Einen Anhaltspunkt für die Bauleistung P_{Dr} einer Luftspaltdrossel gibt folgende Gleichung:

$$P_{Dr} = (0{,}6 \dots 0{,}9)\, \omega_L L I_{dN}^2\,; \tag{6.78}$$

der größere Zahlenfaktor gilt für kleinere Drosseln (Bereich etwa 1 ... 50 A). Es folgt:

$$L = \frac{50\ \text{VA}}{0{,}9 \cdot 314\ \text{s}^{-1} \cdot (1{,}5\ \text{A})^2} = 78{,}6\ \text{mH}\,. \tag{6.79}$$

Mit $\omega_\sigma = 2 \cdot 314\ \text{s}^{-1}$, $R = 30\ \text{V}/1{,}5\ \text{A} = 20\ \Omega$ und $w_U = 0{,}48$, also $w_U/w'_U = 0{,}48/0{,}05 = 9{,}6$, gibt (6.77) $C = 336\ \mu\text{F}$.

Meist genügt es, wenn an Stelle von (6.77) gesetzt wird:

$$w_U/w'_U \approx \omega_\sigma^2 LC\,. \tag{6.80}$$

Zur Glättung *größerer* Ströme wird nur eine Luftspaltdrossel verwendet. Bild 6.15 und (6.77) führen mit $C = 0$ zu

$$w_U/w'_U = [(\omega_\sigma L/R)^2 + 1]^{1/2}\,. \tag{6.81}$$

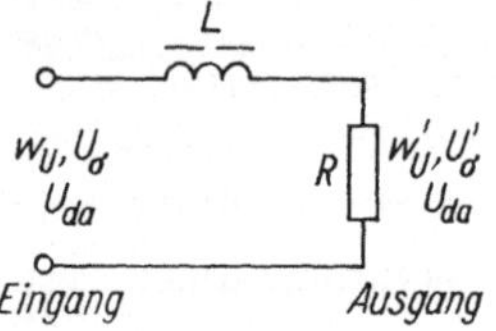

Bild 6.15. Glättungsdrossel L für Gleichstrom

Beispiel

Bei einem Sechspulsgleichrichter mit einer Nenngleichspannung $U_{dN} = 220$ V (bei $\alpha = 0$) soll die Welligkeit bei einer Zündverzögerung von $\alpha = 30°$ höchstens 5 % betragen.
Gegeben: $\omega_L = 314\ s^{-1}$, also $\omega_\sigma = 6 \cdot 314\ s^{-1} = 1880\ s^{-1}$, und $R = 5\ \Omega$. Gl. (3.280) gibt:

$$w_U = \frac{U_{vi}}{U_{di\alpha}} = \frac{[2(1 + 6^2 \cdot \tan^2 30°)]^{1/2}}{6^2 - 1} = 0{,}146\,. \tag{6.82}$$

Dann folgt aus (6.81):

$$L = \frac{5\ \Omega}{1\,880\ s^{-1}} \left[\left(\frac{0{,}146}{0{,}05}\right)^2 - 1\right]^{1/2} = 7{,}28\ \text{mH}\,. \tag{6.83}$$

6.5. Konstruktive Formen

Die konstruktive Gestaltung der Geräte und Anlagen der Leistungselektronik hängt von der Leistung des Stromrichters, von den Einbau- und Kühlbedingungen, von der zu fertigenden Stückzahl usw. ab. Im folgenden können nur einige wenige Beispiele gegeben werden [6.11] [6.12] [1.1].

Bausteinsystem kleiner Leistung

Bild 6.16 zeigt steckbare, vergossene Bausteine für industrielle Steuerungen für Leistungen bis zu einigen Kilowatt. Leistungsbausteine mit ein oder zwei Dioden oder Thyristoren, Signalbausteine zur Ansteuerung und Regelung sowie auch Stromversorgungs- und Schutzbausteine werden angeboten. Damit können die üblichen Gleichrichter und Wechselstromsteller zusammengestellt werden.

Bild 6.16. Steckbare und vergossene Leistungselektronik-Bausteine

Werkfoto: VEB Elektroschaltgeräte Dresden

Kompaktgeräte

Einbaugeräte in Kompaktbauweise für den unteren Leistungsbereich bestehen aus einem Baugruppenträger, auf dem ein Leistungsteil mit Thyristor- und Diodenmoduln und dem Überspannungsschutz sowie auch steckbare Leiterplatten für die Informationselektronik angeordnet sind (Bild 6.17). Die Kompaktbauweise ermöglicht ein Leistungs-Volumen-Verhältnis von etwa 2,5 kW/dm^3.

Universalbauweise

Bei dieser Bauweise werden auswechselbare Dioden- und/oder Thyristorbausteine (Bild 6.18) in mehreren Etagen übereinander in Stromrichterschränken angeordnet (Bild 6.19).

Sonderformen

Höchste Zuverlässigkeit bei geringster Wartung und Geräuschlosigkeit zeichnet den im Bild 6.20 gezeigten Gleichrichterblock mit Luftselbstkühlung aus, z. B. für die Bahnstromversorgung. Durch die

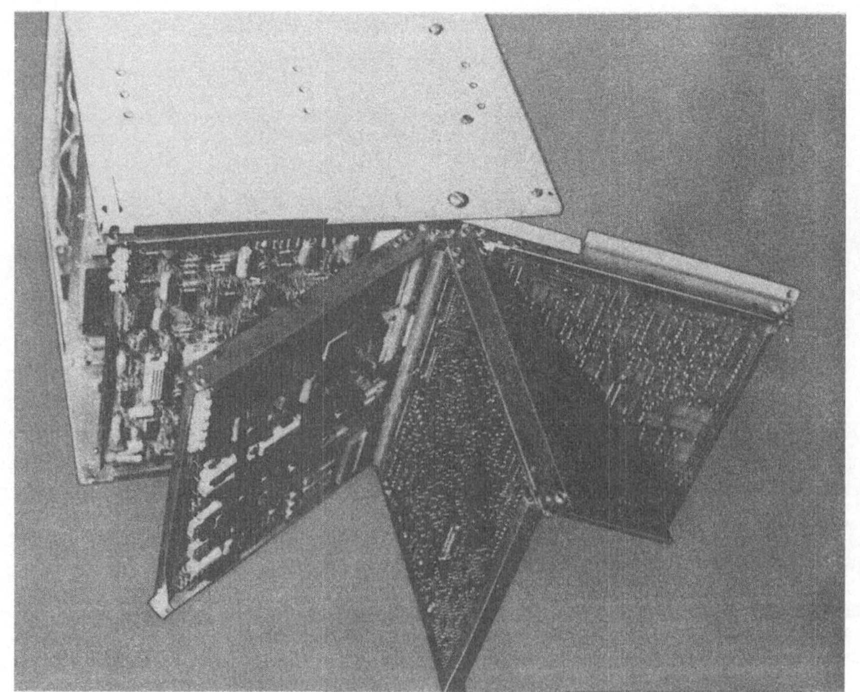

Bild 6.17. Thyristorstromrichter DTO in Kompaktbauweise, Leiterkarten ausgeklappt, für Einrichtungs- oder kreisstromfreien Umkehrbetrieb; Ankerstellverhältnis 1 : 500; $U_{dN} = 440$ V; $I_{dN} = 160$ A

Werkfoto: VEB Elektroprojekt und Anlagenbau Berlin

Bild 6.18. Thyristorbaustein mit doppelseitig gekühlter Scheibenzelle (ČKD)

Bild 6.19. Thyristorstromrichter, Baureihe DT 4

rechts: Leistungsteil mit 18 luftgekühlten Thyristorbausteinen, z. B. in Drehstrom-Brückenschaltung und mit einem Niederdruck-Axiallüfter zum Abführen der Verlustwärme

links: Informationsteil und ggf. Feldstromrichter der Baureihe DTO (s. Bild 6.17) zum Steuern von bis zu 4 Leistungsteilen mit je 4 MW

Werkfoto: VEB Elektroprojekt und Anlagenbau Berlin

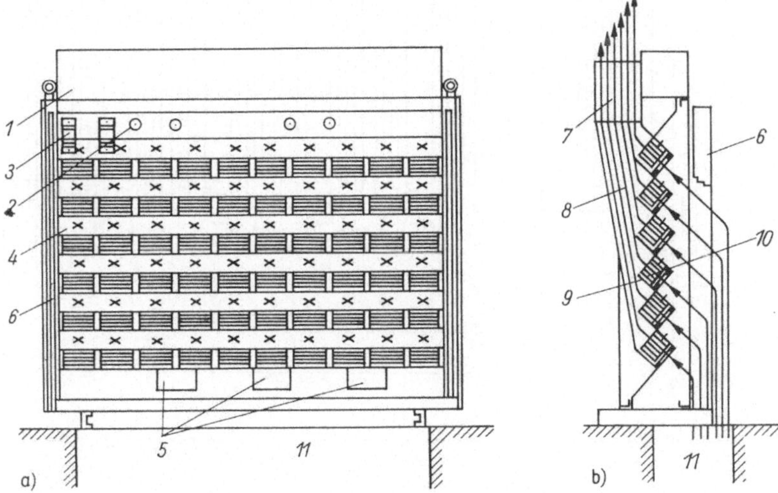

Bild 6.20. Gleichrichterblock mit Luftselbstkühlung (VEB Elektroprojekt und Anlagenbau Berlin)

a) Vorderansicht; b) Seitenansicht

1 TSE-Beschaltung; *2* Temperaturwächter; *3* Schmelzsicherungen; *4* Siliziumdiode; *5* Drehstromschiene; *6* Gleichstromschiene; *7* Luftschacht; *8* Abluftkanal; *9* Luftleitfläche; *10* Kühlkörper; *11* Lufteintrittsöffnung

schräge Anordnung erhält jeder einzelne Kühlkörper Frischluft. Wenn der speisende Transformator eine hinreichend hohe Kurzschlußspannung hat, können die Schmelzsicherungen entfallen.

Hohe Leistungsdichte erreicht man mit Ventilen mit Wasserkühlung, z. B. zur Speisung von Elektrolysen mit Gleichströmen bis zu 50 kA je Badreihe, bei Gleichspannungen bis zu 1 kV (Bild 6.21).

Hohe Spannungsfestigkeit braucht man z. B. für Gleichspannungserzeuger für Elektroabscheider ($U_{dN} = 55$ kV; $I_{dN} = 500$ mA). Zur Isolierung der Leistungsbauteile werden der Hochspannungstransformator, die Strombegrenzungsdrossel und die Siliziumdioden in einen gemeinsamen Ölkessel eingebaut.

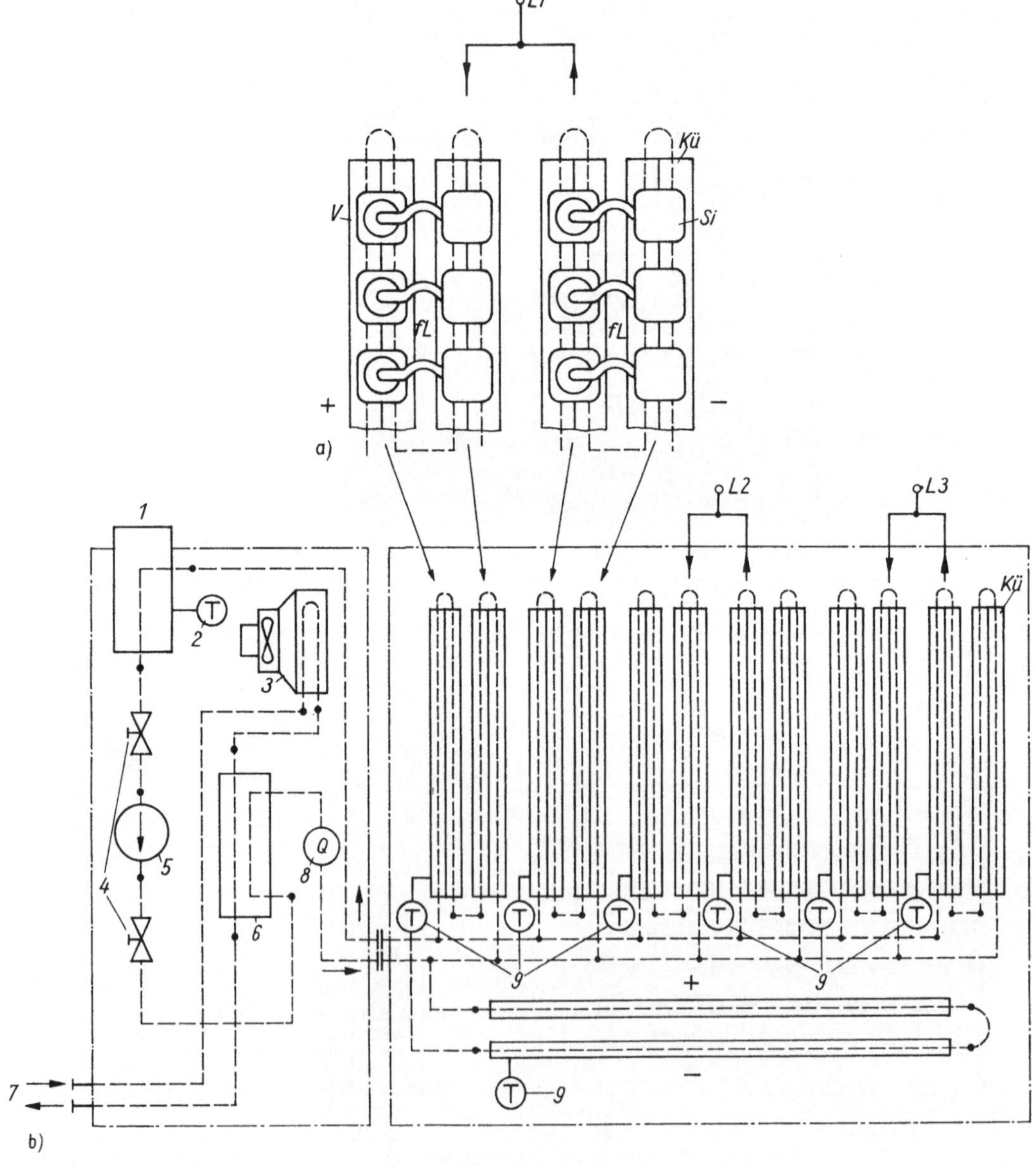

Bild 6.21. Stromrichterblock mit Wasserkühlung (VEB Elektroprojekt und Anlagenbau Berlin)

a) Anordnung der Ventile *V* und der Sicherungen *Si* auf 12 von ionenarmem, destilliertem Wasser durchflossenen Kupfer-Hohlschienen *Kü*; *fL* flexibler Leiter; b) Kühleinrichtung

1 Ausdehnungsbehälter; *2* Hg-Federthermometer; *3* Wärmeaustauscher Rohwasser/umgebende Luft; *4* Absperrventile; *5* Spaltrohrmotorpumpe; *5* Wärmeaustauscher Kühlmedium/Rohwasser; *7* Rohwasser; *8*, *9* Strömungs- und Temperaturwächter

Für die Höchstspannungs-Gleichstromübertragung werden spezielle höchstsperrende Stromrichterblöcke eingesetzt. Als Beispiel möge der mit Bild 6.22 gezeigte Thyristor-Ventilturm für die Itaipu-Sao-Paulo-Übertragung dienen; deren wichtigste Kennziffern sind schon im Abschnitt 3.6.4.4 erwähnt worden [6.13].

Bild 6.22. Luftisolierter Thyristor-Ventilturm für Innenraumaufstellung für Itaipu HGÜ. Vierfachventil für $I_{dN} = 2625$ A; $U_{dN} = 600$ kV; Höhe 15 m, Masse 38 t

Werkbild: ASEA

6.6. Beispiel zur Auslegung von Stromrichtern

Es ist hier nur möglich, einige wenige Hinweise zur Auslegung eines Stromrichters zu geben, und zwar am Beispiel eines Gleichrichters. Bild 6.23 zeigt ein dafür geeignetes Programm. Im folgenden sollen die einzelnen Schritte an Hand des Entwurfs eines Stromrichters für den Antrieb einer Schachtförderanlage besprochen werden.

1. Aufgabenstellung

Der Stromrichter soll einen Gleichstrom-Nebenschlußmotor mit einer Nennleistung von 680 kW speisen. Es ist Vierquadrantenbetrieb vorzusehen.

Die folgenden Prüfbedingungen der Belastungsklasse V (Förderanlagen, s. z. B. [1.1] [1.8]) sind zu erfüllen: Nennstrom I_{dN} dauernd; $1{,}5 I_{dN}$ für 2 h; $2 I_{dN}$ für 1 min.
Bei Nenn-Netzspannung soll die Welligkeit des Ankerstroms bei Stillstand des Ankers und Nennstrom 10% nicht überschreiten. – Die Regelreserve soll bei niedrigster Netzspannung 10% der Motornennspannung betragen.

Fördermotor: Nennspannung $U_{dN} = 750$ V; Nennleistung $P_{dN} = 680$ kW; Spannungsabfall in den Widerständen des Ankerkreises bei Nennstrom $0{,}05 U_{dN}$; Reibungs- und Eisenverluste bei Nenndrehzahl 4% der bei Nennleistung aufgenommenen Leistung; elektrische Zeitkonstante des Ankers $\tau_A = 43$ ms.

Netz: Dreiphasenstrom, Leiterspannung $U_{LN} = 10$ kV + 10%, –15%, 50 Hz; Netz-Kurzschlußleistung $S_k = 50$ MVA.

Transformator: Kurzschlußspannung $u_{kt} = 8$%. Die Kupferverluste und der Magnetisierungsstrom dürfen vernachlässigt werden.

2. Wahl der Schaltung

Das Leistungsverhältnis beträgt (6.16)

$$LV = 1{,}1 \cdot 680\,\text{kW}/50\,\text{MVA} \,\hat{=}\, 1{,}5\,\%\,,$$

wenn in erster Näherung $P_{d0} = 1{,}1 P_{dN}$ gesetzt werden. In Anbetracht dieses niedrigen Leistungsverhältnisses, weiterhin auch der nicht sehr großen Leistung des Motors, der relativ hohen Gleichspannung und des Vierquadrantenbetriebes wird für einen ersten Entwurf die vollgesteuerte Sechspuls-Brückenschaltung gewählt. Für diese Schaltung werden die Netzrückwirkungen und die Größe der Glättungsdrossel im Gleichstromkreis berechnet. Dann kann entschieden werden, ob die gewählte Schaltung unter den gegebenen Umständen optimal ist oder ob eine Zwölfpulsschaltung vorteilhafter wäre (vgl. Abschn. 3.5.3).

Für den Vierquadrantenbetrieb wird ein Polwendeschalter im Ankerkreis vorgesehen (vgl. Abschn. 3.6.2). Eine bessere Führung der Last wird mit einer Antiparallelschaltung zweier Stromrichter erreicht (Bild 3.58).

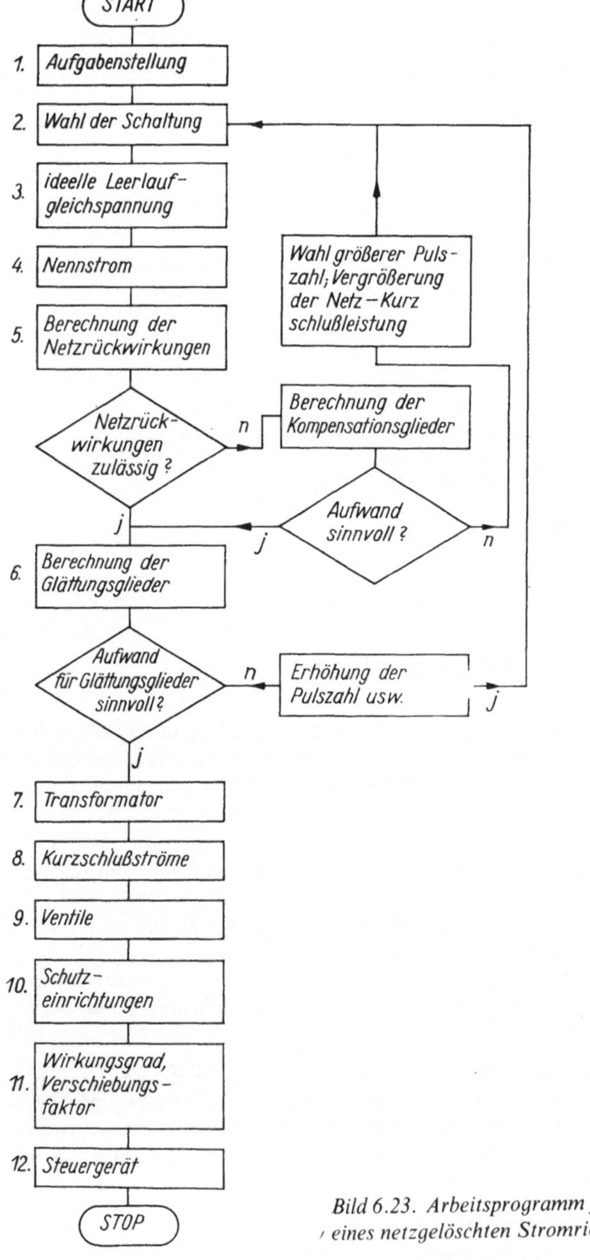

Bild 6.23. Arbeitsprogramm für den Entwurf eines netzgelöschten Stromrichters

3. Ideelle Leerlaufgleichspannung I_{di0N} bei Nenn-Netzspannung

Relativer induktiver Spannungsabfall bei Nennstrom (3.334):

$$d_{xt} = 0{,}5 \cdot 0{,}08 = 0{,}40\,. \tag{6.84}$$

Spannungsabfall über zwei Thyristoren in Reihe etwa

$$nU_{\mathrm{dV}} = 2 \cdot 2{,}0\ \mathrm{V} = 4{,}0\ \mathrm{V}\,. \tag{6.85}$$

Es sei U_{di0} die ideelle Gleichspannung bei $-15\,\%$. Dann führt (3.337) bei Nennstrom und unter Berücksichtigung von 10 % Regelreserve zu

$$1{,}1 \cdot 750\ \mathrm{V} = U_{\mathrm{di0}} - 0{,}040 U_{\mathrm{di0}} - 4{,}0\ \mathrm{V}$$

$$U_{\mathrm{di0}} = 864\ \mathrm{V} \tag{6.86}$$

und schließlich

$$U_{\mathrm{di0N}} = 864\ \mathrm{V}/0{,}85 = 1020\ \mathrm{V}\,. \tag{6.87}$$

4. Nennstrom

Spannungsabfall in den Widerständen des Ankerstroms des Motors

$$U_{\mathrm{MR}} = 0{,}05 \cdot 750\ \mathrm{V} = 37{,}5\ \mathrm{V}\,; \tag{6.88}$$

Reibungs- und Eisenverluste bei Nenndrehzahl sind 4 % der bei Nennbetrieb aufgenommenen Leistung P_{AN}. Folglich:

$$P_{\mathrm{AN}} = 680\ \mathrm{kW} + 0{,}05 \cdot 680\ \mathrm{kW} + 0{,}04 P_{\mathrm{AN}}\,; \tag{6.89}$$

$$P_{\mathrm{AN}} = 744\ \mathrm{kW}\,.$$

$$I_{\mathrm{dN}} = 744\ \mathrm{kW}/750\ \mathrm{A} \approx 1000\ \mathrm{A}\,. \tag{6.90}$$

5. Netzrückwirkungen am Anschlußpunkt ohne Kompensationseinrichtungen

Vom Netz beanspruchte Leistungen bei Nennleistung des Motors:
Die Wirkleistung besteht aus der Summe der vom Motor aufgenommenen Leistung und dem Leistungsverlust in den Thyristoren:

$$P_{1\mathrm{L}} = 744\ \mathrm{kW} + 4\ \mathrm{V} \cdot 1000\ \mathrm{A} = 748\ \mathrm{kW}\,. \tag{6.91}$$

Die im folgenden verwendeten Kennziffern sind Tafel 3.1 zu entnehmen.
Netz-Scheinleistung:

$$S_{\mathrm{L}} = S_{\mathrm{t}} = 1{,}05 P_{\mathrm{d0}} = 1{,}05 \cdot 1020\ \mathrm{V} \cdot 1000\ \mathrm{A} = 1070\ \mathrm{kVA}\,; \tag{6.92}$$

Netzstrom:

$$I_{\mathrm{L}} = S_{\mathrm{L}}/(\sqrt{3}\, U_{\mathrm{L}}) = 1070\ \mathrm{kVA}/(\sqrt{3} \cdot 10\ \mathrm{kV}) = 62{,}1\ \mathrm{A}\,; \tag{6.93}$$

Grundschwingung des Netzstroms:

$$I_{1\mathrm{L}} = gI_{\mathrm{L}} = 0{,}96 \cdot 62{,}1\ \mathrm{A} = 59{,}6\ \mathrm{A}\,; \tag{6.94}$$

Grundschwingungsscheinleistung:

$$S_{1\mathrm{L}} = \sqrt{3} \cdot 10\ \mathrm{kV} \cdot 59{,}6\ \mathrm{A} = 1030\ \mathrm{kVA}\,; \tag{6.95}$$

Verschiebungsfaktor des Netzstroms ((3.169)):

$$\cos\varphi_1 = 748\ \mathrm{kW}/1030\ \mathrm{kVA} = 0{,}725\,; \tag{6.96}$$

$$\varphi_1 = 43{,}4^\circ$$

Blindleistung der Grundschwingung (analog (3.166)):

$$Q_{1\mathrm{L}} = \sqrt{3} \cdot 10\ \mathrm{kV} \cdot 59{,}6\ \mathrm{A} \cdot \sin 43{,}4^\circ = 709\ \mathrm{kvar}\,; \tag{6.97}$$

Effektivwertabsenkung

Größte Blindleistung der Grundschwingung bei $\varphi_1 = \pi/2$ ((6.11)):

$$Q_{1\mathrm{m}} = \sqrt{3} \cdot 10\ \mathrm{kV} \cdot 59{,}6\ \mathrm{A} = 1030\ \mathrm{kvar}\,; \tag{6.98}$$

größter Sprung der Grundschwingungsblindleistung:

$$\Delta Q_{1m} = 1030\ \text{kvar} - 709\ \text{kvar} = 321\ \text{kvar}; \tag{6.99}$$

relative Effektivwertabsenkung (6.12):

$$\Delta u_{m} = 321\ \text{kvar}/50\ \text{MVA} = 0{,}64\,\%. \tag{6.100}$$

Das ist zulässig, weil die Frequenz der Spannungsänderungen relativ niedrig ist (vgl. Abschn. 6.1.3.1).

Verzerrung der Netzspannung durch die Kommutierungseinbrüche

— Beschreibung durch die Augenblicksabweichung
Leistungsverhältnis (6.16):

$$LV = 1020\ \text{V} \cdot 1000\ \text{A}/50\ \text{MVA} = 2\,\%; \tag{6.101}$$

größte Tiefe der Spannungseinbrüche bei $\alpha = \pi/2$:

$$h_{1L} = \frac{0{,}02}{0{,}08 + 0{,}02} = 20\,\%; \tag{6.102}$$

größte Breite der Spannungseinbrüche bei geringster Zündverzögerung α_N (3.337):

$$750\ \text{V} = 102\ \text{V} \cos \alpha_N - 0{,}040 \cdot 864\ \text{V} - 4{,}0\ \text{V} \tag{6.103}$$

$$\cos \alpha_N = 789\ \text{V}/1020\ \text{V} = 0{,}773; \qquad \alpha_N = 39{,}4° \tag{6.104}$$

$$\cos(\mu_N + 39{,}4°) = \cos 39{,}4° - (0{,}08 + 0{,}02) \tag{6.105}$$

$$\mu_N = 8{,}3° \mathrel{\hat{=}} 0{,}5\ \text{ms}.$$

Beide Werte sind zulässig.
— Beschreibung durch das Amplitudenspektrum
Impedanz des Netzes ((6.57)):

$$Z_L = \frac{1{,}1 \cdot 3}{50\ \text{MVA}} \cdot \left(\frac{10\ \text{kV}}{\sqrt{3}}\right)^2 = 2{,}2\ \Omega. \tag{6.106}$$

Für eine Freileitung mit $R_L/X_L \approx 0{,}5$ ergibt sich:

$$X_L = Z_L/\sqrt{1{,}25} = 2{,}2\ \Omega/\sqrt{1{,}25} = 1{,}97\ \Omega.$$

Als Beispiel sei die 5. Oberschwingung gewählt: (3.282) gibt

$$I_{5L} = 59{,}6\ \text{A}/5 = 11{,}9\ \text{A}; \tag{6.108}$$

der entsprechende Einzelklirrfaktor hat dann die Größe ((6.33))

$$k_5 = \frac{5 \cdot 1{,}97\ \Omega \cdot 11{,}9\ \text{A}}{10\ \text{kV}/\sqrt{3}} = 0{,}02. \tag{6.109}$$

Auch dies ist zulässig.

6. Glättungsglieder im Gleichstromkreis

Zündverzögerungswinkel α_0 bei Stillstand des Motors ((3.337)):

$$0{,}05 \cdot 750\ \text{V} = 1020\ \text{V} \cos \alpha_0 - 0{,}040 \cdot 1020\ \text{V} - 4{,}0\ \text{V}$$

$$\cos \alpha_0 = 0{,}0807; \qquad \alpha_0 = 85{,}4°. \tag{6.110}$$

Man kann die Welligkeit des Gleichstroms in hinreichender Näherung berechnen, wenn man nur die 6. Oberschwingung der Gleichspannung berücksichtigt.
Widerstand des Ankerkreises:

$$R_A = 37{,}5\ \text{V}/1000\ \text{A} = 37{,}5\ \text{m}\Omega. \tag{6.111}$$

Induktivität des Ankerkreises:

$$L_A = \tau_A R_A = 43\ \text{ms} \cdot 37{,}5\ \text{m}\Omega = 1{,}6\ \text{mH} \tag{6.112}$$

$$w_U = \frac{U_{6i}}{U_{di\alpha}} = \frac{[2(1 + 6^2 \cdot \tan^2 85{,}4)]^{1/2}}{6^2 - 1} = 3{,}01. \tag{6.113}$$

Benötigte Induktivität im Ankerkreis ((6.81)):

$$L \approx \frac{R}{\omega_\sigma} \frac{w_U}{w'_U} = \frac{37{,}5\ \mathrm{m\Omega}}{6 \cdot 314\ \mathrm{s}^{-1}} \cdot \frac{3{,}01}{0{,}1} = 0{,}6\ \mathrm{mH}\,. \tag{6.114}$$

Da der Anker eine Induktivität von 1,6 mH hat, ist keine zusätzliche Glättungsdrossel notwendig.

Die Untersuchung der Netzrückwirkungen und der im Ankerkreis notwendigen Induktivität zeigt, daß die Pulszahl $p = 6$ hinreichend ist.

7. Transformator

Ventilseite

Strom: $I_v = 0{,}82 \cdot 1000\ \mathrm{A} = 820\ \mathrm{A}$; (6.115)

Spannung: $U_v = U_{\mathrm{diON}}/1{,}35 = 1020\ \mathrm{V}/1{,}35 = 756\ \mathrm{V}$; (6.116)

Scheinleistung: $S_v = \sqrt{3} \cdot 756\ \mathrm{V} \cdot 820\ \mathrm{A} = 1070\ \mathrm{kVA}$. (6.117)

Netzseite

Übersetzung: $m_t = 10\ \mathrm{kV}/756\ \mathrm{V} = 13{,}2$; (6.118)

Strom ((6.93)): $I_L = 62{,}1\ \mathrm{A}$;

Scheinleistung: $S_L = \sqrt{3} \cdot 10\ \mathrm{kV} \cdot 62{,}1\ \mathrm{A} = 1070\ \mathrm{kVA}$; (6.119)

Typenleistung: $S_t = 1070\ \mathrm{kVA}$.

8. Kurzschlußströme

Reaktanz des Transformators ((6.58)) bei Vernachlässigung des Widerstands:

$$X_t = \frac{0{,}08 \cdot 3 \cdot (10\ \mathrm{kV}/\sqrt{3})^2}{50\ \mathrm{MVA}} = 0{,}16\ \Omega; \tag{6.120}$$

Reaktanz und Widerstand der Freileitung ((6.107)) mit $X_L = 1{,}97\ \Omega$ und mit $R_L = 0{,}5 X_L = 0{,}99\ \Omega$:

$$Z_k = [(0{,}16 + 1{,}97)^2 + 0{,}99^2]^{1/2}\ \Omega = 2{,}35\ \Omega\,. \tag{6.121}$$

Kurzschlußstrom ((6.43)):

$$I_k = \frac{10\ \mathrm{kV}}{\sqrt{3} \cdot 2{,}35\ \Omega} = 2{,}46\ \mathrm{kA}\,. \tag{6.122}$$

Mit $R_k/X_k = 0{,}99/(0{,}16 + 1{,}97) = 0{,}46$ beträgt der Stoßkurzschlußstrom ((6.52)):

$$I_S = 1{,}23 \cdot \sqrt{2} \cdot 2{,}46\ \mathrm{kA} = 4{,}28\ \mathrm{kA}\,. \tag{6.123}$$

Die Konstruktion des Gerätes muß gewährleisten, daß die mechanische und thermische Kurzschlußfestigkeit sowie auch die Überstromschutzmittel diesem Stoßkurzschlußstrom entsprechen.

9. Thyristoren

Mittlerer Gleichstrom je Zweig

$$I_{Va} = 1000\ \mathrm{A}/3 = 333\ \mathrm{A}\,. \tag{6.124}$$

Da es sich um eine Förderanlage handelt, sollte bei Ausfall eines Thyristors Notbetrieb möglich sein. Es werden deshalb je Zweig zwei parallelgeschaltete Thyristoren vorgesehen, die jeder dauernd 167 A und für 1 Minute 333 A führen bei 120° Leitdauer.

Der Verlauf des inneren transienten thermischen Widerstands Z_{thjc}, den Bild 2.18a zeigt, ist typisch für einen Thyristor. Wegen der geringen Wärmekapazität der Siliziumscheibe hat die Temperatur des Siliziums nach einer Minute schon den Endwert erreicht, der der Verlustleistung entspricht, d. h. $Z_{\mathrm{thjc}}(1\ \mathrm{min}) \approx R_{\mathrm{thjc}}$. Es wird deshalb der Thyristor T455N (AEG) gewählt mit einem Dauergrenzstrom $I_{\mathrm{TAVM}} = 455$ A. Weitere Kennwerte dieses Ventils sind: Schleusenspannung $U_{(\mathrm{TO})} = 1$ V; Ersatzwiderstand $r_T = 0{,}84\ \mathrm{m\Omega}$; innerer Wärmewiderstand $R_{\mathrm{thjc}} = 0{,}05$ K/W; Wärmewiderstand des Kühlkörpers $R_{\mathrm{thKa}} = 0{,}09$ K/W; Stoßstromgrenzwert 6750 A, Grenzlastintegral 228 $\mathrm{kA}^2 \cdot \mathrm{s}$, beides bei $\vartheta_j = 125$ °C. Mittlere Verlustleistung (2.140) mit $f = \sqrt{3}$ für 120° Leitdauer:

$$P_{\mathrm{FaN}} = 1\ \mathrm{V} \cdot 167\ \mathrm{A} + 0{,}84\ \mathrm{m\Omega} \cdot (\sqrt{3} \cdot 167\ \mathrm{A})^2 = 237\ \mathrm{W}; \tag{6.125}$$

Temperatur ϑ_{jN} des Kristalls bei Nennstrom, einer Umgebungstemperatur $\vartheta_a = 35$ °C und mit $R_{\mathrm{th}} = (0{,}05 + 0{,}09)$ K/W $= 0{,}14$ K/W nach (2.135):

$$\vartheta_{jN} = 0{,}14\ \mathrm{K/W} \cdot 237\ \mathrm{W} + 35\ °\mathrm{C} = 68{,}2\ °\mathrm{C}\,. \tag{6.126}$$

Temperatur ϑ_{j2N} des Kristalls bei $2I_N$ für 1 min im Anschluß an Nennstrom:

$$P_{Fa2N} = 1\text{ V} \cdot 333\text{ A} + 0{,}84\text{ m}\Omega \cdot (\sqrt{3} \cdot 333\text{ A})^2 = 612\text{ W}\,; \tag{6.127}$$

zusätzliche Verlustleistung:

$$612\text{ W} - 237\text{ W} = 375\text{ W}\,. \tag{6.128}$$

Der Kühlkörper hat nach 1 min erst den transienten thermischen Widerstand $Z_{thKa}(1\text{ min}) = 0{,}06$ K/W erreicht. Die Kristalltemperatur beträgt folglich bei doppeltem Nennstrom nach 1 min:

$$\vartheta_{j2N} = 68{,}2\ ^\circ\text{C} + (0{,}05 + 0{,}06)\text{ K/W} \cdot 375\text{ W} = 109\ ^\circ\text{C}\,. \tag{6.129}$$

Die maximal zulässige Sperrschichttemperatur $\vartheta_{jm} = 125\ ^\circ\text{C}$ wird also auch bei beträchtlich ungleicher Aufteilung des Stroms zwischen den beiden Thyristoren nicht überschritten.

Die Betriebsscheitelsperrspannung erreicht bei der größten Netzspannung

$$U_{Rm} = 1{,}05 \cdot 1{,}1 \cdot 1020\text{ V} = 1180\text{ V}\,. \tag{6.130}$$

Da über den Überspannungspegel im Netz nichts ausgesagt ist, sollte ein Spannungssicherheitsfaktor von 2,0 bis 2,5 gewählt werden. Die höchstzulässige periodische Vorwärts-Spitzenspannung der Thyristoren sollte folglich

$$U_{DRM} = (2{,}0 \ldots 2{,}5) \cdot 1180\text{ V} = (2360 \ldots 3000)\text{ V} \tag{6.131}$$

betragen. Falls im Betrieb noch höhere nichtperiodische Stoßspitzenspannungen auftreten, müssen diese mit einem Überspannungsschutz begrenzt werden (vgl. Abschn. 6.3.1.1).

10. Schutzeinrichtungen

Der Überspannungsschutz ist schon im Zusammenhang mit Punkt 9 erwähnt worden.

Zum Schutz gegen Überströme wird mit jedem Thyristor eine überflinke Schmelzsicherung in Reihe geschaltet (vgl. Abschn. 6.3.1.2). Die Sicherung wird so gewählt, daß sie den Nennstrom (Effektivwert)

$$I_{SiN} = 500\text{ A}/\sqrt{3} = 289\text{ A} \tag{6.132}$$

dauernd und den doppelten Nennstrom

$$I_{Si2N} = 577\text{ A}$$

für 1 min führen kann. Falls volle Anpassung gewünscht wird, muß die Abschaltkennlinie der Sicherung im ganzen Zeitbereich unterhalb der Überlastkennlinie der Thyristoren liegen. Der Durchlaßstrom und der Stromwärmewert der Sicherung, die beide eine Funktion des im Punkt 8 berechneten Kurzschlußstroms sind, müssen kleiner als 6750 A bzw. 228 $\text{kA}^2 \cdot \text{s}$ sein (vgl. Punkt 9). — Wenn Vollanpassung nicht gewährleistet werden kann oder wenn nicht gewünscht wird, daß die Sicherungen bei länger anhaltenden Überströmen ansprechen, werden die Thyristoren zusätzlich durch einen Schutzschalter auf der Netzseite, z. B. mit Bimetallauslöser, geschützt.

11. Wirkungsgrad des Stromrichters (s. (6.91)):

$$\eta = 744\text{ kW}/748\text{ kW} = 99\,\%\,. \tag{6.133}$$

Wenn die Kupferverluste des Transformators mit etwa 2 % angesetzt werden, verringert sich der Wirkungsgrad auf 97 %.

Der Verschiebungsfaktor ist schon mit (6.96) berechnet worden. Falls die Kompensation der Grundschwingungsblindleistung gewünscht wird, werden die Kondensatoren wie folgt gewählt:

— Bei Nennbetrieb ist $Q_{1L} = 709$ kvar (6.97). Dann gibt (6.35) mit $Q_K \equiv Q_{1L}$:

$$C_{KN} = \frac{709\text{ kvar}}{3 \cdot 314 \cdot (10\text{ kV})^2} = 7{,}5\ \mu\text{F}\,. \tag{6.134}$$

— Beim Umsteuern auf vollen Wechselrichterbetrieb erhöht sich die Grundschwingungsblindleistung um $\Delta Q_{1m} = 321$ kvar ((6.99)), so daß weitere 3 Kondensatoren zu je

$$C_K = \frac{321\text{ kvar}}{3 \cdot 314 \cdot (10\text{ kV})^2} = 3{,}4\ \mu\text{F} \tag{6.135}$$

zugeschaltet werden müssen.

Die Ordnungszahl der Eigenfrequenz des aus den Induktivitäten des Netzes und der Kapazität des Kompensationskondensators gebildeten Schwingkreises gibt (6.37):

— bei Nennbetrieb, mit $Q_{1L} = 709$ kvar ((6.97)):

$$\nu_{eig} = 1/(709\text{ kvar } 50\text{ MVA})^{1/2} = 8{,}4\,; \tag{6.136}$$

— bei vollem Wechselrichterbetrieb, mit $Q_{1\,m} = 1030$ kvar ((6.98)):

$$\nu_{eig} = 1/(1030\ \text{kvar}/50\ \text{MVA})^{1/2} \approx 7\,. \tag{6.137}$$

Da der Stromrichter im Netz Oberschwingungsspannungen mit $\nu = 7$ anregt, ist ein auf diese Frequenz abgestimmter Saugkreis notwendig.

12. Das Steuergerät kann z. B. entsprechend Bild 5.9d ausgewählt, die Zündendstufen können auf Grund der Überlegungen im Abschnitt 5.5.3.1 bemessen werden.

7. Antworten zu den Übungsaufgaben

Abschnitt 2.7

2.1. a) Es gilt $p = n$ und damit gibt (2.5):

$$p = n = 3{,}9 \cdot 10^{16}\,\text{cm}^{-3} \cdot \text{K}^{-3/2} \cdot (373\,\text{K})^3$$
$$\times \exp\left\{-\frac{1{,}6 \cdot 10^{-19}\,\text{A} \cdot \text{s} \cdot 1{,}2\,\text{V}}{2 \cdot 1{,}38 \cdot 10^{-23}\,\text{Ws/K} \cdot 373\,\text{K}}\right\}$$
$$= 2{,}23 \cdot 10^{12}\,\text{cm}^{-3}\,.$$

b) Gleichung (2.20) führt zu

$$\varrho = \frac{1}{1{,}6 \cdot 10^{-19}\,\text{A} \cdot \text{s} \cdot 2{,}23 \cdot 10^{12}\,\text{cm}^{-3}\,(1350 + 480)\,\text{cm}^2 \cdot \text{V}^{-1} \cdot \text{s}^{-1}} = 1{,}53\,\text{k}\Omega \cdot \text{cm}\,.$$

c) Die Dichte der Löcher wird durch die Dotierung so weit verringert, daß ihr Beitrag zur Leitfähigkeit des Kristalls vernachlässigt werden kann.

$n = N_D + 2{,}23 \cdot 10^{12}\,\text{cm}^{-3}$;

(2.20) ergibt damit: $N_D = 2{,}80 \cdot 10^{13}\,\text{cm}^{-3}$.

2.2

	p_{n0}	$S_R \approx S_S$
300 K:	$2{,}97 \cdot 10^5\,\text{cm}^{-3}$,	$4{,}46 \cdot 10^{-11}\,\text{A/cm}^2$,
400 K:	$7{,}63 \cdot 10^{10}\,\text{cm}^{-3}$,	$1{,}15 \cdot 10^{-5}\,\text{A/cm}^2$.

2.3. $U_F = 0{,}5\,\text{V} + 15 \cdot 10^{-3}\,\Omega\, I_F$.

2.4. Die Sperrschicht hat nach (2.70) die Breite

$$W = \left[\frac{2 \cdot 0{,}886 \cdot 10^{-3}\,\text{F} \cdot \text{cm}^{-1} \cdot 12}{1{,}6 \cdot 10^{-19}\,\text{A} \cdot \text{s}} \cdot 10^{-16}\,\text{cm}^3 \cdot 2 \cdot 5\,\text{V}\right]^{1/2}$$
$$= 1{,}15 \cdot 10^{-4}\,\text{cm}\,.$$

Aus (2.98) folgt für die maximale Feldstärke

$$E_m = \frac{2 \cdot 5\,\text{V}}{1{,}15 \cdot 10^{-5}\,\text{cm}} = 0{,}87 \cdot 10^5\,\text{V/cm}\,.$$

2.5. $R_{the} = 0{,}0675\,\text{K/W}$.

2.6. a) $P_{Ta} = 60\,\text{W}$; b) $R_{the} = 1{,}17\,\text{K/W}$.

2.7. Bild 2.67, Kurve *2*, gibt

$Z_{th}(1\,\text{s}) = 0{,}13\,\text{K/W}$; $Z_{th}(100\,\text{s}) = 0{,}43\,\text{K/W}$.

Aus (2.179) folgt $\vartheta_j(1\,\text{s}) = 46\,°\text{C}$; $\vartheta_j(100\,\text{s}) = 106\,°\text{C}$.

2.8. b) $\vartheta_{jm} = 151\,°\text{C}$ zur Zeit $t = 15{,}55\,\text{s}$. Nein!

2.10. a) Mit Hilfe von (2.135) und (2.140) wird die Leistungsbilanz aufgestellt.
b) 500 A.

2.11. b) $t_m = \tau \ln 2$; $p_{gtm} = \frac{1}{4} U_D I_{TN}$;
c) $W_{gt} = \frac{1}{2} \tau U_D I_{TN}$; d) $\tau = 4{,}34 \cdot 10^{-2}\,\text{ms}$; $P = 543\,\text{W}$.

2.12. a) Der Ventilblock möge Z_V Ventile umfassen, wobei jedes bei Nennbetrieb den mittleren Strom I_{VaN} führt. Dann sind die Verluste bei Nennbetrieb:

$$P_N = Z_V[U_{(TO)}I_{VaN} + r_F(f_N I_{VaN})^2],$$

bei Messung A: $P_A = Z_V[kU_{(TO)}I_{VaN} + r_F(f_{KS}kI_{VaN})^2]$,

bei Messung B: $P_B = Z_V[U_{(TO)}I_{VaN} + r_F(f_{KS}I_{VaN})^2]$.

Diese Werte werden in (Ü 2.6) eingesetzt.

b) $f_{KS} = \pi/2$; $f_N = \sqrt{2}$; $k = 0{,}90$;
folglich $P_N = 2{,}1P_A - 0{,}9P_B$

2.13. a) Die Gleichungen (2.256) und (2.254) ermöglichen die Berechnung der Durchlaßverluste und führen damit zu ϑ_j.

b) $\vartheta_j = 149\ °C$.

Abschnitt 3.9

3.1.1. a) Bei $t = 0$, $u_C = 0$ und $i = I_{Cm} = 5$ A
$R = U_d/I_{Cm} = 220$ V/5 A $= 44\ \Omega$.

b) $i_C = \frac{U_d}{R} \exp\{-t/\tau_1\}$;
$u_C = U_d(1 - \exp\{-t/\tau_1\})$;
wo $\tau_1 = RC = 44\ \Omega \cdot 500\ \mu F = 0{,}022$ s

c) $t = \tau_1 \ln(1/(1-x))$, wo $x = 0{,}95$;
$t = 0{,}022\ s \cdot \ln(1/0{,}05) = 65{,}9$ ms,

d) Das Netz liefert die Energie

$$W_d = \int_{t=0}^{\infty} U_d i_C\, dt = CU_d^2.$$

Auf dem Kondensator ist die Energie W_C gespeichert, $W_C = CU_d^2/2$. Folglich $W_C/W_d = 1/2$.

3.1.2. Mit $\tau_2 = \sqrt{LC}$ ergibt sich

a) $i_C = I_{Cm} \sin(t/\tau_2)$ für $t \leqq \pi\tau_2$,
$i_C = 0$ für $t > \pi\tau_2$.

b) Da bei $t = 0$, $U_C = 0$ und $L(di/dt)_{t=0} = U_d$, folgt $I_{Cm} = \sqrt{C/L}\, U_d$.
$L = C(U_d/I_{Cm})^2 = 500\ \mu F \cdot (220\ V/5\ A)^2 = 0{,}968$ H

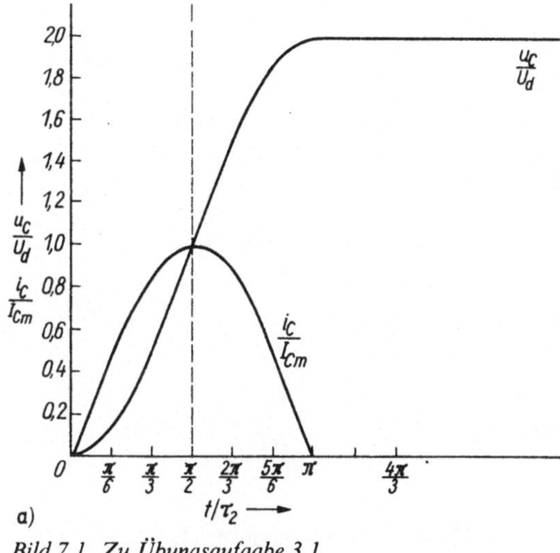

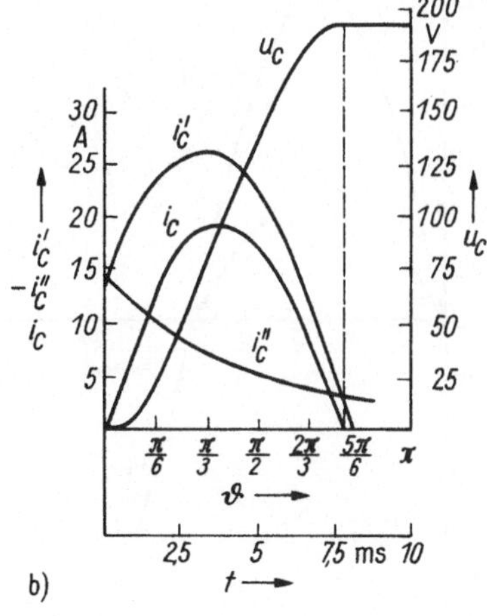

Bild 7.1. Zu Übungsaufgabe 3.1

a) 3.1.2c. Verlauf von i_C/I_{Cm} und u_C/U_d; b) 3.1.2a, Verlauf von i_C, i_C' und i_C''

c) $U_C = U_d[1 - \cos(t/\tau_2)]$ mit $\tau_2 = (0{,}968\ \mathrm{H} \cdot 500\ \mu\mathrm{F})^{1/2} = 22\ \mathrm{ms}$,
Scheitelwert $U_{Cm} = 2U_d = 2 \cdot 220\ \mathrm{V} = 440\ \mathrm{V}$ bei $t = \pi\tau_2$.
Bild 7.1a zeigt den Verlauf von i_C/I_{Cm} und u_C/U_d.

d) Die Diode verhindert, daß sich der Kondensator bei $t > \pi\tau_2$ wieder entlädt.

3.1.3. a) $$i_C = \frac{\sqrt{2}\,U_W}{Z}\left[\sin(\vartheta + \varphi) - \frac{1}{\sqrt{1 + (\omega CR)^2}} \exp\{-\vartheta/(\omega CR)\}\right]$$

b) $$i'_C = \frac{\sqrt{2}\,U_W}{Z} \sin(\vartheta + \varphi);$$

$$i''_C = -\frac{\sqrt{2}\,U_w}{Z\sqrt{1 + (\omega CR)^2}} \exp\{-\vartheta/(\omega CR)\}$$

Bild 7.1b zeigt die Verläufe dieser drei Ströme.
Vom Diagramm: $I_{Cm} = 19$ A.
Bemerkung: Mit den gegebenen Werten ist

$\omega CR = 1{,}57$; $\varphi = 32{,}5°$; $\sqrt{2}\,U_W/Z = 26{,}2$ A.

c) $$u_C = \frac{1}{C}\int i_C\,dt = \frac{\sqrt{2}\,U_W}{\omega CZ}\left[\cos\varphi - \cos(\vartheta + \varphi) + \frac{\omega CR}{\sqrt{1 + (\omega CR)^2}}\left(\exp\{-\vartheta/(\omega CR)\} - 1\right)\right]$$

Bild 7.1b zeigt den Verlauf von u_C.
Am Ende der ersten Periode ist der Kondensator auf $u_C = 194$ V, und endgültig wird er auf $U_{Cm} = \sqrt{2} \cdot 220\ \mathrm{V} = 311$ V geladen.

3.2. a) $i_d = \sqrt{2} \cdot 220\ \mathrm{V} \cdot \sin 314\ \mathrm{s}^{-1}\, t/25\ \Omega = 12{,}4\ \mathrm{A} \cdot \sin 314\ \mathrm{s}^{-1}\, t$
für $0 \leqq t \leqq 10$ ms,
$i_d = 0$ für $10\ \mathrm{ms} \leqq t \leqq 20$ ms,
$u_V = 0$ für $0 \leqq t \leqq 10$ ms, wenn der Durchlaßspannungsabfall vernachlässigt wird;
$u_V = u_W$ für $10\ \mathrm{ms} \leqq t \leqq 20$ ms.
Bild 7.2 zeigt den Verlauf von u_w, i_d, u_R und u_V.

b) Auswahl der Diode: $I_{Fm} = 12{,}4$ A;

$I_{Fa} = 12{,}4\ \mathrm{A}/\pi = 3{,}95$ A; $U_{Rm} = \sqrt{2} \cdot 220\ \mathrm{V} = 311$ V.

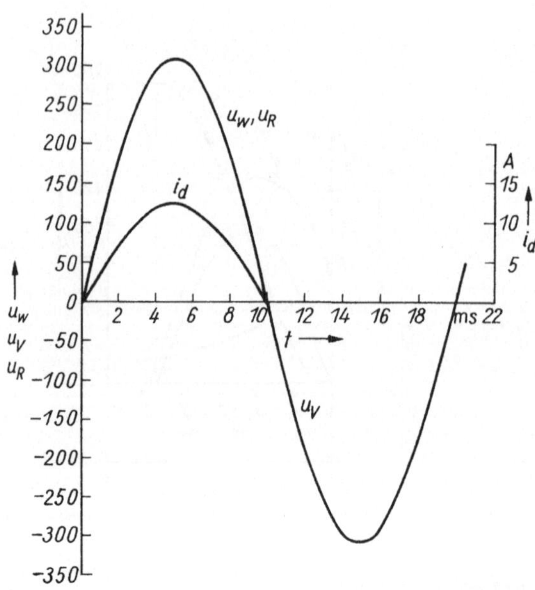

Bild 7.2. Zu Übungsaufgabe 3.2a)

Verlauf von u_W, i_d und u_V

c) Effektivwert der Spannung über dem Widerstand

$U_{de} = 220\ \mathrm{V}/\sqrt{2}$;

$P = U_{de}^2/R = (220\ \mathrm{V})^2/(2 \cdot 25\ \Omega) = 968\ \mathrm{W}$.

d) Amperemeter zeigt: $I_{da} = I_{Fa} = 3{,}95\ \mathrm{A}$;
Voltmeter zeigt (3.4): $U_{da} = 0{,}45 \cdot 220\ \mathrm{V} = 99{,}0\ \mathrm{V}$.

e) Amperemeter zeigt (3.18): $I_{de} = 1{,}57 \cdot 3{,}95\ \mathrm{A} = 6{,}20\ \mathrm{A}$;
Voltmeter zeigt (3.7): $U_{de} = 0{,}707 \cdot 220\ \mathrm{V} = 156\ \mathrm{V}$;

f) $i_k = \sqrt{2} \cdot 220\ \mathrm{V} \cdot \sin 314\ \mathrm{s}^{-1}\ t/1{,}2\ \Omega = 259\ \mathrm{A} \cdot \sin 314\ \mathrm{s}^{-1}\ t$, folglich $I_S = 259\ \mathrm{A}$;

$$KI = \int_{t=0}^{10\ \mathrm{ms}} (259\ \mathrm{A})^2 \sin^2 (314\ \mathrm{s}^{-1}\ t)\, \mathrm{d}t = 335\ \mathrm{A}^2 \cdot \mathrm{s}\,.$$

3.4. Wirkleistung: $P = 50\ \mathrm{W}$;
Blindleistung: $Q = 0$;
Verzerrungsleistung: $V = 54{,}3\ \mathrm{VA}$;
Scheinleistung: $S = 70{,}6\ \mathrm{VA}$.

3.5. a) $\tan \varrho = \omega L/R = 314\ \mathrm{s}^{-1} \cdot 50 \cdot 10^{-3}\ \mathrm{H}/10\ \Omega = 1{,}57$, $\varrho = 57{,}5°$
Bild 3.9 gibt mit $\vartheta_Z \equiv \alpha = 30°$ und $\varrho = 57{,}3°$, $\delta = 208°$.

b) (3.41) führt zu

$$I_{da} = \frac{1 - \cos 208°}{2} \cdot \frac{\sqrt{2}}{\pi} \cdot \frac{220\ \mathrm{V}}{10\ \Omega} = 9{,}32\ \mathrm{A}\,;$$

$P = 10\ \Omega \cdot (9{,}24\ \mathrm{A})^2 = 869\ \mathrm{W}$.

3.6. b) *Transformator*

$m_t = 0{,}45$; $I_v = 1{,}41\ \mathrm{A}$; $I_L = 2{,}22\ \mathrm{A}$;
$S_v = 691\ \mathrm{VA}$; $S_L = 488\ \mathrm{VA}$; $S_t = 590\ \mathrm{VA}$.

Ventile

$I_{Ta} = 1\ \mathrm{A}$; $I_{Da} = 1\ \mathrm{A}$; $U_{Rm} = 691\ \mathrm{V}$.

3.7. a) s. Bild 3.8a und b; $P_d = 550\ \mathrm{W}$;
b) s. Bild 3.12b; $P_d = 178\ \mathrm{W}$.

3.8. a) $$\frac{I_{0a}}{U_{di0}/R} = \frac{\pi + \alpha}{2\pi} \cdot \frac{1 + \cos \alpha}{2}\,.$$

b) $$\frac{\mathrm{d}\dfrac{I_{0a}}{U_{di0}/R}}{\mathrm{d}\alpha} = \frac{1}{2\pi} \cdot \frac{1 + \cos \alpha}{2} - \frac{\pi + \alpha}{2\pi} \frac{\sin \alpha}{2}\,;$$

für Extremwert: $1 + \cos \alpha_m = (\pi + \alpha_m) \sin \alpha$;
$(\pi + \alpha_m)^2 \sin^2 \alpha + 1 - 2(\pi + \alpha_m) \sin \alpha = \cos^2 \alpha_m = 1 - \sin^2 \alpha_m$;
$[(\pi + \alpha_m)^2 + 1] \sin \alpha_m = 2(\pi + \alpha_m)$;

$$\sin \alpha_m = \frac{2(\pi + \alpha_m)}{(\pi + \alpha_m)^2 + 1}\,.$$

3.9. a) $I_{da} = 1{,}67\ \mathrm{A}$.
b) $i_\sigma = 8{,}33\ \mathrm{A}$ für $0 \leqq \vartheta \leqq \pi/3$, $i_\sigma = -1{,}67\ \mathrm{A}$ für $\pi/3 \leqq \vartheta \leqq 2\pi$.
c) $I_{\sigma e} = 3{,}73\ \mathrm{A}$.
d) $P = 83\ \mathrm{W}$.

3.10. Wenn man in (Ü 3.2) bis (Ü 3.5) die durch (3.2) und (3.3) gegebenen Größen von u_d einsetzt, ergibt sich:

$$U_{di0} \equiv U_0 \equiv \frac{1}{2\pi} \int_{\vartheta=0}^{\pi} \sqrt{2}\, U_v \sin \vartheta\, \mathrm{d}\vartheta = \frac{\sqrt{2}}{\pi} U_v\,;$$

$$U'_v = \frac{1}{\pi} \int_{\vartheta=0}^{\pi} \sqrt{2}\, U_v \sin \vartheta \sin \nu\vartheta\, \mathrm{d}\vartheta = \frac{\sqrt{2}\, U_v}{2\pi} \left| \frac{\sin (\nu - 1)\,\vartheta}{\nu - 1} - \frac{\sin (\nu + 1)\,\vartheta}{\nu + 1} \right|^{\pi} = 0$$

für $\nu = 2, 3, 4, \ldots$

Wenn $\nu = 1$, läßt sich diese Gleichung nicht auswerten; man muß deshalb unmittelbar für (Ü 3.4) schreiben:

$$U_1' = \frac{\sqrt{2}\,U_\mathrm{v}}{\pi}\int\limits_{\vartheta=0}^{\pi}\sin^2\vartheta\,\mathrm{d}\vartheta = \frac{\sqrt{2}}{2}\,U_\mathrm{v}\,.$$

Weiterhin:

$$U_\nu'' = \frac{1}{\pi}\int\limits_{\vartheta=0}^{\pi}\sqrt{2}\,U_\mathrm{v}\sin\vartheta\cos\nu\vartheta\,\mathrm{d}\vartheta = \frac{\sqrt{2}}{\pi}\cdot\frac{2}{\nu^2-1}\,U_\mathrm{v}\quad \text{für}\quad \nu = 2, 4, 6, \ldots$$

Für $\nu = 1$ findet man $U_1'' = 0$.
Aus diesen Gleichungen folgt (3.123). – Bild 7.3 zeigt das Linienspektrum.

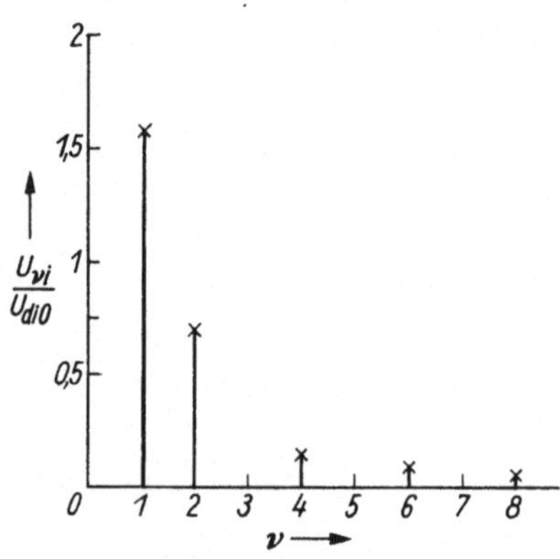

Bild 7.3. Zu Übungsaufgabe 3.10

Linienspektrum für u_d bis $\nu = 8$

3.11. a) Hinweis:

$$U_\mathrm{e} = \left\{\frac{1}{2\pi}\int\limits_{\vartheta=0}^{2\pi}[U_0 + U_{1\mathrm{m}}'\sin\vartheta + U_{2\mathrm{m}}'\sin 2\vartheta + \ldots + U_{1\mathrm{m}}''\cos\vartheta + U_{2\mathrm{m}}''\cos 2\vartheta + \ldots]^2\,\mathrm{d}\vartheta\right\}^{1/2}$$

Beachten Sie bei der Auswertung:

$$\int\limits_{\vartheta=0}^{2\pi} U_0\sin\nu\vartheta\,\mathrm{d}\vartheta = 0;\qquad \int\limits_{\vartheta=0}^{2\pi} U_0\cos\nu\vartheta\,\mathrm{d}\vartheta = 0;$$

$$\int\limits_{\vartheta=0}^{2\pi}\sin\nu\vartheta\sin\mu\vartheta\,\mathrm{d}\vartheta = 0\quad\text{für}\quad \nu \neq \mu;$$

$$\int\limits_{\vartheta=0}^{2\pi}\cos\nu\vartheta\cos\mu\vartheta\,\mathrm{d}\vartheta = 0\quad\text{für}\quad \nu \neq \mu;$$

$$\int\limits_{\vartheta=0}^{2\pi}\sin\nu\vartheta\cos\mu\vartheta\,\mathrm{d}\vartheta = 0\quad\text{für}\quad \nu = 1, 2, 3\ldots,\ \mu = 1, 2, 3\ldots$$

b) $$U_\sigma = \frac{1}{\sqrt{2}}\left[\left(\frac{\pi}{2}\right)^2 + \left(\frac{2}{3}\right)^2 + \left(\frac{2}{15}\right)^2 + \left(\frac{2}{35}\right)^2 + \ldots\right]^{1/2} = 1{,}21\,U_{\mathrm{di}0}\,.$$

3.13. Es sei $m_\mathrm{t} = 1$

a) $U_\mathrm{L} I_{1\mathrm{L}} = 0{,}90\,U_\mathrm{L} I_\mathrm{da}$; $\quad g_\mathrm{i} = I_{1\mathrm{L}}/I_\mathrm{L} = 0{,}90$.

b) $I_{\sigma\mathrm{L}} = [I_\mathrm{L}^2 - I_{1\mathrm{L}}^2]^{1/2}$;

$k_\mathrm{ges} = I_{\sigma\mathrm{L}}/I_\mathrm{L} = [1 - 0{,}90^2]^{1/2} = 0{,}436$.

c) $I_\mathrm{v} = I_\mathrm{da}$; $\quad U_{\mathrm{di}0} = 0{,}9\,U_\mathrm{v}$;

$S_\mathrm{v} = U_\mathrm{v} I_\mathrm{v} = \dfrac{U_{\mathrm{di}0}}{0{,}9} I_\mathrm{da} = 1{,}11\,P_\mathrm{d}$;

$S_\mathrm{L} = U_\mathrm{L} I_\mathrm{L} = m_\mathrm{t} U_\mathrm{v} I_\mathrm{v}/m_\mathrm{t} = 1{,}11\,P_\mathrm{d}$;

$S_\mathrm{t} = \dfrac{1}{2}\cdot 2\cdot 1{,}11\,P_\mathrm{d} = 1{,}11\,P_\mathrm{d}$;

$C_\mathrm{v} = C_\mathrm{L} = C_\mathrm{t} = 1{,}11$.

3.14. a) $I_{Re} = 21{,}7$ A; $R_R = 4{,}71$ kW;
b) $I_{Ra} = 17{,}1$ A; $P_R = 2{,}92$ kW;
c) $I_{Ra} = 18{,}5$ A; $P_R = 3{,}42$ kW.

3.15. $I_v = 10$ A; $S_v = 2{,}2$ kVA; $P_d = 1{,}4$ kW; $Q_{1L} = 1{,}56$ kvar; $V = 0{,}668$ kvar.

3.16. Die Sperrschichttemperatur ist bei a) höher, da der ungeglättete Strom einen höheren Effektivwert als 10 A hat (vgl. (2.140) und (2.202)).

3.17. Es sei u_{d1} die momentane und U_{di0} die ideelle mittlere Gleichspannung des Einpulsgleichrichters. Eine Gleichspannung u_{d2}, die den gleichen Verlauf wie u_{d1} hat, aber um π rad gegenüber u_{d1} verzögert ist, lautet:

$$u_{d2} = U_{di0}\left[1 - \frac{\pi}{2}\sin\vartheta - \frac{2}{3}\cos 2\vartheta - \frac{2}{15}\cos 4\vartheta \ldots\right].$$

Die Fourier-Reihe für einen Zweipulsgleichrichter lautet dann

$$u_d = u_{d1} + u_{d2} = 2U_{di0}\left[1 - \frac{2}{3}\cos 2\vartheta - \frac{2}{15}\cos 4\vartheta \ldots\right].$$

3.18. a) s. Bild 3.17a und g

b) *Transformator*

Ideelle Leerlaufspannung U_{di0}, Spannungsabfälle bei Nennstrom $0{,}15U_{di0}$, folglich

$440\ \text{V} = U_{di0}(1 - 0{,}15)$; $U_{di0} = 518$ V;
$U_{di0}/U_v = 0{,}90$; $U_v = 518\ \text{V}/0{,}9 = 575$ V;
$U_L = 220$ V; $m_t = 220\ \text{V}/575\ \text{V} = 1/2{,}61$,
$I_v = I_{daN} = 5$ A;
$I_L = I_{da}/m_t = 5\text{A}\cdot 2{,}61 = 13{,}1$ A;
$P_d = U_{di0}I_{daN} = 518\text{V}\cdot 5\text{A} = 2{,}59$ kVA;
$S_v = S_L = S_t = 1{,}11\cdot 2{,}59\ \text{kVA} = 2{,}87$ kVA.
(Probe: $S_L = 220\ \text{V}\cdot 13{,}1\ \text{A} = 2{,}88$ kVA;
$S_v = 575\ \text{V}\cdot 5\ \text{A} = 2{,}88$ kVA.)

Ventile
$I_{VN} = I_{daN}/2 = 5\ \text{A}/2 = 2{,}5$ A;
$U_{Rm} = 1{,}57U_{di0} = 1{,}57\cdot 518\ \text{V} = 813$ V.
(Probe: $U_{Rm} = \sqrt{2}\,U_v = \sqrt{2}\cdot 575\ \text{V} = 813$ V.)

Sicherung
$I_{SiN} = I_{daN}/\sqrt{2} = 5\ \text{A}/\sqrt{2} = 3{,}54$ A.

3.19. a) (3.263) ergibt mit $U_{vM} = 380\ \text{V}/\sqrt{3} = 220$ V

$$\cos\mu_N = 1 - \frac{0{,}5\ \Omega\cdot 50\ \text{A}}{\sqrt{2}\cdot 220\ \text{V}\cdot\sin\pi/3} = 0{,}907,$$

$\mu_N = 24{,}9°$.

b) (3.265) gibt den mittleren Spannungsabfall bei Nennstrom

$$U_{dxt} = \frac{3}{2\pi}\cdot 0{,}5\ \Omega\cdot 50\ \text{A} = 11{,}9\ \text{V}.$$

c) Die ideelle Gleichspannung beträgt nach (3.235)

$U_{di0} = 0{,}675\cdot 380\ \text{V} = 257$ V.

Die Nenngleichspannung ist gleich der Leerlaufspannung, vermindert um den induktiven Spannungsabfall bei Nennstrom

$U_{dN} = U_{di0} - U_{dxt} = 257\ \text{V} - 11{,}9\ \text{V} = 245$ V.

3.20. a) $\sqrt{3}\,U_v I_{1v} = 1{,}35 U_v I_{da}$; $I_v = 0{,}82 I_{da}$

$$I_{1v}/I_v = \frac{1{,}35}{\sqrt{3}\cdot 0{,}82} = 0{,}95\,.$$

b) $k_{ges} = I_{\sigma v}/I_v = [1 - 0{,}95^2]^{1/2} = 0{,}312$.

c) $S_v = \sqrt{3}\,U_v I_v = \sqrt{3}\cdot\frac{U_{di0}}{1{,}35}\cdot 0{,}82 I_{da} = 1{,}05 P_d$.

Offensichtlich ist $S_L = S_v = 1{,}05 P_d$ und deshalb $C_t = 1{,}05$.

3.22. a) $U_{di0} = 513$ V; b) $I_{LN} = 328$ A;
c) $X_v = 0{,}067\,\Omega$; d) $U_{dN} = 487$ V.

3.23. $U_{vM} = 214$ V; $I_v = 328$ A; $S_v = 210$ kVA;
$m_t = 1{,}03$; $I_L = 318$ A; $S_t = 210$ kVA;
$I_{Va} = 133$ A; $U_{Rm} = 525$ V; $U_\sigma = 21$ V;
$I_{1L} = 305$ A; $I_{5Li} = 61{,}0$ A; $I_{7Li} = 43{,}6$ A;
$I_{11Li} = 27{,}7$ A; $I_{13Li} = 23{,}5$ A usw.

Bemerkung: Ein Transformator mit $m_t = 1{,}03$ würde nur eingesetzt werden, wenn galvanische Trennung zwischen dem Netz und der Last unumgänglich notwendig wäre.

3.24. *Spannungsabfälle*
Induktiv bei I_{dN} (3.335): $d_{xt} = 0{,}5\cdot 0{,}04 = 0{,}02$;
(3.331): $U_{dxt} = 0{,}02 U_{di0}$;
über Thyristoren $U_T = 2\cdot 1{,}5\text{ V} = 3{,}0$ V.

Bei 660 V — 10%:

Ideelle Leerlaufgleichspannung U'_{di0}
$U'_{di0} = 440\text{ V} + 0{,}02 U'_{di0} + 3$ V,
$U'_{di0} = 443\text{ V}/0{,}98 = 452$V; $I_{dN} = 10^6\text{ W}/440\text{ V} = 2{,}27$ kA;
$U'_v = 335$ V; $I_{vN} = 1{,}86$ kA; $U'_L = 594$ V;
$m_t = 594\text{ V}/335\text{ V} = 1{,}77$; $I_{LN} = 1{,}05$ kA.

Bei 660 V:

$S_L = 1{,}05\cdot\sqrt{3}\cdot 660\text{ V}\cdot 1{,}05\text{ kA} = 1{,}26$ MVA; $S_t = S_L$.
Ventile: $I_{Va} = 252$ A;
Sicherungen in Reihe mit den Thyristoren: $I_{SN} = 437$ A.
Netzstrom: $I_{1L} = 1{,}01$ kA; $I_{5Li} = 202$ A; $I_{7Li} = 144$ A;
$I_{11Li} = 91{,}8$ A; $I_{13Li} = 77{,}7$ A.
Gesamtklirrfaktor $k_{ges} = 0{,}28$.

Bei 660 V + 10%:

$U_{Rm} = 580$ V;
Zündverzögerungswinkel α:

$$1{,}35\,\frac{1{,}1\cdot 660\text{ V}}{1{,}77}\cos\alpha = 440\text{ V} + 0{,}02\cdot 452\text{ V} + 3\text{ V};$$
$$\alpha = 35{,}3^\circ\,.$$

3.25. Transformator: $U_v = 3700$ V; $m_t = 1/9{,}74$;
$I_v = 82$ A; $I_L = 799$ A; $S_t = 525$ kVA.

Gleichrichterventile: $I_{Va} = 33{,}3$ A; $U_{Rm} = 5250$ V.
(Wegen der hohen Sperrspannung müssen mehrere Dioden in Reihe geschaltet werden.)
Drehstromstellerventile: $I_{Va} = 324$ A; $U_{Rm} = 466$ V.
Zweigsicherungen: Dioden $I_{Si} = 58$ A; Thyristoren $I_{Si} = 565$ A.

Abschnitt 4.5

4.1. a) Lastfall 1.; untere Stellgrenze: $0{,}1\,P_{dN} = 1$ kW

$P_d = U_{Le}^2/R = U_{La}^2/R$, da $L/R \gg T_S$.

Mit (4.1)

$$U_{La} = \ddot{u} U_d, \qquad \text{also} \quad P_d = \frac{(\ddot{u} U_d)^2}{R} = \frac{\left(\frac{T_E}{T_S} U_d\right)^2}{R},$$

$$\text{wobei } R = \frac{U_d^2}{P_{dN}} = \frac{(100\ \mathrm{V})^2}{10\ \mathrm{kW}} = 1{,}21\ \Omega\,.$$

$$\ddot{u} = \frac{T_E}{T_S} = \frac{\sqrt{0{,}1 P_{dN} R}}{U_d} = \frac{\sqrt{1\ \mathrm{kW} \cdot 1{,}21\ \Omega}}{110\ \mathrm{V}} = 0{,}316\,.$$

Lastfall 2.; untere Stellgrenze: $0{,}1 P_{dN} = 1\ \mathrm{kW}$

$$P_d = \frac{U_{Le}^2}{R} = \frac{\frac{T_E}{T_S} U_d^2}{R} \qquad \text{(NB! Effektivwert der Lastspannung)},$$

$$\ddot{u} = \frac{T_E}{T_S} = \frac{0{,}1 P_{dN} R}{U_d} = \frac{1\ \mathrm{kW} \cdot 1{,}21\ \Omega}{110\ \mathrm{V}} = 0{,}1\,.$$

b) Obere Stellgrenze: $\ddot{u} = 1$; $P_{dN} = 10\ \mathrm{kW}$

$U_{La} = 110\ \mathrm{V} = U_d$; $\quad I_{La} = 110\ \mathrm{V}/1{,}21\ \Omega = 90{,}9\ \mathrm{A}$.

Untere Stellgrenze:
Lastfall 1.

$$U_{La} = \frac{1}{T_S} \int_0^{T_E} U_d\, dt = \frac{T_E}{T_S} U_d = 0{,}316 \cdot 110\ \mathrm{V} = 34{,}8\ \mathrm{V}\,,$$

$$I_{La} = \frac{U_{La}}{R} = \frac{35\ \mathrm{V}}{1{,}21\ \Omega} = 28{,}7\ \mathrm{A}\,;$$

Lastfall 2.

$$U_{La} = \frac{1}{T_S} \int_0^{T_E} U_d\, dt = \frac{T_E}{T_S} U_d = 0{,}1 \cdot 110\,\mathrm{V} = 11\ \mathrm{V}\,,$$

$$I_{La} = \frac{U_{La}}{R} = \frac{11\ \mathrm{V}}{1{,}21\ \Omega} = 9{,}09\ \mathrm{A}$$

Bild 7.4 zeigt den Verlauf der Spannung und des Stroms.

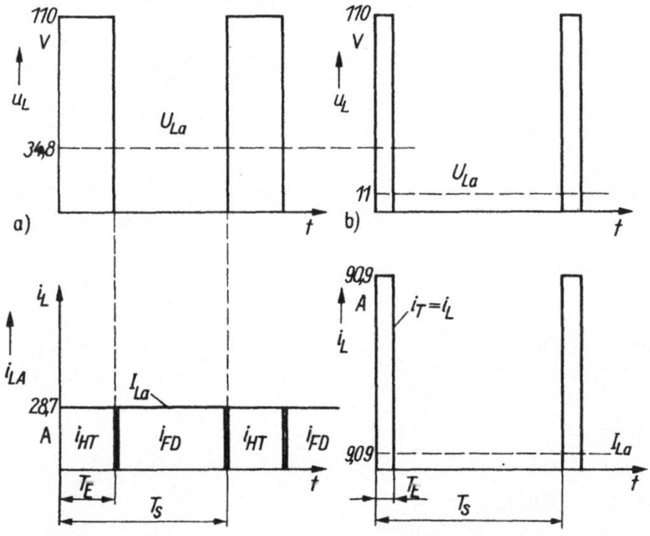

Bild 7.4. Zu Übungsaufgabe 4.1.b

Verlauf von U_{La} und I_{La}

c) $t_q = 25\ \mu s$; $t_H = t_q K_f = 25\ \mu s \cdot 1{,}2 = 30\ \mu s$

Lastfall 1.
Mit (4.19)

$$C = \frac{30\ \mu s \cdot 91\ A}{110\ V} = 24{,}8\ \mu F\,.$$

Lastfall 2.
Mit (4.28)

$$C = \frac{30\ \mu s}{1{,}21\ \Omega \cdot \ln 2} = 35{,}8\ \mu F\,.$$

d) Da $I_{Tm} = I_{La} + I_{L1m}$, gilt:

$I_{L1m} = 290\ A - 90{,}9\ A = 200\ A$.

Der Strom i_{L1} durch die Drossel wird analog zu (4.57) durch

$$i_{L1} = \frac{U_d}{\omega_1 L_1} \sin \omega_1 (t - t_0)$$

beschrieben. Mit $t_0 = 0$ und $\omega_1 t = \pi/2$ führt dies zu

$$I_{1m} = \frac{U_d}{\omega_1 L_1} = U_d \sqrt{C/L_1}\,.$$

Folglich:

$$L_1 = \frac{U_d^2}{I_{1m}^2} C = \frac{(110\ V)^2}{(200\ A)^2} \cdot 24{,}8\ \mu F = 7{,}50\ \mu H\,.$$

e) $$I_{FDa} = \frac{1}{T_S} \int_0^{T_A} I_d\, dt = \frac{T_A}{T_S} I_d = \left(1 - \frac{T_E}{T_S}\right) I_d = (1 - ü)\, I_d\,;$$

$$I_d = \frac{U_{La}}{R} = \frac{1}{R} \frac{T_E}{T_S} U_d\,.$$

Es folgt:

$$I_{FDa} = \frac{U_d}{R}(ü - ü^2)\,.$$

$$\frac{dI_{FDa}}{dü} = 0 = \frac{U_d}{R}(1 - 2ü)\,; \qquad ü = 0{,}5\,, \quad \text{d. h.} \quad T_E = T_A\,;$$

$$I_{FDam} = \frac{U_d}{2R}(1 - 0{,}5) = \frac{110\ V}{2 \cdot 1{,}21\ \Omega} \cdot 0{,}5 = 22{,}7\ A\,;$$

$$U_{RFDm} = 2U_d = 220\ V\,.$$

f) Bei $ü = 0{,}5$ ergibt sich

$$I_{La} = \frac{U_d}{2R} = \frac{110\ V}{2 \cdot 1{,}21\ \Omega} = 45{,}5\ A\,.$$

(4.17) führt mit $T_S = 1/1{,}5$ kHz zu

$$C_p = \frac{45{,}5\ A}{4 \cdot 1{,}5\ kHz \cdot 20\ V} = 379\ \mu F\,.$$

g) *Annahme*: ideale Kommutierung.
Aus $ü = T_E/T_S$ folgt:
obere Grenze für beide Lastfälle: $f_S = 1$ kHz;
untere Grenze: 1. bei $ü = 0{,}316$ gilt $f_S = 316$ Hz,
2. bei $ü = 0{,}1$ gilt $f_S = 100$ Hz.

h) (4.59) gibt die Mindesteinschaltzeit

$$T_{E\,min} = \pi \cdot \sqrt{7{,}5\ \mu H \cdot 24{,}8\ \mu F} = 42{,}8\ \mu s\,;$$

$$ü_{min} = T_{E\,min}/T_S = 42{,}8\ \mu s \cdot 1{,}5\ kHz = 0{,}0642\,.$$

Die Umladezeit t_U des Löschkondensators wird mit (4.58) bestimmt:

$$t_U = 2 \cdot 110\ \text{V} \cdot \frac{24{,}8\ \mu\text{F}}{90{,}9\ \text{A}} = 60{,}0\ \mu\text{s}\,,$$

$$T_{E\,max} = T_S - t_U = 667\ \mu\text{s} - 60\ \mu\text{s} = 607\ \mu\text{s}\,,$$

$$\ddot{u}_{max} = \frac{T_{E\,max}}{T_S} = \frac{607\ \mu\text{s}}{667\ \mu\text{s}} = 0{,}91\,.$$

i) Der Einfluß des Lastausgleichszweiges auf die Umladezeit t_U muß bestimmt werden. Um (4.64) auszuwerten, berechnet man:

$$\omega_2 = \frac{1}{\sqrt{L_2 C}} = \frac{1}{\sqrt{10\ \mu\text{H} \cdot 24{,}8\ \mu\text{F}}} = 63\,500\ \text{s}^{-1}\,;$$

$$I_0 = \frac{U_d}{\omega_2 L_2} = \frac{110\ \text{Vs}}{63\,500 \cdot 10\ \mu\text{H}} = 174\ \text{A}\,;$$

$$\tan\varphi = \frac{I_{La}}{I_0} = \frac{90{,}9\ \text{A}}{174\ \text{A}} = 0{,}522\,; \qquad \varphi = 0{,}481\ \text{rad} = 27{,}6^\circ\,.$$

Damit folgt

$$t_U = \frac{1\ \text{s}}{63\,500}(\pi - 0{,}962) = 34{,}3\ \mu\text{s}\,,$$

$$T_{E\,max} = T_S - t_U = 667\ \mu\text{s} - 34{,}3\ \mu\text{s} = 633\ \mu\text{s}\,,$$

$$\ddot{u}_{max} = \frac{T_{E\,max}}{T_S} = \frac{633\ \mu\text{s}}{667\ \mu\text{s}} = 0{,}95\,.$$

j) Wenn eine Last (Widerstand $R_L = 1{,}21\ \Omega$) über einen Vorwiderstand R_V in Reihe gesteuert wird, dann tritt im Vorwiderstand die maximale Verlustleistung, wie man leicht beweisen kann, bei $R_V = R_L$ auf. Der Strom hat dann die Größe

$$I_V = \frac{110\ \text{V}}{2 \cdot 1{,}21\ \Omega} = 45{,}5\ \text{A}\,,$$

und die maximale Verlustleistung beträgt

$$P_{Vm} = 1{,}21\ \Omega \cdot (45{,}5\ \text{A})^2 = 2{,}50\ \text{kW}\,.$$

Der Wirkungsgrad beträgt dabei nur 50 %!

4.2. a) Berechnung des maximal auftretenden di/dt mit (4.35):

$$\left(\frac{di_C}{dt}\right)_{max} = \frac{300\ \text{V}}{4\ \mu\text{H}} = 75\ \text{A}/\mu\text{s}\,.$$

Dies ist unzulässig hoch. Zur Begrenzung des di/dt auf den zulässigen Wert von 50 A/µs ist mindestens eine Induktivität von

$$L_{\sigma L} = \frac{U_{CO}}{(di/dt)_{zul}} = \frac{300\ \text{V}}{50\ \text{A}/\mu\text{s}} = 6\ \mu\text{H}\ \text{erforderlich}\,.$$

Es muß also zusätzlich eine Drossel mit einer Induktivität von 2 µH vorgesehen werden. Die nachfolgenden Rechnungen werden unter Annahme von $L_{\sigma L} = 6\ \mu\text{H}$ durchgeführt!

b) Mit (4.37):

$$t_K = \frac{6\ \mu\text{H} \cdot 200\ \text{A}}{300\ \text{V}} = 4\ \mu\text{s}\,.$$

Mit (4.40):

$$\Delta u_C = \frac{6\ \mu\text{H} \cdot (200\ \text{A})^2}{2 \cdot 20\ \mu\text{F} \cdot 300\ \text{V}} = 20\ \text{V}\,.$$

c) Die Dauer t_U des Umladevorgangs beträgt nach (4.51):

$$t_U = t_3 - t_1 \approx (2 \cdot 300\ \text{V} - 20\ \text{V})\frac{20\ \mu\text{F}}{200\ \text{A}} = 58\ \mu\text{s}\,.$$

d) (4.50) ergibt:

$$t_H \approx (300\ \text{V} - 20\ \text{V})\frac{20\ \mu\text{F}}{200\ \text{A}} = 28\ \mu\text{s}\,.$$

Der Grenzwert der Freihaltezeit $t_H - t_q = 25\ \mu$s wird erreicht bei einem Spannungsverlust von

$$\Delta u_C = U_{da} - t_H \frac{I_{La}}{C} = 300\ \text{V} - 25\ \mu\text{s} \cdot \frac{200\ \text{A}}{20\ \mu\text{F}} = 50\ \text{V}\,,$$

und zwar bei einer Streuinduktivität von

$$L_{\sigma L} = \frac{2\Delta u_C C U_{da}}{I_{La}^2} = \frac{2 \cdot 50\ \text{V} \cdot 20\ \mu\text{F} \cdot 300\ \text{V}}{(200\ \text{A})^2} = 15\ \mu\text{H}\,.$$

e) Der Scheitelwert der Spannung am Hauptthyristor ist durch (4.55) gegeben mit $L_\sigma = L_{\sigma N} + L_{\sigma L}$. Berechnung von $i_C(t_3) = t_3$ mit (4.44):

$$i_C(t_3) \equiv i_L(t_3) = 198\ \text{A}(0{,}983 + 0{,}197) = 234\ \text{A}$$

mit

$$\delta = \frac{R}{2(L + L_\sigma)} = \frac{1{,}5\ \Omega}{2(5\ \text{mH} + 26\ \mu\text{H})} = 149\ \text{s}^{-1}\,,$$

$$\omega_0 = \frac{1}{\sqrt{(L + L_\sigma)\,C}} = \frac{1\ \Omega}{\sqrt{(5\ \text{mH} + 26\ \mu\text{H}) \cdot 20\ \mu\text{F}}} = 3150\ \text{s}^{-1}\,,$$

$$\omega = \sqrt{\omega_0^2 - \delta^2} = 3150\ \text{s}^{-1}\,,$$

$$\frac{\delta}{\omega} = \frac{149}{3150} = 0{,}0473\,,$$

$$U_{Cm} = U_{Tm} = 300\ \text{V} \cdot \sqrt{\frac{26\ \mu\text{H}}{20\ \mu\text{F}}} \cdot 234\ \text{A} = 566\ \text{V}\,,$$

bei einer Leitdauer der Freilaufdiode

$$t_{FD} = t_4 - t_3 \approx \frac{\pi}{2}\sqrt{L_\sigma C} = \frac{\pi}{2}\sqrt{26\ \mu\text{H} \cdot 20\ \mu\text{F}} \approx 36\ \mu\text{s}\,.$$

Berechnung der maximal zulässigen Leitdauer der Freilaufdiode ($L_\sigma < L$; $C =$ konst.):

Annahme: $U_{Cm} = U_{DWM} = 600$ V. Aus (4.55) folgt:

$$\frac{U_{Cm} - U_{da}}{I_3} = \sqrt{L_\sigma / C} = \frac{600\ \text{V} - 300\ \text{V}}{234\ \text{A}} = 1{,}28\ \text{V/A}\,;$$

$$L_\sigma = (1{,}28\ \text{V/A})^2 C = 1{,}64(\text{V/A})^2 C\,.$$

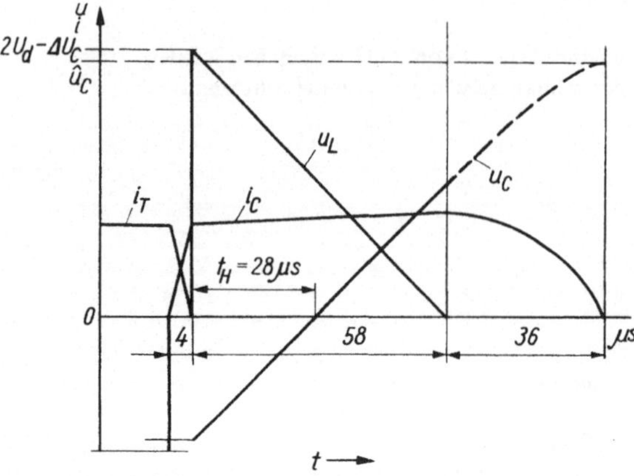

Bild 7.5. Zu Übungsaufgabe 4.2f

Verlauf von u_L, u_C, i_T und i_C

Dies führt zu

$$t_{FD\,max} \approx \frac{\pi}{2}\sqrt{(1{,}28\ V/A)^2 \cdot (20\ \mu F)^2} \approx 40\ \mu s\,.$$

f) $u_L = U_d + u_C$ mit $u_C = U_d - \Delta u_C$.
Den Verlauf der Spannungen und Ströme zeigt Bild 7.5.

g) 1. Möglichkeit:
Dimensionierung des Löschkondensators unter der Annahme, daß $U_{DWM} = 600$ V.

$$\text{(s. e)}: C = \frac{L_\sigma/\mu H}{1{,}64} = \frac{26\ \mu H}{1{,}64} = 16\ \mu F\,,$$

$$\Delta u_C = 25\ V \quad \text{und} \quad t_H = 22\ \mu s\,.$$

2. Möglichkeit:
Dimensionierung des Löschkondensators so, daß noch eine Freihaltezeit $t_H = 10$ µs gesichert ist. Dazu wird (4.50) nach Δu_C aufgelöst und mit (4.40) gleichgesetzt:

$$U_d - t_H \frac{I_{La}}{C} = \frac{L_{\sigma L} I_{La}^2}{2CU_d}\,,$$

$$C = \frac{1}{U_d^2}\left(\frac{1}{2} L_{\sigma L} I_{La}^2 + U_d I_{La} t_H\right)$$

$$= \frac{1}{(300\ V)^2}\left(\frac{1}{2} \cdot 6\ \mu H \cdot (200\ A)^2 + 300\ V \cdot 200\ A \cdot 10\ \mu s\right) = 8\ \mu F\,.$$

Der Spannungsverlust $\Delta u_C = 50$ V (von (4.40) oder (4.50)).
Die maximal auftretende Spannungsbeanspruchung am Hauptthyristor gibt (4.55):

$$U_{Cm} = 300\ V + \sqrt{\frac{26\ \mu H}{8\ \mu F}} \cdot 221\ A = 698\ V\,.$$

Es muß ein Thyristor mit höherer Spannungsklasse gewählt werden!

$$\delta = \frac{1{,}5\ \Omega}{2(5\ mH + 26\ \mu H)} = 149\ s^{-1}\,,$$

$$\omega_0 = \frac{1}{\sqrt{5{,}026\ mH \cdot 8\ \mu F}} = 4990\ s^{-1}\,,$$

$$\omega = \sqrt{4990^2 - 149^2}\ s^{-1} = 4990\ s^{-1}\,,$$

$$\delta/\omega = 149\ s^{-1}/4990\ s^{-1} = 0{,}030\,.$$

— Umladevorgang (4.51): $t_U \approx (2 \cdot 300\ V - 50\ V)\dfrac{8\ \mu F}{200\ A} = 22\ \mu s\,.$

— Leitdauer der Freilaufdiode: $t_{FD} = 23$ µs.

4.3. a) $\dfrac{U_{Lm}}{U_d} = \dfrac{U_{Tm}}{U_d} = \dfrac{1800\ V}{300\ V} = 6\,.$

Mit Bild 4.21, Kurve *a*, folgt hieraus ein Verhältnis $T_S/\tau = 2$.
Mit Bild 4.21, Kurve *b*, ergibt sich ein Verhältnis

$$t_H/T_S = 0{,}19\,.$$

Daraus folgt:

$$T_S = \frac{t_H}{0{,}19} = \frac{130\ \mu s}{0{,}19} = 684\ \mu s\,; \qquad f_S \approx 1460\ Hz\,.$$

b) Aus (4.87) folgt mit $T_S/\tau = 2$ und $I_d = 2I_{TAVM} = 2 \cdot 130$ A für den Lastwiderstand

$$R = \frac{U_d}{2I_{TAVM}} \frac{1}{1 - 4\dfrac{\tau}{T_S}\tanh\dfrac{T_S}{4\tau}} = \frac{300\ \text{V} \cdot 13{,}2}{2 \cdot 130\ \text{A}} = 15{,}2\ \Omega .$$

Der Kompensationskondensator hat die Größe

$$\frac{T_S}{\tau} = \frac{T_S}{CR} = 2\ ; \qquad C = \frac{T_S}{2R} = \frac{684\ \mu\text{s}}{2 \cdot 15{,}2\ \Omega} = 22{,}5\ \mu\text{F} .$$

4.4. a) Damit die notwendige kapazitive Verstimmung ($\omega < \omega_S$) in jedem Arbeitspunkt gewährleistet ist, muß die Größe des Löschkondensators bei der minimalen Steuerfrequenz bestimmt werden. (4.107) gibt:

$$\gamma_{min} = 2\pi \cdot 300\ \text{Hz} \cdot 100\ \mu\text{s} = 0{,}189\ \text{rad} = 10{,}8^\circ$$

mit

$$t_{H\,min} = t_q K_f = 100\ \mu\text{s} .$$

(4.107) umgeformt, führt zu:

$$C = \frac{\cos^2\varphi}{R}\left(\frac{\tan\gamma}{\omega_S} + \frac{L}{R}\right) = \frac{0{,}5295}{2\ \Omega}\left(\frac{0{,}191}{2\pi \cdot 300\ \text{Hz}} + \frac{1\ \text{mH}}{2\ \Omega}\right) \approx 159\ \mu\text{F} .$$

b) Bei $f_S = 300$ Hz: Der arithmetische Mittelwert des Thyristorstroms beträgt

$$I_{Ta} = \frac{I_d}{2} = \frac{102\ \text{A}}{2} = 51\ \text{A} .$$

(4.109) gibt:

$$I_d = \frac{\pi^2 U_{da}}{8R_d \cos^2\gamma} = \frac{\pi^2 \cdot 300\ \text{V}}{8 \cdot 3{,}78\ \Omega \cdot 0{,}965} = 102\ \text{A} .$$

Der Scheitelwert der Thyristorspannung wird mit (4.101) berechnet:

$$U_{Tm} = U_{Lm} = \frac{\pi \cdot 300\ \text{V}}{2 \cdot 0{,}982} = 480\ \text{V} .$$

Die Freihaltezeit ist gemäß Antwort 4.4a

$$t_H = t_{H\,min} = 100\ \mu\text{s} .$$

Frequenzverhältnis:

$$\omega_0 = \frac{1}{\sqrt{L_p C_p}} = \frac{1}{\sqrt{2{,}13\ \text{mH} \cdot 159\ \mu\text{F}}} = 1718\ \text{Hz} ,$$

$$f_0 = \frac{\omega_0}{2\pi} = 273\ \text{Hz} ,$$

$$\frac{f_S}{f_0} = \frac{300\ \text{Hz}}{273\ \text{Hz}} = 1{,}1 .$$

Bei $f_S = 500$ Hz: $R_p = 6{,}94\ \Omega$; $L_p = 1{,}41$ mH. (4.107) kann umgeformt werden zu:

$$\gamma = \arctan R_p\left(\omega_S C - \frac{1}{\omega_S L_p}\right)$$
$$= \arctan 6{,}94\ \Omega\left(2\pi \cdot 500\ \text{Hz} \cdot 159\ \mu\text{F} - \frac{1}{2\pi \cdot 500\ \text{Hz} \cdot 1{,}41\ \text{mH}}\right)$$
$$= 1{,}087\ \text{rad} = 62{,}2^\circ .$$

Arithmetischer Mittelwert des Thyristorstroms:

$$I_d = \frac{\pi^2 \cdot 300\ \text{V}}{8 \cdot 6{,}94\ \Omega \cdot 0{,}218} = 245\ \text{A}\ ;$$

$$I_{Ta} = \frac{I_d}{2} = 245\ \text{A}/2 = 123\ \text{A} .$$

Maximalwert der Thyristorspannung:

$$U_{\text{Tm}} = U_{\text{Lm}} = \frac{\pi \cdot 300\ \text{V}}{2 \cdot 0{,}466} = 1010\ \text{V} \approx U_{\text{DWM}}\,.$$

Freihaltezeit:

$$\gamma = 2\pi f_{\text{S}} t_{\text{H}}\,; \qquad t_{\text{H}} = \frac{1{,}087}{2\pi \cdot 500\ \text{Hz}} = 346\ \mu\text{s}\,.$$

Frequenzverhältnis:

$$\frac{f_{\text{S}}}{f_0} = \frac{500\ \text{Hz}}{273\ \text{Hz}} = 1{,}83\,.$$

c) Bei $f_{\text{S}} = 300$ Hz: (4.98) gibt

$$I_1 = \frac{2\sqrt{2}}{\pi} \cdot 102\ \text{A} = 91{,}8\ \text{A}\,,$$

(4.108) führt zu

$$I_{\text{L}} = 91{,}8 \cdot \frac{0{,}982}{0{,}727} = 124\ \text{A}$$

mit (4.106):

$$\cos\varphi = \frac{1}{\sqrt{1 + \left(\frac{\omega_{\text{S}} L}{R}\right)^2}} = \sqrt{R/R_{\text{p}}} = \sqrt{2\ \Omega/3{,}78} = 0{,}727\,; \qquad \varphi = 43{,}4°\,.$$

Bei $f_{\text{S}} = 500$ Hz: $I_1 = 221$ A; $I_{\text{L}} = 221\ \text{A} \cdot \frac{0{,}466}{0{,}537} = 192$ A

mit $\cos\varphi = \sqrt{2\ \Omega/6{,}94} = 0{,}537$; $\quad \varphi = 57{,}5°$.

d) Bei $f_{\text{S}} = 300$ Hz:

$P_{\text{d}} = U_{\text{d}} I_{\text{d}} = 300\ \text{V} \cdot 102\ \text{A} = 30{,}6\ \text{kW}$.

(4.103) führt zu:

$Q_{\text{C}} = 2\pi \cdot 300\ \text{Hz} \cdot 159\ \mu\text{F} \cdot (339\ \text{V})^2 = 34{,}5\ \text{kvar}$

mit

$U_{\text{L}} = U_{\text{Lm}}/\sqrt{2} = 480\ \text{V}/\sqrt{2} = 339\ \text{V}$.

(4.104) gibt:

$Q_{\text{L}} = 339\ \text{V} \cdot 124\ \text{A} \cdot 0{,}686 = 28{,}8\ \text{kvar}$.

Bei $f_{\text{S}} = 500$ Hz:

$P_{\text{d}} = 300\ \text{V} \cdot 245\ \text{A} = 73{,}5\ \text{kW}$;

$Q_{\text{C}} = 2\pi \cdot 500\ \text{Hz} \cdot 159\ \mu\text{F} \cdot (714\ \text{V})^2 = 255\ \text{kvar}$;

mit

$U_{\text{L}} = 1010\ \text{V}/\sqrt{2} = 714\ \text{V}$

$Q_{\text{L}} = 714\ \text{V} \cdot 192\ \text{A} \cdot 0{,}844 = 116\ \text{kvar}$.

4.5. a) (4.121) gibt:

$$I_{\text{da}} = \frac{800\ \text{V}}{3\ \Omega}\left(1 - \frac{4 \cdot 0{,}5\ \text{ms}}{3{,}33\ \text{ms}} \tanh \frac{3{,}33\ \text{ms}}{4 \cdot 0{,}5\ \text{ms}}\right) = 118\ \text{A}\,.$$

b) $P_{\text{Lm}} = P_{\text{dm}} = U_{\text{d}} I_{\text{da}} = 800\ \text{V} \cdot 118\ \text{A} = 94{,}4\ \text{kW}$

c) (4.120) gibt die Diodenleitdauer oder Freihaltezeit t_H bei Nulldurchgang des Laststroms:

$$0 = \frac{U_d}{R}\left[1 - \exp\{-t_H/\tau\}\left(1 + \tanh\frac{T_S}{4\tau}\right)\right].$$

$$t_H = 0{,}5\ \text{ms} \ln\left(1 + \tanh\frac{3{,}33\ \text{ms}}{4 \cdot 0{,}5\ \text{ms}}\right) = 329\ \mu\text{s}$$

(vgl. auch mit Bild 4.21, Kurve *b*!).

d) Aus (4.123) und (4.120) folgt:

$$I_{Ta} = \frac{U_d}{RT_S}\left[\frac{T_S}{2} - t_H + \tau\left(1 + \tanh\frac{T_S}{4\tau}\right)\left(\exp\left\{-\frac{T_S}{2\tau}\right\} - \exp\left\{-\frac{t_H}{\tau}\right\}\right)\right]$$

$$= \frac{800\ \text{V}}{3\ \Omega \cdot 3{,}33\ \text{ms}}\left[1{,}667\ \text{ms} - 329\ \mu\text{s} + 0{,}5\ \text{ms}\right.$$

$$\left.\times\left(1 + \tanh\frac{3{,}33\ \text{ms}}{4 \cdot 0{,}5\ \text{ms}}\right)\left(\exp\left\{-\frac{3{,}33\ \text{ms}}{1\ \text{ms}}\right\} - \exp\left\{-\frac{329\ \mu\text{s}}{0{,}5\ \text{ms}}\right\}\right)\right] = 69{,}6\ \text{A}.$$

e) (4.124) und (4.120) ergeben:

$$I_{da} = \left|\frac{U_d}{RT_S}\left[t_H - \tau\left(1 + \tanh\frac{T_S}{4\tau}\right)\left(1 - \exp\left\{-\frac{t_H}{\tau}\right\}\right)\right]\right|$$

$$= \left|\frac{800\ \text{V}}{3\ \Omega \cdot 3{,}33\ \text{ms}}\left[329\ \mu\text{s} - 0{,}5\ \text{ms}\left(1 + \tanh\frac{3{,}33\ \text{ms}}{4 \cdot 0{,}5\ \text{ms}}\right)\left(1 - \exp\left\{-\frac{329\ \mu\text{s}}{0{,}5\ \text{ms}}\right\}\right)\right]\right|$$

$$= 10{,}9\ \text{A}.$$

f) (4.120) und Bild 4.26 führen zu

$$|I_{Dm}| = |i_L|_{t=0} = |I_{Tm}| = \frac{U_d}{R}\left[\tanh\frac{T_S}{4\tau}\right] = \frac{800\ \text{V}}{3\ \Omega}\left[\tanh\frac{3{,}33\ \text{ms}}{4 \cdot 0{,}5\ \text{ms}}\right] = 248\ \text{A}.$$

Abschnitt 5.6

5.1. Wie Bild 7.6 zeigt, kann ein Transistor nur positive Kollektor-Emitter-Spannungen sperren. Dies entspricht dem Blockierzustand beim Thyristor. Weiterhin ist im Leitzustand des Transistors stets ein Steuerstrom notwendig.

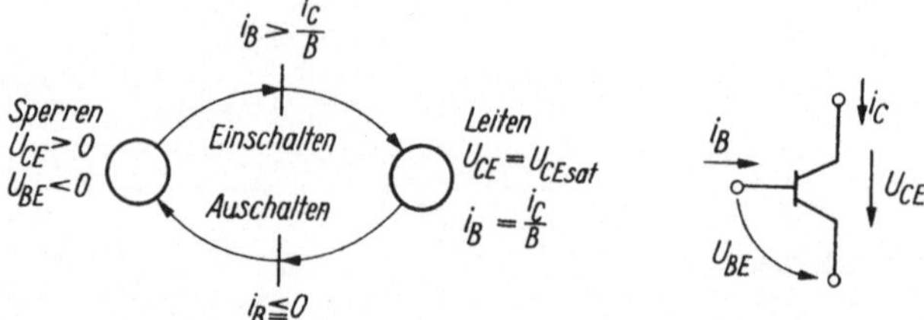

Bild 7.6. Zu Übungsaufgabe 5.1, Zustandsgraph für Transistor als steuerbares Ventil in einem Stromrichter

5.2. Bei ohmsch-induktiver Last (vgl. Bild 7.7a) ist die Phasenverschiebung zwischen Strom und Spannung zu berücksichtigen. Die Zündung des Thyristors darf nur erfolgen, wenn Blockierspannung anliegt und der Strom durch den antiparallelen Thyristor zu Null geworden ist.
Um eine Gleichkomponente im Netzstrom zu vermeiden, muß eine vollständige Anzahl von Netzperioden eingeschaltet werden. Unabhängig von der Dauer des EIN-Befehls muß bei Zündung von *V1* (positive Halbschwingung) auch die Ausgabe des Zündpulses für *V2* (negative Halbschwingung) garantiert werden. Bild 7.7b zeigt den notwendigen Steueralgorithmus in Form eines Zustandsgraphen.

5.3. Die Schaltung des halbgesteuerten Drehstromstellers s. Bild 7.8a.

a) Über die gesteuerten Ventile V_1, V_3, V_5 liegt im Bereich $0° \leqq \vartheta \leqq 210°$ eine positive Kommutierungsspannung. Somit ist der theoretisch mögliche Verschiebebereich 210°.

b) Der Zündwinkel muß im Bereich von 0 bis 210° verschiebbar sein, d. h., zum Intervall, in der die positive Synchronisationsspannung anliegt (180°), müssen (mindestens) noch 30° addiert werden.
In der Praxis setzt man den Verschiebebereich aus leicht zu bildenden 60°-Blöcken zusammen. Das ist z. B. durch die im Bild 7.8 b gezeigte Schaltung möglich:
Während der so entstehenden 240°-Blöcke wird in den Verzögerern die Zeitfunktion (z. B. Sägezahnfunktion) gebildet. Durch eine Begrenzung der Steuerspannung wird der maximale Zündwinkel $\alpha_{max} = 210°$ festgelegt.

c) Siehe Bild 7.8 c.

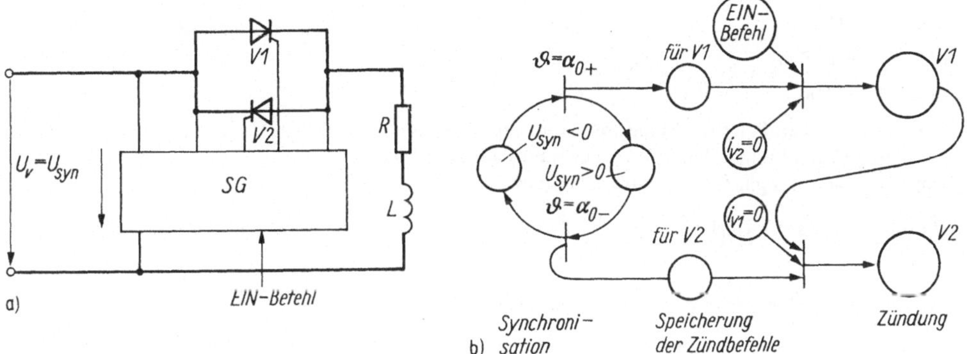

Bild 7.7. Zu Übungsaufgabe 5.2.
a) Schaltung; b) Zustandsgraph

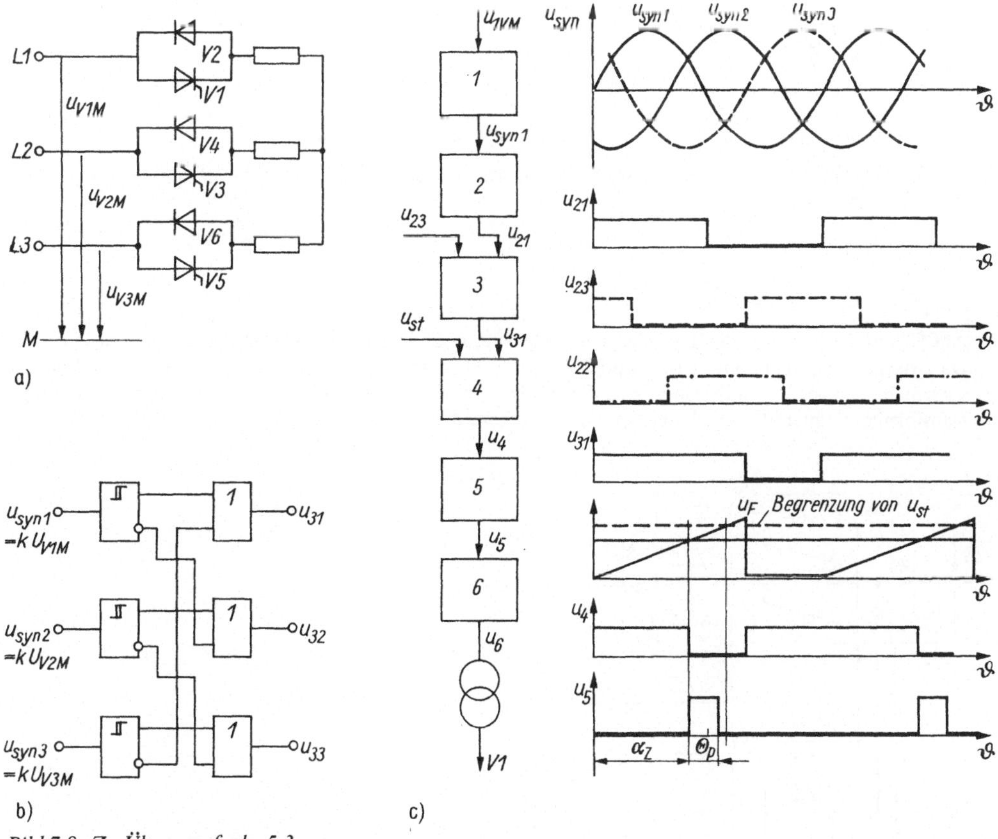

Bild 7.8. Zu Übungsaufgabe 5.3
a) Schaltung halbgesteuerter Drehstromsteller; b) Schaltung für Verschiebebereich des Zündwinkels; c) Blockschaltbild der Funktionseinheiten und Zeitdiagramme bei analoger Signalverarbeitung
1 Spannungsanpassung; *2* Bildung eines H-Signals für $u_{syn1} > 0$; *3* Verlängerung des Pulses; *4* Verzögerung ($0° \leq \alpha \leq 210°$); *5* Formung des Impulses, Festlegung der Dauer Θ_p; *6* Verstärkung; *7* Potentialtrennung

5.4. a) Während der Leitdauer T_E des Hauptthyristors muß der Umschwingvorgang abgeschlossen sein, so daß für die minimale Zeit gilt:

$$T_{E\,min} = T_U/2 = \pi \cdot \sqrt{LC} \approx 100\ \mu s\,.$$

Während der Sperrphase T_A wird der Löschkondensator von $-U_B$ auf $+U_B$ umgeladen. Dabei wird der Strom durch die Lastinduktivität näherungsweise konstant gehalten. Es gilt

$$2U_B \approx \frac{1}{C} \int_0^{T_{A\,min}} I_{d\,min}\, dt\,. \qquad \text{Daraus folgt mit } I_{d\,min} = \frac{U_B}{R_{max}}$$

$$T_{A\,min} \approx \frac{2U_B C R_{max}}{U_B} = 2R_{max}C = 500\ \mu s\,.$$

Die maximale Leitdauer des Hauptthyristors beträgt somit $T_S - 500\ \mu s$. Die Einhaltung dieser Zeitbedingungen muß durch den Steueralgorithmus garantiert werden.

b) Entsprechend (5.5) gilt für das maximale Stellverhältnis

$$\frac{T_{E\,max}/T_S}{T_{E\,min}/T_S} = \frac{(T_S - T_{A\,min})/T_S}{T_{E\,min}/T_S}\,.$$

Damit ergibt sich ein maximales Stellverhältnis von 45.

5.5. Die Arbeitsweise des Umkehrstromrichters erfordert den Übergang vom Gleichrichter- zum Wechselrichterbetrieb. Für die sichere Funktion muß die vom Stromrichter aufgebrachte Spannung größer (oder gleich) der von der Gleichstrommaschine gelieferten generatorischen Spannung sein. Unter Vernachlässigung der Spannungsabfälle gilt

$$|U_{da}(\alpha_{min})| \leqq |U_{da}(\alpha_{max})| \quad \text{oder}$$
$$\alpha_{min} \geqq \pi - \alpha_{max} \quad \text{oder}$$
$$\alpha_{min} = \beta_{min}\,.$$

Wird diese Bedingung nicht erfüllt, dann ist der Laststrom nicht regelbar.

5.6. Die Schaltgruppe des Anpassungstransformators muß Yy6 sein. Denn nach Bild 7.9 muß U_{syn1} der Spannung U_{v1M} 30° nacheilen, d. h.

$$U_{syn1} = U_{v1M} - U_{v3M} = U_{v13} \quad \text{und}$$
$$U_{syn2} = U_{v2M} - U_{v1M} = U_{v21} \quad \text{und}$$
$$U_{syn3} = U_{v3M} - U_{v2M} = U_{v32}\,.$$

Auf Grund der Schaltgruppe Dy5 eilt die Oberspannung U_L gegenüber der Ventilspannung um 150° vor. Da zwischen den Spannungen U_{L12} und U_{L1M} (bzw. U_{L23} und U_{L2M}; U_{L31} und U_{L3M}) noch eine Phasenverschiebung von 30° ist, entsteht eine Gesamtphasendrehung von 180°. Somit muß der Anpassungstransformator um 180° die Phasenlage zurückdrehen, d. h. Schaltgruppe Yy6.

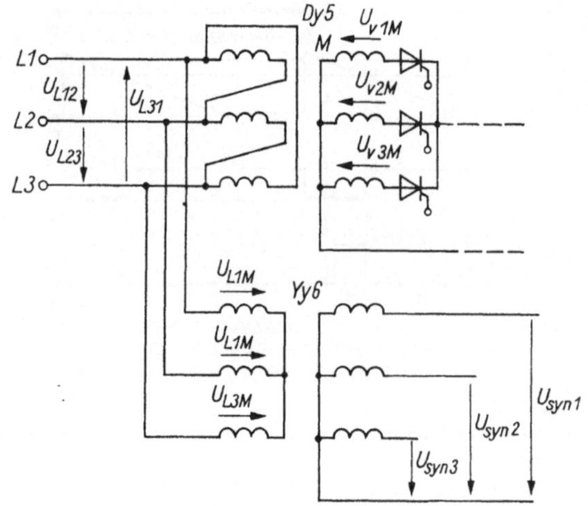

Bild 7.9. Zu Übungsaufgabe 5.6

5.7. a) Aus Bild 5.43a ergibt sich für $I_G = 1{,}2$ A eine Gitter-Katoden-Spannung von $U_G = 22$ V.

b) $P_V = U_G I_G = 22 \text{ V} \cdot 1{,}2 \text{ A} = 26{,}4$ W
Konstante Zündenergie $P_{V1} T_{p1} = P_{V2} T_{p2}$.
Mit $P_{V1} = 10$ W und $T_{p1} = 1$ ms folgt für $P_{V2} = 26{,}4$ W eine Zündpulsdauer von 0,38 ms.

c) $U_{B\,min} = U_L + U_{CE\,sat}$.
Die Leerlaufspannung U_L ist der Schnittpunkt der Tangente (an der Verlustleistungshyperbel bei $U_G = 22$ V und $i_G = 1{,}2$ A) mit der U_G-Achse.

$U_L = 44 \text{ V}, \quad U_{B\,min} = 44{,}8 \text{ V};$

$$R_V = \frac{U_{B\,min} - U_{CE} - U_G}{I_G} = \frac{22 \text{ V}}{1{,}2 \text{ A}} = 18{,}33\ \Omega\,.$$

d) Verlustleistung im Vorwiderstand:

$$P_{VRV} = \frac{1}{T}\int_0^{T_p} R_V i_G^2 \, dt = \frac{T_p}{T} R_V (3 I_{GT})^2 \approx 0{,}5 \text{ W}\,.$$

Verlustleistung im Transistor:

$$P_{V\,Tr} = \frac{1}{T}\int_0^{T_p} U_{CE\,sat} \cdot 2 i_G \, dt = \frac{T_p}{T} U_{CE\,sat} \cdot 6 I_{GT} \approx 0{,}04 \text{ W}\,.$$

e) $U_{B\,min} = U_{G1} + U_{G2} + U_{CE\,min} + U_Z - U_{BE} = 50{,}4$ V.

$I_{G1} = I_{G2} = I_C = 3 I_{GT};$

$$R = \frac{U_Z - U_{BE}}{I_C} \approx 3{,}7\ \Omega;$$

$$P_{VR} = \frac{T_p}{T} R (3 I_{GT})^2 \approx 0{,}1 \text{ W};$$

$$P_{VTV\,min} = \frac{T_p}{T} U_{CE\,min} 3 I_{GT} \approx 0{,}05 \text{ W}\,.$$

Die Verlustleistung im Transistor steigt, wenn die Eingangskennlinien der Thyristoren streuen und $U_{G1}, U_{G2} < 22$ V werden.

5.8. Da beim Abschalten $U_{GS} < U_{th}$ sein muß, gilt für den Spannungsabfall über R_i und R_G

$$(R_i + R_G)\, C_{GD} \frac{dU_{DG}}{dt} < U_{th} - U_{CE\,sat\,T2}\,.$$

Mit

$$\frac{dU_{DG}}{dt} \approx \frac{U_{DS}}{t_{off}}$$

ergibt sich

$R_i + R_G < 25\ \Omega \quad$ oder $\quad R_i < 20\ \Omega$.

Aus der Strombelastbarkeit von *T2* und *T1* berechnet sich der minimale Wert von R_i zu

$$R_{i\,min} + R_G \geqq \frac{U_{GS}}{I_{CM\,T2}} = \frac{U_B - U_{CE\,sat\,T1}}{I_{CM\,T2}} = 9{,}2\ \Omega\,.$$

Der Widerstand R_i kann im Bereich von 5 bis 20 Ω gewählt werden.
Die Einhaltung der Schaltzeit t_{on} mit diesem R_i-Wert ist noch zu kontrollieren. Da nach $3\tau_G$ der Einschaltvorgang spätestens abgeschlossen sein sollte, gilt mit $\tau_G \approx (R_G + R_i)(C_{GS} + C_{GD})$

$$R_i + R_G < \frac{t_{on}}{3(C_{GS} + C_{GD})} = 333\ \Omega\,.$$

Diese Forderung wird erfüllt.

b) Die mittlere Treiberleistung beträgt

$$P_a = f \int_0^{t_{on}} Ui \, dt = f U_B \int_0^{t_{on}} \frac{U_B - U_{CE\,sat\,T1}}{R_G + R_i} \exp\{-t/\tau_G\} \, dt = f \frac{(U_B - U_{CE\,sat\,T1}) \, U_B}{R_G + R_i} \tau_G ,$$

$$P_a \approx f(U_B - U_{CE\,sat\,T1}) \, U_B(C_{GS} + C_{GD}) \approx 1 \text{ mW} .$$

Für bipolare Transistoren ist ein Treiberstrom (etwa 1 A) während der gesamten Leitphase notwendig, d. h. $P_a \approx 10 \text{ V} \cdot 1 \text{ A} = 10 \text{ W}$.
Das ergibt ein Leistungsverhältnis von $1:10^4$.

8. Formelzeichen und Schaltzeichen

Es muß darauf hingewiesen werden, daß die internationalen und nationalen Normen für die Formelzeichen der Leistungselektronik nicht in jedem Fall mit den allgemeinen Normen für die Formelzeichen der Elektrotechnik übereinstimmen.

Im allgemeinen bedeuten *kleine* Buchstaben Momentanwerte und *große* Buchstaben zeitunabhängige Werte (z. B. Mittel-, Effektiv-, Scheitelwerte).

8.1. Halbleiter-Leistungsbauelemente

Indizes

a	arithmetischer Mittelwert, Umgebung
AV	Mittelwert
B	Basis
(BO)	Kipp-
(BR)	Durchbruch
crit	kritischer Wert
C	Kollektor
D	Drain
E	Emitter
F	Durchlaßzustand bei Diode
G	auf den Steueranschluß bezogen
i	eigenleitend
m	Maximalwert
min	Minimalwert
M	Grenzwert, höchstzulässig
N	Nennwert
O	Basisanschluß offen
R	Rückwärtsrichtung
RMS	Effektivwert
s	Sättigung
S	Basis-Emitter-Strecke kurzgeschlossen; Source
T	Durchlaßzustand bei Thyristor

Formelzeichen

A	Stromverstärkungsfaktor
A_{npn}, A_{pnp}	Stromverstärkungsfaktoren in Basisschaltung
D	Diffusionskoeffizient
E	Feldstärke
f	Formfaktor; Frequenz
i	Eigenleitung
i_D	Vorwärts-Sperrstrom
i_F	Durchlaßstrom, Diode
I_{FAVM}	Dauergrenzstrom, höchstzulässiger arithmetischer Mittelwert bei Sinushalbwellen
I_{FRM}	periodischer Spitzendurchlaßstrom
I_{FRMS}	Durchlaßstrom, Effektivwert
I_{FSM}	Stoßstromgrenzwert
I_G	Steuerstrom
I_{RM}	Sperrerholstrom, Spitzenwert
i_T	Durchlaßstrom, Thyristor
I_{TAVM}	Dauergrenzstrom, höchstzulässiger arithmetischer Mittelwert bei Sinushalbwellen
I_{TRM}	periodischer Spitzendurchlaßstrom
I_{TRMS}	Durchlaßstrom, Effektivwert
I_{TSM}	Stoßstromgrenzwert
$\int i^2\,dt$	Grenzstromintegral
L	Diffusionslänge
n	Dichte der Elektronen
n_i	Eigenleitungsträgerdichte
$N_{A,D}$	Dichte der Akzeptoren bzw. der Donatoren
p	Dichte der Löcher
P_F	Durchlaßverlustleistung
P_R	Sperrverlustleistung in Rückwärtsrichtung
P_{RQ}	Ausschaltverlustleistung
P_{RSM}	höchstzulässige Stoßsperrverlustleistung
P_T	Durchlaßverlustleistung
P_v	Verlustleistung
Q_B	Speicherladung
Q_{rr}	Sperrerholladung
$r_{F,T}$	Ersatzwiderstand
R_{th}	Gesamtwärmewiderstand
R_{thjc}	innerer Wärmewiderstand
R_{thKa}	äußerer Wärmewiderstand
S	Stromdichte
T_S	Periodendauer
T_A	Ausschaltzeit
t_d	Zündverzug
T_F	Einschaltzeit
t_{gt}	Einschalt- oder Zündzeit

t_H	Freihalte- oder Schonzeit
t_p	Pulsdauer
t_q	Freiwerdezeit
U	Potential
$U_{(BO)}$	Nullkippspannung
$U_{(BR)}$	Durchbruchspannung in Rückwärtsrichtung
U_D	Blockier- oder Vorwärts-Sperrspannung; Diffusionsspannung
U_{DRM}	höchstzulässige periodische Vorwärts-Spitzensperrspannung
U_{DSM}	höchstzulässige nichtperiodische Vorwärts-Spitzensperrspannung
u_F	Durchlaßspannung, Diode
U_i	Ionisationsspannung
u_R	Rückwärtssperrspannung
U_{RRM}	höchstzulässige periodische Rückwärts-Spitzensperrspannung
U_{RSM}	höchstzulässige nichtperiodische Rückwärts-Spitzensperrspannung
u_T	Durchlaßspannung, Thyristor
$U_{(TO)}$	Schleusenspannung
U_ϑ	Temperaturspannung
W	Breite der Raumladungszone, Energie
$Z_{th}(t)$	transienter Wärmewiderstand
$Z_{thcK}(t)$	äußerer transienter Wärmewiderstand
$Z_{thjc}(t)$	innerer transienter Wärmewiderstand
Z_{thp}	Impulswiderstand
δ	Leitdauer
ϑ	Temperatur
$\vartheta \equiv \omega t$	Zeitwinkel
ϑ_a	Temperatur der Umgebung
ϑ_c	Temperatur des Gehäuses
ϑ_j	Temperatur der Sperrschicht
ϑ_K	Temperatur des Kühlkörpers
μ	Beweglichkeit
ϱ	Raumladungsdichte
$\tau_{p,n}$	Lebensdauer

8.2. **Stromrichterschaltungen** (siehe auch Bild 3.1)

Indizes

a	arithmetisches Mittel (nur wenn notwendig, um Verwechslungen zu vermeiden)
A	Ausschalt-; Ausgang-
d	Gleichstrom oder Gleichspannung
D	Diode
e	Effektivwert (nur wenn notwendig, um Verwechslungen zu vermeiden)
E	Einschalt-
Gl	Glättungsdrossel
i	ideell
k	Kurzschlußgröße
K	Kommutierung
L	netzseitig; Löschwinke; Last
LM	netzseitig; Leiter-Mittelpunkt
m	Maximum
min	Minimum
M	Mittelpunkt
N	Nennwert
p	Zündpuls
S	Spiel; Periode
t	Transformator
T	Thyristor; Transistor
v	ventilseitig
vM	ventilseitig; Leiter-Mittelpunkt
V	Ventil
Z	Zündwinkel
0	Leerlauf
1	Grundschwingung
ν	Ordnungszahl der Oberschwingungen
σ	überlagerte Komponente

Formelzeichen

C	Ausnutzungsfaktor des Transformators
d_{xt}	relative Gleichspannungsänderung durch Streuinduktivitäten des Transformators
E_A	im Anker induzierte Spannung
f	Formfaktor; Frequenz; f_1 Resonanzfrequenz des Löschkreises
f_S	Schalt- oder Pulsfrequenz
g	Grundschwingungsgehalt
H	Tiefe des Spannungseinbruchs
i_d, I_d	Gleichstrom (Momentan- bzw. Mittelwert)
I_k	Kurzschlußwechselstrom
$I_{L,v}$	netz- bzw. ventilseitiger Strom
I_s	Stoßstrom
I_S	Sicherungsstrom
I_ν	Effektivwert des Oberschwingungsstroms ν-ter Ordnung
I_σ	Effektivwert der überlagerten Komponente des Stroms
k_ν	Teilklirrfaktor
k_{ges}	Gesamtklirrfaktor
LV	Leistungsverhältnis
m_t	Übersetzungsverhältnis des Stromrichtertransformators $= U_L/U_v$
p	Pulszahl
P	Wirkleistung
P_d	Gleichstromleistung
Q	Blindleistung
S	Scheinleistung
S_k	Kurzschlußleistung

$S_{L,v}$	Scheinleistung, netz- bzw. ventilseitig
S_t	Bauleistung des Stromrichtertransformators
t	Zeit
$T_{A,E}$	Ausschalt- bzw. Einschaltdauer
T_S	Spiel- oder Periodendauer
$ü$	Übersetzungs-, Tast-, Schaltverhältnis
u_d, U_d	Gleichspannung (Momentan- bzw. Mittelwert)
U_{di0}	ideelle Leerlaufgleichspannung des ungesteuerten Stromrichters
$U_{di\alpha}$, $U_{di\beta}$	ideelle Leerlaufgleichspannung bei Zündverzögerungswinkel α bzw. Zündverfrühungswinkel β
u_{kt}	Kurzschlußspannung des Stromrichtertransformators
U_L	netzseitige Leiterspannung
U_{LM}	netzseitige Leiter-Mittelpunkt-Spannung
U_v	ventilseitige Leiterspannung
U_{vM}	ventilseitige Leiter-Mittelpunkt-Spannung
u_{xt}	relative induktive Kurzschlußspannung des Transformators
U_ν	Effektivwert der Oberschwingungsspannung ν-ter Ordnung
U_σ	Effektivwert der überlagerten Komponente der Spannung; Brummspannung
Δu	relative Effektivwertabsenkung der Spannung
V	Verzerrungsleistung
w	Welligkeit
W	Energie
X_L, X_v	netz- bzw. ventilseitige Streureaktanz
α	Zündverzögerungswinkel
β	Zündverfrühungswinkel
γ	Steuerwinkel
δ	Leitdauer, Dämpfung
ϑ	Zeitwinkel, Temperatur
λ	Leistungsfaktor
μ	Überlappungswinkel
ν	Ordnungszahl der Oberschwingungen
ϱ	Phasenwinkel der Last im Gleichstromkreis
σ	Einsatzwinkel des Stroms bei Gegenspannung; überlagerte Komponente
τ	Zeitkonstante
φ	Phasenwinkel
ω	Winkelgeschwindigkeit

8.3. Schaltzeichen

Tafel 8.1. Schaltzeichen für Halbleiterbauelemente

Symbol	Bedeutung	Symbol	Bedeutung
	Diode allgemein		Lawinengleichrichterdiode
	Lawinengleichrichterdiode mit Lawineneffekt in beiden Richtungen		Thyristor, allgemein
	Vierschichtdiode, Thyristordiode		Zweirichtungs-Thyristordiode (Diac)
	Thyristortriode (üblicher Thyristor)		Thyristortriode, abschaltend
	Triac (Zweirichtungs-Thyristortriode, Symistor)	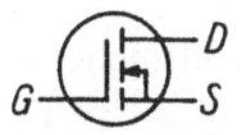 D G S	Feldeffekttransistor, gateisoliert
	Varistor	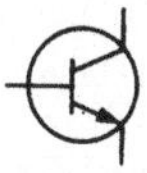	bipolarer Transistor
			Si-Überspannungsbegrenzer

9. Literaturverzeichnis

Abschnitt 1

[1.1] VEM-Handbuch Leistungselektronik. 4. Aufl. Berlin: VEB Verlag Technik 1986; Moskau: Energoatomizdat 1987
[1.2] *Conrad, H.*; *Krampitz, R.*: Elektrotechnologie. Berlin: VEB Verlag Technik 1983
[1.3] *Habiger, E.*: Elektromagnetische Verträglichkeit — Störbeeinflussungen in Automatisierungsgeräten und -anlagen. Reihe Automatisierungstechnik Bd. 212. Berlin: VEB Verlag Technik 1984
[1.4] *Wilhelm, J.*, u. a.: Elektromagnetische Verträglichkeit (EMV). Grafenau/Württ.: expert verlag; Berlin: VDE-Verlag 1981
[1.5] Mikroelektronik in der Stromrichtertechnik und bei elektrischen Antrieben. ETG/GMR Fachtagung 1982 Darmstadt. Berlin, Offenbach: VDE-Verlag GmbH 1982
[1.6] IEC-Publ. 146 Semiconductor converters. Genf 1973 bis 1977
[1.7] TGL 200-0608 Stromrichteranlagen, -geräte und Stromrichter
[1.8] DIN 41750 Stromrichter
[1.9] *Güntherschulze, A.*: Elektrische Gleichrichter und Ventile. Berlin: Verlag Julius Springer 1929
[1.10] *Rolf, E.*: Der Kontaktumformer. Berlin: Springer-Verlag 1957
[1.11] *Mierdel, G.*; *Kroczek, J.*: Selengleichrichter. Berlin: VEB Verlag Technik 1959
[1.12] *Marti, O.*; *Winograd, H.*: Mercury Arc Power Rectifiers. New York, London: McGraw-Hill Book Company Inc. 1930
[1.13] *Müller-Uhlenhoff, G. W.*: Elektrische Stromrichter. Braunschweig: Friedr. Vieweg & Sohn 1940
[1.14] *Baudisch, K.*: Energieübertragung mit Gleichstrom hoher Spannung. Berlin: Springer-Verlag 1950
[1.15] *Bertele, H. v.*: Niederdruck-Stromrichterventile. Wien: Springer-Verlag 1952
[1.16] *Lappe, R.*: Stromrichter. Berlin: VEB Verlag Technik; Stuttgart: Berliner Union 1958
[1.17] *Marx, E.*: Lichtbogenstromrichter für sehr hohe Spannungen und Leistungen. Berlin: Springer-Verlag 1932
[1.18] *Hartel, W.*; *Dietz, H.*: Transduktorschaltungen. Berlin: Springer-Verlag 1966
[1.19] *Schönfeld, R.*; *Habiger, E.*: Automatisierte Elektroantriebe. 2. Aufl. Berlin: VEB Verlag Technik 1983; Heidelberg: Dr. Alfred Hüthig Verlag 1986
[1.20] *Mellert, F. T.*: Rechnergestützter Entwurf elektrischer Schaltungen. München: R. Oldenbourg Verlag 1981
[1.21] VEM-Handbuch Elektromagnetische Verträglichkeit — Grundlagen, Maßnahmen, Systemgestaltung. Berlin: VEB Verlag Technik 1987; Berlin, Offenbach: VDE-Verlag 1987

Abschnitt 2

[2.1] *Bystrom, K.*: Leistungselektronik. München, Wien: Carl Hanser Verlag 1979
[2.2] *Gerlach, W.*: Thyristoren. Berlin (West): Springer-Verlag 1979
[2.3] *Ghandi, S.*: Semiconductor Power Devices. New York usw.: John Wiley & Sons 1977
[2.4] *Mierdel, G.*: Elektrophysik. Berlin: VEB Verlag Technik 1972
[2.5] *Möschwitzer, A.*; *Lunze, K.*: Halbleiterelektronik. 7. Aufl. Berlin: VEB Verlag Technik; Heidelberg: Dr. Alfred Hüthig Verlag; 1987
[2.6] *Paul, R.*: Halbleiterdioden. Berlin: VEB Verlag Technik; Heidelberg: Dr. Alfred Hüthig Verlag; 1976
[2.7] *Paul, R.*: Transistoren und Thyristoren. Berlin: VEB Verlag Technik; Heidelberg: Dr. Alfred Hüthig Verlag; 1977
[2.8] *Spenke, E.*: pn-Übergänge — ihre Physik in Leistungsgleichrichtern und Thyristoren. Berlin (West): Springer-Verlag 1979
[2.9] *Philippow* (Hrsg.): Taschenbuch Elektrotechnik. Bd. 1. 3. Aufl. Allgemeine Grundlagen. Abschn. 3.4.4.4. Stromleitung in Halbleitern. Berlin: VEB Verlag Technik; München: Carl Hanser Verlag; 1986
[2.10] TGL 200-8161 Halbleiterbauelemente; Begriffe
[2.11] TGL 200-8200 Halbleiterbauelemente; Kurzzeichen der Halbleitertechnik
[2.12] ST RGW 1125-78 Silovye poluprovodnikovye pribory. Terminy, opredelenija i bukvennye oboznačenija

[2.13] *Markert, W.*: Einsatz von Wärmerohren zur Kühlung elektrischer Maschinen. Elektrie 36 (1982) 1, S. 30—32

[2.14] *Fischer, F.*; *Conrad, H.*: Thyristormodifikationen für höhere Frequenzen. Elektrie 35 (1981) 2, S. 59 u. 60; 3, S. 119—122; 4, S. 186—190; 5, S. 248—251

[2.15] *Schrenk, G.*: Bipolare Transistoren. Berlin (West): Springer-Verlag 1978

[2.16] *Behringer, A.*; *Knöll, H.*: Transistorschalter im Bereich hoher Leistungen und Frequenzen. etz 100 (1979) 13, S. 664—670

[2.17] *Ecklebe, P.*; *Steinfels, M.*: Neue Transistorstellglieder für elektrische Antriebe. Elektrie 35 (1981) 6, S. 316—318

[2.18] *Fischer, F.*; *Conrad, H.*: Der Leistungstransistor als Bauelement der Energieelektronik. Elektrie 33 (1979) 4, S. 186—191; 5, S. 240—244

[2.19] *Macek, O.*: Schaltnetzteile, Motorsteuerungen und ihre speziellen Bauteile. Heidelberg: Dr. Alfred Hüthig Verlag GmbH 1982

[2.20] *Männel, F.*; *Schreiter, W.*: Einsatz von bipolaren Hochvolt-Leistungstransistoren in der Leistungselektronik. Elektrie 36 (1982) 9, S. 475—479

[2.21] *Schulze, M.*: Transistoren in der Leistungselektronik. Elektrie 36 (1982) 9, S. 473—475

[2.22] *Schwarz, R.*: Gleichstrommotor mit Hochvolt-Darlingtontransistor. Elektronik 28 (1979) 13, S. 63—66

[2.23] *Fischer, F.*; *Conrad, H.*: Leistungs-MOSFETs in der Energieelektronik. Elektrie 36 (1982) 3, S. 116—119; 4, S. 184—187; 5, S. 240—244; 7, S. 366—370

[2.24] *Schade, K.*: Halbleitertechnologie. Berlin: VEB Verlag Technik 1981

[2.25] *Kurnosov, A. I.*; *Judin, V. V.*: Technologija proizvodstva poluprovodnikovych priborov i integralnych mikrošem. Moskau: Vysšaja škola 1979

[2.26] *Conrad, H.*: Bedeutung der Technologie für den wissenschaftlich-technischen Fortschritt in der Leistungselektronik. Elektrie 32 (1978) 1, S. 8—11

[2.27] *Kuzmin, V. A.*, u. a.: Rasčet silovych poluprovodnikovych priborov. Moskau: Energija 1980

[2.28] *Lappe, R.*; *Fischer, F.*: Leistungselektronik-Meßtechnik. Berlin: VEB Verlag Technik 1982; München, Wien: Carl Hanser Verlag 1983; Moskau: Energoatomizdat 1986

[2.29] TGL 200-8295 Meßverfahren für Halbleiterdioden

[2.30] TGL 200-8363 Meßverfahren für Thyristoren

[2.31] TGL 200-8317 Meßverfahren für Transistoren

[2.32] *Harth, W.*: Halbleitertechnologie. Stuttgart: B. G. Teubner 1981

[2.33] *Nikoloff, I.*; *Goede, M.*; *Wendt, W.*: Eine Methode zur rechnergestützten Berechnung der elektrischen Vorgänge in zwangskommutierten Stromrichterschaltungen. Wiss. Z. der Techn. Hochschule Ilmenau 27 (1981) 5, S. 107—122

[2.34] *Nikoloff*, I.: Mathematische Modelle von Leistungsdioden und Thyristoren für deren Ein- und Ausschaltzustände zur Berechnung von Stromrichterschaltungen. Wiss. Z. der Techn. Hochschule Ilmenau 27 (1981) 5, S. 123—139

[2.35] *Chua, L. O.*; *Sing, Y. W.*: Nonlinear lumped-circuit model for s.c.r. Electronic Circuits and Systems 3 (1979) 1, S. 5—14

[2.36] *Murakami, Y.*; *Nishimura, M.*: Thyristor modelling for CAD and simulation of thyristor circuits based on the derived model. Proc. of 1979 ISCAS, S. 116—119

[2.37] *Bowers, J. C.*; *Nienhaus, H. E.*: Model for high-power SCRs extends range of computer-aided design. Electronics (1977) 14, S. 100—105

[2.38] *Anwander, E.*; *Lawatsch, H.*; *Neumeister, E.*: Rechnergestützte Dimensionierung und Simulierung von Stromrichteranlagen. ETZ-A 96 (1975) 3, S. 117—122

[2.39] *Anwander, E.*; *Lawatsch, H.*: Thermische Messungen und thermische Ersatzschaltbilder von Halbleiterbauelementen und Kühlern für die rechnergestützte Bemessung und Simulierung von Stromrichtern. ETZ-A 96 (1975) 6, S. 261—265

Abschnitt 3

[3.1] *Csáki, F.*; *Ganszky, K.*; *Ipsits, I.*; *Marti, S.*: Power Electronics. 2. Aufl. Budapest: Akadémiai Kiadó 1984 (engl.)

[3.2] *Csáki, F.*; *Ganszky, K.*; *Ipsits, I.*; *Marti, S.*: Power Electronics Problems Manual. Budapest: Akadémiai Kiadó 1979 (engl.)

[3.3] Elektronnaja technika v avtomatike (Elektronik für die Automatisierung). Artikelsammlung Ausg. 11. Moskau: Verlag sovetskoe radio 1980

[3.4] *Hartel, W.*: Stromrichterschaltungen. Berlin: Springer-Verlag 1977

[3.5] *Heumann, K.*: Grundlagen der Leistungselektronik. Stuttgart: B. G. Teubner 1975

[3.6] *Jötten, R.*: Leistungselektronik. Braunschweig: Vieweg 1977

[3.7] *Korb, F.*: Leistungshalbleiter und ihre wichtigsten Anwendungen. Würzburg: Vogel Verlag 1978

[3.8] *Lander, C. W.*: Power Electronics. London: McGraw-Hill Book Company (UK) Ltd. 1981

[3.9] *Pelly, B. R.*: Thyristor Phase-Controlled Converters and Cycloconverters. New York: John Wiley & Sons, Inc. 1971

[3.10] *Rudenko, V. S.*, u. a.: Preobrazovatelnaja technika. Kiev: Visca scola 1978

[3.11] *Solik, I.*; *Ráček, V.*; *Jansa, F.*: Polovodičove Meniče pre Automatizované Pohony. Bratislava: ALFA 1977

[3.12] *Philippow* (Hrsg.): Taschenbuch Elektrotechnik, Bd. 5. Elemente und Baugruppen der Elektroenergietechnik. Abschn. 5, Leistungselektronik. Berlin: VEB Verlag Technik; München: Carl Hanser Verlag; 1980

[3.13] *Zach, F.*: Leistungselektronik. Wien: Springer-Verlag 1979

[3.14] IEC-Empfehlung; Veröff. 478: Stabilisierte Stromversorgung mit Gleichstromausgang. Genf 1974 bis 1976

[3.15] *Blumschein, E.*: Stromrichter mit intern erhöhter Frequenz. Elektrie 36 (1982) 2, S. 72—74; 3, S. 120—122

[3.16] VEM-Handbuch Energieversorgung elektrischer Bahnen. Berlin: VEB Verlag Technik 1975

[3.17] *Schönfeld, R.*; *Habiger, E.*: Automatisierte Elektroantriebe. 2. Aufl. Berlin: VEB Verlag Technik 1983; Heidelberg: Dr. Alfred Hüthig Verlag 1986

[3.18] *Neeser, G.*: Mittelspannungsgleichrichter für Senderstromversorgungen. Siemens-Energietechnik 4 (1982) 4, S. 181—183

[3.19] *Antonow, W. M.*, u. a.: Analyse und experimentelle Untersuchung der Schaltungen und der Arbeitsweise von Wechselrichterstationen für große MHD-Generatoren. 8. Internat. Konferenz über die MHD-Umformung von Energie. Moskau 1983, Bd. 2, S. 196—199

[3.20] *Kohnhäuser, W.*: Untersynchrone Stromrichterkaskade. elektrotechnik (Würzburg) 65 (1983) 19, S. 26—30

[3.21] *Evseev, Ju. A.*: Poluprovodnikovye pribory dlja moščnych vysokovoltnych preobrazovatelnych ustrojstv. Moskau: Energija 1978

[3.22] *Werkowskij, A. M.*, u. a.: Stromrichterstationen für die 330/400-kV-Übertragung UdSSR — Finnland. Elektrische Stationen (1982) 3, S. 13—17

[3.23] *Mårtensson, H.*: Geschichte der HGÜ in Bildern. ASEA-Z. 28 (1983) 2, S. 3—7

Abschnitt 4

[4.1] *Meyer, M.*: Selbstgeführte Thyristor-Stromrichter. Berlin, München: Siemens AG 1974

[4.2] *Heintze, K.*; *Wagner, R.*: Elektronischer Gleichstromsteller zur Geschwindigkeitssteuerung von aus Fahrleitungen gespeisten Gleichstrom-Triebfahrzeugen. ETZ-A 87 (1966) 5, S. 165—170

[4.3] *Krug, H.*: Die Dimensionierung eines Gleichstrompulsstellers als Stellglied für ein Triebfahrzeug. Elektrie 25 (1971) 5, S. 167—169

[4.4] *Meyer, M.*: Über die Kommutierung mit kapazitivem Energiespeicher. ETZ-A 95 (1974) 2, S. 79—85

[4.5] *Bezold, K. H.*: Löschbare einphasige Stromrichter mit Sektorsteuerung für die Speisung von Mischstrommotoren. Elektrische Bahnen 45 (1974) 12, S. 281—287

[4.6] *Voß, H.*: Die Auswirkungen von verschiedenen Steuerverfahren für Gleichstromsteller auf Schaltfrequenz und Laststromschwankung. etz-Archiv 2 (1980) 10, S. 295—299

[4.7] *Hohmuth, G.*, u. a.: Gleichstromsteller für Nahverkehrsfahrzeuge. Techn. Mitt. AEG-Telefunken 69 (1979) 5/6, S. 202—209

[4.8] *Nikoloff, I.*, u. a.: Gleichstromsteller für die Triebzüge Baureihe 270 der Berliner S-Bahn. LEW-Nachrichten 12 (1981) 29, S. 3—12

[4.9] *Heumann, K.*; *Marquardt, R.*: GTO-Thyristoren in selbstgeführten Stromrichtern. etz 107 (1983) 7/8, S. 329—332

[4.10] *Kahlen, H.*: Antriebe mit Schaltgetriebe für Elektrotransporter. BBC-Nachrichten 59 (1977) 12, S. 527—532

[4.11] *Kahlen, H.*: City-Bus mit Elektroantrieb. BBC-Nachrichten 62 (1980) 6, S. 211—215

[4.12] *Weber, R.*: MINIPULS-Transistorsteller für Gleichstromantriebstechnik bis 5,2 kW. Techn. Mitt. AEG-Telefunken 69 (1979) 5/7, S. 182 u. 183

[4.13] *Schulze, M.*: Transistoren in der Leistungselektronik. Elektrie 36 (1982) 9, S. 473—475

[4.14] *Herfurth, M.*: Vierquadrantensteller mit SIPMOS-Transistoren. Elektronik 31 (1982) 21, S. 94—97

[4.15] *Heumann, K.*; *Wienhöfer, W.*: Optimization of Photovoltaic Solar Systems by DC-DC-Converter under Consideration of Power-Output-Statistics. Internat. Power Electronics Konference Tokyo: March 1983, S. 1049—1060

[4.16] *Beck, H. P.*; *Michel, M.*: Spannungsrichter — ein neuer Umrichtertyp mit natürlicher Gleichspannungskommutierung. etz-Archiv 3 (1981) 12, S. 427—432

[4.17] *Rudenko, V. S.*, u. a.: Osnovy preobrazovatelnoj techniki. Moskau: Vysšaja škola 1980

[4.18] *Moll, K.*: Betrieb eines Leistungs-Wechselrichters mit eingeprägtem Strom und Phasenfolgelöschung an rein induktiver Last. etz-Archiv 2 (1980) 6, S. 185—187

[4.19] *Schilling, W.*: Thyristortechnik. München, Wien: R. Oldenbourg Verlag 1968
[4.20] *Arreman, H.*: Digitale Simulation von Anlagen der Leistungselektronik. Siemens Forsch.- u. Entwicklungsbericht 6 (1977) 6, S. 355—363
[4.21] *Beinhold, G.*, u. a.: Semiverter — ein neues Geräteprogramm. Techn. Mitt. AEG-Telefunken 69 (1979) 5/6, S. 186—191
[4.22] *Jenschur, H.*; *Nissel, N.*: Miniverter — ein Pulsumrichtersystem mit Leistungstransistoren. Techn. Mitt. AEG-Telefunken 69 (1979) 5/6, S. 197—201
[4.23] *Seefried, E.*; *Hofmann, W.*: Wechselrichter zur Speisung von Asynchronmotoren auf der Basis von Leistungstransistoren. Elektrie 36 (1982) 5, S. 231—235
[4.24] *Cießow, G.*, u. a.: Drehstrom-Antriebssysteme für Bahnfahrzeuge. Techn. Mitt. AEG-Telefunken 67 (1977) 1, S. 35—43
[4.25] *Güthlein, H.*: Die neue elektrische Lokomotive 120 der Deutschen Bundesbahn in Drehstromantriebstechnik. Elektrische Bahnen 77 (1979) 9, S. 248—257
[4.26] *Cießow, G.*; *Steller, G.*: Betriebserprobung des Drehstromzuges der Berliner Verkehrsbetriebe (BVG). Techn. Mitt. AEG-Telefunken 67 (1977) 7, S. 311—316
[4.27] *Bösterling, W.*, u. a.: Praxis mit dem GTO. Elektrotechnik 64 (1982) 24, S. 16—21; 65 (1983) 4, S. 14—17
[4.28] *Kehrmann, H.*, u. a.: Vierquadrantensteller — eine netzfreundliche Einspeisung für Triebfahrzeuge mit Drehstromantrieb. Elektrische Bahnen 45 (1974) 6, S. 135—142
[4.29] *Böhm, H.*; *Krüger, G.*: Drehstrom-Hilfsbetriebsumrichter für Triebfahrzeuge am Beispiel der Lokomotive Baureihe 120 der Deutschen Bundesbahn. Elektrische Bahnen 77 (1979) 11, S. 306—312
[4.30] *Post, U.*; *Protschka, H.*: Rundsteuerung mit den neuen Semiverter-Rundsteuersendern von AEG-Telefunken. Techn. Mitt. AEG-Telefunken 69 (1979) 5/6, S. 220—225
[4.31] *Jenschur, H.*; *Landeck, W.*: Monoverter — ein Umrichtersystem für den Betrieb von Asynchron-Normmotoren. Techn. Mitt. AEG-Telefunken 69 (1979) 5/6, S. 192—196
[4.32] *Seefried, E.*; *Winkler, W.*: Betriebserfahrungen mit einem Stromwechselrichter zur Speisung von Asynchronmaschinen. Wiss.-techn. Inf. des VEB KAAB 18 (1982) 4, S. 172—176
[4.33] *Seefried, E.*: Neue Ergebnisse von frequenzgesteuerten Asynchronmotoren. Elektrie 36 (1982) 9, S. 454 bis 457
[4.34] *Waidmann, W.*: Drehstromantrieb für Gleichstrombahnen. Siemens-Z. 50 (1976) 7, S. 493—497
[4.35] *Scholtis, G.*: Drehstromantriebe für Schienenfahrzeuge. Elektronik 31 (1982) 23, S. 65—68
[4.36] *Clewing, M.*: Neue statische Einphasen-WR für unterbrechungsfreie Stromversorgungsanlagen. Techn. Mitt. AEG-Telefunken 68 (1978) 3/4, S. 94—102
[4.37] *Bröms, A.*: Unterbrechungsfreie Stromversorgung. ASEA-Z. 26 (1981) 5/6, S. 121—127
[4.38] *Schott, W. H.*: Neue Bauelemente für Schaltnetzteile. Internationale Makroelektronik-Konferenz. München 1982, Tagungsbericht S. 106—116
[4.39] *Mulhall, B. E.*; *Beecroff, J.*: Electronic inverters for arc-welding. Intern. Makroelektronik-Konferenz, München 1982, Tagungsbericht S. 1—9
[4.40] *Berkovic, E. I.*, u. a.: Tiristornye preobrazovateli vysokoj castoty dlja elektrotechnologičeskych ustanovok. Leningrad: Energoatomizdat 1983
[4.41] *Güldner, H.*, u. a.: Thyristorumrichter für die induktive Erwärmung im Bereich von 500 Hz bis 50 kHz. Elektrie 28 (1974) 6, S. 293—301
[4.42] *Conrad, H.*, u. a.: Einsatz von Mikrorechnern zur optimalen Betriebsführung von MF-Induktionserwärmungsanlagen. 28. IWK der TH Ilmenau, Oktober 1983
[4.43] *Foch, H.*, u. a.: DC/AC-Wandler mit hohem Wirkungsgrad. Elektronik 32 (1983) 4, S. 67—71
[4.44] *Frank, W. E.*: Solid State RF Generators for Induction Heating Applications. Conf. Rec.: Ind. Appl. Soc. IEEE-JAS-17th. Annu. Meet. San Franzisco, Calif. Oct. 4—7, 1982, New York; 1982, pp. 939—944
[4.45] *Saupe, R.*; *Wendt, D.*: Der Frequenzanlauf von Generatoren in Gasturbinenkraftwerken über moderne Thyristorumrichter. Techn. Mitt. AEG-Telefunken 69 (1979) 5/6, S. 216—219

Abschnitt 5

[5.1] *Geschwinde, H.*: Einführung in die PLL-Technik. Braunschweig: Vieweg 1978
[5.2] *Laber, H.*: Indirekte Lichtzündung von Thyristoren in Hochspannungsstromrichtern. Siemens-Z. 52 (1978) S. 146—149
[5.3] *Hebenstreit, N.*: Driving the SIPMOS Field-Effect Transistor as a Fast Power Switch. Siemens Forsch.- u. Entwickl.-Bericht 9 (1980) Nr. 4 Springer-Verlag
[5.4] *Herfurth, M.*: Ansteuerschaltungen für SIPMOS-Transistoren im Schaltbetrieb. Siemens AG, Bereich Bauelemente, Anwendungstechnik, München, 18 (1980) 5
[5.5] *Kronberg, M.*: Zur Begründung der notwendigen Eigenschaften von Ansteuergeräten netzgelöschter Stromrichter. Der VEM-Elektro-Anlagenbau 10 (1974) 1, S. 10—17

[5.6] *Chauprade, R.*: Evolution des circuits de commande des convertisseurs de puissance á thyristors. Revue Gènerale de l'Electricité 79 (1970) 7, S. 577—589

[5.7] *Baehr, W.*: Zündung von Leistungsthyristoren mit optoelektronischen Kopplern. Elektrie 30 (1976) 4, S. 209—211

[5.8] *Kronberg, M.*: Richtlinien zur Auslegung von Zündpulsübertragern. Elektrie 28 (1974) 6, S. 312—315

[5.9] *Bergmann, L.*: Impulsübertragung in Mittelspannungsstromrichtern großer Leistung. BBC-Nachrichten 58 (1976) 4, S. 145—148

[5.10] *Knuth, D.*; *Lukanz, W.*: Potentialtrennende Steuerschaltungen für Thyristoren und Triacs. Elektronik 25 (1976) 7, S. 36—42

[5.11] *Krummrein, G.*: Thyristor-Ansteuerschaltkreis UAA 145. Applikationsbericht B2/V.7.27/0472, AEG-Telefunken

[5.12] *Anisimov, Ja. P.*: Garmoničeskij analiz naprjaženij i tokov na pervičnoj storone ventilnych preobrazovatelej s učetom nesimmetrij upravlenija. Elektromechanika (1976) 8, S. 823—828

[5.13] *Šipillo, V. P.*; *Kondratjuk, V. N.*: Processy v samknutoj strukture tiristornij elektroprivod — sem. Elektroprivod 2 (1970), S. 3—8

[5.14] *Šipillo, V. P.*: Vlijanie tiristornogo elektroprivoda na pitajuzčju set. Elektroprivod 1 (1970), S. 5—10

[5.15] *Olšvang* i dr.: Vlijanie kommutacionnych iskaženij seti na ustristva fasovogo upravlenija tiristornymi preobrazovateljami. Preobrazovatelnaja technika 6 (1970), S. 10—14

[5.16] *Eichhöfer*: Microcontroller steuert Stromrichter. Elektronik 25 (1976) 12, S. 43—53

[5.17] *Güldner, H.*; *Köhler, H.*: Verwendung eines Einchip-Mikroprozessors in Ansteuergeräten netzgelöschter Stromrichter. Elektrie 37 (1983) 2, S. 79—82

[5.18] *Dunford, W.*; *Dewan, S. B.*: The design of a control circuit for an two-quadrant chopper based on the Motorola 6800 microprocessor. 5289b IEEE Trans. Ind. Appl. (New York) IA-16 (1980) 4

[5.19] *Bühler, E.*: Eine zeitoptimale Thyristor-Stromregelung unter Einsatz eines Mikroprozessors. Regelungstechnik 26 (1978) S. 37—72

[5.20] *Claussen, U.*; *Fromme, G.*: Motorregelung mit Mikrorechner. Regelungstechnik (München) 20 (1978) 12, S. 355—359

[5.21] *Singh, D.*; *Hoft, R. G.*: Microcomputer-controlled single-phase cycloconverter. IEEE Trans. Ind. Electron. & Control Instrument. (New York) IECI-25 (1978) 3, S. 233—238

[5.22] *Rudenko, V. S.*; *Zenko, V. I.*; *Čiženko, I. M.*: Osnovy preobrazovatelnoj techniki. Moskau: Vysšaja škola 1980

[5.23] *Tso, S.*; *Pu, F. W.*: Software realisation of synchronisation and firing control of thyristor converters. IEE Proc., Pt. B (Electr. Power Appl.) 131 (84) 4, S. 141—148

[5.24] *Matouka, M. F.*: READ-ONLY Memory (ROM) trigger-generator for phase-controlled cycloconverters. IEEE Trans. Ind. Electron. & Control Instrument. IECI-25, 2 (1978) 5, S. 155—164

[5.25] *Uhlmann, E.*: Stromrichtersteuerung von Hochspannungs-Gleichstrom-Übertragungen bei Unsymmetrie im Wechselstromnetz. Teil 1: Zusammenhang zwischen verschiedenen Steuerprinzipien und der Unsymmetrie im Wechselstromnetz. Archiv für Elektrotechnik 67 (1984) 5. Berlin, Heidelberg, New York, Tokyo: Springer-Verlag
Teil 2: Einwirkung der Steuermethoden auf die Betriebseigenschaften der Hochspannung-Gleichstrom-Übertragungen

[5.26] *Sabrodin, Ju. S.*: Avtomnye tiristornye invertory s širotno — impulsnym regulirovaniem. Moskau: Energija 1977

[5.27] *Sarbatova, R. S.*: Tiristornye preobrazovateli častoty v elektroprivoda. Moskau: Energija 1980

[5.28] ETG-Fachberichte, Nr. 11, Mikroelektronik in der Stromrichtertechnik und bei elektrischen Antrieben. Berlin, Offenbach: VDE-Verlag GmbH 1982

[5.29] *Satoru Sone*; *Youichi Hori*: Microprocessor-based universal thyristor switch and its application to a PWM inverter für traction. IEEE Trans. Ind. Electron. & Control Instrument. (New York) IECI-28 (1981) 2, S. 162—167

[5.30] *Bowes, S. R.*; *Mech, M. I.*; *Clements, R. R.*: Computer-aided design of PWM inverter systems. IEE Proc. 129 (1982) 1, S. 1—17

[5.31] *Buja, G. S.*; *Fiorini, P.*: Microcomputer control of PWM inverters. IEEE Trans. Ind. Electronics. IE-29 (1982) 3, S. 212—216

[5.32] *Rajashekara, K. S.*; *Vithayathil, J.*: Microprocessor based sinusoidal PWM-converter by DMA transfer. IEEE Trans. Ind. Electronics. IE-29 (1982) 1, S. 46—51

[5.33] *Lütjens, H. W.*: Frequenzumrichter mit sinusbewerteter Pulsdauermodulation für die Steuerung 3phasiger Asynchronmotoren 0 ... 200 Hz. Feinwerktechnik & Meßtechnik 88 (1980) 4, S. 183—188

[5.34] *Pollmann, A.*: A dibital pulsewidth modulator employing advanced modulation techniques. IEEE Trans. on Ind. Appl. 19 (83) 3, S. 409—414

[5.35] *Nieznanzki, J.*; *Krajewski, R. A.*: PLL firing-angle controllers with multiphase phase detectors. Int. J. of Electron. 56 (84) 6, S. 847—854

[5.36] *Bowes, S. R.; Bullough, R. I.*: Fast modelling techniques for microprocessor-based optimal pulsewidth-modulates control of current-fed inverter drives. IEE Proc. Electr. Power Appl. 131 (84) 4, S. 149—158

Abschnitt 6

[6.1] *Büchner, P.*: Stromrichter-Netzrückwirkungen und ihre Beherrschung. Leipzig: VEB Deutscher Verlag für Grundstoffindustrie 1982

[6.2] DIN EN 50006 Begrenzung von Rückwirkungen in Stromversorgungsnetzen, die durch Elektrogeräte für den Hausgebrauch und ähnliche Zwecke mit elektronischen Steuerungen verursacht werden

[6.3] *Frank, H.; Ivner, S.*: Statische Blindstromversorgung in der elektrischen Energieversorgung. ASEA-Z. 26 (1981) 5/6, S. 113—119

[6.4] TGL 200-0604/03 Berechnung von Kurzschlußströmen; Stromrichteranlagen und stromrichtergespeiste Gleichstromanlagen

[6.5] VEM-Handbuch Elektroenergieanlagen, Anlagentechnik. Berlin: VEB Verlag Technik 1981

[6.6] Handbuch Schalttransistoren. München: Thomson-CSF GmbH 1979

[6.7] *Männel, Fr.; Schreiter, W.*: Einsatz von bipolaren Hochvolt-Leistungstransistoren in der Leistungselektronik. Elektrie 36 (1982) 9, S. 475—479

[6.8] DIN 57875 VDE-Bestimmung für die Funk-Entstörung von Betriebsmitteln und Anlagen

[6.9] TGL 20885 Funkentstörung. Ausg. Dez. 1971

[6.10] *Bolliger, F.*: Funkentstörung in der Praxis. Elektroniker 18 (1979) 15, EL 1—11; 16, EL 6—11

[6.11] *Kabisch, H.*: Die konstruktive Gestaltung von Thyristorstromrichtern im System THYRESCH. Der VEM-Elektro-Anlagenbau 15 (1979) 3, S. 109—114

[6.12] *Kabisch, H.*: Gleich- und Wechselrichter für Drehstromanschluß mit potentialfreien Moduln. Elektrie 39 (1985) 1, S. 9—11

[6.13] *Nilsson, A.*: Konstruktion von HGÜ-Thyristorventilen. ASEA-Z. 24 (1979) 4, S. 84—87

10. Sachwörterverzeichnis